国家出版基金项目
NATIONAL PUBLICATION FOUNDATION

地震工程学辞典

A DICTIONARY OF EARTHQUAKE ENGINEERING

薄景山　编著

地震出版社

图书在版编目（CIP）数据

地震工程学辞典 / 薄景山编著. —北京: 地震出版社，2021. 12
ISBN 978-7-5028-5393-8

Ⅰ．①地…　Ⅱ．①薄…　Ⅲ．①工程地震—词典　Ⅳ．①P315. 9- 61

中国版本图书馆 CIP 数据核字（2021）第 241458 号

地震版　XM4756/P（6182）

地震工程学辞典
A DICTIONARY OF EARTHQUAKE ENGINEERING
薄景山　编著
责任编辑：王　伟
责任校对：凌　樱

出版发行：地震出版社
　　　　　北京市海淀区民族大学南路 9 号　　　　邮编：100081
　　　　　销售中心：68423031　68467991　　　　传真：68467991
　　　　　总 编 办：68462709　68423029
　　　　　编辑二部（原专业部）：68721991
　　　　　http：//seismologicalpress.com
　　　　　E-mail：68721991@sina.com
经销：全国各地新华书店
印刷：河北文盛印刷有限公司

版（印）次：2021 年 12 月第一版　2021 年 12 月第一次印刷
开本：889×1194　1/16
字数：1988 千字
印张：49. 75
书号：ISBN 978-7-5028-5393-8
定价：300. 00 元

ISBN 978-7-5028-5393-8

9 787502 853938 >

前　言

　　人类赖以生存的地球并不平静，在其形成和演化的过程中不断地伴生着各种自然现象。地震作为地球上的一种自然现象，通常以它莫名其妙和不期而至的巨大威力吞噬地球的生灵，毁灭人类的文明。人类的文明和发展的历史在某种意义上就是抗御各种自然灾害的历史。诞生于20世纪50年代的地震工程学，就是人类抗御地震灾害的产物，在百余年的孕育和发展过程中，地震工程学在广泛地利用和吸收土木工程、结构工程、岩土工程、地质学、地震学、地球物理学、地震地质学、大地测量学等学科的基础上，发展了用于工程抗震的理论、方法和技术；形成了自己的学术词汇、术语和语言体系。为了适应和促进地震工程学的发展，方便从事地震相关工程领域工作的读者应用，使本学科及用于本学科的相关术语尽可能标准规范并便于应用，我们在地震出版社的组织下，编写了这部《地震工程学辞典》。这部辞典的出版在一定程度上标示着地震工程学学科的成熟度，对地震工程学专业术语的标准化和规范化将产生一定影响；对促进地震工程学的发展具有重要意义。

　　《地震工程学辞典》以科学性、实用性、系统性和工具性为目标，力求准确全面、简明扼要、便于使用。在编写的过程中，以《地震工程学（第二版）》（胡聿贤著，地震出版社）、《地震工程学》（罗伯特 L. 威格尔主编，中国科学院工程力学研究所译，科学出版社）、《地震工程学原理》（N. M. 纽马克和 E. 罗森布卢斯著，叶耀先等译，中国建筑工业出版社）、《地震工程概论（第二版）》（《地震工程概论编写组》编著，科学出版社）、《抗震工程学》（冈本舜三著，孙伟东译，中国建筑工业出版社）、《地震工程学导论》（冈本舜三著，李裕彻等译，学术书刊出版社）、《抗震工程学（第二版）》（沈聚敏、周锡元、高小旺、刘晶波等编著，中国建筑工业出版社）、《地震工程学》（李宏男主编，机械工业出版社）和《岩土地震工程及工程振动》（张克绪、凌贤长等编著，科学出版社）等著作的知识体系以及涉及的学科词汇为主来选编词汇和术语，涉及的学科主要有地质学、构造地质学、地震地质学、工程地震学、地球物理学、地震学、地震工程学、土木工程学、工程地质学、水文地质学、地质工程学、岩土工程学、测绘工程学、地震观测技术和地震社会学、测控技术与仪器等。本辞典共收词7618条，词条编纂过程中参考了《中国防震减灾百科全书·地震工程学》（地震出版社）、《地学大辞典》（孙鸿烈总主编，科学出版社）、《中国大百科全书·土木工程》（中国大百科全书出版社）、《中国大百科全书·固体地球物理学·测绘学·空间科学》（中国大百科全书出版社）、《中国大百科全书·力学》（中国大百科全书出版社）、《地震学辞典》（徐世芳、李博主编，地震出版社）等辞书和我国现行的各类抗震规范和土木工程有关规范中的术语。

　　本辞典由薄景山编著，李小军、王兰民、李山有、迟宝明、任云生、郭迅、景立平、李巨文、周正华、沈军、周本刚、万永革、孟晓春、洪利、蔡晓光、姜纪沂等专家参加了有关词汇的讨论、审查和修改。参加本书词汇收集和整理工作的主要有徐国栋、李秀领、刘红帅、翟庆生、吴兆营、孙治国、齐文浩、卢滔、孙超、张宇东、孙有为、兰景岩、薄涛、张涛、丁浩、张忠利、盛俭、曲宁、尹洪峰、夏峰、王冲、陈新强、刘博、李平、邱志刚、王伟、门妮、郭晓云、张建毅、黄静宜、万卫、赵金鑫、李孝波、王振宇、周洋、赵培培、卢玉林、段玉石、于汐、王熠琛、阮墦、安瑞琪、沈圆圆、李煜东、谭启迪、沈超、常晁瑜、王亮、杨顺、彭达、孙强强、蒋晓涵、王竞、苏占东、张兆鹏、乔峰、黄鑫、王玉婷、李高、刘娟、王波、闫东晗、焦淙湃、韩昕、张莹允、华永超、李琪、李雪玉、杨元敏、牛洁、吴良杰、宣越、张毅毅、赵鑫龙和林聪聪等。

地震工程学是一门交叉学科，它的研究和应用涉及自然科学、工程技术和社会经济等广泛的学科领域，尽管在编写中我们付出了辛勤的劳动，但疏漏和不足之处在所难免，期盼读者不吝赐教，批评指正。

《地震工程学辞典》得到下列项目资助：

（1）国家自然科学基金重大项目《黄土地震滑坡成灾机理与风险评估》（U1939209）

（2）中国地震局地震工程与工程振动重点实验室重点专项《基于松原市区域场地模型的工程场地抗震韧性评价方法研究》（2020EEEVL0201）

（3）中国地震局建筑物破坏机理与防御重点实验室开放基金《基于土层基本周期的场地分类方法研究》（FZ201101）

（4）中央高校基本科研业务费专项《建筑场地韧性评价标准的基础研究》（ZY20215114）

总 目 录

前言

分 目 录 1

（辞典正文）
（按条目首字拼音排序）
（括号内数字为条目数量）

分 目 录 2

神（3）	383	顺（3）	405	通（11）	423	乌（1）	444
甚（3）	383	瞬（11）	405	同（5）	423	污（1）	444
渗（17）	383	司（1）	406	统（2）	424	屋（7）	444
升（2）	384	斯（1）	407	筒（4）	424	无（28）	444
生（16）	384	四（4）	407	投（3）	424	午（1）	446
声（9）	385	似（1）	407	透（4）	424	伍（1）	446
绳（1）	386	伺（1）	407	突（2）	425	物（7）	446
圣（2）	386	松（4）	407	土（114）	425		
剩（2）	386	苏（1）	407	推（5）	433	**X**（256）	
失（4）	386	素（2）	407	托（1）	434		
施（11）	387	速（11）	408			西（2）	447
湿（15）	387	宿（1）	408	**W**（199）		吸（5）	447
十（2）	388	塑（18）	408			希（3）	447
石（21）	388	酸（2）	409	挖（3）	434	稀（1）	448
时（17）	390	随（6）	409	洼（1）	434	喜（2）	448
实（6）	391	岁（1）	410	瓦（2）	434	系（2）	448
拾（1）	392	碎（3）	410	外（14）	434	细（4）	449
矢（1）	392	隧（15）	410	弯（5）	435	潟（1）	449
使（2）	392	损（3）	411	完（4）	435	峡（1）	449
始（4）	392	缩（3）	412	晚（3）	436	狭（2）	449
示（1）	392	索（1）	412	万（2）	436	下（4）	449
世（2）	392			网（10）	436	先（2）	449
市（1）	392	**T**（310）		往（1）	437	纤（6）	449
事（3）	392			危（9）	437	鲜（2）	450
试（6）	393	塌（2）	412	威（1）	438	咸（1）	450
视（3）	393	塔（5）	412	微（10）	438	显（5）	450
适（3）	393	踏（1）	412	围（15）	438	现（12）	451
室（3）	393	台（11）	412	桅（1）	439	限（3）	451
释（1）	393	太（8）	413	帷（1）	439	线（17）	451
收（3）	394	郯（2）	414	维（3）	439	陷（1）	453
首（1）	394	弹（38）	414	伟（1）	439	相（21）	453
受（7）	394	探（3）	417	伪（5）	439	箱（1）	454
枢（1）	394	碳（4）	417	尾（7）	440	详（2）	455
舒（1）	394	套（5）	418	纬（1）	440	响（3）	455
疏（3）	394	特（14）	418	卫（1）	440	向（3）	455
输（9）	394	踢（1）	419	未（1）	440	项（2）	455
束（2）	395	体（17）	419	位（23）	440	相（10）	455
树（2）	395	替（1）	420	魏（1）	442	象（1）	456
竖（8）	395	天（17）	420	温（4）	442	橡（2）	456
数（27）	396	填（2）	421	文（5）	442	消（22）	456
衰（2）	397	条（4）	421	纹（2）	443	小（5）	457
双（18）	397	调（6）	421	絮（1）	443	协（2）	457
水（108）	399	挑（2）	422	稳（14）	443	斜（9）	458
		铁（16）	422	卧（2）	444	谐（7）	458

条目汉英对照

条目**汉英**对照

条目汉英对照

条目汉英对照

条目汉英对照

条目汉英对照

条目汉英对照

D （1188）

条目汉英对照

条
目
汉
英
对
照

条目汉英对照

条目汉英对照

条目汉英对照

条
目
汉
英
对
照

条目汉英对照

条目汉英对照

条
目
汉
英
对
照

条
目
汉
英
对
照

条目汉英对照

条目汉英对照

条目汉英对照

条目汉英对照

条目汉英对照

条目汉英对照

条目汉英对照

条目汉英对照

条目汉英对照

条目汉英对照

条目汉英对照

条
目
汉
英
对
照

条目汉英对照

条目汉英对照

条目汉英对照

条
目
汉
英
对
照

条目汉英对照

条目汉英对照

条目汉英对照

条目汉英对照

条目汉英对照

条目汉英对照

条目汉英对照

条目汉英对照

Z（597）

条目汉英对照

条目汉英对照

其他（西文字母）（27）

条目汉英对照

条目英汉对照

条目英汉对照

条
目
英
汉
对
照

条目英汉对照

条目英汉对照

C （615）

条目英汉对照

条目英汉对照

条目英汉对照

条 目 英 汉 对 照

条目英汉对照

条目英汉对照

条目英汉对照

条
目
英
汉
对
照

条目英汉对照

条目英汉对照

条目英汉对照

条目英汉对照

条目英汉对照

条目英汉对照

条
目
英
汉
对
照

条目英汉对照

条目英汉对照

条目英汉对照

条目英汉对照

条目英汉对照

条目英汉对照

J （15）

条目英汉对照

K（32）

L（248）

条目英汉对照

条目英汉对照

条目英汉对照

条目英汉对照

条目英汉对照

条目英汉对照

条目英汉对照

条目英汉对照

条目英汉对照

O （103）

条目英汉对照

条目英汉对照

条
目
英
汉
对
照

条目英汉对照

条目英汉对照

Q （31）

条目英汉对照

条目英汉对照

条目英汉对照

条目英汉对照

条目英汉对照

条目英汉对照

条目英汉对照

条目英汉对照

条目英汉对照

条
目
英
汉
对
照

条目英汉对照

条目英文对照

条目英汉对照

条目英汉对照

条目英汉对照

条目英汉对照

条目英汉对照

条目英汉对照

条目英汉对照

条目英汉对照

条目英汉对照

条
目
英
汉
对
照

条目英汉对照

条目英汉对照

W （148）

条目英汉对照

条
目
英
汉
对
照

条目英汉对照

条目英汉对照

地震工程学辞典

A

a'erjin duanliedai

阿尔金断裂带（Altun Tagh fault zone） 中国西部乃至亚洲大陆内部的一条走向为北东东的巨型左旋走滑断裂带，位于西藏、新疆、青海、甘肃交界的阿尔金山脉地区。该断裂西起新疆与西藏交界的拉竹龙，北东东向斜切昆仑山及祁连山，东端隐没于巴丹吉林沙漠之下，全长在1600km以上。它由阿尔金南缘断裂、阿尔金北缘断裂、米兰—红柳园断裂、且末—黑尖山断裂和罗布庄—星星峡断裂等五条长达数百千米的断裂组合而成，总体上呈NE70°方向直线延伸，断层面倾角在70°以上。阿尔金断裂带中发育大量早古生代蛇绿岩和高压—超高压变质岩石，表明它曾是原特提斯洋关闭的缝合带。其后由于古特提斯、新特提斯构造影响，尤其是印度—欧亚大陆碰撞、青藏高原隆升，沿阿尔金断裂带发生了多次强烈的左旋走滑作用，累积的走滑位移量高达800km左右。该断裂带在渐新世—中新世、上新世—更新世、全新世均有活动，是一条活动断裂带，沿断裂带发生多次强震。

a'ertaishan dizhendai

阿尔泰山地震带（Altay Mountains earthquake belt） 国家标准GB 18306—2015《中国地震动参数区划图》划分的地震带，隶属新疆地震区。该带位于新疆地震区最北部，包括蒙古戈壁阿尔泰山脉和邻近的俄罗斯部分，大部分在我国境外，总体呈北西—北西西向展布。在大地构造上，属于阿尔泰—戈壁阿尔泰华力西褶皱带。地壳厚度为46～56km，等厚线呈北西向展布。新生代以来构造活动强烈，表现以断块活动为主，发育多级夷平面和阶地，显示出间歇性抬升和差异构造运动，年抬升速率为0.5～2mm。该带断裂构造发育，展布方向主要为北西、北北西、近东西三组，其长度一般都为数百千米。该带的断裂活动性质以走滑型为主，第四纪时期活动明显，沿断裂带地震活动频繁，地震活动表现为以大地震为中心的成丛分布，并具有发生8.0级地震的构造条件。该地震带内最早的地震记录是1761年发生在俄罗斯境内的7.7级地震，早期地震资料极不完整。截至2010年12月，共发生5级以上的地震大约114次。其中，5.0～5.9级82次；6.0～6.9级21次，7.0～7.9级9次，8.0～8.9级2次。最大地震为1957年12月4日发生在蒙古本查干湖南部的8.1级特大地震。该地震带的本底地震的震级为6.0级，震级上限为8.5级。

ajimide yuanli

阿基米德原理（Archimedes principle） 由阿基米德（Archimedes）首先提出的流体静力学的一个重要原理，可表述为：浸入静止流体中的物体受到一个浮力，其大小等于该物体所排开的流体重量，方向垂直向上并通过所排开流体的形心。这一原理对部分浸入液体中的物体同样正确，并可以推广到气体。

alamutu dizhen

阿拉木图地震（Alma-Ata earthquake in Kazakhstan） 1911年1月3日在俄国（今哈萨克斯坦）发生了矩震级为7.8级大地震。震中位于阿拉木图以南、伊塞克湖以北，震中烈度为Ⅹ～Ⅺ度，震源深度大约为25km。迄今为止，这是中亚内陆地区最大的一次地震，地震时在震区形成了多条断裂带。这次地震发生在地壳垂直差异运动极为强烈的地区，因而，有些苏联地震地质学家认为，年轻而强烈的地壳垂直差异运动带是可能发生大地震的地带。这次地震形成了大规模地裂缝和山体崩塌，崩塌的岩土堆高达640m。在伊塞克湖岸出现断裂及逆掩断层，地裂缝长达2～3km，地表的垂直位移达6.5～8.5m。地震的有感半径长达1000km，大约450人在地震中遇难，房屋建筑物和生命线工程破坏严重。

alashan dizhentongjiqu

阿拉善地震统计区（Alashan earthquake belt） 国家标准GB 18306—2015《中国地震动参数区划图》划分的两个地震统计区之一，隶属新疆地震区。该区的南部边界为河西走廊的南缘断裂，向东与宁夏地区东西向断裂相连，与鄂尔多斯块体的分界线为临河—磴口—黄河断裂，西界为雅布赖山西麓断裂。其南缘和东缘，存在一个宽度较大的断裂构造带。阿拉善地震统计区内部及边缘地带的主要活动断裂大都是地质历史时期活动的深大断裂。主要断裂包括龙首山断裂、狼山—巴彦乌拉断裂、得力纪断裂、诺尔公断裂、雅布赖山断裂等。该地震统计区的地震活动水平较低，尚无5.0级以上地震发生，最大地震是1984年5月23日发生在内蒙古阿拉善右旗北侧的4.9级地震，阿拉善地震统计区的本底地震的震级为5.5级。

alasijia dizhen

阿拉斯加地震（Alaska earthquake in American） 1964年3月27日美国阿拉斯加州发生8.4级特大地震，震源深度7km，主震发生后又发生了10余次6.0级以上的余震，震源深度为25～40km，地震有感面积约为130万km²。地震产生了大量的地表破裂，在震中320km半径范围内的沿海区有许多裂缝，产生了大量的崩塌和滑坡。位于震中区的大城市安克雷奇市是一个现代化的城市，大部分新建建筑物在设计时均考虑了抗震要求，因此地震发生后，这个城市的震害较轻，从而成为评价当时建筑物抗震设计的试验场。这次特大地震进一步促进美国地震学的发展，科技界和社会公众开始正视地震预测工作。

aliyasi liedu

阿里亚斯烈度（Arias intensity） 见【阿里亚斯强度】

aliyasi qiangdu

阿里亚斯强度（Arias intensity） 地震强度的一种表述方式，由阿里亚斯（A. Arias）于1969年提出，也称阿里亚斯烈度。它以输入结构的地震动能量来定义地震动强度，是衡量地震动强度的物理参数。它与地震震害有一定对应关系，因而可以作为地震烈度的物理指标。若设地震动作用下单自由度弹性体系的每单位重量所获得的能量为 $E(\omega)$，这里 ω 为圆频率，则阿里亚斯强度 I_A 可定义为 $E(\omega)$ 对所有自振频率的积分，用下式表示为：

$$I_A = \int_0^{+\infty} E(\omega)\, d\omega$$

为便于地震工程应用，可将 $E(\omega)$ 用加速度时程表示，经过推演可知，I_A 可按照下式计算，即：

$$I_A = \frac{\pi}{2g}\int_0^{T_0} a^2(t)\, dt$$

式中，$a(t)$ 为加速度时程；T_0 为加速度时程的持续时间；g 为重力加速度。

asamu dizhen

阿萨姆地震（Assam earthquake in India） 1897 年 6 月 12 日在印度阿萨姆邦发生了 8.7 级地震，震源深度为 33km，地表振动强烈，地震使 $35 \times 10^4 km^2$ 面积内的建筑物受到破坏，并形成瀑布。发震断层错断地表，断层错距长达 10m 以上，诱发了严重的崩塌、滑坡等地质灾害。地震时地面的振动幅度达 30cm，根据极震区内有物体被抛起的现象，有研究者估计地面运动的加速度可能大于当地的重力加速度 g，这对特大地震的抗震研究提供了重要的参考数据。37 年后，即 1934 年在中国和尼泊尔边境地区（即喜马拉雅山区）发生 8.4 级地震；53 年后，即 1950 年又在其东北方向中国的墨脱地区发生了一次 8.5 级地震。阿萨姆地震发生在喜马拉雅山区，人烟稀少，死亡人数约 1500 人，严重的破坏一直延续到加尔各答市。时任印度地质调查所所长的奥尔德海姆（R. D. Oldham）率队对这次地震开展了系统的调查，他分析此次地震的地震记录，确认了存在 P 波、S 波和 R 波震相，验证了理论分析成果，具有划时代意义。

ataibao jiexian

阿太堡界限（Atterberg limits） 黏性土随着含水量的变化，从一种状态转变为另一种状态时的界限含水量，包括液限、塑限等，国际上将液限和塑限统称为阿太堡界限。黏性土从塑性体状态向液体状态过渡的界限含水率称为液限；黏性土由固体状态向塑性状态过渡的界限含水率称为塑限。

aiersenteluobo

埃尔森特罗波（El Centro record）
见【埃尔森特罗台强震记录】

aiersenteluotai qiangzhenjilu

埃尔森特罗台强震记录（El Centro records of strong ground motion） 由埃尔森特罗（El Centro）台获取的强震记录。埃尔森特罗强震台位于美国加利福尼亚州南部的南希阿拉电力公司的埃尔森特罗变电所的地下室，该台记录到了 1940 年 5 月 18 日，在美国帝国谷（Imperial Valley）发生的

震级为 7.1 级的地震的完整地震波形，称为埃尔森特罗波，是典型的强震动记录，被广泛地应用于地震工程研究和结构抗震分析。该强震记录的持时是 53.71s；水平向南北分量的峰值加速度为 $341.7 cm/s^2$；水平向东西分量的峰值加速度为 $210.1 cm/s^2$；竖向分量的峰值加速度为 $206.3 cm/s^2$。该强震记录为地震工程学的发展做出了重要的贡献。

andesen duanceng moshi

安德森断层模式（Anderson fault model） 解释不同性质的新生断层形成机制的动力学模式。该模式认为，由于地面与空气间无剪应力作用，若地面为一主平面，则必然有一个主应力轴与地面垂直，其余两个主应力轴呈水平状态。假定岩石为各向同性，其内摩擦角的统计平均值为 30°。按库仑—莫尔脆性破裂准则，在应力作用下形成的两组共轭剪切面的交线与中间应力轴（σ_2）平行，其锐角分角线与最大主应力轴（σ_1）平行，断层面与 σ_1 的夹角约 30°。由此，三种应力作用方式可形成三种断层，当 σ_1 直立时，形成高角度正断层；当 σ_2 直立时，形成近直立的平移断层或低角度的逆断层。这一模式较好地说明了浅层次脆性断层的形成机制及其正常产状。该模式提出的前提是地面与空间之间无剪应力作用；三轴应力状态中一个主应力轴垂直地面；断层面是剪切破裂面。

anquan chaogao

安全超高（free board） 水工建筑物顶部超出最高静水位或最高静水位加波浪壅高以上所规定的预留的高度，也称富余高度。其作用是防止波浪壅高时不发生坝和堤漫水的危险。土石坝在确定安全超高时，应另计入地震情况时的坝顶沉降。土石坝竣工时，应预留运行期坝体沉降超高。

anquan chubei

安全储备（emergency capacity） 结构的极限承载力与设计荷载的差值，是用抗力与作用之差描述的安全度控制指标。在土木工程设计中，结构的设计荷载须小于其极限承载，以保证在某些特殊情况下（如地震等），结构的荷载虽超过了设计荷载但结构并不破坏。

anquan dengji

安全等级（safety grade） 为了使结构或地基基础具有合理的安全性，根据建筑物破坏所产生后果的严重性划分的设计等级。国家标准 GB 50068—2001《建筑结构可靠度设计统一标准》规定，建筑结构设计时，应根据结构破坏可能产生的后果的严重性，采用不同的安全等级。建筑结构安全等级划分为三个等级：一级是指少数重要的建筑物；二级是指大量的一般建筑物；三级是指次要的建筑物。至于重要建筑物与次要建筑物的划分，则应根据建筑结构的破坏后果，即危及人的生命、造成经济损失、产生社会影响等的严重程度来确定。

anquan fangfan xitong

安全防范系统（security alarm system） 在建筑工程中，根据建筑安全防范管理的需要，综合运用电子信息技术、计算机网络技术、视频安防监控技术和各种现代安全防范技术构成的用于维护公共安全、预防刑事犯罪及灾害事故为目的的，具有报警、视频安防监控、出入口控制、安全检查、停车场（库）管理的安全技术防范体系。

anquan jianzhu

安全建筑（safety building） 受震的建筑在预期地震作用中仍可安全使用的建筑。破坏性地震发生后，根据需求，有关部门将组织专业人员对灾区建筑进行安全性鉴定，鉴定的结果是划分出安全建筑和暂不使用建筑两类。鉴定的依据是国家标准 GB 18208.2—2001《地震现场工作 第二部分：建筑物安全鉴定》。

anquanqiao kangzhen sheji

安全壳抗震设计（seismic design for reactor container） 为了防御地震对核电厂安全壳的破坏而进行的专项设计。核电厂安全壳是核电厂的 I 类物项，应具备在事故工况下使释放的放射性保持在可接受限值内的功能。压水反应堆的安全壳一般为混凝土结构，由基础底板、筒壁和穹顶构成。国家标准 GB 50267—97《核电厂抗震设计规范》规定，混凝土安全壳的抗震设计应考虑以下五种包含地震作用效应在内的荷载效应组合：第一种，正常运行作用与严重环境作用的效应组合；第二种，正常运行作用与严重环境作用以及事故工况作用的效应组合；第三种，正常运行作用与严重环境作用以及事故工况后的水淹作用的效应组合；第四种，正常运行作用与极端环境作用的效应组合；第五种，正常运行作用与极端环境作用以及事故工况作用的效应组合。

anquan sheshi

安全设施（safety facilities） 在交通工程中，为保障人、车、行船的安全，在房屋、公路、铁路和港口、航道的沿线设置的地道、天桥、航标、灯塔、照明设备、防火设施、护栏、标柱、标志、标线等设施的总称。

anquan tingdui dizhendong

安全停堆地震动（safe shutdown earthquake） 在分析核电厂所在区域的地质、地震条件和场地条件的基础上所确定的核电厂可能遭受的最大地震动。在遭遇这一地震时，核电厂重要的构筑物、系统和设备仍需保持其下列功能，即反应堆冷却剂压力边界的完整性；具有关停反应堆并将其保持在安全停堆状态下的能力，或在事故所引起的厂外照射水平达到规范容许的限值时，具有防止或减轻这类事故后果的能力。美国规定核电厂设计采用安全停堆地震动（SSE）和运行基准地震动（OBE）两个等级，安全停堆地震动为 $0.10\sim0.25g$，运行基准地震动通常不小于安全停堆地震动的 1/2。安全停堆地震动和运行基准地震动在国家标准 GB 50267—97《核电厂抗震设计规范》中，相当于极限安全地震动和运行安全地震动，该规范规定极限安全地震动取设计基准期中年超越概率为 0.1‰ 的地震动，其峰值加速度不小于 $0.15g$；运行安全地震动取设计基准期中年超越概率为 2‰ 的地震动，其峰值加速度不小于 $0.075g$，且不得小于对应极限安全地震动的 1/2。竖向地震动常取水平向地震动的 2/3。

anquan xishu

安全系数（safety factor） 工程结构设计方法中用以反映结构安全程度的系数，是在正常设计、施工和使用的条件下，结构抵抗各种影响安全的不利因素所必需的安全储备。通常用结构或地基基础的抗力效应与所承受的作用效应的比值来表示。安全系数的确定需要考虑荷载、材料的力学性能、设计值和试验值与实际值的差别计算方法和施工质量等不确定性因素，还涉及工程的经济效益和破坏产生的后果，它与国家的经济和技术发展水平密切相关。

anquanxing

安全性（safety） 结构或地基基础在正常施工和正常使用条件下，承受可能出现的各种作用的能力，以及在偶然事件发生时和发生后，仍保持必要的整体稳定性的能力。

anquanxing huifu

安全性恢复（safety recovery） 在建筑抗震韧性评价中，是指震损的房屋建筑经修复后，建筑抗震安全功能得到了恢复。

anshanyan

安山岩（andesite） 具有斑状结构，化学成分与闪长岩基本相当的中性喷出岩，是一种火山岩。强度较高，硬度较大抗风化能力较强，是良好的建筑材料。

anqiang

岸墙（quay wall） 修建在江、河、湖、海岸边或与水工建筑物相连接，用以挡土或松散物质的土工构筑物。

anwafa

暗挖法（undermining method） 无须挖开地面，全部在地下进行开挖和修筑衬砌结构的一种施工方法。城市地铁等岩土工程施工主要采用这一施工方法。

aotu buguize

凹凸不规则（concave-convex irregularity） 建筑平面形状复杂和不对称造成的凹凸不规则，如建筑平面采用 L、T、Y 等形状，在几何上没有对称轴或只有一个对称轴。凹凸不规则建筑在地震作用下将产生附加的扭转效应，凹角因应力集中而形成薄弱部位。建筑结构的平面不规则通常可分为扭转不规则、凹凸不规则和楼板局部不连续三种类型。

aotuti moxing

凹凸体模型（asperity model） 一种描述断层面的非均匀性的物理模型，属于震源非均匀破裂模型。该模型认为断层面上非均匀地分布有大小不同的块体，即黏块。地震是由这些块体的破裂错动引起的，块体之间的区域不辐射地震波。

aogou

坳沟（shallow flat ravine） 由侵蚀而成的宽而浅的干沟。谷底宽而浅，有松散堆积物，无经常水流的沟。沟坡变得越来越平缓，不再有明显的沟缘。其形成标志着沟谷的发育已进入衰亡阶段，其沟底大多可辟为农田。工程建设选址须考虑坳沟的影响，一般情况下，这类场地条件对抗震不利。

aotaoji

奥陶纪（Ordovician Period） 古生代第二个纪。在地史上是海侵最广泛的时期之一，世界许多地区都广泛分布有海相地层。在板块内部的地台区，海水广布，表现为滨海浅海相碳酸盐岩的普遍发育，在板块边缘的活动地槽区，为较深水环境，形成厚度很大的浅海、深海碎屑沉积和火山喷发沉积。奥陶纪末期曾发生过一次规模较大的冰期，其分布范围包括非洲（特别是北非）、南美的阿根廷和玻利维亚以及欧洲的西班牙和法国南部等地。据 2018 版国际地层年代表，其开始于 485.4±1.9Ma，结束于 443.8±1.5Ma。

aotaoxi

奥陶系（Ordovician System） 在奥陶纪形成的地层或奥陶纪对应的地质年代单位。奥陶系划分为三个统七个阶，在中国大陆以滨海浅海相碳酸盐为主。

B

baluoke chengshi

巴洛克城市（Baroque city） 城市建筑和规划具有巴洛克风格的城市。该城市布局井然有序，城市形态规整，其形态主要有八角形、九角形、七角形等，产生于文艺复兴时期，在理性城市基础上进一步发展，通过规则的几何街道布局、大型的标志建筑、开放的街道空间来展示城市的风格。

batewosi lüboqi

巴特沃斯滤波器（Butterworth filter） 一种幅频特性比较平直的低通模拟滤波器。它的频响特性用振幅谱的平方表示为：

$$A^2(\omega) = H(i\omega)H*(i\omega) = \frac{1}{1+(\omega/\omega_c)^{2n}}$$

式中，ω_c 为截止频率；n 为滤波器的阶数；$H(i\omega)$ 为滤波器的传递函数，即滤波器的系统响应函数；$H*(i\omega)$ 为其共轭函数。传递函数的含义为：

$$Y(\omega) = H(i\omega)X(\omega)$$

上式表示输入信号 $X(\omega)$ 经过滤波器系统改造后输出信号 $Y(\omega)$。巴特沃斯滤波器只规定了滤波器的幅值特性，二阶以上的相位则有非线性偏移，可用双向滤波方法得到零相位偏移的效果，即用 $H*(i\omega)$ 作滤波器再进行一次滤波，使相位偏移抵消达到零偏移。

bayankalashan dizhendai

巴颜喀拉山地震带（Bayan Har Mountains earthquake belt） 国家标准 GB 18306—2015《中国地震动参数区划图》划分的地震带，隶属青藏地震区。该带横贯青海省的中部，主要沿巴颜喀拉山分布，包括可可西里山、巴颜喀拉山、阿尼玛卿山及川西高原等地区，走向为北西西。该带地震发生的强度较大，布格重力异常和航磁异常梯级带沿该带分布，总体上表现为大面积的重、磁负异常区，地壳厚度平均为 67km 左右。其新构造运动主要表现为强烈的褶皱和隆起，并伴随大量左旋走滑为主的断裂活动，以一系列走向北西西的巨大左旋走滑断裂活动为特征，主要活动断裂带有走向东西—北西西的东昆仑断裂带、走向东西的昆中断裂带、走向北西西的巴颜喀拉断裂带等，这些断裂带多数在全新世以来有明显活动，其中东昆仑活动断裂带全新世以来活动非常强烈，沿该带地震陡坎、鼓包、凹坑、地裂缝、古梁、沟槽、断塞塘、崩塌、水系与阶地扭错等古地震形变遗迹十分普遍。地震形变遗迹具有展布范围极窄、线性强、连续性好、沿断裂带展布的特点，并且不同地段、不同期次的地震形变类型相似，同一地段存在多期强震形变遗迹。该带地震发生的强度较大。1900—2014 年 4 月共记载到 5 级以上地震 69 次。其中，5.0～5.9 级地震 55 次；6.0～6.9 级地震 10 次；7.0～7.9 级地震 3 次；8.0～8.9 级地震 1 次，最大地震为 2001 年 11 月 14 日昆仑山口西 8.1 级特大地震。该带本底地震的震级为 6.5，震级上限为 8.5 级。

bazhuangji

拔桩机（pile extractor） 利用振动、静力或锤击作用将桩拔出地层的桩工机械。拔桩作业常采用相应的振动沉桩机、静力压桩机或双动气锤，再配以桩架和索具。施工中以振动拔桩较为普遍。

ba

坝（dam） 阻拦或拦蓄水流、壅高或调节上游水位的挡水建筑物。顶部不泄水的称非溢流坝；顶部泄水的称溢流坝。

bachang

坝长（dam length） 水库大坝坝顶沿坝轴线上的两岸端点间的长度，是坝体的轴长。若溢洪道在坝轴线上，则坝长应包括溢洪道部分；否则，坝长就不含溢洪道宽度。

bagao

坝高（dam height） 坝基的最低点（不包括局部深槽、

井或洞）至坝顶的高度；通常根据汛期来水量、泄水量和库容等确定。汛期来水量需要根据河流的水文资料测算；泄水量与水库的泄水建筑物设计有关；库容是表征水库规模的主要指标，一般根据水库的用途来设计和确定。

bajian shenlou

坝肩渗漏（seepage abutment）　见【绕坝渗漏】

banei langdao xitong

坝内廊道系统（gallery system）　设在坝体内相互连通，并有进出口通向坝外的纵向、横向及竖向通道系统，具有灌浆、排水、检查、交通等功用。

bati-diji dongli xianghu zuoyong

坝体–地基动力相互作用（dam-foundation dynamic inter-action）　考虑地震作用的水库大坝地基与坝体的变形和运动的相互影响，是典型的土–结相互作用问题。研究方法可归纳为理论分析法、模型试验法和原型测试法三类。

bati-diji-kushui xianghu zuoyong

坝体–地基–库水相互作用（dam-foundation-reservoir in-teraction）　坝体、地基和库水动力效应的相互影响。由于坝体–地基–库水三者耦联效应，地基的地震动会引起坝体的振动，坝体和库水也会对地基的运动和变形产生影响；同时，坝体振动与库水振动也相互影响。因此，混凝土坝地震反应的完整分析模型在理论上应该合理地考虑坝体–地基–库水的动力相互作用。既要模拟近场区域坝体和基岩的复杂材料性质和几何形状，也要模拟能量向无限远域的辐射。鉴于问题的复杂性，在理论分析和工程计算中常将此体系分解，即分别研究坝体–地基动力相互作用、坝体和库水的相互作用和地基–库水相互作用。

baxia maiguan

坝下埋管（under dam culvert）　埋设在土石坝的坝底，并在进口处设有控制闸门的输水管道。

bazhouxian

坝轴线（dam axis）　代表水库大坝设计位置的一条横贯河（江）谷的线。拱坝和重力坝一般用坝顶上游面在水平面上的投影线表示；土坝一般用坝顶中心线表示。

baieji

白垩纪（Cretaceous Period）　中生代最后一个纪，始于距今约 145.0Ma，结束于距今约 66.0Ma，历时约 7900 万年。其名称"Cretaceous"来自拉丁文"creta"，即"白垩"。白垩纪是全球地壳构造比较活跃的时期，尤其太平洋板块周围构造活动性增强，发生强烈的造山运动和中酸性岩浆活动；大西洋进一步开裂；印度板块形成并开始了快速北漂的历程。同时，白垩纪也是地球历史上最大的海侵时期之一、地史上大气最为温暖的时期之一，因而造就了白垩纪

的生物界空前繁盛，达到了中生代生物分异发展的顶峰。陆上植物界空前发展，大型聚煤盆地也在全球广泛发育。海洋的鱼龙类在早白垩世灭绝，代蛇颈龙类和沧龙等兴起。白垩纪末的大灭绝事件，基本上全部毁灭了中生代海、陆生物界的主体，从而为新生代生物群繁荣开辟了新的天地。

baiexi

白垩系（Cretaceous System）　在白垩纪形成的地层，分为上、下两统，每个统各包括六个阶，是一个地层单位。

baiyunyan

白云岩（dolomite）　白云石含量在 50% 以上的一种沉积碳酸盐岩。其结构和构造特点与石灰岩相似，结晶程度高，常为自形的晶质结构，按成因可分为原生白云岩和次生白云岩两类。白云岩在碳酸盐岩中的比例随着年代的变新而减少。白云岩化作用能使岩石的孔隙度增加 11%。该岩石具有强度高、变形小、易溶蚀并有洞穴发育等工程地质特性。

baizaosheng jizhenfa

白噪声激振法（excitation method with white noise）　采用单向白噪声对试体激振，以确定试体的动力特性的测试。

baizaosheng moxing

白噪声模型（white noise model）　地震动平稳随机过程模型，是功率谱为常数的随机过程模型。

baidong gezhen

摆动隔震（pendulum isolation）　利用支承元件的刚体摆动来实现土木工程隔震的一种技术，有摆座隔震和摆柱隔震两类。摆座隔震与悬吊隔震具有相同的机理，均可用单摆振动解释。工程中使用的摆座隔震装置有摩擦摆装置和滚摆装置等；摆柱隔震装置有短柱摆和墩摆等，其构造和机理相比摆座隔震更为复杂。

baishi dizhenyi

摆式地震仪（pendulum seismograph）　装有按照物理摆原理、采用弹簧悬挂方式制成的拾震器，可通过测量大地和一个同大地耦合的惯性质量间的相对运动来记录地震的仪器。用铅直摆、倒立摆或水平摆拾取水平向振动，用垂直摆拾取垂直向振动。

baishi yiqi

摆式仪器（pendulum instrument）　一种以检测设定的摆的偏转角为工作原理的测量地倾斜的仪器。

baizhu gezhen

摆柱隔震（pendulum column isolation）　摆动隔震装置的一种类型，摆柱隔震装置有短柱摆和墩摆等。短柱摆是苏联学者用于西伯利亚和远东地区的隔震装置。该装置的混

凝土短柱浮放于混凝土下摆座，柱顶支承上摆座，短柱与上下摆座间并无连接构造。在摆柱不倾覆的条件下，短柱可往复摆动，具有与单摆类似的运动特征，振动周期与柱高相关。为防止短柱倾覆，摆座上设有梯形的限位槽。下摆座上覆混凝土摩擦板，该板可由短柱带动滑移，形成摩擦耗能机制。即使短柱失效，下座仍可支承上座并发生滑移摩擦运动。结构的承重构件被分割为上、下两部分，上部结构嵌插于下部结构的凹槽内，接触面设橡胶层；利用钢销连接上下部分；上部设阻尼器。这一装置可改变体系振动周期，上部结构的振动能量可由阻尼装置耗散。

baizuo gezhen

摆座隔震（pendulum base isolation） 摆座隔震的机理可用单摆振动解释。摆座隔震装置中的滑块或滚轴沿圆弧面的运动与单摆运动具有相同的特征，弧面的曲率半径 R 相当于摆长，据此可选择适当的弧面曲率半径来降低隔震体系的自振周期、避开地震动的卓越频段。工程中使用的摆座隔震装置有摩擦摆装置和滚摆装置等。摩擦摆和滚摆支承上部结构构成隔震体系，摩擦摆是 1990 年由美国学者开发的隔震装置，由球面摆座和半球滑块组成，在滑块与摆座间设聚四氟乙烯板。滚摆由曲面摆座和滚轴组成，应用于工程的一种滚摆装置在曲面摆座和滚轴间以机械齿咬合。采用该支座的隔震体系，无论设置单滚轴或双滚轴，在 R 远大于 r 和（r 为滚轴半径）微小位移情况下，其自振周期均近似为 $2\pi(2R/g)^{1/2}$。

banzhuang jiegou

斑状结构（porphyritic texture） 岩石中矿物颗粒为大小截然不同的两群（大的称为斑晶，小的称为基质）的一种结构，是岩石结构的一种特殊类型；在火成岩中常见。它的形成与矿物结晶过程中物理化学条件的变化密切相关。

banyun zuoyong

搬运作用（transportation） 地表沉积物或岩石经过风化、剥蚀作用后，分解成细颗粒物质，在各种外动力地质作用下，以推移、跃移、悬移或溶液运移等方式转移到另外地点的作用。在搬运的过程中，各种物质得到了分选和改造，这一作用是沉积岩形成的一个重要环节。

ban

板（plate） 一种由支座支承的、平面尺寸较大而厚度相对较小的平面构件。它主要承受由各种作用产生的弯矩和剪力。通常水平放置，有时也倾斜放置或竖向放置，以满足使用要求。它可以支承在梁上、墙上、柱上或地上；也可以一部分支承在墙上或柱上，在各种建筑结构中应用十分广泛。

banchongji shiyan

板冲击试验（plate impact test） 一种大坝混凝土动力试验方法，在较好的控制条件下可获得 $1\times10^3 \sim 1\times10^4 s^{-1}$ 的应变率。该方法是将圆盘形试件置于发射体装置的前端，试件与铁砧板受发射体冲击后产生压力波，压力波在试件与铁砧板后表面被反射形成拉力波，从而降低了试件中的压应力。激光干涉仪系统可测定铁砧板后表面不同点的速度，并据此分析试件的不均匀变形。

banjian dizhen

板间地震（interplate earthquake） 见【板块间地震】

bankuai

板块（plate） 地球表层的岩石圈被一些构造活动带（如大洋中脊、岛弧、海沟、转换断层、大陆裂谷、火山带和地震带等）分割成若干不连续的板状块体。据地质学家估计，板块厚 $50\sim150km$ 不等，其大小也各不相同。按其大小，可以划分为大板块（也称巨板块）、中板块、小板块和微板块。板块构造学说的提出将全球岩石圈划分为六大板块即欧亚板块、太平洋板块、印度洋板块、非洲板块、美洲板块和南极洲板块。上述板块除太平洋板块都是洋壳以外，其余各大板块既有洋壳也有陆壳。环太平洋板块边界的地块十分活跃，地震和火山活动极为频繁。

bankuai bianjie

板块边界（plate boundary） 两个或多个板块之间的分界线，是板块间结合的地方，也称板块边缘。通常，板块内部相对比较稳定，而板块间的交界地带一般是地壳比较活动的地带，地震多发，是地震地质研究的重要内容。

bankuai bianyuan

板块边缘（divergent plate boundary） 见【板块边界】

bankuai fuchong

板块俯冲（plate subduction） 海洋板块向大陆下面插入与消减的过程。板块俯冲可分为洋—陆俯冲（大洋板块俯冲于大陆板块下方）、陆—陆俯冲（一个大陆板块俯冲于另一大陆板块下方）和洋—洋俯冲（一个大洋板块俯冲于另一大洋板块下方）三种类型。洋—陆俯冲又称 B 型俯冲，为洋陆转换作用中的一个阶段，开始于海沟形成和大洋板块下倾曲率增大。由于俯冲大洋板块密度较大，产生重力拖曳力量，造成地壳变形和俯冲增生楔、外弧高地和弧前盆地。俯冲板块去水作用和部分熔融，使安山质岩浆会聚上浮，又逐步形成火山弧和后弧区。板块俯冲的结果使大洋封闭、发生大陆碰撞。大陆碰撞之后还会发生陆—陆俯冲，它又称 A 型俯冲，使原先的洋—陆转换带最终变成大陆上的俯冲增生岩片。洋—洋俯冲为大洋板块俯冲于另一大洋板块下方，西太平洋板块俯冲到菲律宾板块下方的马里亚纳俯冲带是其典型代表。

bankuai gouzao

板块构造（plate tectonics） 板块活动造成的海底分裂与扩张、大陆裂谷的离异扩散、板块的会合和碰撞等一系列彼此之间相互影响和相互作用所产生的各种地质构造。例如，大洋中脊处产生的引张断裂构造；岛弧海沟系处产生的挤压性构造；剪切错断处的转换断层等。在有些文献中，"板块构造"常被作为"板块构造说"的代名词。一般认为，板块构造的概念结合并吸纳了大陆漂移和海底扩张学说中的部分内容。

B

bankuai gouzaoshuo

板块构造说（plate tectonic theory）　见【板块构造学说】

bankuai gouzao xueshou

板块构造学说（plate tectonics）　一种用于描述地球岩石圈大规模运动的学说，是当前最为流行的一种大地构造学说，被称为"新全球构造学说"或"新全球构造理论"，也称板块构造说，简称板块学说。在 20 世纪初，德国地质学家、气象学家、地球物理学家魏格纳（A. L. Wegene）提出了大陆漂移学说；20 世纪 60 年代初，美国地质学家和地球物理学家赫斯（H. H. Hess）和迪茨（R. S. Dietz）提出海底扩张学说；1965 年，加拿大地质学家和地球物理学家威尔逊（J. T. Wilson）提出了转换断层和板块构造的概念。在此基础上，诞生了板块构造学说并被国际地学界广泛接受。该学说认为，地球最外层的地壳和地幔最顶部的岩石圈地幔形成相对"刚性"的岩石圈，其下为可以发生对流的软流圈。地球上存在两种类型岩石圈，即厚而复杂的大陆岩石圈和薄而简单的大洋岩石圈；岩石圈上部地壳也分为两类，即大陆地壳和大洋地壳，简称陆壳和洋壳。岩石圈被板块边界构造带分割为若干个不同形状的块体，即构造板块，现今地球岩石圈被划分为六个大板块和许多小板块。岩石圈板块漂浮于软流圈之上而相互运动，其速率在 $0 \sim 100 \text{mm/a}$。板块间相互运动的方式取决于其共有的板块边界，板块边界常成为重要的构造带，地震、火山、造山作用以及海沟的形成等主要发生于板块边界。根据板块边界上物质的形成与消减以及两侧板块的相对运动，板块边界可划分为汇聚型边界、离散型边界和守恒型边界三种类型。守恒型边界又称转换型边界。沿汇聚型边界俯冲于地幔而导致的（大陆和大洋）岩石圈板块的消减量，大约等同于离散型边界上通过海底扩张而形成的新大洋岩石圈的生长量，这就是所谓的传送带原理，这是板块构造学说一个重要观点。在这种方式下，地球的表面积保持不变，这不同于板块构造学说之前的地球收缩说和地球膨胀说。板块构造学说认为，构造板块之所以能相互运动，是因为与下伏的软流圈相比，岩石圈具有较大的强度和较低的密度，而地幔中密度的横向变化导致其对流的形成；板块运动的驱动力被认为是地幔对流的拖拽、俯冲带向下的牵引以及洋中脊海底扩张的联合作用。其中海底扩张的原因是自洋中脊向两侧，洋底地形和洋壳密度发生了系统变化，从而形成重力差异驱动。还有观点认为，板块运动的驱动力来源于地球的自转以及太阳和月球形成的潮汐力。板块运动的驱动机制问题是板块构造学说最终成败的关键问题。这一学说对全球地震活动和地震成因的研究有重要意义。

bankuai huiju

板块汇聚（plate convergence）　相邻板块做相向运动，使其间的水平距离不断缩小的地质作用。做汇聚运动的两个板块可以是大陆为主的板块，也可以是大洋为主的板块。其间发育大洋盆地时，二者界线为海沟；当二者之间的大洋关闭后，其间界线为缝合带。

bankuai jiashuo

板块假说（plate hypothesis）　设想把地壳分成大小不等、形状各异的板块并做缓慢相对运动的一种假想，如同地质学中绝大多数的学说和理论一样，由于在提出时还没有被实践完全证实，所以称之为假说。在构造地质学界，板块假说也称板块学说、板块理论、板块构造学说等。

bankuai jian dizhen

板块间地震（interplate earthquake）　发生在板块边界及其附近的地震，也称板间地震。板块构造学说认为地球表层是由为数不多、大小不等的岩石圈板块拼合起来的。板块之间常以洋中脊、大陆裂谷、岛弧、海沟和转换断层等地壳构造特征为其边界。岩石圈板块是运动的，在边界地带产生挤压、碰撞和俯冲而使变形增大、应力集中。因此，板块边界地区一般是地震频繁发生的区域，环太平洋地震带上的绝大多数地震都是板块间地震。

bankuai pengzhuang

板块碰撞（plates collision）　大陆地壳之间发生的相互碰撞，发生在汇聚板块的边界，也称大陆碰撞。两个板块的碰撞结合带或衔接的地带称为缝合带。碰撞前期可以持续几亿年，最重要的构造活动是俯冲作用，并在俯冲和上覆板块之间形成一个单剪式的剪切带。俯冲过程中来自洋壳和海沟的物质卷入剪切带，形成增生楔。增生楔中的岩层和岩石受到俯冲引起的高压变形和变质作用。当两个大陆（硅铝质板块）之间的洋壳完全消亡、两个板块直接接触时即进入碰撞期。这时从一侧板块上刮削下来的物质可以在另一侧板块的前缘堆积下来。两个板块发生碰撞时，相对汇聚速率可能突然降低。例如，印度板块和欧亚板块在碰撞时，二者的相对汇聚速率从碰撞前到碰撞后有了明显的降低。一般，板块的碰撞结合带由于地震多发而形成分布广泛的全球地震带。

bankuai qudongli

板块驱动力（driving force of plate movement）　驱动板块运动的作用力（力源或能源）以及维持板块运动的机制。这一问题至今并未有定论，并存在若干需要深入探索的问题。推动板块运动的力应该能为地震和火山作用提供能量，而铀、钍和钾的放射性衰变可能是唯一足够大的能源。这个问题直接同地幔和地壳的地球化学过程有关，也同地幔内的对流方式有关。关于驱动机制当前主要主要有四种模式，第一，地幔对流说；第二，地柱说；第三，下沉拖拉说，即认为板块在大洋中脊处向两侧滑动，是因为板块前缘冷却、加重、下沉引起的，这种下沉拖拉的力量比在中脊处的推挤要大 7 倍；第四，若干种力综合作用的结果。

bankuai xueshuo

板块学说（plate tectonic theory） 见【板块构造学说】

bankuai yundong

板块运动（plate movement） 岩石圈中各板块作为一个刚体不断的移动，是形成地球表面各种构造活动和形变的根本原因。板块学说认为，每个板块内部并未发生大的形变，而是发生水平移动。板块之间的相对运动可分为三种类型：分离运动；会合运动；平移运动（剪切运动）。板块运动的原因各家说法不一，归纳起来主要有两种：第一，地幔物质的上升流引起大板块边缘的增长和板块的分离；第二，在大板块的运动控制下引起中小板块的运动。两个板块在某时刻的相对运动，用围绕通过地球中心一个轴的旋转来表示，该轴与地表的交点叫作板块运动极。摩根（W. J. Morgan）等根据各地的地磁条带间隔、转换断层、断裂带的走向及板块边界地震的滑动矢量等，对若干个板块组合求出了相对的极和旋转速度。近几年，可利用 VLBI（甚长基线电波干涉仪）以几厘米的精度来测量远距离地点间的长度。板块运动机制问题至今尚未被圆满解决。板块运动驱动力一直是地质学家和地球物理学家最关注的问题。板块中不存在发动机，原动力主要来自下部软流层及板间的推挤。

bannei dizhen

板内地震（intraplate earthquake） 发生在大洋板块或大陆板块内部，远离现代板块边界的地震，主要指大陆板内地震。板内地震与新活动的构造有关。它具有震源浅、分布较零散、频度相对较低、灾害严重等特点。地学家的研究结果表明，虽然板块构造对板缘地震有较合理的解释，但对大陆上的板内地震，从力源、成因到构造分类等都未能有充分认识。中国绝大部分地区属于欧亚板块，是研究板内地震的典型地区。板内地震直接威胁人类生存，已成为地震界和地学界广泛重视的重要课题。

banqiang jiagufa

板墙加固法（masonry strengthening with concrete siding wall） 结构抗震加固的一种方法，在砌体墙表面浇注或喷射一定厚度的钢筋混凝土，形成抗震墙的加固方法。

banqiao wendingxing

板壳稳定性（stability of plates and shells） 板壳在外力作用下保持稳定的性能。在工程上，大量的采用薄的板壳型结构，其在压力作用下，会在内部应力远小于材料的屈服极限应力时，突然产生垂直于压力方向的位移而降低承载能力，甚至发生破坏，这种现象称为失稳、皱损或屈曲。板壳失稳是由侧向位移引起的，因而失稳属于刚度问题。由于研究板壳失稳问题而形成了板壳稳定性理论。

banyan

板岩（slate） 由黏土岩、粉砂岩或中酸性凝灰岩经轻微变质作用而成，主要由石英、绢云母、绿泥石等矿物组成的具有板状构造的变质岩。原岩为泥质、粉质或中性凝灰岩，沿板理方向可以剥成薄片。板岩的颜色随其所含杂质不同而变化。板岩强度不高、变形较大、节理发育、岩体破碎。

banzhu

板柱（sheet pile） 并排打入土中形成横截面形似板状的墙式支护结构，如钢板柱、钢筋湿凝土板桩等。它的特点是室内楼板下没有梁，空间通畅简洁，平面布置灵活，能降低建筑物层高。适用于多层厂房、仓库、公共建筑的大厅，也可用于办公楼和住宅等建筑。

banzhu jiegou

板柱结构（slab-column structure） 由楼板和柱（无梁）组成承重体系的房屋结构。例如，升板结构、无梁楼盖结构、整体预应力板柱结构等。

banzhu jianliqiang jiegou

板柱–剪力墙结构（slab column shearwall structure） 见【板柱–抗震墙结构】

banzhu-kangzhenqiang jiegou

板柱–抗震墙结构（slab-column-shear wall structures） 钢筋混凝土柱和抗震墙支承着无梁楼盖而构成的钢筋混凝土结构。该结构的受力特性和使用性能与钢筋混凝土框架–抗震墙结构基本相似，主要优点是便于利用建筑空间而且平面布置灵活，也称板柱–剪力墙结构。

banzhuang

板桩（sheet pile） 全部或部分打入地基中，横截面为长方板形的支承构件。例如，钢板桩、钢筋混凝土板桩等。

banzhuang matou

板桩码头（sheet-pile quay-wall） 由板桩、帽梁（或胸墙）、导梁和锚碇结构等所组成的靠船码头。

banzhuang qiang

板桩墙（sheet pile wall） 为防止土体崩塌而设置的连续板桩。在有些情况下，它是以锚杆的拉力和板桩下部的被动压力来承受墙背后土压力的板墙。

banzhuangshi dangtuqiang

板桩式挡土墙（sheet-pile retaining wall） 利用板桩挡土，依靠自身锚固力或设置帽梁、拉杆及固定在可靠地基上的锚碇墙等来维持稳定的挡土建筑物。

bangong jianzhu

办公建筑（office building） 办理行政事务和从事业务活动的建筑。主要包括办公室、公寓式办公楼、酒店式办公楼等。

banbochangfa

半波长法（half wavelength method） 利用瑞利波的传播特性测量土体的波速特性时，瑞利波随土体深度衰减很快。统计表明，大部分瑞利波在地面下的传播深度约为一个波长，该方法测得的波速值是大约半个波长深度内土层波速的平均值，因此，该方法称为半波长法。

bandaoti jiguangqi

半导体激光器（semiconductor laser） 激光器的一种，其工作物质为半导体，以砷化镓激光器较为成熟。其特点是效率高、体积小、重量轻、结构简单，可制成测距仪和瞄准器；其输出功率较小、定向性较差、受环境温度影响较大。

bandaoti yingbianji

半导体应变计（semiconductor straingauge） 电阻应变计的一种，利用半导体材料的压阻效应制成，可分为体型应变计和扩散型应变计两种。体型应变计的敏感栅由单晶硅或锗等半导体经切片和腐蚀等方法制成；扩散型应变计的敏感栅是将杂质扩散在半导体材料中制成。半导体应变计的优点是灵敏系数大，机械滞后和蠕变小，频率响应高；缺点是电阻温度系数大，灵敏系数随温度而显著变化，应变和电阻之间的线性关系范围小。

bandixiashi

半地下室（semi-basement） 室内地平面低于室外地平面的高度超过室内净高的1/3，且不超过1/2的半地下房间。

bangonglüdianfa

半功率点法（half power point method） 也称半功率法。根据强迫振动试验获得的幅频曲线或频响函数确定结构阻尼比的一种图解方法。

bangonglüfa

半功率法（half power method） 见【半功率点法】

banrouxing jiekou

半柔性接口（semi-flexible interface） 埋地管道接口的一种，是在承插式的刚性接口中以橡胶圈替换油麻嵌缝材料。常用的管道接口按构造形式分为承插式、套管式和法兰盘式，亦分为平口、企口连接方式；按变形能力可分为刚性、半柔性和柔性接口等。地震中管道接口是比管体更易遭受破坏的薄弱部位。

banwuxian tanxingti

半无限弹性体（semi-infinite elastic body） 具有水平边界，在界面下的任一方向都是无边界的弹性体；也可假设一个无限的弹性体，将其分为两个部分，每个部分都可以看成是半无限的弹性体。

banyiqifa

半仪器法（semi-instrumental survey） 采用罗盘仪等简单仪器确定方位、用步测估计距离来标测地质观测点的方法。

banzhongli shi dangtuqiang

半重力式挡土墙（semi-gravity retaining wall） 为减少圬工砌筑量而将墙背建造为折线型的重力式挡土建筑物。该挡土墙为了减少自身重量，靠自身重量和柔性结构来阻挡土的推力以保持墙体的稳定。

banzhudong biangangdu zhuangzhi

半主动变刚度装置（semi-active variable stiffness device） 设置在受控结构层间的一个变孔流体阻尼器。液压缸旁通回路上设有电磁阀开关，液压缸缸体由水平刚度为 k 的斜撑支撑于楼层下部；液压缸的活塞杆通过支架与楼层上部固定连接。在水平地震动作用下，受控结构层间发生相对运动，使活塞在缸体内滑动。此时，若调节电磁阀开关处于开启状态，则液压缸内的油液将由活塞带动经旁通回路自由流动，结构层间刚度不变。相反，若调节电磁阀开关处于闭锁状态，由于油液不可压缩，活塞在液压缸内不能移动，此时结构层间必然增加水平刚度 K。这样，只须实测结构振动状态，并按某种控制策略调节电磁阀的启闭状态，就可使结构体系改变刚度，达到控制地震反应的目标。

banzhudong bianzuni zhuangzhi

半主动变阻尼装置（semi-active variable damping device） 设置在结构层间的可调磁流变液阻尼器。当结构层间发生相对运动时，活塞将推动缸体中的磁流变液经旁通回路流动。改变旁通回路励磁线圈的磁场强度，磁流变液的性态将发生变化，产生不同的阻尼效应，故可按照某种控制策略调节磁场强度，达到改变阻尼并减小振动的目的。

banzhudong kongzhi

半主动控制（semi-active control） 借助少许能量调节控制装置、通过改变结构体系刚度或阻尼特性来抑制结构有害振动的理论和方法，也称参数控制。它是一种利用控制机构来主动调节结构内部参数，使结构参数处于最优状态的控制方法。半主动控制有变刚度控制、变阻尼控制和变摩擦控制等。一些文献中常将半主动控制称为主动变刚度（或变阻尼）控制。

banzhudong kongzhi suanfa

半主动控制算法（semi-active control algorithms） 调节半主动控制装置的状态以减小结构有害振动的策略和方法。半主动控制需调节控制装置的状态以改变受控体系的刚度或阻尼特性；主要表现为弹性恢复力、黏性阻尼力或摩擦力的变化，这些力的方向取决于控制体系的变位方向或速度方向。该算法有多种形式，各有特色。

baoqidai

包气带（vadose zone） 地表面与地下水面之间与大气相通的含有气体的地带。该带是大气水和地表水同地下水发生联系并进行水分交换的地带，也是岩土颗粒、水、空气三者同时存在的一个复杂系统，具有吸收水分、保持水分和传递水分的能力。

baoqidaishui

包气带水（aeration zone water） 赋存于包气带内的地下水，是地下水的一种存在形式，多为吸着水或薄膜水，重力水较少。该水受气候控制，季节性明显，变化大，雨季水量多，旱季水量少，甚至干涸；主要作垂直方向上的运动，如重力水常由上向下运动、毛细水由下向上运动；对农业有很大意义，对工程建筑有一定影响。

baoban lilun

薄板理论（theory of thin plates） 研究薄板在垂直于板平面的荷载作用下，或在垂直荷载与板平面内荷载的共同作用下的弯曲变形和内力的理论。薄板是指厚度远小于长度和宽度的板状物体。该理论研究的基本思路：根据有关变形假设，建立板弯曲后中面的挠度微分方程，并利用边界条件求解，得出板中面的弯曲面，进而算出板的内力分量，如弯矩、扭矩、剪力等。

baobi jiegou

薄壁结构（thin-walled structures） 由薄板、薄壳和细长杆件组成的结构，能以较小的重量和较少的材料来承受较大的荷载。薄壁结构的每个杆件都可能受到轴力、剪力和弯矩的作用，每块板和每个壳都可能受到弯矩、剪力以及中面内的拉力或压力的作用。若全面考虑上述各力的影响，分析和计算就会很困难。但多数工程中常用的薄壁结构属于薄板细杆结构和棱柱形薄壁结构，它们均可简化为适于数学处理的计算模型。

baobiliang

薄壁梁（thin-walled beam） 由薄板、薄壳及细长杆件组成的梁。其截面的最大尺寸远小于纵向尺寸，有的在横向还有坚硬的框架（如飞机机身的隔框和机翼的翼肋），以保证受力后横截面在自身平面内不产生大变形。由于薄壁梁中的材料被置于能够发挥承力作用的位置，在保证同样强度和刚度的前提下，它比实心梁轻得多，因此在飞行器和大型桥梁等结构中得到了广泛的应用。根据其截面几何形状的不同，可分为三种类型：截面中线为开曲线的称为开截面薄壁梁；截面中线为单连闭曲线的称为单闭截面薄壁梁；截面中线为多连闭曲线的称为多闭截面薄壁梁。

baobi qutuqi

薄壁取土器（thin wall sampler） 一种取土设备。内径一般为 75～100mm，面积比不大于 10%（内间隙比为 0）或面积比为 10%～13%（内间隙比为 0.5～1.0）的无衬管取土器。

baomo yingbianji

薄膜应变计（film strain gauge） 半导体应变计中用薄膜作敏感栅的应变计。该类应变计将金属、合金或半导体材料用真空镀膜、沉积或溅射方法在基底上制成一定形状的薄膜，其厚度从几十纳米至几万纳米不等。

baoqiao jiegou

薄壳结构（thin shell structure） 具有连续曲面形状的空间薄壁结构，大跨空间结构的一种，多采用钢筋混凝土制作。其按壳面形状不同，可分为有筒壳、圆顶薄壳、双曲扁壳、双曲抛物面壳、扭壳等。曲面薄壳主要承受荷载产生的中面内力，可充分利用材料强度；与传统的梁板结构相比，具有传力路线直接、自重轻、用料少的特点，并具承载与围护两种功能。该结构空间整体性好，适用于覆盖大跨度空间和各种建筑平面，但施工复杂。

baoqiao lilun

薄壳理论（theory of thin shells） 研究薄壳体在各种荷载作用下力学性能的理论，是弹性理论的分支学科。壳体也是结构力学的研究对象，壳体是由内、外两个曲面围成的物体，两个曲面称为壳体的表面。与两个曲面等距的点所形成的曲面称为壳体的中面；两曲面之间的中面法线长度称为壳体的厚度。一般壳体可用中面的几何形状和厚度来描述。中面封闭的壳体称为封闭壳体，否则称为开口壳体。开口壳体除了内外表面外，还有四周的边界面。最大厚度远小于中面曲率半径和另外两个方向尺寸的壳体称为薄壳。薄壳主要以沿厚度均匀分布的中面应力来承受外载，具有重量轻、强度高的优点，在航天、航空、造船、化工、建筑、水利和机械等工业中广泛应用。

baohedai

饱和带（saturated zone） 见【饱水带】

baohedu

饱和度（degree of saturation） 土中水的体积与孔隙体积的比值，是土重要的物理性质指标，以百分数表示。其值俞大，表明土孔隙中充水俞多。工程实际中，按饱和度常将土划分为稍湿（饱和度小于 50%）、很湿（饱和度在 50%～80%）、饱和（饱和度大于 80%）三种含水状态。

baohe quxian

饱和曲线（satration curve） 土击实试验所用试样的干密度和饱和含水率的关系曲线。该曲线根据击实曲线计算绘制，用以校核击实曲线的正确性。

baohetu

饱和土 (saturated soil)　孔隙全部为水所填满的土。该类土通常在地下水位以下，饱和度较高并且土中的空气以气泡形式存在于孔隙水中。

baohetu yehua

饱和土液化 (liquefaction of saturated soil)　地震时饱和粉细砂土由固态变为流态的现象。砂土液化是典型的地震地质灾害，是地震工程学研究的重要内容之一。

baohe zhongdu

饱和重度 (saturated unit weight)　土的孔隙全部被水充满时，单位体积土的重力，是土的饱和密度与重力加速度的乘积，它也可通过土的其他物理指标（例如土粒相对密度、孔隙比等）计算确定。它是土的一个重要的物理指标，是在计算地基承载力时必须要考虑的一个因素。

baoshuidai

饱水带 (water saturated zone)　地面以下岩土空隙全部被水充满的地带，通常在地下水位以下是，也称饱和带。由于该带中的地下水连续分布，能够传递静水压力，在水头差的作用下，可以发生连续运动。该带中的重力水是开发利用或排除的主要对象，也是水文地质学研究的重点。该带的岩层按其透过和给出水的能力，可分为含水层和隔水层。

baohuceng

保护层 (concrete cover)　见【混凝土保护层】

baohu jianzhu

保护建筑 (listed building for conservation)　具有较高历史、科学和艺术价值，作为文物保护单位进行保护的建筑物或构筑物。保护历史建筑，对继承和发扬优秀文化传统，对研究国家和民族政治、社会、经济、思想、文化、艺术、工程技术等方面的发展历史，均有重要意义。

baoshou xitong

保守系统 (conservative system)　机械能守恒的力学系统。如果质点在空间内任何位置都受到确定的力的作用，而力的大小和方向唯一决定于质点的位置，则这种力称为场力。如果作用于质点的场力所做的功只同质点的起始位置和终了位置有关，而同质点运动的路径无关，则质点所受的场力称为有势力或保守力。重力、万有引力、弹性力、静电学中的引力和斥力等都是保守力；摩擦力、流体黏滞力等都是非保守力。通常，在保守力和定常约束作用下的力学系统称为保守系统；在保守力和非定常约束作用下的力学系统，以及在保守和非保守力作用下的力学系统称为非保守系统。

baoyou shuiping nailifa

保有水平耐力法 (reserved horizontal seismic capacity method)　日本抗震设计中计算结构弹塑性地震反应的简化方法，是结构地震反应分析中的一种拟静力法。保有水平耐力是指为防止结构倒塌必须保持的水平抗力以及同时具备的塑性变形能力。该法可以考虑结构的不规则性，用能量等效准则来估计构件等效强度，用于大震作用下结构发生塑性变形后的抗震验算。

baopo

爆破 (blasting)　利用炸药在介质中爆炸所产生的压缩、松动、破坏、抛掷及杀伤作用，达到预期目标的一种技术。在土木工程中，是指药包或把炸药装在土石介质或结构物中爆炸时，使土石介质或结构物产生压缩、变形、破坏、松散和抛掷的现象，主要用于土石方工程，以及金属建筑物和构筑物的拆除等。

baopo dizhen

爆破地震 (explosion earthquake)　炸药在土层或岩层中爆炸或在核爆炸时所引起的与地震相类似的现象。爆炸激发出的波也在地球内部传播，即产生爆炸波。产生爆炸波的人工震源称为爆炸震源，它被广泛地用于地球物理勘测。

baopo jimifa

爆破挤密法 (explosive compaction method)　土体地基的一种处理方法，即利用爆炸的冲击和振动作用使可压缩土层得到挤密的一种加固地基的方法，也称爆破加密法。

baopo jiamifa

爆破加密法 (explosive compaction method)　见【爆破挤密法】

baopo youhai xiaoying

爆破有害效应 (adverse effects of blasting)　爆破时对爆区附近保护对象可能产生的有害影响。例如，爆破引起的振动、个别飞散物、空气冲击波、噪声、水中冲击波、动水压力、涌浪、粉尘和有害气体等。

baopo youfa dizhen

爆破诱发地震 (explosion induced earthquake)　由爆破（如采矿等大规模的爆破和地下核试验等大型爆破）引起的地震。这类地震一般震级小、震源深度浅。

baopo zhendong

爆破振动 (blast vibration)　爆破引起传播介质沿其平衡位置做直线或曲线往复运动的过程。

baopo zuoye

爆破作业 (blasting)　利用炸药爆炸产生的爆炸能量对介质做功，以达到预定工作目标的作业。井巷、隧道等掘进工程中的爆破作业称为掘进爆破；采用集中或条形硐室装药药包，爆破开挖岩土的爆破作业称为硐室爆破；在水中、水底介质中进行的爆破作业称为水下爆破。

baopo zuoye huanjing

爆破作业环境（blasting circumstances） 泛指爆区及其周围影响爆破安全的自然条件、环境状况。

baozha dizhenxue

爆炸地震学（explosion seismology） 运用地震学的观测技术和理论方法，研究人工爆炸引起的地震效应及其应用的地震学的分支学科。研究的目的主要在于测定地壳介质的物理性质，研究地壳分层构造和寻找石油等资源；研究的手段是人工爆炸产生的地震波，其优点在于人工爆炸产生的地震的爆炸能量、发震时刻以及震中位置可预先确定，从而提高了观测的精度，特别有利于在天然地震很少的地区进行地壳深部构造研究。此外，通过固定地震台网或根据需要布设的临时台网，对核爆炸等产生的地震波进行监测记录并开展分析研究工作，也是爆炸地震学的重要研究内容。

baozha hezai

爆炸荷载（explosion load） 由爆炸作用而形成的荷载，实际上也是冲击型荷载。其可从 2～4ms 上升到荷载峰值，之后很快衰减并可能出现负值。

baozha jiagong

爆炸加工（explosion working） 利用炸药爆炸的瞬态高温和高压，使物料高速变形、切断、相互复合（焊接）或物质结构相变的加工方法，包括爆炸成形、焊接、复合、合成金刚石、硬化与强化、烧结消除焊件残余应力等。

baozha zuoyong

爆炸作用（explosion action） 物质爆炸时对周围物体的各种机械作用。在地震工程学中，是指由爆炸通过空气或岩土介质的传播产生的冲击波、压缩波所引起的结构的动态作用或振动反应等。

beibanqiu

北半球（northern hemisphere） 地球上赤道以北的范围。在北半球，陆地面积占 39.3%；海洋面积占 60.7%，其冬季通常是当年 12 月至次年 2 月，夏季通常是 6 月至 8 月，与南半球的四季相反。

beibianjunguo dizhen

北边郡国地震（beibianjunguo earthquake） 发生于西汉绥和二年九月丙辰（公元前 7 年 11 月 11 日）的一次地震。据史书《汉书·五行志》记载，这次地震波及"自京师至北边郡国三十余处坏城郭，凡杀四百一十五人"。京师即今陕西省西安市。汉时北边郡国应包括今甘肃、陕西、山西、河北等省在内。史书对这次地震有"水出地动"的记载，这是目前中国可查阅资料在关于震前地下水异常变化的最早记载。

beiciji

北磁极（north magnetic pole） 地磁的北极，在北纬 79.3°、西经 71.5°（1996 年）。地磁极在缓慢移动，发生移动的原因目前不详。研究表明，在过去 150 年，地磁场强度减弱了 10%，但近期内地磁场不可能完全消失，地磁极使地球绕着地轴转动。几个世纪来，使用指南针的航海家需要学会区分地磁北极和地理北极，指南针的指针指的是地磁北极，而不是地理北极。

beihuiguixian

北回归线（Tropic of Cancer） 太阳在地球上的直射点在一年内到达的最北点所在的纬线，位于北纬 23°27′。每年 6 月 22 日左右受太阳光垂直照射，随后太阳直射点由此线向南移动（回归）。

beiji

北极（north pole） 地轴的北端与地面的交点，位于北冰洋中，位于北纬 90°，是所有经线的共同交点之一。

beijiquan

北极圈（arctic circle） 北纬 66°33′的纬线（圈），是北半球上发生极昼、极夜现象的最南界线。其以北地区，在北半球的冬至日，太阳终日不见；夏至日，太阳终日不没。

beitianshan dizhendai

北天山地震带（north Tianshan earthquake belt） 国家标准 GB 18306—2015《中国地震动参数区划图》划分的地震带，隶属新疆地震区。该带主要分布在天山北麓，东起哈密以东，向西延入哈萨克斯坦共和国境内，大体呈近东西向带状分布，包括了北天山强烈隆起区北部和天山北麓最新隆起，地壳厚度 45～55km，新构造时期以断块构造运动为主。北天山地震构造受哈萨克斯坦—准噶尔板块与华北—塔里木板块碰撞影响。主要地质构造走向为北西西向及北东东向，如博罗科努—阿其克库都克超岩石圈深断裂、清水河子断裂等，主要为逆断裂及右旋逆走滑断裂。地震活动具有活动强度大、频率低、西强东弱，时间上集中分布，空间上相对集中和东西对迁的特点。因该区西部位于境外，地震记录资料不全，历史地震缺失较多，最早记录是 1737 年哈密东 4¾级地震。现有数据显示，截至 2012 年 12 月，共记到 4.7 级以上地震 152 次。其中，5.0～5.9 级地震 73 次；6.0～6.9 级地震 12 次；7.0～7.9 级地震 4 次；8.0～8.9 级地震 1 次；最大地震是 1812 年 3 月 8 日发生在新疆尼勒克东的 8.0 级特大地震。该地震带本底地震的震级为 5.5 级，震级上限为 8.0 级。

beini'aofudai

贝尼奥夫带（Benioff zone） 由岛弧外侧的海沟向大陆方向倾斜向下延伸的现代活动地震的震源带，也称和达清夫—贝尼奥夫地震带。该带由日本地震学家和达清夫（K. Wadati）在 1935 年发现，之后经美国地震学家贝尼奥夫（H. Benioff）在 1954 年研究证实了该带的存在。板块构造理论问世后，将该带解释为板块俯冲的大洋岩石圈板块与上覆板块的接触带，认为是板块俯冲带的同义词。在该带上，由于地震多发而引起各国学者的广泛关注。

beini'aofu dizhendai

贝尼奥夫地震带（Benioff seismic belt） 在岛弧地区，浅震活动和深震活动联在一起，造成一个连续的、倾角约为 45°的震源带，由美国地震学家贝尼奥夫（H. Benioff）提出。这个带震源最深处可达 700km，最浅处还不及 20km。根据板块构造的观点，它的形成是岩石层俯冲到软流层的结果。

beiyesi fangfa

贝叶斯方法（Bayes method） 用于不确定性推理的一种系统的统计推断算法，也称贝叶斯统计。英国学者贝叶斯（T. Bayes）在 18 世纪首先提出了一种归纳推理的理论，以后的统计学者在此基础上发展了系统的统计推断方法，并形成了在数理统计中具有重要影响的贝叶斯学派。该方法包含了采用这一方法进行统计推断得出的全部结果，如贝叶斯风险、贝叶斯决策、贝叶斯估计、经验贝叶斯方法等。该方法是根据某一事件的先验概率来估计后验概率的方法，在自然科学领域和社会科学领域有广泛的应用。

beijing dizaosheng

背景地噪声（background ground noise） 大区域范围的平均正常地噪声，是指在发生、检查、测量、记录系统中出现的与有用信号无关的一切干扰，也称本底噪声。

beijing dizhen huodongxing

背景地震活动性（background seismic activity） 一个地区长期地震活动性的平均值或平均水平。地震活动性是指一个区域或某个地带有历史记载以来地震活动的程度，常用该区域或地带发生地震的次数（即频度）和强度来表示。一个地区的地震通常具有强烈活动和平静交替出现的特点。

beijing zhendong jiasudu zaosheng

背景振动加速度噪声（background acceleration noise） 地震台阵场地因长时间微小振动而产生的加速度噪声。

beixie

背斜（anticline） 褶皱面弯曲凸向地层由老变新方向，即核老翼新的褶皱。包括背形背斜和向形背斜。背斜和背形不同，背形只是形状向上弯曲，与地层无关。

beixing

背形（antiform） 形态向上弯曲的地层形状，它与地层新老顺序无关并与背斜的概念有本质的区别。

beixingxiangxie

背形向斜（antiformal syncline） 褶皱面弯曲上凸，即核部由新地层组成、两翼由老地层组成的褶皱。

beidong gezhen

被动隔振（passive vibro-isolation） 对于允许振幅很小、自身无振源、需要保护的设备，为了减少周围振动对它的影响，使用隔振器将它与基础隔离开来，以减少基础传到设备的振动的措施，也称消极隔振。它是精密仪器设备的隔振的一种形式，主要指自身无振源的精密仪器设备的隔振。使其尽量少的接受外界的振动能量。

beidong kongzhi

被动控制（passive control） 不需要外部提供能源，控制体系不含信号采集与反馈控制系统，仅依靠结构与控制系统来改变结构动力特性的控制方法。实质就是在结构体系中设置无源控制器件，通过改变结构体系动力特性来减小结构有害振动的理论和方法，通常含隔震和消能减振。

beidong kongzhi jishu

被动控制技术（passive control technique） 一种无需外界能源支撑的结构振动控制技术，含隔震技术和消能减振技术。该技术为适应人类社会经济的发展而产生，由于不断地吸取材料科学、机械工程、土木工程等新的科技成果而迅速发展。土木工程的被动控制研究历经百年，至今已成为结构抗震和抗风领域的重要关键技术。

beidong tuyali

被动土压力（passive earth pressure） 挡土墙（或类似的挡土结构）向填土方向移动或转动时，土体处于向上滑动临界状态下对墙体的极限推力。被动土压力数值根据土体极限状态下力的平衡方程求解而得到，常用的方法有朗肯（W. J. M. Rankine）土压力理论和库仑（C. A. de. Coulomb）土压力理论。

beidong tuyali xishu

被动土压力系数（coefficient of passive earth pressure） 被动土压力强度与其竖向有效应力的比值。该系数是计算被动土压力强度和总土压力的必备参数，其数值的大小和正确性是基坑支护设计成败和是否经济可靠的重要因素。

bendi dizhen

本底地震（background earthquake） 地震区或地震带内没有明显构造标志的，不能归入潜在震源区的最大地震。该地震是地震安全性评价的一个重要参数，其强度依据历史地震资料由经验判断，一般取略高于中小地震的震级。

由于各地的地震构造条件不同，所以该地震的强度也不尽相同。在概率地震危险性评定中，可用以工程场地为中心的圆或环形面源来考虑本底地震的影响。

bendi zaosheng
本底噪声（self-noise）　见【背景地噪声】

ben'gou fangcheng
本构方程（constitutive equation）　描述介质的应变或应变速率与应力、温度、时间及其他相关因素之间的函数关系式，是反映物质宏观性质的数学模型，连续介质力学和流变学的重要研究课题就是在归纳宏观实验结果的基础上，建立有关物质的本构方程也称本构关系。最熟知的本构方程有胡克（Robert Hooke）定律、牛顿（Isaac Newton）黏性定律、理想气体状态方程和热传导方程等。建立本构方程或本构关系时，为保证理论的正确性，须遵循本构公理。

ben'gou guanxi
本构关系（constitutive relations）　见【本构方程】

ben'gou moxing
本构模型（constitutive model）　用于描述试件材料的应力—应变关系的数学模型。按性质可分为弹性模型、刚塑性模型、弹塑性模型、黏弹性模型、黏塑性模型和弹黏塑性模型等，与之相应的性质常由模型参数表示，在岩土力学中应用较为广泛。材料的应力—应变关系比较复杂，具有非线性、黏弹塑性、剪胀性、各向异性等，同时应力水平、应力历史以及材料的组成、状态和结构等均对其有影响。该模型的建立是材料科学的核心内容之一。

beng'an
崩岸（bank collapse）　在水流作用下，岸坡坡脚被水冲刷加深，岸坡变陡达到一定程度后，在重力作用下失去稳定的崩塌现象，其发展可使河床产生横向变形。其一般分为条形倒崩、弧形坐崩和阶梯状崩塌等类型。

bengjiexing
崩解性（slaking）　岩土在浸水一定时间后，其结构破坏和强度丧失，导致崩解离散的性状，是某些岩土的一种特殊性质。也称湿化性。

bengta
崩塌（collapse）　陡坡或悬崖上的岩土在重力或地震力作用下，脱离开母体突然向下加速崩落或滚落（跳跃），堆积于坡脚的现象。它是岩土体以张性破裂为主的斜坡破坏，包括小规模的块石坠落（滚石）和大规模的山崩（岩崩）。按岩土性质可分为岩崩和土崩，通常发生在厚层坚硬脆性岩土体中，岩土结构和构造对其形成影响很大；地形条件和风化作用与其形成直接有关。崩塌体的垂直位移一般大于水平位移，这是崩塌和滑坡的主要宏观区别。大规模的崩塌会形成毁灭性的灾难。

bengta guimo dengji
崩塌规模等级（class of rockfall scale）　根据可能崩塌体（危岩）或崩塌堆积体的体积划分的崩塌等级。通常分为以下四级：
特大型，崩塌积体大于 $100×10^4 m^3$；
大型，崩塌积体 $100×10^4 m^3 \sim 10×10^4 m^3$；
中型，崩塌积体 $10×10^4 m^3 \sim 1×10^4 m^3$；
小型，崩塌积体小于 $1×10^4 m^3$。

bengta zaihai
崩塌灾害（avalanche disaster）　指陡峻斜坡上的岩土体在重力作用下突然脱离母体，迅速崩落滚动，而后堆积在坡脚或沟谷，危害人类生命财产和工程安全的灾害。

bi'ao gujielilun
比奥固结理论（Biot's consolidation theory）　由比利时科学家比奥（M. A. Biot）提出的饱和土体在三维条件下（包括动力条件下）受荷载后，满足变形协调条件，无须假设在固结过程中三个正应力之和为常数的超静孔隙水压力消散规律的理论。

bi'ao lilun
比奥理论（Biot's theory）　一种描述多相介质中地震波传播理论的模型。用相互连接的等轴状颗粒描述双相介质中的固体骨架，典型的等轴状颗粒就是球体。通过该理论区分了固体颗粒的位移矢量与孔隙流体的平均位移，描述了体积元内二者之间的相对运动和波动场，导出了双相介质中的地震波传播方程，解剖了这一类孔隙介质弹性波动理论，揭示了砂岩孔隙储层中弹性波动的一般规律。

bi biaomianji
比表面积（specific surface area）　单位体积或单位质量土颗粒的总表面积。一般，土的颗粒越细，比表面积越大。

bi guanru zuli
比贯入阻力（specific penetration resistance）　反映土体坚硬程度的指标。它是静力触探单桥探头贯入土中的总贯入阻力与探头水平投影面积之比。越大表示土体越坚硬；比贯入阻力越小表示土体越松软。

bijiao zhendong jiaozhun
比较振动校准（comparison vibration calibration）　评价待校准拾振器动力性能的方法。将待校准拾振器（或测振系统）与参考拾振器（标准拾振器）进行比较，确认其动态性能。参考拾振器（或标准拾振器）是经绝对校准或高一级精度的比较校准拾振器。

bilichi

比例尺（scale） 图上距离比实际距离缩放的程度，是图上一条线段的长度与地面相应线段的实际长度之比。比例尺通常有三种表示方法：一是数字式，用数字的比例式或分数式表示比例尺的大小；二是线段式，在地图上绘制一条线段，并标明图上 1cm 所代表的实际距离；三是文字式，在地图上用文字标出图上 1cm 所代表的实际距离。

bili jixian

比例极限（proportional limit） 材料在线弹性变形阶段，应力—应变曲线图中直线段的最大应力值。材料在弹性阶段分成线弹性和非线弹性两个部分，线弹性阶段材料的应力与变形完全为直线关系，其应力最高点为比例极限。它是材料在不偏离应力与应变正比关系（胡克定律）条件下所能承受的最大应力。

bili zuni

比例阻尼（proportional damping） 与刚度和质量等结构动力参数成比例关系的阻尼，如瑞利阻尼、柯西阻尼和复阻尼等。在动力体系分析中，也有更简单的比例阻尼形式。例如，由刚度矩阵乘以某个常数构成的阻尼矩阵称为刚度比例阻尼矩阵；由质量矩阵乘以某个常数构成的阻尼矩阵称为质量比例阻尼矩阵。严格地讲，结构体系的比例阻尼矩阵只有在系统质量和刚度分布均匀、结构各部分由相同材料构成、耗能特性无明显差别的情况下才适用。不满足这些条件的结构体系，如土—结相互作用体系、隔震和消能减振体系等，必须应用非比例阻尼矩阵描述其耗能特性。非比例阻尼矩阵可由叠加动力特性不同的子结构的阻尼矩阵形成。

bili zuni juzhen

比例阻尼矩阵（proportional damping matrix） 在体系动力反应分析中，若假定阻尼矩阵 $c = \beta k$，则构成刚度比例阻尼矩阵，也称 β 阻尼；若假定阻尼矩阵 $c = \alpha m$，可构成质量比例阻尼矩阵，也称 α 阻尼。在实际应用中，系数 α 和 β 宜以动力反应中最主要的振动频率和相应的阻尼比确定。

binifa

比拟法（analogy method） 根据两种物理现象之间的比拟关系，通过一种物理现象的观测实验，研究另一种物理现象的方法，是实验应力分析常用的一种方法。如果两种（或两种以上）物理现象中有可用形式相同的数学方程描述的物理量，那么它们之间便存在比拟关系，比拟法即因此得名。该法的优点是用一种较易观测试验的物理现象，模拟另一种难以观测试验的物理现象，可使试验工作大为简化。在实验应力分析领域中，常用薄膜比拟、电比拟、电阻网络比拟和沙堆比拟等方法。

bizhongpingfa bizhong shiyan

比重瓶法比重试验（specific gravity test with pycnometer method） 根据阿基米德（Archimedes）原理，将一定质量的粒状岩土干试样置于比重瓶内，再向瓶内注水并求颗粒体积，测定岩土颗粒比重的试验。

bixiaopu jianhua tiaofenfa

毕肖普简化条分法（Bishop's simplified method of slice） 在土坡稳定分析条分法基础上，由毕肖普（A. W. Bishop）提出的假定土条间的剪应力总和为零，只考虑条间水平力的计算土坡稳定性的方法。

bihuan jidian buchangshi suduji

闭环极点补偿式速度计（closed-loop pole compensation velocity transducer） 利用闭环极点补偿电路处理高频地震检波器输出信号的速度传感器。

bihuan kongzhi

闭环控制（closed-loop control） 主动控制的一种，是基于结构振动反应监测的主动控制，也称反馈控制。基于外界环境干扰监测的主动控制称为前馈控制或开环控制，结构地震反应主动控制多为反馈控制；结合开环控制和闭环控制的主动控制称为开—闭环控制。

bichu

壁橱（closet） 建筑室内与墙壁结合而形成的落地储藏空间，也称壁柜。

bigui

壁柜（wardrobe） 见【壁橱】

bizhu jiagufa

壁柱加固法（brick column strengthening with concrete columns） 在砌体墙垛（柱）侧面增设钢筋混凝土柱，形成组合构件的加固方法。

bi'nanceng

避难层（refuge storey） 建筑高度超过 100m 的高层建筑，为了消防安全而专门设置的供人们疏散避难的楼层。

bi'nan changsuo

避难场所（emergency congregate sheltering site） 见【防灾避难场所】

bi'nan danyuan

避难单元（sheltering space unit） 避难场所中，根据避难人数、设施配置、自然分隔和避难功能等要素所划分的独立成体系的空间单元。

bi'nan jianzhu

避难建筑（emergency congregate sheltering structure） 避难场所内为避难人员提供宿住或休息和其他应急保障及使用功能的建筑。

bi'nan rongliang

避难容量（sheltering accommodation capacity） 避难场所与各种设施的容量、数量、用地面积相匹配的可容纳责任区避难人员的数量。

bi'nan suzhu danyuan

避难宿住单元（sheltering accommodation unit） 在固定避难场所中，采用常态设施和缓冲区分割、用于避难人员宿住的避难单元，简称宿住单元。

bi'nan suzhuqu

避难宿住区（sheltering accommodation area） 在固定避难场所中，用于避难人员宿住、由避难宿住单元和配套设施组成的功能片区，简称宿住区。

birang juli

避让距离（setback distance） 为了保证安全，人为规定的建筑物或构筑物与活动断层破裂带边界之间应分隔开的最小安全间隔。

bizhen shusan changsuo

避震疏散场所（seismic shelter for evacuation） 地震时受灾人员疏散的场地或建筑。通常划分为以下三种类型：第一，紧急避震疏散场所，供避震疏散人员临时或就近避震疏散的场所，也是避震疏散人员集合并转移到固定避震疏散场所的过渡性场所，可选择城市内的公园、广场、绿地和高层建筑中的避难层（间）等。第二，固定避震疏散场所，供避震疏散人员较长时间避震和进行集中性救援的场所，可选择面积较大、人员容置较多的公园、广场、体育场馆、大型人防工程、停车场、空地、绿化隔离带以及抗震能力强的公共设施、防灾据点等。第三，中心避震疏散场所，规模较大、功能较全、起避难中心作用的固定避震疏散场所，场所内一般设有抢险救灾部队营地、医疗抢救中心和重伤员转运中心等。

bianjie danyuanfa

边界单元法（boundary element method） 将欲求解的应力场、速度场、温度场、渗流场、化学场等连续的物理系统的边界，剖分成有限个单元，以单元节点来代替连续边界，由积分转换原理选用满足控制方程和边界条件的势函数，对微分算子进行离散，导出边界上的线性代数方程组，从而达到求解系统偏微分方程的数值分析方法。

bianjie tiaojian

边界条件（boundary condition） 在物理边界和人为边界上，方程的解应满足的条件，通常是指边界的形状、边界所受的外力，以及外界给予它的位移限制，它的性质与外界及研究对象本身的性质和运动都有关系。通常把研究对象以外的其他物体称为外界；把属于研究对象本身并且与外界直接接触的那些接触面称为边界。

bianpo huanjing

边坡环境（slope environment） 边坡所处的自然和人文环境，是边坡影响范围内或影响边坡安全的岩土体、水系、建（构）筑物、道路及管网等的统称。

bianpo tahuaqu

边坡塌滑区（landslip zone of slope） 计算边坡最大侧压力时潜在滑动面和控制边坡稳定的外倾结构面以外的区域。

bianpo wending xishu

边坡稳定系数（slope stability coefficient） 边坡滑动面上的抗滑力与作用效应（下滑力）的比值，是表征边坡稳定性的参数。稳定性系数小于1，边坡处于不稳定状态；稳定性系数等于1，表明边坡处于极限平衡状态；稳定性系数大于1，边坡处于稳定状态。

bianpo zhengti wending anquan xishu

边坡整体稳定安全系数（safety factor of slope） 边坡整体滑动面上的抗滑力（矩）与滑动力（矩）的比值。其值越大，表明边坡越稳定；反之亦然。

bianpo zhihu

边坡支护（slope retaining） 为保证边坡稳定及其环境的安全，对边坡采取的结构性支挡、加固与防护等工程措施的行为。

bianyuan dizhen

边缘地震（marginal earthquake） 在板块边缘发生的地震。该地震可分三类：第一类为大洋中脊边缘地震，为分散的接缝；主要由张力作用产生地震，震源浅、地震带窄、活动水平低，地震震级小。第二类为岛弧海沟系边缘地震，为板块汇聚的接缝；主要是挤压型作用力产生的地震，地震带较宽，深源地震多发生于此，地震活动水平高，地震震级大。第三类为转换断层边缘地震，为剪切的接缝；主要是切向应力作用形成平移断层，板块相互作侧向滑动。地震仅发生在海岭上或两段海岭之间的断裂带上，地震震源浅，震级有时很大。

bianshao xiaoying

鞭梢效应（whipping effect） 结构顶部或顶部局部的突出物在地震作用下产生比其他部分更强烈的振动反应、振幅剧烈增大甚至发生破坏的现象。该效应常发生于房屋的女儿墙、出屋面烟囱、避雷针、天线塔架、屋顶建筑、高耸结构的顶部或其他工程结构的顶部突出物以及高层建筑顶部等部位。

bianchan cezhang shiyan

扁铲侧胀试验（dilatometer test） 将扁铲形的探头贯入土中，用气压使扁铲侧面的圆形钢模向孔壁扩张，根据压力与变形关系，测定土的模量及其他有关工程特性指标的原位测试试验。

bianqianjindingfa
扁千斤顶法（flat jack technique）　在岩体试验部位开凿狭缝，设置扁千斤顶，对狭缝两侧岩体施加压力，以研究岩体变形与压力的关系，求取岩体变形指标的原位试验方法。

bianshi yeyadingfa
扁式液压顶法（the method of flat jack）　用扁式液压千斤顶在普通砖墙体上进行抗压测试，检测砌体的压应力、弹性模量、抗压强度的方法。

bianfen fangfa
变分方法（variational method）　以变分学和变分原理为基础的近似计算方法，是解决力学和其他领域问题的有效数学工具。变分原理就是以变分形式表述的物理定律，即在所有满足一定约束条件的可能物质运动状态中，真实的运动状态应使某物理量取极值或驻值。

bianfu jiazai
变幅加载（variable amplitude loading）　结构抗震试验中位移控制的一种加载方式，即在加载的过程中，循环荷载的峰值随加载时间变化而变化的加载方式。该加载方式一般应用于结构或材料的全过程试验，旨在研究荷载幅值对结构形态的影响。

biangangdu kongzhi
变刚度控制（variable stiffness control）　结构半主动控制的一种类型，即在实测结构振动状态的基础上，按某种控制策略来控制和调节电磁阀的启闭状态，使结构体系改变刚度，达到控制地震反应的目标。

biangangdu kongzhi suanfa
变刚度控制算法（variable stiffness control algorithm）　常用的半主动变刚度控制算法为开关算法。变刚度装置的弹性恢复力为 $u = -g \cdot D$，D 为变刚度装置的实测相对位移，一般即为装置所在结构层间的相对位移。g 为增益系数，当 $g = K$ 时，$DV \geqslant 0$；当 $g = 0$ 时，$DV < 0$。V 为实时测量得到的变刚度装置的相对速度；K 为装置所能提供的附加刚度。可见，当结构运动偏离平衡点时，利用附加刚度来减缓这一趋势；当结构运动返回平衡点时，撤消附加刚度以减少返归平衡点时的速度。显然，这一体系只有简单的"开"或"关"两种控制状态。

biangangdu tiaoping sheji
变刚度调平设计（optimized design of pile foundation stiffness to reduce differential settlement）　考虑上部结构形式、荷载和地层分布以及相互作用效应，通过调整桩径、桩长、桩距等改变基桩支承刚度分布，以使建筑物沉降趋于均匀、承台内力降低的设计方法。

biangangdu zhuangzhi
变刚度装置（variable stiffness device）　调节结构体系或构件刚度的半主动控制装置。该装置设置于结构层间，由可控液压缸和支撑组成。液压缸缸体由刚性斜撑与下部结构固定，活塞杆与上部结构连接。液压缸设旁通油路，回路中设有伺服阀。油路完全关闭时，结构具有最大刚度，油路开启时，结构刚度减小。通过控制油路的开闭，可以改变结构体系的刚度。

bianhua cichang
变化磁场（geomagnetic variation field）　外界干扰下地球磁场的微小变化。它起源于地球外部的各种短周期的地磁变化，是地磁场的微弱成分。

bianjianxixing dianwoliu weiyiji
变间隙型电涡流位移计（variable gap type eddy current displacement meter）　电涡流位移计的一种类型。该位移计可测量物体表面法向与位移计线圈之间的距离变化。从结构上大致可将其分为变间隙型和变面积型两种，后者线性范围比前者大，线性度高。

bianjiegou kongzhi
变结构控制（variable structure control）　通过控制力可将结构运动引入滑移面并沿滑移面稳定趋向原点的主动控制算法，也称滑动模态控制。该算法与线性二次型优化控制和线性二次型 GAUSS 优化控制算法不同，不仅适用于线性结构，也可用于非线性结构。

biankong liuti zuniqi
变孔流体阻尼器（variable-orifice damper）　控制黏性液体流动，调节阻尼和刚度的装置，是常用的半主动控制装置，一般由液压缸、活塞、活塞杆、黏滞流体和变孔阀（控制阀）的旁通回路组成。在使用中，缸体和活塞杆分别与被控结构可产生相对变位的构件相连接，结构的相对变位将带动活塞在缸体内运动，利用变孔阀改变液体流动状态，则可调节附加刚度和阻尼。

bianmoca kongzhi
变摩擦控制（variable friction control）　改变控制力大小的一种控制方式，是结构半主动控制的一种类型；它既可以改变摩擦系数，也可以改变正压力。

bianmoca kongzhi suanfa
变摩擦控制算法（variable friction control algorithm）　该算法与变阻尼控制算法思路相同（见变阻尼控制算法），只需将变阻尼控制算法中的阻尼系数 C 换成摩擦力 F。

bianpodian

变坡点（grade change point） 路线纵断面上两相邻坡度线的相交点。城市道路变坡点在交叉路口可以设凸曲线，不能设凹曲线；坡度一般不大于 2%。

bianshuitou shentou shiyan

变水头渗透试验（falling head permeability test） 通过观测水头随时间的变化来测定弱透水性土试样渗透系数的试验。

biansu chedao

变速车道（speed-change lane） 高速公路、城市快速路等道路上的加速车道和减速车道的总称。变速车道主要应用于平面交叉信号的交叉口、互通式立体交叉、高速公路的服务区和公共汽车停靠站、管理与养护设施等与主线衔接出入口处。由于各自的使用特点不同，其几何设计要求不尽相同。

bianxing

变形（deformation） 物体因受力使内部质点间相对位置发生改变而导致的形状和体积的变化。物体所受的力主要包括由应力、热膨胀、冷缩、化学转换、相态转换或水分变化引起的收缩和膨胀。岩土变形的基本方式有压缩、拉伸、剪切、弯曲和扭转五种。力学中一般不把破裂归入变形的范畴，但构造地质学中，习惯把断裂和褶皱等构造形迹都泛称为变形或形变。

bianxing erjie xiaoying

变形二阶效应（secondary effect of deformation） 结构或构件在重力和地震作用下引起的水平位移使重力对结构或构件产生附加内力，此附加内力又进而影响位移的现象，习惯上，常称为 $P-\Delta$ 效应。

bianxing fenxi

变形分析（deformation analysis） 对地基、基坑、边坡、隧道等工程，应力变化导致的岩土压缩、松弛、位移等变形进行的计算和分析。

bianxingfeng

变形缝（deformation joint） 防止建筑物在某些因素作用下引起开裂甚至破坏而预留的构造缝，是伸缩缝、沉降缝和防震缝的总称。

bianxing jiance

变形监测（deformation supervision） 对地表和地下一定深度内的岩土体与其上的建筑物和构筑物等的位移、沉降、隆起、倾斜、挠度、裂缝等微观、宏观现象，在一定时期内进行周期性的或实时的测量工作。

bianxing kongzhi

变形控制（deformation control） 在抗震试验中设置的以变形值的倍数为级差的加载控制方法。

bianxing moliang

变形模量（deformation modulus） 材料在单向受拉或受压，且应力和应变呈非线性或部分线性和部分非线性关系时，截面上正应力与对应的正应变的比值。岩土工程中是指土体在单一主应力增加时，主应力增量与该方向产生的主应变增量之比。

bianxingneng

变形能（strain energy） 物体由于变形而储存的能量，通常是指构件由于弹性变形而储存的应变能。

bianxingti

变形体（deformable rock mass） 岩土工程中的变形体是指受重力作用，未形成清晰滑移或崩塌的地质分离体，在开挖等人工扰动下，即易转化为滑坡或崩塌。

bianxing yansuan

变形验算（deformation check） 根据地震作用效应和与其他荷载效应的组合，对结构的变形进行验算，是建筑结构抗震验算的重要内容之一。通常分为结构层间变形验算、最大总变形验算和相邻建筑防碰撞间隔的验算等。

bianyi xishu

变异系数（variation coefficient） 随机变量标准差与其平均值的绝对值的比值。它表示随机变量取值的相对离散程度。

bianzhiyan

变质岩（metamorphic rock） 由变质作用形成的岩石，是地球上已存在的三大岩类之一。受构造事件或热事件的影响，岩石所处环境的温度、压力、流体等自然条件发生了变化，原先存在的岩浆岩、沉积岩、变质岩经历了变质（重）结晶作用后，不仅岩石结构和构造发生了变化，而且岩石中的矿物种类、矿物成分也发生了明显变化。该岩石一般形成于地下较深部位，包括从上地壳到上地幔 5～200km 的深度范围。按照变质作用类型和成因，一般可分为区域变质岩、热接触变质岩、交代变质岩、动力变质岩、气液变质岩、冲击变质岩等。该类岩石一般强度较高、变形较低、抗风化能力强，有些是良好的建筑材料。

bianzhi zuoyong

变质作用（metamorphism） 在高温高压条件下，使岩石的矿物成分、结构、构造发生质的变化，成为一种新岩石的地质作用。

bianzuni kongzhi

变阻尼控制（variable damping control）　按照某种控制策略来调节磁场强度，改变结构的阻尼并产生不同的阻尼效应的振动控制方法，是结构半主动控制的一种类型，它的目的是控制和减小结构的振动。

bianzuni kongzhi suanfa

变阻尼控制算法（variable damping control algorithm）半主动控制算法的一种类型，半主动变阻尼控制算法有简单 Bang-Bang 算法和优化 Bang-Bang 算法两类。简单 Bang-Bang 算法只有两种控制状态，也称开关算法或两阶段算法。该算法可实现的附加变阻尼系数为：若 $x\dot{x}>0$，则 $C=C_{max}$；若 $x\dot{x}\leq0$，则 $C=C_{min}$。这里 C_{max} 和 C_{min} 分别为阻尼器可实现的最大和最小附加黏滞阻尼系数，x 和 $\dot{x}$ 分别为实时测量的结构振动的相对位移和相对速度。优化 Bang-Bang 算法为：若 $u\dot{x}<0$，则 $C=C_{max}$；若 $u\dot{x}\geq0$，则 $C=C_{min}$。可见，当虚拟优化控制力与结构运动速度方向相反时，指令变阻尼装置提供最大附加阻尼力；反之，当虚拟优化控制力与结构运动速度方向相同时，变阻尼装置不可能实现相应优化控制力，只能指令其提供最小附加阻尼。此外，还有一类变阻尼优化算法，即限界 Hrovat 算法。

bianli guocheng

遍历过程（ergodic process）　具有一定遍历性的随机过程，也称各态历经随机过程。遍历是指多个样本函数的总体统计特征等于任意一个样本在较长时间段内的时间统计特征。由于实际应用中进行大量观测通常都比较困难，而单一样本函数比较容易获得，因此遍历随机过程理论在实际中被广泛应用。

biaogao

标高（normal height）　通常指某一确定位置相对于 ±0.000 的垂直高度。在建筑工程中，标高（elevation）通常是指以某一水平面作为基准面，并将其作为零点（水准原点）来计算地面（楼面）至基准面的垂直高度。

biaoguan jishu

标贯击数（SPT blow count）　见【标准贯入试验】

biaoguan shiyan

标贯试验（standard penetration test）　见【标准贯入试验】

biaoliang dizhenju

标量地震矩（scalar seismic moment）　定量衡量地震规模的物理量，简称地震矩。在数值上等于地震断层面附近介质的剪切模量、破裂面的面积和在该面积内发生的平均位错量三者的乘积。

biaoqian liedu

标签烈度（label intensity）　用不同颜色标记破坏程度不同的房屋，并以此资料为基础评定的烈度。在 1994 年美国洛杉矶北岭地震的现场震害调查中，对大量房屋进行现场安全鉴定时使用了该方法，以安全（绿色）、有限使用（黄色）、危险（红色）三档标记破坏程度不同的房屋。

biaozhiceng

标志层（marker bed）　在地层中，一层或一组与上下相邻地层具有显著差别并可以明确识别的岩层，是划分地层的重要标志。这种显著标志可以通过某种特殊的地层属性（如岩性、化石、地层结构构造，甚至颜色等）明确表达出来，在野外或室内借助一定的手段进行明确识别，一般应具有稳定的地层层位且地理分布广泛。

biaozhun buquedingdu

标准不确定度（standard uncertainty）　以标准偏差表示的测量不确定度。测量不确定度是表征合理的赋予被测量之值的分散性，与测量结果相联系的参数。

biaozhunceng

标准层（key bed）　在地质学中，是指地层中具有明显特征和独特标准、可作为地层追踪或对比的岩层，也称标志层。它应当具有所含化石和岩性特征明显、层位稳定、分布范围广、易于鉴别的特点。该层在地质学和工程地质学中有重要的意义。在建筑物中，标准层（typical floor）是指平面布置相同的楼层。

biaozhuncha

标准差（standard deviation）　表示随机变量取值离散程度的指标。其值为随机变量方差的正二次方根；其值越大表示数据越离散。

biaozhun dongjie shendu

标准冻结深度（standard freezing depth）　地面平坦、裸露在城市之外的空旷场地中，不少于 10 年的实测最大冻结深度的平均值，简称标准冻深。它是冻土地区工程设计的重要资料，行业标准 JGJ 118—2011《冻土地区建筑地基基础设计规范》给出了中国季节冻土标准冻深线图和中国融化指数标准值等值线图。

biaozhun fanyingpu

标准反应谱（normalized response spectrum）　用地震动峰值或其他相关参数归一化的反应谱，也称正规反应谱。在确定设计反应谱时，需给出同类别场地反应谱的平均特性。由于不同强地震动时程的加速度峰值不同，反应谱也存在差别。为便于比较，可将反应谱归一化。常用于反应谱归一化的有四个物理量：一是谱强度，调整反应谱使给定周期段下的反应谱面积相等；二是地震动幅值，将反应谱值除以相应的地震动幅值参数，如加速度峰值、速度峰值、位移峰值等；三是对加速度反应谱，用有效峰值加速度或均方根加速度；四是对速度反应谱用有效峰值速度，对加速度反应谱最常用的归一化的物理量是加速度峰值，这是各类抗震规范设计反应谱常见的形式。

biaozhun guanru chuijishu jizhunzhi
标准贯入锤击数基准值（reference value of standard penetration resistance） 对于给定地震烈度，将地下水位为 2m、土层埋深为 3m 处的液化标准贯入锤击数临界值作为该地震烈度液化判别的基本参考值。

biaozhun guanru chuijishu linjiezhi
标准贯入锤击数临界值（critical value of standard penetration resistance） 以标准贯入试验来判断地基土液化与否的一项经验指标。

biaozhun guanru shiyan
标准贯入试验（standard penetration test） 动力触探试验的一种，即将一定规格的贯入器打入土中，根据入土的难易程度，判别地基土密实程度和物理力学性质的一种原位试验方法，简称标贯试验。该方法是在已有钻孔内，用重为 63.5kg 的穿心锤，以 76cm 落距自由落下，将标准规格的贯入器自钻孔的孔底预打 15cm，测记再打入土中 30cm 的锤击数 N 值，此锤击数即为标准贯入锤击数，简称标贯击数。

biaozhun guiju tielu
标准轨距铁路（standard gauge railway） 铁路的路轨在直线地段的轨距为 1435mm 的铁路。轨距是指钢轨面以下规定距离处，左右两根钢轨头部内侧之间的最短距离。1937 年，国际铁路联盟在制定了 1435mm 的标准轨距，即普轨（等于英制的 4 英尺 8½英寸），轨距比标准轨距更宽的称为宽轨，更窄的则称为窄轨。世界上大约 60% 的铁路的轨距是标准轨。

biaozhun rongshen
标准融深（standard thawing depth） 衔接多年冻土地区，对非融沉黏性土在地表平坦、裸露的空旷场地中不少于 10 年实测最大融深的平均值。

biaozhun shefanglei
标准设防类（standard precautionary category） 建筑抗震设防分类中的一种类型，指大量的按照标准要求进行设防的建筑，简称丙类建筑。

biaozhun shizhenqi
标准拾振器（standard vibration pick-up） 经绝对校准或高一级精度的比较校准的拾振器，也称参考拾振器。它是在比较振动校准中使用的拾振器，用以比较待校准的拾振器（或振动系统），确认其动态性能。

biaozhun wucha
标准误差（standard error） 见【均方根误差】

biaozhun zhendongtai
标准振动台（standard vibration table） 校准和标定测振仪器振动量值的振动台，是拾振器动态参数校准的振动标准装置，是低频和超低频振动标准装置的低频激振部分。

biaozhunzhi
标准值（nominal value） 建筑荷载的基本代表值，通常为设计基准期内最大荷载统计分布的特征值（如均值、众值、中值或某个分位值）。也有把标准值定义为与随机变量分布函数 0.05 概率（具有 95% 保证率）相应的值，称为 0.05 分位值。

biaozhun zuhe
标准组合（characteristic combination） 正常使用极限状态验算时，对可变荷载采用标准值或组合值来作为荷载代表值的组合。

biaomianbo
表面波（surface wave） 沿着表面或在表面附近传播的地震波，简称面波。当固体介质表面受到交替变化的表面张力作用时，质点做相应的纵横向复合振动；此时，质点振动所引起的波动传播只在固体介质表面进行。当波在成层介质中传播时，波的一部分能量从体波向外传播，另一部分能量形成沿与界面平行方向传播的波。在与界面垂直方向上，波的振幅急剧衰减，但在水平方向上，波的振幅衰减比体波缓慢。

biaomianbofa
表面波法（surface wave method） 利用面波在岩土介质中的传播特性，对岩土特性进行探测的方法。该方法的测量对象是瑞利波或勒夫波，以瑞利波为主。首先，测定土层的面波波速和频率的关系曲线，即频散曲线；然后，根据频散曲线确定土层的剪切波速。理论上，瑞利波速与剪切波速的比例与泊松比有关系，可直接进行换算。

biaomian hangshifa
表面夯实法（shallow compaction） 用夯击、振动或碾压的手段使地表一定深度的土层达到密实状态的方法；常用的有重锤表层夯实法、强夯和振动压实法等。

biaomianli
表面力（surface force） 作用在所研究流体外表面上与表面积大小成正比的力。通常在运动的流体中取出一定体积的流体（称为分离体）来作为研究对象，在分离体的表面上必然存在分离体以外的其他物体对分离体内的流体的作用力，这个力就称为表面力。在岩土工程中，是指作用在岩土体表面上的力。

biaomianneng

表面能（surface energy）　创造物质表面时对分子间化学键破坏的度量，也可理解为材料表面相对于材料内部所多出的能量。把一个固体材料分解成小块需要破坏它内部的化学键，所以需要消耗能量。若这个分解的过程是可逆的，则把材料分解成小块所需要的能量与小块材料表面所增加的能量应该相等，即表面能增加。

biaomian zhangli

表面张力（surface tension）　液体表面任意两个相邻部位之间垂直于它们的单位长度分界线相互作用的拉力。它的形成与处在液体表面薄层内的分子的特殊受力状态密切相关。该力的存在形成了一系列日常生活中可以观察到的特殊现象。

biaomian zhonglibo

表面重力波（surface gravity wave）　发生在地表面或流体表面层中的重力波。重力波是在松散沉积物的表层中，具有很低的横波波速的简正型波列，在长周期情况下可以明显地受到重力的影响。大震震中区的长周期"可见波"就是一种重力波。

biaoshi yinshenji

表式引伸计（tabular extensometer）　机械式引伸计的一种，通常称为千分表。标距范围内的试件变形可由千分表顶杆传至表面齿轮进行放大，然后由表盘上的指针读出数据。

bieshu

别墅（villa）　带有私家花园的低层独立式高级住宅，通常分为独栋别墅、联排别墅、双拼别墅、叠加别墅和空中别墅五种类型。

bingchuan

冰川（glacier）　年平均气温在0℃以下，长期降雪量大于融雪量，积雪转化为冰，并在自身重力作用下缓慢运动的、具有流动特性的天然冰体。温度、降水和地形是冰川形成发育的三个必要条件。冰川在其上游积累区内保持源源不断的固态降水补给，经动力变质作用流入下游地区，并以消融或流入海洋（湖泊）而保持冰体物质处于平衡状态。它是一定地形条件下气候的产物，形成于寒冷的高海拔或高纬度地区，对全球气候变化具有高度敏感性，是气候变化的重要指示器。它由积雪通过物理变质过程逐渐形成，在其形成过程中，包裹和沉积了丰富的形成时期的大气成分、物理、化学和生物等环境信息，是认识过去气候环境演变的重要信息库。

bingjitu

冰积土（glacial soil）　碎屑物质或块石等由冰川搬运，在谷地或沟口堆积形成的土，也称冰碛。这类土分选和磨圆较差，工程性质特殊，是冰川活动的证据之一。

bingqi

冰碛（moraine）　见【冰积土】

bingqiwu

冰碛物（moraines）　冰川搬运和堆积的石块和碎屑物质，主要来自冰川对冰床的刨蚀和挖蚀，也可以是由雪崩、冰崩及山坡上的块体运动等带来的物质。出露在冰川表面的称为表碛；夹在冰内的称为内碛；冰川底部的称为底碛；冰川边沿的称为侧碛；两支冰川会合后的侧碛合并的冰碛称为中碛；冰川末端的称为终碛。冰碛物有十个主要特征：一是皆由碎屑物组成；二是大小混杂，缺乏分选性，经常是巨大的石块或细微的泥质物的混合物；三是碎屑物无定向排列，扁平或长条状石块可以呈直立状态；四是无成层现象；五是绝大部分棱角鲜明；六是有的角砾表面具有磨光面或冰擦痕，擦痕的长短不一，粗细不等；七是冰擦痕形状多样，有的呈钉形，一端粗而深，另一端细而浅，具有擦痕的冰碛砾石称为条痕石；八是据扫描电镜观察，冰碛物中的石英砂粒形态不规则，棱角尖锐，表面具有碟形凹坑，坑内有贝壳状断口及平行阶坎；九是含有适应寒冷气候的生物化石，如寒冷型的植物孢子等；十是冰碛物沉积的巨大石块（称为漂砾）可能来自很远，其岩性和附近任何基岩显著不同。已固结的冰碛物称为冰碛岩。

bingxuleng

冰蓄冷（ice storage）　利用用电的峰谷及差价，在夜间用制冰机制成一定数量的冰并将其预先储存，以备白天空调系统运行时使用的技术。

bingxue rongshuixing nishiliu

冰雪融水型泥石流（glacier or snow melt induced debris flow）　由冰雪融水诱发的泥石流。该类泥石流常在青藏高原地区的夏初爆发。

bingyali

冰压力（ice pressure）　冰凌对建筑物等产生的压力，是冰直接作用于建筑物上的力，包括由于流冰的冲击而产生的动压力、由于大面积冰层受风和水剪力的作用而传递到建筑物上的静压力及整个冰盖层膨胀产生的静压力。

bobao

波包（wave packet）　由频率非常接近的谐波叠加而成的波的组合。根据波动理论的地震波，频段越窄，波包越集中，地震波的能量越集中。波包在传播过程中不变形，其传播的速度为群速度。

bocanshu

波参数（wave parameter）　表征波动特征的物理量。一般简谐波的波参数包括波长、周期（或频率）以及振幅。波速则为波长与频率的乘积。对地震学及地震工程学而言，波参数主要包括最大振幅、波的持续时间、波数（或波长）、周期和波的能量。

bochang
波长（wavelength） 波动的相邻两个等相位点之间的空间距离，是波在一个振动周期内传播的距离。在波动媒质中，也指任意两个相位差为 2π 的质点之间的距离。波长等于波速和周期的乘积。不同地震波的波长变化范围较大，可从几十米到数千米。

bochang
波场（wave field） 波动的空间展布。当波动在介质中传播时，它的影响所波及的空间范围，或波动能量在介质内的空间分布。

bochang fenjie
波场分解（decomposition of wave field） 将质点的波动在空间内拆分为互相独立分量的过程。实际地震波场十分复杂，各点振动的振幅和相位不同，为分析方便，抽象出理想的简单波型，既可以表示简单的波源发出的波场，也可作为分析复杂波场的基础，还可以将任意波场对时间和空间做四重傅里叶（J. Fourier）变换，分解为无限多个平面谐波的叠加，因此平面波的波场是研究复杂波场的基础。

bo de qunsudu
波的群速度（group velocity of wave） 成振动幅值的极大值的传播速度，即波包的传播速度。平面波在传播过程中会相互干涉，形成的合成振动的图像复杂，与原来各个波的振动形式不同，合成振动的振幅是变化的，且此合成振动的振幅以独立的波速在传播。波在传播过程中其能量与振幅的平方成正比，它表示波动过程中的绝大部分能量集中在振幅极大值处，所以，群速度也可以看成是波能量的传播速度。

bo de xiangsudu
波的相速度（phase velocity of wave） 波的同相位面（如波阵面）的传播速度，是相位传递速度，即在介质中，有相同周期振动点的轨迹所形成的面的移动速度。

bodi
波底（wave base） 质点在不同的振动状态中，负向位移最大的位置。在任一时刻，波到达的各点都处于不同的振动状态，一定存在负向位移最大的位置。例如水波，凹下的最低处是波底。

bodong fangcheng
波动方程（wave equation） 见【纳维方程】

bodong fangcheng pianyi
波动方程偏移（wave-equation-based migration） 通过数

值求解波动方程来模拟地震波传播，并利用成像条件来实现地下结构成像的一种偏移方法。通常能够得到比射线理论偏移更为准确的成像结果，是目前解决复杂构造成像的一种重要方法。按波动方程类型不同可分为单程波方程偏移和双程波方程偏移；按处理波场类型的不同可分为声波方程偏移和弹性波方程偏移；按是否考虑波的绕射和折射效应可分为时间偏移和深度偏移等。

bodong fenxi fangfa
波动分析方法（wave analysis method） 运用波动理论分析介质质点运动规律的方法。广义的波动包括固体和液体中的应力波、液体和空气的声波、空间的电磁波、光波等。固体中的波动是质点振动在介质中传播的运动现象，工程中的波动问题大多涉及固体（有时涉及液体）的常规宏观运动，即介质的特征尺寸和波长均远大于介质微观构造的尺度，此时可将介质视为连续介质。同时，这些波动传播速度远小于光速，故对于工程中的波动问题，弹性体连续介质中的运动微分方程（波动方程）是波动分析方法的基础。

bodong fenxi jiexi fangfa
波动分析解析方法（wave analysis analytical method）利用解析方法求解波动方程的数学方法。解析方法主要有经典数学方法、波函数展开法、加权残值法、里兹法、摄动法、离散波数法、几何射线法和复变函数法等。由于求解困难，解析方法只能求得少数简单震源和简单介质模型问题的线性解，这些经典解答不仅揭示固体中波动传播的物理特性，奠定了波动理论基础，也为数值近似计算提供检验标准。

bodong fenxi shuzhi fangfa
波动分析数值方法（wave analysis numerical method）用数值方法来求解波动方程的数学方法，是解决复杂波动问题的一种有力工具。该方法是采用时空离散技术将连续介质中的波动转变为离散模型求解问题，直接进行波动传播过程的模拟，主要包括有限差分方法、有限元方法和边界元方法等。需要处理的主要问题有：离散网格尺寸与模拟频段的关系；在显式计算格式下计算的稳定性；在离散计算下出现的特殊问题；等等。

bodong lixue
波动力学（wave mechanics） 非相对论量子力学的一种表达形式，其系统用波函数来表征。波函数是系统所有粒子的坐标和时间的函数，并且遵循一个微分方程，即薛定谔方程。物理量用微分算符代表，算符作用于波函数上，测量的期待值等于包含相应算符的波函数的积分。波动力学又称薛定谔波动力学。

bodong pinsan xiaoying
波动频散效应（wave dispersion effect） 波动的数值模拟出现的类似时序分析中的混淆效应。严格分析表明，在波动的数值模拟中，即使对于一维波动，频率高于一定数值的波动会以低频波动出现，高波数波动也会以低波数波动出现，类似时序分析中的混淆效应，这种效应称为离散模型的波动频散效应。

bodong shuzhi moni
波动数值模拟（numerical simulation of wave motion）　用离散模型来代替连续介质，采用数值计算来近似地求解波动传播过程的方法。常用的数值模拟方法有两种：一种是用差商来代替基本方程中的导数，即有限差分法；另一种是将复杂介质分割成许多单元，在各单元内利用里兹法求解，即有限云法。

bofangcheng
波方程（wave equation）　见【波动方程】

bogao
波高（wave height）　相邻的波峰和波谷间的垂直距离或波峰与其前一个波谷的高度差，即波幅的两倍。它表示法很多，如平均波高、均方根波高、最大波高、有效波高等。利用波高的分布函数，可求出各种波高间的关系，能够对各种波高进行换算。

bolang yaosu
波浪要素（wave characteristics；wave parameters）　表示波浪形态和运动特征的主要物理量，一般指波高、波长、波浪周期、波速等要素。

bolie
波列（wave train）　同一扰动产生的具有几个周期的一系列波动。在电信中指的是有限时间内的一群波，如在振荡电路中由单次火花放电而造成的一群波。

bomian
波面（wave face）　地震波在传播的过程中，由同一时刻波前组成的面。惠更斯原理指出，边界上任一点到达的入射线都可看作是新的源，由此发出的波在边界两侧以半球形波前扩展。因为每一个子波波前只对应于一个无限小的能量，所以要确定实际的波前，就需找出一个与无限多的子波都相切的曲面，这个曲面被称为波面。

boneng
波能（wave energy）　地震波携带的能量。当弹性波传播到介质某处时，该处原来不动的质点开始振动，因而具有动能；同时该处的介质也将产生形变，因而具有位能。波动传播时，介质由近及远层层振动，波动能量就被逐层传播出去。

bopinlü
波频率（wave frequency）　波在单位时间内完成振动（或振荡）的次数或周数。通常指一个波形在 1s 时间里重复出现的次数，用符号 f 表示。频率是周期的倒数，单位为 Hz，即每秒内振动的次数或振荡周数。

bopu
波谱（wave spectrum）　将含有复杂组分的波分解为单纯成分的波，然后按照这些波成分的特征量大小，依次排列成的谱。这些成分可以是振幅、频率、功率等，相应地称为波的振幅谱、频率谱和功率谱。

boqian
波前（wave front）　波传播时的等相位面，即同一震源点发出的相同走时的点的三维空间曲面，也称波阵面。在光滑变化的介质中传播的高频地震信号如同一个粒子近似无频散地沿一条射线传播。

boqian chongjian
波前重建（wave front reconstruction）　通过求解射线追踪方程组，得到走时、射线位置等参量的工作，也称波前构建。

boqian fasan
波前发散（wave front divergence）　地震波向外传播时，随着距离的增加，波前的范围逐渐增大、振幅逐渐减小的现象。

boqian goujian
波前构建（wave front construction）　见【波前重建】

boqian sudu
波前速度（wave front velocity）　波传播时的等相位面传播的速度，即波前或波阵面传播的速度。

boqian zaixian
波前再现（wave front reconstruction）　波前在波传播过程中的重建。波前是波的等相面，或指当波以时间或空间量度时，从波的零点到其峰值之间的部分波包。

boqun
波群（group of wave）　波的传播方向、波长和波高都相差甚小的一系列波。它是许多周期和波长不同但很相近的简单波动沿着同一方向传播时形成的波动现象。

bosan xiaoying
波散效应（wave-scattering effect）　当弹性波遇到障碍体，或遇到其中介质弹性性质与区外值不同的一个小区域时，一部分波能量发生偏转的效应。理论上，入射于地球异常区的地震波，除了未受干扰的平面波外，还将产生干涉的散射波，这些波将从障碍体沿所有方向传播出去。利用波散理论，可以解释地震的尾波等现象。

boshu

波数（wave number）　在波的传播方向上，单位长度内完整波数目，常用 k 表示，它是波长的倒数，即 $k=1/\lambda$。在理论物理中波数的定义为：$k=2\pi/\lambda$，意为 2π 长度上出现的全波数目。

boshushiliang

波数矢量（wave number vector）　波数对应的矢量，即波矢。它是这样一种矢量：其方向为空间中任一点上波相位的传播方向，其大小为 $2\pi/\lambda$，λ 是波长（有时波矢大小也定义为 $1/\lambda$）。

bosu

波速（wave velocity）　波在空间介质中传播的速度。根据波的不同特征可以定义几种不同的波速。例如，波的相速度、波的群速度、波前速度等，这些波速都有不同的物理意义和特点。若无特别说明，波速通常是指的相速度，即波的同位相面传播速度。由波长和频率的定义可知，波速为波长和频率的乘积。纵波在地壳中传播速度一般为 $5.5\sim7\mathrm{km/s}$，横波在地壳中的传播速度一般为 $3.2\sim4.0\mathrm{km/s}$。

bosu celiang

波速测量（measurement of wave velocity）　对岩土进行压缩波、剪切波或瑞利波等弹性波速度的测量，也称波速测试。其主要包括岩土剪切波速度、纵波速度和面波速度的测量，是确定地基土的动力参数、进行场地类别的划分和场地地震反应分析的一种重要的原位测试方法。工程上常用的波速测量方法主要有折射波法、反射波法、表面波法、单孔法、跨孔法等。

bosu ceshi

波速测试（measurement of wave velocity）　见【波速测量】

bowei

波尾（wave rear）　波的包络线的稳态值（或波峰）和末端之间的包络线部分。

boxiang

波相（phase of wave）　正弦波相对于参考点的超前角或落后角（或位移），通常以弧度表示。例如，某一谐波 A 按 $A=A_0\sin(\omega t+\theta)$ 规律变化时，$\omega t+\theta$ 即为波相，它可确定谐波 A 在时刻 t 的值。θ 为 $t=0$ 时的波相值，称为初相。此时的相用角度表示，也叫相角、相位或位相。

boxing

波形（waveform）　波动形状的图解表示方法，表示信号的形状、形式，这个信号既可以是波在物理介质上的位移，也可以是其他物理量的抽象表达形式。它可通过把空间某一固定点上波的位移描绘成时间的函数而得到。例如，在直角坐标上，以交变电压的瞬时值对应时间而做出的曲线。

boxing tezheng

波形特征（waveform characteristic）　质点位移（速度、加速度）随时间和空间的变化。描述波形特征的主要参数是振动的周期、频率、振幅、波长、波数、频谱等。

boxingtu

波形图（oscillogram）　波在介质中的传播过程由示波器产生并永久性记录或扫描的照片。

boxing zhuanhuan

波型转换（waveform conversation）　波在传播的过程中，发生了波类型的转换。例如，在一般情况下，平面 P 波斜入射到界面上，除产生反射和折射 P 波外，还会产生反射和折射 S 波的现象。

boyuan

波源（wave source）　能够维持振动的传播，且不间断地输入能量，并能够发出波的物体或物体所在的初始位置。波动的产生，必须要有作机械振动或电振荡的物体，这种物体也称为振源。

bozhenmian

波阵面（wave front）　见【波前】

bozhi

波至（wave arrival）　在波传播的过程中，波动的某种波前到达观测点的时间，称为波至时间，简称波至。

bozhi shijian

波至时间（wave arrival time）　见【波至】

bozhouqi

波周期（wave period）　波传过一个波长所需的时间，或一个完整的波通过线上某点所需的时间。它和波的频率是互为倒数关系。

bozu

波阻（wave resistance）　见【波阻抗】

bozukang

波阻抗（wave impedance）　当地震波在介质中传播时，作用于某个面积上的压力与单位时间内垂直通过此面积的质量流量（即面积乘质点振动速度）之比，它具有阻力的含义，其数值等于介质密度与波速的乘积，反映介质对波动传播的阻力，也称为波阻。它控制波动能量在介质中的传送率，在波的反射和折射问题中是关键的参数；它联系质点速度和应力，在求解波在不同介质界面上反射或折射问题时，是决定反射折射波振幅与入射波振幅比的重要参数。

boli muqiang

玻璃幕墙（reflection glass curtain wall）　将空腹铝合金或其他金属材料轧制成的空腹型杆件作为骨架，以玻璃等材料封闭而成的围护墙。

bolizhuan

玻璃砖（glass brick）　用透明或颜色玻璃制成的块状、空心的玻璃制品或块状表面施釉的制品。它的主要品种有玻璃空心砖、玻璃饰面砖和玻璃棉砖（也称马赛克）等。

bolibi

剥离比（rate of stripping）　开采天然建筑材料时，天然建筑材料产地的剥离层与开采层厚度的比值，也称剥离系数。它是开采天然建筑材料的重要经济指标。

boli xishu

剥离系数（stripping coefficient）　见【剥离比】

bosongbi

泊松比（Poisson's ratio）　在材料的比例极限内，由均匀分布的纵向应力所引起的横向应变与相应的纵向应变之比的绝对值。由法国科学家泊松（S. D. Poisson）最先发现并提出，他在 1829 年发表的《弹性体平衡和运动研究报告》一文中，用分子间相互作用的理论导出弹性体的运动方程，发现在弹性介质中可以传播纵波和横波，并从理论上推演出各向同性弹性杆在受到纵向拉伸时，横向收缩应变与纵向伸长应变之比为一常数，其值为四分之一。岩土工程中是指岩土材料在允许侧向膨胀的条件下轴向受压时，侧向应变与轴向应变的比值，又称为侧膨胀系数。他是岩土重要的力学指标，其最大值为 0.5。通常，对弹性体泊松比的取值小于 1/2，其值越小，横向变形相对越小；如果令为 1/2，如液体，则此时剪切模量为 0，即没有因剪切作用而产生的横向变形。

bosong fenbu

泊松分布（Poisson distribution）　法国泊松（S. D. Poisson）于 1838 年提出的一种概率分布，适合于描述单位时间内随机事件发生的次数。泊松分布表征在时间上彼此独立地发生离散事件的概率分布。在地震安全性评价中，假定潜在震源区地震的发生在时间轴上服从泊松分布。

bosong guocheng

泊松过程（Poisson procss）　事件是统计上独立的，并且对于独立的变量（如时间）是均匀分布的一种点过程。

bosong moxing

泊松模型（Poisson model）　在地震危险性概率分析中，用来描述地震发生随时间变化的规律的数学模型。泊松模型有平稳性、独立性和普遍性三个基本性质，由这三个性质可以导出泊松模型的基本概率分布公式。

bosongti

泊松体（Poisson body）　在场问题中可以应用泊松方程的物体。运用波动理论分析介质质点的运动规律时，通常把拉梅（G. Lame）常数与剪切模量相等的介质，即泊松比为 0.25 的介质称为泊松体。

bowei

泊位（berth）　一艘设计标准船型停靠码头所占用的岸线长度或占用的趸船数目。

boshi yingbianhua

箔式应变花（foil strainer）　敏感栅由金属箔制成的应变花。应变花是由两个或两个以上不同轴向的敏感栅组成的电阻应变计，用于确定平面应力场中主应变的大小和方向。

boshi yingbianji

箔式应变计（foil strain gauge）　金属电阻应变计的一种类型。该应变计敏感栅用厚度为 0.002～0.005 mm 的金属箔刻蚀成形，易于制成各种形状。箔栅横向部分可以做成较宽的栅条，使横向效应减少；箔栅很薄，能较好地反映构件表面的变形。箔式应变计测量精度较高，便于大量生产，能制成栅长很短的应变计，应用广泛。

boruoceng weiyi fanying guji

薄弱层位移反应估计（displacement responses estimation of saft storey）　估计罕遇地震作用下多层框架结构薄弱层（或薄弱部位）弹塑性变形的方法。国家标准 GB 50011—2010《建筑抗震设计规范》（2016 年）规定，规则结构的弹塑性变形计算可采用层模型（串联多质点模型）或平面杆系模型；不规则结构应采用空间模型；一般结构可采用静力弹塑性分析方法或弹塑性时程分析法。

buchangxing jichu

补偿性基础（compensated foundation）　由建筑位置挖除地基土的总重量，约等于建筑物的总重量的基础。

bujilü

补给率（recharge rate）　通过岩土垂直渗入地下的水量与能获得这种入渗补给的水平地面之面积的比值。

bujiqu

补给区（recharge area）　地下水含水层接受大气降水和地表水等入渗补给的地区。对于承压含水层，其出露于地表且位置相对较高的地区就是它的补给区，接受大气降水和地表水的入渗补给，并向另一侧位置相对较低的排泄区排泄。潜水含水层则因其上面没有完整的与包气带直接相通的隔水或弱透水顶板，全部分布范围都可通过包气带接受大气降水、地表水的补给，补给区和分布区通常一致。

bugujie bupaishui sanzhoushiyan
不固结不排水三轴试验（unconsolidated undrained test）
土三轴试验的一种工况，在施加围压和输向压力的过程中，试样的含水量保持不变的压缩试验，简称不排水剪试验。

buguize jianzhu
不规则建筑（irregular building） 平立面体形复杂，抗侧力体系的质量、刚度和强度沿竖向分布不均匀、不连续，平面布置不对称的建筑。由于建筑功能的多样性和结构的复杂性，建筑的不规则性难以完全避免，主要表现为几何形状急剧变化，平面呈凹凸状，荷载传递路线中断、强度和刚度不连续、关键构件截面因开洞而削弱、构件尺寸比例不当等。

bujunyun chenjiang
不均匀沉降（non-uniform settlement） 基础底面各点的下沉量不相等的沉降，或相邻基础的沉降差显著不同的地基沉降。如果差异沉降过大，就会使相应的上部结构产生额外应力；当超过一定的限度时，会产生裂缝、倾斜甚至破坏。

bujunyun chenjiangqu guandao kangzhen fenxi
不均匀沉降区管道抗震分析（seismic analysis of pipeline subjected to uneven settlement） 研究因地震引起的不均匀沉降区管道抗震分析的理论和方法。地震时场地液化或震陷等引起地基不均匀沉降是造成埋地管道破坏的重要因素。震害表明，在管道与检查井或其他构筑物的连接处，地表沉降区的边缘以及管道的接头处是管道震害高发部位。日本学者的研究结果表明，氯乙烯管可很好地适应沉降，接头的压曲可使管道应力降低。利用液压式沉降土槽的沉降实验发现，地基的夯实程度越高，管体变形越大，数值模拟分析结果与实验结果基本一致。

bujunyun diji
不均匀地基（non-uniform subsoil） 由软硬程度或厚度变化较大的土层构成的地基。这类地基强度和变形不均匀，多数情况下对抗震不利。一般工程都应避开这种地基，若无法避开，则应采取地基处理措施。

bujunyun xishu
不均匀系数（coefficient of non-uniformity） 反映土颗粒粒径分布不均匀程度的系数，其值为控制粒径与有效粒径之比。该系数小于 5 的土称为匀粒土，级配不良；该系数越大，表示粒径分布越广。该系数大于 10 的土级配良好，但该系数过大，表示可能缺失中间粒径，属不连续级配，故需同时用曲率系数来评价。

bukeni zhengchang shiyong jixian zhuangtai
不可逆正常使用极限状态（irreversible serviceability limit states） 当产生超越正常使用极限状态的作用卸除后，该作用产生的超越状态不可恢复的正常使用极限状态。

buli diduan
不利地段（unfavorable area） 对结构抗震不利的地段。通常是指下列地段：软弱土、液化土，条状的突出山咀，高耸孤立的山丘，陡坡，陡坎，河岸和边坡的边缘；平面分布上成因、岩性、状态明显不均的土层（如古河道、疏松的断层破碎带、暗埋的塘浜沟谷及半填半挖地基），高含水量的可塑黄土，地表存在结构性裂缝等地段。

bulianxu duonian dongtu
不连续多年冻土（discontinuous permafrost） 多年冻土的分布在空间上的连续性为 50%～90% 的多年冻土区内的冻土。其分布南界大致与 -4℃ 年平均气温等值线相吻合。

bulianxu jipeitu
不连续级配土（gap-graded soil） 由于土中某一范围的粒径缺乏而使粒径分布曲线上出现台阶的土。

buliang dizhi xianxiang
不良地质现象（adverse geologic phenomenon） 由地球外动力作用为主引起的，对工程建设不利的各种地质现象，如崩塌、滑坡、泥石流、地面沉降、塌陷、地震地表破裂、岩溶、土洞、河流冲刷以及渗透变形等。它们分布于场地内及其附近地段，影响场地稳定性，对地基基础，边坡和地下洞室等工程有不利影响。

buliang dizhi zuoyong
不良地质作用（adverse geologic actions） 由地球内力或外力产生的对工程可能造成危害的地质作用。例如，斜坡失稳、地面塌陷、地裂缝、地面沉降、冻胀与融陷、地表破裂、地震地质效应等。

buliang jipeitu
不良级配土（poorly-graded soil） 不同时满足不均匀系数 $C_u \geqslant 5$ 和曲率系数 C_c 为 $1\sim3$ 的土。不均匀系数是土的限制粒径（累积百分含量为 60% 的粒径，用 d_{60} 表示）和有效粒径（累积百分含量为 60% 的粒径，用 d_{10} 表示）的累积百分含量的比值；曲率系数是土粒的累积含量 30% 所对应的粒径的平方与有效粒径和限制粒径乘积的比值。

bupaishuijian shiyan
不排水剪试验（undrained shear test）
见【不固结不排水三轴试验】

bupaishui kangjian qiangdu
不排水抗剪强度（undrained shear strength） 进行土三

轴试验时，饱和土在不排水条件下具有的抗剪强度。其适用于快速施加荷载的岩土工况。

bupingheng tuili chuandifa

不平衡推力传递法（unbalanced thrust transfer method）见【传递系数法】

buquedingxing

不确定性（uncertainty）　事先不能准确的知道某个事件或某种决策的结果，以及事件或决策的可能结果不止一种。它是客观世界固有的属性，表现为不精确性、随机性和模糊性。例如，GIS 的不确定性包括空间位置不确定性、属性不确定性、时域不确定性、逻辑不一致性和空间数据不完整性等。

buquedingxing chuli

不确定性处理（treatment for uncertainty）　对各种不确定性因素引起的分析结果偏差的修正。泛指事物的不可准确认知性。在地震危险性分析中，不确定性处理是指对各种因素引起分析结果偏差的修正。

buraodong tuyang

不扰动土样（undisturbed soil sample）　在土样采取时，基本保持天然结构和物理状态的土样，也称原状土样。

butoushui bianjie

不透水边界（impervious boundary）　越过界面流量等于零的边界。通常由不透水岩土层或人工设置的不透水材料组成，在地下水科学中有重要意义。

butoushuiceng

不透水层（impervious layer）　地下水渗透率小到可以忽略不计的岩土层，也称隔水层或阻水层。

buwending xiepo

不稳定斜坡（unstable slope）　地表面倾向临空面、有一定坡度和厚度的岩土体，具有发生滑坡、错落、倾倒、崩塌、坍塌等潜在地质灾害现象。该斜坡对工程有一定的威胁，工程建设中须对不稳定斜坡进行评价和处理。

buzhenghe

不整合（unconformity）　新老两套岩层之间存在沉积间断和地层缺失的地层接触关系，分为平行不整合和角度不整合两类。平行不整合是指新老两套岩层之间存在沉积间断和地层缺失，但两套岩层平行；角度不整合是指新老两套岩层之间存在沉积间断和地层缺失，并且两套岩层产状不一致。

buer daishu

布尔代数（Boolean algebra）　针对布尔变量的四则运算和逻辑运算。布尔变量的取值只有 1 或 0 两个数，在很多学科的逻辑推理中有重要作用。若用 1 表示安全，0 表示破坏，则可用于灾害或事故分析。布尔代数在地震工程中主要应用于生命线系统的可靠性分析。

buge yichang

布格异常（Bouguer anomaly）　见【布格重力异常】

buge zhongli yichang

布格重力异常（Bouguer gravity anomaly）　简称为布格异常。重力观测值经自由空气校正和布格校正后与相应的参考椭球体面上的正常重力值之差。地球上某点的布格异常可通过该点重力观测值、相对应的地球椭球体面上的正常重力值和局部地形校正等资料通过计算获得。布格异常与莫霍面的起伏有关，利用实际测量算得的布格异常，可以推断相应地区地下莫霍面的起伏。

buge zhongliyichang tijidai

布格重力异常梯级带（gradient belt of Bouguer gravity anomaly）　平均布格重力异常（正异常或负异常）的绝对值不小于 $10 \times 10^{-5} \mathrm{m/s^2}$ 的地质区域，简称为布格异常梯级带。

bujiqu

布极区（region of electrode laying）　以电场各测向电极连线的中点为圆心、相应电极极距长度的五分之三为半径的各个圆形区的外包络线围限的区域。

buxinniesikejie

布辛涅斯克解（Boussinesq's solution）　法国力学家布辛涅斯克（J. V. Boussinesq）用弹性理论推导的，竖向集中力作用在半无限空间弹性体表面时，在其内任意一点引起的附加应力和位移的解析解。

buxinniesike lilun

布辛涅斯克理论（Boussinesq theory）　法国力学家布辛涅斯克针对均质半无限弹性体推导出的在表面竖向集中荷载作用下，体内任一点引起的应力和位移的数学解。在岩土工程中，常利用这一数学解计算在竖向荷载作用下，地基中任意一点的应力。

bujian

部件（assembly parts）　机械的一部分，由若干装配在一起的零件组成。在工程结构中是指由若干构件组成的组合件，例如，楼梯、阳台、楼盖等。

C

cailiao ben'gou guanxi

材料本构关系（material constitutive relations）　材料的受力和变形之间的关系，分为弹性本构关系和塑性本构关系。

它与构件恢复力模型密切相关，最简单的本构关系是胡克定律。多维受力状态下材料的非线性本构关系十分复杂，不同的加载方式、边界条件和试件尺寸等都将对本构关系产生影响，受试验设备及试验结果的限制，可供使用的材料多维非线性本构关系很少，试验已得出了有关混凝土和钢的单轴本构关系的一般特征。结构材料或岩土的动力本构关系远比其静力本构关系复杂。

cailiao feixianxing
材料非线性（material nonlinearity） 结构材料超出线弹性变形状态后表现出的非线性力学性质，也称物理非线性。塑性、超弹性、黏塑性、黏弹性、蠕变（徐变）、凸胀、与温度相关的材料特性等都属于材料非线性的研究范畴。

cailiao kangzhen qiangdu
材料抗震强度（earthquake resistant strength of material） 材料抵抗地震破坏的能力，其大小为在给定地震作用下，材料所能承受的最大应力。抗震强度是指按相应的房屋抗震标准来建造能抵御一定强度的地震，并能够防止房屋倒塌损毁的一种参考指标。

calliao lixue
材料力学（mechanics of materials） 固体力学的一个分支，研究结构构件和机械零件承载能力的基础学科。其基本任务是：将工程结构和机械中的简单构件简化为一维杆件，计算杆中的应力、变形并研究杆的稳定性，以保证结构能承受预定的荷载；选择适当的材料、截面形状和尺寸，以便设计出既安全又经济的结构构件和机械零件。

cailiao lixue shiyan
材料力学实验（experiment on mechanics of material） 采用一定的设备测定材料的机械性能，分析实验数据，建立材料力学中的结论和定律并验证它们的正确性的实验活动。常用的胡克定律，就是由英国科学家胡克（R. Hooke）在1668—1678年，通过一系列的弹簧和钢丝实验之后建立起来的。材料力学的创始人伽利略（G. Galilei），曾用试验研究了拉伸、压缩和弯曲现象。根据实验的性质，材料的力学实验可分验证理论、测定材料的机械性能、实验应力分析三类。

cailiao lixue xingneng
材料力学性能（mechanical properties of materials） 材料在常温、静载作用下的宏观力学性能，如材料弹性性能、塑性性能、硬度、抗冲击性能等，是确定各种工程设计参数的主要依据。它需用标准试样在材料试验机上按照规定的试验方法和程序测定，并可同时测定材料的应力-应变曲线。对于韧性材料，有弹性和塑性两个阶段。弹性阶段的力学性能指标有比例极限、弹性极限、弹性模量、剪切弹性模量和泊松比等；塑性阶段的力学性能指标有屈服强度（又称屈服极限）、条件屈服强度、强化与强度极限、延伸率和截面收缩率等。对于脆性材料，没有明显的屈服与塑性变形阶段，试样在变形很小时即被拉断，这时的应力值称为强度极限。某些脆性材料的应力-应变曲线上也无明显的直线阶段，这时，胡克定律是近似的。弹性模量由应力-应变曲线的割线的斜率确定。压缩时，大多数工程韧性材料具有与拉伸时相同的屈服强度与弹性模量，但不存在强度极限。大多数脆性材料，压缩时的力学性能与拉伸时有较大差异。表征材料力学性能的各种参量与材料的化学组成、晶体点阵、晶粒大小、外力特性（静力、动力、冲击力等）、温度、加工方式等因素有关。

cailiao qiangdu lilun
材料强度理论（strength theory of material） 材料在复杂应力状态下的失效准则。在复杂的应力状态下，材料的强度不可能都通过实验来测定，因此，需对材料发生强度破坏（失效）的力学因素做出假说，以便利用材料在简单应力状态（拉伸、压缩）或少数复杂的应力状态下的强度来推断同一材料在各种复杂的应力状态下的强度。这种假说和由此建立的失效准则称为材料的强度理论或力学强度理论，后者用以强调这类理论是以宏观的力学因素为依据，有别于从研究微观物质构造建立的物理强度理论。材料的强度破坏分为脆性断裂和塑性流动两种形式。材料的强度理论主要有最大拉应力理论（第一强度理论）、最大伸长应变理论（第二强度理论）、最大剪应力理论（第三强度理论）、形状改变比能理论（第四强度理论）和莫尔强度理论。必需强调，一些基本的强度理论只适用于某一形式的强度破坏。

cailiao xingneng biaozhunzhi
材料性能标准值（characteristic value of a material property） 结构或构件设计时，采用的材料性能的基本代表值。其值一般根据符合规定质量的材料性能的概率分布的某一分位数确定，也称特征值。

cailiao xingneng fenxiang xishu
材料性能分项系数（partial safety factor for property of material） 在结构设计计算中，用来反映材料性能不确定性并和结构可靠度相关联的分项系数；有时可用以代替抗力分项系数。

cailiao xingneng shejizhi
材料性能设计值（design strength of material） 材料性能标准值除以材料性能分项系数后得到的值，是针对材料用于某种结构后的安全、稳定和经济的考量。

cailiao xure xishu
材料蓄热系数（coefficient of material heat store） 表示当某一足够厚度的单一材料层一侧受到环境热作用时，表面温度将按同一周期波动，通过表面的热流波幅与表面温度波幅的比值，单位为 $W/(m^2 \cdot K)$。

cailiao zuni

材料阻尼（material damping）　在一个加荷卸荷循环中，由于介质内部颗粒间的摩擦而造成的能量损耗，属于内阻尼。在稳态响应的一个周期内做功与激励频率有关的称为黏性阻尼；耗能与激励频率无关的称为滞后阻尼。材料与外部介质的摩擦所造成的能量损耗为外阻尼，实际上，外阻尼与内阻尼没有十分严格的界线。

caiguang

采光（daylighting）　为保证人们的生活、工作或生产活动具有适宜的光环境，使建筑物内部的使用空间取得天然光照度，满足使用、安全、舒适、美观等要求的技术。

caiguang xishu

采光系数（daylight factor）　在室内给定平面上的一点，由直接或间接地接收来自假定和已知天空亮度分布的天空漫射光而产生的照度与同一时刻该天空半球在室外无遮挡水平面上产生的天空漫射光照度之比，又称为日光系数。

caiguang xishu biaozhunzhi

采光系数标准值（standard value of daylight factor）　室内和室外天然光临界照度时的采光系数值。根据建筑采光设计标准，采光系数标准值的确定是根据建筑物的使用功能不同而变化的，如居住建筑、办公建筑、学校建筑、图书馆建筑、旅馆建筑、医院建筑和工业建筑等都具有不同的采光系数标准值。

caikongqu

采空区（mined-out area）　地表下一定深度内被采空的区域。传统上的采空区是指地下矿层被采空的区域；现代采空区是指地表以下一定深度内被踩空的区域，城市地铁、地下商场等都属地下采空区。

caikong taxian

采空塌陷（mined out area breakdown）　由于地下挖掘形成空间，造成上部岩土层在自重作用下失稳而引起的地面塌陷现象。与其相伴生的地面沉降、地面倾斜、地面开裂、斜坡滑移、山体崩塌等问题对工程危害性极大，工程建设应尽量避开地下采空区；如无法避开，则应采取工程措施。

cainuan

采暖（heating）　使室内获得热量并保持一定温度，以达到适宜的生活条件或工作条件的技术，也称供暖。

cainuandu rishu

采暖度日数（heating degree day based on 18℃）　一年中，当某天室外日平均温度低于18℃时，将低于18℃的度数乘以1天，并将此乘积累加得到的天数。

cainuan haomeiliang zhibiao

采暖耗煤量指标（index of coal consumption for heating）　在采暖期室外平均温度条件下，为保持室内计算温度，单位建筑面积在一个采暖期内消耗的标准煤量（Q_c），其单位为 kg/m^2。

cainuan nianhaodianliang

采暖年耗电量（annual heating electricity consumption）　按照冬季室内热环境设计标准和设定的计算条件，计算出的单位建筑面积采暖设备每年所要消耗的电能（E_h）。

caiyang dingli

采样定理（sampling theorem）　模拟信号离散化采样应遵循的基本规律，也称取样定理或抽样定理。该定理于1928年由奈奎斯特（H. Nyquist）提出，1933年由科捷尼科夫（V. A. Kotelnikov）给出了严格的公式表述，并于1948年由香农（C. E. Shannon）做出明确解释，故称为奈奎斯特—科捷尔尼科夫采样定理或香农—科捷尔尼科夫采样定理。定理的表述是：若原始时域模拟信号 $x(t)$ 的带宽有限且最高频率为 f_{max}，那么使用等时间间隔 $\Delta t \leqslant 1/(2f_{max})$ 的脉冲序列对原始模拟信号进行采样，所得离散信号 $y(n\Delta t)$ 可唯一重构原始信号，n 是采样点的序号。换言之，只有当采样频率 $f_s \geqslant 2f_{max}$ 时（$f_s = 1/\Delta t$），才能使离散信号无失真地恢复为原始信号。

cankaodian pubifa

参考点谱比法（reference point spectral ratio method）　场地谱比应用方法的一种类型。该方法的参考点一般选在基岩露头场地或坚硬的非岩性土上，以土层的强震记录（或脉动振幅谱）振幅谱除以参考点记录的振幅谱得出谱比值，进而得到土层各点相对的放大倍数。若欲求土层相对于埋伏基岩的放大倍数，则应将地表参考点记录的振幅除以2，再计算谱比值，得到相对于埋伏基岩的放大倍数。该法简单易行，被广泛应用。

cankao shizhenqi

参考拾振器（reference vibration pick-up）

见【标准拾振器】

cankao yingbian

参考应变（reference strain）　土的弹塑性动力学模型中用双曲线表示的骨架曲线中两个参数 a 和 b 的比值。在土的弹塑性动力学模型中，骨架曲线通常用双曲线或奥斯古德–朗贝格（Osgood-Ramberg）曲线来拟合。在拟合曲线的表达式中，含有需要通过试验来确定的 a 和 b 两个参数，把 a 和 b 的比值（即 $\varepsilon_r = a/b$）称为参考应变。

canshu bianshi

参数辨识（parameter identification）　已知荷载和响应求结构参数或数学模型的理论和方法，也称系统辨识。既是结构动力学中的反问题和新问题，也是现代结构动力学主要研究内容之一。

canshu kongzhi

参数控制（parameter control）　　见【半主动控制】

canzhao jianzhu

参照建筑（reference building）　　采用围护结构热工性能权衡判断法，对围护结构热工性能进行权衡判断时，作为计算全年采暖和空气调节能耗用的虚拟建筑。该建筑的形状、大小、朝向与设计建筑完全一致，但围护结构热工参数符合有关设计标准的规定值。

canjitu

残积土（residual soil）　　松散土的一种类型。它是母岩表层经风化作用，残留在原地的岩石碎屑和矿物颗粒形成的土。他的分选和磨圆都较差。

canyu qiangdu

残余强度（residual strength）　　岩石在破坏后所残留的抵抗外力的能力。该强度可通过岩石应力和应变全过程曲线确定，即在岩石应力和应变全过程曲线上峰值点以后，应力下降达到最终稳定值时的剪应力值。

canyu yingbian

残余应变（residual strain）　　材料在施加一定负荷后，其抗压、抗拉强度较高，材料产生的变形很小，由于材料内部储存的应力未释放而残存的应变。在构造地质学中，是指过去地质历史时期的构造运动在岩体中所遗留的应变。

canyu yingli

残余应力（remnants stress）　　物体没有外部因素作用时，在物体内部保持平衡而存在的应力。在构造地质学中，是指过去地质历史时期的构造运动在岩体中所遗留下来的应力。

caozuo pingtai kangzhen jianding

操作平台抗震鉴定（seismic identification of operation platform）　　按照有关规范的抗震设防要求，对某些构筑物上设备的操作平台开展的抗震安全性评估和鉴定工作。构筑物抗震鉴定时，不同类型的和同一类型的构筑物抗震鉴定的内容有差别，对操作平台应检查平台砖柱，钢筋混凝土柱及梁柱节点的配筋和构造，平台上的附属砖房，平台与设备或相邻结构的连接等进行鉴定检查。

caolü

糙率（coefficient of roughness）　　综合反映管渠壁面粗糙情况及形状等对水流影响的一个系数，也称粗糙系数，用 n 表示。其值一般由实验数据测得，使用时可查表选用。在河流或管渠已有流速资料的情况下，也可以由谢才—曼宁公式（Chey-Manning formula）反求 n 值，然后与查表所得 n 值相互验证而加以选定。

caobi wending

槽壁稳定（panel stability）　　地下连续墙槽段开挖时，槽壁在泥浆护壁作用下不发生坍塌和不发生向槽内方向过大位移的状态。地下工程开挖施工时，必须使槽壁稳定，以保证施工安全。

caobo

槽波（channel wave）　　在波速速度比两边都低的地层中传播的一种弹性波。在低速层内激发地震波时，围岩的速度比较高，当入射角大于或等于临界角时，顶底界面的透射波都被局限于界面附近，波的主要能量被局限在低速层内面而不向围岩散发，这个低速层好似一个波导层，这种现象叫地震波的波导现象，也称槽波，可分为勒夫型槽波和瑞利型槽波。在煤田勘探中，指在顶底板所夹低速煤层中传播的波。该波传播距离远、能量强、波形特征易于识别，具有明显的频散特征，广泛应用于地震勘探。

caoguan jiegou kangzhen jianding

槽罐结构抗震鉴定（seismic identification of tank structure）　　按照有关规范的抗震设防要求，对槽罐结构开展的抗震安全性评估和鉴定工作。其鉴定内容包括钢储液槽的钢筋混凝土支承筒的抗震强度、构造，以及槽体与支承筒连接锚栓的强度和构造，支承筒的筒壁厚度与配筋，筒壁洞口宽度，洞口间距以及加强框与配筋等抗震构造，高烈度区应进行结构的抗倾覆验算；储气柜的地基沉降，钢筋混凝土水槽的槽壁质量以及进出口管道与槽壁的连接和升降装置，高烈度区的进出口管道应设伸缩段或柔性接头，靠近管槽连接点处宜有三脚架等刚性支座；钢筋混凝土油罐应检查罐壁强度、顶盖构造以及顶盖与罐壁、梁、柱之间的连接等。

caotan

槽探（trench exploration）　　采用探槽查明浅部地质条件的一种勘探方法。其方向一般与构造线、岩层或矿层走向近似垂直；长度可根据用途和地质情况决定；断面形状一般呈倒梯形；最大深度一般不超过 3m。

cefujiao

侧伏角（pitch）　　线状构造与其所在平面（面状构造）走向线间所夹锐角即为此线在该面上的侧伏角。

cefuxiang

侧伏向（plunge side）　　在线状构造所在的平面（面状构造）上，线状构造与面状构造走向线构成的锐夹角开口方向即为侧伏向，可简单表示为左侧伏或右侧伏，具体则用面状构造的走向线锐角开口端的方位角表示。它是构造地质学中与面状构造相结合表述线状构造产状的一种方法。

C

cegou

侧沟（side ditch） 沿路堑和路堤两侧开挖的用于截水和排水的纵向沟槽。在线路不填不挖的地段也应设置侧沟。侧沟水不宜流入隧道排水沟内。因此，当出洞方向路堑为上坡时，侧沟要用与线路纵坡相反的坡度，称为反坡排水。只有对长度为 300m 以下的短隧道，在洞外路堑水量较小，且含砂量小，不易淤积，修建反坡排水将增加大量土石方等困难条件下，才允许将侧沟水引入隧道排水沟内，但应验算隧道水沟断面（不够时应予扩大），并在高端洞口设置泥砂沉淀井。

cemozuli

侧摩阻力（lateral friction resistance） 在静力触探中，双桥探头贯入土中侧壁所受的侧摩阻力与侧壁面积之比。

cexiang gangdu buguize

侧向刚度不规则（irregular lateral stiffness） 竖向不规则引起的侧向刚度不均匀，是建筑物竖向不规则的一种类型。由于使用功能和建筑艺术处理的需要，建筑外形往往沿竖向收进或在不同楼层采用不同的结构布置。竖向收进将造成房屋上下相邻部分地震作用的大幅变化，收进处将产生应力集中；在建筑的某些层布置大开间会议室和餐厅等往往会造成这些层的侧向刚度与邻层相比大幅减小、形成软弱层；这些不规则性将影响建筑整体的抗震能力。当某一楼层的侧向刚度小于相邻上一层侧向刚度的 70%、或小于上部相邻三个楼层侧向刚度平均值的 80% 时，可判定为侧向刚度不规则。除顶层外，当竖向收进的水平向尺寸大于相邻层水平尺寸的25% 时，也可判定为侧向刚度不规则。

cexiang huayi

侧向滑移（lateral sliding） 强震作用下，伴随液化发生的较大范围地基土水平方向移动的现象。它具有低角度滑移、高危险性和隐蔽性的特征。黄土地区，在强震作用下发现有低角度斜坡的长距离流滑现象。

cexiang kuozhang he liudong

侧向扩张和流动（lateral spread and ground flow） 地震可使饱和砂土和粉土振动液化，强震作用下，饱和砂土、粉土液化时，土坡或岸坡侧向产生显著变形和流动的现象。有些情况下，当土层液化时，土层即使在缓坡的情形在侧向也可能出现过大的变形或流动。

cexiang tuyali

侧向土压力（lateral earth pressure） 在挡土墙以及地下结构中，土体作用在支挡结构上的侧向压力，也称侧压力。

ceyali

侧压力（lateral pressure） 见【侧向土压力】

cebuzhun yuanli

测不准原理（uncertainty principle） 量子力学中关于物理量测量的一个原理。1927 年，德国物理学家沃纳·卡尔·海森堡（Werner Karl Heisenberg）通过对理想实验的分析提出这一原理，不久，其被证明可以从量子力学的基本原理及其相应的数学形式中推导出来。它表明粒子的位置与动量不可同时被确定，反映了微观客体的特征。根据这个原理，微观客体的任何一对互为共轭的物理量，如坐标和动量，都不可能同时具有确定值，即不可能对它们的测量结果同时做出准确预言。长久以来，不确定性原理时常会与另一种类似的物理效应（称为观察者效应）混淆在一起。

celiang buquedingdu

测量不确定度（measurement uncertainty） 表征合理地赋予被测量之值的分散性，与测量结果相联系的参数。该参数可为标准偏差或其倍数，或说明置信水准的区间的二分之一宽度。它由各个分量组成，其中的一些分量可测量结果的统计分布估算，并用实验标准偏差表征。另一些分量可用基于经验或其他信号假定概率分布估算，也可用标准偏差表征。测量结果应理解为被测量之值的最佳估计，而所有的不确定度分量均贡献给了分散性，包括由系统效应引起的分量。

celiang dianji

测量电极（measuring electrode） 地电阻率测量中连接大地与测量导线、接收大地电信号和人工供电电信号的接地导体。

celiang shijian jian'ge

测量时间间隔（measuring time interval） 仪器设定的两次观测之间的间隔时间，以小时为单位，测量时间间隔为24 的约数。

ceyaguan shuitou

测压管水头（piezometric head） 含水层中某测点至测压管水面的垂直距离，等于该点相对于基准面的位置高度加上该点的压头值，即位置水头与压力水头之和。

cezhenjing

测震井（seismometer well） 安放井下地震计的井，这种井专门用于安放测震仪器，对成井施工有特殊要求。

cezhentai

测震台（seismograph station） 布设固定观测的地震仪，用于连续观测地面运动的地震台，是地震台的一类。

cezhenxue

测震学（seismometry） 研究如何探测并记录地震波的学科，地震学的一个分支。研究内容包括地震仪器的研制，地震观测台网的布局，地震记录的分析、处理和解释工作等。狭义测震学主要研究测量大地质点振动参数的理论、方法以及地震仪器设计、制造等技术。广义测震学主要研究地震震源的各种参数的测量理论、方法和技术。

cenggao

层高（story height）　建筑物各楼层之间以楼、地面面层（完成面）计算的垂直距离。对于平屋面，屋顶层的层高是指该层横面面层（完成面）至平屋面的结构面层（上表面）的高度；对于坡屋面，屋顶层的层高是指该层楼面面层（完成面）至坡屋面的结构面层（上表面）与外墙外皮延长线的交点计算的垂直距离。

cengjian bianxing

层间变形（story deformation）　同一结构中不同高度的相邻层在地震作用下的水平相对位移，也称层间位移。水平相对位移一般取相邻楼层质心的位移差；对平面不规则结构，可取相邻楼层边缘的最大位移差。该变形是反映结构体系抗震性态的重要参数，与结构使用功能和结构构件破坏密切相关，尤其在强烈地震下结构进入非线弹性变形阶段后，是控制结构倒塌的决定因素。

cengjian bianxing guji

层间变形估计（interlayer deformation estimation）　估计建筑相邻楼层之间地震作用相对水平位移的方法。严格地讲，抗震验算中层间变形应取结构地震反应同一时刻层间变形的最大值，需要进行结构地震反应的时程分析。考虑时程分析的复杂性和困难，各国抗震设计规范均规定了粗略估计层间变形的简化计算方法，主要方法有采用底部剪力法来计算弹性体系地震反应时，层间变形为楼层剪力除以该楼层的侧移刚度；采用振型叠加反应谱法来计算平面结构弹性地震反应时，则首先计算各振型反应的层间变形，对于以弯曲变形为主的高层建筑，计算中应扣除结构摆动产生的水平位移，然后采用平方和开平方的方法（SRSS）得出结构的层间变形估计；采用平-扭耦连分析模型计算弹性结构地震反应时，则首先利用刚性楼板假定、考虑平动和转动位移的耦联来计算各振型反应的层间变形，然后用完全平方组合法（CQC）来叠加各振型的层间变形；当采用底部剪力法或振型叠加反应谱法估计结构弹塑性层间变形时，可首先采用结构系数对弹性分析得出的层间变形进行折减，再乘以位移放大系数；多层剪切型结构薄弱层弹塑性层间变形的计算可用薄弱层位移反应估计；可采用静力弹塑性方法来估计结构的弹塑性层间变形。

cengjian gezhen

层间隔震（inter story-isolation）　把隔震层设在建筑物地面以上某高度的两层之间的隔震方法，是实际减隔震工程中应用较多的一种隔震方法。

cengjianshui

层间水（interlayer water）　存在于上下两个隔水层之间的含水层中的地下水。其性质是介于结晶水与吸附水之间的一种过渡类型。它的形成由地质构造和岩层的空隙决定。

cengjian weiyi

层间位移（interlayer displacement）　见【层间变形】

cengjian weiyijiao

层间位移角（inter-layer displacement angle）　利用弹性方法计算的风荷载或多遇地震标准值作用下的楼层层间最大水平位移与层高之比。它是对构件截面大小、刚度大小的一个宏观控制指标，主要为限制结构在正常使用条件下的水平位移，确保高层结构应具备的刚度，避免产生过大的位移而影响结构的承载力、稳定性和使用要求。

cengjian weiyijiao xianzhi

层间位移角限值（inter-layer displacement angle limit）　规定的层间位移角的限制值。抗震验算采用的层间位移角限值是区别不同结构类型、并考虑不同极限状态确定的。弹性层间位移角限值是构件的开裂变形角；对于超过弹性阶段的不同变形极限状态，层间位移角限值很难由理论确定，抗震设计规范中的限值是基于数值模拟、试验结果、震害和使用经验的综合判断结果。国家标准 GB 50011—2010《建筑抗震设计规范》给出了弹性层间位移角限值和弹塑性层间位移角限值的规定。

cengli

层理（bedding）　沉积层内因沉积物成分、结构和颜色的变化而显示出来的成层性内部构造或纹理，是沉积地层中最常见的原生沉积构造之一。形成于相同的沉积环境，成分、结构、颜色和厚度都甚为均一的最小沉积单元称为细层；相同或相似的细层组合在一起构成层系，其上下由层系界面限定，是水流运动形式在一段时间内保持稳定的产物。若干个相似的层系叠合在一起，而其间又无明显不连续现象者，称为层系组。层理类型是沉积动力学分析的主要依据，按照层系和层系组的组合型式及相应的底形的类型可划分出水平层理、波状层理、交错层理等层理类型。

cengliu

层流（laminar flow）　流体质点运动轨迹互不混杂的流体运动形式，是黏性流体的层状运动。在这种流动中，流体微团的轨迹没有太大的不规则脉动，相邻两层流体之间有分子相互作用引起的动量交换。由于层流的黏性系数和相邻两层流体的相对速度都不大，摩擦阻力相对湍流来说就较小。因此，尽可能使流体保持层流状态常常是设计高速运输工具时应当考虑的问题之一。

cengmian

层面（bedding surface）　因颜色、结构和构造的变化而形成的原生的层间界面，是地层划分的主要标志之一。它代表着沉积环境和沉积作用的变化。

cengmian gouzao

层面构造（surface structure） 形成于岩层顶面或底面上的各种原生沉积构造的总称。常见的有波痕、泥裂、雨痕、雹痕、虫迹、冲刷痕、晶痕和印模等。波痕和冲刷痕多出现在砂质或粉砂沉积物的顶面，既是水流活动的指示标志；泥裂、雨痕、雹痕、虫迹、晶痕和印模等常出现在泥质沉积物的顶面，既是古环境的重要指示标志，也是沉积作用不连续性的指示标志，代表沉积间断和无沉积作用。

cengmian jiagufa

层面加固法（masonry strengthening with mortarsplint） 在砌体墙侧面增抹一定厚度的无筋、有钢筋网的水泥砂浆，形成组合墙的加固方法，是增大截面加固法的一种类型。

cengxi chengxiang jishu

层析成像技术（computerized tomography techniques） 利用地震波或电磁波穿越地质体时的走时和能量的变化，通过数学处理，利用计算机重建地质体的结构图像，探测地质构造和地质异常的技术方法，也称CT技术。

cengzhuang moxingxiang

层状模型箱（layered model box） 土工离心模型实验中可用于水平振动离心模型试验的模型箱。它的主要作用是减少模型箱侧壁对模型的约束。

chache

叉车（forklift truck） 以门架和货叉为工作装置的自行式装卸搬运机械。可用于装卸、堆放成件货物。更换工作装置后，也可用于特种物品和散料的装卸搬运作业。

chadong bianyaqishi weiyiji

差动变压器式位移计（differential-transformer displacement transducer） 利用变压器作用原理将被测位移转换为初级和次级线圈互感变化的变磁阻式位移传感器，通称LVDT。

chadong taizhen

差动台阵（difference motion array） 为研究地震动空间相关性而布置的强震动观测台阵。该台阵的记录可以提供地震动特征随空间变化的相关信息，关于地震动相干函数的基础资料都来自差动台阵的记录。为便于分析，通常差动台阵的强震仪按照一定间距，呈规则图形布设。

chafen fangcheng

差分方程（difference equation） 有限差分法中将运动微分方程中的导数以差商代替得到的运动方程。它是系统反应的离散变量与其相继值和离散输入变量间的递推代数等式。

chazhi chufa

差值触发（difference trigger） 为触发而设定的差值条件。通常情况下，短项平均与长项平均的差超过某一预定的值时，该通道满足触发条件。

chaichu baopo

拆除爆破（demolition blasting） 采取控制有害效应的措施，按设计要求用爆破方案来拆除建（构）筑物的作业。

chaidamu-aerjin dizhendai

柴达木—阿尔金地震带（Chaidamu-Aerjin earthquake belt） 国家标准GB 18306—2015《中国地震动参数区划图》划分的地震带，隶属青藏地震区。该带是青藏地震区北部的一条地震带，与新疆地震区相邻，包括阿尔金山脉与柴达木盆地，总体走向北西西，主要分布在青海、新疆和西藏的部分地区。该带新构造活动强烈。新生代以来由于强烈抬升，在北部阿尔金山等地形成三级夷平面。区内断裂规模巨大，活动性强，以北东东向的阿尔金断裂为主，北西向断裂次之。沿阿尔金向东经祁连山、岷山转向南为一条呈弧形展布的地壳厚度陡变带，地壳厚度由46km增至逾60km。该带同时也是重力梯级带和航磁异常带。柴达木盆地为一个中新生代拗陷，第四系最大厚度为2800m。在强烈挤压下，第四纪沉积物产生褶皱，与此同时在盆地的边缘活动断裂也比较发育。带内以中强地震活动为主，在空间上具有成带分布的特征，历史地震缺失较多，最早一次地震记载为公元1832年8月昌马5½级地震，最大地震为2008年3月20日新疆于田7.3级地震。据统计，本带记录到4.7级以上地震239次。其中，5.0～5.9级128次；6.0～6.9级20次；7.0～7.9级4次。该带本底地震的震级为5.5级，震级上限为8.5级。

chanru guhuawufa

掺入固化物法（improvement method with admixture） 通过灌浆、高压喷射注浆、深层搅拌等方法向地基土体掺入水泥等固化物，经过一系列的物理和化学作用，形成抗剪强度较高、压缩性较小的地基土的地基处理方法。

chanye guanlian sunshi

产业关联损失（production sections-connected loss） 地震使各个产业间协调关系遭到破坏，形成局部生产资源（包括生产力资源）的呆滞和积累进而造成的经济损失。

chanzhuang

产状（attitude） 物体在空间产出的状态和方位的总称。在地质学中表示地质体的空间产出状态，是对一个平面或一条线的空间方位的几何描述。地质体可大致分为块状体和面状体两类。块状体的产状，指的是其大小、形态、形成时所处位置与周边关系；面状体（包含线状）的产状，主要指的是其在空间的延展方位，包含三个要素，即走向、倾向和倾角，如对岩石层面、片理、构造的断层面、接触面、褶皱轴等的方位的几何描述等。

chantu yunshu jixie

铲土运输机械（combination excavator and hauler） 在机械行进中，利用刀形或斗形工作装置进行削土、铲土、运土、填土的土方机械。常见的有推土机、铲运机、单斗装载机等。推土机主要用于清除树根、推运土石料、平整场地等短距离作业；铲运机主要用于开挖河道、填筑土坝和土堤、平整场地和改良农田等土方工程，适合在没有树根、大石块和过多杂草的地区作业；单斗装载机主要用于土方和散粒物料的铲、装、运、卸作业；其前端装有由动臂、连杆和铲斗等组成的工作装置，更换工作装置后，还能起重、装运长料等。为了保障司机的安全，尤其在斜坡上作业时，铲土运输机械应装有滚翻保护结构。

chanyunji

铲运机（scraper） 一种在行进中能用铲斗铲土、运土、卸土的土方机械，可以完成土方的挖、填和运输等作业，广泛用于铁路、公路、水利和矿山工程的大量土方施工作业中。

changbo

长波（long wave） 电子学（包括超长波）中是指频率为300kHz以下的无线电波；气象学中是指对流层的中部和上部西风带大气环流中波长为3000～8000km的波动。地震学中是指波长为1～10km的地震波。长波传播时，具有传播稳定，受核爆炸、大气骚动影响小等优点；在海水和土壤中传播，吸收损耗也较小。

changchengji

长城纪（Changcheng Period） 长城系对应的地质年代单位，即长城系时期形成的地层。

changchengxi

长城系（Changcheng System） 中国区域年代地层单位，是中元古界最底部的一个系，对应于国际的古元古界的固结系。因长城一带地层发育较好而得名，层型剖面位于天津蓟县。底界时间为18亿年，顶界时间为16亿年。对应的地质年代单位为长城纪。

changdu

长度（length） 一维空间的度量中，指点到点的距离；在二维空间中量度直线边长时，称长度数值较大的为长，不比其值大的或者在"侧边"的为宽，所以宽度也是长度量度的一种；在三维空间中，长、宽、高的量度都是长度。长度是国际单位制（SI）中的七个基本物理量的量纲之一，其符号 L，单位为米，国际上规定：1m 是光在真空中在（1/299792458）s 内经过的距离。在结构工程中，是指结构或构件长轴方向的尺寸。

changduanzhuang fuhe diji

长短桩复合地基（long and short pile composite foundation） 将长桩和短桩共同作为竖向增强体的复合地基。

changjiangxiayou-huanghai dizhendai

长江下游-黄海地震带（Yangtze River-Yellow Sea earthquake belt） 国家标准 GB 18306—2015《中国地震动参数区划图》划分的地震带，隶属华北地震区。该地震带主要分布在南黄海海域、上海和安徽、江苏、浙江的部分地区。在地质构造上，发育多条北东向断裂，其南黄海北部坳陷边界断裂是区内的一条重要断裂，海域发育的北东东—东西向凹陷是地震活动比较集中的地方。该地震带的地震活动具有南强北弱的特点，据地震史料记载，公元 288 年至今，该地震带共记录到 4¾级以上的地震 70 余次。其中，5.0～5.9 级地震 42 次；6.0～6.9 级地震 19 次；7.0～7.9 级地震 1 次，最大地震为 1846 年 8 月 4 日中国南黄海 7.0 级地震。该带本底地震的震级为 5.5 级，震级上限为 7.5 级。

changjiang zhongyou dizhendai

长江中游地震带（Middle reaches of Yangtze River earthquake belt） 国家标准 GB 18306—2015《中国地震动参数区划图》划分的地震带，隶属华南地震区。该带北邻华北地震区，南接右江地震带和华南沿海地震带，是华南地震区最北的一个地震带，分布范围包括重庆、湖南、湖北、贵州、广西和江西以及四川的部分地区。在区域大地质构造上，该带位于华南加里东褶皱带和扬子地台的西部，地壳厚度 33～40km，由东向西逐渐增厚，重力场和磁场变化比较平缓。早第三纪末的区域性地壳抬升运动，便该带的许多中新生代盆地结束了坳陷的历史，只在江汉盆地和鄱阳湖盆地沉积了厚度不大的上第三系和第四系。山区地壳抬升形成 1500～2000m 的高原，断裂活动逐渐减弱。带内断裂以北东、北北东向最为发育，并控制早第三纪盆地发育，其中以江汉—洞庭湖断陷规模最大，堆积了厚达 500～800m 的下第三系。晚第三纪以来，这些断裂仍有不同程度的活动，但差异活动不明显，地震活动常沿断裂带分布。本带的主压应力场总体呈北西—北西西向，向南逐渐转为北北西向与华南地区的主压应力场相衔接。本带地震活动水平较低，自公元前 143 年以来共记录到 4¾以上的地震 113 次。其中，5.0～5.9 级地震 67 次；6.0～6.9 级地震 3 次。最大震级为 1631 年 8 月 14 日湖南常德 6¾级地震。该带本底地震的震级为 5.0 级，震级上限为 7.0 级。

changqi dizhen yuce

长期地震预测（long-term earthquake prediction） 时间跨度为几年至几十年的地震预测，是地震趋势预报的一种形式。

changqi moliang

长期模量（long-term modulus） 岩体或土体在经过长期的受力以后，应力与稳定应变的比值。

changqi wendingxing

长期稳定性（long-term stability） 岩土体在荷载和环境

等因素长期作用下的稳定状况。在仪器学科在是指传感器在规定时间内仍保持不超过允许误差范围的能力。

changqi xiaoying zuhe
长期效应组合（combination for long-term action effects）
结构或构件按正常使用极限状态设计时，永久作用设计值效应与可变作用准永久值效应的组合。

changxibi
长细比（slenderness ratio）　在结构工程中构件的计算长度与其截面回转半径的比值。

changzhouqibo
长周期波（long period wave）　周期为 10s 以上乃至数百秒的地震波。长周期地震波在地震记录上的反映是长周期震相。记录到长周期地震波的地震图称长周期地震图。

changzhouqi dizhenbo
长周期地震波（long-period seismic wave）
见【长周期波】

changzhouqi dizhendong
长周期地震动（long-period ground motion）　地震波引起的地表附近土层的周期大于 1s，即频率低于 1Hz 的地面震动。

changzhouqi dizhenyi
长周期地震仪（long-period seismograph）　安装有长周期摆的地震仪器。地震仪通常分成长周期地震仪和短周期地震仪两大类。长周期地震仪主要记录周期一般大于 5s（脉动噪声谱峰的周期），用来观测远震，摆的固有周期范围约为 10～100s；短周期地震仪主要记录周期一般小于 5s。在海浪干扰引起的脉动极大值以外的长周期范围以及远震面波可用长周期地震仪来观测。长周期记录一般使用的滚筒速度为 15mm/min 或 30mm/min。普雷斯—尤因地震仪是 20 世纪 50 年代研制的最主要的长周期地震仪。

changzhouqi tibo zhenji
长周期体波震级（long period body wave magnitude）　美国古登堡（B. Gutenberg）于 1945 年提出的、根据长周期（>20s）体波的地震记录测定的原始的地震体波震级，也称宽带体波震级。

changgui qiaoliang
常规桥梁（ordinary bridge）　一般的桥深。通常包括单跨跨径不超过 150m 的混凝土梁桥、圬工或混凝土拱桥等桥梁。

changgui sanzhou yasuo shiyan
常规三轴压缩试验（conventional triaxial compressiontest）
圆柱形土试样在一定围压下，施加轴向应力，使试样中的剪应力逐渐增大，直至试样破坏的一种应力应变与强度的试验方法。

changliang jiasudufa
常量加速度法（constant acceleration method）　取控制计算精度的参数 $r=1/2$ 和 $\beta=1/4$ 得到的求解运动方程的算法。在纽马克（N. M. Newmark）提出的求解运动方程中，因控制计算精度的参数 r 和稳定性参数 β 的取值不同，可得出不同的数值积分算子。为保证算法不低于二阶精度，要求参数 r 的取值为 1/2。应用中，若取 $r=1/2$ 和 $\beta=0$，算法等价于中心差分法，是条件稳定算法。取 $r=1/2$ 和 $\beta=0$，得到的算法通常称为常量加速度法或平均加速度法，其属于无条件稳定算法。当 $r=1/2$ 和 $\beta=1/6$ 时，即为线性加速度法，其属于条件稳定算法。

changshi weidong
常时微动（frequent fretting）　周期在 1s 以下的大地轻微连续的环境振动，也称短周期脉动。日本常把短周期脉动称为常时微动。它的主要特点是振动的强弱随昼夜变化，夜间比白昼小，但是在固定土层场地上，不同时间内的平均周期比较稳定，这说明地脉动带有场地动力特性的信息，这一特点也是鉴别短周期脉动的重要依据。

changshuitou shentou shiyan
常水头渗透试验（constant head permeability test）　在水头固定的条件下，测定强透水性土试样渗透系数的试验。

changxishu nianzhi zuni
常系数黏滞阻尼（constant coefficient viscous damping）
阻尼系数为常量的黏滞阻尼。结构弹性地震反应的阻尼理论主要涉及常系数黏滞阻尼、频率相关阻尼和复阻尼三种类型。

changkuang daolu
厂矿道路（road for factory and mine）　为工厂、矿山、油田、港口、仓库等企业服务的道路，分为厂外道路、厂内道路和露天矿山道路。厂外道路是厂矿企业与公路、城市道路、车站、港口原料基地、其他厂矿企业等相衔接的对外道路，或本企业分散的厂（场）区、居住区等之间的联络道路或通往本企业外部各辅助设施的道路；厂内道路是厂（场）区、库区、站区、港区等的内部道路；露天矿山道路是矿区范围内采矿场与卸车点之间、厂（场）区之间的道路，或通往附属厂、辅助设施的道路。

changkuang qiye kangzhen fangzai guihua
厂矿企业抗震防灾规划（earthquake disaster reduction planning for industrial enterprise）　针对厂矿企业的具体情况和特点制定的抗震防灾规划。其内容应与本企业的特点、长远发展规划及所在城市的抗震防灾规划相衔接。

changzhi teding dizhendong

厂址特定地震动（site specific ground motion） 依据厂址所处地震构造背景和场地条件而获得的厂址地震动参数。

changdi

场地（site） 工程群体所在地，同一类场地应具有相似的反应谱特征和工程地质条件。其范围相当于厂区、居民小区或不小于 $1.0km^2$ 的平面面积。在管道工程中是指以管道轴线为中心每侧200m宽的范围。不同的场地抗震性能有差别，实际工作中，可根据土层的等效剪切波速和场地覆盖层的厚度等条件对场地进行分类。

changdi dizhen fanying

场地地震反应（site seismic response） 场地对地震波的传播、滤波和放大的效应。研究场地地震反应是在场地地质环境研究的基础上，应用地震波在介质中传播的基本理论及与岩土动力性质相适应的数学、物理模型对不同地质环境下地震动的特点进行定量研究，并对各种场地地质条件下可能出现的地震反应做出预测，为不同地质环境条件下的结构设计、震害预测提供对地震动方面的依据。其实质既是场地的地震动预测问题，也是地震反应分区，即地震动小区划的一种基本方法和手段。

changdi dizhen fanying fenxi

场地地震反应分析（seismic response analysis of site） 求解场地地震反应的理论和方法。场地的地震危险性分析得到基岩地震动时程，以此作为基岩输入，计算场地的土层反应和场地地震相关反应谱，为结构地震反应和抗震设计提供地震动输入。

changdi dizhen xiaoying

场地地震效应（seismic effect；earthquake effect） 地震时，工程场地出现的各种反应的总称。地震可能导致山体失稳，形成滑坡和崩塌；也可能产生地表破裂、砂土液化、软土震陷等都属于场地地震效应的范畴。

changdi dizhi danyuan

场地地质单元（site geological unit） 工程场地中可能对地震动有明显影响的地质单位，是由具有一定厚度的地层岩性和地质构造等构成的地质体。一般情况下，地质体可由一定厚度的单一地层组成，也可由多层不同岩性和结构特征的地层组合而成。对具体场地而言，相同地质单元，就意味着无论是在地质成因、物质组成及其物理力学特性方面，还是在可能对地震动产生影响方面，都较相近。也可以理解为相同的震级、震源深度和震中距的地震。在相同的场地地质单元内，地震反应在理论上应基本相同。

changdi dizhi xiaoying

场地地质效应（site geological effect） 场地地质条件的差异导致的震害差异，包括场地地震动效应和场地破坏效应两个方面。在不同地质环境下，场地地震动效应不同，不同的地质体对地震动的响应不同；在不同的地质环境下，场地破坏效应不同，如有些地质环境易发生地震滑坡，有的地质环境易发生砂土液化，两者的破坏效应显著不同。

changdi fangda zuoyong

场地放大作用（site amplification） 软土场地对长周期地震动的放大作用，表现为在软土地基上的震害要大于硬土地基上的震害，硬土地基上的震害要大于基岩地基上的震害。通海地震和海城地震的强余震观测结果表明，统计平均意义上，基岩上地震动的最大幅值总是小于附近土层的最大幅值，持续时间也总是较短，且主震时，基岩观测点附近结构物的破坏也总是比邻近土层上的结构物破坏轻。

changdi fenlei

场地分类（site classification） 考虑场地对地震动的影响和进行抗震设计的需要，对场地类别的划分，也称场地抗震分类。国家标准 GB 50011—2010《建筑抗震设计规范》（2016年版）中采用等效剪切波速和覆盖层厚度两个指标将场地划分为四类，其中第一类又划分出两个亚类。不同场地的抗震性能存在差别，工程抗震设计参数的选取也不同。

changdi fenlei xiaoquhua

场地分类小区划（site classification microzonation） 以场地抗震分类为指标的地震小区划，是根据工程场地的勘察资料和有关场地分类的规定对区划地域的划分。在抗震设计时，可以根据场地分类小区划的结果，采用相应的设计地震动参数。

changdi fenlei zhibiao

场地分类指标（site classification index） 在场地抗震性能分类中使用的指标，主要有两类：一类是土质岩性的宏观描述，如岩土的类别和成因的描述等；另一类是需要测量的参数，如土的纵、横波速度、平均剪切刚度、地基承载力、标准贯入击数、反应谱峰值周期、覆盖层厚度、单位容重、密度、脉动卓越周期等。这些指标既能区分不同类别场地的动力特性，又便于测量。合理地确定场地分类的指标和参数是一项重要的工作：分得过粗难以反映出场地条件对地震动的影响；分得过细又难以获取，且由于强震动观测资料的缺乏难以统计和规定相应场地类别的反应谱等参数。各国规范大都选用2～3种指标来作为场地分类的指标，一般将场地分为3～5类。

changdi huanjing leixing

场地环境类型（site environment type） 根据气候条件、地下水赋存状况和地层透水性等因素，将场地划分为不同类型，用以对地下水和土的腐蚀性进行评价。国家标准 GB 50021—2001《岩土工程勘察规范》将场地环境类型划分为三类。

changdi kancha

场地勘察（site exploration） 通过地面调查、钻探、物探、槽探、原位测试等地质勘查手段，查明工程建设场地工程地质条件和工程地质问题，为场地评价和工程建设提供有关地质资料等工作的总称。地震工程中的场地勘察是指为定量估计场地对地震动的影响、判断地震可能产生的地震地质灾害，建立岩土地震反应计算模型、获取场地计算参数、进行岩土工程结构抗震分析和设计所需的地质调查和勘探工作。

changdi kangzhen diduan huafen

场地抗震地段划分（site earthquake resistance zonation） 考虑场地的地震地质条件，根据地震时场地发生地震地质破坏的可能性，对工程建设用地地段的划分。国家标准 GB 50011—2010《建筑抗震设计规范》（2016 年版）将场地划分为抗震有利地段、一般地段、不利地段和危险地段四类。

changdi kangzhen fenlei

场地抗震分类（site earthquake resistance classification） 见【场地分类】

changdi liedu

场地烈度（site intensity） 考虑场地条件对地震破坏作用的影响，提高或降低基本烈度而得出的抗震设防烈度，也称小区域烈度。震害调查表明场地条件对震害有影响，故早期的抗震设计规范规定基于场地条件确定设计烈度。方法是将场地的剪切波速、土层卓越周期、地下水埋深度参数与标准场地进行比较，增减基本烈度。由于提高设防烈度仅可增加建筑上部结构的抗震能力，对防止场地地基失效无特别帮助，因此，场地烈度在抗震设计中已不再使用。场地烈度与基本烈度的差异在于基本烈度是指一个地区的平均烈度（也称区域烈度），忽略了小区域烈度异常造成的局部变化；场地烈度则是在基本烈度基础上考虑小区域烈度异常后定出的某一地点的烈度。二者之间为面与点的关系。

changdi liedu tiaozheng

场地烈度调整（site intensity adjustment） 按照场地的地质条件对场地烈度进行的调整，简称烈度调整。该方法始于 20 世纪 50 年代末，终于 60 年代初。按照苏联学者麦德维杰夫（S. V. Medvedev）在 1952 年提出的小区划方法，根据场地土刚度及地下水位等地质条件，对基本烈度进行简单调整，以确定场地烈度。一般以中等强度土为标准，基岩上降低烈度，软土上提高烈度。根据不同土层波速、密度特性和地下水位及其他地质特征，制定出一套烈度调整标准。烈度调整简单、直观，考虑了地质条件对震害影响的事实。用烈度及其差异来描述地震的宏观破坏现象是基本可行的。但是，作为抗震设计标准，尚存在一些问题。

changdi maidong

场地脉动（site microtremor） 见【地脉动】

changdi pingzheng

场地平整（site grading） 在建设区域内，为建筑施工创造条件，按设计要求进行的填挖土石方作业。平整场地前应先做好各项准备工作，如清除场地内所有地上、地下障碍物，排除地面积水，铺筑临时道路等。选择场地设计标高有三条原则：第一，在满足总平面设计的要求，并与场外工程设施的标高相协调的前提下，考虑挖填平衡，以挖作填；第二，如挖方少于填方，则要考虑土方的来源，如挖方多于填方，则要考虑弃土堆埋；第三，场地设计标高要高出区域最高洪水位，在严寒地区，场地的最高地下水位应在土壤冻结深度以下。

changdi pubi

场地谱比（spectra ratio of site） 不同测点的地震动（或地脉动）傅里叶振幅谱的比值，或同一测点不同分量傅里叶振幅谱的比值。可用于估计土层对基岩地震动的放大效应。场地谱比的应用方法有直接谱比法、参考点谱比法和单点谱比法。

changdi sheji

场地设计（site design） 对建筑用地内的建筑布局、道路、竖向、绿化及工程管线等进行综合性的设计，又称为总图设计或总平面设计。

changdi tiaojian

场地条件（site condition） 场地及附近的地形地貌、地质构造、岩土特性、地下水及不良地质现象等条件，即局部范围内的工程地质条件。国内外震害经验表明，场地条件是引起地表震害或地震动局部变化的主要因素，对结构抗震至关重要。

changditu

场地土（site soil） 场地一定范围内存在的不同类型的岩土。它对地震动有重要影响，是工程地震研究的主要内容之一。场地土分为五种类型，岩石、坚硬土或软质岩石、中硬土、中软土和软弱土。

changditu fenlei

场地土分类（site soil classification） 根据地震时场地土层的振动特性对场地土类型的划分。同类场地土应具有相似的地震反应特征。国家标准 GB 50011—2010《建筑抗震设计规范》（2016 年版）将场地土分为五种类型，即岩石、坚硬土或软质岩石、中硬土、中软土和软弱土。五类土的剪切波速有明显差别。

changdi weizhendong ceshi

场地微振动测试（micro-tremor monitoring） 测量场地在微米级以及微米级以下的自然微振动的原位测试。在地面或钻孔中均可开展场地微振动的测量。

changdi wendingxing
场地稳定性（site stability） 工程场地的稳定程度，一般理解为拟建工程场地产生滑移、大变形、砂土液化、软土震陷、崩塌、滑坡、泥石流或发震断裂产生地表变形和破坏等的可能性。

changdi xiangguan fanyingpu
场地相关反应谱（site-depended response spectrum） 考虑地震环境和场地条件影响所得到的地震反应谱，即区别场地条件生成的设计反应谱。一般情况下，不同场地上的地震动加速度时程的频谱特性不同，其反应谱也不相同。一般在软土场地上地震动长周期分量丰富，基岩等硬场地上地震动高频分量可能较强。由于抗震设计必须考虑场地条件对地震动的影响，故一般按场地地震反应特性分类，将不同场地的反应谱归纳整理，并进行标准化和平均化，给出与场地类别相关的设计反应谱。

changdi xiaoying
场地效应（site effects） 不同场地条件对地震动和地面破坏的影响，也称场地影响。它是地震工程学的一个重要的研究领域。

changdi xiaoying guance
场地效应观测（observation of site effect） 利用测振仪器对场地动力特性的测量和分析。重点是测量场地的卓越周期和基岩地震动的放大倍数，这两个指标在场地地震效应评价中有重要意义。

changdi xiaoying taizhen
场地效应台阵（site array） 记录局部自由场地地震动参数的强地震动台阵。该台阵获得的结果可用于场地条件对地震动影响的研究和分析。

changdi yingxiang
场地影响（site effect） 见【场地效应】

changdi yingxiang taizhen
场地影响台阵（site effect array） 观测和研究场地条件对地震动影响的强震动台阵。建该台的目的是研究局部场地条件对地震动的影响，重点研究地震动沿深度的分布特征、地震动与地形地貌、岩性、地质构造、地下水以及各类不良地质现象的关系等。场地影响台阵分为综合场地实验台阵、局部场地影响台阵和三维场地台阵三种类型。

changzhi dongli fanying fenxi
场址动力反应分析（site dynamic response analysis） 利用数值方法研究局部场地条件（包括土质和地形条件）对地震动效应影响的分析方法。通过场址的动力反应计算，可以给出表面土层或地下不同深度土层的地震反应，包括土层的运动时程及频谱特性、土层的应力和应变状态及孔隙水压力的产生和消散等。分析结果可用于场地或地基土的地震效应评价。

chaochangzhouqi dizhenyi
超长周期地震仪（very-long-period seismograph） 周期长达几分钟，甚至几十分钟的地震仪，通常用以观测地球的自由振荡及特大地震。贝尼奥夫（H. Benioff）使用装有周期为 180s 电流计的系统记录到 1952 年 11 月 4 日堪察加大地震时，周期为 57min 的地面运动。

chaodao zhongliyi
超导重力仪（superconductor gravimeter） 利用某些金属（如锭、铝、铅等）的超导性质研制的进行相对重力测量的重力仪。该仪器具有灵敏度高、稳定性好的特点，不受零漂的影响，精度可达微伽级。

chaogao
超高（super elevation） 在曲线地段上，公路横断面的外侧高于内侧单向横坡的高差，或铁路的外侧钢轨高于内侧钢轨的高差。

chaogujiebi
超固结比（overconsolidation ratio） 土层的先期固结压力与土层目前承受的有效上覆压力之比，通常用 OCR 表示。OCR 大于 1 的土为超固结土；OCR 等于 1 的土为正常固结土；OCR 小于 1 的土为欠固结土。

chaogujietu
超固结土（overconsolidated soil） 在历史上受过的最大有效覆盖压力大于当前有效覆盖压力的土，一般是指超固结比 OCR 大于 1 的土。

chaojingkongxishui yali
超静孔隙水压力（excess pore water pressure） 由于外部作用或者边界条件变化而引起的超过静孔隙水压力的那部分孔隙水压力，也称超孔隙水压力。在地震工程中，是指地震作用下，在土体中产生的孔隙水压力的增量。

chaokongxishui yali
超孔隙水压力（excess pore water pressures）
见【超静孔隙水压力】

chaokuan pindai dizhenyi
超宽频带地震仪（extra-broadband seismograph） 工作频带的低频端小于 0.003Hz，高频端在 10Hz 或 10Hz 以上的地震仪。

chaolingmindu dizhenyi
超灵敏度地震仪（ultrasensitive seismometer） 灵敏度极高的地震仪，具有测量精度高、反映灵敏等特点，是目前国际上比较流行的地震测量仪器。一般地震仪放大倍数为数十至数千倍，20世纪60年代电子管放大器的广泛应用，使地震仪放大倍数显著提高。例如，运用放大率达几十万倍的高频地震台阵可进行短期超微小地震观测。激光应变计准确度可达到 $1/10^{12}$，可测出 $1mm/10^6km$ 长度的变化。

chaoqian daokeng

超前导坑（advancing drift）　隧道施工中，由于隧道断面较大或围岩复杂，在开挖中采用全断面法有困难的情况下，在隧道的开挖断面内超前开挖的小断面隧道。

chaoshengbo chuan'ganqi

超声波传感器（ultrasonic transducer）　利用超声波在介质中的传播来测量介质状态和特性的传感器。它由声波发送器、接收器和测量电路组成，其基本测量方法有传送时间差法、声波束偏转法、多普勒频移法、谐振法等。常用于流体流速、材料厚度的测量以及桩基检测和损伤探测等。该传感器的特点是价格较低、不影响被测物的状态，在某些近距离测量方面可代替激光传感器。

chaoshengbo tanshang

超声波探伤（ultrasonic inspection）　利用超声波来探测材料内部结构的方法，其主要用于检测金属材料或焊缝的缺陷。

chaoshengfa

超声法（ultrasonic testing）　根据超声波在被测物体内部的传播特性而进行损伤探测和质量评定的方法，是一种无损检测技术。振动频率超过20000Hz、人耳听不到的声波称为超声波，而用于结构损伤检测的超声波的频率为 $0.5\sim10MHz$ 或更高。超声波在介质中的传播特性与介质力学性质和状态有关，检测被测物体介质反射的超声波信号，可对被测物体性态和损伤做出判断。超声检测具有灵敏度高、成本低、速度快和使用方便等特点，应用范围十分广泛。

chaosheng huitan zonghefa

超声回弹综合法（unified method of rebound and ultrasonic testing）　同时使用超声法和回弹法来检测混凝土抗压强度的方法，是一种无损检测技术。该方法于1966年在罗马尼亚被提出后引起世界各国的重视，基于大量研究和实践，已在混凝土工程质量检测中获得广泛应用。该方法兼具回弹法和超声法两者的特点，能减少龄期和含水率对混凝土强度测试的影响，能够全面反映混凝土的实际质量，可有效提高测试精度。

chaowa

超挖（over excavation）　岩土工程施工中超过设计要求规定的施工开挖行为。这是一种既浪费又危险的行为，在岩土工程施工中必须坚决禁止。

chaoweizhen

超微震（ultra microearthquake）　震级小于1的地震。这类地震人们感觉不到，只有仪器才能测出。震级为0或更小的超微地震所产生的地震波的频率极高，在地层中衰减很快，往往在十几千米外已难记录到，也称极微震。

chaoyue gailü

超越概率（exceedance probability）　随机变量超过给定值的概率。也即概率分布曲线上随机参数超过某一给定值的概率。在地震危险性分析中的含义为，一定年限内工程场地周围一定范围内可能发生至少一次地震在该场地引起的地震动参数超过给定值的概率。

chaoyue gailü quxian

超越概率曲线（transcendental probability curve）见【地震危险性曲线】

chaozai

超载（surcharge）　建筑物地基计算中需要考虑的附近地面的堆载和邻近建筑物荷载。在挡土墙设计中，有时也指挡土墙墙顶高程面以上的荷载。

chaozai yuyafa

超载预压法（surcharge preloading method）　通过堆载对土体加荷并超过使用荷载，使地基土体中的孔隙水排出，孔隙体积减小，土体进一步压密固结，强度进一步提高，压缩模量进一步增大，地基承载力进一步提高的地基处理方法，也称堆载预压法。

chaozhongxing donglichutan

超重型动力触探（super-heavy duty dynamic penetration test）见【超重型圆锥动力触探试验】

chaozhongxing yuanzhui donglichutan

超重型圆锥动力触探（super-heavy duty dynamic penetration test）　见【超重型圆锥动力触探试验】

chaozhongxing yuanzhui donglichutan shiyan

超重型圆锥动力触探试验（super-heavy duty dynamic penetration test）　试验用锤的质量为120kg，落距为100cm，圆锥头的最大直径为74mm，入土10cm，测记锤击数（N120）的动力触探试验，又称超重型动力触探或超重型圆锥动力触探，其主要用于粗粒土的动力触探试验。

chaoxian dizhendai

朝鲜地震带（Korean earthquake belt）　国家标准GB 18306—2015《中国地震动参数区划图》划分的地震带，隶属华北地震区。该带主要分布在朝鲜半岛及邻近海域。在大地构造上属中朝准地台的组成部分，北部为狼林隆起，中部为平南坳陷，南部为京畿隆起。朝鲜半岛上主要有北东向、北西—北西西向和近东西向三组断裂发育。主要断裂有清川江断裂、载宁江断裂和昌城—云山断裂断裂。清川江断裂的断裂走向北东，是营口—宽甸—狼林台拱和朝鲜平南凹陷的分界线，长达190km，断裂西南段较宽，往北东方向变窄，由多条次级断裂组成，中间夹有长条状的中、新生代地堑盆地，沉积厚度约1200m，是一条晚更新世活动断裂；载宁江断裂走向北西西，处在平南凹陷内，南起青丹，经载宁、南浦至平壤西，总长约120km，是一条晚更新世的活动断裂；昌城—云山断裂处在鸭绿江断裂和清川江断裂之间，走向北西，在断裂南侧发育了与其平行的三条断裂，构成了北西向断裂组，断裂总体呈直线状展布，长约100km。朝鲜地震带的地震以中强地震活动为主，公元27年至今，在该地震带共发生4¾级以上的地震100余次。其中，5.0～5.9级地震66次；6.0～6.9级地震12次；7.0～7.9级1次。该带本底地震的震级为6.0级，震级上限为7.0级，最大地震是1681年韩国文津海域的7.0级地震。

chaowei

潮位（tide level）　潮汐出现时，海面相对基准点的垂直高度。是受潮水影响而产生周期性涨落的水位，在某一地点及某一时刻相对于基准面的高程。通常取多年最低海潮面为潮汐基准面，潮汐基准面又称潮高基准面。

chaoxi dianzhan

潮汐电站（tidal power station）　建于港湾入口处，利用海洋潮汐来发电的装置、设备和设施的总称。它是利用潮汐将海洋潮汐能转换成电能的水电站；是唯一实际应用的海洋能电站。

chendian zuoyong

沉淀作用（sedimentation）　从液相中产生可分离固相的过程，是溶液中某种组分的浓度增加并达到饱和而析出的作用。该作用表示一个新的凝结相的形成过程。

chenguanfa

沉管法（immersed tube method）　在水底建筑隧道的一种施工方法，是预制管段沉放法的简称。其施工顺序是先在船台上或干坞中制作隧道管段（用钢板利混凝土或钢筋混凝土），管段两端用临时封墙密封后滑移下水（或在坞内放水），使其浮在水中，再拖运到隧道设计位置。定位后，向管段内加载，使其下沉至预先挖好的水底沟槽内。管段逐节沉放，并用水力压接法将相邻管段连接。最后拆除封墙，使各节管段连通成为整体的隧道。在其顶部和外侧用块石覆盖，以保证其安全。该施工方法自20世纪50年代起，由于水下连接等关键性技术的突破而被普遍采用，现已成为水底隧道的主要施工方法。用这种方法建成的隧道称为沉管隧道。

chenguan shashizhuangfa

沉管砂石桩法（compacted sand-gravel column method）　见【挤密砂石桩法】

chenguan suidao

沉管隧道（immersed tunnel）　利用沉管法建成的隧道。该隧道是将隧道管段分段预制，每段两端设置临时止水头部，然后浮运至隧道轴线处沉放至预先挖好的地槽内，完成管段间的水下连接，移去临时止水头部，回填地槽保护沉管，铺设隧道内部设施，完成水下通道。

chenjiceng

沉积层（sedimentary layer）　地表物质经过输运作用后沉淀聚积而形成的较松散的层位。通常是指第四系未成岩的松散土层。

chenjitu

沉积土（sedimentary soil）　地表物质经搬运作用后，沉积凝聚在陆地或水下的岩石碎屑、矿物或化合物颗粒，尚未成岩，是松散颗粒的集合体。

chenjiwu

沉积物（sediment）　在常温常压条件下，地球表面的各种碎屑物质经搬运等地质作用后，在各种沉积环境下沉淀下来而形成的未固结堆积物。

chenjiyan

沉积岩（sedimentary rock）　常温常压条件下，在地表或地表以下不深处，由风化作用、生物作用、化学作用和火山作用提供的物质，经过搬运、分异、沉积、成岩等表生地质过程而形成的层状岩石。按体积计该类岩石仅占岩石圈的5%左右，但其分布面积却占陆地的75%左右，是最常见的一种岩石。它不仅是地质历史和表生地质作用过程的物质记录，也是多种有用矿产的载体。厚层的沉积岩强度高、变形小、抗风化能力较强；薄层的页岩等沉积岩强度低、变形大、易风化并且破碎，工程地质性质较差。沉积岩有多种类型，不同类型的沉积岩物理力学性质差别甚大。

chenji zuoyong

沉积作用（sedimentation）　各种地质作用在地球表面形成了各种碎屑物质、化学物质和生物组分，在水、风、冰等载体的作用下发生搬运，到达沉积盆地后，由于介质动力条件和物理化学条件的改变，经各种沉积作用和生物作用而停积下来成为沉积物的地质过程。沉积作用分为机械沉积作用、化学沉积作用和生物沉积作用等类型。

chenjiang

沉降（settlement）　由地基土体的变形引起的地基表面及其基础的向下位移的现象。地基沉降会给工程带来危害，工程建设中要避免地基沉降。

chenjian bianxing jiance

沉降变形监测（monitoring of settlement and deformation）

通过设置测点对建筑物、构筑物、地面或岩土体的沉降和变形的发展变化规律进行量测。

chenjiangcha

沉降差（differential settlement）　建筑物基础两点之间沉降量的差值。基础两点的沉降差过大属于不均匀沉降，对建筑物的危害极大，在工程建设中，要保证沉降差在设计允许的范围值内。

chenjiangfeng

沉降缝（settlement joint）　为减轻地基不均匀沉降对建筑物的影响而设置的从基础到结构顶部完全分割的竖向缝。

chenjiang jisuan jingyan xishu

沉降计算经验系数（settlement calculation correction factor）　进行地基沉降计算时，根据地区沉降观测资料及经验确定的基础沉降计算的经验修正系数。

chenjiang jisuan shendu

沉降计算深度（setlement calculation depth）　采用分层总和法计算地基沉降时，建筑物荷载在地基中引起的变形随深度减小到可忽略不计而终止地基变形计算的深度。

chenjiang jiance

沉降监测（settlement monitoring）　测定变形体沿垂直方向的位移值，并提供变形趋势及稳定性预报而进行的量测工作，包括周边建筑物沉降、地面沉降、深层土体沉降、立柱沉降等。

chengjiang quxian

沉降曲线（settlement curve）　沉降的观测值与观测时间的关系曲线，即沉降量随时间的变化曲线。

chenjiang sulü

沉降速率（rate of settlement）　单位时间的沉降增量，表征沉降变化的一个物理指标；一般用 mm/d（即毫米/天）表示。

chenjing

沉井（open caisson）　上下敞口带刃脚的空心井筒状结构，依靠自重或配以助沉措施下沉至设计标高处，以井筒作为结构的基础。

chenjing fengdi

沉井封底（bottom plug）　沉井下沉至设计标高、清理井底后进行水下灌注混凝土（湿封底）或铺设垫层后浇筑钢筋混凝土底板。

chenjing jichu

沉井基础（open caisson foundation）　以沉井作为基础结

构，将上部荷载传至地基的一种深基础。沉井是一个无底无盖的井筒，一般由刃脚、井壁、隔墙等部分组成。在沉井内挖土使其下沉，达到设计标高后，进行混凝土封底、填心、修建顶盖，构成沉井基础。沉井基础的刚性、稳定性和抗震性能都比较好。

chenshachi

沉沙池（settling basin）　沉淀水中大于规定粒径的有害泥沙，使水的含沙量符合水质要求并与下游渠道挟沙能力相适应的水池。

chenxian

沉陷（subsidence）　由地下采空区顶板的冒落造成的地面变形，通常指地表沉陷。有时黄土湿陷、地震时砂土液化和软土震陷等也能引起的地面下沉。在长期承载过程中，采空区矿柱系统中薄弱的部位往往会因风化、地震等作用而首先破坏；局部破坏的累积，最终波及整个系统，当矿柱的破坏率超过 60% 时，采空区顶板就要发生冒落，并且波及地表，产生沉陷。大范围的采空区顶板冒落具有突发性的特点，往往伴随强烈的气浪冲击，引起地表沉陷和张裂，造成地上或井下建筑物的破坏。有时，沉陷中形成的裂缝还可使地表水或地下水大量流入井下，直接威胁采矿安全。

chenxiang

沉箱（caisson）　将在地面制作的、顶部封闭的钢筋混凝土箱体，通过箱内挖土，下沉至设计标高封口后形成的基础。

chenxiang jichu

沉箱基础（pneumatic caisson foundation）　以气压沉箱来修筑桥梁墩台或其他构筑物的基础。气压沉箱是一种无底的箱形结构，因需输入压缩空气来提供工作条件，故也称为气压沉箱，简称沉箱。

chenqi

衬砌（lining）　为防止洞室围岩松动、变形或坍塌，沿隧道洞身周边用钢筋混凝土等材料修建的永久性支护结构。衬砌技术通常应用于隧道工程、水利渠道中。衬砌即为内衬，常用砌块衬砌，也可以是预应力高压灌浆素混凝土衬砌。

chengbingji

成冰纪（Cryogenian Period）　前寒武纪元古宙新元古代的第二个纪。据 2018 版国际地层年代表，其开始于850Ma，结束于635Ma。期间出现全球性寒冷事件，为生物发展的低潮时期。对应的地层年代单位为成冰系。

chengbingxi

成冰系（Cryogenian System）　成冰纪对应的地层年代单位，即在成冰纪形成的地层。

chengyan zuoyong

成岩作用 (diagenesis) 地壳上层因压力和温度的加大，使松散沉积物转变为坚硬岩石的作用。这一过程是通过沉积物的搬运、分选沉积、压力固结、脱水和胶结等作用而实现，也称石化作用。有时是指岩浆固结成为火成岩的作用。沉积岩学者曾将石化作用分为同生作用、成岩作用和后生作用三个不同阶段，三者之间界限并不明显，因而合并为"石化作用"或"成岩作用"。成岩作用不仅改变了沉积物的密度、矿物成分和结构，还产生或改变了各种矿产资源。

chengchashi guandao kangzhen yansuan

承插式管道抗震验算 (seismic check for socket pipeline) 对承插式管道在地震作用下的稳定性开展的分析和计算。承插式接口是管道的薄弱部位，国家标准 GB 50032—2003《室外给水排水和燃气热力工程抗震设计规范》规定了相应的抗震验算要求。

chengtai xiaoying xishu

承台效应系数 (pile cap effect coefficient) 在竖向荷载作用下，承台底部地基土承载力的发挥率。它受桩基础的布置、承台的几何尺寸等控制。

chengya hanshuiceng

承压含水层 (confined aquifer) 一个完全被水饱和并夹在上下两个隔水层之间的含水层。承压含水层上部的隔水层称作隔水顶板（或叫限制层）；下部的隔水层称作隔水底板，顶底板之间的距离为含水层厚度。通常井网的观测对象为不同岩性、不同埋藏深度的承压含水层，因为这样的含水层中的井孔水位对地壳应力应变信息具有放大作用。

chengyashui

承压水 (confined water) 充满上下两个隔水层间的具有承压性质的地下水。它的补给主要来源于大气降水、地表水在补给区的渗入或者上部含水层或下部含水层的流入。如果地下水上游和下游存在水头差，则承压水在含水层内部会发生侧向流动。它主要以上升泉的形式流出地表，通过含水层隔水顶板能透水的"天窗"或者经过导水断层进入上部含水层或通过黏土隔水层流出；它还可直接从含水层流入河、湖、海等地表水体，或者通过人工开采流出含水层。

chengya shuitou

承压水头 (confined water head; artesian head) 承压含水层的稳定水位高出含水层顶面的距离，即承压含水层顶界面到测压水位面的垂直距离或静止水位高出含水层顶板的距离。若在某处打井，刚渗透出水的位置叫作初见水位层，此时停止挖掘，如果该处地下水存在承压水或者上层滞水，则井中水位不断上升，到一定高度后便稳定下来，不再上升，此时水面的高程称为稳定水位，即该点处承压含水层的承压水位，也称测压水位；如果承压水位高于地表，那么该处会形成喷泉。当测压水位面高于地面时，承压水头称为正水头；反之，为负水头。

chengzaili kangzhen tiaozheng xishu

承载力抗震调整系数 (modified coefficient of seismic bearing capacity) 结构构件截面抗震验算中考虑静力与抗震设计可靠度的区别以及不同构件抗震性能的差异，将不同材料结构设计规范规定的截面承载力设计值调整为抗震承载力设计值的系数。

chengzaili yansuan

承载力验算 (bearing capacity check) 地基、基础和结构构件在荷载作用下的强度和截面承载能力的分析和计算。结构抗震验算中主要是就设计地震作用效应与其他荷载效应的组合值来对构件的强度进行计算校核，也称构件强度验算或截面承载力验算。

chengzaili yinshu

承载力因数 (bearing capacity factors) 在地基极限承载力理论公式中与土的内摩擦角有关的系数。

chengzai nengli

承载能力 (bearing capacity) 结构或构件不会因强度、稳定或疲劳等因素破坏所能承受的最大内力；或塑性分析形成破坏机构时的最大内力；或达到不适应于继续承载的变形时的内力。

chengzai nengli jixian zhuangtai

承载能力极限状态 (limit state of bearing capacity) 对应于结构或地基基础达到最大承载能力或达到不适合于继续承载的变形的状态。

chengzhong goujian

承重构件 (load bearing member) 承受体系重力荷载的结构构件，如构造柱、梁、基础等。该构件的破坏可能导致结构体系的局部或整体倒塌，造成灾害。

chengzhongqiang

承重墙 (structural wall) 在建筑结构中直接承受外加荷载和自重，以支撑上部楼层重量的墙体。楼板支撑在承重墙、梁等结构构件上，楼板及其楼板上的重量则通过楼板传递给承重墙、结构梁，最后再通过承重墙、梁传递给下层承重墙或者结构柱，再传递给基础。结构抗震鉴定中识别墙体的关键是看墙体本身是否承重。

chengshi

城市 (city) 以非农业产业和非农业人口集聚形成的、人口较稠密的较大居民点，是人类社会空间结构的一种基本形式，是人类社会发展的产物，具有区别于乡村的若干基本特征。其一般包括了住宅区、工业区和商业区并且具备行政管辖功能；行政管辖功能可能涉及较其本身更广泛的区域，其中有居民区、街道、医院、学校、公共绿地、写字楼、商业卖场、广场、公园等公共设施。大量从事工业、商业、交通等非农业生产活动人口的集中及政治、经济、文化中心的形成是城市的本质特征，在国家和地区中有重要的职能和作用。随着社会经济和技术的发展，决定城市功能的自然条件、历史基础、区位和组织管理等因素的重要性会不断变化。同时，城市内部的空间结构及城市间的空间组织也不断调整。不同国家或地区划分城市的标准不同。

chengshi daolu

城市道路（urban road）　通达城市的各地区，供城市内交通运输及行人使用，便于居民生活、工作及文化娱乐活动，并与市外道路连接共同负担着对城外交通的道路。

chengshi dilixue

城市地理学（urban geography）　研究城市地域空间组织的学科，是地理学科范畴内的三级学科，属于人文地理学的一个分支，通常被认为是自然科学中的社会科学。研究内容包括城市形成与发展的条件、区域城市空间组织、城市内部空间组织、城市可持续发展、新方法新技术的应用研究等；具体涉及城市的产生与发展、城市化原理及过程、城市职能结构、城市等级结构、城市空间结构、城市内部的经济、社会及行为空间、城市发展中的产业、环境、交通、居住、社会、安全及空间问题、城市可持续发展的理念、理论体系及实施方案、数量方法、质性分析、系统动力学、仿真技术、遥感与 GIS 技术等在城市地理学研究中的应用，以及信息城市、生态城市、智慧城市、人本城市等研究。

chengshi dimaoxue

城市地貌学（urban geomorphology）　研究城市规划、建设、人类活动与地貌各要素之间相互作用、相互影响及其对策的学科，是地貌学新兴的分支学科。国外的研究始于20 世纪 60 年代，80 年代末以来，中国在该学科相关研究领域的理论和实践方面上都取得了很大的进展。

chengshi dixing celiang

城市地形测量（urban topographic survey）　为满足城市规划和设计的需要而进行的地形测绘工作。内容包括城市平面与高程控制测量、城市各种大比例尺地形图测量以及对已有地形图保持现实性的修测等测量工作。其质量和精度以满足城市规划、设计和城市建设的要求为准。

chengshi fangzai tixi

城市防灾体系（urban spatial and engineering system for disaster resistance and prevention）　按照城市预定的设防标准所采取的抗灾设防、防灾安全布局、防灾设施部署及相应的防灾措施和减灾对策，减缓、消除或控制灾害的长期风险和危害效应，以全面有效地应对城市设定防御标准灾害影响、提高应急响应能力、保障抢险救灾行动的开展。

chengshi fenlei

城市分类（urban classification）　根据城市的性质、规模、行政等级、外貌、地理交通位置和历史起源等对城市类型进行划分。最具代表性的有三种分类：一是按照性质分类，如将中国城市分为综合性城市、政治中心城市、工业城市、矿业城市、交通城市、经济特区城市和特殊职能城市（革命纪念地、休养疗养地、边防口岸重镇）等；二是按照人口规模分类，如将中国城市按城区常住人口数量划分，50 万以下为小城市，50 万～100 万为中等城市，100 万～500 万为大城市，500 万～1000 万为特大城市，1000 万以上为超大城市；三是按照行政等级分类，中国城市分为省级市（即中央直辖市）、副省级市、地级市（即省辖市）和县级市（即地辖市）等。

chengshi gainianxing guihua

城市概念性规划（conceptual urban planning）　以区域观点从更大的区域空间对城市未来发展带有全局性、长期性、相对稳定性的重大问题的谋划和战略部署，又称城市战略规划。它强调从宏观上把握城市发展的定位、定向和空间形态布局设想和规划，对城市未来可能的开发只做原则性指导，它所考虑的是几十年后甚至更长时段城市发展的重大问题。

chengshi gongneng fenqu

城市功能分区（urban functional zoning）　城市内部各功能（职能）的分布空间及其产生的小区分异。受自然、社会、历史、经济诸因素影响，随城市的发展而形成。现代城市根据各功能对环境、社会、技术经济诸条件的要求，本着既有利于环境保护又方便居民生活的原则，在城市规划中综合确定土地利用性质，统筹安排功能区，合理处理各功能间的布局关系，有计划地形成功能分区。功能分区因城市性质、规模等而不同。中小城市、特别是不发达地区小城市的功能分区则相对简单或不明显；大城市内一般分为中心商业区、行政区、文化区、工业区、居住区、游憩区、郊区等。

chengshi gongranqi

城市供燃气（urban gas supply）　将固体或液体燃料加工取得的燃料气体，或直接从地下开采的天然气，经过净化后作为生活和生产用的燃料输送给城市的各类用户。城市供燃气系统是城市建设的一项重要的基础设施，通常由气源、输配系统和燃烧应用装置组成。

chengshi gongre gongranqi gongcheng

城市供热供燃气工程（urban heat and gas supply engineering）　以集中的方式向城市用户供应蒸汽、热水和燃料气体，以满足其热能需求的工程技术和设施。其用途有采暖、制冷、热水、食品加工以及生产上各种加热过程和动力操作等。

chengshi guihua
城市规划（urban planning） 根据国民经济和社会发展的需要，按各城市的特点制定的城市各项建设合理发展的综合性规划，可为城市经济合理的发展创造有利生产、方便生活的物质和社会环境提供科学依据。在计划经济体制下，城市规划的任务是根据已有的国民经济计划和城市既定的社会经济发展战略，确定城市的性质和规模，落实国民经济计划项目，进行各项建设投资的综合部署和全面安排。在市场经济体制下，城市规划的本质任务是合理有效和公正地创造有序的城市生产和生活空间环境。

chengshi guihuaqu
城市规划区（urban planning area） 城市市区、近郊区因建设需要而实行规划控制的指定区域。

chengshi guimo
城市规模（city size） 用一定时期内城市人口的数量和用地面积来衡量城市的大小，可从不同角度反映城市的特点。其受城市社会经济、自然、历史、文化和政治等因素的影响，但主要取决于城市社会经济的发展水平。世界上大多数国家将城市人口数量作为衡量和划分城市规模大小的标志，中国按城区常住人口总量将城市划分为5类7档：50万以下为小城市，其中20万～50万为Ⅰ型小城市，20万以下为Ⅱ型小城市；50万～100万为中等城市；100万～500万为大城市，其中300万～500万为Ⅰ型大城市，100万～300万为Ⅱ型大城市；500万～1000万为特大城市；1000万以上为超大城市。城市规模对城市防灾规划的制定有重要的影响。

chengshi heli guimo
城市合理规模（optimum city size） 一定的历史条件下，城市的规模与资源环境的承载力、生产力和科学技术的发展水平相适应，城市人口的素质能够全面发展的城市规模，也称城市最佳规模。当城市规模小于最佳城市规模时，城市发展收益高于成本；而城市规模大于最佳城市规模时，成本大于收益。依据不同的评价角度、评价方法、评价标准、发展条件、不同的城市类型，城市的合理规模也不同。

chengshi huanjing
城市环境（urban environment） 非农业人口聚居的高度人工化的生存环境，是与城市这个整体地理事物发生关系的各种自然现象、人文现象的总和，包括城市社会环境和自然环境。社会环境是指城市景观、形态、人口、政治、经济、文化以及各种物质设施等人文现象的总和，它决定着城市的性质、规模和发展。城市内部的地质、地形、水文、气候、动植物、土壤等构成城市的自然环境，它会对城市外部景观、内部构造等会产生重要影响。

chengshi jichu sheshi
城市基础设施（urban infrastructures） 维持现代城市或区域的生存功能系统、对国计民生和城市抗震防灾有重大影响以及对抗震救灾起重要作用的基础性工程系统，包括供电、供水、燃气热力、交通、指挥、通信、医疗、消防、物资供应及保障等系统的重要建筑物和构筑物。

chengshi jizhong gongre
城市集中供热（district heat supply） 从城市的集中热源，以蒸汽或热水为介质，经供热管网向全市或其中某一地区的用户供应生活和生产用热，也称区域供热。它是城市能源建设的一项基础设施。

chengshi jizhong gongre guanwang
城市集中供热管网（district heat supply network） 由城市集中供热热源向热用户输送和分配供热介质的管线系统。热网由输热干线、配热干线、支线等组成。输热干线自热源引出，一般不接支线；配热干线自输热干线或直接从热源接出，通过配热支线向用户供热。热网管径通过水力计算来确定。在大型管网中，有时为保证管网压力工况，集中调节和检测供热介质参数，常在输热干线或输热干线与配热干线连接处设置热网站。

chengshi jiegou guihua
城市结构规划（urban structural planning） 为了城市及其附近地区或需要开发地区的社会、经济和物质环境的发展而制定的城市规划方面的政策性文件。该规划通常不编制精确的规划图纸，但附有说明各项政策的各种综合性和专业性的示意图解。其最早出现在英国1968年的《城乡规划法》中，把规划分为结构规划和局部规划。前者重于政策，是后者的依据；后者重于实施，是前者的深化和具体化。

chengshi kangzhen fangzai guihua
城市抗震防灾规划（urban earthquake disaster reduction planning） 为提高城市综合抗震能力所制定的规划，根据城市的规模，其内容和深度有所不同，是城市总体规划的组成部分。编制该规划并组织实施是减轻地震灾害的有效措施，其基本目标是逐步提高城市的综合抗震能力，最大限度地减轻城市地震灾害，保障地震时人民生命财产的安全和经济建设的顺利进行；使城市在遭遇相当于基本烈度破坏时，重要工矿企业能正常或很快恢复生产，人民生活基本正常。该规划的规划期和规划区的范围应和城市总体规划一致，并要因地制宜，根据城市的性质、规模、功能、历史、地理位置、地震地质情况、地震活动等因素的不同，规划的侧重点应有所不同，重点要提出减轻城市地震灾害的措施和对策。

chengshi kongjian

城市空间（urban space） 各种人类活动与功能组织在城市地域上的空间投影。包括土地利用、经济活动、就业、人口与居住、交通、生活活动等内容。对城市空间可从不同角度划分，以城市居民为中心，由小到大、由近及远可分为家庭生活空间、邻里交往空间、通勤、工作和购物等经济活动空间、休闲、社会活动的城市区域空间等；从城市的地理角度可分为物质空间、经济空间和社会空间；还可以从密度、区位、形态等方面描述和解释城市空间。

chengshi pingguqu

城市评估区（urban assessment area） 地震发生后按有关规定需要进行地震灾害损失评估的城市范围。地震灾害损失评估的范围应覆盖按国家行政建制设立的直辖市、市、县以及部分经济较为发达的镇辖区。

chengshi qiaoliang kangzhen shefang biaozhun

城市桥梁抗震设防标准（urban bridge seismic fortification standards） 基于桥梁分类，权衡其可靠性需求和经济技术水平规定的抗震设防基本要求，简称桥梁抗震设防标准。包括不同桥梁选择场址、采用设计地震动和抗震措施的原则规定，是实现桥梁抗震设防目标的决策。行业标准 CJ J166—2011《城市桥梁抗震设计规范》规定了不同地震作用和不同抗震设防分类的桥梁抗震设防标准。

chengshiqun

城市群（urban agglomeration） 在特定的地域范围内具有相当数量的不同性质、类型和等级规模的城市，又称城镇群。它是依据一定的自然环境条件，以一个或者两个超大或特大城市作为地区经济的核心，借助现代化的交通工具和综合运输网的通达性，以及高度发达的信息网络，发生与发展着城市个体之间的内在联系，共同构成一个相对完整的城市"集合体"。这种城镇空间分布形式的出现，与工业、交通运输业发展，人口增长有密切关系，是城市化进程达到一定阶段的产物。

chengshi ranqi menzhan

城市燃气门站（city gate station） 设在长距离输气管线与城市燃气输配系统交接处的燃气调压计量设施，简称城市门站。来自长距离输气管线的燃气，先经过滤器清除其中机械杂质，然后通过调压器、流量计进入城市燃气输配系统。如果燃气需要加臭（使燃气具有明显气味，以便漏气时易于察觉），则调压、计量后要经过加臭装置。当燃气进站压力或出站压力超过规定压力时，安全装置自动启动。当站内发生故障时，可通过越站旁通管线供气。长距离输气管线如采用清管器清管，则可将清管器接收装置设在燃气门站内，以利集中管理。

chengshi renkou

城市人口（urban population） 在一定时间内生活在城市的常住人口。它是由具有一定数量和质量的有生命的个人组成的复杂的社会群体，是社会人口的重要组成部分。城市人口的产生和消失，不是生物性现象，而是一种社会现象，是社会经济长期发展的产物，随城市的发展而发展。城市人口问题主要包括城市人口数量、质量、规模、密度、结构和变动等内容。城市人口不同于非农业人口，它一般以非农业人口为主体，同时又包括生活在城市范围内的农业人口。决定城市人口数量及其结构的最主要因素是城市人口的社会经济地位和文化状况。此外，城市人口多少对社会经济的发展也具有深刻影响，是衡量一个国家社会经济发展水平、特别是工业发展水平的重要标志。

chengshi xiyinquyu

城市吸引区域（urban attraction area） 中心城市的辐射作用对城市周围的政治、经济、社会、文化等方面产生的强大吸引作用的地区，也称城市影响区。其地域范围并不完全相同，各主要因素和吸引范围的重叠部分可视为城市综合性的影响区域。在城市全球化的时代，许多城市的影响范围并不与城市直接相邻，而是在区域甚至是国家之外。

chengshi yingxiangqu

城市影响区（urban shadow） 见【城市吸引区域】

chengshi yongdi pingjia

城市用地评价（land evaluation for urban development） 在对城市各自然要素进行综合分析和研究的基础上，按照城市规划和建设要求以及用地整备工程技术的可能性和经济性，对城市规划用地进行适用性分析评定，以划出城市用地的不同等级的工作。这项工作一般在城市规划区范围内进行，重点在城市市区及近郊区。根据具体城市用地发展的实际需要，也可包括远郊区及远景建筑物可能达到的规划地区。

chengshi yongdi xuanze

城市用地选择（land option for urban development） 选择和确定城市用地范围、用途及其发展方向，包括新区的位置、用途、用地范围及旧区的发展方向，是城市总体规划的重要内容。城市用地选择时，应注意充分利用有利的自然条件，贯彻合理用地、节约用地的原则，充分利用城市现有物质基础集中发展。

chengshi zhanlüe guihua

城市战略规划（urban strategic planning）
见【城市概念性规划】

chengshi zhineng

城市职能（city function） 一个城市在国家或地区的政治、经济、文化和生活中所处的地位和作用，可分为基本和非基本两种职能。主要为城市以外地区服务的生产、生活、文教活动是城市形成和发展的基本因素，并相应产生城市的基本职能；主要为本城市服务的企业、事业单位均属非基本因素，并产生相应的非基本职能。现代化大城市常具有多种职能，不发达地区的中小城市职能则相对简单。城市职能会随着社会经济发展或自然资源、交通运输、供水、用地等条件的变化而变化。

chengshi zonghe fangzai guihua
城市综合防灾规划（urban planning on comprehensive disaster resistance and prevention）　为建立健全城市防灾体系，开展综合防灾部署而编制的城市规划中的防灾规划和城市综合防灾专项规划。

chengshi zongti guihua
城市总体规划（urban master planning）　城市发展和建设在一定期限内的总体布局，是城市规划的一种。其任务是根据国民经济发展计划、地区和城市的特点来确定城市的性质、发展规模和发展方向，对城市中各项建设的布局和环境面貌做全面、系统和统一的安排，选定规划的各类主要指标并制定实施规划的措施和步骤。

chengshi zuijia guimo
城市最佳规模（optimum city size）　见【城市合理规模】

chengzhen
城镇（town）　规模超过限定的最小指标的人口的聚落，是对城市地方的一般称谓。目前尚无统一和具体的规模等级标准将城镇与城市或村落区分开来。在不同的地方，具体标准的差别很大。在一些国家，城镇在地方政府中占有特殊地位。

chengzhenqun
城镇群（town group）　见【城市群】

chengzhongcun
城中村（urban village）　被城市包围的村庄。城市蔓延和郊区化进程加速，城市边缘区土地被大量征用，原有农村聚落为城建用地所包围或纳入城建用地范围，从而形成了城中村。它在土地权属、户籍、行政管理体制上仍然保留着农村模式。城中村在建设景观、规划管理和社区文化等方面与城市表现出强烈的差异，一般是抗震的薄弱地区。

chizhi xianggan hanshu
迟滞相干函数（hysteresis coherence function）　相干函数表示为复数形式时的模或绝对值，相当于除去行波效应后的相关系数。

chijiu sheji zhuangkuang
持久设计状况（persistent design situation）　在结构或地基基础使用过程中一定出现，且持续期很长的设计状况，也称持久状况。该状况的持续期一般与设计使用年限为同一数量级。

chijiu zhuangkuang
持久状况（persistent situation）　见【持久设计状况】

chiliceng
持力层（bearing stratum）　直接承受基础荷载的有一定厚度的稳定岩土层。也称地基持力层。在土力学计算中，该层受到的压力随深度持续减少，一定深度后压力就可以忽略不计。该层以下的部分叫作下卧层。地基承受的荷载不同，其持力层和下卧层也不相同。

chishi
持时（duration）　见【持续时间】

chishuidu
持水度（water retaining capacity）　饱和的岩土体，在重力排水完全停止，或基本停止时，仍然保持在单位体积内的水的体积，以小数表示。又称持水率。

chixu fengzhi
持续峰值（sustained peak value）　在地震动时程中，震动强度若干次达到或超过的幅值，是地震动幅值的一种。它表示控制结构反应的地震动强度主要是超过一定幅值的多次地震动作用。一般情况下，达到或超越持续的次数多取为 3～5 次，幅值约为原地震动峰值的 60%～70%。

chixu shijian
持续时间（duration）　地震动时程中，超过某一幅值（绝对或相对值）的地震动时间段的长度。地震工程中简称持时，它是地震动的三要素之一。

chicun piancha
尺寸偏差（dimensional deviations）　实际几何尺寸与设计几何尺寸之间的差值。不同的行业对尺寸允许偏差有一定的要求。

chicun xiaoying
尺寸效应（size effect）　材料的某些性质随试件大小而变化的性质。例如，室内实验和大地测量推断的断层破裂能相差两个量级；实验室对不同尺度岩石样本测定的破裂强度差别也可达两个量级。

chidu xiaoying
尺度效应（scale effect）　岩体中存在不同尺度的不连续面而导致不同尺度试样被测得的力学性质存在差异的现象。

chidao
赤道（equator）　随着地球自转，地球表面的点产生的轨迹中周长最长的圆周线。它的纬度为 0°，利用它把地球分为南、北两个半球。其半径约为 6378.137km、周长约为 40075.7km，是地球上重力最小的地方。

chongduanceng

冲断层 （thrust fault） 断层面倾角小于 30° 的低角度逆断层，地质术语中称为逆冲断层。通常，该断层总是将老地层推覆到较年轻的地层之上，造成地层在垂向上的重复叠置。由于该断层的倾角平缓，甚至可似波状起伏，经剥蚀作用，冲断岩席若呈孤立的岩块残留在下盘较年轻的岩石之上，周围为断层线所围绕，则形成飞来峰；若侵蚀作用仅在谷底局部切穿冲断层面，使下盘岩石得以在上盘岩石包围之中出露，则形成构造窗。

chonggou

冲沟 （gully） 坡地上由间歇性地面水流冲蚀形成的沟槽。冲沟大小不等、规模不一。通常，冲沟发育地区对工程建设不利。

chongji

冲击 （shock） 由于力、位置、速度和加速度等参量急剧变化而激起的系统的瞬态运动。其特点是冲击激励参量的幅值变化快，持续时间短，频率范围宽。在物体碰撞、炸药爆炸、地震等过程中都会产生冲击。冲击作用在结构上会产生幅值很大的加速度、应力或应力波，可导致结构破坏或使仪器设备失效。因此，在系统设计时必须考虑冲击的影响，必要时可采取隔离或吸收冲击的措施。但冲击也有可以利用的一面，如机械中应用的高速锻锤和建筑工业中应用的气动打夯机，都是利用冲击在极短时间内传递能量并产生很大的冲击力。冲击按激励参量的时域波形特性可分为脉冲型冲击、阶跃型冲击和复杂冲击三种类型。

chongjibo

冲击波 （impact wave） 一种强扰动波，由于物体的高速运动或爆炸而在介质（例如空气、水、土等）中引起强烈压缩并以超声速传播的过程，也称激震波、骇波。在固体中当压力很大时，弹性常数变大，从而使波速也变大，速度随振幅而增大，在传播过程中就会出现间断面而形成冲击波。气流通过冲击波时，压力、温度、密度都突跃地升高，出现高温和高压，是爆炸性武器杀伤和破坏的主要因素。

chongji chengkong

冲击成孔 （percussion drilling） 利用冲击式钻机上下往复冲击来破碎土层，利用掏渣筒掏出碎屑物而成孔的钻探方法，是工程地质钻探成孔的一种方式。

chongji diya zaihai

冲击地压灾害 （bump disaster） 矿体或岩体在高压作用下，平衡状态遭到破坏，产生大面积崩落，破坏井巷及设备，造成人员伤亡和经济损失的灾害。

chongji dizhen

冲击地震 （impact earthquake） 受到洞穴塌陷、土石崩落、地层滑动或陷落、矿井坍塌以及陨石坠地等突然冲击而产生的地震。

chongji fangfa

冲击方法 （impact method） 见【初速度法】

chongji hezai

冲击荷载 （impact load） 作用时间短而强度较大的单调脉冲荷载。其作用力上升很快，作用时间大致为 $10^{-3} \sim 10^{-2}$ s。是动力荷载的一种类型，强夯荷载就是一种典型的冲击荷载。

chongji hezai xia cailiao de lixue xingneng

冲击荷载下材料的力学性能 （mechanical properties of materials under impulsive load） 在持续短暂时间的强荷载作用下，材料会发生变形和破坏，相应的组织结构和性能也会发生永久性的变化。冲击荷载下材料的变形行为主要表现为变形同应力、应变率、温度、内能等变量之间的复杂关系，包括屈服应力和流动应力的应变率效应、温度效应及应变率的历史效应等。可用高压固体状态方程和各种本构方程来描述这种关系。在冲击荷载的作用下，材料的动态破坏形式主要表现在局部大变形；温度效应引起的绝热剪切破坏；应力波相互作用造成的崩落破坏；应变率效应引起的动态脆性；等等。冲击荷载在材料中引起的微观组织的特殊变化，有些是不可逆的，荷载去掉后，对材料的力学性能仍然有明显的影响，这种现象称为冲击荷载的遗留效应。

chongji lichui

冲击力锤 （impact hammer） 在模态试验中给试体施加局部冲击荷载的一种装置。冲击力锤（简称力锤）作为激振设备一般用于小型试体，在施加冲击荷载的同时，尚可提供冲击力的时域信号；结合试体中各点的实测振动响应，可对频响函数作出估计。

chongji zuanjin

冲击钻进 （percussion drilling） 借助钻具重量，在一定的冲程高度内，周期性地冲击孔底，破碎岩土的钻进方法，是工程地质钻探钻进的一种方式。

chongji zuantou

冲击钻头 （percussion bit） 冲击钻进时用来破碎钻孔孔底岩土的钻头。该钻头有时也指一种供装夹在冲击电钻上的器材，用于混凝土地基、墙壁、砖墙、花岗石进行钻孔。

chongjiceng

冲积层 （alluvium） 第四纪冲积物在河床、洪水淹没的平原或三角洲中堆积组合在一起而形成的沉积地层。主要含有卵石、沙粒或黏土，有时候也会含有贵金属或宝石。常形成冲积平原和冲积扇等地貌。

chongji pingyuan

冲积平原 (alluvial plain)　河流搬运的碎屑物，因流速减缓、能量降低而逐渐堆积下来所形成的平原。其主要特征是地势平坦、沉积深厚、面积广大、沿河谷延伸，呈带状分布，多见于河流的中下游。冲积平原大多为良好的工程建设场地。

chongjishan

冲积扇 (alluvial fan)　山地河流从出山口进入平坦地区后，由于坡度骤降，流速降低，水流搬运能力减弱，携带的大量碎屑物质沉积下来而形成从出口顶点向外散射的扇形堆积体。

chongjitu

冲积土 (alluvial soil)　碎屑物质经水流搬运，在谷地、平原和河口等平缓地带堆积而成的土。其广泛分布于世界各大河流泛滥地、冲积平原、三角洲，以及滨湖、滨海的低平地区。

chongjiwu

冲积物 (alluvium)　线状水流 (河流) 堆积作用的产物。在平原区，剖面中沉积结构呈典型的二元结构，上部为河漫滩相细粒物质，下部为河床相粗粒物质。在山区，剖面中沉积结构颇似多元结构，主要是洪水期洪流分选差所致。山区在经常性水流的大河的开阔段，冲积物往往具有二元结构。冲积物可以是现代河流不断侧蚀改道形成；也可以由古代河流，甚至由地质史上古生代或中生代河流沉积形成，这些古河道的冲积物一般均以相应类型的沉积岩层产出。冲积物中含有丰富的地下水。

chongjizhui

冲积锥 (alluvial cone)　在山区小溪、冲沟和细谷等河口地带，坡脚的坡度变缓，降雨时暂时性水流携带大量物质至坡脚，因流速降低，堆积成的锥状地貌，也称洪积锥。其主要特点是体积小、坡度较陡、呈半圆锥形、分选差；由巨砾、碎石、砾石和砂土等粗粒土组成。

chongjian pohuai

冲剪破坏 (punching failure)　土中并不出现明显的连续滑动面，而是基础下的地基土与周围土体之间发生竖向剪切，使基础下沉并刺入土中的破坏形式，是地基破坏的一种形式。也称刺入破坏。

chongliang

冲量 (impulse)　力与其作用时间的乘积，是力在一段时间内的积分。设在时间 dt 内，作用于质点的冲力为 $F(t)$，则 $F(t)dt$ 为 dt 时间内的冲量，在 $t_0 \sim t_1$ 时间内作用于质点的冲量可用积分形式表示，冲量是矢量，单位是 g·cm/s 或 kg·m/s。从牛顿第二定律可以导出：物体动量在某一段时间内的变化等于此时间内作用在物体上外力的冲量。两物体发生碰撞时，它们在很短时间内受到很大的冲击力。由于冲击力在碰撞时间内的变化非常复杂，无法用质点运动微分方程表示物体在碰撞过程中的运动规律，但可以直接测定冲击前后物体动量的变化，并由动量定理求出冲量值。

chongshua shendu

冲刷深度 (scour depth)　在河 (江) 道中，水流侵蚀河 (江) 床的最大深度。

chongtiantu

冲填土 (hydraulic fill)　人为的用水力的冲力将泥砂充填至预定地点堆积形成的填土，也称吹填土。

chongxiye

冲洗液 (flushing fluid)　钻探时用以保护孔壁、携带岩屑、冷却钻头的循环液，包括清水、泥浆及其他悬浮液。

chongqi jiegou

充气结构 (pneumatic structure)　用薄膜材料制成的构件，充入空气后而形成的房屋结构，分气承式和气管式两种结构形式。充气结构于 20 世纪 40 年代开始应用，常用于体育场、展览厅、仓库、战地医院等，特别适于轻便流动的临时性建筑和半永久性建筑。充气结构具有重量轻、跨度大、构造简单、施工方便、建筑造型灵活等优点；其缺点是隔热性、防火性较差，且有漏气问题需要持续供气。

chongsutu

重塑土 (remolded soil)　为试验需要，将天然结构完全破坏后在实验室重新制备的土。相对于原状土而言，这种土自身固有结构和状态已被人为破坏。

choushui shiyan

抽水试验 (pumping test)　通过钻孔抽水来确定其出水能力、获取含水层的水文地质参数、判明水文地质条件、计算含水层参数的水文地质试验方法。

choushui xu'neng dianzhan

抽水蓄能电站 (pumped storage power station)　利用电网中负荷低谷时的电力，由下水库抽水到上水库蓄能，待电网高峰负荷时，放水回到下水库发电，具有抽水蓄能及发电两种功能的水电站。国外抽水蓄能电站的出现已有一百多年的历史，我国在 20 世纪 60 年代后期才开始研究抽水蓄能电站的开发，并于 1968 年和 1973 年先后建成岗南和密云两座小型混合式抽水蓄能电站，装机容量分别为 11MW 和 22MW。与欧美、日本等发达地区和国家相比，我国抽水蓄能电站的建设起步较晚。

choushui yingxiangbanjing

抽水影响半径 (radius of pumping influence)　从抽水井至降落漏斗边缘的水平距离，是含水层水文地质重要参数。

它的大小与含水层的透水性、抽水延续时间、水位降深等因素有关，可按抽水时各观测孔实测的水位降低值按作图法测求，也可按不同条件下的经验公式根据抽水试验得到的参数计算求得。

chouyang dingli
抽样定理（sampling theorem） 见【采样定理】

chouyang jiance
抽样检测（sampling inspection） 从检测批次中抽取样本，通过对样本的测试确定检测批次质量的检测方法。

choudu
稠度（consistency） 表示细粒土在不同含水量时所呈现状态的指标，分为坚硬，硬塑、可塑、软塑、流塑等状态。

choudu jiexian
稠度界限（consistency limit） 细粒土随含水量的变化从一种状态变为另一种状态的界限含水量。

chupingmian wenti
出平面问题（plane problem） 求解SH波传播解的问题，也称为SH型波动问题。因为在波场分解中，SH波是出平面波，故SH型波动问题称为出平面问题或反平面问题。

chubo
初波（initial wave） 波动中第一个到达观测点的波前，在地震学上有广泛的用途。波动是振动在介质中的传播。

chubu kancha
初步勘察（preliminary geotechnical investigation） 为初步查明和分析评价场地条件，并为工程的初步设计提供地质依据而进行的勘察，是工程地质或岩土工程勘察的一个阶段。工程勘察一般划分为四个阶段，即可行性研究勘察、初步勘察、详细勘察和施工勘察。不同勘察阶段和不同的工程，勘察的内容和要求不同。国家标准 GB 50021—2001《岩土工程勘察规范》对不同勘察阶段的工作内容和要求做了详细的规定。

chubu sheji
初步设计（preliminary design） 在方案设计文件的基础上进行的深化设计。解决总体、使用功能、建筑用材、工艺、系统、设备选型等工程技术方面的问题，符合环保、节能、防火、人防等技术要求，并提交工程概算，以满足编制施工图设计文件的需要。

chubu sheji gaisuan
初步设计概算（estimated cost of preliminary design） 根据初步设计文件编制的工程项目建设费用的概略计算，是初步设计文件的组成部分。

chudong
初动（first motion） 地震图上记录到的某一震相（如 P 波震相）从开始出现至记录迹线的第一个半周期的位移。

chudong fangxiang
初动方向（first motion direction） 最先到达观测点的地震波的振动方向。在三分向地震图上，如果垂直向向上，则初动方向记为+或 C；如果垂直向向下则记为-或 D。东西向初动方向规定为：向东记为+或 C；向西记为-或 D。南北向初动方向规定为：向北记为+或 C；向南为-或 D。根据初动方向的三分向分析，可以确定震源相对观测点的方位；根据多个观测点垂直向初动符号的分布，可以求出震源机制解。在地震图上被记录到的地震 P 波的初动方向有时是压缩的，有时是膨胀的。

chudong shijian
初动时间（onset time） 地震波到达观测点时，是地震图上第一个地震波震相到达的时间。初动时间对确定震中距有重要意义。

chujian shuiwei
初见水位（initial water level） 在工程地质或岩土工程勘察中，钻孔揭露含水层时，初始发现的地下水的水位或高程。该水位被钻孔揭穿后会不断上升，到一定高度后稳定下来的水面高程称为稳定水位。

chuqi zhihu
初期支护（initial support） 在隧道工程中，当设计要求隧洞的永久支护分期完成时，隧洞开挖后及时施工的支护。

chushi chenjiang
初始沉降（immediate settlement） 地基受荷载作用时，几乎在加载的同时所产生的沉降，也称瞬时沉降或瞬间沉降。

chushi diyingli
初始地应力（initial earth stress） 在自然条件下，由于受重力和构造运动作用，在岩体中形成的应力。是地壳内岩体处于天然状态下所具有的应力状态，或过去构造运动残留于岩体中的应力，也称为天然地应力。对一次地震事件来说，也有人认为震源断层开始错动时震源处的应力就是初始地应力。

chushi gujie
初始固结（initial consolidation） 土体固结过程中，在初始阶段完成的固结。土体在荷载作用之初，在主固结完成之前，主要是由于土孔隙中的空气被压缩和排出而瞬时发生的体积减小的效应。

chushi hezai

初始荷载（original load） 在工程结构抗震加固前原构件上作用的荷载，对结构抗震加固设计有重要影响。

chushi jiazai quxian

初始加载曲线（initial loading curve） 土的应力-应变曲线从坐标原点开始达到设定幅值的曲线段，它构成骨架曲线，也称骨架曲线。该曲线存在于应力-应变坐标中的第一象限和第三象限。在等幅循环荷载作用下，土的应力-应变曲线可分为初始加载曲线和后继加载曲线。

chushi wendu

初始温度（initial temperature） 结构在施工的某个特定阶段形成整体约束结构系统时的温度，也称合拢温度。

chushi yehua

初始液化（initial liquefaction） 饱和土层由于受到地震作用而产生的超孔隙水压力，在接近或等于有效应力瞬间时的状态。此时地震引起的土层剪应力等于饱和土液化抗剪强度。

chushi yingli

初始应力（primary stress） 物体处于天然条件下所具有的内应力。例如，岩体处于天然状态下岩体内部单位面积所具有的内力，称为岩体初始应力。

chusudufa

初速度法（initial velocity method） 通过撞击或小型火箭筒瞬间喷发等方式使结构获得一定能量（初速度引起的动能）形成自由振动状态的试验方法，是结构自由振动试验常用的一种方法，也称冲击方法。试验中，撞击或火箭喷发的作用持续时间应尽量短，至少应短于结构自振周期。该方法适用于各类结构。

chusudu shiyan

初速度试验（initial velocity test） 通过重物下落、锤击、爆炸或小型火箭产生的冲击力使结构以初速度做自由振动的试验。

chuweiyifa

初位移法（initial displacement method） 通过张拉或推挤方法使结构在初始时刻获得一定的能量（由初位移引起的势能），而后释放位移形成自由振动状态的试验方法，结构自由振动试验常用的一种方法，又称推拉释放方法。试验中，位移的释放应在瞬间突然完成。该方法一般适用于柔性结构和基底隔震结构。

chuweiyi shiyan

初位移试验（initial displacement test） 强迫结构产生初始变形后突然释放，使结构在一个平面内的静力平衡位置附近做自由振动的试验。

chuxiang

初相（first phase） 在地震波图上最先到达的震相。地震学中把具有不同振动性质（如纵波和横波）和不同传播路径（如直达波和反射波）的地震波在地震图上的特定标志称为震相。

chuzhenfu

初振幅（initial amplitude） 某种震相的初相振幅。例如，P波初动的振幅称P波初振幅。用P波初振幅的值可求震中相对台站的方位角，也可用来求震源机制和应力降。

chuzhi

初至（first arrival） 利用折射波法对岩土结构和性质进行探测时，地震波记录中首先到达的信号，这一信号在记录中最清晰。

chuzhibo

初至波（first arrival wave） 地震发生后，地震观测点最先接收到的、在地震图上记录的第一个到达的波。其后到达的波在振动的背景上出现，称为续至波。由于地震激发的纵波（P波）在地球质中传播速度最大，在地震记录上最先到达，故称为初至纵波（或初至P波）。

chucang kangzhen jianding

储仓抗震鉴定（seismic identification of storage bins） 按照规定的抗震设防要求，对储仓抗震安全性的评估。内容包括：柱承式储仓支承柱的轴压比和配筋率，支承柱上下端和支承框架节点的箍筋设置；柱间填充墙材料、质量及其与柱的拉结；柱间支撑配置和节点强度；筒承式储仓支承筒洞口的加强构造；仓上建筑承重结构与仓顶的连接以及保障结构整体性的措施；储仓与毗邻结构的连接；柱承式储仓结构有无严重偏心，地基有无不均匀沉陷。柱承式钢储仓在满足柱间支撑、锚栓和仓上建筑的构造措施要求的情况下，可不进行抗震鉴定计算。

chucang kangzhen sheji

储仓抗震设计（seismic design of storage） 按照抗震设防要求，根据有关抗震规范对储仓类构筑物实施的专门结构设计。存放散状物料的储仓，是化工、煤炭、冶金、建材等系统常用的构筑物。大、中型储仓多为架设于地面的方仓或圆筒仓，通常包括仓体、支承结构和仓顶的上部结构等主要部分。储仓的仓体一般刚度较大，储仓抗震能力主要取决于支承结构，储仓上部结构的刚度突变对抗震不利。国家标准GB 50191—2012《构筑物抗震设计规范》和行业标准SH 3147—2014《石油化工构筑物抗震设计规范》对储仓的抗震要求做了详细的规定。

chucang zhenhai

储仓震害（earthquake damage of storage） 储仓在地震中遭到的损坏。散状物料储仓有圆筒形和方形，结构有落地式和支承式。多数储仓为钢筋混凝土结构，少数为砖结构，简易粮仓采用芦苇、草泥等材料建成。其主要震害现象有支承构件破坏、圆筒储仓破坏、仓顶室裂缝等。

chuguan zhenhai
储罐震害（earthquake damage of tank）　储罐在地震中遭到的损坏。储罐包括储液罐和储气罐。震害现象和特点主要是罐体屈曲、基础破坏、支座破坏、罐体震断和附属构件破坏等。

chuqiguan
储气罐（gasholder）　储存燃气的容器，也称储气柜，是城市燃气输配系统中的主要设备之一。储气罐的作用是解决燃气生产、供应与应用之间的不平衡。当用气量小于产气量时，将多余的燃气在储气罐中储存起来，用以补充高峰用气负荷时供气量的不足。储气罐一般只用来平衡城市用气的日不均匀性和小时不均匀性。储气罐也可作为混合器，以稳定燃气成分。储气罐通常分为低压储气罐和高压储气罐两种，低压储气罐又分为湿式储气罐和干式储气罐两种。

chuqiguan kangzhen sheji
储气罐抗震设计（seismic design of gas tank）　按照抗震设防要求，根据有关抗震规范对储气罐实施的专门结构设计。燃气工程中的储气罐包括钢制球形储气罐、卧式圆筒形储气罐和水槽式螺旋轨储气罐。国家标准 GB 50032—2003《室外给水排水和燃气热力工程抗震设计规范》规定了上述储气设施的抗震设计要求，其中球罐和卧式罐的抗震计算方法和抗震措施与球形储液罐和卧式储液罐大体相同。

chuqigui
储气柜（gas tank）　见【储气罐】

chuyeguan kangzhen sheji
储液罐抗震设计（seismic design of liquid tank）　按照抗震设防要求，根据有关抗震规范对储液罐实施的专门结构设计。储液罐是石油化工系统的重要构筑物，常用的储液罐有立式常压圆柱形储液罐、球形储罐和卧式圆筒形储液罐等。储罐一般储存易燃、易爆、有毒物质，地震中储液罐破坏将引发严重次生灾害。国家标准 GB 50191—2012《构筑物抗震设计规范》和 GB 50761—2012《石油化工钢制设备抗震设计规范》对不同类型储液罐的抗震设计做了具体规定。

chubianxing
触变性（thixotropy）　饱和软黏性土受到扰动而导致天然结构遭到破坏、强度降低并变为黏滞流动状态；当扰动停止后，又因静置而使土的强度逐渐的全部恢复或部分恢复的属性。

chufa
触发（trigger）　因触动而使记录器从等待状态转变为记录状态的反应。常见的触发有阈值触发、差值触发和信道加权触发等。

chufa dizhen
触发地震（triggering earthquake）　人类活动而导致的地震，或引起的地震活动水平增强，也称诱发地震。现已发现，水库蓄水、向地下深部注水、地下深部的石油开采、矿山爆破以及核爆炸都可能引起触发地震。其他一些自然因素，如月球、太阳的潮汐力，大规模降水等也可能诱发地震。

chufa tiaojian
触发条件（trigger condition）　从等待状态转变为记录状态所应具备的条件，如地震产生的达到一定量值的水平加速度就是强震仪开始工作的触发条件。

chufa yuzhi
触发阈值（triggering threshold value）　在强震仪中设置的、为启动强震动仪开始储存强震动记录（包括触发前一定时段的记录）而设定的水平加速度值。

chutan
触探（penetration）　用圆锥形金属探头或圆柱形贯入器贯入土中，同时测定其贯入指标，用来反映岩土性质的变化，是工程地质勘探中的一种原位测试兼作勘探的方法。贯入的方式有两种：用静力压入的称静力触探；用落锤打入的称为动力触探。动力触探又分为标准贯入试验、圆锥动力触探、轻型动力触探和重型动力触探等。

chuandoumu goujia
穿斗木构架（Chuan-dou type）　柱直接承檩，没有梁的木构架结构，是中国古代建筑木构架的一种形式。穿斗式构架以柱承檩的作法，可能与早期的纵架有一定渊源关系，已有悠久的历史，在汉代画像中就可以看到汉代穿斗式构架房屋的形象。

chuankuayue gongcheng jiegou
穿跨越工程结构（structures for pipeline crossing）　在油气输送管道线路穿跨越工程中，用于支撑、保护管道或为管道提供敷设空间的结构。

chuanbo jiezhi
传播介质（propagation medium）　地震波赖以传播的物质。在讨论地震波在地球介质中的传播时，通常假定地球介质是均匀和连续的弹性体。波的传播是由于介质质点的运动而形成，介质的弹性特征决定其传播速度。

chuandi hanshu
传递函数（transform function）　动力系统的输出函数频

谱与输入函数频谱之比。传递函数 $H(\omega)$ 的数学表达为:

$$H(\omega) = \frac{O(\omega)}{I(\omega)}$$

式中，$I(\omega)$、$O(\omega)$ 分别为输入与输出的傅里叶谱。传递函数本质上是系统的频响特性，它的取值为复数，其模（绝对值）为对应各频率分量的放大倍数，相位谱为各频率分量的相移。线性体系的传递函数不受输入大小的影响，是体系的固有特性。对土层弹性地震反应来说，就是土层的频响特性，与各土层的厚度、密度、波速（刚度）有关，与输入无关。由于线形体系满足叠加原理，因此可将输入的时间信号经傅里叶变换得到 $I(\omega)$，将其乘以 $H(\omega)$ 得到 $O(\omega)$，再作傅里叶逆变换得到输出的时间函数。当输入为脉函数时，输出脉冲响应的傅里叶谱即为传递函数。地震仪器的传递函数即为地震仪器响应。地震仪器可以视为一个线性的定常系统，对于线性定常系统，在零初始条件下，系统输出量的拉普拉斯变换与引起该输出的输入量的拉普拉斯变换之比，称为系统的传递函数。地震仪器的传递函数一般用零点、极点和放大系数表示。

chuandilü
传递率（transmissibility） 对主动隔振而言，为隔振体系在扰力作用下的输出振动线位移与静位移之比；对被动隔振而言，为隔振体系的输出振动线位移与受外界干扰的振动线位移之比；对地面屏障式隔振而言，为屏障设置后地面振动线位移与屏障设置前地面振动线位移之比。

chuandi xishufa
传递系数法（transfer coefficient method） 滑坡稳定系数的一种计算方法。将折线形滑坡的滑体分割为若干个条块，分析每个条块的滑动力和抗滑力，不计条块间的摩阻力和条块间的挤压，假定剩余推力的方向与滑面平行，通过剩余推力的传递，计算滑坡的推力或稳定系数的方法，也称剩余推力法或不平衡推力传递法。

chuan'ganqi
传感器（transducer） 能感受或响应被测的量，并按照一定规律转换成可用信号输出的器件或装置。

chuanbo hezai
船舶荷载（ship load） 船舶直接或间接地施加于建筑物、构筑物和其他结构物上的各种作用。

chuanbo jikaoli
船舶挤靠力（ship breasting force） 由风、浪、水流和冰等引起的，使停靠在码头的船舶对码头产生的挤压作用。

chuanbo xilanli
船舶系缆力（mooring force） 由风、浪、水流和冰等引起的，使靠离码头的船舶对系船设施上缆绳产生的拉伸作用。

chuanbo zhuangjili
船舶撞击力（ship impact force） 船舶在靠岸时所具有的动能，对靠船码头产生的撞击作用。

chuantai
船台（ship-building berth） 具有修造船设备与建筑物的专用场地，是在船舶上墩、下水构筑物中专门为修船和造船舶用的场地，其上一般都装有可拆移的支墩，用以支承船体和方便修造船作业，配有起重设备和动力管线等设备。有露天船台、开敞船台和室内船台三种。

chuanwu
船坞（dock） 用于建造或检修航船的水工建筑物。由坞首、坞门、坞室、灌泄系统、拖曳系缆设备、动力和公用设施以及其他附属设备等组成，主要型式有干船坞和浮船坞。

chuanzha
船闸（navigation lock） 修建在航道上，专供船舶在水位集中落差处通航的一种箱形建筑物。

chuanzha kangzhensheji
船闸抗震设计（seismic design of ship lock） 按照抗震设防要求，根据有关抗震规范对船闸的专门结构设计。船闸是通航建筑的一种，其功能是使船舶通过具有集中大水头落差的航道。船闸由闸首、闸室、上下游引航道、输水系统和相关设备组成，一般为水利枢纽的组成部分。行业标准 JTS 146—2012《水运工程抗震设计规范》规定了船闸抗震设计的基本要求；规定了场地、地基和岸坡的抗震要求；规定了地震作用计算和结构抗震验算的方法以及相关抗震构造措施。

chuanlian duozhidian moxing
串联多质点模型（series multi-mass model） 一根无质量悬臂杆支承多个集中质量构成的结构力学分析模型，也称串联多自由度体系分析模型。这种模型一般基于结构竖向分段划分计算单元，质量集中于各段质量中心的标高处，以悬臂杆各段刚度描述结构力学性质。该模型因计算量小、使用方便，在抗震分析中被广泛应用。它最适用于估计规则结构的弹性或非线性地震反应。与单质点模型相比，该模型可考虑高阶振型的影响。

chuanlian duoziyoudutixi fenxi moxing
串联多自由度体系分析模型 （analysis model of multi-degree of freedom system in series） 见【串联多质点模型】

chuanmo yizhibi
串模抑制比（series mode rejection ratio, SMRR） 使输出的信息发生了给定变化的串模电压与能产生相同的被测量的电压之比。

chuang

窗（window）　为采光、通风、日照、观景等用途而设置的建筑部件，通常设置于建筑物的墙体上。

chuangdi mianjibi

窗地面积比（area ratio of glazing to floor）　房间窗洞口面积与该房间地面面积之比，简称窗地比。它是估算室内天然光水平的常用指标。通常距地面高度低于 0.5m 的窗洞口面积不计入采光面积内；窗洞口上沿距地面高度不宜低于 2m；窗地面积比不得小于 1/7。

chuanghanshu

窗函数（window functions）　在数字信号处理中，为减少频谱能量泄漏而采用的截取函数，简称为窗。数字信号处理的主要数学工具是傅里叶变换，傅里叶变换是研究整个时间域和频率域的关系。不过，当运用计算机实现工程测试信号处理时，有时不可能或不必要对无限长的信号进行测量和运算，而是取其有限的时间片段进行分析，做法是：从信号中截取一个有限时间片段，用截取的信号时间片段进行周期延拓处理，得到虚拟的无限长的信号，然后可对信号进行傅里叶变换、相关分析等数学处理。无限长的信号被截断以后，其频谱发生了畸变，原来集中在 $f(0)$ 处的能量被分散到两个较宽的频带中（这种现象称为频谱能量泄漏）。为了减少频谱能量泄漏，可采用不同的截取函数对信号进行截断，截断函数称为窗函数，采用窗函数可抑制频率能量泄漏。

chuangjing

窗井（window well）　建筑结构中为使地下室获得采光通风，在外墙外侧设置的一定宽度的下沉空间。

chuangkou fuliye bianhuan

窗口傅里叶变换（window Fourier transform）　将时间序列信号在时间上分割截取，并分别进行傅里叶变换得到信号的时变频谱的方法。它以傅里叶变换为基础，是对信号时频特征的最简单的线性表述。在该变换中，分割截取时间序列信号是利用移动的窗函数来实现，也称时窗傅里叶变换或短时傅里叶变换。

chuangqiang mianjibi

窗墙面积比（area ratio of window to wall）　某一朝向的外窗（包括透明幕墙）总面积与同朝向墙面总面积（包括窗面积在内）之比。某一朝向的外墙面积应与该建筑体形系数计算时认定相应朝向的外表面积一致。计算时以建筑的立面图为标准，窗墙比中的墙指一层室内地坪线至屋面高度线之间的墙体，不包括女儿墙高度高度。国家标准 GB 50189—2005《公共建筑节能设计标准》规定建筑每个朝向的窗（包括透明幕墙）墙面积比均不应大于 0.70。当窗（包括透明幕墙）墙面积比小于 0.40 时，玻璃（或其他透明材料）的可见光透射比不应小于 0.40。

chuitiantu

吹填土（hydraulic fill）　见【冲填土】

chuixiang dizhenyi

垂向地震仪（vertical seismograph）　配置垂直摆、记录地面垂直分向运动的地震仪，也称垂直地震仪。

chuizhidu

垂直度（degree of gravity vertical）　在规定高度范围内，构件表面偏离重力线的程度。

chuizhidu wucha

垂直度误差（perpendicularity error）　垂直分量传感器的磁轴与水平面的夹角相对 0° 的偏差。

chuizhi yundong

垂直运动（vertical movement）　地壳运动的方向沿着地球半径的方向发生的运动。它表现为地壳的升降运动，地层间的假整合就是垂直运动在地层中的表现。持垂直论观点的学者强调这种运动是地壳构造形成的主导作用。虽然板块构造和活断层研究为水平运动提供了许多真实证据，但一些大地构造学家仍然用垂直运动和大洋化来解释全球构造，而不是用水平运动和挤压作用来解释。

chuiji zhenyuan

锤击振源（hammer source）　直接用大铁锤敲击设置在地面的铁板或木板作为在孔内测量波速的震源，是单孔法波速测量激振源的一种类型，该方法适用于浅层波速测试。

chuiji zuanji

锤击钻进（hammer drilling）　利用筒式钻具，在一定的冲程高度内，周期性地锤击钻具切削土体，并采取岩土样的钻进方法，是工程地质钻探的一种常用的方法。

chunjianqie

纯剪切（pure shear）　没有发生转动的剪切应变模式，即剪切前后有线元长度发生了变化（即真实形变），而没有发生主轴的旋转。这是一种均匀共轴变形，应变椭球体中主轴质点线在变形前后保持不变且具有同一方位。

chunjianqie lazhang

纯剪切拉张（pure shear extension）　在伸展的过程中，断裂总是沿着与最大剪应力面成一定交角（内摩擦角）的方向共轭出现，共轭破裂面的交线与应力场中 σ_2 一致，共轭破裂面的锐角平分线与 σ_1 一致，钝角平分线与 σ_3 一致。在岩石圈拉张中，指具有对称共轭陆缘的拉张模式。

chunyingbian

纯应变（pure strain）　物件发生均匀变形，在变形期间其主应变轴不改变其空间位置，而只改变其长度，这种应变是非旋转的。

cibei

磁北 （magnetic north） 自由悬挂的磁体指向地球地理北极，即指向地球的地磁北极，是磁罗盘针所指的那个特殊的方向。

cibianyi

磁变仪 （magnetic variometer） 一种连续记录地磁场随时间相对变化的仪器。为了适应地磁场各种周期和幅度的变化，磁变仪分为正常磁变仪、快速磁变仪和磁暴磁变仪三种类型，分别用于记录一般日变、地磁脉动和磁暴。

cichang

磁场 （magnetic field） 对磁针或运动电荷有作用力的空间。磁体和有电流通过的导体的周围空间都有磁场存在。空间某区域内是否存在磁场，可以通过测量运动电荷的受力情况来确定。

cichang junyundu

磁场均匀度 （magnetic field homogeneity） 用来描述特定区域内磁场强度离散程度的物理量。

cichang qiangdu

磁场强度 （magnetic field intensity） 单位磁荷在磁场中所受到的磁场力的大小称为该磁荷所在点的磁场强度。

cidai dizhenyi

磁带地震仪 （seismograph tape recorder） 将地震波记录在磁带上的地震仪，也称磁记录地震仪。20 世纪 50 年代出现的磁带技术被应用到地震勘探后制成了这种模拟磁带地震仪。其主要优点是动态范围大，可采用新的野外工作方法和在室内通过磁带回放技术反复处理记录，进一步消除干扰。20 世纪 60 年代中期，随着计算机的广泛应用和数字技术的引进，制成了数字磁带地震仪。它是将地震信号按一定时间间隔采样，以数字码表示其幅度值并进行记录，它的动态范围更大，记录准确度更高。

cidai jiluqi

磁带记录器 （tape recorder） 将随时间变化的电信号转化为磁带剩磁变化的记录仪器。由记录放大器和回放放大器、磁头、磁带和磁带传动装置四个部分组成。

cifa kantan

磁法勘探 （magnetic exploration） 利用岩土体的磁性差异所形成的局部地质体磁性异常，依据仪器测量的结果来研究地质构造的一种地球物理勘探方法。在工程勘查中，主要用于圈定岩浆岩体，特别是磁性较强的基性岩浆岩体，寻找有岩浆岩活动的断裂接触带，追索第四纪沉积物覆盖下的岩性界线等。大面积航空磁测资料可提供有关区域性的断裂构造、结晶基底的起伏等，为评价区域地壳稳定性和储水构造提供信息。

cifangweijiao

磁方位角 （magnetic azimuth） 见【方位角】

cifen tanshang

磁粉探伤 （magnetic partied inspection） 根据磁粉在试件表面所形成的磁痕来检测钢材表面和近表面的裂纹等缺陷的一种无损探伤方法。

ciji

磁极 （magnetic pole） 磁体两端磁性特别强的区域之一。中部没有磁性的区域叫中性区。任何一个磁体都有两个磁极，即 N 极（或称北极）和 S 极（或称南极）。具有相同极性的两磁极互相排斥，具有相异极性的两磁极互相吸引。在地磁学中，所说的磁极是指地球的磁倾极。磁极（磁倾极）是由实测结果确定的，它们是地磁图上倾角为 90° 而等偏线汇聚的两个点。两个磁极的连线不一定通过地心，两个磁极与两个地磁极也不相重合。两个磁极可分别称为北磁极和南磁极，其位置也是逐渐变化的。

cijilu dizhenyi

磁记录地震仪 （magnetic recorder seismograph） 见【磁带地震仪】

cilixian

磁力线 （lines of magnetic force） 表示磁场强度大小和方向的一种曲线，由英国物理学家法拉第（M. Faraday）首先提出。其有如下性质：第一，磁力线为一无起点无终点的闭合线。实际中可看作由 N 极出发，止于 S 极，再经磁体内部返回 N 极；第二，磁力线在空间某点的切线方向即为该点磁场力的方向；第三，磁力线在空间某点的疏密程度，表示该点磁场强度的大小；第四，磁体的内部及外部均有磁力线存在；第五，磁力线绝不相交；第六，磁力线有缩短的趋势，故异性磁极互相吸引；第七，磁力线有互相排斥的本能，故同性磁极相斥；第八，磁力线在软铁内较在空气中易于通过，所以若磁场中有软铁，则附近的磁力线常是歪曲而偏向，且软铁将变成磁极。法拉第的学生、英国物理学家麦克斯韦（J. C. Maxwell）对磁力线开展了深入的研究，给出了描述磁力线的数学方程。

ciliyi

磁力仪 （magnetometer） 见【地磁仪】

ciliubianye zuniqi

磁流变液阻尼器 （magnetorheological fluid damper） 利用磁流变液在磁场激励下的流变特性制造的阻尼力实时可调的减振控制装置。磁流变液主要由非导磁性液体和均匀分散于其中的高磁导率、低磁滞性的微小软磁性颗粒组成。在磁场作用下，它可以在毫秒级的时间、可逆地由流动性良好的牛顿流体转变为高黏度、低流动性的宾汉姆（Bingham）塑性固体。根据控制磁场变化策略的不同，磁流变液阻尼器可采用 Passive-off 控制、Passive-on 控制和半主动控制三种控制方式。

ciliubian zuniqi
磁流变阻尼器（magneto-rheological fluids damper）　以智能材料磁流变流体为工作介质，通过外加磁场来改变刚度和阻尼的耗能装置。

cimin jingtiguanshi jiasuduji
磁敏晶体管式加速度计（magneto-transistor type accelerometer）　利用磁敏晶体管为敏感元件的加速度传感器。

ciminjingtiguan shiweiyiji
磁敏晶体管式位移计（magneto-transistor type displacement transducer）　利用磁敏晶体管将磁场中的位移变化转换为集电极电流变化的位移传感器。

cipianjiao
磁偏角（magnetic declination）　地球磁子午线与地理子午线之间的夹角，用 D 表示，它是地磁场水平分量与地理北向之间的夹角。夹角的范围为 $0° \sim \pm 180°$。以地理子午线为准，磁针偏东为正，称东偏角；偏西为负，称西偏角。磁偏角的大小因地理位置不同而异。

ciqingjiao
磁倾角（magnetic dip angle）　地球表面任何一点的地磁场总强度矢量和水平面之间的夹角，记作 I。地磁场矢量在水平面以下时磁倾角为正。磁倾角在赤道附近为零，随纬度升高而增大，在北极和南极附近分别达到 $90°$ 和 $-90°$。在倾角坐标系中，磁倾角等于零的点构成倾角赤道（或磁赤道），磁倾角等于 $90°$ 的点叫作北倾角极（或北磁极），磁倾角等于 $-90°$ 的点叫作南倾角极（或南磁极）。

citongmen ciliyi
磁通门磁力仪（fluxgate magnetometer）　基于磁通门原理测量磁感应强度三个分量的大小和方向的仪器。

cizhi shensuo chuan'ganqi
磁致伸缩传感器（magnetostriction sensor）　利用铁磁性材料的磁致伸缩效应制成的传感器。强磁体在磁化状态下体积和形状发生变化，在磁化过程中各磁畴的界限发生移动，因而使材料发生变性，这种现象称为磁致伸缩效应。该传感器有转矩传感器和位移传感器、磁致伸缩液位传感器、磁致伸缩效应光纤磁场传感器、磁致伸缩效应光纤电流传感器等类型。

cigujie
次固结（secondary consolidation）　饱和黏性土主固结完成后，超静孔隙水压力完全消散，在压力不变的条件下，由于土骨架的蠕变性，体积仍随时间增长而缩小，土的体积继续压缩的现象，也称次压缩。

cigujie chenjiang
次固结沉降（secondary consolidation settlement）　次固结作用而引起的地面沉降。在主固结完成后，在压力不变的条件下，由于土结构的蠕动而产生的随时间增长土体继续压缩的现象称为次固结，次固结的作用会使地面产生不同程度的沉降

cigujie xishu
次固结系数（coefficient of secondary consolidation）　主固结完成后，次固结孔隙比–时间对数关系曲线上直线段的斜率的绝对值。

cisheng dibiao polie
次生地表破裂（secondary surface rupture）　在地震过程中，由于非构造因素产生的地表破裂。例如，重力和边岸效应等引起的地表破裂等即是次生地表破裂。

cisheng dizhen xiaoying
次生地震效应（secondary earthquake effect）　由地震作为触发因素而引起的效应。例如，因建筑物工程设施倒塌而引起的火灾、水灾、煤气和有毒气体泄漏、细菌和放射物扩散等对生命财产的威胁都属于这类效应。

ciyingli
次应力（secondary stress）　由结构约束引起的一种自限制法向应力或剪应力，可以产生不至于导致结构破坏的较小变形。

congshumianji
从属面积（tributary area）　考虑了梁、柱等构件均布荷载折减所采用的计算构件负荷的楼面面积。

cucaomian
粗糙面（asperity）　日本金森博雄（H. Kanamori）在 1981 年提出的一种震源模型，也称凹凸体。研究表明，震源体非常复杂，震源体产生破裂的原因是震源区构造的非均匀性，特别是断层面上强度的非均匀性。凹凸体是把这种非均匀性模型化，将主震震源过程视为断层面上强的部分（凹凸体）破裂而产生。这种模型可以较好地解释震源过程的复杂性和前震—主震—余震这种发震类型。

cucao xishu
粗糙系数（coefficient of roughness）　见【糙率】

culileitu

粗粒类土（coarse-grained soil） 粒径大于 0.075mm 且小于或等于 60mm 的土颗粒含量大于总质量的 50% 的土，松散土的一种类型，属于无黏性土，也称粗粒土。

culitu

粗粒土（coarse-grained soil） 见【粗粒类土】

cumianyan

粗面岩（trachyte） 火山岩的一种，具有斑状结构，化学成分与正长岩相当的中性喷出岩。

cusha

粗砂（coarse sand） 粒径大于 0.5mm 的颗粒含量超过总质量 50%，且粒径大于 2mm 的颗粒含量不超过总质量 25% 的土，是一种无黏性土。

cuiduan

脆断（brittle fracture） 一般指钢结构在拉应力状态下没有出现警示性的塑性变形而突然发生的脆性断裂。

cuiduan qingxiangxing liewen

脆断倾向性裂纹（potential brittle crack） 使钢结构可能发生突然脆性断裂的裂纹，是工程结构上的一种裂纹。

cuixing

脆性（brittleness） 材料在外力作用下（如拉伸、冲击等）仅产生很小的变形（即断裂破坏）的性质，是材料的一种物理力学性质。脆性材料力学性能的特点是抗压强度远大于抗拉强度，破坏时的极限应变值极小。砖、石材、陶瓷、玻璃、混凝土、铸铁等都是脆性材料。与韧性材料相比，它们对抵抗冲击荷载和承受震动作用的能力较差。

cuixing pohuai

脆性破坏（brittle failure） 构件材料的弹性应力达到开裂强度后，构件承载力瞬间丧失或急剧下降、缺乏塑性变形和耗能能力的破坏形态，也称脆性破裂。在岩土工程中，脆性破裂是指岩石破裂前没有或很少发生永久变形。1960年，格里格斯（D. Griggs）规定了永久变形不超过 1%，而赫德（Hugh C. Heard）规定岩石破裂前总应变不超过 3% 就属于脆性破裂。脆性破坏发生前的弹性变形很小，因此，事先几乎无法确定物质的破坏将在哪里发生。研究表明，在上地壳环境中发生的破裂通常都是脆性破裂。

cuixing polie

脆性破裂（brittle fracture） 见【脆性破坏】

cuixing xingbian

脆性形变（brittle deformation） 物体在受力后，只产生了极小的形变，在其尚未进入塑性形变状态时的形变。地壳的岩石在地表条件下的形变一般为脆性形变，但随周围压力、温度和变形速率的变化，可转化成韧性形变。

cui-suxing zhuanhuan

脆-塑性转换（brittle-ductile transition） 断层介质由脆性向塑性的转化过程。地壳浅部的脆性断层随着深度的增加将逐渐形成塑性剪切变形，这种脆-塑性转换对地震成核深度有控制作用。断层带变形方式划分为摩擦域和准塑性域，其中摩擦域中断层运动可以产生地震，而准塑性域中断层运动为无震剪切变形，摩擦-准塑性转换处具有最高的剪切阻力和应变能，因此大地震破裂趋向于在此处成核。

cui-yanxing zhuanhuan

脆-延性转换（brittle-ductile transition） 岩石从宏观的局部变形破坏到宏观均匀流动变形的转化。这种宏观破坏形式的转化仅与力学行为的变化有关。

cuodong

错动（diastrophism） 岩层或岩体产生的不连续变形，变形不仅在时间因素和几何特征上表现为不连续性，而且一般具有不可逆性，其效果是在一定的条件下可能会产生不同强度的地震。

dajie jiedian

搭接节点（overlap joint） 钢结构中，在钢管节点处，两支管相互搭接的节点。

dalangbeierli

达朗贝尔力（d'Alembert's power） 见【地震惯性作用】

dalangbeier yuanli

达朗贝尔原理（d'Alembert's principle） 求解有约束质点系动力问题的一个力学原理，于 1743 年由法国数学家达朗贝尔（Jean le Rond d'Alembert）最先提出。对于一个质点，这一原理的数学表达式为：$F_i + N_i - m_i a_i = 0$。式中，F_i 为加于质量 m_i 的质点的主动力；N_i 为限制这一质点的约束力；a_i 为这一质点的加速度。达朗贝尔把主动力拆成两个分力 $F_i = F_{i(a)} + F_{i(b)}$；其中一个力 $F_{i(a)}$ 与约束力 N_i 平衡，另一个力 $F_{i(b)}$ 用来产生 $m_i a_i$，即 $F_{i(a)} + N_i = 0$、$F_{i(b)} = m_i a_i$。这样可得到公式：$F_{i(a)} = F_i - F_{i(b)} = F_i - m_i a_i$。后来的力学家把 $-m_i a_i$ 称为惯性力，附加在质点上。这样，公式 $F_i + N_i - m_i a_i = 0$ 在形式上与静力学的平衡方程一致，可以叙述为：质点系的每一个质点所受的主动力 F_i、约束力 N_i 和惯性力 $-m_i a_i$，成为一平衡力系。由于静力学中构成平衡力系的都是外界物体对质点的作用力，而惯性力并非外加的力。因此，惯性力是一种为了便于解决问题而假设的"虚拟力"。

daxidinglü

达西定律（Darcy's Law） 1856 年，由法国水利工程师达西（H. P. G. Darcy）通过试验发现的在层流条件下，土体中的地下水的渗流速度与水力梯度成正比的规律，也称达西渗流定律、线性渗透定量。即流体在多孔介质中的渗透速度（v）与水力梯度（J）呈线性关系：$v=KJ$，K 为多孔介质的渗透系数。

dazhuangji

打桩机（pile driver） 利用冲击力将桩贯入地层的桩工机械。由桩锤、桩架及附属设备等组成。打桩机的基本技术参数是冲击部分重量、冲击动能和冲击频率。桩锤按运动的动力来源可分为落锤、汽锤、柴油锤、液压锤等，打桩机是岩土工程施工中常用的设备。

daba hunningtu dongli shiyan

大坝混凝土动力试验（dynamic test of dam concrete） 研究大坝混凝土的动力特性的试验。常用的试验设备及方法有分离式霍普金生压杆（SHPB）、电液伺服加载系统、落锤加载系统、轻气炮、板冲击加载系统和声发射法等。

daba hunningtu dongli texing

大坝混凝土动力特性（dynamic property of dam concrete） 大坝混凝土材料在动力荷载作用下的动强度和动变形等力学性能。在动力荷载作用下，混凝土材料将呈现出不同于静力荷载作用下的力学特性，主要特征表现为，混凝土强度随应变率（应变随时间变化的速率）的增加而提高；抗拉强度的率敏感性（混凝土动强度与应变率有关，称为率敏感性）高于抗压强度；在应变率相同的条件下，湿混凝土的强度增加值高于干混凝土；随着应变率的增加，混凝土的弹性模量增加；一般认为，混凝土受压时泊松比随应变率的增加而减小，但也有相反的研究结果。

dabaozha jiashuo

大爆炸假说（The big bang hypothesis） 宇宙起源和演化的一种假说。该假说是根据宇宙膨胀现象，并参考其他一些观测数据综合分析而提出。原子爆炸假说和原始火球假说是其两种主要假说，后者解释的更好。

dadi celiang

大地测量（geodetic survey） 建立国家或地区大地控制网络所进行的精密控制测量，包括三角测量、水准测量、天文测量、三边测量、导线测量、重力测量、惯性测量和卫星大地测量及其有关资料的计算等。它可为研究和确定地球的形状和大小、地震预报、地球动力学、地壳形变、空间科学技术及国防事业等科学研究以及工程应用提供重要的资料，也可为地形测图和大型工程测量等提供基本控制资料。

dadi celiang jixian

大地测量基线（geodesic base line） 大地测量中用于推算三角锁网起始边长所依据的基本长度。其方法是：首先选择一段较平坦地带，精确地测定某一线段的长度，然后通过基线网的角度观测和计算，将基线扩大为三角锁网的起始边长。例如，因地形限制不能选出足够长的直线基线，也可按地形条件布设折形基线，逐一量测各折线的长度、折角及折线与闭合边的夹角，通过计算求出所需长度的基线值。随着空间技术的发展，目前已可避开地形的限制，获得跨越国界的长距离大地测量基线和距离直达空间的超长基线。

dadi celiangwang

大地测量网（geodetic control net） 由大地水平控制网和高程控制网组成的测量网，也称大地控制网。水平控制网用三角测量或导线测量方法建立，并进行必要的天文测量、重力测量和高程测量，将观测结果归算到参考椭球体面上，然后推算出各大地点的大地坐标，作为水平位置的基本控制。高程控制网（水准网）主要用水准测量方法建立，根据测定的各水准点间的高差，配合天文观测和重力测量资料，推算出各水准点的高程，作为高程位置的基本控制。

dadi celiang zuobiaoxi

大地测量坐标系（geodetic coordinate system） 地球坐标系的一种。它与地球坐标系相应的三个轴一致（或平行），大地测量坐标系与平面直角坐标系通过换算可相互转化。该坐标系有两个基本起算平面，一个是通过英国格林尼治天文台的起始大地子午面；另一个是赤道平面。地面任一点的大地测量坐标值，可用大地经度 L、大地纬度 B 和大地高程 H 表示。其中，大地经度是过测点的子午面与起始大地子午面的夹角；大地纬度是测点的法线和赤道平面间的夹角；大地高程是测点沿法线至参考椭球面的距离。

dadidian

大地点（geodetic point） 大地控制网中精确测定的有统一的水平和高程位置的点，是大地控制点的简称。它包括三角点、导线点和水准点。点上埋设标志以示点位。大地点可为国防建设、经济建设、科学研究提供必要的水平和高程位置，也可作为地形测图和大型工程测量控制的基础。

dadi dianchang

大地电场（telluric electricity field） 与磁层和电离层中的电流体系的运动有关的地电场，是地电场的主要组成部分。其强度在地面上随时间、地点而异。

dadi dianci ceshen

大地电磁测深（telluric electromagnetic sounding） 基于电磁感应原理，用天然电磁场或人工激发源来探测和研究地球内部岩石埋藏深度和地球内部的电性结构的地球物理方法。利用该方法可以探测和研究地壳和上地幔结构；沉积盆地构造；寻找含油气田的远景区；普查勘探地热资源和地下水；寻找矿产资源；以及监测地壳深部电阻率随时间的变化以用于监测和预报地震。

dadi dianci chongfu celiang
大地电磁重复测量（repeated magnetotelluric measurement）在观测区固定测点上以获取测点不同时间大地电磁响应函数的变化所进行的地电阻率的巡回观测。

dadi dianliu
大地电流（telluric current） 地壳中天然存在的一种低频电流。地球内部和地表存在着的大范围的这种电流，它来源于地球外部的磁感应。这种电流系统形成巨大的漩涡，时而顺时针流动，时而逆时针流动，进而形成稳定的交变电场。其振幅和方向均随时间变化，周期大小不一；较稳定的周期范围为 6～40s，强度为 0.01～5mV/km。大地电流场某一瞬间，在几十到几百 km 范围内，大地电流的密度和方向保持不变，只受地下岩层导电性影响。利用这一特点，人们用大地电流法去探测和研究地质构造。

dadi dianliufa
大地电流法（telluric current method） 见【地电法】

dadi dianzufa
大地电阻法（earth resistivity method） 即大地电阻率法探测，一种地球物理的探测方法。以地壳中岩石、矿物的导电性差异为基础，通过对人工建立的地下电流场的分布规律进行观测与研究，达到找矿和解决其他地质、地震问题的电法勘探方法。研究地表电流场的变化规律，可确定地下不同矿体、不同地质构造的形态和规模。也可尝试通过测定岩层电阻率的变化规律来寻找地震异常，开展地震预报工作。

dadi fangweijiao
大地方位角（geodetic azimuth） 过某点的大地子午面与该点到另一点的大地线间的夹角，表示椭球面上两点之间方位的量，用 A 表示。从过该点的大地子午线正北方向起算，顺时针方向为 0～360°。

dadi gouzao
大地构造（tectonic structure） 大范围乃至全球性的地壳运动及其所导致的地壳构造形态。它是地质学和地震学研究的重要领域，也是工程场地地震安全性评价的重要内容。

dadi gouzao danyuan
大地构造单元（geotectonic element） 地壳大型构造的基本单，也称地壳基本构造单元。它是根据地壳运动和地壳构造的基本特点划分的各种类型的大地构造区。人们对地壳运动和地壳构造的基本特点认识不同，划分出来的大地构造单元也各不相同。例如，槽台学说是根据地壳运动的活动程度，把地壳划分为两大基本构造单元，即活动性弱的地台区和活动性强的地槽区；地洼学说主要是划分出一种新的活动区，即地洼；板块构造学说则是把全球地壳划分为六大板块以及为数众多的中小板块。

dadi gouzao tixi
大地构造体系（geotectonic system） 李四光提出的"构造体系"中的大型或巨型的构造体系。例如，欧亚山字型构造体系、经向构造体系、纬向构造体系、华夏和新华夏构造体系等。

dadi gouzaoxue
大地构造学（geotectonics） 地质学的一个分支分学科，主要研究大范围内乃至全球地壳构造的发生规律和地壳运动等问题。该学科致力于解释四个大地构造方面的问题：一是地壳运动的方向问题，即水平运动和升降运动；二是地壳运动的空间分布规律问题，即活动区和稳定区；三是地壳运动发展规律的周期性问题；四是地壳运动的动力来源问题。大地构造学与构造地质学关系密切，但又有区别。大地构造学研究的是比较大型的构造，而构造地质学研究的是比较小型的构造。大地构造学的发展历史表明，一个新的大地构造理论或学说的出现，往往反映了不同时期地质学在各个领域的研究水平和总的发展趋势，并能对地质学的各个分支学科的研究方向给以深远的影响。因此，大地构造学在地质学领域中占有重要的地位。

dadi jizhunmian
大地基准面（geodetic level） 大地测量中数据的观测和归算所依据的参考面。其水平位置选用参考椭球体面为基准面，高程则以大地水准面作为基准面。

dadi jingdu
大地经度（geodetic longitude） 某点的大地子午面与起始大地子午面的夹角，用 L 表示。从起始子午面起算，分为东经 0～180°和西经 0～180°。椭球面上一点的坐标用大地经度、大地纬度表示。

dadi kongzhidian
大地控制点（geodetic control point） 见【大地点】

dadi kongzhiwang
大地控制网（geodetic control net） 见【大地测量网】

dadi reliu tance
大地热流探测（survey of terrestrial heat flow） 利用地下温度梯度和岩石热导率参数等数据，探测地面热流和地壳上地幔热状态的探测方法。

dadi sanjiao celiang

大地三角测量（geodetic triangulation） 在地面上布设一系列连续的三角形，采取测量角点的方式测定各三角形顶点水平位置的方法，简称三角测量。该方法是几何大地测量学中建立国家大地网和工程测量控制网的基本方法之一，在三角测量中作为测站，并由此测定水平位置的这些顶点通常称为三角点。为了观测各三角形的顶角，相邻的三角点之间必须互相通视，因此三角点上一般都要建造测量觇标，为了使各三角点在地面上能够长期保存使用，还需要埋设标石。该方法由荷兰科学家斯涅耳（W. Snell）于1617年首创。

dadi shuizhun celiang

大地水准测量（geodetic leveling） 测量地面两点的高差，通过已知点的高程确定未知点高程的测量方法，是高程来控制测量方法之一。该方法是由水准原点或某一已知高程点出发，沿选定的水准路线，用水准仪和水准标尺按测量规范的要求逐站测定各点间的高差，然后根据这些高差来推求各点的高程。由于不同高程的水准面不平行，沿不同路线测得的高差是有差异的，故为保证高差的单一性，必须在高差中加入正常水准面不平行的改正，才能求得各点的正确高程。国家大地水准测量精度可分为一等、二等、三等、四等。一等、二等水准测量也称为精密水准测量，是国家高程控制的基础，三等、四等水准测量可作为地形测图和大型工程建设的高程控制基础。

dadi shuizhunmian

大地水准面（geoid） 与一个不受风浪和潮汐等外界因素影响、完全处于静止和平衡状态的平均海平面相重合并延伸到大陆内部的重力位水准面。该面上各点间的重力位处处相等，并与该点的铅垂线方向保持正交。由于地球实际表面的起伏和内部质量分布不均匀，因此大地水准面是一个形状不规则的连续的闭合曲面，其重力场也不规则。通常用大地水准面来表示地球的形状。

dadi weidu

大地纬度（geodetic latitude） 某点的法线与椭球赤道面的夹角，用 B 表示。从赤道起算，分为南纬 $0 \sim 90°$ 和北纬 $0 \sim 90°$。椭球面上一点的坐标用大地经度、大地纬度表示。

dadizhen

大地震（great earthquake） 里氏震级大于或等于7.0级而小于8.0的地震，是地震按震级分类的一种类型。世界各国大地震的标准有差别。大地震通常会产生重大的人员伤亡和经济损失，需要重点防范。

dadi zuobiao

大地坐标（geodetic coordinates） 大地测量中以参考椭球体面为基准面的坐标。它包括大地经度 L、大地纬度 B 和大地高程 H 三个元素。当点在参考椭球面上时，只用大地经度和大地纬度来表示。大地坐标元素以法线为根据，不能直接测定，只能根据参考椭球面上基准点的起始数据和观测值来推算。

dadi zuobiaoxi

大地坐标系（geodetic coordinate system） 以参考椭球面为基准面，以起始子午面和赤道面作为在椭球面上确定某一点投影位置的两个参考面，也称地理坐标系。地面点的位置用大地经度、大地纬度和大地高表示。该坐标系的确立包括选择一个椭球、对椭球进行定位和定向、确定大地起算数据。一个形状、大小和定位、定向已确定的椭球体叫参考椭球，参考椭球一旦确定，则标志着大地坐标系已经建立。大地坐标系为右手系。

dakongjian zhinengxing zhudong penshui miehuo xitong

大空间智能型主动喷水灭火系统（intelligent automatic water sprinkler system in large-space site） 由智能型灭火装置（大空间智能灭火装置、自动扫描射水灭火装置、自动扫描射水高空水炮灭火装置）、信号阀组、水流指示器等组件以及管道、供水设施组成，能在发生火灾时自动探测着火部位并主动喷水的灭火系统。

dakong hunningtu

大孔混凝土（coarse porous concrete） 以粗集料和水泥配制而成的一种轻混凝土，也称无砂混凝土。为了提高大孔混凝土的强度，有时也加入少量细集料（普通砂），称少砂混凝土。大孔混凝土按其所用集料品种，可分为普通大孔混凝土和轻集料大孔混凝土。前者的容重和抗压强度一般较后者大。大孔混凝土的热导率小，保温性能好；吸湿性较低，收缩也较小；抗冻标号可耐100次冻融循环以上；可用于制作墙体用小型空心砌块和各种板材，也可用于现浇墙体。

dakongjing dizhen taizhen

大孔径地震台阵（large aperture seismic array） 在较大范围内按规则几何图样安放许多地震仪的一种大型台阵观测网。它是根据研究目的，在一定研究区，按某一规则（十字形、圆形、方形等）布设的一组地震仪。利用地震计在空间分布的坐标位置，测定出地震波到来的方向即方位角，而后用走时曲线的慢度定出震中距。目前，世界上最大的地震台阵（1962年为勘察地下核试验而设立的LASA台阵）建在美国蒙大拿州，在直径200km的范围内排列有500多台地震仪。

dakua kongjian jiegou

大跨空间结构（large space structure） 在水平尺度很大的建筑空间内部不设柱、墙等承载构件的空间结构体系。体育馆、影剧院、飞机库等建筑，其空间跨度可达数十乃至数百米且不能设柱或墙，此类结构的大空间使用功能由大跨覆盖结构来实现。常用的大跨空间覆盖结构形式主要有网架、拱、壳体、悬索结构等，建筑材料主要采用钢材，少数使用钢筋混凝土。

dakua qiaoliang zhenhai

大跨桥梁震害（earthquake damage of long span bridges）大跨桥梁在地震时遭到的损坏。悬索桥、斜拉桥等大跨桥梁震害比较少见。其原因在于此类桥梁数量较少，且经严格设计和精细施工，大跨桥的自振周期大约为 10s 量级，地震作用相对较小。

dakuaishi jichu

大块式基础（block foundation）体积较大的整块钢筋混凝土机器的基础。该基础本身刚度大，动力计算时可视为刚体，可忽略基础自身的变形。

daliyan

大理岩（marble）由碳酸盐岩经区域变质作用或接触变质作用形成，颜色为白色、灰白色、黑白相间等特征的变质岩，因在中国由于云南省大理盛产这种岩石而得名。其主要组成矿物为方解石和白云石，此外含有硅灰石、滑石、透闪石、透辉石、斜长石、石英、方镁石等。具粒状变晶结构，块状（有时为条带状）构造。大理岩强度高、颜色多样，是很好的建筑装饰材料。

dalu

大陆（continent）地球表面除去海洋部分的大面积陆地，并加上边缘被海水淹没成浅海的底部（大陆架和大陆坡）。大陆和大洋构成地球表面两大构造地貌单元，均属地壳的组成部分。现代大陆总面积约 148×165km²，其中 1/4 被海水淹没的边缘地带。大部分大陆集中在北半球，平均高度为 0.87km，最高高度是珠穆朗玛峰，为 8848.86m。地质学家推测 2 亿年前就存在一个或两个超级大陆，而后才逐渐变成今天这个状况。现代的六块主要大陆是欧亚大陆、北美大陆、南美大陆、非洲大陆、澳大利亚大陆和南极大陆。在地球漫长的地质历史时期，始终出露在海面之上的有欧洲芬诺斯堪的那维亚地盾、北美的加拿大地盾、亚洲的安加拉地盾等。而其余的大陆部分都在不同地质时期曾被海水淹没。

dalu bankuai

大陆板块（continental plate）在板块构造学说中泛指以大陆为主的板块。例如，以欧亚大陆为主体的欧亚板块可称为欧亚大陆板块等。实际上，大陆板块除大陆地壳外，还包括部分洋壳，只是相对于海洋板块全部为大洋地壳而言，将以大陆为主体的板块称大陆板块。

dalu dizhen

大陆地震（continental earthquake）发生在大陆地壳中的地震。地球总面积的大约 1/3 是陆地，人类大部分居住在陆地，因此对大陆地震的研究要比大洋中的地震研究的更深入。全球有 4 条大的地震带（环太平洋地震带、欧亚地震带（即地中海—喜马拉雅地震带）、大陆裂谷地震带和海岭地震带即大洋中脊地震带），其中三条通过大陆。中国西部是世界上大陆地震最活跃、最强烈和最集中的地区。

dalu donglixue

大陆动力学（continental dynamics）从大陆的尺度来研究大陆的形成，演化和动力学机制等基本问题的一门学科，其核心是把大陆作为一个独立的动力学系统来研究。它通过研究大陆形成过程和演化历史等基本问题，来阐明大陆与整个地球系统是如何相互作用的。大陆与大洋岩石圈乃至上地幔的结构不同，因此大陆岩石圈的生成、演化和消失过程要比板块构造学说所阐明的大洋岩石圈生长和消亡过程复杂得多。它研究的主要内容有大陆的成因与演化、大陆地幔、地震和板块边界的相互作用、岩浆和火山系统、大陆岩石圈的变形和活动性、气候和全球变化的地球系统的历史、沉积盆地、地壳与水圈的相互作用等。

dalujia

大陆架（continental shelf）大陆领土从海岸低潮线起，以极其平缓的坡度向海洋方向倾斜延伸，直到坡度显著增大的大陆坡折处为止的那一部分海底平坦区域，是地壳运动或海浪冲刷的结果，也称陆棚和大陆浅滩。大陆架地形一般较为平坦，但也有小的丘陵、盆地和沟谷。大陆架同大陆是连续的整体，是大陆向海洋自然延伸的部分，其地质地貌的形成和发展与大陆有不可分割的联系。大陆架大多分布在太平洋西岸、大西洋北部两岸、北冰洋边缘等地。大陆架是海底沉积作用最为发育的地带，其沉积类型和特征受环境因素制约，如海平面变动、物源补给、水动力条件、构造背景等。

dalu liegu

大陆裂谷（continent rift）发生在陆地上的裂谷，是地球裂谷初期阶段的产物，是大陆上最为显著的构造地貌类型，也是陆地上最大的一级地貌单元之一。有大断层围限的规模巨大的断陷谷地，其宽度大多在 30～75km，少数可达几百千米，长度从几十千米到几千千米不等。已发现有东非裂谷、莱茵裂谷和贝加尔裂谷等，其中，最著名的是东非裂谷。地质学家把具有一定成生联系并延伸很远的狭长裂谷组合称为大陆裂谷系或大陆裂谷带，它是一种全球规模的构造带，展布于大陆内部，裂谷本身和两侧地域的基底都是大陆地壳，但裂谷处的基底厚度较两侧薄。基底减薄可能起因于伸展作用，而后者又与软流圈物质挤入岩石圈下部有关。研究表明，构成大陆裂谷的断裂性质几乎都为正断层。

dalu liegudai

大陆裂谷带（continental rift belt）见【大陆裂谷】

dalu lieguxi

大陆裂谷系（continental rift system）见【大陆裂谷】

dalu mianji

大陆面积 （area of the continent） 大陆表面面积的量值。地球陆地的面积为 148322566km²，约占地球总表面积 29%。

dalu pengzhuang

大陆碰撞 （continental collision） 见【板块碰撞】

dalu piaoyi

大陆漂移 （drift of continent） 见【大陆漂移学说】

dalu piaoyixueshuo

大陆漂移学说 （continental drift hypothesis） 解释地壳运动和海陆分布、演变的学说，1912 年由德国地质学家、气象学家、地球物理学家和天文学家魏格纳 （A. L. Wegener）正式提出。地质学家把大陆彼此之间以及大陆相对于大洋盆地间的大规模水平运动，称为大陆漂移。该学说认为，地球上所有大陆在中生代以前曾经是统一的巨大陆块（称为泛大陆或联合古陆），中生代开始分裂并漂移，逐渐达到现在的位置。大陆漂移的动力机制与地球自转的两种分力有关，即向西漂移的潮汐力和指向赤道的离极力。较轻硅铝质的大陆块漂浮在较重的黏性的硅镁层之上，潮汐力和离极力的作用使泛大陆破裂并与硅镁层分离，而向西、向赤道做大规模水平漂移。该学说曾引起地学界极大的兴趣和重视，但由于每种证据都引起了反对的论辩，且缺少定量资料，一度未能被地质学家接受。以该学说为代表的活动论和以传统构造观念为代表的固定论的争论持续不断。由于当时不能更好地解释漂移的机制问题，曾受到地球物理学家的反对。魏格纳在 1915 年发表了《海陆的起源》一书中为大陆漂移学说做了比较有说服力的论证。20 世纪 50 年代中期至 60 年代，随着古地磁与地震学、宇航观测的发展，使一度沉寂的大陆漂移说获得了新生，并为板块构造学的发展奠定了基础。

dalu qiantan

大陆浅滩 （continental shoal） 见【大陆架】

daqi yingxiang shendu

大气影响深度 （climate influenced layer） 在自然气候的影响下，由降水、蒸发和温度等因素引起的地基土胀缩变形的有效深度。其数值应由各气候区土的深层变形观测或含水量观测及地温观测资料确定，如无资料时，也可根据相关规范中的规定进行取值。

datouba

大头坝 （massive head buttress dam） 由支墩上游部分向两侧扩展形成面板（上游头部）的支墩坝。该坝头部有平板式、圆弧式和钻石式三种形式；支墩有单支墩和双支墩两种形式，高坝多采用双支墩以增强其侧向稳定性。该坝的特点是为大体积混凝土结构，不用或只用少量钢筋；坝体厚度大，防寒性能好，坝身溢流条件也好，单宽泄量可

适当提高；坝段与坝段之间有伸缩缝，可适应地基变形，对地基条件的要求不高，必要时可以设置基础板，以减轻支墩对地基的压应力。

dayang dizhen

大洋地震 （oceanic earthquake） 发生在大洋地壳中的板内地震。据统计资料，全球地震约有 85% 发生在海洋、15% 发生在陆地。

dayang lieguxi

大洋裂谷系 （oceanic rift valley system） 展布于大洋内部，裂谷本身和两侧地域的基底都是大洋地壳，但裂谷处的基底厚度较两侧薄。它是裂谷发育的最后阶段。大西洋中脊就是一个大洋裂谷系。

dazhen liedu

大震烈度 （strong earthquake intensity） 相当于未来 50 年超越概率为 2%～3% 的地震烈度，即 1600～2500 年一遇的地震烈度，统计意义上大震烈度比基本烈度高一度。在抗震设计中也称罕遇烈度。

daibi zhuqiang

带壁柱墙 （pilastered wall） 沿墙长度方向隔一定距离将墙体局部加厚，形成的带垛墙体。

daitong lüboqi

带通滤波器 （bandpass filter） 在振动信号处理中，抑制和消除信号中某个中间频带之外的成分装置或算法。

daizhuang niantu

带状黏土 （varved clay） 季节性融化冰水注入淡水湖形成的厚度一般不超过 10mm 的薄砂层、粉土层与黏土层交替的常呈灰黄色的无机土。

daizu lüboqi

带阻滤波器 （band stop filter） 在振动信号处理中，抑制和消除信号中某个中间频带成分的装置或算法。

daizhuang shajing

袋装砂井 （packed drain） 一种地基处理方法。以透水型土工织物的长袋中装砂土，将其设置在软土地基中并形成向外排水的通道。

dance gonglüpu

单侧功率谱 （unilateral power spectrum） 实测信号区间在（0，+∞）所对应的功率谱。实测信号区间在（-∞，+∞）所对应的功率谱为双侧功率谱。

dance polie

单侧破裂 （unilateral rupture） 描述断层破裂引发地震的

力学模型中，用矩形来模拟断层面，破裂从某一边同时开始，以均匀的破裂速度向另一边传播的破裂方式。如果破裂从断层面中间某线开始以均匀的破裂速度向两侧传播，则称为双侧破裂，在强地震模拟的震源模型中，双侧破裂是指断层破裂从断层面中间某点开始向两侧传播的破裂方式；如果破裂从断层面某点开始以均匀的破裂速度向四周传播，则称为中心破裂，震源模型中，中心破裂假定破裂从断层面某点开始，以均匀的破裂速度向四周以同心圆形式传播。

danceng gangjiegou changfang

单层钢结构厂房（single story steel factory） 用钢结构作承重和抗侧力体系的单层厂房。钢结构排架厂房多用于重型机械制造、冶金、能源行业，也是飞机库、火车站等常用的结构形式。单层钢结构厂房在地震中破坏轻微，其震害是支撑或连接部位的损坏或压屈。国家标准 GB 50011—2010《建筑抗震设计规范》（2016 年版）规定了此类厂房的抗震设计要求。

danceng gangjin hunningtuzhu changfang

单层钢筋混凝土柱厂房（single story RC column factory） 由钢筋混凝土柱和屋架、围护墙等构成的单层工业厂房。未经抗震设计的此类厂房在 9 度地震下普遍发生损坏，破坏多发生于屋盖系统、承重柱、围护墙、山墙、封檐墙以及厂房和贴建房屋的连接处。

danceng gangjin hunningtuzhu changfang zhenhai

单层钢筋混凝土柱厂房震害（earthquake damage of single story RC column factory） 单层钢筋混凝土柱厂房遭到地震的损坏。以钢筋混凝土柱支撑大型屋架和屋面板的厂房，多用于重工业厂房。未经抗震设计的此类厂房在地震中常有破坏。破坏特征有围护墙破坏、屋架与天窗破坏、立柱破坏、支撑破坏等。

danceng gongye changfang pohuai juzhen

单层工业厂房破坏矩阵（single story industrial factory destruction matrix） 单层工业厂房在强烈地震作用下，不同烈度区和其破坏程度构成的矩阵。1976 年唐山大地震通过震害调查给出了不同烈度区（Ⅵ～Ⅺ度）和破坏等级（基本完好、轻微破坏、中等破坏、严重破坏和毁坏五个等级）的百分比构成的破坏矩阵。

danceng gongye changfang zhenhai

单层工业厂房震害（earthquake damage of single story factory） 单层工业厂房遭到地震的损坏。一般工业厂房以单层为主，在强烈地震中常有破坏。单层钢筋混凝土柱厂房在烈度Ⅶ～Ⅷ度区一般无严重破坏，但软弱地基上的厂房、或构造和施工质量有严重缺陷的厂房震害严重；砖柱厂房在Ⅶ度烈度区仅有少数发生轻微损坏，Ⅷ度区震害明显加重，Ⅸ度区大多严重破坏乃至倒塌；木柱厂房的破坏与结构形式和构件连接有关；木构架与砌体墙混合承重的厂房破坏严重。在烈度Ⅶ～Ⅷ度区，木柱与屋架连接可靠者未见破坏，反之连接处松动或滑脱，浮放于基础的木柱发生移位，与基础连接不良的木柱个别被拔出；钢结构厂房多经正规设计，其主体结构在烈度Ⅶ～Ⅷ度区未见破坏，仅个别支撑和节点损坏或压屈。世界各国钢结构厂房地震破坏事例甚少。

danceng zhuanzhuchangfang

单层砖柱厂房（single story brick column factory） 由黏土砖柱（墙垛）和围护墙、屋盖等构成的中小型厂房。未经抗震设计的此类厂房在地震中多有损坏，主要表现为砖墙、砖柱断裂乃至倒倾；屋架移位或坍塌。在总结震害经验的基础上，国家标准 GB 50011—2010《建筑抗震设计规范》（2016 年版）规定了此类厂房的抗震设计要求。

danceng zhuanzhuchangfang zhenhai

单层砖柱厂房震害（earthquake damage of single story brick column factory） 单层砖柱厂房遭到地震的损坏。单层砖柱厂房由于构造简单、施工方便、造价低廉，普遍用于中小企业车间。此类厂房一般使用木屋架，主要震害现象有砖柱破坏、围护墙破坏、扶壁柱开裂或局部砖块脱落、连接破坏等。

dandian pubifa

单点谱比法（spectral ration method of horizontal to vertical component） 利用同一测点地震动水平分量与竖向分量的谱比求卓越周期和场地地震动放大倍数的方法，是土层场地对基岩地震动放大倍数的一种估计方法，也称中村法（Nakamura 法）。根据用体波解释脉动的理论，单点谱比法建立在两个假定的基础上：第一，埋伏基岩表面振动的水平分量与竖直分量的谱比为 1；第二，脉动由基岩经过覆盖土层传播过程中，水平分量被放大，竖直分量则几乎不变。据此可用地表的竖直分量来近似代替基岩的水平分量，地表同一点地面脉动的水平分量与竖直分量的谱比就是场地的地震动放大倍数。该方法因简易而得到较广泛应用，实测表明对很多场地用这种方法求得的场地卓越周期很稳定。

dandou wajueji

单斗挖掘机（excavator） 利用单个铲斗挖掘土壤或矿石的自行式挖掘机械，由工作装置、转台和行走装置等组成。作业时，铲斗挖掘满斗后转向卸土点卸土，空斗返转挖掘点进行周期作业。该挖掘机在房屋建筑施工、筑路工程、水电建设、农田改造和军事工程以及露天矿场、露天仓库和采料场中被广泛应用。

dandou zhuangzaiji

单斗装载机（shovel loader） 利用由动臂、连杆和铲斗等组成的工作装置，在行进中进行铲装、运送和倾卸土石方及散粒物料的自行式机械。其由工作装置、动力装置和底盘等组成，分履带式和轮胎式两种。工作装置的卸载可以前卸、后卸或侧卸。整机转向有铰接式、偏转车轮式和滑移转向式等方式。轮胎式前卸铰接装载机的结构简单、使用安全、机动灵活，应用最广。

danfaxing dizhen
单发型地震（single-type major earthquake） 前震和余震都很少且震级极小，能量几乎由主震释放的地震，也称孤立型地震。主要特点可归纳为：前震和余震都很少，而且很小，并与主震震级相差极大；主震特别突出，其能量通过主震一次释放出来，前震、余震释放的能量总和常不到主震的千分之一。

danjiju guance
单极距观测（geoelectrical resistivity observation in terms of single separation configuration） 在地球物理勘探中，一个方位上仅采用一组由正负供电电极和正负测量电极系组成的观测装置进行的直流地电阻率观测的方法。

danjian shiyan
单剪试验（simple shear test） 试样剪切时不产生竖向和水平向的线应变，仅产生剪应变的一种纯剪试验。

dankong choushui shiyan
单孔抽水试验（single well pumping test） 没有观测孔而只有一个抽水孔的抽水试验，是抽水试验的一种方法。只能用经验公式及试算法求影响半径，测定的渗透系数精度较差。在水文地质勘查的初步阶段，单孔抽水常用来了解和对比不同地段含水层的透水性和富水性。在钻探成本较高的基岩地区，仅实际测定单孔涌水量时也采用单孔抽水。

dankongfa
单孔法（single hole method） 在钻孔孔口附近地表施加水平冲击力，或在孔内激振，测量孔内不同深度处冲击信号到达拾振器的时间，以确定剪切波在岩土层内传播速度的方法，是工程场地波速测量的一种常用的方法。

danren pingjun jingshiyongmianji
单人平均净使用面积（per capita net sheltering area） 在地震应急救援中，供单个避难人员宿住或休息的空间在水平地面的人均投影面积。

dantai yubao
单台预报（single station forecast） 利用一个观测站的观测资料进行地震预报。为全面综合分析，现除少数地区外，已为多台综合预报所代替。

danti kangzhen xingneng pingjia
单体抗震性能评价（earthquake resistant capacity assessment） 在给定地震作用下，按照抗震设计规范的要求，对给定的单个建筑或工程设施结构进行抗震性能评价。

danwei jieyue jizhen
单位阶跃激振（unit step excitation） 激振力服从单位阶跃函数的振动，它是研究任意激振的基础。分析单自由度系统在单位阶跃激振下的响应可以得到单位阶跃响应函数，该函数在振动理论与控制理论中有重要作用。

danwei maichong jizhen
单位脉冲激振（unit impulse excitation） 激振力服从单位脉冲函数的振动。该激振方法是研究任意激振的基础。通过分析单自由度系统在单位脉冲激振下的响应，可以得到单位脉冲响应函数，与单位阶跃响应函数一样，该函数在振动理论与控制理论中有重要作用。

danwei maichong xiangying hanshu
单位脉冲响应函数（unit impulse response function） 系统对单位脉冲输入的响应函数，也称记忆函数。在随机地震反应分析中，单自由度体系运动方程在零初值条件下的杜哈梅积分解为：

$$u(t) = \int_0^t p(\tau)h(t-\tau)\,\mathrm{d}\tau$$

式中，$u(t)$ 为系统反应的时间过程；$p(t)$ 为外荷载；$h(t)$ 称为单位脉冲响应函数。该函数和频响函数是傅里叶变换对，它们分别表述时域和频域中体系的动力特性。

danwei xijiangliang
单位吸浆量（specific grout absorption） 在灌浆试验中，在单位压力下，每米试验段在单位时间内所吸收的浆液量，也称比吸浆量。它是衡量灌浆效果的重要指标。

danwei xishuiliang
单位吸水量（specific water absorption） 在压水试验中，单位水头压力下，单位长度的试验段在每分钟内所吸收的水量。它是水工建筑物地基和两岸接头处基岩防渗设计的基本依据。

danxiang sudu maichong
单向速度脉冲（one-way speed pulse） 近断层的速度脉冲的一种形式，地面永久位移对应的速度脉冲，这个脉冲与突发永久位移的大小和产生永久位移的时间有关，主要出现在平行于断层滑动方向的分量上，而且呈单向脉冲形状。近断层的速度脉冲的另一种形式为双向速度脉冲，主要出现在垂直于断层面的分量上。

danxie yanceng
单斜岩层（monocline） 沉积岩在一定范围内向同一方向倾斜，且倾斜角大体一致的岩层，是沉积岩出露的一种方式。

danyi anquan xishufa
单一安全系数法（single safety factor method） 将作用与抗力视为定值，取抗力与作用的比值为安全系数的设计方法，也称总安全系数法。也可理解为，使结构或地基的抗力标准值与作用标准值的效应之比不低于某一规定安全系数的设计方法。

danyuan caoduan
单元槽段（panel） 地下结构工程中的地下连续墙施工时，将地下槽的施工沿墙长划分成一定长度进行成槽、下放钢筋笼和灌注混凝土的施工单元。其长度的决定于地下连续墙形状，墙厚、墙高和施工条件。

danyuan dengjia jianyingli
单元等价剪应力（unit equivalent shear stress） 由 $\tau_{xy} = G\gamma_p$ 确定的水平剪应力 τ_{xy}。在土体地震永久变形计算的等价节点力方法中，由于假定地震作用以水平剪切为主，则单元最大永久剪应变 γ_p 相应于水平剪应变，若 γ_p 由静水平剪应力 τ_{xy} 作用而产生，则 $\tau_{xy} = G\gamma_p$。式中，G 为土的静剪切模量。

danyuan dengjia jiedianli
单元等价节点力（unit equivalent node force） 在数值分析中，将一组静应力分量转换成的单元结点力。在土体地震永久变形计算的等价节点力方法中，认为地震时土体单元的偏应变是一组静应力分量的作用结果，在岩土工程数值分析中将这组静应力分量转换成单元结点力，这一单元节点力即被称为土体单元的等价结点力。

danyuan gangdu juzhen
单元刚度矩阵（element stiffness matrix） 利用有限元模型进行数值分析时，每个单元的刚度矩阵。在有限元模型中，需要把物体离散为多个单元分析，每个单元需给出的刚度矩阵。该矩阵可根据假定的单元内部变形插值函数和虚功原理求得。由该矩阵按规定的组合方法，可建立结构的总刚度矩阵。

danyuanshi zhuzhai
单元式住宅（apartment building） 由几个住宅单元组合而成，每个单元均设有楼梯或楼梯与电梯的住宅。它是在多层、高层楼房中的一种住宅建筑形式。每层楼面只有一个楼梯，住户由楼梯平台直接进入分户门，一般多层住宅每个楼梯可以安排 2～4 户。每个楼梯的控制面积又称为一个居住单元。

danyuan zuida yongjiu jianyingbian
单元最大永久剪应变（unit maximum permanent shear strain） 由单元的轴向永久应变势 ε_{ap}，利用公式 $\gamma_p = 2\varepsilon_{ap}$ 确定的剪应变。在土体地震永久变形计算的等价节点力方法中，单元的等价结点力可根据该单元的轴向永久应变势 ε_{ap} 确定。假定单元轴向永久应变势 ε_{ap} 为最大主应变；在平面应变假定下由体积不变条件可求出最小主应变为 $-\varepsilon_{ap}$，相应的最大剪应变为 $\gamma_p = 2\varepsilon_{ap}$。

danzhidian moxing
单质点模型（single mass model） 结构体系的质量集中于一点的结构力学分析模型。这一模型在结构动力反应分析中应用的最早，它适用于弹性体系或非线性体系。该模型简单明了，广泛用于阐述振动理论、对结构体系进行初步定性分析和计算反应谱。

danzhou kangla qiangdu
单轴抗拉强度（uniaxial tensile strength） 单向受拉条件下，岩石试件在被拉断时的极限拉应力值，也称抗拉强度。常用 H 表示，单位一般采用 kg/cm^2 或 Pa（N/m^2）。在材料力学中，是指拉伸试验中材料所能承受的最大拉应力值，它是材料所能承受的最大拉应力。

danzhou kangya qiangdu
单轴抗压强度（uniaxial cmpressive strength） 在单向受压条件下，岩石试件破坏时的极限压应力值，也称抗压强度。以 R 表示，单位一般采用 kg/cm^2 或 Pa（N/m^2）。在材料力学中，是指压缩试验中材料所能承受的最大压应力值，它是材料所能承受的最大压应力。

danzhuang chengzaili tezhengzhi
单桩承载力特征值（characteristic value of bearing capacity of single pile） 在桩基工程中，单桩极限承载力标准值除以安全系数后的承载力取值。它是一根桩能够提供承载力的设计值。

danzhuang jichu
单桩基础（single pile foundation） 由单根桩承受和传递荷载的桩基础。桩基础是由基桩和连接于桩顶的承台共同组成的基础。若桩身全部埋于土中，承台底面与土体接触，则称为低承台桩基；若桩身上部露出地面而承台底位于地面以上，则称为高承台桩基。建筑桩基通常为低承台桩基础。在高层建筑中，桩基础应用广泛。

danzhuang jinghezai shiyan
单桩静荷载试验（pile static loading test） 桩的一种原位试验，即对试桩分级施加竖向、水平或上拔荷载，测定荷载与变形的关系和抗压承载力、水平承载力、抗拔承载力的试验。

danzhuang kangba shiyan
单桩抗拔试验（pile uplift test） 桩的一种原位试验，即在桩顶分级施加竖向的上拔力，测定桩顶随时间变化的上拔位移，以确定试桩的抗拔承载力的试验。

danzhuang shuxiang chengzaili tezhengzhi
单桩竖向承载力特征值（characteristic value of the vertical bearing capacity of single pile） 单桩竖向极限承载力标准值除以安全系数后的承载力值。它是一根桩能够提供竖向承载力的设计值。

danzhuang shuxiang jixian chengzaili

单桩竖向极限承载力（ultimate vertical bearing capacity of single pile） 单桩在竖向荷载作用下到达破坏状态前或出现不适于继续承载的变形时所对应的最大荷载，它取决于土对桩的支承阻力和桩身承载力。

danzhuang shuxiang jixian kangba chengzaili

单桩竖向极限抗拔承载力（ultimate vertical uplift bearing capacity of single pile） 单桩在竖向上拔荷载作用下到达破坏状态前所能稳定承受的或出现不适于继续承载的变形时所对应的最大荷载。

danzhuang shuxiang jinghezai shiyan

单桩竖向静荷载试验（pile vertical loading test） 桩的一种原位试验，即在桩顶分级施加竖向压力，测定桩顶随时间变化的沉降，以确定试桩竖向抗压承载力的试验。

danzhuang shuxiang kangba chengzaili tezhengzhi

单桩竖向抗拔承载力特征值（characteristic value of the vertical uplift bearing capacity of single pile） 单桩竖向极限抗拔承载力标准值除以安全系数后的承载力值。

danzhuang shuiping chengzaili tezhengzhi

单桩水平承载力特征值（characteristic value of the horizontal bearing capacity of single pile） 单桩水平向极限承载力标准值除以安全系数后的承载力值。

danzhuang shuiping jixian chengzaili

单桩水平极限承载力（ultimate horizontal bearing capacity of single pile） 单桩在水平向荷载作用下到达破坏状态前所能稳定承受的或出现不适于继续承载的变形时所对应的最大荷载。

danzhuang shuiping jinghezai shiyan

单桩水平静荷载试验（pile horizontal loading test） 在桩顶分级施加水平推力，测定桩顶随时间变化的水平位移，以确定试桩水平承载力的试验。是桩的一种原位试验。

danziyoudu

单自由度（single degree of freedom，SDOF）见【单自由度体系】

danziyoudu tixi

单自由度体系（single degree of freedom system） 仅需一个独立坐标就可确定物体空间位置的结构系统，简称单自由度。在结构动力反应分析时，理想化的单自由度运动体系由仅可做单一方向运动的刚体质量、支承弹簧与阻尼器组成。

danziyoudu tixi yundong fangcheng

单自由度体系运动方程（single degree of freedom system

motion equation） 描述单自由度体系在动力作用下的动力平衡方程。理想化的单自由度运动体系由仅可做单一方向运动的刚体质量、支承弹簧与阻尼器组成。单自由度体系运动方程可用直接平衡法、虚位移原理和哈密尔顿原理等方法建立，下式为采用直接平衡法建立运动方程。

$$m\ddot{x}+c\dot{x}+kx=p(t)$$

式中，m 为质量；c 为阻尼系数；k 为弹簧刚度；$p(t)$ 为外力，x、$\dot{x}$、$\ddot{x}$ 分别为体系的位移、速度和加速度反应。

dangliang hezai

当量荷载（equivalent load） 为了便于分析而采用的与作用于原振动系统的动荷载相当的静荷载。

dangkuai

挡块（block） 在桥梁结构中，在顶盖梁的边梁外侧设置的块状物，其作用主要是防止主梁在横桥向发生落梁。

dangshui jianzhuwu

挡水建筑物（water retaining structure；retaining works） 拦截水流、调蓄流量、壅高水位的水工建筑物。在水利工程中，通常指水库大坝。

dantuqiang

挡土墙（retaining wall） 主要承受土压力，防止土体塌滑的墙式构筑物。多用于支承路基填土或山坡土体、防止填土或土体变形失稳。在挡土墙横断面中，与被支承土体直接接触的部位称为墙背；与墙背相对的、临空的部位称为墙面；与地基直接接触的部位称为基底；与基底相对的、墙的顶面称为墙顶；基底的前端称为墙趾；基底的后端称为墙踵。

dangtuqiang kangzhen sheji

挡土墙抗震设计（seismic design of retaining wall） 按照有关规范要求，考虑地震作用下的挡土墙专项结构设计。挡土墙是防止土体坍塌的土工结构构筑物，在房屋建筑、水利工程、铁路与公路工程中都有广泛的应用。挡土墙在地震作用下的稳定性和受力变形验算常用简便的拟静力法。地震时挡土墙与墙后土体的相互作用，使挡土墙背产生附加的动土压力，动土压力的大小与墙后土体的变形和墙的位移有关。抗震设计常用物部–岗部（Mononobe-Okabe）模型。简称物部模型。该模型基于库仑土压力理论，将地震作用化为等效静力来考虑。

dangtuqiang zhenhai

挡土墙震害（earthquake damage of retaining wall） 挡土墙在地震中遭到的损坏。挡土墙是防止土体坍塌的土工构筑物，在建筑工程、水利工程、铁路与公路工程以及土坡支护中的应用十分广泛。挡土墙的震害现象和特点主要有墙体裂缝、倾斜移位、墙体垮塌等。

daobo

导波（guided wave） 由上下界面处全反射或射线弯曲形成的局限于波导内传播的波。若将地球表面看作波导的上界，面波也可视为导波。地壳、地幔低速层内，以及低速断层带内都能形成导波。对于地层横波速度大于井中流体波速的硬地层，井中以大于横波全反射角射向井壁的波，即使经过井壁间多次反射，能量也不会散失到井外，这部分波径向干涉形成驻波，沿井传播没有衰减，传播模式统称为导波。伪瑞利波和斯通利波就属于这一类波。

daodong

导洞（guide adit） 在隧洞施工中，为了探查掌子面前方的地质条件，并为整个隧道作导向而开挖的小断面坑道。

daokeng

导坑（heading） 分部开挖隧道时，最先开挖的一个小断面坑道。矿山法施工的几种基本方案中均应用导坑。它的作用有：第一，作为进行扩大开挖时开展工作面的基地，又能为扩大开挖工序创造临空面，以提高其爆破效果；第二，进一步查明前方的地质变化和地下水情况，以便预先制定相应的措施；第三，利用导坑空间，可敷设出碴和进料的运输线路，布设供给压缩空气和通风、供水、供电的管线和排水沟；第四，便于施工测量，以便向前测定隧道中线方向和高程，并可控制贯通误差。

daoliudong

导流洞（diversion tunnel） 在施工期内将原河道水流从上游围堰前导向下游围堰后的隧洞。在河床中进行基坑开挖作业时，需要将上游河水改道，且要有引向下游的地下过水通道，是一个临时的工程建筑。

daona

导纳（mobility） 见【频率响应函数】

daoqiang

导墙（guided wall） 在地下连续墙施工中，设置在导向槽两侧、用于支撑槽壁、成槽定位、承担孔口荷载及维持泥浆高度的钢筋混凝土或钢制墙体。

daoshui xishu

导水系数（transmissivity） 表征含水层导水能力的一个参数，在数值上等于含水层的渗透系数与含水层厚度的乘积。其值越大表示含水层的导水能力越强。

daohu

岛弧（island arc） 海洋中呈线状分布的弧形列岛。它们大多位于大陆与大洋的交界处，弧形凸向大洋。大洋一侧为外侧，有海沟与岛弧平行分布，构成岛弧海沟系，大陆一侧为内侧。岛弧自外向内，有一系列呈带状分布的现象，如海沟、重力负异常带、热流量负异常带、浅源地震多发带、重力正异常带、岛弧轴、火山带和褶皱带等。板块构造学说认为，从洋中脊上升的地幔对流在大陆附近碰撞岩石圈，大洋壳向大陆壳下俯冲，形成海沟。俯冲带前端在地幔中熔融上升成为侵入岩体或火山，形成岛弧。

daoshi kaiwa

岛式开挖（island excavation） 岩土工程的一种施工方法。在有围护结构的基坑工程中，先挖除基坑内周边的土方，形成类似岛状土体，再挖除基坑中部土方的施工开挖方法。

daozhuang duonian dongtu

岛状多年冻土（island permafrost） 在连续冻土带外围和中、低纬度的高原和高山区呈岛状分散的冻土，也称不连续冻土。

daota

倒塌（collapse） 承重构件全部或多数倾倒或塌落，是结构破坏的极限形式，结构需拆除。结构在罕遇地震作用下不倒塌是抗震设计的基本要求。

daoshicha

到时差（time difference of arrival） 地震波的走时差。地震记录图上某次地震的纵波与横波到达的时间差。利用走时差从时距曲线或走时表中可以查出震中距。

daolibai dizhenyi

倒立摆地震仪（inverted pendulum seismograph） 采用倒立摆的水平向地震仪，也称倒立摆式机械放大地震仪。倒立摆的重锤在最顶端，尖端向下，两边用弹簧拉起，重锤之上装有一个和地面刚性连接的平板，当地面运动时，重锤和平板发生相对运动。

daoliangfa

倒梁法（inverted beam method） 将地基净反力视为作用在基础梁上的荷载，将上部结构的墙或柱视为基础梁的支座，按倒置的连续梁进行内力计算的方法。

daolougaifa

倒楼盖法（inverted floor method） 将筏形或箱形基础底板视为倒置的楼盖，将作用在基础底面上的地基净反力视为作用在倒楼盖上的荷载，将上部结构的梁、板、柱视为支座而进行的基础内力分析方法。

daolü sheshi

倒滤设施（reverse filter） 见【反滤设施】

daocha

道碴（ballast） 在铁路道床上使用的承托路轨枕木的标准级配的碎石（或卵石）砂子、矿渣等松散材料。

daocha

道岔 (turnout) 将一条铁路轨道分支为两条或两条以上，使机车车辆从一股道转入另一股道的线路连接设备，也是轨道的薄弱环节之一，通常在车站、编组站大量铺设。

daochuang

道床 (ballast bed) 在铁路中，支承和固定轨枕，并将其支承的荷载传布于铁路路基面的轨道组成部分。

daolugongcheng

道路工程 (highway engineering; road engineering) 土木工程的一个分支，指从事道路的规划、勘测、设计、施工和养护等的一门应用科学和技术。道路是指为陆地交通运输服务，通行各种机动车、人畜力车、驮骑牲畜及行人的各种路的统称。道路按使用性质分为城市道路、公路、厂矿道路、农村道路、林区造路等。城市高速干道和高速公路则是交通出入受到控制的、高速行驶的汽车专用道路。

daolu hengduanmian

道路横断面 (road cross-section) 垂直于道路中心线方向的断面。公路与城市道路横断面的组成有所不同。公路横断面的主要组成有车行道（路面）、路肩、边沟、边坡、绿化带、分隔带、挡土墙等；城市道路横断面的组成有车行道（路面）、人行道、路缘石、绿化带、分隔带等。在高路堤和深路堑的路段，还包括挡土墙。

daolu jiceng

道路基层 (base course) 主要承受由面层传来的车轮荷载，并将其扩散分布于其下地基中的结构层。

daolu lumian

道路路面 (road pavement) 道路顶面直接供车辆行驶，并能够承受车辆荷载以及降水与温度变化的结构层。

daolu paishui

道路排水 (road drainage) 结合道路工程排除路面与地面上的雨雪水、城市废水、地下水和降低地下水位的设施。它是道路工程的一个重要组成部分；在涉及排水系统或防洪时，也是排水或防洪工程的一个组成部分。

daolu pingmian

道路平面 (road plane) 道路中心线和边线等在地表面上的垂直投影。它由直线、曲线、缓和曲线等组成，道路平面反映了道路在地面上所呈现的形状和沿线两侧地形、地物以及道路设备、交叉、人工构筑物等的布置。它包括路中心线、边线、车行道、路肩和明沟等。城市道路包括机动车道、非机动车道、人行道路缘石（侧石或道牙）、分隔带分隔墩、各种检查井和进水口等。

daolu suidao

道路隧道 (road tunnel) 修筑在山区公路或城市道路上，为使道路从地层内部或水底通过，主要供汽车及非机动车通行而修建的建筑物，由洞身、洞门等组成，也称公路隧道。

daoluwang guihua

道路网规划 (road network planning) 根据交通量（客运与货运）大小，按道路功能分类，分主次，合理设计，组成系统，保证交通运输畅通的规划。道路网分城市道路网和公路网。

daolu xuanxian

道路选线 (selection of highway route) 根据道路的使用任务、性质、等级、起迄点和控制点，沿线地形、地貌、地质、气候、水文、土壤等情况，通过政治、技术、经济等方面的分析研究，比较论证而选定合理的路线。它是道路勘测设计中的关键性工作。

dengta

灯塔 (light house) 在海洋、江河和湖泊航线中，指引船舶安全行驶、识别方位并设有发光标志的塔形建筑物。

deng'anquandu kangzhen sheji

等安全度抗震设计 (isosafety aseismic design) 使结构中各构件都具有近似相等的安全度，即尽量不要存在局部的薄弱环节的一种理想的抗震设计。例如，在框架房屋中，要求尽量同等充分地利用梁和柱的强度延性储备。

dengfu jiazai

等幅加载 (equal amplitude loading) 结构抗震试验中位移控制的一种加载方式，即加载过程中，循环荷载的峰值不随加载时间变化而保持恒定的加载方式。该加载方式多用于探索加载循环次数对结构性能的影响。

dengjia haoneng

等价耗能 (equivalent energy consumption) 假定耗能机制的前提下，基于实测的耗能数量相同的原则确定的耗能特性，包括等价黏耗能和等价塑性耗能。土在振动过程中的能量耗损既可能包括黏性耗能，也可能包括塑性耗能，两者难以区分。在实际中，通常要对耗能机制做必要的理想化假定。若假定土的能量耗损全部是黏性耗能，则将其称为等价黏性耗能；若假定能量耗损全部是塑性耗能，则将其称为等价塑性耗能。

dengjia nianxing haoneng

等价黏性耗能 (equivalent viscous energy) 见【等价耗能】

dengjia suxing haoneng

等价塑性耗能（equivalent plastic energy consumption）
见【等价耗能】

denglieduxian

等烈度线（curve of equal intensity）　在同一次地震影响下，房屋建筑破坏程度和地面受到的影响程度相同地区的周界点的连线，也称等震线。等震线反映不同地震灾害的强弱程度。由该线和地理位置等构成的图称为地震烈度图，也称等震线图或地震烈度分布图。

dengqiangdupu

等强度谱（equal intensity spectrum）　延性系数随自振周期变化的曲线。曲线的横坐标为振子在弹性阶段的自振周期（频率）；纵坐标为延性系数。谱曲线是对应不同屈服强度比的一组曲线，是一种非弹性反应谱。

dengqiangdu weiyibipu

等强度位移比谱　（displacement ratio spectra of constant yielding strength）　已知强度的现有结构的非弹性最大位移与弹性最大位移的比值随自振周期变化的曲线。

dengquanhuiguifa

等权回归法（equal weight regression）　在地震动衰减关系回归分析中，针对观测数据的不均匀分布，在每个震级和距离分档内赋予等权的回归方法。

dengrongbo

等容波（isovolumetric wave）　也称 S 波、横波、次达波，工程中常称为剪切波。根据亥姆霍兹（H. V. Helmholts）分解原理，任何矢量场可进一步分解为无旋场和等容场，即：

$$\vec{u} = \vec{u}^{(1)} + \vec{u}^{(2)}$$

式中，$\vec{u}^{(1)}$ 代表位移场的无旋波（也称 P 波、纵波、初至波）部分；$\vec{u}^{(2)}$ 代表位移场的等容波部分。无旋波和等容波合称为体波。

dengtidu gujie shiyan

等梯度固结试验（constant gradient consolidation test）控制孔隙水压力梯度相等的连续加荷固结试验，是一种新型的连续加荷压缩试验方法，该试验的全称为控制孔隙压力梯度试验法（国际上简称 CGC 法），其特点是加荷时保持试样底部的孔隙压力为常量。

dengxiao celifa

等效侧力法（equivalent lateral force method）　美国抗震设计广泛采用的地震作用简化计算方法。基底剪力的计算公式为：

$$F = \frac{S}{R/I} W$$

式中，S 为设计反应谱加速度；R 为反应修正系数，相当于结构系数 C 的倒数；I 为结构重要性系数。可根据简单算式

将基底剪力分配到结构不同高度，进而得到楼层剪力。行业标准 CECS 126：200《叠层橡胶支座抗震设计规程》中计算隔震建筑地震作用的简化方法也称等效侧力法。隔震层水平剪力计算公式为：

$$F = SW$$

式中，S 为对应隔震建筑基本周期的反应谱值；W 为结构重力荷载。

dengxiao dizhen jianyingli

等效地震剪应力（equivalent seismic shear stress）　砂土液化判别的希德（H. B. Seed）简化法中需要计算的一个力，是液化土层地震作用下平均意义上的等效剪切力，计算公式为：

$$\bar{\tau}_{hv,eq} = 0.65 \gamma_d \frac{a_{max}}{g} \sum_{j=1}^{i} r_j h_j$$

式中，a_{max} 为地面最大水平地震加速度；g 为重力加速度；r_j 为第 j 层土的重力密度，地下水位以上取天然重力密度，地下水位以下取饱和重力密度；h_j 为第 j 层土的厚度；γ_d 为考虑土是变形体的修正系数，随深度的增加而减小（取值范围为 1.0～0.9）；i 为土层分层数。

dengxiao fanyingpu jiasudu

等效反应谱加速度（equivalent response spectra acceleration）　以反应谱大致相同为标准定义的加速度峰值。震害表明，地震动加速度时程中，对应高频成分的尖峰对结构地震反应不起控制作用，对反应谱中有工程意义的频段几乎没有影响。以某阈值 a_{cut} 为准，在加速度时程中削减最大或若干峰值，使被削减处的峰值降低至 a_{cut}，但须保持反应谱基本不变，a_{cut} 即为等效反应谱加速度。判断反应谱基本不变的要求是谱强度的值为原值的 90%。

dengxiao gangdu

等效刚度（equivalent stiffness）　作用效果与原刚度相同的刚度。例如，利用单自由度体系模型分析结构的振动规律时，有时作用在结构上的弹性元件不止一个，其刚度还可能不同，此时需要用等效刚度来代替所有弹性元件的刚度。不难得出，当弹性元件并联时，等效刚度等于各个弹性元件刚度之和；当弹性元件串联时，等效刚度等于每个弹性元件刚度倒数和的倒数。

dengxiao jianqie bosu

等效剪切波速（equivalent shear wave velocity）　剪切波穿过不同厚度的多层土时的一种平均速度。其值等于计算深度与各层土中剪切波传播时间之和的比值。

dengxiao jinglifa

等效静力法（equivalent static method）　以地震动的最大水平加速度与重力加速度的比值作为地震影响系数，以工程结构的重力和地震影响系数的乘积作为水平荷载，求出结构地震内力和变形的方法。

dengxiao jingli hezai

等效静力荷载（equivalent static load）　在建筑结构动力计算时，根据荷载效应等效的原则将结构或设备的自重乘以动力系数后得到的荷载称为等效静力荷载。在结构设计中，等效静力荷载可以按照静力计算方法进行设计。

dengxiao junbu hezai

等效均布荷载（equivalent uniform live load）　在结构上所得的荷载效应能与实际的荷载效应保持一致的均布荷载。结构设计时，楼面上不连续分布的实际荷载，一般采用均布荷载代替。

dengxiao kongjing

等效孔径（equivalent opening size）　土工织物的最大表观孔径。我国大多采用 O_{95}，即该织物中有 95% 的孔径小于 O_{95}。

dengxiao linjie nianzhi zunibi

等效临界黏滞阻尼比（equivalent critical viscous damping ratio）　振动体系黏滞阻尼系数与临界黏滞阻尼系数的比值，简称为阻尼比。可由试验测定，并广泛用于结构地震反应分析。

dengxiao nianxing zuni

等效黏性阻尼（equivalent viscous damping）　将振动系统的其他阻尼等效为黏性阻尼。现实中的阻尼有时难以用简单的数学规律来描述，但黏性阻尼比较简单，实际中常把其他阻尼折算成黏性阻尼，折算的方法认为其他阻尼与黏性阻尼在振动一周内所耗能量相等。

dengxiao qunsudu fangfa

等效群速度方法（equivalent group velocity method）　利用统计的群速度反映频率非平稳性的地震动合成方法。根据波动理论，频率非常接近的谐波组合在一起形成波包，波包传播速度称为群速度。将地震波在感兴趣的频带内分解为许多窄带谐波组成的波包，每个波包的中心频率不同，各自的群速度不同。为处理方便，将地震动不分体波还是面波，整体一起分解，得到的波包群速度称为等效群速度。该方法的关键是得到等效群速度。

dengxiao xianxinghua fangfa

等效线性化方法（equivalent linearization method）　以线性黏弹性体系来代替真实非线弹性体系进行结构动力反应分析的近似简化方法，是非线性振动的一种定量分析方法。非线弹性体系的动力反应分析因计算复杂而不便实际应用，在某些情况（如弱非线性）下，根据某种等效准则，利用线性黏弹性体系模拟非线弹性体系的动力反应是可以接受的；等效线性化后的体系能降低计算量和分析难度，乃至可用反应谱方法求解，故在结构地震反应分析中有较为广泛的应用，是工程中解决非线性问题常用的方法。

dengxiao xiezhen jiasudu

等效谐振加速度（equivalent harmonic vibration acceleration）　将加速度时程按照给定方法转换为等效简谐振动后的加速度幅值。希德（H. B. Seed）在研究砂土液化时，将加速度时程转化为 10Hz 或 20Hz 的简谐振动，并规定简谐振动的幅值取原加速度峰值的 0.65，用于砂土液化判别研究。在有些结构的抗震反应分析中也采用等效的简谐振动作为强迫振动来分析结构的地震反应，并根据研究和经验规定相应的加速度振幅和振动次数。

dengxiao zhiliang

等效质量（equivalent mass）　作用效果与原质量相同的质量。例如，利用单自由度体系模型分析结构的振动规律时，建模时抽象出的弹性元件为无质量的，这样抽象的前提是弹性元件的质量远小于惯性元件的质量，可忽略不计。若弹性元件的质量不可忽略，不计这部分质量会给分析结果带来误差，此时，为提高分析精度，需要将这一部分质量等效进惯性元件的质量中去。可以证明，由一个弹簧（质量为 m_1），一个阻尼器和质量为 m 的质点组成的典型的单自由度系统，系统参振的等效质量等于惯性元件的质量与弹性元件质量的三分之一之和。

dengxiao zuni

等效阻尼（equivalent damping）　不区分物理机制而效应相同的阻尼。该阻尼是工程结构动力分析中经常使用的概念和方法。等效意为不区分阻尼物理机制，仅从阻尼效应相同的角度，将能量耗散表述为某种阻尼（多为粘滞阻尼）予以定量。该阻尼既用于结构体系的弹性振动，也可用于非线弹性振动，乃至能量向体系外的传播和扩散。

dengyanxing fanyingpu

等延性反应谱（constant-ductility seismic resistance spectra）　对于指定的目标位移延性的非线性单自由度体系的强度需求谱，适用于目标位移明确的新结构的抗震设计。

dengyanxingpu

等延性谱（isosceles spectrum）　横坐标为振子在弹性阶段的自振周期（频率）；纵坐标为屈服强度比的反应谱，是一种非弹性反应谱。谱曲线是对应不同延性系数的一组曲线。

dengyingbian gujie shiyan

等应变固结试验（constant strain rate consolidation test）　控制单位时间内应变量相等的连续加荷固结试验。也称应变控制连续加荷固结试验。是土固结试验的一种工况。

dengzhenxian

等震线（isoseismal contour）　见【等烈度线】

dengzhenxiantu

等震线图（isoseismal map） 根据地震烈度评定结果，用烈度分界点的连线勾画的某次地震的烈度分布图。等震线图包含了地震参数以及地震影响场的信息，是重要的基础资料。由等震线图可以判断地震的宏观震中、估计震源深度等地震参数，了解地面烈度的变化；根据等震线的形状和烈度区分布特点可以推测震源断层破裂方向、发震断层的走向，并可用于研究场地影响和地震动衰减规律。

dengzhiliangfa

等值梁法（equivalence beam method） 将基坑地面以下支护结构的土压力零点（墙前被动土压力强度和墙后主动土压力强度相等的位置）视为弯矩零点，从而将该位置等效为铰点，对支护结构嵌固深度、支点锚固力（支撑力）进行受力计算的一种方法。

dengzhixianfa

等值线法（isoline method） 在勘探孔数量很多的情况下采用的一种估算建筑材料储量的一种方法。

dengkeng-zhang shuangquxian moxing

邓肯-张双曲线模型（Duncan-Chang hyperbolic model） 简称邓肯-张模型。由邓肯（Duncan）和张（Chang）在常规三轴压缩试验应力应变关系曲线的双曲线拟合基础上建立的一种非线性弹性本构模型，有 E-v 和 E-B 两种形式。

dipin dizhen

低频地震（low-frequency earthquake） 火山地区发生的、初至波（P 波）缓始、续至波（S 波）不明显、频率低（1～5Hz）、地震波低频成分比同震级的构造地震丰富的地震，也称 B 型地震、长周期地震。按其原始定义，它与高频地震（A 型地震）在特征上的区别是高频地震（A 型地震）震源深度极浅（小于 1km）。

dipin jianboqi

低频检波器（low-frequency geophone） 固有频率相对较低的地震检波器（一般指固有频率低于 12Hz 的检波器）。用于中、深层反射地震勘探，因为来自地壳中、深层的反射波相对于浅层有较低的优势频率，更主要的是用于地球内部结构的传感装置。

dipin zaosheng

低频噪声（low frequency noise） 主要来源于仪器和场地背景的噪声，为了使数字强震记录拓宽低频范围，要将低频噪声滤掉。

disuceng

低速层（low velocity layer） 地球内地震波传播速度相对较低的物质层。关于低速层有三种解释，第一，认为是风化带，即地表附近由速度极低的物质组成的地层；第二，波速低于浅部折射层速度的一种地层；第三，古登堡认为，地球的上部至少有两套低速层，一是岩石圈低速层，约在大陆地表以下 10～20km 深度处；二是软流圈低速层，约在上地幔 60km 以下深度处，其间 P 波至深度 150km 为止，S 波则可至 250km 深度。地震波通过低速层，传至地面即为导波震相。

ditong lüboqi

低通滤波器（low pass filter） 在振动信号处理中，抑制和消除信号 $A(\omega)$（ω 为圆频率）中的高频成分的装置或算法。

diyingbianfa

低应变法（low strain integrity testing） 采用低能量瞬态或稳态激振方式在桩顶激振，实测桩顶部的速度时程曲线或速度导纳曲线，通过波动理论分析或频域分析，对桩身完整性进行判定的检测方法。

dizhou fanfu zuoyong

低周反复作用（low frequency cyclic action） 建筑工程学的术语，指在短时间内连续若干次正负交替出现的作用。

di

堤（dike） 沿着江、河、湖、海分洪区岸边修筑的挡水构筑物，主要用于截流蓄水，多用土石等筑成。

diba kuijue zaihai

堤坝溃决灾害（bam break disaster） 江河堤防或水坝决口，河水从溃口大量泄流导致城镇、村庄和农田被淹，造成大量人员伤亡和财产损失的灾害。

dibashi shuidianzhan

堤坝式水电站（dam type hydropower station） 水电站的一种类型，即在河道上拦河筑坝，抬高上游水位，造成坝上、下游的水位差，形成发电水头的水电站。

difang zhenhai

堤防震害（earthquake damage of dyke and embankment） 堤防在地震中遭到的损坏。河湖堤防的材料和结构形式与土坝类似，其震害的特点也与土坝类似，表现为纵向裂缝、沉陷、局部滑塌等；严重破坏的堤坝成阶梯状或深裂缝滑塌，甚至塌平或形成缺口。堤防场地一般易发生液化或震陷，场地对震害影响更为明显，一般情况下，黏土地基的堤防震害相对较轻。

dikaer zhangliang

笛卡尔张量（Cartesian tensor） 在笛卡尔坐标系中表示的张量。如果一个物理量是由 9 个参数表示，则称此物理量为张量。弹性力学中的应力、应变都是张量，地震学中的地震矩也是张量。

dikaer zuobiao

笛卡尔坐标（Cartesian coordinates）　直角坐标系和斜角坐标系的统称，由法国数学家笛卡尔（R. Descartes）建立。为了描述一个物体在空间的位置，需建立一个固定的坐标系。一般选定一点作为坐标系的原点，以通过原点标明长度的线作坐标轴，常用的一种坐标系选三条互相垂直的坐标轴（X轴、Y轴和Z轴）。在这种坐标系中的坐标称为笛卡尔坐标。

dibujianlifa

底部剪力法（equivalent base shear method）　通过水平地震影响系数和结构等效总重力求出结构总水平地震作用（作用于结构底部的基底剪力），再将总水平地震作用按某种规则分配到各层，计算结构构件的地震作用效应的方法，也称基底剪力法。根据地震反应谱理论，按地震引起的工程结构底部总剪力与等效单质点体系的水平地震作用相等以及地震作用沿结构高度分布接近于倒三角形来确定地震作用分布，并可求出相应地震内力和变形。该法适用于质量和刚度分布比较均匀且以剪切变形为主的中、低层结构以及近似于单质点体系的结构，相当于只考虑第一振型作用的振型分解反应谱法；因其简单实用，被各国抗震设计广泛采用。

dibu kuangjia-kangzhenqiang qiti fangwu

底部框架-抗震墙砌体房屋（masonry buildings with frame and seismic-wall in the lower stories）　底层为框架-抗震墙砌体房屋和底部两层框架-抗震墙砌体房屋的统称。

dibu liangceng kuangjia-kangzhenqiang qiti fangwu

底部两层框架-抗震墙砌体房屋（masonry buildings with frame and seismic-wall in the lower-two stories）　底部两层横向与纵向均为框架抗震墙体系、第三层及其以上楼层为砌体墙承重体系构成的房屋。

dicengkuangjia kangzhenqiang qiti fangwu

底层框架-抗震墙砌体房屋（masonry buildings with frame and seismic-wall in first story）　底层横向与纵向均为框架抗震墙体系、第二层及其以上楼层为砌体墙承重体系构成的房屋。

diceng kuangjia zhuanfang zhenhai

底层框架砖房震害（earthquake damage of brick buildings with frame in lower stories）　底层框架砖房遭到地震的损坏。底层框架砖房是底部（一层或二层）为钢筋混凝土框架，上部为砖砌体结构的多层房屋（也称底框房屋），其震害特征与其结构形式有关。此类房屋底层可用作商店、车间、仓库等。底部框架常因功能需要而设计成底层全框架、底层内框架等。底层框架砖房上部结构的破坏现象与黏土砖房震害类似，框架梁柱破坏特征与钢筋混凝土房屋震害相同，具体破坏部位和特征取决于设计和结构形式。不同设计的立面规则性差别很大，震害程度也有显著不同。

diceng shijian

底层事件（bottom event）　在故障树方法中，从给定的灾害或事故开始，逐层搜索直至的最基本事件。它通常位于故障树的底层。

diceng shuzhi

底层树脂（primer）　在结构抗震加固中，用于基底处理的树脂。它是配合结构胶粘剂使用的材料。

dikuang fangwu

底框房屋（bottom frame house）　底部（一层或二层）为钢筋混凝土框架，上部为砖砌体结构的多层房屋。此类房屋底层可用作商店、车间、仓库等。底部框架常因功能需要而设计成底层全框架、底层内框架等。

dikuangjia-kangzhenqiang jiegou

底框架-抗震墙结构（masonry structures with bottom stratum frame）　底部框架-抗震墙结构支承上部砌体结构的承载体系。这类结构旨在使砌体结构底部一层或两层实现大空间（如商店、餐厅等）的使用要求。未经抗震设计的底层为全框架、内框架、半框架和空旷房屋的砖房，因底层薄弱致使震害相对多层砖房更较严重。

diliyan

底砾岩（basal conglomerate）　产于不整合面之上、海侵或湖侵地层层序底部的一种砾岩，是地层不整合面的重要标志之一。多呈席状，砾石的圆度和分选甚佳，成分较单一，分布较稳定。常含下伏地层的砾石，它通常代表一个新的沉积序列的开始。

dibiao bulianxuxing bianxing

地表不连续性变形（surface non continuous deformation）　由地震断层、塌陷、崩塌、滑坡、砂土地震液化、软土震陷以及过量开采地下水等引起的地表变形。该现象往往会导致一个场地上的工程设施遭受整体性的损毁，工程建设应避开这一危险地段。

dibiao dizhen duanceng

地表地震断层（surface earthquake fault）　出露于地表的地震断层。一般为活动断层，是地震安全性评价研究的重点，工程建设选址必须避开地表地震断层。

dibiao jingliu

地表径流（surface runoff）　没有下渗的地表水汇聚流动的过程。地表径流通常向低洼地带流动、汇集，一般流入江河，流进大海，而湖泊和大面积的沼泽地、大面积的洼地则起着储存地表径流的作用。

dibiao polie

地表破裂（ground rupture）　地表的岩土体在自然和人为

因素作用下，在地表或接近地表处产生开裂的地质现象，也称地面破裂。发震断层的错动可造成地表破裂并形成各种形态的地裂缝和地表变形。地震产生的地表破裂可分为构造性地表破裂和非构造性地表破裂。构造性地表破裂是由发震断层沿断层面或某一薄弱地质结构面错动至地表而引起的地表开裂或地裂缝，特点是走向分布受发震断层控制，沿一定方向发育，延伸距离较长，危害性较大。非构造性地面破裂也称重力性地表破裂，主要受土岩的性态、地形地貌、水文地质等条件影响。地震时较软弱的覆盖土层或陡坡、山梁处可能出现地裂缝；地震滑坡、坍陷也会引起地表破裂，这类破裂受局部地质条件控制，规模和危害性有限。

dibiaoshui

地表水（surface water）　地球表面上一切水体的总称。在地面上，水呈现液体状态分布于海洋、湖泊、河流和洼地，并以冰和雪等固体的形态存在于陆地上。

dibiaoshui qushui gouzhuwu

地表水取水构筑物（surface water intake）　从江河、湖泊、水库及海洋等地表水源中取水的设施，分为固定式和移动式两大类。

dibiao zhenyuan

地表震源（surface focus）　位于地表面或近地表面的震源。该震源多为人工振动源（或爆炸源），主要用于地震科学实验。

dicao

地槽（geosyncline）　地壳上的槽形坳陷。由美国地质学家霍尔（J. Hall）与丹纳（J. D. Dana）于 1859 和 1873 年先后提出，是地球表层强烈沉降的部分，呈长条状分布于大陆边缘或两个大陆之间，其上堆积了巨厚的沉积物，并强烈褶皱。它具有特征性的沉积建造并组成地槽型建造序列、广泛发育强烈的岩浆活动、构造变形强烈、区域变质作用发育等特征。在地槽地台学说中是与稳定的克拉通或地台相对立而存在的强烈构造活动带，二者构成地壳的两种基本构造单元。

dicao ditaishuo

地槽–地台说（geosyncline-plat-form theory）　大地构造学说之一，简称槽台说。美国地质学家霍尔（J. Hall）和丹纳（J. D. Dana）分别在 1859 年和 1873 年提出了地槽（初译为地向斜）的概念。1885 年奥地利地质学家修斯（E. Suess）、1900 年法国地质学家奥格（E. G. Haug）把地壳划分为地槽和地台两种基本构造单元，以后逐渐形成了地槽—地台学说，并长期在大地构造学说中占据着统治地位。该学说认为，地壳运动方式以垂直运动为主。并将地壳划分为相对活动的地槽区和相对稳定的地台区，以及介于其间的过渡区；认为地槽经过发展也可以转变为地台。

该学说对褶皱山脉的演化过程及展布规律、地壳演化阶段、成矿作用方式及过程等都作出了有根据的解释，但对地壳的水平移动，特别是水平错动，不能圆满解释。

diceng

地层（stratum）　具有一定层位的一层或一组岩石，通常是指成层岩石和堆积物，包括沉积岩、火山岩和由沉积岩以及火山岩变质而成的变质岩。其可以是固结的岩石，也可以是没有固结的沉积物。地层之间可以由明显层面或沉积间断面分开，也可以由岩性、所含化石、矿物成分或化学成分、物理性质等不十分明显的特征界限分开。国际上趋向把地层分为大三类：第一类是以岩性为主要划分依据的岩性地层；第二类是以化石为划分依据的生物地层；第三类是以地层形成时间作划分依据的时间地层或年代地层。第一类和第三类实际上属一种类型，其划分和对比具全球同时性。年代地层单位（界、系、统、阶）也像生物地层一样，都以化石作划分和对比依据。

dicengbiao

地层表（stratigraphic table）　以表格的形式展示的全球或某个地区的地层序列，也称年代地层表。根据生物演化的巨型阶段，将地球演化史划分为冥古宙、太古宙、元古宙和显生宙。

dicengdanwei

地层单位（stratigraphic unit）　根据岩石所具有的某一特征或属性划分的，并能够被识别的一个独立的特定岩石体或岩石体组合。依据其属性可分为岩石地层单位、生物地层单位、年代地层单位等。除上述几种常用的地层单位外，根据划分依据的不同，还可建立化学地层单位、生态地层单位、地震地层单位、矿物地层单位、构造地层单位等。地层单位的划分对研究地壳发展史、地质制图和地层对比等具有重要意义。

diceng fenlei

地层分类（stratigraphic classification）　根据岩石本身客观存在的不同特征或属性，将组成地壳的岩层划分为不同类型的地层。目前国际上主要把地层分为三大类型：一是以岩性作为主要划分依据的岩石地层（岩性地层）；二是以化石作为划分依据的生物地层；三是以形成时间作为划分依据的时间地层或年代地层。此外还包生态地层学、磁性地层学、地震地层学、事件地层学、层序地层学等。

diceng jianduan

地层间断（stratigraphic break）　在某一地质历史时期，由于地壳抬升或其他地质原因而造成的沉积中断、地层缺失、地层不连续的地质现象。

diceng jiegou

地层结构（earth-layer structure）　地面以下不同地层的排

D

列组合以及基岩起伏等情况。它对震害和地震动的影响十分显著，是工程场地评价研究的重要内容。在地质学中，地层结构是指一段地层序列内岩层的叠覆和堆积型式。通常与岩层的物质来源、环境条件等成因机制有密切联系，表现在岩层的组合和堆叠方式上具有一定的规律性，例如，岩层叠覆的旋回性、韵律性等。地层结构除了要观察在纵向岩层叠覆形式外，还要观察其在空间分布上的堆积方式，即上覆岩层对下伏岩层的超覆、进积、加积、退积等关系。

diceng jiexian

地层界线（stratigraphic boundary） 两种不同地层的分界线。确定该界线是地层研究工作的重要任务，确定年代地层界线常采用的是界线层型法，这一方法要求界线选在连续层序剖面的单一岩相中，并以谱系上有祖裔关系的带化石作为确定界线的依据。德国古生物学家主张用事件地层界线来作为地层界线。事件地层界线较界线层型法具标志明显、易于识别、方便野外追溯等优点。

diceng poumian

地层剖面（stratigraphic section） 指示一段岩石地层序列，可为地表自然出露或人工揭示的，或位于地下通过一定的手段（钻井、探测）揭示出来的一段以岩石地层序列为基础的地层组合系列。为了记录和表达观察到的地层层序、属性、厚度、化石、相互关系等，通常用图解方式来表示地层剖面。其包括自然剖面图和柱状剖面图两种类型。按对象和内容的不同，柱状剖面图可分为露头柱状剖面图、钻井柱状剖面图和综合柱状剖面图等。

diceng queshi

地层缺失（stratigraphic incompletement） 地史时期形成的地层序列中缺失了一段相对比较长时间的地质记录的现象。虽然缺失的时间长度并没有明确的限定，但通常都用以指示一个显著的地质间断面，而不仅是一个沉积停顿过程。例如，一个沉积不整合而形成的地层缺失，其不仅指一个时间段内无沉积记录，而且可能还对下伏地层产生了侵蚀破坏。此外，由于构造活动对地层记录的破坏，也可以导致某些区域的地层缺失。

diceng zouxiang

地层走向（direction of strata） 组成地层的主要岩层面上任一水平线的方位，即该地层某点上的走向，它是地层产状的一个主要的几何参数。

dicibei

地磁北（magnetic north） 地球表面任意一点的地磁场水平分量所指的方向。

dici beiji

地磁北极（geomagnetic north pole） 北半球的地磁极，地球两个磁极之一，在 N 附近，但不同于地球地理北极，

它的位置经常不断地缓慢移动。与地磁北极对应的是地磁南极。

dicichang

地磁场（geomagnetic field） 地磁所具有的磁场。一般认为，地表实测的地磁场由三种不同来源的成分构成，即基本磁场、变化磁场和磁异常。三者分别来自地核、地外空间和地壳中的磁源。地球的基本磁场是很稳定的，但也有长期而缓慢的变化。变化磁场起源于地球外部空间的各种电流体系，与太阳活动的强弱程度有密切关系，有时变化是很激烈的。磁异常是地表局部地区出现的磁场异常现象，是由地壳浅部的某些矿物或岩石造成的。

dicichang yaosu

地磁场要素（geomagnetic element） 表示地磁场大小和方向的物理量。一般以测点为原点，用不同的坐标系内的分量表示。地磁场要素共有 7 个：地磁场总强度，一般用 H_T 表示；磁偏角，用 D 表示；磁倾角，用 I 表示；磁场水平分量，用 H 表示；磁场垂直分量，用 Z 表示；磁场北向分量，用 X 表示；磁场东向分量，用 Y 表示。磁场的 7 个分量只有 3 个是独立的，它们之间存在换算关系。

dici maidong

地磁脉动（geomagnetic micropulsations） 地磁场的各种短周期和小振幅的变化。其周期范围为 0.2～600s，振幅范围从百分之几到几纳特（nT）。地磁脉动可分为两大类：一类是规则型或稳定型，近似于正弦振动，振幅较稳定，持续时间可达数小时；另一类是不规则型或衰减型，近似于阻尼振动，振幅逐渐衰减，持续时间为数分钟到数十分钟。由于产生地磁脉动的原因与磁层等离子体的动力学和磁流体不稳定性、磁层内部的共振过程的激发等有关，所以，研究地磁脉动对于了解磁层的物理性质具有重要意义。另外，由于地磁脉动的周期短，能在具有高电导率的地壳表层产生相当强的感应电流，因此，研究地磁脉动对于了解地壳的结构具有重要意义。

dici piaoyi

地磁漂移（geomagnetic drift） 地磁场随时间的变化现象。根据对古地磁资料的分析研究发现，地磁场有漂移的现象。地磁场的漂移是具有全球性、方向向西，是由非偶极子场引起。全球各处漂移的速度不同，有的地方漂移速度甚至为零，平均漂移速度为 0.2°/a～0.3°/a。因此，可把非偶极子磁场分解为可移动性磁场与停滞性磁场两部分。

dici sanyaosu

地磁三要素（three elements of terrestrial magnetism） 为了确定地面上某一地点磁场的强度和方向，至少要测出 7 个地磁要素中任意三个彼此独立的要素，这三个要素就称为地磁三要素。目前，只有 I（磁倾角）、D（磁偏角）、H（水平分量）、Z（垂直分量）和 H_T（地磁场总强度）的

D

绝对值能够直接测量。根据地磁要素之间的关系可知，在地磁三要素中，磁偏角 D 是必须测量的要素，其他两个要素可根据实际情况任意选择。

dicitai

地磁台（geomagnetic observatory）　专门从事地磁场观测的机构。布设有专门的地磁仪器，连续地观测和记录地磁场各要素的量值和变化。该台包括永久性和临时性两种，须建立在不受外界人为电磁干扰且地磁场分布较均匀的地方；仪器室的建造要求采用弱磁性建筑材料。传统的地磁台通常装备有两类观测仪器设备：一类是连续记录地磁场变化的设备，称为地磁记录仪；另一类是绝对测量仪，用来观测相应地磁要素的绝对值。测定地磁要素及其变化的地震台，通常称为地磁台。中国已建成了近百个地磁台，是中国地震前兆台网的重要组成部分。

dici taiwang

地磁台网（geomagnetic network）　按照地磁场监测需求而布设的，空间分布上具有一定密度的地磁观测网。

dici taizhan

地磁台站（geomagnetic observatory）　见【地磁台】

diciyi

地磁仪（magnetograph）　用于测量地磁场强度和方向以及物质磁性（如岩石的磁化强度和磁化率）的仪器的统称，也称磁力仪。

dici ziwuquan

地磁子午圈（geomagnetic meridian）　地球表面上通过地磁北极和地磁南极的无数大圆。规定通过地理北极的磁子午圈为起始地磁子午圈（地磁经度为 0）。通过地球表面任意一点的地磁子午圈与起始地磁子午圈之间的夹角为该点的地磁经度。

didian

地电（geoelectricity）　地球的地下自然电流，也称地下电流、大地电流。它是一种不稳定电流，通常由电位差的变化来反映，其密度大小和方向随时都发生改变。一般来说，高电阻率地区不易吸引甚至排斥地电流通过，良导电的岩块易吸收并集中较大电流通过，产生地电场异常。地电流密度分布与地下矿产、地质构造等有密切关系。根据地电流异常的不同情况，可以研究与矿产、地质构造和地震等有关的科学和技术问题。

didianbao

地电暴（telluric storm）　在磁暴期间，与磁暴现象同步出现的地电场水平强度的大幅度的变化的现象。

didian celiang

地电测量（geoelectrical survey）　利用专门仪器对大地电场自然电位的变化所做的长期观测。其观测方法分定时观测和定点连续观测两种，地震观测台站的地电台站主要是定点观测和记录地电场随时间变化的特征。在地震发生前常有自然电位差突然升降的异常现象，地电测量是预测地震的重要前兆监测手段。

didianchang

地电场（geoelectric field）　地球表面及内部存在的电场。它由大地电场和自然电场两部分组成。其强度与地下矿物资源分布、岩石受力状态有关，因此，对找矿及预报地震具有重要意义。

didianchang fenliang

地电场分量（component of geoelectrical field）　地电场强度在特定方向的投影，其值由该方向两点之间的电位差与两点之间距离的比值来确定。

didianfa

地电法（telluric current method）　以地壳中岩石、矿石的电、磁学性质的差异为物质基础，利用电场场（人工和天然）在空间和时间上的分布规律，研究地质构造和寻找能源、矿产等的一种地球物理勘探方法，是电法探测的简称，也称大地电流法。在两个或更多观测站同时测量水平电场正交分量时，以一个站得的观测值为基数，对其他站的观测值进行归一化，从而消除因源随时间变化的影响。实际中应用的电法有 20 多种，常用的是电阻率法

didian taiwang

地电台网（geoelectrical network）　按照地震监测需求而布设的，空间分布上具有一定密度的地电台站所组成的观测网。

didian taizhan

地电台站（geoelectrical station）　布设有固定装置系统和信息检测系统并能连续的从事地电场、地电阻率观测的地震台，简称地电台。中国已建成一百多个地电观测台，是中国地震前兆台网的重要组成部分。

didianzulü

地电阻率（geoelectrical resistivity）　电流垂直通过单位体积的岩石或矿石时，所受阻力的大小，是表征在观测点位的地下某一特定探测范围内的介质综合导电能力大小的参数，也称视电阻率。电阻率越高说明导电能力越差。影响电阻率的因素有岩石的结构、良导电矿物的含量、水溶液的含量及其盐离子的浓度、温度等。其量纲与电阻率相同，常用字母 ρ 表示。

didianzulü quanxishu

地电阻率权系数 (influence coefficient in geoeletrical resistivity change)　　见【地电阻率影响系数】

didianzulü xiangying xishu

地电阻率响应系数 (influence coefficient in geoeletrical resistivity change)　　见【地电阻率影响系数】

didianzulü yingxiang xishu

地电阻率影响系数 (influence coefficient in geoeletrical resistivity change)　　描述定点观测中地电阻率变化与真电阻率变化关系的量，也称地电阻率响应系数或地电阻率权系数。

didong

地动 (motion of the ground)　　地面运动或地球较大幅度的振动，是地震的俗称。该词多见于中国古籍有关地震的文字记载和描述中，在近代少见。例如，公元 132 年（东汉顺帝阳嘉元年），中国古代最杰出的科学家兼发明制造家张衡研发了世界有史以来的第一台地震仪——"候风地动仪"。

didong weiyi

地动位移 (displacement of ground motion)　　地震时，地面指定参考点相对于原静止点的运动距离，也称地面位移。

didongyi

地动仪 (Chang's seismograph)　　公元 132 年，中国东汉时期杰出的科学家张衡发明的世界上最早的地震观测仪器。据史书记载，地动仪"以精铜铸成，圆径八尺，合盖隆起，形似酒樽，饰以篆文山龟鸟兽之形。中有都柱，傍行八道，施关发机。外有八龙，首衔铜丸，下有蟾蜍，张口承之。其牙机巧制，皆隐在樽中，覆盖周密无际。如有地动，樽则振龙，机发吐丸，而蟾蜍衔之。振声激扬，伺者因此觉知。虽一龙发机，而七首不动，寻其方面，乃知震之所在。"该地动仪当时置于今之河南洛阳，成功地记到了公元 138 年 3 月 1 日发生在千里之外的陇西（甘肃）的一次强震。后一直沿用至隋唐时代，比国外地震仪早 1700 多年，被记作"候风地动仪"。

didun

地盾 (shield)　　克拉通（或地台）中有大面积基底岩石出露的地区，是一个构造地貌术语。它具有平缓的凸面，且被有盖层的地台环绕，长期稳定隆起，遭受剥蚀，没有盖层，或只在局部凹陷中有薄的盖层沉积。尽管它包括任何地质时代的基底，但已知的地盾均发育在寒武纪，如加拿大地盾、波罗的海地盾等。

difang dizhen taiwang

地方地震台网 (local seismic network)　　由地方管理，用于监测一个特定地区的地方性地震活动性的地震台网。该台网多数为地市一级政府建设和管理。

difangxing dizhen

地方性地震 (local earthquake)　　震中距在 1°（约 100km）以内的地震，简称地方震。震中距在 9°（约 1000km）以内的地震称为近震。

difangxing zhenji

地方性震级 (local magnitude)　　用震中距为 1000km 以内地震的横波（S 波）或短周期的勒夫波（Lg 波）记录所测定的近震震级，用 M_L 表示。通常，在测定地方性震级 M_L 时，震中距的单位为千米（km）；在测定面波震级 M_S、宽频带面波震级 $M_{S(BB)}$、短周期体波震级 M_b 和宽频带体波震级 $M_{b(BB)}$ 时，震中距的单位为度。

difangzhen

地方震 (local earthquake)　　见【地方性地震】

difang zhenji

地方震级 (local magnitude)　　表示地方震大小的震级标度，也称近震震级。

diguang

地光 (earthquake lighting)　　由于地震活动而产生的发光现象。这一现象常在临近强烈地震发生时出现，表现为大面积笼罩地面、呈条带状闪光、如火球成串升起。其颜色以白中发蓝似电焊火光者居多，也有红色、黄色及其他颜色。

digunbo

地滚波 (ground roll wave)　　爆炸产生的沿地表面或接近地表面传播的面波，是爆破地震学中常用的术语。其特征为波速和频率较低、振幅有大，并且在松散物质组成的地表面层和叠加在高速岩体上的低速沉积岩附近的区域里出现。该波通常由瑞利波组成。

dihe

地核 (earth's core)　　地下大约 2900km 深的古登堡面以下地球的球状核心部分，是地球的组成部分和主要的圈层，主要由铁、硅和镍组成。地震波显示（根据地球密度分布、精确的地震波走时曲线、自由振荡等方面的研究），地核可分为熔融状态的外核（即 2898～4640km 的 E 层和 4640～5155km 的 F 层）和固体状态的内核（即 5155～6371km 的 G 层），内核和外核的界面约在 5155km 处，有时把内核以上至 4640km 以下部分称为过渡层（即 F 层）。地核物质非常致密，地震波通过内核的速度高达 11.5～12km/s，$V_P =$ 8～11km/s，密度为 9.7～13g/cm^3，压力达 1.5 万～3.7 万大气压，温度为 2860～6000℃，质量为整个地球质量的 31.5%，体积为整个地球体积的 16%。因横波不能穿过地核（$V_S = 0$km/s）且纵波吸收得很少等原因，有人认为外核（E 层）为铁、硅、镍组成的熔融体，接近液体；而有人根据横波在内核的存在，认为内核大概是固体。

dihe zhiliang
地核质量（mass of the earth's core）　地核物质的质量。地核的总质量约为 1.88×10^{24} kg，占整个地球质量的 31.5%。

diji
地基（soil foundation）　支承由基础传递或直接由上部结构传递的各种作用的岩土体，是各种结构物的依托体。未经加工处理的地基称为天然地基；经过人为加工处理过的地基的称为人工地基。地基地质条件对建筑影响很大。为了保证建筑物及构筑物的安全和正常使用，设计时，首先要保证地基在荷载作用下不会破坏；还要保证地基土的变形不能超过允许值。

diji bianxing
地基变形（subgrade deformation）　地基土在外力作用下，或由于含水量、温度、地下水位等的变化而产生的体积、形状的变化。该变形有时影响结构的稳定，工程建设中应评估地基对上部结构的影响。

diji bianxing jiance
地基变形监测（subgrade deformation monitoring）　通过测量等技术手段，对基础沉降、倾斜等进行的长期系统的原型监测，以掌握地基变形随时间变化及其对基础稳定性的影响，也称基础沉降观测。

diji bianxing yunxuzhi
地基变形允许值（allowable subgrade deformation）　也称地基允许变形值。为保证建筑物正常使用而确定的地基变形控制值。根据各类建筑物的特点和地基土的不同类别，国家标准 GB 50007—2011《建筑地基基础设计规范》规定了地基变形值。

diji chenjiang
地基沉降（subgrade subsidence）　地基由于承受静荷载或动荷载的作用，地基土层在附加应力作用下压密而引起的地基表面下沉，可分为瞬时沉降、固结沉降、次固结沉降三部分。静力荷载作用下主要由固结引起沉降。地震作用引起的地基土的附加沉降又称为地基震陷。过大的地基沉降，特别是不均匀沉降，会使建筑物发生倾斜、开裂以致丧失使用功能。静力作用下的地基沉降一般采用分层总和法计算。地基震陷特别是不均匀地基震陷的计算十分复杂，与地基土的力学性能和分布、建筑物和基础的类型以及地震动密切相关。

diji chengzaili
地基承载力（bearing capacity of soil foundation）　地基在变形容许和保持稳定的前提下，单位面积上所能承受的基础底面压力。地基设计时，要保证地基受荷后塑性区限制在一定的范围内；保证不产生剪切破坏而丧失稳定；保证地基变形不超过容许值。在工程设计中必须限制建筑物基础底面的压力，不容许达到地基极限承载力，且必须具备一定的安全度，以保证地基不会发生滑动破坏，同时使建筑物不致因基础产生过大变形而影响其正常使用。

dijichengzaili jichumaishen xiuzhengxishu
地基承载力基础埋深修正系数（coefficient of subgrade bearing capacity modified by foundation depth）　由基础埋置深度产生的承载力增量的比例系数。地基设计时要根据基础的埋深，利用有关经验公式和方法对地基承载力进行修正。

diji chengzaili kangzhen tiaozhengxishu
地基承载力抗震调整系数（adjusting coefficient for seismic bearing capacity of subgrade）　天然地基抗震验算中，对经过深宽修正后地基承载力特征值，根据岩土的性质和抗震性能确定的调整系数。

diji chengzaili tezhengzhi
地基承载力特征值（characteristic value of subgrade bearing capacity）　由荷载试验测定的地基土压力−变形曲线的线性变形段内规定的变形所对应的压力值，其最大值为比例界限值。它是建筑地基所允许的基础最大压力。

diji chiliceng
地基持力层（foundation bearing stratum）　见【持力层】

diji chuli
地基处理（foundation treatment）　对地基内的主要受力层采取物理或化学的技术措施，以改善其工程地质性质，达到建筑物地基设计要求的施工方法。它主要用于新建工程；当现有建筑物的地基出现事故，或在其附近挖土时，也需通过处理提高地基土的强度。

diji donggangdu
地基动刚度（dynamic stiffness of subsoil）　地基土抵抗变形破坏的能力，其值为作用于地基土上的动力与其引起变位的比值。

diji fanli
地基反力（subgrade reaction）　地基对于基础底面的作用力，也称基底反力。建筑物的荷载通过基础传递给地基，在基础底面和与之相接触的地基之间便产生了接触压力，基础作用于地基表面单位面积上的压力称为基底压力。根据作用与反作用原理，地基又给基础底面一个大小相等的反作用力。对于柔性基础，由于其刚度很小，在竖向荷载作用下没有抵抗弯曲变形的能力，能随着地基一起变形。因此，地基反力的分布与基础上的荷载分布一致。刚性基础受荷后基础不发生挠曲，且地基与基础的变形协调一致。因此，在轴心荷载作用下地基表面各点的竖向变形值相同。

diji fanli xishu
地基反力系数（coefficient of foundation reaction）见【文克尔地基模型】

diji fujia yingli
地基附加应力（foundation additional stress）　由于修建建筑物而在地基表面处增加的应力。它是外部作用在地基土体中产生的应力，也称地基附加应力。其大小等于基底应力减去地基表面处的自重应力。只有附加应力才能使正常固结的地基土产生压缩和沉降。

diji gangdu
地基刚度（stiffness of subsoil）　地基抵抗变形的能力，其值为施加于地基上的力（力矩）与它引起的线变位（角变位）之比。地基刚度是设备基础设计时所采用的计算参数，分为竖向、滑移、摇摆和扭转向四种；地基刚度 k 等于地基刚度系数 C 乘以基础的面积（对竖向或滑移）或抗弯惯性矩（对摇摆）、抗扭惯性矩（对扭转向）；地基刚度系数一般通过基础块体现场振动试验求得。

diji huitan
地基回弹（rebound of foundation soil）　地基土由于应力解除或减小而产生的变形恢复现象。

diji jichu he shangbujiegou gongtongzuoyong fenxi
地基基础和上部结构共同作用分析（analysis of soil foundation-structure interaction）　考虑上部结构和基础与地基的变形协调，把上部结构、基础和地基作为一个整体所进行的共同工作分析。

diji jichu kangzhen
地基基础抗震（earthquake resistance of foundation and base）预防和减轻工程结构的基础与地基地震破坏的理论与实践，包括地震反应分析方法、抗震设计和抗震措施等。分析的内容主要包括场地和地基的选择、地基抗震验算、地基液化和震陷的可能性以及危害性分析、确定地基抗震措施等。

diji jixian chengzaili
地基极限承载力（ultimate bearing capacity of soil foundation）　使地基土发生剪切破坏而失去整体稳定时相应的最小基础底面压力。工程设计中必须限制建筑物基础底面的压力，不仅不容许达到地基极限承载力，还必须具备一定的安全度，以保证地基不会发生滑动破坏；同时也使建筑物不致因基础产生过大的变形而影响其正常使用。地基在极限荷载作用下发生剪切破坏的形式有整体剪切破坏、局部剪切破坏和冲剪破坏三种。确定地基极限承载力的方法主要有现场试验和理论计算两种。

diji jiagu
地基加固（foundation reinforcement）　为满足上部结构的要求而对地基采取的加固措施，也称地基处理。其目的是提高地基土的抗剪切强度、降低压缩性和改善地基土的透水特性。主要方法有碾压、砂井预压固结、振冲加密、灌浆加固和复合地基等。

diji junyunxing
地基均匀性（foundation uniformity）　考虑可能导致基础的差异沉降，对岩土空间分布均匀程度的评价。地基的均匀性越好，抵抗差异沉降的性能越好；相同条件下，越有利于抗震。

diji qiangdu
地基强度（ground strength）　建筑物地基抵抗破坏的能力。它一方面与岩性等地质条件有关，另一方面和上部荷载类型有关。该强度可通过现场试验和理论计算等方法来确定。

diji rongxu chengzaili
地基容许承载力（allowable bearing capacity of foundation soil）　在保证地基稳定和建筑物变形不超过允许值的条件下，地基土所能承受的最大压力。

diji shangliang he ban
地基上梁和板（beam and plate on soil）　置于地基上满足一定边界条件的梁和板。为了计算地基上连续结构（地坪、路面、跑道、船坞、隧道、涵管衬砌等）、连续基础（条形基础、片筏基础、箱形基础）及桩等的变形和内力，通常把上述结构视为置于地基上满足一定边界条件的梁和板。若将地基视为弹性体，即为弹性地基上梁和板。弹性地基上梁和板的计算主要是求解在荷载作用下，地基与基础的接触反力（简称地基反力）的大小和分布，然后据以计算梁中弯矩、剪力和竖向位移。求解地基反力的基本途径是以地基反力为未知数，建立梁或板挠曲变形方程和静力平衡方程。

diji shixiao
地基失效（soil failure）　地基丧失设计的功能，失去稳定性或承载能力的破坏现象。强烈地震时地基土可能导致地基土丧失稳定性或降低甚至丧失承载能力，出现永久变形。液化破坏和软土震陷是地基失效最常见的形式。无论地基软还是硬，只要外部荷载超过地基自身的强度或产生了上部结构不能允许的变形，就会出现地基失效的现象。基于这种观点，除软弱地基外，地基失效还应包括坚硬地基上的地裂、崩塌、滑坡以及强烈震动引起的暂时或永久性的不连续变形等现象。

dijitu

地基土（foundation soil） 承受结构物荷载的土体。地基土可粗略地分为无黏性土和黏性土。一般地，当基础为无黏性土，基础比较柔软又承受局部（集中）荷载时，采用文克尔地基模型（由捷克工程师文克尔（E·Winkler）于1876年提出）比较适当。当基础埋深较大且土体又较密实（如密砂）时，除可采用基床系数经深度修正的文克尔地基模型外，也可采用连续性模型。通常认为，连续性模型得到的解更符合实际。

dijitu jingfanli

地基土净反力（net pressure of subgrade） 在地基计算中，不计所计算内力的基础构件自重的地基反力，是上部结构传递下来的内力。对于一个基础，基底反力等于上部结构传递下来的内力与基础和基础上覆土的自重之和。在计算基础配筋时，因为基础及基础上覆土重对基础不产生有效的弯矩，由此出现了净反力的概念，在配筋计算时，应该采用净反力，而不是全反力。

dijituti dizhen fanying fenxi

地基土体地震反应分析（seismic response analysis of earth foundations） 确定地震时地基土体各点的位移、速度、加速度以及地震附加应力的计算分析。地基土体支承上部结构，地震时将与上部结构发生相互作用，因此地基土体地震反应分析应与上部结构分析一并进行。地基土体与上部结构具有运动相互作用和惯性相互作用两种机制。反应分析的结果是评估地基中饱和砂土液化和软黏土附加变形的重要依据。

diji wendingxing

地基稳定性（foundation stability） 地基在荷载作用下不发生过大变形或滑动的性质，也即地基在外部荷载（包括基础重量在内的建筑物所有的荷载）作用下抵抗剪切破坏的安全稳定程度。

diji xishu

地基系数（coefficient of subgrade reaction） 弹性半空间地基上某点所受的法向压力与相应位移的比值，也称文克尔系数。

diji yunxu bianxingzhi

地基允许变形值（allowable subsoil deformation） 见【地基变形允许值】

diji zhenchong jiami

地基振冲加密（ground vibration encryption） 使用振冲器进行地基加固的技术。振冲器类似于混凝土振捣棒，上下两端有射水孔。振冲器是借助于射水插入地基，靠自重下沉、并因自身振动使周围砂土加密。振冲加密不仅能加密砂土，而且形成的碎石柱可以减小周边砂土的受力、增加排水通道，有利于减小因地震作用而引起的动孔隙水压力。

diji zhenxian

地基震陷（soil seismic subsidence） 见【地基沉降】

diji-kushui xianghu zuoyong

地基–库水相互作用（foundation-reservoir interaction） 地震作用下地基和库水动力效应的相互影响。地基–库水相互作用主要涉及地基柔性对库水动力反应的影响，尤其是库底的淤砂沉积引起的库水振动性态的变化，以及振动能量通过地基的耗散。考虑地基材料和几何形状的复杂性，估计库水与坝体间的动水压力和能量的辐射作用十分复杂，一般只能通过数值方法求解。

dijing yali

地静压力（geostatic pressure） 整个地层（包括其中所含流体）所受的静的压力，也称静地应力、静岩压力。其压力梯度与岩层的密度有关，通常约为 $0.23 kg/(cm^2 \cdot m)$。某一个地层的异常高地层压力的上限就是这个地层的地静压力。地壳中一个点的地静压力，是由该点上覆岩柱或土柱的铅直压力及此点周围岩石的限制所决定，它主要来源于上覆岩土材料的重量或形成地壳时产生的地壳残余应力。

dikuai

地块（land mass） 地质构造系统中具有一定构造特征和运动特征的地质块体，不同学派对其定义不同。1953年李四光提出，地块作为地质构造三重基本概念之一，是具有一定综合结构形态、属于一定构造体系的地质块体。1977年，张伯声在他提出的波浪状镶嵌构造说中，将不同波系的波谷带或波峰带相交所形成的菱形斜方构造网中，构造上较稳定的地区称地块，如四川地块、塔里木地块、鄂尔多斯地块等。

dilei

地垒（horst） 以走向近于平行的断层为界的相对抬高的地块，多为长条形上隆地块。其作为一种构造形态，在地貌上可能有显示，也可能无显示（如受到后期侵蚀夷平或后期沉积物的覆盖）。

dili xinxi xitong

地理信息系统（Geographic Information System，GIS） 以采集、储存、管理、分析和描述整个或部分地球表面（包括大气层在内）与空间和地理分布有关的数据的空间信息系统。地理信息系统与遥感（RS）已发展为渗透环境学、资源科学、生态学、大气科学、地质学、水文学、地理科学、海洋学、农学、林学、地球物理学、工程学、军事学的交叉学科。特别是GIS已广泛应用于电力、水利、环保、地震、电信、交通、军事、地质、城建、市政、公安、消防、农业和林业等领域。

dili zuobiaoxi

地理坐标系 (geographical coordinate system)
见【大地坐标系】

dilie

地裂 (ground fracturing)　　由于干旱、地下水位下降、地面沉降、地震、构造运动或斜坡失稳等原因所造成的地面开裂。

diliefeng

地裂缝 (ground fissure)　　地面裂缝的简称。地表岩层、土体在自然因素（地壳活动、水的作用等）或人为因素（抽水、灌溉、开挖等）作用下产生开裂，并在地面形成一定长度和宽度的裂缝的一种宏观地表破坏现象，通常分为构造性地裂缝和非构造性地裂缝，地裂缝活动有时同的地震活动有关，是地震前兆现象之一，也可能是地震在地面的残留变形。后者又称地震裂缝。地裂缝会直接影响城乡建设和人民生活。中国最严重的城市地裂缝是西安市地裂缝。

diliefeng zaihai

地裂缝灾害 (ground fissures catastrophe)　　地裂缝对区域经济建设和人民生活造成的损坏。其造成的主要灾害有破坏房屋、道路、桥梁、地下管线等工程设施，降低土地开发利用价值，妨碍城市建设。

dimaidong

地脉动 (ground microtremor)　　大地持续轻微的振动，也称地面脉动。地脉动同人的脉搏跳动，故简称脉动。脉动的周期是 $0.1 \sim 10s$。振动幅度一般为几分之一微米到几十微米，用高倍率精密仪器才能观测到。周期小于 $1s$ 为短周期脉动，日文称为常时微动；周期大于 $1s$ 为长周期脉动，日文称为脉动。短周期脉动主要由体波组成，长周期脉动主要由面波组成，长周期脉动特性与短周期脉动不同，短周期脉动反映场地的浅层构造特性，而长周期脉动则可以了解场地的深层构造。通常在地面或地下测量的脉动称为地脉动；而在结构物上测量的脉动则称为结构脉动。利用地脉动可确定场地的卓越周期和基岩放大放大倍数。在研制地震仪器时应注意避开脉动最大周期，观测台选址应尽量避开脉动源。

dimaidong celiang

地脉动测量 (earth tremor measurement)　　使用波速测试仪对地脉动进行测量，为工程抗震和隔振设计提供场地的卓越周期和地脉动幅值。测量短周期脉动的仪器频响特性在周期 $1s$ 以下应保持平直，测量一般在夜间进行，以避免过大的噪声干扰，白天测量需做必要的滤除噪声处理；测量长周期脉动的仪器则要求更宽的频响特性，周期至少到 $10s$。仪器灵敏度要求高，需要有几万倍以上的放大倍数，因此必须抑制飘移等仪器噪声，屏蔽接线，使工作稳定。

地脉动测量分为单点和多点观测，多点观测又分为测线观测和台阵观测。测线观测根据地下构造布置，测线中包括基岩露头观测点，在反复移动其他点时，基岩观测点保持不变。为检测某些强干扰源信号，或测量长周期脉动时，需要将检波器布设为三角形或环形台阵同时观测，以判断面波信号传播方向和速度，获取频散曲线。

dimaidongyuan

地脉动源 (ground source)　　产生地脉动的振源，可大致分为人为因素和自然因素两大类。前者（如交通运输、机械振动、建筑施工、人群活动等）是短周期脉动的脉动源，因为夜间脉动源数量少，所以短周期脉动振幅比白天小得多；后者（如气象变化、海浪、地质内力作用等）是长周期脉动的脉动源，观测表明长周期脉动的节律、振幅和周期与气象和海浪变化同步，与昼夜无关。

dimaidong zhuoyue zhouqi

地脉动卓越周期 (earth tremor predominant period)　　由地脉动测量记录的谱分析确定的频谱中强度最大的频率分量对应的周期，可由傅里叶幅值谱最大值对应的周期确定。通常，土层越软，地脉动卓越周期越长。

diman

地幔 (mantle)　　组成地球的主要圈层。它是从地壳的下界面，即莫霍 (Mohorovicic) 面到地球外核，即古登堡 (Gutenberg) 面之间由密度更高的物质组成的层圈。地幔体积约占地球总体积的 84%。从莫霍面到 410km 深处为上地幔，是地幔最上层；在 $410 \sim 660km$ 称为过渡层；$660 \sim 2891km$ 为下地幔。下地幔的底部为 "D 层"，厚度不到 200km。地壳与上地幔合称为岩石圈，是地震孕育的主要场所。地幔与地球外核之间的界面称为古登堡面。地幔的温度很高，底部可达 4000℃。上地幔和过渡层的地震波纵速度在 9km/s 左右，横波波速在 5km/s 左右；下地幔波纵速度在 13km/s 左右，横波波速在 7km/s 左右。

dimanbo

地幔波 (mantle wave)　　一种波及到地幔深部的长周期面波，也称地幔面波。它的波长大多在 2000km 以上，周期一般可达 $8 \sim 10min$ 之长，通常用 W 表示。研究结果认为，几乎整个地幔都参与了这种震动，故称为地幔波。它通常分为地幔勒夫波和地幔瑞利波两类。

diman dizhen

地幔地震 (mantle earthquake)　　发生在地幔中的地震。地震学家在确定震中距离的过程中，发现从远台确定的 Δ 曲线不能交叉现象。对于同样的地震，研究人员注意到，地核震相 PKP 到达较早，并认为这些地震发生在地幔内的某一深度上。研究还发现，有些地震，震中附近的一些台站记到的 P 波到时较晚，从而补充了这些观测。深源地震（地幔地震）存在的另一个更重要的证据是深源地震不能产生大振幅面波。750km 的深度似乎是地球内部突然断裂而发生地震的最大深度。特别深的地震都限制在某些确定的带上，特别是太平洋边界。

diman donglixue

地幔动力学（mantle dynamics） 发生在地幔内部的地质、地球物理和地球化学作用的动力学过程与机制。地幔动力学通过物理和数值模拟来了解地幔对流的基本特征，特别是通过地幔密度分布不均一来建立地幔内部物质运动的动力学模型。由于地幔埋深于地下，人类只能通过地球物理探测技术和岩石探针技术对地幔进行研究。

diman duiliu

地幔对流（mantle convection） 深部地幔物质由于热量增加、密度减少而形成热流上升，达到岩石圈之下再转为横向流动，随着温度下降，又转向地球内部的运动过程。这是霍姆斯（A. Holmes，1928）和格里格斯（D. Griggs，1939）提出的，他们将地幔对流作为大陆漂移的驱动力。地幔对流的过程是复杂的系统，它既是一种热传导方式，又是一种物质流的运动。地幔对流的过程是缓慢的，可以有不同的流动形态。地幔对流可以是从核幔边界上升到岩石圈底部，形成全地幔对流，也可以是分层对流，即上、下地幔分别形成对流环。板块构造说认为地幔对流是板块运动的主要驱动机制。

diman duiliushuo

地幔对流说（convection curent hypothesis） 用地幔内部物质的对流来解释板块水平漂移的一种假说。1839 年，霍普金斯（W. Hopkins,）将地幔物质热对流的概念引入地质文献；1929 年，霍姆斯（A. Holmes）将其发展成为一种工作假说，解释魏格纳提出的大陆漂移。该假说认为，地幔内存在着若干加热的中心。地幔物质因加热而变轻，在重力的驱动下缓慢上升，形成上升流，到软流圈顶部因岩石圈的阻挡转为反向的平流。该平流在运动过程中与另一相向的平流向遇而被迫下降形成成下降流。该下降流在地幔深部遇阻而复为向背而行的平流，直到与另一相向的平流相遇而上行成为上升流，形成地幔物质运动的一个对流元。对流元的上部平流驮着岩石圈板块发生水平漂移。上升流处发生海底扩张，形成大洋中脊，下降流处发生板块的俯冲或碰撞，形成海沟或造山带。该假说较好地解释了板块的形成和运动，在当代地学界颇为流行。

diman lefubo

地幔勒夫波（mantle Love wave） 具有横波（SV）性质，周期为 50～200s，群速度为 4.3～4.4km/s，波数为 4～6 的一种波，简称 G 波。

diman mianbo

地幔面波（mantle surface wave） 在地幔中传播的面波，通常用 W 表示，分为地幔勒夫波和地幔瑞利波。波长为 200～2500km。只有大地震才能激发地幔面波，长周期地震仪（$T_1 > 30s$，$T_2 > 80s$）用于记录这种波效果较好。这种波环绕地球一周大约需要 2.5～2.8h。

diman rezhu

地幔热柱（mantle plume） 炽热岩石上升的圆筒状地区，也称"地幔柱""地幔地柱"或"地幔羽""地幔涌流"等。它是在 20 世纪 70 年代初由摩根（J. Morgan）提出的一种板块移动机制的学说。他认为地球深部来源的物质，是由于放射性元素的分裂，释放热能，在重力高的地点的火山底下升上来而来。全球大约有 60 多个地幔热柱，许多地幔热柱是位于板块的边界或附近，地幔热柱推动着板块运动，使它们彼此分离。每个地幔热柱都固定在地球的某个位置上，并且长期活动。

diman ruilibo

地幔瑞利波（mantle Rayleigh wave） 在地幔中传播的瑞利波，简称 R 波。该波具有纵波性质，其周期大于 10 min，它的群速度一般为 3.9～4.0km/s，其波数为 5～8。

dimanzhu

地幔柱（mantle plume） 见【地幔热柱】

diman-dihe jiemian

地幔–地核界面（mantle-core boundary） 地幔与地核的分界面，即古登堡间断面，简称古登堡面。1914 年，美国地震学家古登堡（B. Gutenberg）在对地核界面上反射和折射的各种纵波、横波震相的时距曲线计算后发现，莫霍面向下的地震波速继续增大，大约在 2900km 深处，纵波速度增至 13.64km/s，横波速度增至 7.3km/s。自 2900km 以下纵波波速骤然下降为 8.1km/s，横波波速突然消失。古登堡把这一明显的分界面定义为地核与地幔的分界面。

dimao

地貌（landform） 也称地形。地球表面各种形态的总称，是内动力地质作用和外动力地质作用对地壳作用的产物。如山地、丘陵、高原、平原、盆地等地貌单元。它又可按成因分为构造地貌、侵蚀地貌、堆积地貌、气候地貌等；按动力作用性质分为河流地貌、冰川地貌、岩溶地貌、海成地貌、风成地貌、重力地貌。由于内动力地质作用和外动力地质作用的性质、强弱和时间的不同，地表起伏有不同的规模，因此，地貌可被分为大地貌、中地貌和小地貌。

dimao danyuan

地貌单元（geomorphologic unit） 地貌按成因、形态及发展过程划分的单位。地貌单元的种类很多，如河流地貌单元、海成地貌单元、冰川地貌单元、岩溶地貌单元、风成地貌单元、重力地貌单元、平原地貌单元、山地地貌单元、丘陵地貌单元、高原地貌单元、盆地地貌单元、构造地貌单元、侵蚀地貌单元、堆积地貌单元、气候地貌单元等。

dimaotu

地貌图（gcomorphologic map） 反映一定范围内场地的各种地貌特征、形态、成因、类型、年代和演化规律的专题图件。按性质有地貌类型图和地貌区划图。

dimaoxue

地貌学（geomorphology） 研究地表的形态特征、发生、发展和分布规律以及地形和地质构造之间关系的一门学科，是自然地理学与地质学之间的边缘学科，也称地形学。研究内容可分为普通地貌学、区域地貌学、部门地貌学、应用地貌学和地貌制图学等。地貌学已广泛应用于矿产和地下水资源的普查、各种工程勘测与设计以及农业、军事和地图编制等生产实践中。

dimian

地面（ground） 建筑物地面和楼面构造的统称，是铺设在房屋的基土或楼层承重结构上的表层。其基本构造层为面层和垫层，面层为直接承受各种物理、化学作用的表面层；垫层则为承受并传递上部荷载于基土或楼面结构上的构造层。垫层的材料一般用混凝土、三合土、灰土、砂或砂石、煤渣和水泥或白灰的拌合物等。其材料和构造主要根据房间用途和造价进行选择。

dimian chenjiang

地面沉降（ground settlement） 地面岩土体在自重应力场或构造应力场的作用下垂向变形的现象。中国的地面沉降主要有区域性地面沉降和洞穴塌陷型地面沉降两种类型。区域性地面沉降的成因主要是区域性构造变动、海面升降、地震和地下流体和气体的大面积开采等引起的地面沉降；洞穴塌陷型地面沉降的成因主要是岩溶塌陷和地下采空区塌陷引起的地面沉降。黄土自重湿陷也可引起地面沉降。地面沉降会造成建筑物和生命线工程的破坏，形成海水倒灌、地下水污染和土壤盐碱化等地质灾害，破坏生态环境。

dimian chenjiangliang

地面沉降量（amount of land subsidence） 某一时间段内某地地面沉降的总和，主要包括总沉降量、累积沉降量、年沉降量和最大沉降量等。

dimian chenjiang loudou

地面沉降漏斗（conical zone of land subsidence） 中心沉降大、周围沉降小的漏斗状地面下沉区。一般与地下水降落漏斗在空间位置上具有较好的对应关系。

dimian chenjiang sulü

地面沉降速率（rate of land subsidence） 单位时间的地面沉降量。地面沉降速率既是反映地面沉降活动程度的主要指标，也是地面沉降防控的主要指标，一般以 mm/a 为单位。

dimian chenjiang zaihai

地面沉降灾害（land subsidence harm） 在自然和人为作用下发生的幅度较大，速率较大的地表高程下降的地质活动对社会经济和环境造成的危害。地面沉降带来的灾害主要有海水倒灌、地下水污染、土壤盐碱化、破坏建筑物和生命线工程、破坏生态环境、不利于工程建设和资源开发。

dimian chenjiang zhongxin sulü

地面沉降中心速率（rate of land subsidence center） 地面沉降的中心在单位时间的沉降量。用沉降区域内单位时间内最大沉降值表示。

dimian cucaodu

地面粗糙度（terrain roughness） 地面因障碍物形成影响风速的粗糙程度，是表示地球表面粗糙程度并具有长度量纲的特征参数，也称粗糙度参数。

dimian jiasudu

地面加速度（ground acceleration） 地面运动的加速度值，由地震引起的地面运动的加速度，可用加速度仪测定。

dimian jiasudu fengzhi

地面加速度峰值（peak ground acceleration） 见【峰值地面加速度】

dimian maidong

地面脉动（ground microtremor） 见【地脉动】

dimian pohuai xiaoquhua

地面破坏小区划（ground failure microzonation） 以地震地质破坏为指标的地震小区划，是根据地震环境和场地工程地质特征，对区划地域地面破坏类型和破坏程度的划分，又称地震地质灾害小区划。

dimian polie

地面破裂（ground rupture） 见【地表破裂】

dimian sudu fengzhi

地面速度峰值（peak ground velocity） 地面某点的地震动速度时间过程的绝对最大值。也称峰值地面速度，简称峰值速度或速度峰值。其用来表示地震时地面某一点的最大运动速度。

dimian taxian

地面塌陷（ground collapse） 由于地下流体和气体开采、岩溶塌陷、地下采空区塌陷和地震等原因，在地表形成陷坑或发生陷落的破坏现象，也称地面沉降。地震形成陷坑为圆形或椭圆形，一般由埋藏很浅、顶层岩石较薄的石灰岩溶洞塌陷造成，直径为几米到数十米不等，有时会在震后十几个小时发生。少数地面塌陷由地震时矿井塌陷或原塌陷区扩大而形成，塌陷区的形状受矿井巷道走向控制。地面塌陷与软土震陷引起沉降的差别除成因外，塌陷的形状也不相同，由岩溶和矿井引起塌陷边缘是近似垂直的陡坎，陷坑深度较大。

dimian taxian zaihai
地面塌陷灾害（disaster of surface collapse）　因自然动力或人为动力而造成地表浅层岩土体向下陷落，在地面形成陷坑且对社会经济和环境造成的灾害。地震有时会产生地面塌陷灾害，毁坏建筑物和生命线工程，影响交通，破坏正常生活。

dimian weiyi fengzhi
地面位移峰值（peak ground displacement）　地面某点地震动位移时间过程的绝对最大值。也称峰值地面位移，简称位移峰值或峰值位移。用来表示地震时地面某一点的最大位移。

dimian xiachen
地面下沉（land subsidence）　见【地面沉降】

dimian yundong
地面运动（ground motion）　见【地震动】

dimian zhenfu
地面振幅（ground amplitude）　地面运动的波动幅度偏离平均值的最大值，可通过地震记录图的振幅换算得出。若摆的周期运动远比地面运动的周期长，则记录图上记录线的偏移与地面位移（振幅）成正比，这时，地震仪就相当于位移计。

diqian
地堑（graben）　以近于平行的正断层为界限的相对下降的断块。形态上，地堑是地垒的颠倒，作为一种构造形态，地堑的规模一般较大；地貌上，其可以表现为裂谷，如欧洲的莱茵地堑和中国的汾渭地堑；地形上，其常呈狭长的谷地或一连串长形盆地或湖泊。

diqiao
地壳（earth crust；crust）　位于固体地球最外圈的一个密度相对较小的刚性薄壳，是地球表面至地下莫霍面的部分。其特点是在全球各地的厚度不均匀，平均厚度约为33km，在造山带和中国青藏高原厚度可达50～70km，喜马拉雅山地壳厚度可达78km，平均密度约为2.7g/cm³；在平原地区地壳厚度约为20km；在海的底，地壳的平均厚度大约为10km，太平洋底的地壳最薄，大约为5～6km，平均密度约为3.0g/cm³。地壳体积约占整个地球体积的1%。地壳质量约为地球总质量的0.4%。地壳与岩石圈在空间上基本一致，但岩石圈与下部软流圈是渐变的，地壳则有明确的下界。在莫霍面附近地震波传播的速度有明显变化，纵波速

度有从6.0～8.0km/s的突然增加。地壳在纵向上可以划分为上地壳和下地壳两部分，分别称为硅铝层和硅镁层，二者之间的界面称为"康拉德不连续面"。板内地震多发生在中上地壳中，属脆性变形；中下地壳属塑性变形，是软弱层，几乎没有地震。但中国青藏高原中下地壳间普遍存在一个低速层和高导层，是一个地震多发层。

diqiao bosu jiegou
地壳波速结构（crustal velocity structure）　在地壳的分层结构以及不同地壳分层中，地震波的波速随深度变化的规律。一般是通过人工地震来探测地壳的波速结构。

diqiao dizhen
地壳地震（crustal earthquake）　震源位于地壳中的地震。地壳平均厚度大约为33km，天然地震的平均震源深度在20km左右，已记录到的天然地震大多数为地壳地震。

diqiao duanlie
地壳断裂（crustal fractures）　切穿地壳到达莫霍面的断裂。沿地壳断裂可出现基性岩和中性岩带，常成为活动区和稳定区中的一级构造单元分界线。如大型隆起和大型凹陷等的界线。东非裂谷、汾河地堑、冀中地堑、长江地堑、燕辽断陷、淮河断陷多由地壳断裂带发育而成。这种断裂控制岩浆分带性；磁异常陡梯变带较为突出；地热异常也较明显，有时有中深源地震活动。

diqiao houdu
地壳厚度（crustal thickness）　见【地壳】

diqiao jiben gouzao danyuan
地壳基本构造单元（basic tectonic elements of the earth crust）　见【大地构造单元】

diqiao jiegou
地壳结构（crustal structure）　地球表面至莫霍间断面以上部分（即地壳）的速度分布和物质组成。地壳上部主要由沉积岩、花岗岩类和变质岩石组成，称为硅铝层或花岗岩质层；下部主要由相当于基性岩类的变质岩组成，称为硅镁层或玄武岩质层。地壳结构可分为大陆地壳和海洋地壳两大类，两者在厚度、成分及演化历史上都明显不同。大陆地壳厚度通常为30～50km，个别地区（如喜马拉雅山区）可达70～80km。海洋地壳厚度通常为5～15km。

diqiao junheng
地壳均衡（isostasy）　描述地壳状态和运动的地质学的一种基本理论，也称地壳均衡学说。它阐明了地壳的各个地块趋向于静力平衡的原理，即在大地水准面以下某一深度处常有相等的压力，大地水准面之上山脉（或海洋）的质量过剩（或不足）由大地水准面之下的质量不足（或剩）来补偿。运用地壳均衡学说可以研究地球内部构造

（如上地幔的起伏等），还可用于大地测量学中研究大地水准面形状，推估重力异常和计算垂线偏差等。

diqiao midu

地壳密度（crust density） 地壳质量与地壳体积之比。地壳总质量约为 8.676×10^{24} g，总体积约为 3.2495×10^{24} cm³，故地壳平均密度约为2.67g/cm³。

diqiao niandu

地壳黏度（crustal viscosity） 地壳介质的黏滞程度，用黏滞系数表示，可通过试验或地震序列来估算。

diqiao xingbian

地壳形变（crustal deformation） 地球自然表面质点在时、空域内的运动和变化。在地球内力和外力作用下，地球表面产生的升降、倾斜、错动等现象及其相应的变化量。由于人类活动产生的地表形变具有离散性、短暂性和局部性的特点。由大地构造运动产生的地壳构造形变是由于地球内部的构造原因所产生，具有连续性、长期性、区域性和复杂性的特点。

diqiao xingbian guance ganrao

地壳形变观测干扰（interferences to crustal deformation observation） 影响地壳形变观测装置、测量设备、技术系统发挥正常观测功能，降低观测精度，使观测数据产生显著偏离正常量值的现象。根据影响方式，地壳形变观测的干扰来源可分为振动干扰源、荷载变化干扰源和水文地质环境变化干扰源三类。

diqiao xingbian guance huanjing

地壳形变观测环境（environment for crustal deformation observation） 对地壳形变测量特定场地空间构成直接影响、间接影响的各种自然与人为因素的总和。

diqiao yundong

地壳运动（crustal movement） 由地球内动力引起岩石圈地质体变形的机械运动，也称地壳变动、构造运动、地质构造运动。它由地球内力引起地壳乃至岩石圈的变位、变形以及洋底的增生、消亡的机械作用和相伴随的地震活动、岩浆活动和变质作用而产生。其产生褶皱、断裂等地质构造，引起海、陆轮廓的变化，地壳的隆起和凹陷及山脉、海沟的形成。地球物质运移引起岩石圈内或整个地球结构的变化，并形成各类大区域地质构造形态和变形的作用。它是地表变化和岩石圈内地质体大尺度变形方式及其时空分布规律产生的原因。该运动包括垂直运动、水平运动、造陆运动、振荡运动、造山运动、褶皱运动和断裂运动等，其强弱和方式在不同区域和时间各有不同。按照构造运动发生的时期可分为新构造运动（晚第三纪以来）、古构造运动（晚第三纪以前）。地质历史上，主要的地壳运动有阜平地壳运动、吕梁地壳运动、晋宁地壳运动、加里东地壳运动、华力西地壳运动、印支地壳运动、燕山地壳运动、喜马拉雅山地壳运动等。

diqiao zhiliang

地壳质量（mass of the crust） 地壳物质的质量。地壳的质量约为 1.913×10^{22} kg，约占地球总质量的0.2%。

diqingxie

地倾斜（ground tilt） 在地球构造应力场或其他外界因素的作用下，地壳表面发生的相对升降现象；局部而言，是指地面的相对隆起或下沉。地面的倾斜变化可用倾斜方向和倾斜量来描述，其具体的量值可通过定点水准测量、垂线观测、倾斜观测获得。大地震前，由于地应力的积累和加强，使得地壳内某一脆弱地带的岩层失去平衡，地面易出现倾斜，常被看成是一种地震前兆。

diqingxie guance

地倾斜观测（crustal tilt observation） 在洞室或钻孔内观测地平面与水平面之间的夹角及其随时间的变化。地倾斜观测可用于地震预报。

diqiu

地球（Earth） 太阳系中的八大行星之一。2012年，国际天文学联合会重新定义的地球与太阳的距离为149597870700m。地球自西向东自转，同时围绕太阳公转。地球绕太阳公转一周所需的时间是自转的366.26倍。地轴与轨道平面垂线的夹角约为23.4°。地球自转与公转的结合产生了地球上的昼夜交替和四季变化。地球自转产生的惯性离心力使地球由两极向赤道逐渐膨胀，形成略扁的旋转椭球体。赤道半径大约比两极半径长21km。地球的平均半径为6372.797km，赤道圆周长约为40075km，地球质量约为 5.9742×10^{24} kg，地球天文学年龄上限约为46亿年；地质学年龄约为45.3亿～45.7亿年。月球是地球唯一的天然卫星，它与地球组成了地月系统，导致了地球上的潮汐现象，既稳定了地轴的倾角，也减慢了地球的自转速度。固体地球被大气圈和水圈包围。地球表面有陆地和海洋。陆地和海洋的面积分别约为地球总面积的29%和71%。测量地震波的传播速度发现，地球内部具有圈层结构，包括地壳、地幔和地核。地核则进一步分为液态的外核和固态的内核。地核的主要成分是铁，同时含有少量的镍。地幔可再分为上地幔和下地幔。上地幔顶部包含坚硬的盖层即岩石圈地幔和相对软弱的软流圈。由地壳和岩石圈地幔组成的岩石圈称为板块结构。在地质时间尺度上，由于地幔对流的作用，岩石圈板块漂曳在软流圈顶部，其运动造成大陆持续的变形和分裂，使地球表面不断重塑。小行星的撞击和火山喷发也造成了地球表面环境的改变。地球上的水、矿物和生物资源维持了地球上人类的生存，是目前宇宙中已知存在生命的唯一天体。地球孕育了地震这一自然现象，研究地震必须了解地球。

D

diqiu banjing

地球半径（radius of the earth） 从地球中心到其表面（平均海平面）的距离。由于地球是一个两极稍扁、赤道略鼓的不规则扁球体，不同地方的地球半径并不相同。地球的平均半径为 6372.797km，赤道半径为 6378.137km，两极半径为 6356.752km。

diqiu bianlü

地球扁率（earth's flattening） 即几何扁率，通常用地球椭球长半轴 a 和短半轴 b 之差与短半轴 b 的比值，即 $\alpha=(a-b)/b$ 来表示，反映了地球椭球扁平程度的量，是描述地球形状的主要参数之一。根据 1971 年国际大地测量和地球物理联合会的决议，采用 $a=6378137$m、$b=6356755$m、$\alpha=1/298.257$。

diqiu bianxing

地球变形（deformation of earth） 在内力和外力作用下，地球的形状或形态发生交替变化的现象。它包括周期性变形和永久性变形两类。周期性变形是指因日、月等天体引力的作用，使地球的固态表面和海洋产生的周期性潮汐变形现象；永久性变形是指在地球内部作用力的影响下，因大陆漂移、板块运动、大规模地壳运动、地球内部质量的迁移等因素而引起的地球局部和整体的形状的长期改变。对于地球变形的观测，可为研究地球的现代特性和过去的演变过程，以及研究地震的成因和地震预报提供重要的基础资料。

diqiu chengyinxueshuo

地球成因学说（geogenesis） 对地球起源问题的各种假说，又称地球发生论。从 18 世纪中叶开始，科学家就试图通过天文学、地球物理学、地球化学、地质学以及其他方面的一些观测，重建几亿年前的地球形成过程。地球是太阳系的成员之一，所以，地球成因和太阳系起源基本上可归结为一个问题。早期的各种假说可大致分成两大派，这两派都以行星形成之前的物质是高温气体为出发点。一派称渐变派或一元派，以德国哲学家、科学家康德（I. Kant）的星云假说为代表；另外一派被称为灾变派或者二元（或多元）派，以法国自然学家，博物学家布封（G. L. L. Buffon）的碰撞假说为代表。20 世纪 40 年代起，学术界开始对行星形成之前的物质是高温气体这一前提产生质疑。60～70 年代，许多人认为行星以前的物质原是低温的尘埃、气体和陨石的混合物，并以此为出发点，出现了许多新的假说。现代科学家对地球形成过程的基本轮廓意见渐趋一致，但细节方面仍有不少分歧，各种假说都在推动人类对地球成因认识的不断深化。

diqiu dongli moxing

地球动力模型（geodynamic model） 为解释地球复杂构造现象的力源和维持地球运动的机制而提出的假设。1926 年李四光提出了大陆车阀说，1945 年霍姆斯（H. Arther）提出了对流模型，1967 年泰勒（T. Tailor）提出了地壳前边缘动力模型。20 世纪 70 年代以来，诺波夫（L. Knopoff）等提出了放射性热产生对流的模型，威尔逊（J. T. Wilson）等提出了上地幔涌流模型等。

diqiu donglixue

地球动力学（geodynamics） 地球物理学的分支学科。利用地球物理学、地质学、地球化学、大地测量以及卫星和遥感观测资料，研究地球整体运动及其内部和表面构造运动的驱动机制和动力作用过程的学科。

diqiu huaxue

地球化学（geochemistry） 研究地球的化学成分和化学元素及其同位素的分布、存在形式、共生组合、集中分散和迁移循环规律、运动形式和全部运动历史的学科。它是介于地质学与化学、物理之间的边缘学科。

diqiu huaxuechang

地球化学场（geochemical field） 具有一定地球化学效应的区域或空间。根据化学元素在自然界的主要分布和组合情况，可划分为普通场、硫化物或金属场和酸性场等。

diqiu huaxue yichang

地球化学异常（geochemical anomalies） 在岩石、土壤、植物、水系沉积物、水、空气或生物中，某些地球化学特征（如元素的含量）与周围背景含量有显著的差别的异常现象。形成这种现象的地球化学特征数值叫地球化学异常值；具有这种现象的地段叫地球化学异常地段。地球化学异常可作为一种地震前兆，用来预报地震。

diqiu jiegou

地球结构（earth structure） 地球内部具有同心球层的分层结构，主要为地壳、地幔和地核三个层圈，各层的物质组成和物理性质都有变化。

diqiu jingli xue

地球静力学（geostatics） 研究地球在保持相对平衡状态时受力条件的学科，由日本东京工业大学力武常次（Tsuneji Prkitake）教授在 1976 年提出。他将传统地学的大部分学科划入"地球静力学"范畴，如大地测量学、地球物理学和地球化学。

diqiu kexue

地球科学（earth science） 研究与地球有关的各相关学科的统称，主要包括地质学、地理学、地球物理学、地球化学、地球生物学、海洋学、湖泊学、土壤学和大气学等研究地球及其各层圈物质运动和能量传输的基础科学。

diqiu lixue

地球力学（geomechanics） 研究地球运动的力学机制和

地球各种运动状态的学科，包括地球的自转、地球的公转运动、地球的地磁场、地球的重力场特性以及地球体各部分（大气、水圈、固体地球等）的物性、结构、运动和相互作用等。

diqiu maidong
地球脉动（earth tremor）　见【地脉动】

diqiu midu
地球密度（density of the earth）　组成地球物质的致密程度，平均密度约为 $5.517g/cm^3$。在太阳系中，地球的密度最大，但不均匀，其数值随深度的增加而增加。地核由铁和镍构成，密度最大为 $9.89 \sim 13.00g/cm^3$。地幔的密度为 $3.31 \sim 5.62g/cm^3$，由铁、镁硅酸盐类物质构成。地壳的密度最小，约为 $2.83g/cm^3$，主要由硅铝、硅镁物质构成。

diqiu mianji
地球面积（area of the earth）　地球表面面积的量值。地球的表面积约为 $510067866km^2$。

diqiu moxing
地球模型（earth model）　描述地球内部的结构和物理性质的一种数学模型。英国数学家、物理学家杰弗雷斯（H. Jeffreys）、美国地震学家古登堡（B. Gutenberg）和布伦（K. E. Bullen）等根据地震波在地球内部传播的走时数据，给出了不同类型的地球内部密度、地球介质波速、弹性模量及重力随深度分布的地球模型。

diqiu neibu dizhenbo sudu bianhua quxian
地球内部地震波速度变化曲线（velocity distribution curve in the earth's interior）　地震波传播速度随深度变化的曲线。地震波传播速度在地球内部的各个深度上并不相同，且在某些深度处有明显的跃变。根据地震波速度与地球介质密度，及与地球介质弹性性质的关系，科学家推断波速的跃变与物质性质突变相关。因此，利用地震波场的速度资料，可以把地球内部分成不同的圈层，并以此来厘定各圈层界面的深度和各层厚度。

diqiu neibu dizhenbo sudu jiegou
地球内部地震波速度结构（seismic velocity structure of the earth's interior）　地震波的传播速度随深度的分布模型，根据地震波速度分层结构可建立地球模型。地震波是研究地球内部结构的一种最有效的方法。地球内部介质的物理性质和化学组成都与地震纵横波速度密切相关。一个大地震激发的地震波可以穿透整个地球的各圈层。科学家根据地震体波的走时、视速度、振幅数据及面波的频散，提出了地球内部 P 波和 S 波速度随深度的分布模型，即地震波速度结构。

diqiu neibu tanxing canshu bianhua quxian
地球内部弹性参数变化曲线（curve of elastic parameters in the earth's interior）　地球内部弹性模量的分布随深度变化的曲线。一般用体积模量（K）和剪切模量（μ）表示地球内部物质的弹性特征。当地震波速度及密度确定之后，K 和 μ 便可以确定。

diqiu neibu wulixue
地球内部物理学（physics of the earth's interior）　以地球为研究对象的一门应用物理学，也是天文、物理、化学、地质学之间的一门边缘科学。它是利用物理学中电学、磁学、热学、运动学和动力学等方面的原理和方法，研究地球内部各部分的物理条件、物理性质、物理状态，并从空间和时间两个方面寻找其发展变化规律。

diqiu pengzhangshuo
地球膨胀说（global expansion hypothesis）　为了解释全球裂谷系、盆岭构造和大陆漂移等地壳拉伸构造现象并认为地球不断膨胀的一种大地构造假说。它认为原始地球有一个封闭的硅铝圈，因地球内部膨胀而破裂、离散，形成现在分离的大陆，而从地幔膨胀出的物质充填在离散的大陆之间，使洋盆不断扩大。

diqiu qiyuan
地球起源（origin of the earth）　地球的形成过程。地球作为太阳系的一颗行星，起源与太阳系起源密切相关。太阳和地球的起源是人类自古以来一直探索的问题，在历史上曾提出过数十种假说，但对其系统研究始于 18 世纪中叶。不同假说之间存在着很大分歧。任何假说都包含着有待证明的假设。早期假说分为灾变派和渐变派。灾变派认为太阳系产生于恒星的碰撞，而把太阳系起源归因于某种偶然事件，因而灾变说缺少充分的科学依据。渐变派认为太阳系由一团旋转的高温气体逐渐冷却凝固而成。地球起源的现代研究则更多地考虑了地球内部的结构及化学成分，并把陨石研究作为重要依据。关于地球起源的轮廓性表述可归纳为：约在 50 亿年以前，形成原始地球的物质主要是上述星云盘的原始物质。其组成主要是氢和氦，它们约占总质量的 98%。此外，还有固体尘埃和太阳早期收缩演化阶段抛出的物质。在地球的形成过程中，由于物质的分异作用，有轻物质随氢和氦等挥发性物质不断分离出来，只有重物质凝聚起来逐渐形成了原始的地球。地球形成时，它基本上是各种岩石质物的混合物。原始地球处于固态。由于放射性物质的衰变和引力位能的释放，内部逐渐增温，以致原始地球所含的铁元素转化成液态，某些铁的氧化物也将还原。液态铁由于密度大而流向地心，形成地核。由重物质向地心集中释放的位能可使地球的温度升高约 2000℃。这就促进了化学分异过程，并由地幔中分出地壳。至于原始地球到底处于高温还是低温，科学家们仍有不同说法。现代研究的结果比较倾向于地球低温起源的假说。

diqiu quanceng jiegou

地球圈层结构（earth's sphere） 地球内部的分层性结构。科学家根据地震波资料的分析结果，把地球分为地壳、地幔和地核三个圈层。

diqiushi

地球史（earth history） 地球形成、演化和发展的过程。关于地球历史既有古老美丽的传说，也有科学幻想。从地质学的角度看，地球的整体发展大致可分为五个时期。第一个时期是地球形成时期（约 46 亿年前）；地球与其他行星、月球和陨石等都在 46 亿年前基本同时形成，它们是太阳系原始星云的凝聚的产物。第二个时期是放射熔融期（45 亿～41 亿年前）；地球的早期熔融在深部的分异成层较为完善，在浅部保留较多的放射性物质，它们地壳运动及内部分异的重要动力来源。第三个时期是小天体碰撞期（41 亿～39 亿年前）；由于地球质量大，受到众多各类小天体冲击，形成许多大型凹坑和凹地。第四个时期是熔流外溢期（39 亿～37 亿年前）；由于地壳层的厚度相对地球而言较薄，在小天体冲击下，地壳发生了破裂，熔融状态的物质会沿破裂带溢出。第五个时期是板块构造发育期（37 亿年前到现在）；小天体冲击不仅影响壳层产生破裂和熔流外溢，也影响地幔层，地幔层的可塑性大、温度高，导致大量物质对流，形成软流层。板块构造的早期，岩石层尚薄，板块尚小且多；随着时间的推移，岩石层变厚，板块变大且集中，整个活动水平降低，从而进入现代板块活动阶段。

diqiu shousuoshuo

地球收缩说（earth contraction hypothesis） 为了解释岩石褶皱和逆冲现象，认为地球由于不断变冷而收缩的大地构造假说。它以拉普拉斯的地球—太阳系—全宇宙的演化学说为基础，认为原始地球处在热状态并逐渐冷却，由于物质的热胀冷缩性质，整个地球就在冷却过程中逐渐收缩，而山的褶皱作用、冲断作用、升降作用，都是由于内部紧缩而引起的表面现象。

diqiu tuoqiuti

地球椭球体（earth ellipsoid） 与地球的形状和大小最为接近的旋转椭球体，即与大地水准面符合的最好的旋转椭球体，简称"地球体"。地球椭球体的大小和形状常用长半径 a 和扁率 α 表示，其值可用弧度测量和重力测量方法并结合卫星大地测量结果精确地求出。1924 年曾确定海福特（F. Hayford）椭球为"国际椭球"。1979 年第 17 届国际大地测量和地球物理联合会采用的地球椭球长半径为 $a = 6378137\text{m}$；扁率 $\alpha = 1/298.257$。

diqiu wuli cejing

地球物理测井（geophysical logging） 将探测器下入到井孔中，测量孔壁及其周围岩土的物理参数以及钻孔参数，借以划分地层和研究有关地质问题的地球物理勘探方法，也称井中物探。

diqiu wuli ceshi

地球物理测试（geophysical testing） 运用适当的地球物理原理和相应的仪器设备，测定地质体或地下埋设物的物理性质或工程特性的测试。

diqiu wulichang

地球物理场（geophysical field） 具有一定地球物理效应的区域或空间。例如，地球内外存在的重力场、地磁场、地电场、地热场、地应力场等。研究地球物理场不仅可以探讨地球内部的组成，还可以探讨地球内部物质的特性；同时，对地球的起源及演化、地震成因等基本理论问题的研究也有重大意义。此外，对深部矿产资源探测及地震预报也起着重要的作用。

diqiu wuli kantan

地球物理勘探（geophysical exploration） 应用地球物理技术探测，推断解释地质条件、探测地质界线、地质构造和各种矿产资源的勘探方法，简称物探。根据地球介质的物理性质分为重力勘探、磁法勘探、电法勘探、地震勘探、核法勘探等。根据勘探所在的空间位置和区域可以划分为地面地球物理勘探、航空地球物理勘探、海洋地球物理勘探等。根据研究对象可划分为金属地球物理勘探、石油地球物理勘探、煤田地球物理勘探、水文地质地球物理勘探、工程地质地球物理勘探和深部地质地球物理勘探等。

diqiu wulixue

地球物理学（geophysics） 以地球本体与相关空间和海洋为研究对象的一门应用物理学。它主要利用地球科学、物理学和数学等学科的理论和方法，来研究各种地球物理场和地球的物理性质、结构、形态及其中所发生的各种物理过程，涉及海、陆、空三界，是介于天文、物理、化学、地质学、数学和信息科学之间的一门边缘交叉科学。

diqiu wuli yichang

地球物理异常（geophysical anomaly） 地球介质的物理性质（如密度、磁性、电性、放射性、弹性及反射性等）与长期平均值的差异。也指由于地质体与围岩存在的物性差异而引起的地球物理场的变化。它给地质学家和地球物理学家带来了丰富的地球内部的相关信息，研究地球物理异常对矿产资源的勘探、深部地质构造研究以及地震预报等有重要意义。

diqiu xingzhuang

地球形状（earth shape） 地球自然表面的形状。按不同的目的和精度要求，地球形状可近似为接近真实地球的圆球、旋转椭球、三轴椭球、大地水准面的形状等，并可由几何法、物理法、卫星法以及综合利用这几种方法来确定。

diqiu yinli

地球引力（terrestrial gravitation） 地球全部质量对某一

单位质量的物体所产生的吸引力，又称地心引力。在大地测量中，常用地球总质量 M 和万有引力常数 G 的乘积 GM 表示，GM 为地球引力参数。1979 年第 17 届国际大地测量和地球物理联合会所推荐引力常数为：$GM = 3.9860047 \times 10^{14} \pm 5 \times 10^{7} \mathrm{m}^3/\mathrm{s}^2$。

diqiu yundong

地球运动（earth movements）　地球在宇宙空间的运动及状态，具有两个含义：一是指地球的各种运动，包括围绕太阳的公转，绕地轴的自转，二分点的运动以及地球表面相对于地核和地幔的运动；二是指地壳的各种地质作用而导致岩层位置发生变化的统称，包括各种形式的褶皱、变形和断裂等。

diqiu yundong liyuan

地球运动力源（force source of earth motion）　驱动地球内部物质运动的作用力及来源。地球内部物质和构造运动的动力有各种各样的假说，早期主要依据大陆内部构造运动特征，从地球的整体出发，曾提出过地球膨胀说、地球收缩说、地球脉动说、地球潮汐说等。板块构造的问世又出现了一些假说，即从地球内部来寻找动力来源，如地幔热柱、地幔对流等。由于板块运动主要是基于水平向运动，而地幔热柱的出现和大陆与海洋溢流玄武岩喷涌的出现和分布，对以水平运动为主体的板块构造提出了质疑。可见，各种动力学假说都是建立在一定的、却又不够充分的事实基础上。

diqiu yundongxue

地球运动学（geokinetics）　根据运动学原理来描述和研究地球的运动特点、方式和规律的学科。

diqiu zhiliang

地球质量（earth mass）　地球球体物质的质量。英国科学家卡文迪许（Henry Cavendish）被誉为"第一个称地球的人"，他在 1798 年最先给出了地球的质量。据天文学测定的结果，利用牛顿（Isaac Newton）万有引力定律或绝对重力测量，结合正常重力公式的多种方法都可推算出地球质量。目前，比较精确的地球质量约为 $5.9742 \times 10^{24} \mathrm{kg}$。

diqiu zhuandong

地球转动（nutation of the earth）　地球自转轴方向相对于惯性空间的变化的周期部分，也可理解为是指地球在公转轨道上左右摇摆的现象，简称章动。

diqiu zhuandong guanliang

地球转动惯量（moment of inertia of the earth）　地球绕轴转动时的惯性。大小取决于地球的形状、质量分布及转轴的位置，而同地球自转角速度的大小无关。如果地球是一个匀质规则的形状，其转动惯量可直接用公式计算得到，实际上地球是一个不规则、非均质的形状，可以通过动力学观测方法进行测定。

diqiu ziyou zhendong

地球自由振动（earth free vibration）　地球所具有的周期为几分钟到 1 小时的固有振动。一般认为是大地震激起的，研究这种振动有助于研究地球的内部构造。

diqiu zizhuan

地球自转（earth rotation）　地球围绕本身的轴，按自西向东方向做周期性的旋转运动。一周的时间为一日。若以太阳为参照点，则一日的长度为 24h，称为一个太阳日；若以距离地球遥远的同一恒星为参照点，则一日长度为 23 小时 56 分 4 秒，称为一个恒星日，它是地球自转的真周期。通常地球自转周期为一个太阳日。自转速度为 465m/s。20 世纪以来发现地球自转速度存在着不均匀的变化，这种变化主要是由地球内部物质交换或海平面变化、风力的作用等因素引起的。研究表明，地球除自转速度的变化外，其自转轴也存在着各种运动变化（岁差、章动和极移等）。地球自转的研究对天文、地球物理、海洋、地震、气象等方面的科学问题都具有重要的价值。

diqiu zizhuan donglixue

地球自转动力学（earth rotation dynamics）　研究地球自转运动的监测以及地球物理过程激发地球自转变化的动力学机制的学科。研究内容有利用现代空间大地测量技术（如甚长基线干涉 VLBI、人工激光测距 SLR、全球定位系统 GPS 等技术）高精度测定地球自转参数的变化；研究地表流体圈层运动（大气、海洋、水文等变化过程）、核幔相互作用、板块运动、地幔对流、冰后回弹、潮汐运动等地球物理学效应激发地球自转变化的动力学机制；研究建立高精度的地面和空间参考系，以及确定更为精确的天文和地球物理参数等。

diquan

地圈（geosphere）　由地球的岩石圈、水圈和生物圈联合在一起的圈层。有时也用来分别表示地球的岩石圈、水圈和生物圈或分层。

dire

地热（teerestrial heat）　地球内部所具有的热量，也称地下热。地球是一个巨大的热库，初略估计仅地球表面每年通过热传导扩散到空间的热量可达 8.3738×10^{20} J，大约相当于现代人类每年消耗总能量的 10 倍之多，研究表明，地球内部的总能量约为地球上全部煤炭储量的 1.7 亿倍。地球表面表层的热量主要来自太阳的辐射热，影响的深度大约为 15m，称为太阳辐射热带，又称外热带或可变温带；这一带之下为常温层；常温层以下的几十千米被称为内热带或增温层，其热量主要来自地球内部；增温层的温度随深度而变化，称为地热梯度、地温梯度或地热增温率，它通常用以深度每增加 100m 温度升高的度数来表示。地热的开发和利用有重要的生产和生活价值，研究地热对认识地球的演化、地质构造、地壳运动和预报地震有重要的科学意义。

dire kancha

地热勘察（geothermal investigation） 为查明地热的形成条件、赋存规律及其开发利用而进行的地质和水文地质勘察。

dire yichangqu

地热异常区（geothermal abnormal area） 地热梯度大于地壳平均地温梯度（3℃/100m）的地区。

disheng

地声（earthquake sound） 也称地鸣。地震时或临震前在地下发出的声响。常如闷雷声、载重车通过声、风声及金属碰撞声等，感觉自远而近。一般在震中区如听到地声时，震动将随之发生。它是地震动以声波的形式从地表面向空气中传递的物理现象。大多数的地声是在基岩露出的地方或靠近地表土层较薄的山区及附近听到。浅源的地方性震群和前震、余震发生时，这样的地声经常发生。

ditai

地台（platform） 大陆上自形成以后未再遭受强烈褶皱的稳定地区，1885 年由奥地利的休斯（E.Suess）提出，也称陆台。由基底和盖层组成的双层结构是地台的基本特征，地台以升降运动为主，但升降幅度很小，因而沉积盖层较薄，厚度和岩相亦较稳定，构造变动、岩浆活动和区域变质作用都较弱。1900 年，法国地质学家奥格（E. G. Haug）首次明确地把地槽和地台视为对立的两个构造单元。地台是地壳中相对稳定的大地构造单元（克拉通的组成部分）；地槽是地壳中相对活跃的大地构造单元。一般认为，地台是地槽褶皱带转化来的，也在不断变化。

ditie zhenhai

地铁震害（earthquake damage of subway） 地铁在地震时遭到的损坏。地下铁路的地下结构部分一般震害轻微，迄今发生的最严重的地铁震害是日本 1995 年阪神地震中神户大开车站的破坏。该车站埋深浅，采用明挖方式施工，顶部距地面仅 2m，地震中车站的立柱折断，并引起了地面沉陷。

diwa xueshuo

地洼学说（geodepression theory） 1956 年中国学者陈国达提出的一种大地构造学说。该学说阐明了一种新的大地构造单元，并认为槽台学说把地壳构造划分为地槽区（活动区）和地台区（稳定区），后者由前者转化来的看法符合中国东部中生代以前的情况。该学说提出了地壳动"定"转化递进说，认为地壳是通过活动区与稳定区互相转化，螺旋式发展；还提出地洼递进成矿理论。1977 年，陈国达又提出地幔蠕动热能散聚交替说，用以探索地壳构造通过活动区与稳定区互相转化、递进发展的原因和动力来源。

dixia baopo

地下爆破（underground blasting） 在地下（如地下矿山、地下硐室、隧道等）进行的岩土爆破作业。

dixia cangku

地下仓库（underground warehouse） 修建在地下的储品建筑物。根据储品的不同可分为地下粮库、地下冷藏库、地下燃油、燃气库、地下军械库、弹药库等。地下仓库具有防空、防爆、隔热、保温、抗震、防辐射，以及储品不易变质、耗能低、减少维修和运营费用、节省材料、占地面积小和库内发生事故时对地面波及较小等优点。

dixia dongshi

地下洞室（underground opening） 在岩土体中开挖的洞穴和通道。围岩的稳定性直接影响地下洞室的稳定性，影响围岩稳定的工程地质因素主要是岩性、地质构造和岩体结构、地下水、地应力。此外，还与地下洞室的跨度和暴露时间的长短等因素有关。

dixia fanghugongcheng

地下防护工程（underground hardened structure for protection against war weapon） 为防御战时各种武器的杀伤破坏而修筑的地下工程，如人员掩蔽工事、作战指挥部、军用地下工厂和仓库等。有些地下工程如地下铁道和楼房的地下室等，虽以平时使用为主，但考虑到战时防护的需要亦加强其主体强度，并增设各种防护设施，使其在战时具有防护工程的作用。

dixia fenshuiling

地下分水岭（groundwater divide） 地下水流域间的分界线。其的位置一般与地表分水岭相一致，是水文地质勘查的重要内容之一。通过测量不同地点的泉、水井、钻孔或坑道的地下水稳定水位（尤其是地下水水位低的时期），绘制地下水等水位线图，可确定地下水分水岭的高程和平面位置。其平面位置与高程，除受岩体渗透性、地下水的补给与排泄条件控制外，还受人类开发地下水与水利建设的影响。

dixia gongchengceliang

地下工程测量（underground construction survey） 地下工程在规划、设计、施工、竣工及经营管理各阶段所进行的测量工作，包括铁路隧道、道路隧道、城市地下铁道、地下防空建筑群、地下电站、水工隧洞、航运隧道、舰艇掩蔽隧洞、飞机掩蔽隧洞、地下油库、地下仓库、地下工厂等的工程测量。

dixia gongcheng jiagu

地下工程加固（underground engineering reinforcement） 为满足施工或某种需要对地下工程采取的加固措施。涉及隧道、地铁、地下商业街和人防工程等，可采用的措施有五个方面。第一，在极软弱地基土中的地下工程施工前，可采用冷冻技术或小导管注浆技术进行超前支护，提高周边土体强度和稳定性、防止坍塌。第二，采用高压旋喷灌浆、深层搅拌、换土、锚杆、注浆等技术加固地下工程周边的岩土介质。第三，可结合使用截断水源、导出地面水流、设置防水混凝土层等排水、挡水、导水等临时或永久性措施进行防水。第四，衬砌发生破坏后，可用注浆、钢丝网锚杆喷射混凝土等方法进行加固或更新衬砌。第五，以填充补强、设置支撑拱架、衬砌等方法加强地下工程的支护。

dixia gongcheng zhenhai

地下工程震害（earthquake damage of underground structure）地下工程在地震中遭到的损坏。地下工程包括地铁、隧道、矿井巷道、人防工程、地下商场、地下通道等。由于地下工程的变形受到周围岩土体的约束，相同条件下地震动力放大效应和惯性力作用远比地上结构的要小，因此破坏程度比地上结构明显降低。震害调查还表明，深埋的地下结构比浅埋的地下结构震害轻，坚硬土层中的地下结构比松软土层中的地下结构震害轻。

dixia guandao

地下管道（underground pipeline）敷设在地下用于输送液体、气体或松散固体的管道。中国古代早已采用陶土烧制的地下排水管道，明朝在北京建都时就大量的采用砖和条石砌筑地下排水管道。现代的地下管道有圆形、椭圆形、半椭圆形、多圆心形、卵形、矩形（单孔、双孔和多孔）、马蹄形等各种断面形式；采用钢、铸铁、混凝土、钢筋混凝土、预应力混凝土、砖、石、石棉水泥、陶土、塑料、玻璃钢（增强塑料）等材料建造。

dixia guanwang kangzhen jianding

地下管网抗震鉴定（seismic identification of underground pipe network）对地下管网抗震性能进行检查的技术和方法。其主要检查管网整体布置和控制体系是否符合要求；对地下管道与室内地上设备的连接，地下管道的闸阀，重要管段的加强措施（如套管和盖板的设置），穿越铁路、公路、河流、地震断层、液化地段以及其他不均匀不规则场地的特殊加强措施（如涵管、涵洞、柔性接头、锚固措施等）进行鉴定检查。地下管道的抗震鉴定计算可采用考虑管-土相互作用的弹性地基梁模型，要求验算管道的强度、延性和稳定性。

dixiahe

地下河（subterranean stream）溶洞在水平方向连通，具有河流主要特征的岩溶水地下通道，又称暗河。通常发育在岩溶地区，规模大小不一，相差较大。

dixia jianzhugongcheng

地下建筑工程（underground building works）建造在地下或水底以下的工程建筑物，包括各种工业、交通，民用和军用的地下工程。从广义上理解，尚应包括各种用途的地下构筑物，如房屋和桥梁的基础，矿山井巷，输水、输油和煤气管线，电缆线，以及其他一些公用和服务性的地下设施。

dixia jianzhuhuanjing

地下建筑环境（underground building environment）由若干自然因素和人工因素有机组成，并与生存在其内部的人员相互作用的地下物质空间，是综合研究人和地下环境相适应的重要课题。

dixiajie

地下街（underground street）修建在大城市繁华的商业街下或客流集散量较大的车站广场下，由许多商店、人行通道和广场等组成的综合性地下建筑。其建设规模可根据用途而定，大型的地下街通常在大隧道内分为多层，例如从上而下第一层为商店、商场、餐馆及其他服务性设施，由纵横交错的人行通道、过街地道和地下广场相连接；中层为地下汽车停车场；底层为地下铁道车站。

dixia jiegou

地下结构（underground structure）岩土体中的各种类型的地下建筑物和各类工程结构，包括隧道、地下通道、地下各种隧洞、沉埋隧道、地下铁道和水底隧道；市政、防空、采矿、储存和生产等用途的各类地下巷道和硐室；军用方面的各种国防坑道；水利发电工程方面的地下发电厂房及各种水工隧洞等。地下结构地震反应的主要控制因素是地基地震变形而不是地震惯性力，地下结构在地震中的反应较地上结构低、震害小、破坏轻。

dixia jiegou kangzhensheji

地下结构抗震设计（seismic design of underground strutures）为了防御地震对地下结构的破坏而进行的专项设计。地下结构泛指在岩土体中各种类型的地下建筑物和各类工程结构，包括隧道、地下通道、地下各种隧洞、沉埋隧道、地下铁道和水底隧道等；市政、防空、采矿、储存和生产等用途的各类地下巷道和硐室等，国防和军事方面的各种国防坑道等，水利发电工程方面的地下发电厂房以及各种水工隧洞等。地下结构抗震设计方法主要包括拟静力法、位移法和动力分析法等。

dixia jingliu

地下径流（subsurface runoff）地下水沿着一定途径由补给区向排泄区流动的地下水流。大气降水渗入地面以下后，一部分以薄膜水、毛管悬着水形式蓄存在包气带中，当土壤含水量超过田间持水量时，多余的重力水下渗形成饱水带，继续流动到地下水面，由水头高处流向低处，由补给区流向排泄区，成为地下径流。

dixia kongjian de kaifa he liyong

地下空间的开发和利用 (subsurface development and utilization) 地壳表层中洞穴（包括天然溶洞和人工洞室）和空隙经过适当的兴建或改造，用于生活、生产、交通、防灾、战争防护和环境保护等方面的开发和利用。20 世纪70 年代中期以来，地下空间已被人们视作一种自然资源。研究内容涉及国家政策、投资效益、战略方针以及工程技术、工艺学、地质学、环境学和心理学等领域。

dixia lianxuqiang

地下连续墙 (underground diaphragm wall) 在地面以下为截水防渗、挡土、承重而构筑的连续墙壁。1951 年意大利用连锁冲孔法，在那不勒斯水库及米兰地下汽车道施工中，构筑帷幕墙取得成功，1954 年起在欧洲被广泛使用；1958 年中国在山东青岛月子口水库，开始采用冲孔桩排式地下连续墙作为坝体防渗帷幕墙；1963 年美国开始应用。70 年代后，地下连续墙在各类工程中得到了广泛应用。

dixia lianxuqiang zhiliang jiance

地下连续墙质量检测 (quality test of diaphragm wall) 利用专用仪器设备对地下连续墙的成槽垂直度、槽壁、槽底土层情况及墙体的混凝土质量进行的检测。

dixialiuti

地下流体 (underground fluid) 充填于地面以下固体（格架）中的可流动的水、气、油等呈液态、气态存在的介质的总称。地下流体学科是一门以地质学、地球化学、水文地质学、水文地球化学、地球动力学等学科为背景发展起来的一门新的学科，主要研究地下水的水位、流量、水中气体含量及化学组分等与地震孕育发生过程的相互关系。流体学科包括地下水化学和地下水动态两个专业手段，有水位、地热、流量、水氡、气氡、水溶气 6 个主要测项，以及气压、降雨等辅助测项。地下流体监测是主要的地震前兆方法。

dixialiuti dongtai

地下流体动态 (behavior of underground fluid) 地下流体物理特性和化学组分随时间的变化。地震流体监测中要求给出地下流体的年、月、日的动态变化曲线。

dixialiuti dongtai ganraoyinsu

地下流体动态干扰因素 (interference factors of underground fluid behavior) 改变地下流体物理特性与化学组分正常变化规律的非地震因素。

dixialiuti guance

地下流体观测 (observation of underground fluid) 为了监测和研究与地壳活动有关联的地下流体动态而进行的观测。地下流体观测的主要测项是水位、水温、水（气）氡与水（气）汞等。

dixialiuti guance huanjing

地下流体观测环境 (observational environment of underground fluid) 保障地下流体台站正常发挥观测效能的周围各种环境因素的总体，其范围一般不超过观测井外围10km 半径的地区，也称观测井区。

dixialiuti taizhan

地下流体台站 (observation station of subsurface fluid) 用于观测地下流体动态的地震台站。目前，我国有固定地下流体观测台站 100 多个，并设有 175 个观测台项。

dixialiuti yichang

地下流体异常 (subsurface fluid anomaly) 钻孔、民井、泉水、油气井等赋存的地下流体（液体或气体）中出现的各种物理、化学动态异常变化现象。

dixiashi

地下室 (basement) 室内地平面低于室外地平面的高度超过室内净高 1/2 的房间。

dixiashi fangshui

地下室防水 (basement waterproofing) 为防止地面水渗透和地下水侵蚀，在地下室的外墙、底板和顶板处采取的防水措施。

dixiashui

地下水 (groundwater) 以各种形式埋藏在地面以下岩土孔隙、裂缝和孔洞中的水。按其存在的形式，可分为气态水、吸着水、薄膜水、毛细管水、重力水和固态水等。按含水层的埋藏特点，可分为包气带水、潜水和承压水三个基本类型。每一类型按含水层的含水空隙特点，又可分为孔隙水、裂隙水和岩溶水。按水质和水温的特点，可分为矿化水、高矿化水、热水等。地下水和气体特征在数量和质量上的某些变化可以作为地震的前兆。

dixiashui bujiliang

地下水补给量 (groundwater recharge) 单位时间内进入含水层的大气降水、地表水、回灌水、地下径流等的总水量。

dixiashui chucunliang

地下水储存量 (groundwater storage) 在某时段内储存在含水层中的可被开采利用的以体积计的地下水总水量。

dixiashui dengshuiweixiantu

地下水等水位线图 (contour map of groundwater) 地下水面上高程相同的各点连绘成的曲线图，利用该图可确定地下水的流向和各点的水力梯度。

dixiashui donglixue

地下水动力学（groundwater dynamics） 研究地下水在岩、土孔隙及其裂隙中运动规律的科学。研究内容包括地下水的补给、径流和排泄等水文地质条件，定量评价地下水的水量和水质，为地下水资源的合理开发和优化管理提供设计依据。

dixiashui dongtai

地下水动态（groundwater regime） 在自然条件和人为因素影响下，地下水水位、水量、流速、水温及其水化学成分等随时间变化的情况。它是地下水动态的一个最基本和最直观的指标，受自然因素（气候、水文、潮汐、地质、天体、星球、引力）和人为因素（抽水、排水、灌溉、人为污染、水库及渠道渗水、人工回灌、井泉引水取样等）的共同影响。根据形成机理的不同可分为两类：一类是由承压含水层水量的变化所引起的动态变化；另一类是承压含水层的水量无变化，而是由含水层的应力—应变状态改变引起的动态变化。

dixiashui feiwendingliu

地下水非稳定流（groundwater unsteady flow） 水流基本要素的大小和方向随时间变化的地下水流。

dixiashui fengdongku

地下水封洞库（underground water enclosed cavern） 在天然岩体中人工开挖洞库，并以岩体和岩体中的裂隙水共同构成储油气空间的一种特殊地下工程。

dixiashui fushixing

地下水腐蚀性（groundwater corrosivity） 地下水因所含的酸碱物质或某种离子超过了一定的限度，对金属、混凝土等材料具有腐蚀作用的性能，主要包括分解性腐蚀、结晶性腐蚀以及分解结晶复合性腐蚀等。

dixiashui guoliang kaicai

地下水过量开采（excessive exploitation of groundwater） 开采量超过补给量，导致地下水储存量不断消耗的开采状态，又称地下水超量开采。

dixiashui huanjing beijingzhi

地下水环境背景值（environmental background valued groundwater） 未受污染的地下水中所含各种化学成分的自然本底值。

dixiashui huanjing rongliang

地下水环境容量（environmental capacity of groundwater） 能构满足工农业生产和人类生活的需要，同时也不致使自然生态受到威害的前提下，地下水环境中能够容纳有害物质的极限量。

dixiashui huanjing yingxiang pingjia

地下水环境影响评价（groundwater environmental impact assessment） 项目的建设对地下水环境产生影响的可能性及影响程度进行分析和预测的工作。又称地下水环境预测评价。

dixiashui huanjing zhiliang pingjia

地下水环境质量评价（groundwater environmental quality assessment） 在掌握地下水污染现状基础上，根据国家颁布的标准，对地下水环境质量所做的分析与评价工作，也称地下水环境现状评价。

dixiashui huiguan

地下水回灌（groundwater artificial recharge） 通过回灌设施向地下含水层补充地下水的专项技术，是储存地表水的一项重要措施。

dixiashui jiance

地下水监测（groundwater monitoring） 为了掌握地下水变化的过程和规律而实施的对水位、水温、水量、水质等进行观测和监视的工作。

dixiashui jingwang

地下水井网（groundwater observation well-network） 布设在一定区域内的、由多个以地下水物理动态观测为主的井（点）构成的观测网。

dixiashui kaicailiang

地下水开采量（groundwater yield） 单位时间内，通过取水构筑物或设备从地下含水层中提取的水量。

dixiashui kongzhi

地下水控制（groundwater control） 岩土施工过程中，在基坑内外采取的排水、降水、截水或回灌等控制地下水位的措施。有时也指区域地下水有计划的开采。

dixiashui kujie

地下水枯竭（depletion of groundwater） 地下水过量开采或长期干旱等因素，导致含水层疏干，达到无法开采的程度。

dixiashuiku

地下水库（groundwater reservoir） 修筑地下坝体，利用岩土体的空隙空间而形成的储水构筑物。

dixiashui liantongshiyan

地下水连通试验（groundwater connecting test） 通过在上游投放指示剂，下游观测指示剂的到达情况，查明地下水运动、地下水通道分布和连通、地下水与地表水之间联系的水文地质试验。

dixiashui liuyu

地下水流域（groundwater catchment） 地下水分水线分割或包围的集水区域。地下水在本质上受重力场的控制，其流域与地表水流域有许多相似之处，特别是在地形起伏较大的山区，地下水的流域与地表水的流域往往重合。此时，地下水在上游接受补给，沿地形起伏向下游径流，最后在排泄区汇集并排出地表，形成了一个相对独立的地下水流系统。处于同一水流系统的地下水，通常具有相同的补给来源，相互之间存在密切的水力联系，形成相对统一的整体；而属于不同地下水流系统的地下水，指向不同的排泄区，相互之间没有或只有微弱的水力联系。

dixiashui pendi

地下水盆地（underground basin） 具有地质和水力边界，分布形状类似于盆地形态的地下储水空间。

dixiashui qiti chengfenfenxi

地下水气体成分分析（groundwater gas analysis） 对溶解于地下水中的气体成分及含量进行的测定和分析工作，是地下水分析的一项重要工作。

dixiashui qushui gouzhuwu

地下水取水构筑物（work for ground water collection） 从地下含水层取集表层渗透水、潜水、承压水和泉水等地下水的构筑物。这类构筑物有管井、大口井、辐射井、渗渠、泉室等类型。

dixiashui shijiliusuceding

地下水实际流速测定（actual velocity measurement of groundwater） 在钻孔中，用示踪剂或流速仪测定地下水实际流速的水文地质试验。

dixiashui shuiyuandi

地下水水源地（groundwater source field） 地下集水构筑物相对集中分布并能够保证水量、水质长期、经济、安全地运转的地段，有时也指开采地下水的井群区。水源地应选在含水层透水性好、厚度大、层数多、分布较广的地段及最大限度拦截区。

dixiashui tongweisu ceding

地下水同位素测定（isotope assay of groundwater） 利用专门仪器对地下水中同位素成分和含量进行的分析测定的工作。

dixiashui weisheng fanghudai

地下水卫生防护带（groundwater sanitary protective zone） 为防止地下水污染，保证水源的正常生产，根据水文地质条件、集水构筑物的形式、布局及水源地附近卫生状况，而采取相应的卫生防治措施，对水源地及其周围加以防护的地带。

dixiashuiwei jiance

地下水位监测（groundwater level monitoring） 对地下水位随时间、季节的变化及受人类活动影响产生的变化进行系统观测和监视工作。在岩土工程中是指在基坑内外采取的排水、降水、截水或回灌措施所引起的地下水位变化的动态观测。

dixiashui wendingliu

地下水稳定流（groundwater steady flow） 水流基本要素的大小和方向均不随时间变化的地下水流。

dixiashui wuran

地下水污染（groundwater pollution） 污染物质进入地下水体，使水质恶化，影响其正常使用，危害人的健康，破坏生态平衡，损坏环境的现象。

dixiashui wuran qishizhi

地下水污染起始值（polluted groundwater initial element content） 在人类活动影响下，地下水的天然化学成分开始变坏恶化时的元素含量。

dixiashui xiajiang loudou

地下水下降漏斗（funnel of groundwater depression） 在地下水超采条件下，形成向下凹陷、形似漏斗的地下水自由水面或压力面。

dixiashui yanjiandu

地下水盐碱度（salinity and alkalinity of groundwater） 地下水中含盐、碱物质成分多少的量度指标，是衡量地下水质量的一个重要指标。

dixiashui yingdu

地下水硬度（groundwater hardness） 地下水中钙、镁离子的总浓度，用来反映地下水中的含盐量指标。其值为钙、镁、铁、锶、铝等溶解盐类的总量，以毫克当量或德国度表示（水硬度的表示方法有多种，我国采用的表示方法与德国相同）。水的硬度分为碳酸盐硬度和非碳酸盐硬度两种。

dixiashuizhi ehua

地下水质恶化（groundwater quality deterioration） 由于天然或人为的因素使地下水的某些物理性质和化学成分发生显著变化，导致水质恶化变坏的现象。

dixiashuizhi moxing

地下水质模型（groundwater quality model） 描述地下水中可溶混物质运移时浓度的时空变化规律，预测污染地下水的瞬时动态与扩展范围所建立的数学模型。

dixiashui zongkuanghuadu

地下水总矿化度（total mineralization of groundwater） 地下水中所含的各种离子、分子和化合物的总量，通常以每升中所含克数表示。

dixiatiedao

地下铁道（underground railway） 在城市地下的电力机车牵引的铁道，简称地铁。通常设在城市地面下的隧道中，也有从地下延伸至地面，有时升高到高架桥上。地铁是解决大城市交通拥塞和大量、快速、安全地运送乘客的一种现代化交通工具。其在特殊情况下可以运送货物，在战争期间可起到防护的作用。

dixiangyichang

地象异常（natural phenomena anomaly） 人们观察到的声、光、电、气、火、磁等自然奇异现象。在地震预报中是描述地震前兆的术语。

dixin zuobiao

地心坐标（geocentric coordinate） 为确定某一点的位置相对于地心的坐标系，是地学领域一种特殊的坐标系统。它可用直角坐标 (x, y, z) 或球面坐标（经度，纬度，径向高）来表示，也称地心坐标系、地心位置。

dixing

地形（landform） 地表以上分布的固定物体所共同呈现出的高低起伏的各种状态，在测绘工作中地貌和地物的总称。地形与地势、地貌不完全一样，地形多偏向于局部结构，而地势通常讲走向，地貌则一般是指整体特征。五种突出地形是平原、高原、丘陵、盆地、山地，除高原之外都有不同级别。

dixingbian

地形变（ground deformation） 在地球内动力和外动力作用下，地球的表面产生的升降、倾斜、错动等地质现象及其相应的变化量。对其进行重复或连续的监测，可以为地壳运动的研究和地震预报提供有价值的资料，是地震前兆监测的测项之一。

dixingbian celiang

地形变测量（ground deformation measurement） 对一个地区地球表面的相对变化进行的重复或连续的观测工作，是地震监测常用的手段和测项之一。测量方法有水准测量、三角测量、三边测量、基线测量等，测量仪器有倾斜仪、伸缩仪、应变仪、测潮仪等。

dixingbian taiwang

地形变台网（crustal deformation network） 按照地震监测需要而布设的、空间分布上具有一定密度的地形变观测台站组成的观测网。

dixingbian taizhan

地形变台站（crustal deformation station） 用于监测地壳形变的地震台站。截至 2020 年，我国有固定地形变观测台站 159 个，设有 273 个观测台项。

dixingtu

地形图（topographical map） 通过实地测量编制而成的，反映建设用地实际地形、地貌、地物的，具有不同比例尺的平面图件。

dixing yingxiang

地形影响（topographic effects） 地表的地形起伏对地震动的影响，是场地研究的重要内容之一。地形影响可分为地表地形起伏影响和地下埋伏基岩面或土层界面的起伏影响两类，多数场地这两种影响同时存在。地形影响问题可采用数值方法求解，目前尚无成熟的方法在确定设计地震动中定量考虑地形影响。

dixue

地学（geoscience） 地质科学各分支学科的泛称。通常与地质学同义，也有人将其用作地球科学（earth science）的同义语。

dixue duanmian

地学断面（geoscience transect） 表示整个地壳（尽可能包括岩石圈）的组成和构造的剖面，也称地学大断面。20世纪 80 年代中期，国际岩石圈委员会拟定的全球地学断面计划（Global Geoscience Transects）中使用了该词，是一级地质剖面，断面宽 100km，长可达数千 km。编制断面的要点是将沿断面线已有的地质、地球化学和地球物理资料都概括地展示在图上，并综合编制成一个至少延伸到莫霍面的解释性地学剖面。它不仅要显示地壳的现状，而且要解释达到这种现状的方式。实际上，这样的"断面"就是地壳的纵向大地构造图。

diyingbian guance

地应变观测（crustal strain observation） 在洞室或钻孔内对地壳应变及其随时间的相对变化进行观测工作。地应变观测对地震预报有重要意义。

diyingli

地应力（crustal stress） 地壳中单位面积上的内力，包括自重应力和构造应力。地壳各处发生的形变（包括破裂）都是该力作用的结果。按其性质可以分为压应力、张应力、扭（剪）应力三类，使岩石产生压缩、拉伸、剪切、扭转、弯曲等形变直至断裂。地球内部的应力状态，除地球极表面外，一般均受处在围压条件下的压应力支配。地壳应力集中时可产生断层破裂并发生地震，该力的观测是地震前兆观测手段之一。该力是存在于地壳中的未受工程扰动的天然应力，也称岩体初始应力、绝对应力或原岩应力，广义上也指地球体内的应力。

dizaosheng
地噪声（ground noise） 地表面发生的一些杂乱的微振动和脉动。产生地噪声的原因有人为的（交通工具的运行、工厂的生产活动、土木工程施工等引起）和自然的（海浪和风等引起）两种，它们会对利用地震仪进行地震观测造成影响。

dizaosheng shuiping
地噪声水平（ground noise level） 地面运动速度记录的功率谱密度在 $1\sim20Hz$ 频带范围的均方根值。

dizhen
地震（earthquake） 地球内部应变能积累达到一定程度后，应力平衡状态突然改变，地壳断裂，错动或滑移，应变能转化为波动能，并以地震波的形式向地表传播，引起地面的震动。这种现象可以用专门的仪器测量到，有时人也能感觉到，是一种自然现象，包括天然地震（构造地震、火山地震、陷落地震）、诱发地震（矿山采掘活动、水库蓄水等引发的地震）和人工地震（爆破、核爆炸、物体坠落等产生的地震）。地震的大小用地震震级来度量，地震的破坏程度用地震烈度来表示。破坏性地震常产生各种灾害，是地震工程学研究的重点内容。

dizhen anquanxing pingjia
地震安全性评价（seismic safety assessment） 在对具体建设工程场址及其周围地区的地震地质条件、地球物理环境、地震活动性等研究的基础上，采用地震危险性概率分析或确定性分析方法，按照工程所采用的风险水平，给出设计所需要的一定概率水准的地震动参数（加速度、设计反应谱，地震动时程等）及场址地震地质灾害的预测结果的工作。该项工作主要针对重大工程和可能产生次生灾害的工程，内容有工程场地和场地周围区域的地震活动环境评价、地震地质环境评价、断裂活动性鉴定、地震危险性分析、设计地震动参数确定和地震地质灾害评价等。

dizhen baoxian
地震保险（earthquake insurance） 利用保险手段，按照概率论原理，通过企业和个人交纳一定保险费的方式，设立保险基金，专门用于补偿地震所造成的经济损失的一种方法，是转移和分担地震灾害损失的重要手段。

dizhen baoxian fengxian guanli
地震保险风险管理（risk management of earthquake insurance） 地震危害的评估和保险与再保险方案的制定。

dizhen bengta
地震崩塌（earthquake-caused collapse） 地震动引起的岩体或土体脱离母体下落、堆积的现象。地震崩塌危害性极大，是典型的地震地质灾害。

dizhen bi'nan changsuo
地震避难场所（earthquake shelter） 为了应对破坏性地震，安置居民临时生活区或疏散人员的安全场所。

dizhen bixian
地震避险（avoiding danger of earthquake） 为了减轻因地震引起的建（构）筑物或其他设施破坏对人员的伤害而采取的地震发生前避险准备、地震发生时避险和地震后疏散的应急举措。

dizhenbo
地震波（seismic wave） 地震时从震源发出的，在地球内部和沿地球表面传播的波。它一般分成体波和面波。体波是纵波（P 波）和横波（S 波）的总称，包括原生体波和各种折射、反射及其转换波。面波为次生波，是指勒夫（Love）波和瑞利（Rayleigh）波，就其数学意义而言有"基阶"面波和"高阶"面波之分。

dizhen bochang
地震波场（seismic wave field） 地震波传播的空间。在这个空间的每一点上，一定时刻都有一定的波前通过，波的能量也按照一定的传播规律传播。波在波场的传播方式和规律由震源的特点以及在此空间内介质的物理性质和几何结构所决定。时间场属于波场的一个侧面。当已知波场的边界条件和初始条件时，可以求解介质的结构形态及物理性质，波动方程偏移方法就是其中一种应用。

dizhenbo chuanbo
地震波传播（seismic wave propagation） 地震波从震源处向外发射，在整个地球内部或沿地球表层振动传播的过程。地震发生时产生的波动以弹性波的形式从震源向四面八方传播。由于地球内部物质不均匀，地震波的传播途径是一条十分复杂的曲线，其传播速度与地球内部物质的结构、密度和弹性有关，一般随深度的增大而增大。对均匀半空间介质及均匀层状介质中地震波传播研究，是地震学和地震工程学的基础。

dizhenbo chuanbo lilun
地震波传播理论（seismic wave propagation theory） 定量描述地震波激发和传播过程的理论。其理论框架为连续介质力学，基本物理方程为弹性动力学方程。理论上，只要给定地球介质的地震波速度结构、密度分布。力源（扰动源）分布和边界条件，通过求解弹性动力学方程，便可获得在地球介质中传播的地震波场分布。可见，一定的地球介质模型和一定的震源模型，与由此产生的物理结果，即地震波场完全的对应关系。因此，我们不仅可由地球介质模型和震源模型，通过求解弹性动力学基本方程来预测地震波场的传播；也可以从观测到的地震波场，利用弹性动力学方程的解，并借助适当的数学推断策略来反推出地球介质模型或震源模型。在地震学中，通常把前者称为地震波正演问题，把后者称为地震波反演问题。

dizhenbo nengliang
地震波能量（seismic wave energy） 地震时以地震波形式传播的能量，也称地震能量、地震辐射能、辐射的地震能。地震波携带的能量与震级有关，若已知地震的震级，则可利用公式 $\lg E = 11.8 + 1.5M$（M 为震级；E 为能量，单位为焦耳）来估计地震的能量。

dizhen bopu
地震波谱（seismic wave spectrum） 将含有复杂组分的地震波分解为单纯的成分，按照这些成分特征量的大小依次进行排列。这些成分可为振幅、频率、功率等，相应地称为地震波的振幅谱、频率谱、功率谱等。

dizhenbo sanshe
地震波散射（seismic wave scattering） 地震波在传播的过程中，由于地球介质的非均匀性而造成地震波波形和射线传播方向发生改变的现象。

dizhenbo shuaijian
地震波衰减（attenuation of seismic wave） 地震波在传播过程中，随着传播距离的增加，其携带的能量不断减少的现象。通常，体波的衰减速度大于面波的衰减速度。地震波的衰减常用地震动参数的衰减来表述，地震动参数的衰减关系是地震工程学研究的重要内容之一。

dizhen bosubi
地震波速比（seismic velocity ratio） 地震纵波速度 V_p 和横波速度 V_s 的比值。苏联地震学者发现，在加尔姆地区发生的 4～5 级地震中，震前的 $V_p \sim V_s$ 走时有显著变化，震前 V_p/V_s 先是降低，然后回升。这种现象在美国、中国等地区得到了证实。有人认为 V_p/V_s 的变化主要是 V_p 的变化，并据此提出了"扩容假说"。实际上，有些地震并没有发现波速异常现象。利用震前地震波速度的异常变化是探索地震预报的一条途径，目前这一领域正处在探索阶段。

dizhenbo sudu
地震波速度（velocity of seismic wave） 地震波在地球内部或地表面传播的快慢程度，一般以 km/s 表示。地震波的传播速度在地表以下各个深度上并不相同，且有明显的跃变，根据速度与介质密度及介质弹性的关系，可以推断出波速的跃变与物质性质突变相关。各种地震波在相同介质中的速度不同，波速的快慢次序为 P 波、S 波、L 波和 R 波。波速是指波的相速度（同位相面的传播速度），即在介质中有相同震相的点的轨迹所形成的面的移动速度。波速

与频率有关。由于频散，出现列波的还有"群速度"。群速度可以通过列波通过的路程与其振幅的比来确定。通常，P 波在花岗岩中的传播速度约为 5.5km/s；S 波在花岗岩中的传播速度约为 3.0km/s。

dizhen boxing shuju
地震波形数据（seismic waveform data） 对地震计输出的信号进行等时间间隔采样和量化所得到的规定格式的数字化数据。该数据是地震观测的重要数据，对地震波研究有重要意义。

dizhen canshu
地震参数（seismological parameter） 描述地震基本特征、表示地震基本性质的物理量。其包括地震的震中位置（通常用经度 λ 和纬度 φ 表示）、震源深度 h（以 km 为单位）、发震时刻 O（常用国际标准时间或地方时间表示，中国用北京时间表示）和地震震级 M（或地震能量 E）等基本参数以及地震矩、应力降、视应力和震源尺度等来描述震源物理过程的参数。

dizhen cexiang
地震测项（seismic observation item） 用不同特性的地震仪记录地震时产生地面运动过程的方法门类。同一观测方法门类下的各项观测称为地震测项分量，是构成地震测项的每个要素。

dizhen cexiang fenliang
地震测项分量（component of seismic observation item） 见【地震测项】

dizhen changqi yubao
地震长期预报（long-term earthquake prediction） 几年到几十年或更长时间内的地震危险性及其影响的预测。它是根据地震活动性分析（如大地震复发周期、大震迁移性、填空性、重复性等的研究）、活动构造分析和区域地壳形变场的研究以及地球环境因子（如太阳活动、地球自转等）分析，应用统计等方法做出的地震预报，预报时间跨度和空间范围都比较大。地震长期预报的成果可为地震中期预报奠定基础，为国家规划和建设提供依据。

dizhen chengxiang
地震成像（seismic imaging） 根据穿透地层的地震波的记录而构造地层界面图像的方法，也称地震层析成像。20世纪 60 年代，成像是从简化了的假想模型出发，利用波动方程来预测观测结果，在常规的数据分析中未采用波动方程。60 年代末，美国科学家提出了直接基于波动方程的新型成像方法，并经过了野外观测的检验，在石油勘探中很快得到推广应用。地震学能够提供距井一定距离之处岩石的精确图像，利用它可以了解岩石的倾斜方向和断裂。70年代末，地震成像技术已发展为全球地震学的成像技术，

由研究人工震源地震波发展到研究天然地震波，并开展了全球层析成像的研究工作。

dizhen chengyin

地震成因（seismogenesis）　天然地震形成和发生的原因。古代人类对地震成因有各种不同认识，如古希腊的科学之父泰勒斯（Thales）等把地震成因归结为水；亚里其多利斯（Aristoles）把地震归因于风（气流），我国清朝的康熙皇帝也持有这种观点；还有电气作用说、化学爆炸说、鲶鱼说等等。近代地震成因的假说有弹性回跳说、岩浆冲击说、相变说、扩容说、地幔对流说、温度应力说等。地震的成因是一尚未解决的科学问题，目前，科学界趋向于把板块的相对运动看成是地震破裂发生的根本原因。

dizhen chongxianqi

地震重现期（earthquake recurrence interval）　在同一地区内某一震级地震重复发生的时间间隔，也称回归期。用来说明地震发生的概率，回归期越大，地震发生的概率越低。如果假定地震的发生服从泊松分布，计算可以给出 50 年超越概率为 63% 的地震的重现周期为 50 年；50 年超越概率为 10% 的地震的重现周期为 475 年；50 年超越概率为 2% 的地震的重现周期为 2475 年。

dizhen chubo

地震初波（primary seismic wave）　一次地震中，在地震图上最早出现的地震波，即纵波或称 P 波，也称压缩波或疏密波。地震波中纵波传播速度最快，在地壳中的传播速度可达 5～6km/s，特点是周期短、振幅小。地震时人首先感觉到纵波到达，表现为上下跳动颠簸。

dizhen cisheng zaihai

地震次生灾害（secondary disaster of earthquake）　由于地震造成工程结构和自然环境破坏而引发的灾害。例如，破坏性地震引起的火灾、水灾、地质灾害、海啸、瘟疫、有毒有害物质污染等。地震次生灾害会给社会经济活动和人民的生产生活带来极大的负面影响。

dizhen cuoju

地震错距（seismic dislocation）　发震断层在一次地震中沿断层面产生的位移。1906 年美国旧金山特大地震，发震断层的水平错距达到 640cm，垂直错距 90cm；2008 年我国四川汶川 8.0 级特大地震在北川县的沙坝朱家村发震断层在地表产生了近 100cm 的垂直错距，在平武县的平通镇发震断层在地表产生了近 50cm 的水平错距。一般，地震的震级越大，地震错距就越大。但 7.0 级以下的地震很少在地表出现破裂现象。

dizhen daxiao fenbu

地震大小分布（earthquake size distribution）　一定时期某一空间范围内的地震按震级大小（如震级）的排列或表述。研究表明，一定区域内地震大小的分布遵循一定的规律。

dizhendai

地震带（earthquake belt）　地震区内地震集中成带或密集分布、由一条大的活动构造带或一组现代构造应力条件相似的构造带控制的地带。有时也指较强的地震，特别是破坏性地震在地理上呈带状分布的地带，也是活动性很强的地质构造带，同一地震带内地震发生的时间、空间和强度有明显类似和关联。国家标准 GB 18306—2015《中国地震动参数区划图》将中国及其邻近地区划分出 8 个地震区和 24 个地震带。全球划分出环太平洋地震带、欧亚地震带（也称地中海—喜马拉雅地震带）、海岭地震带（也称大洋中脊地震带）和大陆裂谷地震带（包括东非裂谷地震带和贝加尔地震带）4 个地震带。

dizhen dibiao poliedai

地震地表破裂带（earthquake surface rupture zone）　地震时由于发震断层的错动而在地表产生的破裂和形变的总称。它由一系列性质不同的次级断层、地震鼓包、构造裂缝、地震沟槽等组合而成。地震产生的地表破裂带可对工程产生巨大的破坏，震害表明，发震断层产生的地表威力极大，无坚不摧，工程选址时必须避开。国家标准 GB 50011—2010《建筑抗震设计规范》（2016 年版）对避让距离给出了具体的规定。

dizhen diji shixiao

地震地基失效（earthquake induced ground failure）　由地震引起的岩土失稳、不均匀变形、开裂、砂土和粉土液化、软土震陷等使地基丧失承载能力的破坏现象。

dizhen dimao

地震地貌（earthquake-related landform）　破坏性地震对地球表面外貌形态改造而形成的特殊构造地貌，是地震破裂作用在地表的直接证据。地震地貌的调查研究已成为地震宏观调查，特别是古地震研究的一项重要内容。它的规模有大有小，大至山崩、岩滑、地震湖等，小到地震陡坎（断层陡坎）、地震槽、坡中谷、"搓衣板"（平行阶状断层小坎）、喷砂冒水的锥（或坑）、冲沟错位等。古地震地貌研究不仅能够发现古地震事件，恢复和完善地震活动的历史，还可以通过地貌演化规律的研究来推断断层活动的方式和过程。

dizhen dizhi pohuai

地震地质破坏（seismic geological damage）　地震引起的地质灾害对工程结构的破坏，包括地面破裂、地基失效（砂土液化和软土震陷）、斜坡失稳（崩塌和滑坡）、地面塌陷和泥石流等地震灾害对工程结构的破坏作用。调查表明，地震地质破坏一般限于局部地域，其震害与破坏类型有关。

dizhen dizhi xiaoying

地震地质效应（seismogeological effect）　地质环境差异而导致地震震害的差异。例如，发震断层的性质、规模、覆盖层的厚度以及结构位于断层的上盘、下盘等产生的震害有较大的差别。

dizhendizhixue

地震地质学（seismogeology）　研究与地震孕育、发生以及地震地质灾害有关的地质问题的地质学分支学科。介于地质学和地震学之间的一门边缘学科。研究内容包括地震构造、活动断层、地震与新构造的关系、地震地质灾害、地震区划和小区划、地震的成因和地质过程、诱发地震、地震在空间上的分布规律以及地震预报和预警的技术与方法。地震活动可以看成是地球内部能量积累到一定程度，在地质构造活动或其他原因的激发下突然释放所产生的复杂的地质事件。地震是破坏巨大的自然灾害，地震地质学的研究对减轻和预防地震灾害具有重要的理论和实际意义。

dizhen dizhi zaihai

地震地质灾害（earthquake induced geological disaster）　由地震引发的地质灾害。包括由地震引发的崩塌、滑坡、泥石流、砂土液化、软土震陷、黄土流滑、地表破裂、地面塌陷、边岸坍塌以及堰塞湖、海啸等次生灾害。

dizhen dizhi zaihai xiaoquhua

地震地质灾害小区划（earthquake geological disaster microzoning）　预测强震作用下可能出现的地震地质灾害和地面破坏的类型，并依据地面破坏的类型和破坏程度进行划分的技术和方法，也称地面破坏小区划。以砂土液化等级为指标的地面破坏小区划称为砂土液化小区划；以软土震陷为指标的地面破坏小区划称软土震陷小区划。

dizhen dianciguanxi monishiyan

地震电磁关系模拟实验（simulation experiment of electric and magnetic phenomena related to earthquake）　研究与地震孕育和破裂过程相关的压磁、电声效应等大地电场、磁场、电阻率的图像、相互关系及其变化特征的一种实验。

dizhen dianci guancehuanjing

地震电磁观测环境（environment for earthquake-related electromagnetic observation）　保障地震台站电磁观测得以正常发挥工作效能的周围各种因素的总体。有关规范对我国地电和地磁观测台站的环境有明确要求。

dizhen dianci raodongguance

地震电磁扰动观测（observation of earthquake electro-magnetic disturbance）　以地震监测为目的，在选定的地点或区域进行的连续的电磁扰动观测。

dizhen dingwei

地震定位（earthquake location）　利用宏观资料或地震波观测资料（地震波到时）确定地震事件（地震、爆破等）的经纬度、震源深度、发震时刻（起爆时刻）与震级大小的工作，也称震源定位。地震仪问世前（1879 年前），一般将宏观等震线最高烈度的中心定为震中，地震仪问世后则利用仪器记录的地震波资料进行震源定位。地震学家经过大量的观测和综合研究，制定了反映各种地震波的运行时间与震中距关系的标准图表，即时距曲线图和走时表。地震发生后，根据地震仪的记录资料，结合这些标准图件，可快速定出震中位置。

dizhendong

地震动（seismic ground motion）　由震源释放出来的地震波引起的地表及近地表介质的振动，也称地震震动、地面运动。通常表示为地面质点的速度、加速度和位移等物理参量，它们随时间的变化过程分别称为速度时程、加速度时程和位移时程。一般用幅值、频率特性和持续时间三个参数来表达地震震动的特点。它是强震地震学研究的核心内容，地震动参数既是抗震设计的基础，也是地震工程学研究的重点内容之一。

dizhendong baoluo shuaijian

地震动包络衰减（envelop attenuation of strong ground motion）　地震动强度包络线的控制参数随震级、距离而变化的规律。如果把地震动强度包络线的控制参数作为地震动参数，则地震动的衰减模型与地震动峰值衰减相同。

dizhendong baohe

地震动饱和（strong ground motion saturation）　发震断层附近，随着观测点到断层垂直距离的减少和震级的增加，高频地震动幅值变化不大，且趋于有限值的现象。观测资料和理论分析表明，即使在大地震断层面上，地震动的峰值也是有限值的，称其为地震动上限。地震动饱和表现为高频地震动的强度在近断层的饱和且不随震级加大而持续增加。

dizhendong canshu

地震动参数（seismic ground motion parameters）　表示地震引起的地面特征的参数，也称震动参数。其包括地震动峰值加速度、峰值速度、峰值位移、反应谱平台值和特征周期、地震烈度、地震动持续时间和拟合的人工地震时程等。该参数是抗震设计的依据，是工程地震学和地震工程学研究的重点。

dizhendong canshu fuhe

地震动参数复核（check for ground motion parameter）　对位于中国地震动参数区划图中分界线附近的工程场地的地震动参数进行重新评定的工作。采用最新的基础资料和研究成果，对地震动参数区划图分界点附近的工程场址给出地震动参数的核实或修正。区划图编图时，由于编图比例尺和精度的原因，分区界线附近的地震动峰值加速度以及地震动峰值加速度反应谱的特征周期的精准确定存在着一定的困难。因此，位于地震动参数分区边界的工程、特别是重大工程，应采用概率地震危险性分析方法来核定地震动参数，其工作内容和程序与概率地震危险性分析相同。

dizhendong canshu quhua

地震动参数区划（seismic ground motion parameter zonation）以地震动峰值加速度和地震动峰值加速度反应谱特征周期为指标，在地震活动性和地震地质构造等研究的基础上，利用地震危险性概率分析方法将国土划分为不同抗震设防要求区域的工作，是较大范围内的地震区划工作。它是地震工程和工程抗震的一项重要工作。

dizhendong canshu quhuatu

地震动参数区划图（seismic ground motion parameter zonation map）以地震动峰值加速度和地震动动峰值加速度反应谱特征周期为指标，将国土划分为不同抗震设防要求区域的图件。新中国成立后，我国已编制了五代地震区划图，最新一代是2015年发布的国家标准GB 18306—2015《中国地震动参数区划图》。它适用于一般建设工程的抗震设防以及社会经济发展规划和国土规划、防灾减灾规划、环境保护规划等相关规划的编制。

dizhendong canshu shuaijian

地震动参数衰减（ground motion parameter attenuation）地震动参数（主要包括加速度峰值、速度峰值、位移峰值、反应谱、强震动持时等）随震级、震中距和场地条件的变化的经验关系。

dizhendong chishi shuaijian

地震动持时衰减（duration attenuation of strong ground motion）强地震动持续时间随震级、距离而变化的经验关系。将强地震动持时作为地震动参数，则持时的衰减模型与地震动峰值衰减相同。

dizhendong chixushijian

地震动持续时间（ground motion duration）从地震波初至开始到地震波振幅衰减至与干扰背景相等的时间，在地震学中简称持续时间。在工程学地震中简称持时，是指在地震动的加速度时程中，超过某一强度的或可能引起工程结构破坏的那段地震动的持续时间。

dizhendong duodianshuru

地震动多点输入（multi-support earthquake excitation）考虑工程场地地震动空间分布差异的地震动输入及其估计方法，它是考虑地震动空间分布特性的不同地点的合成地震动时程的方法。常作为长大工程结构地震反应分析的地震动输入方法。

dizhendong duowei shuru

地震动多维输入（multi-components earthquake excitation）同时考虑地震动同一地点三个平动分量和三个转动分量的地震动输入及其估计方法。

dizhendong fanyingpu tezhengzhouqi

地震动反应谱特征周期（ground motion characteristic period of response spectrum）见【地震动加速度反应谱特征周期】

dizhendong feipingwen suijiguocheng moxing

地震动非平稳随机过程模型（ground motion non-stationary stochastic process model）描述地震动非平稳随机过程（集系平均值随计算时刻变化的随机过程）的数学模型。主要有均匀调制非平稳过程模型、调制非平稳过程模型和强非平稳过程模型等。

dizhendong fenliang xiangguanxing

地震动分量相关性（coherency of strong ground motion component）在地震动分析中，地震动的三个平动分量和三个转动分量之间的相关性。同一次地震的三个地震动水平分量显然有一定的相关性，研究相关性的直接方法是假定地震动为平稳随机过程，根据强震动观测记录统计分析。由于转动分量难以测量，故统计研究主要涉及平动分量。

dizhendong fengzhi jiasudu

地震动峰值加速度（peak ground acceleration）地震动时间过程（加速度时程）的最大绝对值。地震动的强度参数之一，是表征地震作用强弱程度的重要物理指标。在抗震设计中，对应于规准化地震动加速度反应谱零周期对应的水平加速度，通常用PGA表示，是抗震设计的重要参数。

dizhendong fengzhi shuaijian

地震动峰值衰减（peak ground motion attenuation）地震动加速度峰值、速度峰值、位移峰值等参数随震级、距离和场地的不同而变化的经验关系式。一般，地震动峰值衰减函数关系可取为：

$$\ln y = c_1 + c_2 M + c_3 M^2 + C_4 \ln(R + c_8 \exp(c_9 M)) + c_6 R + c_7 S + \varepsilon$$

式中，y为地震动（加速度、速度、位移等）峰值；M为震级；R为距离；S为场地因子，对于基岩可舍去此项；ε为统计误差；$c_1 \sim c_7$为拟合系数。利用强地震动观测资料进行回归分析，得到公式中各系数，给出地震动不同分量的衰减关系。地震动峰值衰减关系在地震工程中有广泛应用。

dizhendong fengzhi sudu

地震动峰值速度（peak ground velocity）地震动速度时间过程（速度时程）的最大绝对值。地震动强度参数之一，是表征地震作用强弱程度的重要物理指标之一。常用PGV来表示，是抗震设计的重要参数。

dizhendong fengzhi weiyi

地震动峰值位移（peak ground displacement） 地震动位移过程（位移时程）的最大绝对值。地震动强度参数之一，它是表征地震作用强弱程度的重要物理指标之一。通常用 PGD 来表示，是抗震设计的重要参数之一。

dizhendong jiasudu fanyingpu tezhengzhouqi

地震动加速度反应谱特征周期（characteristic period of the acceleration response spectrum） 规准化地震动加速度反应谱（设计谱）曲线下降点所对应的周期值，也称地震动反应谱特征周期、反应谱特征周期、设计谱特征周期等，简称特征周期。它是结构抗震设计的重要参数，用 T_g 来表示，其值通常在 1s 以内。特征周期实际上是地震学家和土木工程师为了拟合设计反应谱的需要，根据大量地震统计数据提出来的概念，加速度反应谱特征周期的取值和地震影响系数的取值实际都是统计给出的经验值。

dizhendong jiasudu junfangzhi

地震动加速度均方值（ground motion acceleration square value） 地震动均方根加速度的平方，即 $a_{r\,ms}^2$。均方根加速度由下式确定：

$$a_{r\,ms} = \left[\frac{1}{T} \int_0^T a^2(t)\,\mathrm{d}t \right]^{1/2}$$

式中，$a(t)$ 为加速度时程；T 为计算中所取的时间窗，取整个加速度时程的持续时间。$a_{r\,ms}^2$ 与地震动的输入能量成正比。

dizhendong kongjian xiangguanxing

地震动空间相关性（spatial coherency of strong ground motion） 不同位置空间的地震动各频率分量振幅和相位的相关性。空间两点的地震动相关性与间距和频率有关，两点的距离越近、频率越低，其相关性越好，反之亦然。地震动空间分布受到震源、地壳介质和场地等因素的影响。行波效应、相关函数、传递函数和相干函数是研究和描述工程场地地震动空间相关性的主要方法。地震动空间相关性对长大结构的地震反应有重要影响。

dizhendonglixue

地震动力学（earthquake dynamics） 通过地质构造变形及其与地震活动关系的研究，揭示地震发生的机制和动力学过程的地震学分支学科。其研究内容包括区域地质构造、构造变形与地震活动、构造应力场、地震发生机理和地震动力学过程等。

dizhendong pinpu

地震动频谱（spectral of strong ground motion） 地震动不同振动分量的幅值和相位随频率的变化特征。它定量表示了地震动所包含的不同简谐振动的成分，揭示了地震作用的动力特性。借助于地震动频谱可方便地利用叠加原理来求解弹性体系的地震反应。在大多数情况下，频谱指的是

傅里叶谱，或狭义地指傅里叶幅值谱，傅里叶谱包括振幅谱和相位谱。

dizhendong pingwensuijiguocheng moxing

地震动平稳随机过程模型（ground motion stationary stochastic process model） 描述地震动平稳随机过程（集系平均值不随计算时刻变化的随机过程）的数学模型。主要有白噪声随机模型、有限带宽白噪声随机模型、过滤白噪声随机模型和随机脉冲模型等。

dizhendong qiangdu

地震动强度（ground motion intensity） 地震时表征地面运动强弱程度的物理量。常用地面运动的加速度、速度或位移来定量描述；地震烈度也是描述地震动强度的一个宏观指标。人能感觉到的地震动加速度大约为 $1\mathrm{cm/s}^2$，造成工程结构明显破坏的地震动加速度大约在 $100\mathrm{cm/s}^2$ 以上。目前，全球已记录到的最大地震动加速度峰值接近 $2.9g$（2011 年 3 月 11 日，日本东北近特大，在筑馆台站的记录，g 为重力加速度）；全球已记录到的最大速度峰值为 $300\mathrm{cm/s}$（1999 年 9 月 21 日，我国台湾集集 7.6 级大地震，在台湾 TCU068 台站的记录）。

dizhendong qiangduhanshu

地震动强度函数（intensity function of strong ground motion） 表示地震动幅值随时间变化趋势的函数。由下式定义：

$$g(t) = \left[\frac{1}{\Delta t} \int_{t-\Delta t/2}^{t+\Delta t/2} a^2(t)\,\mathrm{d}t \right]^{1/2}$$

式中，Δt 表示可使 $g(t)$ 趋于稳定值的最短时段；$a(t)$ 为加速度时程。

dizhendong sanyaosu

地震动三要素（three key factors of strong ground motion） 描述地震动特性的三类物理量，包括地震动的强度、频谱和持续时间。地震动强度用加速度、速度、位移或其他物理量的幅值表示，是衡量地震动强弱的常用指标；频谱描述了组成地震动各频率分量的振幅和相位，是反映地震动特性和计算结构地震反应的重要指标；当结构进入非线性变形阶段后，强地震动持续时间就与结构的低周疲劳破坏有关。地震动三要素全面刻画了地震动的特性，是地震工程学研究的重要内容。

dizhendong shangxian

地震动上限（ground motion upper limit） 大地震断层面上，地震动峰值的上界限，是地震动饱和的一种现象。它与断层破裂的应力降、岩石抗剪强度和波速有关。

dizhendong shicheng

地震动时程（strong ground motion time history） 地震动的幅度和运动方向随时间变化的过程，简称时程。它常用地震时地面运动的加速度、速度、位移的时间过程来表示，

可用专门的仪器记录下来，是研究强地面运动的基础。实际的地震动时程常被选用为设计地震动时程并作为结构地震反应分析的地震动输入。

dizhendong shicheng baoluo
地震动时程包络（time history envelop of strong ground motion） 地震动时程曲线中不同时刻的振幅经平滑后的轮廓线。它以包络线函数的形式给出，可用来描述地震动强度随时间的非平稳变化。常用的包络线函数关系有指数型和三段式两类。

dizhendong shicheng quxian
地震动时程曲线（ground motion time history curve） 地震动参数（主要是位移、速度和加速度）随时间的变化曲线。它既是地震记录的一种表达形式，也是地震动研究的重要基础资料。

dizhendong shuaijian
地震动衰减（ground motion attenuation） 地震动强度随震源距或震中距增大而减小的现象。由于地震动的复杂性，用理论的方法预测存在一定的困难。工程上，基于地震动观测资料的统计分析，建立地震动随震级、距离和场地条件等变化的经验关系，这一关系称为地震动衰减关系。利用地震动衰减关系可预测地震烈度以及表征地震动三要素的物理量。地震动衰减模型中常以震级为震源参数；距离为传播介质参数；场地类别为场地参数。地震动衰减规律在地震区划、地震小区划、确定设计地震动等方面有重要应用。

dizhendong shuaijian de buquedingxing
地震动衰减的不确定性（uncertainty of ground motion attenuation） 由于地震动及其影响因素的复杂性、观测资料不充分和不均匀、回归模型的简单化等造成的地震动衰减关系回归结果的不确定性，可用不确定性处理来校正。研究表明，烈度衰减关系的统计误差 ε 为正态分布；地震动衰减关系的统计误差 ε 为对数正态分布。

dizhendong shuaijianguanxi
地震动衰减关系（attenuation relationship of ground motion） 见【地震动衰减】

dizhendong shuaijian moxing
地震动衰减模型（ground motion attenuation model） 描述地震动随震级、震中距和场地条件变化的数学模型。最简单的地震动衰减模型为：

$$y = f_1(M) \cdot f_2(R) \cdot f_3(S)$$

式中，y 为任意地震动参数；M 为震级；R 为场地离震源的距离；S 为场地参数。

dizhendong shuaijian zhuanhuan fangfa
地震动衰减转换方法（transform method for attenuation of strong ground motion） 利用地震烈度衰减关系估计地震动参数衰减关系的近似方法。在研究区域没有观测资料，但有地震烈度衰减关系时，可以借助同时具有地震动和烈度衰减关系的其他地区的资料经过转换得到本区地震动衰减关系。常用的方法有直接转换法、首尾回归法、借用法和映射法等。

dizhendong shuiyali
地震动水压力（earthquake dynamic water pressure） 地震时水体对建筑物或构筑物产生的动态水压力。地震使大坝产生振动时，在水库水体和大坝坝体之间会产生相互作用，此时水库的水体会对大坝产生动水压力。

dizhendong shuizhun
地震动水准（ground motion level） 以重现期或相应的一定时期内发生的超越概率来表述的地震动，国家标准 GB 50011—2010《建筑抗震设计规范》（2016 年版）采用三个水准的地震动，分别为 50 年超越概率为 2%、10% 和 63% 的地震动，相应的重现周期为 2500 年、475 年和 50 年。

dizhendong suijichang moxing
地震动随机场模型（ground motion random field model） 描述空间不同点的地震动随机变化规律的数学模型，并用于确定地震动的空间分布。地下管道、大坝和大跨度桥梁等长大结构的地震反应分析均需要考虑空间不同点的地震动输入。

dizhendong suiji moxing
地震动随机模型（stochastic model of strong ground motion） 以随机振动理论为基础建立的地震动模型，包括地震动平稳随机过程模型和地震动非平稳随机过程模型。1947 年美国地震工程学家豪斯纳（G. W. Housner）提出了将地震动视为随机振动的观点，并以沿时间轴随机分布的脉冲来模拟，由此建立了地震动的白噪声模型和过滤白噪声模型；之后，根据不同研究目的对过滤白噪声模型作了修正和改进。在此基础上，发展了利用地震动随机模型预测地震动的方法，并用于合成有工程意义的高频地震动。地震动的随机模型在强地震动预测、结构随机地震反应分析以及结构可靠性理论等方面应用十分广泛。

dizhendong suiji texing
地震动随机特性（ground motion randomness） 地震动作为随机过程所具有的特性。地震动是随机振动，随机振动是一类随机过程。将所有样本的相关参数作平均，称为集系平均。若各种集系平均值（如均值、方差等）不随计算的时刻而变化，则称该随机过程为平稳随机过程，否则是非平稳随机过程。地震动是非平稳随机过程，表现在地震动的强度从零增加，经过一段比较强的阶段，再逐渐衰减，强度是随时间变化的，称强度非平稳。同时，地震动的频率成分也随时间变化，称频率非平稳。实际应用时，为处理方便，将地震动视为平稳过程，用修正的方法处理非平稳性。

dizhendong tuyali
地震动土压力（earthquake dynamic earth pressure） 地震作用引起的土体对建筑物或构筑物产生的动态压力。在挡土墙土压力计算时，应考虑水平地震作用引起的土压力。

dizhendong xiaoquhua
地震动小区划（strong ground motion microzonation） 依据地震危险性分析和工程场地地震反应分析的结果，以地震动参数为指标的地震小区划，也称设计地震动小区划。其包括地震动峰值小区划和反应谱小区划，反应谱小区划包括加速度反应谱平台值小区划和加速度反应谱特征周期小区划。

dizhendong xiaoquhuatu
地震动小区划图（strong ground motion microzonation map） 根据控制点的地震动参数（峰值加速度和反应谱特征周期等）的计算结果编制的，便于工程应用的范围较小的地震动区划图，该图提供了区划范围内任一地点的设计地震动参数和设计反应谱。

dizhendong zhenfu
地震动振幅（amplitude of ground motion） 地震动加速度、速度和位移的峰值、最大值或特定含义上的有效值的统称。它是衡量地震动强弱的物理指标。

dizhendong zhuzhou
地震动主轴（principal axes of strong ground motion） 表示地震动三个平动分量的特殊坐标系，沿此坐标系三个轴的平动分量在统计意义上互不相关。

dizhendong zhuandongfenliang
地震动转动分量（rotational components of strong ground motion） 围绕三个互相垂直坐标轴转动的地震动分量。地震动可以分解为沿三个互相垂直坐标轴方向的平动分量，以及绕三个轴的转动分量。地震作用一般以平动分量为主，但是在震害现场发现烟囱和钢筋混凝土框架-抗震墙房屋等结构有受转动作用而破坏的现象。在抗震设计时，对于重要和特殊的房屋或结构，须考虑转动分量对结构破坏的影响。由于缺乏地震动扭转分量的观测结果，对转动分量的认识主要来源于理论分析的结果。

dizhendong zhuoyue zhouqi
地震动卓越周期（ground motion predominant period） 由强地震动观测记录的谱分析确定的频谱中强度最大的频率分量对应的周期，可由傅里叶幅值谱最大值对应的周期确

定。通常，基岩的地震动卓越周期较土层的短，大震和远震的卓越周期一般较长。

dizhen doukan
地震陡坎（earthquake scarp） 由地震断层位移形成的断层陡坎，也称地震断层陡坎或地震阶。它是地震发生时，断层快速错动留下的一种剩余形变和特殊地貌。该陡坎比较平直，坎面上的砾石有的被剪断或发育有扭动滑坡，沿断层走向可断续延伸数十米到数千米，坎高可达数米至数十米。据统计，通常一次7～8级的地震产生的垂直断距仅为几十厘米至数米（排除重力影响）。因此，通过测量地震陡坎高差能估计地震断层上曾发生过的地震次数。在古地震调查中，地震陡坎是很重要的构造标志。

dizhen duanqiyubao
地震短期预报（short term earthquake prediction） 对几天到几个月内将要发生破坏性地震的时间、地点和震级的预报。短期预报对减轻地震灾害有重要意义。

dizhen duanqiyubaofang'an
地震短期预报方案（short-term earthquake forecast scheme） 由地震重点监视防御区所在地的地震主管部门或机构制定的地震短期预报的判定指标和跟踪监测措施及方案。

dizhen duanceng
地震断层（earthquake fault） 大地震发生时所形成的断层，也称发震断层。它是现代活断层最直接的表现。该断层可能是已有断层在地震时再次黏滑错动在地表的反映，也可能是在一定的区域应力场作用下伴随着地震的发生而形成的新生断层。一般7级左右大地震才有地震断层，长度从数十千米到数百千米不等，位移量从数十厘米到数米不等。地震学家通过统计给出了地震断层的长度的震级的关系，并以此来估计地震断层的震级上限。

dizhen duanceng doukan
地震断层陡坎（earthquake fault scarp） 见【地震陡坎】

dizhen duice
地震对策（earthquake countermeasure） 预防地震灾害发生的策略和地震灾害应急响应的措施，也称地震抗灾对策。它是以地震科学、社会学、法学、经济学和行为学等为指导，在总结历次抗震救灾经验与教训的基础上建立起来的防御和减轻地震灾害策略。其可通过防震减灾能力建设、编制防震减灾规划和制定地震应急预案来体现；对指导防震减灾工作有重要意义。

dizhen fashenggailü
地震发生概率（earthquake occurrence probability） 在一定区域一定时期内不同震级地震发生的可能性，用超越概率表示。不同年限不同的超越概率代表抗震设防的风险水平。

dizhen fashenggailü moxing

地震发生概率模型（probabilistic model of earthquakes occurrence） 描述地震发生随时间、空间和强度变化的概率分布模型。地震危险性分析中地震发生的时间分布采用泊松（Poisson）模型；地震发生的空间分布采用潜在震源区来作为地震发生的空间模型；震级的概率分布采用震级—频度关系来描述。

dizhen fashenlü

地震发生率（earthquake occurrence rate） 在给定时间、空间和强度范围内，某个单位时间内地震发生的平均次数。地震的年平均发生率是地震危险性评定的重要参数。

dizhen fanshe poumian tance

地震反射剖面探测（deep seismic reflection profiling）用可控人工振动源激发的地震波近垂直的反射记录，计算地下介质的分层速度与厚度，以获得地壳上地幔的精细结构探测方法。

dizhen fanyan

地震反演（seismic inversion） 根据地震仪记录到的各种类型的地震波，推测地球内部的结构形态以及物质成分，并计算各种物理参数的方法。目前，有关地球深部的知识，绝大多数来源于对地表地球物理观测资料的解释。因此，任何一种地球物理观测最终都要求解反演问题。即根据各种位场、地震波、地球自由振荡、交变电磁场以及热学或光学等地球物理观测数据来推测地球内部的结构形态及物质成分，并定量的计算各种物理参数。

dizhen fanying

地震反应（seismic response） 地震引起的各类结构、岩土工程、场地、地球物理场、地下水和地表水、动植物以及气候的非正常变化和响应。各类结构、岩土工程和场地的地震反应可以通过建立有关的模型来预测和分析，并通过地震现场调查总结；地球物理场、地下水和地表水、动植物以及气候地震反应可由专门的地震台站来监测。

dizhen fanyingpu

地震反应谱（seismic response spectrum） 见【反应谱】

dizhen fanyingpu shuaijian

地震反应谱衰减（seismic response spectrum attenuation）地震动各周期点的反应谱值随震级、距离而变化的经验关系。将给定阻尼比对应不同周期的反应谱值作为地震动参数，则可应用衰减函数关系式测反应谱值。反应谱衰减关系提供了研究地震动不同频率分量衰减特性的途径；利用设计地震动峰值和设计反应谱作为目标谱，可合成人造地震动时程。

dizhen fanying xiaoquhua

地震反应小区划（seismic response microzonation） 依据不同的场地地质环境可能出现的特殊地震反应而进行的区域划分，是针对特殊的场地而进行的地震小区划。例如，针对饱和砂土场地、软土场地、不稳定斜坡而进行的砂土液化小区划、软土震陷小区划和地震崩塌滑坡小区划等。这项工作常与地震小区划一同开展，是地震地质灾害小区划的一种类型。

dizhen fenbutu

地震分布图（map of earthquake distribution） 将不同强度的地震震中标示在一定比例尺的地图上，用来反应不同区域地震活动强度和分布规律的图件，也称地震震中分布图。该图是地震研究的基础资料。为了区别资料来源和精度的不同，分为历史地震震中分布图和现代地震震中分布图。有些特殊目的的地震分布图除表明地震震级外，还标注地震发生的时间和震源深度等。

dizhen fenlei

地震分类（earthquake classification） 根据不同工作需要和地震的特征对地震类型的划分。根据孕育和发生地震的原因及性质，可分为天然地震和人工地震。天然地震通常又分为构造地震、火山地震和陷落地震。按照震源深度分为浅源地震、中源地震和深源地震；按照震中距分为地方震、近震和远震；按震级分为无感地震、有感地震、极微震、微震、小震、中震、大震和特大地震；按地震序列分为前震、主震和等。

dizhen fusheneng

地震辐射能（seismic wave energy） 见【地震波能量】

dizhen fufajian'ge

地震复发间隔（seismic recurrence interval） 在同一条活动断层或同一条活动断层的某一活动段上相继发生的两次震级相近地震之间的时间间隔。

dizhen gailü yuce

地震概率预测（prediction of earthquake probability） 在地震活动与各种前兆信息进行统计分析的基础上，利用概率论和随机过程理论，对未来地震发生可能性的预测。在地震物理预报尚未解决的背景下，地震的概率预报不失为一种实用的预测方法。

dizhen gongcheng

地震工程（seismological engineering） 为了防御地震造成的损坏所采取的有关工程措施的总称。常作为地震工程学的代名词而被视为学科的名称。

dizhen gongcheng dizhikancha

地震工程地质勘察（earthquake engineering geological investigation） 为工程抗震而进行的专门工程地质勘察。其目的是对工程建设场地与地基在较强烈的地震作用下，可能产生的各种效应作出评价，并作为抗震设计的依据。侧重于岩土体动力特性、地震作用下的场地稳定性、地震地质灾害以及地震对工程设施可能产生的各种影响的调查和评价。

dizhen gongcheng dizhi tiaojian
地震工程地质条件（earthquake engineering geological condition） 考虑地震作用下场地稳定性的工程地质条件，包括场地的土层状态和土体动力特性、地形地貌特征、地层结构、斜坡的稳定性、断层的分布和的活动性、地震的活动性等。

dizhen gongcheng dizhixue
地震工程地质学（earthquake engineering geology） 研究与地震有关的工程地质问题和工程地质条件的学科，是工程地震学与工程地质学的交叉学科。其研究内容包括场地的地震工程地质条件的调查和分析方法、场地条件对地震动的影响、场地地基的动力反应、场地地震地质灾害等；任务是查清场地的地震工程地质条件，分析和预测场地的地震灾害及其对工程的影响；研究的核心问题是地震作用下场地的稳定性、可能产生的灾害及其对工程建设的影响。研究的方法与工程地质学和工程地震学基本相同。

dizhen goucao
地震沟槽（earthquake trench） 地震造成的长条状低洼槽地。对研究地震断层的性质有意义。

dizhen gouzao
地震构造（seismotectonic） 与地震孕育和发生有关的地质构造，即新构造运动时期的地质构造，分为全球地震构造、区域地震构造、震源构造及工程地震构造。与地震有关的活动地质构造，人们常把应用地质构造和大地构造的方法来探讨地质构造同地震活动性之间的关系称为地震构造研究。

dizhen gouzaofa
地震构造法（seismotectonic method） 在地震工程研究领域，根据地震地质构造条件评定工程场址地震动参数的方法，是地震危险性分析中的确定性方法之一。该法主要用于确定核电厂抗震设计中的极限安全地震动或设定地震，包括划分地震构造区、判断最大潜在地震和场地地震动参数的确定等环节的工作。它有别于地震地质研究领域中的地震构造法。后者是在地震地质、地球物理、地震活动性研究的基础上确定研究区内的地震发生过程和原因，并以此进行中长期地震预报的方法。

dizhen gouzao huanjing
地震构造环境（seismotectonic setting） 与区域地震活动及其空间分布关系密切的地壳动力学与地质构造背景的总称。

dizhen gouzao moxing
地震构造模型（seismotectonic model） 根据区域地震构造背景和特征建立的并用于地震危险性确定性评价的计算模型。它通常由发震构造最大潜在地震和地震构造区弥散地震等构成。

dizhen gouzaoqu
地震构造区（scismic tectonic zone） 在现今地球动力环境下，地震构造环境和发震构造环境一致的区域，或具有相对一致的地质构造、地震破裂机制以及地震活动性的一定范围的地理区域。

dizhen gouzao quhua
地震构造区划（seismotectonic province） 在地震活动与该区地质构造特征及与新构造运动之间关系研究的基础上，利用地质构造、新构造和地震活动特征开展的地震区划。20 世纪 50 年代采用的地震区划方法，也称综合地震地质方法。这一方法强调地震的发生与最新构造发育的规律有关，这种以成因分析为基础的地震区划方法曾引起研究者的关注。

dizhen gouzaotu
地震构造图（seismotectonic map） 以地震资料为依据，由地震解释得到的地震层位、断层平面特征分布图。通常表示为特定地震层位双程旅行时、深度或厚度的等值线。

dizhen gubao
地震鼓包（earthquake bulge） 在地震地表破裂带内，一次级斜列断层不连续挤压阶区的小型隆起和褶皱，也称挤压脊。

dizhen guance
地震观测（seismic observation） 用仪器观测和记录地震。地震发生时，用地震仪拾取地面振动，并将地面运动过程加以放大，用记录器记录并描绘成地面记录点的连续运动图形，并利用其进行地震分析和地震基本参数的测定。

dizhen guance huanjing
地震观测环境（environment for earthquake observation） 地震监测设施能够正常工作所要求的周围环境。由于地震观测需要特殊的环境，国家专门制定了保护地震环境的法律，用于保护地震观测环境。

dizhen guanceliang
地震观测量（quantities for earthquake observation） 在测震、强震动观测、地震电磁观测、地震地形变观测和地震地下流体观测等工作过程中使用的量。地震行业标准

DB/T 25—2008《地震观测量和单位》规定了地震各类观测量的标准。

dizhen guance shuju
地震观测数据（seismological observation data） 由永久性或临时性地震观测台（网）获得的原始记录，对这些记录进行分析处理得到的次生数据以及为使用这些数据所需要的基础数据和辅助数据。

dizhen guance yiqi
地震观测仪器（earthquake observation instrument） 在地震观测中，获取特定地球物理量（或化学量）及其随时间变化的专用测量仪器。

dizhen guanxing zuoyong
地震惯性作用（earthquake inertia） 地震动对结构的惯性作用。结构所受力的作用，在动力学中称为惯性力，也称达朗贝尔力，数值等于结构质量与结构振动加速度（或转动惯量与转动角加速度）的乘积。若作用在结构的惯性力超过构件的强度，则会引起构件的破坏，导致结构失稳或坍塌。利用达朗贝尔原理，将惯性作用视为等效的静力，可运用静力平衡方法分析和处理动力问题。早期的结构抗震分析和抗震设计规范中常将惯性作用称为地震力或地震荷载，由于是地震动引起的间接作用，现称为地震作用，而不称为荷载。

dizhen gunshi
地震滚石（earthquake-caused rolling stone） 基岩地区，由地震诱发的岩块顺坡自由滚动下落的现象。地震滚石大小不一，形状各异，滚动下落的轨迹不同，通常形成地震灾害。

dizhen haixiao
地震海啸（Tsunami） 在海域发生大地震时，深海地震断层瞬时发生的大规模海底竖向错动引起的长周期大洋行波。海啸一词的日语为津波，"津"通常是指港湾，津波是指涌向港湾的大浪。灾难性海啸的产生需要具备海底浅源7级以上的大地震、地震发生于深海区、一定的海岸形态和急剧变浅的近海海底地形等三个方面的条件。海啸的主要特点是波长大、速度快、破坏性强。历史上，环太平洋和印度洋海域沿岸都遭受过海啸的袭击。中国台湾发生海啸记录较多，中国大陆沿海的海啸不多，因为外围有岛弧屏障，东部海底是浅水大陆架，地形平缓开阔，不利形成海啸，但也有海啸的记载。减轻海啸灾害的主要措施是建立海啸预警系统，由于海啸从震源传播到海岸需要一段时间，因此可利用这段时间撤离居民或采取其他相应措施。

dizhen hezai
地震荷载（earthquake load） 作用在结构上的等效惯性力。一次强烈地震所释放出来的能量，以地震波的形式向四周扩散，地震波到达地面后引起地面运动，使地面上原来处于静止的物体受到动力作用而产生强迫振动。在振动过程中，作用在结构上的惯性力就是地震荷载。因此，地震荷载可以理解为一种能反映地震影响的等效荷载。建筑物在地震荷载和一般荷载共同作用下，如果结构的内力或变形超过容许的数值时，则建筑物将遭到破坏，乃至倒塌。因此，在结构抗震计算中，地震荷载的确定是一个十分重要的问题。

dizhen hengbo
地震横波（secondary wave） 见【横波】

dizhen hongguan diaocha
地震宏观调查（macro seismic survey） 现场观测和调查地震所造成的宏观破坏现象以及地震前后伴生的其他各种自然现象的工作，也称宏观地震调查。其包括地震前兆现象调查、地震宏观破坏现象调查、地震地质调查等。

dizhen hongguan yichang
地震宏观异常（earthquake-related macroscopic anomaly） 可被人的感官直接觉察到的，可能与地震发生有关的水文、生物、气象等自然界的反常现象，如（泉、井）水异常、动植物习性异常、天气异常现象等。

dizhenhu
地震湖（seismic lake） 大震时，由于大规模的山体崩塌堵截河流所形成的湖泊，也称堰塞湖、海子。地震湖在形成初期稳定性较差，湖水上涨和溃坝可能带来巨大的灾害。由火山熔岩流堵截而形成的湖泊称为熔岩堰塞湖。

dizhen huapo
地震滑坡（earthquake caused landslide） 地震动引起的岩体或土体沿倾斜面滑移的现象。破坏性地震常形成大量的地震滑坡，可造成重大的人员伤亡和经济损失。

dizhen huanjing
地震环境（earthquake environment） 地震构造环境、地震活动性和地震地质背景的总称。地震环境评价是地震安全性评价的重要内容。研究地震环境对分析地震成因和地震预报有重要意义。

dizhen huifang yi
地震回放仪（seismic playback apparatus） 对野外地震磁带仪（数字地震仪）所获取的地震记录在室内进行校正、处理和显示的一套仪器设备。

dizhen huishang
地震会商（seismological consideration） 根据地震观测资料对未来（一般为一年尺度）地震发生的可能性做出初步判断的会议研讨。目前，中国有地区、省和国家级的地震会商，有月会商、半年会商、年度会商等。

dizhen huodongdai

地震活动带（seismically active belt） 地震活动沿活动构造带呈带状分布，带内地震活动水平显著增强，带外地区显著平静的图像。

dizhen huodongdu

地震活动度（seismicity rate） 衡量某地区地震活动水平的定量指标。该指标反映了某地区地震活动的总体水平，通常用震级-频度公式 $\lg N = a - bM$ 的系数 a 来代表，通常 a 代表零级地震的频度。还可从某地区的震级和频度关系式中求出 b 值，即相差一级的地震次数的量级比例；再统计该地区均匀等距的方格内的地震数并折合到某一地震震级的数值，将数值相同的点相连，可得到地震活动度等值线图，它定量地反映一个地区地震活动度的分布。

dizhen huodong duanceng

地震活动断层（seismic active fault） 曾经发生和可能发生地表破裂型地震的活动断层，也称地震断层。一般 7 级以上地震都伴有明显的地震断层，个别 6 级以上（或震源较浅）的地震也出现有地震断层。其长度与错动量（水平和垂直分量），除与震级大小有关外，还与震源深度、活动断裂带的规模和区域构造背景密切相关。该断层地震安全性评价和地震地质学研究的重点。

dizhen huodongtu

地震活动图（seismicity pattern） 某一地区在某一时段内地震活动的地理分布图。一般把震级、震源深度和震中标示于一定比例尺的图上；也有用地震时小区域内单位面积、单位时间释放能量的平方根值的分布来标示，故又称地震应变释放图。

dizhen huodongxing

地震活动性（seismic activity） 一定时间和空间范围内有历史记载以来发生的地震在强度、频度、时间和空间等方面的分布规律和特征。

dizhen huodongxing canshu

地震活动性参数（seismicity parameters） 地震危险性概率分析中，描述一定时间、空间范围内发生的地震在强度、频度、时间和空间等方面的分布规律和特征的定量指标，主要包括地震的震级上限 M_u、起算震级 M_0、震级-频度关系中的 b 值、地震年平均发生率和空间分布函数。确定地震活动性参数时，通常以地震带为基本统计单元；对于不能明确地划分出地震带的地区，则以地震区作为统计单元。

dizhen huodongxing quhua

地震活动性区划（seismic activity zonation） 以地震震源本身的某些变量（如地震发生的可能性、强度和时空分布等描述地震活动性的指标）给出的地震危险性区域划分。

强度及其时空分布作为研究内容并提供相应成果，包括地震复发周期区划、最大地震发生概率区划及潜在震源区划等。

dizhen huodong yichang

地震活动异常（seismicity anomaly） 某个地震区，在一定时间内，地震活动出现大地震和小地震的次数比与该地区长期观测的平均值不一致的现象，被认为是一种地震前兆，也称震情异常。b 值的对比分析是判别地震活动异常的重要方法。

dizhen huoyueqi

地震活跃期（seismically active period） 某一地震区或地震带内地震活动频度相对较高并且强度相对较大的时段。

dizhen jizhi

地震机制（earthquake mechanism） 见【震源机制】

dizhen jiben liedu

地震基本烈度（basic seismic intensity） 一个地区在未来一定时期内、一定场地条件和超越概率水平下可能遭遇的地震烈度。例如，1990 年颁布的《中国地震烈度区划图》所定义的地震基本烈度为 50 年期限内，一般场地条件下，可能遭遇超越概率为 10% 的地震烈度。

dizhen jizaiqu

地震极灾区（extreme earthquake disaster area） 遭受地震灾害直接损失最严重的区域，一般不包括对社会经济无直接影响的地震地质灾害地区。

dizhenji

地震计（seismometer） 见【地震仪】

dizhenjidun

地震计墩（seismometer pier） 地震观测时，在地震计房中安放地震计的墩体。

dizhenjifang

地震计房（seismometer room） 建有地震计墩的房间及其过渡间的统称。

dizhen jilu

地震记录（seismic record） 地震地面运动的记载，即地震记录图。其主要有磁带记录、数字化记录和照相记录。

dizhen jiasudu

地震加速度（earthquake acceleration） 地震地面运动的加速度。它与地震烈度有统计意义上的对应关系。国家标准 GB/T 17742—2008《中国地震烈度表》规定，地震烈度为 Ⅴ、Ⅵ、Ⅶ、Ⅷ、Ⅸ、Ⅹ 度时对应水平向地震动峰值加速度平均值分别为 0.31、0.63、1.25、2.5、5.0、10.0m/s²。在日本地震烈度表中也给出了与每一烈度相当的地震加速度值。一般情况下，地震加速度值为 0.025～0.08m/s² 时，多数人可以感觉到；达到 0.25～0.80m/s² 时，房屋强烈摇动，并有轻微破坏。

dizhen jiasudutu

地震加速度图（earthquake accelerogram） 用强震仪记录到的由地震引起的地面运动加速度图，也称为地震动加速度时程图，表示地面地震动加速度某个分量的振幅随时间的变化过程。该图提供了丰富的地震动信息，是研究地震波的重要资料。

dizhen jiance

地震监测（earthquake monitoring） 对地震过程和地下核爆炸过程的监视和观测。地震的孕育和发展是复杂的自然现象，地震研究者将地震前兆异常归纳为十个大类，每一类前兆都有多种监测手段和异常分析项目（有近百项）。如测震、地电、地磁、地形变、断层位移测量、地温、地下水等都是地震监测的重要手段，地震监测的资料为地球科学研究和地震预报提供重要的基础信息。

dizhen jiance sheshi

地震监测设施（seismological monitoring facility） 开展地震监测的仪器、设备、装置，以及配套的监测场地、房屋、山洞、观测用井等的统称。

dizhen jiance taiwang

地震监测台网（earthquake monitoring network） 由若干地震监测台站组成的地震监测网络或地震监测体系，是地震监测系统的重要组成部分，一般是由某个国家或某个地震研究机构来管控地震台网，中国的地震台网由国家和各省、市、自治区、直辖市的地震主管部门来管理。如果地震台站的布设合理、观测仪器的配套设置齐全，特别是现代化高灵敏度仪器的充分利用，那么地震台网不仅能对近震高精度定位，也能准确地定出远震。

dizhen jiance taizhan

地震监测台站（earthquake monitoring station） 拥有地震监测设施，并能开展地震监测的基层机构，简称地震台。我国地震台站的种类很多，按观测手段所属的学科分为测震学科观测台站（简称测震台站），包括测震短周期观测站、测震宽频带观测站、测震甚宽频带观测站和测震强震动观测站等；形变学科观测台站（简称形变台站），包括重力观测站、地倾斜观测站、地应变观测站和 GNSS 观测站；电磁学科观测台站（简称电磁台站），包括地磁观测站、地电阻率观测站和地电场观测站；地下流体学科观测站（简称流体台站），包括水位观测站、水温观测站、氡观测站和汞观测站。每个地震监测台站可拥有多种观测手段。根据管理权限和任务划分有国家基本台和区域地震台、专业地

震台、地方台和企业台。我国地震台站均有统一的编码代号，目前，全国有 1300 多个测震台站。1930 年，中国地震学家李善邦在北京西山建造的鹫峰地震观测台，是第一个由中国人建设并用现代仪器观测的地震台。

dizhen jiance xinxi

地震监测信息（earthquake monitoring information） 对地震发生及有关的现象进行观测的有关信息，即与地震监测有关的各种信息，包括地震监测台网布局、监测能力、监测设施、观测环境状况，台网规划、建设、管理等信息。

dizhen jiance yubao fang'an

地震监测预报方案（program for earthquake monitoring and forecast） 由地震重点监视防御区所在的地震主管部门或机构制定的地震监测台网布局、震情跟踪措施和地震预报对策等方案的总称。

dizhen jianshi xitong

地震监视系统（intensity monitoring system） 为了给地震监视预报提供基本的地震信息而布设测震、前兆观测网及信息传输系统的总称。

dizhen jianzai shuju

地震减灾数据（data on earthquake disaster mitigation） 与减轻地震灾害有关的数据。包括与地震灾害的预测、预报、预防、地震应急，以及震后救灾与重建有关的数据。

dizhen jianjie jingjisunshi

地震间接经济损失（seismic indirect induced economic loss） 地震后因基础设施破坏和厂矿企业停产或减产引起相关企业产值降低的损失、重建费用、保险赔偿费用以及与救灾有关的各种非生产性消耗费用的总和。

dizhenjiao

地震角（earthquake angle） 水平地震作用与重力的合力方向与竖直向的夹角。国家标准 GB 50111—2006《铁路工程抗震设计规范》规定，地震主动土压力按库仑公式计算时，土的内摩擦角、墙背摩擦角和土的容重应根据地震角进行修正。

dizhen jie

地震阶（earthquake scarp） 见【地震陡坎】

dizhen jingji sunshi

地震经济损失（earthquake induced economic loss） 地震时造成的所有物质损失的总和。例如，建筑物、生命线的财产损失，各类厂矿企业、商业部门由于生产和经营中断而造成的各类损失。其大小取决于地震震级的大小、震源深度以及与震中的距离、场地条件、建筑结构的易损性和经济规模等。

dizhen jingyan yuce
地震经验预测（empirical earthquake prediction） 根据对已有震例的总结和地震过程的初步认识，通过类比的方法来推测未来地震的一种预测方法。

dizhen jinglixue
地震静力学（seismologic statics） 假设结构物为绝对刚体来研究地震荷载特征的学科。在这一假设条件下，结构物任何一点的绝对加速度都和地面加速度相同，忽略了结构物本身的振动。把地震作用力看作由建筑物质量和地震系数（地面运动最大水平加速度和重力加速度的比值）的乘积表示的水平静力。

dizhen jiuzai touru feiyong
地震救灾投入费用（cost for earthquake disaster relief） 地震救灾投入的各种费用，包括人工、物资、运输、医疗药品、消毒防疫、埋葬、废墟清理及人员搬迁和暂住等费用。

dizhenju
地震矩（seismic moment） 标志地震大小的物理量，地震大小的一种绝对量度，一般用 M_0 表示。它的数值相当于地震错距与断层面上错动面积和切变模量三者的乘积。由于在近代地震波频谱分析中，它与频谱的低频极限成正比，并用震级表示大震常会出现"震级饱和"现象，因此逐渐用地震矩表示构造地震的大小。严格地说，地震矩也是对地震大小的一种近似的描述。

dizhenju zhangliang
地震矩张量（seismic moment tensors） 地震矩的张量表示形式，它取决于震源的方向和强度。1970 年由美国吉尔伯特（F. Gilbert）引入到地震学中，可以用对称二阶张量表征介质内部的地震点源。用地震矩张量可将震源表示为膨胀源、剪切位错源和补偿线性向量偶极三部分之和。

dizhen kantan
地震勘探（seismic prospecting） 利用人工激发的地震波在弹性不同的地层内的传播规律来探测地下的地质结构的方法，也称地球物理勘探法，是地球物理勘探中的一种方法。基本方法是用炸药或非炸药震源人工激发地震波，沿测线的不同位置用地震勘探仪器检测大地的振动，有反射波法、表面波法、折射波法、透射波法等。该方法能够较准确地测定界面的深度和形态，判断地层的岩性，勘探含油气构造甚至直接找油，也可用来勘探煤田、盐岩矿床、某些层状的金属矿床以及解决水文地质、工程地质问题。

dizhen kantan baopo
地震勘探爆破（seismic blasting; seismic prospecting blasting） 利用震源药包爆炸在地层中激起地震波，进行地质构造勘探的爆破作业。

dizhen kantanfa
地震勘探法（seismic prospecting） 见【地震勘探】

dizhen kangzai duice
地震抗灾对策（countermeasure against earthquake disaster） 见【地震对策】

dizhen kexue
地震科学（seismological science） 传统地震学与地质学、地球物理学、大地测量学、地震工程学和岩石力学等学科交叉融合的、室内和野外观测试验以及计算机模拟实验等手段相互配合，探索地震成因和地球内部结构，勘探地质资源和研究抗震防灾的综合性学科。

dizhen kongqu
地震空区（seismicity gap） 大震发生前一段时间内，某个地震区内地震活动水平非正常的低的相对平静的地区。它被认为是下一次大地震可能发生的地点。1965 年，苏联地震学家费多托夫（S. A. Fedotov）在研究太平洋北部的地震活动时发现了这一现象。1979 年，日本学者茂木清夫（K. Mogi）把板块消减带上的强震间隙地段划为"第一类地震空区"；把较大地震前，围绕潜在地震破裂带及其周围地区的震级较小，且地震活动相对平静的区域划为"第二类地震空区"。第一类地震空区是具有发生大地震潜力而在最近很长时间内没有发生地震的区域；第二类地震空区是大震前震源附近的地震活动几乎呈完全平静状态的区域。通常，把大震有可能发生在空区的某个部位称为强震填空。

dizhen leiji sunhuai
地震累积损坏（earthquake cumulative damage） 结构或岩土体在数次地震作用下累积造成的损坏。多次地震的累积破坏在对岩土体的稳定性评价有一定的影响。

dizhenli
地震力（earthquake force） 地震波传播时引起地面振动所产生的惯性力。地震作用的旧称。当该力超过建筑物所能承受的极限时，即造成破坏。水平方向地震力一般大于垂直方向的地震力。抗震设计一个重要任务就是针对可能发生的地震的惯性力的大小，采取相应的抗震措施。

dizhen lishi
地震历时（duration of earthquake） 震源开始发射地震波至停止发射的时间间隔，或震源破裂开始至终止破裂的时间间隔。

dizhen liedu
地震烈度（seismic intensity） 评估由地震引起的地震动及其影响强弱程度的一种标度。通常以人的感觉、器物反应、房屋等结构和地表破坏程度为依据进行综合评定，并划分出不同的烈度等级，反映的是一定地域范围内（如自然村或城镇部分区域）地震动的平均水平。各国制定的《地震烈度表》是评定烈度的技术标准。地震烈度受震级、距离、震源深度、地质构造、场地条件等多种因素的影响。一般情况下，对一次地震而言，震中的烈度最高，随震中距的增大，烈度逐渐降低；震源深度一定时，震级越大，震中烈度越高；若震级相同，则震源越浅，震中烈度越高。地震烈度还存在异常现象。

dizhen liedubiao

地震烈度表（scale of earthquake intensity） 规定地震烈度的等级划分、评定方法与评定标志的技术标准，即把人对地震的感觉、地面及地面上房屋器具、工程建筑等遭受地震影响和破坏的各种现象，按照不同程度划分等级，依次排列成表。它规定了地震烈度划分的等级，以及衡量各烈度等级的地震影响和破坏的宏观现象。由于早期缺乏观测仪器，人们对地震震害的考察通常以宏观现象调查为主。1564年意大利地图绘制者伽斯塔尔第（J. Gastaldi）在地图上用各种颜色标注了阿尔卑斯（Maritime Alps）地震影响和破坏程度不同的地区，这是地震烈度概念和烈度分布图的雏形。后人借鉴并改进了他的做法，采用地震烈度表划分烈度的等级，规定了评定烈度的宏观破坏现象的标志，逐步明确了衡量地震烈度大小的方法。世界上许多国家都制定了地震烈度表。中国地震烈度表的研究始于20世纪50年代，李善邦首先按照中国房屋类型修改了MCS烈度表；谢毓寿于1957年编制了《新的中国地震烈度表》，1980年刘恢先提出了《中国地震烈度表（1980）》，在该烈度表基础上，1999年国家质量技术监督局颁布了国家标准GB/T 17742—1999《中国地震烈度表》，2008年汶川地震后修订并作为国家标准GB/T 17742—2008《中国地震烈度表》由国家质量技术监督局和标准化委员会联合发布。国家标准GB/T 17742—2020《中国地震烈度表》在2020年7月21日发布。

dizhen liedu pingding

地震烈度评定（seismic intensity evaluation） 破坏性地震发生后，以烈度表给出的不同烈度的宏观现象为标准而开展的现场调查和评定工作，也称烈度评定或烈度评价，其任务是烈度表中的各项内容为主，通过实地考察或通讯调查等途径评定各地点的地震烈度并绘制地震烈度分布图。将各烈度评定点结果标示在适当比例尺的地图上，由震中向外，依次勾画相同烈度点的外包线，即等震线。一般烈度分布图的低烈度止于Ⅵ度，即止于Ⅴ度与Ⅵ度的边界。

dizhen liedu quhua

地震烈度区划（seismic intensity regionalization） 以地震烈度为指标，在区域大地构造、地震地质、地震活动性和场地条件研究的基础上，对较大范围区域未来可能遭受的地震危险程度的划分。一般以区划图的形式表达，并称其为地震烈度区划图。面积较小的（如乡镇或厂矿范围）称为地震烈度小区划。

dizhen liedu quhuatu

地震烈度区划图（seismic intensity zonation map） 以地震烈度为指标，将国土划分为不同抗震设防要求区域的图件。我国曾编制了三幅全国地震区划图。第一幅是李善邦主持在1956完成的第一代中国地震烈度区划图，比例尺是1∶500万，以地震烈度为参数，采用确定性的方法编制；第二幅是邓启东领导的国家地震局编图小组在1977完成的第二代中国地震烈度区划图，比例尺是1∶300万，以地震烈度为参数，采用确定性的方法编制，图上表示的地震烈度是未来100年内平均土质条件下，可能遭遇的最大地震烈度；第三幅是高文学和时振梁主持在1990年完成的第三代中国地震烈度区划图，比例尺是1∶400万，以地震烈度为参数，采用概率地震危险性分析方法编制，区划图上表示的地震烈度是Ⅱ类场地条件下，未来50年超越概率为10%的地震烈度值。区划图上规定的烈度值是量大面广的一般工程抗震设防的标准。

dizhen liedu shuaijian

地震烈度衰减（earthquake intensity attenuation） 简称烈度衰减。地震烈度随震级和距离变化的经验关系。工程上，地震烈度衰减的函数关系一般取为：
$$I = c_1 + c_2 M + c_3 \ln(R + R_0) + \varepsilon$$
式中，I 为烈度；$c_1 \sim c_3$ 为回归系数；M 为震级；R 为距离；R_0 为引入因子，是为了避免在 $R=0$ 处出现奇点，使烈度无限大；ε 为统计误差。利用烈度调查给出的等震线资料，通过回归给出公式中各系数。

dizhen liedu subao taiwang

地震烈度速报台网（seismic intensity rapid reporting network） 为了快速评估和速报破坏性地震引起的地震动强度（地震烈度）的分布而专门设计和布设的强震动观测台网。它使用的仪器是烈度计。

dizhen liedu wuli zhibiao

地震烈度物理指标（physical measure of earthquake intensity） 地震烈度对应的定量地震动参数，即不同烈度对应的地震动参数当量，也称烈度标准或烈度工程标准。目前，已有研究给出了许多地震烈度和地震动参数的对应关系，但尚无公认的物理量可代替宏观现象来评定烈度，只能作为评定烈度的辅助参考。

dizhen liedu xiaoquhua

地震烈度小区划（seismic intensity microzonation） 以地震烈度为指标的小范围局部区域小区划。苏联地震学家麦德维杰夫（S. V. Medvedev）在1952年首先提出系统的地震烈度小区划方法，即采用烈度调整进行地震小区划。一般以中等强度土为标准，在基岩上降低烈度，在软土上提高烈度。目前，中国抗震规范中已放弃了使用调整烈度的小区划方法。

dizhen liedu yichang

地震烈度异常 (abnormal seismic intensity) 地震烈度的不连续现象，简称烈度异常。一次地震中，局部地区的地震烈度明显高于或低于周边的烈度，出现烈度跳跃，在等震线图中的同一个烈度区内可能存在分散的高于或低于此烈度的点，如果烈度异常点连片出现，即为烈度异常区。高于所在烈度区的称为高烈度异常区；低于所在烈度区的称为低烈度异常区。例如，1976 年中国唐山大地震出现了玉田低烈度异常区（Ⅷ度区内出现了Ⅵ度区）；2008 年中国四川汶川特大地震出现了汉源高烈度异常区（Ⅵ度区内出现了Ⅷ度区）。形成烈度异常区的原因主要是地基土层特殊性的影响，当然，还有一些异常区是由于其他因素引起的。有些地震烈度异常区在历史地震中多次重复出现。

dizhen liefeng

地震裂缝 (earthquake ground fissure) 地震在地面上所造成的没有明显位移的裂隙。地震裂缝是 6 级以上强震常见的一种破坏现象，多数发生在沟壑之间的现代松散沉积物中，大小不等、长短不一，并且有规律地排列，有时还密集成具有一定方向的裂隙带。在低洼地区沿这些裂隙带常有喷沙冒水的现象，持续较长时间，形成一连串小型沙丘或小型沙梁。这些裂隙的产生有的明显受地形控制，有的与构造活动有关。地震裂缝的成因比较复杂，通常用振动的边缘效应来解释。

dizhen liuti dizhixue

地震流体地质学 (seismohydrogeology) 研究地下流体与地震关系的一门新学科。它把物理、化学、力学同流体地质学结合起来用于地震科学研究领域，研究地震活动期内各种地球物理场和形变场与地下流体运移场之间的相互作用及其在不同地质条件下的表现，以便有效地通过地下流体来预报地震、研究区域地震活动性和地震成因，并通过地震研究地下流体的地震响应规律。

dizhen lübo

地震滤波 (seismic filter) 地震勘探中根据振动的特征区分有效波而压制干扰的措施。可用仪器也可通过数字计算机用褶积运算来完成。采用滤波法可以改善地震记录的分析，把关心的记录分出来。有速度滤波、频率滤波等方法，可使用一系列不同的滤波器。

dizhen mianbo

地震面波 (seismic surface wave) 地震波在界面附近次生的一种只沿着地表附近传播的地震波，是地震体波在界面附近生成的一种次生波，简称面波。常见的地震面波有勒夫波和瑞利波。在垂直于界面的方向上，面波的振幅随深度按指数规律迅速衰减，但在水平方向上，随距离的增加，面波振幅的衰减比体波缓慢。一般来说，面波的速度比体波速度小，而周期却比体波长。因此，在远震记录图上，往往面波比较明显。通常认为面波是体波传播到地面时激发而产生的勒夫波和瑞利波。面波的传播较为复杂，既可引起地表上下的起伏，也可是地表横向剪切，其中剪切运动对建筑物的破坏最为强烈。面波的波速大约为 3.8km/s。是地震工程学研究的重点。

dizhen moni

地震模拟 (seismic modeling) 利用计算机通过数值计算来实现地震过程的方法。也有把利用地震模拟振动台模拟地震动称为地震模拟。

dizhen moni shiyan xiangsi guanxi

地震模拟试验相似关系 (seismic simulation test similarity) 地震模拟实验时，真实模型、人工质量模型和畸变模型（忽略重力模型）之间物理量的关系。这些物理量包括长度、弹性模量、材料密度、应力、时间、变位（位移）、速度、加速度、圆频率和人工质量等。

dizhen moni zhendongtai

地震模拟振动台 (shaking table for earthquake simulation) 对各类工程结构进行地震模拟试验的振动台设施。振动台可分为机械式振动台、电磁式振动台和电液伺服振动台三类，一般多指电液伺服地震模拟振动台。该振动台的台面可作单向振动、双向振动或三向六自由度振动。振动台的控制可以是模拟控制、模拟和数字混合控制或全数字控制。由多个振动台组成、可进行多点地震动输入的设施称为振动台台阵。地震模拟振动台是当前结构抗震设计研究的重要设备之一。

dizhen nengliang

地震能量 (seismic energy) 见【地震波能量】

dizhen nishiliu

地震泥石流 (earthquake-caused debris flow) 地震动诱发的水、泥、石块混合物流动的现象。泥石流的发生需要具备地形条件、地质条件（提供固体碎屑）和气象条件，地震产生的振动只是为泥石流的发生提供了固体碎屑。地震发生后，如果不具备其他两个条件则不会产生泥石流灾害。

dizhen nianpingjun fashenglü

地震年平均发生率 (average annual probability of earthquake) 一定区域内（如地震区、带）平均每年发生地震的次数，一般规定为等于或大于起算震级 M_0 的地震次数，通常用 v 表示；v 值代表了该统计区域范围内的地震活动水平，是进行地震危险性概率分析的重要参数。影响地震年平均发生率的主要因素是震级–频度关系式中 b 值的大小和选取资料的统计时段。

dizhen niuzhuan xiaoying fenxi

地震扭转效应分析 (analysis of earthquake torsion effect)

估计地震扭转作用及其效应的方法。水平向地震动作用下，质量中心和刚度中心不重合的非对称结构或存在偶然偏心的规则对称结构都将产生的绕竖直轴的角位移和扭矩；扭转效应的产生机制和影响因素十分复杂，除了可以采用有限元模型进行模拟外，在工程上多使用简化方法估计地震扭转作用及其效应。简化分析方法有修正系数法、平扭耦联振型分解法、附加扭矩方法、剪-扭等效屈服面方法等。

dizhen ouhe
地震耦合 （seismic coupling） 特定区域的地震有同步发生的现象，有时常形成地震发生的对耦性，这种对耦性称为地震耦合。耦合地震也称相关地震。如果这种对耦性被解除，则称地震解耦。

dizhen pinci
地震频次 （earthquake frequency） 见【地震频度】

dizhen pindu
地震频度 （seismic frequency） 在单位时间内地震活动的次数，也称地震频次。它是地震活动性的标志之一。全球或地区的地震频度是地震预报的重要资料之一。研究地震频度主要根据统计方法进行，古登堡和里克特统计了地震频度与地震震级的关系，给出的经验公式为 $\lg N = a - bM$，式中，N 为累积频度；M 为震级；a 和 b 为统计系数。在不同的统计区有不同的系数。

dizhen pingjingqi
地震平静期 （quiet period） 两个地震活跃期之间的少震时期。平静是相对活跃而言的，一次或一系列大地震使某个地震区、带内所积累的能量得到了充分的释放，需要再积累一个时期才能发生大地震。由此就出现一个地震活动相对平静的时期，它同活跃期一起构成地震活动周期。

dizhen pingjingqu
地震平静区 （seismically quiet area） 处于地震平静期的某个地震带或地区。它是在特定时期地震活动水平较低的地区。

dizhen pohuailü
地震破坏率 （earthquake damage ratio） 地震破坏的工程数与原有工程数之比，或地震破坏工程所需的修复费用与原工程造价之比。也用地震破坏的工程的建筑面积与原有工程建筑面积之比来表示。它在一定程度上反映了地震灾害损失的程度。

dizhen pohuai zuoyong
地震破坏作用 （earthquake destructive action） 地震时导致岩土和工程结构破坏的各种因素总称。地震的破坏作用主要区分为强地震动引起工程结构的惯性作用和地震地质破坏作用两类，后者包括地面破裂、地基失效（砂土液化、软土震陷）、斜坡失稳（崩塌、滑坡）、地面塌陷、泥石流等对工程结构的破坏作用。大多数结构破坏是由强烈地震动的惯性作用所造成。地震地质破坏作用及其产生的灾害一般都局限在局部区域内。

dizhen polie chixu shijian
地震破裂持续时间 （earthquake rupture duration） 从震源产生破裂到破裂传播停止的整个过程所用的时间。地震震级越大，破裂持续的时间越长，震害越重，损失越大。2008 年四川汶川 8.0 级特大地震的破裂持续时间长达 90 多秒。

dizhen polieduan
地震破裂段 （earthquake rupture segment） 发震断层上一次地震事件产生破裂的部分。其长度与发生地震的震级有关，一般震级越大其长度也越大。

dizhen qianyi
地震迁移 （earthquake migration） 地震发生地点在一定范围或一定距离内呈某种呼应规律的图像。

dizhen qianzhao
地震前兆 （earthquake precursor） 地震前出现的与该震孕育和发生相关联的物理、化学、生物、气象等方面的现象，也称前兆现象。目前，已观测到地壳形变、地震活动性、地震波速度和速度比、地电场和地磁场、地下水、震源机制、重力和动物习性等近 10 个种类的地震前兆现象。根据感观可分为"宏观前兆"和"微观前兆"两种，前者能直接察觉，如天气变化、地光、地声；后者不能直接觉察，如地磁、地电等地球物理场的变化。对各类前兆有不同的观测方法，前兆观测已成为地震预报的重要手段。

dizhen qianzhao cexiang
地震前兆测项 （observation item for earthquake precursor） 为提取地震前兆信息，用仪器获取相应的地球物理量或地球化学量的方法或方法的门类。

dizhen qianzhao guance chuan'ganqi
地震前兆观测传感器 （sensor for earthquake precursor observation） 用于地震前兆观测台网并以观测地震前兆和有关地球物理量、地球化学量和辅助观测量为目的的各类传感器。

dizhen qianzhao guance yiqi
地震前兆观测仪器 （earthquake precursor observation instrument） 为提取地震前兆信息，用于观测不同学科的多种地球物理量和地球化学量的仪器或与台站监控相关的各类仪器。

dizhen qianzhao yichang

地震前兆异常（earthquake precursory anomaly） 在地震前出现的，且有别于正常变化背景的、可能与该地震孕育和发生相关联的异常变化现象。自然界许多异常现象与地震无关，非震干扰因素也会出现异常现象，如天气变化引起生物异常、人为因素引起水文异常等。因此，区分和识别地震异常与非震异常在地震预报中尤为重要。它是当前地震预报的重要依据之一。

dizhen qianzhao yichang xiangmu

地震前兆异常项目（earthquake prearoramomly item） 出现异常的地震前兆测项或经独立方法处理确定的异常参数，包括地震学异常项目及地震学以外的其他异常项目。

dizhen qiangdu

地震强度（earthquake strength） 地震强弱的程度。目前常用来表示地震强度的量主要有地震能量、地震震级、地震矩、地震动参数以及地震烈度等。

dizhenqu

地震区（earthquake zone） 区域地震活动性、现代构造应力场、地质构造背景以及现代地球动力环境相类似的区域。同一地震区表现为地震动活动的时间、空间和强度特征类似且相互关联。地震区主要根据历史地震资料、构造活动和断层活动、地球物理场、地壳结构、余震分布、震源机制解等划分。国家标准 GB 18306—2015《中国地震动参数区划图》将中国及其邻近地区共划分出 8 个地震区。工程抗震中该区也被视为经常发生破坏性地震的地区或地震能引起工程结构破坏、地震烈度在Ⅵ度或Ⅵ度以上的地区。

dizhenqudai bianjie

地震区带边界（seismic zone boundary） 地震区带划分的边界线。该边界通常是地质上的不连续界面，如断裂带或地球物理场变异带等。由于地震多发生在这些不连续界面上，其边界往往不是一条明确的地质或地球物理的界线，因此只能画在这些不连续边界外侧。该带边界确定的依据归纳为以下三个方面：第一，地震活动带的外包线；第二，活动构造区、带的边界线或外包线；第三，区域地球物理场或变异带的外包线。

dizhenqudai huafen

地震区带划分（zoning of seismic regions and belts） 考虑地震地质背景和地震活动性，对地震可能发生地域的划分。国家标准 GB 18306—2015《中国地震动参数区划图》将中国及其邻近地区共划分出 8 个地震区和 24 个地震带。

dizhen quhua

地震区划（seismic zonation） 以地震烈度或地震动参数为指标，在国家或地区范围内，根据可能遭受地震危险的

程度，用给定参数把不同抗震设防区域的危险程度划分成若干区域，也称地震区域划分。区划结果以图件形式表示，称为地震区划图。国家区划图的比例尺通常为几百万分之一，区域性区划图比例尺一般为几十万分之一。地震区划的方法可分为确定性方法和概率方法。地震区划图是各地区实施抗震设防的依据，可用于城市规划、土地利用、场址选择、一般工程结构抗震设计以及防震减灾规划和应急预案的编制。重大的工程、可能产生次生灾害的工程和对地震动参数有特殊的要求的工程必须通过地震安全性评价给出抗震设计要求的地震动参数。

dizhen quhua de gailü fangfa

地震区划的概率方法（probability method of seismic zoning） 利用概率方法给出的地震危险性结果进行的地震区划。概率方法是将地震发生视为不确定的概率事件，但又符合一定随机特性，可以建立相关的随机模型，运用概率理论得到指定地区的地震动参数概率分布，供决策者根据设防要求和经济社会条件选定。

dizhen quhua de quedingxing fangfa

地震区划的确定性方法（deterministic method of seismic zoning） 利用确定性方法给出的地震危险性结果进行的地震区划。包括历史地震法和地震构造法。确定性方法依据两条原则：第一，地质条件相同的地区，地震活动性基本相同（构造类比原则）；第二，历史上曾经发生过最大地震的地方，同样强度的地震将来还可能发生（历史重演原则）。

dizhen quhuatu

地震区划图（seismic zoning map） 把地震区划的结果在一定比例尺的地图上表示出来，并标示出地震危险区域划分的结果。为经济开发、土地利用、城市规划、场址选择、一般工程抗震设计、抗震鉴定加固、防震救灾和社会保险等提供必要的依据。新中国成立后，我国曾 5 次组织全国地震区划图的编制工作。第一次是李善邦主持在 1956 完成的第一代中国地震烈度区划图，比例尺是 1∶500 万，以地震烈度为参数，采用确定性的方法编制；第二次是邓启东领导下的国家地震局编图小组在 1977 完成的第二代中国地震烈度区划图，比例尺是 1∶300 万，以地震烈度为参数，采用确定性的方法编制，区划图上表示的地震烈度是未来 100 年内平均土质条件下，可能遭遇的最大地震烈度；第三次是高文学和时振梁主持、在 1990 年完成的第三代中国地震烈度区划图，比例尺是 1∶400 万，以地震烈度为参数，采用概率地震危险性分析方法编制，区划图上表示的地震烈度是Ⅱ类场地条件下，未来 50 年超越概率为 10% 的地震烈度值；第四次是胡聿贤主持、在 2000 年完成的第四代中国地震动参数区划图，比例尺是 1∶400 万，以水平向地震动有效峰值加速度和加速度反应谱特征周期为参数，采用概率地震危险性分析方法编制，以"两图一表"的形式给出，两图上分别表示的是Ⅱ类场地条件下，未来 50 年超越

概率为 10% 的水平向地震动有效峰值加速度和加速度反应谱特征周期；第五次是高孟潭主持在，2015 年完成的第五代中国地震动参数区划图，比例尺是 1：400 万，以水平向地震动有效峰值加速度和加速度反应谱特征周期为参数，采用概率地震危险性分析方法编制，以"两图两表"的形式给出，两图上分别表示的是未来 50 年超越概率为 10% 的水平向地震动有效峰值加速度和加速度反应谱特征周期，对应的场地类型是 Ⅱ 类场地。

dizhen renyuan shangwang

地震人员伤亡（earthquake casualty） 由于地震直接或间接造成的地震波及区域的人身伤亡。人员伤亡是地震灾害预测研究的重要内容之一。

dizhen sanyaosu

地震三要素（three elements of earthquake） 地震发生的时间、空间位置和地震的强度，即地震的时、空、强三要素。空间位置用经纬度和深度表示，强度用震级表示。

dizhen sanshe

地震散射（seismic scattering） 见【地震波散射】

dizhen sheji liedu

地震设计烈度（seismic design intensity） 根据建筑物的重要性，在基本烈度的基础上，按区别对待的原则进行调整确定的烈度，简称设计烈度。对于特别重要的建筑物，经国家批准，设计烈度可按基本烈度提高一度采用。对于重要建筑物，地震设计烈度应按基本烈度采用。对于次要建筑物，设计烈度可比基本烈度降低一度采用。为了保证属于Ⅶ度地区的建筑物都具有一定的抗震能力，当基本烈度为Ⅶ度时，设计烈度不再降低。对于临时性建筑物，可不考虑设防。

dizhen shehui sunshi

地震社会损失（earthquake induced social effect） 由地震造成的人员伤亡、居民无家可归、就业率降低、社会不安定因素增加及生态环境恶化等引起的损失或影响，也称地震社会影响

dizhen shehuixue

地震社会学（seismosociology） 运用社会学的理论和方法，对由地震灾害引起的一系列的社会问题开展综合研究的一门应用社会学。他是建立在理论社会学和地震科学基础上的一门交叉科学或边缘科学。研究的对象是由地震灾害所引起的人的社会行为以及诱发的各种社会问题。时间上包括震前、震时和震后；空间上包括社会、组织和人。研究任务是揭示地震灾害由孕育、发生到防御这一过程中存在的规律性，为人类抗御并最终战胜地震灾害提供社会学方面的理论依据和行为指导。

dizhen shehui yingxiang

地震社会影响（social impact of earthquake） 见【地震社会损失】

dizhen shexian

地震射线（seismic ray） 地震波在各向同性介质传播中，处处垂直于波前面的线，它是地震波传播的最短路径，也是表示地震波能量传播途径的曲线。射线路径由它在表面的方向表征。以射线的理论研究地震波的传播，能更形象地从几何关系上反映波的动力学特征，以便应用于实际，但不能完全反映波的本质。

dizhen shikong fenbu

地震时空分布（time-space distribution of earthquake） 天然地震在时间域或空间域的分布情况，通常用统计图表或震中分布图表示。它是地震预报的重要手段，有助于地震学家认识地壳和地幔的动力学特性、能量的积累与释放过程。

dizhen shiyan shuju

地震实验数据（experimental data of earthquake） 为解决地震科学问题，在实验室或野外环境中进行各种科学试验所得到的原始测量数据以及其他相关数据，包括原始记录、试验环境与试验条件数据、试验样品数据以及处理结果数据等。

dizhen shijian

地震事件（earthquake event） 一次地震或一次由于爆炸的原因而产生的相似的瞬时地振动过程。

dizhen shijian xinxi

地震事件信息（information of earhquake events） 表述地震事件参数的信息，包括地震发生时间、地点、震级、震源深度以及震源过程等。有时还包括初步调查获得的地震的损失和社会状况。

dizhen shuju

地震数据（earthquake data） 与地震的孕育、发生、地震波传播、地震造成的后果、科学实验以及与减轻地震灾害相关联的数据。

dizhen shuju chuli

地震数据处理（earthquake data processing） 对地震数据进行分析处理，提取所包含的科学信息的过程。它既是地震工作的重要内容，也是地震科学研究的基础。

dizhen shuju daima

地震数据代码（code for earthquake data） 按照地震数据的分类，对不同类别的地震数据赋予的编码。它对地震数据管理和数据库建设有重要意义。

dizhen shuju fenlei

地震数据分类（classification of earthquake data）　根据地震数据的属性和特征对地震数据进行的分类。它是地震数据管理和数据库建设的重要内容。

dizhen shuju guanli

地震数据管理（management of earthquake data）　对地震数据进行的汇集、存储、更新、共享、数据安全性控制等工作。它是地震科学研究的基础。

dizhen shujuku

地震数据库（earthquake database）　以各类地震数据作为管理对象的数据库。它对地震数据管理和地震科学研究有重要意义。

dizhen subao

地震速报（rapid earthquake information report）　对已发生地震的时间、地点、震级等的快速测报。它对减轻地震灾害损失意义重大。

dizhen sudu

地震速度（earthquake velocity）　地震时地面运动的速度。统计表明，它与地震烈度有统计意义上的对应关系。国家标准 GB/T 17742—2008《中国地震烈度表》规定，地震烈度为 Ⅴ、Ⅵ、Ⅶ、Ⅷ、Ⅸ、Ⅹ度时对应的地面水平峰值速度的平均值分别为 0.03、0.06、0.13、0.25、0.5、1.0m/s。在日本地震烈度表中也有与每一烈度相当的地震加速度值。

dizhen tai

地震台（seismic station）　见【地震监测台站】

dizhen taiwang

地震台网（seismograph network）　见【地震监测台网】

dizhen taizhan dianci guance

地震台站电磁观测（electromagnetic observation in seismic station）　在地震台站对地电场、地磁场及地电阻率进行连续测量项目，观测结果主要用于提取天然电磁场信息和与地震关联的前兆信息，为地震科学研究和地震预报服务。

dizhen taizhen

地震台阵（seismic array）　将有规则排列分布的地震仪器连接起来，采用专门技术进行信号处理的地震观测系统，也称组合台站，由在几千米至几十千米地区内以正规几何图形排列的地震计系统组成。这种类型的台站如结合磁带记录和大型计算机，可快速、准确、全面地分析记录到的地震波，在核试验侦察方面能发挥重要作用。

dizhen tanxing huitiaolilun

地震弹性回跳理论（elastic rebound theory of earthquake）解释构造地震成因的一种假说，该假说由美国学者里德（H. F. Reid）于 1920 年在研究 1906 年旧金山大地震后提出。按照弹性回跳理论，临近断层的地壳块体由于断层面的摩擦黏在一起，块体的相对运动引起块体的应变积累。若块体以恒定的速率相对运动，则应变以稳恒的方式随时间不断增加。当断层上某一点的应力达到其强度时，断层以地震的方式突然滑动并释放长期积累的应变。断层滑动使得存储在地壳中的应变能转化为动能、地震波辐射能和热能，断层上的应力下降到一个较低的水平，地震后，断层面两盘的岩体回跳到无应变的位置，基本恢复到原来的形状。

dizhen tibo

地震体波（body wave）　地震时从震源传出并能在地球内部向各方向传播的弹性波。体波是地震纵波（P 波）和地震横波（S 波）的总称，包括原生体波和各种折射波、反射波及其转换波。

dizhen tongjiqu

地震统计区（seismic statistical district）　在概率地震危险性分析中，采用一致地震活动性模型表征其地震活动统计特征的区域。是地震活动性参数的统计单元，地震区、带通常被用作地震统计区。

dizhen tufaxing yichang

地震突发性异常（sudden pre-earthquake anomaly）　地震活动性指标和各类地震前兆指标急剧变化的大幅度异常。

dizhentu

地震图（seismogram）　地震仪记录的原始记录图，是地震发生时地震仪用记录笔、照相或磁带等方式将地震波连续记录下来，并在记录纸上画出的锯齿状曲线，也称震波图、地震曲线图、地震谱、地震记录图等。利用地震图可以确定地震的基本参数，研究各类震相特征，揭示地震活动和地球的物理特征等。地震图的分析和解释工作主要包括基本震相的辨认、地震基本参数的确定、地震活动的统计分析、震源力学特征分析、震相运动学和动力学特征研究及新震相的研究等。

dizhen weihai

地震危害（seismic risk）　由于发生地震而造成的损失。包括人员伤亡、结构破坏、厂矿停产、商业停止、社会活动中断和环境恶化等。

dizhen weihai fenxi

地震危害分析（seismle risk analysis）　对某一区域或工程场地，在未来一定时期内，不同强度地震可能造成的损失的评估。通常以一定的超越概率表示。

dizhen weixian chaoyue gailü

地震危险超越概率（earthquake risk exceedance probability）
在一定时期内，可能遭遇大于或等于给定的地震烈度值或
地震动参数值的概率。

dizhen weixian diduan

地震危险地段（earthquake danger zone）　　地震时可能发
生地震地质灾害的地段。我国建筑抗震设计规范将场地抗
震地段划分为有利地段、不利地段和危险地段。危险地段
是指地震时可能发生滑坡、崩塌、地面塌陷、砂土液化、
软土震陷和泥石流等以及发震断裂带上可能发生地表破裂
等地震地质灾害的地段。

dizhen weixian pingjia

地震危险评价（seismic risk evaluation）　　对某一区域或
工程场地可能遭到地震的危险程度的评价，也称场地地震
危险性评定、地震危险性评估、地震危险性分析、地震安
全性评价。它主要是根据场地及其周围所在地区的地震地
质环境和地震活动特点，对场地地震危险性进行评价。工
作的内容和方法与地震安全性评价相同。

dizhen weixianqu

地震危险区（earthquake risk area）　　地震发生可能性比
较高的地区，有时特指未来一定时期（如一年尺度）内可
能发生地震的地区，是地震学家、地震部门和各级政府关
注的区域。在邓启东主编的中国第二代地震烈度区划图中，
是指未来 100 年内有可能发生破坏性地震的区域。

dizhen weixian quhua

地震危险区划（earthquake risk zoning）　　综合分析和比
较各地震区、带在未来某段时间（如 100 年）内可能发生
的地震最大震级和各级地震次数以及强震可能发生的地点
和地段，圈定不同震级地震的危险区范围的技术和方法。

dizhen weixiantu

地震危险图（seismic risk map）　　某区域发生地震的概率
大小而排定画成图形。地震学术语，是地震造成的各种损
失或可能性的图示法。

dizhen weixianxing

地震危险性（seismic hazard）　　城市或工程、建筑物所在
地区或场地，在给定的年限内，可能遭遇到的最大地震破
坏程度和损失。包括结构破坏、人员伤亡、经济损失、生
态破坏和社会影响等损失的总和。

dizhen weixianxing fenxi

地震危险性分析（seismic hazard analysis）　　在工程场址
一定范围内地震地质环境评价、地震活动性分析、场地地
震工程地质勘察的基础上，通过概率分析方法或确定性分
析方法来估计工程场址的设计地震动参数和地震地质灾害

评价的工作。属于中长期的地震预报，是地震学、地震地
质学和地震工程学交叉研究领域。重大工程和城市的地震
危险性分析在中国称为地震安全性评价。方法有确定性方
法和概率方法两类方法，其成果在震害预测和结构抗震设
计等方面有广泛的应用。

dizhen weixianxing fenxi de buquedingxing

地震危险性分析的不确定性（uncertainty in seismic hazard
analysis）　　地震危险性分析在每一个环节上的复杂因素带
来偏差，这一偏差会影响结果的精度，由此带来的不确定
性。例如，地震记录历史相对于地震活动性统计时间过短；
潜在震源区划分和边界划定、震级上限等参数值常因人而
异；地震发生概率模型过于简单；地震动衰减关系的离散
程度难以缩小；等等。不确定性是地震危险性分析中十分
突出的问题，需要估计结果偏差，以便合理应用分析的
结果。

dizhen weixianxing fenxi gailüfangfa

地震危险性分析概率方法（probabilistic seismic hazard a-
nalysis method）　　基于概率理论研究和预测场址地震动的方
法。1968 年由美国学者科内尔（C. A. Cornell）提出，该方
法的工作框架包括五个环节：第一，基于发震构造背景和
地震活动性特点划分地震区、带，判断所有对场地有影响
的潜在震源，确定每个潜在震源区的震级上限，起算震级，
震级-频度关系中的值，地震年平均发生率、空间分布函数
等地震活动性参数；第二，建立地震活动的概率模型，以
震级—频度关系为基础，确定地震随震级大小的概率分布
和概率密度函数（强度概率模型），选择地震发生时间概率
模型，并计算危险率函数；第三，确定需要的设计地震动
参数，如地震烈度、加速度峰值、速度峰值或反应谱，选
择或研究符合本地区的地震动衰减关系；第四，根据地震
发生的强度概率模型、时间概率模型和地震动衰减关系，
按照概率理论计算场地的地震动参数在一定年限内的超越
概率，得到地震危险性曲线；第五，根据设防标准由地震
危险性曲线确定设计地震动。该方法在地震工程界应用
广泛。

dizhen weixianxing pinggu

地震危险性评估（seismic hazard assessment）
见【地震危险评价】

dizhen weixianxing quxian

地震危险性曲线（seismic hazard curves）　　超越概率随
地震动参数值变化的曲线，也称超越概率曲线，是地震
危险性分析结果的一种表现形式。超越概率表示在一定
时段内工程场地周围可能发生至少一次地震在该场地上
引起的地震动参数超过给定值的概率。地震危险性分析
中使用的地震动参数有地震烈度、地震动加速度峰值和
反应谱等。

dizhen weiguan yichang

地震微观异常 (microscopic earthquake anomaly) 在地震发生前，借助仪器观测到的可定量分析的地震前兆异常。地震预报的重要依据之一。

dizhen weicuo

地震位错 (earthquake dislocation) 地震断层两盘错动的距离和方向或地震断层面上位移的不连续性，它可以用 $u(\zeta, t)$ 来表示。$u(\zeta, t)$ 是一个时间和空间的函数。通常假定位错 $u(\zeta, t)$ 平行于断层面，垂直于断层面的位移可以忽略，这种位错称为剪切位错。

dizhen weizhi

地震位置 (earthquake location) 震源在地表投影的地理位置，也称震中位置。在地图上用地理经度和纬度来标注。

dizhen wuli moshi

地震物理模式 (physical seismic pattern) 地震发生的物理过程，也称震源物理模式。它是把地震的发生过程作为一种物理现象来研究，包括地震波的激发与传播、地震机制、地震成因、地震发生的物理过程、由地震记录数据推断地球内部物质的结构和物理性质等。

dizhen wuli moxing

地震物理模型 (seismic physical model) 在实验室内将野外储层地质构造和地震参数按一定的模拟相似比制作成的地质—地震模型，也称地球物理模拟、超声地震物理模拟、比例模型。用超声波检测技术按野外地震勘探相同方法进行数据采集处理和解释的一种地震传播的正演模拟方法。

dizhen wuli yuce

地震物理预测 (physical prediction of earthquake) 利用物理学、地震学理论和前兆模式，对未来地震进行的预测。从经验预报向物理预报转移是地震预报发展的重要方向。

dizhen xilie

地震系列 (earthquake series) 一系列大小不同的地震或一段时间发生的一系列地震。若在一个很长的序列中出现大小不同的地震，找不到主震，只是群集的系列分布，则称这样的串地震震群。

dizhen xishu

地震系数 (seismic coefficient) 计算地震荷载时采用的反映地震动强度和特性的系数。用地震时地面最大加速度的统计平均值与重力加速度的比值表示，是地震烈度的一个定量指标。

dizhen xianchang

地震现场 (earthquake site) 破坏性地震或强有感地震发生后需要实施地震应急、救援并开展相关工作的地区。地震现场考察是获取地震工程知识的重要途径之一。

dizhen xianchang anquan jianding

地震现场安全鉴定 (safety assessment in post-earthquake field) 在破坏性地震发生后的应急期间，通过现场调查受震建筑的震损状况和受震损前建筑的抗震能力，对其在预期地震作用下的安全进行鉴别和评定。

dizhen xianchangdiaocha

地震现场调查 (seismological field survey) 在地震现场对地震烈度、地震宏观现象、发震构造、地震地质灾害、工程结构震害、生命线工程震害和社会影响等进行的调查。

dizhen xianchang jinjijiuzhu

地震现场紧急救助 (emergency rescue at earthquake site) 在破坏性地震或严重破坏性地震发生后，在受过专业训练的技术人员的带领下，借助光学、机械、电子或搜索犬等技术和方法，对受困或被埋压人员进行现场救助的活动。

dizhen xianchang yingjizhihui

地震现场应急指挥 (emergency command in earthquake site) 地震现场指挥机构实施的组织、协调和调度应急资源（应急队伍和应急物资等）进行应急处置的行为。

dizhen xiangying

地震响应 (seismic response) 地震仪器的振幅频率响应或振幅频率特性。它是仪器的输出振幅与输入振幅之比和频率的关系。

dizhen xiaoquhua

地震小区划 (seismic microzonation) 在较小地域范围（如城镇、大型厂矿等）内，在区域地质构造、地震地质、地震活动性和场地工程地质勘察的基础上，针对场地的设计地震动和可能遭受的地震地质破坏进行地域划分的工作，分为地震动参数小区划和地震地质灾害（地面破坏）小区划。该工作可为一般工程和重大工程的抗震设计提供设计地震动，为城市或厂矿土地利用规划的制定提供基础资料，为震害预测和防灾、救灾措施的制定提供依据。

dizhen xiaoquhuatu

地震小区划图 (seismic microzonation) 在较小范围（如城镇、大型厂矿等）内，表示设计地震动大小和可能遭受的地震地质破坏类型及程度的区域划分图件。它考虑了局部场地条件的影响，图件的比例尺常采用万分之一至数千分之一。

dizhen xiaolü

地震效率 (seismic efficiency) 一次地震中地震波释放出的能量在整个应变能中所占的比例。

dizhen xiaoying

地震效应（earthquake effect） 地震所波及的范围内产生的影响，包括直接影响和间接影响。直接影响有地层断裂位移、地面隆起及下陷等地下岩土体破裂所直接造成的影响；间接影响是地震波传播时地面振动所产生的影响，例如，房屋因振动而破坏倒塌，地震产生的崩塌、滑坡、砂土液化、软土震陷和海啸等。需要仪器才能观测到地震效应称为微观地震效应；不用仪器可观测到的地震效应称为宏观地震效应。

dizhen xiaoying zhejian xishu

地震效应折减系数（earthquake effect reduction factor） 见【综合影响系数】

dizhen xingbo

地震行波（traveling earthquake wave） 在介质中正在行进的地震波。它将地震能量从介质的一部分输运到介质的另一部分。对于大跨度桥梁结构的抗震设计需要考虑地震的行波效应。

dizhen xingbian

地震形变（seismic deformation；earthquake deformation） 大地震发生前地壳表层岩土体的变形，是地震地壳形变的简称。地壳作为一种受力介质，在地震发生前会产生各种各样的变形，从而构成一个地壳形变场。形变场在较大地震孕育过程中随时间变化，在震前不同的时期，将以不同的形式出现，并与平静期的正常形变场有所不同。它是地震的前兆之一，形变监测是地震监测的重要手段。

dizhen xulie

地震序列（earthquake sequence） 某一时间段内连续发生在同一地质构造带上或同一震源体内具有成因联系的一组按次序排列的地震。它们集中发生在一定时间（几天、几个月或更长时间）内。地震序列中最大地震称为主震，一般最大的地震所释放的能量占全序列释放的能量 90% 以上；如果地震序列中有两个较大的地震，则称为双主震；主震之前发生的地震称前震；主震以后，在主震破裂区及其邻区陆续发生的与主震的发生有关联的地震称余震，余震往往持续较长时间，形成余震序列，其频度有时可达每天 100 次量级，甚至更多些；发生的地震余震在空间上所分布的区域称为余震区；余震活动随时间衰减的规律称为余震衰减规律；余震按照时间顺序的排列称为余震序列。不能区别前震、主震和余震的地震系列活动，则称为震群。地震序列常用地震序列图，即 M-T 图表示。

dizhen xulie leixing

地震序列类型（seismic sequence type） 按照地震序列中地震能量的分布，大小地震的比例和地震的时间、空间活动等特点，将地震序列划分的类型，分为前震—主震型、前震—主震—余震型、主震—余震型、孤立型（主震型）和震群型，其中主震—余震型又包括双主震型。如果地震序列中有一个大震，随之发生许多被称为余震的小震，称为主震—余震型；如果序列中有连续发生的两次大震，称双主震型。如果主震发生后，余震很小或根本没有余震，则称为孤立型；如果没有发生与主震同样显著的地震，又无法区别前震、主震和余震的地震活动系列，则称为震群型。

dizhenxue

地震学（seismology） 研究地震的孕育和发生、地球内部构造以及由地震、火山喷发等天然震源以及地下爆炸等可控震源激发产生的机械振动在地球介质中传播、接收和解释的理论与应用的地球物理学分支学科。它利用天然地震和人工地震的有关资料，运用物理学、数学及地质学的知识，来研究地震发生的机理和地震波的传播规律，最终目标是预报地震和控制地震，利用地震波的传播特征来研究地壳和地球内部的构造。其内容包括宏观地震学、地震波的传播、地球内部物理学和测震学。研究方向为基本烈度的制定及地震区划、地震波传播理论的研究、地壳和地球内部物理的研究、震源物理的研究、地震资料的分析和处理方法的研究、地震观测系统的布局及新型地震仪器的研制、地震预报综合研究、模型试验研究等方面。

dizhen yanxi

地震演习（earthquake drill） 为防止和减轻未来地震灾害而开展的模拟训练，也称地震应急演练或地震应急演习。为提高公众的防震减灾意识，在我国地震重点监视防御区或地震重点危险区，地方政府和地震部门每年要组织由公众参与的社会性防震减灾演练。

dizhen yehua

地震液化（seismic liquefaction） 见【砂土液化】

dizhenyi

地震仪（seismograph） 用于地震监测的设备，是提供地面运动的连续记录，即地震图的仪器，也称地震计。其由拾震器（摆）、放大器、记录器三部分组成。拾震器有水平的和垂直的两种，分别接受地震时地面的水平振动和垂直振动。放大器用机械的、光学的或电子的方法将这种相对运动加以放大，并用记录器的记录笔、照相或磁带等方式连续记录下来，称为地震图或地震谱。记录器还附有时间信号装置以确定地震波到达的时刻。地震仪的类型很多，灵敏度的范围也很宽。

dizhen yiji

地震遗迹（earthquake remains） 地震遗留下的各种痕迹，包括震毁、震损或地震影响区域内完好的建（构）筑物及地震活动产生的地质、地形、地貌变动的痕迹等。地震遗迹所在的地方称为地震遗址。

dizhen yizhi

地震遗址（earthquake relic） 见【地震遗迹】

dizhen yichang
地震异常 （seismic anomaly） 见【地震前兆异常】

dizhen yisunxing
地震易损性 （seismic vulnerability） 在给定区域内由于地震发生而造成目标损伤的期望程度，即不同的地震强度下土木工程结构被破坏的概率，从概率的层面反映工程结构的抗震性能，较为客观地反映了地震与工程结构二者之间的关系，在土木工程中，可为人们更好的防范地震带来的危害提供技术支持。结构的地震易损性可采用从 0（无破坏）到 1（完全破坏）的标准形式来表示。

dizhen yisunxing fenxi
地震易损性分析 （seismic vulnerability analysis） 分析地震可能对建筑物及其他设施的损害程度的工作，简称易损性分析。该工作可以预测结构在不同等级地震作用下发生各级破坏的概率，对结构的抗震设计、加固和维修决策、防灾规划和地震应急预案的制订具有重要的应用价值。

dizhen yingbian shifangtu
地震应变释放图 （seismic strain relief map） 见【地震活动图】

dizhen yingji
地震应急 （earthquake emergency response） 破坏性地震发生后采取的紧急抢险救灾的行动和地震发生前所做的各种应急准备。地震应急是防震减灾三大体系之一，对提供防震减灾能力具有重要意义。

dizhen yingji bi'nan changsuo
地震应急避难场所 （emergency shelter for earthquake disasters） 为应对地震等突发事件，经过规划而建设的具有应急避难生活服务设施，可供居民紧急疏散和临时生活的安全场所。

dizhen yingji jiuyuan
地震应急救援 （earthquake emergency rescue） 破坏性地震发生后，对地震灾区采取的紧急抢救与援救行动，是减轻地震灾害损失的重要措施。

dizhen yingjiqi
地震应急期 （earthquake emergency response period） 为减轻地震灾害，采取应急措施的时段。一般为 10 天左右，10 天以后，灾区将转入恢复重建期。

dizhen yingji yanlian
地震应急演练 （earthquake emergency response exercise） 见【地震演练】

dizhen yingji yanxi
地震应急演习 （earthquake emergency drill） 见【地震演练】

dizhen yingji yu'an
地震应急预案 （preplan for earthquake emergency response） 为应对破坏性地震而预先编制的地震应急方案。我国防震减灾法规定，各级政府和企事业单位都要编制应急预案。

dizhen yingji zhihui jigou
地震应急指挥机构 （earthquake emergency response administration） 在破坏性地震发生后，由各级政府负责组成的指挥和组织地震应急工作的临时行政机构。

dizhen yinglijiang
地震应力降 （selsmic stress drop） 地震前后，地震断层面上应力的下降值。分为静态应力降和动态应力降。静态应力降是指断层面上某一点的剪应力从破裂前至破裂后最终状态的变化值；动态应力降是指断层上任一点在滑动前的初始应力与滑动过程中该点的滑动摩擦应力之差。

dizhen yingxiangchang quhua
地震影响场区划 （zoning of seismic influence sites） 一定范围内，以潜在震源引起的地震烈度、破坏效应或地震动参数为指标并提供相应结果的区域划分。它主要包括地震烈度区划、地震破坏程度区划及地震参数区划等。

dizheng yingxiang xishu
地震影响系数 （seismic influence coefficient） 我国抗震设计规范中表征单自由度体系的地震作用随结构周期变化的系数，是设计反应谱的一种表达形式，是抗震设计的重要参数。它是在地震作用下，给定阻尼比的单质点弹性结构的最大绝对加速度反应与重力加速度比值的统计平均值，通常根据烈度、场地类别、设计地震分组和结构自振周期以及阻尼比等参数确定。

dizhen yingxiangxishu quxian
地震影响系数曲线 （seismic effect coefficient curve） 在建筑抗震设计规范中，修正后的地震影响系数随结构自振周期的变化曲线，是抗震设计使用的加速度反应谱。地震影响系数用加速度反应谱和重力加速度的比值表示。

dizhen yougan fanwei
地震有感范围 （earthquake felt area） 人们能感觉到的地震所影响的面积。一次强烈地震的有感范围很大，如 1556 年我国陕西华县 8.0 级特大地震，在 185 个县志中都有记载，其中距离震中最远的县约 700km，估计它的影响面积约 $110×10^4 km^2$。一般来说，震级越高，影响的面积就越大；同时，又与震源深度有关，震源浅，影响面积小，相同范围内烈度相对高；震源深，影响面积大，地面造成的破坏相对轻。

dizhen yubao

地震预报（earthquake prediction） 通过研究地震规律，观测地震前兆，对未来地震的发生时间、地点和震级进行估计和推测，并将此判断按照规定的程序和方式向社会公众发布。其可分为长期预报、中期预报、短期预报和临震预报四类。目前，地震预报还处于探索和研究阶段，实现地震准确预报是减轻地震灾害的根本途径。

dizhen yubao duice

地震预报对策（earthquake prediction strategy） 政府和地震部门对地震预报意见的决策、处理原则以及方式和方法。一是根据地震预报研究的现状和预报的依据，对预报可能获得成功的程度做出估计和相应的决策；二是根据预报地区的经济、人口、环境条件等具体情况对地震预报意见的发布可能产生的社会影响做估计和判断。

dizhen yufang

地震预防（earthquake prevention） 为减轻地震灾害而预先采取的各种防御措施，是避免和减轻地震灾害的防御性工作，也称震灾预防、地震灾害预防。其包括防震减灾立法、制定预案、建筑物的抗震设防与加固、各类抗震规范和法规的制定、社会保险，加强地震科学研究，防震减灾科普宣传，全面提高全民防震减灾意识，增强全社会的抗震防震能力等措施。目前，地震预报这一世界科学难题尚未解决，地震预防是减轻地震灾害损失的重要途径。

dizhen yujing

地震预警（earthquake early warning） 破坏性地震发生后发出的警报，简称预警。在地震发生后，利用地震波传播速度（一般是几千米每秒）小于电磁波传播速度（3×10^5 km/s）的特点，利用实时地震监测台网，在破坏性地震波到达前向相关部门发出紧急信号，报告危险情况，以避免危害在不知情或准备不足的情况下发生，为人们避险提供更多时间，从而最大限度地降低危害所造成的损失的行为。用于地震预警的强震动观测台站称为地震预警强震动台站，是需要专门设计的强震台站。

dizhen yujing qiangzhendong taizhan

地震预警强震动台站（earthquake early warning station） 见【地震预警】

dizhen yujing shijian

地震预警时间（earthquake early warning time） 地震预警信息收到时刻与破坏性地震的地震波到达时刻之差。一般只有几秒到十几秒的时间。研究表明，如果预警时间为3s，可使伤亡率减少14%；如果预警时间为10s和60s，则可使人员伤亡分别减少39%和95%。

dizhen yujing taiwang

地震预警台网（earthquake early warning network） 为利用实时强震台网获取的地震动信息，争取破坏性地震波到达前的短暂时间，对预警目标区进行破坏性地震预警而专门设计布设的强震动观测台网。

dizhen yujingxitong

地震预警系统（earthquake early warning system） 为地震预警而专门设计和建设的地震观测与信息处理系统，由地震预警台网和地震预警中心组成。

dizhen yujingzhenji

地震预警震级（earthquake early warning magnitude） 根据地震预警台网的实时地震观测数据快速估计的震级，其值会随地震信息的积累而更新。

dizhen yujing zhongxin

地震预警中心（earthquake early warning center） 地震预警台网的系统监控与信息管理中心。通常地震预警的信息从该中心发出，是地震预警系统的重要组成部分。

dizhen yuansheng zaihai

地震原生灾害（primary earthquake disaster） 由地震引起的地面震动及伴生的地面裂缝、变形等直接产生的灾害，包括房屋、道路、桥梁等破坏，人畜伤亡等。它是地震灾害的主要组成部分。

dizhen yun

地震云（earthquake cloud） 地震发生前出现的形象奇特的云，主要流传在中国和日本民间。有人认为形象奇特可能与地震有关，是一种地震前兆；也有人认为是一种被误传，目前存在争议，也不被气象专业或地质专业认可。

dizhen zaihai

地震灾害（earthquake disaster） 由地震造成的人员伤亡、财产和物质损失、环境和社会功能的破坏，简称震灾或震害。其可分为地震原生灾害和地震次生灾害两类。有关地震灾害，早在中国《诗经·小雅》中就有描述："烨烨震电，不宁不令，百川沸腾，山冢崒崩，高岸为谷，深谷为陵。"其后在史书、地方志上均有记载地震引起的地表变化，人工设施破坏以及火灾、水灾、环境污染、疾病传染等次生灾害造成的人畜伤亡和社会经济损失等。

dizhen zaihai baoxian

地震灾害保险（earthquake disaster insurance） 以抗震设防区集中起来的保险费作为保险基金，用于补偿地震造成的经济损失或人员伤亡。它是利用社会力量转移和分担地震风险和地震损失的一种手段和方式。

dizhen zaihai dengji

地震灾害等级（grade of earthquake disaster） 对地震造成的灾害程度划分，通常分为一般灾害、较大灾害、重大灾害和特别重大灾害四个等级。

dizhen zaihai fengxian

地震灾害风险（earthquake risk） 某一地区或场地遭受地震灾害的危险程度。在概率性地震灾害风险分析中，是指在给定的暴露时间期间，某一给定的损失超过某定量水平的概率。

dizhen zaihai fengxian fenxi

地震灾害风险分析（seismic risk analysis；earthquake risk analysis） 对某一地区或场地生命与财产遭受地震灾害的危险程度进行的估计。即计算给定的财产或财产的有效证券损失的地震灾害风险，以地震灾风险曲线表示。

dizhen zaihai jianjie sunshi

地震灾害间接损失（earthquake-caused indirect loss） 由于地震使建筑、设施功能失效及对正常社会生活的干扰引起的非实物形式经济损失。例如，因地震灾害造成的企业停工、停产、减产、搬迁和地价变动，金融、产品与商品流通呆滞等引起的经济损失。

dizhen zaihai pinggu

地震灾害评估（earthquake disaster assessment） 地震发生后，确定和评估地震造成损失的工作，也称地震灾害损失评估，简称震灾评估。即地震发生后直接在地震现场考察每一类建筑物、设施和生命线工程的破坏程度，予以评估并折算为经济（货币）损失，以及统计居民在地震中死亡、重伤和轻伤的人数等。评估的内容包括人员伤亡、地震造成的经济损失以及建筑物破坏状况。人员伤亡包括死亡人数、受伤人数和无家可归人数。经济损失是指地震及其场地灾害、次生灾害造成的建筑物和其他工程结构、设施、设备、财物等破坏而引起的经济损失。建筑物破坏状况评估是根据地震的烈度影响场分布以及建筑物类型（高层建筑物、钢筋混凝土建筑物、多层砌体建筑物、单层建筑物、其他建筑物），分析计算地震所造成的建筑物破坏情况。国家标准 GB/T 18208.4—2005《地震现场工作 第4部分：灾害直接损失评估》规定了具体的评估内容、工作程序和评估方法。

dizhen zaihai shuju

地震灾害数据（data on earthquake disaster） 由地震造成的人员伤亡、财产损失、环境和社会功能的破坏等灾害，以及由地震造成的工程结构和自然环境的破坏所引发的地震次生灾害（如火灾、水灾、爆炸、瘟疫、有毒物质泄漏等）的记载数据、灾害预测与灾害评估数据和汇编数据。

dizhen zaihai sunshi pinggu

地震灾害损失评估（earthquake loss assessment） 见【地震灾害评估】

dizhen zaihai xinxi

地震灾害信息（earthquake disaster information） 与地震造成的各种灾害有关的信息，包括地震烈度或地震动参数、人员伤亡、经济损失、房屋及各类工程破坏情况、次生灾害、环境资源破坏、震灾调查与评估结果等。

dizhen zaihai yuce

地震灾害预测（earthquake disaster prediction） 对未来地震可能造成的灾害做出估计。其主要是估计某一区域未来一定时间内，在遭遇一定强度地震作用下，工程结构可能发生的破坏程度，以及由此导致的人员伤亡、经济损失、危害程度和社会影响等。

dizhen zaihai yufang

地震灾害预防（earthquake disaster prevention） 见【地震预防】

dizhen zaihai zhijie sunshi

地震灾害直接损失（earthquake-caused direct loss） 见【地震直接经济损失】

dizhen zaiqing

地震灾情（earthquake disaster situation） 地震造成的人员伤亡、经济损失以及社会影响等情况。其内容包括地震造成破坏的范围、有感范围；指人员伤亡等情况；地震对一般工业与民用建筑物、生命线工程、重大工程、重要设施设备的损坏或破坏、对当地生产的影响程度以及家庭财产的损失等；地震对社会产生的综合影响，如社会组织、社会生活秩序、工作秩序、生产秩序受破坏及影响情况等。

dizhen zaiqu

地震灾区（suffer area of earthquake） 地震发生后，人民生命财产遭受损失、经济建设遭到破坏的地区，即因地震而成灾的地区。通常，震中区地震破坏损失最严重，向周围地区逐渐减轻并过渡为无灾区。其大小和分布受地震强度、结构抗震能力和地震影响区地质地貌条件等因素控制。多数破坏性地震的灾区面积为几百平方千米到几千平方千米，大地震的地震灾区面积达几万平方千米。

dizhen zaibaoxian

地震再保险（earthquake reinsurance） 一次地震造成损失过于集中时，保险公司承保的地震保险责任全部向能与政府签订超额赔款分保合同的地震再保险公司进行分保，并由再保险公司给予补偿的保险方式。

dizhen zhezhou

地震褶皱 （earthquake fold） 挤压构造作用区伴随地震形成的地表附近各种弯曲构造变形，包括背斜和向斜两种基本类型。

dizhen zhendong

地震震动 （earthquake motion） 见【地震动】

dizhen zhenji

地震震级 （earthquake magnitude） 衡量一次地震释放能量大小的指标，简称震级。中国目前使用的震级标准，是国际上通用的里氏震级。1935 年，美国加州理工学院的里克特（C. F. Richter）和古登堡（B. Gutenberg）共同制定了里氏地震的标度。里克特定义以震中距 100km 处，由"标准地震仪"（也称"安德森地震仪"，它的周期是 0.8s，放大倍数为 2800，阻尼系数为 0.8）记录的水平向最大振幅（单振幅，单位为 μm）的常用对数值为该地震的震级。后来发展为远台及非标准地震仪记录经过换算也可用来确定震级。震级分面波震级（M_S）、体波震级（M_b）、近震震级（M_L）等类别，彼此之间也可以换算。里氏地震标度并没有规定上限或下限。现代精密的地震仪经常记录到规模为负数的地震。在实际测量中，震级则是根据地震仪对地震波所做的记录计算出来的。地震越大，震级的数字也越大，震级每差一级，通过地震被释放的能量约差 32 倍。目前地震仪器记录到的最大地震震级为 1960 年 5 月 22 日智利发生 8.9 级地震，矩震级为 9.6 级。

dizhen zhenxiang

地震震相 （phase of seismogram） 地震图上具有特定意义的波动记录，是具有不同振动性质（例如纵波和横波）和不同传播途径（例如直达波和反射波）的地震波在地震图上的反映。构成震相要有相位、振幅和周期三个要素。在波谱中，凡具有其中某两个要素的改变，都可视为一个震相。震相的主要判据为到时、振幅改变、周期（或频率）改变、相位改变、波数、持续时间和波列形态（脉冲型、包络形、频散类型、圆滑或尖锐，或某种噪声叠加波形）等。

dizhen zhenyuan

地震震源 （earthquake focus） 地球内部产生地震波的区域，简称震源。在地球的尺度内，理论上可将地震的震源看成一个点，但实际上地震的震源是一个体，它在地表的投影为一个区。

dizhen zhenzhong

地震震中 （epicentre） 震源断错始发点或震源最大能量释放区在地表的垂直投影点，也即震源在地面上的投影，简称为震中或震中区。分为仪器震中和宏观震中。一般情况下，震中是地震破坏严重的地区。通常把地面上受破坏最严重的地区称为极震区。理论上，震中区和极震区是相同的，实际上由于地表局部条件的影响，震中区和极震区不一定完全重合。

dizhen zhenzhong fenbutu

地震震中分布图 （map of epicenter distribution） 见【地震分布图】

dizhen zhijie jingji sunshi

地震直接经济损失 （earthquake-caused direct economic loss） 地震动及地震地质灾害、地震次生灾害造成的房屋和其他工程结构、设施、设备、物品等物质破坏造成的经济损失，也称地震灾害直接损失。

dizhen zhongqi yubao

地震中期预报 （medium-term earthquake prediction） 对几个月到几年内将要发生的破坏性地震的预报。通常，中期预报主要是根据震前相应时间出现的前兆异常而对地震发生的可能性做出判断。例如，大震前数年中，小地震活动出现条带和空区等异常图像、能量释放加速、波速下降、地壳形变以及重力、地磁、地电、地下水等出现趋势性异常变化等。中期预报一般是在长期预报划定的强震危险的地带来圈定中期趋势异常相对集中地区，并分别做出震级和时间的估计和预报。目前，中国的地震中期预报是由中国地震局或各省、自治区、直辖市地震主管部门提出，经有关省、自治区、直辖市人民政府批准发布，同时报告国务院，要求有关部门要同时部署本行政区域内的防震减灾工作。

dizhen zhongdian jianshi fangyuqu

地震重点监视防御区 （key area for earthquake surveillance and protection） 未来一定时间内，可能发生地震并造成灾害，需要加强防震减灾工作的区域。

dizhen zhongdian weixianqu

地震重点危险区 （critical earthquake risk area） 未来一年或稍长时间内可能发生 5 级以上地震的区域。中国地震局每年经地震会商提出并通报给各省、自治区、直辖市人民政府和地震主管部门。

dizhen zhouqi

地震周期 （earthquake period） 地震活跃期和平静期交替出现的间歇性现象，也称地震周期性。一个地区的地震，在强烈活动以后，一般会经过一段平静时期才会再活动。全球地震活动也具有周期性。一般认为在地震活动强烈、释放出大量能量以后，需要时间重新积累足够的能量，才能使岩石再次产生一系列破裂，地震再次活动。

dizhen zhouqixing

地震周期性 （earthquake periodicity） 见【地震周期】

dizhen zonghe yuce

地震综合预测（comprehensive earthquake prediction） 在综合分析各类地震前兆异常的基础上，为提出未来震情判定意见进行的预测。

dizhen zongbo

地震纵波（primary wave） 传播它的介质质点的振动方向和波的传播方向一致的地震波，也称压缩波、胀缩波、疏密波。它是地震时从震源传出的一种波的传播方向和介质质点压缩和拉伸方向一致、传播介质的体积受到压缩的弹性波，其传播速度最快，可在地球内部任何地方传播。

dizhen zoushibiao

地震走时表（travel-time table） 用表格形式表示的地震走时。地震波传播的时间与在这段时间内经过的距离之间的关系，一般用地震波的走时、纵波与横波的走时差和震中距等数字来表示。

dizhen zoushi quxian

地震走时曲线（travel-time curves） 表示地震波传播的距离与传播所需要时间之间关系的曲线，也称时距曲线。实际中，可以根据各个地震台的地震图资料，利用统计学的方法绘制出走时曲线。1939 年，英国学者由杰佛里斯（H. Jeffreys）和澳大利亚学者布伦（K. E. Bullen）做出 P 波、S 波从表面震源到 700km 深震源的各种走时曲线，称 J－B走时表。由于地球介质具有地区性差异，各地区有必要给出本地适用的走时曲线。

dizhen zuoyong

地震作用（earthquake action） 地震现象及其对自然界、工程结构、社会经济等的影响。在不同领域，地震作用的内涵有差别。在社会领域中，泛指地震、地震动或地震破坏后果；在地震工程领域中，工程师关心的是地震破坏作用，包括地震造成的地震地质破坏和人工结构因地震惯性效应产生的破坏；在工程结构抗震分析和抗震设计中，专指地震动加速度引起的作用于地面结构的惯性作用，这种惯性作用在早期称为地震荷载或地震力。

dizhen zuoyong biaozhunzhi

地震作用标准值（characteristic value of earthquake action） 抗震设计所采用由地面运动引起的结构动态作用的基本值，分为水平地震作用和竖向地震作用标准值。由结构重力荷载代表值或设计地震动参数等综合确定。

dizhen zuoyong lilun

地震作用理论（earthquake action theory） 研究强地震动与接地结构的力学状态变化关系及其规律的理论，主要有静力理论、反应谱理论和动力理论。在近代科学诞生之前的漫长历史过程中，人们除对震害现象进行宏观描述之外，未能形成对地震成灾原因的科学认识。基于近代力学理论解释工程结构的地震灾害促成了地震作用理论的产生；强震动观测推进了地震作用理论的发展；结构力学、结构动力学、随机振动等理论的应用、结构抗震试验技术的开发和计算机技术的普及，使地震作用理论形成了系统的科学理论并成为结构抗震技术的基础。减轻地震灾害的迫切需求是推动地震作用理论研究和发展的根本动力，工程实践推动了地震作用理论的不断发展和完善。

dizhen zuoyong xia tu de fenlei

地震作用下土的分类（soil classification for seismic action） 根据地震作用下土体的变形和稳定性的差异对土进行粗略的区分，分为对地震作用敏感的土和对地震作用不敏感的土。这种区分虽然粗略，但对工程判断有实用意义。对地震作用敏感的土在地震作用下会产生明显的孔隙水压力升高及大的永久变形现象，甚至其抗剪强度会大幅度降低或完全丧失。对于地震作用不敏感的土在地震作用下不会产生明显的孔隙水压力升高及大的永久变形现象。

dizhen zuoyong xiaoying

地震作用效应（seismic action effects） 在地震作用下，承受地震作用的结构构件的内力（如剪力、弯矩、轴力和扭矩等）和变形（如线位移和角位移等）。在桥梁抗震中是指由地震作用引起的桥梁结构内力与变形等作用效应的总称。该效应是决定结构抗震能力的基本因素，也是进行结构抗震验算的直接依据。结构的弹性内力和变形是保障结构正常使用功能的重要指标；弹塑性位移则标志结构的不同破坏程度，是涉及人身安全、经济损失和结构倒塌的决定性因素。

dizhen zuoyong xiaoying tiaozheng xishu

地震作用效应调整系数（modified coefficient of seismic action effect） 抗震分析中考虑结构计算模型的简化和弹塑性内力重分布或其他因素的影响，在结构或构件设计时对地震作用效应进行调整的系数。

dizhen zuoyong xiaoying zengda xishu

地震作用效应增大系数（magnifying coefficient of seismic action effect） 抗震设计中对某些构件地震作用效应计算结果的调整系数。该系数的采用是为了实现某种设计思想，或为了考虑计算模型简化带来的偏差和结构在弹塑性变形阶段内力重分布等因素。例如，为实现强柱弱梁的设计思想在设计时将柱端弯矩乘以增大系数；为实现强剪弱弯的设计思想将梁和柱端的剪力乘以增大系数；结构在不进行水平地震作用下的平扭偶联分析时，为考虑扭转作用可将结构周边构件的地震作用效应乘以增大系数；在设计单层厂房的天窗架和屋顶突出物时，考虑简化计算方法不能完全反映鞭梢效应，对天窗架和屋顶突出物的地震反应乘以增大系数等。

dizhenzuoyong xiaoying zhejian xishu

地震作用效应折减系数 (seismic effect reduction factor) 见【综合影响系数】

dizhenzuoyong zhejian xishu

地震作用折减系数 (seismic effect reduction factor) 见【综合影响系数】

dizhi beijing

地质背景 (geological setting) 研究区内对研究对象起作用的地质情况或地质环境。地质情况或地质环境是指地球某一部分的性质和特征，一般包括该地区的岩性、岩层时代、地质发展史、构造发展史和各种地质构造特征、重要的变质作用及其现象等，有时还需要了解研究区的水文地质、工程地质和地震地质等概况，以及地球物理特征和地球化学特征等。

dizhi gouzao

地质构造 (geological structures) 地球各种规模组成部分（如圈层、岩层、矿物等）的形态特征及其相互接触与结合方式，简称构造。形态特征，如水平与褶皱岩层；接触与结合方式，如整合关系与断层接触等。包括褶皱，节理和断层等最基本的地质元素，它们是岩石圈中构造运动的产物。各种地质构造具有相应的地质现象和工程地质条件。根据成因可将构造分为原生构造和次生构造，根据构造的规模可将构造划分为全球构造（如板块构造）、大型构造（如造山带）、中小构造（例如，断层、岩层褶皱及透入性线理等）、显微构造（如矿物变形）和超显微构造（如位错等晶内变形）等。地质学上岩石的构造是指组成岩石的矿物集合体的大小、形状、排列和空间分布等，所反映出来的岩石构成的特征。

dizhi gouzao yundong

地质构造运动 (geotectonic movement) 见【地壳运动】

dizhi guancedian

地质观测点 (geologic observation point) 野外地质调查和测绘时，观察、测量和研究地质现象的地点，也称地质点。地质观测点的选择要有代表性，能够反应一定范围内的地质条件和某些地质特征。

dizhi huanjing

地质环境 (geologic environment) 由地壳岩石圈与大气圈、水圈、生物圈相互作用而形成的环境空间。地质环境对工程建设有重要影响，是工程建设评价的重要内容。

dizhi huanjing yaosu

地质环境要素 (geologic environment element) 组成和影响地质环境的地形地貌、岩土体、地表水、地下水、地质构造以及各种地质作用等因素的总称。

dizhi lixue

地质力学 (geomechanics) 运用力学原理研究地壳构造和地壳运动规律及其起因的地质学的分支学科，由李四光创立。1926 年和 1928 年李四光先后发表《地球表面形象变迁之主因》及《晚古生代以后海水进退规程》等论文，提出"大陆车阀说"，从理论上探讨了自水圈运动到岩石圈形变、自构造形迹到大陆构造运动等问题。1929 年，李四光提出构造体系的概念；1941 年他在演讲"南岭地质构造的地质力学分析"时正式提出"地质力学"一词。1945 年发表"地质力学之基础与方法"，1962 年《地质力学概念》出版，对其理论和方法作了系统概括。地质力学把力学原理系统地引入地质学研究中，是地质学与力学相结合的边缘科学。它是从观察地质构造的现象（构造形迹）出发，分析地应力分布状况和岩石力学性质，追索力的作用方式，进而追索地壳运动程式，并结合海水进退规程，探索地壳运动的规律和起源。它研究地壳运动产生的各种形变的规律及其引起的物质变化规律以及二者间的相互关系。地质力学在资源和地震研究中有广泛的应用。

dizhi lixue moxing shiyan

地质力学模型试验 (geo-mechanical model test) 模拟岩体工程地质结构和构造、物理和力学特性以及受力条件等所采用的结构破坏模型试验。

dizhi poumian

地质剖面 (geological section) 沿某一方向，显示一定深度内地质构造情况的实际（或推断）切面。表示该剖面的图件称地质剖面图，它是按一定比例尺实测或编绘的，表示剖面上的地层、岩石、构造、侵入体和其他重要地质现象的产状及其相互关系的图件。该剖面同地表或某一平面的交线称地质剖面线。该剖面是研究地层、岩体和构造的基础资料。根据剖面线同岩层（或构造线）的关系，分横剖面和纵剖面。前者垂直岩层走向，后者平行走向。根据编制方法，分实测剖面、图切剖面、随手（信手）剖面等。

dizhi poumiantu

地质剖面图 (geological cross section) 见【地质剖面】

dizhi shidai

地质时代 (geological age) 一个地层单位或地质事件的时代和年龄，包括相对时代（地质年代）和绝对年龄（又称地质年龄或同位素年龄）。地史学将地质时代按年代顺序排列成地质时代表，又称地质年代表。

dizhiti

地质体 (geological body) 一定地质历史时期，由地质作用形成的岩土体。它是指地壳内占有一定的空间和有其固有成分并可以与周围物质相区别的地质作用的产物，是地质工作中经常使用的含义不严格的一个术语。

dizhitu

地质图（geological map）　将地面调查得到的地质要素，如地层、构造、火成岩体、矿产和其他地质体表现在地形底图上的一种描述性图件。一般附有剖面图和地层柱状图。图件的精度与分辨率由比例尺确定。根据需要地质图可分为大（大于1:10万）、中（1:25万或1:20万）、小（1:50万或1:100万）三种比例尺。

dizhixue

地质学（geology）　自然科学的基础门类之一，以地球为研究对象的一门基础科学。研究内容主要包括地球的物质组成、内部结构、外部特征、地壳运动、地质事件、地质作用、地质资源、地质矿产、地质环境以及地球的成因和演化历史等。人类对地球的认识来源于生产实践。早在远古时期，人类就开始认识矿物和岩石。欧洲的文艺复兴时期，宗教的统治渐趋衰弱，地质学取得长足进展。欧洲的工业革命极大地推动了地质学的发展。在日益深入的野外观察的基础上，一些地质学的基本理论开始萌芽。发生在18、19世纪之交的水火之争，即以德国学者沃纳（A. G. Werner）为代表的"水成论"和英国学者霍顿（J. Hutton）为代表的"火成论"的争论，终以沃纳的失败告终，导致"均变论"或"现实主义理论"的诞生；以莱尔（C. Lyell）为代表的均变论者与以居维叶（G. Cuvier）为首的灾变论者的争论，批判了神创论的错误，奠定了现代地质学的哲学基础。19世纪中叶，以固定论为核心的地槽论问世。尽管地质学界出现过以魏格纳（A. L. Wegener）的大陆漂移说代表的"活动论"，可地槽学说还是统治地质学界长达百年之久。第二次世界大战后，海洋地球科学勃兴，新的发现层出不穷，对固定论的地球观提出了极大的挑战，以活动论为科学哲学的板块构造理论终于脱颖而出，并为深海钻探所证实。地球系统和层圈相互作用的研究，地球动力学的研究，人与地球相互作用的研究，使当代地质学达到更高的境界。除了矿物学、岩石学、沉积学、地层学、构造地质学、历史地质学、矿床学、地貌学、地球物理学、地球化学、水文地质学、工程地质学等传统学科外，学科的交叉和融合更加紧密，古海洋学、古地理学、环境地质学、灾害地质学、行星地质学等新兴学科应运而生。地质学的研究正向着新的深度和广度迈进。

dizhi yingli

地质营力（geologic agents）　由地球内部或外部产生的改变地表形态、岩石特征的自然力，分为内营力和外营力。内营力如火山作用引起的岩浆侵入和火山喷发，地壳运动造成的地表隆起、拗陷、断裂和地震等；外营力如各种风化、重力崩塌和滑坡、侵蚀、搬运及堆积等。

dizhi yingli

地质应力（geological stress）　见【地应力】

dizhi zaihai

地质灾害（geological disaster）　在自然或人为因素的作用下形成的，对人类生命财产造成的损失、对环境造成破坏的地质作用、地质现象或潜在危害的事件，简称地灾。地质灾害可划分为30多种类型，如崩塌、滑坡、泥石流、地裂缝、地面沉降、地面塌陷、岩爆、坑道突水、突泥、突瓦斯、煤层自燃、黄土湿陷、岩土膨胀、砂土液化、软土震陷、土地冻融、水土流失、土地沙漠化及沼泽化、土壤盐碱化，以及地震、火山等。一般地质灾害分为自然地质灾害和人为地质灾害两大类。因为发生灾害的地理环境不同，所以治理灾害的方法和减灾措施也有所差别。近年又把地质灾害分作山地地质灾害、平原地质灾害和城市地质灾害等。

dizhi zaihai fenji

地质灾害分级（dividing class of geological disaster）　根据一次地质灾害事件的活动程度及危害或破坏损失程度划分的地质灾害等级。根据灾害活动的强度、规模、速度等指标来反映地质灾害的活动程度称为灾变等级；根据地质灾害造成的人员伤亡，直接经济损失等指标来反映地质灾害破坏损失程度称为灾害等级。利用一次灾害事件造成的伤亡人数和直接经济损失两项指标，可把地质灾害等级划分为特大灾害、大灾害、中灾害和小灾害四级。

dizhi zaihai fenlei

地质灾害分类（geological hazard categorization）　根据地质灾害的成因和特征划分的地质灾害类型。例如，地质灾害的类型按致灾地质作用的性质和发生处所进行划分，可划分为地球内动力活动灾害类、斜坡岩土体运动（变形破坏）灾害类、地面变形破裂灾害类、矿山与地下工程灾害类、河湖水库灾害类、海洋及海岸带灾害类、特殊岩土灾害类和土地退化灾害类等。

dizhi zaihai weihai chengdu

地质灾害危害程度（geological hazard damage level）　地质灾害造成人员伤亡、经济损失和生态环境破坏的程度，《国家突发地质灾害应急预案》根据需转移搬迁的人口、人员伤亡和经济损失将地质灾害险情和灾情分为特大型（Ⅰ级）、大型（Ⅱ级）、中型（Ⅲ级）、小型（Ⅳ级）四个级别。

dizhi zaihai weixianqu

地质灾害危险区（geological hazardous zone）　已经出现地质灾害迹象，明显可能发生地质灾害且将可能造成人员伤亡和经济损失的区域或地段。

dizhi zaihai weixianxing

地质灾害危险性（risk of geological hazards）　地质灾害发生的可能性以及可能造成损失的程度。对地质灾害发生的可能性和可能造成损失的综合估量称为地质灾害危险性评估。国务院《地质灾害防治条例》对地质灾害危险性评估有明确的规定。

dizhi zaihai weixianxing pinggu

地质灾害危险性评估（assessment of geological hazards）
见【地质灾害危险性评估】

dizhi zhuzhuangtu

地质柱状图（geological column） 根据实际资料编制的、按时代顺序描述一个地区地层发育状况的综合图件。图中应标明地层单位、地层代号、程序、岩性、矿产、化石、厚度、地层接触关系、图名、比例尺等要素，并附有岩性概述。

dizhi zuankong zhuzhuangtu

地质钻孔柱状图（geological boring log） 根据地质钻孔揭露的岩土类型和特性而绘制的地质岩土类型沿钻孔深度的分布图。柱状图主要表述地层代号、岩土分层序号、层顶底深度、层顶标高、层厚、岩性描述、钻孔结构、岩芯采集率、岩土取样深度和样号、原位测试深度和相关数据。

dizhi zuoyong

地质作用（geological processes） 作用于地壳的自然力使地球的物质组成、内部构造、地表形态以及物质运动的方式和强度发生变化的自然过程，也称地质过程、自然地质作用。其动力源于太阳辐射、日月引力、地球转动、重力和放射性元素蜕变等。该作用分内动力地质作用和外动力地质作用两大类，又称内营力地质作用和外营力地质作用，也分别称内生地质作用和表生地质作用。内动力地质作用是指地球自转、重力和放射性元素蜕变等能量在地壳深处所产生的动力对地球的作用，如构造运动、岩浆活动、地震、火山事件以及变质作用等，它不仅使地壳内部构造复杂化，还加大地表的起伏和高差。外动力地质作用是指大气、水和生物在太阳辐射能、重力能和日月引力等的影响下产生动力，进而对地壳表层所进行的各种作用，如风化、剥蚀、搬运、沉积和成岩作用等，它缩小地表的起伏和夷平地表的高差。

dizhi-dizhen moxing

地质–地震模型（geology-seismic model） 在实验室内将野外的地质构造和地质体按照一定的模拟相似比制作成的地质模型。在该模型上用超声波测试技术模拟地震测试方法，研究地震波在模型上传播的特征。该模型须有两个特征，一是地质构造与模拟区相似；二是地震参数与实际地层相似，符合相似比的要求。

dizhonghai-ximalaya dizhendai

地中海—喜马拉雅地震带（Mediterranean-Himalayas earthquake belt） 它分布于欧亚大陆，横贯欧亚两洲，还涉及非洲的一部分，也称欧亚地震带，是全球的主要地震带之一。该带从印度尼西亚开始，经中南半岛西部和我国的云、贵、川、青、藏地区，以及印度、巴基斯坦、尼泊尔、阿富汗、伊朗、土耳其到地中海的北岸，一直延伸到大西洋的亚速尔群岛，全长大约15000km，并且在大陆部分的宽度各地不一，相差很大。该带内地震释放的能量约占全球全部地震释放能量的15%；发生在该带的地震约占全球地震的15%左右。该带地震多分布在大陆上，常造成严重的灾害。

dijin bianxing

递进变形（progressive deformation） 同一动力方式作用下的同期连续变形。在同一种动力方式的持续作用下，岩石内部的应变状态在变形过程中可以发生变化，因而在一期变形的全过程中，会依次出现性质或方位不同的应变状态，从而导致构造变形的发展及其力学性质的转化。

dierji jianding

第二级鉴定（second level identification） 我国建筑抗震鉴定使用的逐级筛选方法的第二级鉴定。该级鉴定以抗震验算为主，结合构造影响进行综合评价，当结构承载力较高时，可适当放宽某些构造要求，在构造良好时可酌情降低承载力要求。鉴定的内容和要求有五个方面：第一，应依照建筑抗震设计规范或采用简化方法进行液化判别和地基承载力验算；第二，砌体结构应根据房屋不符合第一级鉴定的具体情况，分别采用楼层平均抗震能力指数法、楼层综合抗震能力指数法和墙段综合抗震能力指数法进行抗震验算；第三，多层钢筋混凝土房屋可采用楼层综合抗震能力指数进行验算；第四，内框架和底层框架砖房可采用砌体房屋和多层钢筋混凝土房屋的验算方法；第五，在采用建筑抗震设计规范规定的验算方法时，抗震鉴定承载力调整系数一般取抗震设计承载力调整系数的0.85倍，但砖墙、砖柱和钢结构连接件仍按设计规范中的抗震调整系数采用。

dier xingzhuang xishu S_2

第二形状系数 S_2（Secondary shape coefficient） 橡胶支座有效承压体的直径与橡胶总厚度之比。表征橡胶支座受压体的宽高比，反映橡胶支座受压时的稳定性。S_2 值越大，橡胶支座的水平刚度越大。

disanji

第三纪（Tertiary Period） 新生代的第一个纪，它是一个地质年代，距今6700万年左右，延续了约6500万年进入第四纪。

disanxi

第三系（Tertiary System） 第三纪时期所形成的地层，它是地质上的一套地层组合，包括古新统、始新统、渐新统、中新统和上新统。

disiji

第四纪（Quaternary Period） 地质历史上最新的一个时代，即新生代的第三个纪。起始于距今2.588Ma，直到今天。国际地质年代表上用 Q 表示第四纪。第四纪这个名词是法国学者德斯诺伊尔斯（J. Desnoyers）在1829年创立的。他在研究巴黎盆地地层时，将第三系上松散沉积物划分出来，命名为第四系。第四纪是地质历史上发生过大规模冰川活动的少数几个纪之一，又是哺乳类动物和被子植物高度发展的时代，人类出现在这个时代，因此又称第四纪为人类纪或灵生纪。第四纪对应的地层为第四系。

disiji chenjiwu
第四纪沉积物（Quaternary sediment）　第四纪时期形成的沉积物。该沉积物具有岩性松散、成因多样、岩性岩相变化快、厚度差异大等特点，常含哺乳动物化石和古人类化石。根据岩性可分为碎屑沉积物、化学沉积物、生物沉积物、火山堆积物和人工堆积物。根据地质营力可分为风成沉积、河流沉积、湖泊沉积、沼泽沉积、岩溶沉积、冰川沉积、海洋沉积等。除生物礁、海滩岩等碳酸盐沉积外，一般为未固结的松散堆积物。该沉积物的研究是以野外露头剖面和钻孔岩心的观察为基础，同时还要进行室内的分析鉴定，如沉积物粒度分析、矿物组成分析、碎屑颗粒形态分析（球度、圆度等）、表面特征分析、组构分析、工程力学性质测定以及年代学研究等。

disiji dizhitu
第四纪地质图（Quaternary geological map）　广义上，指表达第四纪地质现象的各种图件的统称，包括素描图、柱状图、剖面图和区域第四纪地质图等。狭义上，指区域第四纪地质图，即为反映第四纪地质现象空间展布的平面图。区域第四纪地质图可分为普通第四纪地质图和专门第四纪地质图。用不同的颜色、花纹和符号，将一定地区第四纪沉积物的岩性、成因类型、地层，第四纪火山岩的岩性和时代以及第四纪地质构造等现象填绘在一定比例尺的地形图上，称为普通第四纪地质图；专门第四纪地质图是根据生产和科研的不同而编绘单因素或几个要素的第四纪地质图，如第四纪某一时期古地理图、第四纪沉积物等厚线图、第四纪活动构造图等。

disiji dizhixue
第四纪地质学（Quaternary geology）　研究第四纪地质历史及其发展规律的学科，是地质学的一个年轻的分支。其主要研究内容包括第四纪地质年代、沉积物与地层、新构造运动、地貌、气候、生物、火山、冰川、古地理、海面变迁、矿产和地震等。第四纪是现代仍在经历的地质阶段，第四纪地质学与人类的生存环境密切相关，活断层和古地震是工程地震学关注的问题。

disiji diban dengshenxiantu
第四纪底板等深线图　（bathymetric chart of quaternary back panel）　标示第四纪地层底板高程等值线的图件。该图可与地面等高线图配合使用，反映第四纪地层的厚度差异和底板的起伏变化。基岩埋深的变化是建立场地地震动反应高维分析模型的基础资料，也对了解区域和近场的新构造活动的差异和工程场地覆盖层厚度等有重要参考价值。

disiji fenqi
第四纪分期（subdivision of Quaternary）　按照第四纪生物演变和气候变化把第四纪划分为几个时间尺度不等的时期。通常把第四纪分为更新世和全新世两个世。更新世开始于距今 2.588Ma，结束于距今 11～10ka；更新世结束到现在为全新世。根据《中国地层指南》规定，第四系划分为更新统（Qp）和全新统（Qh）。更新统河湖相地层划分为泥河湾阶、周口店阶和萨拉乌苏阶；黄土地层划分为相应的午城阶、离石阶和马兰阶。从地质时代上，更新世一般进一步划分为更新世早期（早更新世）、更新世中期（中更新世）和更新世晚期（晚更新世）三个阶段，其分界年龄分别为距今 781ka 和 126ka。

disiji huangtu
第四纪黄土（Quaternary loess）　第四纪形成的一种特殊土。第四纪气候干旱时期或盛冰期时，大量尘埃由陆地吹扬到空中，导致亚洲、欧洲、北美洲等中纬度地区形成巨厚的黄—褐色，含钙质的以粉沙为主的黄土堆积。黄土是干冷气候条件下的产物，其物质组成，不论是它的颗粒成分还是矿物成分，其在空间和时间分布上都有一定的规律性。其矿物成分包括碎屑矿物、黏土矿物和自生矿物，其中，碎屑矿物以石英为主，其次为云母、角闪石、长石等。第四纪时期气候冷暖交替变化使得黄土与古土壤层交替出现。黄土孔隙度较大，垂直节理发育，遇水易崩解，容易被侵蚀，常发生崩塌、滑塌、滑坡与沉陷（湿陷）。

disixi
第四系（Quaternary System）　在第四纪地质时期沉积的地层。其自下而上划分为更新统和全新统两套地层。第四系大多为新近沉积的松散地层，有些第四系土层场地对工程建设不利。

diyiji jianding
第一级鉴定（first level identification）　中国建筑抗震鉴定使用的逐级筛选方法中的第一级鉴定。该级鉴定是以整体性态和构造鉴定为主进行评价，内容和要求有八个方面，第一，地基不存在饱和砂土、饱和粉土和软弱土；存在饱和砂土或粉土但符合可不考虑液化的判别要求；存在软弱土但厚度和静承载力满足鉴定要求。第二，基础无腐蚀、酥碱、松散和剥落的现象，上部建筑无不均匀沉降或倾斜现象。第三，结构构件无裂缝、不歪闪，钢筋不出露、无锈蚀。第四，建筑满足高度、层数、高宽比、横墙间距和楼屋盖长宽比等要求。第五，建筑满足平、立面的规则性要求，底框架房屋满足底部侧移刚度比要求。第六，钢筋混凝土构件满足配筋率、箍筋和钢筋锚固要求。第七，结构构件间的连接构造满足整体性要求，易损部位满足局部尺寸要求，满足圈梁、构造柱等设置要求，厂房有较完整的支撑系统。第八，混凝土、砂浆等结构材料的实际强度符合鉴定要求。

diyi xingzhuang xishu S_1

第一形状系数 S_1（Primary shape coefficient） 橡胶支座中每层橡胶层的有效承压面积与其自由表面积之比。它表征橡胶支座中的钢板对橡胶层变形的约束程度，S_1 值越大，橡胶支座的受压承载力就越大，竖向刚度也就越大。

dianxi'nan dizhendai

滇西南地震带（Dianxinan earthquake belt） 国家标准 GB 18306—2015《中国地震动参数区划图》划分的地震带，隶属青藏地震区。该带包括红河断裂带以西的滇西南地区以及境外的缅甸、老挝、泰国和越南的一部分，西达缅甸弧，南至老挝境内，其主体为欧亚板块与印度板块的碰撞接触带。该带是一条中强地震活动十分频繁的地带，包含有思茅—普洱次级地震区、腾冲—龙陵次级地震带、澜沧—耿马次级地震带、芒基—其培—腾冲—龙陵次级地震带，地震活动频度高，强度大，1976 年 5 月 29 日在云南龙陵东发生了 7.3 级地震、1988 年 11 月 6 日在云南澜沧北发生了 7.4 级地震。据统计，该地震带共记录到 4.7 级以上地震 336 次。其中 5.0～5.9 级地震 195 次；6.0～6.9 级地震 54 次；7.0～7.9 级地震 10 次；8.0～8.9 级地震 1 次，最大地震为 1912 年发生在缅甸东枝 8.0 级特大地震。该带本底地震的震级为 6.0 级，震级上限为 8.0 级。

dianxing qixiangnian

典型气象年（typical meteorological year） 以近 30 年的月平均值为依据，从近 10 年的资料中选取一年各月接近 30 年的平均值作为典型气象年。由于选取的月平均值在不同的年份，资料不连续，还需要进行月间平滑处理。

dianhezaifa

点荷载法（the method of point load） 建筑施工检测中通过对试样施加点荷载来检测砌筑砂浆抗压强度的方法。

dianhezai shiyan

点荷载试验（point load test） 用点荷载仪的两个球状加荷锥头，沿岩芯的对径方向加荷直至岩芯压裂的强度试验方法。这种试验也可沿岩芯轴向或在不规则的岩块上进行。

dianyuan

点源（point source） 地震能量从一点集中释放的潜在震源。在地震危险性分析计算时把震源划分为点源、线源和面源三种类型。

dianyuan moxing

点源模型（point source model） 强地震动模拟时，描述断层破裂引发地震的力学模型，为了便于求解而把地震断层简化为点源。最简单的点源模型是集中力构成的偶极子模型。在地震危险性分析中，潜在震源计算模型的点源模型是指假定地震能量从一点释放，引起的地面地震动参数的等值线为近似同心圆。

diancejing

电测井（electrical logging） 井孔中利用特制的电极系探测岩土电性的测井方法，是一种钻井地球物理勘探方法。它是利用岩石电性差异研究钻孔地质剖面，包括自然电位、电位、梯度、侧向测井、感应测井、微电阻井等。

dianceshenfa

电测深法（resistivity sounding method） 在地面的测点上，逐次加大供电电极的极距，测量该测点不同极距的视电阻率，研究不同深度的地电断面情况的勘探方法。

dianchang lengqueta kangzhen sheji

电厂冷却塔抗震设计（seismic design of power plant cooling tower） 按照有关抗震设计规范的要求，对电厂冷却塔的专项结构抗震设计。冷却塔是发电厂的重要设施，发电厂的冷却塔通常为混凝土双曲线自然通风冷却塔，国家标准 GB 50191—2012《构筑物抗震设计规范》规定了冷却塔的抗震要求。

diancibo

电磁波（electromagnetic wave） 由同相且互相垂直的电场与磁场在空间中衍生发射的震荡粒子波，是以波动的形式传播的电磁场，具有波粒二象性，也称赫兹波。它空间中以光速传播，在真空中的传播速度大约为 3×10^5 km/s。根据波长可划分为无线电波。微波、红外线、可见光、紫外光、X 射线、γ 射线等。如果按波长（或频率）对其进行排列，就构成了电磁波谱。电磁波有时也指用无线发射或接收的无线电波，红外线、可见光等电磁波则统称为光波。

diancibo cejing

电磁波测井（electromagnetic logging） 通过发射天线向地层发射电磁波，再由两个接收天线接收来自地层的电磁波的相位差值及幅度比，根据相位差和幅度比与地层的电阻率和介电常数之间存在的函数关系，得到地层的电阻率和介电常数的测井方法，也称介电测井。

diancichang

电磁场（electromagnetic field） 由相互依存的电磁和磁场的总和构成的一种物理场。电场随时间变化时产生磁场，磁场随时间变化时又产生电场。两者互为因果，形成电磁场。

dianci dizhenyi

电磁地震仪（electromagnetic seismograph） 应用电磁感应原理，使用通过线圈的磁通量变化感应的电动势把摆运动（相对于摆架）传递到记录图上的地震仪。在摆上装有一个或几个线圈，放在永磁场内，磁铁装在支架上，摆线圈与电流计连接。地震波到达时，线圈相对于磁铁运动，感应了电动势，于是电流计动圈部分出现偏转，在照相纸上留下光学记录。大多数类型的电磁地震仪（如伽利津地震仪）都是通过线圈和磁场的相对运动，贝尼奥夫地震仪是通过磁阻的变化实现了这一要求。

diancifa
电磁法（electromagnetic geophysical exploration） 在地球物理勘探中，利用仪器观测电磁感应过程中地面的导电性的物探方法。

dianci jizhenqi
电磁激振器（electromagnetic vibration exciter） 在强迫振动试验中使用的一种电磁驱动的激振器，它由于具有出力小、质量轻、宽频带、控制方便、可采用悬吊方式设置等优点，在结构抗震试验中广泛应用。

dianci kangdong guance
电磁抗动观测（electromagnetic disturbance observation） 在指定频段内的地表电场观测、磁场观测或同点（站）地表电场与磁场同步观测。

dianci raodong guance zhuangzhi
电磁扰动观测装置（electromagnetic disturbance observation device） 电磁扰动观测中将被测点的电位传递到测量仪器及保证磁传感器能正确接收指定方向磁信号的设施。

dianci saorao
电磁骚扰（electromagnetic disturbance） 任何可能引起装置、设备或系统性能降低，或对有生命或无生命物体产生不利影响的电磁现象。电磁摄扰可能是电磁噪声、无用信号或传播媒体自身的变化。

diancishi jizhenqi
电磁式激振器（electromagnetism exciter） 由电磁作用产生激振力的激振设备。常用的电磁式激振器为电动力式振动台和电动力式激振器。

diancishi zhendongtai
电磁式振动台（electromagnetic vibration exciter） 由电磁作用实现激振的振动台，是地震模拟振动台的一种类型。该振动台可以进行正弦波、随机波和地震动输入的振动试验，但难以满足输入强地震动并承载大尺寸试件的需求。

diandonglishi jizhenqi
电动力式激振器（electro-dynamic exciter） 由电磁作用实现激振的设备，是电磁式激振器的一种。此类装置激振力由动圈通过芯杆和顶杆传给试体，可动部分的支撑系统由若干失稳的拱形弹簧片组成，弹簧片能在顶杆和试件之间保持一定的压力，防止两者在振动时脱离。与振动台相同，激振力的幅值和频率由输入电流的强度和频率控制。

diandonglishi zhendongtai
电动力式振动台（electric power type vibration table） 由电磁作用实现激振的振动台，是电磁式激振器的一种。此类装置的台体是用高导磁率的铸钢或纯铁制成的带有铁芯的圆筒，中央铁芯上绕有励磁线圈。励磁电源提供的直流电流在磁路的环形气隙中形成强大的磁场；气隙中设有杯形的可动线圈架，线圈架与台面芯杆刚性连接，组成振动台的可动系统。两组弹簧片式导向和支撑系统既承受可动系统和试件的重量，又控制可动系统沿轴向运动。有些振动台还采用空气弹簧以平衡试件的重量。

diandongshi dizhenyi
电动式地震仪（electrodynamic seismograph） 根据线圈在磁场中相对运动切割磁力线而产生感应电动势的原理设计的地震仪。

diandongshi guanxing suduji
电动式惯性速度计（velocimeter） 由质量—弹簧—阻尼振子（摆）系统带动线圈在磁场中运动，线圈的感应电动势正比于测点振动速度的传感器，也称位移摆速度计。该类传感器在实际中应用广泛，常用作地震检波器和工程测振速度计。

dianfa kantan
电法勘探（electrical exploration） 利用仪器对岩土的电学性质及电场、电磁场进行探测，并对数据资料进行分析研究的地球物理勘探方法。

dianhe fangdaqi
电荷放大器（charge amplifier） 压电式加速度计输出电荷的放大装置，实质上是一种阻抗放大器，可把高阻抗电荷信号变换成低阻抗的电压信号。

dianlixitong kangzhen kekaoxing fenxi
电力系统抗震可靠性分析（seismic reliability analysis of electric power supply system） 对电力系统在地震作用下的连通性和功能水平的概率性评价。电力系统的抗震可靠性分析首先是建立高压电气设备失效概率的计算模式，然后再采用网络系统分析方法来估计电力系统的连通可靠性和功能可靠性。

dianliubianyeti zuniqi
电流变液体阻尼器（electro-rheological fluid damper） 利用电流变效应通过改变其两个电极上的电压来调节阻尼器阻尼大小的耗能装置。

dianliuji jilushi qiangzhenyi
电流计记录式强震仪（galvanometer record strong motion seismograph） 将拾振器摆体的机械运动转换成电信号推动镜式电流计转动并记录地震动的仪器。其工作原理是将动圈式拾振器摆体的机械运动转换成电信号输入高频电流计，电流计线圈通入变化的电流后与磁场相互作用产生力矩，使固定在线圈上的镜片发生转动，专设的光源照射到镜片上，利用镜片的反射光束将电流计的转动在感光纸上记录下来。电流计镜片反射光点在照相纸上的位移与测点运动的加速度成正比。

dianpoumianfa

电剖面法（resistivity profiling method） 研究地下某一深度范围内沿水平方向的电阻率变化，探查地下岩土体、空洞、断层、岩性界线以及地下管线等埋设物的剖面分布特征和变化规律的物探方法。

dianqi shebei jiagu

电气设备加固（electrical equipment reinforcement） 为改善或提高现有电气设备的抗震能力，使其达到抗震设防要求而采取的技术措施。加固的方法有变压器等浮放设备应以螺栓或焊接方法固定；设备应采用软导线或柔性装置与相关设施连接；电容器、高压开关柜、低压配电屏、保护屏等应采用螺栓、扁钢等与地面或其他固定物连接，防止移位和倾倒，应控制设备顶部位移量，防止因晃动发生碰撞或接线短路；采用消能减振、隔震措施。

dianqi shebei kangzhen jianding

电气设备抗震鉴定（seismic evaluation of electrical equipment） 按规定的抗震设防要求，对现有电气设备抗震安全性的评估。行业标准《工业设备抗震鉴定标准（试行）》（1979）和 SH 3071—1995《石油化工企业电气设备抗震鉴定标准》规定了一般电气设备抗震鉴定的技术要求。

dianqi sheshi kangzhensheji

电气设施抗震设计（seismic design of electrical installation） 按有关规范要求对电气设施进行抗震设计的工作。电气设施含输变电和配电工程中的变压器、互感器、电抗器、断路器、避雷器、绝缘子等和通讯、控制、调度系统的相关电气设备。电气设施的地震损坏表现为构架失稳、座地设备移位、架空设备跌落、瓷件断裂等。国家标准 GB 50260—96《电力设施抗震设计规范》和行业标准 SH/T 3131—2002《石油化工电气设备抗震设计规范》规定了各类电气设备的抗震要求。

dianrong dizhenyi

电容地震仪（capacity seismometer） 利用电容器的可变电容，把一块板面装在摆上，另一块板面装在摆架上，电容器（可变电容）是电路的一部分，与短周期电流计接通，使用通常的记录方式，只能用于记录短周期地震波的地震仪，也称静电地震仪。

dianrong dianqiao dizhenyi

电容电桥地震仪（capacity bridge seismograph） 采用桥路法电容型换能器的地震仪。桥路法是利用电容的变化来取得电流或电压变化的方法之一。

dianrongshi weiyiji

电容式位移计（capacitive displacement transducer） 将电容器作为转换元件的位移传感器。该位移计本质上是一个可变参数的电容器，一般采用由两平行极板组成的以空气为介质的电容器，有时也采用由两平行圆筒或其他形状平面组成的电容器。

dianrong yingbianji

电容应变计（capacitance strain gauge） 将结构构件的应变由电容器转换为电信号输出的传感器。常用的有弓形电容应变计、平板式电容应变计和杆式电容应变计三种类型；其主要元件为电容极片，可制成平板形或圆柱形。该应变计多用于航空器构件、核能设备以及发电厂管道、设备在长期高温环境下的性能测试，可监视裂纹的形成和发展。

dianshenfa

电渗法（electro-osmotic method） 在土体中插入电极，并通以直流电，在电场作用下，土中水从阳极流向阴极，产生电渗，从而降低土中含水量，改善土的物理力学性质的土体地基加固方法，是电渗法加固地基的简称。

dianshenfa jiagu

电渗法加固（electro-osmotic stabilization） 见【电渗法】

dianshenfa paishui

电渗法排水（electro-osmotic dewatering） 改善黏性土工程性质的一种方法，在地基处理中常用。它是应用电场作用的原理，将金属棒插入地层中做阳极，使弱透水层中带正电荷的水分子向做阴极的井点管运动，再由水泵将井中的水排出。

dianshita kangzhen sheji

电视塔抗震设计（seismic design of television tower） 按有关规范要求进行电视塔抗震设计的工作。电视塔是广播电视行业的重要枢纽设施，一般采用高耸的钢筋混凝土结构或钢结构。国家标准 GB 50191—2012《构筑物抗震设计规范》规定了电视塔抗震设计要求。

dianti

电梯（elevator） 以电力驱动，运送人员或物品，做垂直方向移动的机械装置。用以安装电梯曳引机和有关设备的房间称为电梯机房。安装电梯以及电梯轿厢运行的井道称为电梯井。供人们等候电梯的空间称为电梯厅，也称候梯厅。

dianti jifang

电梯机房（elevator machine room） 见【电梯】

diantijing

电梯井 (elevator shaft) 见【电梯】

diantiting

电梯厅 (elevator hall) 见【电梯】

dianweiqishi weiyiji

电位器式位移计 (potentiometric type displacement transducer) 通过电位器元件将被测位移转换成电阻或电压输出的位移传感器。

dianwoliushi weiyiji

电涡流式位移计 (eddy current type displacement transducer) 利用电涡流效应将位移转换为线圈的电感或阻抗变化的变磁阻式传感器。

dianya fangdaqi

电压放大器 (voltage amplifier) 电压输出型传感器的输出信号放大装置。对弱信号，常用多级放大，其优点是频带宽、灵敏度高、信噪比高、结构简单、工作可靠和重量轻。

dianye sifu jiazai shiyan

电液伺服加载试验 (electro-hydraulic servo loading test) 利用电液伺服试验机完成的试验，是大坝混凝土动力试验的一种方法。电液伺服试验机能够很好地进行脆性材料的单轴和三轴试验，且能测定轴向荷载、轴向变形、横向变形和体积变形等的全过程曲线。

dianye sifu zhendongtai

电液伺服振动台 (electro-hydraulic servo shaker) 电液伺服驱动的振动台，是地震模拟振动台的一种类型，该振动台具有低频特性好、位移大、出力和承载力大等优点，可输入谐波、随机波和强地震动，是目前使用最广的地震模拟实验设备。该振动台一般由台面系统、激振系统、控制系统和油源系统四部分组成。该振动台按照振动的方向可划分为单向、双向和三向三种类型，具体参数可以根据用户的要求而专门设计。

dianzi dizhenyi

电子地震仪 (electronic seismograph) 使用电子放大器的地震仪。电子地震仪的出现，提高了地震仪的灵敏度，缩小了地震仪的体积和重量，实现了可见记录。

dianzi yinshenji

电子引伸计 (electronic extensometer) 将构件变形转换电信号来测量两点间变形的仪器。该仪器适用于构件表面应力和裂缝的动态测量。它由横梁、弹性元件、底脚等组成。底脚固定在事件上，当两个底脚之间长度变化时，贴在弹性元件上的应变片把弹性元件的应变转换成与长度变化成正比的电压信号。

dianzulü

电阻率 (resistivity) 表示各种物质电阻特性的物理量。它是由某种物质制成的原件（常温下 20℃）的电阻与横截面积的乘积与长度的比值，与导体的长度、横截面积等因素无关；是导体材料本身的电学性质，由导体的材料决定，且与温度有关。

dianzulüfa

电阻率法 (resistivity method) 根据岩石和矿石导电性的差别，研究地下岩石、矿石电阻率变化的一种勘探方法。它通过对人工传导电流场的观测和研究，了解电阻率在地下沿水平或垂直方向的变化和分布情况，分为电测深法及电剖面法两大类。在地震前兆观测中测量的是视电阻率。

dianzushi yinshenji

电阻式引伸计 (resistive extensometer) 利用应变片把弹性元件的应变转换成与长度变化成正比的压电信号的仪器，是电子引伸计的一种，它是由横梁、弹性元件、底脚等组成。底脚固定在事件上，当两个底脚之间长度变化时，贴在弹性元件上的应变片把弹性元件的应变转换成与长度变化成正比的电压信号。该仪器适用于构件表面应力和裂缝的动态测量。

dianzu yingbian celiang zhuangzhi

电阻应变测量装置 (resistance strain gauge instrumentation) 用电阻应变计测量工程结构构件表面应变的装置。该装置一般包括调制应变信号的电桥，放大微弱的调制电信号、鉴别正负极性和滤波的电阻应变仪以及平衡指示器（静态）或记录器（动态）三部分。

dianzu yingbianji

电阻应变计 (resistance strain gage) 将结构构件的应变由电阻材料转换为电信号输出的传感器，又称电阻应变片，简称应变计。应变计通常用于测量单向应变，测量平面应力场时，可采用应变花。按敏感栅材料的不同，电阻应变计有金属电阻应变计和半导体应变计两类。

dianzu yingbianji celiang jishu

电阻应变计测量技术 (resistance strain gauge technique) 用电阻应变计测定构件的表面应变，再根据应力和应变的关系确定构件表面应力状态的一种试验应力分析方法。将电阻应变计固定于被测构件表面，构件变形时，应变计的电阻将发生相应变化。用电阻应变仪测量电阻变化并换算成应变值，即可得到构件的应变和应力。电阻应变计广泛用于机械、化工、土建、航空等领域的结构强度试验。

dianzu yingbianpian

电阻应变片 (resistance strain gauge) 见【电阻应变计】

dianceng

垫层（cushion） 用砂、碎石或灰土铺填于软弱地基土上或置换地基表面一定厚度的软弱土而形成的有一定厚度的材料层，是铺设于基层以下的结构层。其主要作用是隔水、排水、防冻以改善基层和土基的工作条件。

diaoche hezai

吊车荷载（crane load） 工业建筑用的吊车起吊重物时对建筑物产生计算用的竖向作用或水平作用。

dieshui

跌水（drop） 以集中跌落方式连接高、低渠道的开敞式或封闭式建筑物。多用于落差集中处，常与水闸、溢流堰连接作为渠道上的退水及泄水建筑物，可做成单级或多级。常用砖、石或混凝土等材料建筑，某些部位的混凝土可配置少量钢筋或使用钢筋混凝土结构。

dieceng xiangjiao zhizuo

叠层橡胶支座（laminated rubber bearing） 由橡胶板和钢板交互叠合再经黏接硫化制成的圆形块状的支承装置，又称夹层橡胶支座。它具有较大竖向承载能力和较小的水平刚度，一般用于支撑结构物的重量，连接上、下部结构，起阻断地震水平运动能量向上传播的作用。这种支座是较为理想的水平隔震装置，可用于新建隔震工程和已有工程的隔震加固。由于叠层橡胶支座具有阻尼耗能的能力，故可作为阻尼减振装置用于各类工程结构抗震设计。

dieceng xiangjiao zhizuo gezhen

叠层橡胶支座隔震 （base isolation by laminated rubber bearing） 用若干由刚性材料和橡胶间隔分层叠合组成的橡胶垫支承上部结构，以延长结构的自振周期，达到避震目标的隔震方法。

diegu

叠谷（valley in valley） 见【谷中谷】

diehe goujian

叠合构件（composite member） 由预制混凝土构件（或既有混凝土结构构件）和后浇混凝土组成，以两阶段成型的整体受力结构构件。

dieheliang

叠合梁（superposed beam） 截面由同一材料的若干部分重叠而成为整体的梁。当楼盖结构为预制板装配式楼盖时，为减少结构所占的高度，增加建筑净空，框架梁截面常为十字形或花篮形，在装配整体式框架结构中，常将预制梁做成 T 形截面，在预制板安装就位后，再现浇部分混凝土，形成叠合梁。

dieshiyi yexian shiyan

碟式仪液限试验（Casagrande（disc）liquid limit method） 使用碟式液限仪测定黏性土液限的试验。试验结果用于划分土类，计算土的稠度和塑性指数等。

diexing tanhuang zhizuo

碟形弹簧支座（disc spring bearing） 由叠合的若干碟形弹簧片组成，改变弹簧的竖向压缩刚度，使其远小于上部结构主体的竖向刚度，可减少竖向地震作用的支座，是钢弹簧支座的一种类型。

ding ba

丁坝（spur dike） 一端接河岸，一端伸向整治线，与河岸正交或斜交伸入河道中的河道整治建筑物。该坝的一端与堤岸相接，在平面上形成丁字形。

dingceng shijian

顶层事件（top event） 在故障树方法中，最初给定的灾害或事故。它通常位于故障树的最顶层，故障树方法是网络系统分析的一种方法，在生命线网络抗震分析中常使用这一方法。

dingguanfa

顶管法（pipe jacking method） 隧道或地下管道穿越铁路、道路、河流或建筑物等障碍物时采用的一种暗挖式施工方法。先开挖竖向工作井，在井中以液压千斤顶将预制的钢筋混凝土管或钢管沿预定方向顶进，同时排除其内土体。该法适于修建穿过已成建筑物、交通线下面的涵管或河流、湖泊。顶管按挖土方式的不同分为机械开挖顶进、挤压顶进、水力机械开挖和人工开挖顶进等。

dingpeng

顶棚（ceiling） 屋盖或楼盖的底面部分，或为遮盖上部构造所设的装饰层吊顶，也称天棚、天花板或承尘。中国古代高级木结构建筑将顶棚作为建筑艺术处理的重要部位。一般民居的顶棚常用高粱杆扎架，或做木格框在其面层糊纸、糊绸或钉竹席、芦席。逐步发展为在楼盖木龙骨或屋盖木檩下钉板条或苇箔，再抹灰、喷浆。在钢筋混凝土楼板或屋面板部位的顶棚，有在板底抹灰或直接刮腻子，再喷浆、刷油，也有采用悬吊顶棚和与结构直接固定的板材顶棚。20 世纪 70 年代开始，中国逐步采用装配式轻钢龙骨和预制石膏板、钙塑板、矿棉板、金属板等板材顶棚，以及有吸声作用的喷涂顶棚和由照明与吊顶相结合的发光顶棚等。

dingsheng jiuqingfa

顶升纠倾法（rectification by successive launching） 采用升高已倾斜建筑物沉降较大处进行纠倾的方法，是建筑物纠倾的一种方法。

dingtuishi yiwei

顶推式移位（push moving） 建筑物与基础分离、加固后，通过顶推装置，沿支承轨道滑动或滚动平移到新基础上，是建筑物移位的一种方法。

dingdian liudong guance

定点流动观测（repeated observation at fixed sits） 在一定区域内的固定观测点（线）上，对某些地球物理量或地球化学量进行巡回的重复测量。

dingdian shuizhun celiang

定点水准测量（leveling at fixed place） 具有固定地点和点位，需要连续重复观测或小于一个月的周期性的水准测量。例如，地震台站、大型工程和建筑物的形变监测中的水准测量等。

dingjiangshen choushui shiyan

定降深抽水试验（constant drawdown pumping test） 整个抽水过程中，井中的水位降深保持为一常数，观测和研究地下水的流量随时间变化的非稳定流抽水试验。

dingliang dizhenxue

定量地震学（quantitative seismology） 利用地震学的方法定量解释地震观测实际资料的一门科学。以经典地球模型中的地震波理论为基础，进行地震学的反演，阐述三维非均匀介质中的地震波和不同介质中地震波的传播的特点和规律等。

dingliuliang choushui shiyan

定流量抽水试验（constant discharge pumping test） 整个抽水过程中，井中抽水量保持为一常数，观测和研究水位随时间变化的非稳定流抽水试验。

dingzhi shejifa

定值设计法（deterministic method） 基本变量作为非随机变量的设计计算方法，该方法采用以经验为主确定的安全系数来度量结构的可靠性。

dongbei dizhenqu

东北地震区（Northeast China earthquake area） 国家标准 GB 18306—2015《中国地震动参数区划图》在中国及邻区划分的8个地震区之一。该区由于地震活动频度低、强度弱，尚未划分出地震带。主要分布在东北三省、内蒙古及邻近地区，该区几乎包括了华北地震区以北，国界线以内的所有国土范围。本区地壳厚度在30～46km，松辽盆地地壳厚度最薄，只有30km，大兴安岭地区最厚，超过40km。本区区域重力场的基本特点是松辽平原为平缓的正布格重力异常，向东西两侧下降，呈南北走向。大兴安岭东侧为巨大的重力异常梯级带所通过。区域磁异常分布显示了松辽盆地为一近南北向的弱正磁异常，两侧山区磁异常变化较为剧烈，大兴安岭东侧为磁异常所通过。松辽盆地内地温梯度较高，向盆地边缘和两侧山区逐渐降低。本区中生代构造活动强烈，松辽盆地内堆积厚约万米的侏罗—白垩系。新生代构造活动以整体抬升为主，差异运动不明显，松辽盆地内的新生界厚度仅有数百米，三江、呼伦贝尔等盆地内的新生界厚度也很薄。唯有伊通—依兰地堑内新生代沉积厚度可达数千米。本区晚第三纪以来火山活动强烈，玄武岩分布广泛，多期喷发直至现代。本区断裂活动以北东—北北东为主，北西向次之。北东、北北东向断裂为右旋走滑正断层，主要断裂有敦化—密山断裂、依兰—伊通断裂、嫩江断裂、呼伦湖断裂、老哈河断裂等；北西向断裂为左旋走滑正断层，主要断裂有雅鲁河断裂、讷卓尔河断裂、扶余—大安断裂等，上述断裂在第四纪时均有不同程度的活动。东北地震区与相邻的华北地震区相比较，地震活动相对较弱。自公元419年有地震记录以来，东北地震区共记载5.0级以上地震45次。其中5.0～5.9级地震39次；6.0～6.9级地震6次；最大地震是1119年吉林前郭的 $6\frac{3}{4}$ 级大地震。该区本底地震的震级为5.0级，震级上限为7.5级。

dongfei lieguxi

东非裂谷系（East African rift system） 非洲—阿拉伯大裂谷带的组成部分，主要包括尼亚萨—坦噶尼喀裂谷带和肯尼亚—埃塞俄比亚裂谷带，近南北向延伸。该裂谷系是非洲大陆内部新生的板块分离边界，分隔了索马里微板块与努比亚微板块。裂谷的形成与新生代以来非洲大陆内部的岩石圈减薄和扩张有关，并在裂谷内外形成了一系列火山。裂谷的边缘陡峭，有些深达千米以下。该裂谷系在将来可能进一步扩张形成大洋盆地。

donghai dizhenqu

东海地震区（East China sea earthquake area） 国家标准 GB 18306—2015《中国地震动参数区划图》在中国及邻区划分的8个地震区之一。该区主要分布在我国东海海域，在西部分别与华南沿海地震带、长江下游—黄海地震带以及朝鲜地震带相邻；其南部与我国台湾地震区相接。该区研究程度较低，尚未划分出地震带，地震监测能力差，监测历史较短，历史地震严重缺乏，截至2010年12月，该区共记录到5.0级以上地震9次。该区的本底地震为5.5级，最大地震为2003年中国东海5.7级地震。

dong

氡（Radon） 是化学元素周期表中第86号元素，有四个同位素（^{218}Rn、^{219}Rn、^{220}Rn、^{222}Rn），在地震前兆流体监测中，氡系指 ^{222}Rn。

dongchenjiang

动沉降（dynamic settlement） 在重复荷载作用下，当振动加速度超过某一限值后，地基土因振动挤密而产生的沉降。

dongchengzaili

动承载力（dynamic bearing capacity） 地基承受振动荷载的能力。它受振动的特性、地基土的类型、性质和状态的影响。

dongdanjian shiyan

动单剪试验（dynamic simple shear test）
见【动单剪试验】

donggangdu

动刚度（dynamic stiffness） 见【频率响应函数】

donghezai

动荷载（dynamic load） 大小和方向随时间变化的荷载。抗震设计中是指使结构或地基基础产生不可忽略的加速度的荷载。包括震动荷载、冲击荷载等，如公路汽车荷载、机器设备振动荷载、波浪力、地震力、风荷载等。

dongjingfa

动静法（kineto-statics） 应用达朗贝尔原理研究非自由质点系的动力学问题时，根据达朗贝尔原理和惯性力概念求动反力的方法。该方法的特点是在引入虚加惯性力之后，用静力学中研究平衡问题的方法来处理动力学中的不平衡的问题。该方法在工程技术中有广泛的应用。力学中涉及该方法的部分称为动态静力学。

dong kongxishui yali

动孔隙水压力（dynamic pore water pressure） 动力荷载引起的饱和土中变化的孔隙水压力。通常认为在动力作用之前，土体在静应力作用下的固结变形已完成。而动力作用在土体中引起土的附加应力和附加变形，导致了孔隙水压力发生变化。

dongli bianzhi zuoyong

动力变质作用（dynamic metamorphism） 在构造作用产生的高应力影响下，原岩以及组成矿物发生变形、破碎等的机械作用，也称碎裂变质作用或错动变质作用。该作用常伴有一定程度的重结晶作用。由于应力的性质和强度不同，可形成沿断裂带呈带状分布的构造角砾岩、碎裂岩、糜棱岩、千糜岩等动力变质岩石，是断裂带的重要标志。

dongli canshu shibie

动力参数识别（dynamic parameter identification） 利用动态测量所得的动力作用和反应信号（或仅有反应信号），确定结构系统的质量、刚度和模态特性等动力参数的方法。

dongli chutan shiyan

动力触探试验（dynamic penetration test） 简称为动力触探。用一定质量的击锤，以一定的自由落距将一定规格的探头打入土层，根据打入土中一定深度所需的锤击数，判定土的性质的一种原位试验方法。根据穿心锤质量和提升高度的不同，动力触探试验一般分为标准贯入试验、轻型、重型、超重型动力触探。

dongli dizhixue

动力地质学（dynamic geology） 从动力学的角度研究地质现象和地质事件的产生、成因和演化过程的地质学分支学科。其内容包括研究构造应变与应力关系的动力构造地质学，研究全球构造地质旋回的动力地球学及研究形成各种现代地貌动力过程的动力地貌学等。按照动力来源分为内动力地质学和外动力地质学。

donglifa

动力法（dynamic method） 地震工程学中按照结构动力学理论求解结构地震作用效应的方法。

dongli fangda xishu

动力放大系数（dynamic amplification factor） 采用反应谱理论计算地震荷载时，用以反映单质点弹性结构的动力特性的系数。它表示单质点弹性结构在地震作用下的最大水平加速度反应与地面最大水平加速度的统计平均值的比值。

dongli fangda xishu quxian

动力放大系数曲线（power amplification factor curve） 动力放大系数（绝对加速度反应的最大值与地面地震动加速度峰值之比 β）随周期的变化曲线。它是设计反应谱的一种形式，其纵坐标为放大系数 β；横坐标为振动周期。

dongli gangdu juzhen

动力刚度矩阵（dynamic stiffness matrix） 在分析土-结相互作用的子结构法中，地基子结构动力方程中的矩阵，也称为动力阻抗函数。它表示在地基子结构分界面上产生单位位移所需的力。

dongli jiqi jichu

动力机器基础（dynamic machine foundation） 承受机械设备所产生的静力、振动力、不平衡扰力或冲击力的基础。该基础设计时，除满足静力要求外，还要进行专门动力计算，以便采取措施，将振动对人和周围环境的影响控制在可接受范围内。国家标准 GB 50040—96《动力机器基础设计规范》规定了该机场的设计要求。

dongli lilun

动力理论（dynamic theory） 求解地震作用下，结构地震反应时间过程的理论和方法。结构地震反应时间过程可由下述运动方程的数值积分得出：

$$Ma(t) + Cv(t) + Kd(t) = -MIx_g(t)$$

式中，M、C、K、I 分别为结构体系的质量矩阵、阻尼矩阵、刚度矩阵和单位矩阵；$d(t)$、$v(t)$ 和 $a(t)$ 分别为结构相对位移矢量、速度矢量和加速度反应矢量；$x_g(t)$ 为输入地震动加速度时间过程。动力理论作为地震作用理论的重要组成部分随着现代科学技术的发展而不断取得新的成果。

dongli moxing shiyan

动力模型试验（dynamic model test） 利用特殊的设备，测定动力作用结构试验模型参数，以确定结构的动态特性或抗震性能的试验。有时还特指以模拟振动状态为主（如地震或爆炸等）的离心模型试验。

dongli pingheng fangcheng

动力平衡方程（dynamic equilibrium equation） 地震反应分析中，描述外部动力作用与结构振动体系动力变形关系的数学物理方程，也称运动方程。该方程的数学形式有偏微分方程、常微分方程、差分方程、积分微分方程和频域运动方程等。

dongli sanzhou shiyan

动力三轴试验（dynamic triaxial test） 在给定围压下，沿圆柱形土试件的轴向施加某种谐波或随机波动作用，测定其应力、变形和孔隙水压力的变化，以确定土的应力应变和动强度特性（包括动弹性模量比、阻尼比、饱和可液化土的液化特性等）的试验，简称动三轴试验。该试验中土样承受的剪应变幅值范围约为 $1 \times 10^{-4} \sim 1 \times 10^{-2}$，可测试中等变形到大变形阶段土的动模量、阻尼比和动强度。

dongli xizhen

动力吸振（dynamic vibration absorb） 利用吸振器减振的振动控制方法。在振动物体上附加质量弹簧共振系统，这种附加系统在共振时产生的反作用力可使振动物体的振动减小。当激发力以单频为主，或频率很低，不宜采用一般隔振器时，可采用动力吸振器吸振。

dongli xishu

动力系数（dynamic coefficient） 承受动力荷载的结构或构件，当按静力设计时采用的等效系数，其值为结构或构件的最大动力效应与相应的静力效应的比值。

donglixue

动力学（dynamics） 研究作用于物体的力与物体运动关系的理论力学的分支学科。研究对象是运动速度远小于光速的宏观物体。原子和亚原子粒子的动力学研究属于量子力学；可以比拟光速的高速运动的研究则属于相对论力学。该学科是物理学和天文学的基础，也是许多工程学科的基础。许多数学上的进展常与解决动力学问题有关，所以数学家对动力学有浓厚的兴趣。该学科的研究以牛顿运动定律为基础，是牛顿力学或经典力学的一部分，也常被认为是侧重于工程技术应用的一个力学分支。研究内容包括质点动力学、质点系动力学、刚体动力学、达朗贝尔原理等。

以该学科为基础而发展起来的应用学科有天体力学、振动理论、运动稳定性理论、陀螺力学、外弹道学、变质量力学以及多刚体系统动力学等。

donglixue pubian dingli

动力学普遍定理（general theorems of dynamics） 从牛顿运动微分方程组推导出来的具有明显物理意义的定理，主要有动量定理、动量矩定理、动能定理、质心运动定理。前三个都是运动微分方程的一次积分，最后一个是动量定理的又一次积分。英国科学家牛顿认为物体运动的量应该用"质量和速度的乘积"表示，他用"动量的变化率"叙述运动定律，动量定理是牛顿观点的产物。德国数学家莱布尼兹（Gottfried Wilhelm Leibniz）则认为表示物体运动的物理量应是"质量与速度的平方的乘积"，并将 mv^2 称为活力，这就相当于物体的动能（$mv^2)/2$ 的两倍。牛顿对力的作用是从时间的累积效应来认识的，而莱布尼兹则从力对运动路程的累积来认识。所以动能定理适用于求速度和路程的关系；动量矩适用于物体的转动效应，与转动有关的力学问题可以考虑动量矩定理；有关质心位置的问题，应该使用质心运动定理。

dongli zukang hanshu

动力阻抗函数（dynamic impedance function） 采用子结构法计算土-结相互作用体系动力反应时，地基在分界面上的复刚度函数，在离散模型中表示为矩阵。也称动力刚度矩阵。

dongliang

动量（momentum） 物体的质量和它的质心速度的乘积，也称线动量。对于质量为 m 的质点，若其速度为 v，则其动量 $p = mv$。质点的动量是矢量，其方向和速度矢量的方向相同。物体不受外力作用时，其动量保持不变。

dongliang dingli

动量定理（theorem of momentum） 给出质点系的动量和质点所受机械作用的冲量之间关系的定理，是动力学普遍定理之一。动量定理有微分形式和积分形式两种。微分形式的动量定理表明，质点系的总动量对时间的变化率等于质点系所受外力的矢量和；积分形式的动量定理表明，在某力学过程的时间间隔内，质点系总动量的改变，等于在同一时间间隔内作用于质点系所有外力的冲量的矢量和。

dongliangju

动量矩（moment of momentum） 描述物体转动状态的量，是一个矢量，也称角动量。一个质量为 m、速度为 v、矢径为 r 的质点对 r 的原点的动量矩为 $L = r \times mv$。它在某一轴上的投影就是对该轴的动量矩，对轴的动量矩是个标量。质点系或刚体对某点（或某轴）的动量矩等于其中所有质点的动量对该点（或该轴）之矩的矢量和（或代数和）。常用的动量矩单位有 $g \cdot cm^2/s$，$kg \cdot m^2/s$ 等。

dongliangju dingli

动量矩定理（theorem of moment of momentum） 给出质点系的动量距和质点所受机械作用的冲量矩之间的关系的定理，是动力学普遍定理之一。动量矩定理有微分形式和积分形式两种。微分形式的动量矩定理表明，质点系对某定点 O 的动量矩对时间的导数等于质点系所受诸外力对该点的力矩的矢量和；积分形式的动量矩定理表明，在某力学过程的时间间隔内，质点系对某点动量矩的改变，等于在同一时间间隔内作用于质点系所有外力对同一点的冲量矩的矢量和。

dongliang shouheng dingli

动量守恒定理（conservation theorem of momentum） 若在一段时间间隔内的任一时刻，作用在某物体上的力或其沿某一固定方向上的分量为零，则该物体的动量或其沿固定方向相应的分量在该时间间隔内保持不变。

dongneng dingli

动能定理（theorem of kinetic energy） 给出质点系动能的变化与作用力所做功之间关系的定理，是动力学普遍定理之一。动能定理有积分形式和微分形式两种。微分形式的动能定理表明，质点的总动能随时间的变化率等于质点系所受诸外力和诸内力在单位时间内所做功的总和；积分形式的动能定理表明，质点系的总动能在某个力学过程中的该变量，等于质点系所受诸外力和诸内力在此过程中所做功的总和。

dongquan sifushi jiasuduji

动圈伺服式加速度计（moving coil servo accelerometer） 在速度摆加速度计的动圈上附加换能绕组和相应有源伺服放大电路构成的加速度传感器。

dongroudu

动柔度（dynamic flexibility） 见【频率响应函数】

dongsanzhouyi

动三轴仪（dynamic triaxial instrument） 测定土样在中等变形到大变形阶段的动模量、阻尼比和动强度的仪器。一般由压力室、激振设备和量测设备三个系统组成，主要类型有电机控制动三轴、双向振动三轴仪和基本型动三轴仪等。

dongshuiwei

动水位（dynamic water level） 在抽水试验的过程中，用人工控制的抽水井孔内某一时刻的地下水位。

dongshui yali

动水压力（hydrodynamic pressure） 由于水体的振动而产生的动压力；流动水体中一点的压强（单位面积上的压力）称为动水压强。地震作用下，库水内部将产生附加的动水压力并作用于坝体，是大坝地震反应分析应考虑的重要问题之一。

dongshui yaqiang

动水压强（hydrodynamic pressure） 见【动水压力】

dongtai biaoding

动态标定（dynamic calibration） 利用振动台强迫振动试验确认拾振器的动态特性。拾振器的动态特性含动态灵敏度和频率响应特性等，动态标定有绝对校准和相对校准两类。前者直接就待标定拾振器进行；后者将待标定拾振器与另一个标准拾振器（也称参考拾振器）进行比较。

dongtai hezai shibie

动态荷载识别（dynamic load identification） 确定作用于结构上的动荷载的大小及其随时间的变化。建立结构的数学模型，除了结构的动力学参数（质量、阻尼和刚度）之外，还必须知道结构承受的动荷载，当结构的外荷载难以直接测量时，可用荷载识别的方法确定。荷载识别的方法主要包括频域方法和时域方法两大类。

dongtai shejifa

动态设计法（method of information design） 根据信息法施工和施工勘察反馈的资料，对地质结论、设计参数及设计方案进行再验证，确认原设计条件有较大变化，及时补充、修改原设计的岩土工程设计方法。

dongtai yingbian celiang

动态应变测量（dynamic strain measurement） 利用动态应变仪对结构及材料的任意变形进行动态应变测量的技术，是应变测量技术的一种。

dongtai yinglijiang

动态应力降（dynamic stress drop） 见【地震应力降】

dongtai zijiegou fangfa

动态子结构方法（dynamic substructure method） 由子结构动力特性综合分析得到整体结构动力特性的结构动力反应分析方法。该方法是将整体结构划分成若干子结构，对每个子结构进行动力分析计算或试验，得到子结构的模态特征或传递特征。然后，按照各个子结构之间的连接条件，对子结构的特性进行综合，得到整体结构的模态特征或传递特征。按照连接方法的不同，其可分为模态综合法和机械导纳法两种方法。

dongtai zuoyong

动态作用（dynamic action） 使结构或构件产生不可忽略的加速度的作用。其可分为直接作用和间接作用两类，其中，直接作用也称动荷载。

dongyinglijiang

动应力降（dynamic stress drop）　岩石动力破裂时初始应力与最终应力之差，也称动态应力降。

dongzhijian shiyan

动直剪试验（dynamic simple shear test）　对剪力盒中的土试样在水平方向施加某种谐波或随机波动作用，测定其应力、变形和孔隙水压力的发展，以确定土的应力应变和强度特性（包括饱和可液化土的液化特性等）的试验。它是测定土试样在单纯剪切条件下动态反应的土动力试验，也称动单剪试验。

dongzhiwu xixing yichang

动植物习性异常（animal and plant behavior anomaly）地震预报中的动、植物反应的前兆现象。通常指动、植物一反常态的行为、习性现象。

dongzuoyong xishu

动作用系数（dynamic effect factor）　承受动态作用的结构或构件，按承受等效静态作用设计时采用的系数。其值为结构或构件的最大动态作用效应与相应的静态作用效应的比值。

dongjie cengjianshui

冻结层间水（interpermafrost water）　在多年冻土地区，存在于多年冻土层间的地下水。存在于多年冻土层上部的季节融冻层中的地下水称为冻结层上水；存在于多年冻结层下部含水层中的地下水称为冻结层下水；存在于季节性冻结层上部包气带中的上层滞水称为冻结滞水。

dongjie cengshangshui

冻结层上水（suprapermafrost water）　见【冻结层间水】

dongjie cengxiashui

冻结层下水（infrapermafrost water）　见【冻结层间水】

dongjiefa

冻结法（freezing method）　在不稳定含水地层中修建地下工程时，对稳定性差的饱和软黏土或砂土，借助人工制冷技术，使土中的水暂时结冰成为冻土，加固地层和隔断地下水，以提高土体强度、稳定性和抗渗性，并阻隔地下水流动，以便在地下工程施工中土方开挖和支护的地基处理技术和特殊施工方法。常用于竖井工程的施工。

dongjie fengmian

冻结锋面（freezing front）　冻土与非冻土之间可移动的接触界面，也称冻结线。它随时间变化，受温度、土的含水量、密度和土的类型影响较大。

dongjieli

冻结力（freezing strength）　冻土地区，土在冻结状态下，土与基础侧表面冻结在一起所能承受的最大剪应力。土与基础侧表面冻结在一起的剪切强度称为冻结强度。

dongjieqiangdu

冻结强度（freezing strength）　见【冻结力】

dongjie shendu

冻结深度（frost depth）　从地面到冻结锋面（冻结线）之间的垂直距离。地表温度由正温变到负温后，冻结线由浅向深移动，冻结深度逐渐增大。当冻结线基本不再随时间向深度方向移动时，从地面到最大冻结线之间的垂直距离称为最大冻结深度。如果冻结期的热周转全部消耗于土的冻结上，此时的冻结深度为潜在冻结深度。影响土层冻结深度的因素有太阳辐射、气温、降水及蒸发、土性及含水量、植被、雪盖、人工覆盖以及地段所处的部位、坡向等。

dongjie zhishu

冻结指数（freezing index）　在一个完整冻结季节内，气温连续低于 0 的持续时间与气温数值乘积之总和，以摄氏度·日（℃·day）表示。冻结指数的大小，一般表示一个地区冬季的寒冷程度，在季节冻土地区它是计算冻结深度的一个重要参数。

dongjie zhishui

冻结滞水（perched water in frozen zone）见【冻结层间水】

dongrong

冻融（freeze-thaw）　冻土在解冻过程中，体积缩小、强度迅速降低的性状。它可产生一系列灾害作用，从而给生产建设和人民生活造成危害。

dongrong zuoyong

冻融作用（freeze and thaw action）　冻融对岩石的破坏作用。冻结时冰对岩石裂隙两壁便产生巨大的压力；融化时，两壁的压力骤减。在反复的冻结和融化过程中，岩石的裂隙扩大、增多，以致石块被分割出来。岩石经此作用后可产生棱角状的碎石

dongtu

冻土（frozen soil）　气温在零摄氏度以下，并含有冰的各种岩石和土壤，一般可分为短时冻土、季节冻土和多年冻土（也称永久冻土）。地球上多年冻土、季节冻土和短时冻土的面积约占陆地面积的 50%，其中，多年冻土面积占陆地面积的 25%。冻土是一种对温度极为敏感的土体介质，含有丰富的地下冰。因此，冻土具有流变性，其长期强度远低于瞬时强度特征。正由于这些特征，在冻土区修筑工程构筑物面临冻胀和融沉两大危险。随着气候变暖，冻土在不断退化。

dongtu diji

冻土地基（frozen soil foundation） 埋藏在冻土层里的地基。季节性冻土作为建筑物地基时，应满足一般地基的要求外，还要着重考虑地基冻胀和融陷对建筑物的影响；多年冻土作为建筑物地基时，应采用保持冻结设计法或容许融化设计法来设计地基。

dongtu diwen tezhengzhi

冻土地温特征值（characteristic value of ground temperature） 冻土年平均地温、地温年变化深度、活动层底面以下的年平均地温、年最高地温和最低地温的总称。

dongtu dongrong zaihai

冻土冻融灾害（disaster of frozen soil） 在冻土发育区，因冻胀融沉等作用对房屋、铁路、公路等工程设施产生的危害。

dongtu lixue

冻土力学（mechanics of frozen ground） 研究活动层的冻结融化、冻土层在外界作用影响下的力学过程，冻土、融土的强度、稳定性、变形性特以及建筑物与多年冻土之间的应力应变相互作用的学科。该学科是工程冻土学和现代岩土力学的重要分支学科，是工程冻土学的基础理论；研究内容有土冻结过程中物理力学性质，包括水相变时土的性质变化、水分迁移后土的性质变化；冻结土的物理力学性质，包括强度和流变性；冻土融化时的物理力学性质，包括融化压缩固结过程；土冻结、融化过程对建筑物的作用和影响；特殊地基基础处理，包括人工冻结工程等。

dongzhang

冻胀（frost heave） 岩土在冻结过程中，体积膨胀的性状。用冻胀量、冻胀率和冻胀力等参数来描述。

dongzhangli

冻胀力（frost heave force） 当冻土层的单纯膨胀受到建筑物约束时，对建筑物产生的作用力。

dongzhangliang

冻胀量（frost heave capacity） 冻土融化后的干重度与天然结构状态下的干重度之差和融化后的干重度的比值。

dongzhanglü

冻胀率（frozen heave factor） 土体冻结时体积的增大量与冻结前土体体积的比值，以百分数表示。

dongkou gongcheng

洞口工程（structure near access） 隧道及地下建筑工程出入口部分的建筑物，包括洞门、洞口通风和排水设施、边、仰坡支挡结构和引道等。有防护要求的地下工程还包括防护门、密闭门、消波和滤毒设施等。

dongmaishi

洞埋式（pipeline laid in structures） 在油气输送管道线路工程中，管道在隧道、套管等结构内的架空、地面或覆土敷设方式。

dongshi weiyan bianxing jiance

洞室围岩变形监测（deformation monitoring of surrounding rock for underground excavation） 使用多点伸长仪等设备，对地下洞室周边一定深度范围内围岩松动变形随时间变化规律的动态观测。

dongtan

洞探（adit exploration） 采用开挖的平洞查明地质条件的一种勘探方法。在水库、道路等勘察和滑坡调查中常用这种方法。施工中要保证开挖探洞的稳定性。

dongshi baopo

硐室爆破（chamber blasting） 见【爆破作业】

doupo

陡坡（chute） 急剧升高的斜坡。岩土工程中是指使上游渠道或水域的水沿陡槽下泄到下游渠道或水域的落差建筑物，常为以大于临界坡的底坡连接高、低渠道的开敞式过水建筑物。多用于落差集中处，也用于泄洪排水和退水。建筑材料多用砌石、混凝土和钢筋混凝土。

duli

独立（independence） 在概率计算中，如果两个随机变量的联合概率分布是它们每个概率分布的乘积，则这两个随机变量是统计独立；如果两个随机变量是独立的，则它们的协方差和相关系数等于零，但反之不一定成立。

duli jichu

独立基础（single footing） 用于单柱下并按材料和受力状态选定型式的基础。该基础是建筑物上部结构采用框架结构或单层排架结构承重时常采用的基础，分为阶形基础、坡形基础和杯形基础。

duhamei jifen

杜哈梅积分（Duhamel integration） 在结构抗震中使用的、由杜哈梅（G. Duhamel）提出的在一般动力荷载作用下结构反应的积分表述形式，并分别给出了无阻尼自由振动体系和有阻尼振动体系的杜哈梅积分分解。

ducao

渡槽（aqueduct） 跨越洼地、道路、水道等衔接渠道的桥式建筑物，是一组由桥梁、隧道或沟渠构成的，用来把远处的水引到水量不足的城镇、农村以供饮用和灌溉的输水系统，也称高架渠。

duanchengzhuang

端承桩（end-bearing pile） 在竖向极限荷载作用下，桩顶荷载全部或主要由桩端阻力承受，桩侧阻力相对桩端阻力而言较小，或可忽略不计的桩。

duanqi xiaoying zuhe

短期效应组合（combination for short time action effects） 结构或构件按正常使用极限状态设计时，永久作用标准值效应与可变作用频遇值效应的组合。

duanshi fuliye bianhuan

短时傅里叶变换（short time Fourier transform） 见【窗口傅里叶变换】

duanshi gonglüpu

短时功率谱（short time power spectrum） 在移动时间窗内用下式计算得到的变功率谱，也称物理谱，即：

$$S_{ST}(\omega, t) = \int_{-\infty}^{+\infty} R(\tau) g(\tau - t) e^{-i\omega\tau} d\tau$$

式中，$g(\tau - t)$ 为窗函数；$R(\tau)$ 为窗内地震动的自相关函数。计算中加入的窗函数相当于加权平均。窗函数对结果有影响，采用适当的窗函数可减少泄漏效应。

duanzan sheji zhuangkuang

短暂设计状况（transient design situation） 地基基础施工和使用过程中出现概率较大，而与设计使用年限相比，其持续期很短的设计状况，简称短暂状况。

duanzan zhuangkuang

短暂状况（transient situation） 见【短暂设计状况】

duanzhouqi cisaorao

短周期磁骚扰（short period magnetie disturbance） 由人工电磁源产生的磁场强扰。在时间域的表现形式为持续的脉冲型变化。视周期为 0.1～600s，变化的幅度一般为 0.1 纳特（nT）至数百纳特（nT）。

duanzhouqi dizhenyi

短周期地震仪（short period seismograph） 工作频带的低频端在 0.5～1Hz 内，交频端在 20Hz 或 20Hz 以上，或摆的固有周期约为 1s 或 1s 以下的地震仪。其可用来观测地方震、区域地震、近震以及远震的纵波部分。

duanzhouqi maidong

短周期脉动（short period microtremor） 见【常时微动】

duanzhu

短柱（short column） 见【短柱效应】

duanzhubai

短柱摆（short column pendulum） 苏联学者发明的摆柱隔震装置。该装置的混凝土短柱浮放于混凝土下摆座，柱顶支承上摆座，短柱与上下摆座间并无连接构造。当摆座发生水平运动时将带动短柱产生倾斜，同时上摆座将升高。在摆柱不倾覆的条件下，短柱可往复摆动，具有与单摆类似的运动特征，振动周期与柱高相关。为防止短柱倾覆，摆座上设有梯形的限位槽。下摆座上覆混凝土摩擦板，该板可由短柱带动滑移，形成摩擦耗能机制。该装置在短柱失效的情况下，下座仍可支承上座并发生滑移摩擦运动。在实际使用中，一旦短柱摆动，则柱与摆座的面接触将变为线接触，接触处可因应力集中发生局部损坏而耗能。因此，也有在短柱与摆座的接触面设置耗能金属垫的改进措施。

duanzhu xiaoying

短柱效应（short column effect） 剪跨比甚小的墙、柱构件在水平地震作用下产生的剪切斜拉破坏形态，具有典型的脆性破坏特征。抗震设计中，剪跨比小于 2 的柱通称短柱，其中剪跨比小于 1.5 者又称极短柱。建筑结构中的部分墙柱可能因使用要求等形成短柱，短柱弯曲变形能力极低，在主筋屈服之前斜截面即可在主拉应力作用下发生断裂，箍筋屈服或被拉断，导致承载力突然下降。

duanceng

断层（fault） 地质体在构造应力作用下发生破裂而失去连续性和整体性，并沿破裂面产生显著位移的一种地质现象，一般由破裂面（断层面）和破碎岩屑（断层泥）共同组成的。断层的调查和评价是地震学和工程地震学研究的重要内容。

duanceng cahen

断层擦痕（slickensides） 断层两盘错动时留下的痕迹，即断层活动在断层面上产生的沟槽状细微平行刻痕。它是确定断层运动方式的重要依据。

duanceng canshu

断层参数（fault parameter） 震源运动学模型中的断层参数主要包括的几何参数和运动学参数。几何参数包括断层位置，断层的长度、宽度（矩形）或半径（圆形），断层走向（断层长度方向与正北方向夹角），倾角（断层面与水平面夹角），倾伏角和埋深（断层顶面到地表距离）等；运动学参数包括断层错动（破裂）的分布、方向和大小等。

duanceng chuanbo

断层传播（fault propagation） 地震时从震源开始破裂，破裂沿着一定的方向延伸并产生错动位移直到一定距离为止的断层活动现象，也称断层扩展或断层伸展。一般来说，地震越大，断层传播距离越长，长者可达到数百千米。大地震中断层传播速度达 3～4km/s。

duanceng cuoju

断层错距（slip of fault）　见【断层滑距】

duancengdai

断层带（fault zone）　见【断裂带】

duanceng dizhen

断层地震（fault earthquake）　由于地下深处岩石快速破裂错动将长期积累的能量急剧释放造成的地震，即由断层的破裂错动而产生的地震，也称构造地震。产生地震的断层可以是新生的，也可以是老断层的复活。这类地震发生的次数最多，破坏力也最大，约占全球地震的90%以上。

duancengdoukan

断层陡坎（fault scarp）　由于断层带两侧差异升降而在地表面形成的平行于断层走向的陡坎或陡崖。是识别断层的重要标志。

duanceng guoduduan

断层过渡段（transition section of active faults）　管道抗震设计中断层两侧锚固点之间的管段。通常认为，断层错动将引起管道的轴向位移，管道轴向位移从断层最大位移处逐渐被土壤和管道之间的摩擦力所吸收，离开断层一定距离后，轴向位移降低为零，该点称为锚固点。

duanceng huaju

断层滑距（slip of fault）　在断层面上测定的断层两盘相邻两点的相对位移，也称断层错距。分为总滑距（两盘原先相邻两点间之距离）、走向滑距（与断层走向平行的滑距分量）、倾向滑距（与断层倾向平行的滑距分量）等。

duanceng huodongdu

断层活动度（fault activity）　断层活动的程度，也称断层活动性，用年平均滑动速率 S（单位为 mm/a）表示。1980 年，日本活断层研究会把日本的活断层分为 AA 级（$100>S\geq10$）、A 级（$10>S\geq1$）、B 级（$1>S\geq0.1$）、C 级（$0.1>S\geq0.01$）四个等级。

duanceng huodong duan

断层活动段（active fault segment）　规模较大的断层上，晚更新世以来有活动的地段。一般情况下，在断层活动段其活动历史、几何形态、断层性质、地震活动和运动特性等具有一致性。

duanceng huodongxing

断层活动性（fault activity）　见【断层活动度】

duanceng jihe canshu

断层几何参数（fault geometry parameter）　表示断层在空间展布特征的参数，包括断层位置，断层的长度、宽度（矩形）或半径（圆形），断层走向（断层长度方向与正北方向夹角），倾角（断层面与水平面夹角），倾伏角和埋深（断层顶面到地表距离）等。

duanceng jihexue

断层几何学（fault geometry）　研究断层本身的结构、规模特征、产状、方位、断距等要素的几何特征和空间关系，并研究各要素之间和各要素与相关构造之间的几何特征和空间关系一门学科，是构造地质学的重要分支学科之一。

duanceng jixian

断层迹线（fault trace）　断层面与地面的交线，即断层在地面的出露线，它既是重要的地质构造要素，也是野外识别断层的重要标志和依据。

duanceng jiaoliyan

断层角砾岩（fault breccia）　断层运动时，使两盘岩石发生压碎、破裂、剪切等变化，产生由棱角状碎屑组成的构造角砾岩，也称构造角砾岩。根据它的交切关系和断层泥的出现或有擦痕的断块等可对断层的运动方向做出判断。

duanceng jiedi

断层阶地（fault terrace）　河岸上由断层形成的类似阶地的层状地貌，也称断块阶梯。它并非河流阶地，而是由一组走向大致平行的断层的断块差异运动所造成，是构造阶地或假阶地的一种。

duancengju

断层距（fault distance）　观测点到断层地面迹线的最短距离。断层地面迹线是断层破裂延伸面与地面的交线。在地震学中，通常把观测点到震中的最短距离称为震中距；观测点到破裂起始点的最短距离称为震源距；观测点到能量释放中心的距离称为能中距。

duancengmian

断层面（fault plane）　岩块、岩层或地层断开成两部分并存在滑动的破裂面。它的空间位置由其走向、倾向和倾角确定。其形状多为不规则的平面或曲面，面上常留下擦痕、阶步等滑动痕迹，规模较大的断层面之间有断层泥、断层角砾岩、糜棱岩等特种岩石，这些滑动痕迹和特种岩石对断层的运动特征、活动时代等研究十分重要。

duancengmianjie

断层面解（fault plane solution）　利用地震记录给出的表示断层错动面的几何参数，包括断层面走向、倾向、倾角和三个主应力轴的空间位置。

duancengni

断层泥（fault mud）　断层带或断裂带中松软未固结的，

粉末状的黏土或黏土状物质。通常是细碎矿物的混合物，有润滑感，有的是断层砾石的胶结物，断层两盘之间有时被断层泥部分或全部其充填。也有些断层泥是断层活动后期地下溶液循环引起岩石分解而形成的。断层泥对确定断层活动的地质时代、断层运动方式、破裂形式和活动度等有重要意义。

duanceng panbie biaozhi
断层判别标志（fault identification mark）　在野外识别和判定断层存在的依据和标志。它是断层活动在地貌、构造、地层与岩石等方面留下的痕迹，有地貌标志、构造标志、地层标志、岩浆活动和矿化作用标志、岩相和厚度标志等。其中，地貌标志有断层崖、断层三角面、错断的山脊、串珠状湖泊洼地、泉水的带状分布等；构造标志有线状或面状地质体在平面上或剖面上突然中断、错开或不连续、构造强化现象、断层岩等；地层标志是地层的重复和缺失等；带状分布的岩浆活动与矿化现象以及沉积岩相和厚度沿一条线发生急剧变化也是判别断层存在的标志。

duanceng poliedai
断层破裂带（fault rupture zone）　见【断裂破碎带】

duanceng qingjiao
断层倾角（fault dip angle）　断层面与水平面之间的锐角。它既是表示断层面在空间存在形态的重要参数之一，也是断层野外调查的重要内容。

duan cengqingxiang
断层倾向（fault dip）　断层面的法线在水平面上投影所指的方位。它即是表示断层面在空间存在形态的重要参数之一，也是断层野外调查的重要内容。

duanceng rudong
断层蠕动（fault creep）　一种相对缓慢运动的构造变动形式，是相对于急剧破裂位移活动的另一种断层破裂位移方式，即断层稳定滑动方式。研究表明，并非所有活断层都有蠕动发生，断层经常性的蠕动，可使能量分散释放而降低大地震发生的风险，大地震常在断层蠕动小或无蠕动地段发生。

duanceng ruhua
断层蠕滑（fault creep）　在断层剪切滑动过程中，宏观上始终没有出现突然的弹性能释放的滑动模式，也称断层稳滑。这种过程通常不产生强烈地震，但可能伴随微震或小震。圣安德列斯断裂加州中部段的活动是典型的蠕滑。蠕滑常表现为间歇性的非震滑动。

duanceng sanjiaomian
断层三角面（fault facet）　见【断层崖】

duanceng shangduandian
断层上断点（uppermost point of a fault）　错断最新地层的断层顶点的位置。震级较大的发震断层通常会沿断层产生一定的错动，错动可能到达地表，也可能在地下一定深度内终止，终止点就是上断点。研究不同性质的发震断层的上断点对工程建设中确定活断层的避让距离等有重要工程意义。

duanceng shangpan
断层上盘（hanging wall）　见【断层下盘】

duanceng shiwen
断层失稳（fault instability）　断层面上的应力超过其本身的抗剪强度而发生滑动的现象。其包括黏滑型失稳，破裂型失稳和混合型失稳等类型，是构造地震发生的根本原因。

duanceng weiyi
断层位移（fault displacement）　断层两侧同一地质体或地貌点（线或面）的相对错动量，包括水平位移和垂直位移两种基本类型。

duanceng wenhua
断层稳滑（fault creep）　见【断层蠕滑】

duanceng xiapan
断层下盘（heading wall）　倾斜断层面以下的岩层。断层面以上的岩层称为上盘；断层面以下的岩层称为下盘。上盘和下盘可以是上升盘，也可以是下降盘。根据断盘与断层面的相对运动分，沿断层面相对上升的一侧称为上升盘，相对下降的一侧称为下降盘。

duanceng xingbian guance
断层形变观测（fault-crossing crust deformation observatory）　对断层两盘的垂直向（竖向）相对位移和水平向相对位移的观测。观测的结果可用于评价断层的活动性。

duancengya
断层崖（fault scarp）　地面因断层位移而形成的坡面很直的峭壁。它经过长时间的风化侵蚀作用后，被冲沟分割成一系列三角形陡崖，称为断层三角面。多数断层三角面倾角小于断层倾角，三角面这种地貌形态也可形成于海浪或河流对山脉端部的侵蚀，或冰川对悬崖的切削。断层崖和断层三角面是鉴别断层活动，特别是新生代有过活动的重要标志。它的高度一般由差异侵蚀或反复活动而形成，从 3m 至 300m 不等；坡度一般在 10°～20°它可能由正断层或逆断层（特别是高角度逆断层）形成，可由基岩霍松散沉积层构成。

duanceng yingxiang taizhen
断层影响台阵（cross fault array）　布设在发震断层两侧附近的强震动台阵。观测目的是捕获未来大地震的近场地震动记录，并用于推断震源参数或研究震源机制对地震动的影响；了解强地震动在近场（例如距发震断层 20km 以内）的空间分布；研究破裂传播过程，观测断层的破裂是沿单侧还是沿双侧扩展；估计断层上的破裂速度和大地震中断层多次破裂过程的具体位置和破裂速度发生突然变化的位置等。

duanceng yundongxue canshu

断层运动学参数（tomographic parameters） 完整的震源运动学模型需要已知断层的几何参数和运动学参数。几何参数是表示断层在空间展布特征的参数，包括断层位置，断层的长度、宽度（矩形）或半径（圆形），断层走向（断层长度方向与正北方向夹角），倾角（断层面与水平面夹角），倾伏角和埋深（断层顶面到地表距离）等。运动学参数主要包括断层错动（破裂）的分布、方向和大小等。

duanceng zouxiang

断层走向（fault strike） 断层面与水平面或地面交线向两端的延伸方向。它是表示断层面在空间存在形态的重要参数之一。

duancuo dimao

断错地貌（offset landform） 由于断层错动形成的地貌形态，包括倾滑断层形成的断层陡坎，走滑断层错动水系、阶地缘陡坎、冲洪积和山脊等形成的地貌，线性排列的典型断层陡坎、断层谷、坡中槽和断塞塘等。

duankuai gouzaoshuo

断块构造说（theory of fault block tectonics） 1958 年由中国学者张文佑提出的大地构造学说。该学说认为，岩石的构造形变常从褶皱开始，而以断裂告终。但一经产生断裂，它便对以后的变形起着决定性的控制作用。岩石圈可被断裂分割成大小、深浅、厚薄和发展历史各不相同的断块。岩石圈各种断裂和断块按深度和规模可分为岩石圈断块—断裂、地壳断块—断裂、基底断块—断裂和盖层断块—断裂四个等级。此外，还有一种层间滑动断裂。断块不仅沿断裂面滑动。而且也沿着软流圈、莫霍面、康拉德、变质基底与盖层界面滑动。沿断块边界断裂面产生错动和沿断块的顶底面而产生层间滑动，是岩石圈层状块体相对运动的两种基本方式。各种断块之间，在地球旋转及其内部重力作用以及热力运动引起的膨胀与收缩的交替作用下，常产生挤压、拉张、剪切等运动，多数情况下为挤压—剪切或拉张—剪切两种类型。各种断块互相影响、互相作用，基底断块的活动可以控制盖层的发育及褶皱形成；盖层断块的运动形成又影响基底断裂，即基底控制盖层，盖层改造基底。板块实际上是岩石圈块的一种，但断块说与板块说不同，它不仅强调边缘活动，而且强调内部活动以及深度不同的层间活动；不仅强调俯冲，而且强调仰冲。该学说说在大地构造学、地震地质学以及石油勘探、水文工程地质等方面具有重要的理论意义和工程应用价值。

duanlie

断裂（fracture） 材料或构件的缺陷和裂纹的发展。在地质学中，一般将规模比较大的、区域性的断层称为断裂。严格地说，凡起因于应力作用、使岩石丧失连续性和完整性的机械破坏，不论其是否发生过位移，均称断裂，沿着它发生相对位移的破裂就是断层，沿着它没有发生可见相对位移的破裂则是节理；在实验构造地质学中，断裂是指岩石瞬间丧失内聚力或丧失对不同应力的抵抗力，以及释放其贮积的弹性能力的变形。

duanliedai

断裂带（fracture zone） 由主断层面及其两侧破碎岩块以及若干次级断层或破裂面组成的地带，也称断层带。在靠近主断层面附近发育有构造岩，以主断层面附近为轴线向两侧扩展，一般依次出现断层泥或糜棱岩、断层角砾岩、碎裂岩等，再向外即过渡为断层带以外的完整岩石。多用"断裂带"描述较大型的"断层带"。如鲜水河断裂带、郯庐断裂带、华山山前断裂带。从定义看，用"断裂带"较"断层带"更加贴切，因为所有断裂带都是由断裂组成的，有的裂开了，有的并无明显位移。

duanlie donglixue

断裂动力学（fracture dynamics） 在考虑受载物体各处惯性的基础上，用连续介质力学的方法研究固体在高速加载或裂纹高速扩展条件下的裂纹扩展和断裂规律的断裂力学的分支，也称动态断裂力学。脆性材料在加工、碰撞和冲击下的破坏，地震对结构的影响，天然气管道的破裂都属于断裂动力学研究的范围。军事工程中许多爆裂和防爆问题都涉及断裂动力学。

duanlie lixue

断裂力学（fracture mechanics） 研究带有初始裂纹的构件发生低应力脆断的规律性，并据此提供防止这种断裂的计算方法的固体力学的一个新分支学科。低应力脆断是构件在承受拉应力远低于材料屈服强度时所发生的意外断裂，是由于裂纹从裂纹源处扩展到全断面而造成。

duanlie posuidai

断裂破碎带（fracture zone） 断裂两盘由于相对运动和相互挤压，使附近的岩石破碎，形成与断层面大致平行的破碎带，也称断层破裂带，简称断裂带。断层破碎带的宽度有大有小，小者仅几厘米，大者达数千米，甚至更宽，与断层的规模和力学性质有关。断裂带有特殊的工程地质意义，通常岩体比较破碎，强度低，变形大，性质不均匀，地下水丰富。对活动断裂，在工程建设中通常采取避让措施。

duanlie renxing

断裂韧性（fracture toughness） 材料阻止宏观裂纹失稳扩展能力的度量，断裂韧性 K_{JC} 由下式确定：

$$K_{JC} = \sigma_c \cdot \sqrt{c} \cdot Y$$

式中，σ_c 为材料断裂的临界应力；c 为裂缝长度；Y 为与裂缝形状和加载方式有关的量。对一定的材料，σ_c、$\sqrt{c}$、Y 为常数。断裂韧性是材料固有特性，与材料种类有关，可通过断裂试验来求得断裂韧性。

duanlie shendu fenlei

断裂深度分类（classification of fault based on depth） 断裂按切割深度或发育深度的分类。张文佑根据断裂深度与岩浆物质来源和成分的关系，以及地球物理特征和地震活动等现象，把岩石圈的各种断裂按切割地球各层圈的深度划分为岩石圈断裂、地壳断裂、基底断裂、盖层断裂和层间滑动断裂五类；黄汲清等将断裂分为地壳断裂、岩石圈断裂和超岩石圈断裂三类。

duanlie tongzhen weiyi

断裂同震位移（co-seismic displacement） 单次强震或大地震时沿发震断裂产生的、地震断层两盘块体的相对错动量。通常震级越高，同震位移量也越大。可根据地震波记录或 GPS、InSAR 等形变场来反演深部断面上的同震位移分布。如果地震产生了地表破裂，也可以通过现场地质调查获得沿断裂的地表同震位移量。

duanliexi

断裂系（fracture system） 有一定成生联系的断裂带组合。其规模宏大，组合复杂，特征显著的不同于其他任何断裂带。从形成、演化、沉积、变动等方面看，其内各部分常具有规律性明显的相似性或差异性。例如鄂尔多斯块体周边的断裂活动关系密切，其中多以断陷盆地带形式出现，其运动方式又各有不同，银川—吉兰泰断陷带是右旋剪切拉张；河套断陷带为左旋剪切拉张；山西断陷带又为右旋剪切拉张；渭河断陷带则为左旋剪切拉张。

duansehu

断塞湖（fault sag lake） 断层垂直错动使得沟谷下游的一盘上升而堵塞形成的湖或塘，或者断层水平错动使沟谷下游盘的山脊横移、堵塞上游盘的沟谷而形成的湖或塘，也称断塞塘。断塞湖与断塞塘具有相同的成因，只是规模不同。

duansetang

断塞塘（fault sag pond） 见【断塞湖】

duiji jiedi

堆积阶地（fill terrace） 完全由河流冲积物组成的河流阶地。河流侧向侵蚀，在展宽谷底的同时，发生了大量堆积而形成宽阔的河漫滩，当河流强烈下蚀后即形成阶地。河流下切深度一般不超过冲积层厚度，整个阶地完全由松散冲积物组成。按河流下切深度与多级堆积阶地之间的接触关系又分内叠和上叠两种。堆积阶地可作为某地区抬升

速度缓慢的标志之一，是地貌学关于河流阶地按物质组成的一种分类。

duishiba

堆石坝（rockfill dam） 以石渣、卵石、爆破石料等粗颗粒岩土材料为主并配以防渗体而建成的土石坝，是土石坝的一种类型，具有就地取材、施工简单、抗震性能好等优点。

duizai jiuqingfa

堆载纠倾法（rectification by loading） 利用堆载增加已倾斜建筑物沉降较小处地基中附加应力，促使基础产生沉降进行纠倾的方法，是建筑物纠倾的一种方法。

duizai yuyafa

堆载预压法（preloading method） 见【超载预压法】

duiliu misan

对流弥散（convective dispersion） 见【机械弥散】

dunbai

墩摆（pier pendulum） 结构的承重构件被分割为上、下两部分，上部结构嵌插于下部结构的凹槽内，接触面设橡胶层，利用钢销连接上下部分，上部设阻尼器的隔震装置。是摆柱隔震装置的一种类型，由新西兰学者发明，主要用于桥梁和烟囱的隔震。这一装置可改变体系振动周期，上部结构的振动能量可由阻尼装置耗散。

dunshi matou

墩式码头（dolphin wharf） 由靠船墩及工作平台、引桥等组成的靠船码头，主要形式有重力式墩式码头和高桩墩式码头。

dungou

盾构（shield） 在软土和软岩地层中修建隧道时，用盾构法进行开挖和衬砌拼装的专用机械设备，盾构机的简称。其外壳通常为圆筒形的装配式或焊接式金属结构，为配合隧道使用要求也可做成矩形、马蹄形或半圆形等外形。盾构的种类较多，但其基本构造均由壳体、推进设测备、衬砌拼装机等组成。

dungoufa

盾构法（shield method） 采用盾构为施工机具，在地层中修建隧道和大型管道的一种暗挖式施工方法。施工时，在盾构前端切口环的掩护下开挖土体，在盾尾的掩护下拼装衬砌（管片或砌块）。在挖去盾构前面土体后，用盾构千斤顶顶住拼装好衬砌，将盾构推进到挖去土体的空间内，在盾构推进距离达到一环衬砌宽度后，缩回盾构千斤顶活塞杆，然后进行衬砌拼装，再将开挖面挖至新的进程。如此循环交替，逐步延伸而建成隧道。

duochidu fangfa

多尺度方法（multi-scale method） 非线性振动分析的一种方法，其思路与摄动法基本相同，把振动频率按小参数展开，通过设置时间尺度，求解非线性振动方程的解。这里的尺度主要是指时间尺度，即时间上采取大小不同的系列尺度。

duochong tiaoxie zhiliang zuniqi

多重调谐质量阻尼器（multiple tuned mass damper） 设置多个频率接近的振子控制主体结构的地震反应被动控制装置。是调谐质量阻尼器的一种类型，也是一种吸振器。

duochong lübo jishu

多重滤波技术（multiple filtering technique） 沿频率轴而不是沿时间轴移动施加适当宽度的频率窗，使用该频率窗对应的窄带滤波器对信号进行滤波，求得滤波后地震动随时间变化的技术。

duoci toushe bianjie

多次透射边界（multiple transmission boundary） 模拟单侧波动建立的局部人工边界。在时空解耦的基础上直接模拟单侧波动的运动学特征，认为从近场发出的各种方向散射波可以用一个假定波速的单侧波动模拟，可得到不同阶次的多次透射公式，对大角度入射的散射波有良好的透射效果，一般可用于任何类型的波动数值模拟，简便易行，具有普适性。

duoci chongfu zuoyong

多次重复作用（cyclic repeated action） 在一定时间内多次重复出现的作用。地震作用就是一种典型的多次重复作用。

duodao dizhenyi

多道地震仪（multi-trace seismograph） 不仅可使用单一信道的地震信号，还可以利用不同信道组合的地震仪器，是一种新型数字地震仪。台阵可视为多信道组合地震仪。

duodao kangzhen fangxian

多道抗震防线（multi-lines of earthquake defense）
见【多道抗震设防】

duodao kangzhen shefang

多道抗震设防（multi-protection of seismic buildings） 抗震设计中使结构具有协同工作的多重抗侧力体系和适当多的赘余约束，可控制结构破坏的先后次序、增加耗能、防止倒塌的抗震概念设计原则，也称多道抗震防线。结构抗震能力依赖于结构各部分的吸能和耗能作用，抗震结构体系中，各个部分都吸收和耗散的地震输入能量，其中部分结构因出现破坏降低或丧失抗震能力，而其余部分结构（或构件）能继续抵抗地震作用。在强地震动过程中，一道防线破坏后尚有第二道防线可以支承结构，避免倒塌。

duodian shuru dizhenfanyingfenxi

多点输入地震反应分析（seismic response analysis with multi-inputs） 结构不同支承点承受不同地震动时的地震反应。结构地震反应分析通常假定结构基底各点的地震动输入相同，这对于平面尺寸不大的结构是合理的。但若结构的平面尺寸很大（如大跨桥梁和大坝等），则地面不同点的地震动不仅有相位差，而且输入地震波的波形和强度也可能变化，为此，需要考虑基底各支承点地震动输入不同时的结构反应分析方法。

duogongneng jinglichutan shiyan

多功能静力触探试验（multi-functional cone penetration test） 除测定比贯入阻力、锥头阻力、侧摩阻力外，还具有其他多种功能的静力触探。

duogongnengting

多功能厅（multi-functional space） 可提供多种使用功能的空间，如会议厅、视频会议厅、报告厅、学术讨论厅、培训教室、舞厅等。

duoji jingdian

多级井点（multiple tier well points） 当单级井点不能达到降水深度要求时，在基坑边坡不同高程平台上分别设置的用于降水的井点。

duojiju zhuangzhi

多极距装置（multi-seperation array in geoelectrical resistivity）在直流地电阻率观测中，一个方位上，由多组呈线性排列的、具有不同装置参数观测地电阻率的设施。

duokong jiezhi

多孔介质（porous media） 由固体物质组成的骨架和由骨架分隔成大量密集成群的微小空隙所构成的物质。其内的流体以渗流方式运动，研究渗流力学涉及的多孔介质的物理—力学性质的理论是渗流力学的基本组成部分。它的主要物理特征是空隙尺寸极其微小，而比表面积的数值很大，介质内的微小空隙可能互相连通，也可能是部分连通。按成因可分为天然多孔介质和人造多孔介质；按微小空隙的形态和结构可分为孔隙性多孔介质、裂缝性多孔介质和多重性多孔介质等。

duomo guangxian

多模光纤（multimode optic fiber） 可以传输多种模式的光信号，纤芯较细、模间色散大，适用于局域（距离为数千米）信号传输的光纤，是光纤的一类。

duomo guangxian chuan'ganqi

多模光纤传感器（multimode optic fiber transducer） 利用多模光纤制成的传感器，可分为传光型和光强调制型两种。这类传感器在工程中的应用比较广泛。

duonian dongtu

多年冻土（permanent frozen soil） 全年保持冻结而不融化，并且延续时间在 3 年或 3 年以上的土石层，也称永久冻土或永冻层。多年冻土通常可分为上下两层，上层每年夏季融化，冬季冻结，称活动层或称冰融层，其融化深度止于多年冻土层的层顶；下层常年处在冻结状态，称永冻层或多年冻土。多年冻土层顶板的埋藏深度称为多年冻土上限。多年冻土在中国有两个主要分布区，一个位于纬度较高的内蒙古和黑龙江的大、小兴安岭一带；另一个在地势较高的青藏高原和甘肃新疆高山区。

duonian dongtu shangxian

多年冻土上限（permafrost table） 见【多年冻土】

duopule pinyi

多普勒频移（Doppler frequency shifting） 见【多普勒效应】

duopule xiaoying

多普勒效应（Doppler shift） 当发射源与接收体之间存在相对运动时，接收体接收的发射源发射信息的频率与发射源发射信息频率不相同现象。奥地利物理学家及数学家多普勒·克里斯琴·约翰（Doppler Christian Johann）于 1842 年发现了这一现象 提出了多普勒效应。这一效应表明，接收信息的频率不仅与发射源的频率有关，还受发射源与接收体相对运动速度的大小和方向的控制。接收频率与发射频率之差称为多普勒频移，在运动方向与波的传播方向一致时，多普勒频移可用式 $f_d = v/\lambda$ 表示。式中，v 为运动速度；λ 为波长。

duotalou jiegou

多塔楼结构（multi-tower structure with a common podium） 未通过结构缝分开的裙楼上部具有两个或两个以上塔楼的结构。

duotai pohuai zhunze

多态破坏准则（polymorphic damage criterion） 表述埋地管道可靠度用的破坏准则之一。最简单的多态破坏准则是基本完好、中等破坏和严重破坏三态破坏准则，根据这一破坏等级的划分，埋地管道基本完好的极限状态方程应为：$Z_1 = R_1 - S = 0$。式中，S 为管道变形；R_1 为允许开裂变形极限。埋地管道中等破坏与严重破坏的临界状态方程为：$Z_2 = R_2 - S = 0$。式中，R_2 为允许变形极限。显然，当 $Z_1 > 0$ 时，埋地管道处于基本完好状态，当 $Z_2 < 0$ 时，管道处于严重破坏状态，其他情况下管道处于中等破坏状态。

duowei dizhendong

多维地震动（multidimensional ground motion） 具有平动三分量和转动三分量的地震动。多维地震动主要考虑平动三分量之间的关系、平动与转动之间的关系和特点，以及多维地震动的预测方法和形成条件等。

duowei gujie

多维固结（multidimensional consolidation） 在多个方向上发生的渗透固结。1923 年，太沙基（Karl Terzaghi）提出一维固结理论和有效应力原理，建立了土体的一维固结理论，奠定了现代土力学的基础，标志着土力学学科的诞生。伦杜利克（Randulic）将一维固结理论推广到二维或三维的情况，提出了太沙基–伦杜利克（Terzaghi-Randulic）固结理论，其数学表达式又称为扩散方程。假设在恒定外荷重作用下土体中任何一点的正应力之和在固结作用中为一常量，这样固结问题就与固结的热扩散问题完全相同，可以利用差分法求解。在其推导过程中，只考虑了水流连续条件和弹性的应力应变关系，而没有涉及土体变形的几何条件。比奥根据连续体力学的基本方程，建立了比奥（M. A. Biot）固结方程，该方程考虑了土体固结过程中孔隙水压力消散和土骨架变形之间的耦合作用，既满足弹性材料的应力—应变关系和平衡条件，又满足变形协调条件和水流连续方程，建立了比较完善的三维固结方程。

duoyu dizhen

多遇地震（frequently occurred earthquake） 在 50 年期限内，可能遭遇的超越概率为 63%（重现期为 50 年）的地震作用，也称小震。

duoyu dizhen liedu

多遇地震烈度（intensity of frequently occurred earthquake） 我国建筑抗震设计中以烈度表示的用于结构弹性阶段抗震分析的输入地震动强度。多遇地震烈度又称小震烈度，也被称为众值烈度。该烈度相当于未来 50 年内、一般场地条件下可能遭遇的超越概率为 63% 的地震烈度，即 50 年一遇的地震烈度。平均而言，多遇地震烈度比基本烈度大约低 1.5 度；比罕遇地震烈度大约低 2.5 度。在抗震设计中，多遇地震烈度是以相应的地震加速度峰值和地震影响系数作为定量指标。

duoziyoudu tixi

多自由度体系（multi degree of freedom（MDOF）system） 具有两个以上（含两个） 独立坐标才能确定物体空间位置的结构系统。在机械工程。振动与冲击，土木工程学科有广泛应用。

duoziyoudu tixi yundongfangcheng

多自由度体系运动方程（multi degree of freedom（MDOF）system motion equation） 描述多自由度体系在动力作用下的动力平衡方程。使用直接平衡法对体系的每一个自由度列出力的平衡关系，可得用下式表达的矩阵形式的多自由度体系动力平衡方程：

$$m\ddot{u} + c\dot{u} + ku = p(t)$$

式中，m 为质量矩阵；c 为阻尼矩阵；k 为刚度矩阵；u、$\dot{u}$、$\ddot{u}$ 分别表示位移向量、速度向量和加速度向量；$p(t)$ 外荷载向量。在地震作用下，惯性力向量可表示为 $f_I = m\ddot{u} + mI\ddot{u}_g$，若 I 为单位列向量、$\ddot{u}_g$ 为地面加速度，则用 $mI\ddot{u}_g$ 代替上式的 $p(t)$ 即得到体系在地震作用下的运动方程。

E

e'ergu'na dikuai

额尔古纳地块（Argun massif）　该地块位于我国大兴安岭西北部，在其北东部出露有距今大约 18 亿～8 亿年的变质岩系及花岗岩体，以新林—喜桂图缝合线为界，其东南面是兴安地块。

e'erduosi dikuai

鄂尔多斯地块（Erdos massif）　东起吕梁山脉，西抵桌子山和云雾山，南起渭北山地，北达黄河之滨的一个稳定而完整的次级构造单元。对这个构造单元，不同大地构造说有不同的命名，如黄汲清（1945）称之为鄂尔多斯地台，1980 年改称为鄂尔多斯台拗；张文佑（1974）称之为鄂尔多斯断块。该块体大致在中朝准地台的中部、华北地块西半部，基底由坚硬的前寒武纪变质杂岩组成。在前中生代形成的构造格架的基础上，在中生代，鄂尔多斯成为大型内陆拗陷盆地。新生代以来，鄂尔多斯块体整体上升，其周缘形成东西向和北北东向的活动断裂系及相伴的剪切拉张型断陷盆地。其西南边界，由于受到青藏高原北东向的推挤隆升而形成北东凸出的压扭性弧形断裂束。

e'erduosi dizhentongjiqu

鄂尔多斯地震统计区（Erdos earthquake statistical zone）国家标准 GB 18306—2015《中国地震动参数区划图》划分的两个地震统计区之一，隶属华北地震区。主要分布内蒙古鄂尔多斯及其周边地区。鄂尔多斯地震统计区位于鄂尔多斯块体内部，四周为正断层和走滑断层系所控制，是地质构造比较稳定的地区。该区地震活动微弱，仅有数次 5 级左右地震记载。截至 2010 年 12 月，该区共记到 $M \geqslant 4.7$ 级的破坏性地震 16 次。其中，4.7～4.9 地震 2 次；5.0～5.9 地震 14 次，最大地震震级 5½ 级。该区本底地震的震级为 5.0 级。

e'erduosi pendi

鄂尔多斯盆地（Erdos basin）　我国第二大盆地，总面积约 $37 \times 10^4 \text{km}^2$，横跨陕西、甘肃、宁夏、内蒙古、山西五个省（自治区）。其北临阴山、大青山；南临秦岭，西接贺兰山、六盘山，东至吕梁山、太行山。鄂尔多斯盆地的地史可以上溯至前寒武纪时期；作为华北板块的一部分，太古宙—元古宙是其构建结晶—褶皱基底时期。元古宙末，

华北地台克拉通化基本发育完成，至中—新元古代已开始发育沉积盖层。在鄂尔多斯盆地周缘的造山带中卷有中—新元古代的沉积层。进入显生宙以来，在寒武纪—早奥陶世时期，它发育广泛的陆表海沉积。在早奥陶世末期，华北地台抬升、全区域广泛海退，进入剥蚀环境，因此，鄂尔多斯地区缺失从早奥陶世至早石炭世的沉积。中石炭世时期以来，海侵海退频繁，发育海陆交互相沉积，二叠世时期转变为陆相河湖环境。现代鄂尔多斯盆地的发育从中生代开始。自早三叠世起，鄂尔多斯全面进入内陆盆地发育阶段。期间经历印支运动的各幕导致中生代部分地层的缺失，中生代结束之后，新生代的鄂尔多斯盆地在环境与地貌与现代基本相同。

erci shouli jiagu sheji

二次受力加固设计（retrofit design of secondary loading）考虑原构件初始应力和加固后加载在加固层中产生应变滞后效应的设计方法。

erci yingli zhuangtai

二次应力状态（secondary stress status）　在岩土工程施工中，因开挖、支护等因素在岩土中引起的应力重新分布。它是岩土工程设计和施工必须考虑的因素。

erci yuzhen

二次余震（secondary aftershock）　在地震学领域，通常是指强余震发生后又继续发生的余震，古称其为余震的余震。

erdieji

二叠纪（Permian Period）　古生代的最后一个纪。延续时限距今 298.9～252.2Ma，历时约 4670 万年。二叠纪时期地壳运动活跃，全球范围内一系列板块的碰撞导致地史上距现今最近的联合古大陆（Pangea 泛大陆）在二叠纪末期基本形成。该大陆几乎由北极延伸至南极，跨越了各个古气候带。这种全球古构造古地理环境的巨变，造成了陆相和湖相沉积类型的广泛分布，气候带明显分异和生物界的重大变革。中二叠世和晚二叠世末先后发生了两次重大的生物灭绝事件，基本上全部摧毁了曾经盛极一时并占据地球各个生态领域的古生代型生物群。二叠纪形成的地层称为二叠系。

erdiexi

二叠系（Permian System）　二叠纪形成的地层。早年曾经二分而称为下统和上统，近年来的研究证明二叠系三分更加符合全球该纪地层发育的特点，并分别命名为乌拉尔统（下统）、瓜德鲁普统（中统）和乐平统（上统）。

erjieduan sheji

二阶段设计（two-stages）　在抗震设计中，结构在多遇地震（50 年超越概率为 63% 的地震）作用下进行抗震承载

力和弹性变形验算，并在罕遇地震（50 年超越概率为 2% 的地震）作用下进行弹塑性变形验算的设计。我国抗震设计通常遵循"三水准二阶段"的设计原则。

erjie tanxing fenxi
二阶弹性分析（second order elastic analysis） 考虑结构二阶变形对内力产生的影响，根据位移后的结构建立平衡条件，按弹性阶段分析结构内力及位移。

erjie xiantanxing fenxi
二阶线弹性分析（second order linear-elastic analysis） 基于线性应力–应变或弯矩–曲率关系，采用弹性理论分析方法对已变形结构几何形体进行的结构分析。

erti wenti
二体问题（two-body problem） 满足下述条件的两个质点的运动问题，第一，不考虑其他物体的引力；第二，它们之间的相互作用力沿两点的连线，力的大小是两点之间距离的函数。该问题可化为一个等价的单体问题。天体力学中的双星、行星及其卫星、恒星和行星等的运动，物理学中的双原子分子振动都属于或近似地属于二体问题。太阳的质量为太阳系中其他星体质量总和的 700 多倍，所以太阳是太阳系的中心天体，每颗行星同太阳近似形成一个二体系统，而其他行星对该行星的引力影响仅表现为对它绕太阳运行轨道的微小摄动。因此，天体力学研究都以二体问题的解为基础。

erweiliu
二维流（two-dimensional flow） 用描述平面流线几何形态的方程来表征平面水流的运动形式，是渗流的一种类型。其特点是渗流要素（水位、流速）随两个坐标变化。即渗流场内水流速度向量可分为两个分量，所有的流线都与某一固定平面平行，与此平面正交的分速度等于零。所以，它又被称为平面运动。如果固定平面是一个剖面，速度向量可分为一个垂直分量和一个水平分量，则称剖面二维流。

erxiang fenbu
二项分布（binomial distribution） 描述随机变量的一种常见的概率分布形式，因与二项式的展开形式相同而得名。其适用于在独立试验中，为随机现象只有两种结果会出现（如成功或失败）的概率分布。

F

fazhen duanceng
发震断层（earthquake-generating fault） 见【地震断层】

fazhen gailü
发震概率（probability of earthquake occurrence） 在一定地区和一定时间段内，对发生某种震级地震可能性的估计，

常用于地震预报，特别是中长期地震预报。由于采用不同的资料或不同的概率分布统计模型，计算的结果往往存在一定差异，给出发震概率的只是统计意义上的结果。

fazhen gouzao
发震构造（seismogeny structure） 具有明确几何结构形态和物质组成、现代活动强烈、能发生地震的地质构造，常指发震断层或能够孕育较强地震的活动断裂带。按发震构造的运动学特征或震源力学性质，可划分为正断层、逆断层、走滑断层、盲断层和褶皱等。研究表明，并非发震构造的任何部位都可能发生地震，那些地应力集中、岩石易于破碎的特殊部位，才较易发生地震。例如，活动断裂带的两端或发生曲折的部位以及一条活动断裂带和另一条活动断裂交叉的地方容易发生地震。

fazhen shike
发震时刻（origin time） 发生地震的时间，即发震断层破裂，地震波开始传播的时刻。常采用地震图中地震波初动的时刻来确定发震时刻，用国际标准时间或地方时间标出（如中国采用北京时间）。

fazhen yingli
发震应力（earthquake generating stress） 地震发生时，发震断层面上的平均应力，是引起或施发地震的应力。

faxing jichu
筏形基础（raft foundation） 支承整个建筑物或构筑物的大面积整体钢筋混凝土板式或梁板式基础。软土地基和对不均匀沉降要求较高的工程常采用该基础。

faguo quanqiu shuzi dizhen taiwang
法国全球数字地震台网（French Global Digital Network） 也称地球透镜台网。其包括 31 个分布于 19 个国家的台站和 1 个数据中心，这些台站遍及各个大陆以及大洋中的岛屿。在每个台站都配备有甚宽频带的地震计（STS-1 或 STS-2）和 24～26 位数字地震仪。大多数台站都能将地震数据实时或准实时地传输至数据中心。

faxiang dongzhangli
法向冻胀力（normal frost-heave force） 地基土在冻结膨胀时，沿法向作用在基础底面的力。

fanjiang maoni
翻浆冒泥（mud pumping） 路基的土质不良，地下水位高、道路饱和（或冻融）时软化，在车辆等动力荷载的作用下，形成车辙，道路翻浆和冒泥，导致道路破坏的现象。

fanfenxi
反分析（reverse analysis） 根据工程中岩土体实际表现的性状和效果，反求岩土体特性参数的分析方法，也称反

演分析。其可用以验证设计计算、查验工程效果或事故技术原因等，是岩土工程和地震工程中常用的分析方法。

fanfu zhijian qiangdu shiyan
反复直剪强度试验（reiterative direct shear test） 使用直剪仪对土试样进行剪切，破坏后将上下部重合，再次剪切，如此反复直至剪应力稳定，以测定土体残余抗剪强度的试验方法。

fankui kongzhi
反馈控制（feedback control） 见【闭环控制】

fankuishi dizhenji
反馈式地震计（feedback seismometer） 在摆上安装两个回路，一个回路检测摆的振动，另一个则通过负反馈将其力加到摆上的地震计，也称反馈式电磁地震仪。

fankuishi dianci dizhenyi
反馈式电磁地震仪（feedback electromagnetic seismograph） 见【反馈式地震计】

fanli zhuangzhi
反力装置（reacting equipment） 为实现对试体施加荷载而承载反力的装置。在静载试验中，作用于桩上的荷载一般由该装置提供，它直接影响试验的过程和结果，常用的有堆载反力装置和锚桩反力装置。

fanlüceng
反滤层（filter） 设置在土、砂与排水设施之间，或细、粗土料之间旨在防止细土料流失，保证排水畅通，常以符合要求级配的砂砾料或土工织物作成的料层。

fanlü sheshi
反滤设施（reverse filter） 为了防止渗流而导致的土的流失，在渗流逸出处沿渗流方向按照砂石材料颗粒粒径、土工织物的孔隙尺寸，以逐渐增大的原则，分层填铺的滤水设施，也称倒滤设施。

fanniu
反扭（counterclockwise shearing） 反时针扭动的简称，用于描述断层的两盘相对运动，即与钟表指针正常转动方向相反的旋钮运动。地质力学中用来描述旋扭构造或直线构造的扭动方向。

fanpinsan
反频散（reverse dispersion） 群速度随周期（或者波长）增大而减小的一种特殊的频散。物理上称同性质波的传播速度随频率改变而改变的现象为频散现象。若频率低的波速快，频率高的波速慢，则称为正频散；反之，则为反频散。

fanpingmian wenti
反平面问题（anti-plane problem） SH 型波动问题，也称出平面问题。在分析复杂波动问题时，为简化求解，常先求解 SH 波传播的解，获得定性和定量的结果，称为 SH 型波动问题。SH 波沿着含有竖向坐标轴平面的法线运动，故为出平面波，故 SH 型波动问题称为出平面问题或反平面问题。

fanshebo
反射波（reflection wave） 入射线、反射线和法线在一个平面内，入射线和反射线居法线两侧，入射角等于反射角的地震波。地震波在传播的过程中遇到弹性不同的地质体分界面时，有一部分能量遵循光学的反射原理，从界面返回到原来的岩土层。地质体的性质和地质构造对反射波到达地表的时间和波形有影响。

fanshebofa
反射波法（reflection wave method） 根据地震波遇到阻抗不同的界面而产生反射的原理，利用反射波的时距曲线，探测界面深度以及波在介质中传播速度的一种地震勘探方法，由德国科学家费森登（R. A. Fessenden）于 1914 年提出了反射波法，该方法的物理基础是波传播在介质界面的入射角等于反射角，早期主要用于石油勘探。产生反射波的条件是界面两侧介质的波阻抗存在差异，差异越大反射波越强。地下每个波阻抗变化的界面，如底层面、不整合面、断层面都能产生反射波。

fansheceng
反射层（reflection layer） 能够产生反射波的地下介质的分界面，也称反射界面。它既是能够产生地震反射波的波阻抗界面，也是能够产生电磁反射波的电性界面。地震波在传播过程中遇到波阻抗界面时，会产生波的反射。

fanshejiemian
反射界面（reflecting interface） 见【反射层】

fanxunhuan zuanjin
反循环钻进（reverse circulation drilling） 循环液从钻杆与孔壁之间的环状空间进入孔底，携带岩屑从钻杆内返回地面的地质钻进方法，该方法的钻进效率高。与这种循环方式相反的传统循环方式称为正循环钻进。

fanya pingtai
反压平台（berm） 在土堤和土坡侧面延伸堆筑的，利用其重量产生的抵抗力矩来增加堤坡整体稳定性的，并有一定宽度和高度的土、石台体。也称反压马道。

fanyan
反演（inversion） 在结构识别中，根据结构的实测加速度反应估计结构参数的方法，这类问题称为反演问题或反问题。在结构动力学中，已知荷载和响应求结构参数或已知结构和响应求荷载的问题都属于反演问题。

fanyan baji shuru
反演坝基输入（inversion of dam foundation input） 将地表地震动反演至坝基，得到大坝基础所在界面各点的地震动并作为大坝地震反应分析输入地震动的技术和方法，是混凝土坝地震输入的一种方式。

fanyan fenxi
反演分析（back analysis） 根据岩土体在实际工程荷载作用下监测到的性状变化资料，采用数值分析方法对岩土体的力学特性和（或）初始应力条件进行分析的方法。

fanyan jiyan shuru
反演基岩输入（retrieving bedrock input） 一种考虑场地特性的空间变化，将地表自由场地地震动反演至计算域的底部基岩边界，得到该边界上各点的地震动并作为大坝地震反应分析基岩地震动输入的技术和方法，是混凝土坝地震动输入的一种方式。

fanying baoluopu fangfa
反应包络谱方法（reaction envelope spectroscopy） 计算不同固有频率的单自由度弹性体系在地震动作用下的反应，直接用单自由度弹性体系相对位移反应的包络线表示地震动幅值随时间和频率的变化的方法，是一种与多重滤波技术类似的分析方法。该方法可以用于研究地震动时程的时频变化特性，分离体波和面波不同震相等相关研究。

fanying chishi
反应持时（response duration） 基于结构地震反应确定的地震动持续时间，是地震动持续时间定义的一种。只有对应结构非线性反应的地震动持时才有意义，由于结构的非线性地震反应随结构的本构关系而变化，即使对同一个地震动时程，不同结构的反应不同，反应持时也取值不同。因此，该持时的定义和取值比较复杂，应用不多。

fanyingdui anquanqiao
反应堆安全壳（reactor container） 防止核反应堆在运行或发生事故时放射性物质外逸的密闭容器，也称反应堆保护外壳。核电站反应堆发生事故时会大量释放放射性物质，安全壳作为最后一道核安全屏障，能防止放射性物质扩散进而污染周围环境。同时，常兼作反应堆厂房的围护结构，保护反应堆设备系统免受外界的不利影响。它是一种体态庞大的特种容器结构。

fanyingdui baohu waiqiao
反应堆保护外壳（reactor container）
见【反应堆安全壳】

fanyingdui yaliqiao
反应堆压力壳（reactor pressure shell）
见【反应堆压力容器】

fanyingdui yali rongqi
反应堆压力容器（reactor pressure vessel） 安置核反应堆并承受其巨大运行压力的密闭容器，也称反应堆压力壳。核电站所用的反应堆主要有轻水堆（压水堆及沸水堆）、重水堆、气冷堆及快堆等。由于压力容器包容了反应堆的活性区和其他必要设备，其结构形式随不同堆型而存在差异。

fanyingpu
反应谱（earthquake response spectrum） 地震动加速度时程作用下，具有相同阻尼比不同自振周期的一系列单自由度体系最大位移反应、速度反应和加速度反应的绝对值随质点自振周期（频率）的变化曲线。它既可反映地震动的频谱特性，也可用作计算在地震作用下结构的内力和变形。由地震动时程直接得到的反应谱称为地震反应谱；地震反应谱经过规准化处理得到的用于结构抗震设计的反应谱称为设计反应谱。表示最大位移反应、速度反应和加速度反应随质点自振周期（频率）变化的反应谱分别称为位移反应谱、速度反应谱和加速度反应谱（绝对加速度反应谱）。依据计算方法和应用的不同反应谱还可分为拟反应谱、标准反应谱、归一化反应谱、场地相关反应谱、楼层反应谱、三联反应谱和弹塑性反应谱等。

fanyingpu lilun
反应谱理论（response spectrum theory） 在 20 世纪初期发展起来的结构动力反应分析的理论，是考虑了结构体系的动力特性（频率、振型和阻尼）与地震动频谱特性之间的动力关系的地震作用理论。

fanyingpu tezhengzhouqi
反应谱特征周期（characteristic period of response spectrum）
见【地震动加速度反应谱特征周期】

fanying qumianfa
反应曲面法（response surface method） 将复杂结构的极限状态方程以简单的显式解析式表达，并以迭代方法计算结构可靠度指标的方法。在复杂结构的可靠性分析中，通常难以写出结构体系极限状态方程的显式表达式，反应曲面法是解决这一困难的有效方法之一。

fanying weiyifa
反应位移法（responses displacement formulation） 计算地下结构地震位移反应的简化静力方法。反应位移法的基本方程为：

$$KU + K_s(U - U_s) = F$$

式中，K 为结构刚度矩阵；K_s 为地基刚度矩阵；F 为作用在结构上的等效地震作用；U_s 为输入地震动位移；U 为待求的结构绝对地震位移反应。

fandalu

泛大陆（Pangea） 假设的古老地质时期的超级大陆，又称联合古陆。1915 年魏格纳比较完善地论述了泛大陆的发展过程。他认为古生代末期，距今大约 2.5 亿年前时，整个地球表面只有一块完整的大陆，其位置大约在现今的北极和非洲及周围，叫泛大陆。后来经离极漂移和由东向西的漂移，从中生代开始，产生裂痕并逐渐分成几块大陆。北边为劳亚大陆，南边为冈瓦纳大陆。围绕泛大陆的原始大洋曾被称为泛大洋。有些地质学者，只承认早先存在过劳亚大陆和冈瓦纳大陆，不承认存在过泛大陆。实际上，地球早期大陆位移情况至今尚未弄清。

fandayang

泛大洋（Panthalassa） 围绕泛大陆的原始大洋，又译成泛古洋、盘古大洋等。在希腊文中意为"所有的海洋"，是个史前巨型海洋，存在于古生代到中生代早期，环绕着盘古大陆。

fanshui

泛水（flashing） 为防止水平楼面或水平屋面与垂直墙面接缝处的渗漏，由水平面沿垂直面向上翻起的防水构造。

fang'an sheji

方案设计（schematic design） 对拟建的项目按设计依据的规定进行建筑设计创作的过程，是对拟建项目的总体布局、功能安排、建筑造型等提出可能且可行的技术文件；是建筑工程设计全过程的最初阶段。

fangcha

方差（mean square deviation） 随机变量取值与其平均值之差的二次方的平均值。它是表示随机变量 X 与其数学期望 $E(X)$ 之间离散程度的度量，定义为 $D(X) = E[X - E(X)]^2$。方差分析是统计学中的重要方法。

fangcha fenxi

方差分析（variance analysis） 由于不同的目的，需要把某变量方差分解为不同的部分，比较它们之间的大小并用 F 检验进行显著性检验的方法。通常是先对某一变量的样本数据进行分组，比较各组之间的方差与组内方差，并用 F 检验检定各组的均值是否有显著差异。将这一过程用在对有序数据进行合理分段的问题上就产生一种称为最优分割的方法。使用在不同试验周期分段上，还可以寻找出序列的主要周期。方差分析还可使用在回归分析中，检验复相关系数显著性及判别回归效果。

fangchapu

方差谱（variance spectrum） 直接对表示随机过程每次取值与平均值偏离程度的方差进行傅里叶变换得到的谱，是方差谱密度函数的简称。可以证明，方差谱等于功率谱，因此，功率谱也称方差谱密度函数、方差谱密度。

fangchapu midu

方差谱密度（variance density spectrum） 见【方差谱】

fangchapu midu hanshu

方差谱密度函数（variance spectral density function） 见【方差谱】

fangweibiao

方位标（azimuth mark） 在照准点上安置的用于方位角或磁偏角测量的地面目标。在国际浮标系统中，方位标是指设立于被标示危险物（危险水域）的某个基点方位上，并以该基点方位命名的一类标志。

fangwei dizhenyi

方位地震仪（azimuthal seismological graph） 俄国地震学家研制的三分向记录地震方位的地震仪，一组地震仪的振动方向与具有垂直轴的锥体拾震器方向一致。通过不同记录的振幅和相位的比较，就可以判断地震波的性质及其方向。

fangweijiao

方位角（azimuth） 从某点的指北方向线起，依顺时针方向到目标方向线之间的水平夹角。通常采用 360°角度制表示。若从真子午线算起，则称真方位角；若从磁子午线算起，则称磁方位角；若从地图上坐标纵线算起，则称坐标方位角，即方位角。

fangxiangxing xiaoying

方向性效应（directivity effect） 地震断层破裂传播在前方和后方的地震动幅值、频率和持时出现显著差别的现象。研究结果表明，该效应主要体现于周期大于 0.5s 的地震动成分，是否影响地震动高频分量尚需进一步研究。

fangbodi

防波堤（breakwater） 为防止水波浪侵袭而修建的堤坝，是防御风浪侵袭港口水域，保证港内水域平稳的水工构筑物。在沿海地区比较常见。

fanghu juli

防护距离（protection distance） 在工程建设中，防止建筑物地基受管道、水池等渗漏影响的最小距离。除此之外，还有卫生防护距离、环境防护距离和安全防护距离等。

fanglangqiang

防浪墙（parapet wall） 为防止波浪翻越坝顶而在坝顶挡水前沿设置的墙体。多用在水库、河道、堤坝上，起防浪、防洪、阻水作用。该墙大多以钢筋、混凝土为主料，用模板浇筑而成。

fangluoliang xitong

防落梁系统（fall prevention beam system）　防止桥梁上部结构因结构构件或地基破坏而跌落的构造措施。该系统的设置须满足四个要求：第一，防落梁构件的强度不应低于其承受的设计地震作用效应；第二，防落梁构件不应妨碍支座的移动或回转；第三，防落梁结构须能顺应桥的横向移动；第四，防落梁结构应便于支承部分的维护保养。

fangququ zhicheng

防屈曲支撑（buckling-restrained brace）
见【屈曲约束耗能支撑】

fangshen pugai

防渗铺盖（impervious blanket）　在挡水建筑物上游一侧透水地基的表面铺设的延展层状的防渗设施。它是水工建筑物的重要设施。

fangshen sheshi

防渗设施（seepage control facility）　为防止和减少通过建筑物或地基渗流的设施。土坝防渗设施的主要作用有降低浸润线、减少通过坝体的渗流量、减少通过坝基的渗流量。

fangshen weimu

防渗帷幕（impervious curtain）　在与挡水建筑物相接的地基和岸坡内，灌注抗渗材料所形成的连续竖向阻截渗流的设施。

fangshui hunningtu

防水混凝土（waterproof concrete）　在 0.6MPa 以上水压下不透水的混凝土，分为普通防水混凝土、外加剂防水混凝土（主要用于水下、深层防水工程或修补堵漏工程）和膨胀水泥防水混凝土。

fangyan xitong

防烟系统（smoke protection system）　在建筑工程中采用机械加压送风方式或自然通风方式，防止烟气进入疏散通道的系统。

fangzai bi'nan changsuo

防灾避难场所（disaster mitigation emergency congregate shelter）　地震等灾害发生时，可供应急避难的地点或可供临时搭建避难工程设施的空旷场地，简称避难场所。该场所通常配置应急保障基础设施、应急辅助设施及应急保障设备和物资，主要用于因灾害产生的避难人员的生活保障以及集中救援的避难场地。

fangzai cuoshi

防灾措施（measures of disaster resistance and prevention）为减低各种灾害的直接危害效应而采取的用地安全规划管控措施、防灾设施、应急保障措施以及建设工程抗灾措施等，是城市综合防灾规划的内容之一。

fangzai gelidai

防灾隔离带（spatial separate belt for disaster overspreading protection）　为阻止城市灾害及其次生灾害大面积蔓延，对保护生命、财产安全和城市重要应急功能正常运行起防护作用的分隔空间和建（构）筑物设施，是城市综合防灾规划的内容之一。

fangzai gongyuan

防灾公园（disasters prevention park）　城市中满足避震疏散要求的、可有效保证疏散人员安全的公园。

fangzaijianzai

防灾减灾（prevention and mitigation of disasters）　为预防和减轻自然灾害以及人为灾害而采取的措施和策略，是预防和减轻灾害的简称。减轻灾害是人类永恒的话题，经国务院批准，自 2009 年起，每年的 5 月 12 日为全国防灾减灾日。

fangzai judian

防灾据点（disasters prevention stronghold）　采用较高抗震设防要求和建设标准、有避震功能、较大地震发生时可有效地保证内部人员抗震安全的建筑。

fangzai kongzhi jiexian

防灾控制界线（disaster mitigation governance line）　城市规划确定的对防灾要素进行规划管控的界线，包括确保防灾设施安全的防灾设施控制界线，以及为保障防灾功能有效发挥，减缓、消除或控制灾害的长期风险和危害效应，采取特定规划管控措施的风险控制区界线。通常可用橙线标识。

fangzai sheshi

防灾设施（disaster-mitigation construction and facilities）灾害防御设施、应急保障基础设施和应急服务设施的统称。在城市综合防灾规划中，是指城市防灾体系中直接用于灾害控制、防治和应急所必需的建设工程与配套设施。

fangzhen

防震（earthquake prevention）　防御地震灾害或地震时的震动，同抗震的含义基本相同，即主要采取工程、技术、政策和法律等措施来防止地震造成的人员伤亡和经济损失；还可理解为采取一定的措施或安装某种装置来减少建筑、机器、仪表和车辆等的震动。

fangzhenfeng

防震缝（seismic joint of buildings）　为避免或减轻结构系统的不规则性对抗震性能的不利影响，将建筑物分割为若干较规则单元的竖直间隙，也称抗震缝。当建筑结构平面过长，平立面体形特别不规则，各单元的结构类型不同以及同一结构的地基条件差异较大时，往往造成体系各部分的地震反应不同，从而造成应力或变形集中，导致构件开裂或结构损坏。设置防震缝可使不规则的建筑分割为相对独立的较规则的若干单元，减轻不规则性的不利影响，且便于使用简化模型对分割后的单元进行抗震计算。该缝一般设置在结构变形的敏感部位，沿着房屋基础顶面全面设置，使得建筑分成若干刚度均匀的单元独立变形。

fangzhen jianzai

防震减灾（prevention and mitigation of earthquake disaster）为预防和减轻地震灾害而采取的措施和策略，是防御和减轻地震灾害的简称。我国政府主要是通过加强地震科学研究，建立健全地震监测预报、地震灾害预防和地震应急救援三大工作体系，提高各级政府和公众的防震减灾意识等措施来提升整个国家抗御地震灾害的能力。

fangzhen nengli

防震能力（earthquake-resisting capacity）工程结构抗御各种地震破坏的性能。我国在抗震设计中要求建筑物和构造物应具有"小震不坏，中震可修，大震不到"的性能。

fangzhen sheji

防震设计（seismic design）为防止和抗御地震破坏而进行的专项设计，也称抗震设计。其包括新建工程的抗震设计和不满足抗震设防要求的现有工程结构的抗震加固设计。不同工程和结构的抗震设计内容有一定的差别，我国各类工程的抗震设计规范对抗震设计的内容都做了详细的规定，抗震设计应遵循抗震设计规范的要求。

fangzhen xingneng

防震性能（antiknock quality）建筑物或构筑物所具有的抵抗地震破坏的能力，也称抗震性能、防震能力。它与建筑物或构造物的设计水平、抗震设防标准、建筑材料和建筑质量以及建设场地的选择有关。

fangwu gaodu

房屋高度（building height）自室外地面至房屋主要屋面的高度，不包括突出屋面的电梯机房、水箱、构架等高度。

fangwu gongcheng

房屋工程（building engineering）建设房屋的勘察、规划、设计、施工和设备调试等工作的总称；有时也指房屋类工程实体。其目的是为人类生产与生活提供适宜的场所。

fangwu jianzhu

房屋建筑（building）在固定地点，为使用者或占用物提供庇护覆盖进行生活、生产或其他活动的实体，是民用房屋建筑、工业用房建筑、公共用房建筑的统称，包括其附属设施与配套线路、管道、设备等。

fangwu jianzhu gongcheng

房屋建筑工程（building engineering）为新建、改建或扩建房屋建筑物和附属构筑物所进行的勘察、规划、设计、施工、安装和维护等各项技术工作和完成的工程实体，一般称建筑工程。

fangwu jingli jisuan fang'an

房屋静力计算方案（static analysis scheme of building）根据房屋的空间工作性能确定的结构静力计算简图。房屋的静力计算方案包括刚性方案、刚弹性方案和弹性方案。

fangwu pohuaibi

房屋破坏比（damage ratio of buildings）不同破坏等级的房屋的破坏建筑面积与总建筑面积之比。它是震害预测中建立破坏矩阵的基础资料。

fangwu pohuai dengji huafen biaozhun

房屋破坏等级划分标准（house destruction rating standard）地震现场调查规定的房屋破坏等级划分标准。国家规范GB/T 18208.3—2000《地震现场工作 第三部分：调查规范》规定的房屋破坏等级为基本完好、轻微破坏、中等破坏、严重破坏和毁坏五个等级。

fangwu sheji

房屋设计（building design）为人类生活与生产服务的各种民用与工业房屋的综合性设计工作。根据选用的材料，配合周围环境，在安全、适用、美观和经济之间寻求合理的平衡。房屋设计的产品为建筑、结构、设备等各专业的图纸与说明书及其概算，并作为房屋施工的依据。

fangwu zhenhai

房屋震害（earthquake damage to buildings）房屋在地震中遭到的损坏，是造成人员伤亡和经济损失的主要原因。由于建筑材料、结构形式和用途的不同，房屋有多种分类方式，震害特点各有不同。其按照结构类型可分为砌体房屋震害、生土房屋震害、木结构房屋震害、钢筋混凝土房屋震害、单层工业厂房震害、空旷房屋震害、钢结构房屋震害和古建筑震害等。振动作用和地震地质灾害是房屋地震破坏的主要原因。

fangwu zhenhai yuce

房屋震害预测（earthquake disaster prediction of building）针对某一地区的各类房屋和典型房屋，在工程建筑易损性分析和场地条件调查的基础上，对未来某一时段内，在不同强度地震作用下可能造成的破坏等级以及人员伤亡、经济损失等的估计，分为单体房屋震害预测和房屋群体震害预测。其结果可用于防震减灾规划和地震应急预案的制定。

fangdaqi

放大器（amplifiers）把输入信号的电压或功率放大的装

置，即增加信号幅度或功率的装置，由电子管（或晶体管）、电源变压器和其他电器元件组成。信号放大所需功耗由能源提供。其分为线性放大器和非线性放大器两类，线性放大器的输出是输入信号的复现和增强；非线性放大器的输出则与输入成一定函数关系。它被广泛地应用在通信、广播、雷达、电视、自动控制等装置中。

fangpo

放坡（open cut） 以开挖的方式使基坑侧面形成能够自身稳定的坡度的方法。放坡坡度和基坑岩土性质、施工方法和几何尺寸有关。

fangshedai

放射带（radio zone） 放射性元素分布较为集中的条带地区。例如，自然界中三种天然放射性元素族类强烈地集中在硅质火成岩中，在基岩的形成过程中，放射性元素趋向于集中在它的最顶部，而靠近边缘的地方放射性最高；在受主要构造现象控制的矿体附近，也有大量的放射性超过标准值的矿带存在。

fangshexing cejing

放射性测井（radioactivity logging） 在钻孔中测量岩土的天然放射性，或测量人工放射性同位素与岩土的作用效应（散射、吸收等），以判断岩层结构、岩土的密度、井内技术状况等的测井方法，包括自然伽马测井、中子伽马测井、伽马-伽马测井、同位素测井等。

fangshexing celiang

放射性测量（radioactivity survey） 根据放射性射线的物理性质。利用专门的仪器，如辐射仪和射气仪等，通过测量放射性元素的射线强度或射线浓度对岩土体、地下水和气等进行观测的一种物探方法。

fangshexing huodu

放射性活度（radioactivity activity） 放射性元素或同位素每秒衰变的原子数。在目前放射性活度的国际单位为贝克勒（Bq），它所代表的是每秒有一个原子衰变，1g 的镭放射性活度有 3.7×10^{10} Bq。

fangshexing kantan

放射性勘探（radioactivity exploration） 利用仪器测定岩土的天然放射性，或将放射性同位素作为示踪剂，用来测定地下水的运动状态及有关参数，或利用放射性同位素测量岩土密度和含水量的一种地球物理勘探方法。

fangshexing shuaibian

放射性衰变（radioactivity decay） 某些同位素自发地释放出射线并转为另一种同位素的过程。放射性衰变可分为单衰变和系列衰变。母体同位素经过一次衰变形成稳定的子体同位素称为单衰变。位于元素周期表后部的某些重元素的放射性同位素要经过一连串的衰变才能形成稳定的同位素，称为系列衰变。自然界中常见的放射性衰变形式是 α、β 和 γ 辐射以及 k 电子捕获。目前已发现四个放射系，即三个天然放射系（铀系、锕系、钍系）；一个人工放射系（镎系）。

fangshexing tancenian

放射性碳测年（radioactivity carbon dating）
见【放射性碳测年法】

fangshexingtan cenianfa

放射性碳测年法（radiocarbon dating method） 利用环境样品中 ^{14}C 的衰变确定样品形成至分析时所经历年代的一种测年方法，简称碳测年法、放射性碳测年。该方法是同位素测年法之一，对于年龄在几百年到 6 万年之内的含碳样品有较可靠的精度。目前，该法能精确测出五万年以内的生物遗迹，常用样品为木炭、泥炭、木材、贝壳、骨骼、纸张、皮革、衣服以及某些沉积碳酸盐等。在活断层探测中，用来判断断层泥的形成年龄，以确定断层的形成年代。这一方法在地质学、考古学许多研究领域中得到了广泛的应用。

feijichang gongcheng

飞机场工程（airport engineering） 规划、设计和建造飞机场（习惯上称为机场，在国际上通常称为航空港）各项设施的统称。为了保证飞机在飞机场的起飞、着陆和其他各种活动，飞机场内及附近设有跑道、滑行道、停机坪、旅客航站、塔台、飞机库等工程以及无线电、雷达等设施。

feilaifeng

飞来峰（klippe） 推覆体或大型逆掩断层的上盘岩席受侵蚀后的残留部分。它孤立地位于下盘岩块之上，其周围常被断层所环绕，是一个孤立存在的小山峰，如同飞来的一样，故此得名。

feibaohetu

非饱和土（unsaturated soil） 土体内的孔隙部分或全部被气体充填，饱和度在 0～100 的土。土壤由固相（土壤颗粒）、液相（土壤水）和气相（土壤所含气体）三相构成，在土壤颗粒空隙完全由液相填充，即水占土壤空隙的比例为百分之百时为饱和土。正常状态下，自然界的大部分土为非饱和土。

feibaoshuitu shenliu

非饱水土渗流（flow through unsaturated soils） 地下水在孔隙未被水分充满（未达到饱和）的土壤中水的流动。如农田土壤中水分的运动，在灌溉、排水、降雨和蒸发影响下地下水面以上土层（包气带）中水分的运动等。

feichengzhongqiang

非承重墙（self-bearing wall） 不承受上部楼层荷载仅承

F

受自重的后砌墙体。它只起分隔空间的作用，在施工图上为中空墙体，属于建筑非结构构件，对结构安全性影响较小，但它是承重墙非常重要的支撑部位。

feifazhen duanceng

非发震断层（non-causative fault） 见【非发震断裂】

feifazhen duanlie

非发震断裂（non-causative fault） 发震断裂以外的其他构造性断裂，也称非发震断层。包括已经停止错动（发震）的断裂和只有蠕动而不发震的"活动性"断裂。

feigouzaoxing diliefeng

非构造性地裂缝（non-tectonic ground fissure） 非地质构造活动产生的地裂缝。该裂缝主要与重力等非地质构造作用有关，一般规模较小，主要类型有重力性地裂缝和胀缩性地裂缝等。

feigouzaoxing dimian polie

非构造性地面破裂（non-structural ground rupture） 非区域地质构造活动产生的地面破裂，也称重力性地面破裂。地震时由于受土质岩性、地形地貌、水文地质等条件影响，在较软弱的覆盖土层或陡坡、山梁处出现地裂缝，或因地震滑坡等引起的地面破裂。这类破裂受局部地质结构和地形地貌的控制，也可造成地基变形和开裂，使建筑物或结构破坏，但规模有限。

feijituzhuang

非挤土桩（non-displacement pile） 在成桩过程中不存在挤土效应的桩。例如，干作业法钻（挖）孔灌注桩、泥浆护壁法钻（挖）孔灌注桩、套管护壁钻（挖）孔灌注桩等都属于这一类型的桩。

feijiegou goujian

非结构构件（non-structural components） 主体结构以外的构件，即除承重骨架体系以外的固定构件和部件，如充填墙、女儿墙等。该构件是连接于建筑结构的建筑构件、机电部件及其系统。国家标准 GB 50368—2005《住宅建筑规范》规定，依附于住宅结构的围护结构和非结构构件，应采取与主体结构可靠的连接或锚固措施，并应满足安全性和适用性要求。

feijiegou goujian de dizhenzuoyong

非结构构件的地震作用（earthquake action of non-structure member） 建筑结构中非结构构件承受的地震惯性作用。非结构构件附着于结构主体，其所承受的地震作用不仅取决于自身质量与刚度，且与连接方式、主体结构动力性能和地震动的特性有密切关系。严格意义上，只有将其作为结构体系的一部分，通过建筑整体的结构地震反应分析才能合理地估计其地震作用。由于非结构构件种类和数量繁多、分布复杂且动力特性各异，故包括非结构构件的整体分析模型也将十分繁杂，一般情况下难以建立。考虑非结构构件对结构主体的地震反应影响不大，一般可采用简化方法估计来其地震作用。

feijiegou goujian kangzhen cuoshi

非结构构件抗震措施（seismic measures of non-structure member） 防止地震时非结构构件自身及其与主体结构的连接发生破坏所采取的工程措施。建筑非结构构件自身及其连接件、预埋件、锚固件等均应采取加强措施以承受地震作用，防止构件破坏坠落危及周边人员和结构，避免建筑功能受损和减少经济损失。

feijiegou goujian kangzhen sheji

非结构构件抗震设计（non-structural components seismic design） 对主体结构以外的构件及其附属的机电、管道等设备，以及它们与主体结构的连接所进行的专门的抗震设计。

feijiegouxing pohuai

非结构性破坏（nonstructural damage） 不损害结构承载能力的非结构构件破坏，如非承重隔墙、饰面、女儿墙、檐口的破坏等。

feikaiwafa

非开挖法（covered digging method） 利用定向钻进等手段，在地表不明挖的情况下，进行地下管线铺设、更换或修复等施工的方法。

feilianxuxing bianxing

非连续性变形（noncontinuous deformation） 固体的应力和应变关系在某一限制下发生的中断，两者之间不再存在线性的或非线性的函数关系。在实际中，这种变形情况通常是在固体材料的强度不足以抵抗所受的应力作用的状态发生。在岩土工程中，是指地质体或某一地质痕迹的间断现象，包括岩体的剪切、压裂、拉断、胀裂等；土的非连续性垂直变形有松散无黏性土的震陷、黄土的湿陷、冻土的融陷等；土的非连续性水平变形主要有膨胀土地基膨胀裂缝、地表水平重力性滑移及张性裂缝等，也包括因地震造成的构造型地表破裂等。

feipingwen suiji guocheng

非平稳随机过程（non-stationary stochastic process） 随机过程的所有样本的相关参数的集系平均值（如均值、方差等）随计算时刻而变化的随机过程。随机过程的统计特性不随时间的推移而变化的随机过程称为平稳随机过程。地震引起的结构振动是一种非平稳随机过程，但为处理方便，常将地震动视为平稳过程，用修正的方法处理非平稳性。

feiposun jiancefangfa

非破损检测方法（method of non-destructive test） 在检测过程中，对结构的既有性能没有影响的检测方法。检测方法有回弹法、共振法、超声脉冲法、声发射法和综合法等。

feishixianxing huangtu

非湿陷性黄土（non-collapsible loess） 在一定压力下受水浸湿，无显著附加下沉的黄土。即在自重和外部荷载作用下，被水浸湿以后，完全不发生湿陷的黄土或湿陷性系数 $\delta_s < 0.015$ 的黄土。它是在干旱气候条件下形成的一种特殊土，一般为浅黄、灰黄或黄褐色，具有目视可见的大孔和垂直节理。

feishuiping chengceng moxing

非水平成层模型（non-horizontal layering model） 计算场地的土层为非水平成层的非规则场地的计算模型。这种情况下，质点振动须由空间坐标确定，场地地震反应分析应为二维或三维问题。

feitanxing fanyingpu

非弹性反应谱（inelastic response spectrum） 应力-应变关系为非线性的、由非弹性单自由度振子地震反应而生成的一种反应谱，也称弹塑性反应谱。1971 年纽马克（N. M. Newmark）等仿照弹性反应谱处理方法计算单自由度振子的非线性地震反应，提出非弹性反应谱，旨在估计结构进入非线性阶段后的地震作用。非弹性反应谱在性态抗震设计中得到了较好的发展和应用。

feitanxing xingbian

非弹性形变（inelastic deformation） 当使物体产生变形的外力被解除后，物体不能依靠自身的弹性来恢复其原来的形状和尺寸的形变。塑性形变、弹塑性形变、黏性形变等均属于非弹性形变。

feiwanzhengjing

非完整井（partially penetrating well） 未完全揭穿整个含水层的井。它是在较厚会水层中常用的一种井的类型，当水井底部达到不透水层时称为完整井。

feiwendingliu choushui shiyan

非稳定流抽水试验（unsteady-flow pumping test） 在抽水过程中，保持抽水量固定来观测地下水位变化，或保持水位降深固定，观测抽水量和含水层中地下水位变化的抽水试验。

feixianxing banqiao lilun

非线性板壳理论（nonlinear theory of plates and shells） 研究板壳的几何非线性问题和物理非线性问题的理论。板壳理论研究板和壳体的静力平衡、屈曲、动力和动力稳定四类问题，根据描述问题的方程的性质分为线性板壳理论和非线性板壳理论。如果荷载较大，板壳变形较大，则线性理论就完全不适用。在现代工业中，由于技术的需要，大量使用能产生大变形的柔韧板和柔韧壳，这类结构形式会引出非线性的荷载-变形关系；多种轻型结构采用的新材料本身具有复杂的非线性应力-应变关系，使得板壳理论必须考虑非线性因素。非线性板壳理论主要研究几何非线性问题和物理非线性问题。在几何非线性问题中，应变分量和位移分量的关系（即几何关系）包含位移分量导数的二阶微量，是非线性的；另外，平衡方程应根据变形后板壳的几何形状导出，因而引出非线性项。物理非线性问题完全是由非线性的应力-应变关系引起。非线性板壳理论主要处理几何非线性问题。

feixianxing bodong

非线性波动（nonlinear undulate） 非线性波的传播过程。一般把服从于非线性方程的有限振幅的波称为非线性波。该波动是非线性科学的重要组成部分之一，近几年来，在物理学和工程技术的许多领域中，非线性波的传播越来越受到重视。

feixianxing dizhen fanying

非线性地震反应（nonlinear earthquake response） 在地震工程中，非线性地震反应一般是指非弹性反应，也包括刚体倾覆与基础翘离地基、$P\text{-}A$ 效应、隔振基础干摩擦等。对于一般结构物，在强烈地震作用下，结构物会因局部损坏而改变其动力特性，一般改变主要是刚度降低，阻尼加大，从而造成非线性反应。该因素是考虑工程抗震问题时应予以重视的问题。

feixianxing dizhen fanying fenxi

非线性地震反应分析（nonlinear seismic response analysis） 计算非线性结构地震反应的理论和方法。设计抗震结构，若使其在罕遇地震作用下仍然保持小变形和线弹性，在经济上是不合理的，在技术上也并不完全可行；一般抗震结构容许发生损坏但又应将其控制在预期范围内，故结构非线性地震反应分析是地震工程研究和抗震结构设计中的重要内容。结构非线性地震反应一般采用逐步积分法求解。非线性分析的关键问题是结构分析模型的建立和单元本构关系的确定。

feixianxing dizhenxue

非线性地震学（nonlinear seismology） 研究非线性地震响应的地震学分支学科。主要研究地震波在非线性介质中传播的规律以及影响因素。

feixianxing lixue

非线性力学（nonlinear mechanics） 研究体系的定解方程、本构方程、运动方程等非线性方程的各类问题的学科，是力学的一个分支。由于新现象的发现，新材料和新结构的应用，使非线性理论受到广泛重视，不少学者对古典理论从几何或物理的角度进行了不同程度的修正，提出了多种非线性工程理论，形成了各种非线性分析的新学科。非线性力学近年来在结构与介质的共同作用、工程结构抗震动力学、土力学、断裂力学、流体力学、疲劳、热应力等方面都得到了广泛的发展。

feixianxing tanxing lixue

非线性弹性力学（nonlinear theory of elasticity） 弹性力学的一个分支，也称非线性弹性理论，是经典线性弹性力学的推广。非线性弹性力学中存在两种非线性，一是物理非线性，即应力–应变关系中的非线性，橡皮、高分子聚合物和生物软组织等材料的应力–应变关系中存在这种非线性；二是几何非线性，即应变–变形梯度关系中的非线性。在薄板、薄壳、细杆、薄壁杆件的大变形问题和稳定问题中存在几何非线性。上述两种非线性是彼此无关的，所以，非线性弹性力学问题分为三类：物理线性、几何非线性问题；物理非线性、几何线性问题；物理非线性、几何非线性问题。

feixianxing tuceng dizhen fanying

非线性土层地震反应（seismic response of soil nonlinear layering） 考虑土层应力和应关系变为非性关系，土的压缩和剪切刚度非常数的土层地震反应分析方法。在强地震动作用下，土介质的应力应变关系不再是线性关系，土的压缩和剪切刚度不是常数，而是随应力大小而变化，此时用傅里叶变换求解暂态反应的方法不再适用，因为叠加原理不再成立。求解的方法有等效线性化方法和直接积分法等。

feixianxing yingli yingbian guanxi

非线性应力应变关系（nonlinear stren-strain relation） 岩土的应力和应变关系不是直线的比例关系，而是采用非线性的弹塑性、黏弹性等模式描述的应力应变关系。

feixianxing zhendong

非线性振动（nonlinear shock） 恢复力与位移不成正比或阻尼力不与速度一次方成正比，由非线性方程描述的振动系统的振动。通常，当系统的元素都服从线性规律时，可用线性方程表示；在系统的元素不都服从线性规律时，需用非线性方程表示。在元素的微小变化不服从线性规律的情况下，也需用非线性方程描述。一般情况下，线性模型只适用于小运动范围，超出这一范围，按线性问题处理不仅在量上会引起较大误差，有时还会出现质的差异，这就促使人们研究非线性振动问题。

feixianxing $p-y$ quxian fangfa

非线性$p-y$曲线方法（nonlinear $p-y$ curve method） 建立桩土相互作用力p与桩土相对位移y之间非线性关系，并得到桩基础横向承载力的分析方法。目前$p-y$关系曲线主要来源于拟静力法，忽略了结构、基础与地基之间的动力相互作用，同时如何适应液化土层桩基础地震反应分析也是待解决的问题。

feixiangganbo

非相干波（incoherent wave） 见【相干波】

feiyehua tuceng houdu

非液化土层厚度（thickness of the non-liquefiable overlaying layer） 在可能液化土层上所覆盖的不可能液化土层的厚度，但不含淤泥和淤泥质土层。在砂土液化评价中，通常指液化土层的顶板埋深。

feiyizhi dizhendong shuru

非一致地震动输入（nonuniform ground motion input） 考虑地震动空间差异的地震动输入。在特大跨径桥梁的抗震分析中，尤其是时程分析中，各桥墩基础处的地震动输入有所不同，对桥梁抗震计算会产生一定的影响，因此，在选择不同桥墩的地震动输入时，需要反映场地地震动的空间变异性。

feiyuyingli maogan

非预应力锚杆（non-prestressed anchor） 不施加预应力的锚杆。锚杆是由杆体（钢绞线、螺纹钢筋、普通钢筋或钢管）、注浆固结体、锚具、套管所组成的一端与支护结构构件连接，另一端锚固在稳定岩土体内的受拉杆件。它是由锚固体、锚杆体、外锚头组成的将拉力传递到岩土体的锚固体系。按是否施加预应力将锚杆分为预应力锚杆和非预应力锚杆。对无初始变形的锚杆，要使其发挥全部承载能力则要求锚杆头有较大位移，为减少这种位移，一般通过张拉将锚杆固定在挡土结构上，同时也在结构上和地层中产生应力，这就是预应力锚杆。

feizhouqi zhendong

非周期振动（nonperiodic vibration） 振动量是时间的非周期函数。其频谱一般为连续谱，也可以是离散谱，但不同频率间不是基频的倍数关系，而是无理数关系。衰减振动和非线性振动中的混沌运动都是非周期振动。

feizhou bankuai

非洲板块（African plate） 最早划分的世界六大板块之一，由勒皮琼（LePichon）创名。其范围包括大西洋中脊南段以东、印度洋中脊以西，北至地中海，南抵南极板块。侏罗纪中期（约1.65亿年前），非洲板块同美洲板块分离。中白垩世到始新世（80～40Ma前），由于欧亚板块和北美板块的分离，非洲板块向北推挤，形成欧洲南部的阿尔卑斯山系。地震资料表明，非洲板块至今仍向欧亚板块俯冲。

feizizhong shixianxing huangtu

非自重湿陷性黄土（non-self-weight collapsible loess）
在上覆土层的自重压力下受水浸湿，不产生显著附加下沉变形的湿陷性黄土。

feilübin bankuai

菲律宾板块（Philippines plate）　马里亚纳深海沟和菲律宾海沟之的板块。日本海沟向南延伸，分为东西两支：东支为马里亚纳深海沟；西支为菲律宾海沟。两支海沟间存在一个板块。它以深海平原为主，其中分布了大量海底山，中间有一个近南北向的巴雷塞韦拉海岭，整个板块以洋壳为主。

fenceng choushui shiyan

分层抽水试验（separate interval layer pumping test）　将抽水目的含水层与其他含水层隔离，分别进行的抽水试验。是水文地质勘察中常用的抽水试验。

fenceng zonghefa

分层总和法（layerwise summation method）　岩土工程中计算土层竖向变形压缩量的一种方法。它是采用各向同性均质线性变形体理论给出地基内的应力分布，按土性和应力分布将地基变形计算深度内的土层划分为若干分层，假定每一分层土质均匀且应力沿厚度均匀分布，土体仅产生竖向压缩，用分层的变形参数来计算每一层土的压缩变形量，将每一层的变形量相加，即是地基的总变形量。

fen'gedai

分隔带（lane separator）　公路建设中沿公路纵向设置分隔行车道用的带状地带。位于公路中间分隔带称为中央分隔带。

fenjie weiyifa

分解位移法（decomposition displacement method）　桥梁运动方程的一种常用的求解方法，即通过位移矢量的分解，给出求解动态位移的方程，在已知各支承点处的输入地震动时程情况下，可利用动态位移方程求解体系的地震反应的方法。

fenliang xianquan

分量线圈（component coil）　在磁力仪探头中心附近一定空间范围内产生均匀磁场的线圈，是质子矢量磁力仪的重要组成部分。

fenpei quanxishu

分配权系数（distribution weight coefficient）　在地震危险性分析中，反映地震区带内地震活动空间上的不均匀性的概率分布函数。也称空间概率分布函数，简称空间分布函数。对地震区带内第 j 个震级分档内的年平均发生率乘以该区带内第 i 个震源区关于该震级档次的分配权系数，可得

到这一潜在震源区该震级档次的年平均发生率，为：

$$v_{ij} = v_j w_{ij}$$

式中，v_j 为某一地震区带内第 j 个震级分档 $[M_{i-1}, M_i]$ 的年平均发生率；v_{ij} 为该地震区带内第 i 个潜在震源区第 j 个震级档次的年平均发生率；w_{ij} 为地震区带内 j 震级档次的年平均发生率分配到潜在震源区 i 中去的分配权系数。还可以从另一角度理解分配权系数 w_{ij} 的含义。将上式改写为：

$$w_{ij} = v_{ij}/v_j$$

则 w_{ij} 表示某一地震区带上发生一次 j 震级档次内的 M 级地震，而该地震正好落在潜在震源区 i 内的概率。

fensanxingtu

分散性土（dispersive soil）　由于含有较多的钠离子，在纯净的静水中能够全部或大部分自行分散成为原级颗粒的中、低塑性黏性土。

fenshu yinglijiang

分数应力降（fractional stress drop）　地震断层剪切破裂时，断层面上破裂应力降与有效应力之比。断层面上初始剪应力与最终剪应力之差称为破裂应力降；初始剪应力与动摩擦力之差称为有效应力，也称动应力降，它代表破裂时作用在断层面上的等效剪切应力。

fenshuiling

分水岭（dividing crest）　相邻两个流域之间的山岭或高地，也可以是微缓起伏的平原。降落在其两边的降水沿着两侧的斜坡汇入不同的河流。按其形态可分为对称分水岭和不对称分水岭。对称分水岭的分水线位于分水岭中央，两侧斜坡的坡度、长度基本一致；不对称分水岭的分水线偏于分水岭的一侧，两侧斜坡不对称。对称分水岭极为罕见，自然界中广泛发育的是不对称分水岭。

fenweishu

分位数（fractile）　为概率分布分位数的简称。分位数是对随机变量的某个取值，当与该值相应的分布函数为 p 时，则该值为 p 分位数。例如，设连续随机变量 X 的累积分布函数为 $F(X)$，概率密度函数为 $p(x)$。那么，对任意 $0 < p < 1$ 的 p，称 $F(X) = p$ 的 X 为此分布的分位数，或者下侧分位数。简言之，分位数指的就是连续分布函数中的一个点，这个点的一侧对应概率 p。

fenweizhi

分位值（fractile）　与随机变量概率分布函数的某一概率相应的值。分位值是随机变量的特征数之一。将随机变量分布曲线与 X 轴包围的面积作 n 等分，得 $n-1$ 个值 $(X(1), X(2), \cdots, X(n-1))$，这些值称为 n 分位值。参数统计中常用到分位值这一概念。

fenxi lixue

分析力学（analytical mechanics）　以广义坐标为描述质

点系的变数，以牛顿运动定律为基础，运用数学分析的方法研究宏观现象中的力学问题的一般力学的一个分支学科。1788 年拉格朗日（Joseph-Louis Lagrange）出版了《分析力学》一书，为这门学科奠定了基础。该学科的基本原理有虚功原理和达朗伯原理。前者是分析静力学的基础；两者结合，可得到动力学普遍方程，从而导出分析力学各种系统的动力方程。

fenxi shiboqi

分析示波器（analysis oscillograph） 见【频谱分析仪】

fenxiang xishu

分项系数（partial factor） 为了保证所设计的结构或地基基础具有规定的可靠度而在设计表达式中设定的系数，一般分为作用分项系数和抗力分项系数两大类。作用分项系数是设计计算中，反映作用不定性并与结构可靠度相关联的分项系数，为作用设计值与作用标准值之比；抗力分项系数是设计计算中，反映抗力不定性并与结构可靠度相关联的分项系数，为抗力标准值与抗力设计值之比。

fenxiang xishufa

分项系数法（approximate probability method） 在结构设计中，以校准法为基础，采用分项系数描述的设计表达式进行设计的一种近似概率设计方法。

fenxuan

分选（sorting） 一种地质作用现象，即碎屑物在水、风等外力作用下，按粒度、形状和密度的差别分别富集的过程。不同的环境下，分选存在显著差异。

fenzi kuosan

分子扩散（molecular diffusion） 溶液中各部分浓度不同时，溶质分子由高浓度处向低浓度处移动，使溶液浓度均匀化的过程。

fenwei dizhendai

汾渭地震带（Fenwei earthquake belt） 国家标准 GB 18306—2015《中国地震动参数区划图》划分的地震带，隶属华北地震区。该带主要分布在山西、陕西和河北、内蒙古的部分地区，北起河北宣化—怀安盆地、怀来—延庆盆地，向南经阳原盆地、蔚县盆地、大同盆地、忻定盆地、灵丘盆地、太原盆地、临汾盆地、运城盆地至渭河盆地，这一系列断陷盆地构成汾渭地震带。沿该带存在规模不等的莫氏面隆起，在断陷盆地区地壳明显减薄。本地震带处于两条东西向重力梯度带之间，其间的北北东向重力异常带与地震带位置基本一致。布格重力异常值存在自北向南减少的趋势。沿断陷盆地看不出明显的航磁异常呈带分布现象。本带地震活动强烈，是华北地震区主要强震活动带之一。1556 年华县 8½级地震发生在该带南端的渭河盆地，1303 年洪洞 8 级地震发生于临汾盆地。自公元前 2222 年有地震

记载以来，本带共发生 4.7 级以上的地震 171 余次。其中，5.0～5.9 级地震 97 次；6.0～6.9 级地震 23 次；7.0～7.9 级 7 次；8.0～8.9 级地震 2 次，最大地震是 1556 年 2 月 2 日陕西华县 8½级特大地震。该带本底地震的震级为 5.5 级，震级上限为 8.5 级。

fensha

粉砂（silty sand） 粒径大于 0.075mm 的颗粒含量占总质量 50%～85%，且粒径大于 0.25mm 的颗粒含量不超过总质量 50% 的土。其属于无黏性土，饱和的粉砂土在地震作用下可能发生液化现象。

fenshayan

粉砂岩（siltstone） 由颗粒的粒级在 0.063～0.004mm 的碎屑为主组成的一种细碎屑沉积岩，未固结者称为粉砂。碎屑组分以石英为主，常含较多的云母及云母类黏土矿物，多为黏土质胶结。具水平层理或无层理。按粒度可分为粗粉砂岩、中粉砂岩、细粉砂岩和极细粉砂岩；按碎屑成分划分为石英粉砂岩、长石粉砂岩、岩屑粉砂岩等；根据胶结物成分划分为黏土质粉砂岩、铁质粉砂岩、钙质粉砂岩和白云质粉砂岩等。黄土也是一种疏松的或半固结的粉砂质沉积物。粉砂岩多形成于河漫滩、三角洲、潟湖和海洋的较深水部位。

fenshazhi niantu

粉砂质黏土（silty clay） 黏性土的一种，即主要成分为黏土矿物，粉砂含量占总量的 25%～50%，黏土含量占总量的 75%～50% 的黏土。

fentu

粉土（silt） 性质介于砂土与黏性土之间，粒径大于 0.075mm 的颗粒含量不超过总质量 50%，且塑性指数小于或等于 10 的土。地震现场调查表明，饱和粉土也会发生液化。

fentu yehua

粉土液化（silt liquefaction） 饱和粉土由固态变成可流动、不具抗剪切能力的液态的一种现象。地震、爆炸、波浪、机械振动、车辆行驶等外部作用均可触发饱和粉土液化。粉土（粉质黏土）是介于砂土和黏性土之间的土类，旧称轻亚黏土、分布十分广泛。

fenzhi niantu

粉质黏土（silty clay） 塑性指数大于 10，且等于或小于 17 的黏性土。是黏性土的一种。常作为建筑物地基，或用作堤坝、路堤的填土材料。

fengbaochao zaihai

风暴潮灾害（disaster of storm tide） 强烈大气扰动（如强风或气压骤变等）导致海水急剧上升或下降，使沿海一

定范围内出现显著增水或减水，造成海上船只沉没、破坏海上设施，冲毁海堤涌上陆地，摧毁城镇、村庄、耕地及各种工程设施，进而造成严重人员伤亡和财产损失的灾害。

fengbao weizhen

风暴微震（storm microseism）　由于风暴引起地面震动的现象。因为能量小，故振动地震微弱。该地震几乎不造成灾害。

fengdong

风洞（wind tunnel）　能够人工产生和控制气流，以模拟飞行器或物体周围气体的流动，并可量度气流对物体的作用以及观察物理现象的一种管道状实验设备，是进行空气动力实验最常用、最有效的工具。风洞实验是飞行器研制工作中的一个不可缺少的组成部分，不仅在航空和航天工程的研究和发展中起着重要作用，随着工业空气动力学的发展，在交通运输、房屋建筑、风能利用和环境保护等领域的应用十分广泛。

fengdong shiyan

风洞实验（wind tunnel experiments）　风洞中安置飞行器或其他物体模型，研究气体流动及与模型的相互作用，以了解实际飞行器或其他物体的空气动力学特性的一种空气动力实验方法。该实验的理论依据是流动相似原理，由于风洞尺寸、结构、材料、模型、实验气体等方面的限制，风洞实验不可能做到与真实条件完全相似，通常的风洞实验，只是一种部分相似的模拟实验。因此，在实验前应根据实际内容确定模拟参数和实验方案，并选用合适的风洞和模型。该实验尽管有局限性，但有优点：一是能比较准确地控制气流的速度、压力、温度等实验条件；二是实验比较安全，而且效率高、成本低；三是实验在室内进行，受气候条件和时间的影响比较小，模型和测试仪器的安装、操作、使用比较方便；四是实验项目和内容多种多样，实验结果的精确度较高。

fenghezai

风荷载（wind load）　空气流动对工程结构所产生的压力，是工程结构设计中必须考虑的一种随机荷载，也称风的动压力。该荷载与基本风压、地形、地面粗糙度、距离地面高度，以及建筑体型等诸因素有关。我国的地理位置和气候条件造成的大风主要为夏季东南沿海多台风，内陆多雷暴及飑线大风；冬季北部地区多寒潮大风。沿海地区的台风往往是设计工程结构的主要控制荷载。台风造成的风灾事故较多，影响范围也较大。雷暴大风也可能引起小范围内的风灾事故。

fenghua chengdu

风化程度（degree of weathering）　岩石在风化作用下崩解和分解，由整变碎，由硬变软的程度。一般划分成未风化、微风化、中等（弱）风化、强风化和全风化五个等级。

fenghuadai

风化带（weathered zone）　地壳表层岩石按风化程度而行的分带。地壳表层岩石按其风化程度，从地表向下可分为全风化、强风化、弱风化和微风化等层带。地壳表层的岩石受到风化作用破坏后在原地形成的松散残积层称为风化壳，分化壳一般由风化带构成。

fenghua liexishui

风化裂隙水（weathered fissure water）　存在于岩石风化裂隙带中的地下水。其分布受气候、岩性及地形条件等诸多因素的影响

fenghuaqiao

风化壳（weathered crust）　见【风化带】

fenghua xishu

风化系数（rock weathering index）　风化岩石的饱和单轴抗压强度与新鲜岩石饱和单轴抗压强度的比值。它是评价岩石风化程度的重要指标。

fenhuayan

风化岩（weathered rock）　受地壳浅表物理、化学和生物作用，使岩石不同程度地崩解、分解，成分、硬度、颜色等发生不同程度变化的岩石。按风化程度分为微风化岩、中等风化岩、强风化岩和全风化岩等。

fenhua zuoyong

风化作用（weathering）　地壳表层的岩石在太阳辐射、水、大气、生物等因素作用下，其几何形状、物理力学性质、化学成分等发生一系列变化的地质作用。

fengjipanguan jia xinfengxitong

风机盘管加新风系统（primary air ventilator coil system）在建筑工程中以风机盘管机组作为各房间的空调末端装置，同时用集中处理的新风系统来满足各房间新风需要量的空气—水系统。

fengjitu

风积土（aeolian soil）　干旱地区的岩层风化碎屑或第四纪松散土，经风力搬运至异地降落形成的堆积物。研究表明，黄土是一种风积土。

fengjiwu

风积物（aeolian sediments）　经风力搬运后沉积下来的物质，主要是砂粒和更细的粉砂，它们分选较好，表面常有撞击坑，是风积作用的产物。风积作用有沉降堆积、停滞堆积和遇阻堆积三种形式，所形成的风积物的结构各异，在干旱、半干旱地区分布广，最具代表性。多数专家认为黄土属风积物。在湿润地区的海岸、湖岸也见风成砂丘，砂层常形成高角度斜交层理。

F

fengzhen

风振（wind vibration）　风压的动态作用。风可分为平均风和脉动风，其中脉动风的周期与结构的自振周期相接近，结构在脉动风的作用下产生的振动，简称风振。风振在一定条件下也能形成灾害，在结构抗震中也应考虑。

fenggeduan

封隔段（test interval）　在钻孔内测量时，用一对跨接式封隔器密封形成的测量孔段。地下水位以下的部分孔内测量均需在该段内进行。

fenglafa midushiyan

封蜡法密度试验（density test with wax sealing method）使用石蜡封包不规则试样，通过水中称重的方法求其体积，用以测定岩土密度的试验。

fenglin

峰林（peak forest）　在石灰岩地区，峰丛进一步发展，仅基底岩石稍许相连的地貌，也称石林。它是喀斯特地区著名的地貌景观。

fengzhi dimian jiasudu

峰值地面加速度（peak ground acceleration）　地震时某一点地面加速度的最大值，也称地面加速度峰值，简称峰值加速度。地震动时加速度仪记录的地震动加速度时程曲线中最大振幅是该点某一方向的地面加速度峰值，可分为南北和东西两个水平分量以及一个竖向分量。

fengzhi dimian sudu

峰值地面速度（peak ground velocity）
见【地面速度峰值】

fengzhi dimian weiyi

峰值地面位移（peak ground displacement）
见【地面位移峰值】

fengzhi jiasudu

峰值加速度（peak ground acceleration）
见【峰值地面加速度】

fengzhi kangjian qiangdu

峰值抗剪强度（peak shear strength）　具有应变软化特性的土试样应力-应变关系曲线上最大的抗剪强度值。它代表土体的最大抗剪切强度。

fengzhi qiangdu

峰值强度（peak strength）　岩土应力应变关系曲线上应力峰值点对应的剪应力值，一般指峰值抗剪强度。它代表土体的最大抗剪切强度。

fengzhi sudu

峰值速度（peak ground velocity）　见【地面速度峰值】

fengzhi weiyi

峰值位移（peak ground displacement）
见【地面位移峰值】

fengzhi xishu

峰值系数（peak coefficient）　随机过程的反应最大值与体系反应均方差之间的关系为：

$$y_{max} = \gamma_p \sigma_y$$

式中，y_{max} 为反应最大值；σ_y 为体系反应的均方差；γ_p 为峰值系数，在平稳过程输入下可得近似解。有两种方式定义随机振动的反应谱：一是，定义反应谱为峰值系数均值与反应均方差的乘积；二是，定义反应谱为不超过概率为 p 的峰值系数与反应均方差的乘积。

fengzhi xiaoquhua

峰值小区划（peak value microzoning）　利用单一的地震动峰值，如峰值加速度、峰值速度等物理指标进行的地震小区划。常以地震动峰值等值线的形式表示。

fengwo

蜂窝（honey comb）　混凝土构件的表面因缺浆而形成的石子外露酥松等缺陷。建筑施工要禁止出现蜂窝现象。

fenghedai

缝合带（suture zone）　两个碰撞大陆结合带或衔接的地方。它通常表现为宽度不大的高应变带，由含有残余洋壳的蛇绿混杂堆积和共生的深海相放射虫硅质岩、沉积岩等组成，叠加了蓝片岩相高度变质作用和强烈的构造变形。该带把两侧具有不同性质和演化历史的大陆边缘分开，它们往往位于不同的生物地理区，并具有不同的古地磁要素。因此，该带作为化石板块界线，在恢复不同地史时期的板块构造格局中有重要意义。该带是地震多发地带，是地震地质研究的重要区域。

fengguan maogan

缝管锚杆（split set）　将纵向开缝的薄壁钢管强行推入比其外径较小的钻孔中，借助钢管对孔壁的径向压力而起到摩擦锚固作用的锚杆。

furudeshu

弗汝德数（Froude number）　流体内惯性力与重力的比值，用 Fr 表示。通常用来判别明渠水流的状态，当 $Fr < 1$ 时，水流为缓流；当 $Fr = 1$ 时，水流为临界流；当 $Fr > 1$ 时，水流为急流。

fuliu

伏流（swallet stream）　地表河流在岩溶地区的潜伏段，

既是在地面以下的洞穴中或岩层裂缝中流动的水，也是岩溶地区常见的一种地质现象。

fubishi dangqiang
扶壁式挡墙（counterfort retaining wall） 由立板、底板、扶壁和墙后填土组成的支护结构。

fubishi dangtuqiang
扶壁式挡土墙（counterfort retaining wall） 由底板及固定在底板上的直墙和扶壁构成的，主要依靠底板上的填土重量以维持稳定的挡土构筑物，也称扶垛式挡土墙。

fuhuoshuo
俘获说（capture theory） 关于行星起源或演化的一种假说。1910 年泰托勒（F. B. Tatlor）提出：月球原为一个独立的行星，其运行轨道与地球轨道甚近。白垩纪末，落入地球重力场中，被地球俘获而成卫星。泰托勒用这个假说解释地壳水平运动，即当月球被俘时会引起强大的固体潮，导致地球运转的速率发生变化而产生水平运动。俘获说是 20 世纪 40 年代地球成因假说之一，该假说认为，太阳的形成与地球的形成不同，太阳在地球产生之前早已存在，而形成地球的星云物质原来是和太阳互不相干的独立天体。大约在 60 亿年前，当太阳在银河系中运行时，遇到了一团巨大的星云，在太阳从其中穿过时，由于太阳的引力作用，就俘获了一部分星云物质。这些星云物质在太阳周围运动、聚集并越来越密，当密度达到一定程度时，就凝聚成地球和其他行星。按照俘获说的观点，太阳在未俘获星云物质之前，其周围没有任何物质，只是在俘获发生的过程中，才开始了太阳系的凝化。在银河系中既然存在着大量的星云物质，太阳在银河系中运转时就有可能遇到和穿过这种星云，并从中"俘获"一些物质。

fuchengfa bizhong shiyan
浮称法比重试验（specific gravity test with floating weighing method） 根据阿基米德 Archimedes 原理，通过水中称重求颗粒体积，用以测定卵砾石颗粒比重的试验，是粗颗土物理性质测量常用的试验。

fufangshebei kangzhen sheji
浮放设备抗震设计（seismic design of floating facility） 为防止和抗御浮放设备遭受地震破坏而进行的专项设计。浮放设备是指坐落于地面、楼板或工作台上且未与支承物锚固的设备，依靠摩擦力和重力来维持自身平衡和稳定。抗震设计中常采用简化方法，即假定设备为刚体估计浮放设备地震作用；应基于库仑摩擦理论和静力平衡概念进行抗滑移和抗倾覆验算；其发生倾覆的判断条件为作用在设备重心的水平地震惯性力引起的倾覆力矩达到或超过设备重力产生的抗倾覆力矩。摩擦力和抗倾覆力矩的计算应考虑竖向地震动的不利影响。

fuli
浮力（buoyancy） 地表水或地下水位以下的建（构）筑物所受向上的水压力，其值等于所排开水体积的重量。它是物体在流体（包括液体和气体）中，各表面受流体（液体和气体）压力的差（合力）。公元前 245 年，阿基米德（Archimedes）发现了浮力原理。

fuqiao
浮桥（pontoon bridge） 用船或浮箱等代替桥墩，浮在水面的桥梁。军队采用制式器材拼组的军用浮桥，则称舟桥。浮桥的历史记载以中国为较早。《诗经·大雅·大明》记载"亲迎于渭，造舟为梁"，记载周文王姬昌于公元前 1184 年在渭河架浮桥。在国外，波斯帝国居鲁士大帝于公元前 537 年在美索不达米亚修建过浮桥。

fushi
浮石（float stone） 一种特殊的火山喷出岩，化学成分与流纹岩相当，密度小，气孔体积占岩石体积 50% 以上的玻璃质酸性喷出岩，也称轻石或浮岩。

futuoli
浮托力（buoyancy） 工程的地下部分受地下水浮力作用，在其底面产生的向上的均布静水压力。在工程结构设计中，地下部分必须考虑该力的影响。

fuyun chenjing
浮运沉井（floating caisson） 在深水区筑岛建造沉井有困难、不经济或有碍通航且河流流速不大时，可采用在岸边干坞浇筑沉井，然后浮运至设计位置就位下沉。采用这种方法施工的沉井称为浮运沉井。

fuzhongdu
浮重度（buoyant unit weight） 地下水面以下单位岩土体的有效重力，是岩土重要的物理指标，可由岩土的饱和重度和水的重度之差值求得，也称有效重度。

fu（dunchuan）matou
浮（趸船）码头（floating pier） 由随水位涨落而升降的趸船、支撑设施、引桥及护岸等组成的靠船码头。在港口中常用这种码头。

fupin quxian
幅频曲线（amplitude-frequency curve） 振动的幅值与激振扰动力频率之间的关系曲线，通常称振幅–频率曲线。强迫振动试验常利用激振器对结构体系施加简谐扰动力并测量体系的振动响应，在由低至高改变扰动力频率的情况下，可由试验实测结果获得振幅–频率曲线。当扰动力频率接近或等于结构自振频率时，曲线形成共振峰，因此振幅–频率曲线也称共振曲线。

fupin texing

幅频特性（amplitude-frequency characteristic） 相同频率下，以位移计记录的摆体的相对位移表示地面位移，这一地面位移与地震输入的地面位移之比，亦即输入幅值不变，仪器记录的幅值随频率的变化，两者之比的特征。其平直表示记录到的不同频率的地震动放大倍数相同。

fupin texing quxian

幅频特性曲线（amplitude-frequency characteristic curve） 记录的振幅（摆体的相对位移对地面位移的放大倍数）随频率变化的曲线。若幅频特征曲线平直，则表示记录到的不同频率的地震动放大倍数相同。

fuzhipu

幅值谱（amplitude spectrum） 时间过程在满足 Dirchlet 条件的情况下，经傅里叶（Fourier）变换可得到傅里叶谱，习惯上将其复数形式的模称为傅里叶幅值谱，简称幅值谱。该谱在地震动分析中常用。

fushe dizhenneng

辐射地震能（radiated seismic energy） 地震时震源释放的能量，即地震波能量，可通过地震震级来估算。地震能量的释放是造成地震灾害的根本原因。

fushejing

辐射井（radial wells） 由大直径竖井和从竖井向四周含水层伸进的辐射向水平滤水管组成的排水系统。设置该井的主要目的是增大竖井的水量。

fushe zuni

辐射阻尼（radiation damping） 因辐射引起一个发射体系的运动的衰减。地震工程中是指结构振动时能量由基础向地基的散失。位于地基上的结构在振动时，存在着两类能量耗散：一是结构内部阻尼，既是结构的内摩擦和塑性变形引起的振动能量损耗；二是辐射阻尼，既是结构的部分振动能量通过基础向地基内辐射引起的能量散失，也是结构—地基开放系统的特性。辐射阻尼具有高频滤波效应，地震作用下会使结构共振频率降低、反应峰值减小，其效应随地基相对于上部结构刚度增加而减小，随地基刚度减小而增加。辐射阻尼对结构的振动反应影响很大，结构动力反应计算模型必须考虑其影响。

fuchong bankuai

俯冲板块（subducting plate） 两个板块相遇时，下插到另一相对被动的板块之下的板块。通常，该板块由洋壳组成的大洋板块。

fuchongdai

俯冲带（subduction zone） 大洋板块和大陆板块相撞时，大洋板块俯冲于大陆板块之下的地带，是俯冲板块的俯冲部分。发生俯冲作用的板块边缘部位，包括洋—陆俯冲或洋—洋俯冲的 B 型俯冲带（俯冲板块为大洋岩石圈板块）和陆—陆俯冲的 A 型俯冲带（俯冲板块为大陆岩石圈板块）两种类型。A 型俯冲带是大陆岩石圈相互俯冲的产物；B 型俯冲带出现巨大的贝尼奥夫带，并以发育沟、弧及强烈的地震、火山活动为显著特征。一般由俯冲板片向下弯曲形成的海沟、因板块俯冲而刮削下来的弧前增生楔、上驮板块前缘的富集地幔楔、板片俯冲到一定深度因部分熔融而形成的火山弧以及与火山弧伴生的成对双变质带等组成。因为大洋岩石圈在俯冲带进入地幔，到一定深度被地幔熔融同化而消亡，故也称消减带。B 型俯冲带还可划分为智利型俯冲带（高应力、弧后挤压的缓倾俯冲带）和马里亚纳型俯冲带（低应力、弧后扩张的陡倾俯冲带）。

fuchong dizhen

俯冲地震（underthrust earthquake） 大洋板块与大陆板块碰撞时，大洋板块俯冲于大陆板块之下而引起的地震。这类地震常在俯冲带及附近成带分布。

fuchong duanceng

俯冲断层（underthrust fault） 下盘为主动盘、上盘为被动盘的低角度冲断层。作为俯冲断层，随着运动的进行，需要负担起的上盘断块的重量会越来越大，因此，大多数俯冲断层不会延伸很远，位移量亦不大。

fuzhujian

辅助间（auxiliary room） 在地震观测用房中，安放除地震计外的其他地震现测设备的辅助房间。是各类地震观测用房的组成部分。

fuzhu shuju

辅助数据（auxiliary data） 地震观测中为了识别与排除各类前兆测项观测中与地震活动无关的信息而进行的辅助性观测获取的数据。例如，温度、湿度、气压、降水量等。

fuzhu xinxi

辅助信息（auxiliary information） 为完整处理原始数据所需的关于地震台站或逻辑卷的补充信息。它是地震数据的重要组成部分。

fushi

腐蚀（corrosion） 建筑构件直接与环境介质接触而产生物理和化学的变化，导致材料的劣化。建筑构件应有抗腐蚀的性能或须进行防腐蚀处理。

fushi dengji

腐蚀等级（corrosion grade） 地下水和土对建筑材料腐蚀的强弱程度的分级。根据腐蚀性介质对建筑材料破坏的程度，即外观变化、重量变化、强度损失以及腐蚀速度等因素，综合评定腐蚀性等级，并划分为强腐蚀、中等腐蚀、弱腐蚀、无腐蚀四个等级。

fushixing pingjia

腐蚀性评价（corrosivity evaluation） 根据地下水和土中所含腐蚀介质和所处的环境类型，对地下水和土对建筑材料腐蚀的强弱程度进行评定的工作。

fugangdu

负刚度（negative stiffness） 在试验中，混凝土构件在屈服后还将发生随荷载减小但变形持续增加的现象。这一现象在本构模型中表现为具有宏观负刚度的下降段，钢构件受重力二次效应或支撑屈服的影响，也会发生负刚度现象。

fumozuli

负摩阻力（negative skin friction） 桩周土由于自重固结、湿陷、地面荷载作用等原因而产生大于基桩的沉降所引起的对桩表面的向下摩阻力。

fuzhenji

负震级（negative magnitude） 如果一个地震的震级小于零级，则该地震震级为负震级。由里氏震级的计算公式不难理解，当记录到的地震动位移很小时就有可能出现负值（即负震级）。

fujia gangdu

附加刚度（additional stiffness） 消能减震结构在往复运动时，消能部件附加给主体结构的刚度。它是结构抗震分析的重要参数。

fujia niuju fangfa

附加扭矩方法（additional stiffness） 估计地震扭转作用及其效应的简化分析方法。美国统一建筑规范规定，不规则建筑的楼层扭矩为偏心扭矩与偶然扭矩之和。偏心扭矩为作用于该楼层的水平剪力与相应静偏心距的乘积；偶然扭矩为水平剪力与偶然偏心距的乘积，偶然偏心距取剪力正交方向建筑物平面尺寸的5%。设计中扭矩尚应乘以不应大于3.0的放大系数，该系数可通过楼层两侧水平位移的平均值和水平位移的最大值求得。

fujia yingli

附加应力（additional stress） 见【地基附加应力】

fujia zhiliang moxing

附加质量模型（additional mass model） 在大坝地震反应分析中，利用附加质量的惯性作用近似模拟上游坝面的动水压力、计算混凝土坝地震反应的分析模型，主要有韦斯特加德模型和有限元附加质量模型。

fujia zunibi

附加阻尼比（additional damping ratio） 消能减震结构在往复运动时，消能器附加给主体结构的有效阻尼比。它是结构抗震分析的重要参数。

fuhe cailiao

复合材料（composite material） 由两个相或多个相组成的混合物。一般至少含有两个相：一个为分散相；另一个为连续相（也称基体）。该材料不仅能够发挥各相的优点，而且还能够表现出各单一相所没有的某些特性（包括工艺、物理、力学和机械加工等性能）。

fuhe cailiao lixue

复合材料力学（mechanics of composite material） 研究复合材料在外力、环境（湿热）、时间等因素作用下的力学性能的学科。它是复合材料和复合材料结构（构件）的设计、制造的基础。现阶段该学科研究较多的是纤维复合材料。例如，用玻璃纤维、碳纤维等增强的塑料，碳纤维、硼纤维等增强的铝等。

fuhe diji

复合地基（composite foundation） 天然地基在地基处理过程中，部分土体得到增强，或被置换，或在天然地基中设置加筋体，由天然地基土体和增强体两部分组成共同承担荷载的人工地基。地基土中的加强体通常沿竖向设置，形成多个圆柱体。通常加强体的刚度大大高于周边土体的刚度，与原地基土相比可承受更大的应力，故复合地基的承载能力明显地高于原天然地基。为使基础荷载均匀有效地作用于地基，须在复合地基表面和基础底面间设置砂或砂砾石垫层。按组成材料及其刚性的差异，加强体可分为柔性、半柔性及刚性三种类型。

fuhe diji hezaishiyan

复合地基荷载试验（loading test of composite foundation） 在岩土工程中确定承压板下复合地基承载力的平板荷载试验。

fuhe diji zhihuanlü

复合地基置换率（replacement ratio of composite foundation） 复合地基中桩体的横截面积与该桩体所承担的复合地基面积的比值。它是复合地基设计和承载力评价的重要指标。

fuhe huadongmian

复合滑动面（composite slip surface） 当地基浅部埋藏有软弱夹层时，地基或土坡失稳的滑动面。其一般不再是一个圆弧面，而是由圆弧或直线和通过软弱夹层的直线组成的复合面。

fuhe jizhuang

复合基桩（composite foundation pile） 由单桩及其对应的承台下的地基土共同组成的复合承载基桩。它是由基桩和承台下地基土共同承担上部荷载。按复合桩基设计桩基础，可以使工程用桩量大大减少。

fuhe jiemian jiagufa

复合截面加固法（structure member strengthening with externally bonded reinforced materials） 通过采用结构胶黏剂黏结或高强聚合物砂浆喷抹，将增强材料黏合于原构件的混凝土表面，使之形成具有整体性的复合截面，以提高其承载力和延性的一种直接加固法。根据增强材料的不同，可分为外黏型钢、外黏钢板、外黏纤维增强复合材料和外加钢丝绳网片和聚合物砂浆层等加固法。

fuheshi chenqi

复合式衬砌（composite lining） 分内外两层先后施作的隧道衬砌。在坑道开挖后，先及时施作与围岩密贴的外层柔性支护（一般为喷锚支护，也称初期支护），容许围岩产生一定的变形，又不致于造成松动压力的过度变形；待围岩变形基本稳定以后再施作内层衬（一般采用模筑），也称二次支护。两层衬砌之间，根据工程的需要可设置防水层，也可灌筑防水混凝土内层衬砌而不做防水层。

fuhe tudingqiang

复合土钉墙（composite soil nailing wall） 土钉墙与预应力锚杆、微型柱、旋喷桩、搅拌桩等其他一种或多种支护技术组成的复合支护结构。

fuhe tuti yasuomoliang

复合土体压缩模量（composite compression modulus） 将增强体和加固区土体视为一复合土体的等价压缩模量。它是复合土体变形计算的重要指标。

fuhexing xiaonengqi

复合型消能器（composite energy dissipation device） 耗能能力与消能器两端的相对位移和相对速度有关的消能器，如铅黏弹性消能器等。

fuhe zhibiao sheji zhunze

复合指标设计准则（design criteria of composite indicator） 综合考虑结构变形和耗能进行抗震设计和抗震能力评估的方法。帕克（Y. J. Park）和洪华生（A. H-S. Ang）等最早定义了由大变形和累积滞回耗能线性组合的地震损伤指标，旨在考虑刚度退化、强度退化、黏结滑移等对构件的影响。该方法在地震工程研究中被广泛应用，是桥梁抗震设计通常采用的准则。

fuhe zifuwei jiegou

复合自复位结构（self-centering dual systems） 由承担基本使用功能的主体系和承担耗能自复位的次体系两部分组成的结构。该结构在体系层面实现了结构的可恢复功能。通过设计可实现主体系在地震作用下处于无损伤状态，将损伤集中于次体系或次体系中的耗能装置，并通过依靠结构或构件自身的弹性恢复力和附加的恢复力装置实现自复位。主体系可以采用混凝土框架结构、钢框架结构以及预

制或预应力框架结构等；次体系可以采用带支撑钢框架、预制混凝土墙或组合结构框架。耗能装置可采用具备自复位功能的阻尼器，或将传统阻尼器与预应力拉索组合实现。在地震作用下主体系处于弹性阶段，次体系耗能部分则耗散动力荷载输入的能量，减小动力作用强度，且次体系可使主体系的层间变形分布更加均匀。地震后，次体系不仅方便维修、易于更换，而且不影响主体系的使用功能。这种结构体系层面上的布置具有两大优势：一是避免大量的预应力构造，降低结构的复杂程度；二是将损伤集中于可快速更换的次体系，而不影响主体系的正常使用。该结构是被动控制—耗能减震技术的更高性能应用，要求变形复位。目前已出现了多种结构形式，例如，轻型自复位消能摇摆刚架—框架复合结构、抗弯框架—自复位带支撑钢框架复合结构、自复位钢框架—内填蝴蝶形钢板剪力墙复合结构、损伤可控的框架—内嵌摇摆墙复合结构等。

fumotai canshu fenxi

复模态参数分析（complex mode analysis） 阻尼体系的模态参数分析。研究表明，振动体系均具有阻尼耗能机制，在忽略阻尼项时，可得无阻尼体系的模态参数；若考虑阻尼项，亦可实施模态参数分析，但依阻尼特性的不同，模态参数将会有不同形式的变化。

fumotai lilun

复模态理论（complex modal theory） 见【实模态理论】

fuza chongji

复杂冲击（complex shock） 冲击波的波形是往复振荡型的，并难以用数学式表达的冲击，是冲击的一种类型，也称瞬态振动飞机、导弹和舰船内部的仪表设备所受到的间接的（经过蒙皮、隔框、支架等传递的）冲击多属此类。

fuza huanjing baopo

复杂环境爆破（blasting in complicated surroundings） 在爆区边缘100m范围内有居民集中区、大型养殖场或重要设施的环境中，采取控制有害效应措施实施的爆破作业。

fuzhenxing diejiafa

复振型叠加法（complex mode superposition method） 求解非比例阻尼体系动力反应的振型叠加法。严格意义上，只有单一材料建造的结构，其阻尼才近似满足正交条件。实际工程结构可能由不同的材料组成，构成复杂的动力体系，在这种情况下，阻尼属非比例阻尼，不满足正交条件。该法为具有不满足正交条件的一般粘弹性阻尼结构提供了有效的分析途径。

fuzuni

复阻尼（complex damping） 以复数形式描述能量耗散的现象和机理的理论模式，也称结构阻尼或滞变阻尼。复阻尼理论通常假定阻尼力与刚度成正比，但相位与反应速度

相同。复阻尼在本质上是频率相关的黏性阻尼，采用复阻尼的运动方程虽然形式简洁，但复数运算不方便，而且求解复数运动方程的理论复杂，因此在实际地震反应中使用的较少。

fuliye bianhuan

傅里叶变换（Fourier transform） 把某函数类 A 中的函数 $x(t)$ 通过傅里叶积分运算变换成另一函数类 B 中的函数 $F(\omega)$ 的数学计算方法。例如，函数 $x(t)$ 在 $(-\infty, +\infty)$ 区间内满足狄里赫利条件，即 $x(t)$ 是绝对可积和分段连续的函数，则 $x(t)$ 可经下式转换为 $F(\omega)$，这一数学转换称为傅里叶变换，即：

$$F(\omega) = \int_{-\infty}^{+\infty} x(t)\,\mathrm{e}^{-i\omega t}\,\mathrm{d}t$$

式中，$F(\omega)$ 为函数 $x(t)$ 的傅里叶谱。函数 $x(t)$ 和傅里叶谱 $F(\omega)$ 组成傅里叶变换对，由傅里叶谱经下式反演计算可得到原函数，称为傅里叶逆变换，

$$x(t) = \frac{1}{2\pi} \int_{-\infty}^{+\infty} F(\omega)\,\mathrm{e}^{i\omega t}\,\mathrm{d}\omega$$

fuliye fanbianhuan

傅里叶反变换（inverse Fourier transform） 若函数 $x(t)$ 在 $(-\infty, +\infty)$ 内满足 Dirchlet 条件，即 $x(t)$ 是绝对可积和分段连续的函数。则下式称为函数 $x(t)$ 的傅里叶反变换或傅里叶逆变换，为：

$$x(t) = \frac{1}{2\pi} \int_{-\infty}^{+\infty} F(\omega)\,\mathrm{e}^{i\omega t}\,\mathrm{d}\omega$$

fuliye fenxi

傅里叶分析（Fourier analysis） 用傅里叶级数和傅里叶变换来研究函数的数学方法。在工程应用中，是将时间序列信号转换为谐波信号的叠加，进而分析信号成分、强度、相位等特性的理论和方法。傅里叶分析是法国科学家傅里叶（J. Fourier）最早提出的，至今仍是进行频域分析的最重要的基础，在科学研究、工程实践的各个领域有极其广泛的应用。

fuliye fenxiyi

傅里叶分析仪（Fourier analyzer） 见【频谱分析仪】

fuliye jishu

傅里叶级数（Fourier series） 数学上是指在有限区域内，任意函数可表示为一系列简谐函数的叠加。利用傅里叶级数可对信号进行压缩、存储、传输和复原，其在科学技术中应用十分广泛。

fuliyepu

傅里叶谱（Fourier spectra） 将任意函数分解为一系列三角级数之和，各三角级数幅值和相位随自变量的变化关系，也称傅氏谱或频谱。通常分为傅里叶幅值谱和傅里叶相位

谱。1822 年，法国数学家傅里叶（J. Fourier）发表著作《热的解析理论》，系统地研究了三角级数分解的方法，并创立了谱分析理论。在地震工程研究中，傅里叶谱主要应用于地震动或结构地震反应的谱特征分析和计算弹性体系地震反应。

fushibianhuanfa

傅氏变换法（Fourier transform method） 将时域运动方程变换到频域求解的方法。傅氏变换法计算简洁，在线弹性地震反应分析中应用广泛，且可方便地用于力学参数随频率变化的线性体系。在结构地震反应分析中，因地震动加速度时程以离散形式给出，故傅里叶变换和逆变换均采用离散快速傅里叶变换（FFT）进行。

fushipu

傅氏谱（Fourier spectrum） 见【傅里叶谱】

fushi huoshan

富士火山（Fuji volcano） 位于日本本州岛中南部，第四纪形成的复合火山，是世界闻名的火山，也是日本最大的火山之一。火山多次爆发的结果形成了高 3776m 的高峰，日本的"万山之王"，体积约 870km^3。最初爆发时期为第四纪后期，喷出大量玄武岩质熔岩，形成层状的古富士火山。约在 1 万年前火山活动进入休眠期，在 5000～6000 年前，火山再次活动，在古富士火山体上形成了圆锥形层状火山，称新富士山。最近的一次喷发在 1707 年。富士山顶的巨大火山口深达 220m，其上部直径为 700m，底部直径近 70m。富士山熔岩流的最远距离为 28km，在山麓地带有很多熔岩形成的隧道，其中有很多钟乳石状的熔岩柱。在山的北麓因熔岩的堵塞而形成"富士五湖"。

fushuixing

富水性（water productivity） 以一定降深和口径的单井最大涌水量表征的含水层富水程度和出水能力，是衡量地下水开采时含水层出水量的标志。根据含水层中一定降深条件下的井、孔涌水量，可分为强富水（最大涌水量>10L/s）、富水（最大涌水量为 1～10L/s）、弱富水（最大涌水量为 0.1～1L/s）和贫水（最大涌水量<0.1L/s）四类。

fuyu gaodu

富余高度（free board） 见【安全超高】

fuyu shuishen

富余水深（additional depth） 港口设计中为了保证码头前航道的水深，在满足设计标准船舶的水深后，需要再增加的深度。

fuban ququ hou qiangdu

腹板屈曲后强度（post-buckling strength of web plate） 在钢结构中，腹板屈曲后尚能继续保持承受荷载的能力。

fugaiceng

覆盖层（overburden） 地球表面形成的第四纪松散堆积层。通常指基岩上第四纪未固结的、较新的、松散的沉积物，其厚度随地形和成因而异。在矿山地质中，特指上覆于矿床或煤层之上的岩土层，包括了所有固结的和未固结的天然沉积物质。

fugaiceng houdu

覆盖层厚度（thickness of overburden layer） 覆盖层顶底面之间的距离，是划分场地类别的指标之一。国家标准 GB 50011—2010《建筑抗震设计规范》（2016 年版）规定的覆盖层厚度是指从地面至剪切波速大于 500m/s 且其下卧各层岩土的剪切波速均不小于 500m/s 的土层顶面的距离；并规定，当地面 5m 以下存在剪切波速大于其上部各土层剪切波速 2.5 倍的土层，且该层及下卧各层岩土的剪切波速均不小于 400m/s 时，可按地面至该土层顶面的距离确定覆盖层厚度；土层中存在的剪切波速大于 500m/s 的孤石、透镜体、应视同周围土层；土层中的火山岩硬夹层，应视为刚体，其厚度应从覆盖土层中扣除。

fugai yali

覆盖压力（overburden pressure） 岩土工程中上覆盖层的岩土层的自重对下卧岩土体产生的竖向压力。在地下硐室设计中需考虑该压力。

G

gaiceng duanceng

盖层断层（superficial fault） 切断沉积盖层，到达变质（结晶）基底顶部的断层，也称盖层断裂。这类断裂使沉积岩层和岩浆岩体等有错开、位移等现象，其中泉水点呈带状分布，河流出现袭夺现象等则可能是新生代以来形成的标志。盖层断裂构造变形受基底断裂控制，断裂沿线地球物理异常不明显。

gailü

概率（probability） 某个指定事件发生的可能性大小。可以用 0～1 的数字 P 表示。一般可以用某个事件频率（事件发生的次数除以总次数）来估计。

gailü fenbu

概率分布（probability distribution） 随机变量 x 小于给定的已知实数 X 的事件发生概率，是随机变量取值的统计规律，一般采用概率密度函数、概率质量函数和概率分布函数来描述。常见的概率分布有正态分布和 Gamma 分布等。

gailü jixianzhuangtaifa

概率极限状态法（probabilistic limit status method） 将作用和抗力视为随机变量，并置于极限状态下进行分析，用失效概率或可靠指标来量度工程可靠性的设计方法。

gailü jixianzhuangtai shejifa

概率极限状态设计法（probability limit states design method） 以概率论为基础，以防止结构或构件达到某种功能要求的极限状态作为依据的结构设计计算方法。

gailü kangzhen sheji

概率抗震设计（probabilistic seismic design） 以概率理论为基础，估计地震发生风险的大小而进行的工程抗震设计。考虑地震发生的不确定性和地震动参数估计的研究现状，采用以概率为基础的抗震设计方法是今后抗震设计规范发展的趋向之一。当前的困难在于缺乏足够的统计数据和理论概率模型，其中包括缺乏足够的地震历史数据和地震动数据。

gailü shejifa

概率设计法（probabilistic method） 在结构抗震设计中，把基本变量作为随机变量的一种设计计算方法。其采用以概率理论为基础所确定的失效概率来度量结构的可靠性。

gailü youxiao fengzhi jiasudu

概率有效峰值加速度（probable effective peak acceleration） 按照地震动加速度时程中幅值的概率分布来确定的有效峰值加速度。对时程的加速度值做频数分布统计可以看出，累计频数将逐步增大，与一定的累积频率对应的加速度幅值为概率有效峰值加速度。统计区间多限于强震段。

gainian sheji

概念设计（conceptual design） 依据设计者的知识和经验，运用思维和判断，正确地决定建筑的总体方案和细部构造，根据对结构品性的正确把握，合理地确定结构整体与局部设计，使结构自身具有好的品性的设计过程。它是对设计对象的总体布局、功能、形式等进行可能性的构想和分析，并提出设计概念及创意的工作。

gangu

干谷（dry valley） 地壳上升，地表水体渗入地下而形成的无水河谷。其多数为喀斯特地区形成的干涸河谷，也称死谷。底部较平坦，常覆盖有松散堆积物，沿干河床有漏斗、落水洞成群地呈串球状分布，往往成为寻找地下河的重要标志。

ganmidu

干密度（dry density） 土的孔隙中完全没有水时的密度，即固体颗粒的质量与土的总体积的比值。土的最大干密度一般为 $1.4\sim1.7\mathrm{g/cm^3}$。干密度反映了土的孔隙比，因而可用来计算土的孔隙率。它既可用土的密度和含水率通过换算而得到，也可通过实测获得。

ganmoca

干摩擦（dry friction） 物件间或试样间不加任何润滑剂

时产生的摩擦作用。它是有关阻尼物理机制研究中涉及的一个概念，其研究结果以库仑摩擦理论为代表。在工程实际中，并不存在真正的干摩擦，因为任何零件的表面不仅会因氧化而形成氧化膜，且会被含有润滑剂分子的气体所润滑或受到油污。在机械设计中，常把未经过人为润滑的摩擦状态当作"干摩擦"来处理。

ganmoca zuni

干摩擦阻尼（dry friction damping） 一种典型的结构阻尼，方向始终与物体的运动速度方向相反，大小与正压力成正比的阻尼力，也称库仑阻尼。

ganshequ

干涉区（interference zone） 折射法勘探时炮检距附近波形互相干涉的区域。利用折射法开展地球物理勘探时，炮检距控制折射波的走时，折射法的炮检距常是折射面深度的数倍，折射面很深时，炮检距往往长达几十千米。振源与检波器组的排列也可以不在同一直线上，排列本身布置成直线或弧形。两个不同界面的折射波在某个炮检距附近可能会同时到达。两组折射波如同时到达某一检波点，波形就互相干涉，不易分辨。在实际勘探工作中布置检波器组的排列时，须使主要目的层的折射波避开干涉区。

gantu

干土（dry soil） 土颗粒间的孔隙完全由气体充填，没有自由水存在的土。

ganzhongdu

干重度（dry unit weight） 单位体积岩土中固体颗粒成分所占的重量，即单位体积土受的重力，曾称为土容重。按土孔隙中的充水程度可将重度分为天然重度、干重度、饱和重度等，这些都是土的一个主要的物理指标。

ganxi jiegou

杆系结构（structure of linear elements） 由若干杆件组成的结构。其在土木、建筑、机械、船舶、水利等工程中广泛应用。在该结构中，数根杆件的汇交联结处称为结点（也称节点）。在每一个结点，各杆端之间不允许有相对线位移。结点分为铰结点和刚结点。在铰结点上，各杆件之间的夹角可以自由改变，铰结点不能传递力矩；在刚结点上，各杆件之间的夹角保持不变，刚结点可传递力矩。

ganxijiegou jingli fenxi

杆系结构静力分析（statical analysis of framed structure）在已知静力荷载下杆系结构的内力和位移计算。杆系结构是用杆件相互联结而组成的几何不变体系，如多跨静定梁、连续梁、桁架、刚架、拱、悬索结构、网架结构和曲梁等均为杆系结构。

ganyingtu

感应图（influence chart） 在岩土工程中，用于确定复杂形状基础下地基中某点由基础底面荷载引起的竖向附加应力的一种计算图。

ganlanyan

橄榄岩（peridotite） 以橄榄石和辉石为主要矿物成分，有时含少量角闪石、黑云母、铬铁矿的超基性侵入岩。其密度较大、强度高，在地表环境容易蚀变。

ganxian gonglu

干线公路（arterial highway） 在公路网中起骨干作用的公路，分为国家干线（简称国道）和省干线（简称省道）。

gangdu

刚度（stiffness） 材料、结构或构件在受力时抵抗弹性变形的能力，是材料或结构弹性变形难易程度的表征。材料的刚度通常用弹性模量 E 来衡量。在宏观弹性范围内，刚度是材料所受荷载与位移成正比的比例系数，即引起单位位移所需的力。它的倒数称为柔度，即单位力引起的位移。刚度可分为静刚度和动刚度。还有转动刚度、拉压刚度、剪切刚度、扭转刚度、弯曲刚度等。通过分析物体各部分的刚度，可以确定物体内部的应力和应变分布，这也是固体力学的基本研究方法之一。在国际单位制中，刚度的单位为 N/m。

gangdu juzhen

刚度矩阵（stiffness matrix） 结构分析中位移矢量与弹性力矢量之间的转换矩阵，反映了结构体系刚度分布特性。该矩阵 k 由刚度系数 k_{ij} 组成，k_{ij} 是 j 坐标单位位移引起的作用于 i 坐标的弹性力。

gangdu tuihua

刚度退化（stiffness degradation） 钢筋混凝土构件在往复荷载作用下，屈服后力-变形曲线的卸载段和重新加载段斜率（刚度）低于初始加载段斜率（刚度），且随受力循环的增加而减小，其变化率与峰值变形和循环加载次数有关的现象。其原因在于与低周疲劳有关的混凝土开裂、钢筋的非线性变形和钢筋与混凝土之间滑移的不断扩大。

gangdu xishu

刚度系数（coefficient of rigidity） 见【刚性系数】

ganggou

刚构（rigid frame） 见【刚架】

ganggouqiao

刚构桥（rigid frame bridge） 桥跨结构与桥墩（台）刚性连接的桥，也称刚架桥。它是一种介于梁与拱之间的结构体系，分为连续刚构桥、斜腿刚构桥等。

gangjia

刚架（rigid frame）　由梁和柱刚接而构成的框架，也称刚构。它是由梁和柱组成的结构，其各构件主要受弯。刚架的结点主要是刚结点，也可以有部分铰结点或组合结点。

gangjiaqiao

刚架桥（rigid frame bridge）　见【刚构桥】

gangsuxing moxing

刚塑性模型（rigid plasticity model）　初始刚度取为无限大的理想弹塑性模型，可用于模拟相对塑性应变其弹性应变可以忽略的构件和具有库仑摩擦机理的元件。

gang tanxing fang'an

刚弹性方案（rigid elastic analysis scheme）　砌体结构设计时，按楼盖、屋盖与墙、柱为铰接，考虑空间工作的排架或框架对墙、柱进行静力计算的方案。

gangti

刚体（rigid body）　在运动中和受力作用后，形状和大小不变，以及内部各点的相对位置不变的物体。绝对刚体在实际中并不存在，只是一种理想模型，因为任何物体在受力作用后，都或多或少地变形，如果变形的程度相对于物体本身几何尺寸来说极其微小，在研究物体运动时变形就可以忽略不计。把许多固体视为刚体，所得到的结果在工程上一般已有足够的准确度。但要研究应力和应变，则须考虑变形。由于变形一般总是微小的，所以可先将物体当作刚体，用理论力学的方法求得加给它的各未知力，再用变形体力学，包括材料力学、弹性力学、塑性力学等的理论和方法进行研究。刚体在空间的位置，必须根据刚体中任一点的空间位置和刚体绕该点转动时的位置来确定，所以刚体在空间有六个自由度。

gangti de pingdong

刚体的平动（translation of rigid body）　刚体内任意直线在运动过程中始终同原来位置保持平行的运动，也称移动或平行移动。平动刚体内所有点在每一瞬间都具有大小相等、方向平行的速度和加速度，各点的运动轨迹也完全相同，相互平行。刚体做平动时，其内各点具有相同的运动，刚体内任意一点（如重心）的运动可以代表整个刚体的运动。因此，刚体的平动又可归结为点的运动学问题来考虑。

gangti dingdian zhuandong

刚体定点转动（rotation of a rigid body about a fixed point）　刚体绕一固定点的运动。绕固定点转动的刚体只有一点不动。其余各点则分别在以该固定点为中心的同心球面上运动。支在固定球铰链上的刚体、万向连轴节中的十字头、万向支架中的陀螺转子等，都可以是这种运动。定点转动的刚体通常用欧拉角来定位。

gangti dingzhou zhuandong

刚体定轴转动（rotation of a rigid body about a fixed axis）　刚体内有一直线保持不动的运动。保持不动的固定直线称为刚体的转轴，显然刚体内的其他各点分别在垂直于转轴的各个平面内做圆周运动，转轴上的各个点都是圆心。

gangti donglixue

刚体动力学（dynamics of rigid body）　研究刚体在外力作用下的运动规律的一般力学的一个分支学科。它是计算机器各部件的运动，舰船、飞机、火箭等航行器的运动以及天体姿态运动的力学基础，包括刚体平动动力学、刚体平面运动动力学、刚体定点转动动力学、刚体一般运动动力学等。

gangxing

刚性（rigidity）　物体坚硬不易变形的性质，表示抵抗变形的能力。在运动学中是指两个物体相碰撞不会发生变形的性质，因此两个刚体不会占据同一个空间，微粒、原子就是这样的物质。

gangxing bianjie

刚性边界（rigid boundary）　波阻抗差别极大的两种介质的分界面。边界条件为法向速度为零。如空气（传声媒介）与固体（障碍物）的界面；空气（传声媒介）与水（障碍物）的界面。这时障碍物只能传递静水压力，不能传递声波。

gangxingceng

刚性层（rigid belt）　高层和超高层建筑中设置的水平刚性梁或桁架等加强构件的楼层，也称水平加强层。这一措施可使框架–核心筒结构的外柱参与整体抗弯，从而增加结构整体抗侧刚度，减小核心筒的弯距和结构的侧移。

gangxing fang'an

刚性方案（rigid analysis scheme）　砌体结构设计时，按楼盖、屋盖作为水平不动铰支座对墙、柱进行静力计算的方案。

gangxing jichu

刚性基础（rigid foundation）　基础底部扩展部分不超过基础材料刚性角的天然地基基础。一般指由砖、毛石、混凝土或毛石混凝土、灰土和三合土等材料组成，不配置钢筋的墙下条形基础或柱下独立基础。通常把抗压强度高，而抗拉、抗剪强度较低的材料称为刚性材料，这类材料主要有砖、灰土、混凝土、三合土、毛石等，由刚性材料组成的地基为刚性地基。

gangxing jiao

刚性角（rigid angle）　墩、台底边缘与基底边缘的连线与竖直线的最大夹角，用于限制刚性基础的宽高比。在设计中，应使基础大放脚与基础材料的刚性角一致，以确保基础底面不产生拉力，最大限度地节约基础材料。该角可用 h/d（其中，h 为基础放宽部分高度，d 为基础挑出墙外宽度）表示。其取值一般为：砖基础 h/d 取 $1.5 \sim 2.0$；混凝土基础一般取 1.0。在确定刚性材料基础断面尺寸时，必须考虑刚性角问题。当混凝土基础配置少量钢筋之后可变成柔性的条形基础，此时可不考虑刚性角的问题。

gangxing jiekou
刚性接口（rigid interface） 埋地管道接口按照变形能不同划分的一种形式。如平口式的焊接、丝扣连接、卡箍环套加填封连接，以及承插式接口中的铅口密封（即青铅灌注密封）和灰口密封（用石棉水泥、石膏水泥、膨胀水泥和油麻嵌缝填封）等接口形式都属于这类接口。

gangxing jietou
刚性接头（rigid joint） 地下连续墙槽段之间采用钢筋搭接接头、型钢接头和十字型钢插入式接头等形成的可传递槽段之间的竖向剪力及一定横向弯矩的接头。

gangxing lianjie
刚性连接（fixed joint） 两个构件之间，当一个构件产生位移或受力时，与之相连的另一个件不产生相对于第一个件的位移或变形，两个构件连接成一个整体。在无支撑框架结构中，要求梁与柱的连接节点具有较强的抗弯刚度以抵抗侧力时，一般都采用该连接。在实践中，为了增强其整体性能，有支撑框架的梁、柱连接有时也采用该连接。

gangxing lumian
刚性路面（rigid pavement） 刚度较大、抗弯拉强度较高的水泥混凝土路面。该路面（水泥混凝土路面）道路结构的组成包括路基、垫层、基层、面层。路基应稳定、密实、均质，并且对路面结构能够提供均匀的支撑，即路基在环境和荷载作用下不产生不均匀变形。

gangxing moliang
刚性模量（rigidity modulus） 承受剪切或扭转荷载试样的应变对应力的变化率。该模量可通过扭转试验和剪切试验测定。

gangxing moxingxiang
刚性模型箱（rigid container） 在土工离心模型实验中，模型箱边界固定或在各类模型试验条件下变形极小，区别于振动试验采用的层状模型箱。

gangxing xishu
刚性系数（coefficient of rigidity） 描述材料在外力作用下弹性变形性态的基本物理量，即使杆端产生单位位移时所需施加的杆端力，也称刚度系数。例如，在桩基工程中，桩的刚性系数是桩抵御整体变形的能力，刚性系数越大桩抵御整体变形的能力越强；桩的刚性系数与材料的力学性能、桩的形状与截面尺寸和桩的长细比有关。

gangxingzhuang fuhe diji
刚性桩复合地基（rigid pile composite foundation） 以摩擦型刚性桩作为竖向增强体的复合地基，如钢筋混凝土桩、素混凝土桩、预应力管桩、大直径薄壁筒桩、水泥粉煤灰碎石桩（CFG 桩）、二灰混凝土桩和钢管桩等。

gangxing-suxing fenxi
刚性-塑性分析（rigid plastic analysis） 假定弯矩-曲率关系为无弹性变形和无硬化阶段，并采用极限分析理论对初始结构的几何形体进行的直接确定其极限承载力的结构分析方法。

gangbang zuniqi
钢棒阻尼器（steel rod damper） 利用悬臂钢棒作为阻尼元件的阻尼器。它是软钢滞变阻尼器的一种。锥形钢棒可通过全断面同时屈服而提高阻尼器的耗能能力。

ganggoutao jiagufa
钢构套加固法（steel frame reinforcement method） 在原有的钢筋混凝土梁柱或砌体柱外包角钢、扁钢等制成的构架，约束原有构件的结构加固方法。

ganggu
钢箍（steel hoop） 见【箍筋】

ganggu hunningtu
钢骨混凝土（steel reinforced concrete） 将型钢置于不同构件的混凝土中以增强构件承载能力的混凝土，也称型钢混凝土或劲性混凝土。

gangguan hunningtu
钢管混凝土（concrete filled steel tube） 钢管内灌入混凝土而成形的构件。把混凝土灌入钢管中并捣实可增大钢管的强度和刚度。通常，把混凝土强度等级在 C50 以下的钢管混凝土称为普通钢管混凝土；把混凝土强度等级在 C50 以上的钢管混凝土称为钢管高强混凝土；把混凝土强度等级在 C100 以上的钢管混凝土称为钢管超高强混凝土。

ganggui
钢轨（rail） 铁路路基上固定在轨枕上的，用钢材轧制成的，具有一定长度的工字形断面型钢，主要用以直接支承铁路列车荷载和引导火车车轮行驶。

ganggui koujian
钢轨扣件（rail fastener） 将钢轨固定在轨枕或其他轨下基础的连接零件，包括道钉、垫板和扣压件等。

G

gang he hunningtu zuhe jiegou

钢和混凝土组合结构(steel and concrete composite structure) 钢部件和混凝土或钢筋混凝土部件组合为整体而共同工作的一种结构,兼具钢结构和钢筋混凝土结构的一些特性。其可用于多层和高层建筑中的楼面梁、桁架、板、柱,屋盖结构中的屋面板、梁、桁架,厂房中的柱及工作平台梁、板以及桥梁,在中国还用于厂房中的吊车梁。钢和混凝土组合结构有组合梁、组合板、组合桁架和组合柱四大类。

ganghengjia

钢桁架(steel truss) 用钢材制造的桁架。工业与民用建筑的屋盖结构、吊车梁、桥梁和水工闸门等常用钢桁架作为主要承重构件;各式塔架,如枪杆塔、电视塔和输电线路塔等,常用三面、四面或多面平面桁架组成的空间钢桁架。

gangjiaoxianwang-juhewu shajiangmianceng jiagufa

钢绞线网-聚合物砂浆面层加固法(structure member strengthening with strand steel wire web-polymer mortar) 在原有的砌体墙面或钢筋混凝土梁柱表面外涂抹一定厚度的钢绞线网-聚合物砂浆层的加固方法。用以提高构件抗拉或抗弯、抗剪能力。

gangjiegou

钢结构(steel structures) 钢材制成的结构,即由型钢和钢板等制成的钢梁、钢柱、钢支撑桁架等承载构件组成的结构体系,各构件或部件之间采用焊缝、螺栓或铆钉连接,有些钢结构还由钢铰线、钢丝绳或钢丝束以及铸钢等材料组成。该结构强度高、刚度大,与混凝土结构相比自重轻、有更大的变形能力,加工精度和施工效率较高,但耐火性和耐腐蚀性较差;该结构用于建筑工程已有百年历史,广泛用于大跨度、高层和超高层建筑,是现代建筑结构采用的主要结构类型之一。钢结构建筑有多种不同的形式,如钢框架结构、钢筒体结构、框架-支撑结构、钢框架-剪力墙结构和巨型结构等。在钢结构中,由带钢或钢板经冷加工形成的型材所制作的结构称冷弯薄壁型钢结构。

gangjiegou fangwu zhenhai

钢结构房屋震害(earthquake damage of steel building) 钢结构房屋遭到地震的损坏。钢结构房屋的承重结构由钢构件组成。由于钢材的强度、韧性等优于其他建筑材料,钢结构房屋的抗震性能也优于其他类型建筑。单层钢结构厂房、多层或高层钢结构建筑的震害明显较轻。钢结构房屋地震破坏现象主要有焊接节点破坏、构件破坏、螺栓连接与锚固失效、轻钢结构的破坏等。

gangjiegou jiagu

钢结构加固(strengthening of steel structure) 为提高和改善现有钢结构的抗震能力,使其达到抗震设防要求而采取的技术措施。钢结构的主要加固技术有构件局部受损处可焊接钢盖板或拼接板加固;钢构件的细微裂缝可利用焊条融敷金属焊补;增设支撑可减少构件计算长度和长细比、提高构件抗压承载力和构件稳定性,空旷房屋增设柱间支撑和屋盖支撑可加强结构整体空间刚度,改善钢结构构件受力状态;增设新构件分担原有结构的部分地震作用,改善体系受力状态;钢柱破坏严重无法修复时可用新柱替换;节点加固可采用增加焊缝长度或厚度,补焊及加大节点板尺寸等方法,铆钉或螺栓连接的节点可改用高强螺栓或焊接连接;采用被动控制或半主动控制技术(设置阻尼器)加固钢结构可有效提高整体抗震能力、改善薄弱部位的受力状态乃至减少扭转效应。

gangjin

钢筋(reinforcement) 在钢筋混凝土和预应力钢筋混凝土中用的钢材,其横截面为圆形,有时为带有圆角的方形,包括光圆钢筋、带肋钢筋、扭转钢筋等。按在结构中的作用,可将其分为受压钢筋、受拉钢筋、架立钢筋、分布钢筋、箍筋等

gangjin hunningtu

钢筋混凝土(reinforced concrete) 混凝土中加适量的钢筋组成的复合材料或结构构件。混凝土是水泥(通常硅酸盐水泥)与骨料的混合物。通常混凝土结构拥有较强的抗压强度(大约35MPa)。但其抗拉强度较低,通常只有抗压强度的十分之一左右,任何显著的拉弯作用都会使其微观晶格结构开裂和分离从而导致结构的破坏。而绝大多数结构构件内部都有受拉应力作用的需求,故未加钢筋的混凝土较少被单独用于工程。与混凝土比较,钢筋抗拉强度较高,一般在200MPa以上,因此人们通常在混凝土中加入钢筋材料与之共同工作,由钢筋承担其中的拉力,混凝土承担压应力部分。钢筋混凝土之所以可以共同工作是由它自身的材料性质决定的。首先,钢筋与混凝土有着近似相同的线膨胀系数,不会因环境不同而产生过大的应力。其次,钢筋与混凝土之间有良好的黏结力,有时钢筋的表面也被加工成有间隔的肋条来提高混凝土与钢筋之间的机械咬合,若仍不足以传递钢筋与混凝土之间的拉力时,则通常将钢筋的端部弯起180°弯钩。此外,混凝土中的氢氧化钙提供的碱性环境在钢筋表面形成了一层钝化保护膜,使钢筋相对于中性与酸性环境下更不易腐蚀。

gangjin hunningtuban

钢筋混凝土板(reinforced concrete slab) 用钢筋混凝土材料制成的板,是房屋建筑和各种工程结构中的基本结构或构件,通常用作屋盖、楼盖、平台、墙、挡土墙、基础、地坪、路面水池等,应用范围极为广范。按照平面形状,可分为方板、圆板和异形板;按照结构的受力作用方式,可分为单向板和双向板。最常见的有单向板、四边支承双向板和由柱支承的无梁平板。板的厚度应满足强度和刚度的基本要求。

gangjin hunningtu banzhu fangwuzhenhai

钢筋混凝土板柱房屋震害（earthquake damage of reinforced concret plate-column buildings） 钢筋混凝土板柱房屋遭到地震的损坏。板柱房屋是以钢筋混凝土柱和楼板体系承重的房屋，也称无梁楼盖房屋。此类房屋的板柱节点是薄弱环节，抗震性能较差；其震害特征与框架房屋震害类似，多为砌体墙破坏，或柱端及节点破坏乃至房屋倒塌。

gangjin hunningtu fangwu kangzhendengji

钢筋混凝土房屋抗震等级（earthquake resistant grades of reinforced concret buildings） 区分设防烈度、房屋高度、结构类型和抗震构件作用的不同，在抗震设计中对钢筋混凝土结构房屋及其构件所作的分类，是我国钢筋混凝土结构抗震设计的一项重要措施。这项规定自列入国家标准GBJ 11—89《建筑抗震设计规范》后沿用至今。行业标准 JGJ 3—2002《高层建筑混凝土结构技术规程》也采用了类似规定。

gangjin hunningtu fangwu zhenhai

钢筋混凝土房屋震害（earthquake damage of reinforced concrete buildings） 钢筋混凝土房屋遭到地震的损坏。钢筋混凝土结构是现代多层、高层建筑的主要结构形式之一，与砌体结构相比强度更高，且具有一定变形能力，震害远比砖房轻。钢筋混凝土房屋含框架结构、框架—抗震墙结构、抗震墙结构、板柱（无梁楼盖）结构、筒体结构等。一些未经抗震设计、或抗震设防标准偏低以及抗震设计有缺陷、施工质量低劣的的框架结构、框架—抗震墙结构和板柱结构的震害较多，有些破坏十分严重。抗震墙结构和筒体结构有较强的抗震能力，震害尚不多见。

gangjin hunningtu hengjia

钢筋混凝土桁架（reinforced concrete truss） 用钢筋混凝土或预应力混凝土材料制成的桁架。钢筋混凝土桁架多用于屋架、塔架，有时也用于栈桥和吊车梁。由于钢筋混凝土桁架的拉杆在使用荷载下常出现裂缝，因而仅用于荷载较轻和跨度不大的桁架。20 世纪 50 年代以后，随着预应力混凝土技术的发展，对跨度较大和荷载较重的桁架，我国已普遍采用了预应力混凝土桁架，常用的跨度为 18、24、30m 等，个别的为 60m。

gangjin hunningtu jiegou

钢筋混凝土结构（reinforced concrete structure） 配置受力普通钢筋的混凝土结构。是由钢筋混凝土梁、柱、墙、筒等承载构件组成的结构体系。其强度较高、刚度较大，且有良好的耐久性和防火性能，可模性好、结构造型灵活，是多层和高层建筑的主要结构形式之一。钢筋混凝结构含框架结构、框架-抗震墙结构、抗震墙结构、板柱-抗震墙结构、部分框支抗震墙结构、框架-核心筒结构和筒中筒结构等。

gangjin hunningtu jiegou jiagu

钢筋混凝土结构加固（strengthening of reinforced concrete structure） 为改善或提高现有钢筋混凝土结构的抗震能力，使其达到抗震设防要求而采取的技术措施。行业标准 JGJ 116—2009《建筑抗震加固技术规程》中规定了钢筋混凝土结构抗震加固的基本要求。

gangjinhunningtu kangzhenqiang jiegou

钢筋混凝土抗震墙结构（reinforced concret shear wall structures） 以纵横向抗震墙构成承载体系的钢筋混凝土结构，也称剪力墙结构。抗震墙结构具有较大的抗弯和抗剪承载力，传力直接、整体性好，且具有较强的耗能能力。抗震墙结构受楼板跨度的限制，墙的间距不能太大，故刚度大、自振周期短。此类结构因平面布置欠灵活且自重较大，不适用于大空间的公共建筑，一般适用于高层住宅。

gangjin hunningtu kuangjia fangwu zhenhai

钢筋混凝土框架房屋震害（earthquake damage of reinforced concret frame buildings） 钢筋混凝土框架房屋遭到地震的损坏。由钢筋混凝土柱和梁组成框架，并以此作为承重体系的房屋，也称框架房屋，其抗震能力较强，但因侧向刚度偏低，一般仅适用于多层或中高层建筑。主要震害有填充墙破坏、梁柱杆端和接头破坏、立柱破坏、整体跨塌、碰撞破坏和楼梯间破坏等。

gangjin hunningtu kuangjiajiegou

钢筋混凝土框架结构（reinforced concret frame structures） 以梁和柱组成的构架作为承载体系的钢筋混凝土结构。框架结构的梁、柱截面较小，可形成较大的使用空间，此类结构建筑布置灵活、广泛应用于各种建筑。

gangjin hunningtu kuangjia-kangzhenqiang fangwu zhenhai

钢筋混凝土框架-抗震墙房屋震害（earthquake damage of reinforced concret frame-shear wall buildings） 钢筋混凝土框架-抗震墙房屋遭到地震的损坏。框架-抗震墙（剪力墙）房屋是由钢筋混凝土框架和剪力墙双体系承重的房屋，与框架结构相比侧向刚度大、整体变形小，抗震性能好，一般用于中高层和高层建筑。框架部分的震害现象同钢筋混凝土框架房屋震害基本相同；其他破坏现象有填充墙破坏、剪力墙破坏、柔弱底层破坏、中间层破坏、扭转破坏和碰撞破坏等。

gangjin hunningtu kuangjia-kangzhenqiang jiegou

钢筋混凝土框架-抗震墙结构（reinforced concret frame-shear wall structures） 在钢筋混凝土框架结构中设置部分混凝土抗震墙构成的结构体系，也称框架-剪力墙结构。该结构大量用于中高层和高层建筑。

gangjin hunningtu liang

钢筋混凝土梁（reinforced concrete beam） 用钢筋混凝

土材料制成的梁。钢筋混凝土梁既可做成独立梁，也可与钢筋混凝土板组成整体的梁-板式楼盖，或与钢筋混凝土柱组成整体的单层或多层框架。钢筋混凝土梁形式多种多样，是房屋建筑、桥梁建筑等工程结构中最基本的承重构件，应用范围十分广泛。

gangjin hunningtu tongti jiegou

钢筋混凝土筒体结构（reinforced concret tube structures）由一个或多个承载筒体构成的钢筋混凝土结构。筒体结构具有承载力高、刚度大、抗震抗风性能好、建筑布局灵活等优点，适用于地震区的高层及超高层建筑，但此类结构计算相对复杂、施工难度较高。

gangjin hunningtu zhu

钢筋混凝土柱（reinforced concrete column）用钢筋混凝土材料制成的柱。它是房屋、桥梁、水工等各种工程结构中最基本的承重构件，常用作楼盖的支柱、桥墩、基础柱、塔架和桁架的压杆等。

gangjin hunningtu zhuang fuhe diji

钢筋混凝土桩复合地基（reinforced concrete pile composite foundation）以摩擦型钢筋混凝土桩作为竖向增强体的复合地基。在深厚软土场地，是一种较好的地基形式。

gangjinji

钢筋计（reinforcement meter）用于长期埋设在钢筋混凝土结构物内，测量结构物内部的钢筋应力，并可间步测量埋设点的温度的振弦式传感器。

gangjin lianjie

钢筋连接（splice of reinforcement）通过绑扎搭接、机械连接、焊接等方法实现钢筋之间内力传递的构造形式。钢筋混凝土中的钢筋之间必须通过某种形式加以连接。

gangkuangjia jiegou

钢框架结构（steel frame structures）钢梁和钢柱组成的承受重力和抵抗侧力的结构体系。此类结构能提供较大的内部使用空间、建筑布置灵活、构造简单；其侧向刚度主要取决于梁和柱的抗弯刚度，随高度的增加侧向水平位移较大；主要适用于多层和中高层建筑，具有较广泛的应用。

gangkuangjia hexintong jiegou

钢框架-核心筒结构（steel frame-core tube structure）钢筒体结构的一种类型。钢结构封闭核心筒承受全部或大部分侧力和扭矩，核心筒可根据建筑规模和使用功能采用单筒或几个相对独立的筒。外围铰接钢框架或钢骨混凝土框架仅承受自身重力荷载和部分侧力。

gangkuang zuniqi

钢框阻尼器（steel frame damper）用型钢在建筑层间 X

形斜撑的交点附近连成方框或圆框，因斜撑受力导致钢框屈服耗能的阻尼器。它是一种软钢滞变阻尼器。

gangliang zuniqi

钢梁阻尼器（steel beam damper）由矩形钢梁或钢轴作为阻尼元件的阻尼器。它是一种软钢滞变阻尼器。该阻尼器通常置于结构不同部位并采取相应连接方式可使钢梁发生弯曲或扭转变形，耗散振动能量。

gangsisheng zuniqi

钢丝绳阻尼器（steel cable damper）由钢丝绳螺旋管制成的被动控制装置。该阻尼器结构简单、耐久性好，变形能力大，常用于机械设备或土木工程的基础隔震，可单独使用或与其他控制装置配合使用。

gangtanhuang zhizuo

钢弹簧支座（steel spring bearing）由钢质弹簧组成的隔震支座。有圆柱形螺旋弹簧支座和碟形弹簧支座等。螺旋弹簧的轴向和径向刚度可调，一般远小于结构刚度，可延长结构自振周期，减少地震作用，弹簧间填充阻尼材料可耗散能量。碟形弹簧由叠合的若干碟形弹簧片组成，改变弹簧的竖向压缩刚度，使其远小于上部结构主体的竖向刚度，可减少竖向地震作用。

gangtongti jiegou

钢筒体结构（steel tube structures）主要以钢结构筒体承受重力和抵抗侧力的结构体系。该类结构的受力特点与钢筋混凝土筒体结构相似，具有承载力高、刚度大、抗震抗风性能好、建筑布局灵活等优点，适用于地震区的高层及超高层建筑。该类结构主要有钢框架-核心筒结构、外框架筒体结构、筒中筒结构和束筒结构等类型。

gang yu hunningtu zuheliang

钢与混凝土组合梁（composite steel and concrete beam）由混凝土翼板与钢梁通过抗剪连接件组合而成，能整体受力的梁。

gangzhu

钢柱（steel column）用钢材制造的柱。大中型工业厂房、大跨度公共建筑、高层房屋、轻型活动房屋、工作平台、栈桥和支架等的柱，大多采用钢柱。钢柱按截面形式可分为实腹柱和格构柱。其中，实腹柱具有整体的截面，最常用的是工形截面；格构柱的截面分为两肢或多肢，各肢间用缀条或缀板联系，当荷载较大、柱身较宽时钢材用量较省。

gang-hunningtu zuhejiegou

钢-混凝土组合结构（steel-concrete combined structures）在承重和抗侧力体系中，包含有钢-混凝土组合构件的结构。钢-混凝土组合构件是钢构件和混凝土构件的组合，包

G

括钢管混凝土梁、柱、斜撑，型钢混凝土（也称钢骨混凝土或韧性混凝土）梁、柱、剪力墙、斜撑，钢-混凝土组合梁以及压型钢板混凝土组合楼板、轻钢密肋混凝土组合楼板等。

gangkou

港口（port） 位于海、江、河、湖、水库沿岸，具有水路联运设备以及条件供船舶安全进出和停泊以进行货物装卸作业或上下旅客以及军事用的交通运输枢纽。它是水陆交通的集结点和枢纽；工农业产品和外贸进出口物资的集散地，船舶停泊、装卸货物、上下旅客、补充给养的场所。港口按用途可分为商港、军港、渔港、工业港、避风港等；按所在位置可分为海岸港、河口港和内河港。海岸港和河口港统称为海港。

gangkou chengshi

港口城市（port city） 水运交通高度发达的城市，港湾成为城市经济发展的支柱，对城市形成发展有重大影响。其可划分为贸易港口城市，如香港、伦敦等，国际商业贸易十分发达；交通港口城市，为国际货物流通的基地，如横滨、鹿特丹等；工业港口城市，除运输贸易职能外，工业十分发达，如上海、川崎等。

gangkou gongcheng

港口工程（port engineering） 兴建港口所需的各项工程设施的工程技术的总称，包括港址选择、工程规划设计及各项设施（如各种建筑物、装卸设备、系船浮筒、航标等）的修建。港口工程也指港口的各项设施。港口是具有水陆联运设备和条件，供船舶安全进出和停泊的运输枢纽。港口工程原是土木工程的一个分支（随着港口工程科学技术的发展，已逐渐成为相对独立的学科。但仍和土木工程的许多分支（如水利工程、道路工程、铁路工程、桥梁工程、房屋工程、给水和排水工程等）保持密切的联系。

gangkou gongcheng zhenhai

港口工程震害（earthquake damage of harbor engineering） 港口工程在地震中遭到的损坏。港口是水运交通的枢纽工程，含防波堤、码头、靠船设施、仓库、堆栈、吊车、运输线路等，有些港口还建有船台、船坞和其他辅助房屋。港口设施在强烈地震中有不同程度的破坏，重力式码头的震害主要是地面裂缝、倾斜、滑移、沉陷。桩基式码头震害主要是桩顶或桩身裂缝、折断，地面破坏，码头设施和建筑破坏等。

gangkou shuigong jianzhuwu

港口水工建筑物（marine structure） 供港口正常生产作业的临水或水中建筑物，以及附属设施和防波堤等。

gangkou yu hangdao gongcheng

港口与航道工程（harbour and waterway engineering） 为新建或改建港口与航道和与其相关的配套设施等而进行的勘察、规划、设计、施工、安装和维护等技术工作和完成的工程实体。

gangganshi yinshenji

杠杆式引伸计（lever type extensometer） 机械式引伸计，即将引伸计固定在试件上，试件轴向变形带动可动支点转动，经杠杆放大的试件变形由指针显示于表盘，其标距（可动支点与不动支点间的距离）可选，具有较高的适应性和灵敏度的变形测量仪器。

gaoceng jianzhu

高层建筑（tall building，high-rise building） 10 层及 10 层以上或房屋高度大于 28m 的住宅建筑和房屋高度大于 24m 的其他高层民用建筑。

gaocha

高差（elevation difference） 在同一高程系统中两点的高程之差，也称高程差。用高程测量方法测量未知高程的点时，先从已知高程点测出两点的高差，再计算出未知高程点的高程。未知点比已知点高，两点的高差为正，反之为负。

gaocheng

高程（elevation） 由高程基准面起算的地面点的高度，一般通过水准测量测定。由于选用的基准面不同而有不同的高程系统。大地测量中主要使用正高系统和正常高系统，前者是地面点至大地水准面的垂直距离；后者是地面点沿正常重力线至似大地水准面的距离。有时为方便，常采用假设高程系统，它是地面点到任一假定基准面的距离，称为相对高程。

gaocheng celiang

高程测量（height measurement） 确定地面点高程的测量工作。按照所定义的高程系统不同，描述地面上一点的高程有正高、正常高、力高和大地高。中国采用正常高系统。高程测量的方法主要有几何水准测量、三角高程测量、GPS 水准、流体静力水准测量等。几何水准测量是测定两点间高差的常用方法，也是最精密的方法，主要用于建立国家或地区的高程控制网。

gaochengcha

高程差（elevation difference） 见【高差】

gaochengdian

高程点（altimetric point） 在地图上标注有高程数据的点。它通常设置在山峰、鞍部、凹地最低点和重要线状地物交叉点。在平坦地区，足够的高程点对判识地面起伏、地貌形态、规划设计等均有重要作用。

gaocheng kongzhidian

高程控制点（vertical control point） 具有高程值的控制点。通常在各等级水准路线上，每隔一定的距离需埋设水准标石，该点称为"水准点"，即高程控制点。该点受国家法律保护，不得随意侵占。

gaodu ketiao jianzhugezhen xiangjiao zhizuo

高度可调建筑隔震橡胶支座（height tunable laminated rubber bearing） 由上连接组合、叠层橡胶座和下连接组合三个部分组成的支座。其中，与高度可调密切相关的是下连接组合，包括盖板、预埋板、连接螺栓、连接内螺纹、绝缘黄油等。橡胶座下连接板与下连接组合的盖板之间可以填塞钢板，以此来调整整个支座组合体的高度。该技术具有两项主要功能：第一，具有隔震橡胶支座的全部优势，可以大大降低由地表传给上部结构的地震力，保护建筑物安全；第二，断层或地基沉陷导致地基基础出现相对落差时，可以通过调整标高较低一侧的隔震支座高度，恢复上部结构平整。我国现行建筑抗震设计规范的基本原则是"小震不坏、中震可修、大震不倒"。在地震灾害造成的地震断裂带周边及采煤沉陷区，工程采用本项技术后，当遭遇小震和中震时，通过橡胶隔震作用，可以大幅降低传递到上部结构的地震荷载，从而保证上部结构主要构件不出现损伤；当遭遇高于当地设防水准的地震时，不排除地基可能出现倾斜，这时，高度可调的功能可以发挥作用，将上部结构恢复水平状态，仍然可以实现中震可修的目标；当工程遭遇大震作用时，由于隔震功能能够保证传递到上部结构的地震荷载不至于造成结构体系严重损伤，不能造成倒塌，可以实现大震不倒的目标。该技术可用于各种地质灾害造成地基沉陷的废弃土地再利用工程。

gaojiaqiao

高架桥（viaduct） 跨越深沟峡谷以代替高路堤的桥梁，以及在城市桥梁中跨越道路的桥梁。其特点是桥墩高度较高，一般用钢筋混凝土排架或单柱、双柱式钢筋混凝土桥墩。其分为跨线桥和地道桥两类。

gaojiaqiao zhenhai

高架桥震害（earthquake damage to viaducts） 高架桥在地震时遭到的损坏。高架桥又称跨线桥或旱桥，震害与一般跨河海的桥梁相似，主要震害有落梁破坏、桥墩开裂、桥身被切断、钢板包裹的高架桥桥墩有钢板屈曲破坏等。

gaojie zhenxing

高阶振型（high order mode） 多自由度体系和连续体自由振动时，对应于二阶频率以上（含二阶）的振动变形模式。振型可简单理解为构件震动的外形曲线。

gaolu xitong kangzhen sheji

高炉系统抗震设计（seismic design of blast furnace system）按照有关抗震要求，对高炉系统的专项设计工作。高炉系统是钢铁冶炼行业的核心构筑物。高炉系统结构主要包含高炉、热风炉、除尘器、洗涤塔及桁架式斜桥等。随着高炉系统建造工艺的改进，其结构形式不断变化，抗震设计应进行具体研究。国家标准 GB 50191—2012《构筑物抗震设计规范》规定了有关高炉抗震的要求。

gaomidu dianzulüfa

高密度电阻率法（multi-electrode resistivity method） 一种通过电极阵列技术同时实现电测深和电剖面测量，获得二维或三维的电阻率分布的阵列勘探方法。它以岩、土导电性的差异为基础，研究人工施加稳定电流场的作用下地中传导电流分布规律。野外测量时只需将全部电极（几十至上百根）置于观测剖面的各测点上，然后利用程控电极转换装置和微机工程电测仪便可实现数据的快速和自动采集，当将测量结果送入微机后，还可对数据进行处理并给出关于地电断面分布的各种图示结果。该方法集中了电剖面法和电测深法。其原理与普通电阻率法相同，所不同的是在观测中设置了高密度的观测点。

gaopin dizhen

高频地震（high-frequency earthquake） 地震波高频成分丰富的地震。天然地震释放的震动能量可相差很大，震动的频率范围也较宽。一般来说，小地震的高频成分较多；大地震的低频成分较多。

gaopin suiji gelinhanshu

高频随机格林函数（random Green's function in high frequency） 格林函数的一种计算方法。因震源破裂和传播介质复杂性的影响，地震动的高频分量具有强烈的随机性，一般采用随机方法合成随机格林函数。基于远场位移谱模型的远场谱方法是常用的方法。

gaosichuang

高斯窗（Gaussian window） 信号分析时采用的一种窗函数。它是一种指数窗，其特点是主瓣较宽，故频率分辨率低，无负的旁瓣，第一旁瓣衰减较快，常被用来截断指数衰减等一些非周期信号。对于随时间按指数衰减的函数，可采用指数函数窗来提高信噪比。

gaosong jiegou

高耸结构（high-rise structure） 高度大、水平横向剖面相对小，并以水平荷载控制设计的结构，也称塔桅结构。根据其结构形式可分为自立式塔式结构和拉线式桅式结构两大类，例如，水塔、烟囱、电视塔、监测塔等。

gaosu gonglu

高速公路（freeway） 具有四条或四条以上车道，设有中央分隔带，并具有完善的交通安全设施、管理设施和服务设施，为全立交、全封闭，专供汽车分向、分车高速行驶，并能全部控制出入的多车道干线专用公路。一般，高速公路可适应平均日交通量在 25000 辆以上的车辆行驶。根据其功能可分为联系城市间的高速公路（或称远程高速公路）和城市内部的快速路（或称城市高速道路）。其按布局形式可分为平面立体交叉高速公路、路堤式高速公路、路堑式高速公路、高架高速公路和隧道高速公路等。

gaosu yuancheng huapo
高速远程滑坡（high speed long-runout landslide）　以极快的速度滑动，且最大水平位移远大于最大垂直落差的滑坡。2008 年汶川 8.0 级特大地震形成了大量的高速远程滑坡，造成了巨大的人员伤亡和经济损失。

gaotong lüboqi
高通滤波器（high-pass filtering）　在振动信号处理中，抑制和消除信号中低频成分的装置或算法。它是滤波器的一种类型。

gaowei nishiliu
高位泥石流（high position debris flow）　物源丰富且分布位置相对较高、主沟比降较大的沟谷型泥石流。该类型的泥石流通常流速较大，破坏性强。

gaoyapenshe zhujiangfa
高压喷射注浆法（jet grouting method）　采用高压喷射注浆机械，将水泥浆等浆液从喷嘴射出，切割破坏土体并与之混合，硬凝后形成水泥土增强体，以加固土体，降低其渗透性的地基处理方法。

gaoya xuanpenzhuang fuhe diji
高压旋喷桩复合地基（jet grouting column composite foundation）　以高压旋喷桩作为竖向增强体的复合地基。高压旋喷是利用钻机把带有喷嘴的注浆管钻至土层的预定位置后，能过高压设备使浆液成为高压射流从喷嘴喷射出来冲击破坏土体结构，使土体变成散状的土粒；部分土粒随浆液冒出地面，另一部分在喷射流的冲击力、离心力和重力等作用下，与浆液搅拌混合；浆液凝固后，在土中形成一个高强度固结体，从而加固地基并改善土体的变形性质。

gaoyingbianfa
高应变法（large strain dynamic testing）　用重锤冲击桩顶，实测桩顶部的速度和力的时程曲线，通过波动理论分析，对单桩竖向抗压承载力和桩身完整性进行判定的检测方法。

gaoyuan
高原（plateau）　海拔在 500m 以上、面积较大、顶面相对平坦、一侧或数侧为陡坡的高地。一般以高度较高而区别于平原，又以平缓地面较大和起伏较小而区别于山地。世界上最大的高原是巴西高原，最高的高原是我国的青藏高原。它是地壳经过长期、连续、大面积的面状隆起而形

成的、规模较大的高原。其顶部常形成复杂的地形。按其顶面形态和组成可分为平坦高原、起伏高原和分割高原等类型。平坦高原的顶面比较平坦，如我国的内蒙古高原，由于地壳上升剧烈，侵蚀作用相对较弱，地面仍保持平坦；起伏高原的地面起伏较大，但顶面仍然相当宽广，如我国的青藏高原，山岭重叠，并有宽广的山谷相间；分割高原顶面深受流水切割，如中国的云贵高原，因受流水切割较深，起伏很大，但顶面还是比较宽广。还有一种熔岩高原，如中国的张北高原，表面平坦，上面覆盖着基性熔岩。

gaozhuangshi matou
高桩式码头（high pile pier）　桩基式码头的一种，由上部结构和桩基两部分组成的码头，也称高桩码头。上部结构构成码头地面，并把桩基连成整体，直接承受作用在码头上的水平力和垂直力，并把它们传给桩基，桩基再把这些力传给地基。该码头为透空结构，波浪放射小，对水流影响小。高桩式码头一般适用于软土地基和适合沉桩的各种地基，特别适用软土地基。

gaozuni dieceng xiangjiao zhizuo
高阻尼叠层橡胶支座（high damping laminated rubber bearing）　由高阻尼橡胶和夹层钢板分层叠合经高温硫化黏结而成的圆形块状物支座。在水平变形时，它比普通橡胶支座展示出更高的阻尼特性。

gaozuni xiangjiao zhizuo
高阻尼橡胶支座（high damping rubber bearing）　在天然橡胶中加入添加剂制成的叠层橡胶支座，以弥补天然橡胶支座耗能能力低的不足，是叠层橡胶支座的一种类型。

gexian gangdu
割线刚度（secant stiffness）　在滞回曲线中，由一次往复加载中正负荷载最大值及相应的变形确定的刚度，其值为加载和反向加载最大值的绝对值之和与相应的变形值的绝对值之和的比。

gexian moliang
割线模量（secant modulus）　在岩土非线性应力—应变关系曲线上，利用任一点与坐标原点的连线所确定的模量。

gelifeisi polie zhunze
格里菲斯破裂准则（Griffith rupture criterion）　从能量守恒的观点解释材料的破裂的发生和发展的准则，是判断材料破裂的准则之一。根据能量守恒，裂缝的扩展力和阻碍裂缝扩展的阻力相等为临界状态，据此来判断材料的破裂。

gelifeisi qiangdu zhunze
格里菲斯强度准则（Griffith's strength criterion）　格里菲斯提出的判别材料脆性破坏的强度准则。格里菲斯

（A. A. Griffith）通过试验发现脆性材料内部存在许多呈扁椭圆状的细微裂纹，在物体受力作用后，裂纹的尖端产生应力集中。当物体所受的最大拉应力达到拉伸强度极限时，物体即发生断裂破坏。格里菲斯据此提出了判别材料（如岩石等）脆性破坏的强度准则。

gelinhanshu

格林函数（Green function） 在给定介质模型中点源运动方程的解答，可表示为运动的位移、速度或加速度场，主要受介质模型控制。在弹性介质的动力学问题中也称弹性动力学格林函数。

geduanfa

隔断法（isolation method） 采用设置止水帷幕让地基中部分土体含水量基本保持不变防止膨胀土随土中含水量变化而产生胀缩的地基处理方法。

geshuiceng

隔水层（impervious layer） 见【不透水层】

gezhen

隔振（vibration isolation） 把机械、仪器或建筑物安装在合适的隔振装置上以隔离振动的措施。结构隔振就是在两个结构之间增加柔性环节，使一个结构传至另一个结构的力或运动得以减低。根据激振源的不同，隔振可分为主动隔振和被动隔振两类。

gezhenduixiang

隔振对象（vibration isolated object） 需要采取隔振措施的结构、机器、仪器或仪表等。隔震的目的是减低隔震对象的振动。

gezhen'gou

隔振沟（isolation trench） 在设备基础与环境振源或动力机器基础与被保护对象之间设置的可以减小振动传递的连续沟槽，沟槽内可填充减少振动传递的材料。

gezhenqi

隔振器（isolator） 具有衰减振动功能的支承元件，用于减少动力机器振动输出或减少对振动影响对象振动能量输入的装置。它是连接设备和基础的弹性元件，用以减少和消除由设备传递到基础的振动力和由基础传递到设备的振动。

gezhen tixi

隔振体系（vibration isolating system） 由隔振对象、台座结构、隔振器和阻尼器组成的体系。它主要是采用了防震装置的建筑物和构筑物。

gezhen zhuangqiang

隔振桩墙（isolation pile wall） 在设备基础与环境振源或

动力机器基础与被保护对象之间设置的可以减小振动传递的排桩或地下连续墙。

gezhen

隔震（isolation） 在结构工程中将结构体系上下部分或结构体系与地基分割后，再以隔震装置连接，以期减小结构地震反应的技术方法，是被动控制技术的一种。在振动机器设计中，是指减少动力机器产生的振动、保证设备正常运行及减少其对环境影响的措施。

gezhenceng

隔震层（isolated layer） 在建筑物的基底部或某个位置设置的隔震装置，它是由隔震支座构成的既能支承上部结构重量同又阻断或减轻地震能量向结构上部传播的连接部分。其作用是把上部结构和下部基础隔离开来，以此来消耗地震能量，避免或减少地震能量向上部传输。该层通常包含隔震支座、阻尼器、抗风装置和限位装置等。

gezhen diban

隔震地板（isolated floor） 在楼板上安装滚球支座，在滚球支座上安装地板的隔震装置，是滚动隔震的一种形式。该地板由滚球支座、复位弹簧和轻质地板组成，主要用于计算机设备或其他精密仪器的隔震。

gezhen fangwu kangzhen cuoshi

隔震房屋抗震措施（seismic measures for isolated buildings） 房屋隔震所采取的措施。其主要有六个方面：第一，隔震支座应均匀分散布设，使隔震层的刚度中心与上部结构刚心重合；对于平面不规则的结构，应适当调整支座布置减少扭转效应；隔震支座的布置应便于检查和维护。第二，隔震房屋上部结构与周边固定结构应预留足够间隔、防止碰撞。第三，穿越隔震层的管线应具柔性且长度应有冗余、防止因隔震层大位移发生损坏。第四，上部结构与隔震支座的连接楼层应采用现浇或装配整体式混凝土楼板，并采取加强措施提高其刚度和承载力。第五，与隔震支座连接的梁柱应采取加密箍筋或设置钢丝网片等措施。第六，隔震房屋的上部结构和基础应采用与相应抗震建筑相同的抗震构造措施。

gezhen fangwu kangzhen fenxi

隔震房屋抗震分析（seismic analysis of isolated buildings） 采取隔震措施房屋的抗震性能分析方法。对结构规则、使用叠层橡胶支座的隔震房屋，可采用等效侧力法来计算隔震层剪力，再依照简单的规则计算上部结构各层的水平地震作用；在确定与结构基本周期对应的反应谱值时，应使用与隔震层等效阻尼比对应的设计反应谱曲线。结构不规则的隔震房屋以及隔震层使用滑移支座的隔震房屋，宜采用动力时程分析法进行抗震计算，并考虑水平振动和扭转振动的耦合作用。隔震房屋的抗震分析，必须考虑隔震层的非线性特性，并应考虑竖向地震作用。

隔震房屋抗震验算（seismic check of earthquake-isolated houses）　采用隔震技术房屋的结构抗震验算。其包括对隔震支座应进行静承载力验算，对结构构件应进行设防地震作用下的强度验算，罕遇地震作用下隔震层位移验算、支座稳定性验算、上部结构的层间位移验算，对连接隔震支座的梁柱应进行抗冲切和局部承压验算等。

gezhen jili

隔震机理（isolation mechanism）　采用隔震技术耗散振动能量、降低结构振动幅度和自振频率的原理。大量强地震动记录的统计分析表明，地震动卓越频段多在 $1 \sim 10$ Hz，多数建筑的自振频率处于这一频带内。改变结构的动力特性、降低结构的自振频率是提高其抗震安全性的有效手段。基底隔震是达到这一目标的有效途径。结构体系的隔震机理可分为两类：一是，若在结构基底设置水平刚度低的隔震支座（如水平刚度远小于结构刚度的叠层橡胶支座），可使隔震体系的自振周期长达 2s 以上，并大幅度降低结构地震反应。二是，若在结构基底设置摩擦滑移隔震层，上部结构承受的水平地震剪力将不超过基底摩擦力，而基底摩擦力为重力荷载和摩擦系数的乘积。可见，选择摩擦系数适当小的滑移层材料，可减少结构的水平地震作用。滚动隔震是滑动隔震的特殊形式，可以实现极小的摩擦系数。上述两种不同隔震机理的共同本质是改变结构体系动力特性。实际使用的隔震装置，可能是上述机理的组合。

gezhen jishu

隔震技术（isolation technology）　在工程结构的某些部位采用特殊元件改变结构的振动特性及其耗能机制，以减小地震时结构产生的地震力的技术和方法。

gezhen tixi

隔震体系（isolation system）　采用隔震装置的建筑物或构筑物构成结构体系。隔震装置多为隔震支座，隔震支座沿水平面分割并连接结构，形成隔震层。该体系的工程应用大多限于减少结构体系的水平地震反应。

gezhen tixi jianzhen xishu

隔震体系减震系数（earthquake-reduction coefficient base isolation system）　由隔震建筑与相应的非隔震建筑层间剪力的比值确定的系数，在隔震体系中主要指水平向减震系数。隔震建筑上部结构的水平地震作用取决于该系数，行业标准 CECS 126：2001《叠层橡胶支座隔震技术规程》规定了该系数的具体取值方法。

gezhen zhuangzhi

隔震装置（isolation device）　各种安装于建筑中的、能够阻断地震能量向上传播的支座的总称，包括橡胶类隔震支座、滑动摩擦型隔震支座、黏性体隔震支座等。

getai lijing guocheng

各态历经过程（ergodic process）　随机过程的一个样本函数能充分地代表整个随机过程的特征，即经历了随机过程的各种可能状态，也称遍历过程、各态历经随机过程。在平稳随机过程中，若任一个样本函数的时间平均值（即对单个样本按时间历程作时间平均）等于集系平均值，则各态历经过程的各种统计数字特性可以通过一个样本的时间平均计算得到，给计算带来极大方便。地震动记录有限，无法得到可靠的集系平均值，地震动是否为各态历经尚未得到证实，但在实际处理时，通常将地震动作为各态历经的平稳过程对待。

getai lijing suijiguocheng

各态历经随机过程（ergodic random process）
见【各态历经过程】

gexiang dengya gujie

各向等压固结（isotropic consolidation）　土在各向等压力条件下（相当于静水压力或无剪应力条件下）的固结，是土固结试验的一种工况，通常需要根据土的实际受力状态来选择试验工况。

gexiang tongxing

各向同性（isotropy）　某种性质不依赖于测量方向的属性，也称异向同性。地质学中借用该词指某一物理性质在地块内某点的各个方向均相同。例如，若某岩块中的力学性质在各个方向上相同，则称均质体，但它与连续介质力学中"均匀"的概念不同。在各向同性的物体内主应力与主应变的方向是重合的。

gexiang yixing

各向异性（anisotropy）　物理学指表征物质的某种物理性质（如力学、热学、电学、磁学、光学等）的参数值随测量方向不同而不同的属性，也称异向异性。地质学借用该词指某一物理性质在地块内某点的各个方向上不相同。在各向异性地块中主应力方向和主应变方向不重合。

gexiang yixing mianbo

各向异性面波（anisotropic surface wave）　在各向异性介质中传播的面波，也称广义面波。这种面波的特征方程和频散方程都非常复杂。

genzong shiboqi

跟踪示波器（tracking oscillograph）　见【频谱分析仪】

gongcheng celiang

工程测量（engineering survey）　工程建设在规划、设计、施工和经营管理各阶段所进行的测量工作。在规划设计阶段，要求提供完整可靠的地形资料；在施工阶段，要按规定精度进行定线放样；在经营管理阶段，要进行建筑物的

G

变形观测，判断它们的稳定性，以保证工程质量和安全使用，并借以验证设计理论和施工方法的正确性。

gongcheng celiang yiqi

工程测量仪器（engineering surveying instrument）　工程建设的规划设计、施工及经营管理阶段进行测量工作所需用的各种定向、测距、测角、测高、测图以及摄影测量等方面的仪器。

gongcheng changdi dizhenanquanxing pingjia

工程场地地震安全性评价（evaluation of seismic safety for engineering sites）　对工程场地可能遭受的地震作用及其危害进行评估的工作。通过这一工作，能够提供给工程场地供抗震设计使用的多种概率水平的基岩和地表土层的地震动参数以及可能出现的地震地质灾害。国家标准 GB 17741—2005《工程场地地震安全性评价》规定了开展这一工作的具体内容和技术标准。

gongcheng diqiuwuli kantan

工程地球物理勘探（engineering geophysical exploration）解决土木工程勘察中工程地质、水文地质问题的、以电、声、磁、放射性等物理手段获取场地工程地质和水文地质相关特性和参数一种勘探方法，简称工程物探。它以研究地下物理场（如重力场、电场等）为基础。不同的地质体在物理性质上的差异，直接影响地下物理场的分布规律。通过观测、分析和研究这些物理场，并结合有关地质资料，可判断与工程勘察有关的地质构造问题。勘探方法主要有电法勘探、地震勘探法、声波探测、地球物理测井、井中无线电波透视法、磁法勘探、重力勘探、放射性勘探和遥感技术等方法。

gongcheng dizhen

工程地震（engineering seismics）　见【工程地震学】

gongcheng dizhenxue

工程地震学（engineering seismology）　为工程建设及减轻地震灾害服务的地震学分支学科，是地震工程学的主要内容之一。1931 年，东京大学地震所的地震学家末广恭二（Suehiro Kyoji）博士到美国讲学，题目为"工程地震学"（Engineering Seismology），主要内容为强震地面运动的观测和建筑物振动性能的测量，这是工程震学成为学科名称的起源。1956 年，第一届世界地震工程（WCEE）大会在美国召开，会议只开设了地震工程（Earthquake Engineering）和工程地震（Engineering Seismology）两个议题，后者讨论的主要问题是地震对场地的影响和地震引发的地质灾害问题。经过近百年的发展，工程地震学的研究领域在不断扩大。它的主要研究对象是工程建设场地；研究目标是为工程抗震分析提供输入的地震动参数和预测可能产生的地震地质灾害；研究内容包括地震现场考察、强震观测、地震危险性分析、场地对地震动的影响、地震区划、地震小区

划、工程场地的地震安全性评价、设计地震动的确定和地震地质灾害的预测等。

gongcheng dizhi binifa

工程地质比拟法（engineering geological analogy）　通过研究已建工程的建筑类型、施工方法、使用效果与建筑场地工程地质条件之间的关系，找出规律，并以此作为类似条件下拟建工程的设计依据的方法，也称工程地质类比法。

gongcheng dizhi cehui

工程地质测绘（engineering geological mapping）　运用地质、工程地质理论对与工程建设有关的各种地质现象进行详细观察和描述，以查明拟定建筑区内工程地质条件的空间分布和各要素之间的内在联系，并按照精度要求将它们如实地反映在一定比例尺的地形图上的工作。必要时应配合工程地质勘探、试验等所取得的资料来编制成工程地质图，作为工程地质勘察的重要成果提供给规划、建设、设计和施工等有关部门使用。该工作也称工程地质填图，既是工程地质勘察中最先开展一项勘察工作，也是最基本的勘察方法。

gongcheng dizhi danyuan

工程地质单元（engineering geological unit）　建筑场地按不同的工程地质条件划分的单元。在同一单元中各部位的工程地质条件基本类似，在工程地质勘察工作中，根据工程地质单元体布置地质勘探试验工作及其统计整理试验成果，能较客观地反映场地工程地质条件。

gongcheng dizhi fenqu

工程地质分区（engineering geologic zoning）　在研究区内，根据工程地质条件或工程地质评价的差异性，划分的不同工程地质区域。

gongcheng dizhi fenqutu

工程地质分区图（map of engineering geological zonation）按照工程地质条件或工程地质评价的结果，将建设场地划分为不同区域的图件。该图的内容取决于编图的目的和工程建设的要求，如为城市规划进行的综合性的工程地质分区，为山区道路建设的斜坡岩体稳定性分区等。分区标志主要是工程地质条件和工程地质评价的结果，其选用与编图的目的和场地工程地质特性相关。

gongcheng dizhi huanjing

工程地质环境（engineering geological environment）　与工程建设相关的地壳上部的岩石、水、空气和生物在内的相互关联的多成分的复杂环境系统。该系统是以地表为其上限；以人类活动作用于地壳的深度为其下限。评价该环境是城市总体规划中的一项重要工作，合理确定可适宜发展的用地不仅是城市专项规划的基础，也会对城市的整体布局、经济发展产生重大影响。城市工程地质环境评价涉及自然、人文、经济等方面。

gongcheng dizhi kancha

工程地质勘察（engineering geological investigation） 为查明工程建设场地工程地质条件和工程地质问题、评价和研究影响工程建设的地质因素、为工程建设提供有关地质资料等而开展的地质调查工作的总称，包括工程地质测绘、勘察、物探、触探、原位试验与实验室研究以及长期观测等工作。工作内容包括五个方面：第一，搜集研究区域地质、地形地貌、遥感照片、水文、气象、水文地质、地震地质等已有资料，以及工程经验和已有的勘察报告；第二，工程地质调查与测绘；第三，工程地质勘探；第四，岩土测试和观测；第五，资料整理和编写工程地质勘查报告。工程地质勘察应与工程的规划、设计和施工阶段相适应，一般可分为可行性研究勘察、初步勘察、详细勘察和施工勘察四个阶段。不同勘察阶段的勘察内容和采用的方法均有所不同。

gongcheng dizhi kancha baogao

工程地质勘察报告（engineering geological exploration report） 工程地质勘察工作的总结报告。它需根据勘察设计书的要求，考虑拟建工程特点、重要性及勘察阶段，综合反映和论证勘察地区的工程地质条件和工程地质问题并做出工程地质评价，给出明确的结论和建议；是提供给规划、设计、施工等有关部门使用的重要资料和依据。报告书分为文字和图纸两个部分，内容一般包括工程地质条件的论述、工程地质问题的分析评价以及结论和建议。

gongcheng dizhi kantan

工程地质勘探（engineering geological exploration） 利用一定的机械工具或开挖作业查明和了解工程建设场地工程地质条件的工作。其既是为查明、研究和评价工程建设场地工程地质条件和工程地质问题而进行的地质勘探，也是工程地质勘察的一种基本手段。通常在地面露头较少、岩性变化较大或地质构造复杂的地方，仅靠地表测绘难以查明地下的地质情况，需要借助地质勘探工程来了解和获得地下深部的地质情况和资料。工程地质常用的勘探工程有钻探和开挖作业两大类，包括钻探、槽探、坑探、硐探等。工程地球物理勘探和化探有时也被归入地质勘探中。

gongcheng dizhi leibifa

工程地质类比法（engineering geological analogy） 见【工程地质比拟法】

gongcheng dizhi lixue

工程地质力学（engineering geomechanics） 从工程地质学的观点出发，应用地质力学的理论与方法，研究岩体结构特性的形成和演化规律的学科，也称岩体工程地质力学，该学科是工程地质学的一个新学科，即从工程地质学的观点出发，运用地质力学的理论和方法研究岩体特性的形成和演变规律，同时运用岩体力学的理论基础和方法研究岩体在受力条件下变形破坏的机制、物理状态和力学属性，

最后结合工程要求，做出岩体稳定分析计算和评价。岩体结构是岩体工程地质力学的基本概念，该学科把岩体看作由结构面与结构体组合而成的有结构的地质体。结构面是指岩体中存在的各类断层面、节理面、裂隙面、层面、不整合面、接触面等的地质界面。结构体是指由这些地质界面切割的形状不一、大小不等的各种各样的地质块体。

gongcheng dizhi pingjia

工程地质评价（engineering geological evaluation） 根据已获得的地质资料，结合具体工程特点进行工程地质条件分析，通过定性分析和定量计算，对场地的稳定性和适宜性、有利条件和不利条件、建筑地基基础的设计施工方案、不良地质作用的防治措施等作出系统性评价。工程地质评价可分为定性评价和定量评价，定性评价是一种经验性的地质评价方法，即根据已查明的地质边界条件，进行综合评价而做出结论；定量评价是经过理论计算、试验研究、实际测量后做出的评价结论。

gongcheng dizhi poumiantu

工程地质剖面图（engineering geological profile） 一定方向的垂直面上工程地质条件的断面图。它是反映工程地质勘测线上岩土分布、地质构造、地下水位等工程地质条件的竖向剖面图，是工程地质勘察报告的基本图件之一。

gongcheng dizhi shiyan

工程地质试验（engineering geological test） 为评价工程地质条件和工程地质问题、工程处理措施、工程设计、工程施工等提供参数而进行的试验的总称。它包括室内和现场两种试验。

gongcheng dizhi tiaojian

工程地质条件（engineering geological condition） 与工程建设有关的地质条件的总称，主要包括地形地貌、地层岩性、地质构造、水文地质条件、不良地质作用和天然建筑材料等。

gongcheng dizhitu

工程地质图（engineering geological map） 反映和评价研究地区的工程地质条件，分析和预测某些工程地质问题的专门性地质图件。通常分为综合性工程地质图和专门性工程地质图两种。综合性工程地质图反映与工程建设有关的各种地质条件的分布特征、变化规律以及工程建筑的分布情况，并对工程地质条件作必要的分析和评价，如区域工程地质图、水库库区或坝址区工程地质图等；专门性工程地质图反映某项工程地质因素或工程地质作用，如坝址岩体节理分布图、水库浸没范围图等。工程地质图一般应附有反映地下一定深度的工程地质条件的剖面图。

gongcheng dizhi wenti

工程地质问题（engineering geological problem） 工程建

设场地的工程地质条件在工程建设和运行期间可能会产生威胁和影响工程安全的问题。例如，土木工程中的工程地质问题主要包括地基岩土体稳定问题、地下水的水位变化和侵蚀问题、边坡岩土体稳定问题、地下硐室围岩稳定问题、区域地质构造稳定问题以及地震活动性问题等；水库建设的工程地质问题主要包括区域地壳稳定问题、山体稳定问题、坝基稳定问题、渗漏问题、淤积问题、浸没问题、边岸再造及坝下游冲刷等问题。

工程地质学（engineering geology） 研究工程建设中相关地质问题的应用地质学分支学科。1929 年，奥地利的土力学家太沙基（Karl Terzaghi）出版了世界上第一部《工程地质学》；1937 年，苏联的萨瓦连斯基（Sawaliansiji）的《工程地质学》一书问世。20 世纪 50 年代以来，工程地质学逐渐吸收了土力学、岩石力学和计算数学中的某些理论和方法，完善和发展了本身的内容和体系，中国工程地质学的发展基本上始于 20 世纪 50 年代。该学科研究的目的是查明各类工程建筑场区的地质条件，对场区及其有关的各种地质问题进行综合评价，分析、预测在工程建筑作用下，地质条件可能出现的变化和作用，选择最优场地，并提出解决不良地质问题的工程措施，为保证工程的合理设计、顺利施工及其正常使用提供可靠的科学依据。研究内容包括岩土的组成、性质及其对建筑工程稳定性的影响；内外动力地质作用引起的岩土体失稳及其对工程影响的预测；研究改良岩土性能的方法和岩土灾害的防治措施；研究工程地质勘察的技术和方法；等等。

工程地质柱状图（engineering geologic columnar profile） 表示钻孔揭露的勘探点地层、岩性、地质构造、地下水埋深等随深度变化的图表，也称钻孔柱状图。该图也同时反映了在钻孔中开展的各种测试获得的参数沿深度的变化。

工程地质钻探（engineering geological drilling） 钻机在地层中钻孔，通过钻孔岩芯揭露工程场地的地层岩性并采取出岩土样品供室内试验，以了解地层分布及各层岩土的物理力学性质所进行的探查工作，是工程地质勘探的一种方法和手段。在编制钻探计划时，应要注意钻孔的布局与选定，并在钻孔中进行一些必要的岩土参数测试工作，尽量做到一孔多用，用较少的工作量解决和获取尽量多的地质信息。

工程地质作用（engineering geological process） 人类工程活动改变原来的地质条件所引起的新的地质作用。其包括修筑建筑物引起的地基变形或失稳；开挖边坡、硐室、基坑引起的土（岩）体的滑动及坍塌；修筑水坝引起的坝下及水库渗漏和渗透变形、岸岩坍塌和浸没；过量开采地下水或油、气而造成大面积的地面沉降；诱发地震等。它直接影响到建筑物的安全和造价，给工程建设带来危害，是工程地质研究的重要对象。也有人把与工程建筑有关的地质作用统称为工程地质作用。

工程动力地质学（engineering dynamic geology） 研究与工程建设有关的各种自然地质作用和工程地质作用，以及它们的形成条件、发生发展规律、动态趋势和防治措施的学科，是工程地质学的重要组成部分。研究内容主要是分析和预测各种地质作用和人类工程活动对工程建设的影响及处理方法，包括区域地壳稳定性、活动断层、地震、滑坡、崩塌、泥石流、砂土液化、软土震陷、诱发地震、地基沉陷、岩溶、渗透变形、岩体风化、侵蚀淤积、人工边坡和地下洞室围岩的变形、地面沉降、地下采矿引起的地表塌陷等，研究其发生的条件、过程、规模和机制，评价它们对工程建设和地质环境造成的危害程度，提出防治措施。

工程动力地质作用（engineer dynamic geological process） 与工程建设有关的自然地质作用和人类活动的影响引起的工程地质作用的总称。自然地质作用可分为内动力地质作用和外动力地质作用。其中，内动力地质作用一般认为是由于地球自转产生的旋转能和放射性元素蜕变产生的热能等引起地壳物质成分、内部结构以及地表形态发生变化的作用和过程，如火山喷发、断层地表破裂、地震活动等；外动力地质作用是以外能为主要能源在地表及其附近进行的地质作用，它主要是各种形式的水、大气和生物为动力，塑造和改造地壳表层的过程。如风化作用、剥蚀作用、搬运作用、沉积作用、沉积成岩作用、泥石流、滑坡、崩塌等。人类活动的影响也可能引起不良的工程地质作用，如筑路引起路堑边坡失稳、大量开采地下水引起的地面沉降、水库蓄水和深井注水诱发地震、无计划垦伐引起的水土流失、灌溉引起的土壤盐渍化等。

工程滑坡（engineering-triggered landslide） 因水利建设、桥梁建设、道路建设、建筑基坑开挖和市政建设等工程行为而诱发的滑坡。该滑坡对工程的危害极大。

工程建设标准（construction standard） 为在工程建设领域获得最佳秩序而制定的统一的、重复使用的技术要求和准则。通常是指对基本建设中各类工程的勘察、规划、设计、施工、安装、验收等需要协调统一的事项所制定的标准。

工程降水（engineering dewatering） 为满足建设工程的

要求，采取措施降低地下水水位的工程活动，也称降水工程。它是在地下水位埋藏较浅的地区开展基础施工的重要工程活动。

gongcheng jiegou

工程结构（engineering structure） 在房屋、桥梁、铁路、公路、水工、港口等工程的建筑物、构筑物和设施中，以建筑材料制成的各种承重构件相互连接成一定形式的组合体。其除了满足工程所要求的功能和性能外，还必须在使用期内安全、适用、经济、耐久地承受外加的或内部形成的各种作用。

gongcheng jiegou dizhen pohuai dengji

工程结构地震破坏等级（grade of earthquake damage to engineering structure） 对工程结构地震破坏程度的划分。分为完好（含基本完好）、轻微破坏、中等破坏、严重破坏和倒塌五个等级。

gongcheng jiegoudizhen yisunxing

工程结构地震易损性（seismic vulnerability of structures）与地震动参数相关的工程结构的条件破坏概率，也称工程结构易损性。工程结构地震易损性分析是震害预测的核心内容，不同强度的地震对不同的结构造成的破坏程度不同，通过地震现场调查可对其加以区分，并形成易损性矩阵，用以预测未来不同强度地震作用下结构的破坏程度。

gongcheng jiegou fangzhen

工程结构防振（vibration protection of engineering structure）为降低工程结构或构件在干扰力作用下的振动而采取的措施。工程结构或构件用减振垫或减振器隔振是经济实用的防振方法。结构振动的危害主要有：工程结构如果长期处于强烈振动下，就要经受上百万次甚至上亿次往复运动，这会导致结构因疲劳而破坏；结构的振动会影响生产人员的正常工作和身体健康；工程结构的振动有时会对精密设备和仪器及精确的工艺过程造成有害的影响；产品质量不能保证。

gongcheng jiegou jiben leixing

工程结构基本类型（basic type of engineering structure）工程结构的基本组合形式。随着建筑材料与工程力学的进展和人类生产与生活的需要而不断发展，工程结构的类型由简单到复杂，但其基本元件按其受力特点仍分成梁、板、柱、拱、壳与索（拉杆）六大类。这些基本元件可以单独作为结构使用，在多数情况下会组合成多种多样的结构类型使用。工程结构中常用的基本类型有梁、板、柱、桁架、拱、排架、框架、拆板结构、壳体结构、网架结构、悬索结构、剪力墙、筒体结构、悬吊结构、板柱结构、墙板结构、充气结构等。

gongcheng jiegou kangzhen

工程结构抗震（earthquake resistance of engineering structure）各种工程结构物按照一定的安全要求，所采取的能够抗御今后一定时期内可能发生的地震的措施。它包括不同的工程结构应采用的不同安全准则和设防标准的确定；建设场地和地基的选择以及总体规划；结构设计方案的选择；施工质量的严格控制；符合当地的地震设防标准，并满足国家抗震设计规范的要求。结构的抗震设计一般包括结构抗震强度验算和构造措施两方面。强度验算是通过抗震强度验算，使工程结构在预期的强烈地震作用下不致产生破坏、过大变形和失稳。结构抗震构造措施是提高工程结构抗震能力的重要方面。构造措施设置的基本原则：使结构体形简单，受力明确，防止因不规则的平面、立面而产生局部应力集中而导致破坏；在可以分开的情况下，合理设置抗震缝；加强整体性，使各构件间连接牢固；使构件和结构具有一定的延性，在允许非弹性变形时可以吸收更多的地震能量；在软弱和可液化的地基上；应采取必要措施改善地基并提高地基的稳定性。

gongcheng jiegou kangzhen jiagu he xiufu

工程结构抗震加固和修复（strengthening and repairing of engineering structure in seismic region） 对经鉴定未达到抗震设防要求的工程结构采用一定的工程措施进行加固的工作。在地震区往往有大量房屋、桥梁、烟囱、水塔等工程结构，由于达不到当地抗震设防的要求而需要进行震前加固；此外，在地震后的城市和乡村，许多结构虽遭到损坏但仍保留下来的，又需要进行震后修复。加固和修复都是为了使结构能够达到当地抗震设防标准，以保护人民生命和国家财产的安全。震前加固和震后修复均需要按有关规范对结构的抗震能力作出鉴定，才能进行设计和施工。

gongcheng jiegou sheji

工程结构设计（design of building and civil engineering structures） 在工程结构的可靠与经济、适用与美观之间，选择一种最佳的合理的平衡，使所建造的结构能满足各种预定功能要求的工作。

gongcheng jiegou sheji lilun

工程结构设计理论（engineering structual design theory）处理工程结构的安全性、适用性与经济性的理论及方法。主要解决工程结构产生的各种作用效应与结构材料抗力之间的关系，涉及有关结构的作用、结构抗力、结构可靠度和结构设计方法以及优化设计等方面的内容。

gongcheng jiegou shiyan

工程结构试验（engineering structure test） 对工程结构或构件采用加载或其他方式进行试验，并测量结构或构件的内力、变形、转角、支座位移、频率、振幅等，用以核对其设计要求或检验其是否安全可靠，并作为探索结构新领域和发展工程结构理论手段和基础。

gongcheng jiegou youhua sheji

工程结构优化设计（optimum design of engineering structure） 在满足各种规范或某些特定要求的条件下，使结构的某种指标（如重量、造价、刚度或频率等）为最佳的设计方法。也就是要在所有可用方案中，按某一目标选出最优设计方案的方法。

gongcheng jiegou zhenhai

工程结构震害（earthquake damage to engineering structures） 工程结构遭到地震的损坏。通常，工程结构泛指人类用天然或人造材料建造的各种具有不同使用功能的设施，包括房屋，电力、供水、交通、通信、燃气、水利等生命线工程系统的构筑物，以及各种工业生产设施和设备等人工建造物体。以房屋为主的工程结构破坏，特别是量大面广的房屋破坏是造成地震人员伤亡和经济损失最重要的原因，并会引起火灾等次生灾害。地震造成工程结构破坏的原因可分为地震动引起的结构振动和地面破坏两类，结构破坏主要有构件破坏导致结构破坏、构件连接破坏导致结构破坏和地基失效等导致结构破坏三种形式。

gongcheng kancha

工程勘察（geotechnical investigation and survey） 根据建设工程的要求，查明、分析、评价建设场地的地质、环境特征和岩土工程条件，编制勘察文件的活动，也称场地的工程地质勘察或岩土工程勘察。其内容包括对工程建设场地的地形地貌、地质构造、岩土组成和地下水等与工程建设有关的场地条件进行工程地质测绘、勘探、测试、监测、编写勘察报告并提供相应成果和资料。场地条件勘察既是工程地震的重要内容之一，也是工程建设首先开展的不可缺少的工作环节。

gongcheng kangzai shefang biaozhun

工程抗灾设防标准（criteria for disaster resistance of engineering design） 城市一般性工程所采用的衡量灾害设防水准的尺度，通常采用一定的物理参数和重要性类别来表达。例如，抗震采用设计地震动参数与抗震设防类别；抗风采用基本风压；抗雪采用基本雪压；防洪采用根据不同防护对象重要性的一定重现期的洪峰流量或水位等。

gongcheng kangzhen

工程抗震（engineering seismology） 各类工程抗御地震破坏，减轻地震灾害的理论、技术和方法的总称。工程抗震主要是根据工程地震和地震工程的研究成果，探索地震作用理论和抗震的技术与方法，在国家经济发展状况和有关政策的指导下，充分考虑经济与安全的关系，合理规定工程建设的抗震设防目标、抗震设防标准和抗震设计要求，同时也规定已有工程的抗震鉴定与加固修复的要求。工程抗震研究成果最终体现于抗震技术标准并据此实施抗震设计。工程抗震的原则是利用现代科学和技术的成就，寻求最佳的工程抗震设计和抗震措施，合理地解决抗震安全与经济之间的矛盾，取得投资效益。工程抗震已经成为当今减轻地震灾害的重要途径和基本方略。

gongcheng kangzhen fangzai duice

工程抗震防灾对策（engineering measures for earthquake resistance and disaster reduction） 在现有科学技术水平和经济条件下，为有效地抗御地震灾害，减少人员伤亡和财产损失所采取的一系列工程抗震的方针、政策和措施。

gongcheng kangzhen shefang mubiao

工程抗震设防目标（seismic fortification object of engineering） 对预期地震作用下工程结构所应具备的抗震能力的概略表述。破坏性地震具有罕遇、强烈和不可准确预知的特点，未来地震可能造成的人员伤亡、经济损失和社会影响亦很难精确评价。因此，工程抗震设防目标是基于对未来地震活动强度的估计、考虑当前社会经济技术发展水平做出的风险决策。我国建筑工程的抗震设防目标为"小震不坏、中震可修、大震不倒"。

gongcheng lixue

工程力学（engineering mechanics） 研究工程中的力学问题的学科。它的定理、定律和结论广泛应用于各行各业的工程技术中，是解决工程实际问题的重要基础，包括静力学、运动学、动力学、材料力学、弹性力学、塑性力学、结构力学、结构动力学、断裂力学、爆炸力学、流体力学、流变学、土力学和岩体力学等。

gongcheng xuqiu canshu

工程需求参数（engineering demand parameter） 在建筑韧性评价中，建筑抗震韧性评价所需的表征建筑抗震性能的参数，包括建筑各层的层间位移角、楼面加速度等。

gongcheng yanti wendingxing

工程岩体稳定性（stability of engineering rock mass） 岩体作为工程的一部分或工程建设环境时的稳定程度。在影响岩体工程性质的因素中起主导作用或控制作用的有岩石强度、岩体完整性、风化程度、水的影响等。工程建设中，应针对工程特点与工程所处岩体特征及受力状态，通过计算或试验开展岩体稳定性分析，确定可能失稳和变形过大的岩体，对岩体的稳定性做出评价并提出设计和施工的具体建议。

gongcheng yantuxue

工程岩土学（rock and soil engineering） 研究作为建筑地基、建筑环境和建筑材料的地壳表层的岩土体组成、结构、物理性质、力学性质、工程特性及其利用和改造的学科，是工程地质学的重要组成部分。其研究的内容包括：岩土体的物质组成、结构构造、形成和分布规律及其对岩体工程地质性质的影响；岩土体的物理性质、水理性质、力学性质及其在工程中的变化规律；岩体工程地质性质指标的测试方法和测试技术；岩土体的工程地质分类；岩土体工程地质性质在自然因素或人类工程活动影响下的变化趋势和变化规律，及其对工程的影响；改良岩土体性质的原则和方法。

工程震害分析（earthquake damage analysis of engineering）采用震害调查、理论计算、模拟试验等手段，对工程震害产生的原因和破坏机理进行的分析。它是工程抗震研究的重要内容之一。

gongcheng zhenhai yuce

工程震害预测（prediction of engineering seismic damage）某一个地区在地震危险性分析、地震区划或小区划、工程建筑易损性分析的基础上，对未来某一时段因地震可能造成的人员伤亡、建（构）筑物及设施破坏、经济损失及其分布的估计，简称震害预测。它主要是预测现有工程在不同强度地震作用下的破坏程度，给出不同类型的工程中基本完好、轻微破坏、中等破坏、严重破坏和轻微破坏的比例；经济损失通常表示为地震危险性、结构抗震能力、损失比和社会财富的折积形式，并通过一定的计算方法给出；人员伤亡是利用已有的地震人员伤亡资料，通过统计伤亡人数和影响伤亡因素的关系来估计。

gonghou chenjiang

工后沉降（post-construction settlement）建（构）筑物在竣工以后发生的地基沉降。在公路路基或铁路路基施工时，按规定的标准分层填筑压实完工后，累计路基沉降量的允许标准不同，时速为 250km/h 以上的高速铁路路基允许工后沉降量不得大于 15mm；桥涵过渡段允许工后沉降量累计不大于 5mm；高速铁路施工中路基、桥涵基础允许工后沉降量要求较高。工后沉降量是高速铁路基础建设的重要保证之一。

gongye chengshi

工业城市（industrial city）工业生产活动在整个地区社会经济生活中占主导地位的城市。城市中从事工业生产的劳动力占城市人口比重高，工业用电、用水、用地比重大。按主导产业可将其分为汽车工业城市、森林工业城市、钢铁工业城市等。

gongye guandao kangzhen sheji

工业管道抗震设计（seismic design of industrial pipelines）为了防御地震对核电厂工业管道的破坏而进行的专项设计。核电厂工业管道是指架空钢质管道。国家标准 GB 50267—97《核电厂抗震设计规范》规定，工业管道应区别核电厂物项分类、核电厂设备安全分级以及不同荷载类别进行抗震设计。

gongye jianzhu

工业建筑（industrial building）以工业性生产为主要使用功能、为工业生产服务的各类建筑，如生产车间、动力用房、库房、厂区建筑、生活间和运输设施等。工业建筑种类繁多，一般可分为钢铁厂建筑、机械制造厂建筑、精密仪表厂建筑、航空工厂建筑、造船厂建筑、水泥厂建筑、化工厂建筑、纺织厂建筑、火力发电厂建筑、水电站建筑和核电站建筑等。工业厂房按用途可分为生产厂房、辅助生产厂房、仓库、动力站，以及各种用途的建筑物和构筑物，如滑道、烟囱、料斗、水塔等；按生产特征可分为热加工厂房、冷加工厂房和洁净厂房等；按工业建筑的空间形式可分为单层厂房和多层厂房两类等。

gongxing dianrong yingbianji

弓形电容应变计（bow capacitance strain gauge）在两种曲率不同的镍基合金弓形条之间，安装由一对电容极片构成的电容应变计，是电容应变计的一种类型，可用点焊法将弓形条的两端固定在试件上。该应变计工作温度范围为 $-269\sim650℃$，以空气为介质，介电常数不随温度变化，零点漂移极小，工作稳定。

gonggong dizhen xinxi

公共地震信息（public earthquake-related information）面向社会公众的与地震有关的信息。国家标准 GB /T 22568—2008《公共地震信息发布》规范公共地震信息发布中信息发布的内容、方式和应遵循的要求。

gonggong jianzhu

公共建筑（public building）供人们进行各种公共活动的建筑。其主要有办公建筑，包括写字楼、政府部门办公室等；商业建筑，包括商场、金融建筑等；旅游建筑，包括酒店、娱乐场所等；科教文卫建筑，包括文化、教育、科研、医疗、卫生、体育建筑等；通信建筑，包括邮电、通讯、广播用房等；交通运输类建筑，包括机场、高铁站、火车站、汽车站、冷藏库等以及其他建筑，包括派出所、仓库、拘留所等。

gonggong jiaotong shuniu

公共交通枢纽（public transport terminal）多条交通线路或多种交通工具汇集及旅客换乘的场所。现代城市的公共交通枢纽多采用综合立体换乘枢纽站的方式。

gonglu

公路（highway）联结城市和乡村，主要供汽车或其他车辆行驶并具备一定技术标准和设施的道路。其主要包括公路的路基、路面、桥梁、涵洞和隧道等。

gonglu cheliang hezai biaozhun

公路车辆荷载标准（standard highway vehicle load）由国家标准规定作为桥涵设计依据的公路车辆荷载标准。

gonglu dingxian

公路定线 （highway location） 根据规定的技术标准和路线方案，结合技术经济条件，从平面、纵断面，横断面综合考虑，具体定出路线中心线的工作。

gonglu gongcheng

公路工程 （highway engineering） 为新建或改建各级公路和相关配套设施等而进行的勘察、规划、设计、施工、安装和维护等技术工作和完成的工程实体。

gonglu gongcheng zhenhai

公路工程震害 （earthquake damage of highway engineering） 公路工程在地震时遭到的损坏。公路工程由道路、桥梁、涵洞、隧道、车站、信号监视设备等构成，是交通系统的重要组成部分。公路工程震害在历次大地震中都十分突出，公路路面与路基的地震破坏主要是路面开裂或沉降、高路基破坏、路基变形、路基错断、路基塌方、路堑和护坡破坏、崩塌或滚石破坏道路等。

gonglu jianzhu xianjie

公路建筑限界 （clearance of highway） 在公路路面以上的一定宽度和高度范围内，不允许有任何设施及障碍物侵入的规定最小净空尺寸。它是为保证车辆、行人通行的安全，对公路和桥面上以及隧道中在宽度和高度范围内规定不允许有任何障碍物侵入的空间界限，包括行车道、中间带、硬路肩、应急停车带、自行车道、人行道等，在其中不允许设置公路标志牌、护栏、行道树、电杆、信号灯、照明等各种设施，各种应设设施的空间位置必须在路幅组合设计时另作规划安排。通常一条公路应采用一个净高，高速公路和一、二级公路为 5.0m，三、四级公路为 4.5m。

gonglu lujian

公路路肩 （road shoulder） 位于行车道外缘至路基边缘，具有一定宽度的带状结构部分。它是为保持行车道功能和临时停车用，并作为路面的横向支承。

gonglu luxian

公路路线 （highway route） 公路中线的空间位置。中华人民共和国交通运输部于 2014 年 2 月 1 日颁布实行的部颁标准 JTG D20—2017《公路路线设计规范》对公路路线的设计做了具体的规定。

gonlu suidao

公路隧道 （road tunnel） 供汽车和行人通行的隧道，一般分汽车专用隧道和汽车与行人混用的隧道。它是公路的重要组成部分。

gonlu tielu liangyongqiao

公路铁路两用桥 （highway and railway transit bridge） 可供汽车和火车分道（分层或并列）行驶的桥。

gongluwang

公路网 （highway network） 一定区域内相互连络、交织成网状分布的公路系统。它由不同道路功能和不同技术等级的公路组成，以适应该区域内城市和乡村之间，居民区、工业区、农业区和商业区之间，以及公路和其他运输方式（铁路、水运、航空、管道）之间、该区域与其他区域之间、其他区域经过本区域的过境交通等的公路交通运输的需要。

gonglu xianxing

公路线形 （highway alignment） 公路平面线形、纵断面线形及其二者相结合的三维空间线形的总称，由若干直线段和曲线段连接而成。公路线形设计就是确定路线的空间位置、几何形状及尺寸，它构成了公路的主骨架，是其他组成部分（如路基、路面、桥涵构造物等）设计、施工全过程的基础。公路线形设计的优劣决定着公路建成后所能发挥的安全性、舒适性、经济性的程度，同时也是影响公路沿线开发利用程度的主要因素。它是公路某路段总体设计和使用效能的主要评价指标。

gonglu xuanxian

公路选线 （route selection） 根据自然条件、公路使用性质和技术标准，结合地形、地质条件，考虑安全、环境、土地利用和施工条件以及社会经济效益等因素，通过比较，选择路线走向及其控制位置的全过程。

gongyong jiedi xitong

公用接地系统 （common earthing system） 在建筑工程中，将各部分防雷装置、建筑物金属构建、低压配电保护线（PE）、等电位连接带、设备保护接地、屏蔽体接地、防静电接地及接地装置等连接在一起的接地系统。

gong

功 （work） 力对物体作用的空间积累，其大小等于力和其作用点位移的标积，为标量。在国际单位制中，功的单位为焦耳，是为了纪念英国物理学家焦耳（James Prescott Joule，1818—1889）对科学的贡献。如果一个力作用在物体上，物体在这个力的方向上移动了一段距离，力学上就说这个力做了功。即使存在力，也可能没有做功。例如，在匀速圆周运动中，向心力没有做功，因为做圆周运动的物体的动能没有发生变化；桌上的一本书，尽管桌对书有支持力，但因没有位移，故没有做功。

gonglü

功率 （power） 力在单位时间内所做的功。在实际问题中，不仅要知道力所做的功，而且要知道完成这些功所需的时间。在力学中应用功率的概念来描述做功的快慢。在国际单位制和中国法定计量单位中，功的单位为瓦特，是为了纪念英国伟大的发明家瓦特（James Watt，1736—1819）对科学的贡献，1 瓦特就是每秒做功 1 焦耳，1000 瓦特称为千瓦。

gonglüpu

功率谱（power spectrum）　描述随机过程频谱统计特性的函数，该谱来自信号分析，是随机振动所包含的各频率分量强度与相应频率之间的关系。地震动加速度傅里叶幅值谱的平方与其作用下单自由度体系的能量成正比，对时程幅值平方作傅里叶谱称为能量谱，能量谱除以（持续）时间为功率，功率分析可避免无穷积分不收敛的困难。对样本时程的功率函数作傅里叶变换，求其集系平均即得功率谱密度函数，也称方差谱密度函数或方差谱密度，简称为功率谱。功率谱分为自功率谱（也称自谱密度函数）和互功率谱（也称互谱密度函数）。

gonglüpu midu

功率谱密度（power spectral density）　在物理学中，信号通常是波的形式，如电磁波、随机振动或者声波。当波的频谱密度乘以一个适当的系数后将得到每单位频率波携带的功率，这被称为信号的功率谱密度或者谱功率分布。功率谱密度的单位通常用每赫兹的瓦特数（W/Hz）表示，或每纳米的瓦特数（W/nm）表示。在地震工程中是指功率谱。

gonglüpu midu hanshu

功率谱密度函数（power spectral density function）
见【功率谱】

gongneng ceshi

功能测试（functional test）　利用记录器自身的脉冲信号，进行加速度计自振频率和阻尼特性的标定试验。通常由专门的设备来完成这一试验。

gongneng hanshu

功能函数（performance function）　关于基本变量的函数，用来表征一种结构功能。在结构的可靠性分析和功能抗震设计中常用该函数。

gongneng kangzhen sheji

功能抗震设计（functional seismic design）　以结构使用功能为控制目标的抗震设计理念和方法，也称性态抗震设计或性能抗震设计。中国工程建设标准化协会标准 CECS 160:2004《建筑工程抗震性态设计通则（试用）》给出了主要适用于工业与民用建筑和部分构筑物基于性态的抗震设计的建议。

gongneng kekaoxing

功能可靠性（functional reliability）　对部分元件遭到破坏后的网络系统功能维持程度的评价。实施网络系统功能可靠性分析，要先对构成网络的各节点和边赋权，即确定描述其功能的定量指标。不同网络实体的功能指标各异，如供水系统的水压和供水量、交通系统的车流量、电力系统的电压降和功率损失、通信系统的通话量等，这些功能

指标对生命线系统抗震殊为重要。功能可靠性分析的目标是求解网络在破坏情况下功能指标的变化，为此要给出这些指标与各节点元件（工程结构）和边（管道、线路）的物理状态关系。

gongnengxing huifu

功能性恢复（functional recovery）　在建筑韧性评价中，房屋建筑经修复后，建筑基本功能得到的恢复。是评价建筑韧性的重要内容。

gongneng yuanli

功能原理（principle of work and energy）　将作用于系统的力分为保守力和非保守力，则系统机械能的变化等于非保守力做的功，即：$(T_2 + U_2) - (T_1 + U_1) = W_d$。其中，$W_d$ 是系统从状态 1 变到状态 2 的过程中，作用在该系统上的各非保守力所做功的代数和。在力学中，功能原理实际上是动能定理的另一种表示形式。

gongdian dianji

供电电极（current electrode）　在地电阻率测量中，连接大地与供电导线并向大地传送供电电流的接地导体。

gongdian gongcheng zhenhai

供电工程震害（earthquake damage of power supply engineering）　供电工程在地震中遭到的损坏。供电系统由发电厂、变电站、输电塔架和线路、配电线杆和线路等组成，其中变电站的高压设备最易遭受地震破坏。主要的震害有发电厂破坏、变电站设备破坏、输配电线路破坏等。

gongpaishui guandao pohuai dengji huafen biaozhun

供排水管道破坏等级划分标准（water supply and drainage pipeline damage classification standard）　国家标准 GB/T 18208.3—2000《地震现场工作　第三部分：调查规范》将供排水管道破坏等级划分为基本完好、中等破坏和严重破坏三个等级。基本完好是指管道无变形或只有轻度变形，无渗漏发生；中等破坏是指管道发生较大变形或屈曲，有轻度破坏或接口拉脱；严重破坏是指管道破裂或接口拉脱，大量渗漏。

gongshui gongcheng zhenhai

供水工程震害（earthquake damage of water supply engineering）　供水工程在地震中遭到的损坏。供水工程包括取水设施、净水设施、泵站、供水管道、水塔及相关设备。其中泵站和房屋建筑震害与一般房屋震害相同。供水系统最显著的震害是地下管道的破坏，管道主要震害现象有管道接头破坏、管道管体破坏、连接件破坏、取水井井管破坏等。

gongshui shuiwendizhi kancha

供水水文地质勘察（hydrogeological exploration for water

supply）　为生活和工农业供水目的而进行的水文地质勘察。国家标准 GB 50027—2001《供水水文地质勘察规范》对该勘察的要求做了详细的规定。

gongshui xitong kangzhen kekaoxing fenxi

供水系统抗震可靠性分析（seismic reliability analysis of water supply system）　对供水系统在地震作用下保持连的通性和功能水平的概率性评价。主要分析地震造成供系统破坏概率，给出失效概率。

gongceliang

汞测量（mercurometric survey）　对地壳介质中汞量的测量。汞（Hg）与其他金属元素相比，是一种具有特殊物理、化学性质的金属。在常温下金属汞呈液态并具有明显的蒸气压、电离势高、穿透力强等特性。地质学家在运用汞蒸气测量探查各类汞气分散晕及与矿床之间的空间关系方面取得了很好的效果。测汞技术已被应用于地震监测预报中，在隐伏断层探查、断层活动性判断及工程测量中也被广泛使用。20 世纪 60 年代中期以前主要用比色法测汞，其后出现原子吸收技术，并研究出高灵敏度分析汞的技术。测量介质可以是气、水或土壤。在活动断层研究中属断层气的一种。

gong

拱（arch）　一种由支座支承的曲线或折线形构件。它主要承受各种作用产生的轴向压力，有时也承受弯矩、剪力或扭矩。

gongba

拱坝（arch dam）　平面呈拱向上游的曲线形坝。它依靠拱的作用将壅水作用于坝体的推力传至两岸，以保持稳定的坝。它是一种通常建筑在峡谷中的拦水坝，做成水平拱形，凸边面向上游，两端紧贴着峡谷壁。

gongba kangzhen cuoshi

拱坝抗震措施（arch dam seismic measures）　拱坝抗震设计的技术和方法。第一，按抗震要求选取合理的坝体体型，改善拱座推力方向，减小地震作用下坝体的拉应力区，减小双曲拱坝向上游的倒悬，防止倒悬坝块附近的接缝开裂。第二，加强拱坝两岸坝头岸坡的抗滑稳定性，避免两岸岩体和岩体结构的过大差别，避免坝头坐落在比较单薄的山体上；地基软弱部位可采用灌浆、混凝土塞、局部锚固、支护等措施加固，严格控制施工质量，必要时采取加厚拱座、深嵌、锚固等措施；做好坝基、坝肩防渗帷幕和排水措施，并避免压力隧洞离坝肩过近，降低岩体内部渗透压力。第三，加强坝体分缝的构造设计，特别是分缝的止水及键槽设计，改进止水片形状及材料以适应地震时接缝多次张合的特点。第四，加强坝体中上部薄弱部位，可适当布置拱向及梁向抗震钢筋，提高坝体局部混凝土强度，减轻顶部重量并加强刚度。第五，坝顶附属设施应采用轻

型、简单、整体性好的结构并尽量减小其高度；溢流坝段闸墩间要设置传递拱向推力的结构，加强顶部交通桥等结构的连接以防止脱落。

gongba kangzhen sheji

拱坝抗震设计（seismic design of arch dam）　为使地震区的混凝土拱坝安全运行而进行的专项结构设计，包括抗震计算和采用混凝土拱坝需要的抗震措施等。拱梁分载法在拱坝抗震设计中应用广泛。

gongba shizaifa

拱坝试载法（trial load method of arch dam）见【拱梁分载法】

gongjiegou

拱结构（arch structure）　由拱作为承重体系的结构，大跨空间结构的一种形式，是一种主要承受轴向压力并由两端推力维持平衡的曲线或折线形构件。其外形呈曲线或折线、在荷载作用下构件主要产生轴向压力的结构，一般分为三铰拱、两铰拱、无铰拱三类。拱结构可使用钢材、混凝土、砌块或木材制作，能充分发挥材料受压能力。拱结构轴线一般采用抛物线形状，拱截面高度较大时常采用格构形式以节省材料，大跨度拱形屋顶往往采用筒拱。拱在荷载作用下对支承产生推力，应采取措施保障体系稳定。拱结构比桁架结构具有更大的力学优点。

gongliang fenzaifa

拱梁分载法（arch-beam load-distributed method）　将拱坝分为水平拱和竖向悬臂梁两个体系进行力学分析的方法，也称拱坝试载法。拱梁分载法的概念提出于 20 世纪初。该算法的早期应用需进行试算，20 世纪 60 年代，随着电子计算机的发展和应用，逐步以代数方程组的求解代替试算。该法虽因简化假定存在误差，但模型试验和长期使用经验证实了该法的可靠性，被世界各国的大坝设计规范推荐使用。

gongqiao

拱桥（arch bridge）　以拱作为主要支承构件的桥梁，是以拱圈或拱柱作为桥跨结构的主要承重构件。常见的拱桥有双曲拱桥、箱形拱桥等。

gongyao

拱腰（haunch）　隧洞的拱顶至拱脚弧线的中点。拱脚是路面和隧道墙面的交界线，该线也称起拱线。

gong'e duanceng

共轭断层（conjugate fault）　在相同条件下同时形成的两组相互交叉的断层。通常与压缩变形相关，是岩石在同一应力作用下沿着共轭剪切面发育而成。

gong'e gouzao

共轭构造（conjugate structure）　在相同条件下同时形成的两组相互交切成"X"形的扭裂面、节理、褶皱轴等构造线，也称共轭系统。该构造有一对共轭裂面或轴面，但共轭的两组构造线发育程度有时并不一致，在同方向的扭裂面相衔的地段，常常有一系列呈雁行状排列的张裂面穿插其间，其总体走向基本一致。共轭构造对确定构造应力场方向有重要作用。

gong'e jieli

共轭节理（conjugated joint）　在相同条件下同时形成的两组相互交叉的节理。该节理对确定局部构造应力场方向有重要作用。

gongzhen

共振（resonance）　某一固有频率的系统，在受到近似与该频率相同的信号激励下产生的振幅增强的振动现象。对工程地震而言，从共振效应的角度出发，只有在场地的自振周期和地震动周期相同或相近时，地震作用才会出现最大峰值，即发生共振作用。

gongzhen lilun

共振理论（resonance theory）　研究摄动量级数解中的共振奇点的理论。这种共振奇点的问题与一般力学中的共振现象有些类似，称为共振问题。在经典力学中，如果两个系统的振动频率相等或者很接近，就可以产生共振，振动的幅度会飙升，最后形成非凡的物理现象。

gongzhen pinlü

共振频率（resonance frequency）　稳态响应的振幅与频率关系曲线中振幅最大值所对应的频率。从振幅与频率关系曲线可以看到，当频率比接近 1 时，振幅迅速增大，这种现象称为共振，在共振区内，阻尼对振幅的影响很大。黏性阻尼条件下，位移共振频率略小于固有频率；在小阻尼情况下，常把固有频率取为共振频率。

gongzhen pinlü shiyan

共振频率试验（resonance frequency test）　在输入频率接续变化的多段等幅正弦波进行的结构强迫振动试验中，当某段扫描波的频率与结构的自振频率相同时，将激起结构的共振的试验，也称扫频试验或正弦扫描试验。

gongzhen quxian

共振曲线（resonance curve）　见【幅频曲线】

gongzhen xiaoying

共振效应（resonance effect）　物体固有频率和干扰频率相同或接近时物体所产生的振动效果。最初是物理学上的一个定义，摆最重要的特性是它以一种频率，即通常所称的固有频率摆动。当受到外界的干扰而被激励时，它相应的摆动规律则依赖于干扰振频是否和它所希望的一致。这就是人们常说的共振效应。

gongzhenzhu shiyan

共振柱试验（resonant column test）　利用共振原理，将预先制成的圆柱形土试样作为一个弹性杆件，通过共振方法测出其自振频率，借以求得动模量和阻尼值的土动力实验方法，是土动力特性的一种重要的测试技术。该试验使用的仪器一般为共振柱仪。该试验土试样剪应变的幅值范围一般为 $10^{-6} \sim 10^{-4}$，适用于测试小变形到中等变形开始阶段的动剪切模量及阻尼比。

gongzhenzhuyi

共振柱仪（resonance column apparatus）　开展共振柱试验的仪器。土试样为圆柱形，该仪器的静荷系统在土样的轴向和侧向施加静荷载。土样底部固定、顶端设有可施加动扭矩的电磁式驱动器，土试样和驱动器构成扭转振动体系。该仪器测定幅值范围为 $10^{-6} \sim 10^{-4}$ 的土的剪应变，给出土的动剪切模量比和阻尼比，适用于测试小变形到中等变形开始阶段的土的动剪切模量比和阻尼比。

gougu

沟谷（ravine）　由暂时性线状流水侵蚀而成的槽形凹地，可细分为浅沟、切沟、冲沟、拗沟等。其源头称为沟头，出口称为沟口。其发展过程不仅受到各种自然因素（如地面的坡度和坡长、降水量与降水强度、植被的种类和密度、岩性与地质构造等）的影响，还受到人类社会经济活动的影响。

gouguxing nishiliu

沟谷型泥石流（channelized debris flow）　在明显沟谷内形成、运动的泥石流。该类型的泥石流通常流速较大，破坏性强。

goujian

构件（member）　结构在物理上可以区分出的部件，是基本结构单位，可以是单件、组合件或一个片段。建筑构件是指构成建筑物的各个要素，如把建筑物看成是一个产品，建筑构件就是指这个产品当中的零件。建筑物当中的构件主要有楼（屋）面（板）、墙体、梁、柱和基础等。其与结构构件的概念不完全相同，结构构件是构成结构受力骨架的要素，当然也包括梁、板、墙体、柱和基础等，但它一般是按照构件的受力特征划分为受弯构件、受压构件、受拉构件、受扭构件、压弯构件等。

goujian changxibi

构件长细比（slenderness ratio）　钢结构构件的计算长度与截面回转半径之比，它直接反映了构件的柔度，可用以确定压杆的临界应力。构件长细比与钢结构震害有关，长细比越大损坏越严重；震害率随构件长细比减小而降低。

在水平荷载作用下，拉、压支撑构件是共同工作的，长细比较大的压杆容易出现压屈，导致强度迅速下降，使地震作用大部分转移到拉杆上，造成拉杆受力过大乃至连接点拉脱破坏。因此，对构件长细比必须加以限制。

goujian chengzaili kangzhen tiaozheng xishu

构件承载力抗震调整系数（modified coefficient of seismic bearing capacity of member） 结构构件截面抗震验算中，考虑静力与抗震设计可靠度的区别和不同构件抗震性能的差异，将不同材料结构设计规范规定的截面承载力设计值调整为抗震承载力设计值的系数。

goujian danfenliang moxing

构件单分量模型（element single component model） 两端设置塑性铰弹簧的杆单元，假定单元的弹塑性变形集中于构件两端的模型，是构件单元模型的一种。单元的两端可设多个塑性铰弹簧，每个铰弹簧代表不同的变形分量，杆件每端的两个铰弹簧分别模拟弹塑性弯曲和剪切变形分量。该模型在结构弹塑性分析中应用广泛。

goujian danyuan moxing

构件单元模型（element analysis model） 描述结构体系中各构件几何与力学特性、供结构分析使用的简化抽象计算图形。最常用的构件单元模型有单分量模型、双分量模型和纤维模型等。

goujian huifuli moxing

构件恢复力模型（member restoring force model） 在地震反应分析中采用的构件的力-变形关系。它应具有尽量简洁的数学表达式，且能模拟主要的实验结果。试验得出的构件的弹性力-变形关系近似为直线，但非线性力-变形关系复杂且离散。非线性恢复力模型有多种，一般可分为曲线型和折线型两类，前者数学表达式多较复杂，可以近似模拟试验曲线，却难以确定刚度、强度等力学参数值；折线型恢复力模型相对简单、使用更为广泛。非线性恢复力模型一般由骨架曲线和滞回规则组成，骨架曲线是幅值渐增循环加载时滞回曲线峰值点的连线，与单调持续加载的力-变形曲线相近；卸载和重加载时的力-变形迹线则为滞回规则，滞回环围成的面积表示塑性耗能能力。典型的构件恢复力模型有两折线模型、三折线模型、BOUC—WEN模型、双轴恢复力模型等。

goujian huifuli texing

构件恢复力特性（member restoring force character） 构件受力与变形关系的特征。弹性状态下构件的力-变形关系遵从胡克定律，非线性状态下构件的力-变形关系则十分复杂。钢是均匀各向同性材料，钢构件的非线性力与变形关系相对较为简单。混凝土构件和钢筋混凝土构件均属复合材料构件，试验结果表明，这类构件几乎不存在理想的弹性变形阶段，钢筋混凝土构件恢复力特征尤为复杂，受多种因素的

影响。由往复荷载试验得出的钢筋混凝土构件具有刚度退化现象、负刚度现象、强度退化现象和捏拢现象等。

goujian kangzhen jiagu

构件抗震加固（seismic strengthening of structural member seismic retrofit of structural member） 对既有建筑物或构筑物的基础、墙、梁、柱、板等构件进行的抗震加固工作。它是结构抗震加固的基础。

goujian shiwen

构件失稳（stability failure to structural members） 构件应力未达屈服强度，却不能保持平衡状态、突然丧失承载力的破坏现象，也称构件屈曲。构件失稳与构件的几何非线性密切相关，常发生于薄壁构件和细长杆件，它可能导致体系失稳丧失功能的严重破坏。一般认为力学结构设计不合理、构件尺寸设计不合理和材料配合不合理是构件失稳的主要原因。

goujian shuangfenliang moxing

构件双分量模型（element two-component model） 由两个平行杆组成，一个杆具有理想弹塑性力-变形关系，另一个杆可模拟屈服后刚度的模型，是构件单元模型的一种。该模型的物理意义简单明确，且易形成单元刚度矩阵。该模型只适用于双折线力-变形本构关系，不能考虑刚度退化。

goujian xianwei moxing

构件纤维模型（element fiber model） 用不同的纵向纤维束代表钢筋和混凝土材料，纤维分别采用对应不同材料的应力-应变关系，通过平截面假定建立杆件截面的本构关系和纤维束的应力-应变关系的模型，是构件单元模型的一种。该模型多用于模拟柱或剪力墙，可仅在单元两端设置、其间由弹性杆件连接，亦可沿单元贯通设置。

gouzao

构造（structure） 各个组成部分的安排、组织和相互关系，土木工程中指工程结构的各构件或各部分的连接和组织关系，有时也指建造。地质学上岩石的构造是指组成岩石的矿物集合体的大小、形状、排列和空间分布等所反映出来的岩石构成的特征；地层构造是指不同地层的排列和空间分布等

gouzao beijing

构造背景（structural setting） 以各种地质构造特征和构造发展史为主要研究和论述目标的地质背景。地质构造背景分析地震科学研究的重要内容之一。

gouzaochuang

构造窗（tectonic window） 以上覆的构造单元的连续露头为边框的岩石露头现象。一般由推覆体或大型逆掩断层

的上盘岩石，由侵蚀作用而下蚀断层面，使下盘岩石局部出露地表，产生由上盘岩席环绕、四周以断层线为界的下盘局部露头，即构造窗。

gouzaodai
构造带（tectonic belt） 经历同样历史演变、多次运动后形成的一个整体性强、其上褶皱和断裂大致呈一致走向的地带，其长度可达几千千米。如东西复杂构造带、南北向构造带就是三类构造体系中的两大类。构造带还泛指地槽区内某一具有相同构造特征及发展历史的地带，即构造岩相带，具有在沉积建造、构造类型、岩浆活动、变质程度和成矿作用等方面都有大致相同的特点。

gouzao danyuan
构造单元（tectonic unit） 地壳上一定尺度的区域。通常，在区域内的地壳物质组成、构造组合，以及地球物理和地球化学场等明显不同于相邻地域，表明该区域的地壳演化历史有别于周缘地区，也称大地构造单元。有时每一构造单元内部还可以进一步划分出更小的构造单元。

gouzao dimao
构造地貌（tectonic geomorphy） 地质构造运动起主导作用时形成的地貌形态。通过构造地貌研究，可以了解构造运动、大地构造单元、地质构造类型与现代地貌形态之间的关系。构造地貌可分为三个主要等级；一是星体地貌，即大陆与海洋；二是大地构造地貌，如山脉、平原、盆地、高原等反映内力作用为主的地貌单元；三是地质（构造）地貌，如方山、单面山、猪背山等，叠加在第二级地貌之上。地震地质研究常运用地貌分析法研究新构造运动和地震遗迹。

gouzao dizhen
构造地震（tectonic earthquake） 见【断层地震】

gouzao dizhixue
构造地质学（structural geology） 研究岩石变形、变形历史、原生及变形构造以及导致岩石变形破坏的力学特征的地质学的一个基础分支学科。研究对象是岩石的构造现象。它是通过测量确定岩石构造的几何学特征，由此确定岩石构造形成过程的运动学特征，进而提取岩石变形（应变）的历史信息，最终了解导致应变和构造几何特征的应力场特征；而应力场的动力学特征与地质历史上某个重要区域地质事件相对应，构造年代学研究可将两者联系起来，进而根据板块构造形成的区域性岩石变形样式，如造山作用和裂谷作用等，对一个特定区域的构造演化进行分析。它的另一研究方面是通过显微构造等构造物理方法，研究岩石的变形条件和相应的变形机制，解释变形条件及相应变形机制对岩石构造的形成过程所产生的影响，如断层的发育过程等。该学科在相关领域应用广泛，断层和褶皱形成的构造圈闭是油气勘查中最为重要的圈闭类型，油气勘

探中的构造解释至关重要；构造裂隙往往是控制的金属矿脉最主要因素等；该学科还是工程地质的核心，其中包括岩石的物理与力学性质、变形组构对岩石强度的影响等；地震和地质灾害的发生机理与岩石变形与构造密切相关；变形构造对地下水及有毒物质泄露的影响是环境与水文地质学关注的内容。

gouzao jiaoliyan
构造角砾岩（tectonic breccia） 见【断层角砾岩】

gouzao leibi
构造类比（structure analog） 利用地质构造分析地震活动性的一种方法。该方法认为，具有同似地质构造标志的地区有可能发生同样强度的地震。

gouzao leibi yuanze
构造类比原则（construction analogy principle） 地震危险性分析中，划分潜在震源区的两条原则之一。若某地区在历史上没有发生过破坏性地震，但与已经发生过强震的地区有类似的地质构造条件，则该地区可划分为具有同类最大强震的潜在震源区，即地质构造类似的地区可能发生同等强度的地震。

gouzao liexishui
构造裂隙水（structural fissure water） 存在于岩石构造裂隙中的地下水。与孔隙水相比较，它分布不均匀，往往无统一的水力联系。它既是丘陵、山区供水的重要水源，也是矿坑充水的重要来源。其按裂隙的成因分为成岩裂隙水、构造裂隙水和风化裂隙水；按裂隙水的水力联系程度分为风化壳网状裂隙水、层状裂隙水和脉状裂隙水。

gouzao pendi
构造盆地（structural basin） 由地壳变形形成，并受深部构造控制的盆地构造类型。而区域型大型盆地构造（如裂谷盆地）常常与区域性岩石圈结构或软流圈结构变化有密切联系。构造盆地主要是内动力地质作用（地壳或岩石圈变形）的产物。例如，汾渭盆地是沿几条平行断裂带断陷而成的断陷盆地，也称地堑盆地；准噶尔盆地、塔里木盆地、柴达木盆地、四川盆地是数组有密切关系方向不同呈交切配合的大断裂围陷而成的盆地；新生代松辽盆地则是区域型拗陷作用形成的拗陷盆地。

gouzao tixi
构造体系（structural system） 中国地质学家李四光创建的地质力学中的术语，是指有生成联系的，由不同形态、不同性质、不同级别和不同序次等构造要素组成的构造带以及它们之间所夹岩块或地块组合而成的总体。该体系往往具有一定的构造型式，并大体上在相同时期产生，是区域性构造运动的产物，可分为纬向构造体系、经向构造体系和扭动构造体系等三大类型。

gouzao wuli moxing yu moni shiyan

构造物理模型与模拟实验（tectonophysical model and simulation test）　在构造地质学中，为了研究地质构造变形场及其演化的特征而进行的较大尺度的标本与相似材料模拟实验。

gouzao wuli shiyan

构造物理实验（tectono-physical test）　研究在不同的温度和压力条件下地质构造变形物理过程的模拟实验。开展这一实验需要专门的实验设备。

gouzao xingji

构造形迹（structural features）　岩石在地壳地应力长期作用条件下，形成的各种各样的永久形变的形象和相对位移的踪迹，由李四光首先提出。地壳中的各种构造（如褶皱、断裂等）都是岩石受了力的作用而发生形变的产物。不同性质的岩块或地块及其边界条件，以及不同性质、方式的地应力，在地壳中遗留下来的形变痕迹特点也不相同。这些痕迹特点若不再受后期地质作用的改造与破坏，将被保留下来，成为永久形变的地质体，包括所有构造要素、构造地块和构造体系。通过构造形迹来研究岩石圈构造运动的过程和方式，既是地质力学的基本内容，也是解决地壳运动问题的重要途径。

gouzaoxing diliefeng

构造性地裂缝（tectonic ground fissures）　与断裂构造相关的地表裂缝。通常与发震断裂相关并受其控制，其走向与发震断裂走向基本一致。

gouzaoxing dimian polie

构造性地面破裂（constructive ground rupture）　发震断层破裂错动到达地表而引起的地表破裂现象。其特征是走向的分布受发震断层控制，方向性明显。地震地表破裂可造成灾害，工程建设中应避开地表破裂带。

gouzaoyan

构造岩（tectonite）　由构造运动形成的存在于断裂带中的岩石，包括断层角砾岩、糜棱岩、断层泥等。利用它可以研究断裂的力学性质、形成时代和运动方向。

gouzao yingli

构造应力（tectonic stress）　在各种地壳构造作用力的影响下，地壳中所产生的应力。通常，新近纪以前的构造应力场称为古构造应力场，新近纪以来的构造应力场称为现代构造应力场。

gouzao yinglichang

构造应力场（tectonic stress field）　与地质构造运动有关导致构造运动的，或者由于构造运动而产生的地应力场。在构造地质学中，是指造成组合形态的地应力场；而在地质力学中，构造应力场是指形成构造体系和构造型式时的应力分布状况。地质力学将构造应力场分为古构造应力场和现今构造应力场，并把构造应力场的数学力学分析列为鉴定某种构造体系或构造型式的必要步骤之一。

gouzao yundong

构造运动（tectonic movement）　见【地壳运动】

gouzaozhu

构造柱（tied column）　为加强结构的整体性和提高变形能力，在砌体结构房屋的特定部位设置的钢筋混凝土竖向约束构件，是经实践检验有效的砌体房屋的抗震构造措施。构造柱可大幅提高砌体结构的抗变形能力，有构造柱的墙体的极限变形可达普通墙体的 1.5～2 倍，使砌体结构得以满足抗震延性的要求。构造柱与圈梁一起形成砌体墙的约束边框，可阻止裂缝发展、限制开裂后砌体错位，使破裂的墙体不致散落、维持一定的竖向承载力。构造柱不但是防止砌体房屋倒塌的有效措施，还能在有限程度上提高墙体的抗震承载能力。

gouzhuwu

构筑物（construction）　为某种使用目的而建造的、通常人们一般不直接在其内部进行生产和生活活动的工程实体或附属建筑设施，如水塔、烟囱、桥梁、堤坝、隧道、水池、过滤池、澄清池、沼气池等。但在水利水电工程中，江河、渠道上的所有建造物都称为建筑物，如水工建筑物等。

gouzhuwu changdi kangzhen fenlei

构筑物场地抗震分类（site earthquake-resistance classification of construction）　从抗震角度对构筑物所在建设场地的分类。构筑物抗震设计一般要区别建设场地进行，场地抗震分类可以反映不同场地对强地震动特性的影响，也与结构抗震设计中结构类型、基础形式、抗震措施、分析模型和计算方法的采用有关。国家标准 GB 50191—2012《构筑物抗震设计规范》按场地指数将场地划分为硬场地、中硬场地、中软场地和软场地四类。

gouzhuwu kangzhen

构筑物抗震（earthquake resistance for construction）　防御和减轻构筑物地震破坏的理论与实践。构筑物泛指房屋以外的建筑，但并无严格统一的定义，构筑物与大型工业设备之间也无明确的界限。构筑物主要包括挡墙、烟囱、水塔、储水池、散状物料储仓、矿井塔架、通廊、管道、电厂冷却塔、电视塔、微波塔、高炉系统、水闸、船闸、码头、海洋平台、桥梁、堤坝、隧道乃至设备支承和基础等，广泛应用于国民经济各个行业。构筑物抗震是工程结构抗震的重要内容，其理论基础和原则方法与建筑抗震基本相同，但需考虑更多更复杂的影响因素。

gouzhuwu kangzhen gainian sheji

构筑物抗震概念设计（seismic concept design of special structures） 根据地震灾害和工程经验等形成的基本设计原则和设计思想，进行设备、管线、结构总体布置和结构选型及其确定细部构造的设计过程。

gouzhuwu kangzhen jianding

构筑物抗震鉴定（seismic evaluation of construction） 按照规定的抗震设防要求和标准，对现有构筑物的抗震性能和安全性进行的评估工作。国家标准 GB J 50117—2014《构筑物抗震鉴定标准》对鉴定目标、内容和方法等做了具体的规定。

gouzhuwu kangzhen shefang biaozhun

构筑物抗震设防标准（seismic fortification lever of construction） 基于构筑物分类，权衡工程可靠性需求和经济技术水平而规定的构筑物抗震设防的基本要求。各种构筑物的功能、规模和场地条件不同，遭遇地震后所造成的社会经济影响也存在差异，故应区别这些差异采用不同的设计地震动参数和抗震措施，使重要构筑物具有更强的抗震能力。实际上，分类不同的构筑物，可实现的抗震设防目标亦有所差别。我国不同的抗震规范对相关的构筑物的抗震设计标准都做了具体的规定。

gouzhuwu kangzhen shefang fenlei

构筑物抗震设防分类（structural classification for seismic protection） 考虑各类构筑物的重要性、使用功能、震害后果、损坏后修复的难易程度以及在救灾中的作用的不同，从抗震角度对构筑物所做的分类。由于使用功能和结构特点的不同，我国各类抗震设计规范中有关构筑物抗震设防分类的规定有所不同。

gouzhuwu kangzhen shefang mubiao

构筑物抗震设防目标（seismic fortification object of construction） 对预期地震作用下构筑物所应具备的抗震能力的一般表述。构筑物具有各不相同的特殊使用功能，且结构类型、环境作用十分复杂，因此其抗震设防目标的表述与房屋建筑有所不同。

gouzhuwu kangzhen sheji dizhendong

构筑物抗震设计地震动（design ground motions of construction） 构筑物抗震设计中采用的输入地震动。设计地震动含幅值、设计反应谱和地震动加速度时间过程等，中国采用的抗震设计地震动多与设防烈度相对应。我国构筑物的抗震设计一般以《中国地震烈度区划图》（1990）和 GB 18306—2015《中国地震动参数区划图》给出的地震基本烈度或地震动参数为依据确定抗震设计地震动，对做过抗震设防区划的城镇、地区或厂矿，可按经批准的抗震设防区划确认的设防烈度或抗震设计地震动参数进行抗震设计。对于重要结构或高烈度区的结构，设计地震参数可

由专门的地震危险性分析确定，对应基本烈度的设计地震动参数在未来 50 年内的超越概率为 10%。

gouzhuwu kangzhen yansuan

构筑物抗震验算（seismic check of construction） 基于设计地震作用效应和其他荷载效应的组合值对构筑物体系和构件的抗震安全性进行的计算和校核。根据结构性质、震害机理和抗震设防标准的不同，构筑物的抗震验算内容、次数和方法亦有差异。

gubo

孤波（solitary wave） 光学中的单一光波束，即孤立波。它的波长较短，理论上传输稳定、不失真，经实验被用于光纤通信领域。英国学者罗素（J. S. Russell）在英国格拉斯哥运河旁骑马时发现了自然界中的孤波，他观察到水面上滚动的水柱以每小时 8~9 英里的速度向前滚动，间隔保持 1 英里左右，也称为罗素水波。

gufeng

孤峰（isolated peak） 在岩溶地区，由峰林进一步发育而成的耸立在岩溶平原上孤立的山峰。

gulibo

孤立波（solitary wave） 见【孤波】

gulixing dizhen

孤立型地震（single-type major earthquake） 见【单发型地震】

gujin

箍筋（stirrup） 设置在钢筋混凝土构件纵向钢筋的垂直面内、紧贴纵向钢筋的环状封闭形钢筋，也称钢箍。箍筋可承受剪力或扭矩，也可防止受压纵筋压曲，箍筋还具有固定纵筋的位置和便于混凝土浇灌的作用。箍筋有普通箍、复合箍及复合螺旋箍等不同形式。在体积配箍率相等的情况下，箍筋形式不同，对混凝土核芯的约束作用也不同。一般情况下，复合螺施箍和螺旋箍与普通矩形箍相比具有更好的抗震效能。

gubankuai

古板块（palaeoplate） 在板块构造说中是指新生代以前就曾存在着的一个板块，即库拉板块。之后，该板块向北运动消沉于日本列岛之下，现在已不复存在。古板块的存在是板块构造说的一种假说，目前还没有足够的证据能令人完全信服。

gubankuai gouzao

古板块构造（palaeo plate tectonics） 在新生代以前产生的板块构造。板块构造学者曾试图应用板块构造说解释大陆内部的构造现象，并把板块边界的各种标志作为寻找古

板块构造的线索。并认为，现代地球上的一些主要山脉，如喜马拉雅山、阿尔卑斯山、乌拉尔山等都是由不同时期的板块运动而形成的。

gudizhen

古地震（paleo-earthquake） 远古时代发生的、没有文字记载、采用地质学方法或考古学方法发现的地震事件。早期人们将史前地震通称古地震，但各地区历史记录长短差别很大。马宗晋（1992）建议将现代地震仪器运用前（1890 年或是 1900 年以前）的地震定义为古地震，即古地震包括史前地震和历史地震两部分。尽管人们在早中生代或古生代沉积岩中已认识到可能的地震遗迹，但对古地震研究的兴趣还是限于晚第四纪时期。古地震研究是用地质、考古等方法查明古地震所产生的地表和沉积物中的剩余变形等地质标志，复原古地震的震中位置、强度及其发生的大致时间。古地震研究的结果可用来确定大地震的复发间隔，这对研究地震的成因、预测未来地震危险区等都具有重要的科学价值。

gudizhen biaozhi

古地震标志（paleo earthquake indicator） 记录地表破裂型地震事件的各种地质现象，包括变形标志（如断层多次错动、断层位错量的突变、构造楔、地层褶皱程度的变化等）、沉积标志（如崩积楔、充填楔、断塞塘堆积楔等）、地貌标志（如地震陡坎、地震挠曲坎、挤压脊）、间接标志（如古崩塌、古滑坡、古砂土液化）及其他标志等。

gudizhenxue

古地震学（paleo-seismology） 古地震学与历史地震学基本相同，通常是指研究有仪器记录以前的地震。但古地震学更着重于研究有历史记载以前的地震，而历史地震着重于研究有历史记载的地震。古地震研究一般采用地质学方法（如断层探槽调查等），而历史地震还采用分析考证历史上地震记载的方法来研究。

gudengbaonengliang-zhenji guanxishi

古登堡能量–震级关系式（Gutenberg energy-magnitude relation） 古登堡和里克特将地震的震级 M 与能量 E 用方程表示为：

$$\lg E = 11.8 + 1.5M$$

称为古登堡能量–震级关系。该式表明，震级每增加一个单位相应于能量增加 32 倍。

gudengbao-likete guanxishi

古登堡–里克特关系式（Gutenburg-Richter relation） 即震级频度关系。1941 年，古登堡和里克特在美国地质学会会刊上发表的《全球地震活动性》一文中指出，全球的地震活动遵从经验公式为：

$$\lg N = a + b(8 - M)$$

式中，M 为震级；N 是相应震级的地震次数。当震级范围为 $6 \leq M \leq 8$ 级时，上式可简写为：

$$\lg N = a - bM$$

式中，a、b 为系数，对不同地区或不同地震序列，其值均不同。此后地震学家深入研究了这种关系，并将适用范围向小震方向延伸。有些学者甚至证明，上述关系式对 $M \geq 0$ 级地震均适用。目前，上式是公认的震级–频度关系式，即古登堡–里克特关系式。

guhedao

古河道（paleochannel） 在地质历史上自然改道断流或人类历史上被废弃的河道。古河道形成的根本原因是河流改道。河流改道的外因包括构造运动使某一河段地面抬升或下沉，冰川、崩塌、滑坡将河道堰塞，人工另辟河道等。河流改道的内因是河流本身的作用，多半发生在堆积作用旺盛的平原河流上，河流的河床逐渐淤浅，比降减小，以致洪水发生时水流因来不及排泄而泛出河槽，当于某处溃决后在下游冲刷出一条较深的槽道，河流循新槽流去，原河道就成为被废弃的古河道。古河道的特征是其伴生的河床相沉积，底部为卵石或粗砂层，向上过渡为砂层或粉砂层。在垂直剖面上，其颗粒大小的顺序是底部粗、上部细；在纵剖面上，则是上游颗粒比下游粗。

guhuapo

古滑坡（fossil landslide） 在全新世以前发生滑动，而现代已相对稳定的滑坡。按照滑坡发生的年代，滑坡体分为古滑坡、老滑坡和新滑坡。全新世以前发生的滑坡，称为古滑坡；全新世以来发生的、现今整体稳定的滑坡，称为老滑坡；现今正在发生滑动的滑坡称为新滑坡。

gujianzhu jiagu

古建筑加固（strengthening of ancient building） 为保护古建筑而采取的维修加固技术措施。古建筑的抗震加固应结合古建筑的维修加固进行，应遵守古建筑维修与加固的一般原则规定和抗震加固的特殊规定。

gujianzhu zhenhai

古建筑震害（earthquake damage of ancient buildings） 古建筑在地震遭到的损坏。中国的古建筑大致可分为殿堂、楼阁、寺庙、牌坊、古塔、陵墓等类别。保存至今的中国古代建筑绝大部分是木结构，也有部分砖砌体结构。大部分殿堂庙宇的震害现象与木结构房屋震害相同，古塔和牌坊是特殊造型的结构，塔因体形较高，在地震中破坏较多，牌坊在地震中也见有破坏，但少有倒塌现象。

gulu

古陆（old land） 地史时期中各种形式的古老陆地。通常是面积广阔的古老结晶岩地区，例如加拿大地盾等。由于长期持续不断被侵蚀，地形起伏不大，是附近地区后期沉积物来源的主要供给区。古陆也可能是在地史时期高出海平面的分散、大小不等的岛屿形式的古陆，如加里东造山作用前的原始江南古陆、原始华夏古陆等。在大陆漂移说中，古陆是指早于中生代以前的劳亚古陆和冈瓦纳古陆两大古陆。

gushengdai

古生代（Paleozoic Era）　地质上的一段时间，是显生宙的第一个代，始于距今 5.41 亿年，延续时间约为 2.89 亿年，包括寒武纪、奥陶纪、志留纪、泥盆纪、石炭纪和二叠纪。通常非正式地将前三个纪归为早古生代，将后三个纪归为晚古生代。

gushengjie

古生界（Paleozoic Erathem）　古生代形成的地层称为古生界，包括寒武系、奥陶系、志留系、泥盆系、石炭系和二叠系。前三个系有时也非正式地称为下古生界，后三个系称为上古生界。

guturang

古土壤（paleosol）　地层在堆积过程中由于古气候的变化沉积间断形成，且形成后被后期堆积物掩埋的土壤层。它是地质学研究的一个重要界面。

guyinglichang

古应力场（palaeo-stress field）　地质力学中泛指燕山运动以前的应力场，有时也特指某一地质时期以前的应力场。它包括古地应力场和古构造应力场两类。

gufang

谷坊（check dam）　为了防止水库地区水土流失，在横跨易受侵蚀的沟谷处建成的高度一般为 3～5m 的土石坝或砌石坝等。其主要作用是抬高侵蚀基准，防止沟底下切；抬高沟床，稳定山坡坡脚，防止沟岸扩张；减缓沟道纵坡，减轻山洪和泥石流灾害；等等。

gu zhong gu

谷中谷（valley in valley）　由于侵蚀基准面下降，气候和地表水流量变化，河流下切作用加剧，在古老的宽谷中又下切形成更深的峡谷，是河谷地貌中的一种，也称叠谷。它在地壳整体上升的地区经常作为构造活跃的一种标志。

gujia quxian

骨架曲线（skeleton curve）　土的弹塑模型中，在等幅循环荷载作用下，初始加载曲线从原点开始达到设定幅值而构成的曲线，也称初始加载曲线。它存在于应力和应变坐标系的第一象限和第三象限。该曲线通常以双曲线或奥斯古德-朗贝格（Osgood-Ramberg）曲线拟合。在土动力学试验中，通常是指反复荷载作用下各应力-应变滞回曲线峰点的连线。

guding bi'nan changsuo

固定避难场所（resident emergency congregate shelter）　具备避难宿住功能和相应配套设施，用于避难人员固定避难和进行集中性救援的避难场所。

guding bizhen shusan changsuo

固定避震疏散场所（permanent seismic shelter for evacuation）　供避震疏散人员较长时间避震和进行集中性救援的场所。通常可选择面积较大、人员容纳较多的公园、广场、体育场地/馆、大型人防工程、停车场、空地、绿化隔离带以及抗震能力较好的公共设施和防灾据点等。

guding biaoshi

固定标石（fixed mark stone）　在断层形变台站用来观测某点地壳运动信息的、嵌有测量标志的钢筋混凝土标墩（或钻孔套管）。

guding guance

固定观测（stationary observation）　在地震台（站、点），使用固定仪器，按固定时间间隔和方法进行的长期连续的观测。我国的前兆台大都采用这一观测方法。

guding huosai qutuqi

固定活塞取土器（fixed piston sampler）　具有通过取土器的头部并经由钻杆的中空延伸至地面的活塞杆，到达取样位置后可固定活塞杆与活塞，通过钻杆压入取样管进行俘获说俘获说取样的活塞取土器。

guding jixian pinghuahua

固定基线平滑化（smoothing of fixed trace）　对强震动仪的记录系统由机械走速不匀、记录纸或胶卷变形等原因造成的读数误差进行校正处理的一种方法。任何观测记录上均有一条固定的迹线，称为固定基线（简称基线），基线应为直线，实际上，记录纸或胶卷在卷动的过程中，横向移动以及冲洗处理产生的变形等原因会引起偏差。因此，首先应对固定基线进行平滑化处理，其方法是在对记录读数时，同时对基线以 0.25s 左右间隔读数，并在每 3 个相邻点上作加权平均平滑化处理。

guding taizhan

固定台站（fixed station）　强震观测中长期设置强震动仪进行强震动观测的台站。强震动观测除在固定台站进行观测外，还可进行台站不固定的流动观测。

guding zuoyong

固定作用（fixed action）　在结构上具有固定空间分布的作用。当该作用在结构某一点上的大小和方向确定后，在整个结构上的作用即得以确定。

G

gujie

固结（consolidation） 饱和土随着压缩应力的增加，孔隙水排出，使土的体积逐渐减小的过程。一般情况下，饱和土的固结过程就是其孔隙水的排出过程。

gujiebi

固结比（consolidation ratio） 在动三轴试验中，首先通过静荷系统将侧向静荷载 σ_3 和轴向静荷载 σ_1 施加于土样。轴向静应力 σ_1 与侧向静应力 σ_3 之比称为固结比，以 k_c 表示。试验时，要指定三个固结比 k_c 值进行试验，通常取 k_c 的值为 1.0、1.5、2.0。

gujie bupaishui sanzhoushiyan

固结不排水三轴试验（consolidated undrained test） 在土的三轴实验中，围压下完成固结之后，在施加竖向压力的过程中，试样的含水量保持不变的三轴压缩试验。

gujie chenjiang

固结沉降（consolidation settlement） 地基土在压力作用下通过排水固结而产生的沉降。它是地基沉降量的重要来源，可以分为主固结沉降和次固结沉降，其速率取决于孔隙水的排出速率。

gujiedu

固结度（degree of consolidation） 表征土的固结程度的物理量，用土中已经消散的超静孔隙水压力与不排水条件下荷载作用引起的最大超静孔隙水压力之比来表示，也可用饱和土层或土样在某一级荷载下的固结过程中某一时刻孔隙水压力平均消散值或压缩量与初始孔隙水压力或最终压缩量的比值（即某一时刻的压缩量与最终压缩量之比），以百分率来表示。

gujie guanjiang

固结灌浆（consolidation grouting） 岩土工程中将混凝土等浆液灌入作为建筑地基的岩体裂缝中，用以改善岩体力学性能的灌浆技术和方法，也称固结注浆。

gujie he cishijian xiaoying

固结和次时间效应（consolidation and secondary time effects） 饱和土在载重作用下，变形一般有两种时间效应：一是孔隙中的水逐渐逸出，导致土孔隙体积缩小，这一过程称为固结；二是土骨架随时间缓慢变形，这一时间效应称为次时间效应。最初人们认为土体的变形、地基的沉陷主要是由固结这一时间效应引起的，次时间效应则是次要的，因此，人们称前者为主固结，而把后者称为次固结。奥地利学者太沙基 1923 年提出固结理论即单元固结理论，主要是指主固结理论。

gujie kuaijian shiyan

固结快剪试验（consolidated quick direct shear test） 在施加竖向压力以后，使试样充分排水固结，达到变形稳定，随后快速施加剪应力直至破坏的直剪试验。低渗透性黏性土的试验时，在剪切过程中土中的水基本不能排出，可模拟固结不排水剪试验。

gujie lilun

固结理论（consolidation theory） 美籍奥地利土力学家，现代土力学的创始人太沙基（Karl Terzaghi）于 1923 年首先提出单元固结理论，也称主固结理论。该理论的基本假定是：土体均质、完全饱和；土的渗透系数不变；土颗粒和水均为不可压缩体；外载重瞬时加到土体，并在固结过程中保持恒定；土的应力和应变呈线性关系；在外力作用下，土体中只引起上下方向的渗流和压缩；土中的渗流服从达西渗流定律；土体变形完全是由孔隙水排出和超静水压力消散引起；骨架的变形没有时间效应。根据上述假定，太沙基推导出了单向渗透固结的微分方程式。根据这一方程式，结合初始条件和边界条件，当已知土层中任意一点在某时刻的孔隙水压力值时，可算出该点的孔隙比变化，从而确定土层总厚度的变化，即预测土层的变形随时间的增长过程。太沙基理论主要是以孔隙水压力消散为依据，没有考虑土骨架蠕变引起的时间效应，因此，与实际情况有不符之处。

gujie manjian shiyan

固结慢剪试验（consolidated slow direct shear test） 在施加竖向压力以后，使试样充分排水固结，达到变形稳定后施加剪应力直至破坏的过程中控制剪切速率，使试样中的超静孔隙水压力充分消散的直剪试验。

gujie paishui sanzhou shiyan

固结排水三轴试验（consolidated drained test） 在土的三轴实验中，围压下完成固结后，在施加轴向压力过程中，允许试样水、超孔隙水压力为零的三轴压缩试验，简称排水剪试验。

gujie quxian

固结曲线（coefficient of consolidation） 在一定荷载下，地基沉降量与其相应历时的关系曲线。在室内固结试验中，也指岩土试样在一级荷载下的压缩量或孔隙比随时间的变化曲线。

gujie shiyan

固结试验（consolidation test） 将土样置于有侧限的压缩容器内施加竖向压力，测定土样变形与压力或孔隙比与压力之间的关系，以计算土的压缩系数、压缩指数、压缩模量及固结系数等指标的试验方法。

gujie xishu

固结系数（coefficient of consolidation） 固结理论中反映土固结快慢的参数。它取决于土的渗透系数、天然孔隙比、水的重力密度和土的压缩系数。其可由下式计算：

$$C_V = k(1 + e)/(\gamma_w \times a)$$

式中，C_V 为土的固结系数（cm^2/s）；k 为渗透系数；γ_w 为水的重度；e 为天然孔隙比；a 为压缩系数。

gujie zhujiang
固结注浆（consolidation grouting）　见【固结灌浆】

gutai cunchu jiluqi
固态存储记录器（solid state storage recorder）　数字强震仪中数据采集器的一种，数字强震仪记录器的储存器采用固态存储器或 U 盘。

gutai cunchu shuzi qiangzhenyi
固态存储数字强震仪（solid state storage digital motion instrument）　一般是指数字强震仪，是将加速度计输出的模拟量转换为数字量后记录在存储器上的强震仪。

guti diqiu
固体地球（solid earth）　除了液体和气体（海洋和大气层）以外的那一部分地球，它包括地球的地核、地幔和地壳，是组成地球的主要部分。

guti diqiu wulixue
固体地球物理学（solid earth physics）　以固体地球为研究对象的地质学与物理学之间的边缘学科。它是用物理学的理论和方法来研究固体地球内部物质的运动、物理属性、动力学作用过程和演化历史。在固体地球物理学研究成果的促进下，20 世纪 50～70 年代的地球科学革命产生了板块构造学说。该学说使人们认识到创新地球观的一条重要研究路线是攻破物理学与地质学之间的壁垒，建立以物理学为构架的系统的固体地球学说。此后，固体地球物理学的主要研究对象转变为对岩石圈地质作用和地球演化的研究，力求综合各种地球物理探测信息回答有关地球行为、属性、组构和相态等的各种地球科学问题，于是就诞生了大地构造物理学。现今，固体地球物理学旨在创立揭示固体地球运动规律的科学，为人类社会解决能源缺乏、环境恶化与灾害频发等难题奠定坚实的科学知识。

guti feiqiwu
固体废弃物（solid waste）　人类在生产、生活、消费和其他活动中产生的固态、半固态废弃物质。有些废弃物质是有害物质，必须进行处理。

guti lixue
固体力学（solid mechanics）　研究可变形固体在外界因素（如荷载、温度、湿度等，以下统称为外力）作用下，其内部各个质点所产生的位移、运动、应力、应变以及破坏等规律的力学分支学科。该学科研究的内容既有弹性问题，又有塑性问题；既有线性问题，又有非线性问题。在其早期的研究中，一般多假设物体是均匀连续介质，但近

年来发展起来的固体力学分支复合材料力学和断裂力学扩大了研究范围，它们分别研究非均匀连续体和含有裂纹的非连续体。

guti wuli lixue
固体物理力学（solid physical mechanics）　从固体的微观结构理论出发，探求固体宏观力学性质的物理力学的一个分支学科。在固体物理力学中，固体被看成是原子、分子或离子在空间呈周期性有序排列而成的离散结构体。固体内部的原子、分子、离子和电子等微观粒子之间的相互作用和它们的运动规律，可由量子力学和固体物理方法求出，然后用统计力学方法，通过理论计算或某些实验，求得固体的宏观力学性质，如固体的热力学性质、状态方程、弹性和塑性性质、本构关系以及强度等。

guti zhong de jibo
固体中的激波（shock waves in solids）　固体中应力、应变和质点速度在波阵面上发生突跃变化的一种应力波。几乎所有固体在压缩到某一程度后都会越来越难压缩，当一个连续变化的压缩应力波在固体中传播时，固体的这种非线性压缩特性使得高波幅处的波速大于低波幅处的波速，后加载的高波幅处的扰动将追上先加载的低波幅处的扰动，波形前缘变得越来越陡，最终发生应力、应变和质点速度的突跃。这种突跃变化在热力学上可看作是绝热的但有熵增的不可逆过程，而在数学上可作为强间断面来处理。另外还有一类在低压时由边界上强间断形成的固体中的激波，如弹性激波和线性强化材料中的弹塑性激波，它们都以传播速度恒定为特点。这一类突跃变化不引起额外的熵增。固体中的激波广泛存在于各种强爆炸和高速碰撞过程中，例如地下核爆炸、地震、陨石碰撞、高能炸药与固体材料的接触爆炸、弹头对目标的高速撞击等都会产生这种激波。

guyou motai hanshu
固有模态函数（intrinsic mode function）　经验模态分解中原始信号中所包含的简单振动形态。它的频率可能是变动的，仅具有近似的正交性。可使用逐次筛选方法得出信号的固有模态函数。

guyou pinlü
固有频率（natural frequency）　与初始条件无关，而与系统的固有特性有关的系统振动频率，也称为固有角频率、自振圆频率、自然频率。物体做自由振动时，其位移随时间按正弦规律变化，又称为简谐振动。简谐振动的振幅及初相位与振动的初始条件有关，振动的周期或频率与初始条件无关，而与系统的固有特性有关。在模态分析中，是指每秒往复振动的次数，即每秒完成全振动次数，也称自振频率。单位为赫兹（Hz），常用 f 来表示。自振圆频率 $\omega = 2\pi f$，单位为 rad/s。

guyou zhouqi

固有周期（natural period） 固有频率的倒数。在模态分析中，是指一个振动往复，即一个全振动所需要的时间，也称自振周期。其常用 T 来表示，单位为秒（s）。

guzhangshufangfa

故障树方法（fault tree method） 按照层次分析灾害事故与诸诱发因素之间的关系，通过与门（AND）和或门（OR）进行逻辑推理，并估计事故发生概率的分析方法，也称失效树方法或事故树方法。

guaijiao pinlü

拐角频率（corner frequency） 震源谱上低频渐进线和高频渐近线之间交点对应的频率。通过远场位移谱的研究建立点源的傅里叶振幅谱模型，称为震源谱。理论分析表明：震源谱在低频趋于地震矩，渐近线是水平线；高频部分则随频率衰减，衰减的趋势因破裂模型和震源时间函数而异，常用的模型是随频率的负二次方衰减，在对数坐标上渐进线是斜率为 -2 的直线，低频和高频渐近线的交点对应的频率为拐角频率。拐角频率可用于划分震源谱高频和低频段，小于拐角频率的分量来自相同类型的震源发出的是有规律的相干波，高于拐角频率的高频波是非相干波，有随机性。拐角频率的意义在于它能反映震源尺寸。

guandong dizhen

关东地震（Kanto earthquake in Japan） 1923 年 9 月 1 日在日本东京发生了震级为 7.9 的大地震，震中在日本东京附近 60～80km 的相模湾近海。震源深度较浅，地震前几分钟曾在验潮仪上观测到明显的长周期波动。首都东京和全国最大的港口横滨几乎完全被破坏，灾情严重，损失巨大，达到当时国内总产值的 3.4%；伤亡惨重，造成 14 万余人伤亡。地震引起大火数日，出现轰燃现象，加重了人员的伤亡，超过 10 万人死于震后火灾，占死亡人数 70%。这次地震激励着日本地震学界积极开展地震预测和抗震研究，对日本的地震研究和结构抗震影响深远，震后日本成立专门的地震研究所，提出建筑抗震设计的静力理论，并将发生地震的 9 月 1 日作为日本全国防灾日，每年举行各种救灾演练。

guanlian juzhen

关联矩阵（association matrix） 用来表示每个替代方案有关评价指标及其重要度和方案关于具体指标的价值评量之间的关系。利用关联矩阵可形成联立方程组，通过解方程组可得到有关参数。

guanceceng

观测层（observation aquifer） 在地下水观测中，作为地下水水位和水温动态观测对象的含水层，或开展其他观测的地质层位。

guance changdi

观测场地（the site of observation） 用于地震前兆观测或其他观测的场地，在地震观测中常指观测仪器室所在的场地。

guance dizhenxue

观测地震学（observational seismology） 地震学中以观测地震现象为主的分支学科。一般来说，其仅指地震仪器记录资料的获得和分析处理。包括观测点选址、地震台网、台阵的观测及数据处理自动化等。

guancedun

观测墩（absolute measurement pillar） 用于安装地震观测仪器传感器的水泥墩。在地磁观测中，要求绝对观测仪器传感器墩为无磁性的水泥墩。

guance hanshuiceng

观测含水层（observation aquifer） 被观测井揭露并作为地下流体各测项动态观测对象的含水层。

guancejing jiegou

观测井结构（structure of observation well） 观测井的要素，主要包括井深、井径、套管、过水断面等。

guancejing（quan）

观测井（泉）（observation well（spring）） 专门用于地震地下流体动态观测的井（泉）。或用于氡或汞浓度观测的泉点。

guanceshi

观测室（observation house） 安放地震观测设备和记录处理设备的建筑物。主要包括地震计房、山洞观测室、地下观测室、地面观测室、井房和记录室等。

guance taizhen

观测台阵（observation array） 由多个地震台站或测点组成的地震及其地震前兆的观测系统。

guance zhuangzhi

观测装置（observation device） 在直流地电阻率观测中，由电极系按一定的几何规则布设在地表，以及电极系与测量仪器连接的线路组成的设施。

guanliang

冠梁（top beam） 在排桩和地下连续墙支护结构中，为提高支护结构的整体性而在支护结构的顶部设置的钢筋混凝土连续梁。

guandao changdi

管道场地（pipeline site） 在油气输送管道线路工程中，管道轴线两侧各200m宽的范围内的场地。

guandao chuanyue

管道穿越（pipeline under crossing） 在管道工程中，管道从人工或天然障碍物下部通过的一种方式。例如，石油输送管道穿越江河；我国西气东输也有大量的输气管道在地下通过。

guandao fenlei

管道分类（pipeline classification） 按管材进行分类，有钢管、铸铁管、球墨铸铁管、预应力钢筋混凝土管、素混凝土管、塑料管（如聚氯乙烯管、聚乙烯管、玻璃钢纤维管）、石棉水泥管和陶土管等；按管道连接方式分类，有刚性连接管道和柔性连接管道；根据输送介质的不同，管道可分为供水管道、排水管道、输油管道、输气管道、供热管道等。此外，按输送易燃或有毒的气、液体，以及承受一定压力的管道尚有特殊的分类。

guandao fenxi bianxing fanyingfa

管道分析变形反应法（pipeline analysis deformation reaction method） 在管道与土体变形相同的假定下，管道轴向应变的上限就是地震产生的最大地面应变，管线的最大曲率的上限是最大地面曲率，分别考虑体波或面波作用，可得到管道最大轴向应变和最大弯曲应变的近似估的方法和计算式，是一般场地管道抗震分析的一种常用的分析方法。

guandao fenxi dizhenboshurufa

管道分析地震波输入法（pipeline analysis seismic wave input method） 在一般场地管道抗震分析中，以平面暂态波代替平面正弦波模拟地震波的分析管道变形的方法。该方法适用于管道的任一点，较假定正弦波输入更为合理。

guandao fenxi xiangdui bianxing xiuzheng

管道分析相对变形修正（pipeline analysis relative deformation correction） 管道和土体之间实际存在的相对滑动，使管道变形比同步变形模型的计算结果小，工程上用传递系数对应变进行折减修正。国家标准 GB 50032—2003《室外给水排水和燃气热力工程抗震设计规范》给出了传递系数的公式，有关文献也给出了传递系数的经验值。

guandao fenxi zhengxuanbo jinsifa

管道分析正弦波近似法（pipeline analysis sine wave approximation） 在一般场地管道抗震的早期分析中，将地震波简化为平面正弦波分析管道变形的方法。

guandao gongcheng

管道工程（pipeline project） 通过管道输送油品、天然气及其他介质的工程，包括管道线路工程、台站工程和阶段阀室等管道附属工程。

guandao jiekou

管道接口（pipe joint） 管道之间的连接方式。地震中管道接口是比管体更易破坏的薄弱部位。常用的管道接口按构造形式分有承插式、套管式和法兰盘连接，有平口、企口连接方式；按变形能力可分为刚性、半柔性和柔性接口。

guandaojing

管道井（pipe shaft） 建筑物中用于布置竖向设备管线的井道。其分布有垂直向，也有水平向的；有贯通的，也有分隔的。现代城市除基本的供水、供电、排水管线外，还要有电话、有线电视、监控、通风等管道。

guandao kuayue

管道跨越（pipeline aerial over crossing） 在管道工程中，是指管道从人工或天然障碍物上部通过的一种方式，如各类管道在铁路线上部跨越。

guandao yu duanceng jiaojiao

管道与断层交角（intersection angle between pipeline and fault） 在油气输送管道线路工程中，管道的走向与断层水平位错方向的夹角，是各类管道抗震计算的重要参数。

guandao zhiyinshui

管道直饮水（pipe in direct drinking water） 自来水或达到生活饮用水标准水源的水经过深度处理后可直接饮用，并通过管网及供水设施送至用户可供饮用的水。

guanguanfa zhiliang sunshi shiyan

管罐法质量损失试验（mass loss test of steel pipe） 利用质量损失测量仪及规定规格的铁罐和钢管，根据钢管在试土中的质量损失测定试土腐蚀性的方法。

guanjing

管井（tube well） 由机械钻凿，井径通常在150～600mm之间，井壁采用管材加固，管材外侧放置滤料的深度较大的取水井。

guanjing jiangshui

管井降水（pumped wells of dewatering） 每隔一定距离设置一个管井，每个管井单独用一台水泵抽水，以此来降低地下水位的方法。

guanxian zonghetu

管线综合图（integral pipelines longitudinal and vertical drawing） 表示建筑设计所涉及的各类工程管线平面走向和竖向标高的布置图。

guanyong

管涌（piping） 在不均匀的粗粒土中，渗流作用下土体中的细颗粒在粗颗粒形成的孔隙中发生移动并被带出，逐渐形成管状渗流通道，造成水土大量涌出，有时会使土体产生破坏的现象。

guanyongzaihai

管涌灾害（disaster of piping） 由管涌产生的灾害。在高水位情况下，提、坝、闸等挡水建筑物地基的土体发生流土和潜蚀，使坝基、堤基岩土结构破坏，强度降低甚至形成空洞、沉陷，进而导致提防、大坝变形、墙陷或溃决的灾害。

guanzhu jichu

管柱基础（colonnade foundation） 由钢筋混凝土、预应力混凝土或钢管柱群和钢筋混凝土承台组成的基础结构，或由单根大型管柱构成基础的。该基础是一种深基础，多用于桥梁。管柱埋入土层一定深度，柱底尽可能落在坚实土层或锚固于岩层中，其顶部为钢筋混凝土承台，支托桥墩（台）及上部结构。作用在承台的全部荷载，通过管柱传递到深层的密实土体或坚硬的岩层上。

guanrufa

贯入法（penetration method） 在工程质量检测中，通过测定钢钉贯入深度值检测构件材料抗压强度的方法。

guanru zuli

贯入阻力（penetration resistance） 在岩土工程勘察中使用静力触探方法时，静力触探仪探头贯入土层时所受到的总阻力。在大量试验资料统计的基础上，可利用贯入阻力曲线大致划分地层和确定地基土承载力。

guanxingbo

惯性波（inertial wave） 处于平衡位置的空气质点，由于某种原因受水平扰动后偏离平衡，在科里奥利力作用下形成的波动。该波属于慢波，对中尺度运动有重要影响，其相速度与波数有关，是频散波。实际大气中纯惯性波并不存在，而是科氏力和重力同时起作用，以惯性—重力波混合波的形式出现。

guanxing dizhenyi

惯性地震仪（inertial seismograph） 利用惯性原理研制的地动观测仪器。例如，各种摆式地震仪等。

guanxingju

惯性矩（moment of inertia） 描述一个物体抵抗扭动、扭转和弯曲能力的物理量。截面对某个轴的轴惯性矩等于截面上各微分面积乘微分面积到轴的距离的平方在整个截面上的积分。

guanxingli

惯性力（inertial force） 为了在非惯性参照系中使用牛顿第二定律而假想的附加力。惯性力是指当物体加速时，惯性会使物体有保持原有运动状态的倾向。惯性力实际上并不存在，实际存在的只有原本将该物体加速的力，因此惯性力又称为假想力。若是以该物体为坐标原点，看起来就仿佛有一股方向相反的力作用在该物体上，因此称之为惯性力。该概念的提出是因为在非惯性参照系中，牛顿运动定律不适用。为了思维上的方便，可以假想在这个非惯性系中，除了相互作用所引起的力之外，还受到一种由非惯性系引起的力，这是牛顿第一定律，也叫惯性定律。在研究地球表面大气、水等的运动时，经常应用的地转偏向力就是一种惯性力。惯性力在宇宙科学上研究星体运动时有很大的用途。例如，当小行星靠近木星时为什么会被撕裂（惯性力与引力的相互作用使小行星分裂），彗星靠近太阳时彗尾为什么会有偏角？

guanxingshi shizhenqi

惯性式拾振器（inertial pickup） 以拾振器内部的阻尼振子（摆）感受试体振动的拾振器，测试结果是试体相对于惯性坐标系的绝对运动（含位移、速度和加速度），是拾振器的一种类型，也称绝对式拾振器。按其机理不同有不同的种类。

guanxingshi weiyiji

惯性式位移计（inertia type displacement transducer） 利用质量—弹簧—阻尼振子（摆）的振动响应测量物体振动位移的传感器，其输出电压与被测位移成正比。

guanxing xianghu zuoyong

惯性相互作用（inertial interaction） 在土-结相互作用中，上部结构的惯性力通过基础作用于地基，使地基的运动发生变化的作用。它使结构的地震反应有别于刚性地基上的反应。

guanxing yingbianyi

惯性应变仪（inertia strain instrument） 利用惯性原理研制的测量地应变的仪器。例如，石英伸缩仪等。

guanjiang

灌浆（grouting） 利用灌浆压力或浆液自重，经过钻孔将浆液压到岩体、砂砾石层、混凝土或土体裂隙、接缝或空洞内，以改善地基的水文地质和工程地质条件，提高建筑物整体性的工程措施。

guanjiang jiagu

灌浆加固（grouting reinforcement） 采用压力灌浆设备将浆液注入土的孔隙，利用浆液将土颗粒胶结土体加固方法。灌浆浆液应无污染，通常采用水泥浆，当砂土不均匀时，浆液往往不能均匀地注入孔隙，加固效果通常不够理想。

guanzhuzhuang

灌注桩（cast-in-place pile）　通过机械钻孔、人力挖掘或钢管挤土等手段在地层中成孔，然后在孔内放置钢筋笼、灌注混凝土并经过捣制而形成的桩。

guanzhuzhuang hou zhujiang

灌注桩后注浆（post grouting for cast-in-situ pile）　灌注桩成桩后一定时间内，通过预设于桩身内的注浆导管及其与之相连的桩端、桩侧注浆阀注入水泥浆，使桩端、桩侧土体（包括沉渣和泥皮）得到加固，从而提高单桩承载力，减小桩的沉降量。

guanzhuzhuang tuohuan

灌注桩托换（cast in place pile underpinning）　在既有建筑物基础下设置灌注桩加固地基基础的方法，是建筑基础托换的一种方法。

guanzhuzhuang zuankongji

灌注桩钻孔机（drilling machine for simplex pile）　利用取土或挤土装置在地层桩位上成孔，并灌注混凝土而成桩的桩工机械。它适用于除了软弱的淤泥层以外的一切土层成孔。

guangdianshi chuan'ganqi

光电式传感器（photoelectric transducer）　基于光电效应的传感器，在受到可见光照射后即产生光电效应，将光信号转换成电信号输出。它除能测量光强之外，还能利用光线的透射、遮挡、反射、干涉等测量多种物理量（如尺寸、位移、速度、温度等），因而是一种应用极广泛的重要敏感器件。光电测量时不与被测对象直接接触，光束的质量又近似为零，在测量中不存在摩擦和对被测对象几乎不施加压力。因此在许多应用场合，光电式传感器比其他传感器有明显的优越性。其缺点是对测量的环境条件要求较高。此类传感器可用于红外探测、振动测量、防灾救灾、辐射测量、光纤通信等，在军事、工业、医疗、环境保护等各领域具有重大意义。

guangjilushi qiangzhenyi

光记录式强震仪（optical record strong motion accelerograph）　将摆的运动用光学杠杆放大并记录在感光胶片上的强震仪。该仪器由触发控制系统、拾震装置、记录系统、时标系统和电源五个部分组成。

guangmu fanshe

光幕反射（veiling reflection）　在建筑光学中，视觉对象的镜面反射致使视觉对象的对比降低，以致难以部分地或全部地看清细部。

guangshanshi chuan'ganqi

光栅式传感器（optical grating transducer）　采用光栅叠栅条纹原理测量位移的传感器。光栅式传感器由标尺光栅、指示光栅、光路系统和测量系统四部分组成。其量程大、精度高，除可用于程控机床、数控机床和三坐标测量机构以及测量静、动态的直线位移和整圆角位移之外，在机械振动和变形测量等领域也有广泛应用。

guangxian bulage guangshan chuan'ganqi

光纤布拉格光栅传感器（fibre Bragg grating sensor）　利用光纤芯区空间相位光栅的带阻滤波作用制成的传感器。自 1978 年发现光致光栅效应并制成第一根光纤布拉格光栅之后，该传感器迅速成为光纤光栅传感器中的最具代表性和发展应用前景的一种。该传感器除具有普通光纤传感器的抗电磁、抗腐蚀、耐高温、重量轻和体积小等优点外，还具有结构简单、易与光纤耦合、抗干扰能力强、精度高、测量对象广泛且便于实现分布式测量等优点。光纤布拉格光栅传感器可用于测量应变、温度、压力、剪力、加速度、位移等物理量以及腐蚀量等参数，目前已在通信、电力、航空航天、土木、石油化工和核工业等领域获得了广泛的应用。

guangxian chuan'ganqi

光纤传感器（optical fiber transducer）　通过光导纤维把被测物理量转换成调制的光信号的传感器。用光纤传输光信号能量损失极小，且光纤化学性质稳定，横截面小，同时具有防噪声、不受电磁干扰、无电火花、无短路负载和耐高温等优点，故比电信号传输有更大的优越性。20 世纪 70 年代末光纤通信技术产生后，光纤传感器也获得迅速发展。

guangxian jiasuduji

光纤加速度计（optical fiber accelerometer）　利用光导纤维传输信号并检测振动的加速度传感器，主要有马赫—曾特尔光纤干涉仪式加速度计和迈克尔逊干涉仪式双光纤加速度计。

guangxian weiyiji

光纤位移计（optical fiber displacement transducer）　利用光导纤维传输光信号、根据反射光的强度变化测量位移的传感器，分为反射式强度调制位移计和集成光学微位移型位移计两种。

guanxue dizhenyi

光学地震仪（optical seismograph）　利用机械光学原理研制成的地震仪，是早期的模拟式地震仪。其主要原理是在摆锤上或摆的旋转轴上安装一面小镜子，利用灯光反射在照相纸上并记录下地震信息。

guangdong heyuan dizhen

广东河源地震（Guangdong Heyuan earthquake）　1962 年 3 月 19 日位于广东省河源县的新丰江水库发生了震级为

6.1 级的地震，这是中国第一例水库诱发地震的震例。地震前几年小震甚多，但临震前 17 天内小震突然变得很少，小震的震源深度在临震前有加深的现象。新丰江水库地震的发生极大地推动了我国水库地震的研究工作。

guangdong quongshan dizhen

广东琼山地震（Guangdong Qiongshan earthquake）　1605 年 7 月 13 日（明万历三十三年五月二十八日）在广东琼山发生了 7½级大地震，这次地震为海南岛地区历史上最大地震。《康熙琼山县志》记载："亥时地大震，自东北起，声响如雷，公署民房崩倒殆尽，城中压死者数千……"地震前矿井中还发生形变坍塌现象。史书有"是日午时银矿怪风大作，有声如雷，动摇少顷，坑岸崩，压挖矿人夫以百计。夫外处震于亥时，而矿内午时先发，所谓本根伤而枝叶动"。的记载。有关史料还记载，这次地震使 70 多个村庄沉入大海。

guiyihua

归一化（normalization）　将有量纲的表达式，经过变换，化为无量纲的表达式，成为标量的方法，是一种简化计算的方式，在多种计算中都经常用到这种方法。在岩土工程中，整理土工试验成果时，将某一变量除以另一适当变量，以消除某些变量的影响，使几条试验曲线合而为一，借以研究土的应力—应变普遍规律的方法。

guiyihua jiasudu fanyingpu

归一化加速度反应谱（normalized acceleration response spectrum）　见【规准加速度反应谱】

guihua gongzuoqu

规划工作区（working district for the planning）　城市抗震防灾规划时，根据不同区域的重要性和灾害规模效应以及相应评价和规划要求，对城市规划区所划分的，不同级别的研究区域。

guihua sheji tiaojian

规划设计条件（planning and design conditions）　城市规划管理部门对工程建设项目土地使用的具体要求。通常是指城乡规划主管部门依据控制性详细规划，对建设用地以及建设工程提出的引导和控制依据规划进行建设的规定性和指导性意见。

guize jianzhu

规则建筑（regular buildings）　平立面外形简单规整，且抗侧力构件的质量、刚度和强度分布相对均匀的建筑。复杂的建筑结构做到完全规则是困难的，而且很难就规则性给出简单的衡量指标。设计者应该根据抗震概念设计的原则和工程经验尽量采用有利于抗震的规则建筑。

guize jianzhu de limian yaoqiu

规则建筑的立面要求（facade requirements for regular buildings）　对规则建筑立面布局的要求，主要包括：第一，立面轴对称结构相邻楼层的相对缩进尺寸不大于建筑相应方向总尺寸的 20%；立面非轴对称结构相邻楼层的相对缩进的尺寸不大于建筑相应方向总尺寸的 10%，总缩进尺寸不大于建筑相应方向总尺寸的 30%。第二，抗侧力构件上下层连续、不错位，且水平尺寸变化不大。第三，相邻层质量变化不大，如质量比在 3/5～1/2 范围。第四，相邻层侧向刚度相差不大于 30%，连续三层刚度总变化不超过 50%。第五，相邻层抗剪屈服强度变化平缓。

guize jianzhu de pingmian yaoqiu

规则建筑的平面要求（plane requirements for regular buildings）　对规则建筑平面布局的要求，主要包括：第一，房屋平面局部突出部分尺寸不超过其正交方向的最大尺寸，且凸出尺寸不大于相同方向平面总尺寸的 30%。第二，同层抗侧力构件的质量分布基本均匀、对称。第三，平面内不同方向的抗侧力构件轴线相互垂直或基本垂直，便于确定两个主轴方向分别进行抗震分析。第四，楼板的平面内刚度与抗侧力构件的侧向刚度相比足够大，可忽略楼板平面内变形对抗侧力构件水平地震作用分配的影响。

guizhun jiasudu fanyingpu

规准加速度反应谱（normalized acceleration response spectrum）　以最大加速度归一的加速度反应谱，也称归一化加速度反应谱。它既是加速度反应谱的一种形式，也是抗震设计反应谱的主要表达形式。

guihuafa

硅化法（silicification）　以硅酸钠溶液（水玻璃）为主剂的并以混合液为浆材的注浆法。该法加固地基发展已有近百年历史。它具有价格低廉、渗入性好和无毒害等优点，对于矫正建筑物倾斜、控制地基变形、提高地基承载力等工程问题具有明显的效果。我国的湿陷性黄土地区，常用的地基处理的化学法主要有硅化法和碱液加固法两种。

guiji

轨迹（trajectory）　动点在空间的位置随时间连续变化而形成的曲线。若轨迹是一条直线，则称为直线运动；若轨迹是一条曲线，则称为曲线运动。

guiju

轨距（gauge）　见【标准轨距铁路】

guipai

轨排（track skeleton）　由两根钢轨和轨枕用扣件连接成的整体结构构件。通常用滚筒车或者平板车运输至现场进行铺设，最后将短轨换成长轨，是机械化铺轨的重要组成部分。

guizhen

轨枕（sleeper） 支承钢轨，保持轨距并将列车荷载传布于道床的构件，也称枕木，是铁路配件的一种。它须具备一定的柔韧性和弹性，列车经过时，可以适当变形缓冲压力，但列车过后应恢复原状。

gunbai

滚摆（rolling pendulum） 由曲面摆座和滚轴组成摆座隔震装置。工程中应用的滚摆装置是在曲面摆座和滚轴间以机械齿咬合。采用该支座的隔震体系，无论设置单滚轴还是双滚轴，在弧面曲率半径 R 远大于滚轴半径 r 和微小位移情况下，其自振周期均近似为 $2\pi\left[2R/g\right]^{1/2}$。

guncuofa suxian shiyan

滚搓法塑限试验（plastic limit test with thread twisting method） 在土工试验中，滚搓黏性土条使之直径为 3mm 时开始断裂，测定其含水量并作为黏性土塑限的试验方法。

gundong gezhen

滚动隔震（rolling isolation） 利用支承元件的水平滚动摩擦来实现工程结构隔震的技术。滚动隔震是最早被考虑的基底隔震方式之一，早在 19 世纪就有在房屋基底设置滚石或圆木阻隔水平地震动向上部结构传输的设想。现代工程中应用的滚动隔震技术含滚轴隔震和滚球隔震两种。

gundong yiwei

滚动移位（rolling moving） 建筑物与基础分离、加固后，通过牵拉或顶推装置，沿支承轨道滚动平移到新基础上，是建筑物移位的一种方法。

gundong zhizuo

滚动支座（rolling bearing） 滚动隔震的一个元件。支座为圆形，可绕滚轴滚动。该支座本身不具恢复力，为使支座偏离初始位置后可自动复位，隔震层一般设有复位弹簧，或使支座支承面具有微小倾角。滚轴支座只能在单方向运动，为实现双水平向隔震，须将两个滚轴支座在竖向叠合成正交设置。

gunqiu gezhen

滚球隔震（ball bearing isolation） 用若干组滚球支承上部结构以阻断地震剪切波传播，并采取适当的措施使结构震后恢复原位的隔震方法。

guoji cankao tuoqiuti

国际参考椭球体（international reference ellipsoid） 1924年第 2 届国际大地测量和地球物理联合会所确定采用的海福特（Hayford）椭球体，也称"国际椭球"。其椭球半长轴为 6378338m，扁率为 1/297.0。海福特椭球推算中采用了地壳均衡补偿理论。

guoji chengshi

国际城市（international city） 在经济全球化的背景下形成的具有国际（世界）影响力的城市。其特点有：世界经济体系的连接点，各区域经济通过国际城市的连接成为一个有机整体；全球资本的汇聚地，包括范围较广的城市地带，经济与社会的互动程度非常高。根据经济规模及其所控制的经济实力，可进行等级划分，如区域性国际城市、国家级国际城市和世界级国际城市等。

guoji dizhen gongcheng xiehui

国际地震工程协会（International Association for Earthquake Engineering） 1963 年成立的国际性学术团体，其总部设在日本东京。网址为 http：//www. iaee. or. jp。该协会由国家成员组成，旨在促进地震工程学术研究成果和工程实践经验的交流。1956 年第一届国际地震工程会议在美国加州伯克利召开，此后协会每四年组织一次国际地震工程会议，各届会议分别于日本东京、新西兰惠灵顿、智利圣地亚哥、意大利罗马、印度新德里、土耳其伊斯坦布尔、美国旧金山、日本东京、西班牙马德里、墨西哥阿卡布科、新西兰奥克兰、加拿大温哥华举行；第 14 届国际地震工程会议于 2008 年在中国北京召开。第 15 届和第 16 届国际地震工程会议分别于 2012 年在里斯本和 2017 年在圣地亚哥举行。协会还汇集各国的抗震设计规范作为交流资料，举办抗震设计和抗震加固培训班；不定期召开专家会议就学术专题（如强震动观测）进行讨论；与国际地震学与地球内部物理学协会（IASPEI）联合开展小型国际合作研究或学术交流活动，如研究浅层地质构造对强地震动的影响，并选择典型场地进行地震动"盲测"，以判别数值方法的优劣。这些活动促进了世界地震工程的发展。

guoji yanshiquan jihua

国际岩石圈计划（International Lithospheric Project） 20 纪 80 年代初，在国际科学联合会支持下，由国际地质科学联合会（IUGS）、国际地球物理和大地测量联合会（IUGG）联合发起和组织的一项国际重大研究项目。其目的是利用国际间的多边和多学科合作的优势，进一步探讨大洋和大陆板块运动的动力学机制及岩石圈的结构、成分和演化等问题。1985 年该计划的继续，又称全球地学断面计划。

guoji zhongli gongshi

国际重力公式（international gravity formula） 计算国际椭球体面上重力加速度 g 的公式。其表达式为：

$$g = 9.780318(1+5.3024\times10^{-3}\sin^2\varphi-5.8\times10^{-6}\sin^2 2\varphi)$$

式中，φ 为地理纬度；g 的单位为 m/s^2。

guojia dizhen taiwang

国家地震台网（state seismological network） 在全国范围内建立的国家基准地震台网。中国国家地震台网由中国地震台网中心管理，它承担着全国地震监测、地震中短期预测和地震速报；国务院抗震救灾指挥部应急响应和指挥决策技术系统的建设和运行；全国各级地震台网的业务指导和管理；各类地震监测数据的汇集、处理与服务；地震信息网络和通信服务以及地震科技情报研究与地震科技期刊管理；等等。

guotu

国土（territory）　　国家主权管辖范围内的地域空间。狭义的国土指主权国家管理下的领土、领海和领空的政治地域概念；广义的国土还包括国家所拥有的一切资源。

guotu guihua

国土规划（territorial planning）　　对国土资源的开发、利用、整治、保护所进行的综合性战略部署和对国土重大建设活动的综合空间布局。重点做好产业结构调整布局、城镇体系发展建设和重大基础设施网络配置，协调好国土开发利用与生态环境整治保护的关系，达到人与自然和谐共生，保障社会经济的可持续发展。国土规划是国民经济和社会发展规划体系的重要组成部分，是编制中、长期发展规划和各类专项规划的重要依据。

guodu biaoshi

过渡标石（transition mark-stone）　　断层形变台站用来传递测量信息的、埋设稳固、嵌有测量标志的混凝土标墩。

guoduceng

过渡层（transition layer）　　为满足使用功能要求和构建合理的传力途径，在高层建筑承载体系不同或承载构件轴线不同的上下部分间设置的水平转换结构，也称结构转换层或转换层。

guodu louceng

过渡楼层（transitional story）　　底层框架-抗震墙砌体房屋的第二层和底部两层框架-抗震墙砌体房屋的第三层。其受力比较复杂，担负着传递上部地震剪力和倾覆力矩的作用。从已有的试验结果及各类震害来看，过渡层的砌体墙开裂先于其他楼层的砌体墙，是破坏集中的楼层，在设计中应采取相应的抗震措施来提高墙体的抗剪能力。因此在设计中使过渡层的墙体设计与上部各层一样，将降低房屋的整体抗震能力。

guojielou

过街楼（arcade）　　跨越道路上空并与两边建筑相连接的楼房，或指跨在街道或胡同上的楼，其底下可以通行。它可以有效利用土地面积。

guoliang

过梁（lintel）　　设置在门窗或洞口上方的承受上部荷载的构件。过梁是砌体结构房屋墙体门窗洞上常用的构件，用来承受洞口顶面以上砌体的自重及上层楼盖梁板传来的荷载。

guolü baizaosheng moxing

过滤白噪声模型（filtered white noise model）　　地震动平稳随机过程模型，是功率谱的频带和幅值变化的白噪声模型。该模型克服了白噪声和有限带宽白噪声模型的缺点，根据研究问题的性质和特点确定功率谱的带宽和变化的幅值，且具有物理意义。

guolüqi

过滤器（filter）　　在地下水观测或抽水试验中，安装在管井或观测井中对应含水层的部位，带有滤水孔，起滤水挡砂作用的器具。

guomu jianzhuwu

过木建筑物（raft-pass facility）　　提供输送竹、木材通过闸、坝等挡水建筑物的工程设施，也称过木设施。多数通航水道都有这一设施。

guomu sheshi

过木设施（raft-pass facility）　　见【过木建筑物】

guoshui duanmian

过水断面（discharge cross section）　　在水文地质学研究中是指地下水流场中与流线正交的横断面。它某一研究时刻的水面线与河底线包围的面积，是与元流或总流所有流线正交的横断面。该断面不一定是平面，其形状与流线的分布情况有关。只有当流线相互平行时，该断面才为平面，否则为曲面。

guoyu jianzhuwu

过鱼建筑物（fish-pass facility）　　提供鱼类等水中生物通过拦河闸坝等挡水建筑物的工程设施，也称过鱼设施。大型河流上都应有这一设施。

guoyu sheshi

过鱼设施（fish-pass facility）　　见【过鱼建筑物】

guozuni

过阻尼（over damping）　　在有阻尼自由振动中，阻尼比大于1的情况。阻尼比是振动系统的阻尼系数与其临界阻尼系数之比。

H

hamidun fangcheng

哈密顿方程（Hamiltonian equation）　　也称哈密顿正则方程。对于完整保守系统，哈密顿方程是以广义坐标 q_α 和广义动量 p_α 为正则变量，以哈密顿函数 H 为特征函数的一组微分方程，即：

$$\frac{\mathrm{d}q_\alpha}{\mathrm{d}t} = \frac{\partial H}{\partial p_\alpha}$$

$$\frac{\mathrm{d}p_\alpha}{\mathrm{d}t} = -\frac{\partial H}{\partial q_\alpha} \qquad (\alpha = 1, 2, \cdots, n)$$

hamidun zhengze fangcheng

哈密顿正则方程（Hamiltonian's canonical equation）
见【哈密顿方程】

hamierdun yuanli

哈密尔顿原理（Hamilton principle）　哈密尔顿积分变分原理可表示为：

$$\int_{t_1}^{t_2}\delta(T-V)\,\mathrm{d}t + \int_{t_1}^{t_2}\delta W_{nc}\,\mathrm{d}t = 0$$

式中，T 为体系的总动能；V 为体系的位能，包括应变能及任何保守外力（如重力）的势能；W_{nc} 为作用于体系的非保守力（包括阻尼力及任意外荷载）所做的功；δ 为在指定时间区间内所取的变分。哈密尔顿原理表明在任何时间区间 $t_1 \sim t_2$ 内，动能和位能的变分与非保守力所做的功的变分之和必须等于零。应用此原理可直接导出任何给定体系的运动方程。

haian

海岸（seacoast）　泛指陆地与海洋相互接触和相互作用的具有一定宽度的地带。其紧邻海滨，在海滨向陆一侧，包括海崖、上升阶地、陆侧的低平地带、沙丘或稳定的植被地带。

haian bengta

海岸崩塌（coast collapse）　海岸地表岩土在自然或人为因素作用下向下陷落并在海岸形成塌陷的现象。这一现象对海岸工程有威胁。

haiandai

海岸带（coastal zone）　陆地与海洋相互作用和相互影响并具有一定的宽度的地带。其狭义的上界起始于风暴潮线，下界是波浪作用下界，即波浪扰动海底泥沙的下限处；广义范围则可上溯潮汐顶托点，远至大陆架边缘坡折处。该带由三个基本单元组成：一是海岸，其平均高潮线以上的沿岸陆地部分，通常称潮上带；二是潮间带，其介于平均高潮线与平均低潮线之间；三是水下岸坡，其平均低潮线以下的浅水部分，一般称潮下带。

haian huapo

海岸滑坡（coast landslide）　坡度较陡海岸的岩土体在重力以及降水、地震、海浪和人为活动等作用下，沿岩层层面、不整合面、断裂面、软弱夹层等结构面发生整体滑动的现象。滑坡是基岩海岸常见的一种现象，是物质滑移的一种。滑坡现象经常会被波浪作用激发，同时当空气湿度增加时，会加强风化作用并减小岩石滑动面间的压力，使

滑坡作用更易于发生。滑坡现象在冬季比在夏季更普遍，它不但造成海岸后退，规模巨大的滑坡有时还形成涌浪，致使岸边房屋、道路、港口等工程设施以及船只、水产养殖、耕地等被破坏。通常把由此造成的灾害称为海岸滑坡灾害。

haian jiedi

海岸阶地（coastal terrace）　由海蚀作用形成的海蚀平台（包括其后方的海蚀崖）或由海积作用形成的海滩，以及因海平面的相对升降而被抬升或下沉后的海蚀平台和海滩。这些呈阶梯状的海蚀阶地和海积阶地，统称为海岸阶地。在现代海岸带上可分海蚀阶地和海积阶地两类；在古海岸带上则可分海蚀的或海积的上升阶地和水下阶地。水下阶地面上残留着海相沉积物或留有波浪磨蚀作用的遗迹。海积阶地和水下阶地，除易遭受各种营力的破坏外，水下阶地还易被后来的海洋沉积物掩埋。

haian qinshi zaihai

海岸侵蚀灾害（disaster of coastal erosion）　海浪的拍打、冲击和淘浊作用或人为采砂矿、挖塘等，使海岸遭受破坏并发生后退，导致沿海土地、房屋、道路等工程设施遭受破坏的危害。

haian yuji zaihai

海岸淤积灾害（disaster of coast deposit and spread）　滨海地带因泥砂淤积导致海岸逐渐向海洋方向推进，影响养殖业、渔业、危害港口码头正常使用的灾害。

haibin pingyuan

海滨平原（coastal plain）　海岸平原或沿海平原，地势低平并向海缓倾的沿海地带。组分多为河流三角洲堆积的和海积的泥砂、卵石，并包括沼泽湿地的沿海低平原。

haidi dizhen

海底地震（ocean bottom earthquake）　在海底发生的地震。岩石圈板块沿边界的相对运动和相互作用是导致海底地震的主要原因，海底地震分布规律和发生机制的研究，是板块构造理论的重要支柱。该地震及其所引起的海啸，给人类带来灾难。海底一般被松软的堆积物覆盖，因此地震记录质量较差，需采用与陆上地震仪不同的仪器，即海底地震仪进行地震观测。

haidi dizhen guance xitong

海底地震观测系统（submarine seismic observation system）　把在地面用的地震观测系统经过精心研制和改进，使之沉到海底桩架或沉固在海洋底部观测地震的系统。

haidi dizhenji

海底地震计（ocean bottom seismometer）　用于海底地震观测的拾震器。其中装配的压电地震检波器又称加速度检

H

波器或压力检波器。通常由压电元件（酒石酸钾钠晶体、钛酸钡陶瓷、锆钛酸铅陶瓷等）制成。利用这种元件所产生的电压与所受压力成正比的原理来接收地震波。在海洋地震勘探工作中，为了不受或少受波浪的影响，要把检波器沉入水中。压电检波器常放在水下 1/4 地震波波长处，这一深度由共振造成的能量最大，完全适合海洋地震勘探工作的要求。

海底地震勘探（submarine seismic survey） 利用海底布设的多分量检波器进行高分辨率地震勘探的方法。其特点是在水中激发，水中接收，激发和接收的条件均一；可进行不停船的连续观测。由于海水不能传播横波，只有把检波器放到海底才可接收到横波及转换波。海洋地震勘探的原理、使用的仪器以及处理资料的方法都和陆地地震勘探基本相同。由于在大陆架地区发现大量的石油和天然气，因此海洋地震勘探有极为广阔的应用前景。

海底地震台阵（ocean-bottom seismograph array） 布设在海底的地震台阵。海洋中发生的地震约占地震总数的 85%，海洋地震观测具有广阔的应用前景。

海底地震仪（ocean-bottom seismograph） 用于海底地震观测的地震仪。该地震仪的开发研制始于 20 世纪 50 年代，至 70 年代取得了稳定的记录。一般有电缆式、自浮式和锚标式三种装置方式。电缆式是从海岸铺设电缆连接地震仪进行连续观测，其造价极其昂贵；自浮式是采用把地震仪和磁带式记录装入密封舱内，然后沉入海底进行一周到一个月的记录，密封舱的回收是通过观测船的信号，使密封舱脱离吊挂的重物，浮上海面；锚标式是在沉到海底的地震仪上拴上绳索连接的系留浮标，观测结束时，拉动绳索即可回收地震仪。

海底滑坡（submarine landslide） 海底斜坡上未固结的松软沉积物或有软弱结构面的岩体，在重力作用下沿斜坡中的软弱结构面发生滑动的现象。发生的原因有两个方面：一是由于沉积物内部结构和动力条件，如海底沉积物中黏土物质的含量较多、天然气产生的高压等；二是某些外部诱发条件，如地震、海浪等。该滑坡除直接危害钻井平台、海底光缆、港口、码头等设施外，大型海底滑坡有时会引起巨浪甚至海啸，造成严重的损失。

海底扩张学说（seafloor spreading hypothesis） 解释洋壳和大洋生成的一种理论。由赫斯（H. Hess）与迪茨（R. S. Dietz）等在地幔对流学说的基础上于 1961 年提出。海底扩张学说认为，大洋中脊由于地幔物质沿巨大的裂谷系上涌并向两侧移动，冷却后形成新的洋壳。远离的早期洋壳因冷却，密度增加，接受沉积而下沉。老洋壳在海沟俯冲潜没，重新返回到地幔深部。研究表明，大洋中脊的扩张速率为每年 1～10cm。

海底输油气管道（subsea oil-gas pipeline） 铺设于海底，用于海上生产设施之间以及海上生产设施与陆上终端之间的油气输送的设施。它是海上油气开发生产系统的主要组成部，也是连续地输送大量油气最快捷、最安全和经济可靠的运输方式。由于管道处于海底，多数需埋设于海底一定深度，格查和维修存在一定困难。处于潮差或波浪破碎带的管段（尤其是立管）受风浪、潮流、冰凌等影响较大，有时可能被海中漂浮物和船舶撞击或抛锚破坏。从结构上可将海底输油气管道划分为双重保温管道和单层管道两类。

海底隧道测量（submarine tunnel survey） 在海底隧道工程的设计、施工和运营管理阶段所进行的海底隧道空间位置的准确导向与定位的测量工作。其目的是确保隧道三维空间位置的准确性和隧道的贯通精度。工作内容主要包括联系测量、施工控制测量、细部放样测量、竣工测量、形变测量、贯通测量等。

海底重力仪（seabed gravimeter） 密封沉放到海底，通过遥控、遥测装置进行重力测量的仪器。其结构原理与陆地重力仪相同，主要用在海湾和浅海大陆架地区，可配合其他地球物理勘探方法进行以石油为主的矿产资源的普查和勘探。该仪器受风浪、船体震动的影响比较小，测量精度通常高于海洋重力仪。但水深过浅时，仪器的读数将受底流和微震影响，仪器工作的稳定性受到一定的影响。

海沟（trench） 从相邻的海床向下延伸至少 2000m 的深海床上的窄而长的凹地，主要指岛弧外侧或大陆海岸山脉外侧的狭长深海凹地。轮廓清楚的深沟称为海渊，规模很大，通常长达数千千米，宽约 100km，大部分水深超过 4000m，最深的马里亚纳海沟超过 11000m。大部分海沟呈上宽下窄状，具有不对称的 V 形横剖面。海沟主要发育在环太平洋带，海沟地带是地球上地震活动最强烈的地方，几乎所有大地震，特别是深源地震都发生在这个带上。地震折射波的研究表明，海沟底下的地壳为大洋型地壳；重力异常显示，海沟不存在均衡平衡，形成海沟的力必须与重力作用相反，拉着海沟下面的地壳向下运动。因此，板块构造学说认为，海沟地带是地幔对流向下运行的地方，海沟即由此形成。

海积土（marine soil） 在海底环境下沉积形成的土。通

H

常碎石、卵石土、砂土等粗粒土分布于沿岸滨海地带；黏性土在沿海河口、岸滩广泛分布。

haijin

海进（transgression）　　在相对短的地质历史时期内，海面的上升或陆地的下降造成的海水面积扩大、陆地面积缩小，海岸线向陆地内部推进的地质现象，也称海侵。一般认为，海进是海水逐渐向时代较老的陆地风化剥蚀面上推进的过程。在海进时期，由于海岸线向陆地方向移动，因而沉积了面积较大的新岩层，超越了时代较老的岩层，形成超覆现象。在地层柱状剖面图中，沉积物的颗粒愈新愈细，形成"上细下粗"的现象。

haiman

海漫（apron extension）　　位于护坦或消力池下游侧，用以调整流速分布，继续消耗水剩余动能，保护河床免受冲刷的柔性护底建筑物。水流经过消力池或护坦大幅度消能后，还保持着一定的余能，海漫的作用就是要消除水流的余能，调整流速分布，均匀的扩散出池水流，使之与天然河道的水流状态接近，以保河床免受冲刷。

haiman yichang shengjiang zaihai

海面异常升降灾害（abnormal rising-falling of sea level）由于潮汐作用、气候变化、海水热容量变化、地球自转速度变化等原因，海面高度超常规的大幅度、突然的上升或下降，改变沿海地区的自然地理和生态环境，对沿海地区造成的灾害。

haishui ruqin

海水入侵（seawater intrusion）　　沿海地带超量开采地下水，导致海水倒灌而侵入淡水含水层的现象。其可使灌溉地下水水质变咸，造成土壤盐渍化等灾害。中国海水入侵主要出现在辽宁、河北、天津、山东、江苏、上海、浙江、海南、广西9个省份的沿海地区，最严重的是山东和辽宁两省。

haishui ruqin zaihai

海水入侵灾害（disaster of sea water intrusion）　　自然或人为的原因使沿海地区地下水水动力条件发生变化，并使地下水含水层中的淡水与海水的平衡状态遭到了破坏，导致海水或与海水有直接水动力联系的高矿化地下咸水沿含水层或导水构造向陆地方向扩侵，进而使地下淡水资源遭到破坏的现象。

haitui

海退（regression）　　在相对短的地史时期内，海面下降或陆地上升造成海水面积缩小或陆地面积扩大，海岸线向海洋方向推进的地质现象。海退序列由下至上一般为沉积物由细变粗或由碳酸盐岩变为碎屑岩；沉积时的海水由深变浅；海相沉积逐渐演变为海陆交互相沉积和陆相沉积，与之伴生的生物群也随之由海相生物群逐渐演变为海陆交互

相生物群和陆相生物群。海退的地层所含地球化学元素类型、丰度、相关元素的比值以及地层的物理性质和地层的含矿性均有明显的演变特征。

haixia dizhen

海下地震（submarine earthquake）　　震源位于海底的地震。震级较大的海下地震通常会引起巨大海啸和海底滑坡等灾害。

haixiang

海相（marine facies）　　在海洋环境中形成的沉积相的总称。沉积相是指沉积环境以及在该环境中所形成的沉积岩（物）特征综合。其包括两层含义：一是反映沉积岩的特征；二是揭示沉积环境。沉积环境包括岩石在沉积和成岩过程中所处的自然地理条件、气候状况、生物发育情况、沉积介质的物理化学条件等；沉积岩（物）特征包括岩性特征（岩石成分、颜色、结构等）、古生物特征（古生物种属和生态）。

haixiao

海啸（tsunami）　　海域发生大地震时，海底隆起和下沉以及发震断层的张裂等引起的海浪。海底火山的爆发、海岸附近的山岸崩塌造成沙土流入海中以及核爆炸所引起的海浪也称为海啸，引起海啸的地震称为海啸地震。

haixiao zaihai

海啸灾害（disaster of tsunami）　　由海底火山、海底地震以及巨大海底滑坡、地陷所激发的波长可达数百千米的巨浪，推毁提防、吞没沿海城镇、村庄、耕地，造成巨大人员伤亡和财产损失的现象。

haiyang

海洋（ocean）　　海洋是地球上最广阔的水体的总称，海洋的中心部分称作洋，边缘部分称作海，彼此沟通组成统一的水体。也称大洋、海洋。地球表面被各大陆地分隔为彼此相通的广大水域称为海洋，总面积约为3.6亿平方千米，约占地球表面积的71%，平均水深约3795m。海洋中含有十三亿五千多万平方千米的水，约占地球上总水量的97%，而可用于人类饮用只占2%。地球四个主要的大洋为太平洋、大西洋、印度洋、北冰洋，大部分以陆地和海底地形线为界。目前为止，人类已探索的海底只有5%，还有95%大海的海底。

haiyang bankuai

海洋板块（oceanic plate）　　全部由洋壳组成的板块。该板块完全被海水覆盖，全部为大洋地壳的板块只有太平洋板块、可可斯板块和纳斯卡三个板块；基本上属于海洋板块的有加勒比板块和菲律宾板块；其他板块都是既包括大陆又包括大洋。

haiyang chenjiwu

海洋沉积物（marine sediments） 海洋沉积作用所形成的海底沉积物的总称。其来源分为以下三类：一是陆源，主要是陆地岩石风化剥蚀的产物，如砾石、砂、粉砂和黏土等是典型的陆源沉积物；二是海洋组分，主要是从海水中由生物、化学作用形成的各种沉积物，如海洋生物的遗体，海绿石、磷酸盐、二氧化锰等自生矿物及某些黏土等；三是火山作用形成的火山灰、火山泥与火山碎屑，大洋裂谷等处溢出的来自地幔的物质，以及来自宇宙的宇宙尘等。

haiyang diqiao

海洋地壳（oceanic crust） 被海水覆盖的、除去大陆架和大陆坡之外的地壳，属大洋型地壳，简称大洋壳或洋壳。洋壳与陆壳的根本区别在于，它的结构总是比大陆壳更为均一，自上而下系由沉积层和硅镁层（厚 5～6km）组成，即比陆壳缺少硅铝层。大洋型地壳一般分为三层：最上层为未固结的沉积物，厚度变化不定，约为 0～2km，P 波速度约为 2km/s；中间层为固结的沉积物和玄武岩，厚 0.5～2km，P 波速度约为 4.6km/s；最下层厚度很不均匀，约为 4.7km，P 波速度为 6.7km/s，该层曾被称为玄武岩层或辉长岩层。

haiyang dizhen

海洋地震（oceanic earthquake） 震中位于海洋中的地震。震级较大的海洋地震，通常会引起巨大海啸。

haiyang dizhi zaihai

海洋地质灾害（marine geological disaster） 发生在海域内的地质灾害，以及发生在海岸带的因海洋营力或海陆营力共同作用所造成的地质灾害的总称。其包括淤积灾害、海岸侵蚀灾害、海水入侵灾害、海底滑坡、海底地震、火山活动等。目前，海洋地质灾害调查研究多采用海底地形地貌资料结合地震数据分析等手段，主要涉及单波束测深系统、多波束测深系统、旁侧声呐系统、浅地层剖面系统、水下摄像系统及地震等传统仪器设备。海底观测网的建立可以快捷准确地对海洋地质灾害进行量化，为灾害评估和预警提供依据。

haiyang gongcheng

海洋工程（marine engineering；ocean engineering） 应用海洋学和其他相关科学技术，实现开发和利用海洋的人类建设活动及其技术装备系统的总称。其包括海岸工程、近海工程和深海工程。海洋开发利用的内容主要包括：海洋资源开发（生物资源、矿产资源、海水资源等）；海洋空间利用（沿海滩涂利用、海洋运输、海上机场、海上工厂、海底隧道、海底军事基地等）；海洋能利用（潮汐发电、波浪发电、温差发电等）；海岸防护；等等。由于海洋环境变化复杂，海洋工程除考虑海水腐蚀、海洋生物的附着等作用外，还必须能承受地震、台风、海浪、潮汐、海流和冰凌等强烈自然因素的影响，在浅海区还要经受得了复杂地

形、岸滩演变和泥沙运移等的影响。随着开采大陆架海域的石油与天然气，以及海洋资源开发和空间利用规模不断扩大，近海工程发展迅速，出现了钻探和开采石油（气）的海上平台，其作业范围已由水深 10m 内的近岸水域扩展到水深 300m 的大陆架水域，海底采矿由近岸浅海向较深的海域发展。海洋潜水技术发展迅速，出现了进行潜水作业的海洋机器人。大陆架水域的近海工程（或离岸工程）和深海水域的深海工程均已远远超出海岸工程的范围，所应用的基础科学和工程技术也超出了传统海岸工程学的范畴，从而形成了新型的海洋工程学。

haiyang gongcheng dizhi

海洋工程地质（marine engineering geology） 研究海洋地质作用对人类在海岸带和浅海带的建筑工程的影响，以及由于工程建设而改变海岸自然环境所引起的地质过程的相关理论、方法和技术。研究内容包括海洋地形地貌，海底底质的类型、性质和分布，波浪、潮汐、海流以及海水泥沙浓度的变化及其对工程建设和工程物的作用，地质灾害等。研究目的主要是应用海洋工程地质学的理论与方法对上述地质作用及其影响做出必要的评价、预防并提出防治措施，保障海洋工程活动的安全和工程物的稳定、经济合理并与环境协调。其主要应用包括港口工程建设、采油气平台工程、海上航空工程、海底隧道和桥梁工程、岛礁工程、海洋能源工程等。一般认为，海洋工程地质起始于1947 年美国开始开采墨西哥湾海洋石油，我国海洋工程地质始于 20 世纪 80 年代的全国海岸带综合调查工作。海洋工程地质工作面临海水覆盖无法直接观测、海水的持续动力作用、海底底质的多样性的动态变化等难点，因此具有高度依赖海洋物探手段、高度关注海洋动力过程及其对海底地质的改造作用、现场原位观测和高质量钻探取样技术等特征。

haiyang gongcheng dizhixue

海洋工程地质学（marine engineering geology） 工程地质学的一个新的分支学科。研究内容包括海洋地质作用对海岸带和浅海带的建筑工程的影响；由于工程建设而改变海岸自然环境后引起新的地质作用，如海港、海湾水库、海底隧道及海岸防护工程等，既受海洋地质环境的作用，又改变海洋地质环境。研究目的在于应用海洋工程地质学的理论与方法对上述地质作用及其影响做出必要的评价、预报和提出防治措施。

haiyang gongcheng jiegou

海洋工程结构（offshore engineering structure） 在近海区域设置或建造的工程构筑物。例如，海洋石油钻井、采油、储油及系泊平台（海洋平台）、海底输油管线、海洋潮汐和温差电站、海底隧道、海洋观察站、海上导航灯塔、海洋观光站及海上飞机场等。

haiyang gongcheng jiegou hezai

海洋工程结构荷载（load on offshore structure） 海洋工程结构的恒载、活载和环境荷载。其中，恒载包括结构自重及结构使用期间固定不变的生产和生活所用的设备重量；活载包括环境荷载和诸如钻井或采油作业中使用的设备装置与材料等不固定的使用荷载。由风波浪、海流、冰等气象和水文条件引起的荷载，分别称风荷载、波浪荷载和冰荷载；这些统称为环境荷载，环境荷载具有随机性和动力特性。

haiyang pingtai

海洋平台（offshore platform） 为在海上进行钻井、采油、集运、观测、导航、施工等活动提供生产和生活设施的构筑物。按其结构特性和工作状态可分为固定式平台、活动式平台和半固定式平台三大类。固定式平台的下部由桩、扩大基脚或其他构造直接支承并固着于海底，按支承情况分为桩基式和重力式两种；活动式平台浮于水中或支承于海底，能从一个井位移至另一个井位，按支承情况，可分为着底式和浮动式两类；近年来正在研究新颖的半固定式海洋平台，它既能固定在深水中，又具有可移性，张力腿式平台即属于此类。

haiyang pingtai kangzhen sheji

海洋平台抗震设计（seismic design of offshore platform） 为防止和抗御地震破坏而对海洋平台进行的专项设计，海洋平台是海洋油气资源开发的重要基础设施。海洋平台有固定式、活动式、半固定式等类型，固定式平台（含导管架平台、重力式平台和塔架式平台）和半固定式平台涉及抗震问题。海洋平台体积庞大、自然环境严酷，应具备比陆上建筑更高的安全性。目前，海洋平台尚未发生地震损坏的现象。美国石油协会（API）编制的《固定式海洋平台规划、设计、建造实施条例》（API RP2A-WSD 1993）规定了固定式海洋平台的抗震要求。

haiyang zhenyuan

海洋震源（marine seismic source） 海洋地震的震源。若在板块俯冲带上，则震源深度一般较大；若在海岭地区，则深度一般较小。海洋震源在海面的投影称为海洋震中。

haiyang zhonglixue

海洋重力学（sea gravity） 研究在海洋开展重力测量的方法、技术、测量仪器以及海洋重力测量资料的改正和归算方法的一门学科，是重力学的一个分支。由于海洋占整个地球表面的70%以上，因此，海洋重力学在整个重力学中，特别是在探索地球深部结构和全球构造领域内具有极重要的地位。

haizhen

海震（seaquake） 海底或海岸附近地区发生的地震或其激发的海水震荡。地震产生的 P 波通过海底发生折射，然后穿过大海；这些波的速度大约为 1.5km/s，如同水中的声速。若这种 P 波以足够的强度碰到了船，则给人的印象是船撞到了海中的物体。

haibo

骇波（shockwave） 见【冲击波】

hanshuibi

含水比（water content ratio） 土的天然含水量与液限含水量之比，以 u 表示，表示黏性土稠度的指标之一。含水比越大，表明土越软。根据含水比可将土所处状态划分为：坚硬状态 $u \leqslant 0.55$；硬塑状态 $0.55 < u \leqslant 0.70$；可塑状态 $0.70 < u \leqslant 0.85$；软塑状态 $0.85 < u \leqslant 1$。

hanshuiceng

含水层（aquifer） 赋存地下水并具有透水性的岩土层。一般是由透水性能好空隙大的岩石以及卵石、粗沙、疏松的沉积物、富有裂隙的岩石，岩溶发育的岩石组成的地层。

hanshuiceng chu'neng

含水层储能（storage of energy in aquifer） 在含水层中储存冷热水用以夏灌冬用或冬灌夏用的措施。是利用地下水储能的重要方式。

hanshuiceng chushui

含水层储水（storage of water in aquifer） 通过引渗回灌将地表水等水源储存在含水层中的措施。是地表水储存的重要方式。

hanshuiceng zijingzuoyong

含水层自净作用（aquifer self-purification） 含水层中的污染物质，通过自身的物理化学及生物化学等作用，达到自然净化的过程。

hanshui gouzao

含水构造（water-bearing formation） 由含水层和隔水层组成的，具有一定水文地质规律的地质建造和构造。其可分为基岩含水构造和松散沉积含水构造两大类。基岩含水构造包括向斜盆地含水构造、单斜层状含水构造、断裂含水构造和裂隙无压含水构造等。松散沉积含水构造包括山前洪积含水构造、河谷冲积含水构造和湖相沉积含水构造等。

hanshuiliang

含水量（water content） 见【含水率】

hanshuilü

含水率（water content） 土中水的质量与土颗粒质量的比值，以百分率表示，是描述土性质的重要指标之一，也称含水量。

hanyanliang

含盐量（salinity）　土中所含盐的重量与土颗粒重量之比，以百分数表示。土中盐分，特别是易溶盐的含量及类型对土的物理、水理、力学性质影响较大。

handong

涵洞（culvert）　横贯并埋设在路基或河堤中用以输水、排水或作为通道的构筑物。公路涵洞的作用是迅速排除公路沿线的地表水，保证路基安全。其主要由洞身、基础、端和翼墙等组成，常用砖、石、混凝土和钢筋混凝土等材料筑成；一般孔径较小，形状有管形、箱形及拱形等。

hanwuji

寒武纪（Cambrian Period）　古生代的第一个纪。据 2018 版国际地层年代表，其地质时间为（541.0±1.0）～（485.4±1.9）Ma。"寒武"源自英国威尔士的古拉丁文"Cambria"因在那里最早开展研究，故就地取名。它是地球上多细胞动物开始繁盛和发展的时期，常被称为三叶虫的时代，寒武纪岩石中保存有比其他类群丰富的矿化的三叶虫硬壳。寒武纪是显生宙的开始，标志着地球生物演化史新的一幕。在寒武纪开始后的短短数百万年时间里，包括现生动物几乎所有类群祖先在内的大量多细胞生物突然出现，这一爆发式的生物演化事件被称为寒武纪生命大爆发。

hanwuxi

寒武系（Cambrian System）　寒武纪形成的地层称为寒武系。根据国际地层委员会寒武系分会讨论决定，寒武系地层分为 4 个统 10 阶。

hanyudizhen

罕遇地震（seldomly occurred earthquake）　在我国抗震设计中，罕遇地震也称大震，是指在 50 年期限内，可能出现的超越概率为 2%～3%（重现期为 1641—2475 年）的地震。

hanyu dizhendong

罕遇地震动（rare ground motion）　相应于 50 年期限内超越概率为 2%～3% 的地震动。在我国抗震设计中，罕遇地震也称为大震，

hanyu dizhen liedu

罕遇地震烈度（intensity of seldom occurred earthquake）我国抗震设计中，以烈度表示的用于结构弹塑性变形计算的输入地震动强度，也称大震烈度，相当于未来 50 年内，一般场地条件下可能遭遇超越概率为 2%～3% 的地震烈度，即 1641—2475 年一遇的地震烈度。在国家标准 GB 50011—2010《建筑抗震设计规范》（2016 年版）中，在平均意义上，罕遇地震烈度约比基本烈度高 1 度；相应的地震影响系数作结构变形抗震验算的标准。

hangshi shuini tuzhuangfa

夯实水泥土桩法（compacted cement-soil column method）机械成孔或利用人工挖孔等方法在地基中成孔，然后在桩孔内分层填入水泥和土拌和形成的混合料并分层夯实形成竖向增强体的地基处理方法。

hangshi shuinituzhuang fuhe diji

夯实水泥土桩复合地基（compacted cement soil column composite foundation）　将水泥和素土按定比例拌和均匀，夯填到桩孔内形成具有一定强度的夯实水泥土桩，由夯实水泥土桩和被挤密的桩间土形成的复合地基。

hangtuji

夯土机（power rammer）　利用冲击和冲击振动作用分层夯实回填土的压实机械，分火力夯、蛙式夯和快速冲击夯等。

hangtuqiang fangwu

夯土墙房屋（loam wall house）　以单纯土料夯筑的墙体，一般采用木屋顶，屋顶檩条直接置于山墙上（称为硬山搁檩）的房屋，是生土房屋的一种类型。

hang'aishan dizhen

杭爱山地震（Hangayn Mountains earthquake）　1905 年 7 月 9 日在蒙古库苏古尔南部杭爱山脉北麓发生了 8.4 级特大地震。14 天后，即 1905 年 7 月 23 日，在其西边约 100km 处又发生了一次矩震级为 8.4 的特大地震。这两次地震的极震区相接，在如此短的时间内连续发生两次 8.0 级以上地震的例子，在欧亚大陆甚至世界上都十分罕见。由于这两次地震发生在人口稀少的地区，灾情并不严重。但在地面上，两次地震联合造成了长达 350km 的断裂带（两次地震断裂相接）。该发震断裂是沿着原有的已有的断层再次活动，地表破裂主要是已有断裂在地表产生的破裂。

haoneng liangduan

耗能梁段（energy consuming beam section）　钢框架—支撑结构的斜撑的偏心支撑中，偏心支撑则至少有一端不与梁柱节点或梁柱跨中直接连接而形成的梁段。该梁段可先期屈服耗散能量、加强体系稳定性，具有更强的抗震能力。

haoneng xishu

耗能系数（energy dissipation coefficient）　一个振动周期内能量耗散与最大弹性势能的比值，也称能量耗散系数或能量耗散比。

haoneng xianweiqi

耗能限位器（energy dissipating restraint）　一种兼有摩擦耗能机理的被动变刚度装置。该装置原用于核电厂管道支承的限位，后以斜撑形式用于房屋抗风、抗震体系和已有房屋的加固。

hechengbo

合成波（composite wave） 由各种频率、振幅不同的波互相叠加形成的波。在地震安全性评价中，为了满足土层地震反应输入地震动的需要，人工合成了地震波，称为人造地震动或人工地震波。

hecheng dimian weiyi

合成地面位移（resultant ground displacement） 把在三维空间内观测得到的地面位移分量按一定的要求进行组合，求取其位移矢量的过程。通过合成地面位移，可获得地面的倾斜矢量、水平位移矢量等结果。根据一个地区内多个地面点的位移合成结果，就可以判断该地区地壳运动的趋势，并为地震科学研究提供有价值的资料。

hecheng dizhen jilu

合成地震记录（synthetic seismic record） 利用连续的超声波地震测井或电测井资料，分出各个反射层，通过计算得到各层的反射系数和振幅，将其相应的许多反射波相加，得出一道人工计算绘成的地震记录。通过合成地震记录与野外地震记录的对比，能提供许多有参考价值的资料。用合成地震记录解释的地震测深剖面，叫合成地震剖面。

hecheng dizhentu

合成地震图（synthetic seismogram） 基于震源、地壳介质和场地的确定性模型生成的地震动时程，也称理论地震图。它的理论基础是强地震动模拟，多采用震源运动学模型，建立地壳介质和场地模型，根据位移表示定理，利用解析法或数值法求出介质各点的地震动时程。

helong wendu

合拢温度（initial temperature） 见【初始温度】

hean tanta zaihai

河岸坍塌灾害（disaster of riverbank avalanche） 江河岸壁发生崩塌、坍落，威胁内河航运安全阻塞河道，造成断航和洪水的灾害。

hebei sanhe pinggu da dizhen

河北三河平谷大地震（Hebei Sanhe Pinggu earthquake） 1679 年 9 月 2 日（清康熙十八年七月二十八日）河北三河—北京平谷发生了 8.0 级特大地震，极震区位于大厂县夏垫镇，震中烈度为 XI 度，这是北京附近地区历史上最大的一次地震，发震断裂为夏垫断裂，165 个州县有记载。破坏面积纵长 500km，北京城内故宫破坏严重。据《乾隆三河县志》记载，三河知县任塾震后作记："七月二十八日巳时，余公事毕，退西斋假寐。若有人从梦中推醒者，视门方扃，室内阒无人。正惝恍间，忽地底如鸣大炮，继以千百石炮，又四远有声，俨数十万军马飒沓而至，……次日人报县境较低于旧时，往勘之。西行三十余里及柳河屯，则地脉中断，落二尺许。渐西北至东务里，则东南界落五

尺许。又北至潘各庄，则正南界落一丈许。"地震时发生了大规模的砂土液化和地面形变。

hebei tangshan da dizhen

河北唐山大地震（Hebei Tangshan earthquake） 1976 年 7 月 28 日 3 时 42 分在河北唐山发生了震级为 7.8 级的大地震，震中烈度为 XI 度。同日 18 时 43 分，又在距唐山 40 余千米的滦县发生 7.1 级地震，震中烈度 IX 度。唐山地震发生在人口稠密、经济发达的工业城市，造成的损失极为惨重。这次地震有 242769 人遇难，重伤 16.46 万人，截瘫者 3817 人，孤儿 4204 人，轻伤需治疗者达 36 万之多，经济损失约 100 亿人民币，举世震惊。地震有感范围波及辽宁、山西、河南、山东、内蒙古等 14 个省、市、自治区，破坏范围半径约 250km，天津市也遭到 VIII 至 IX 度的破坏。震后吸取设防、预报、抗震、救灾诸多方面的经验教训，我国全面加强抗震设防，防震减灾进入新阶段。

hebei xingtai dizhen

河北邢台地震（Hebei Xingtai earthquake） 发生于 1966 年 3 月。地震活动属于震群型。3 月 8 日在隆尧县的马兰村一带发生了 6.8 级地震；3 月 22 日在宁晋县的东汪镇一带又发生 7.4 级地震；3 月 26 日在宁晋县的百尺口一带再次发生 6.2 级地震。这 3 次较大地震的震中位置相距不远，并依次向东北方向迁移。这次地震活动拉开了华北地区 20 世纪地震高潮活动的序幕。地震袭击人口密集的华北，造成 8064 人死亡、38000 人受伤、500 多万间房屋毁坏，经济损失达 10 多亿人民币，震撼首都圈。周恩来总理三赴现场，提出不能只留下记录，要研究地震规律，自此开启了我国开展地震预报研究和实践的新纪元。邢台地震发生后，中国的地震科学研究进入了以地震预报研究为主的阶段。

hechuang

河床（river channel） 河谷中经常有水流动、被水淹没的部分，也称河槽。一般可分为顺直微弯、弯曲、分汊和游荡四种类型。

hegu

河谷（river valley） 河流侵蚀形成的山间长条状槽形谷地。其内包括了各种类型的河谷地貌，从河谷横剖面看，可分为谷底和谷坡两部分。谷底包括河床、河漫滩；谷坡是河谷两侧的岸坡，常有河流阶地发育。谷坡与谷底的交界处称谷坡麓。

hegu jiedi

河谷阶地（valley terrace） 由河流间歇性下蚀或堆积作用而形成的沿河岸分布的不受洪水淹没的台阶。

hejiao zhenji

河角震级（Kawasumi magnitude） 原始的河角震级是日本学者河角广（K. Kawasumi）在 1943 年以日本气象厅

（JMA）地震烈度表在震中距为 100km 的烈度（用 I100 表示）定义的。河角广在 1951 年提出了一个将 I100 换算为古登堡-里克特震级的震级标度，称为河角震级，用 M_K 表示，它与里氏震级 M_L 的关系为：$M_L = 4.85 + 0.5 M_K$。

heliu jiedi

河流阶地（river terrace）　由于地壳上升、河流下切，河床位置不断降低，原河谷底部形成沿河谷两侧伸展、在两岸侵蚀、堆积形成的且高出洪水位的阶梯状地形，也称河成阶地。阶地面和阶地斜坡是组成阶地的两个主要形态要素，说明阶地发育的两个主要过程，即阶地面形成时期，河流的旁蚀作用或沉积作用占优势；阶地斜坡形成时期，河流的下切作用占优势。阶地高度由阶地面与河流平水期水面间的垂直距离来确定。按由下而上的顺序分级，把高于河漫滩的最低一级阶地称为一级阶地，向上依次为二级、三级阶地等。一般地，阶地越高则年代越老。按组成物质及其结构，可以将其划分为侵蚀阶地、堆积阶地、基座阶地和埋藏阶地四种类型。河流阶地反映了一条河流的发展和演化的历史。

hemantan

河漫滩（floodplain）　河床两侧洪水期淹没，平水期又露出水面的部分。它由河流自身带来的泥沙堆积而成，常有侧向堆积和垂直堆积。河流具有侧向侵蚀的能力，当河流在一岸进行侵蚀时，其对岸即出现堆积，随着一岸侧蚀的不断进行，另一岸的堆积也不断扩大；当其被洪水淹没时，滩面的水深较小，又有植物拦阻，悬移在水中的泥沙便沉积下来，使其逐渐加高，但高度不能超过最高洪水位。由于两种方向上的堆积，其沉积物具有明显的二元结构，下部由较粗大的河床冲积物（主要为粗砂和砾石）组成，上部由洪水泛滥时沉积的较细的堆积物（主要是细沙和黏土）组成。在一条河流上可同时看到由不同重现期洪水所造成的多级河漫滩现象，按其高程不同可将其分为高河漫滩和低河漫滩。

hemantan chenji

河漫滩沉积（overbank deposits）　洪水期河流涨水溢出河道，在河边低地形成的滞水沉积物的统称，也称泛滥平原沉积。其包括天然堤及其以外的决口扇和泛滥平原等，多为细粒的低能沉积物。

hedianchang diji kangzhen sheji

核电厂地基抗震设计（seismic design of nuclear power plant foundation）　为防止和抗御地震破坏而对核电厂地基进行的专项设计，是对核电厂选址及场址地基抗震安全性校核，包括核电厂选址及场址的地震安全性评价。国家标准 GB 50267—97《核电厂抗震设计规范》规定，核电厂地基不应选择水平方向力学特性差异很大的岩土，不应为软土、液化土或填土。同一结构体系不应同时采用人工地基和天然地基。Ⅰ、Ⅱ类物项的地基以及与Ⅰ、Ⅱ类物项安全有关的斜坡应进行地震安全性评价。

hedianchang dixiajiegou kangzhensheji

核电厂地下结构抗震设计（seismic design of nuclear power plant substructure）　为防止和抗御地震破坏而对核电厂地下结构进行的专项设计。核电厂地下结构含地下进水口、放水口、过渡段、地下竖井、泵房及地下管道。这些结构对核电厂安全运行和防止、减轻事故具有重要作用。地下结构和地下管道宜建造在密实、均匀、稳定的岩土中。由于处于埋置状态，这些结构的性态与地基、地形、地震动位移密切相关。国家标准 GB 50267—97《核电厂抗震设计规范》规定，进水口、放水口、过渡段和竖井的结构地震反应分析可采用静力反应位移法或动力多点输入弹性梁法。地下直埋管道、管廊和隧洞等，可简单估计与地震作用相关的最大轴向应力和最大弯曲应力，并据此进行结构设计。地下结构、地下管道的基础和地基应满足抗震承载力和稳定性要求。

hedianchang kangzhen

核电厂抗震（earthquake resistance of nuclear power plant）　核电厂抗震的理论与实践。20 世纪 50 年代至 20 世纪末，世界范围内建成运行的核电厂已超过 400 座，其装机容量接近总发电装机容量的 20%，核电是当今世界的主要能源之一。中国的秦山、大亚湾、岭澳核电厂等已建成投产，更大规模的核电建设计划正在实施之中。基于全球能源的中长期需求和环境保护的需要，核电发展有其必然性和合理性；但与放射性泄漏和污染有关的核安全问题必须关注，地震安全是核电厂建设应于考虑的重要问题。国家标准 GB 50267—97《核电厂抗震设计规范》规定了核电厂抗震设计的基本要求。

hedianchang kangzhen shefang mubiao

核电厂抗震设防目标（seismic fortification object of nuclear power plant）　对预期地震作用下核电厂所应具备的抗震能力的一般表述。国家标准 GB 50267—97《核电厂抗震设计规范》规定，在运行安全地震动作用下，核电厂应能正常运行，即具有核扩散危险的相关结构不能出现非弹性变形，或只出现轻微的非弹性变形，并保障与结构物连接的机电设备与仪器安全运转；在极限安全地震动作用下，应确保核反应堆冷却剂压力边界的完整，反应堆能安全停堆并维持安全停堆的状态，放射性外逸不超过国家规定限值。这一抗震设防目标的表述为国际范围内所通用。

hedianchang kangzhen sheji

核电厂抗震设计（seismic design of nuclear power plants）　为防止和抗御地震破坏，对核电厂区别不同的物项分类和不同的设计地震动的专项抗震设计。国家标准 GB 50267—97《核电厂抗震设计规范》规定：Ⅰ类物项采用运行安全地震动和极限安全地震动两者进行抗震设计；Ⅱ类物项采用运行安全地震动进行抗震设计；Ⅲ类物项依照其他有关抗震设计规范进行抗震设计。

hedianchang shebei anquan fenji

核电厂设备安全分级（safety classification of nuclear power plant equipment） 为了正确的选择核电厂的设计标准并规定设计要求，考虑安全功能对相关设备、系统和部件所作的分类。设备安全等级要首先列举安全功能条目，并按照重要程度排序；再对各安全功能条目进行分类，得到不同安全等级。在同一安全等级中的各项安全功能大体具有同等的重要性。当某一设备或部件承担多项安全功能时，应依最重要的安全功能确定安全等级。世界各国核电厂设备安全等级一般分为四级，不同等级的设备具有不同的安全功能。

hedianchang shebei kangzhen sheji

核电厂设备抗震设计（seismic design of power plant equipment） 为防止和抗御地震破坏而对核电厂设备进行的专项设计。国家标准 GB 50267—97《核电厂抗震设计规范》涉及的核电厂设备包括除管道和电缆托架以外的机械、电气设备和部件。

hedianchang sheji dizhendong

核电厂设计地震动（design ground motions of nuclear power plant） 核电厂抗震设计中采用的地震动加速度峰值和反应谱等强地震动参数以及地震动时程。美国、加拿大和欧洲诸国等规定核电厂设计地震动采用两个等级，分别称为安全停堆地震动（safe-shutdown earthquake，SSE）和运行基准地震动（operating basis earthquake，OBE）；并推荐采用与代表性强震记录峰值相近的加速度幅值。美国、西班牙、瑞士、印度等国核电站的 SSE 加速度取值在0.10g～0.25g，日本采用 0.48g（g 为重力加速度）；OBE 加速度通常不小于 SSE 加速度的1/2；竖向地震动通常取为水平地震动的 2/3。国家标准 GB 50267—97《核电厂抗震设计规范》规定，设计地震动区别为极限安全地震动和运行安全地震动两个等级。设计地震动应包括不少于三组的三分量（两个水平分量和一个竖向分量）设计加速度时间过程和三分量的设计加速度峰值和设计反应谱；竖向加速度峰值为水平加速度峰值的 2/3。设计加速度时间过程可由谐波叠加方法生成或由实测加速度记录调整得出。核电厂抗震设计反应谱可采用标准反应谱或场地相关反应谱。

hedianchang wuxiang fenlei

核电厂物项分类（structural classification of nuclear power plants） 基于核安全的重要性对核电厂各类建、构筑物和设备的分类。核电厂的建筑物、构筑物和设备的分类。核电厂的建筑物、构筑物和设施种类繁多，具有不同功能，对保障核安全、防止核泄漏和核污染具有不同的重要性，应区别物项分类采用不同的抗震设计要求。国家标准GB 50267—97《核电厂抗震设计规范》规定诸物项分为三类：Ⅰ类物项是与核安全有关的重要物项；Ⅱ类物项是Ⅰ类物项之外与核安全有关的物项以及损坏或丧失功能后会危及上述物项的其他物项；Ⅲ类物项是核电厂中与核安全无关的物项。

hezai

荷载（load） 施加在结构上的集中力或分布力。习惯上常指施加在工程结构上使工程结构或构件产生效应的各种直接作用，有结构自重荷载、楼面活荷载、屋面活荷载、屋面积灰荷载、车辆荷载、吊车荷载、设备动力荷载以及风、雪、冰、波浪等自然荷载。

hezai bianhua ganraoyuan

荷载变化干扰源（interference source from load change） 物质增减、迁移，使地面单位面积荷载变化。在地壳形变观测中，是指场地引起地壳形变的来源。例如，海洋潮汐、水库、湖泊、河流；采矿区荷载的变化；大型建筑、仓库、重型工厂的荷载变化；等等。

hezai bianshi

荷载辨识（load identification） 已知结构和响应求荷载的理论和方法，也称系统辨识。它既是结构动力学中的反问题和新问题，也是现代结构动力学主要研究内容之一。

hezai biaozhunzhi

荷载标准值（characteristic value of a load） 荷载的基本代表值，为设计基准期内最大荷载统计分布的特征值，如均值、众值、中值或某个分位值等。

hezai buzhi

荷载布置（load arrangement） 在结构设计中，对荷载作用的位置、大小和方向的合理确定。对结构的稳定性有重要影响。

hezai cucaodu zhibiao fangfa

荷载粗糙度指标方法（load roughness index method） 灾害荷载作用下结构可靠度分析的一种近似方法。灾害荷载包括罕遇地震作用、飓风和特大洪水等产生的荷载。

hezai daibiaozhi

荷载代表值（representative value of load） 结构设计中用以验算极限状态所采用的荷载量值，如标准值、组合值、频遇值和准永久值等。荷载代表值与荷载分项系数的乘积称为荷载设计值。国家标准 GBJ 50068—2001《建筑结构设计统一标准》根据不同极限状态的设计要求，对设计表达式中涉及的各种荷载规定了不同的代表值。各种荷载的标准值是建筑结构按极限状态设计时采用的荷载基本代表值。荷载标准值统一由设计基准期最大荷载概率分布的某一分位数确定。

hezai fendanbi

荷载分担比（load distribution ratio） 复合地基中桩体承担的荷载与桩间土承担的荷载的比值。

hezai fensanxing maogan

荷载分散型锚杆（load-dispersive anchorage） 在锚杆孔

内，由多个独立的单元锚杆组成的复合锚固体系。每个单元锚杆由独立的自由段和锚固段构成，能使锚杆所承担的荷载分散于各单元锚杆的锚固段上。一般可分为压力分散型锚杆和拉力分散型锚杆两类。

hezai gongkuang

荷载工况（load case） 荷载不同组合的工作状况，是按照规定的方式作用于结构上的力，位移或其他作用的组合。荷载工况分析是结构设计的重要内容。

hezai jianyan

荷载检验（load testing） 通过施加荷载评定结构或结构构件的性能或预测其承载力的试验。

hezai kongzhi

荷载控制（loading control） 以荷载值的倍数为级差的加载控制方法。该控制在建筑施工中有重要作用。

hezai pinyuzhi

荷载频遇值（frequent combinations of a load） 对可变荷载，在设计基准期内，其超越的总时间为规定的较小比率或超越频率为规定频率的荷载值。

hezai shejizhi

荷载设计值（design value of a load） 见【荷载代表值】

hezai xiaoying

荷载效应（load effect） 由荷载引起的结构或结构构件的受力反应，如内力、变形和裂缝等。

hezai zhunyongjiuzhi

荷载准永久值（quasi-permanent value of a load） 对可变荷载，在设计基准期内，其超越的总时间约为设计基准一半的荷载值。

hezai zuhe

荷载组合（load combination） 按极限状态设计时，为保证结构的可靠性而对同时出现的各种荷载设计值的规定。结构在使用期内有可能承受两种或两种以上的可变荷载，如活荷载、风荷载、雪荷载等，是荷载效应组合的简称。这种可变荷载在设计基准期内同时以最大值相遇的概率很小；因此，在分析结构或结构的可靠度时，需要采用适当的组合规则进行荷载组合。核电厂设备抗震设计不同工况和安全等级的荷载效应组合。核电厂设备的安全等级分为一级、二级、三级，使用荷载分为 A、B、C、D 四级（分别对应正常工况、异常工况、紧急工况和事故工况）。核电厂设备抗震计算考虑两种作用效应组合。第一种，运行安全地震作用与 A 级或 B 级荷载作用的效应组合；第二种，极限安全地震作用与 D 级荷载作用的效应组合。属于Ⅰ类物项的设备应就以上两种作用效应组合进行设计计算，属于Ⅱ类物项的设备仅就

第一种组合进行设计计算。在第一种组合中，组合作用效应取不同作用效应的绝对值之和；在第二种组合中，组合作用效应取不同作用效应平方和的平方根。

hezai zuhezhi

荷载组合值（combination value of a load） 对于可变荷载，使组合后的荷载效应在设计基准期内的超越概率能与该荷载单独出现时的相应概率趋于一致的荷载值，或使组合后的结构具有统一规定的可靠指标的荷载值。

heilutu

黑垆土（black loessial soil） 发育于黄土母质，在原腐殖质层上经长期施用土粪耕作而形成的土壤。其广泛分布于黄土高原，东起黄河边，西到宁南和陇中，北至长城沿线，南抵关中北山，在陕西、陇东、宁南和陇中等地区更为常见。它具有耕作熟化层（包括熟化层、犁底层和老表土层）、黑垆土层（包括腐殖质层和过渡层）、石灰淀积层和母质层；土体构型为 Ap1—Ap2—Apb—Bk—C，续分为黑垆土、黏化黑垆土、潮黑垆土和黑麻土 4 个亚类。

hengjia

桁架（truss） 由若干直杆组成的一般具有三角形区格的平面或空间承重构件。杆件间的结合点称为节点（或结点）。在荷载作用下，桁架杆件主要承受轴向压力或拉力，从而能充分利用材料的强度；在跨度较大时可比实腹梁节省材料，减轻自重和增大刚度，故适用于较大跨度的承重结构及高耸结构，其他（如水工闸门），起重机架也可采用桁架。它的缺点是制造时耗费劳动量和结构本身占用建筑空间较大。根据组成桁架杆件的轴线和所受外力的分布情况，桁架可分为平面桁架和空间桁架。

hengjia gongqiao

桁架拱桥（truss arch bridge） 中间用实腹段，两侧用拱形桁架片构成的拱桥。桁架拱片之间用桥面系与横向联结系（横向撑架、剪刀撑）连接成整体，其特点是实腹段与两侧拱形桁架片起着拱的受力作用，拱脚有水平推力可减小跨中弯矩；该桥比一般带拱上建筑的肋拱桥受力更加合理，可减小自重，节省材料，适用于地基较差的建设场地。

hengjia liangqiao

桁架梁桥（truss girder bridge） 用桁架作为主要承重结构的梁式桥，简称桁梁桥。桁梁桥早期曾采用木桁架，但因木材易腐朽，强度低、跨越能力不大，现在已不大使用。近代的桁梁桥以钢结构最多，近 20 年来预应力混凝土桁梁桥也有所发展，钢筋混凝土桁梁桥因拉杆易产生裂缝，故甚少修建。

hengjiaqiao

桁架桥（trussed bridge） 以桁架作为桥跨结构得主要承重构件的桥，主要有桁架梁桥、桁架拱桥等类型。

hengbo

横波 (shear wave)   地震时从震源传出的、传播它的介质质点振动方向与波的前进方向在远场垂直的一种弹性波。它是继初至波之后到达观测点的波，故又称续至波、S波；它是一种剪切波、旋转波、畸变波、扭转波、等体积波。如果介质是各向同性的，则与S波相联系的质点位移方向垂直于波传播方向。横波可以是平面偏振的，当横波偏振使得物质的所有质点在其传播中都做水平运动时，称为SH波；当所有质点都在包含传播方向的竖直面内运动时，称为SV波。

hengbo fenlie

横波分裂 (shear wave splitting)   横波的一种双折射现象，又称剪切波分裂。横向偏振的横波在通过各向异性介质传播时，会分裂成两个近似互相垂直偏振的震相，这两个分裂的震相具有不同的传播速度和不同的质点振动方向，此为横波分裂现象。

hengbo sudu

横波速度 (S-wave velocity)   横波在介质中的传播速度，又称S波速度、剪切波速度。横波在地壳中传播速度大约为 3.2～4.0km/s。

hengboxing mianbo

横波型面波 (surface S wave)   质点偏振方向与SH波相同，与波传播方向垂直的面波。

hengguan ouyadizhendai

横贯欧亚地震带 (trans-Eurasian seismic belt)   也称欧亚地震带。其可分为两路：一路是从堪察加开始，斜着越过中亚；另一路从印度尼西亚开始，越过南亚（喜马拉雅山脉）。两路在帕米尔会合，然后向西伸入伊朗、土耳其和地中海地区。该带的地震活动仅次于环太平洋地震带，环太平洋地震带外的几乎所有的深源、中源地震和大多数浅源大地震都发生在该带上，该带所释放的地震能量约占全球地震能量的15%。

hengqiang

横墙 (cross wall)   砖木结构或砖混结构中沿建筑物平面短轴方向布置的墙。沿建筑物平面长轴方向布置的墙称为纵墙。

hengqiang chengzhong

横墙承重 (cross wall load bearing)   在砖木结构或砖混结构中，楼板搭在横墙上，由横墙来承重。当房间的开间大部分相同，开间的尺寸符合钢筋混凝土板经济跨度时，常采用横墙承重的结构布置。

hengxiang gangjin

横向钢筋 (transverse reinforcement)   垂直于纵向受力钢筋的箍筋或间接钢筋。钢筋混凝土结构中柱子的竖向钢筋就是纵向钢筋，水平钢筋（箍筋）就是横向钢筋；墙中与地面垂直的为纵向钢筋，与地面平行的为横向钢筋；而梁的底部和顶部沿梁跨度方向的钢筋是纵向钢筋，梁的箍筋和拉筋为横向钢筋；沿楼板短向的为横向钢筋，沿楼板长向的为纵向钢筋。

hengxiang lingmindu

横向灵敏度 (transverse sensitivity)   传感器在与其灵敏轴垂直的方向被激励时的灵敏度。常以相当于轴向灵敏度的百分数来表示，它表征压电加速度传感器的质量优劣。一个好的加速度传感器，其横向灵敏度应低于5%。传感器的横向灵敏度与沿灵敏轴方向的灵敏度之比称为横向灵敏度比。

hengxiang lingmindu bi

横向灵敏度比 (transverse sensitivity ratio)   见【横向灵敏度】

hengxiang zifuwei jiegou

横向自复位结构 (transverse self-centering structure)   利用水平布置的钢绞线提供恢复力的结构，是放松梁柱节点约束的横向自复位框架结构。该结构在地震作用下，梁柱节点发生开合运动，通过节点摩擦阻尼器或角钢耗能，并利用水平布置的钢绞线提供恢复力。

hengzhongshi dangtuqiang

衡重式挡土墙 (balance weight retaining wall)   墙背设有衡重台（减荷台）的重力式挡土建筑物。它是利用衡重台上部填土的重力而使墙体的重心后移，并以此来抵抗土体侧压力的挡土墙，也是重力式挡土墙的一种。

hongganfa hanshuiliang shiyan

烘干法含水量试验 (moisture content test with drying method)   将试样置于电热恒温箱内，使液态水蒸发以测定岩土含水的试验，是实验室测量含水量的常用方法。

hongniantu

红黏土 (red clay)   碳酸盐岩系出露区的岩石，经红土化作用形成的颜色为棕红、褐黄色，液限大于或等于50%的高塑性黏土。其主要分布于暖温带及其以北水土流失地区，另外浙江沿海岛屿也有小面积分布。其可进步分为红黏土、积钙红黏土。

hongtu

红土 (laterite)   石灰岩或其他熔岩经风化后形成的富含铁铝氧化物的褐红色粉土或黏土，是一种常发育在热带和亚热带雨林、季雨林或常绿阔叶林植被下的土，由碳酸盐类或含其他富铁铝氧化物的岩石在湿热气候条件下风化形成，具有高含水率、低密度而强度较高、压缩性较低的工程特性。主要分布于非洲、亚洲、大洋洲及南美洲、北美洲的低纬度地区，以南北纬30°为限。

hongwaichengxiang

红外成像 （infrared imaging） 根据被测物体的红外线辐射识别物体缺陷或损伤的技术。利用红外检测仪器摄取物体的红外线辐射强度可获得物体表面温度场，该温度场分布的图像能直观显示被测材料或结构的不连续，这是一种广泛使用的非接触无损检测技术。

hongwai tance

红外探测 （infrared detection） 利用遥感探测仪器探测地质体的红外线辐射能量，从而对地质体热辐射场、温度场进行研究的地球物理探测方法。

hongguan dizhen kaocha

宏观地震考察 （macroscopic seismic survey） 破坏性地震发生后，在地震现场对人所能直接感觉到的地震现象，包括地震在地面所造成的破坏和影响所进行的实地调查。根据地震宏观调查可以确定地震烈度、绘制等震线图、确定宏观震中位置等。这对了解地震的成因和各种建筑物的抗震性能具有重要意义。宏观调查的主要内容有建筑物震害调查、生命线工程震害调查、地面破坏调查、前兆现象调查、历史地震调查与考证、宏观地震资料整理等。

hongguan dizhen xianxiang

宏观地震现象 （macroscopic seismic phenomenon） 人所能直接感觉到的地震现象，包括地震在地面造成的破坏和影响的情况，如建筑与工程的损坏、地质构造的活动、地貌地形的变化、井泉的变异、地裂和喷水冒砂、山崩和滑坡、湖潮与海啸、人的感觉与生物的反映等。

hongguan dizhen xiaoying

宏观地震效应 （macroscopic seismic effect）
见【地震效应】

hongguan dizhenxue

宏观地震学 （macroseismology） 在地震现场采用宏观方法（即不借助仪器的方法）对人的感官能直接感知的地震现象、地震所造成的各种破坏及地震前后出现的其他现象（如建筑物与工程的损坏、地貌变化、地裂缝、烟囱倒塌、喷水、冒砂、山崩、滑坡、井泉变异、湖震、海啸等）进行考察、调查研究的地震学分支学科。

hongguan dizhen zhenzhong

宏观地震震中 （macroscopic epicentre） 极震区的中心，简称宏观震中，是人的感觉最强烈、地面破坏最严重的地点，也是震源最大能量释放区在地表的垂直投影点，一般基于宏观震害调查确定的极震区的几何中心。它一般与仪器测定的震中不重合。地震时，地面上受破坏最严重、烈度最高、最内等震线所封闭的区域称为极震区，极震区的地震烈度称为宏观震中烈度。

hongguan dizhen ziliao

宏观地震资料 （macroscopic seismic data） 对地震宏观现象进行描述的资料。它包括地震断层、地面形变、地震对建筑物的破坏以及地震时人的感觉等；它往往是一种定性的描述。

hongguan moxing

宏观模型 （macroscopic model） 非线性地震反应分析的一种模型。一般以构件作为基本单元，在结构非线性地震反应分析中被广泛使用。

hongguan pohuai zhibiao

宏观破坏指标 （macroscopic destructivity index） 划分结构破坏等级的构件宏观破坏现象及相应的修复难易和功能失效程度的指标。宏观破坏现象包括裂缝的位置、数量、扩展形态、承重构件和非承重构件的破坏程度、整体倒塌、倾斜和破坏等。不同破坏现象导致的修复难易程度和功能失效等方面存在的差异等。

hongguan qianzhao

宏观前兆 （macroscopic premonitory） 人的感官能够直接察觉的震前征兆。例如，井水变混浊、冒泡、翻花、升温、变色变味、陡涨陡落；泉水突然枯竭或涌出；动物家禽表现异常；天气冷热骤变、暴风雪、暴雨等异常气候；地下发出奇异的响声；天空出现奇特的亮光或彩云；等等。

hongguan xianchang

宏观现场 （macroscopic field） 地震发生后，能观测到地震现象的场所，一般是指震中及附近地区。地震现场工作是极为重要的工作，现场调查所获得的资料对抗震救灾和地震科学研究有重要意义。

hongguan yehua

宏观液化 （macroscopic liquefaction） 场地发生的喷水冒砂或液化滑移现象。通常，人们对于一次地震中某个场地是否发生了液化的判断是根据宏观震害现象来识别。重要的鉴别标志是该场地是否发生了喷水冒砂或液化滑移现象。

hongguan zhenhai

宏观震害 （macroscopic seismic damage） 地震区的全部可观察的地震现象，包括建筑物的受损情况、地表现象和自然景观的改变、器物的受震表现以及人的感觉和反映等现象。

hongguan zhenzhong

宏观震中 （macroscopic epicenter） 见【宏观地震震中】

hongguan zhenzhong liedu

宏观震中烈度 （macroscopic epicentral intensity）
见【宏观地震震中】

hongguan-weiguan jiehe moxing

宏观-微观结合模型（macroscopic-microscopic model）
非线性地震反应分析的一种模型。纤维模型和分层单元模型属此类模型。以构件作为基本单元，但在单元内部进一步划分子单元，并规定内部子单元间的变形协调关系，这些子单元可遵循不同的本构关系，能够详细地描述单元内部复杂的应力状态。

hongxishi wumian yushui paishui xitong

虹吸式屋面雨水排水系统（roof siphonic drainage systems）
按虹吸满管压力流原理设计，管道内雨水的流速、压力等可有效控制和平衡的屋面雨水排水系统。一般由虹吸式雨水斗、管材（连接管、悬吊管、立管、排出管）、管件、固定件等组成。

hongxitongfa bizhongshiyan

虹吸筒法比重试验（specific gravity test with siphon cylinder method）
根据阿基米德原理，通过称重测出土粒在虹吸筒中排开的体积，以测定粗粒土颗粒比重的试验。

hongjishan

洪积扇（diluvial fan）
干旱和半干旱山区沟谷发育，间歇性洪流在山谷出口处，由于流速降低，携带的大量碎屑物质经分选、沉积而形成的扇形堆积体地貌。洪积扇堆积的物质颗粒粗大、分选和磨圆较差、层理不明显、透水性强、扇面网状水系不发育。

hongjitu

洪积土（diluvial soil）
暂时性洪流将山区碎屑物质携带至沟口或平缓地带堆积而成的土。该土一般是较理想的建筑地基，尤其是离山前较近的洪积土颗粒较粗，地下水位埋藏较深，具有较高的承载力，压缩性低，是工业与民用建筑物的良好地基；在离山区较远的地带，洪积物的颗粒较细、成分较均匀、厚度较大，一般也是良好的天然地基。但上述两地段的中间过渡地带，常因粗碎屑土与细粒黏性土的透水性不同而使地下水溢出地表形成泉或沼泽地，因此土质较差，承载力较低，应慎重选择作为建筑地基。

hongjiwu

洪积物（diluvium）
由洪水作用形成的沉积物。多发育在干旱、半干旱地区盆地或平原边缘的山麓地带。洪积物在山前形成的呈扇状堆积体称为洪积扇，可划分出扇顶、扇中和扇缘三个沉积亚相。洪积物的一般特征主要是：颗粒较粗，除砂、砾石外，有时还有巨大的块石；分选中等偏好，磨圆度一般为次圆状及次棱角状；具有多元结构，层理面不明显，可见斜层理和交错层理。从山谷口到山前平原方向，粒度由粗变细，碎屑分选性和砾石磨圆度增高。

hongjizhui

洪积锥（proluvial cone）
见【冲积锥】

houji jiazai quxian

后继加载曲线（successor loading curve）
等幅循环荷载作用下，在土的应力-应变关系曲线中，表示动荷载第一次达到最大幅值后的应力-应变关系曲线，在这一阶段要经历多次卸荷和反向加载。由于存在塑性变形，卸荷和反向加荷的应力-应变关系曲线将不同于初始加荷曲线。弹塑性模型的建模就是确定初始加载曲线和后继加载曲线。

houjiaodai

后浇带（post pouring strip）
为防止混凝土结构由于温度、收缩和地基不均匀沉降而产生裂缝，现浇混凝土结构施工过程中设置的预留施工间断带。

houqi zhihu

后期支护（final support）
隧洞初期支护完成后，经过一段时间，当围岩基本稳定，即隧洞周边相对位移和位移速度达到规定要求时，最后施工的支护。

houxu shiyong nianxian

后续使用年限（continuous seismic working life）
对现有建筑经抗震鉴定后继续使用所约定的一个时期。在这个时期内，建筑不需要重新鉴定和相应加固就能按预期目标使用，并完成预定的功能。

houzhangfa yuyingli hunningtu jiegou

后张法预应力混凝土结构（post-tensioned prestressed concrete structure）
浇筑混凝土并达到规定强度后，通过张拉预应力筋并在结构上锚固而建立预应力的混凝土结构。

houzhuang bachufa

后装拔出法（post-install pull-out method）
在硬化的混凝土上钻孔、磨槽、安装锚固件后用拔出仪做拔出试验，根据测定的抗拔力检测混凝土抗压强度的微破损方法，它具有使用范围广，测试结果可靠的特点。

houbi qutuqi

厚壁取土器（thick wall sampler）
内径为 $75 \sim 100mm$，面积比为 $13\% \sim 20\%$ 的有衬管取土器。是岩土工程勘察中常用的取土器。

houfeng didongyi

候风地动仪（earthquake weathercock）
地动仪的误名。公元 132 年张衡地动仪创制后，在《后汉书·张衡传》上载："阳嘉元年，复造候风地动仪……"将"地动仪"说成"候风地动仪"，使后人怀疑不单是个地动仪，还是个测风仪。实际上因"候风仪"与"地动仪"都在阳嘉元年制成，故写在一起。"候风"是测候之意，在张衡传中没有说及测风的仪器，所描述的全是地动的有关情况。因此，正确名字应该为"地动仪"。

huke dinglü

胡克定律（Hooke's law） 由英国物理学家胡克（Robert Hooke）于 1678 年首先提出，是弹性力学的基本规律之一。该定律可表述为：在小变形情况下，固体的变形与所受的外力成正比；也可表述为：在应力低于比例极限（是材料的力学性能）的情况下，固体中的应力 σ 与应变 ε 成正比，即 $\sigma = E \cdot \varepsilon$，式中，$E$ 为常数，称为弹性模量或杨氏模量。胡克定律后来被推广到三向应力、应变状态，即通常所说的广义胡克定律。

hujitu

湖积土（lacustrine soil） 在湖泊及沼泽等极为缓慢和静水条件下沉积下来的土，也称淤泥土，分为湖边沉积土和湖心沉积土。湖边沉积土一般由湖浪冲蚀湖岸、破坏岸壁形成的碎屑物质组成；具有明显的斜层理构造，作为地基时，近岸带有较高的承载力，远岸带则性质较差。湖心沉积土通常是由河流和湖流夹带的细小悬浮颗粒到达湖心后沉积形成的；具有压缩性高、强度低的工程特点。

hujiwu

湖积物（lacustrine deposit） 由湖泊作用而形成的沉积物，主要由碎屑沉积物与化学沉积物两种类型组成。湖泊碎屑沉积物一般因所处湖泊的地貌位置不同而有区别，在湖滨浅水地带以颗粒较粗的砂砾沉积为主，常见斜层理和波痕，厚度较小；在湖心深水地带以细粒的粉砂、黏土沉积为主，具水平层理，厚度较大，可达数十米至数百米。有时，在入湖河流的河口处，还可形成砾石、沙（内含重矿物）、粗贝壳屑与细粒为主的三角洲沉积。湖泊化学沉积物主要发育于干燥气候环境下的湖泊，注入湖水中的盐分因化学作用和生物作用而沉淀形成。按盐分性质分成三类：碳酸盐湖；苏打盐湖；硫酸盐湖。其中碳酸盐湖和苏打盐湖，为淡水湖向咸水湖的过渡性形态；硫酸盐湖，也称苦湖；氯化物湖，即咸湖。

hupo

湖泊（lake） 停滞或缓流的水充填大陆凹地而形成的水体。按成因可分为构造湖、火山湖、山崩湖、水力冲积湖、泻湖、岩溶湖、冰川湖和人工湖。也可按湖水温度或含盐量划分为暖湖、温湖、冷湖或淡水湖、微咸湖、咸水湖和盐湖等。在工程水文学中湖泊的意义在于它能调节江河径流，减少洪峰流量，增加枯水流量，并可作为发电、灌溉和给水水源以及运输航道等。

huyong

湖涌（seiches） 见【湖震】

huzhen

湖震（seiche） 强烈地震造成湖泊、水库或港湾水体外溢，冲击堤坝和湖岸的现象，是地震引起湖泊按照水体的固有周期振荡，这些振荡可以延续几个小时乃至 1～2 天，

也称湖涌。1959 年，美国黄石公园的赫布根（Hebgen）湖附近发生强烈地震，引起赫布根水库的激烈振荡，每次振荡来回达 17 分钟之久；其中前四次越过水坝顶部，湖水溢过坝顶要几分钟；震后 11 小时还可以看见水面振荡。港湾或河道等半封闭水体也可能在震后振荡，1755 年，葡萄牙里斯本地震，造成西欧和北欧大量湖泊港湾的水体振荡。利用地震湖涌，可以根据观测记录来解释水体振荡时刻与地震波的传播时间相关性。

hugonglüpu

互功率谱（cross power spectrum） 也称互谱密度函数，是功率谱的一种。若定义两个随机过程 $x(t)$ 和 $y(t)$ 的互相关函数为：

$$R_{xy}(\tau) = \int_{-\infty}^{+\infty} x(t) y(t+\tau) \, dt$$

则可定义互功率谱为：

$$S_{xy}(\omega) = \int_{-\infty}^{+\infty} R_{xy}(\tau) e^{-i\omega\tau} \, d\tau$$

且

$$R_{xy}(\tau) = \frac{1}{2\pi} \int_{-\infty}^{+\infty} S_{xy}(\omega) e^{+i\omega\tau} \, d\omega$$

可见，互功率谱既有幅值特性，也有相位信息。

hupu midu hanshu

互谱密度函数（cross-spectral density function） 功率谱的一种，也称互功率谱。如果两个随机过程 $x(t)$ 和 $y(t)$ 的互相关函数为：

$$R_{xy}(\tau) = \int_{-\infty}^{+\infty} x(t) y(t+\tau) \, dt$$

则互谱密度函数为：

$$S_{xy}(\omega) = \int_{-\infty}^{+\infty} R_{xy}(\tau) e^{-i\omega\tau} \, d\tau$$

huxiangguan hanshu

互相关函数（cross-correlation function） 如果 $x(t)$ 和 $y(t)$ 是两个独立的随机过程，则它们的互相关函数为：

$$R_{xy}(\tau) = \int_{-\infty}^{+\infty} x(t) y(t+\tau) \, dt$$

huxiefangcha hanshu

互协方差函数（cross-covariance function） 若 $x(n)$ 和 $y(n)$（$n = 0, 1, \cdots, N-1$）为确定的或随机的时间序列函数，则互协方差函数为：

$$C_{xy}(\tau) = E\{[x(n) - \mu_{x(n)}][y(n+\tau) - \mu_{y(n+\tau)}]\}$$

式中，$E[\cdot]$ 为数学期望；μ_x 和 μ_y 分别为随机变量 x 和 y 的均值。

hulungui

护轮轨（guard rail） 为了防止车轮脱轨或向一侧偏移，在轨道上钢轨内侧加铺的不承受车轮垂直荷载的钢轨。

hupo

护坡（slope protection）　为了防止边坡受水冲刷，在边坡的坡面上所做的各种铺砌和栽植的统称。它是边坡工程的重要组成部分。

hutan

护坦（apron）　在泄水构筑物的上、下游侧，为保护河床免受冲刷或浸蚀破坏而修筑的刚性护底构筑物。其上的水流紊乱，其荷载有自重、水重、扬压力、脉动压力及水流的冲击力等。由于受力情况复杂，护坦又紧靠闸室或坝体，一旦破坏，直接影响闸坝安全，因此要求护坦具有足够的重量、强度和抗冲耐磨能力，保证在外力作用下不被浮起或冲毁。护坦厚度的最后确定通常需参考已建工程的经验。

huagangyan

花岗岩（granite）　以长石、石英、云母为主要矿物组成，通常具有粒状结构和块状构造的深成酸性侵入岩。一种分布很广的深成酸性岩浆岩，颜色较浅，以灰白、肉红色较为常见。主要由石英、长石及少量暗色矿物组成，石英含量在20%以上；具花岗结构或似斑状结构，此外，还能见到花斑结构、文象结构和蠕虫结构等，它们均是由石英和碱性长石交生的产物。多呈块状构造，特别是在侵入体中心相的岩石往往较为均一，而在岩体的边缘，由于常含围岩捕虏体和暗色矿物斑块，易出现斑杂构造。该岩石是地球大陆地壳的重要组成部分，是地球区别于太阳系其他行星的重要标志。与其有关的矿产也极为丰富，主要有钨、锡、钼、铋、汞、镍、金、铜、铅、锌、锯、镀等以及放射性元素等矿产。其因结构均匀、质地坚实、颜色美观而成为一种优质建筑石料。

huagangyan canjitu

花岗岩残积土（granitic residual soil）　由花岗岩风化残积而成的土。根据大于2mm颗粒的含量分为砾质黏性土、砂质黏性土和黏性土等。

huagangyan dimao

花岗岩地貌（granite landform）　外动力作用在花岗岩岩体上形成的形态特殊的地貌类型。常见的为丘陵状花岗岩山地，其多由窟窿构造的花岗岩体组成，常为红色风化壳，在风化壳剥去后，则露出球状石蛋，或馒头状岩丘，形态独特，在中国东南部地区较多见。还有峰林状花岗岩山地，其多由岩株构造的花岗岩体组成，地势高峻，岩石裸露，沿节理、断裂进行强烈的风化、侵蚀和流水的切割，形成奇峰深壑，如中国的黄山和华山等，多为风景旅游胜地。多数花岗岩区会有相当厚的风化壳，从几十米到百余米不等。

huahen yingdu

划痕硬度（scratch hardness）　通过划痕确定材料硬度的方法。1722年，法国学者列奥米尔（René-Antoine Ferchault de Réaumur）　首先提出了极粗糙的划痕硬度测定法。它是以适当的力使被测材料在一根由一端硬渐变到另一端软的金属棒上划过，根据棒上出现划痕的位置来确定被测材料的硬度。1822年，莫斯（Friedrich Mohs）以十种矿物的划痕硬度为标准，定出十个硬度等级，称为莫氏硬度。十种矿物的莫氏硬度等级依次为金刚石（10）、刚玉（9）、黄玉（8）、石英（7）、长石（6）、磷灰石（5）、萤石（4）、方解石（3）、石膏（2）、滑石（1）。莫氏硬度的精度不高，但对地学工作者的野外工作很实用。

huabei dikuai

华北地块（North China block）　原属古中国地块的一部分，是一个具有古老构造基底的地台。其范围与原华北地台基本相同，主体位于阴山以南和秦岭、大别山系以北广大地区。震旦纪至三叠纪，经历了相对稳定的时期，表现为地块的整体升降，地层岩相对稳定，厚度变化不大，岩浆活动不发育。中、新生代构造活动活跃，受断裂控制，逐渐解体为规模不等的断块。如太行山地块、晋西地块等。强烈的地壳伸展裂陷使东部形成地堑地垒系列，构成盆—岭构造，玄武岩活动规模大。西部鄂尔多斯周缘第四纪伸展作用强烈，边缘一系列盆地继续发展，如河套盆地、山西地堑系、渭河盆地、银川盆地，其间第四系沉积厚度超过华北平原两倍。该区地震活动的强烈程度是世界上大陆内部古地台区中极其少见的。中国东半部2000多年来历史记载的7次8.0级左右强震有6次发生在这一地区；近百年东部（台湾除外）所有7.0级以上强震几乎都发生在这一地区。强震集中的区、带主要有郯庐断裂强震带、华北平原强震带、鄂尔多斯周缘盆地强震带、苏北一南黄海盆地强震带等。大地测量显示，华北现代地壳活动基本继承第四纪的构造格局，总的轮廓是以太行山东麓为界，表现出西升东降的特征。

huabei dizhenqu

华北地震区（North China earthquake area）　国家标准GB 18306—2015《中国地震动参数区划图》在中国及邻区划分的8个地震区之一。该区划分出长江下游—黄海地震带、郯庐地震带、华北平原地震带、汾渭地震带、银川—河套地震带、朝鲜地震带6个地震带和鄂尔多斯地震统计区，主要分布辽宁、朝鲜半岛及其邻近海域、北京、天津、山西、陕西、宁夏、内蒙古、河北、河南、山东、安徽、江苏、浙江和上海等地区。在区域大地质构造上，该区以华北地台和中朝准地台为主，区内断裂构造以北东向为主。该区地震活动强烈，截至2010年12月，该区共记录到5.0级以上地震561次。其中，5.0～5.9级地震426次；6.0～6.9级地震109次；7.0～7.9级地震21次，8.0～8.9级地震5次；最大地震是1556年2月2日陕西华县8½级特大地震和1668年7月25日山东郯城8½级特大地震。

huabeipingyuan dizhendai

华北平原地震带（North China plain earthquake belt）　国

家标准 GB 18306—2015《中国地震动参数区划图》划分的地震带，隶属华北地震区。该带主要分布在北京、天津、河北、河南和山东、湖北的部分地区，呈北北东向展布，南界大致位于襄阳—武汉一线，北界位于燕山南侧，西界位于太行山东侧，东界位于下辽河—辽东湾拗陷的西缘，向南延到天津东南，经济南东亳州达红安、麻城一带。华北平原地壳厚度为 32～36km，莫霍面隆起带与拗陷带相间排列，与新生代隆起、坳陷呈镜像关系。重磁异常呈北北东向带状分布，本带布格重力异常值由东向西降低。磁异常正负相间排列，变化较剧烈，局部异常较多。该带在历史上共记录到 4.7 级以上的地震 228 余次。其中，5.0～5.9 级地震 114 次；6.0～6.9 级地震 30 次；7.0～7.9 级地震 5 次；8.0～8.9 级地震 1 次；最大地震是 1679 年 9 月 2 日河北三河平谷 8.0 级特大地震。该带本底地震的震级为 5.5 级，震级上限为 8.0 级。

hua'nan dizhenqu

华南地震区（South China earthquake area） 国家标准 GB 18306—2015《中国地震动参数区划图》在中国及邻区划分的 8 个地震区之一。该区划分出长江中游地震带、华南沿海地震带和右江地震带三个地震带，分布范围主要包括重庆、湖南、湖北、贵州、海南及邻区、广东及沿海、福建及沿海、台湾海峡及南海北部、广西和江西以及四川、浙江的部分地区。在区域大地质构造上，该区位于华南加里东褶皱带和扬子地台的西部，带内断裂以北东、北北东向和北西向为主。截至 2010 年 12 月，该区共记录到 5.0 级以上地震 200 次。其中，5.0～5.9 级地震 167 次；6.0～6.9 级地震 29 次；7.0～7.9 级地震 4 次；最大地震为 1604 年 12 月 29 日福建泉州海外和 1605 年 7 月 13 日海南琼山两次 7½ 级大地震。

hua'nanyanhai dizhendai

华南沿海地震带（Huananyanhai earthquake belt） 国家标准 GB 18306—2015《中国地震动参数区划图》划分的地震带，隶属华南地震区。华南沿海地震带包括东南沿海、东海南部、台湾海峡及南海北部，是一个相对狭长的地震发生带，北起浙江南部，南至广东的雷琼和广西地区，大致与海岸线平行。该带大地构造属加里东褶皱带，该区晚古生代以来大部分为相对隆起区，中生代构造运动强烈，以断裂和断块活动为主，新生代以来断裂继续活动，形成一些断陷盆地，如雷琼、三水、潮汕等，沉积较厚的新生代地层。该地区北段断裂构造以北北东向为主，次为北西西向；南段则以北东东向为主，次为北北西向。受台湾碰撞带影响，晚第四纪以来，台湾海峡西部滨海断裂附近及潮汕、漳州、雷琼等断陷盆地构造活动较为强烈，地震较为活跃，是华南强地震活动区。该地震带划分为内带和外带，外带主要包括闽、粤沿海及其海域和雷州半岛以及海南岛，东南沿海地震带的所有 7.0 级以上地震和大多数 6.0 级以上的地震都发生在外带；内带没有 7.0 级以上地震发生，6.0 级地震活动也比较少，内带的地震活动强度与频度

明显低于外带，其历史最大震级为 1936 年灵山 6.8 地震。截至 2010 年 12 月，该地震统计区共记录到 4¾ 级以上地震 172 次，均为浅源地震。其中，5.0～5.9 级地震 70 次；6.0～6.9 级地震 25 次；7.0～7.9 级地震 4 次；最大地震为 1604 年 12 月 29 日福建泉州海外和 1605 年 7 月 13 日海南琼山两次 7½ 级大地震。该带本底地震的震级为 5.0 级，震级上限为 8.0 级。

huaban zhizuo

滑板支座（sliding bearing） 由表面粘贴聚四氟乙烯板的圆形叠层橡胶支座与镶贴不锈钢面层薄板的钢平板组合而成的装置。其主要用于支承上部结构的重量，聚四氟乙烯板与不锈钢板表面接触，可相互滑动。

huachong

滑冲（fling-step） 断层错动造成的近断层地表破裂而形成的突发永久位移，也称突发永久位移。研究认为，地面突发永久变形能对长大结构造成一定的破坏。地表破裂会对破裂所经过之处的结构造成毁灭性破坏，但对于距离地表破裂一定距离的结构却未见破坏。

huadao

滑道（slipway） 修船厂和造船厂中连接船台和水域供船舶上船台和下水用的斜坡轨道。早期在修造小船时主要是利用天然岸坡作为滑道；这种滑道目前也有使用。随着船舶尺度的增大，滑道逐步发展成为大型的水工建筑物；船舶上下船台也实现了机械化。按船造船厂舶纵轴线与岸线相对关系，滑道可分为纵向滑道和横向滑道两类。纵向滑道上的船舶与岸线垂直，横向滑道上的船舶与岸线平行。垂直升船机也可起滑道的作用。

huadongdai

滑动带（slip zone） 滑坡体与滑床间具有一定厚度的滑动碾碎物质的剪切带。滑动带的位置和特征是滑坡研究的重要内容。

huadong gezhen

滑动隔震（sliding isolation） 利用支承面的水平滑动摩擦来实现工程结构隔震的技术。该隔震技术是最早被考虑的基底隔震方式之一，早在 19 世纪就有在房屋基底设置滑石或云母阻隔水平地震动向上部结构传输的设想。基于当代技术的发展，多种滑动隔震装置被开发并应用于房屋和桥梁。

huadong ji huadonglü ruohua moxing

滑动及滑动率弱化模型（slip and rate-weakening model） 剪切应力随位错增加而下降，随滑动速率下降而增加的破裂摩擦模型，是应用破裂临界应力准则的一种模型，也称滑动与速度弱化模型。

huadongjiao

滑动角（sliding angle） 断层面上位错矢量与水平方向的夹角，也称倾伏角。在描述断层破裂引发地震的力学模型中，发震断层面通常为倾斜面，断层面上一点的错动用位错矢量表示，位错矢量与水平方向通常存在夹角。断层面与水平面交线向两端延伸的方向称为走向，在断层面上与走向垂直的方向称为倾向，倾向与水平方向的夹角称为倾角。

huadonglü ruohua moxing

滑动率弱化模型（rate-weakening model） 剪切应力随滑动速率增加而下降的破裂摩擦模型，是应用破裂临界应力准则的一种模型，也称速度弱化模型。

huadongmian

滑动面（sliding surface） 滑坡体沿之滑动的剪切破坏面，简称滑面。滑坡体移动时，它与不动体（母体）之间形成一个界面并沿其下滑。滑动面通常是上陡下缓，近似圆弧形。滑动面有时只有一个，有时可有几个，故可分为主滑动面和分支滑动面。滑动面上可以清晰地看到磨光面和擦痕。有时滑动面上有明显的扰动和拖曳褶皱现象，构成滑动带。滑动面以下的不动体（母体），称为滑坡床。有些滑坡并没有明显的滑动面，在滑坡床之上就是软塑状的滑动带，在滑动带之上的岩土体称为滑坡体。

huadong motai kongzhi

滑动模态控制（slid mode control） 见【变结构控制】

huadong moca

滑动摩擦（sliding friction） 物体间有相对滑动时产生的摩擦。当一个物体在另一个物体表面滑动时，接触面间产生的阻力称为滑动摩擦力。当物体间有相对滑动时的滑动摩擦称动摩擦。当两个物体具有相对运动趋势时，在接触面上产生阻碍物体间发生相对运动的力称为静摩擦力。近代摩擦理论认为，产生滑动摩擦的主要原因有两个方面：一是关于摩擦的凹凸啮合说，认为摩擦的产生是由于物体表面粗糙不平，当两个物体接触时，在接触面上的凹凸不平部分就互相啮合，使物体运动受到阻碍而引起摩擦；二是分子黏合说，认为当相接触两物体的分子间距离小到分子引力的作用范围内时，在两个物体紧压着的接触面上的分子引力便引起吸附作用。

huadong moca zhizuo gezhen

滑动摩擦支座隔震（sliding friction isolation） 在基础和上部结构间设置的低摩擦系数的水平滑动层，用以阻断地震剪切波传播和消耗地震能量的隔震方法。

huadong ruohua moxing

滑动弱化模型（slip-weakening model） 剪切应力随滑动距离增加而下降的破裂摩擦模型，是应用破裂临界应力准则的一种模型。

huadong sulü

滑动速率（slip rate） 活动断层两盘块体在包含发生了数次地震时段内的年平均位移值。通常使用的单位为毫米每年（mm/a）。断层位移速率是衡量断层活动强度的重要参数，是断层在一定时段内的平均活动水平。利用断层的位移速率和断层一次位移事件距今的时间（离逝时间），可以评价未来时间段内发生不同震级地震的危险度。

huadong yiwei

滑动移位（sliding moving） 建筑物与基础分离、加固后，通过牵拉或顶推装置，沿支承轨道滑动平移到新基础上，是建筑物移位的一种方法。

huadong yu sudu ruohua moxing

滑动与速度弱化模型（slip and rate-weakening model） 见【滑动及滑动率弱化模型】

huamian

滑面（sliding surface） 见【滑动面】

huapo

滑坡（landslide） 也称地滑、塌方。斜坡岩土体在重力、震动、地下水和各种人为因素作用下，沿固定的剪切破坏面滑移的现象，通常泛指已经发生的滑坡和可能以滑坡形式破坏的不稳定斜坡或变形体。按岩土性质可分为岩体滑坡和土体滑坡；按滑坡面与岩层层面的关系可分为无层滑坡、顺层滑坡和切层滑坡；按滑坡开始部位可分为推动式滑坡、牵引式滑坡、混合式滑坡和平移式滑坡。通常，滑坡体的水平位移大于垂直位移。强地震动是触发滑坡的重要因素，在地震现场常见地震滑坡堵塞或破坏公路；掩埋或毁坏房屋及其他工程结构的现象。地震滑坡的分析方法包括拟静力法、动力分析和经验方法。防治滑坡可采用排水、减载、支挡、防止冲刷和切割坡脚、改善滑带岩土性质等综合性措施；工程建设时应避开规模较大的滑坡。采用各种锚固等措施降低滑坡的可能性。中国民间常用俗称"走山""垮山""地滑""土溜"等来描述滑坡。

huapo fayujieduan

滑坡发育阶段（developing stage of landslide） 滑坡发育的阶段划分，反映不同的活动特征。通常将滑坡的发育过程划分为蠕动变形、滑动破坏、渐趋稳定三个阶段。有时将滑坡的发生划分为四个阶段，主要差别在于对蠕动变形阶段的划分。

huapo fangzhi gongcheng kexingxing lunzheng jieduan

滑坡防治工程可行性论证阶段（feasibility stage of landslide control project） 对滑坡防治的设计方案进行技术、经济、社会和环境效益等比选研究，含规划立项阶段。对应的勘查阶段为初步勘查。

huapo fangzhi gongcheng sheji jieduan

滑坡防治工程设计阶段 (design stage of landslide control project) 包括初步设计和施工图设计两个阶段，也可合并为一个设计阶段。对应勘查阶段为详细勘查。

huapo fangzhigongcheng shigong jieduan

滑坡防治工程施工阶段 (construction stage of landslide control project) 根据设计图实施滑坡防治工程。对应的勘查阶段为补充勘查。

huapo fenlei

滑坡分类 (landslide classification) 根据滑坡组成、结构、规模、活动历史及稳定性等特征划分的滑坡类型。

huapo guimo

滑坡规模 (scale of landslide) 滑坡的空间范围，即滑坡长度、宽度、厚度及体积的大小。是滑坡稳定性分析的一个重要指标。

huapo guimo dengji

滑坡规模等级 (class of landslide) 根据滑坡体体积划分等级，通常分为四级：小型，滑坡体积 $<10\times10^4\,\mathrm{m}^3$；中型，滑坡体积 $10\times10^4\sim100\times10^4\,\mathrm{m}^3$；大型，滑坡体积 $100\times10^4\sim1000\times10^4\,\mathrm{m}^3$；特大型，滑坡体积 $>1000\times10^4\,\mathrm{m}^3$。

huapo houbi

滑坡后壁 (head scarp) 滑坡体下滑后，在滑床上方未滑动部分的岩土体所形成的陡壁。

huapo jiance

滑坡监测 (landslide monitoring) 对滑坡体的位移、变形、应力、地下水位、外部环境等进行长期系统的测量和监视。

huapo kancha

滑坡勘查 (landslide investigation) 通过调查、测绘、勘探等手段，对滑坡区进行的地质调查工作，并提出滑坡的综合调查报告和有关图件。

huapo liefeng

滑坡裂缝 (slide cracks) 滑坡体在滑动过程中因张拉、剪切或鼓胀所产生的裂缝。该裂缝主要出现在斜坡上；力学性质以张性和剪切裂缝为多见，偶见挤压裂缝。对于土质滑坡，张性裂缝走向常与斜坡走向平行，弧形特征明显；剪切裂缝走向常与斜坡走向直交，多数情况下较平直。对于岩质滑坡，裂缝产状和性质主要受结构面控制。

huapo qidian xiaoying

滑坡气垫效应 (air cushion effect landslide) 高速运动的滑坡脱离剪出口后，压缩下部空气，并受之托浮或因此所受摩擦阻力减小，从而继续高速滑动的现象。该效应是产生高速远程滑坡的重要原因之一。在此过程中滑坡岩土体快速运动所产生的气体冲击波称为滑坡气浪，滑坡气浪对工程设施构成巨大的威胁。

huaposhe

滑坡舌 (slide tongue) 滑坡体向前伸出的舌状部分，也称滑坡前缘、滑坡头部或滑坡鼓丘。在河谷中的滑坡舌，往往被河水冲刷而仅残留一些孤石。滑坡鼓丘的形成是由于滑坡体向前滑动过程中受到阻碍而形成了隆起的小丘。

huapoti

滑坡体 (landslide mass) 滑坡发生的那部分坡体，是滑坡的重要组成部分。在地质灾害评价中，通常根据滑坡体体积的大小对滑坡进行分类。

huapo tuili

滑坡推力 (landslide thrust) 在滑坡体中滑面上的总下滑力与滑面上的总抗滑力之差。也称剩余下滑力。

huapo xingcheng jili

滑坡形成机理 (mechanism of landslide) 泛指滑坡的形成条件、发育阶段和变形过程以及滑移运动规律。

huapo yaosu

滑坡要素 (landslide element) 滑坡各部分的形态特征及其组合，如滑坡体、滑面、滑带、滑坡床、滑坡壁、滑坡周界、滑坡主轴线等。

huapo zaihai

滑坡灾害 (landslide disaster) 岩体或土体在重力作用下整体失稳并顺坡下滑，对人类生命财产和各项社会经济活动以及资源环境造成的灾害的总和。滑坡的直接灾害主要包括毁坏城镇、村庄、铁路、公路、航道、房屋、矿山企业等，并造成人员伤亡和财产损失。滑坡的次生灾害主要是阻塞河道、使上游江河溢流或者堵河成湖后溃决，发生洪水；有时受暴雨或洪水诱发进一步形成泥石流，造成更严重的破坏和更大的损失。滑坡灾害的大小除了受滑坡规模控制外，还与滑坡活动的特点（如高速滑坡）和滑坡影响区社会经济状况有关。通常滑坡规模越大，发生得越突然，滑坡区人口和重要工程设施越多，灾害越严重。

huapo zhoujie

滑坡周界 (landslide boundary) 滑坡体与其周围不动体在平面上的分界线。它是滑坡调查的重要内容之一。

huapozhou

滑坡轴 (sliding axis) 滑坡发生时，滑体运动速度最快的纵向线。它代表整个滑坡滑动方向，位于滑床凹槽最深的纵断面上，可为直线或曲线，也称主滑线、滑坡主轴。

huati houdu

滑体厚度 （thickness of landslide） 滑动面法线上所测得的滑动面与地面之间的距离，是滑坡稳定性分析的一个重要指标。

huati houdu fenlei

滑体厚度分类 （classification of landslide thickness） 根据滑坡体的厚度进行的滑坡分类，通常分为浅层滑坡（厚度小于 10m）、中层滑坡（厚度在 10～25m）、深层滑坡（厚度在 25～50m）、超深层滑坡（厚度在 50m 以上）。

huayi

滑移 （sliding） 在切应力的作用下，晶体的一部分沿一定晶面和晶向，相对于另一部分发生相对移动的一种运动状态。岩土工程中是指支护结构在土压力作用下平移而造成的破坏。

huayi motai kongzhi

滑移模态控制 （sliding mode control） 控制力可将结构运动引入滑移面并沿滑移面稳定趋向原点的主动控制算法，也称变结构控制。该算法不但适用于线性结构，且可用于非线性结构。

huayishi bengta

滑移式崩塌 （sliding-type rockfall） 陡峻斜坡的岩体在重力等因素作用下沿着距离坡脚一定高度的倾向坡外的软弱结构面滑出坡外，继而以坠落运动为主的过程与现象。

huayi xianweizhizuo

滑移限位支座 （slip limit bearing） 滑动隔震中使用的在滑动面上使用了聚四乙烯板且内部设有限位装置的支座。

huaxue jiagufa

化学加固法 （chemical grouting） 将某些化学溶液注入地基土中，通过化学反应生成胶凝物质或使土颗粒表面活化，在接触处胶结固化，以增强土颗粒间的连结，提高土体强度的方法。常用的加固方法有硅化加固法、碱液加固法、电化学加固法和高分子化学加固法等。

huaxue xuyangliang

化学需氧量 （chemical oxygen demand） 在一定条件下，用一定的强氧化剂处理水样时所消耗的氧化剂的量，以氧的毫克/升（mg/L）表示。它利用化学氧化剂，将水样中的还原物质加以氧化，然后从剩余的氧化剂的量计算出氧的消耗量。它的测定，既可用重铬酸钾法，也可用高锰酸盐法，是水中的无机物和有机物耗氧能力的量度指标。

huaxue zhujiang

化学注浆 （chemical grouting） 将配制好的化学药剂，通过注浆管注入岩土孔隙中，经渗透、扩散、胶凝、固化，提高岩土体的力学强度，减小其压缩性和渗透性的注浆方法。

huandaofa midu shiyan

环刀法密度试验 （density test with cutting ring method） 使用一定高度、直径和质量的环刀切取土样称重，以测定土样密度的一种试验方法。

huanjing dizaosheng

环境地噪声 （environment ground noise） 具体地点的地噪声，一般是背景地噪声和其他干扰地噪声的总和。它是环境噪声的组成部分。

huanjing dizhixue

环境地质学 （environmental geology） 运用地质学的基本理论和方法，研究地质环境的基本特征和演化规律、探索人类活动与地质环境相互作用的地质学分支学科，是介于地质学和环境科学之间的一门边缘学科。其任务是在充分认识自然的基础上，探求人类与自然环境之间和谐发展的途径，最大限度地为社会经济的可持续发展服务。其研究内容主要包括区域地质环境、与地质灾害和人类活动有关的环境地质问题、地球化学环境及其对人类的影响、晚近地质时期的古气候与全球变化、工程建设与资源开发中的环境地质问题以及环境保护和环境资源合理开发利用的理论和技术。

huanjing gongcheng

环境工程 （environmental engineering） 研究和从事防治环境污染和提高环境质量的科学技术。环境工程同生物学中的生态学、医学中的环境卫生学和环境医学，以及环境物理学和环境化学等学科有关。由于环境工程处在初创阶段，学科的领域还在发展，但其核心是环境污染源的治理。

huanjing gongcheng dizhixue

环境工程地质学 （environmental engineering geology） 工程地质学的一个分支，预测地质环境的变化趋势和强度及其对工程建设的影响，为合理开发、利用、保护和改造地质环境提供工程地质论证资料的学科。它主要研究人类工程活动所引起的区域性的和有害的工程地质作用。这些有害的工程地质作用包括由于水库蓄水引起的浸没、水库蓄水和深井注水诱发的地震、大量抽取地下水和石油以及开采地下固体矿产资源引起的地面沉降等。环境工程地质学研究这些作用产生的条件和机制，提出减弱或消除恶化工程建设环境的方法和措施，进而为制定利用、保护和改造地质环境等方案提供科学依据。

huanjing pingjia

环境评价 （environmental impact assessment） 对拟议中的重要决策和开发建设活动，可能对环境产生的物理性、化学性或生物性的作用及其造成的环境变化和对人类健康和福利的可能影响进行系统的分析和评估，并提出减少这些影响的对策措施。

环境试验（ambient vibration test） 利用振动台产生各种振动环境，使被试验的结构承受和在工作中相当的振动环境，以考核结构对动力学环境的承受能力的试验，也称环境振动试验、振动台试验。试验使用的设备主要是振动台，现有的振动台可分为单轴、三轴和多轴等类型，可模拟各种振动环境。

环境水文地质勘察（environmental hydrogeological investigation） 为研究地下水的自然环境、人类活动与地下水的相互作以及地下水环境的保护、控制和改造而进行的地质勘察工作。

环境岩土工程（geoenvironmental engineering） 将岩土工程与环境科学结合的一门新学科。它是应用岩土工程的理论和方法，研究和解决环境问题的科学技术；它主要是应用岩土工程的观点、技术和方法为治理和保护环境服务。人类生产活动和工程活动造成许多环境公害，如采矿造成采空区坍塌，过量抽取地下水引起区域性地面沉降，工业垃圾、城市生活垃圾及其他废弃物，特别是有毒有害废弃物污染环境，施工扰动对周围环境的影响等。另外，地震、洪水、风沙、泥石流、滑坡、地裂缝、隐伏岩溶引起地面塌陷等灾害对环境造成破坏。上述环境问题的治理和预防给岩土工程师们提出了许多新的研究课题。随着城市化、工业化发展进程加快，环境岩土工程研究将更加重要。

环境影响（environmental influence） 环境对结构产生的各种机械的、物理的、化学的或生物的不利影响。环境影响会引起结构材料性能的劣化，降低结构的安全性或适用性，影响结构的耐久性。

环境振动（ambient vibration） 振幅很小（只有几微米）的环境地面运动，是天然的或人为的原因造成的，例如风、海浪、交通干扰或机械振动等。常用于确定场地和工程结构动态特性。

环境振动试验（ambient excitation test） 利用风、海浪、机械运转、车辆行驶等环境因素引起的地面微振，来测定地面振动固有特征和工程结构动力特性的试验。

环太平洋地震带（circum-Pacific seismic belt） 此带位于太平洋边缘地区，即海洋构造和大陆构造的过渡地区，全长约 40000km，呈马蹄形。环太平洋地震带是地球上主要的地震带，它像一个巨大的环，围绕着太平洋分布，沿北美洲太平洋东岸的美国阿拉斯加向南，经加拿大本部、美国加利福尼亚和墨西哥西部地区，到达南美洲的哥伦比亚、秘鲁和智利，然后从智利转向西，穿过太平洋抵达大洋洲东边界附近，在新西兰东部海域折向北，再经斐济、印度尼西亚、菲律宾、中国的台湾、琉球群岛、日本列岛、千岛群岛、堪察加半岛、阿留申群岛，回到美国的阿拉斯加，环绕太平洋一周。全球大约 80% 的浅源地震、90% 的中源地震和几乎所有的深源地震都发生在该带上，所释放的地震能量约占全球地震能量的 90%。

环太平洋火山带（circum-Pacific volcanic belt） 从南美西岸的安第斯山脉起，经中美、北美西部的科迪勒拉山脉，阿拉斯加、阿留申群岛，再经堪察加半岛、千岛群岛、日本列岛、中国的台湾、菲律宾群岛、印度尼西亚诸岛、新西兰直到南极洲都有火山的踪迹，形成著名的环太平洋火环，即环太平洋火山带。环太平洋火山带有 400 多座活火山，占世界活火山的 3/4 以上，它与环太平洋地震带的分布基本吻合，表明地震活动与火山活动有密切的联系。

缓震（bradyseism） 一种震源时间过程较长的地震，或辐射的地震波以长周期成分为主的地震，也称慢地震。例如，断层的蠕动被证明是慢地震，性质与地震相同，只是运动速度慢，范围小。一次大蠕动事件释放出的能量相当于一次 3～4 级地震的能量，蠕动传播速度一般为 10km/d，缓慢地震的发生，很可能是较低有效应力的一种表现形式。该地震常发生于俯冲带较低的刚性介质中，可能产生比其震级的预期更大的海啸。

换算长细比（equivalent slenderness ratio） 在轴心受压构件的整体稳定计算中，按临界力相等的原则，将格构式构件换算为实腹构件进行计算时所对应的长细比，或将弯扭与扭转失稳换算为弯曲失稳时所采用的长细比。

换填垫层法（replacement layer of compacted fill） 挖除基础底面下一定范围内的软弱土层或不均匀土层，分层回填砂石、灰土或工业废渣等性能稳定、无侵蚀性、强度较高的材料，并夯实振密形成垫层的地基处理方法。

换填法（earth replacing method） 挖去天然地基中工程地质性质较差的软弱土层，回填以物理力学性质较好的岩土材料的地基处理方法。

huantufa

换土法（replacement） 挖出地基中一定范围内的土后，换以砂、石等材料，并分层夯实（或压实、振实），以作为基础的持力层的地基处理方法，是传统的浅层处理地基的方法。置换后的土层称垫层。

huangdao

黄道（ecliptic） 黄道平面与天球相交的大圆。地球绕太阳公转的轨道平面称为黄道平面，它与天球相交成大圆，即人们所看见的太阳在天球上运动的轨迹。

huangtu

黄土（loess） 在干旱或半干旱环境中形成，颜色呈棕黄、灰黄或黄褐，主要由粉粒组成，一般具有大孔隙和垂直节理的土。它是一种第四纪陆相黏土质粉沙沉积物，即原生黄土。黄土富含易溶盐及钙质结核，干燥时较坚实，能保持直立陡壁；遇水易崩解并发生沉陷。黄土呈断续条带状分布在南、北半球的中纬度地带，那里是大陆内部温带荒漠或半荒漠地区的外缘。中国西北和华北地区黄土广泛分布，是世界上黄土分布最广、厚度最大（200m 左右）的地区。普遍认为西北高原的典型黄土是风成的，其他地区以洪水成因为主。为了解释黄土成因，曾经提出了很多假说，多数学者接受风成说。工程地质笼统地把"原生黄土"和"次生黄土"统称黄土。后者又称黄土状土，具一定层理，含沙量或黏土成分有所增加，颜色呈红黄或棕黄色。黄土是一种特殊土，具有遇水湿陷的特性。

huangtu dimao

黄土地貌（loess landform） 由第四纪堆积的黄土层构成的地貌，主要地貌类型有黄土梁、黄土峁、黄土塬等。其主要是受坡面水流的片蚀作用、风蚀作用、潜蚀作用以及溶蚀作用所致。因其地表切割剧烈，冲沟、崩塌、滑坡以及泥流等地质现象极为发育，故在多种因素作用下，黄土地貌形态的演化速度较快。

huangtu dizhixue

黄土地质学（loess geology） 研究黄土的成因、组成、结构、地层、环境信息、力学性质以及在环境和工程中应用的地质学分支学科。黄土是由风力搬运、未经次生扰动的粉砂质气下沉积物，具有质地均一、松散多孔、富含钙质、无层理、垂直节理、孔隙和裂隙发育、直立性好、透水性强、易沉陷等性质，可形成独特的地质、地貌特征。黄土地质学主要研究内容有两个方面：一是研究黄土的成因、地层、形成年龄、环境信息等，以揭示黄土形成过程中的地球环境演化；二是研究黄土的成分、结构、物理性质、化学性质、力学性质、工程特性和水文地质特征等，分析其对工农业生产、水土保持、工程建设和地质灾害防治的影响。黄土的成因及其岩性与第四纪时期气候变化密切相关，在古环境研究中十分重要，中国黄土被作为与冰芯、深海沉积并列的古气候研究的三大信息库之一，利用黄土是开展古气候研究的重要途径之一。

huangtu fengchengshuo

黄土风成说（hypothesis of eolian origin for loess） 关于黄土成因的一种学说。该学说由德国学者（F. Richthofen）于 1877 年提出，认为黄土来源于大气粉尘降落。这一观点被俄国学者奥勃鲁契夫（V. A. Obruchev）进一步发扬和发展。以刘东生为代表的我国黄土学者通过大量的证据系统地证明了黄土风成学说的合理性。其主要证据有八个方面。第一，黄土以粉砂为主，主要分布在沙漠边缘或冰盖外围地区，距源区越远，粒度逐渐变细，厚度逐渐变薄。第二，黄土覆盖在不同高度、不同时代的地貌单元上，在湖泊和河流影响不到的分水岭地球亦有分布。第三，不同地区黄土的厚度差别很大，但其地层结构能够在空间上广泛对比。第四，黄土中不包含任何流水作用的层理，也没有流水搬运的粗粒物质。第五，黄土剖面中包含多个古土壤层和黄土层，实际上都是在气下环境发育的古土壤，只是成壤程度不同。第六，黄土的化学成分和矿物组成高度均一，但其与所在区域下伏基岩几乎没有联系。第七，黄土中包含大量的陆生蜗牛化石，而没有水生种属。第八，气象观测表明，粉尘的沉积与干旱区的起尘和尘暴发生过程密切相关。由于上述证据的存在，目前，黄土的风成观点已被学术界广泛接受，是黄土成因的主流学术观点。

huangtu gaoyuan

黄土高原（loess plateau） 由厚层黄土堆积而成的高原。新生代以来，这些地区大面积隆起和黄土堆积相结合而形成黄土高原。黄土高原是中国四大高原之一，是中华民族古代文明的发祥地之一。黄土高原海拔 800～3000m，是地球上分布最集中且面积最大的黄土区，总面积约为 64×10^4km²。高原横跨青海、甘肃、宁夏、内蒙古、陕西、山西、河南 7 省区大部分或全部。高原地势由西北向东南倾斜，大部分为厚层黄土覆盖，经流水长期强烈侵蚀，逐渐形成千沟万壑、地形支离破碎的特殊自然景观。地貌起伏，山地、丘陵、平原与宽阔谷地并存，四周为山系所环绕，如北部的阴山、南部的秦岭、东部的吕梁山、西部的六盘山等。黄土高原面积广阔，土层深厚，气候干旱，地貌复杂，水土流失严重，世所罕见。

huangtuliang

黄土梁（loess liang） 长条状的黄土丘陵，是黄土地区的一种地貌，简称"梁"。它是中国西北黄土高原上呈条状延伸的平顶岭岗，是黄土塬被侵蚀分割的残余梁脊状地形。其纵长方向还保留着平坦形态。也有些黄土梁是黄土披覆古梁状地形的直接表现。顶面平坦的称为平顶梁，由黄土塬被沟谷分割而成；顶面倾斜的为斜梁，是黄土堆积在缓倾斜地面上的产物。按梁体规模大小分为长梁和短梁。抗震经验证明，黄土梁区的场地条件比较复杂，应视具体条件选择建筑场地。

huangtumao

黄土峁（loess mao） 单个的黄土丘陵。峁的横剖面呈椭圆形或圆形，顶部有的为平顶，略呈穹起，四周多为凸形坡，坡长较短，坡度变化比较明显，主要分布在高原沟壑区，是黄土地区的一种地貌类型。它是受近代沟谷切割或继承古丘陵地形而形成的黄土孤立丘陵地形，这种地貌多分布在切割强烈的河流下游地区以及河流的交汇处，多见于中国陕北、晋西一带。

huangtu shixian shiyan

黄土湿陷试验（collapsibility test of loess） 测定黄土在压力和水作用下湿陷变形的试验。通常是指按照有关技术程序，测定黄土浸水时变形和压力的关系，计算湿陷系数，溶滤变形系数，自重湿陷系数等黄土压缩性指标的技术操作。

huangtu shixian zaihai

黄土湿陷灾害（disaster of collapsibility of loess） 黄土在自重或外部荷重下，受水侵湿后发生突然下沉，给工程建筑施工和使用造成危害的现象。

huangtu shuichengshuo

黄土水成说（hypothesis of current origin for loess） 关于黄土成因的一种学说。该学说认为黄土物质的堆积是以流水作用为主，其中包括冲积作用、洪积作用、坡积作用、冰水沉积作用以及海相、湖相沉积的不同解释。该学说曾在 19 世纪中叶在黄土研究界占主导地位，现已被多数学者摒弃。

huangtuyuan

黄土塬（loess plateau） 黄土桌状高地，是黄土地区的一种地貌，也称黄土平台。塬是中国西北地区群众对顶面平坦宽阔、周边为沟谷切割的黄土堆积高地的俗称。它主要指黄土覆盖的较高且面积较大的平坦地面，其周围为沟谷所环蚀，边缘由于受沟谷的向源侵蚀而参差不齐。它可以是黄土堆积在侵蚀切割不强、地势平坦的大片古地面上而成，也可以是充填山间或山前低地中的平坦黄土面受沟谷分割而成。它是黄土高原特有的保存完好而宽广的平坦地面，是中国西北黄土地区的特有地貌。抗震经验认为，塬面是抗震有利地段，但塬边则属危险地段，甚至可使震害加重。

huangtuzhuangtu

黄土状土（loess-like soil） 不完全具有典型黄土特征的土，但需具备颗粒成分中粉土粒级含量大于 50%、含有碳酸钙成分、具备黄土基本颜色（灰黄或褐黄），否则不属于黄土类沉积。

huangtu-guturang xulie

黄土–古土壤序列（the loess-paleosol sequence） 黄土层与古土壤层交替出现构成的沉积序列。研究表明，黄土层是干冷环境下的产物；古土壤层是相对暖湿气候的标志。我国黄土高原黄土–古土壤系列较完整地保存了第四纪古环境变迁的信息，因此而成为当今世界研究全球气候变化的重要地质载体。我国的第四纪黄土–古土壤序列被划分为 34 个黄土–古土壤组合，其剖面自上而下依次为 S_0、L_1、S_1、L_2、S_2、$\cdots$、L_{33}、S_{34} 以及 L_{34} 等层位（L 和 S 分别代表黄土层和古土壤层），这一序列较完整地记录了自第四纪以来的大陆古气候变化过程，并被作为与冰芯和深海沉积并列的古气候研究的三大信息库之一，在古环境研究中发挥了主要作用。

huangdong yali

晃动压力（sloshing pressure） 对流质量对容器壁的水平动液压力，也称对流压力。在液体地震振荡效应分析中，将储液容器内的液体简化为脉冲质量和对流质量。

huiguanliandu

灰关联度（grey relative analysis） 事物间不确定的关联程度的一种表述。灰关联度分析是灰色系统理论的重要内容，可用于结构故障诊断分析。

huisexitong lilun

灰色系统理论（grey system theory） 信息不完整或信息不确定系统的分析理论与数学分析方法。灰色系统介于"白色"系统与"黑色"系统之间；白色系统是信息确定、数据完整的系统，可运用经典数学方法处理；黑色系统是信息很不确定、数据很少的系统，不能用数学方法求解；灰色系统的信息不确定、数据不完整，是人类大量面对的问题。模糊数学研究的是认知不确定问题，统计数学研究的是大样本不确定问题，灰色理论则研究少数据不确定问题。灰色系统概念于 20 世纪 70 年代末由中国邓聚龙教授提出，1982 年《灰色系统控制问题》一文的发表标志了灰色系统理论诞生。

huise yuce moxing

灰色预测模型（grey forecasting model） 由原始数据序列累加生成新数据序列，并据此建立微分方程描述原始数据的模型。灰色预测模型将原始不确定数据作为灰矢量和灰过程进行处理，通过累加生成运算消除或减弱原始数据的不确定性；非负原始数据累加生成后具有单调指数上升的特性，可用具有部分微分方程性质的灰模型描述，灰模型经逆生成还原后可用于预测。

huitu

灰土（lime soil） 在土中掺入石灰，通过其放热、与土胶结以及离子交换等作用使其工程性质得到改良的土。它是工程建设中常用的一种土。

huitu jichu

灰土基础（lime clay foundation） 由石灰、土和水按照一定的比例配合，经分层夯实而成的基础。它是工程建设中常用的一种基础。

huitu jimizhuang fuhe diji

灰土挤密桩复合地基 (compacted lime soil column composite foundation)　由填夯形成的灰土桩和被挤密的桩间土形成的复合地基。

huituqiang fangwu

灰土墙房屋 (gray earth wall house)　墙体为灰土墙的房屋，是生土房屋的一种类型。灰土墙一般以土料掺和石灰或其他黏结材料制成的土坯砌筑，或直接以灰土夯筑。该类房屋一般采用木屋顶，屋顶檩条直接置于山墙（称为硬山搁檩）上。

huituzhuang

灰土桩 (lime soil pile)　成孔后在桩孔内填入灰土并夯实形成的土与石灰混合料，或石灰和粉煤灰混成的二灰土的桩，是桩基础的一种类型。

huituzhuangfa

灰土桩法 (lime-soil column method)　选用沉管（振动、锤击）、冲击或爆扩等方法在地基中成孔，然后在桩孔内填入土与石灰混合料并分层夯实形成灰土桩的地基处理方法。

huifulimoxing

恢复力模型 (restoring model)　在材料科学中，将材料的滞回曲线典型化而得到的、能够反映材料恢复力—变形关系的数学表达式。

huifuli quxian

恢复力曲线 (restoring force curve)　往复荷载作用下结构、构件或材料试件的荷载−变形曲线，也称滞回曲线。恢复力曲线中的荷载可以是弯矩或力，相应变形则为转角和位移，曲线反映了试件的刚度、强度、变形及耗能特性，是确定结构本构关系和进行结构地震反应分析的依据。抗震结构或构件的恢复力曲线可由伪静力试验或伪动力试验得出。

huifuli texing shiyan

恢复力特性试验 (restorative force characteristic test)　见【拟静力试验】

huifushuiwei

恢复水位 (recovering water level)　从停止抽水到水位稳定前的水位恢复期内某一时刻的水位。

huichangyan

辉长岩 (gabbro)　以辉石和基性斜长石为主要矿物成分的深成基性侵入岩。它具有强度高、变形小、出露地表易风化的特点。

huilüyan

辉绿岩 (diabase)　具有辉绿结构，化学成分与辉长岩相当的浅成基性侵入岩。

huiguanfa

回灌法 (recharge method)　为防止地下水位下降引起的周围地面下沉，在场地内抽水的同时，向场外的地基内注水，人为回复地下水位的方法。

huiguanjing

回灌井 (recharge well)　为避免或减小基坑外地下水位下降而设置的渗水井。

huigui fenxi

回归分析 (regressive analysis)　确定某一问题的两个或两个以上的变量中，自变量与因变量因果关系的统计分析方法。

huilang

回廊 (cloister)　围绕中庭或庭院的曲折环绕走廊。语出杜甫《涪城县香积寺官阁》诗："小院回廊春寂寂，浴凫飞鹭晚悠悠。"

huitanfa

回弹法 (rebound method)　利用混凝土回弹仪检测普通混凝土构件抗压强度的方法，是一种无损检测技术。该方法设备简单、使用方便，可在现场检测混凝土构件强度，使用较为广泛。

huitan moliang

回弹模量 (rebound modulus)　应力−应变关系曲线中的卸荷—再加荷环的两个端点连线的斜率。

huitanzhishu

回弹指数 (expansion index)　在侧限压缩试验中，土样受压后卸载回弹时，孔隙比与竖向压力的对数值的关系曲线中，近似为直线段的斜率的绝对值。

huizhuan zuanjin

回转钻进 (rotary drilling)　利用钻具的回转，使钻头的切削刃或研磨材料削磨岩土而进行的钻进，分为孔底全面钻进和孔底环状钻进（岩芯钻进）两种。该法能取得原状土样和较完整的岩芯。机械回转钻进有多种钻头和研磨材料，可适应各种软硬不同的地层；人力回转钻进适用于沼泽、软土、黏性土、砂性土等松软地层，设备较简单，但劳动强度较大。

huizhuan zuanjin chengkong

回转钻进成孔 (rotary drilling pore-forming)　利用地质钻机在泥浆护壁条件下慢速钻进，通过泥浆排渣成孔的钻探成孔方法。

huiju bankuai bianjie

汇聚板块边界（convergent plate boundary） 两个相互汇聚和消亡板块之间的边界。俯冲带和海沟是它最典型的代表。一个大洋板块因俯冲到另一个大洋或大陆板块之下而消亡。大洋板块的消减作用导致了以沟—弧体系为代表的俯冲带的形成。随着大洋板块消失殆尽，其两侧的大陆发生碰撞，并形成造山带。活动造山带即沿活动板块汇聚边界发育。

huigengsi yuanli

惠更斯原理（Huygens principle） 介质中任一处的波动状态是由各处的波动所决定的原理。它是以波动理论解释光的传播规律的基本原理，也是研究衍射现象的理论基础，可作为求解波传播问题的一种近似方法，由荷兰物理学家惠更斯（C. Huygens）在创立光的波动说时首先提出。该原理的内容可概括为：行进中的波阵面上的任一点都可看作是新的次波源，而从波阵面上各点发出的许多次波所形成的包络面，就是原波面在一定时间内所传播到的新波面。

huntianyi

浑天仪（armillary sphere） 中国古代测定天体位置的一种仪器。根据浑天学说（周旋无端，其形浑浑，故曰浑天）制造的天文仪，也称浑仪。公元 117 年，张衡依据浑天原理，先用针及竹篾做成模型，然后用铜铸造浑天仪，置于灵台（古之观测台）。其构造大体是：在支架上固定着两个互相垂直的圈，分别代表地平和子午圈；在其内还有若干个能绕一条和地轴平行的轴转动的圈，分别代表赤道、黄道、时圈、黄经圈等。在可转动的圈上，附有可绕中心旋转的窥管，用以观测天体。现陈列在南京紫金山天文台的一具浑天仪是明正统年间（1437—1442 年）所造。

hundun

混沌（chaos） 一种貌似无规则的运动，也称浑沌。有些非线性动力学系统具有内在随机性，它的运动对初值具有很强的敏感性，虽然系统和所受外力是确定性的，系统运动的外观却是随机的。其特征是仅在非线性系统中，在特定的条件下才能发生混沌运动；具有随机运动的特征；运动行为对初始条件非常敏感；混沌是有序与无序的结合，在宏观上是不确定的（无序），在微观上又是确定的（有序）。

hunhe choushui shiyan

混合抽水试验（mixed pumping test） 在同一钻孔中，对两个或两个以上的含水层同时抽水的试验。

hunhe jiegou

混合结构（mixed structure） 由钢框架（框筒）、型钢混凝土框架（框筒）、钢管混凝土框架（框筒）与钢筋混凝土核心筒体组成的共同承受水平和竖向作用的建筑结构。该结构是相对单一结构（如混凝土、木结构、钢结构）而言的，是多种结构形式的一种结构，常用的是钢筋混凝土和砖木的混合。该结构适用于建造超高层结构的结构体系，但是到目前为止对该结构的研究尚不够深入，我国目前已应用的混合结构体系各有优缺点和适用性，设计中结构选型时应慎重考虑。

hunhe kongzhi

混合控制（hybrid control） 将主动控制和被动控制或智能控制等两种或两种以上控制方式，同时施加在同一结构上的结构减振控制形式，即一种以上的振动控制技术在同一结构体系中的结合使用。实际工程采用的混合控制方式多为主动质量阻尼器与被动调谐质量阻尼器的结合，也有将基底隔震与主动控制、半主动控制结合，将消能减振与半主动控制结合的研究。混合控制体系可以根据地震作用的大小启动不同的控制装置。采用被动和半主动控制可节约能量。在主动或半主动控制装置因仪器设备故障或能源切断而失效的情况下，仍可依靠被动控制发挥减振作用。

hunhe piaoyi

混合漂移（mixed drift） 重力仪处于动态和静态交替状态下的漂移。

hunhetu

混合土（mixed soil） 细粒土和粗粒土混杂且缺乏中间粒径的土，也称级配不连续土。

hunheyan

混合岩（migmatite） 经混合岩化作用形成，并介于变质岩和岩浆岩之间的过渡性岩类，包括眼球状混合岩、条带状混合岩、混合片麻岩、混合花岗岩等。

hunhe zhiliang zuniqi

混合质量阻尼器（hybrid mass damper） 弹簧阻尼元件和质量块参数满足被动调谐质量阻尼器（TMD）要求的主动质量阻尼器，也称主动调谐质量阻尼器。

hunningtu

混凝土（concrete） 由胶凝材料将集料胶结成整体的工程复合材料的统称。通常，混凝土一词是指用水泥作胶凝材料，砂、石作集料，与水（加或不加外加剂和掺合料）按一定比例配合，经搅拌、成型、养护而得的水泥混凝土，广泛应用于土木工程，也称普通混凝土。

hunningtuba

混凝土坝（concrete dam） 用混凝土筑成的坝。按结构特点可分为重力坝、大头坝和拱坝；按施工特点可分为常态混凝土坝、碾压混凝土坝和装配式混凝土坝；按是否通过坝顶溢流可分为非溢流混凝土坝和溢流混凝土坝。

hunningtuba dizhendong shuru fangshi

混凝土坝地震动输入方式（strong ground motions input mode for concrete dam） 在混凝土坝抗震分析中，有关地震动及其输入位置的处理方法。结构地震反应分析计算通常假定均匀一致的地震动由刚性基底输入，但对于混凝土坝这类大体积结构，分析范围内的地震动并非均匀，且坝基输入地震动将受结构反馈影响，故大坝地震动输入面临更为复杂的问题。目前，大坝抗震分析采用的地震动输入方式尚未能完全考虑坝体、基岩、地形和山体动力放大等因素的影响，输入地震动时程一般由地表自由场的强震记录得出，输入方式大致可分为有质量地基均匀输入、无质量地基均匀输入、反演基岩输入和反演坝基输入四种方式。

hunningtuba dizhen jiance

混凝土坝地震监测（earthquake monitoring of concrete dam） 利用自动记录的专用仪器对库区地震地质活动、强地震动和坝体地震反应等的长期连续观测。它是保证大坝抗震安全的重要措施。通过观测记录的分析，可以评价大坝相关的地震地质环境、检测大坝的动力特性、检验大坝动力分析模型以及坝体的抗震能力等。

hunningtuba fenxi de youxianyuanfa

混凝土坝分析的有限元法（finite element method for concrete dam analysis） 将连续坝体离散为有限单元的集合求解混凝土坝地震反应的数值方法。基于其若干优点，该方法是世界上混凝土坝地震反应分析的常用方法。

hunningtuba jiagu

混凝土坝加固（strengthening of concrete dam） 为改善或提高现有混凝土坝的抗震能力，使其达到抗震设防要求而采取的技术措施。未进行抗震设防的大坝、已进行抗震设防但未达到现行抗震设防标准要求的大坝以及遭受地震发生损坏的大坝，均应进行抗震加固，实际的抗震加固多数是针对发生地震损坏的混凝土坝进行。

hunningtuba kangzhen

混凝土坝抗震（earthquake resistance of concrete dam） 防御和减轻混凝土坝地震破坏的理论和实践。混凝土坝有重力坝、拱坝、支墩坝（大头坝）等不同结构类型，多数混凝土坝库容大、坝体高且建有发电站等附属建筑，坝体破坏将引起严重的经济损失和次生灾害，大坝抗震倍受重视，具有特殊重要意义。我国的混凝土坝抗震研究始于20世纪50年代，其内容主要涉及混凝土坝的动力试验和强震观测、动水压力计算、大坝地震反应分析以及抗震加固。电力行业标准 DL 5073—2000《水工建筑物抗震设计规范》规定了混凝土坝抗震设计的要求。

hunningtuba kangzhen cuoshi

混凝土坝抗震措施（seismic measures of concrete dam） 总结震害和工程经验得出的有关混凝土坝选型、选址、细

部构造和地基处理等方面的抗震设计要求。混凝土坝的裂缝、渗漏、沉陷、预留缝的张开与闭合、止水损坏、软弱地基破坏等很难通过模拟计算给出定量的设计要求，采用抗震措施是混凝土坝抗震设计的重要内容。行业标准 DL 5073—2000《水工建筑物抗震设计规范》规定了混凝土重力坝和拱坝的主要抗震措施。

hunningtuba kangzhen fenxi fangfa

混凝土坝抗震分析方法（seismic analysis methods of concrete dam） 确定地震作用下混凝土坝坝体应力、变形、裂缝的产生和扩展等动力效应的分析方法。该方法可分为解析法和试验法两类，这两类方法可以单独使用或配合使用，其中解析方法又分为确定性方法和随机方法两种。

hunningtuba kangzhen shefang biaozhun

混凝土坝抗震设防标准（seismic fortification standard of concrete dam） 区别混凝土坝类别，综合考虑抗震需求和社会经济技术水平，为实现抗震设防目标而规定的抗震设防基本要求。确定混凝土坝的抗震设防标准，应根据工程的重要性、投资大小、工程破坏对社会和环境的影响等因素划分设防类别，进而对设计地震动参数、抗震措施和其他有关因素做出原则规定，以实现预期的抗震能力。电力行业标准 DL 5073—2000《水工建筑物抗震设计规范》对混凝土坝抗震设防标准做了规定。

hunningtuba kangzhen shefang leibie

混凝土坝抗震设防类别（seismic fortification category of concrete dam） 我国混凝土坝的抗震设防分为甲、乙、丙、丁四类，并与工程级别和场地基本烈度有关。

hunningtuba kangzhen shefang mubiao

混凝土坝抗震设防目标（seismic fortification target of concrete dam） 中国的混凝土坝采用单一级别的抗震设防目标，即在设防地震作用下允许发生轻微损坏，但经一般处理后仍可正常使用。美国的混凝土坝实施两级设防：在设计基准地震（design basic earthquake；DBE）作用下大坝能保持运行功能，所受震害易于修复；在最大可信地震（maximum credit earthquake；MCE）作用下容许大坝出现裂缝，但不影响坝体稳定，不发生溃坝而保持蓄水能力，且大坝的泄洪设备可以正常工作，震后能放空水库。采用两级设防是大坝抗震设计的发展趋势。

hunningtuba kangzhen sheji

混凝土坝抗震设计（seismic design of concrete dams） 为使地震区的混凝土坝安全运行而进行的专项结构设计，一般包括计算分析和采用抗震措施两个方面。前者涉及大坝的地震作用效应计算和抗震验算；后者则借助工程措施提高大坝抗震能力。混凝土坝是挡水建筑物，大坝一旦发生地震破坏不仅影响自身正常运行而造成经济损失，且可能引发严重的次生水灾、造成灾难性后果。因此，混凝土

坝抗震设计具有特殊重要的意义，高坝的抗震设计问题尤为突出，应高度重视。

hunningtuba moxing kangzhen shiyan

混凝土坝模型抗震试验（seismic tests of concrete dam models） 通过激励混凝土坝模型作强迫振动，观测其动力反应及破坏过程的试验研究方法，常利用地震模拟振动台进行试验。这类试验可用于验证大坝抗震设计和理论计算结果。

hunningtuba qiangzhendong jilu

混凝土坝强震动记录（strong earthquake record of concrete dam） 在混凝土大坝上安装强震台获取的强震记录。1971年美国加州圣弗南多（San Fernando）地震（7.1级）中帕柯依玛大坝（Pacoima Dam）获得了加速度峰值达到1.23g（g为重力加速度）的强震记录，这是世界上首次在混凝土大坝上记录到超过1g的加速度峰值。该坝在地震遭到了一定程度的破坏。

hunningtuba sheji dizhendong canshu

混凝土坝设计地震动参数（design ground motion parameters of concrete dam） 混凝土坝抗震设计采用的地震动参数，一般包括地震动加速度峰值、反应谱和强地震动持续时间等。电力行业标准 DL 5073—2000《水工建筑物抗震设计规范》规定了混凝土坝设计地震动参数确定的原则和方法。

hunningtuba zhenhai

混凝土坝震害（earthquake damage of concrete dam） 混凝土坝在地震中遭到的损坏。混凝土坝的地震破坏现象有坝基变形、坝体开裂、滑移、渗漏和沉陷等。除因断层错动影响造成体外裂缝外，目前，世界上还没有因地震动造成混凝土坝垮坝的震例。地震时混凝土坝破坏主要表现在地基破坏引起的震害和坝体振动引起的震害两方面。

hunningtu bancai

混凝土板材（concrete panel） 预制的配筋混凝土板式构件。在房屋建筑中，主要有墙板、楼板和屋面板三种类型，这三种板有时可以互相通用。该板材主要分钢筋混凝土和预应力混凝土两大类，也有应用其他配筋材料，如钢丝网、钢纤维或其他纤维等。

hunningtu baohuceng

混凝土保护层（concrete cover） 结构构件中钢筋外边缘至构件表面范围用于保护钢筋的混凝土，简称保护层。不同的结构构件其保护层厚度有差别，一般在10cm左右。

hunningtu de kangdongxing

混凝土的抗冻性（frost resistance of concrete） 混凝土在冻融循环作用下其力学特征不明显降低的性能。是高寒地区衡量混凝土性质的重要指标。

hunningtu de kangfushixing

混凝土的抗腐蚀性（corrosion resistance of concrete） 混凝土在硫酸盐、碳酸盐、镁盐和氯化物等侵蚀下其力学特征不明显降低的性能。

hunningtu de wusunjiance

混凝土的无损检测（non-destructive testing of concrete） 不损坏混凝土结构的建筑结构检测方法。1930年提出的表面压痕法是最早的混凝土无损检测方法；1935年共振法用于测量混凝土弹性模量；1948年回弹仪研制成功；1949年开始利用超声脉冲检测混凝土；此后又有使用放射性同位素检测混凝土密实度和强度的研究。这些进展为混凝土无损检测技术奠定了基础。20世纪60年代，声发射法用于混凝土检测；80年代机械波反射法被开发，钻芯法、拔出法和射钉法等半破损检测方法也继被应用，形成了较为完整的混凝土无损检测体系。20世纪后期，又出现微波吸收法、雷达波法、红外成像和脉冲回波等混凝土无损检测新技术。

hunningtu dongbianxing

混凝土动变形（dynamic deformation of concrete） 动力作用下混凝土的变形。试验结果表明，随着应变率的增加，混凝土的弹性模量增加，在某一特定应变或应力处的割线模量也相应增加，但不同试验得出的增加幅度并不一致。部分实验结果表明抗拉、压弹性模量可增加15%～30%，低于强度增加幅度。混凝土在峰值应力处的应变是混凝土变形特性的一个重要指标，有些研究认为峰值应变随应变率增加而增加；也有些研究认为峰值应变基本不随应变率改变；还有研究认为峰值压应变随应变率的增加而减小。一般认为混凝土受压时泊松比随应变率的增加而减小，但也有相反的研究结果；混凝土受拉时泊松比随应变率的增加而减小，最多可减小40%，还有若干试验表明泊松比不随应变率改变。

hunningtu dongqiangdu

混凝土动强度（dynamic strength of concrete） 动力作用下混凝土的强度。混凝土动强度与应变速率有关，称为率敏感性。随应变速率的增加，混凝土动强度提高。混凝土动强度试验主要以单轴动力试验为主；受试验设备等诸多因素的影响，多轴动力试验很少。单轴动强度试验以抗压试验居多。

hunningtu gouzaozhu

混凝土构造柱（structural concrete column） 在砌体房屋墙体的规定部位，按构造配筋，并按先砌墙后浇灌混凝土柱的施工顺序制成的混凝土柱，简称构造柱。

hunningtu guliao

混凝土骨料（aggregate for concrete） 可用于配制混凝土的砂石料，并在混凝土中起骨架或填充作用的粒状松散材料。其分为粗骨料和细骨料两种，粗骨料是指卵石、碎石等；细骨料是指天然砂、人工砂等。

hunningtu huitanyi

混凝土回弹仪（concrete rebound hammer） 检测混凝土强度的直射捶击式设备。回弹仪内的弹击锤可由弹击拉簧变形获得标准冲击能量，弹击锤脱离挂钩发射后沿中心导杆运动，通过弹击杆将能量传递给混凝土表面，而后弹击杆和弹击锤回弹。弹击锤回弹前后的位置差定义为回弹值，可由指针片和刻度尺显示，回弹值取决于冲击能量和回弹能量。由于混凝土受冲击后局部将发生弹塑性变形并耗能，所有回弹能量小于冲击能量。混凝土强度低则塑性变形大，耗能大，导致回弹能量和回弹值减少，因此，可利用回弹值推定所检测混凝土强度。

hunningtu jiazha

混凝土夹渣（concrete slag inclusion） 混凝土中夹有杂物且深度超过保护层厚度的缺陷。该缺陷对混凝土构件质量有严重的影响，因此是混凝土构件质量检测的重点。

hunningtu jiaobanji

混凝土搅拌机（concrete mixer） 把水泥、砂石骨料和水混合并制成混凝土混合料的机械。该机械由拌筒、加料和卸料机构、供水系统、原动机、传动机构、机架和支承装置等组成。

hunningtu jiaoban shusongche

混凝土搅拌输送车（concrete mixer truck） 在行驶途中对混凝土不断进行搅动或搅拌的特殊运输车辆。由汽车底盘、搅拌筒、传动系统、供水装置等部分组成，主要用于在预拌混凝土工厂和施工现场之间输送混凝土。

hunningtu jiegou

混凝土结构（concrete structure） 以混凝土为主制作的结构，包括素混凝土结构、钢筋混凝土结构和预应力混凝土结构等，是建筑结构中最常见的结构类型。

hunningtu kongxinqikuai duoceng fangwu

混凝土空心砌块多层房屋（multistory hollow concrete block buildings） 以混凝土小型空心砌块墙体作为承重和抗侧力构件的约束砌体房屋。混凝土小型空心砌块是一种替代黏土砖的新型建筑材料，空心砌块房屋在砌筑方法、构造措施和破坏机制等方面与黏土砖房有较大不同。我国的建筑抗震设计规范规定了混凝土空心砌块多层房屋的抗震要求。

hunningtu mianban duishiba

混凝土面板堆石坝（concrete face rock fill dam） 上游坝坡浇筑钢筋混凝土面板作为防渗盖面的堆石坝，主要由堆石体和防渗系统组成，简称面板堆石坝或面板坝。

hunningtu qikuai guankong hunningtu

混凝土砌块灌孔混凝土（grout for concrete small hollow block） 由水泥、集料、水以及根据需要掺入的掺和料和外加剂等组分，按一定比例，采用机械搅拌后，用于浇注混凝土砌块砌体芯柱或其他需要填实部位孔洞的混凝土。简称砌块灌孔混凝土。

hunningtu qikuai zhuanyong qizhushajiang

混凝土砌块专用砌筑砂浆（mortar for concrete small hollow block） 由水泥、砂、水以及根据需要掺入的掺和料和外加剂等组分，按一定比例，采用机械拌和制成，专门用于砌筑混凝土砌块的砌筑砂浆。简称砌块专用砂浆。

hunningtutao jiagufa

混凝土套加固法（structure member strengthening with rein-forced concrete jacketing strengthening） 在原有的钢筋混凝土梁柱或砌体柱外包一定厚度的钢筋混凝土，扩大原构件截面的加固方法。

hunningtu xiaojian

混凝土销键（concrete dowel） 利用钢筋和混凝土在砌体中形成的销键，以提高新老部分的相互结合。

hunningtu xiaoxing kongxinqikuai

混凝土小型空心砌块（concrete small hollow block） 由普通混凝土或轻集料混凝土制成，主规格尺寸为 390mm×190mm×190mm、空心率为 25%～50% 的空心砌块，简称混凝土砌块或砌块。

hunningtu xubian

混凝土徐变（creep of concrete） 混凝土在荷载保持不变的情况下，随时间的增长变形增大的现象。这一现象显著影响结构或构件的受力性能。例如，局部应力集中可因徐变而缓和；支座沉陷引起的应力及温度湿度力，也可由于徐变而松弛，这些对水工混凝土结构或构件是有利的。但徐变使结构变形增大对结构的不利方面不可忽视，如徐变可使受弯构件的挠度增大 2～3 倍、使长柱的附加偏心距增大，还会导致混凝土预应力构件的预应力损失。

hunningtu zhuan

混凝土砖（concrete brick） 以水泥为胶结材料，以砂、石等为主要集料，加水搅拌、成型、养护制成的一种多孔的混凝土半盲孔砖或实心砖。多孔砖主规格尺寸为 240mm×115mm×90mm、240mm×190mm×90mm、190mm×190mm×90mm 等；实心砖的主规格尺寸为 240mm×115mm×53mm、240mm×115mm×90mm 等。

hunningtu zhuang

混凝土桩（concrete pile） 用混凝土与钢筋或钢丝制成的桩。其具有节约木材和钢材、经久耐用、造价低廉等优点，已广泛使用于水工建筑、工业建筑、民用建筑和桥梁的基础工程。混凝土桩分为普通钢筋混凝土桩和预应力混凝土桩两类。桩的截面有方形、矩形、八角形、圆形和环形等，最常用的是方形截面桩和环形截面桩。方形截面桩的边长和环形截面桩的外径为 20～60cm。桩的长度可达40m，上端设置桩帽，下端设有桩尖。

hunningtu zhuang fuhe diji
混凝土桩复合地基（concrete pile composite foundation）以摩擦型混凝土桩作为竖向增强体的复合地基。

hunxiangsheng
混响声（reverberant sound）　当声源在室内连续稳定地辐射声波时，除直达声以外，经一次和多次反射声叠加的声波。

hunxiang shijian
混响时间（reverberation time）　当室内声场达到稳定状态后，声源停止发声，平均声能密度自原始值衰变到其百万分之一所需的时间，即声源停止发声后下降60dB所需的时间，以秒（s）计。

hunzaxing dizhen
混杂型地震（hybrid earthquake）　兼具高频地震（A 型地震）与低频地震（B 型地震）两者特征的地震。常具有脉冲状高频起始的、突出的 P 波和 S 波以及很长的低频尾波。

huodongceng
活动层（active layer）　覆盖在多年冻土之上夏季融化冬季冻结的土层。它具有夏季单向融化、冬季双向冻结的特征。该层是多年冻土区的主要特征之一，但不是多年冻土的一部分。活动层及其变化对地—气间水热交换、地表水文过程、地貌过程、寒区生态系统、寒区工程建筑物及其运行等都具有重要影响。因此，活动层监测研究一直是冻土学研究的核心问题之一，内容包括以下三个方面：第一，将天然或工程活动条件下的活动层作为气候和环境变化的一个重要指标而进行长期监测和评价、预报或调控；第二，将活动层作为气候、环境和多年冻土变化的一个重要缓冲层而研究其中的水文（地质）、水热质传输过程等；第三，气候变化条件下，活动层及浅层多年冻土的碳氮循环和生物地球化学循环等过程对气候变化的重要反馈作用。

huodong dikuai
活动地块（active tectonic block）　由形成于晚新生代、晚第四纪以来（12 万～10 万年）活动强烈的构造带分割和围限、具有相对统一运动方式的地质单元。活动地块具有分级性，高级别地块内部可能存在次级地块。在时间尺度上是研究形成于晚新生代、晚第四纪强烈活动的地质构造，着重强调与强震活动密切相关的现今时段；在状态上

指现今仍在活动，并且与未来强震有关的地块运动及相关的构造变形。晚第四纪到现今的构造活动性是活动地块划分的基本原则，基于这个原则，2003 年，张培震提出中国大陆及其邻区的活动地块可做两级划分：Ⅰ级为活动地块区（简称地块区），Ⅱ级为活动地块（简称地块）；并将中国大陆及邻区划分出六个 Ⅰ 级活动地块区，分别为青藏、西域、南华、滇缅、华北和东北亚；还进一步划分了 22 个Ⅱ级活动地块。

huodong dikuai bianjiedai
活动地块边界带（boundary of active tectonic block）　由几何结构各异、宽度变化不同的变形带或活动构造带组成的活动地块之间差异运动与相互作用的边界。活动地块构造形强烈，绝大多数强震发生在其边界的活动构造带上。活动地块边界带可以与地质历史上的地质块体相一致，也可以具有新生性，与老块体边界不一致。边界带宽度的确定原则是：第一，在活动块体划分中已有相当宽度的边界带，如华北和东北亚两个Ⅰ级地块区边界，即阴山—燕山—渤海带以及其他类似的带，即按地块划分的边界宽度厘定；第二，对于活动地块划分上宽度不确定的活动边界，通常Ⅰ级块体边界按 90km 给定，Ⅱ级块体边界按 60km 给定。

huodong dikuai jiegou
活动地块结构（active crustal block structure）　组成地块的各种构造、围限活动地块的边界带及其之间的关系，及地块在三维空间上各种地球物理学变化特征。活动地块内部除了未变形的稳定区域外，还存在褶皱、次级断裂和盆地等构造。活动地块的大小和形状受活动地块边界带的控制。地块在三维空间上的地球物理学特征的变化有圈层厚度、地震波速度、电性结构等的变化。

huodong dikuai kongzhen zuoyong
活动地块控震作用（earthquake control effect of active crustal block）　晚更新世以来的活动地块对地震发生的控制作用。研究表明，活动强烈构造带的活动地块的变形与运动是大陆强震孕育与发生的主要原因。强震是在区域构造作用下，应力在变形非连续地段的不断积累并达到极限状态后而突发失稳破裂的结果，往往发生在非连续构造变形最强烈的地方。构成活动地块区和地块边界的断裂带，由于其切割地壳深度大、差异运动强烈而非连续性更强，更有利于应力的高度积累而孕育大地震。因此，大多数强震发生在活动地块区和地块边界带上。

huodong dizhendai
活动地震带（active seismic zone）　在地球历史近期仍有地震活动的地震带。全球地震带，如环太平洋地震带、欧亚地震带和我国的若干地震带目前仍有地震发生，都属于活动地震带。活动地震带内的地震活动在时间分布上通常表现出不均匀性，显著活动和相对平静交替存在，一定时期后又可能重复出现。

H

huodong duanceng

活动断层（active fault）　距今 12 万年以来有过活动的断层，也称活断裂或活动断裂。其包括晚更新世断层和全新世断层，现代仍有可能继续活动的断层。活断层的概念尚不统一，主要的分歧在最新活动时间的界定。该断层的活动通常较为缓慢，突然快速变动时可产生地震，可能产生地震的活断层称为发震断层。活断层还可能产生其他非地震破坏，因此，随着工程的大量兴建，人们对活断层的研究越来越重视。

huodong duanceng bianxingdai kuandu

活动断层变形带宽度（deformation width of active fault）活动断层错动引起的地表破裂和变形范围。若由多条平行或近平行的分支断层组成的活动断层带，其变形带宽度应包含所有分支断层的变形范围。

huodong duancengdai

活动断层带（active fault zone）　晚第四纪有活动的断层分布区域。在地表表现为地形起伏高差悬殊，呈线性或弧形隆起或显著凹陷、地震频繁。研究表明，活动断层带多位于板块边界。

huodong duanceng dizhen weixianxing pingjia

活动断层地震危险性评价（earthquake risk assessment on active fault）　判断活动断层未来一定时段内发生中强以上地震的段落（位置）、最大可能地震和发震危险性的过程。

huodong duanceng poliedai

活动断层破裂带（fracture zone of active fault）　断层错动或近地表断层蠕滑在地表产生的破裂和变形的总称，是识别断层的重要标志。

huodong duanceng poliedai bianjie

活动断层破裂带边界（fracture zone boundary of active fault）活动断层错动形成的地表破裂和变形区域的外包络线。由多条平行或近似平行的主断层和分支断层组成的活动断层破裂带，其边界是主断层以及所有分支断层地表破裂和变形区域的外围包络线。

huodong duanceng tance

活动断层探测（surveying and prospecting of active fault）利用地质与地球物理的方法综合确定活动断层位置和产状，获取晚第四纪活动性质、幅度、时代、滑动速率及大地震复发间隔等参数的技术过程。活动断层探测的工作内容主要包括活动断层的探查、鉴定、定位、地震危险性评价和数据库建设等。国家标准 GB/T 36072—2018《活动断层探测》对活动断层探测的工作内容、技术要求和工作方法做了具体的规定。

huodong duanlie

活动断裂（active fault）　见【活动断层】

huodong duanlie fenduan

活动断裂分段（segmentation of active fault）　断裂在活动的过程中，破裂过程和破裂历史上相对独立，并具有一定规模的一个断裂带的组成部分，主要是活动性的分段。各段落之间有一定的界限区将其分开，使得活动断裂的活动强度、活动方式（如霜滑和蠕滑）和发震概率等呈现沿走向的显著差异。断裂分段性研究有助于认识地震破裂的起始和终止过程以及岩石圈的破裂强度和习性，是预测地震危险性和地震安全性评价中最基本的地震地质手段之一。

huodong duanlie tiantu

活动断裂填图（active fault mapping）　在地震地质基础上发展起来的，以活动断裂为主要研究对象的地质填图，也称活动断层填图。在方法上与地质填图相同，即在实际观察和分析研究基础上，利用航片、卫片地质解译，并结合地面调查点实际情况，按一定比例尺，将各种有关活动断裂的地质体和地质现象填绘于地理底图上，构成某地区的活断裂地震地质图。它的特点是空间上围绕所研究的活断裂，对于活断层的几何参数要有细微、准确的反映；对第四纪，尤其是晚第四纪地层做尽可能细微的划分，以有利于研究活断层的活动时代和强度；对地貌现象给予充分的注意，尤其对反映断层活动的异常地貌要做实际的测量。

huodong gouzao

活动构造（active tectonics）　第四纪晚更新世（距今10 万～12万年）以来一直在活动，现在仍在活动，未来一定时期内仍将会发生活动的各类构造。其基本特点是：其在未来一定时期内仍将发生活动，因而其会对自然环境或大型工程建设和建筑产生重大影响。活动构造在我国十分发育，类型多样，地区差异大，包括活动断层、活动褶皱、活动盆地、活动隆起、活动地块、活火山和地震等。

huodong gouzaodai

活动构造带（active tectonic zone）　地壳运动十分活跃的地质构造带。在地表上表现为火山多且活动强烈，地震频繁，温（热）泉密集，地形起伏高差悬殊，线性或弧形的隆起、凹陷十分突出，第四纪地层变动显著。按板块学说观点，活动构造带多半是大板块边界，如环太平洋地震带等。李四光将挽近地质时期以来乃至近代尚在持续和断续活动的构造带称活动性构造带，它同所夹持的地块共同组成活动构造体系。

huodong pendi

活动盆地（active basin）　第四纪开始形成的，或在第四纪以前形成，但第四纪以来仍继续发育的沉积盆地，是活动构造的表现形式之一，控制大地震发生的一种发震构造。

H

huodongxing zhishu

活动性指数（activity index） 黏性土中塑性指数（以百分数表示）与小于 0.002mm 的颗粒所占颗粒总质量百分数之比。

huoduanlie

活断裂（active fault） 见【活动断层】

huosai qutuqi

活塞取土器（piston geotome） 取土筒上部内腔设有活塞，取土时借其产生真空以防止土样脱落和泥浆流入的取土器。

huochengyan

火成岩（igneous rock） 岩浆冷却后（地壳里喷出的岩浆，或者被融化的现存岩石）成形的一种岩石，也称岩浆岩。现在已经发现 700 多种岩浆岩，大部分是在地壳内部的岩石。常见的岩浆岩有花岗岩、安山岩及玄武岩等。一般来说，岩浆岩易出现于板块交界地带的火山区。

huoshan

火山（volcano） 地球深部处于高温高压状态的熔融岩浆，沿着断裂或构造脆弱带穿透地壳，携带着大量水气、挥发物和灰渣喷出地表而形成的具有特殊结构的锥状山体。火山的英文为 volcano，其来历是：在意大利的黎帕里群岛中有一名为 volcano（原意是“火神”）的小岛，岛上很早就有过火山活动，意大利人就用这个岛的名字来命名火山，后被引用到世界各地。火山由火山口、岩浆通道和火山锥三部分组成。岩浆是一种富含挥发成分的熔融硅酸盐，主要来自地下 100～150km 深处的上地幔，喷出地表后形成火山。按照活动状况，可分为活火山、死火山和休眠火山；按照岩浆的成分可以分为玄武质的火山、安山质火山的和流纹质的火山；按喷发类型可分为裂隙式喷发的火山、熔透式喷发和中心式喷发的火山。在地球上目前已经发现死火山 2000 座；活火山有 523 座，其中陆地 455 座，海底 68 座。主要分布在环太平洋火山带、大洋中脊火山带、东非裂谷火山带和阿尔卑斯—喜马拉雅火山带。

huoshan baofa dizhen

火山爆发地震（volcanic explosion earthquake） 见【火山地震】

huoshandan

火山弹（volcanic bombs） 塑性或半塑性的岩浆物质在喷出过程中因急速旋转而形成的弹状或纺锤状喷出物。其直径一般大于 64mm，内部多孔，表皮因急速冷却而为玻璃质，一般分布在火山口附近，也可从火山口飞出数千米，其在飞行中常获得空气动力学外形。火山弹可能很大，1935 年日本浅间山喷发出的火山弹测得直径 5～6m，飞出了 600m。火山弹的出现可能会造成严重人员伤亡和财产损失，1993 年哥伦比亚加勒拉斯火山的突然喷发火山弹造成了峰顶 6 人死亡。

huoshan dizhen

火山地震（volcanic earthquake） 由于火山活动时岩浆喷发冲击或热力作用而引起的地震，也称火山爆发地震或火山喷发地震。

huoshan dizhen taiwang

火山地震台网（seismological network for volcanic activity） 通过地震动观测监视火山活动的地震台网。我国在吉林省的长白山、黑龙江省的五大连池和云南省的腾冲等地布设了火山地震台网。

huoshan dizhenxue

火山地震学（volcano seismology） 运用地震学的理论、观测技术和方法，研究由于火山地区的地质构造与火山活动过程，以及由于火山活动时岩浆喷发冲击或热力作用而引起的地震效应及其应用的地震学分支学科。

huoshan dizhixue

火山地质学（volcanic geology） 研究火山及火山地质作用的地质学分支学科。其研究内容包括火山的类型、构造和产状，火山喷出物的化学、矿物组成和岩石学特征，火山活动的类型、时代、成因、分布和演化历史。火山活动是极为重要的一种地质现象，与全球构造的演化相关，常集中出现于某些时代和地区，既是深部地质过程的历史产物，又是反演区域构造活动、重建地质历史的重要依据。

huoshanhui

火山灰（volcanic ash） 火山喷发形成的粒径小于 2mm 的未胶结火山碎屑。在爆发性的火山运动中，固体石块和熔浆被分解成细微的粒子而形成火山灰。它具有火山灰活性，即在常温和有水的情况下可与石灰反应生成具有水硬性胶凝能力的水化物。因此，磨细后可用作水泥的混合材料及混凝土的掺合料。

huoshanjing

火山颈（volcanic neck；volcanic plug） 火山锥遭剥蚀后残存下来的为熔岩或火山碎屑物质充填的火山通道，一般为近乎垂直的圆柱状岩体，也称岩筒或岩管。

huoshankou

火山口（volcanic crater） 火山锥顶部呈盆状、碗状或漏斗状的一种环形构造。其底部接火山喷口，形态取决于火山爆发的性质，一般可分为喷发火山口、爆炸火山口和沉降火山口三类。喷发火山口常见于截头圆锥状火山锥的顶部，直径为 200～1000m；爆炸火山口也称马尔式火山口，其底部可能接金伯利岩筒；沉降火山口也称破火山口，其直径一般大于 3km。

huoshan maidong

火山脉动（volcanic tremor） 由于火山作用在地面产生

的微小震动。它与火山地震不同，是一种长期持续、每次振幅大体一致的震动，多出现在岩浆为玄武岩质的火山地区。在火山爆发前，火山脉动的振幅常有增大的情况，是火山爆发的前兆之一。

huoshan penfa dizhen

火山喷发地震（volcanic explosion earthquake）
见【火山地震】

huoshan suixieyan

火山碎屑岩（pyroclastic rocks） 含有大于75%火山碎屑且胶结的岩石，是介于岩浆熔岩和沉积岩之间的过渡类型的岩石，其中50%以上的成分是由火山碎屑流喷出的物质组成，这些火山碎屑主要是火山上早期凝固的熔岩、通道周围在火山喷发时被炸裂的岩石形成的。火山碎屑主要包括岩屑、晶屑、玻璃质屑、浆屑、火山块（一般直径大于100mm）、火山砾（一般直径大于2mm）和火山灰（一般直径小于2mm）。这些碎屑降落到地面或海底，经过固结形成岩石，由于火山也可以在海底爆发，所以火山碎屑岩有陆相沉积，也有海相沉积。

huoshan tongdao

火山通道（volcanic conduit） 切穿地下岩层，连接岩浆库和火山口的岩浆输运通道，是火山的基本构造之一。中心式喷发一般有一个筒状的主通道，称火山管或火山筒。裂隙式喷发的主通道一般呈墙状或不规则状。火山活动停止后，通道若被残余岩浆充填时，形成岩筒；若被火山碎屑物质充填时，形成火山碎屑岩筒。

huoshan zaihai

火山灾害（volcanic disaster） 火山活动对人类生命财产、生活、生产活动以及资源、环境造成的危害。火山灾害主要有两大类：一类是由于火山喷发本身而造成的直接灾害；另一类是由于火山喷发而引起的间接灾害。实际上，在火山喷发时，这两类灾害常兼有。火山碎屑流、火山熔岩流、火山喷发物（包括火山碎屑和火山灰）、火山喷发引起的泥石流、滑坡、地震、海啸等都能造成火山灾害。

huoshanzhui

火山锥（volcanic cone） 熔岩或火山碎屑等火山喷出物在火山口周围堆积而成的锥形山丘，是中心式火山喷发的重要特征。其按构成物质，可分为熔岩锥、火山渣锥和混合锥；其按形状，可分为盾形锥、穹形锥、钟形锥和截头圆锥状等火山锥。

huozai baojing xitong

火灾报警系统（fire alarm system, FAS） 由火灾探测系统、火灾自动报警及消防联动系统和自动灭火系统等组成，实现建筑物的火灾自动报警及消防联动的系统。

jishi shiyan

击实试验（compaction test） 用标准击实方法，测定某一击实功能作用下土的密度和含水量的关系，以确定土的最大干密度与相应的最优含水量的试验。

jichang zhenhai

机场震害（earthquake damage of airport） 机场在地震中遭到的损坏。机场震害资料不多。机场跑道因设计要求高而其功能一般不受损害，在1976年中国唐山地震、1995年日本阪神地震和2001年印度古吉拉特地震中，震区机场仍可使用。机场设施中遭受破坏者多为候机楼和飞机库等建筑物。

jiqi jichu

机器基础（machine foundation） 装有各种动力机器设备的、在激发作用下发生振动的基础。振动是物体对其静力平衡位置所做的往复运动，基础振动常用周期、频率和幅值来表达。机器基础振动的形式主要有简谐振动、复合周期振动和瞬时振动三种。

jiqi jichu gezhen

机器基础隔振（machine foundation isolation） 为减小动力机器振动对周围的人员、建筑物和精密仪表设备的影响，对动力机器或对精密仪表设备采取隔振措施，重点是分析振源类型和提出隔振措施。振源主要有人工振源，包括机器运转、车辆行驶、人类活动等因素引起的振动；地面脉动包括由大自然及地壳内部的各种变化因素，以及远处各种振动迭加传来的振动。隔振设计的主要依据是容许振动值。隔振措施主要有积极隔振或消极隔振两种。

jiqi jichu jisuan moxing

机器基础计算模型（analytical model for machine foundation） 为了计算机器基础的振动，目前主要建立了两种模型：基床反力模型；弹性半空间模型。不同模型采用不同参数。

jixie daonafa

机械导纳法（mechanical mobility method） 结构动力反应分析的动态子结构方法中，利用子结构的传递特性建立起来的子结构之间的连接方法。

jixie jilushi qiangzhenyi

机械记录式强震仪（mechanical recording strong motion accelerograph） 模拟记录式强震仪的一种类型，由拾振器、触发装置和记录器组成。它是用笔将地震动时程记录在有时间标记的记录纸上，再将模拟信号转换为离散的数字信号供分析使用；主要缺点是动态范围小、频带窄、记录丢头。

jixie misan

机械弥散 (convective dispersion) 两种水体沿流动路径发生的混合作用，也称对流弥散。含有某种溶质的地下水以相同的速度运动，会取代那些不含有这种溶质的水，并在两种水体之间产生一个突变界面，由于侵入的含有溶质的水不是以同样的速度运动的，所以这两种水体会沿着流动路径发生混合。

jixieneng shifanglü

机械能释放率 (mechanical energy release rate) 在判断材料破裂的格里菲斯破裂准则中，是指裂缝扩展力。该准则认为材料破裂时要克服分子引力做功，裂缝表面的应变能释放，推动裂纹扩展，机械能减少是裂纹扩展的动力。

jixieneng shouheng

机械能守恒 (conservation of mechanical energy) 质点或质点系在势力场中运动时，其动能和势能之和保持为常量的规律。动能和势能之和称为机械能，故称机械能守恒。

jixieneng shouheng yuanli

机械能守恒原理 (conservation principle of machinery energy) 在有势力场中运动的质点机械能包括动能和势能。在运动过程中，它们之间可以相互转化，但总量保持不变。这称为机械能守恒原理。以 T 和 V 表示动能和势能，机械能守恒原理就可以写成：$T+V=$常数。

jixie shebei kangzhen jianding

机械设备抗震鉴定 (seismic evaluation of mechanical equipment) 按规定的抗震设防要求，对现有机械设备抗震安全性的评估。我国《工业设备抗震鉴定标准（试行）》(1979) 具体规定了机械设备抗震鉴定的技术基本要求。

jixieshi jizhenqi

机械式激振器 (mechanical vibration exciter) 通过机械传动机构产生激振力的激振设备。常用的机械式激振器有直接驱动式机械振动台和离心式激振器两种。

jixieshi pianxin qizhenji

机械式偏心起振机 (mechanical eccentric vibrating machine) 强迫振动试验中的一种激振设备。它是利用电机来带动设定质量的偏心轮转动进而产生振动，适用于基频大于 1Hz 的结构试验，使用中常将该设备与试验结构固定在一起。

jixieshi yinshenji

机械式引伸计 (mechanical extensometer) 利用机械原理测量构件两点间线变形的仪器。是引伸计的一种类型，包括表式引伸计和杠杆式引伸计。表式引伸计通常称为千分表，在标距范围内试件的变形可由千分表顶杆传至表面齿轮进行放大，然后由表盘上的指针读出；杠杆式引伸计是将引伸计固定在试件上，试件轴向变形带动可动支点转动，经杠杆放大（放大倍数约为 1000）的试件变形由指针显示于表盘，其标距（可动支点与不动支点间的距离）可选，具有较高的灵敏度和适应性。

jixieshi zhendongtai

机械式振动台 (mechanical shaking table) 通过机械转动机构实现激振，对各类工程结构进行地震模拟试验的设施。

jixie zukang

机械阻抗 (mechanical impedance) 振动理论中线性定常系统的频域动态特性参量，是简谐激振力与简谐运动响应两者的复数式之比。机械阻抗的倒数称为机械导纳，它可以和频率响应函数（输出与输入的傅里叶变换之比）、传递函数等名词通用。机械阻抗根据所选取的运动量可分为位移阻抗（也称动刚度）、速度阻抗和加速度阻抗（又称有效质量）三种。多自由度系统的机械阻抗常用矩阵形式表示，阻抗矩阵中的对角元素表示同一点的力和响应之比，称为原点阻抗；非对角元素表示不同点的力和响应之比，称为跨点阻抗。阻抗矩阵元素很难测量，因为它要求系统中只能一点有响应，而容易测量的是导纳矩阵元素。

jizu

机组 (foundation set) 动力机器基础和基础上的机器、附属设备、填土的总称。机组通常是指一组机器，如压缩机组，制冷机组，发电机组等，一般由原动机驱动压缩机，还包括辅机组成的一套系统。

jifen weifen fangcheng

积分微分方程 (integro-differential equation) 运动方程的数学形式之一，是表述结构体系的运动方程。具有积分微分方程形式的运动方程概念清晰，但位移影响系数的计算量大，且积分方程求解困难。

jiji gezhen

积极隔振 (active vibration isolation) 见【主动隔振】

jiben bianliang

基本变量 (basic variable) 代表物理量的一组规定的变量，用于表示作用和环境影响、材料和岩土的性能以及几何参数的特征。

jiben dizhendong

基本地震动 (basis ground motion) 在结构抗震设计中相应于 50 年超越概率为 10% 的、地震复发周期为 475 年的地震动，包括峰值位移、速度、加速度和反应谱。

jiben fengya

基本风压 (reference wind pressure) 风荷载的基准压力，

一般按当地空旷平坦地面上 10m 高度处 10min 平均的风速观测数据，经过概率统计得出的 50 年一遇的最大值确定的风速，再考虑相应的空气密度，按贝努利（Bernoulli）公式确定的风压。

jiben liedu

基本烈度（basic intensity）　指定地区的抗震设防烈度，相对多遇地震烈度（小震烈度）和罕遇地震烈度（大震烈度）而言，基本烈度被称为中震烈度。在采用概率法进行地震危险性分析时，其具有概率含义。例如《中国地震烈度区划图（1990）》定义的基本烈度为一般场地条件下，未来 50 年内可能遭遇的超越概率为 10% 的地震烈度，即相当于 475 年一遇的地震烈度。该烈度并不是当地最可能发生的地震烈度，也未必是未来实际发生的地震烈度。抗震设计中规定将基本烈度作为设计地震动参数。该烈度通常由全国地震区划图确定，对重大工程应通过专门的场地地震安全性评价来确定。

jiben qiwen

基本气温（reference air temperature）　气温的基准值，取50 年一遇月平均最高气温和月平均最低气温，根据历年最高温度月内最高气温的平均值和最低温度月内最低气温的平均值经统计确定。

jiben sheshi

基本设施（basic facilities）　在地震应急救援中为保障避难人员基本生活需求，而应设置的配套设施，主要包括救灾帐篷、简易活动房屋、医疗救护和卫生防疫设施、应急供水设施、应急供电设施、应急排污设施、应急厕所、应急垃圾储运设施、应急通道和应急标志等。

jiben xueya

基本雪压（reference snow pressure）　雪荷载的基准压力，一般按当地空旷平坦地面上积雪自重的观测数据，经过概率统计得出 50 年一遇最大值确定。

jiben zhenxing

基本振型（basic vibration mode）　多自由度体系和连续体自由振动时，最小自振频率所对应的振动变形模式，也称第一振型。

jiben zhouqi

基本周期（basic cycle）　结构按基本振型完成一次自由振动所需的时间。

jiben zuhe

基本组合（fundamental combination）　承载能力极限状态计算时，永久荷载和可变荷载的组合。

jicao jianyan

基槽检验（foundation trench inspection）　基坑开挖至设计基底标高后的检验工作。主要检验基槽的尺寸、标高、放坡是否符合设计要求；槽底土质是否与勘察结果相符合，是否与设计要求相符合；槽底的集水井、排水沟是否符合要求等。

jichu

基础（foundation）　建筑物底部与地基接触并把上部荷载传递给地基的部件，是房屋、桥梁、码头及其他构筑物和建筑物的重要组成部分。基础的类型可按基础埋置深度、建筑材料、基础变形特性和结构形式进行分类。其中，按埋置深度可分为浅埋基础（条形基础、柱基础、片筏基础等）、深埋基础（桩基础、管柱基础、沉井基础等）和明置基础；按建筑材料可分为砖基础、毛石基础、灰土基础、三合土（熟石灰、砂、碎砖石拌合）基础、混凝土基础和钢筋混凝土基础；按基础变形特性可分为柔性基础和刚性基础；按结构形式可分为独立基础、壳形基础、联合基础、条形基础、片筏基础、箱形基础、桩基础、管柱基础、沉井基础和沉箱基础等。

jichu chenjiang guance

基础沉降观测（foundation settlement monitoring）　见【地基变形监测】

jichu dianceng

基础垫层（foundation pad）　设置在基础和地基土之间，用于隔水、排水、防冻以及改善基础和地基工作条件的低强度等级混凝土层、三合土层、灰土层等。

jichu gaodu

基础高度（height of foundation）　基础顶面至基础底面的垂直距离，是基础本身的厚度。它受基础埋深等多种因素的影响。基础埋深是指从室外设计地坪至基础底面的垂直距离。

jichu gezhen

基础隔震（aseismic base isolation）　在基础部分采取特殊措施，以耗散地震动带来的动能，或隔断能量的传递途径，使之不输入或很少输入上部结构中，进而以保护上部结构的安全隔震措施。

jichu jiagu

基础加固（foundation improvement）　对建筑物基础在不能满足要求时采取的加宽、加厚或其他补强的措施。常用的加固方法有加大基础面积法、基础加深法和基础补强法等。

jichu maishen

基础埋深（depth of foundation）　见【基础埋置深度】

jichu maizhi shendu

基础埋置深度（depth of foundation） 基础埋于土层的深度，一般指从室外地坪至基础底面的垂直距离，也称基础埋深。影响基础埋深的因素有：建筑物的用途、有无地下室、设备基础和地下设施，基础的形式和构造；作用在地基上的荷载大小和性质；地基岩土的性质、冻结深度和地下水埋藏条件；等等。

jichu naijiuxing

基础耐久性（durability of foundation） 建筑物基础材料在特定的使用条件下，在预定设计工作寿命期内，保持或不失去原有功能的性质。

jichu sheshi

基础设施（infrastructure） 为社会生产和居民生活提供公共服务的物质工程设施。该设施是用于保证国家或地区社会经济活动正常进行的公共服务系统，是社会赖以生存发展的一般物质条件。其包括交通、邮电、通信、供水、排水、供电、供气、商业服务、科研与技术服务、园林绿化、环境保护、文化教育、卫生事业等市政公用工程设施和公共生活服务设施等，这些都是国民经济发展的基础。在现代社会中，经济越发展，对基础设施的要求越高；完善的基础设施对加速社会经济活动，促进社会发展起着巨大的推动作用。

jichu shuju

基础数据（basic data） 在地震观测中，与地震观测数据获取相关的数据，主要包括观测环境、观测场地、观测设施、观测仪器、观测网络等方面的数据。

jichu waice zuankong qutu jiuqingfa

基础外侧钻孔取土纠倾法（rectification by digging near foundation） 在基础外侧钻孔取土，促使基础下的地基土产生侧向位移，基础产生沉降进行纠倾的方法。

jichu youxiao gaodu

基础有效高度（effective depth of foundation） 基础受压边缘到受拉区受拉钢筋合力点之间的距离。不同的基础需用不同的方法确定其有效高度。

jichuang

基床（foundation bed） 天然地基上开挖（或不开挖）的基槽、基坑，经回填处理，形成可以扩散上部结构荷载并把荷载传给地基的传力层，分明基床和暗基床两类。

jichuang xishu

基床系数（coefficient of foundation bed）
见【文克尔地基模型】

jidiceng

基底层（basal layer） 场地地震反应计算中，是指上传地震动给覆盖土层的岩层或剪切波速超过 500m/s 或 700m/s（重要工程）的硬岩土层。

jidi fanli

基底反力（subgrade reaction） 见【地基反力】

jidi fujia yali

基底附加压力（foundation additional pressure） 在基础地面，基底的接触压力与基底处原土体自重压力之差。对正常固结土而言，基底附加压力是产生地基沉降的重要原因。

jidi gezhen fangwu sheji

基底隔震房屋设计（design of base isolated building）采用基底隔震技术的房屋设计。房屋建设中是否采用隔震技术应考虑房屋抗震设防分类、抗震设防烈度、场地条件、结构类型和设防要求，与抗震设计方案进行经济和技术比较后决定。自振周期较短（小于 1s）、建筑场地属非软弱场地的房屋可采用隔震技术；震时和震后应保持使用功能的重要建筑宜采用隔震技术。设计良好的隔震房屋可以实现比一般抗震建筑更高的抗震设防目标。

jidi jianlifa

基底剪力法（base shear method） 见【底部剪力法】

jidi jiechu yali

基底接触压力（base contact pressure） 作用于基础底与地基土接触面上的压力，也称基底压力。它与基底处原土体自重压力之差称为基底附加压力。

jidi taotu jiuqingfa

基底掏土纠倾法（rectification by digging under foundation）采用钻孔或射水的方法在基础下取土，促使基础产生沉降进行纠倾的方法。它是建筑基础纠偏常用的方法之一。

jidi yali

基底压力（foundation pressure） 见【基底接触压力】

jikengdi longzhang

基坑底隆胀（heaving of the bottom） 在地基开挖工程中因覆盖压力减小，基坑底部产生的向上隆胀的现象。

jikeng gongcheng

基坑工程（excavation engineering） 为保证地面向下开挖形成的地下空间在地下结构施工期间的安全稳定所需的挡土结构及地下水控制、环境保护等措施的总称。该工程是集地质工程、岩土工程、结构工程和岩土测试技术于一身的系统工程，内容包括工程勘察、支护结构设计与施工、土方开挖与回填、地下水控制、信息化施工及周边环境保护等。

jikeng jiance

基坑监测（excavations monitoring） 基坑在施工过程中，采用工程测量仪器和各类传感器对支护结构内力和变形、基坑周边环境位移、倾斜、沉降、开裂、地下水位的动态变化与土压力、孔隙水压力变化等进行综合量测工作。

jikeng zhihu

基坑支护（retaining and protecting for foundation excavation） 为保证基坑土方开挖、坑内施工和基坑周边环境的安全，对基坑侧壁稳定性进行整治、处理和对地下水位进行控制的工程活动。

jikeng zhoubian huanjing

基坑周边环境（surroundings around foundation excavation） 基坑开挖影响范围内的既有建（构）筑物、道路、地下设施、地下管线、岩土体及地下水体等的总称。

jixian

基线（base line） 固定基线的简称，模拟强震仪得到的观测记录上的一条固定迹线，它应当是直线并与记录零线平行，但实际上因记录纸在卷纸过程中的横向移动以及冲洗处理产生的变形等原因会引起偏差，故在数据处理中应对其进行平滑化处理。

jixian jiaozheng

基线校正（baseline correction） 强震观测资料整理时，对强震动记录的基线（零线）偏移的修正。它是强震资料处理的重要环节。

jixianshi yiqi

基线式仪器（baseline instrument） 通过设置于两设定点间的线形装置，以检测两设定点间相对位置变化为工作原理的测量地倾斜、地应变的仪器。

jixing bianzhiyan

基性变质岩（mafic metamorphic rock） 原岩化学成分相当于玄武岩的变质岩，岩石化学成分以富含 FeO、MgO 和 CaO 等化学组分为特征。基性变质岩对于变质作用的温度和压力条件反应灵敏，是划分变质相的基准岩石。随着变质程度的加深，基性变质岩可依次转变为绿片岩、角闪岩、基性麻粒岩、榴辉岩等。

jixingyan

基性岩（basic rock） 主要由辉石、基性斜长石组成，不含或极少含石英，二氧化硅（SiO_2）含量为 $45\% \sim 52\%$ 的岩浆岩。

jiyan

基岩（bedrock） 陆地表面疏松物质（土壤和风化层）底下的坚硬岩层。基岩通常为原岩，它的力学性能不同于覆盖层，一般强度高于覆盖层且比较均匀。

jiyan changdi qiangzhendong jilu

基岩场地强震动记录（bedrock site strong vibration record） 利用强震仪在基岩场地上记录到的强震记录。该类记录很多，常作为土层地震反应分析的地震动输入时程。

jiyan jiasudu

基岩加速度（bedrock acceleration） 地震时基岩振动的加速度。在土层地震反应分析中，通常把基岩作为刚体，把基岩的地震动时程作为输入地震动时程。

jiyu gongnengde kangzhen sheji

基于功能的抗震设计（function-based seismic design）
见【基于性态的抗震设计】

jiyu nengliang de kangzhen sheji

基于能量的抗震设计（energy-based seismic design） 基于地震作用下结构体系能量平衡概念的抗震设计方法，是以结构预期的地震耗能能力为衡量指标的设计。结构地震反应是地震动能量输入结构、能量发生形式转化和耗散的过程。以能量平衡方程表示的结构地震反应过程具有形式简单、概念明确的特点，与结构地震反应分析的静力分析方法和反应谱方法相比，能量分析可以考虑地震动持续时间对结构性态的影响，且结构体系的滞回耗能与结构进入塑性状态的破损程度有关。因此，能量分析的方法为结构性态抗震设计所关注。

jiyu weiyi de kangzhen sheji

基于位移的抗震设计（displacement-based seismic design） 以结构或构件的地震位移反应或变形为控制目标的结构抗震设计，是以结构预期的地震目标位移或目标延性为衡量指标的设计。由于结构的地震破坏与结构体系的位移响应和构件变形能力密切相关，故采用基于位移的抗震设计比基于力的抗震设计在一定程度上更能反映结构和构件的性态，更有利于实现性态抗震的理念。基于位移的抗震设计方法受到结构性态抗震设计的关注。

jiyu xingneng de kangzhen sheji

基于性能的抗震设计（capability-based seismic design）
见【基于性态的抗震设计】

jiyu xingtai de kangzhen sheji

基于性态的抗震设计（performance-based seismic design） 根据建筑物的重要性和用途，并考虑建筑物处场地的地震强度及其能接受的地震破坏水平、建造费用和震后修复费用及投资者的经济实力，选择合适的结构性态设计目标，并根据不同的性态目标提出不同的抗震设防标准，使设计的建筑在未来地震中具备预期功能的抗震设计方法，也称基于功能的抗震设计或基于性能的抗震设计。

jiyu xingtai de sheji sixiang

基于性态的设计思想（performance-based design philosophy） 根据结构的重要性和用途确定其性态抗震目标；根据不同的性态目标提出不同的抗震设防标准，使设计的结构在使用期间和未来地震中满足预定的性态要求，实现预期功能的抗震设计思想。

jizhi xili

基质吸力（matric suction） 在非饱和土中，由于毛细作用，土中的孔隙水压力为负值，孔隙气压力与孔隙水压力之差即为基质吸力。基质吸力通常是描述非饱和土的力学性质的重要参数，水土特征曲线（即基质吸力与土壤含水率的关系的曲线）是描述基质吸力的重要指标。

jizhuang

基桩（foundation pile） 群桩基础中的单桩。桩基础是桩和连接于桩顶的承台共同组成的基础，采用一根桩（通常为大直径桩）以承受和传递上部结构（通常为柱）荷载的独立基础称为单桩基础；由两根以上的桩组成的桩基础称为群桩基础。在工程测量中，基桩是指用顶面带圆柱体金属作测点的混凝土桩。

jizhun

基准（benchmark；datum） 在结构控制和健康诊断研究中，比较和验证结构振动控制和健康诊断的不同方法及其效能的标准模型。在实际工作中，人们往往就不同结构进行分析或试验并得出有关控制装置、控制策略、控制算法和健康诊断方法的结论，为更客观地对不同研究成果进行评价，有必要采用统一的标准结构模型和相应的评价指标，这些标准模型称为基准。每个标准模型都包括对模型结构、材料、尺寸的详尽规定和相应的结构动力特性参数以及分析检验条件。工程上，基准指某一方向、水平面或位置，借此可方便地量度角度、高度、速度或距离，也可作为其他量（或值）的基本参考数值或几何量（或值），如点、线、面，依此来确定其他的值。测量学中是指一个起始点的纬度和经度，以及经过这个点一条线的方位角。

jizhundian

基准点（datum point） 在大地测量中指已知坐标或假定坐标和高程的任何参考点，可以这一点为基准进行计算或测量。工程检测或监测测量时，基准点作为标准的原点。

jizhun gaocheng

基准高程（datum elevation） 测量中未知点高程起算和归化时所采用的参考高程。在大地测量中，通常采用某一验潮站观测到的平均海平面的高程来作为基准高程。中国的基准高程为 1956 年青岛验潮站观测到的黄海平均海水面的高程。在有些工程建设或小型测量中，为方便，也常常采用某一假定的水准面或水平面的高程做为整个工作高程归化时的基准高程，这样的高程系统称为假设高程系统。

jizhun haipingmian

基准海平面（datum sea level） 多年观测的潮水位的算术平均值，也称平均海平面。该平面是地面上测量高度和海洋中测定深度的基准面。不同时期和不同地点的基准海平面略有差异。中国规定按 1956 年青岛验潮站观测的黄海平均海面作为高程起算面。测量海洋深度所用的基准，则采用海图深度基准面。它与实际出现的最低潮海面基本一致，是根据潮汐水位观测和天文数据计算求出的。世界各国采用的标准略有差异，中国目前使用的是理论深度基准面。

jizhunmian

基准面（datum surface） 作为测量、物探或地质分析的参考面的一个任选的参考水平面。例如，测量中相对于它作测量校正；高程测量的参考基准面常指据验潮站所确定的平均海平面，以此作为某点高程的起算面，也称"水准零点"。中国规定采用 1956 年青岛验潮站观测的黄海平均海水面作为全国统一的高程基准面。处理大地测量结果则均以"参考椭球面"作为基准面。地震勘测时，选取一个基准面进行局部地形和（或）风化层厚度校正后，地震波反射的时间或深度从该表面起算，此时又称校正面。在地质学中是指侵蚀和沉积作用的极限面，陆地中常选用河口水面，海洋中常选用波浪和水流基面。

jibian moxing

畸变模型（distorted model） 至少有一个主要的相似关系没有满足的模型，是相似模型的一种类型。畸变一般包括径向畸变、离心畸变和薄棱镜畸变等。

jibo

激波（shock wave） 气体、液体和固体介质中应力（或压强）、密度和温度在波阵面上发生突跃变化而产生的压缩波，也称冲击波。在超声速流动、爆炸等过程中都会出现激波；爆炸时形成的激波又称爆炸波；水管中阀门突然关闭形成的波也是一种激波。在固体介质中，强烈的冲击作用会形成激波，在等离子体中也会形成激波。

jiboceng

激波层（shock layer） 通常高超声速流动中气流绕过物体时，在物体附近形成一道激波，激波层是指物体头部附近的激波和物面之间的区域。在高超声速条件下，由于激波很靠近物面，激波层是薄的，所以也称薄激波层。利用激波层薄的特点，可对钝头物体的高超声速无黏绕流问题，从理论上进行简化处理。激波层可细分为物面附近的边界层、黏性作用可忽略的无黏性区和激波区。

jifa dizhen

激发地震（excitation earthquake） 产生人工地震波的地震。激发的方法有两种：一种是爆炸源，如炸药、核爆炸或开山放炮等；另一种是非爆炸源，如机械撞击、气爆震源和电能震源等。非爆炸源又称为可控震源。

jifa jihuafa

激发极化法（induced polarization method）　根据岩土的激发极化效应，寻找金属矿或解决水文地质、工程地质等问题的电法勘探方法。

jiguang

激光（laser）　激光是受激辐射光的简称，由激光器产生。它的发现和应用是 20 世纪 60 年代最重大的科学技术成就之一。激光具有高方向性、高单色性、高亮度、极好的相干性等特性。

jiguang cechang

激光测长（laser length measurement）　利用激光对物体的长度进行测量。长度的精密测量是工业领域的关键技术之一。现代长度计量多用光波的干涉现象进行，其精度主要取决于光的单色性。激光是最理想的光源，它比以往最好的单色光源还纯 10 万倍，因此，测长的量程大、精度高。氦氖气体激光器的最大量程可达几十千米；在测量数米的长度时，其精度可达 0.1m。

jiguang ceju

激光测距（laser distance measurement）　利用激光对距离进行测量。将激光对准目标发射后，测量其往返时间，再乘以光速可得往返距离。由于激光具有高方向性、高单色性和高功率等优点，在远距离测量、判定目标方位、提高接收系统的信噪比、保证测量精度等方面具有优越性。在激光测距仪基础上发展起来的激光雷达不仅能测距，还可以测定目标方位、运动速度和加速度等，已成功地用于人造卫星的测距和跟踪，采用红宝石激光器的激光雷达，测距范围为 500～2000km，误差仅几米。

jiguang cesu

激光测速（laser velocimeter）　利用激光对物体的运动速度进行测量。激光测速基于多普勒原理。激光多普勒流速计可以测量大气风速和化学反应中粒子的大小及汇聚速度、风洞气流速度、火箭燃料流速、飞行器喷射气流流速等。

jiguang cezhen

激光测振（laser vibration measurement）　利用激光对物体振动参数进行测量。若波源或波的观察者做相对于波传播方向的运动，则观察到的波动频率不仅取决于波源的振动频率，还取决于波源或观察者运动速度的大小和方向。所测频率与波源的频率之差称为多普勒频移为 $f_d = v/\lambda$。在运动方向与波的传播方向一致时，多普勒频移；式中，v 为运动速度，λ 为波长。激光多普勒振动速度测量仪可将物体的振动转换为相应的多普勒频移，再将多普勒频移信号变换为与振动速度相对应的电信号。激光测振的测量过程受其他杂散光的影响较大。该方法的主要优点是使用方便，不需固定参考系，不影响物体本身的振动，测量频率范围宽、精度高、动态范围大。

jiguang chuan'ganqi

激光传感器（laser transducer）　利用激光技术测量长度、距离、方位和运动相关物理量的传感器。激光传感器由激光器、激光检测器和测量电路组成。它具有测试速度快、精度高、量程大、抗光电干扰能力强的优点，可实现无接触远距离测量。该传感器广泛用于国防、工业、医学、环境、结构振动试验和损伤探测等领域。

jiguang ganshe zhendong jiaozhun

激光干涉振动校准（vibration calibration by laser interference）　利用迈克尔逊干涉仪精确测量振动位移、确认拾振器动态特性的绝对校准方法，也称干涉条纹计数法。

jiguangqi

激光器（laser）　激光传感器的组成部分，产生激光的仪器。激光器按工作物质不同可分为固体激光器、气体激光器、液体激光器和半导体激光器等类型。

jiguang saomiaoyi

激光扫描仪（laser scanner）　在对模拟电信号的数字化处理中，对纸介质的模拟记录进行自动化数字处理的一种设备。它采用激光扫描和图像识别技术，对地震记录连续不断扫描，遇到记录信号时，便能把对应点的坐标值自动识别并储存，经转换成数字后存入计算机。

jizhenfa ceshi

激振法测试（vibration test）　通过强迫振动和自由振动测试地基土的动力特性，为机器基础的振动和隔振设计提供动力参数的一种原位试验方法。

jizhenqi

激振器（exciter）　激发试体使其处于强迫振动状态的设备。不同类型的激振器在原理、特性、结构、功能等方面均有差别。按工作原理可分为机械式、电动式、电磁式、液压式、压电式以及小型火箭等激振器。振动台也是一种激振器。

jizhenyuan

激振源（excitation source）　地震勘探中的激起弹性波的震源，工程上按激振方式可分成冲击源法和稳态源法两种。已发展了一系列地面震源，如重锤、连续震动源、气动震源等，陆地地震勘探经常采用的重要震源仍为爆炸，爆炸震源是广泛采用的非人工震源。海上地震勘探除采用炸药震源之外，还有空气枪、蒸汽枪及电火花引爆气体震源。

jizhenbo

激震波（shock wave）　见【冲击波】

jipei

级配（gradation）　土中各种粒径土的分配，是以不均匀

系数 C_u 和曲率系数 C_c 来评价构成土的颗粒粒径分布曲线形态的一种概念。

jidi
极地 (polar region) 位于地球两极附近的地区，即北极地区和南极地区。北极和南极为其中心地，但没有公认的明确区界。北极地区指北极圈 (66°33′N) 以北的地区；南极地区指南极圈 (66°33′S) 以南的地区。极地为地球的寒带地区，终年被大量的冰雪覆盖，温度极低，北极地区冬季的气温可低至-40℃，南极地区平均气温比北极地区低约20℃。极地的昼夜长短随四季的变化而变化，有极昼极夜现象。极光是极地特有的自然现象。

jidian peizhi kongzhi
极点配置控制 (pole assignment algorithm) 通过设定控制系统的极点来确定主动控制力的控制算法。

jiduanzhu
极短柱 (very short column) 见【短柱效应】

jihanyu dizhendong
极罕遇地震动 (very rare ground motion) 在抗震设计中，相应于年超越概率为 10^{-4} 的地震动，包括峰值位移、速度、加速度和反应谱。

jishe chiping touying
极射赤平投影 (polar stereographic projection) 利用极点向赤道平面投影的原理，将地质体产状和其他特征的面、线的三度空间数据，表现在平面上的图示法，简称赤平投影。

jiweizhen
极微震 (ultra-microearthquake) 见【超微震】

jixian anquan dizhendong
极限安全地震动 (ultimate safety ground motion) 核电厂安全停堆地震动，用 SL-2 表示。它是在我国核电厂抗震设计中采用的较高等级的设计地震动，相当于国际上使用的安全停堆地震动，是核电厂场址可能遭遇的最大地震动。该地震动可取按照地震构造法、最大历史地震法和综合概率法（设计基准期内的年超越概率为 0.01%）分析结果的最大者，要求相应的加速度峰值不得小于 0.15g。我国台湾的安全停堆加速度取 0.3g 或 0.4g。

jixian bianxing
极限变形 (ultimate deformation) 结构或构件在极限状态下所能产生的某种特定的变形。它是结构设计中必须考虑的一个变形。

jixian cezuli
极限侧阻力 (ultimate shaft resistance) 相应于桩顶作用极限荷载时，桩身侧表面所产生的岩土阻力。

jixian dizhen
极限地震 (ultimate earthquake) 也称最大地震。在理论上，根据震级的定义，地震的震级没有上限，但至今没有发现震级超过 9.5 的地震。这个最大地震是 1960 年 5 月 22 日智利特大地震，其面波震级为 8.3，出现了震级的饱和现象，美国地震学和地球物理学家金森博雄（Kanamori Hiroo）确定它的矩震级为 9.5。

jixian duanzuli
极限端阻力 (ultimate tip resistance) 在桩基础中，相应于桩顶作用极限荷载时，桩端所发生的岩土阻力。

jixian hezai
极限荷载 (ultimate load) 在往复荷载试验中，骨架曲线上对应最大荷载的特征点，它标志着结构的极限承载能力。与该荷载对应的位移为极限位移。

jixian pinghengfa
极限平衡法 (limit equilibrium method) 分析岩体和土体稳定性时假定某一破坏面，取破坏面内的土体为脱离体，通过计算给出作用于脱离体上的力系达到静力平衡时所需的岩土的抗力或抗剪强度，与破坏面实际所能提供的岩土的抗力或抗剪强度相比较，以求得稳定性安全系数的方法。该方法有时也指根据所给定的安全系数求允许作用外荷载的方法。

jixian pingheng zhuangtai
极限平衡状态 (state of limit equilibrium) 岩土体中任意一点，在某个平面上的剪应力达到其抗剪强度时，该点所处的临界状态。

jixian qiangdu
极限强度 (ultimate strength) 材料所能承受的最大应力，是材料应力-应变曲线的峰值点所对应的应力值。

jixian yingbian
极限应变 (ultimate strain) 材料受力后相应于最大应力的应变。是材料应力-应变曲线的峰值点所对应的应变值。

jixian zhuangtai
极限状态 (limit states) 结构、构件或地基基础，能够满足设计规定的某一功能要求的临界状态。当超过这一状态，结构、构件或地基基础，便不再满足对该功能的设计要求。

jixian zhuangtaifa

极限状态法 （limit state method） 不使结构超越某种规定的极限状态的设计方法。它是针对破坏强度设计法的缺点而改进的工程结构设计法。

jixian zhuangtai fangcheng

极限状态方程 （limit state equation） 当结构或构件处于极限状态时，各有关基本变量之间的关系式。

jixian zhuangtai sheji fangfa

极限状态设计方法 （limit states design method） 以概率理论为基础、基于结构或构件满足预定功能极限状态的可靠度进行结构设计的方法。极限状态设计将作用效应和结构抗力考虑为随机变量，结构及构件必须在某个可靠度指标下满足承载能力极限状态和正常使用极限状态的要求。极限状态设计方法较为复杂，不便于设计人员掌握使用，在建筑结构抗震设计验算中多采用简化的极限状态来设计表达式。

jizhenqu

极震区 （meizoseismal area） 地震时，地面上受破坏最严重的地区。通常为一次地震的震中区，在该区域内地震对建筑的毁坏和人员伤亡以及社会影响最为严重。

jishuijing

集水井 （collector well） 用于汇集和存蓄地面与地下水的大直径水井。该井在城市中广泛应用。

jizhong canshufa

集中参数法 （lumped parameters method） 考虑土–结相互作用的影响计算结构的动力反应时，利用等效的弹簧—阻尼—质量系统模拟地基，并计算土–结相互作用体系动力反应的方法，也称集总参数法。

jizhong canshu xitong

集中参数系统 （lumped parameters system） 由无弹性的惯性元件与无惯性的弹性元件连接而成的自由度系统。多数情况下是指多自由度系统。

jizhong hezai

集中荷载 （concentrated load） 作用在很小面积上的荷载或作用在一个点上的荷载，也称点荷载。在力学计算中，常把荷载简化为集中荷载。

jizhongshi kongqi tiaojie xitong

集中式空气调节系统 （central air conditioning system） 在建筑工程中集中进行空气处理、输送和分配的空气调节系统，也称全空气系统。

jizhong zhidian moxing

集中质点模型 （lumped particle model） 将桩简化为弯曲型或弯曲剪切型多质点体系，土对质点的作用按土的恢复力滞回曲线确定的分析模型，是桩基地震反应分析的一种方法，也称集中质量模型。该模型可考虑土的弹性剪切变形，但无法考虑弯曲变形。

jizhong zhiliang

集中质量 （lumped mass） 为了简化计算，将结构的质量按约定的原则分别集中在结构体系的各个节点上的质量。

jizhong zhiliang juzhen

集中质量矩阵 （lumped mass matrix） 假定振动体系质量积聚在某些需要计算平动位移的节点上而构成的质量矩阵，是质量矩阵的一种类型。采用静力学方法将单元质量等效到单元的各个节点上，结构任意节点积聚的质量等于与该节点连接的各单元分配给此节点的质量之和；同时，外部荷载质量也要用同样方法等效到该节点。这样形成的质量矩阵具有对角形式，即矩阵中只在对角线上有值，对角线以外的元素均为零。集中质量矩阵的形式简单，计算结果表明，它具有较好的计算精度，实际结构分析中较多采用这种质量矩阵。

jizhong zhiliang moxing

集中质量模型 （lumped mass model）
见【集中质点模型】

jizong canshufa

集总参数法 （lumped parameters method）
见【集中参数法】

jihe canshu biaozhunzhi

几何参数标准值 （nominal value of geometric parameter）
结构或构件设计时，采用的几何参数的基本代表值。其值可采用设计规定的标定值。

jihe canshu shejizhi

几何参数设计值 （design value of a geometrical parameter）
几何参数的标准值增加或减少一个几何参数的附加量所得的值。

jihe canshu tezhengzhi

几何参数特征值 （characteristic value of a geometrical parameter） 设计规定的几何参数公称值或几何参数概率分布的某一分位值。

jihe dizhenxue

几何地震学 （geometric seismology） 见【射线地震学】

jihe feixianxing

几何非线性 （geometrical nonlinearity） 结构构件几何变

J

形引起的非线性力学性质。在结构抗震分析中，高层建筑和大跨柔性桥梁常涉及此类问题。

jihe gangdu juzhen

几何刚度矩阵（geometric stiffness matrix）　在不计竖向地震作用时，多质点体系近似考虑重力二次效应的运动方程为：

$$m\ddot{u} + c\dot{u} + (k - k_{\text{p}})u = -mI\ddot{u}_{\text{g}}$$

式中，m、c、k 分别为体系的质量矩阵、阻尼矩阵和刚度矩阵；k_{p} 为重力二次效应引起的几何刚度矩阵；u 为体系的水平位移反应向量；I 为单位矩阵；$\ddot{u}_{\text{g}}$ 为水平向输入地震动加速度。由重力二次效应引起的等效附加水平力矢量为 $f = k_{\text{p}}u$。几何刚度矩阵 k_{p} 的各元素由各构件分段高度和承受的竖向力 N_i（$i = 1, 2, \cdots, n$）决定。

jihe kuosan

几何扩散（geometric diffusion）　在强地震动模拟的远场谱方法中的传播介质对频谱影响函数的公式中，表示地震波扩散引起的能量几何衰减项，通常为距离的负幂次函数。

jihe xiangsi

几何相似（geometric similarity）　几何量之间满足的比例关系。两个几何上相似的图形或物体，其对应部分（如边和角）的比值为同一个常数。

jihe zuni

几何阻尼（geometrical damping）　在弹性半空间介质中，波向外辐射时因波面增大而造成能量的损耗，也称辐射阻尼。

jimi penjiangfa

挤密喷浆法（compaction grouting method）　通过钻孔向土层中压入浓浆，在压浆周围形成泡形空间，使浆液对地基起到挤压和硬化作用形成桩柱的加固方法。

jimi shashizhuangfa

挤密砂石桩法（compacted sand-gravel column method）利用振动或锤击作用，将桩管打入土中成孔并使土挤密，分段向管内填入砂石料，不断提升并反复挤压，形成竖向增强体的地基处理方法，也称沉管砂石桩法。

jimi shashizhuang fuhe diji

挤密砂石桩复合地基（compacted stone column composite foundation）　采用振冲法或振动沉管法等工法在地基中设置砂石桩，在成桩过程中桩间土被挤密或振密。由砂石桩和被挤密的桩间土形成的复合地基。

jimi shazhuang

挤密砂桩（densification by sand pile）　利用振动或锤击作用，将钢质桩管打入土中，分段向桩管加砂石料，不断提升并反复挤压而形成的砂石桩。

jimi zhujiangfa

挤密注浆法（compaction grouting method）　利用较大的注浆压力，通过注浆孔将浆液注入土中形成浆液泡，对土体挤密的注浆方法。

jimi zhuangfa

挤密桩法（compacted column method）　利用带有管塞、活门或锥头的钢管压入或打入土中成孔并使土挤密，然后向孔内投入灰土、素土等填料，分层夯实，形成竖向增强体的地基处理方法。

jitu xiaoying

挤土效应（compacting effect）　在排水条件不良的饱和土中沉桩，排开土体导致土体结构受到扰动，孔隙水压力上升，使桩周土产生侧向挤出和隆起，严重时造成桩身倾斜、上浮或断裂的现象。

jituzhuang

挤土桩（displacement pile）　成桩过程中存在明显挤土效应的桩。例如，沉管灌注桩、沉管夯（挤）扩灌注桩、打入（静压）预制桩、闭口预应力混凝土空心桩和闭口钢管桩等。

jipaishui gongcheng

给排水工程（water supply and waste water engineering）见【给水和排水工程】

jishuidu

给水度（specific yield）　单位面积的含水层，当潜水面下降一个单位长度时在重力作用下所能释放出的水量，是表征含水层释水能力的指标。在数值上，给水度等于释出的水的体积与释水的饱和岩土总体积的比值。影响给水度大小的主要因素有含水层的岩性、潜水面埋深以及地下水位下降的速度等。

jishui he paishui gongcheng

给水和排水工程（water supply and waste water engineering）用于水供给、废水排放和水质改善的工程，简称为给排水工程，分为给水工程和排水工程两类。给水有时也称为供水。在古代，给排水工程只是为了输送城市的用水和排泄城市内的降水和污水。近代的给排水工程是为了控制城市内的伤寒、霍乱和痢疾等传染病的流行和适应工业与城市的发展而发展起来的。现代的给排水工程已成为控制水媒传染病流行和环境水污染的基本设施，是发展城市以及工业的重要基础设施之一。

jishui xitong

给水系统（water supply system）　在建筑工程中由取水、输水、水质处理和配水等设施组成的系统。它是城市生命线工程的重要组成部分。

jiquan geshengliang

计权隔声量(weighted sound reduction index) 建筑声学中评价建筑物及建筑构件空气声隔声等级的数值,单位为分贝(dB)。

jiquan jiasuduji

计权加速度级(weighted acceleration level) 影响人体的与振动频率和暴露时间有关的振动加速度值,经过不同频率计权因子修正后得到的振动加速度级。国家标准 GB 50868—2013《建筑工程容许振动标准》对生产操作区容许振动计权加速度级做了规定。

jisuan changdu

计算长度(effective length) 构件在其有效约束点间的几何长度乘以考虑杆端变形情况和所受荷载情况的系数而得的等效长度,用以计算构件的长细比。计算焊缝连接强度时采用的焊缝长度。

jisuan diqiu donglixue

计算地球动力学(computational geodynamics) 以地质、地球物理、地球化学观测和高温高压岩石实验数据为基础,基于数学物理方法,利用先进的计算机技术,对地球内部不同圈层结构、属性和动力学过程进行计算模拟的学科。其内容包括非连续大变形、热传递、孔隙流体流动、相变和化学变化、电磁流体力学;地球和太阳系行星内部物理,如月球、火星、金星壳幔结构和表层环境;超高压带、盆地等深部过程;大陆边缘的形成和演化,以及大洋板块的扩张和俯冲过程;壳、幔流变性质的实验和理论研究;地震震源机制,包括地壳应力场和地壳变形、地震孕育、发生、触发和预报等;与国民经济有关的资源、环境、减灾等重大科学和工程问题。目标是了解地球整体及其所在系统的过去、现在和未来的行为,并利用这些认识为人类生存提供可持续发展的物质与环境基础。定量地掌握地球各圈层和整体的发展规律,从更深层次上了解地球系统内部各种动力学过程的特征、机制和控制因素,是当前地球科学研究中的重要发展趋势。

jisuan diqiu wulixue

计算地球物理学(computational geophysics) 利用计算数学、应用数学、信息科学以及地球物理学的理论、方法和技术,对各种地球物理场进行理论研究、数据观测和仿真模拟,探索地球内部及其周围空间、近地太空的介质结构、物质组成、形成和演化过程,研究与其相关的各种自然现象及其变化规律的一门学科。其内容包括计算地震学、计算地球动力学等,主要任务是依据地球物理学的原理和方法,利用数学方法对地球介质、构造、参数分布等研究对象进行合理的描述并抽象为微分方程等数学模型,再通过数学方法求解数学模型(即正演)或者利用实际观测资料或人工合成数据反演地球内部构造单元、深部介质属性、结构和深层物理—力学过程,研究成山、成盆、成岩、成矿、成灾、圈层耦合和地球本体与动力学响应等。

jisuan dizhenxue

计算地震学(computational seismology) 以地震学、信息科学和地空观测技术为基础,基于数学物理方法,利用现代计算技术,对地球内部介质的岩性物性地震响应,地震的孕育、发生、发展以及地震波传播过程进行计算模拟的一门地震学的分支学科。其研究内容主要包括地球内部各圈层结构、核—幔和壳—幔边界、震源机制、地球动力学及其演化,地震波在地球介质中的传播、衰减和地面运动规律,地球资源的勘探等。该学科也被用于对其他星球(如月球)的震动、波传播以及通过观测数据研究地球之外其他星球的内部结构。早期人们将地震波在地球中传播规律近似为射线在介质中的传播,但随着计算机技术的发展,对地震波传播的描述更为精确的是基于求解波动方程的计算地震学方法。两者在研究地震波传播规律和地球内部非均匀结构方面均取得了重要进展。

jisuan jiyanmian

计算基岩面(nominal bedrock surface) 在土层地震反应分析中,人为确定的地震动输入界面。国家标准 GB 17741—2005《工程场地地震安全性评价》规定 I 级(重要工程项目)地震安全性评价工作,必须采用钻探确定的基岩面剪切波速不小于 700m/s 的层面作为输入面。核动力工程应该按核电抗震设计规范的要求确定输入界面。II 级和 III 级(一般性工程项目)地震安全性评价工作,宜采用下列三者之一作为输入界面:钻探确定的界面;剪切波速不小于 500m/s 的界面;深度超过 100m,剪切波速有明显跃升的分界面或有其他方法确定的基岩面。

jisuan jiegou lixue

计算结构力学(computational structural mechanics) 采用数值计算的方法,利用电子计算机求解结构力学中的各类问题的计算力学的一个分支,也称计算机化的结构力学。

jisuan lixue

计算力学(computational mechanics) 依据力学基本理论,利用计算机和各种数值方法,解决力学中的实际问题的一门新兴学科。它横贯力学的各个分支,不断扩大各个领域中力学的研究和应用范围,同时也在逐渐发展自己的方法和理论。

jisuan lixue de shuzhi fangfa

计算力学的数值方法(numerical methods in computational mechanics) 计算力学中求解各类方程的数值方法。力学现象的数学模拟,常常归结为求解常微分方程、偏微分方程、积分方程,或代数方程问题。求解这些方程的方法可归结为两类:一类是求分析解,即以公式表示的解;另一类是求数值解,即以成批数字表示的解。很多力学问题相当复杂,特别是复杂的偏微分方程组,一般难以得出它们的分析解,用数值方法求解则运算步骤繁杂,耗时费力,在电子计算机出现前很少使用。20 世纪 50 年代以来,出现了配有现代程序设计语言的通用数字计算机。计算机的快速运算和大存储量，使解复杂的力学问题成为可能。主要数值方法很多，求解偏微分方程数值解，以有限差分方法和有限元法使用最为广泛。此外，还有变分方法、直线法、特征线法和谱方法等。这些方法的实质绝大多数是将偏微分方程问题化成代数问题，再用计算机求未知函数的数值解。

jisuan qingfudian
计算倾覆点（calculating overturning point） 在砌体结构设计中，在验算挑梁抗倾覆时，根据规定所取的转动中心。

jisuan shiwen
计算失稳（calculation instability） 波动数值模拟计算中计算迅速失控的现象。表现为计算数值的绝对值急剧增大，或以高频振荡的形式迅速增大，以至于超过计算机的最大可表达数值，称为溢出；或以低频飘移的形式溢出，出现计算失稳。失稳的原因是数值计算中总会产生舍入误差、截断误差等，这些误差在某些计算格式中被无限制地放大，以至于淹没有效计算数值，使计算失败。

jiludun
记录墩（variation recording pillar） 在地磁观测中，用于安装地磁记录仪器传感器的无磁性墩。

jiluqi
记录器（recorder） 记录并显示测量信号的仪器。记录器的种类繁多，品种多样。按记录方式可划分为模拟记录器和数字记录器两类。

jilu tiaozhengfa
记录调整法（record adjustment method） 强地震动时程预测的一种工程方法，也称比例法。根据工程场地的地震环境或设定地震的震级、地质构造、场地条件等，选择合适或条件相近的时程记录，再根据地震动峰值、频谱、场地卓越周期等要求，调整观测记录，包括放大或缩小幅值、压缩或拉长时间轴，使峰值和卓越周期符合预期要求。

jiyi hanshu
记忆函数（memory function） 见【单位脉冲响应函数】

jishu jingji zhibiao
技术经济指标（technical and economic index） 用来反映或评价一个工程或设计项目是否经济合理；是否满足相关技术标准要求的各项指标。

jichuanhuan
系船环（mooring ring） 埋设在码头前沿或者胸墙上，用于系船的钢质圆环。码头胸墙是指在直立式码头上部的靠船面，装设防冲设备，挡住墙后回填料，并与下部结构连接成整体构件。

jichuanzhu
系船柱（mooring post） 供船舶靠、离和停泊码头时，栓系缆绳用的柱体装置，通常分为普通系船柱和风暴系船柱两类。

jijie dongjieceng
季节冻结层（seasonal freezing layer） 每年寒季冻结、暖季融化，其平均地温高于摄氏零度的地表层，其下卧层为非冻结层或不衔接多年冻土层。

jijie dongtu
季节冻土（seasonally frozen ground） 地表层冬季冻结、夏季全部融化的土。中国长江以北各省区都有季节冻土分布，其面积约占中国领土的54%。可使各类建筑物产生变形和破坏。

jijie ronghuaceng
季节融化层（seasonally thawed layer） 每年寒季冻结、暖季融化，其平均地温高于摄氏零度的地表层，其下卧层为多年冻结层。

jijiexing dongtu
季节性冻土（seasonal frozen soil） 见【季节冻土】

jisheng gongzhen pinlü
寄生共振频率（parasitic resonance frequency） 地震计做受迫振动时，除弹性悬挂系统外，出现共振时的频率。

jisheng zhendang
寄生振荡（parasitic oscillation） 用离散网格来代替连续体进行近似计算时，超过某截止频率的波动不向外传播，在原地振荡的现象。

jijing dizhen
寂静地震（silent earthquake） 发震断层缓慢蠕变所形成的地震，也称宁静地震。有些断层破裂过程非常缓慢，尽管发生了断层错动，但非常缓慢几乎不辐射地震波。观测表明，有一些地震在主破裂前有缓慢的蠕变，如果这种缓慢的蠕变是破裂的前兆，那么记录到这种前兆，有可能预报主震。

jixianji
蓟县纪（Jixian Period） 地质年代单位，时间为距今14亿～16亿年，在此期间形成的地层为蓟县系地层。

jixianxi
蓟县系（Jixian System） 中国区域年代地层单位。中元古界底部的一个系。对应于国际的盖层系。因天津蓟县北部地层发育最好而得名，层型剖面位于天津蓟县。底界时间约为16亿年，顶界时间约为14亿年。对应的地质年代单位为蓟县纪。

jiagong shuju

加工数据（processed data） 对原始数据做必要的转换、规范化处理和质量检查订正后所产出的数据。

jiagu sheji shiyong nianxian

加固设计使用年限（design service life for strengthening of existing structure or its member） 加固设计规定的结构、构件加固后无需重新进行检测、鉴定即可按其预定目的使用的时间。

jiajinfa

加筋法（reinforcement method） 在土中加入强度较高、模量较大的条带状、片状或网格状抗拉材料形成加筋土层，以改善岩土体力学性能，提高其强度和稳定性的地基处理方法。

jiajinshi dangtuqiang

加筋式挡土墙（reinforced retaining wall） 利用较薄的墙身结构挡土，依靠墙后布置的土工合成材料减少土压力以维持稳定的挡土建筑物。

jiajintu

加筋土（reinforced earth） 在土中设置金属、高分子材料、聚合物纤维等筋材而形成的特殊土体结构。1965 年由法国 Henri Vidal 发明，20 世纪 70 年代末期在我国开始推广和应用。它能够在拉筋方向获得和拉筋的抗拉强度相适应的黏聚力，使成为整体，变为一个能够支承外力自重的复合结构。

jiajintu dangqiang

加筋土挡墙（reinforced soil wall） 利用土内拉筋与土之间的相互作用，限制墙背填土侧胀，或以土工织物来层层包裹土体以保持其稳定的由土和筋材建成的挡墙。

jiaqi hunningtu

加气混凝土（aerated concrete） 以发气剂和水泥制成的多孔轻质混凝土。该混凝土以砂子、粉煤灰等含氧化硅材料及石灰、水泥等含氧化钙的材料为主要原料，加入铝粉或其他发气剂发气，经湿热加工制成的轻质制品。

jiaqiang ceng

加强层（story with outriggers and/or belt members） 设置连接内筒与外围结构的水平伸臂结构（梁或桁架）的楼层，必要时还可沿该楼层外围结构设置带状水平桁架或梁。

jiarelu kangzhen sheji

加热炉抗震设计（seismic design of heating furnace） 为防止和抗御加热炉地震破坏而进行的专项设计。石油化工企业的加热炉包含管式加热炉、裂解炉、卧式加热炉及附属设备。国家标准 GB 50761—2012《石油化工钢制设备抗震设计规范》规定了加热炉的抗震设计的基本要求。

jiasudu dizhenji

加速度地震计（accelero-type seismometer） 采用独特的光学技术与 MEMS 技术及信号处理技术，振动（加速度）进行传感的、用于测量地震加速度物理量的地震仪器。它的优点有：低频特性，频响应范围为 0.1Hz～10kHz；极高灵敏度；极小的体积、极轻的重量，携带方便，操作简单；抗电磁干扰性能优异，适用于极其严酷的强电磁干扰环境；寿命长，可靠性高；可远距离传感、监控，也可组成传感器阵列来应用。除地震监测外，也被广泛用于大型结构件（如飞船、火箭、飞机、舰船、潜艇）等振动与模态测量、大型发电机组在线振动监测等。

jiasudu fanyingpu

加速度反应谱（acceleration response spectrum）
见【反应谱】

jiasudu fenbu xishu

加速度分布系数（distribution coefficient of accelerations） 利用拟静力法进行构筑物水平地震作用计算时，确定结构加速度反应沿高度分布的定量方式，也称动态分布系数或水平地震作用沿高度的增大系数。利用该系数估计结构各质点地震作用与采用底部剪力法估计结构各质点的地震作用在物理意义上完全相同，日本抗震设计的保有水平耐力法，也有关于层间剪力竖向分布系数的规定。

jiasudu fengzhi

加速度峰值（peak ground acceleration） 地震动加速度时程中的最大绝对幅值。通常记为 a_{max}；单位为 cm/s² （也称 Gal），或 m/s²，或重力加速度 g。该峰值与地震动惯性作用直接相关，因此是地震工程中最常用的设计地震动参数，是地震动预测和设计地震动的主要参数。加速度峰值受地震动高频分量的控制。

jiasudu fengzhi shuaijian quxian

加速度峰值衰减曲线（attenuation curve of acceleration peak） 地震动加速度峰值随震中距的增加而减小的曲线。其可用于地震危险性分析、确定具体工程的设计地震动、计算不同地点的地震动峰值并计算结构地震反应、估计工程结构的破坏等级和经济损失。

jiasuduji

加速度计（accelerometer） 利用弹簧—质量—阻尼振子（摆）的惯性作用测量物体运动加速度的传感器。土木工程领域常用的加速度计有速度摆加速度计、动圈伺服式加速度计、力平衡加速度计、压电式加速度计和应变式加速度计等。典型的加速度计从直流到高至 80Hz 的拐角频率有一线性的频率响应，在 $2g$～$4g$（g 为重力加速度）才限幅。早期模拟记录的加速度计将加速度转化为光束的运动。加速度计可以安装在加速度仪内。在研究结构物时，典型的是遥测记录，信号通过电缆传输到记录中心。

jiasuduji lingpian

加速度计零偏 (accelerometer bias)　加速度计测量值的偏移，即加速度计与输入加速度无关的平均输出量。

jiasuduji pinxiang texing

加速度计频响特性 (accelerometer frequency response character)　以摆体相对位移 $x(t)$ 测量地面加速度 $\ddot{y}(t)$，二者之比为：

$$x(t)/\ddot{y}(t) = x(t)/(-a\omega^2 e^{i\omega t})$$
$$= \frac{-1/\omega_0^2}{1-(\omega/\omega_0)^2+2ih(\omega/\omega_0)}$$
$$= \frac{1}{\omega_0^2}H_a(\omega)$$

式中，$H_a(\omega) = \dfrac{-1}{1-(\omega/\omega_0)^2+2ih(\omega/\omega_0)}$ 为加速度计的频响特性，表示相对加速度与地面加速度之比。

jiasudu shizhenqi

加速度拾震器 (acceleration sensor)　记录的物理量与地震动加速度成正比的拾震器，也称为加速度计或加速度仪。在强震观测中使用广泛。

jiasuduyi

加速度仪 (accelerograph)　摆周期远比地面运动周期短，记录图上记录线的偏移与地面加速度成正比的地震仪，也称加速度计。它是强震动仪的一种主要类型，记录的物理量是加速度。该仪器主要由加速度传感器和记录器组成。

jiasuduyi fangda beishu

加速度仪放大倍数 (magnification of accelerograph)　加速度仪记录的地震动最大幅值的绝对值与实际地震动最大幅值的绝对值之比。它是表征加速度仪增强信号的特性。

jiasudu zaosheng

加速度噪声 (acceleration noise)　物体与物体碰撞瞬间，彼此接触产生减速度 (负加速度) 时辐射的噪声。它是撞击噪声的最初脉冲部分；是撞击噪声的峰，对撞击总能量的贡献不大。该噪声不决定于物体的振动，与物体的阻尼无关，它是由于物体的加速运动，从而在空气媒质中产生的压力扰动。

jiazai guize

加载规则 (loading rule)　结构抗震试验中的加载程式。它涉及外荷载的种类 (力或位移等)、强度、方向以及外荷载施加的次序等，应根据试验设备、试验类型、试件物理力学特性和试验目的确定。

jiazhou chengzaibi

加州承载比 (California bearing ratio)　用规定尺寸的贯入杆，以一定的速率压入试样内，测得试样在规定贯入量时的贯入阻力，将其与碎石的标准贯入阻力相比得到的比值。

jiazhou chengzaibi shiyan

加州承载比试验 (California bearing ratio test)　美国加利福尼亚州提出的一种评定基层材料承载能力的试验方法。该试验主要用于测定柔性路面和路基材料强度，试验是将试样装入一定规格的实验筒内分层压实，加压浸水后，将贯入杆以一定速率分别压入试样和标准样一定深度，测定二者单位压力的比 CBR (加州承载比) 值。

jiaceng xiangjiao zhizuo

夹层橡胶支座 (sandwich rubber bearing)　由橡胶板和钢板交互叠合再经黏接硫化制成的支承装置，也称叠层橡胶支座。它是一种较为理想的水平隔震装置，可用于新建隔震工程和已有工程的隔震加固。由于该支座具有阻尼耗能能力，因此也可作为阻尼减振装置用于各类工程结构。

jiaxinqiang

夹心墙 (cavity wall with insulation)　墙体中预留的连续空腔内填充保温或隔热材料，并在墙的内叶和外叶之间用防锈的金属拉结件连接形成的墙体。

jianianjuli

假黏聚力 (pseudo-cohesion)　由于毛细张力、颗粒咬合等因素形成的不稳定的黏聚力。它对土的抗剪强度不起作用。

jiaxiangying

假响应 (spurious response)　频谱分析仪出现的不正常现象，主要表现为显示器上出现的不应有的谱线。该响应对超外差系统是不可避免的，应设法将其抑止为最小。

jiayuzhen

假余震 (pseudo-aftershock)　主震发生后的一段时间里，在主震破裂区的邻区内发生的、与该主震无直接关联的地震，即非主震发生后产生的余震。

jiazhenghe

假整合 (disconformity)　同一地区新老两套地层间有沉积间断面相隔但产状基本一致的接触关系，也称平行不整合。上下岩层时代、岩性和古生物特征均不连续，说明下伏岩层沉积以后，地壳上升隆起、沉积作用中断，遭受风化剥蚀后期该区重新下降，接受沉积形成上覆岩层。平行不整合的出现，反映了地壳的一次显著的升降运动，但相对比较平稳。

jiakongceng

架空层 (elevated storey)　仅有结构支撑而无外围护结构的开敞空间层。通常指建筑物深基础或坡地建筑吊脚架空部位不回填土石方形成的建筑空间。我国依水而建的高脚楼、傣家的竹楼、苗家的吊脚楼、苏州园林的水榭，以及地处山西 1400 年前建的悬空寺等都含有架空层。

jiakong guandao

架空管道（overhead pipe） 架设在地面或水面上空的用于输送气体、液体或松散固体的管道。

jiakong guandao kangzhen sheji

架空管道抗震设计（seismic design of overhead pipe） 为防止和抗御架空管道地震破坏而进行的专项设计。架空管道是广泛使用的输送液、气状物质的设施。架空管道的地震破坏一般由支架失效引发，架空管道抗震主要是管道支架抗震。根据结构形式的不同，架空管道支架可分为独立式支架和管廊式支架两类。前者各支架间没有水平联系构件，管道直接敷设于支架上；后者支架间有支承管道的水平构件。根据管道在支架上敷设方式的不同，架空管道支架又可分为活动支架和固定支架两类。前者管道与支架间无固定措施，管道可在支架上滑动；后者管道与支架间有固定措施。国家标准 GB 50191—2012《构筑物抗震设计规范》、GB 50032—2003《室外给水排水和燃气热力工程抗震设计规范》和石油化工行业标准 SH 3147—2014《石油化工构筑物抗震设计规范》均规定了架空管道支架的抗震设计要求。

jiakong guandao zhenhai

架空管道震害（earthquake damage of overhead pipe） 架空管道在地震中遭到的损坏。架空管道依敷设方式可分为活动支架管道和固定支架管道。主要震害现象有支架破坏、管道震动开裂以及管道与设备的连接处开裂等。

jiakong guanxian kangzhen jianding

架空管线抗震鉴定（seismic identification of overhead pipelines） 通过检查现有架空管线的设计、施工质量和现状，按规定的抗震设防要求，对其在地震作用下的安全性进行评估的工作。主要工作内容有：第一，检查设备间管道的配管方式和接头，检查管道的排放、扫线和静电接地系统；第二，管线穿过墙体或楼板时周围是否留间隙，管线穿过防爆厂房墙壁或楼板时是否设套管及耐火材料，滑动管托应有加长措施，活动管架应设置防滑挡板；第三，应检查管托和钢管架的焊缝和腐蚀状况，检查管架和支吊架的倾斜、变形以及固定螺栓是否变形、松动，检查装配式钢筋混凝土管架节点是否开裂露筋以及预埋件的可靠性；第四，管道和支承系统应采用反应谱方法或静力法进行地震作用计算和抗震验算。

jiance

监测（monitoring） 对某一事件的发生及其过程的监视和检测。例如，地震监测、环境监测、基坑监测等。在岩土工程中，是指在现场对岩土性状和地下水的变化，岩土体和结构物的应力、位移进行的系统监视和观测；在结构工程中是指对结构构件的变形和受力状态的系统监视和观测。

jiance baojingzhi

监测报警值（alarm value on monitoring） 在基坑施工过程中，为确保基坑工程施工和周边环境安全而设置的监控警戒值。

jiance xitong

监测系统（monitoring system） 在强震观测中，是指由加速度传感器、记录器、计算机、传输线路四部分组成的系统。

jiancezhuang

监测桩（monitoring pillar） 在地磁观测中，是指用于监测地磁观测环境变化的观测点上埋设的仪器安装位置标识。

jiankong zhongxin

监控中心（monitoring and controlling center） 在建筑工程中，对建筑物（群）进行消防、安防及机电设备进行监控的中心机房，通常位于建筑物一层或其他可直达室外的部位。

jianboqi

检波器（detector） 用于检出波动信号中某种有用信息的装置，也称传感器。其主要用于识别波、振荡或信号存在或变化的器件，常用来提取所携带的信息；分为包络检波器和同步检波器。其中，前者的输出信号与输入信号包络成对应关系，主要用于标准调幅信号的解调。后者实际上是一个模拟相乘器，为了得到解调作用，需要另外加入一个与输入信号的载波完全一致的振荡信号（相干信号）。同步检波器主要用于单边带调幅信号的解调或残留边带调幅信号的解调。

jiance

检测（testing） 在岩土工程现场采用一定手段，对勘察成果或设计、施工措施的效果进行的核查。它是保证岩土工程质量的重要措施。

jiancepi

检测批（inspection lot） 检测项目相同、质量要求和生产工艺等基本相同，由一定数量构件等构成的检测对象。

jianchen fuhe shuzhuang jichu

减沉复合疏桩基础（composite foundation with settlement reducing piles） 软土地基上，在其天然地基承载力基本满足设计要求的情况下，为减小地基沉降而采用的疏布摩擦型桩的复合桩基础。

jian'gezhen sheji

减隔震设计（seismic isolation design）　通过减震和隔震技术来有效的减轻结构在地震中遭受损坏的设计方法。建筑隔震是指在房屋基础、底部或下部结构与上部结构之间设置由叠层橡胶隔震支座组成具有整体复位功能的隔震层，以延长整个结构体系的自振周期，减小输入上部结构的水平地震作用，达到预期防震要求；建筑减震（结构消能减震技术）是在结构物某些部位（如支撑、剪力墙、连接缝或连接件）设置耗能装置，通过该装置产生摩擦、弯曲（或剪切、扭转）、弹塑性（或黏弹性）滞回变形来耗散或吸收地震输入结构的能量，以减小主体结构的地震反应，从而避免结构产生破坏或倒塌，达到减震控制的目的。桥梁的减隔震设计主要是在桥梁上部结构和下部结构或基础之间设置减隔震系统，以增大原结构体系阻尼和（或）周期，降低结构的地震反应和（或）减小输入到上部结构的能量，达到预期的防震要求。

jianqing dizhen zaihai

减轻地震灾害（mitigation of earthquake disaster）　利用各类信息、技术和社会资源，主动采取各种防御措施以减轻地震灾害造成的损失。开展地震科学研究，加强地震监测预报、震灾预防和应急救援以及防震减灾规划都是减轻地震灾害的有效途径。

jianyajing

减压井（relief well）　水利工程中在闸、坝、堤下游的覆盖层中设置的、旨在减小层内承压水压力或渗透压力的竖井。在岩土工程施工中，用于降低作用在岩土层上的承压水头及渗透压力，以防止发生管涌、流土、突涌等灾害现象的井。

jianzai

减载（deloading）　岩土工程中，采用从边坡顶部开挖、削坡的方法，用来减少边坡的自身荷载，从而提高边坡稳定性的措施。

jianzhen

减振（vibration reduction）　为了减少振动对机器、结构或仪表设备正常工作的影响而采取的措施。主要有消除振源、切断传递途径，降低被激设备的响应三种方法。

jianzhen

减震（shock absorption）　减轻震动，通常指建筑减震（结构消能减震）或仪器仪表减轻震动的技术。在地震地质学中，是指当某一发震断层释放能量时，同时部分地释放附近未发震断层上的剪切应变能，而使其失去发生大震的能力。

jianbian moliang

剪变模量（shear modulus）　材料在单向受剪且应力和应变呈线性关系时，截面上剪应力与对应的剪应变的比值。它是材料的一个重要力学参数。

jianchukou

剪出口（toe of the surface of rupture）　滑坡的滑动面与斜坡体下部原始地面的交线，是滑坡体脱离母体时在滑坡体前部伸出如舌状的部位。常伸入沟谷、河流。剪出口的识别和调查是滑坡调查的重要内容。

jiankuabi

剪跨比（ratio of shear span to effective depth）　截面弯矩与剪力和有效高度乘积的比值。它既是衡量构件变形能力、影响构件破坏形态的指标，反映梁、柱截面所承受的弯矩与剪力相对大小的参数，也是衡量梁、柱变形能力和破坏模式的重要指标。简支梁的剪跨比 λ 可由下式定义：

$$\lambda = a/h_0$$

式中，a 为剪跨，是简支梁上集中荷载作用点到支座边缘的最小距离；h_0 为梁截面有效高度。柱和墙肢剪跨比 λ 可由下式定义：

$$\lambda = M/(Vh_0)$$

式中，M、V 分别为墙、柱端部截面的弯矩和剪力；h_0 为墙、柱截面有效高度。

jianla pohuai

剪拉破坏（shear-tension failure）　地震作用下结构构件沿斜截面突然发生宽度较大的裂缝，构件剪断、承载力急剧下降的具有脆性特征的破坏形态。斜裂缝主要系因构件微元体斜截面受拉断裂所致。

jianli

剪力（shear force）　见【剪切力】

jianliqiang

剪力墙（shear wall）　房屋或构筑物中主要承受风或地震等产生的水平力，防止结构发生剪切破坏的墙体，也称抗震墙或抗风墙。该墙一般用钢筋混凝土筑成，包括平面剪力墙和筒体剪力墙两大类。

jianliqiang jiegou

剪力墙结构（shear wall structure）　由剪力墙组成的承受竖向和水平作用的结构，即设置纵横向剪力墙的建筑结构。它可防止结构剪切破坏。在高层和多层建筑中，是指竖向和水平作用均由钢筋混凝土或预应力混凝土墙体承受的结构。

jianli zengda xishu

剪力增大系数（shear-increasing coefficient）　我国抗震设计规范规定的用来调整梁、柱、墙截面组合剪力设计值的系数。框架梁端剪力增大系数的取值范围为 1.1～1.3，框架柱和框支柱剪力增大系数的取值范围为 1.1～1.4，角柱剪力增大系数的取值应不小于 1.1，抗震墙剪力增大系数的取值范围为 1.2～1.6。钢筋混凝土梁、柱、抗震墙和连梁等构件应区别剪跨比和跨高比的不同，满足组合剪力设计值的验算要求。规范还规定进行一级抗震墙施工缝和梁柱节点的抗剪承载力验算。

jianpolie

剪破裂（shear fracture） 剪应力引起的破裂，其趋向是把材料（包括岩土等）剪裂，致使一部分相对于另一部分发生显著位移。根据莫尔-库仑破裂准则，预期它出现在与最大主应力交角呈 45°-φ/2 的方位上，φ 表示材料的内摩擦角。

jianqie

剪切（shear） 在一对相距很近，方向相反的横向外力作用下，构件的横截面沿外力方向发生的错动变形的现象，是工程结构构件的基本变形形式之一。结构和机械中的连接件，如螺栓、销钉、键等，在传递力时主要发生挤压（局部承压）和剪切变形。对于此类直接承受剪切的部件，工程计算中常以受剪面上的剪力除以其面积得出的平均剪应力作为强度计算的依据。其容许剪应力则根据部件破坏时的剪应力除以安全系数确定。

jianqiebo

剪切波（shear wave） 见【横波】

jianqie bosu

剪切波速（shear wave velocity） 剪切波的传播速度。通常是指地震横波在土体内的传播速度，单位是 m/s。可通过人为激震的方法产生震动波，在相隔一定距离处记录振动信号到达时间，以确定横波在土体内的传播速度。测试方法一般有单孔法、跨孔法、面波法等。剪切波速是抗震设计规范中确定场地土类别的主要依据。

jianqie bosu ceshi

剪切波速测试（shear wave velocity measurement） 以激振或其他方法，确定横波在土层内传播速度的现场测试，包括单孔法、跨孔法、面波法等。

jianqieli

剪切力（shear force） 作用引起的结构或构件某一截面上的切向力，也称剪力。它是能够使材料产生剪切变形的力。发生剪切变形的截面称为剪切面，判断是否"剪切"的关键是材料的横截面是否发生相对错动。

jianqie moliang

剪切模量（shear modulus） 固体材料、结构构件或岩土体在剪应力作用下，剪应力增量与相应的剪应变增量的比值，也称切变模量。

jianqie pohuai

剪切破坏（shear failure） 结构构件在剪力作用下出现"X"形裂缝或与轴线呈 45°左右的剪切裂缝损坏。利用剪切破坏的裂缝可以判断主应力方向。

jianqie weicuo

剪切位错（shear dislocation） 断层在发生错动时，断层面上发生的错动方向与断层面平行的位错。

jianqie xiaoding

剪切销钉（shear dowel） 以专用的结构胶黏剂将带有直钩或弯钩的带肋短钢筋植入基材中，以增强加固层与原构件之间的抗剪切、抗剥离能力。

jianqie xingbian

剪切形变（shear deformation） 当物体受到力矩作用时，由于黏性使物体的两个平行截面间发生相对平行移动时的形变，在流体中体现为速度梯度。在流体中，剪切形变一般是沿流体元表面切向的剪切过程，即畸变，可以通过角变形来体现，用公式表示，即 $s_s = \dfrac{\partial v}{\partial x} + \dfrac{\partial u}{\partial y}$。

jiansuoxing

剪缩性（shear shrinkage） 土在剪切过程中，体积缩小的性质。通常，正常固结的黏土和低密度的砂土会发生剪缩。

jianyingbian

剪应变（shear strain） 变形物体内原始直角的两线段变形后直角偏离量（φ）的正切（记为 y），用公式 $y=\tan\varphi$ 表示，也称角剪应变。在结构工程中，是指作用引起的结构或构件中某点处两个正交面夹角的变化量。

jianyingli

剪应力（shear stress） 受力物体内部单位截面积上垂直法线方向的附加内力分量，也称切应力。在垂直截面方向上观察，如果剪应力能使截面两侧物质发生逆时针相对运动，则定义为正，反之则为负。剪应力的正、负定义无物理学意义上的不同，只是与观察角度有关的人为规定，这点与正应力的正、负定义不同。在结构工程中，是指作用引起的结构或构件某一截面单位面积上的切向力。在地质力学中称为扭应力，并以符号 τ 表示。

jianzhang

剪胀（dilation） 见【剪胀性】

jianzhangjiao

剪胀角（dilatancy angle） 表示材料在剪切过程中体积变化率的一个物理量。剪切过程中产生的位移分为法向位移和切向位移，剪胀角的正切值为法向位移与切向位移的比值。

jianzhangxing

剪胀性（dilatancy） 土体受剪时，因其骨架颗粒产生相对位移，导致土体积产生膨胀或收缩的性质。由剪应力引起土体的体积变化称为剪胀，土体剪胀对基础的稳定会产生影响。

jian-niu dengxiao qufumian fangfa

剪-扭等效屈服面方法（shear-torsional equivalent yield surface method） 估计地震扭转作用及其效应的简化分析方法。该方法是假定楼板在自身平面内为刚体，质量集中于楼板处，楼层内各抗侧力构件遵循理想弹性体本构关系；在小变形条件下，导致结构屈服破坏的楼层扭矩和剪力的所有可能的静力组合可构成剪-扭等效屈服面。面内表示结构的弹性完好状态，面外则表示屈服失效状态。等效屈服面也控制了结构平-扭耦联作用，可以简单地比较不同结构设计的优劣。

jianhua donglifa

简化动力法（simplified dynamic method） 欧洲规范中规定采用的计算结构地震作用的简化方法之一。规定楼层 i 的水平剪力计算公式为：

$$F_i = SW_iS_i \sum_{j=1}^{n} W_j \Big/ \sum_{j=1}^{n} S_jW_j$$

式中，S 为对应结构基本周期的设计反应谱值；S_i 和 S_j 由单假定得出的基本振型分量；W_i 和 W_j 为相应楼层的重力荷载。

jianxie jizhen

简谐激振（harmonic excitation） 外界干扰力或干扰位移按正弦或余弦规律的激振，是一种典型的受迫振动。其可分为有阻尼简谐激振和无阻尼简谐激振。

jianxie zhendong

简谐振动（simple harmonic vibration） 物理量按照正弦或余弦规律的运动，简称谐振动。是一种典型的周期振动。

jianyi choushui shiyan

简易抽水试验（simplified pumping test） 简单的抽水试验，即井孔结构、量测方法、抽水时间、抽水次数等为非标准的抽水试验。

jianzhiliang

简支梁（simply supported beam） 梁搁置在两端支座上，其一端为轴向有约束的铰支座，另一端为能轴向滚动的支座的梁。

jianzhiliangqiao

简支梁桥（simple supported girder bridge） 以简支梁作为桥跨结构主要承重构件的梁式桥。它是由一根两端分别支撑在一个活动支座和一个铰支座上的梁作为主要承重结构的梁桥。属于静定结构，是梁式桥中应用最早、使用最广泛的一种桥形，其构造简单，架设方便，结构内力不受地基变形和温度改变的影响。

jianxingshui

碱性水（alkaline water） pH 值等于或大于 8.1 的水，包括弱碱性水（pH 值为 8.1～10.0）和强碱性水（pH 值大于 10.0）两种。国家标准 GB/T 14157—1993《水文地质术语》规定：pH 在 6.4 以下的水称为酸性水，pH 在 6.5～8.0 的水称为中性水，pH 在 8.0 以上的为碱性水。

jianxingyan

碱性岩（alkaline rock） 火成岩的一个大类，主要由碱性长石（微斜长石、正长石、钠长石）、各种副长石（霞石、方钠石、钙霞石等）以及碱性暗色矿物（霓石、霓辉石、钠铁闪石、钠闪石等）组成，二氧化硅含量较低而碱质含量较高的岩浆岩。

jianyefa

碱液法（soda solution grouting） 以氢氧化钠为主剂的混合液为浆材的土体注浆法。它是将氢氧化钠溶液（碱液）加热到 80～100℃，通过带孔眼的注浆管在其自重作用下灌入土层中，当土中钙、镁离子含量较高时（如黄土），使土粒表面活化，自行胶结，从而使土体强度和水稳性得到提高。碱液法具有施工设备简单、加固费用较低、可消除黄土的湿陷性等优点。

jianxi jiedian

间隙节点（gap joint） 在钢结构中两支管的趾部离开一定距离的管节点。

jianmo

建模（modeling） 建立系统的力学模型（物理模型）和数学模型，有时也指地质模型的建立。建模是用模型描述系统的因果关系或相互关系的过程；是为了理解事物而对事物做出的一种抽象。建模是研究系统的重要手段和前提，建立系统模型的过程是对问题去粗取精、去伪存真的过程，又称模型化。系统建模主要用于分析和设计实际系统、预测或预报实际系统的某些状态的未来发展趋势、对系统实行最优控制。

jianzhu

建筑（architecture） 建筑物与构筑物的总称。它既表示建筑工程的营造活动，又表示营造活动的成果，即建筑物；同时可表示建筑类型和风格。它是人们为了满足社会生活需要，利用所掌握的物质技术手段，运用一定的科学规律、风水理念和美学法则创造的人工环境，包括民用建筑、工业建筑、农业建筑等。

jianzhu baowen

建筑保温（building heat preservation）　在建筑热工学中，通过建筑手段减少室内热量损失的综合技术措施。对创造适宜的室内热环境和节约能源有重要作用。

jianzhu bianpo

建筑边坡（building slope）　工程建设中形成的人工斜坡。国家标准 GB 50330—2013《建筑边坡工程技术规范》对建筑边坡的定义是：在建筑场地或其周边，由于建筑工程和市政开挖或填筑施工形成的人工边坡对建（构）筑物安全或稳定有不利影响的自然斜坡。

jianzhu biaozhun sheji

建筑标准设计（standard design）　按照有关技术标准，对具有通用性的建筑物及其建筑的部件、构件、配件、工程设备等进行的定型设计。

jianzhu boli

建筑玻璃（architectural glass）　建筑工程用玻璃的统称。该玻璃的主要品种是平板玻璃，一般属于钠钙硅酸盐系统的玻璃，具有表面晶莹光洁、透光、隔声、保温、耐磨、耐气候变化、材质稳定等优点。它以石英砂、砂岩或石英岩、石灰石、长石、白云石及纯碱等为主要原料，经粉碎、筛分、配料、高温熔融、成型、退火、冷却、加工等工序制成。

jianzhu cailiao lixue xingneng

建筑材料力学性能（mechanical properties of building material）　各种材料在经受外力或其他作用的过程中所呈现的变形规律和破坏形态的各种物理力学性质，也称建筑材料的机械性能。通常以应力、应变或两者所导出的一系列参数来表达，并需要通过各种材料的标准试验方法测定，作为设计和制作各种构件的依据。

jianzhu cailiao naijiuxing

建筑材料耐久性（durability of construction material）　建筑材料在使用过程中经受各种破坏因素的作用而能够保持其使用性能的能力。建筑材料一般要求在环境和条件差、影响因素复杂的情况下长期使用，因此它的耐久性特别重要，它是材料科学和使用经济中的重要问题。

jianzhu cailiao wuli xingneng

建筑材料物理性能（physical properties of building material）土木建筑材料的物理性能，常指土木建筑材料的密度、比重、容重、孔隙率、硬度以及热、声、光、电等。

jianzhu changdi shejipu

建筑场地设计谱（construction site design spectrum）见【设计反应谱】

jianzhu dayangtu

建筑大样图（architectural detail drawing）　对建筑物的细部或建筑构件和配件用较大的比例（一般为 1：20、1：10、1：5 等）将其形状、大小、材料和做法详细地表示出来的图样，也称节点详图。该图主要用于建筑设计计算和施工。

jianzhu diji yehua panbie

建筑地基液化判别（liquefaction judgment of sands under building foundations）　建筑物地基中饱和砂土液化判别。在强烈地震动的作用下，地基中的饱和砂土在合适的条件下会产生液化，导致地基失效，造成建筑物破坏。国家标准 GB 50011—2010《建筑抗震设计规范》（2016 年版）规定了砂土液化的判别方法。

jianzhu dianqi gongcheng

建筑电气工程（building electrical engineering）　在建筑工程中电气装置、布线系统和用电设备的组合，用以满足建筑物预期的使用功能和安全要求。

jianzhu fanghuo sheji

建筑防火设计（fire prevention design）　在建筑设计中采取防火措施，以防止火灾发生和蔓延，减少火灾对生命和财产的危害的专项设计。

jianzhu fangre

建筑防热（buildings thermal shading）　抵挡夏季室外热作用，防止室内过热所采取的建筑设计综合措施。

jianzhu fangshui

建筑防水（waterproofing in building）　为防止水对建筑物某些部位的渗透而从建筑材料上和构造上采取的措施。在古代，中国建筑防水层的做法常用黏性土或黏性土掺入石灰，外加糯米粥浆和猕猴桃（即羊桃）藤汁拌合，有时还掺入动物血料、铁红等，分层夯实组成，是中国古代地下陵墓或储水池等工程防水常用的一项独有技术。通常，灰土的强度随时间不断增长，其防止渗漏能力也逐渐提高。

jianzhu feijiegou goujian kangzhen

建筑非结构构件抗震（earthquake resistance for non-structure members of building）　不作为结构主体承受和传递地震作用的建筑构件和支承在结构上的建筑附属设备。为防止地震时非结构构件自身及其与主体结构的连接破坏，设计时应根据抗震要求进行计算分析和采取抗震措施。建筑附属设备的抗震设计一般以设备自身不发生地震破坏为前提，主要考虑其与主体结构的连接和锚固。建筑非结构构件在地震作用下的功能保障是性态抗震设计的重要内容。

jianzhu fushu shebei

建筑附属设备（building accessory equipment）　附属于建筑物的、属于建筑非结构构件的附属设备。其主要包括屋顶天线等通信设备、采暖和空调系统、烟火监测和消防系统、电器设备、电梯、应急电源、屋顶水箱和各类管道等。

建筑附属设备加固（seismic reinforcement of building accessory equipment） 为改善或提高现有建筑附属设备的抗震能力，使其达到抗震设防要求而采取的技术措施。建筑附属设备抗震加固的重点是将设备锚固于楼板或基础，或设限位装置及加设顶部支撑构件，以防止空调机、锅炉、煤气罐、水罐、冷却器等附属设备移位和倾倒。

jianzhu fushu shebei kangzhen sheji
建筑附属设备抗震设计（seismic design of facilities installed in buildings） 为防止和抗御地震对建筑附属设备的破坏而进行的专项设计。建筑附属设备主要包含建筑内的电梯、照明和应急电源系统、烟火监测和消防系统、采暖和空调系统、通信系统、公用天线等。建筑附属设备抗震一般仅考虑设备连接构件和支架的抗震要求，并不涉及设备自身的抗震能力。国家标准 GB 50011—2010《建筑抗震设计规范》（2016 年版）和中国工程建设标准化协会标准 CECS 160：2004《建筑工程抗震性态设计通则》对建筑附属设备抗震设计做了具体的规定。

jianzhu gaodu
建筑高度（building height） 建筑物室外地面到建筑物屋面、檐口或女儿墙的高度。烟囱、避雷针、旗杆、风向器、天线等在屋顶上的突出构筑物不计入建筑高度；局部突出屋顶的瞭望塔、冷却塔、水箱间、微波天线间或设施、电梯机房、排风和排烟机房以及楼梯出口小间等辅助用房占房屋面积不大于 1/4 者，可不计入建筑高度。

jianzhu gesheng
建筑隔声（building sound insulation） 为改善建筑物的室内声环境，隔离噪声的干扰而采取的措施。其包括空气声隔声和结构声隔声两个方面。空气声是指经空气传播或透过建筑构件传至室内的声音，如人们的谈笑声、收音机声、交通噪声等；结构声是指机电设备、地面或地下车辆以及打桩、楼板上的走动等造成的振动，经地面或建筑构件传至室内而辐射出的声音。一般情况下，在建筑物内空气声和结构声可以互相转化。

jianzhu gezhen
建筑隔震（seismic insulation） 为提高建筑物的抗震性能，采取特殊的结构形式、特殊材料和施工方法消耗地震能量和降低振动幅度的措施。天然地震引起的地面振动频率通常为 2～10Hz，若某一结构的自振频率在这一范围内，则可产生共振效应，常见的多层建筑即为如此。通过施加水平方向柔性的隔震层在，则结构的自振频率将会大幅度的降低，其周期可延长至 2s 左右。由此，可消除地震的共振效应并降低地震的危害和风险。

jinshu gezhen tanxing huaban zhizuo
建筑隔震弹性滑板支座（building isolation elastic slide bearing） 由橡胶支座部、滑移材料、滑移面板及上下连接板组成隔震支座。其中，滑移材料可与滑移面板组成摩擦副，提供滑移功能并通过特殊工艺处理，最小摩擦系数可达到 1.5% 左右，以满足不同的设计需求。滑移隔震技术是通过在建筑物中设置滑移隔震层来提高建筑物的抗震安全性，是基础隔震中的一种类型。滑移装置是滑移隔震技术中的关键原件，弹性滑板支座是可标准化生产的滑移装置，既可用于滑移隔震层，又可与橡胶隔震支座组合使用。弹性滑板支座是一种竖向承载构件，具有镜面不锈钢板与聚四氟乙烯组成的对摩擦副，当水平力大于摩擦力时，上部结构与基础将发生相对滑动，确保上部结构安全，在软土场地隔震中可发挥重要的作用。基础隔震技术对于建筑场地有一定的要求，硬土场地比较适于隔震房屋；软土场地滤掉了地震波中的中高频分量，延长隔震结构的周期可能会使隔震层的位移较大，隔震工程难以实施，是软土场地隔震结构设计。弹性滑板支座对地震动频谱特性不敏感，且滑动位移大，适用于软土场地的隔震。该项技术具有竖向承载力高；摩擦系数小；不存在老化问题且长期性能稳定；滑动位移大，不受支座高度限制；特别适合软土场地的隔震；对环境无污染等优势，通常与建筑隔震橡胶支座配套使用，主要用于主体建筑的裙楼等部位。

jianzhu gezhen xiangjiao zhizuo
建筑隔震橡胶支座（laminated rubber bearing） 由一层钢板一层橡胶相互堆叠而成的隔震支座。其工作原理是采用"柔性隔震"的方法，自建筑物基础与上部结构之间用橡胶隔震垫将其上下隔断，使 80% 以上的地震能量不能传递上来，地震时地动而房不动，从而提高建筑物的抗震能力。它的技术优势主要有：具有足够的竖向刚度和竖向承载力；具有很小的水平刚度和足够大的水平变形能力，保证建筑物基本周期延长 2～3s 以上；具有恰当的阻尼和稳定的弹性复位功能；具有良好的耐久性和抗疲劳性能；具有安装方法简单、检测修复方便的特点。这一技术已被广泛应用于学校、医院、博物馆、居民小区等民用建筑与工业建筑的抗震设计中。

jianzhu gongchengzhiliang guanli
建筑工程质量管理（quality control of construction project） 为建造符合使用要求和质量标准的工程所进行的全面质量管理活动。建筑工程质量关系到建筑物的寿命和使用功能，对近期和长远的经济效益都有重大影响。因此，工程质量管理是企业管理工作的核心。

jianzhu gouzao sheji
建筑构造设计（construction design） 对建筑物中的部件、构件、配件进行的详细设计，以达到建造的技术要求并满足其使用功能和艺术造型的要求。

jianzhu guangxue

建筑光学（architectural optics） 研究天然光和人工光在城市和建筑中的合理利用，创造良好的光环境，满足人们工作、生活、美化环境和保护视力等要求的应用学科，是建筑物理的组成部分。

jianzhu jiben gongneng

建筑基本功能（fundamental function of building） 在建筑韧性评价中满足房屋建筑使用要求、维持其正常运行所必需的建筑性能，包括建筑空间正常使用、结构安全和设备正常运转等。

jianzhu jieneng

建筑节能（energy conservation in building） 在建筑材料生产、房屋建筑和构筑物施工及使用过程中，合理使用能源；在满足同等需要或达到相同目标的条件下，尽可能降低能耗。

jianzhu jieneng sheji

建筑节能设计（energy-efficiency design） 为降低建筑物围护结构、采暖、通风、空调和照明等的能耗，在保证室内环境质量的前提下，采取相关的节能措施，提高能源利用率的专项设计。

jianzhu jiegou

建筑结构（building structure） 由建筑材料做成并用来承受各种荷载或者作用，起骨架作用的空间受力体系。该结构因所用的建筑材料不同，可分为混凝土结构、砌体结构、钢结构、轻型钢结构、木结构和组合结构等。

jianzhu jiegou jiance

建筑结构检测（inspection of building structure） 为评定建筑结构工程的质量或鉴定既有建筑结构的性能等所实施的检测工作。国家标准 GB/T 50344—2004《建筑结构检测标准》规定了建筑检测的具体内容、方法和标准。

jianzhu jiegou kangzhen yansuan

建筑结构抗震验算（seismic check of buildings） 根据设计地震作用效应与其他荷载效应的组合值对建筑抗震安全性进行的验算和校核。设计地震作用效应是设计地震作用引起的结构构件内力（剪力、弯矩、轴向力、扭矩等）或位移（线位移、角位移等）。抗震验算应满足的原则为地震作用效应与其他荷载效应的组合值应小于等于结构或构件的抗力。抗震验算一般包括构件的强度验算、结构的变形验算和稳定性验算等。

jianzhu jiegou sheji

建筑结构设计（structural design） 为确保建筑物能承担规定的荷载，并保持其刚度、强度、稳定性和耐久性而进行设计的总称。

jianzhu jingjixue

建筑经济学（construction economics） 研究建筑业的经济关系和经济活动规律的经济学分支学科。在经济学科体系中，建筑经济学属于部门经济学。该学科以建筑业的经济活动为对象，研究建筑生产、分配、交换、消费的经济关系，以及建筑生产力与生产关系相互作用的运动规律。在我国，该学科的任务是研究建筑业的历史、现状和发展趋势，探索建筑业经济活动规律，建立和不断完善学科的理论体系；帮助人们认识和运用经济规律，为制定建筑业的发展战略、规划、政策、法规和探索建筑业现代化道路提供理论依据；为充分利用现代科学技术，合理分配资源，节约劳动消耗，取得最佳经济效益提供理论依据。

jianzhu kangzhen

建筑抗震（earthquake resistance for buildings） 防御和减轻房屋等建筑物的地震破坏的理论和实践。强烈地震造成建筑物的破坏，由此带来经济损失和人员伤亡，并引发其他次生灾害。建筑抗震是地震工程研究最早开展的、也是最重要的内容之一。建筑抗震理论与实践的发展，除与地震工程的研究成果密切相关外，还广泛地运用了结构工程、结构动力学、材料科学、计算科学等领域的科技成果。

jianzhu kangzhen anquan gongneng

建筑抗震安全功能（seismic safety function of building） 建筑韧性评价中房屋建筑在给定水准地震作用下，保障人员生命安全的性能。

jianzhu kangzhen gainian sheji

建筑抗震概念设计（seismic concept design of buildings） 根据地震灾害和工程经验等所形成的基本设计原则和设计思想，进行建筑和结构总体布置并确定细部构造的过程。

jianzhu kangzhen gouzao cuoshi

建筑抗震构造措施（seismic detailing of buildings） 采用被震害经验来证明对抗震是行之有效的细部构造，加强构件及构件间的连接，旨在提高建筑物抗震能力的工程抗震措施。该措施是抗震经验的总结，它所涉及的细部构造一般难以在计算模型中被具体模拟，但能以其确实可靠的效能弥补计算分析的不足与简化模型的无法顾及之处，是抗震设计中实现抗震概念设计原则和提高结构抗震能力的重要途径。其主要包括构件之间的连接方法，圈梁、构造柱、芯柱、抗震支撑等辅助构件的设置要求，构件尺寸与配筋的基本要求，结构易损部位的加强措施等。

jianzhu kangzhen jiagu

建筑抗震加固（seismic strengthening of building） 改善和提高现有建筑结构的抗震能力，使其达到规定的抗震设防目标而采取的技术措施。不满足抗震鉴定要求的建筑可酌情实施抗震加固。抗震加固可采用整体加固、区段加固和构件加固等不同方式；抗震加固应结合维修改造进行，

J

可考虑改善使用功能并注意美观；加固方案应便于施工，且尽量减少对生产、生活的影响。

jianzhu kangzhen jianding
建筑抗震鉴定（seismic evaluation of buildings） 按抗震设防要求，对现有建筑物抗震安全性的评估。国家标准 GB 50023—2009《建筑抗震鉴定标准》规定了建筑抗震鉴定的技术要求，分为两级进行：第一级鉴定以整体性态和构造鉴定为主进行综合评价。当符合第一级鉴定要求时，建筑可评定为满足抗震鉴定要求；当有些项目不符合一级鉴定要求时，一般应进行第二级鉴定。第二级鉴定以抗震验算为主并结合构造影响进行综合评价，采用抗震能力指数作为验算指标。

jianzhu kangzhen renxing
建筑抗震韧性（seismic resilience of building） 房屋建筑在给定水准地震作用下，维持与快速恢复建筑功能的能力。

jianzhu kangzhen shefang biaozhun
建筑抗震设防标准（seismic fortification lever of buildings） 基于建筑物分类，权衡建筑的可靠性需求和经济技术水平而规定的抗震设防基本要求，是对不同建筑物采用不同的设计地震动和抗震措施，实现、调整和细化建筑抗震设防目标的决策。

jianzhu kangzhen shefang fenlei
建筑抗震设防分类（building classification for seismic fortification） 在建筑抗震设计中，根据建筑重要性、使用功能、遭遇地震破坏后可能造成人员伤亡、直接和间接经济损失、社会影响的程度及其在抗震救灾中的不同作用等因素，对各类建筑所作的设防类别划分（也称重要性分类），是规定建筑抗震设防标准的基础。

jianzhu kangzhen sheji leibie
建筑抗震设计类别（building category of seismic design） 为了区别设计地震动参数和建筑使用功能的差别，在抗震设计中规定的建筑分组。这种分类的方法在美国抗震设计规范中首先采用，后来被其他抗震设计规范采用，例如，被中国工程建设标准化协会标准 CECS 160：2004《建筑工程抗震性态设计通则》采用。

jianzhu kongjian
建筑空间（architectural space） 建筑物中以建筑界面限定的、供人们生活和活动的场所，通常分为内部空间和外部空间。

jianzhu leixing
建筑类型（building type） 将建筑按照不同的分类方法区分成不同的类型，以使相应的建筑标准、规范对同一类型的建筑加以技术上或经济上的规定。例如，按使用功能可分为居住建筑、公共建筑、工业建筑、农业建筑等；按规模可分为大量性建筑、大型性建筑等。

jianzhu midu
建筑密度（building coverage ratio） 在一定范围内，建筑物的基底面积占用地面积的百分比，即建筑的覆盖率。建筑密度一般不能超过 40%～50%；在 13%～20% 比较合适。

jianzhu mianji
建筑面积（floor area） 房屋建筑各自然层的外墙外围水平平面面积的总和。例如，作为主要通道和疏散的室外楼梯，按每层水平投影面积计算建筑面积；楼内如设有主要用于疏散的室内楼梯，则其室外楼梯按其水平投影面积的一半计算建筑面积；专用于检修、消防的室外爬梯，其水平投影面积不计入建筑面积。在建筑工程中，一般是指建筑物（包括墙体）所形成的楼地面面积。通常包括使用面积、辅助面积和结构面积，使用面积和辅助面积称为有效面积。

jianzhu moxing
建筑模型（model of building） 以三维空间表达建筑设计意图，并按一定比例制作的模拟建筑及周边环境的实体。

jianzhu naijiu nianxian
建筑耐久年限（durability of buildings） 建筑物安全使用的年限。我国规定以主体结构确定的建筑耐久年限分为四级。一级建筑的耐久年限为 100 年以上，适用于重要的建筑和高层建筑；二级建筑的耐久年限为 50～100 年，适用于一般性建筑；三级建筑的耐久年限为 25～50 年，适用于次要的建筑；四级建筑的耐久年限为 5 年以下，适用于临时性建筑。

jianzhu regongxue
建筑热工学（building thermotics） 研究建筑物室内外热湿作用对建筑围护结构和室内热环境的影响，研究、设计改善热环境的措施，提高建筑物的使用质量的学科。

jianzhu rongjilü
建筑容积率（floor area tatio） 占地面积范围内的总建筑面积与占地面积的比值。通常一个良好的居住小区，高层住宅建筑容积率应不超过 5、多层住宅建筑容积率应不超过 3，绿地率应不低于 30%。

jianzhu shebei sheji
建筑设备设计（building service design） 对建筑物中给水排水、暖通空调、电气和动力等设备设计的总称。

jianzhu shebei zidonghua xitong
建筑设备自动化系统（building equipment automation system） 将建筑物或建筑群内的空调与通风、变配电、照明、给排水、热源与热交换、冷冻和冷却及电梯和自动扶梯等系统，以集中监视、控制和管理为目的构成的综合系统。

jianzhu sheji
建筑设计（architectural design）　广义的建筑设计是指设计一个建筑物（群）需要开展的全部工作，包括场地、建筑、结构、设备、室内环境、室内外装修、园林景观等设计和工程概预算；狭义的建筑设计是指要解决建筑物使用功能和空间合理布置、室内外环境协调、建筑造型及细部处理，并与结构、设备等工种配合，使建筑物达到适用、安全、经济和美观的目标。

jianzhu sheji guanli
建筑设计管理（management of project design）　建筑设计工作中计划、组织、技术、程序和财务管理的统称。其在建筑设计中具有十分重要的作用。

jianzhu sheji shuoming
建筑设计说明（description of architectural design）　由文字、表格或简图组成的对建筑设计进行说明的设计文件。它是建筑设计的重要组成部分。

jianzhu shengxue
建筑声学（architectural acoustics）　研究建筑物声环境的学科，包括厅堂音质设计与建筑物环境噪声控制两大部分，目的是创造符合人们听闻要求的声环境。

jianzhu shengyuan
建筑声源（building sound source）　具有稳定的功率输出和宽带频谱的声源，也称参考声源。它的主要用途是在用比较法测量噪声源声功率时作为参考声源，也可在厅堂声场分布测量和现场隔声测量时作为声源用。

jianzhushi
建筑师（architect）　受过专业教育或训练，并以建筑设计为主要职业的人。建筑师通过与工程投资方（即通常所说的甲方）和施工方的合作，在技术、经济、功能和造型上实现建筑物的营造。

jianzhu shigong
建筑施工（building construction）　通过有效的组织方法和技术途径，按照设计图纸和说明书的要求建成供使用的建筑物的过程。各种房屋建筑的性质、功能、规模、造型及其兴建地点的自然条件有很大差异，施工人员和材料机具流动频繁，露天作业易受气候条件制约，因此，在建造过程中要针对工程地质、水文、气象和经济条件，遵照有关建筑法规和技术规范，采用切合实际的技术与组织措施，以最经济的手段取得质量优、工期短、用工少、消耗低、施工安全的效果，使交付使用的房屋达到安全、实用、经济、美观的目标要求。

jianzhu shigong guanli
建筑施工管理（construction management）　建筑安装企业从承担任务开始到工程交工验收全过程的管理工作。其目的是按照建筑施工自身的技术经济规律，运用计划、组织、指挥、控制、核算和监督等职能，将全部施工活动，在时间和空间上合理的组织起来，投入最少的人力、物力、财力，使建筑工程工期短、质量好、工效高、成本低，满足使用功能要求，以便最大限度地发挥投资效果。施工管理包括计划、经济、技术、质量、安全、材料、机具、劳动力等业务管理和现场管理。其中正确编制和贯彻施工组织设计是各项施工管理工作的依据和核心。施工组织设计是指导施工全过程的技术经济文件，一切施工活动都应据此进行。

jianzhu shinei sheji
建筑室内设计（interior design of architecture）　为满足建筑室内使用和审美要求，对室内平面、空间、材质、色彩、光照、景观、陈设、家具和灯具等进行布置和艺术处理的设计工作。

jianzhuwu
建筑物（building）　用建筑材料构筑的空间和实体，供人们居住和进行各种活动的场所。广义的建筑物是指人工建筑而成的所有东西，既包括房屋，又包括构筑物；狭义的建筑物是指房屋，不包括构筑物。房屋是指有基础、墙、顶、门、窗，能够遮风避雨，供人在内居住、工作、学习、娱乐、储藏物品或进行其他活动的空间场所。构筑物是指房屋以外的建筑物，人们一般不直接在内进行生产和生活活动，如烟囱、水塔、桥梁、水坝等。

jianzhuwu bianxing guance
建筑物变形观测（building deformation measurement）　测定建筑物及其地基在建筑物本身的荷载或受外力作用下，一定时间段内所产生的变形量及其数据的分析和处理工作。其内容包括沉降、倾斜、位移、挠曲、风振等变形观测项目。其目的是监视建筑物在施工过程中和竣工后以及投入使用中的安全情况；验证地质勘察资料和设计数据的可靠程度；研究变形的原因和规律，以改进设计理论和施工方法。建筑物地基和基础变形观测内容主要有基坑回弹测量、地基分层沉降测量、建筑物的沉降测量等。

jianzhuwu daota jiuzhu
建筑物倒塌救助（building collapse rescue）　破坏性地震发生后，救助人员对被埋压或困阻在地面上倒塌或被破坏的建筑物之内的所有幸存人员开展搜索、定位和救助工作。

jianzhuwu diji bianxing yunxuzhi
建筑物地基变形允许值（allowable settlement of building）　为了保证建筑物正常使用，防止建筑物因地基变形过大而发生裂缝，倾斜事故，根据各类建筑物的特点和地基土的不同类别，有关设计规范规定的地基变形值，不应大于设计规范规定的地基变形的允许值，即为保证建筑物正常使用而确定的变形控制值。地基变形值可以分为以下四种：沉降量；沉降差；倾斜；局部倾斜。国家标准 GB 50007—2011《建筑地基基础设计规范》综合分析了国内外各类建筑物的有关资料，规定了地基特征变形允许值，供设计时使用。

jianzhu wuli

建筑物理（architectural physics） 研究建筑的物理环境科学，主要包括建筑热工学、建筑声学和建筑光学的学科。

jianzhuwu qingxie yunxuzhi

建筑物倾斜允许值（allowable inclination of structure） 不影响安全和正常使用的建筑物倾斜值。国家标准 GB 50007—2011《建筑地基基础设计规范》规定了不同建筑物的倾斜允许值。

jianzhuwu tixing xishu

建筑物体形系数（shape coefficient of building） 建筑热工学中建筑物与室外大气接触的外表面面积与其所包围的体积的比值。

jianzhuwu yidong tixi

建筑物移动体系（structure moving system） 在建筑物移位中，由支承既有建筑物的上下轨道、滚动或滑动装置、牵拉或顶推设备等组成的体系。

jianzhuwu yiwei

建筑物移位（structure moving） 将建筑物与原有基础分离，通过牵拉或顶推，沿设定的轨道搬迁到新基础上。

jianzhuwu zhenhai yingxiang yinzi

建筑物震害影响因子（seismic damage impact factor of building） 影响建筑物抗震性能和震害程度的参数。例如，场地类别，结构类型，建造年代、层数、用途、抗震设防标准、材料强度和使用现状等。

jianzhu xisheng

建筑吸声（ouilding sound absorption） 房间内各个表面、物体和房间内空气对声音的吸收，又称房间吸声。

jianzhu xiangtu

建筑详图（architectural details） 对建筑物的主要部位或房间用较大的比例（一般为 1∶20～1∶50）绘制的详细图样。该图主要用于建筑设计计算和施工。

jianzhu xiufu feiyong

建筑修复费用（restoration cost of building） 在建筑韧性评价中震损建筑恢复其综合功能所需要的直接费用。

jianzhu xiufushijian

建筑修复时间（repair time of building） 在建筑韧性评价中在修复工作所需材料、人员、设备齐全的条件下，震损建筑恢复其基本功能所需要的时间。

jianzhuxue

建筑学（architectonic） 研究建筑物及其周围环境、横跨工程技术和人文艺术的学科。它旨在总结人类建筑活动的经验，以指导建筑设计创作，构造某种体系环境等。它的内容通常包括技术和艺术两个方面。传统建筑学的研究对象包括建筑物、建筑群以及室内家具的设计，风景园林和城市村镇的规划设计。随着建筑事业的发展，园林学和城市规划逐步从建筑学中分化出来，成为相对独立的学科。

jianzhu yishu

建筑艺术（architectural art） 造型艺术之一。通过建筑群组织、建筑物形体、平面布置、立面形式、内外空间组织、装饰、色彩等多方面的处理，使建筑形象具有文化和审美价值。

jianzhu yong lücai

建筑用铝材（aluminum material for building） 由铝和铝合金材料制的建筑制品。通常是先加工成铸造品、锻造品以及箔、板、带、管、棒、型材等，再经冷弯、锯切、钻孔、拼装、上色等工序制成。

jianzhu zheyang

建筑遮阳（building sun shading） 建筑热工学中利用建筑构件或材料特性遮挡阳光辐射的设施。

jianzhu zhendong

建筑振动（building vibration） 建筑由动力机器、交通运输、施工作用等引起的振动。受振对象的最大振动限制值或结构和构件或机械在所要求的点或面处的最大振动限值称为容许振动值；受振对象的最大振动位移限制值称为容许振动值；受振对象的最大振动速度限制值称为容许振动速度；受振对象的最大振动加速度限制值称为容许振动加速度。国家标准 GB 50868—2013《建筑工程容许振动标准》规定了建筑工程在工业与环境振动作用下的振动控制和振动影响评价的标准。

jianzhu zhuangxiu

建筑装修（building decoration） 用建筑材料及其制品或用雕塑、绘画等装饰性艺术品，对建筑物室内外进行装潢和修饰。其目的在于满足房屋建筑的使用功能和美观要求，保护主体结构在室内外各种环境因素作用下的稳定性和耐久性。

jianzhu zonghe gongneng

建筑综合功能（compositive function of building） 房屋建

筑维持其基本功能，并保持外观和内部装饰、装修完好的性能。

jianqiao moxing

剑桥模型（Cambridge model）　剑桥大学的罗斯柯（K. H. Roscoe）等为正常固结和弱超固结黏土创建的、反映切向应变和体应变与八面体法向应力和切向应力增量的数学关系的一种弹塑性应力-应变本构模型。

jiankang jiance jishu xitong

健康监测技术系统（health monitoring technology system）　由硬件设备和软件程序组成建筑结构健康监测技术系统。硬件设备用于数据采集传输和数据处理，软件程序主要用于损伤识别和安全性评价。

jiankang zhenduan

健康诊断（health monitoring）　基于现场实测数据对工程结构进行状态检测和安全评估的技术方法。诊断方法可分为整体诊断和局部诊断两类。现代健康诊断技术系统需预先在结构上布设备类传感器，获取有关结构状态、外部环境和荷载的动态数据，经实测数据的处理与分析来自动判断结构是否发生损伤或性能退化，进而确定损伤程度和损伤位置。在此基础上，可估计结构剩余使用寿命，采取改善结构体系安全性、适用性和耐久性的技术措施，或实施报警并采取应急处置措施。现代健康诊断技术系统是工程结构损伤探测在高新技术条件下的发展，是智能结构的重要组成部分。

jianjin gonglüpu

渐进功率谱（evolutionary power spectrum）　见【时变功率谱】

jianjin pohuai

渐进破坏（progressive failure）　岩土体在外力作用下，由于局部应力集中或局部岩土强度较低而首先破坏，退出工作状态，应力向其他部位转移，该部位又由于局部应力集中或局部岩土强度较低而破坏，退出工作状态，应力再向其他部位转移，如此反复发展，最后造成整体破坏的现象。

jianding danyuan

鉴定单元（appraisal system；evaluation system）　根据被鉴定建筑物的构造特点和承重体系的种类，将该建筑物划分成一个或若干个可以独立进行鉴定的区段，每一区段为一个鉴定单元。

jiangsu liyang dizhen

江苏溧阳地震（Jiangshu Liyang earthquake）　1979 年 7 月 9 日江苏溧阳发生 6.0 级地震，造成了很大损失，是典型的"小震大灾"。地震中暴露出的主要问题有，房屋抗震能力差，普遍不抗震；80%的重伤员和 90%的死亡为避震方式不当所致；震后恐震恐慌，草木皆兵，事故频出；出现火灾和案件；等等。警示需要大力普及科学常识，加强社会防灾工作。

jiangshui chushuiliang

降水出水量（yield water during lowering）　岩土工程中为降低地下水位从含水层中抽出的地下水的总水量。

jiangshuifa

降水法（dewatering method）　在岩土工程中减小地下水压力和防止涌水的降低地下水的一种方法。

jiangshui rushen shiyan

降水入渗试验（precipitation infiltrating test）　利用仪器设备或物理化学方法测定大气降水通过包气带的渗入和凝结作用对潜水的补给量的水文地质试验。

jiangshui xiaoguo jianyan

降水效果检验（inspection of dewatering effects）　基坑降水正式运转前，全部降水井、排水设施进行试运转，对降水方案进行总体效果的检验。

jiangyuliang

降雨量（precipitation）　一定时段内，液态或固态（经融化后）降水，未经蒸发、渗透、流失而在水平面上积累的深度。以毫米（mm）为单位。一般以日降雨量来衡量小雨、中雨、大雨、暴雨等，小雨的日降雨量在 10mm 以下；中雨的日降雨量为 $10 \sim 24.9$mm；大雨的日降雨量为 $25 \sim 49.9$mm；暴雨的日降雨量为 $50 \sim 99.9$mm；大暴雨的日降雨量为 $100 \sim 250$mm；特大暴雨的日降雨量在 250mm 以上。

jiangyuxing nishiliu

降雨型泥石流（rainfall induced debris flow）　由降雨诱发的泥石流。该类型泥石流主要是由连续降雨、暴雨，尤其是特大暴雨集中降雨的激发，发生的时间规律与集中降雨时间规律一致，具有明显的季节性，发生在多雨的夏秋季节。

jiaobian hezai

交变荷载（alternating load）　作用方向正反相间的荷载，通常为振动荷载，是大小和方向随时间发生周期性变化的荷载。

jiaoliu dianfa

交流电法（alternating current survey）　利用探测对象与相邻介质之间的电阻率或电化学特性差异，通过观测来研究与探测对象有关的交变电磁场分布特征和变化规律，达到探测目的的方法。

jiaotong gongcheng

交通工程（traffic engineering） 研究道路交通的发生、构成和运动规律的理论及其应用的学科，是由道路工程衍生而发展的。其研究的是人、车、路及其与土地使用、房屋建筑等综合环境之间的相互关系；目的是探求使道路交通系统运输能力最大、经济效益最高、交通事故最少和公害程度最低的科学技术措施，从而指导道路系统的规划建设和交通系统的运行管理。

jiaotong jianzhu

交通建筑（transportation building） 为交通运输服务的公共建筑，主要包括航空港、航站楼、铁路客运站、长途汽车客运站、地铁（轻轨）站、港口客运站、城市轮渡站、站前广场、站台、候车（机、船）室、行李房、小件寄存处和公共交通枢纽等。

jiaotong xitong kangzhen jianding

交通系统抗震鉴定（seismic identification of traffic system） 按有关规范规定的抗震设防要求，对交通系统的抗震安全性开展的评估工作。其内容包括：第一，应检查公路和铁路的路基、路堤稳定性，排水设施和软弱地基的加固措施。第二，应调查桥墩、桥台基础冲刷深度及河床变化，必要时可进行勘探和试验，如利用无损检测设备测试桥墩、桥台的混凝土强度，通过现场振动试验测试桥梁的动力参数。第三，应重点检查的部位和构造措施包括桥墩、桥台，桥梁纵横向连接和挡块等防落梁措施，桥梁支座及锚固稳固程度。第四，桥梁的抗震鉴定计算一般可采用反应谱方法，应验算墩台的强度、稳定性以及地基的抗震承载力。

jiaotong xitong kangzhen kekaoxing fenxi

交通系统抗震可靠性分析（seismic reliability analysis of transportation system） 对交通系统在地震作用下的连通性和功能水平的概率性评价。

jiaotong xitong zhenhai

交通系统震害（earthquake damage of transportation system） 交通系统在地震时遭到的损坏。交通系统包括公路、铁路、城市轻轨、地铁、海运、河运、航空等运输系统。每个系统有各自的元件组成网络系统，其网络特点是每个节点（如车站），既可以是源点，也可以是汇点。交通系统的震害比较普遍，由于陆运和水运都不可避免地要通过或靠近江河湖海的软弱场地，或饱水的土层场地，因此地基失效是引起交通系统工程设施破坏的重要原因。

jiaojie leixing

胶结类型（type of cementation） 胶结物与碎屑颗粒之间的接合程度和接触方式，包括接触胶结、孔隙胶结和基底胶结等。

jiaojiewu

胶结物（cement） 沉积岩中黏结碎屑颗粒的物质，是成岩期在岩石颗粒之间起黏结作用的化学沉淀物。其在碎屑岩中含量一般不超过 50%，它对碎屑颗粒起胶结作用，使其变成坚硬的岩石。主要胶结物为硅质（石英、玉髓等）、钙质（碳酸盐矿物，如方解石、白云石等），其次是铁质（赤铁矿、褐铁矿等），有时可见硫酸盐矿物（石膏、硬石膏等）、沸石类矿物（方沸石、浊沸石等）、黏土矿物（高岭石、水云母、绿泥石等）。

jiaolu jichu kangzhen sheji

焦炉基础抗震设计（seismic design of oven coke base） 为防止和抗御地震对焦炉基础的破坏而进行的专项设计。焦炉是生产焦炭的热工窑炉，含炉体和基础两大部分。震害表明，即使在强烈地震作用下，焦炉炉体仍可保持完整，仅基础发生损坏，因此基础是焦炉抗震的重点。国家标准 GB 50191—2012《构筑物抗震设计规范》规定了焦炉基础的抗震设计的基本要求。

jiaodianfa

角点法（corner-point method） 矩形荷载面上受均布荷载或三角形分布荷载时，在一个角点下任意深度点利用布辛涅斯克竖向应力解计算地基中任意一点竖向附加应力的方法。

jiaodongliang shouheng dingli

角动量守恒定理（conservation theorem of angular momentum） 当作用在质点、质点系或刚体上的力矩或者其沿某一固定方向上的分量为零时，质点、质点系或刚体的总角动量或者其沿固定方向上的分量不随时间而变，即有角动量守恒定理。

jiaodu buzhenghe

角度不整合（angular unconformity） 上、下两套岩层间有明显的沉积间断，且两套岩层以一定角度相交的地层接触关系，也称斜交不整合，是不整合接触的一种类型。该不整合反映了该地区在下伏岩层形成后曾发生过构造运动及剥蚀作用，出现了沉积间断，且下伏岩层的产状发生了变化，产生倾斜或褶皱。因此，当剥蚀面上再度接受沉积时，上覆岩层就与下伏岩层无论在产状上或在构造特征上都有明显差异。它的出现代表长期风化剥蚀与沉积间断的剥蚀面的存在，同时反映了地壳的差异升降运动。

jiaoli

角砾（angular gravels） 粒径大于 2mm、具棱角的岩石或矿物碎块。岩土工程中是指颗粒形状以棱角形为主，粒径大于 2mm 的颗粒含量超过总质量 50%，且粒径大于 20mm 的颗粒含量不超过总质量 50%的土。

jiaoliyan

角砾岩（breccia） 主要由粒径大于 2mm 的棱角状和次

棱角状的角砾经胶结而成的沉积岩，包括火山角砾岩、断层角砾岩和山麓角砾岩。

jiaozheng jiasudu jilu

校正加速度记录（corrected acceleration record）　强震动数据处理产出的结果之一。原始模拟记录经过数字化、固定基线和时标的平滑化以及零线调整等处理，产生的结果称为未校正加速度记录。再经过仪器校正、零线校正等其他校正后得到的结果即为校正加速度记录。

jiaozhun

校准（calibration）　在规定的条件下，为确定测量仪器或测量系统所指示的量值，或实物量具，或参考物质所代表的量值，与对应的由标准所复现的量值之间关系的一组操作。

jiaozhunfa

校准法（calibration）　通过对现存结构或构件安全系数的反演分析来确定设计时采用的结构或构件可靠指标的方法。

jiaoda dizhen zaihai

较大地震灾害（more earthquake disaster）　较大地震灾害是指造成 10 人以上、50 人以下死亡（含失踪）或者造成较重经济损失的地震灾害。当人口较密集地区发生 5.0 级以上、6.0 级以下地震，人口密集地区发生 4.0 级以上、5.0 级以下地震，初判为较大地震灾害。

jiaoxue yongfang

教学用房（teaching rooms）　供教学专用的房间，主要包括教室、风雨操场、实验教室、语言教室、阶梯教室、幼儿活动室等。

jiaoyu jianzhu

教育建筑（educational building）　人们开展教学活动所使用的建筑物。供学龄前婴幼儿保育和教育的建筑称为托儿所和幼儿园建筑；实施初等教育的建筑称为小学校建筑；实施中等普通教育的建筑称为中学校建筑；实施职业技术教育的建筑称为职业技术学校建筑；专门对残障儿童、青少年实施特殊教育的建筑称为特殊教育学校建筑；实施高等教育的建筑称为高等院校建筑。

jiebu

阶步（step）　断层面上与擦痕伴生并垂直于擦痕的微小陡坎，也称擦阶或横阶。有时是断层上沿断层运动方向生长的纤维状矿物晶体的垂直断口所形成的锋利小坎。坎高通常不足 1 毫米或几毫米。顺坎面向下抚摸手感光滑，指示断层运动方向，称正阶步。有时可能出现反阶步，即由次级羽状剪切或张裂面与断层相交构成的陡坎；逆坎而上的方向示对面运动方向。

jiedi

阶地（terrace）　由地壳上升、基准面下切和流水的侵蚀、堆积等作用形成的，沿河流、湖泊或海滨伸展，超出河、湖、海等现代高水位以上的阶梯状地貌。其由顶面相对平坦的地面及其前缘较陡的坡坎组成。阶地面是在较长时段内环境相对稳定时形成的，阶地坡坎的形成主要与侵蚀剥蚀、堆积或地壳运动有关。其可分为河流阶地、海蚀阶地、海积阶地、湖蚀阶地、冰碛阜阶地和构造阶地等。阶地表面平坦，土壤较肥沃，为工农业生产、交通、居民点的适宜地区。

jieyuefa

阶跃法（step test method）　以单位阶跃函数信号作为系统输入，从其输出过渡过程中求取系统的一阶微分方程的时间常数的方法。

jieyuexing chongji

阶跃型冲击（step type shock）　参量幅值由平衡位置急剧改变到新的位置所形成的冲击，是冲击的一种类型。理想化的阶跃型冲击改变参量位置所需时间为零，实际阶跃型冲击所需时间多为微秒级到毫秒级。多级火箭在分级时，由于抛弃前级，质量突然减少，就会产生加速度阶跃。

jieli jingdian

接力井点（relay well point）　当单级井点不能达到降水深度要求时，除用真空泵外，采用喷封泵、射流泵接力抽水的方法。

jiedian

节点（node point）　局部的膨胀（像一个个绳结一样）点或交会点。在网络拓扑学中，节点是网络任何支路的终端或网络中两个或更多支路的互连公共点；在结构工程中，节点是不同构件的连接点；在供水系统中，水源、水池、泵站、用户是节点。

jiedian lianjie

节点连接（node point connection）　节点通过边以不同形式相连接。最基本的连接为串联、并联或非串并联的桥式连接、格栅形连接和船形连接等。非串并联连接可按照问题需要拆分为复合连接，即分解为两节点间串联连接的并联网络或并联连接的串联网络。

jieli

节理（joint）　见【节理构造】

jieli caodu xishu

节理糙度系数（joint roughness coefficient）　在计算节理裂隙面抗剪强度经验公式中，表示节理裂隙面粗糙程度的一个系数，也称裂隙糙度系数。

jieli gouzao

节理构造（joint） 岩石受力作用超过岩石的强度极限时，岩石破裂产生的裂缝或裂隙，也称节理。节理是岩体破裂面两侧未发生明显相对位移的裂缝或裂隙，是岩石中成群出现的没有显著位移的破裂，是浅部地壳岩石中发育最广的一种构造型式。根据节理的成因可将其分为构造节理和非构造节理；根据节理与成岩过程的关系可将其分为原生节理和次生节理；根据节理的力学性质可将其分为张节理和剪节理。

jieli meiguitu

节理玫瑰图（rose diagram of joint） 为表示节理在不同方向上的发育程度，将统计出的各组节理点绘在图上，即以半径方向表示节理方位、半径长度表示节理个数、连接相邻各点而成的玫瑰花状的图件。它是用以表示节理统计学产状特点的一种图解，主要有走向玫瑰花图、倾向玫瑰花图和倾角玫瑰花图等，是统计节理产状、反映节理产状趋势的一种常用的图式。

jielizu

节理组（joint set） 岩体中方向大体一致且在同一地质历史时期形成的节理系统。例如，受同一地应力的作用形成的区域性分布基本同一产状的平行节理；在沉积岩中，一组通常平行于倾向和另一组平行于走向的节理；在块状岩浆岩和变质岩中，三组不同产状的节理等都是节理组。

jiemian

节面（nodal surface） 在断层面解中，把 P 波初动符号交替地分开成四个象限的曲面。

jiepingmian

节平面（nodal plane） 在断层面解中，两个相互垂直的、把 P 波初动符号交替地分开成四个象限的平面。

jiegou

结构（structure） 能承受作用并具有适当刚度的由各连接部件有机组合而成的系统。广义的结构是指房屋建筑和土木工程的建筑物、构筑物及其相关组成部分的实体，狭义的结构是指各种工程实体的承重骨架。

jiegou bili zuni

结构比例阻尼（structural proportional damping） 即复阻尼，复阻尼的幅值与刚度成正比。瑞利阻尼和考西阻尼都是比例阻尼，可统称为黏性比例阻尼。

jiegou danyuan

结构单元（structural cell） 能够独立地承受竖向和水平荷载的房屋单元，常由伸缩缝、沉降缝等隔离。

jiegou dizhen fanying fenxi

结构地震反应分析（seismic response analysis of structure） 计算工程结构在地震作用下振动反应的理论和方法。它可为结构抗震设计、震害预测和抗震鉴定加固等工作提供必要的计算依据，既是研究结构破坏机理、抗震性能和抗震薄弱环节的重要手段，也是实施结构振动控制和健康诊断不可缺少的环节，还是地震工程最重要和最基本的内容之一。

jiegou dizhen fanying fenxi ruanjian

结构地震反应分析软件（software for seismic response analysis） 实施结构地震反应分析的计算机程序。随着计算机科学的发展，许多复杂的力学现象均可在计算机上进行数值模拟；结构分析软件的功能越来越强大，已成为实施结构地震反应分析计算的有力工具。结构分析软件可分为结构分析专用软件和结构分析通用软件两大类。前者是专门用于土木工程结构分析的软件；后者则不仅适用土木工程结构，还可用于机械、航空航天等领域的力学问题分析。

jiegou dizhen fanying guance taizhen

结构地震反应观测台阵（structural response observation array） 为观测强烈地震作用下工程结构的动力反应而专门设计布设的强震动观测台阵。

jiegou donglifanying zhuoyuezhouqi

结构动力反应卓越周期（predominant period of structural dynamic response） 由结构动力反应的谱分析确定的卓越周期。该周期取决于输入运动的卓越周期和结构的自振周期，且不同于结构的自振周期，自振周期是体系的固有特性。当输入运动频谱比较宽时，体系反应的卓越周期与自振周期相近；当输入运动有卓越周期且该分量强度足够大时，体系反应的卓越周期可能靠近输入的卓越周期。该周期也不同于特征周期，特征周期是设计反应谱平台段下降的拐点对应的周期。但土层的卓越周期越长，长周期地震反应大，反应谱的特征周期也越长。

jiegou dongli fenxi

结构动力分析（dynamic analysis of structures） 计算工程结构在动荷载作用下的变形和内力的理论和方法。动荷载是随时间快速变化、可引起惯性作用的荷载；动荷载作用下的结构反应是随时间变化的动力过程。结构动力反应分析涉及结构体系分析模型和运动方程的建立、结构力学参数的确定以及运动方程求解方法等。结构地震反应分析是结构动力分析在地震工程中的应用，是结构工程的重要内容。

jiegou dongli texing

结构动力特性（dynamic properties of structure） 结构的自振周期或自振频率、振型和阻尼等，是表示结构动力特征的基本物理量。

jiegou dongli texing ceshi

结构动力特性测试（dynamic properties measurement of structure） 测试并分析结构在自振或共振条件下的反应曲线，以确定结构的自振周期（或自振频率）、阻尼系数和结构振型等动力特性。

jiegou donglixue

结构动力学（structural dynamics） 研究结构对于动荷载的响应（如位移、应力等的时间历程），以便确定结构的承载能力和动力学特性，或为改善结构的性能提供依据的结构力学的一个分支学科。结构动力学同结构静力学的主要区别在于它要考虑结构因振动而产生的惯性力和阻尼力，而同刚体动力学之间的主要区别在于要考虑结构因变形而产生的弹性力。在外加动荷载作用下，结构会发生振动，它的任一部分或者任意取出的一个微体将在外荷载、弹性力、惯性力和阻尼力的共同作用下处于达朗伯原理意义下的平衡状态。通过位移及其导数来表示这种关系就得到运动方程。结构动力学理论研究的基本内容就是运动方程的建立、求解和分析。在地震工程领域中，该学科主要研究建筑物结构与动力作用二者之间的关系，研究的目的是预测人工结构在强地震动作用下的表现并指导设计者进行合理的结构设计。

jiegou fanying taizhen

结构反应台阵（structural response array） 在工程结构上按一定的要求和观测目的布设得强震仪，记录结构地震反应的强震动台阵。观测目的是了解各类工程结构在实际地震作用下的反应特征和破坏机理，获取在强地震作用下的输入地震动和结构振动反应，以期建立结构物在强震作用下的合理计算模型，检验和改进现有的结构抗震设计方法。

jiegou fenxi

结构分析（structural analysis） 确定结构上作用效应的过程。对指定结构在承受预计荷载及发生外部变化（如支座移动及温度变化）所进行的预计分析。

jiegou fenxi tongyong ruanjian

结构分析通用软件（general software for structural analysis） 可供包括土木工程在内的多领域结构分析使用的计算机程序。目前，国际上使用的主要结构分析通用软件有ANSYS、ABAQUS、MSC. MARC、ADINA、ALGOR FEAS 等。

jiegou fenxi zhuanyong ruanjian

结构分析专用软件（special software for structural analysis） 仅适用于土木工程结构分析的计算机程序。地震工程界使用的主要结构分析专用软件有 SAP2000、ETABS、PKPM、MIDAS、DRAIN－2D、DRAIN－2DX、IDARC－2D 等。

jiegoufeng

结构缝（structural joint） 根据结构设计需求而采取的分割混凝土结构间隔的总称。

jiegou goujian

结构构件（structural member） 结构在物理上可以区分出的部件。建筑结构构件指的是结构施工图上的承重构件，支承荷载起骨架作用的构件或由其组成的整体。房屋中的梁、柱、屋架、基础等构件，以及由这些构件组成的体系都是结构构件。

jiegou goujian xianyou chengzaili

结构构件现有承载力（available capacity of member） 现有结构构件由材料强度标准值、结构构件（包括钢筋）实有的截面面积和对应于重力荷载代表值的轴向力所确定的结构构件承载力，包括现有受弯承载力和现有受剪承载力等。

jiegou jihe bubianxing

结构几何不变性（geometrical invariability of structure） 在每个元件都是刚性的前提下，结构承受任意形式的荷载后能保持原有几何形状的特性。

jiegou jiaonianji

结构胶黏剂（structural adhesives） 用于承重结构构件黏结的、能长期承受设计应力和环境作用的胶黏剂，简称结构胶。

jiegou jietou

结构接头（structural joint） 建筑工程中地下连续墙与内部结构的楼板、梁、柱、底板等连接的接头。

jiegou jiemian jiaonianji

结构界面胶黏剂（structural interfacial adhesives） 用于涂刷原构件表面，以增强加固层与原构件基材间黏结性能的结构胶黏剂，也称结构界面胶或结构界面剂。

jiegou jingli shiyan

结构静力实验（static experiment for structures） 为确定工程结构在静荷载作用下的强度、刚度或稳定性而进行的力学实验。在研制、鉴定或改进工程结构时，除须对结构的承力零件如杆、轴、壁板、梁、接头、支座等作加载实验外，有时还要对结构作整体或局部的承力性能实验。该实验同理论分析计算一般是互相验证、互为补充，但有时由于结构的复杂性和受力的特殊性而无法进行准确的理论分析或计算，确定结构强度、刚度或稳定性的唯一方法就是结构静力实验。

jiegou kangzhen bianxing nengli

结构抗震变形能力（earthquake resistant deformability of

structure) 在地震作用下，结构所能承受的最大变形，是结构抗震性能的重要组成部分。结构抗震性能是指在地震作用下，结构构件的承载能力、变形能力、耗能能力、刚度及破坏形态的变化和发展等。

jiegou kangzhen chengzai nengli
结构抗震承载能力（seismic resistant capacity of structure）结构抵抗地震作用的承载力，其值为在规定的条件下结构所能抵抗的最大地震作用。

jiegou kangzhen kekaoxing
结构抗震可靠性（reliability of earthquake resistance of structure）设计基准期内，在设计预期的地震作用下，工程结构实现预定抗震功能的概率。

jiegou kangzhen kongzhi
结构抗震控制（seismic structure control）根据结构动力学和控制理论对结构地震反应进行控制。通过抗震设计对结构的地震反应进行控制是结构抗震研究的核心内容。

jiegou kangzhen sheji
结构抗震设计（seismic conceptual design）根据地震灾害和工程经验等形成的基本设计原则和设计思想，进行建筑和结构总体布置并确定细部构造的过程。做好结构抗震设计，应该考虑的问题包括六个方面：第一，对建筑物所在地区的地质构造、地震历史、地震特点、场地条件和建设环境有较全面的了解，以便所选取的建筑总体方案能适应这种地震运动，有效的抗御地震的破坏作用；第二，尽最大可能满足建筑的功能、建筑美学的需要，并做好协调和配合，要在建筑师的密切配合下做好抗震设计；第三，对建筑结构的地震反应有较切实合理的估计，考察分析结构可能存在的薄弱环节，以便采取必要的抗震措施；第四，需全面分析和预估所采取的结构构件的细部构造、措施的性能及其有效性，以保证构件在地震时保持良好的工作状态；第五，应估计到所采取的方案在地震作用分析方面的可行性，即能否取得符合客观实际的计算简图和分析方法；第六，要充分考虑有利于施工的条件，保证工程质量以提高建筑物的抗震能力。

jiegou kangzhen shiyan
结构抗震试验（structural anti-seismic tests）研究材料、构件、结构体系抗震相关性能及其影响因素的试验。它是用各种加载设备模拟实际动态作用，施加于实际结构或其模型上，以测定结构动态特性和地震反应。结构抗震试验广泛用于各类房屋、土体以及反应堆、大坝、桥梁、海洋平台等重大工程和设备的抗震研究，是获得地震工程知识的基本途径之一；其实施涉及多学科知识的综合运用，其中主要包括结构力学和结构动力学、土木工程、机械工程、传感器和信号处理技术、量纲分析和模型相似律等。

jiegou kangzhen xingneng
结构抗震性能（earthquake resistant behavior of structure）在地震作用下，结构构件的承载能力、变形能力、耗能能力、刚度及破坏形态的变化和发展。

jiegou kangzhen xingneng mubiao
结构抗震性能目标（seismic performance objectives of structure）针对不同的地震地面运动水准设定的结构抗震性能水准。

jiegou kangzhen xingneng sheji
结构抗震性能设计（performance-based seismic design of structure）以结构抗震性能目标为基准的结构抗震设计。

jiegou kangzhen xingneng shuizhun
结构抗震性能水准（seismic performance levels of structure）对结构震后损坏状况及继续使用可能性等抗震性能的界定。

jiegou kangzhen xingtai shuizhun
结构抗震性态水准（structural seismic resistance performance level）结构性态抗震设计的要求和标准，各国标准不一，有多种表述方式：可用主体结构和非结构构件的破坏程度（如完好、轻微破坏、严重破坏、濒临倒塌等）表述，也可使用结构功能的保障程度（如正常使用、立即入住、生命安全等）表述。

jiegou kekaodu
结构可靠度（reliability of structure）在规定的时间和条件下，工程结构完成预定功能的概率，是工程结构可靠性的概率度量，是工程结构具有的满足预期的安全性、适用性和耐久性等功能的能力。由于影响可靠性的各种因素存在着不定性，如荷载、材料性能等的变异，计算模型的不完善，制作质量的差异等，而且这些影响因素是随机的，因而工程结构完成预定功能的能力只能用概率度量。结构能够完成预定功能的概率，称为可靠概率；结构不能完成预定功能的概率，称为失效概率。工程结构设计的目的是力求最佳的经济效益，将失效概率限制在人们实践所能接受的适当程度上。失效概率越小，可靠度越大，两者是互补的。

jiegou kekaodu fenxi
结构可靠度分析（reliability analysis of structures）考虑结构体系和外部荷载不确定性的估计结构可靠程度的理论和方法。任何结构体系都包含大量不确定性因素，材料强度、构件尺寸和外部荷载等，严格地讲，都是随机变量。因此，结构的概率可靠度分析与确定性分析相比较更具合理性。结构可靠度涉及安全性、适用性和耐久性三个方面；可靠度分析是现代结构优化设计的基础，也是性态抗震设计的理论框架。

jiegou kekaodu fenxi fangfa

结构可靠度分析方法 （analytical method in reliability of structure） 为了保证工程结构的安全、适用和经济，在设计时对结构的可靠度进行分析的方法，也称安全度分析。任何工程结构，不管其用途如何，总应考虑各种荷载在结构中产生的荷载效应 S 和结构本身的抗力 R 两个基本变量。当 $R>S$ 时，结构处于安全状态；当 $R=S$ 时，结构处于极限状态；当 $R<S$ 时，结构处于失效状态。工程结构可靠度分析主要是在经济和可靠之间选择一种较佳的平衡，分析方法可分为定值法，半概率法和一次二阶矩概率法和全分布概率法。

jiegou kongzhi

结构控制 （structure control） 根据结构响应随时改变结构参数，或增加主动输入（控制力）来改变结构响应的理论和方法，也称振动控制。它是根据现代工程的需要发展起来的结构动力学中的反问题，也是现代结构动力学主要研究内容之一。

jiegou lixue

结构力学 （structural mechanics） 工程力学的一个分支，是以力学原理研究在静力、动力等各种荷载和温度变化、支座位移等因素作用下的结构强度、刚度和稳定性，以及结构的组成规则。在土木工程中主要应用于房屋、桥梁、坝等结构的设计。与结构力学有关的学科主要有理论力学、材料力学、弹性力学、塑性力学及工程结构等，广义的结构力学包括材料力学、杆系结构力学、应用弹性力学及塑性力学，但一般常把结构力学专指为杆系结构力学，而其他的结构形式（如板、壳等），习惯上属于弹性力学的研究对象。同样材料力学、弹性力学、塑性力学等也研究杆件，但主要以各部分的应力为对象。由于计算技术的进步，处理问题的方法更加通用；现代结构力学研究的对象应该包括杆系、板、壳和连续体。过去，结构力学的任务偏重于结构分析；现在，则应以结构优化设计为主，研究如何选择合理的截面，以达到结构的重量轻、造价低的目的。

jiegou lixue fenxi moxing

结构力学分析模型 （mechanics analysis model of structure） 反映真实结构几何与力学特性、供结构分析使用的简化抽象计算图形。建立抗震结构力学分析模型是结构地震反应分析的关键环节之一，直接影响分析结果的可靠性，可分为集中质量模型和分布质量模型两类。结构抗震分析中多使用集中质量模型，包含单质点模型、串联多质点模型、平面杆系模型和三维有限元模型等。

jiegoumian

结构面 （structural plane） 地质体内开裂的和易开裂的面，如层面、节理面、断层面等，也称不连续面。在地质力学中，用来表示岩块结构形态的面状构造，此时又称构造面。分为原生的和次生的两种，其形态多数不规则。按力学性质又分为压性、张性、扭性、压性兼扭性（压扭性）和张性兼扭性（张扭性）等。鉴定结构面力学性质可以推断形成它们的地应力状态。

jiegoumian jiaonianji

结构面胶黏剂 （structural interfacial adhesives） 用于涂刷原构件表面，以增强加固层与原构件基材间黏接性能的结构胶黏剂，也称结构界面胶或结构界面剂。

jiegoumian qifudu

结构面起伏度 （discontinuity waviness；joint waviness） 以起伏差和起伏角表征的结构面波状起伏的程度。结构面的起伏度对岩体的稳定性有重要影响。

jiegou moshi shibie

结构模式识别 （structural pattern identification） 将事物分解为基元，根据事物与基元的分层树状结构的关系，建立相应的文法，通过文法剖析进行分类决策的模式识别方法，是模式识别的一种类型，也称句法识别方法。

jiegou motai fenxi

结构模态分析 （structural modal analysis） 用分析或试验的方法求解结构动力特性的理论和分析方法。这些结构特性包括结构的固有频率、模态振型、模态阻尼比及其他模态参数（包括模态刚度、模态质量等），这是结构动力学的反问题，即已知结构的输入输出求结构自身的特性。

jiegou moxing

结构模型 （structural model） 用于结构分析、设计等的理想化的结构体系模型。一般认为，该模型作为一种说明现象的方法是有用的，在不能以还原的方法说明观察与客体之间的相同与否时，其可以作为进一步的解释。

jiegoushang de zuoyong

结构上的作用 （action on structure） 在结构上各种集中力或分布力的集合，或者引起结构外加变形或约束变形的原因。前者为直接作用，后者为间接作用。该作用在一定条件下往往是相互随机依存的，为了简化计算，各种作用在时间上或空间上往往被假定为各自随机独立，每种作用对结构作为一个单独的作用考虑。该作用使结构产生压力、拉力、剪力、弯矩、扭矩等和线位移、角位移、裂缝等的结构效应。

jiegou sheji

结构设计 （structure design） 为确保结构能承担规定的荷载，并保持其刚度、强度、稳定性和耐久性而进行设计的总称。其可分为建筑结构设计和产品结构设计两种，其中建筑结构又包括上部结构设计和基础设计。建筑结构分为框架结构、框架—剪力墙结构、剪力墙结构、砖混结构、钢结构、轻钢结构等。

jiegou shibie

结构识别（structural identification）　根据已知的系统输入和输出确定系统的模型或参数的方法。抗震分析中的系统辨识技术，通称反演问题；根据已知的地震动加速度时间过程和结构参数计算结构地震反应是地震工程中的正演问题；另一些情况下，人们也试图根据结构的实测加速度反应估计结构参数，这类问题是反演问题。

jiegou shiyan fenxi

结构试验分析（experimental analysis of structure）　确定结构或构件在承受一定的静力或动力荷载、温度或约束作用时的应力和变位分布规律的手段之一。根据试验要求，通过对测试数据进行整理和分析而求得结论。

jiegou shixiuxing

结构适修性（repair suitability of structure）　残损的或承载力不足的已有结构适于采取修复措施所应具备的技术可行性与经济合理性的总称。

jiegou suxing jixian fenxi

结构塑性极限分析（plastic limit analysis of structures）结构在塑性极限状态下的特性分析，是塑性力学的研究内容之一，也称结构破损分析。当作用在结构上的荷载增大至某一极限值时，理想塑性材料结构将变成几何可变机构，它的变形无限制地增大，从而使结构失去承载能力。这种状态称为结构的塑性极限状态，对应于此状态的荷载称为塑性极限荷载。结构塑性极限分析的目的是求出极限荷载、确定极限状态下满足应力边界条件的应力分布规律、找出结构破损时的机构形式等。

jiegouti

结构体（structural block）　未经位移的岩体被结构面切割成的块体或岩块。它不同于岩块的概念。结构体的规模取决于结构面的密度，密度越小，结构体的规模越大。在计算机语言中是指由一系列数据构成的数据集合。

jiegou tixi

结构体系（structural system）　房屋承受竖向和水平荷载的构件及其相互连接形式的总称。它是结构中的所有承重构件及其共同工作的方式。

jiegou tixi kangzhen jiagu

结构体系抗震加固（seismic strengthening of structural system）　增加新的抗震构件，调整结构沿高度和平面的刚度分布，以加强结构的抗震能力的抗震设计加固方法。

jiegou tixi shiyan

结构体系试验（structural system test）　对足尺模型或缩尺模型的结构体系开展的抗震试验。结构体系的作用是承受竖向荷载和水平荷载，并将这些荷载安全地传至地基，

一般将其分为上部结构和地下结构。上部结构是指基础以上部分的建筑结构，包括墙、柱、梁、屋顶等，地下结构是指建筑物的基础结构。

jiegou weiyi

结构位移（displacement of structure）　结构上点的位置的移动（线位移）或截面的转动（角位移）。其主要由荷载作用、温度变化、支座沉陷、结构构件尺寸的误差以及结构材料性质随时间的变化等原因引起。结构位移计算主要应用于结构刚度分析，同时也是超静定结构分析的重要基础。杆系结构位移的普遍计算公式可以从变形体虚功原理导出，为此虚设一个（或一对）与所要计算的位移（或相对位移）相应的单位力，将结构上施加虚拟单位力的状态作为力的状态，而将待求的结构位移状态作为虚位移状态，从而按虚功原理建立虚功方程，即可得出位移。

jiegou wending

结构稳定（stability of structure）　研究各种结构的稳定性，是工程力学的一个分支，也是工程结构安全性的重要内容之一。结构的失稳现象按其发生的范围可分为整个结构或其部分失稳、个别构件失稳和构件的局部失稳，且均可分为平面内及平面外失稳。有时在弹性范围内不发生屈曲，而在全截面达到塑性以前发生弹塑性屈曲，因此可分为弹性稳定、弹塑性稳定与塑性稳定。任何一种失稳现象都可能使结构失去工作能力或不能有效地工作。

jiegou xishu

结构系数（structure coefficient）　在抗震计算中，根据弹性分析结果估计结构弹塑性地震反应时使用的折减系数。在设防地震作用下，结构一般将发生非弹性性状；由于弹塑性动力分析十分复杂、计算费时且不易为设计者掌握，故在工程上通常基于设防地震作用下的弹性动力分析结果来估计弹塑性地震反应，即结构地震作用等于弹性分析结果乘以某个结构系数。

jiegouxing pohuai

结构性破坏（structural damage）　损害结构承载能力的破坏。结构性裂缝是结构性破坏，它是结构应力达到限值造成承载力不足引起的，是结构破坏开始的特征，或是结构强度不足的征兆，比较危险，必须进一步对裂缝产生的原因和发展趋势做进一步的分析。

jiegou yisunxing fenlei

结构易损性分类（structure vulnerability classification）见【结构易损性分析】

jiegou yisunxing fenxi

结构易损性分析（structure vulnerability analysis）　结构易于受到地震的破坏、伤害或损伤的可能性分析。表征结构抗震能力的等级分类称为结构易损性分类；结构因地震造成的直接损失率的平均值称为结构易损性指数。

jiegou yisunxing zhishu

结构易损性指数（structure vulnerability index）
见【结构易损性分析】

jiegou yingxiang xishu

结构影响系数（influential coefficient of structure）　考虑结构影响的反应谱折减系数。使用该系数对设防烈度下的弹性反应谱进行折减，得出结构的设计地震作用，然后对结构进行弹性分析。该系数反映了实际结构与弹性体系的差异。

jiegou youhua sheji

结构优化设计（optimum design of structural）　在给定约束条件下，按某种目标（如重量最轻、成本最低、刚度最大等）求出最好的设计方案的工作，也称结构最优设计。该设计主要有数学规划法和优化准则法两种方法。它是根据现代工程的需要而发展起来的结构动力学中的反问题，也是现代结构动力学研究的主要内容之一。

jiegou zhendong

结构振动（vibration of structure）　结构在各种因素影响下的往复运动。它以结构动力学的原理来研究各种工程结构的振动问题。该振动可以分为确定性和随机性两类。

jiegou zhendong kongzhi

结构振动控制（structural vibration control）　利用机械、液压或电磁等控制装置来抑制结构体系的有害振动的理论和方法，它是通过在结构上施加子系统或耗能隔振装置并用以抵御外界荷载的作用，从而能动地操纵结构性态的主动积极的结构抗震（振）对策。结构振动控制若按是否需要外部的能源和激励以及结构反应的信号，可划分为被动控制、主动控制、半主动控制和混合控制四类。

jiegou zhenhai jili

结构震害机理（earthquake damage mechanism of structure）地震作用下工程结构破坏的特征、力学机制和原因。工程结构破坏的原因涉及强地震动特性、场地效应、结构材料和结构体系的力学特性、结构与地基及其他介质的相互作用等复杂因素，一般应区别地震惯性作用和地基失效两者进行分析。震害机理分析对于建立结构地震反应分析模型、改进抗震设计、采取抗震措施、控制施工质量等至关重要，是结构抗震研究的重要内容之一。

jiegou zhengti wenguxing

结构整体稳固性（structural integrity）　当发生火灾、爆炸、撞击或人为错误等偶然事件时，结构在整体上能够保持稳固且不出现与起因不相称的破坏后果的能力，也称为结构的鲁棒性。

jiegou zhuanhuanceng

结构转换层（structural transition layer）　见【过渡层】

jiegou zuni

结构阻尼（structural damping）　由于结构接触面、边界支撑处以及中间连接部位的相对运动而产生的摩擦、碰撞等耗散的能量，或者间歇接触，支撑处向外的波的传播以及结构的声发射等耗散的能量。一般情况下，结构阻尼比材料阻尼（内部阻尼）大。

jiegou-yeti oulian zhendong

结构-液体耦联振动（structure-liquid coupling vibration）地震时，贮液构筑物的部分液体和结构同步运动形成附加液体动压力，并与结构的弹性变形耦联的现象。

jieheshui

结合水（combined water）　受黏土颗粒表面双电层的影响，包围在颗粒四周的水膜。它是由于静电引力作用而吸附在固相表面的水，包括吸着水（强结合水）和薄膜水（弱结合水）。

jieduan wucha

截断误差（truncation error）　在近似计算中，取收敛级数的前有限项而舍其后项，或以离散量近似代替连续量而引起的误差。由于实际运算只能完成有限项或有限步运算，因此要将有些需用极限或无穷过程进行的运算有限化，对无穷过程进行截断，这样产生的误差成为截断误差。

jiemian

截面（section）　设计时所考虑的结构构件与某一平面的交面。当该交面与结构构件的纵向轴线或中面正交时的面称正截面，斜交时的面称斜截面。构件正截面在与弯矩作用平面上的投影长度称为截面高度；构件薄壁部分截面边缘间的尺寸称为截面厚度；截面边缘线所包络的材料平面面积称为截面面积；圆形截面通过圆心的弦长称为截面直径；截面边缘线的总长度称为截面周长；构件正截面在与高度相垂直方向上的某一尺寸称为截面宽度。

jiemian gaodu

截面高度（height of section; depth of section）
见【截面】

jiemian guanxingju

截面惯性矩（second moment of area; moment of inertia）截面各微元面积与各微元至截面上某一指定轴线距离二次方乘积的积分。它是衡量截面抗弯能力的一个几何参数。

jiemian houdu

截面厚度（section thickness）　见【截面】

jiemian huizhuan banjing

截面回转半径（radius of gyration） 物体微分质量假设的集中点到转动轴间的距离，它的大小等于截面对其形心轴的惯性矩除以截面面积的商的正二次方根。

jiemian jiguanxingju

截面极惯性矩（polar second moment of area） 截面各微元面积与各微元至垂直于截面的某一指定点距离二次方乘积的积分。

jiemian kuandu

截面宽度（breadth of section） 见【截面】

jiemian mianji

截面面积（area of section） 见【截面】

jiemian mianjiju

截面面积矩（first moment of area） 截面各微元面积与微元至截面上某一指定轴线距离乘积的积分。通常，截面上某一微元面积到截面上某一指定轴线距离的乘积，称为微元面积对指定轴的静矩；而把微元面积与各微元至截面上指定轴线距离乘积的积分称为截面对指定轴的静矩，有：$Sx = ydF$。

jiemian moliang dikangju

截面模量抵抗矩（modulus of section） 截面对其形心轴的惯性矩与截面上最远点至形心轴距离的比值。

jiemian zhijing

截面直径（diameter of section） 见【截面】

jiemian zhouchang

截面周长（perimeter of section） 见【截面】

jieshuigou

截水沟（catch ditch） 为拦截山坡上流向路基的水，在路堑坡顶以外设置的水沟，也称天沟，挖方路基的堑顶截水沟应设置在坡口 5m 以外，并宜结合地形进行布设，填方路基上侧的路堤截水沟距填方坡脚的距离不应小于 2m。在多雨地区，视实际情况可设一道或多道截水沟，其作用是拦截路基上方流向路基的地表水，保护挖方边坡和填方坡脚不受水流冲刷。雨期土质路堑开挖前，在路堑边坡坡顶 2m 以外开挖截水沟并接通出水口。

jieshuiqiang

截水墙（cutoff wall） 在土石坝防渗体部位的地基内开槽筑形成的一道截断河床覆盖层渗水的连续土墙或混凝土墙。

jieshui weimu

截水帷幕（waterproof curtain） 用于阻截或减少基坑侧壁及坑底地下水流入基坑，并为防止坑外地下水位下降而采用的连续止水体。

jiezhi pinlü

截止频率（cut-off frequency） 在波动数值模拟中，超过某个频率的波动只能在本地振荡，不会向外传播，这个频率就是波动数值模拟的截止频率。

jiezhuang pojiang jiuqingfa

截桩迫降纠倾法（rectification by cutting off pile） 端承桩基础的建筑物产生倾斜时，采用截桩促使沉降较小处产生沉降进行纠倾的方法，是建筑物纠倾的一种方法。

jieou kongzhi suanfa

解耦控制算法（decoupling control algorithm） 在自动控制领域中，基于控制系统模态方程确定主动控制力的算法。该算法一般只控制结构振动的少量主要模态，同时使非控模态具有渐进稳定性；但若受控模态数量远小于结构自由度数目时，控制精度较差。

jiexifa

解析法（analytic method） 数学中用解析式表示函数的方法，也称分析法。它是应用数学推导、演绎去求解数学模型的方法，可通过函数的解析式精确求解方程。

jiezhi

介质（medium） 物质在其间存在和现象在其间发生的物质，如自由空气、各种流体和固体等。一般介质是指广延的实物，如地震波在各种岩石中传播，各种岩石就被称为介质，或是不均匀介质，或是层状介质、弹性介质等；有时不存在实物的真空也称介质，如电磁场；化学反应在其中进行的媒介物质也称介质。在化工部门将具有规定大小孔眼、用来从流体媒质中移除外来颗粒或液珠的材料称为介质。

jiemianbo

界面波（boundary wave） 沿弹性介质边界面上传播的波。常说的瑞利波和勒夫波是沿地球自由表面传播的界面波，其携带的能量随着与界面距离增大迅速衰减。

jiexian hanshuiliang shiyan

界限含水量试验（atterberg limit moisture contenttes） 测定黏性土液限、塑限和缩限的土工试验，也称阿太堡界限含水量试验。

jiexian lijing

界限粒径（constrained diameter） 小于该粒径的颗粒质量占土粒总质量的 60% 的粒，也称限制粒径。

J

jindingzi

金钉子（golden spike）　全球界线层型剖面和点的俗称。金钉子是国际地层委员会和国际地科联以正式公布的形式指定的年代地层单位界线的典型或标准，是为定义和区别全球不同年代（时代）所形成的地层的全球唯一标准或样板，并在一个特定的地点和特定的岩层序列中标出，作为确定和识别全球两个时代地层之间的界线的唯一标志。"金钉子"这一名词源于美国的铁路修建历史。1869 年 5 月 10 日，美国第一条横穿美洲大陆的铁路钉下了最后一颗钉子，这颗钉子是用 18k 金制成，它宣告了全长 1776 英里（1 英里 ≈ 1.609km）的铁路胜利竣工。鉴于这条铁路的修建在美国历史上具有里程碑的意义，对美国政治、经济、文化的影响极其深远，特别是对于美国西部开发战略的实施具有举足轻重的作用。为纪念这一事件，1965 年 7 月 30 日美国在最后一颗金钉子处建立了金钉子国家历史遗址。全球年代地层单位界线层型剖面和点位在地质年代划分上的意义与美国铁路修建史上"金钉子"的重要历史意义和象征意义有异曲同工之处，因此，"金钉子"就为地质学家所借用。

jin'gangshi zuantou

金刚石钻头（diamond bit）　镶嵌金刚石切削具，用以碾磨和切削岩体的钻头。

jinjing-tianzhijianpu moxing

金井–田治见谱模型（Kanai-Tajimi spectra model）　基于土层地震反应谱特性建立的频带和幅值随频率变化的过滤白噪声模型。该模型的各频率分量强度是变化的，反映了土层动力放大效应的基本规律，因具有物理意义而被广泛采用。

jinrong jianzhu

金融建筑（financial building）　进行货币资金流通及信用业务有关活动的建筑，包括银行、储蓄所、证券交易所、保险公司等。

jinshu huagui gezhen zhizuo

金属滑轨隔震支座（metal sliding track isolation bearing）　由上下连接板、上下导轨、双向滑块组成的隔震支座，该支座可解决建筑橡胶隔震支座受拉、结构倾覆问题；可与橡胶隔震支座组合使用，几乎不影响隔震层水平刚度，隔震效果好。采用橡胶支座的隔震技术发展已经十分成熟，大量运用于各种多层房屋建筑、公路桥梁及结构的加固，具有良好的水平性能、阻尼系数、竖向性能及竖向承载力等优点。随着隔震技术不断应用于高宽比较大的高层建筑，隔震结构的倾覆是亟需解决的难题。由于隔震橡胶支座存在竖向抗拉能力差的特点，当隔震层支座受拉进入屈服，会导致结构整体出现倾覆破坏。隔震橡胶支座的这一不足限制了隔震橡胶支座的使用范围及推广应用。金属滑轨隔震支座的出现解决了上述问题，并在工程得到了应用。

jinshu jianqiexing zuniqi

金属剪切型阻尼器（metal shear damper）　将软钢作为剪切板，利用其屈服强度低、延性好等优点制成的阻尼器。该阻尼器通常吨位较大，抗侧向刚度大，具有材料利用率高、经济性好等优点，与主体结构相比，它能够更早进入屈服，从而可利用软钢屈服后的累积塑性变形来达到耗散地震能量的效果。对于该阻尼器，由于在软钢剪切板面外两侧焊接了横向及纵向加劲肋，提高了剪切板的屈曲承载力，因此可保证在达到极限承载力之前都不会发生面外屈曲。同时，通过热处理工艺，减小了焊接热影响的不利作用，避免了焊接残余应力导致的剪切板延性下降等问题。该阻尼器具有构造小型化、早屈服、早耗能；抗侧向刚度较大，能为结构提供一定耗能能力的技术特点，可用于结构体系的刚度调节；可方便设置于隔墙而不影响建筑外观效果；当需开门洞时，可直接避开相应的位置来布置阻尼器。

jinshu xiaonengqi

金属消能器（metal energy dissipation device）　由各种不同金属材料（软钢、铅等）元件或构件制成，利用金属元件或构件屈服时产生的弹塑性滞回变形来耗散能量的减震装置。

jinshu zuniqi

金属阻尼器（metal damper）　利用金属材料良好的塑性性能和滞回性能制成的耗能阻尼装置。

jin

津（ford）　古代位于交通道路上的水上渡口。古代比较重视其在交通中的地位，甚至要派专门机构和人员进行管理。津还是天津市的简称。

jinbo

津波（harbor wave）　见【地震海啸】

jinji bi'nan changsuo

紧急避难场所（emergency evacuation and embarkation shelter）　在灾难发生后，用于避难人员就近紧急避难或临时避难的场所，也是避难人员集合并转移到固定避难场所的过渡性场所。

jinji bizhen shusan changsuo

紧急避震疏散场所（emergency seismic shelter for evacuation）　破坏性地震发生后，供避震疏散人员临时或就近避震疏散的场所，也是避震疏散人员集合并转移到固定避震疏散场所的过渡性场所。通常可选择城市内的公园、花园、广场、专业绿地、高层建筑中的避难层（间）等作紧急避震疏散场所。

jinshen

进深（depth）　同一建筑物横向两个相邻的墙或柱的中心

线之间的距离。即位于同一直线上相邻两柱中心线间的水平距离。目前，中国大量城镇住宅房间的进深一般限定在5m左右；住宅的进深不宜超过14m。

jinshui jianzhuwu

进水建筑物（water ingress structure） 从河流、湖泊、水库等引进水流、控制流量、阻拦泥沙及漂浮物的水工建筑物，也称取水建筑物。

jinchang

近场（near-field） 震源距与所涉及的波的波长可以相比拟，甚至更小的波场范围。在工程场地地震安全性评价中，近场区范围是指不小于工程场地及其外延25km的范围。

jinchang dimian yundong

近场地面运动（near-field ground motion） 电磁学将离开场源的距离设为R、波长为λ，$R<\lambda$的范围称为近（源）场；地震学家借用"近场"这个概念，将断层发生破裂的范围称"地震近场"，在那里发生的地面运动，称为"近场地面运动"。有关地壳水平形变的大地测量资料显示，地震带的长期形变速率一般都小于每年3×10^{-7}这个数量级，它被确定是研究地震近场的地壳长期水平形变的临界值，仅在地震近场的地形变会偶尔大于该速率。不同地震带的地震近场范围应有所差异，美国加利福尼亚州学者曾规定：6级左右的地震，其近场大约有半径为10km的范围。

jinchang dizhendong

近场地震动（near-field earthquake motion） 一般可以认为是近场项和中场项影响不能忽略的地震动，另一种判别方法是根据所研究的地震波的波长决定，若参照光学的夫朗霍费（Fraunhofer）衍射条件，则区分近场和远场范围的条件应为：

$$L^2 \ll \lambda r_0/2$$

式中，r_0为震源距；λ为波长；L为震源尺寸。据此，当震级为6级，断层长度为10km左右时，取频率$f=1$Hz、$V_S=3$km/s，则S波的波长$\lambda=3$km，$r_0<70$km可以视为近场；若$V_P=6$km/s，则P波波长$\lambda=6$km，近场为$r_0<35$km。

jinchang dizhenxue

近场地震学（near-field seismology） 从地震学的角度出发，运用地震学的理论和方法，研究震源（发震断层）附近的地震动特征的学科。它与工程建设的关系极为密切，具有重要的工程意义。

jinchang dizhen yundong

近场地震运动（near-field earthquake motion） 距震源在10km范围以内的区域的地震动。近场地震运动不仅反映了地震动距波源的距离，而且包括了地面运动可能受到震源效应的影响。近场地震运动特点主要是小震级可能出现较大的地震加速度；中强地震记录中所出现的高峰值加速度仅是一二个尖脉冲，总持时很短；高峰值加速度频带很窄，主要为几十赫兹（Hz）的高频振动；一般情况下，震级越大，近场的地震动强度越大；近场地震运动特点和大小主要受破裂传播方向和介质强度控制。

jinchang qiangdimian yundong

近场强地面运动（near-field strong ground motion） 在震源距大约为10km的近场可能对建筑物或构筑物等造成显著破坏的强烈地面运动，其地面运动的峰值加速度一般在0.05g以上。

jinduanceng dizhendong

近断层地震动（near-fault ground motion） 发震在断层附近的地震动，其主要特征与断层破裂机制密切相关，属于近场地震动范畴，具有断层破裂的方向性效应，脉冲效应，上盘效应和地面产生突发永久位移等特征。1966年美国加利福尼亚州帕克菲尔德（Parkfield）地震、1995年日本的阪神（Kobe）地震、1999年我国台湾的集集地震和2008年我国的汶川地震都获得了有工程意义的近断层强震记录。

jinduanceng qiangzhendong jilu

近断层强震动记录（near-fault strong earthquake motion record） 发震断层附近获取到的强震记录。1966年美国加州帕克菲尔德（Parkfield）地震和1999年我国台湾集集地震都获得了近断层的强震记录，主要特点是速度和位移呈明显的脉冲形状。

jinzhen

近震（near earthquake） 发生地震时，震中距大于100km并小于1000km的地震称为近震。地震台记录到近震的初至波一般是通过地幔上层界面绕射波、反射波和面波。

jinzhen zhenji

近震震级（near earthquake magnitude） 根据近震体波计算出的震级，由美国地震学家里克特提出，通常用M_L表示。

jinxing hunningtu

劲性混凝土（stiff concrete） 由钢管和型钢等钢材和混凝土组成的建筑构件，也称钢骨混凝土。

jinrunxian

浸润线（phreatic curve） 在土体中渗流区的自由水面线，为一条各点压力水头均为零的曲线。

jinshui jiuqingfa

浸水纠倾法（rectification by soaking） 一种建筑物纠倾方法，即利用湿陷性黄土遇水湿陷的特性，在已倾斜建筑物沉降较小处浸水促使基础产生沉降进行纠倾的方法。

jinzi shuzhi

浸渍树脂（saturating resin） 在结构抗震加固中，用于粘贴并浸透纤维布的树脂。它是配合结构胶黏剂使用的材料。

jinji sousuo

禁忌搜索（tabu search） 由局部领域搜索发展形成的全局逐步寻优的算法。局部搜索算法比较容易理解和实现，但其效能在很大程度上依赖于解的初始值和邻域结构，搜索结果可能陷入局部最小而不能实现全局优化。禁忌搜索通过建立灵活的存储结构（禁忌表）和相应的禁忌准则可以避免迂回并保障多样化搜索的有效性，有利于实现全局优化的目标。该算法自 1986 年由格洛弗（F. Glover）提出以来，在组合优化、生产调度、机器学习、电路设计和神经网络等领域获得了成功应用。

jingdian zuni

经典阻尼（classical damping） 具有黏滞耗能机理假定的阻尼，也称正交阻尼。多自由度体系的瑞利阻尼矩阵和考西阻尼矩阵都是由振动体系的质量矩阵和刚度矩阵组合形成，瑞利阻尼矩阵可视为考西阻尼矩阵的特例。此类阻尼表述形式可对结构振型解耦，在动力反应分析中使用非常便利。只要确定振型阻尼比，即可用振型叠加法计算体系的动力反应；一旦构成黏滞阻尼矩阵，运动方程便可用逐步积分法求解。

jingdu

经度（longitude） 地面点所在子午面与本初子午面夹角的度量。从本初子午面向东、西两个方向度量，各 0～180°，分别称为东经（E）和西经（W）。

jingji didai

经济地带（economic zone） 根据国民经济发展需求、地域自然条件、发展水平及地域分工的不同，对全国区域进行战略性经济区划所获得的最高级别的地域单元。它所包含的地域在空间上连续分布，各地带的生产力水平是从高到低逐步过渡，相互间有较为密切的联系。我国划分为东部、中部、西部三大经济地带。

jingjiqu

经济区（economic region） 在劳动地域分工的基础上形成的不同层次和各具特色的以地域专门化为主要特征的经济地域单元。它由一个或一组城市作为经济中心，其形成和发展决定于生产力发展水平、劳动地域分工的特点和规模、专门化与综合发展结合的程度，并且是由低级向高级循序渐进的过程。

jingji tequ

经济特区（special economic zone） 实行特殊经济管理体制和特殊政策，用减免税收等优惠办法和提供良好的基础设施来，吸引外商投资和促进出口的特定地区。其包括允许外国企业或个人，以及华侨、港澳同胞进行投资活动；对国外投资者在企业设备、原材料、元器件的进口和产品出口、公司所得税税率和减免、外汇结算和利润的汇出、土地的使用，以及外商及其家属随员的居留和出入境手续等方面提供比其他地区更加优惠的条件。

jingyan gelin hanshu

经验格林函数（empirical Green function） 将小震视为点源，用小震的地震动记录作为合成大震地震动的格林函数。

jingyan motai fenjie

经验模态分解（empirical mode decomposition） 对时间序列信号进行逐次筛选得出其固有模态函数族的信号处理方法。

jingbi

井壁（external caisson wall） 沉井最外围的墙体。在沉井下沉过程中起挡土、挡水及利用本身重量克服土与井壁之间的摩阻力的作用。沉井施工完成后，井壁作为沉井的一部分而成为基础。

jingfang

井房（well house） 地震观测中安放井下地震观测设备（或暂时还设有测震设备）的井口建筑物。

jingkou zhuangzhi

井口装置（well-head assembly） 地下水观测中设置在地面以上观测井井口段及井口上的各种装置。

jingtan

井探（costean） 岩土工程勘察中采用的利用浅井或竖井查明地质条件的一种勘探方法。浅井勘探也称坑探。井探的优点是地质现象保留的完好。

jingxia cezhen

井下测震（downhole seismometry） 将地震检波器或爆炸源放在地下基岩钻井中进行测震学研究的方法。对观测天然地震来说，一般只将检波器放在井下，目的是降低干扰水平以得到高灵敏度的观测结果。在地震勘探中，既可将检波器又可将爆炸源放在井下，以求得地震波在地层中的平均速度，记录的是直接穿透岩层的纵波，它在资料解释中起着重要作用。

jingxia dizhenji

井下地震计（borehole seismometer） 见【孔下地震计】

jingxia dizhenyi

井下地震仪（borehole seismograph） 见【孔下地震计】

jingxia shizhenqi

井下拾震器 （down-hole seismometer） 见【孔下地震计】

jingxie cejing

井斜测井 （drift logging） 利用井斜仪测量钻孔的倾斜度与倾斜方位变化的测井方法。

jingzu

井阻 （well resistance） 地基土体在排水固结的过程中，竖向排水通道的砂井材料对渗流产生的阻力。

jingliuqu

径流区 （runoff area） 地下含水层的补给区至排泄区这一区间内地下水流经的范围，即地下水从补给区向排泄区流动过程中所经过的地区。降雨及冰雪融水在重力作用下沿地表或地下流动的水流称为径流，实际上，有径流的区域就应为径流区。

jingxiang bianqianjindingfa

径向扁千斤顶法 （radial flat jack technique） 在平硐试验截面的周边上布置扁千斤顶，向硐壁岩体施加径向压力，测量其变形，根据压力与变形关系，计算岩体的变形模量和单位抗力系数等岩体力学参数的原位试验方法。

jingxiangliu

径向流 （radial flow） 地下水流线向平面上的某一点汇聚或自平面上某一点发散的直线流。

jingzhengyingli

净正应力 （net normal stress） 在岩土工程中，是指非饱和土中总正应力与孔隙气压力之差。

jingbuding wenti

静不定问题 （static indefinite problem） 未知量的数目超过独立平衡方程的数目，单独应用刚体静力学的理论不能求出全部未知量的问题。工程中有些结构，作用在所分析受力对象上未知力的数目，多于静力平衡方程的数目。这时，仅凭静力平衡方程无法确定全部未知力。未知力多于静力平衡方程的数目称为静不定次数，为确定静不定问题的全部未知力，除应建立静力平衡方程外，还需寻求数目足够的补充方程。这些补充方程，可根据具体结构的变形几何关系并同时考虑力与变形之间的物理规律来求得。对于静不定问题大多用能量法求解；而工程中一般简单的静不定问题，利用叠加法来求解，显得更加方便和有效。

jingding fenxifa

静定分析法 （static determinate approach） 在确定基础梁上的荷载和地基反力后，仅按静力平衡条件进行内力分析的方法。该法计算方法较简单，只需用截面法求支座和跨中截面的内力。

jingding jiegou

静定结构 （statically determinate structures） 具有保持几何不变性所需的最少约束的结构。减少任一个约束都将使静定结构失去几何不变性。在静定结构中，未知广义力的数目恰好等于结构中所能列出的独立的平衡方程的数目。因此，通过平衡方程能求出静定结构中的全部广义力。

jinghezai

静荷载 （static load） 大小和方向不随时间变化的荷载。例如，设备自重、构件本身自重、静水压力、土压力、定常温度场的温度荷载等。

jingjianyingli bi

静剪应力比 （static shear stress ratio） 土体破坏面上的静剪应力与该面静正应力之比。在动力试验中，静正应力随试样固结比的增大而增大，研究表明，饱和砂土的抗液化能力随固结比和静正应力的增大而增大。

jingkongxishui yali

静孔隙水压力 （static pore water pressure） 不会引起土体体积变化的孔隙水压力。一般情况下，是在静水位以下的土中孔隙水的压力。

jingli chutan shiyan

静力触探试验 （cone penetration test） 用静压力将一定规格的锥形探头匀速压入土层中，测定土的阻力随深度变化，并根据其所受抗阻力大小评价土层力学性质，间接估计土层各深度处的承载力、变形模量和进行土层划分的一种原位试验方法，简称静力触探。

jingli dengxiao jiasudu

静力等效加速度 （static equivalent acceleration） 以由浮置于地面的刚体在地震时倾覆来反推估计的地面地震动加速度幅值。日本和印度在早期常采用此法估计地震动强度。

jinglifa

静力法 （static method） 以地震动的最大水平加速度与重力加速度的比值作为地震系数，以工程结构的重力和地震系数的乘积作为水平荷载，求出结构地震内力和变形的方法，是结构地震反应分析的一种方法。

jingli hezai

静力荷载 （static load） 施加在作用物上的力或者力矩，其大小、方向、位置不变或者随着时间变化非常缓慢，即在结构分析时可以忽略时间因素和惯性作用的荷载。

jingli lilun

静力理论 （static theory） 不考虑建筑物自身作为弹性体而存在的动力效应，将加速度产生的惯性作用以固定不变的静力方式作用于结构的理论。基于牛顿力学，人们认识到地震动作为短暂时间内的突发的往复运动而必然产生加

速度 a，与地面连接的质量为 m 的刚性结构将承受 $F = ma$ 的惯性作用，这是关于地震作用的最初的科学认识。有史料记载的这一认识由意大利和日本学者首先提出，日本学者大森房吉（Omor Fusakichi）在 19 世纪末提出的建筑物在地震中承受均匀而幅值不变的水平加速度，进而产生地震力的学说广为人知。在静力理论指导下产生了以日本的"震度法"为代表的地震作用分析和抗震设计方法，1922 年内藤多仲（Naito Tachu）采用震度法、按 $0.067g$ 的加速度设计的八层兴业银行大楼在关东地震中经受了考验。然而，当时人类尚未获取地震动加速度的观测记录，只能根据推测并考虑当时的技术经济能力，人为规定某个加速度数值进行结构抗震分析设计，规定的设计加速度幅值大多不超过 $0.1g$。

jingli moxing shiyan

静力模型试验（static model test）　在土工离心模型实验中，以模拟自重应力状态为主的离心模型试验。

jingli pingheng yuanli

静力平衡原理（principle of statical equilibrium）　阐明各种力系的静力平衡条件的原理。在静力荷载作用下结构相对于周围的物体处于静止状态，称为该结构处于静力平衡状态。将结构中的一个部分，从与它相联系的周围部分（可能包括地面）分离开来，则该部分称作分离体，也称隔离体或自由体。单独画出分离体而将与它相联系的地面和周围部分所加给它的力，及它所承受的静力荷载都画到这个分离体上所示的图形，称作分离体受力图，简称分离体图或自由体图。分离体受力图上所受的若干力（包括静力荷载）构成一组力称为力系，它必须满足静力平衡条件才能维持静力平衡。静力平衡条件通常用静力平衡方程表述。

jingli tansuxing fenxi

静力弹塑性分析（nonlinear static procedure）　在结构上施加某种沿着高度分布，且逐步单调增加的水平力，求出结构总承载力、弹塑性变形以及各部位进入弹塑性工作状态的顺序等，并利用能力谱和需求谱等分析结构所具有的抗震能力。

jingli tansuxing fenxifangfa

静力弹塑性分析方法（static elastoplastic analysis method）采用静力分析估计结构整体的弹塑性变形能力，再利用地震反应谱求解结构动力反应的简化方法，也称亦称方法。

jingli xishufa

静力系数法（static coefficient method）　计算水平地震作用 F 的静力方法，也称等效静力法。由下式计算：

$$F = \eta W S_a$$

式中，W 为结构重力荷载；S_a 为设计反应谱最大值；η 为放大系数，一般取值为 1.5，只有经过充分论证方可取更小的值。该法多用于设备的抗震计算。

jinglixue

静力学（statics）　主要研究质点系受力作用时的平衡规律，是理论力学的一个分支。平衡是指质点系相对于惯性参考系保持静止的状态。静力学一词是法国科学家伐里农（Pierre Varignon）引入的。按照研究方法可分为分析静力学和几何静力学。分析静力学研究任意质点系的平衡问题，给出质点系平衡的充分必要条件；几何静力学主要研究刚体的平衡规律，得出刚体平衡的充分必要条件，又称刚体静力学。几何静力学从静力学公理出发，通过推理得出平衡力系应满足的条件，即平衡条件，用数学方程表示，就构成平衡方程。静力学中关于力系简化和物体受力分析的结论，也可应用于动力学。借助达朗伯原理，可将动力学问题化为静力学问题的形式。静力学在工程技术中有广泛的应用。例如，设计房梁的截面，一般需先根据平衡条件由梁所受的规定荷载求出未知的约束力，再进行梁的强度和刚度分析。

jinglixue gongli

静力学公理（axioms of statics）　在力学中已被实践反复证实并被认为无需再证明的真理，它们是研究静力学的理论基础。其包括二力平衡公理（作用于刚体的二力，其平衡的充分必要条件是：此二力大小相等，方向相反，作用线沿同一直线）、增减平衡力系公理（在作用于刚体的任一力系上，增加或减去一平衡力系，原力系的效应不变）、力的平行四边形法则（作用于物体同一点上的二力可以合成为一个力，称为合力；合力作用点仍在该点，合力的大小和方向由以两分力为邻边构成的平行四边形的对角线确定）、作用和反作用定律（两物体间的相互作用力，总是大小相等，方向相反，作用线沿同一直线）、刚化公理（若可变形体在已知力系作用下处于平衡状态，则可将此受力体视为刚体，其平衡不受影响）。

jingli yazhuangji

静力压桩机（static pile press extractor）　利用压桩机的自重及配重等静压力将预制桩逐节压入土中的机械。其有机械式和液压式两种，主要部件有桩架底盘、压梁、卷扬机、滑轮组、配置和动力设备等。压桩时，先将桩起吊，对准桩位，将桩顶置于梁下，然后开动卷扬机牵引钢丝绳，逐渐将钢丝绳收紧，使活动压梁向下，将整个桩机的自重和配重荷载通过压梁施加在桩顶。当静压力大于桩尖阻力和桩身与土层之间的摩擦时，桩逐渐被压入土中。常用静力压桩机的荷重有 80t、120t、150t 等，工程上使用的多为液压式静力压桩机，其压力可高达 8000kN。

jingshui yaqiang

静水压强（hydro static pressure）　水体在静水中一点的压强，为单位面积上的压力。即静止水体作用在每单位受压面积上的压力。静水压强的方向垂直并且指向受压面；静止水体内任一点沿各方向上的静水压强大小相等。

jingshui zongyali

静水总压力（total hydro-static pressure）　静止水作用在与其接触的某个平面或曲面上的总压力。总压力的作用方向垂直于作用面；在工程实践中常用压强分布图法求作用在平面上的静水总压力。

jingtai biaoding

静态标定（static calibration）　基于高精度量具产生的静位移确认零频式拾振器静力特性方法。零频式拾振器包括电涡流式位移计、应变式加速度计、压阻式加速度计、力平衡加速度计等，这类拾振器的低频下限可达零赫兹，故可用静态校准法标定其静灵敏度、线性度及横向灵敏度等。

jingtai cisaorao

静态磁骚扰（static magnetic disturbance）　由各类含铁磁性材料的物体或稳定的直流电流所产生的、附加在天然地磁场上的相对稳定的磁场骚扰。

jingtai piaoyi

静态漂移（static drin）　重力仪在某一固定测点（如重力台站）连续观测时（不移动仪器）的漂移。

jingtai yinglijiang

静态应力降（static stress drop）　见【地震应力降】

jingtai zuoyong

静态作用（static action）　不使结构或构件产生加速度的作用，或所产生的加速度可以忽略不计的作用，其中，直接作用也称静荷载。

jingweicuo

静位错（static dislocation）　在震源运动学模型中，指断层面两侧从原始状态到最终错动的大小，也称最终位错或简称位错。实际上就是断层破裂后形成的永久位移。

jingyazhuang tuohuan

静压桩托换（static pressure pile underpinning）　以结构自重为反力，在既有建筑物基础下静压设桩，将荷载转移到桩上的地基基础加固方法，是建筑基础托换的一种方法。

jingyan yali

静岩压力（lithostatic pressure）　一定深度内上覆岩土的总重量，称为静岩压力，也称岩石静压力。地球内部在不同深度处单位面积地球内部压力基本上保持平衡；其数值与该处上覆岩石的总重量相等，其大小可用 $P = h\rho g$ 来表达，即静岩压力（P）等于某一深度（h）、该处上覆物质平均密度（ρ）与平均重力加速度（g）的乘积。地球内部压力是随深度加大而逐渐增高的。岩石静压力随岩层深度增加而增加，其增压率为 $1\sim3$MPa/km 或 $1.5\sim2$MPa/km。增压率的大小需根据岩石性质（致密或疏松）和构造、裂

隙发育程度而定。地壳的平均密度大约为 2.75g/cm^3，深度每增加 1km，压力增加 27.5MPa（1MPa = 1 兆帕斯卡 = 106N/m^2）。静岩压力在莫霍面附近约 1200MPa，古登堡面附近约 135200MPa，接近地心处可达 361700MPa，相当于 360 万个大气压力。

jingyinglijiang

静应力降（static stress drop）　岩体在静力破裂时，初始应力与最终应力之差，也称静态应力降。

jingzhi ceyali xishu shiyan

静止侧压力系数试验（test for coefficient of static lateral pressure）　测定试样侧限条件下水平主应力与竖向主应力之比的试验，也称 K_0 试验。

jingzhi tuyali

静止土压力（static earth pressure）　支挡结构不移动，土体处于静止状态时作用在支挡结构上的土压力。

jingzhi tuyali xishu

静止土压力系数（coefficient of static earth pressure）　土体在无侧向变形条件下固结后的水平向主应力与竖向主应力之比，也就是原始应力状态下的水平向主应力与竖向主应力之比。该系数的影响因素有土的物理性质、结构特性、应力历史、加荷和卸荷路径等。

jiuqing

纠倾（rectification）　减小已倾斜建筑物的倾斜度。目前，常用的纠倾方法从整体来分有迫降法和抬升法两类。其中，迫降法是从土力学原理来加大沉降较小一侧的地基变形来纠倾，常见的迫降纠倾法包括掏土法、水处理法、加压法、振捣液化法、淤泥触变法、桩基卸载法等；抬升纠倾法是通过直接改变上部结构的受力或位移以及位移趋势来达到纠倾目的，常见的抬升纠倾法包括顶升法、地基注入膨胀剂法等。实际工程中，通常是多种纠倾方法联合使用，则应根据建筑物特点、场地地层特点、周围环境特点的不同而采用不同纠倾方法。

jiujinshan dadizhen

旧金山大地震（San Francisco earthquake in American）　1906 年 4 月 18 日美国加利福尼亚州旧金山（San Francisco）发生了震级约为 8.3 级的特大地震，也有人估计是 7.8 级，这次大地震是美国迄今破坏最严重的一次地震，在 100×10^4km^2 的范围内普遍有感。旧金山市破坏严重，震后发生大火，估计经济损失约 4 亿美元，当时公布地震死亡人数只有 478 人，目前保守估计死亡人数在 3000 人以上，更有人估计可高达 6000 人。这次地震的发震断层是著名的圣安德烈斯大断层发生，地表破裂长度 300 多千米，水平错动幅度达 7m，而垂直错动幅度甚微。这次地震的破坏区主要沿断裂带的一定范围内并

延伸很长，但离开断裂带 50km 就几乎看不到破坏。此次地震对美国以及世界地震学与地震工程研究有巨大影响。由于地震前后横跨断层有重复三角测量资料，从而得到了震前震后震源断层变形和位移的资料。据此，美国学者里德（H. F. Reid）提出了著名的弹性回跳理论，建立了地震是断层突然错动形成的学说。震后美国成立地震学会，在大学设立研究机构，加强结构抗震研究和设计，提高抗震设防能力。旧金山特大地震对地震学和工程结构，特别是钢筋混凝土结构抗震的研究起到了重要的推动作用。

juzhu jianzhu

居住建筑（residential building） 供人们居住使用的建筑。其通常包括住宅、别墅、宿舍、公寓等。住宅建筑按组合方式可分为独户住宅和多户住宅两类；按层数可分为低层、多层、中高层建筑、高层住宅等；按居住者的类别可分为一般住宅、高级住宅、青年公寓、老年人住宅、集体宿舍、伤残人住宅等；根据不同结构、材料、施工方法，也有按主体结构的不同特征将住宅分为砖混住宅、砌块住宅、大板住宅等多种类型。

juzhukongjian

居住空间（habitable space） 在房屋建筑中，通常是指卧室、起居室（厅）等使用空间。

jubu changdi yingxiang taizhen

局部场地影响台阵（local site effect array） 为研究局部场地土层或局部地形对地震动的影响而建立的场地影响台阵。由于目的单纯，一般只需 6～12 台三分量加速度仪。这种台阵通常附设在大型的固定台阵附近，也可单独安设在地震频繁地区，独立观测土质和地形条件对地震动的影响，包括针对盆地和孤立山包等地形而建立局部场地影响台阵。

jubu jianqie pohuai

局部剪切破坏（local shear failure） 土中剪切破坏区域只发生在基础下的局部范围，并未形成连续滑动面的破坏形式。

jubu posun jiance fangfa

局部破损检测方法（method of part-destructive test） 在检测过程中，对结构既有性能有局部和暂时的影响，但可修复的检测方法。

jubu qingxie

局部倾斜（local inclination） 在建筑工程中，是指砌体承重结构沿纵向 6～10m 内基础两点的沉降差与其距离的比值。

jubu rengong bianjie tiaojian

局部人工边界条件（local artificial boundary condition）

用于模拟单侧波动传播的人工边界。物理概念是近场区域的散射波是向外传播，因为人工边界之外的区域不存在散射源，从内域传播的外行散射波不再返回计算区。单侧波动直接模拟无限域的特点，因此各种局部人工边界互相有联系。局部人工边界条件的主要特征是时空解耦，在空间域，人工边界点运动量的计算只同该点及其周围相邻的几个节点有关；在时间域，当前时刻人工边界节点物理量的计算只同前几个时刻的物理量相关，这意味着无需求解联立方程组，从而大大减少了计算量。大多数局部人工边界都需要采取适当措施抑制计算失稳。

jubu wanqu

局部弯曲（local bending） 筏形基础和箱形基础作为一根整体的梁或一块整体的板承受上部结构荷载和地基反力作用而产生的弯曲。

jubu yingxiang xishu

局部影响系数（influence coefficient of partial structure） 对抗震性能仅有局部影响的结构构件如果存在缺陷，抗震鉴定时将对与构件关联部分的抗震能力乘以小于 1.0 的系数，以考虑这种影响。

jubu zhenduan

局部诊断（local monitoring） 通过结构体系局部构件的监测实施健康诊断的方法。结构体系由构件组成，若能对全部构件的损伤分别做出判断，也就确定了体系的状态。

jubu zhenyuan canshu

局部震源参数（local source parameters） 利用震源运动学模型来描述非均匀破裂过程的相关参数。其主要用来描述下列非均匀破裂特征：断层面上不同点的震源时间函数各异，断层面上存在局部滑动量很大的部分，也可能存在古地震中未破裂的障碍体；断层面上各点的滑动持时很短，远小于整个断层的破裂时间，且断层面上各点的滑动时间是变化的；断层的破裂传播速度是不均匀的；最终位错的分布是不均匀的。用来描述上述非均匀破裂特征的参数可根据已经发生地震的模拟研究经过反演得到，也可以通过反演结果统计局部震源参数与震级的经验关系获得。但是，有准确局部震源参数反演资料的地震很少。

juxingchuang

矩形窗（rectangular window） 信号分析时采用的一种窗函数。其主要特点是主瓣较窄，因此其频率分辨率较高，旁瓣峰值较低，衰减较慢。

juzhen

矩阵（matrix） 指纵横排列的二维数据表格，最早来自方程组的系数及常数所构成的方阵，由 19 世纪英国数学家凯利（Arthur Cayley）首先提出是高等代数学中的常见工具，也常见于统计分析等应用数学学科中。在物理学中，矩阵于电路学、力学、光学和量子物理中都有应用；在计算机科学中，三维动画制作也需要用到矩阵。矩阵的运算是数值分析领域的重要问题。

juzhen bianhuanfa

矩阵变换法（matrix transformation method）　在模态分析的计算方法中，利用计算机，通过矩阵变换来求解广义特征值的算法。

juzhen lifa

矩阵力法（mtrix force method）　按力法的基本原理，以矩阵为数学工具，计算结构的内力和位移的方法，是结构矩阵分析方法中的一种。

juzhen weiyifa

矩阵位移法（matrix displacement method）　按位移法的基本原理运用矩阵计算内力和位移的方法。是结构矩阵分析方法中的一种，其基本未知数是结点位移，由于矩阵位移法较矩阵力法更适宜编制通用的计算程序，因而得到了更为广泛的应用。

juzhenji

矩震级（moment magnitude）　利用地震矩换算的震级，由美国地震学家金森博雄（H. Kanamori）在 1977 年提出，用 M_W 表示。地震矩是一个描述地震发生时的力学强度的物理量（类似于力矩的概念），由地震断层的破裂面积、平均错动量及岩石的剪切模量的乘积来确定。地震矩及矩震级可通过地震波谱的综合反演求得，或通过地震的破裂特征（地震断层规模、震源深度、错动量及岩石力学性质等）求得。

juda dizhen

巨大地震（mega earthquake）　震级巨大的地震，一般是指震级≥9 级的地震，也称剧震。

juli leitu

巨粒类土（oversized coarse-grained soil）　粒径大于 60mm 的颗粒含量大于总质量的 50％的土。根据巨粒组的具体含量，可细分为漂（卵）石、漂（卵）石夹土及漂（卵）石质土。

julitu

巨粒土（over coarse-grained soil）　粒径大于 60mm 的颗粒含量大于总质量的 50％的土。巨粒组含量占 15％～50％的土称含巨粒土。

juxing fenlishi jiegou

巨型分离式结构（huge separate structure）　巨型结构的一种类型，若干相对独立的巨型结构（一般为筒体）相互连接而成。这类联体式巨型结构体系庞大，可构成小型空中城镇。

juxing hengjia

巨型桁架（huge truss）　主结构以桁架形式承载，巨型支撑布设于结构体系内部或外表面的结构体系，是巨型结构的一种类型。最常用的是巨型支撑框筒结构，其主结构包括设置于外框筒的巨型角柱、斜撑和窗裙架，即使在框筒采用疏柱和浅梁的情况下，仍可达到减小一般框筒剪力滞后效应的目的。其他的巨型桁架结构还有巨型空间桁架结构和斜格桁架筒体结构。前者主体结构是巨型柱和沿建筑周边及内部对角线设置的巨型支撑，构成空间桁架体系；后者在结构外立面密布巨型斜撑、与巨型柱构成主结构，可削弱剪力滞后效应。

juxing jiegou

巨型结构（huge structures）　主结构采用巨型梁、柱和斜撑，次结构采用常规构件的承载体系。巨型结构主结构的构件尺寸很大。例如，采用实腹钢筋混凝土柱、空间格构式桁架或筒体结构的巨型柱，其截面尺寸往往超过普通框架的柱距；采用平面或空间格构式桁架的巨型梁，其梁高往往超过普通建筑的层高。常规构件组成的次结构（如框架结构）支承于巨型框架的各层。巨型结构可采用钢、钢筋混凝土或钢—混凝土组合构件建造，多用于超高层建筑。

juxing kuangjia

巨型框架（huge frame）　巨型结构的一种类型，主结构是由巨型梁、柱组成的框架；梁可采用桁架式、斜格式钢结构或预应力钢筋混凝土结构；柱可采用支撑式、斜格式、框筒式钢结构或预应力型钢混凝土、钢筋混凝土筒体结构，子结构坐落在主结构上。

juxing xuandiao jiegou

巨型悬吊结构（huge suspended structure）　次结构与主结构的连接采用悬吊方式的结构体系，是巨型结构的一种类型，可视为巨型框架结构的一种特殊形式。巨型桁架梁可伸出柱外，子结构各层以吊杆与主结构连接，可发挥减振效能。

juzhen

剧震（megaseism）　见【巨大地震】

juhewu shajiang

聚合物砂浆（polymer mortar）　掺有改性环氧乳液或其他改性共聚物乳液的高强度水泥砂浆。承重结构用的聚合物砂浆除了应能改善其自身的物理力学性能外，还应能显著提高其锚固钢筋和黏结混凝土的能力。

juli jiegou

聚粒结构（aggregated structure）　若干颗粒以面—面聚合成较大叠片的结构。

juneng baopo

聚能爆破（cumulative blasting）　采用聚能装药方法进行

的爆破作业。它是利用药包一端的孔穴来提高局部破坏作用效应的爆破方法。

juanji
卷积 (convolution) 若已知函数 $f_1(t)$、$f_2(t)$，则积分：

$$\int_{-\infty}^{+\infty} f_1(\tau) f_2(t - \tau) \mathrm{d}\tau$$

称为函数 $f_1(t)$ 与 $f_2(t)$ 的卷积。由卷积定理可知，两个函数卷积的 Fourier 变化等于这两个函数 Fourier 变换的乘积。

juanlian
卷帘 (rolling) 在建筑结构中，用页片、栅条、金属网或帘幕等材料制成，可向左右或上下卷动的部件，主要用于建筑防火，起到隔离作用。

juedui chishi
绝对持时 (absolute duration) 取某个适当大的固定加速度值为阀值，在加速度时程中第一次和最后一次达到该阀值的时间间隔。

juedui dizhen liedubiao
绝对地震烈度表 (absolute scale of seismic intensity) 以地表运动的最大水平加速度与烈度相联系而编制的烈度表，也称动力烈度表。1904 年由意大利地震学家坎坎尼（A·Cancani）提出。其特点是以建筑物的破坏现象为评定烈度的主要依据，并以地表运动的最大水平加速度来表示引起破坏的地震力。由于存在一些缺点和不足，绝对烈度表的发展和使用受到了限制。

juedui gaocheng
绝对高程 (absolute elevation) 地面上的任意一点沿铅垂线方向至大地水准面的距离或由大地水准面起算至地面点的高度，也称海拔或标高。

juedui jiasudu fanyingpu
绝对加速度反应谱 (absolute acceleration response spectrum) 单自由度弹性振子的相对加速度反应与地震动加速度反应之和。刚体（自振周期为 0）随地面一起运动，其绝对加速度反应等于地震动加速度，故周期为 0 处的绝对加速度反应谱值为地震动加速度峰值。

juedui liedu
绝对烈度 (absolute intensity) 用有绝对数值的物理量来表示的地震烈度。目前，主要是用地震时地面在水平方向的最大加速度来表示。但实际上地面受到地震影响的程度，并不能简单地用水平加速度全部表示出来，因此，如何准确地测定地震的绝对烈度，尚需进一步研究和探讨。

juedui wucha
绝对误差 (absolute error) 测定值和真值之间的代数差，是误差的一种表示方法，它表示误差本身的大小。绝对误差有单位和符号（正（+）或负（-）），其单位和测定值相同。

juedui zhongliyi
绝对重力仪 (absolute gravimeter) 用于直接测定某点重力加速度的重力仪。其可分为振摆式和自由落体式两种类型。前者利用测定固定摆长的摆动周期求解重力加速度；后者通过测量物体在真空中下落的时间与距离求解重力加速度。

juedui zhonglizhi
绝对重力值 (absolute gravity value) 地球表面上任意一点的绝对重力值是该点单位质量的物体受到整个地球质量的引力与地球自转在该点所产生的惯性离心力的合力。它等于该点的重力加速度值。

juejin baopo
掘进爆破 (development blasting) 见【爆破作业】

junshi diqiu wuli huanjing
军事地球物理环境 (military geophysical environment) 所有军事活动所涉及的地球物理环境（如重力场、地磁场、近地空间物理环境等）和因军事设施（如导弹发射井、武器库、中心库等）的建立而形成的不同于天然条件的地球物理环境（重、磁、电、辐射等）。具体说来，军事地球物理环境包括：空间环境（包括气象、空间天气等）；水环境（包括海洋环境、地表水与地下水等）；固体地球环境（包括地形地貌、地质构造）；各种环境形成的地球物理场，如重力、地磁、电磁（包括 EMP、大地电磁、辐射与反散射特性）、放射性、弹性波、声波（包括次声、水声）等。

junshi gongcheng diqiu wulixue
军事工程地球物理学 (military engineering geophysics) 军事地球物理学的一个分支学科。将地球物理学的理论、方法与技术应用于国防工程领域，以解决国防工程中各种应用问题为目的，主要任务是发展国防工程地球物理理论、方法与技术。研究对象与方法与民用工程地球物理学基本一样，由于国防工程中工程选址、工程防护等有些特殊要求，使其研究任务具有一定特殊性，需要特别发展一些有特色的方法、理论、技术手段与装备。

junbu hezai
均布荷载 (uniformly distributed load) 均匀分布于单位面积上的荷载。该荷载连续作用于作用面，且大小各处相。单位面积上承受的均布荷载称为均布面荷载。

junfanggenfa
均方根法 (root mean square method)
见【平方和方根法】

J

junfanggen jiasudu

均方根加速度（root-mean-square acceleration） 按照下式计算得到的加速度值：

$$a_{rms} = \left[\frac{1}{T} \int_0^T a^2(t)\,dt \right]^{1/2}$$

式中，$a(t)$ 为加速度时程；T 为计算中所取的时间窗，通常为整个加速度时程的持续时间。a_{rms} 称为地震动加速度均方值。如取持续时间为强震段持时，可将地震动强震段视为加速度时程均值为 0 的平稳随机振动，均方根加速度就是该随机振动的标准差。地震动均方值与地震动输入能量成正比，这是均方根加速度的物理意义。

junfanggen wucha

均方根误差（root mean square error） 用于描述观测值精密度与准确度的质量指标，在数学上它的值等于测量值误差的平方和的平均值的平方根，也称标准误差。

junyun diji

均匀地基（uniform subsoil） 岩土工程中的地基由软硬程度和厚度均变化不大的土层构成的天然地基。

junyun tiaozhi feipingwen guocheng

均匀调制非平稳过程（uniform modulated non-stationary process） 用强度包络函数调制平稳随机过程得到的特殊非平稳随机过程，也称均匀调幅非平稳过程，是地震动非平稳随机过程模型。

junyun wendu

均匀温度（uniform temperature） 在结构构件的整个截面中为常数且主导结构构件膨胀或收缩的温度。

junyun xishu

均匀系数（coefficient of uniformity） 反映土的粒径分布均匀程度的系数，数值为土的界限粒径与有效粒径的比值。不均匀系数一般大于 1；越接近于 1，表明土越均匀。在分析砂土发生管涌的条件以及用砂土作为建材时，都需了解不均匀系数的大小。

junzhi

均值（mean value） 随机变量取值的平均水平，也称为 0.5 分位值。它一般表示一系列数据或统计总体的平均特征的值。

junzhi xishu

均值系数（coefficient of mean value） 数学上，用随机变量平均值除以其标准值的商表示。它表示随机变量取值的相对集中位置。

junzhi huapo

均质滑坡（homogeneous landslide） 滑坡的一种类型，是指发生在没有明显岩土分层或结构面的岩土中的滑坡。发生在匀质土中的滑坡，滑动面可用瑞典圆弧法给出。

junlie

龟裂（map cracking） 裂缝与裂缝连接成龟甲纹状的不规则裂缝，且其短边长度不大于 40cm 者，也称网裂或鞍裂。在路面的纵向有平行密集的裂缝，虽未成网，但其距离不大于 30cm 者，都属龟裂，裂缝测定以面积计。龟裂一般也被用在土地龟裂、外墙涂料龟裂上。在结构工程中，是指构件表面呈现的网状裂缝。

K

kalakatuo huoshan dizhen

喀拉喀托火山地震（Krakatau volcanic earthquake） 1833 年 8 月 27 日印度尼西亚的喀拉喀托火山爆发是人类已知的火山喷发中最猛烈的一次，火山喷发引起的地震是火山地震中最大的一次。喀拉喀托火山位于爪哇岛与苏门答腊之间的海峡中，拉卡塔岛附近。火山爆发时喷出大量气体和火山灰，烟柱上升高达 27km。火山灰进入 80km 高空的平流层，环绕全球。一年以后仍留在空中，并在欧洲造成"薄暮晚霞"的现象。火山喷发时震动很强烈，有人估计震级可达 8 级，并引起巨大的海啸，最大的波浪高达 40m，摧毁了数百个村庄和城市，3.6 万余人死于非命，在苏门答腊和爪哇等地造成很大的破坏。

kasite

喀斯特（karst） 一种具有独特地貌和水系特征的可溶性岩石自然景观，由天然水化学溶蚀作用主导形成，也称岩溶。该名词源于亚得里亚海伊斯特拉半岛碳酸盐岩高原的地名，意为岩石裸露的地方，19 世纪中叶于此地研究而得名。其地表通常岩石裸露、草木不生，可见洞穴和落水洞，虽有地下河但缺乏地表河流。地表附近有节理发育的致密石灰岩或其他碳酸盐类岩，中等到较大的降水量和通畅的地下水循环是其发育的基本条件。中国碳酸盐岩分布面积大约为 $34 \times 10^4 m^2$，其中出露面积大约为 $90 \times 10^4 km^2$，发育喀斯特类型多；中国南方是世界最大的喀斯特发育地区。

kasite dimao

喀斯特地貌（karst land feature） 在碳酸岩地区，由喀斯特作用形成的喀斯特盆地、峰林地形、石笋残丘和溶蚀准平原等地貌。

kasite dimaoxue

喀斯特地貌学（karst geomorphology） 研究喀斯特地貌的特征、成因、形态、结构、形成的动力条件、演变过程、空间和时间上的分布规律，以及与人类活动的关系，探讨开发、利用和环境整治等的学科，是地貌学的分支学科。

kasiteshui

喀斯特水（karst water） 见【岩溶水】

kasite taxian

喀斯特塌陷（karst collapse） 在喀斯特地区，下部岩体中的空穴扩大而导致顶部岩体的塌落，或岩体上覆盖土层中的土洞顶板因自然或人为等因素失去平衡而产生下沉或塌落的现象。

kasite wadi

喀斯特洼地（karst depression） 见【岩溶洼地】

kaerman lüboqi

卡尔曼滤波器（Kalman filter） 见【卡尔曼-布什滤波】

kaerman bushilübo

卡尔曼-布什滤波（Kalman-Bucy filtering） 基于状态空间的描述对混有噪声的信号进行滤波的一种方法，简称卡尔曼滤波。这种方法是卡尔曼（R. E. Kalman）和布什（R. S. Bucy）在 1960 和 1961 年提出的。卡尔曼滤波是一种切实可行和便于应用的滤波方法，其计算过程通常需要在计算机上实现。实现卡尔曼滤波的装置或软件称为卡尔曼滤波器。

kasagelande tujiefa

卡萨格兰德图解法（Casagrande method） 卡萨格兰德（A. Casagrande）于 1936 年提出的确定土先期固结压力的作图方法。这种方法是利用 e-$\lg p$ 曲线（土的孔隙比 e 和有效压力 p 关系曲线）曲率突变点来推求先期固结压力。

kashi suxingtu

卡氏塑性图（Casagrande plasticity chart） 见【塑性图】

kaicaixing choushui shiyan

开采性抽水试验（trial exploitation pumping test） 在水文地质学中，是指按照未来开采条件或接近开采条件的要求而进行的抽水试验。

kaifangchengshi

开放城市（open city） 在关税、外国人出入、原材料和产品的进出口、土地的买卖和租赁、金融货币、税收等方面享有优惠的沿海和边境口岸城市。

kaifeng jianliqiang

开缝剪力墙（slotted shear wall） 利用竖向分缝耗散振动能量的剪力墙，是一种简单有效的抗震被动控制措施。多层和高层建筑中的剪力墙除承受重力荷载外，还是抵抗水平地震作用和风荷载的关键构件。在水平侧力作用下，剪力墙的变形以弯曲为主，当一片剪力墙沿竖向被分割之后，分缝两侧的墙面受侧力后将变形并发生相对滑移，从而提供了消耗振动能量的可能。

kaiguan suanfa

开关算法（switching algorithm） 只有两种控制状态的变阻尼控制算法，也称两阶段算法或 Bang-Bang 算法。该算法只有两种控制状态，可实现的附加变阻尼系数为：

$$C = C_{max} \qquad x\dot{x} > 0$$
$$C = C_{min} \qquad x\dot{x} \leq 0$$

式中，C_{max} 和 C_{min} 分别为阻尼器可实现的最大和最小附加黏滞阻尼系数；x 和 $\dot{x}$ 分别为实时测量的结构振动的相对位移和相对速度。这一算法的物理意义十分明确，即当结构运动趋于远离平衡位置时（$x\dot{x} > 0$），提供最大附加阻尼以阻止其运动；当结构振动趋于返回平衡位置时（$x\dot{x} \leq 0$），提供最小附加阻尼促其尽快抵达平衡位置。采用这种控制算法的结构在通过平衡位置时速度较高。

kaiheqiao

开合桥（movable bridge） 在桥跨结构中具有可以提升、平旋或立旋开合功能的桥。其特点是桥的上部结构可根据需要移动，有利于河中过往船舶通行。目前世界上跨度最大的开合桥是美国西雅图开合桥。

kaihuan kongzhi

开环控制（open loop control） 基于外界环境干扰监测的主动控制，也称前馈控制，是主动控制的一种类型。实施结构主动控制需利用传感器实时监测受控结构的振动反应或地震动等环境干扰，控制器根据监测信号和预先选择的控制算法计算控制力，作动器利用外界能源将该控制力施加于受控结构，以达到减小结构体系振动的预期目标。

kaijian

开间（bay width） 在建筑工程中，同一建筑物纵向的两个相邻的墙或柱中心线之间的距离，或相邻两个横向定位墙体间的距离。国家标准 GBJ 100—87《住宅建筑模数协调标准》对住宅建筑的开间参数做了规定。较小的开间尺度，可缩短楼板的空间跨度，增强住宅结构整体性、稳定性和抗震性。

kailie hezai

开裂荷载（cracking load） 标志砌体结构和混凝土结构出现细微裂缝开始进入非弹性阶段的荷载，是骨架曲线的特征点之一。该特征点一般不能由测量数据辨认，应由试件裂缝的宏观观察判定。与该荷载对应的位移称为开裂位移。

kaiwa bianpo

开挖边坡（excavated slope） 在水利工程中，是指因修建水工建筑物和水利水电工程和场区内其他建筑物而开挖形成的边坡。

K

kaisai xiaoying

凯塞效应（Kaiser effect） 由德国科学家凯塞（J. Kaiser）发现材料在单向拉伸或压缩试验时，只有当其应力达到历史上曾经受过的最大应力时才会突然产生明显声发射的现象。

kantan

勘探（exploration） 为了查明岩土体分布、地质构造、水文地质条件、地质灾害以及各类矿产资源等地质资料所采用的各种手段的总称，是地质勘探的简称。

kantan diqiu wulixue

勘探地球物理学（exploration geophysics） 研究以地球物理手段为主勘察石油、金属、非金属矿或其他地质体的学科，是固体地球物理学的一个分支，也称物理探矿学。它是用物理的原理研究地质构造和解决找矿勘探中问题；以各种岩石和矿石的密度、磁性、电性、弹性、放射性等物理性质的差异为研究基础，用不同的物理方法和仪器，探测天然的或人工的地球物理场的变化，通过分析、研究所获得的物探资料来推断、解释地质构造和矿产分布情况，指导矿产资源的开发。

kantan dizhenxue

勘探地震学（exploration seismology） 利用人工的方法激发地震波，对地震波在介质中的传播进行观测和记录，利用观测结果分析计算各种波的到达时间和强度等特性，用以了解地质结构、岩性变化和地层速度等特征的一门学科，也称应用地震学。地震勘探的方法主要分为反射波法、折射波法和透射波法三种，它们主要观测的是纵波。这些方法是油田、煤田等地球物理勘探中最常用的方法。

kantandian

勘探点（exploratory spot） 钻孔、探井、原位测试孔等在地面上的位置。它是根据勘探的任务要求而布置，通常分为一般性勘探点和控制性勘探点两类。国家标准 GB 50021—2001《岩土工程勘察规范》对勘探点的间距做了规定。

kantankong

勘探孔（exploratory hole） 为获取地质资料和测定岩土特性参数而完成的钻孔。通常分为一般性勘探孔和控制性勘探孔两类。国家标准 GB 50021—2001《岩土工程勘察规范》对不同勘探孔的深度做了规定。

kangde xingyunshuo

康德星云说（Kant's nebular hypothesis） 太阳系起源的一种假说。该假说由德国哲学家康德（Immanuel Kant）在1755 年提出。他认为，整个太阳系是由尘埃和气体质点组成的"星云"状物质凝聚产生的。原始星云起初体积很大，弥漫在整个太阳系所占的空间。星云的质点，有的地方比较稀；有的地方比较密。由于引力作用，星云中较大和较密的质点就把周围较小和较稀的质点吸引过去，且逐渐形成一个中心密、周围稀的缓慢转动的庞大"星云体"。之后，星云体的中心又通过不断的集结，形成一个庞大的球体，即原始太阳。与此同时，环绕在原始太阳周围的稀疏质点，由于互相碰撞，便向原始太阳的赤道面集中，最后凝结成环绕太阳运行的行星及行星的卫星。

kanglade jiemian

康拉德界面（Conrad interface） 大陆地壳内花岗岩层、玄武岩层之间的界面，简称康氏面或 C 界面。一般认为是上、下地壳的分界面。

kangshimian

康氏面（Conrad interface） 见【康拉德界面】

kangte

康特（Count） 专业计量单位，表示模拟信号被采样和量化后得到的数字计数，通常用符号 count 表示。

kangbazhuang

抗拔桩（anti-uplift pile） 抵抗和承受上拔力的桩。该桩的作用机理是依靠桩身与土层的摩擦力来抵抗轴向拉力。它被广泛应用于大型地下室抗浮、高耸建（构）筑物抗拔、海上码头平台抗拔、悬索桥和斜拉桥的锚桩基础、大型船坞底板的桩基础和静荷载试桩中的锚桩基础等。

kangceli goujian shuxiang bulianxu

抗侧力构件竖向不连续（anti-lateral force member vertical discontinuity） 抗侧力构件（柱、抗震墙、抗震支撑等）未贯通全部楼层与基础连接，上部水平地震作用须经由水平转换构件（梁、板、桁架等）向下传递的现象，是建筑结构竖向不规则的一种类型。为满足底层大空间使用要求而建造的柔底层房屋是抗侧力构件竖向不连续的典型代表。具有此种不规则性的建筑在强烈地震作用下十分危险，通常造成底层和邻层的严重破坏。

kangceli tixi

抗侧力体系（lateral resisting system） 建筑结构中，抗御水平地震作用及风荷载等的结构体系。

kangfengqiang

抗风墙（wind resistant wall） 见【剪力墙】

kangfengzhu

抗风柱（anti-wind column） 单层钢筋混凝土柱厂房中，在山墙中设立的加强柱。

kangfeng zhuangzhi

抗风装置（wind-resistant device） 在隔震体系中，为了

防止风和微弱地震作用下结构振动，保障其使用功能而设置的装置。

kangfu shefang shuiwei

抗浮设防水位（water lever for prevention of up-floating）地下工程抗浮设计所需的，为保证抗浮设防安全、经济的场地地下水位设计值，是基础砌置深度内起主导作用的地下含水层内在建筑物运营期间的最高水位。地下结构物抗浮设计时的代表性地下水位称为抗浮设计水位。

kangfu sheji shuiwei

抗浮设计水位（design water level of defence buoyancy）见【抗浮设防水位】

kangfuzhuang

抗浮桩（anti-floating pile）抵抗和承受土体中的地下水对地下结构产生的上浮力设置的桩。该属于抗拔桩，其桩体受力的大小随地下水位的变化而变化。

kanghua anquan xishu

抗滑安全系数（anti-sliding safety factor）土坡稳定性分析中滑动面上的抗滑力（或力矩）与滑动力（或力矩）之比。抗滑安全系数大于 1 时，土坡处于稳定状态；抗滑安全系数小于 1 时，土坡处于不稳定状态；等于 1 时，土坡处于极限平衡状态。

kanghua dangtuqiang

抗滑挡土墙（anti-slide retaining wall）依靠挡墙的自身重量来抵抗滑坡推力的防治措施。

kanghua dongsai

抗滑洞塞（anti-shear plug）岩质边坡坡体内用混凝土回填、起抗滑作用的洞塞。洞塞应布置在与滑动方向相垂直的方向上、剪应力较大部位。当仍不足以满足抗滑要求时，还可在已布置洞塞相垂直方向上，布置辅助洞塞。洞塞与软弱结构面抗滑能力的总和应大于作用在该面上的剪力，其安全系数应满足有关规范的要求。洞塞伸入软弱结构面上下坚硬岩体内的高度应足够防止破裂面越过混凝土洞塞延伸。

kanghuayi wending anquanxishu

抗滑移稳定安全系数（factor of safety against sliding）重力式支挡结构底面上的抗滑力和滑动力的比值。

kanghuazhuang

抗滑桩（slide-resistant pile）被嵌固在潜在滑动面下的稳定岩土体中，依靠桩身的抗剪和抗弯能力，抵抗岩土体滑动的横向受力桩。

kangjian gangdu

抗剪刚度（shear stiffness）在剪力荷载作用下，材料抵抗剪切变形的能力。其值等于材料剪切模量（G）与其受剪截面面积（A）的乘积（GA），是材料在引起单位剪切变形时所需要的应力。

kangjian qiangdu

抗剪强度（shearing strength）岩石（体）在法向压力作用下，沿剪应力方向剪断时，剪切面上的极限剪应力值。它是岩土体在外力作用下，单位剪切面积上所能承受的最大剪应力，也是材料所能承受的最大剪应力。

kangjian qiangdu canshu

抗剪强度参数（shear strength parameters）由内摩擦角和黏聚力表示的岩土强度准则中的材料参数。它是岩体工程稳定性计算中的基本参数。

kangla qiangdu

抗拉强度（uniaxial tensile strength）见【单轴抗拉强度】

kangli

抗力（resistance）结构、构件及其材料承受作用效应的能力，如强度、刚度、抗裂度等。强度是材料或构件抵抗破坏的能力，其值为在一定的受力状态和工作条件下，材料所能承受的最大应力或构件所能承受的最大内力（承载能力）；刚度是结构或构件抵抗变形的能力，包括构件刚度和截面刚度，按受力状态不同可分为轴向刚度、弯曲刚度、剪变刚度和扭转刚度等。对于构件刚度，其值为施加于构件上的力（力矩）与它引起的线位移（角位移）之比。对于截面刚度，在弹性阶段，其值为材料弹性模量或剪变模量与截面面积或惯性矩的乘积；抗裂度是结构或构件抵抗开裂的能力。

kangli de kangzhen tiaozheng xishu

抗力的抗震调整系数（adjusting coefficient for seismic resistance）按照其他结构规范计算的结构构件截面的承载力与按照抗震要求计算的承载力的差别，以及不同结构抗震性能差别的调整系数。

kangli fenxiang xishu

抗力分项系数（partial safety factor for resistance）见【分项系数】

kangliedu

抗裂度（crack resistance）结构或构件抵抗开裂的能力，是衡量结构、构件及其材料承受作用效应能力的一个重要指标。

kanglongqi wending anquan xishu

抗隆起稳定安全系数（factor of safety against basal heave）基坑的坑底土体隆起的抗力与作用力的比值，是衡量基坑安全稳定性的一个重要指标。

kangqie qiangdu

抗切强度（rock non-loaded shear strength）　岩石（体）在不加法向压力条件下剪断时，剪切面上的极限剪应力值。一般情况下，抗切强度近似或等于剪切面上的黏聚力（内聚力）。

kangqingfu wending anquan xishu

抗倾覆稳定安全系数（factor of safety against overturning）支挡结构上的抗倾覆力矩和倾覆力矩的比值，是衡量支挡结构安全稳定性的一个重要指标。

kang shenliu wending anquan xishu

抗渗流稳定安全系数（factor of safety against hydraulic failure）　造成渗流失稳的临界水力梯度与失稳位置的实际作用水力梯度的比值，是衡量渗流作用下岩土体稳定性的一个重要指标。

kangwan gangdu

抗弯刚度（bending rigidity）　材料抵抗其弯曲变形的能力，也称抗弯曲刚度。其值等于材料弹性模量（E）与其转动惯量（I）的乘积。弹性模量为产生单位应变时所需的应力，转动惯量指材料横截面对弯曲中性轴的惯性矩。

kangwan qiangdu

抗弯强度（flexural strength）　在受弯状态下材料所能承受的最大拉应力或压应力，也称抗弯曲强度。它是材料抵抗弯曲不断裂的能力。测定抗弯曲强度的试验方法比较复杂，通常根据它与抗压强度的经验比例关系来确定。

kangwanqu qiangdu

抗弯曲强度（bending strength）　见【抗弯强度】

kangya qiangdu

抗压强度（uniaxial cmpressive strength）见【单轴抗压强度】

kangyehua anquan xishu

抗液化安全系数（anti-liquefaction safety factor）　饱和砂土中，一点的抗液化能力与地震动应力作用水平之比。经过判别不会液化的饱和砂土体，应给出抗液化安全系数。

kangyehua cuoshi

抗液化措施（liquefaction defence measures）　根据工程结构重要性和地基液化等级所采取的全部或部分消除液化的措施，包括对地基和上部结构采取措施和对可液化土层进行处理等措施。

kangyu dizhen

抗御地震（aseismic）　以减轻地震灾害为目的的理论与实践。对破坏性地震采取各种防御、应急和善后处理措施，

尽最大可能减轻生命和财产损失。其包括五个方面：一是工程结构的抗震设计和加固，以抵御地震的破坏；二是加强城镇的抗震防灾规划，通过合理的规划避开地震灾害；三是建立和完善抗御地震灾害的法律和法规建设；四是宣传和普及地震知识；五是不断的探索地震预测预报，圈定危险区进行重点设防。

kanzhang qiangdu

抗张强度（tensile strength）　拉张试验中材料所能承受的最大张应力值，即抗拉强度，也称拉伸强度、扯断强度。它是物体破裂（断裂）前能抵抗的最大张应力，是表征金属和非金属材料的机械性能的一项重要指标。

kangzhen

抗震（anti-seismic）　见【抗御地震】

kangzhen buli diduan

抗震不利地段（aseismic unfavorable section）　软弱土、液化土、条状突出的山梁、高耸孤立的山丘、非岩质的陡坡、河岸和边坡边缘，平面上分布成因、岩性、状态明显不均匀的古河道、湖盆沉积、断层破碎带、暗埋的塘浜沟谷及半填半挖地基等地段，该地段一般震害较重。在国家标准 GB 50011—2010《建筑抗震设计规范》中，以地形、地貌和岩土特性的综合影响为依据，将工程建设场地划分为抗震有利地段、不利地段和危险地段。

kangzhen chengzaili tiaozheng xishu

抗震承载力调整系数（aseismic bearing capacity adjustment factor）　非抗震承载力设计值与抗震承载力设计值之比。该系数体现了材料的动强度和静强度的差异。

kangzhen cuoshi

抗震措施（seismic measures）　在抗震设计中，除地震作用计算和抗力计算以外的抗震设计内容，包括抗震设计的基本要求、抗震构造措施等。它是抗震设计中根据经验和一般概念规定的设计要求。采用抗震措施是提高结构抗震能力和减轻地震灾害的重要环节。抗震措施大体包括三部分内容：一是涉及工程结构的选型选址；二是涉及工程结构的细部设计；三是为抗震计算中有关地震作用分配和地震作用效应调整的人为规定等。

kangzhen dengji

抗震等级（anti-seismic grade）　根据结构类型、设防烈度、房屋高度和场地类别将结构划分为不同的等级进行抗震设计，以体现在同样烈度下不同的结构体系、不同高度和不同场地条件有不同的抗震要求。

kangzhen duice

抗震对策（earthquake resistance countermeasures）　针对某一地震灾害制定的减灾策略或措施，包括有关抗震的法

律法规建设、地震应急预案的制定、防震减灾科普宣传、现有结构的抗震加固等。

kangzhen fangzai guihua
抗震防灾规划（earthquake disaster reduction planning）为减轻地震灾害所制定的规划。国家标准 GB/T 51327—2018《城市综合防灾规划标准》规定了城市综合防灾规划的具体工作的内容和技术要求；《中华人民共和国防震减灾法》规定了我国各级人民政府编制本区域防震减灾专项规划的具体内容和要求。抗震防灾规划主要按国家标准和防震减灾法的要求来编制。

kangzhen fangzai xinxi guanli xitong
抗震防灾信息管理系统（information management system for earthquake disaster reduction）　在计算机硬件系统（含网络系统）支持下，对抗震防灾相关数据进行集中管理的有关应用程序。

kangzhenfeng
抗震缝（aseismic joint）　见【防震缝】

kangzhen gainian sheji
抗震概念设计（seismic conceptual design）　基于震害经验和理论分析得出的指导抗震设计的基本概念、原则和设计思想，包括结构的总体布置和细部构造。违反抗震基本概念和原则的设计是不合理的设计，且不能借助抗震分析计算予以弥补，并将造成建设资金的浪费并难以达到预期的抗震要求。

kangzhen goujian
抗震构件（seismic component）　在结构体系中承担抗震作用的构件。在抗震设防设计中，抗震构件主要有框架梁、框架柱、剪力墙、按抗震设计（或构造）的砌体等；非抗震构件有楼梯、楼板等。在强震区，为保证建（构）筑物的结构安全，在设计时均考虑抗震设防。按照抗震要求进行的设计，其结构构件均为抗震构件。

kangzhen gouzao cuoshi
抗震构造措施（constructional measure for earthquake resistant）　为提高工程结构抗震性能，根据抗震概念设计原则，在抗震结构体系和构件的细部设计中，不经计算而对结构和非结构部件采用的抗震措施。该措施是实现工程结构抗震设防目标、落实抗震设防标准、体现抗震概念设计原则的重要抗震设计要求。

kangzhen guifan
抗震规范（earthquake resistant code）　见【抗震设计规范】

kangzhen jisuan fangfa
抗震计算方法（seismic calculation method）　工程结构抗震设计采用的计算方法，主要分为静力法、底部剪力法、振型分解法和时程分析法等。

kangzhen jishu biaozhun
抗震技术标准（technical standards for seismic resistance）有关抗震防灾相关技术的规范、标准和文件，旨在建立抗震技术应用的最佳秩序，促成抗震防灾事业的最大效益。地震震害和工程经验的积累、地震工程和相关学科的研究成果是编制抗震技术标准的知识基础。标准的编制应综合考虑抗震安全性要求和经济社会发展水平，满足技术适用性、科学性、先进性和可行性要求，并遵循产生—实践—反馈的过程逐步完善。中国抗震技术标准一般分为国家标准、行业标准、地方标准和企业标准四类，标准内容一般涉及地震动参数、地震危险性评价、抗震设计、抗震鉴定加固、抗震实验、抗震设防分类、抗震术语等。

kangzhen jiagu
抗震加固（seismic strengthening of building）　使现有建筑达到规定的抗震设防要求而进行的设计及施工。它是提高既有建筑抗震性能量的有效方法。

kangzhen jiagu cailiao
抗震加固材料（seismic strengthening material）　为提高现有结构或构件承载力、增大耗能能力等而采用的材料。常用的加固材料主要有悍马植筋胶、黏钢胶、碳纤维布、碳纤维胶，预应力碳板等，这些材料在使用前都需要有相关部门的检测。

kangzhen jiagu cuoshui
抗震加固措施（strengthening measure for earthquake resistance）　为使现有建设工程达到规定的抗震设防要求所采取的增大强度、提高延性、加强整体性和改善传力途径等措施。

kangzhen jiagu fangfa
抗震加固方法（seismic retrofit method）
见【抗震加固技术】

kangzhen jiagu jishu
抗震加固技术（seismic strengthening technique）　改善和提高现有工程结构的抗震能力、使其达到规定的抗震设防目标而采取的技术措施，也称抗震加固方法。工程结构应根据结构的重要性、使用要求以及抗震鉴定结果来确定加固技术方案。抗震加固涉及各类建筑物、构筑物、基础、岩土体和设备。在总结工程结构震害经验、应用地震工程和材料科学研究成果的基础上，抗震加固技术不断发展。使用钢、混凝土等传统建筑材料和施工技术进行抗震加固取得了良好的效果，结构振动控制技术和新型高强纤维材料在抗震加固中的应用显示了突出的优越性，在抗震加固设计中应用性态抗震设计理念也引起了广泛的关注。行业标准 JGJ 116—2009《建筑抗震加固技术规程》和其他抗震鉴定加固技术标准具体规定了各类工程结构的抗震加固技术方法和要求。

kangzhen jiagu sheji
抗震加固设计（seismic retrofit design） 为提高现有结构或构件的承载力、增大耗能能力等而进行的设计过程。

kangzhen jiagu zengqiang xishu
抗震加固增强系数（intensification factor of seismic retrofit for engineering） 采用某种加固方法对原结构抗震能力的提高系数。行业标准 JGJ 116—2009《建筑抗震加固技术规程》规定确定该系数的方法。

kangzhen jianzhu
抗震建筑（earthquake-proof building） 具有抗震能力，按照建筑抗震设计规范或用适当的分析方法进行设计建造的、能经得起地震引起的强地面运动的地面上或者地面下的结构物（建筑物）。该建筑通常要求达到抗震设防要求，满足抗震设计标准，做到"小震不坏，中震可修，大震不倒"。

kangzhen jianzhu zhongyaoxing fenlei
抗震建筑重要性分类（classification of importance for aseismic buildings） 在建筑抗震设计中，根据建筑物在遭遇地震后可能产生的后果和对社会、政治、经济的影响程度及其在抗震救灾中的作用对建筑物所作的分类。国家标准 GB 50223—2008《建筑工程抗震设防分类标准》规定了分类的具体标准。

kangzhen jianding
抗震鉴定（seismic appraisal） 通过检查现有工程结构的设计、施工质量和现状，按规定的抗震设防要求，对其在地震作用下的安全性进行评估的工作。

kangzhen jianding fangfa
抗震鉴定方法（seismic evaluation method） 评估现有工程结构抗震能力是否达到规定要求的技术环节和方法。主要技术环节为：第一，确定抗震鉴定采用的地震动强度；第二，收集有关资料，调查结构现状；第三，综合考虑抗震构造和抗震承载力对结构的抗震能力进行评估。鉴定方法有经验法、计算法和试验法等。

kangzhen jianding jiagu
抗震鉴定加固（seismic evaluation and strengthening） 调查分析现有工程结构的设计施工质量和现状，按照规定的抗震设防目标，对其在地震作用下的安全性进行评估和加固的理论和方法。国家标准 GB 50023—2009《建筑抗震鉴定标准》和行业标准 JGJ 116—2009《建筑抗震加固技术规程》规定了建筑抗震鉴定和加固的技术要求。

kangzhen jiegou
抗震结构（seismic structures） 具有潜在抗震能力的各种类型的结构或业经抗震设计具有预期抗震能力的结构。该结构是能够经得起强地面运动的地面上或地面下的结构物。该结构可从不同角度进行分类。按照建筑材料可分为砌体结构、钢筋混凝土结构和钢结构等；按照结构形式可分为框架结构和剪力墙结构等；按照使用功能可分为工业厂房、公用建筑和民用住宅等。

kangzhen jiegoude guizexing
抗震结构的规则性（regularity of seismic structures） 抗震结构平立面简单、对称、规整，质量、刚度、强度分布均匀的性质。不满足规则性要求的建筑结构，在地震作用下将产生应力、变形相对集中的薄弱部位，可能导致结构整体破坏；不规则建筑结构在地震作用下还将发生不可忽视的附加扭转作用效应，并且降低结构构件和体系的抗震可靠度。通常，抗震结构应尽量满足规则性的要求。

kangzhen jiegou tixi
抗震结构体系（seismic structure system） 用以承担地震作用的各种结构体系的总称。主要功能为承担侧向地震作用，主要的抗震结构体系有多层砌体房屋、多层内框架房屋、底层框架砖房、框架结构、框架—抗震墙结构和抗震墙结构等。

kangzhen jiegou zhengtixing
抗震结构整体性（integral behavior of seismic structure） 通过加强构件间的连接来充分发挥各构件的承载能力和变形能力，以提高结构整体抗震性能的一种抗震概念设计要求。

kangzhen jiuzai
抗震救灾（earthquake relief） 地震后采取的减少地震损失的措施。我国的抗震救灾工作坚持统一领导、军地联动、分级负责、属地为主、资源共享、快速反应的工作原则。地震灾害发生后，地方人民政府和有关部门立即自动按照职责分工和相关预案开展前期处置工作。省级人民政府是应对本行政区域特别重大地震灾害、重大地震灾害的责任主体。视省级人民政府地震应急的需求，国家地震应急给予必要的协调和支持。在中华人民共和国成立后的多次抗震救灾中，培养了"自强不息、顽强拼搏、万众一心、同舟共济、自力更生、艰苦奋斗"的伟大抗震救灾精神，是中华民族宝贵的精神财富。

kangzhen nengli zhishu
抗震能力指数（seismic capacity index） 抗震鉴定验算中衡量结构抗震能力是否满足要求的无量纲指标。国家标准 GB 50023—2009《建筑抗震鉴定标准》规定，砌体结构、钢筋混凝土结构、内框架砖房和底层框架砖房的第二级抗震鉴定可采用抗震能力指数简单估计结构的抗震能力。

抗震能力指数不小于 1.0 时可评定为满足抗震鉴定要求。针对不同结构类型和不同结构状况，抗震能力指数有不同的计算方法。

kangzhenqiang
抗震墙（earthquake-resisting wall） 见【剪切墙】

kangzhenqiang jizhun mianjilü
抗震墙基准面积率（standard area ratio of anti-seismic wall） 以墙体面积率进行砌体结构简化的抗震验算时所取用的代表值。它是砌体房屋各层墙体在楼层高度 1/2 处的净水平截面积与同一楼层建筑面积的比值，又称抗震墙最小面积率；是国家标准 GB 50023—2009《建筑抗震鉴定标准》规定使用的砌体结构抗震验算简化方法中的基本参数，并以表格形式给出了地震烈度为 7 度区的多层砌体房屋对应不同墙体类型、门窗洞口、砂浆强度等级的基准面积率，其他情况可以进行换算。

kangzhenqiang zuixiao mianjilü
抗震墙最小面积率（minimum area ratio of anti-seismic wall） 见【抗震墙基准面积率】

kangzhen shefang
抗震设防（earthquake fortification） 各类工程结构按照规定的可靠性要求，针对可能遭遇的地震危害所采取的工程以及非工程的防御措施。它是为达到抗震效果，在工程建设时对建筑物进行抗震设计并采取抗震措施。

kangzhen shefang biaozhun
抗震设防标准（seismic fortification criterion） 衡量抗震设防要求高低的尺度。由抗震设防烈度或设计地震动参数及建（构）筑物抗震设防类别和使用功能的重要性确定。它是基于工程结构分类、权衡工程可靠性需求和经济技术水平规定的抗震设防基本要求，与抗震设防目标密切相关。抗震设防目标是对某一类工程结构预期抗震能力的一般概略表述；抗震设防标准则是再区别此类工程结构中不同工程的重要性及其成灾后果的差异，通过采用不同的设计地震动和抗震措施等，实现、调整和细化抗震设防目标的决策。

kangzhen shefang fenlei
抗震设防分类（structural classification for seismic fortification） 考虑各类工程结构重要性、使用功能、震害后果、损坏后修复难易程度以及在救灾中的作用的差异，从抗震角度对工程结构所作的类型分类，通称为抗震类别。它是主要根据建（构）筑物遭遇强烈地震破坏后，可能造成人员伤亡、直接和间接经济损失、社会影响的程度及其在抗震救灾中的作用等因素，对各类建（构）筑物抗震设防类别的划分。国家标准 GB 50223—2008《建筑工程抗震设防分类标准》规定了各类工程抗震设防类别分类的具体标准

和抗震设防标准。抗震类别划分是制定抗震设防标准的基础。它与抗震重要性分类和抗震设计分类有相似的含义。

kangzhen shefang liedu
抗震设防烈度（seismic precautionary intensity） 按国家规定的权限批准作为一个地区抗震设防依据的地震烈度值。一般取 50 年内超越概率 10% 的地震烈度，也称抗震设计烈度、设防烈度。

kangzhen shefang mubiao
抗震设防目标（seismic fortification object） 人类社会抗御地震灾害预期能力的概略表述，分为社会综合抗震设防目标和工程抗震设防目标。破坏性地震具有罕遇、强烈和不可准确预知的特点，未来地震可能造成的人员伤亡、经济损失和社会影响亦很难评价。因此，抗震设防目标乃是基于对未来地震活动性的估计、考虑当前社会经济技术发展水平做出的风险决策。我国建筑工程的抗震设防目标可概述为"小震不坏、中震可修、大震不倒"，其中中震为设防地震动，小震和大震分别为相对较小或更大的地震动。

kangzhen shefangqu
抗震设防区（seismic precautionary zone） 可能发生地震灾害，按规定需要采取抗震措施的地区。

kangzhen shefang quhua
抗震设防区划（seismic precautionary zoning） 根据地震小区划的结果、城市或工矿企业的规模及其重要性所制定的，可供抗震设防使用的地震分区规划图。其内容包括地震烈度或设计地震动、土地利用分区和地震地质灾害分布等。

kangzhen shefang shuizhun
抗震设防水准（seismic design level） 为了达到不同的抗震设防目标而确定的设计地震动超越概率水平。

kangzhen shefang yaoqiu
抗震设防要求（requirements for seismic resistance） 建设工程抗御地震破坏的准则和在一定风险水准下抗震设计采用的地震烈度或者地震动参数。各类抗震设计规范对各类工程的抗震设防要求都做了详细的规定。

kangzhen sheji
抗震设计（seismic design） 见【防震设计】

kangzhen sheji fanyingpu
抗震设计反应谱（seismic design response spectrum）见【设计反应谱】

kangzhen sheji fenlei
抗震设计分类（aseismic design classification） 综合考虑

K

各类工程结构使用功能、重要性、损坏后修复难易程度、震害后果以及在救灾中的作用的差异等因素，从抗震设计的角度对工程结构抗震设计所做的分类。

kangzhen sheji guifan
抗震设计规范（seismic design code） 工程抗震设计的法规和技术标准，也称为抗震规范。我国各行业和各类工程基本都制定了抗震设计规范，并以国家标准或行业标准版本实行。该规范在使用的过程中要根据震害经验和抗震领域的科研进展不断进行修正。

kangzhen sheji leibie
抗震设计类别（category of seismic design） 根据设计地震动参数和建筑使用功能，对建筑设计的防御标准所做的分组。

kangzhen sheji liedu
抗震设计烈度（seismic design intensity）
见【抗震设防烈度】

kangzhen shejipu
抗震设计谱（seismic design spectrum） 见【设计反应谱】

kangzhen sheji yiban guiding
抗震设计一般规定（general provides of seismic design）建筑抗震设计中为实现抗震设防目标、落实抗震设防标准、体现抗震概念设计的原则而规定的抗震措施的一部分。

kangzhen shiyan
抗震试验（earthquake resistant test；seismic test） 用各种加载设备模拟实际动力作用施加于结构、构件或其模型上，并测定结构抗震能力的试验。

kangzhen xiaobang
抗震销棒（seismic pin） 桥梁结构中，为了防止结构的错位和偏差而在构造槽中插入的一种装置。

kangzhen xingneng
抗震性能（earthquake-resisting capacity） 建筑物或结构物对地震波产生的惯性力的抵抗能力，也称防震性能。

kangzhen xingneng jianding
抗震性能鉴定（evaluation of earthquake resistant capability）检查现有工程的设计、施工质量和现状，按规定的抗震设防要求，对其在地震作用下的结构的抗震性能进行评估。

kangzhen xingneng pingjia
抗震性能评价（earthquake resistant performance assessment or estimation） 在给定的地震作用下，对给定区域上的建筑物或工程设施是否符合抗震要求、可能出现的地震灾害程度等方面进行单方面或综合性的估计工作。

kangzhen xingtai sheji
抗震性态设计（performance based seismic design） 使结构在地震作用下的反应和破坏的性态在预期要求的范围内的抗震设计。

kangzhen xingtai shuiping
抗震性态水平（aseismic performance levels） 对所设计的建筑物，针对可能遇到的特定设计地震作用规定的最低性态要求和容许的最大破坏（或变形）。

kangzhen yansuan
抗震验算（seismic check） 基于设计地震作用效应与其他荷载效应的组合值对结构抗震安全性进行的计算校核。该验算工程结构抗震设计的重要环节。结构、基础和地基的抗震验算主要包括构件强度验算、变形验算和稳定性验算，液化判别是结构地基稳定性的专项抗震验算。

kangzhen youli diduan
抗震有利地段（anseismic favorable section） 坚硬土或开阔、平坦、密实均匀的中硬土地段。该地段的工程震害一般较轻，是工程建设中场地优选地段。国家标准 GB 50011—2010《建筑抗震设计规范》（2016 年版）以地形、地貌和岩土特性的综合影响为依据，将工程建设场地划分为抗震有利地段、不利地段和危险地段。

kangzhen zhicheng
抗震支撑（seismic bracings） 为提高单层工业厂房和结构类似的单层空旷房屋的整体性、抗震稳定性和耗能能力，在屋盖构件间和柱间设置的支撑构件。该支撑是在工程结构中用以承担水平地震作用并加强结构整体稳定性的支撑系统，是重要的抗震构造措施，可分为竖向支撑和水平支撑，主要有屋盖支撑和柱间支撑，柱间支撑还可以设置阻尼器而成为耗能支撑。

kangzhen zhongyaoxing fenlei
抗震重要性分类（aseismic importance classification） 综合考虑各类工程结构重要性、使用功能、震害后果、损坏后修复难易程度以及在救灾中的作用的差异等因素，从抗震的角度对工程结构抗震的重要性所做的分类。

kaochuan goujian
靠船构件（berthing member） 专用承受船舶在靠码头时撞击力和挤靠力的构件。该构件是经过专门设计、具有较高强度要求的特殊构件。

keyi'na shuiku dizhen
柯依纳水库地震（Geyina reservoir earthquake in India）

1967 年 12 月 11 日印度的柯依纳水库地震水库诱发了地震，这次地震是世界上迄今已知的水库地震中最大的一次，震级为 6.5 级，震源深度小于 10km。它发生于比较稳定的德干高原地区内。柯依纳水库坝高 103m，1962 年开始蓄水，以后发生了约 450 次地震，主震的震中位置在大坝南 3km。柯依纳水库地震促进了水库地震研究工作，目前世界多数国家在大型水利工程建设时都要开展水库地震的评价工作。

keli aoli jiasudu
科里奥利加速度（Coriolis acceleration） 由科氏力产生的加速度，数值上等于 $2\Omega\times\upsilon$，Ω 是地球自转角速度；υ 是气流速度，简称科氏加速度。它表示科氏加速度方向与地转轴方向和气体运动方向相垂直。

keli aolili
科里奥利力（Coriolis force） 由于地球自转运动而作用于地球上运动质点的偏向力，也称地转偏向力，简称科氏力。1835 年由法国科学家科里奥利（G. G. Coriolis）首先提出。在旋转体系中进行直线运动的质点，由于惯性作用而方向产生偏离，它相当于有一个力驱使质点运动形成曲线，这就是科氏力。对地球上的大气运动而言，在北半球科氏力使气流向右偏转，在南半球则向左偏转。

keshi jiasudu
科氏加速度（Coriolis acceleration） 在土工离心模型实验中，离心机转动过程中，模型的转动与模型中运动的质点相对运动耦合引起的加速度。其方向垂直于质点与模型相对速度矢量和离心机角速度矢量。

kexue shiyan jianzhu
科学实验建筑（scientific and experimental building） 用于从事科学研究和实验工作的建筑，主要包括实验用房、通用实验室和专用实验室等。

keli fenxi leiji quxian
颗粒分析累积曲线（grain size accumulation curve）
见【粒径分布曲线】

keli fenxi shiyan
颗粒分析试验（grain-size analysis test） 测定土中各种粒径组分相对含量百分率的试验。对粒径大于 0.1mm 的粒组采用筛析法；对粒径小于 0.1mm 的粒组采用比重计法或移液管法。

keli jipei
颗粒级配（grain size distribution） 土样中各粒组所占的质量百分数，也称"粒度组成"或"颗粒组成"。

keli jipei quxian
颗粒级配曲线（grain size distribution curve）
见【粒径分布曲线】

kebian hezai
可变荷载（variable load） 在结构使用期间，其值随时间变化，且其变化幅度与平均值相比不可忽略不计的荷载。

kebian zuoyong
可变作用（variable action） 在设计使用年限内其量值随时间变化，且其变化与平均值相比不可忽略不计的作用。其中，直接作用也称活荷载。

kebian zuoyongde bansuizhi
可变作用的伴随值（accompanying value of a variable action） 在作用组合中，伴随主导作用的可变作用值。可变作用的伴随值可以是组合值、频遇值或准永久值。

kebian zuoyongde pinyuzhi
可变作用的频遇值（frequent value of a variable action）
在设计基准期内被超越的总时间占设计基准期的比率较小的作用值；或被超越的频率限制在规定频率内的作用值，可通过频遇值系数对作用标准值的折减来表示。它是结构上较频繁出现的且量值较大的作用取值，也是正常使用极限状态短期效应组合设计时采用的作用代表值。其值也可根据作用在足够长的观测期内达到或超过该值的总持续时间与观测期的比值确定。

kebian zuoyong de zhunyongjiuzhi
可变作用的准永久值（quasi-permanent value of a variable action） 在设计基准期内被超越的总时间占设计基准期的比率较大的作用值，可通过准永久值系数对作用标准值的折减来表示。它是结构或构件按正常使用极限状态长期效应组合设计时，一种可变作用代表值。

kebian zuoyong de zuhezhi
可变作用的组合值（combination value of a variable action）
使组合后的作用效应的超越概率与该作用单独出现时其标准值作用效应的超越概率趋于一致的作用值；或组合后使结构具有规定可靠指标的作用值。可通过组合值系数对作用标准值的折减来表示。

kechixu fazhan chengshi
可持续发展城市（sustainable development city） 简称可持续城市。以节约资源、提高技术、改善环境等为主要手段，以经济发展、财富增值、社会进步和生态安全为目标，维持城市系统内外的资源、环境、信息、物流的和谐一致，在满足城市当前发展需求和正确评估城市未来需求的基础上，满足城市未来发展的需要。相对于传统的单纯追求经济增长的城市发展模式，其更注重城市空间发展的科学性、合理性、安全性和协调性。

kegenghuan goujian jiegou
可更换构件结构（replaceable member） 在结构易发生

变形或破坏的部位设置可更换消能构件的结构。在正常使用情况下，该构件与主体结构一样正常工作；在较大地震发生时，该构件率先屈服并消耗地震能量，充当保险丝的作用，以保护主体结构免遭破坏。震后方便快速地将发生破坏的该构件进行拆除及更换，更换过程对整个结构的正常使用影响很小，从而使整个结构在震后能迅速恢复使用功能。对于可更换构件结构的研究，目前主要集中在带更换连梁和墙脚的剪力墙结构或框架—剪力墙结构。其中，一种是将钢筋混凝土连梁设计为可更换的耗能装置，将损伤集中于可更换的耗能装置中，避免其他结构构件的损伤；另一种是将剪力墙脚部设计为可更换部件，如将叠层橡胶应用于剪力墙脚部作为可更换构件等。

kehuifu gongneng fangzhen jiegou

可恢复功能防震结构（earthquake resilient structure）应用摇摆、自复位、可更换和附加耗能装置等技术，在遭受地震（设防水准或罕遇水准的地震动）作用时保持可接受的功能且地震后不需修复或稍加修复即可恢复其使用功能的结构。可恢复功能防震结构的抗震设防目标是实现"地震后可恢复功能"，即结构在震后不发生破坏，或仅发生微小破坏，或破坏发生在预设的可更换构件上，以保证结构安全及地震后结构能较快地恢复使用功能。可恢复功能抗震结构从结构形式上有多种实现方法，目前主要有自复位结构、摇摆结构、带可更换构件的结构、复合自复位结构四种形式。可恢复指标包含人员伤亡、修复费用、恢复时间及危险警示等。不同的建筑，根据其使用功能和重要性，确定其在一定强度地震作用下的可恢复功能目标，通过合理的设计，可以使工程全寿命成本效益高，结构更安全。随着研究的深入，关于可恢复功能防震结构体系的关键构造、新的结构体系不断出现，其动力特性、抗震性能研究也将不断完善，切实可行的设计方法和统一的设计规范也将逐步形成。可恢复功能防震结构的理念和方法的逐步应用，可促进韧性城市建设目标的实现。

kejianguang fanshelü

可见光反射率（visible light reflectance）在建筑光学中，在可见光谱（380～780nm）范围内，玻璃反射的光通量与入射在玻璃上的光通量之比。

kejianguang toushebi

可见光透射比（visible transmission ratio）在建筑光学中，在可见光谱（380～780nm）范围内，透过玻璃的光通量与投射在其表面上的可见光光通量之比。

kejieshou de dizhen fengxian

可接受的地震风险（acceptable seismic hazard）根据工程的使用期限，预期地震发生时可能造成的工程破坏及其后果的严重性，以及为减轻地震灾害的投入等，进行综合评定所提出的工程抗震设防安全准则。

kekaodu

可靠度（degree of reliability）结构在规定的时间内，在规定的条件下，完成预定功能的概率。

kekaodu fenxi

可靠度分析（reliability analysis）基于对工程在规定时间内，规定条件下，完成规定功能的概率，用可靠度理论进行工程安全度的分析。

kekao gailü

可靠概率（probability of survival）结构或构件能完成预定功能的概率。它是概率论的一个基本概念；是一个在 0 到 1 之间的实数；是对随机事件发生的可能性的度量。

kekaoxing

可靠性（reliability）结构在规定的时间内，在规定的条件下，完成预定功能的能力，包括结构的安全性、适用性和耐久性。当以概率来度量时，称可靠度。

kekao zhibiao

可靠指标（reliability index）度量结构可靠性的一种数量指标，常用 β 表示。它是标准正态分布反函数在可靠概率处的函数值，并与失效概率在数值上有一一对应的关系。可靠指标 β 与失效概率 p_f 的关系为 $p_f = \varphi(-\beta)$，其中 $\varphi(\cdot)$ 为标准正态分布函数。可靠性指标 β 越大，失效概率越小，结构越可靠。

keni zhengchang shiyong jixian zhuangtai

可逆正常使用极限状态（reversible serviceability limit states）结构或构件，当产生超越正常使用极限状态的作用卸除后，该作用产生的超越状态可以恢复正常使用的极限状态。

kesuxing

可塑性（plasticity）细粒土在一定的含水量范围内，在外力的作用下可以塑成不同形状而不断裂，外力取消后仍然保持被塑成的形状的性质。

ketiaojie lajiejian

可调节拉结件（adjustable tie）预埋在夹心墙内、外叶墙的灰缝内，利用可调节特性，消除内外叶墙因竖向变形不一致而产生的不利影响的拉结件。

kexingxing yanjiu

可行性研究（feasibility study）在建设项目投资决策前进行的技术和经济论证的一种方法。通过对建设项目有关的工程、技术、环境、经济及社会效益等方面条件和情况进行调查、研究、分析，对建设项目技术上的先进性、经济上的合理性和建设上的可行性，在多方案分析的基础上做出比较和综合评价，为项目决策提供可靠的依据。

kexingxing yanjiu kancha

可行性研究勘察（feasibility geotechnical investigation）为查明场地的稳定性和适宜性，并为选择工程场址和可行性研究提供依据而进行的勘察。

kennidi fangfa

肯尼迪方法（Kennedy method）　由美国科学家肯尼迪（R. P. Kennedy）等于 1977 年提出的跨断层管道抗震分析方法。该方法改进了纽马克-霍尔方法，考虑了土体对管道的横向作用及其引起的管道曲率和弯曲应变，认为管道的直线部分和弯曲部分的摩擦阻力不同，改进了纵向土摩擦力的模拟。该方法忽略了管道的弯曲刚度，过高估计了土体对弯曲应变的影响，所得结果在大多数情况下是保守的。

kengshi jingyazhuang tuohuan

坑式静压桩托换（pier static pressure pile underpinning）在基础侧挖坑形成工作面，以结构自重为反力，在既有建筑物基础下静压设桩，将荷载转移到桩上的地基基础加固方法，是建筑基础托换的一种方法。

kongdouqiang

空斗墙（row-lock wall）　黏土砖房通常使用的实心黏土砖砌筑的空心墙。中国标准实心黏土砖的尺寸为 240mm×115mm×53mm。砖墙的厚度一般为 240mm、370mm 和 490mm。一般外墙比内墙厚，底墙比上墙厚。将砖立砌时称为"斗"；将砖平砌时称为"眠"；二者可组成厚 180mm 的实心墙或空心墙体，这一空心墙体即为空斗墙。

kongjian fenbu hanshu

空间分布函数（spatial distribution function）见【分配权系数】

kongjian gailü fenbu hanshu

空间概率分布函数（spatial probability distribution function）　见【分配权系数】

kongjian gongzuo xingneng

空间工作性能（spatial behaviour）　结构在承受作用情况下的整体工作能力，可理解为主体结构受两个或两个以上方向上的荷载作用下的工作性能。

kongjian guan jiedian

空间管节点（multiplanar joint）　在钢结构中，在不同平面内的支管与主管相接而形成的管节点。

kongkuang fangwu

空旷房屋（empty house）　排架和砖墙承重的影剧院、礼堂、食堂等空间较大的建筑，多为单层，是大跨空间结构的一种。该类建筑跨度大，各部分的刚度和高度不尽相同，在地震中容易破坏。

kongkuang fangwu zhenhai

空旷房屋震害（earthquake damage of spacious buildings）空旷房屋遭到地震的损坏。空旷房屋是大跨空间结构的一种，在地震中容易破坏。主要震害现象有前厅破坏、观众厅破坏和舞台破坏等。

kongqiqiang jizhen

空气枪激振（air gun excitation）　空气枪点燃后，枪内的压缩空气瞬间产生冲击波形成的振源，是 P 波激振源的一种，属于非爆震源。这种装置原用于水上激振，空气枪在水深 1m 左右的水中使用，应尽量利用现有的水池和河流，否则需挖池或利用钻孔蓄水。该方法需专用设备，操作较复杂，实际应用不多。

kongqi tiaojie

空气调节（air conditioning）　在建筑工程中，使房间或封闭空间的空气温度、湿度、洁净度和气流速度等参数，达到给定要求的技术。

kongtiao durishu

空调度日数（cooling degree day based on 26℃）　一年中，当某天室外日平均温度高于 26℃时，将高于 26℃的度数乘以 1 天，并将此乘积累加的数（CDD26）。

kongtiao nianhaodianliang

空调年耗电量（annual cooling electricity consumption）按照夏季室内热环境设计标准和设定的计算条件，计算出的单位建筑面积空调设备每年所要消耗的电能（E_C）。

kongxiangshi dangtuqiang

空箱式挡土墙（chamber retaining wall）　由底板、顶板及立墙组成空箱状的，依靠箱内充填的土或充水的重量来维持本身稳定的挡土构筑物。

kongxin luowentituqi

空心螺纹提土器（hollow auger）　螺旋上部的钻杆设有孔眼，底部设有通气、通水活门的螺钻头的提土器。它是岩土工程勘察中常用的设备。

kongbi yingbianfa

孔壁应变法（borehole wall strain method）　借助粘贴在钻孔孔壁上的电阻应变片，根据套钻钻进测量套芯解除前后小钻孔孔壁表面应变的变化，由弹性理论计算钻孔岩体中某点的地应力状态的方法。

kongdi yingbianfa yuanwei yingli ceshi

孔底应变法原位应力测试（in-situ stress test by over-coring strain method）　采用孔底应变计，量测套钻解除孔底岩石应力后的应变，根据弹性理论建立的应力应变关系，确定岩体初始应力的方法。

kongdong

孔洞（cavitation） 混凝土中超过钢筋保护层厚度的孔穴。混凝土中的孔洞是建筑上的安全隐患，工程建设中必须严格限制。

kongnei shenceng qianghangfa

孔内深层强夯法（downhole dynamic compaction） 成孔至预定深度后，自下而上分层填料并用柱锤在孔内强夯，形成密实增强体和强力挤密桩间土的地基处理方法。

kongxi

孔隙（pore） 岩土固体矿物颗粒间包括气相和液相的空间。是岩土物理力学性质指标的重要影响因素。

kongxibi

孔隙比（void ratio） 土的孔隙所占体积与其固体颗粒所占体积的比值，用小数表示，是土的一个重要的物理指标。

kongxi liexishui

孔隙裂隙水（pore-fissure water） 并存于着土孔隙与裂隙中的地下水。孔隙水和裂隙水是赋存条件不同的两种地下水，孔隙水主要赋存在松散沉积物颗粒间孔隙中；裂隙水赋存于岩石裂隙中。

kongxilü

孔隙率（porosity） 土中孔隙所占体积与土的总体积的比值，用百分数表示，也称孔隙度，是土的一个重要的物理指标。

kongxi qiyali

孔隙气压力（pore air pressure） 土中某点介质孔隙中的气体所承受的压力。该压力通常略大于孔隙水压力。

kongxishui

孔隙水（pore water） 存在于土层或岩层孔隙含水层中的地下水。它主要分布于松散的沉积层中，也存在于半胶结的碎屑沉积岩中。因为孔隙水一般分布于层状砂岩、粉砂岩、砾岩内，所以比较均匀而连续，水力联系密切，具统一的地下水面或测压面，水的运动形态大多属层流运动，遵从达西渗透定律。孔隙水的富水性取决于岩石的孔隙度，而孔隙度的大小取决于颗粒的大小、分选好坏、胶结物的性质及胶结程度等。孔隙含水层的透水性、给水度等特性主要受沉积物的成因类型和地貌条件的控制。许多水化学地震观测井的含水层就是孔隙岩层含水层。

kongxi shuiyaji

孔隙水压计（piezometer） 用于测量岩土层或构筑物内部孔隙水压力或渗透压力的传感器。按传感器类型可以分为差动电阻式、振弦式、压阻式及电阻应变片等。

kongxi shuiyali

孔隙水压力（pore-water pressure） 在土体的总应力中，由土中互相连通的孔隙传递的各向压力相等的水压力，即孔隙水承担的压力，也称中性压力。地震前急剧变化的地应力，可引起急剧的孔隙压缩膨胀和弹性变形，从而引起孔隙水压力的升降变化。岩石受压时孔隙水压的急剧升高，可能表现为地震前水位的急剧升高。孔隙急剧膨胀则引起孔隙水压的下降，可能表现为地震前水位急剧升高后的回降。应力的多次脉冲状加强可引起孔隙多次的急剧压缩、膨胀和水位的多次升降。孔隙水压力对饱和土体的力学性质有重要影响，饱和砂土地震时，孔隙水压力的增大可能产生砂土液化现象。

kongxi shuiyali canshu

孔隙水压力参数（pore pressure parameter） 在不排水条件下，由于总应力增量而引起的超静孔隙水压力增量，简称孔压参数。

kongxishui yali fangcheng

孔隙水压力方程（pore water pressure equation） 考虑动荷载作用期间，由动荷载引起的孔隙水压力的增长和由排水引起的孔隙水压力消散两种相反的效应，求解动荷作用期间的孔隙水压力变化的方程。其方程式如下：

$$\frac{\partial u}{\partial t} - \frac{k k'_s}{\gamma_\omega}\left(\frac{\partial^2}{\partial x^2} + \frac{\partial^2}{\partial y^2} + \frac{\partial^2}{\partial z^2}\right)u = \frac{\partial u_g}{\partial t}$$

式中，u 为动力作用期间的孔隙水压力；t 为时间；k 为土的渗透系数；k'_s 为土的体积回弹模量；γ_ω 为水的重力密度；u_g 为动应力引起的动孔隙水压力，可由孔隙水增长模型计算。

kongxi shuiyali jiance

孔隙水压力监测（pore water pressure monitoring） 采用孔隙水压力仪，对岩土中孔隙水压力随时间变化进行的动态观测的工作。

kongxi yali

孔隙压力（pore pressure） 通过土壤或岩石中的孔隙水而传递的压力，有时也称为孔隙水压或中性压力。

kongxi yalibi

孔隙压力比（pore pressure ratio） 土体中某一点的孔隙压力与该点上覆土层压力的比值，或在室内试验测得的试样中的孔隙压力与围压的比值。

kongxia dizhenji

孔下地震计（down-hole seismometer） 设置在深钻孔中或井孔中进行地震观测的专用拾震器，也称井下拾震器、钻孔地震计、井下地震仪、井下地震计。它是提高平原地区地震观测信噪比的重要方法，观测结果可用于研究地震波传播理论等。一台安装适当的钻孔地震计的信号灵敏度通常会超过地面或近地面设置的费用浩大的台阵的信号灵敏度。这种地震计要求具有非常好的密封性，目前，有的井下地震计还配备测定地震计方位的装置。

kongyali canshu
孔压力参数（pore pressure parameter）
见【孔隙水压力参数】

kongya xishu
孔压系数（pore pressure coefficient） 斯肯普顿（Skempton） 提出的三轴试验中的孔隙水压力系数 B 和 A。它是在不排水条件下，由某一总应力分量的单位增量引起的土中水超静孔隙水压力增量。

kongzhifeng
控制缝（control joint） 将墙体分割成若干个独立墙肢的缝，允许墙肢在其平面内自由变形，并对外力有足够的抵抗能力。

kongzhi lijing
控制粒径（control grain diameter） 小于该粒径的颗粒质量占土粒总质量 60% 的粒径。在土工实验中，是指在颗粒分析累计曲线上，相当于累计百分率为 60% 的粒径。

kongzhilü
控制律（control law） 根据结构振动状态确定施于结构的控制力的算法。已开发的结构主动控制算法主要包括线性二次型优化控制算法（LQR）、线性二次型高斯优化控制算法（LQG）、模态控制算法、极点配置控制算法、滑动模态控制算法和 H_∞ 控制算法等。

kulun tuyali
库仑土压力（Coulomb's earth pressure） 刚性支挡结构在背离土体或向着土体移动时，假设其后土体为刚体，沿某一斜面发生滑动破坏，利用楔体力平衡原理求出作用于墙背的土压力。

kulun tuyali lilun
库仑土压力理论（Coulomb's earth pressure theory） 由法国学者库仑（C. A. de Coulomb）在 1776 年建立的土压力计算理论，该理论可表述为刚性挡土墙移动达到极限平衡状态时，假设墙后土体为刚塑性体，沿某一斜面发生滑动破坏，利用模体力平衡原理求出作用于墙背的土压力。

kulun yingli
库仑应力（Coulomb stress） 作用在断层面上克服摩擦阻力使断层滑动的应力。由于它与断层的破裂有密切的关系而引起地震学家和地质学家的广泛兴趣。

kulun zhunze
库仑准则（Coulomb criterion） 由法国学者库仑（C. A. de Coulomb）提出的一种岩土发生剪切破裂的准则。当岩土一点处某个面上的剪应力达到剪切强度时，这个面发生剪切破裂。剪切强度与这个面上的正应力呈线性关系。

kulun zuni
库仑阻尼（dry friction damping） 见【干摩擦阻尼】

kulun-moer polie zhunze
库仑–莫尔破裂准则（Coulomb-Mohr faulting theory）由库仑（C. A. de Coulomb）和莫尔（O. Mohr）理论归纳和发展形成的土的抗剪强度准则，是岩土力学中用于判断岩土体发生剪切破裂的准则。当表征岩土一点应力状态的莫尔圆未达到库仑破裂线时，岩土不发生破裂，当莫尔圆与库仑破裂线相切时，岩土发生剪切破裂。

kulun-moer zhunze
库仑–莫尔准则（Coulomb-Mohr law）
见【库仑–莫尔破裂准则】

kulun nawei qiangdu lilun
库仑–纳维强度理论（Coulomb-Navier strength theory）法国工程师库仑（C. A. de Coulomb）和纳维（Claude-Louis-Marie-Henri Navier）认为岩石破坏面上的剪应力的极限值，即极限度不仅与岩石抗剪能力有关，而且与破坏面上的法向应力有关，而提出预测岩石破坏应力状态的一种强度理论。

kuadu
跨度（span） 泛指时间、距离等的间隔，如时间跨度大等。在结构工程中是指结构或构件两相邻支承间的距离，如建筑物中，梁、拱壳两端的承重结构之间的距离，两支点中心之间的距离等。

kuaduanceng guandao kangzhen cuoshi
跨断层管道抗震措施（anti-seismic measures for cross-fault pipelines） 管道在穿越可能发生地表破裂的区域时，根据实际情况而采取的抗震措施。第一，对于预期可能产生很大地震地表断裂的场址，宜将管道改为地面敷设，尽量减少对管道的约束。第二，采用较好延性和强度的管道，延性高的材料许用拉伸应变也大，有利于适应断层错动产生的大变形。第三，尽量采用大口径、厚壁管道，管道的许用压缩应变与管壁厚度成正比。第四，管沟的回填土要尽量疏松，疏松土有利于管道适应断层位错作用。第五，可将管道置于带斜坡的管沟内，斜坡倾角小于或等于 45°，使管道便于相对土体滑动、避免应力集中。若管道敷设于永久冻土层，则还应在管沟底部安放隔热板。岩石地段管沟应适当加大底宽。第六，合理选择管道穿越断层的位置，避开断层位移大、断裂带宽的地点；管道敷设方向不应与

K

断裂带平行；穿越逆冲断层时，管道宜与断层斜交。第七，断层两侧滑动过渡段内，不应采用不同直径和壁厚的管道，不应设置三通、旁通和阀门等部件。

kuaduanceng guandao kangzhen fenxi

跨断层管道抗震分析（seismic analysis for buried pipeline of crossing fault）　跨越断层的各种管道的地震反应分析方法、抗震设计和抗震措施相关研究。穿越发震断层上部覆盖土层并跨过发震断层的管道称为跨断层管道。地震时，有些发震断层会发生位错，断层位错引起的地表破裂将使跨断层管道产生超过允许值的纵向应变和横向应变，造成管道断裂破坏或屈曲破坏。此类震害屡有发生，是管道抗震研究的重要内容。此类分析方法有纽马克—霍尔方法和肯尼迪方法等。

kuaduanceng xingbian guance

跨断层形变观测（cross-fault crustal deformation observation）　对断层两侧固定点位间垂直方向的相对位移和水平方向的相对位移的观测。观测结果反映了断层的活动特征。

kuagaobi

跨高比（span-depth ratio）　梁的净跨与梁截面高度之比。它是衡量构件变形能力、影响构件破坏形态的指标，也是影响梁的塑性铰发展的重要参数。当跨高比小于4时，地震作用下的梁极易发生以斜裂缝为表征的主拉破坏形态，交叉裂缝将沿梁的全跨发展，从而使梁的延性及承载力急剧降低。

kuakongfa

跨孔法（cross hole method）　在两个相邻钻孔中分别激振和接收信号，利用两个或两个以上的钻孔进行波速测量的方法。激振孔内激振源的位置与拾振孔内拾振器的位置一般要求保持在同一地层的水平面上，测量的是岩土层内水平方向传播的剪切波的波速。

kuaxian lijiaoqiao

跨线立交桥（grade separated bridge）　跨越公路、铁路或城市道路等交通线路，与地面公路不连接的立交桥。与立交桥不同，立交桥是连接城市地面公路交通的一种循环桥梁。跨线桥与立交桥的区别就在于一个连接地面公路，另一个不连接地面公路。

kuaishi

块石（rubbles）　颗粒形状以棱角形为主，粒径大于200mm的颗粒含量占总质量50%及以上的土。也指符合工程要求的岩石，经开采并加工而成形状大致方正的石块，如花岗石块石、砂石块石等。

kuaijian shiyan

快剪试验（quick shear test）　直接剪切试验时，在施加竖向压力后，快速施加法向力和剪切力直至破坏的实验。该实验模拟的是土的不固结不排水剪工况的试验。

kuaisu fuliye bianhuan

快速傅里叶变换（fast Fourier transform）　离散傅里叶变换的一种快速算法。该方法克服了时间域与频率域之间相互转换的计算障碍，在光谱、声谱、地震谱、大气波谱分析和天线、雷达、数字信号处理等方面有广泛应用。

kuandai tibo zhenji

宽带体波震级（long period body wave magnitude）　见【长周期体波震级】

kuan'guiju tielu

宽轨距铁路（broad gauge railway）　见【标准轨距铁路】

kuanpindai dizhenyi

宽频带地震仪（broadband seismograph）　可记录频带范围为0.1~100s的地震仪。常用地震仪有两类：一类是用于记录远震的中长期地震仪（频带大于10s）；另一类是用于记录近震和地方震的短周期地震仪（频带小于1s）。宽频带地震仪集传统地震仪于一身，具有宽频线性度、动态范围大的特性。它的工作频带的低频端在0.01~0.05Hz内，高频端通常在20Hz或20Hz以上；有较低的灵敏度（千倍级）。

kuanpindai fufankui dizhenji

宽频带负反馈地震计（broadband with a minus feedback seismometer）　观测地面运动频带的低频端的周期在10s到100s左右，高频在5Hz以上，并带有输出信号负反馈的地震计。

kuanpindai gelin hanshu

宽频带格林函数（broadband Green's function）　用随机方法得到高频分量的格林函数后，将其与低频分量的理论格林函数相结合而形成的函数，是格林函数的计算方法之一。该方法可考虑地震动高频和低频的不同特征，即高频是随机的，低频是确定的。

kuangjing rehai

矿井热害（heat disaster in mines）　由于井下温度过高、湿度过大，超过井下适宜作业温度，从而威胁矿工健康、妨碍生产，有时引起瓦斯爆炸的灾害。

kuangjing tajia kangzhen sheji

矿井塔架抗震设计（seismic design of mine tower）　为防止和抗御矿井塔架的地震破坏而进行的专项设计。矿井塔架是矿山地面建筑中广泛使用的提升构筑物，建设在矿井井口处，通过罐笼和箕斗输送人员和物料。矿井塔架按照结构特点可分为井塔、混凝土井架和斜撑式钢井架等不同类型。国家标准 GB 50191—2012《构筑物抗震设计规范》区别矿井塔架的不同形式分别规定了抗震设计要求。

kuangjing tajia zhenhai
矿井塔架震害（earthquake damage of mine tower） 矿井塔架在地震中遭到的损坏。矿井塔架有砌体结构、混凝土结构、钢结构和混合结构等。主要震害现象有：钢井架竖杆和腹杆压屈变形或折断，节点螺栓或铆钉剪断。斜井架的震害主要是基础破坏，柱脚拔出，连接螺栓松动或剪断；钢筋混凝土井架的震害主要是柱梁开裂，砖围护墙裂缝；钢砖混合井架的震害主要是下部砖柱柱头或砖墙剪断错位，砖拱翼墙开裂，重者上部钢结构坍落；钢筋混凝土井塔的震害主要是基础开裂，混凝土筒壁出现环形、斜交和竖向裂缝，附属构架折断破坏和错位等。

kuangjing tushui zaihai
矿井突水灾害（water inrushing disaster in mines） 在矿井采掘过程中，由于暴雨、山洪、江河湖水、地下水等流体经井口或岩石裂隙、断层、岩溶洞穴等大量涌入矿井，远远超过正常排水能力，甚至淹没井巷、危害矿工生命，破坏资源环境，影响矿井生产的灾害。

kuangshanfa
矿山法（mining method） 用钻眼爆破的方法开挖断面而修筑隧道及地下工程的施工方法，是暗挖法的一种。用该法施工时，将整个断面分部开挖至设计轮廓，并修筑衬砌。当地层松软时，则可采用简便挖掘机具进行，并根据围岩稳定程度，在需要时应边开挖边支护。分部开挖时，断面上最先开挖导坑，再由导坑向断面设计轮廓进行扩大开挖。分部开挖主要是为了减少对围岩的扰动，分部的大小和多少视地质条件、隧道断面尺寸、支护类型而定。在坚实、整体的岩层中，对中、小断面的隧道，可将全断面一次开挖。如遇松软、破碎地层，须分部开挖，并配合开挖及时设置临时支撑，以防止土石坍塌。喷锚支护的出现，使分部数目得以减少，并发展成新奥法。

kuangshan xianluo dizhen
矿山陷落地震（mine depression earthquake） 自然原因或人类活动造成的矿坑坍塌引发的地震，或矿山采空区由于空穴顶板陷落引起的地震，是矿山诱发地震的一种类型。

kuangshan youfa dizhen
矿山诱发地震（mining-induced earthquake） 矿山开采诱发的地震。它主要是由矿山采掘活动及其引起的地下水活动状态的变化等因素诱发的地震。

kuangshui
矿水（mineral water） 含有某些特殊成分或具有一定温度，因而具有医疗作用或能从中提取有用矿物的地下水。

kuangjia
框架（frame） 由梁和柱组成的能承受垂直和水平荷载的结构。主要用于工业与民用建筑物的承重骨架、桥梁构架或工程构筑物。

kuangjia jiegou
框架结构（frame structure） 以梁和柱为主要构件组成的能承受竖向和水平作用所产生各种效应的单层、多层或高层结构。

kuangjiaqiao
框架桥（frame bridge） 桥跨结构为整体箱形框架的桥。其主要用于铁路和公路以及公路和公路之间的立体交通。

kuangjiashi jichu
框架式基础（frame type foundation） 由顶层梁板、柱和底板组成的支承大型高、中频机器的基础，适宜作为电机、压缩机等设备的基础。

kuangjia tianchongqiang
框架填充墙（infilled wall in concrete frame structure） 在框架结构中砌筑的墙体。框架结构填充墙不承重，砌块可以是承载力低的空心砌块，填充墙起围护和分隔作用，重量由梁柱承担。

kuangjia-hexintong jiegou
框架–核心筒结构（frame-core wall structure） 由核心筒与外围的稀柱框架组成的筒体结构。

kangjia-jianliqiang jiegou
框架–剪力墙结构（frame-shear wall structure） 由框架和剪力墙共同承受竖向和水平作用的结构。在高层建筑或工业厂房中，是指由剪力墙和框架共同承受竖向和水平作用的一种组合型结构体系。

kuangjia-zhicheng jiegou
框架–支撑结构（frame-bracing structures） 沿竖向在一跨或数跨设置斜撑的钢框架结构。由于设置斜撑后的部分框架已构成桁架，故也称框架–支撑桁架结构，是钢框架–抗剪结构体系的一种。在水平受力状态下，框架–支撑结构与一般框架结构相比提高了侧向刚度，更适用于抗震建筑。

kuangpaijia jiegou kangzhen sheji
框排架结构抗震设计（seismic design of frame and bent structures） 为防止和抗御框排架结构的地震破坏而进行的专项设计。框排架结构是构筑物常用的承载体系，其抗震性能不但与自身的适用性和安全性有关，还直接影响相关设备的使用功能。其抗震设计要求与框架结构排架结构的抗震设计要求相同。

K

kuangtong

框筒（frame tube） 由密布的钢筋混凝土柱与深梁组成的封闭空间框架，是钢筋混凝土筒体结构的两种基本形式之一。

kuangzhi kangzhenqiang jiegou

框支抗震墙结构（shear wall structures with lower frame） 底部框架-抗震墙体系支承上部抗震墙体系的钢筋混凝土结构，也称部分框支抗震墙结构或底层大空间剪力墙结构。这类结构旨在使抗震墙结构底部实现大空间（诸如商场、餐厅等）的使用要求。该结构是在总结柔底层建筑震害经验的基础上开发的，柔底层建筑由底部框架支承上部抗震墙，因立面侧向刚度存在突变，通常在强烈地震作用下破坏严重。框支抗震墙结构使上层部分剪力墙贯通落地，增强了底部侧向刚度，改善了立面不规则性，可提高抗震能力。

kuibabo

溃坝波（dam-break wave） 坝体溃决时，库内水体宣泄而下，坝址上游水位陡落，下游水位陡涨，流态变化剧烈，形成特有的水流波动的现象。在溃决瞬间，波面陡立，随即在溃口附近分为逆水负波和顺水正波分别向坝址上、下游传播。在传播过程中，波面逐渐平坦化，向下游推进的顺水正波称为溃坝洪水波，波前常以间断波的形式出现，有时会造成巨大的损失。

kuijuexing nishiliu

溃决型泥石流（outburst debris flow） 由于水库、堵塞湖、冰湖等突然溃决诱发的泥石流。地震可能造成水库、堵塞湖、冰湖等突然溃决并引发这一类型的泥石流灾害。

kuodajichu

扩大基础（spread foundation） 见【扩展基础】

kuozhan jichu

扩展基础（spread foundation） 为扩散上部结构传来的荷载，使作用在基底的压应力满足地基承载力的设计要求，且基础内部的应力满足材料强度的设计要求，通过向侧边扩展一定底面积的，以适应地基容许承载能力或变形要求的天然地基基础，也称扩大基础。

kuozhanxing liewen

扩展性裂纹（propagating crack） 钢结构中，长度或深度有可能不断增加和扩展的裂纹。该裂纹对结构的安全性有影响。

kuozhangxing zhengduancengxi

扩张型正断层系（extensional normal fault system） 在地壳浅表构造层的脆性变形域中，地壳水平伸展体制下形成的一系列以正断层为主体的构造组合。一般包括地堑、半地堑、抬斜断块、盆岭构造、大型沉陷盆地及大型裂谷等；在近代构造上，常表现为山区和平原的边界断层及盆缘正断层。

kuohu chishi

括弧持时（parenthesis duration） 地震动加速度时程中第一次和最后一次达到某阈值的时间间隔，是地震动持续时间定义的一种。括弧持时阈值的确定方法有两种：一种是取加速度的绝对值；另一种是取加速度的相对值，例如，可取峰值的若干分之一为阈值。

L

lafen pendi

拉分盆地（pull apart basin） 沿大型走滑断层带发育的一种断陷盆地。1991 年丁国瑜等根据中国新生代断陷盆地的构造形成条件，将其划分为裂陷盆地、压陷盆地和拉分盆地三种类型。拉分盆地分布在中国西部，与裂陷盆地、压陷盆地相比，其规模要小很多。多数拉分盆地分布在大型走滑断裂带上。如海原断裂带中的拉分盆地长达 2～8km、宽 1～3km，盆地长宽比为 1～3.7，其中，年轻的充填物厚度相差很大。

lagelangri fangcheng

拉格朗日方程（Lagrange's equations） 当系统是完整的但所受的主动力并不都是有势力的情况下，系统的拉格朗日方程为：

$$\frac{d}{dt}\frac{\partial T}{\partial \dot{q}_\alpha} - \frac{\partial T}{\partial q_\alpha} = Q_\alpha \qquad (\alpha = 1, 2, \cdots, n)$$

式中，T 是系统的动能；$Q_\alpha = \sum_{j=1}^{N} F_j \cdot \frac{\partial r_j}{\partial q_\alpha}$ 是广义力；n 是系统的自由度数。若作用在系统上的主动力是有势力，且系统是完整的，则系统的拉格朗日方程为：

$$\frac{d}{dt}\frac{\partial L}{\partial \dot{q}_\alpha} - \frac{\partial L}{\partial q_\alpha} = 0 \qquad (\alpha = 1, 2, \cdots, n)$$

式中，L 是系统的拉格朗日函数。在该情况下，拉格朗日函数 L 是系统的特征函数，即它能完全确定系统的性质。拉格朗日方程也可用来讨论力学问题之外的其他物理问题（如果该物理问题的拉格朗日函数，则是可以求出的或已知的）。

lali fensanxing maogan

拉力分散型锚杆（tensioned multiple-head anchor） 锚固段沿锚杆体分散设置的拉力型锚杆。是荷载分散型锚杆的一种类型。荷载分散型锚杆是在锚杆孔内，有多个独立的单元锚杆所组成的复合锚固体系。每个单元锚杆由独立的自由段和锚固段组成，能使锚杆所承担的荷载分散于各单元锚杆的锚固段上。

lalixing maogan

拉力型锚杆（tensioned anchor） 对锚杆施加预应力时，锚固段注浆体处于受拉状态时的锚杆。

lamei changshu

拉梅常数（Lame's constant） 动力学方程中的常数。由牛顿力学原理可知，均匀和各向同性的无限弹性介质中的质点运动由纳维（Navier）方程（即波动方程）控制，即：

$$\mu \nabla^2 \vec{u} + (\lambda + \mu) \, \nabla\nabla \cdot \vec{u} + \rho \vec{f} = \rho \frac{\partial^2 \vec{u}}{\partial t^2}$$

式中，ρ 为介质密度；$\vec{f}$ 为单位体积外力；$\vec{u}$ 为位移矢量场，均包括三个分量；λ、μ 是介质常数，λ 称拉梅（G. Lame）常数，与介质刚度（模量）相关，μ 即为剪切模量。用拉梅常数表示压缩模量（杨氏模量）为 $E = \dfrac{\mu(3\lambda+2\mu)}{\lambda+\mu}$；体积模量为 $k = \lambda + \dfrac{2}{3}\mu$；泊松比为 $v = \dfrac{\lambda}{2(\lambda+\mu)}$。

lapulasi xingyunshuo

拉普拉斯星云说（Laplace's nebular hypothesis） 法国数学家、天文学家拉普拉斯（Pierre Simon Laplace）在 1796 年提出的关于太阳系起源的一个假说。由于该假说与康德假说有共同之处，即都认为太阳系起源于星云物质，所以都被称为星云说，也被称为康德–拉普拉斯星云说。该假说认为，弥漫在太阳系所占空间的原始星云物质，最初具有很高的温度，由于不断产生辐射，因而逐渐冷却、逐渐收缩，旋转速度加快，随之离心力也越来越大，便逐渐形成类似铁饼一样的、绕着最短轴旋转的星云体。随着时间的推移，旋转速度继续加大，当星云体离心力超过引力时，边缘部分就会从赤道面内的星云中逐次分离出一个个不同等级的、环绕各级中心体旋转的气体环（拉普拉斯环），并分别凝聚或碎裂凝结成了太阳、行星和卫星。

lashen he yasuo

拉伸和压缩（tension and compression） 构件在两端受到大小相等，方向相反，且作用线与构件轴线重合的集中力作用下的变形（伸长或缩短），是工程结构构件的基本变形形式之一。对于受拉伸或压缩的等截面直杆，根据杆受力时横截面保持为平面的假设，则横截面上无剪应力 τ，而正应力 δ 为均匀分布，其值等于轴力 N 除以横截面面积 A，即 $\delta = N/A$；当材料在线弹性范围内工作时，根据胡克定律，杆内一点处的轴向（纵向）线应变为 $\varepsilon = \delta/E$（E 为材料的拉、压弹性模量）；在轴力 N 为常量的长度 L 范围内，绝对线变形 ΔL 的计算公式为 $\Delta L = NL/(EA)$。

langan

栏杆（railing） 高度在人体胸部与腹部之间，用于保障人身安全或分隔空间的防护分隔构件。

langken tuyali

朗肯土压力（Rankine's earth pressure） 假定刚性支挡结构墙背竖直、光滑，墙后地面水平，墙后土体为理想刚塑体，支挡结构背离土体或向着土体位移，墙后土体达到极限平衡状态，墙背水平土压力与其竖向有效应力互为最大主应力、最小主应力时的墙背土压力。

langken tuyali lilun

朗肯土压力理论（Rankine's earth pressure theory） 英国科学家朗肯（W. J. M. Rankine）创建立的土压力计算理论。朗肯土压力是指刚性挡土墙墙背竖直、光滑，墙后地面水平，假设墙后土体为刚塑性体，当挡土墙位移、墙后土体达极限平衡状态时的墙背土压力。朗肯土压力理论是根据半空间体的应力状态和土的极限平衡理论得出的土压力计算方法。朗肯将这一理论应用于挡土墙土压力计算时，假设墙背直立、光滑，墙后填土面水平。这时，墙背与填土压力土界面上的剪应力为零。不改变右边土体中的应力状态。当挡土墙的变形符合主动或被动极限平衡条件时，作用在挡土墙墙背上的土压力即为朗肯主动土压力或朗肯被动土压力。

langyali

浪压力（wave pressure） 水体波动时波浪作用于水工建筑物上的动水压力。在海岸动力学中，也称波压力、波浪力。该压力与波浪要素有关，对于中、高坝，该压力在全部荷载中所占比重较小；对于低坝、闸墩、胸墙、表孔闸门等，浪压力常占相当比重。对于 I 级挡水建筑物，当浪压力为主要荷载之一时，应该通过模型试验进行论证。

laochenjitu

老沉积土（paleo-deposits） 第四纪晚更新世及其以前沉积的土。

laohuchuang

老虎窗（roof window） 设在建筑物坡屋顶上具有特定形式的侧窗。该窗是天窗的演变，天窗即屋顶窗，原用于平房上层通风采光。

laohuapo

老滑坡（old landslide） 见【古滑坡】

laohua

老化（aging） 土工合成材料在紫外线、温度、化学溶液、生物细菌等作用下聚合物发生降解，分子结构改变，致使其性能逐渐衰化的现象。

laohuangtu

老黄土（palaeo-loess） 一般不具有湿陷性，或在其上部显示湿陷性，地质年代属于早、中更新世的黄土。包括早更新世的午城黄土、中更新世的离石黄土。

lefubo

勒夫波（Love wave） 1911 年，英国人勒夫（A. H. E.

Love）从理论上证明，在具有成层构造的介质表面上还有一种与传播着的瑞利面波形式不同的面波，称为勒夫波，也称 Q 波、地滚波。勒夫波的振动方向在垂直于行进方向的平面内，是与 SH 波相同的波，用 LQ 或 Q 表示。生成条件是：层状结构，层上为自由面，层下经过界面与另一介质紧密接触，横波上层波速小于下层波速。勒夫波沿自由面传播，勒夫波速约为 4.426km/s，勒夫波存在频散现象。

lefushu

勒夫数（Love number） 即勒夫波数，通常以 k 表示，$k = \omega/c$。式中，ω 为角频率；c 为波速。

lejiao

勒脚（plinth） 建筑结构中，在房屋外墙接近地面部位特别设置的饰面保护构造。它是为了防止雨水反溅到墙面，对墙面造成腐蚀破坏，而在结构设计中对窗台以下一定高度范围内的外墙进行加厚。

leidabofa

雷达波法（radar techniques） 利用微波传播特性，对材料和结构进行损伤检测和结构探测的技术，是非接触无损检测技术。雷达波是无线电波，探测技术中使用的雷达波大多属于微波频段。微波探测设备一般由产生微波振荡的信号源、信号传输系统、发射和接收微波信号的探头（天线）以及信号采集处理设备等组成。工程中使用的雷达波探测设备包括探地雷达和钢筋混凝土雷达仪等。

leinuoshu

雷诺数（Reynolds number） 流体力学中表征流体惯性力和黏性力相对大小的一个无量纲参数，是流体内惯性力与黏滞阻力的比值，记为 Re。表示惯性力和黏性力量级的比。雷诺数是为纪念英国物理学家雷诺（Osborne Reynolds）而命名的。雷诺数越小意味着黏性力影响越显著，越大意味着惯性力影响越显著。雷诺数较小时，黏滞阻力对流场的影响大于惯性力，流场中流速的扰动会因黏滞阻力而衰减，流体流动稳定，为层流；反之，当雷诺数较大时，惯性力对流场的影响大于黏滞阻力，流体流动较不稳定，流速的微小变化容易发展、增强，形成紊乱、不规则的紊流流场。

leiji bianxing

累积变形（accumulated deformation） 在一任意选定的尺度内，物体在外力作用下所产生的各种变形的总和，也称为外力作用时间段内物体的累积变形。

leiji sunshang

累积损伤（accumulation failure） 在甚多次交变应力作用下，结构构件产生损伤直至破坏失效的现象。

leiji yingbian

累积应变（accumulated strain） 在构造应力场的作用下，

地壳岩石将产生应变。在岩石的弹性变形范围内岩石中的应变将随着时间的增长而不断积累，从岩石中的应变开始积累起至某一时刻岩石中的应变积累值称为该时刻岩石中的累积应变。地壳岩石的累积应变临界值约为 1×10^{-4}，如岩石中的累积应变已达到或超过该临界值，就会引起岩石的断裂和破坏，从而可能导致地震的发生。

leiji yingli

累积应力（accumulated stress） 当物体处于弹性状态时，在外力的作用下，其内部的应力将随着时间的增长而逐渐增加，当其应力增大至某一时刻，该物体内应力的大小称为该时刻物体的累积应力。

lengqueta

冷却塔（cooling tower） 火力电站及其他工业中用于循环冷却水的高耸结构。在冷却塔内依靠水的蒸发将水的热量传给空气而使水冷却。冷却塔的冷却能力与环境的空气温度、相对湿度、所要求达到的冷却幅度（进塔水温与冷却后水温之差）和冷却幅高（冷却后水温与空气湿球温度之差）有关。冷却能力以每小时的水负荷或热负荷表示。

lengqueta kangzhen sheji

冷却塔抗震设计（seismic design of cooling tower） 为防止和抗御地震对冷却塔的破坏而进行的专项设计。冷却塔是发电厂和石化企业的重要设施。发电厂的冷却塔为混凝土双曲线自然通风冷却塔，石化企业的冷却塔为逆流式机械通风冷却塔或横流式机械通风冷却塔。国家标准 GB 50191—2012《构筑物抗震设计规范》和行业标准 SH 3147—2014《石油化工构筑物抗震设计规范》分别规定了上述两类不同冷却塔的抗震要求。

lengqueta zhenhai

冷却塔震害（earthquake damage of cooling tower） 冷却塔在地震中遭到的损坏。自然通风冷却塔又称晾水塔，是发电厂的重要设施。主要震害现象有支撑柱的破坏和附属构件破坏等。

lisan fuliyepu

离散傅里叶谱（discrete Fourier spectrum） 采用离散计算方法得到的傅里叶谱。截取有限区段函数作傅里叶展开。按照等间隔将 $x(t)$ 离散为 $N-1$ 个点的值，N 为偶数值，记为 x_m，$m = 1, 2, \cdots, N-1$。设采样点间隔为 Δt，$t = m\Delta t$；$T = N\Delta t$ 截断区间的持续时间；若令 $f_k = k/(N\Delta t) = (k/N)\Delta f$，$\Delta f$ 为频率间隔，则 $x(t)$ 的离散采样点的值可表示为有限三角级数之和：

$$x_m = \frac{A_0}{2} + \sum_{k=1}^{(N/2)-1} \left[A_k \cos 2\pi f_k t + B_k \sin 2\pi f_k t \right] + \frac{A_{N/2}}{2} \cos 2\pi f_{N/2} t$$

对上式做傅里叶变换，可得到离散傅里叶谱。式中，A_0，A_k，B_k 称为有限傅里叶展开系数；k 为 $0 \sim N/2$ 的整数。Δf 表示离散傅里叶谱的分辨率，与采样间隔 Δt 有关，即：

$$\Delta f = \frac{1}{N\Delta t} = \frac{1}{T}$$

式中，T 为持续时间。由上式知持续时间越长，频域计算分辨率越高。$f_1 = 1/\Delta t$ 为基本频率，当 Δt 固定时，持续时间越长，即 N 越大，计算得到的基本频率越低，分辨率也越高。当 $T \to +\infty$ 时，则谱值为连续的傅里叶谱。上式还表明，有限长度信号的频谱不可能得到无限精细的频谱，这是测不准原理的体现。

lisan pinpu

离散频谱（discrete frequency spectrum） 各条谱线（代表某频率分量幅度或相位的线）之间有一定间隔频谱图形，是频谱图形的一种类型，也称线状频谱。通常，周期信号的频谱都是离散频谱。

lisan xiaobo bianhuan

离散小波变换（discrete wavelet transform） 伸缩因子和平移因子取离散值的小波变换，若取伸缩因子 $a = a_0^{-m}$（$a_0 > 1$），平移因子 $b = nb_0 a_0^{-m}$（$b_0 \neq 0$），则基函数族为：
$$g_{n,m}(t) = a_0^{m/2} g(a_0^m t - nb_0)$$
$$(m, n = 0, \pm 1, \pm 2, \cdots)$$
离散小波变换和逆变换分别为：
$$W_x(n, m) = a_0^{m/2} \int x(t) g^*(a_0^m t - nb_0)\,dt$$
$$x(t) = \sum W_x(n, m) g_{n,m}(t)$$
a_0 取 2 时的离散小波变换为二进小波变换。特别地，当 $a_0 = 2, b_0 = 1$ 时，基函数族构成标准正交基，此时的小波变换可采用快速算法。

lisanyuanfa

离散元法（discrete element method） 将求解空间离散为离散元单元阵，并根据实际问题用合理的连接元件将相邻两单元连接起来，以单元间相对位移为基本变量，由力与相对位移的关系求得单元的加速度，从而求得单元在任意时刻的速度、加速度、角速度、线位移和转角等物理量的一种数值分析方法。

lisan zhunze

离散准则（discrete criterion） 用离散网格来代替连续体进行近似计算时，为保证计算精度，离散网格（单元）尺寸所应满足的条件。有些文献的定义还包括考虑对时间步距的限制。将离散网格代替连续体进行波动数值模拟，会出现频散效应，数值模拟结果使得波动在转播过程产生变形；或因寄生振荡而使超过截止频率的波动在原地振荡而不传播；这些因素使波动数值模拟的结果产生误差。由寄生振荡分析和数值试验可知，此误差的大小与空间步距（离散网格尺寸）和时间步距有关，并与要模拟的谐波波长有关。为保证计算精度，必须规定网格尺寸（空间步距）与所模拟波长间的关系。

lishi huangtu

离石黄土（Lishi loess） 中更新世的黄土地层，形成年代约为 $1.2 \sim 0.07\mathrm{Ma}$，包括 S_1 至 L_{15}，其中 S_1 至 L_5 为离石黄土的上部；S_5 至 L_{15} 为离石黄土的下部。1962 年，由刘东生、张宗祜等对中更新世黄土地层的命名。命名的地层剖面位于山西省离石区王家沟乡陈家塔（坐标为 $37.548724°\mathrm{N}$、$111.185413°\mathrm{E}$）。离石黄土下部为黄色、浅黄色黄土状亚黏土，呈块状，较致密，质地均匀，不具层理，具有大孔隙，层中含 10 余层红色埋藏土壤层，厚约 44m。整合于午城黄土之上；离石黄土上部为灰黄—黄色黄土，土质较松软，垂直节理发育，含 $5 \sim 7$ 层较厚的古土壤，厚约 51.5m。离石黄土富含钙质结核，有时成层分布。其颜色较午城黄土为浅，较马兰黄土为深，粒度成分以粉砂为主，粉砂与黏土含量较马兰黄土高，富存哺乳动物化石。离石黄土中的古土壤 S_5，黄土层 L_9 和 L_{15} 均是重要的标准层。

lixinji jixieshou

离心机机械手（centrifuge manipulator） 在离心机转动过程中，可以针对模型进行多自由度连续运动，携带各类工具，用于模拟一些施工动作的机械装置。

lixinji rongliang

离心机容量（centrifuge capacity） 在土工离心模型实验中，离心机的加速度与对应有效荷重乘积的最大值。

lixinji zhendongtai

离心机振动台（centrifuge shaker） 安装在离心机上的振动台，在离心机运转过程中能够对模型产生可控的振动，用于模拟各类地震动的试验设备。

lixin jiasudu

离心加速度（centrifuge acceleration） 离心机转动时，沿转动半径方向所产生的加速度，其方向与向心加速度方向相反、大小相等，即等于离心机转速平方和考察点至转轴轴心距离的乘积。

lixin moxing shiyan

离心模型试验（centrifuge model test） 通过离心机完成的试验，是利用模拟重力场来模拟实际工程受力状态的一种试验方法。在岩土工程中，将原型岩土体按照几何比例缩小，并按所要求的相似条件选定材料和几何尺寸，在离心机模拟重力场下施加模拟的荷载并测量相关的参数，再还原到原型土体。

lizi jiaohuan

离子交换（ion exchange） 溶液和离子交换剂接触时，其中某种离子被吸附而从溶液中分出，与之交换的离子则进入溶液的作用。

likete nengliang-zhenji guanxi

里克特能量-震级关系（Richter energy-magnitude relation）
美国地震学家里克特（C. F. Richter）于 1935 年提出美国南加利福尼亚适用的能量和震级关系为：$\lg E_S = 6 + 2M_S$，他与古登堡（B. Gutenberg）在 1956 年提出修改后的公式为：$\lg E_S = 1.5M_S + 11.8$. 式中，E_S 为能量；M_S 为面波震级。

likete zhenji

里克特震级（Richter magnitude）　见【里氏震级】

lishi zhenji

里氏震级（Richter magnitude）　里克特震级的简称，也称芮氏震级。由美国地震学家里克特（C. F. Richter）首先提出，故国际上称为里氏震级。里克特定义："用设置在震中距 $\Delta = 100\text{km}$ 处的伍德-安德森地震仪（周期为 0.8s，阻尼系数为 0.8，基本放大倍数为 2800 倍），以微米（μm）为单位测量记录图纸上一个分量的最大振幅 A，A 的常用对数值即是震级大小。"实际上 100km 处往往并不一定安放地震仪，因此，须增加修正项。

lisiben dizhen

里斯本地震（Lisbon earthquake）　1755 年 11 月 1 日在葡萄牙首都里斯本（Lisbon）发生了 8.5 级特大地震，震中烈度达Ⅺ度，是迄今欧洲最大的地震。震中位于里斯本城东南方向，距里斯本城几十千米大西洋海底。地震摧毁了里斯本城 85% 的建筑，包括皇宫、教堂、剧院、医院等；由于地震引起地面塌裂，全城大火，里斯本城毁于一旦；估计死亡人数 5 万～10 万。这次地震引起海啸近 30m 高，袭击了里斯本海岸，并使英国、北非和荷兰的海岸都遭受损害，甚至在中美洲也观测到相当大的波浪。英国科学家米歇尔（J. Michell）对此次地震做了详细调查，提出震源来自地下，以波动形式传播，用欧洲各港口水位变化时间来估算海啸传播速度等，催生了现代地震学。18 世纪前欧洲神学界势力较大，不许人们研究地震。里斯本地震发生后，欧洲的地震研究才从宗教的束缚中解放出来。这次地震发生后过了 214 年，即在 1969 年 2 月 28 日，在这个海域以西又发生 8.0 级特大地震。

lilun dizhentu

理论地震图（synthetic seismogram）　见【合成地震图】

lilun gelin hanshu

理论格林函数（theoretical Green's function）　求解方法主要分为基于连续介质的经典解析方法和基于离散介质的数值方法，是格林函数的计算方法之一。在时域中的解析方法有基于拉普拉斯（Laplace）变换的卡格尼亚（Cagniard）方法和德胡普（De-Hoop）方法，以及用本征函数展开法；在频域中用傅里叶变换法。对于水平分层介质模型或简单几何形状的介质模型，有效的解法是广义射线法、由波动理论发展起来的反射透射系数矩阵法、广义反射透射矩阵法和离散波数法。解析方法只解决若干简单模型问题，对于更复杂的介质模型，则需采用数值计算方法。常用的数值方法为有限元方法、有限差分方法和边界元方法。

lilun lixue

理论力学（theoretical mechanics）　用经过科学抽象的力学模型（例如质点、刚体等）研究物体机械运动普遍规律的基础学科，是一般力学的一个分支，也称经典力学。理论力学通常分为静力学、运动学、动力学三部分。静力学主要研究质点系受静力作用时的平衡规律；运动学只从几何角度研究物体的机械运动而不探求运动变化的原因；动力学主要研究作用于物体的力与物体运动的关系。力是静力学和动力学都联系的运动的物理原因，通常合称为动理学。有时把运动学和动力学合并起来，将理论力学只分成静力学和动力学两部分。理论力学是大部分工程技术科学的基础，其理论基础是牛顿运动定律，故又称牛顿力学。20 世纪初建立起来的量子力学和相对论，表明牛顿力学所表述的是相对论力学在物体速度远小于光速时的极限情况，也是量子力学在量子数为无限大时的极限情况。对于速度远小于光速的宏观物体的运动，包括超音速喷气飞机及宇宙飞行器的运动，均可以用经典力学进行分析。

lixiang chengshi

理想城市（ideal city）　针对城市地址的选择、城市形态和城市规划的布局提出的理想方案。当代理想城市探索的动力来源于随着后工业社会的发展，城市空间破碎化、用地蔓延、公共空间消亡、安全感下降等一系列的城市问题，旨在提出一个理想的模型来指导城市建设，主要类型有新城市主义、精明增长、生态城镇、可持续社区等。其虽与花园城市等早期理想城市不同，但都具有某种理想色彩。和谐城市是中国提出的理想城市类型。

lixiang tansuxing moxing

理想弹塑性模型（elastic-perfectly-plastic model）　最简单的两折线模型。两折线模型的恢复力骨架曲线由两段直线构成，若初始段斜率为弹性刚度 k_1，则另一段斜率为屈服后刚度 k_2，折点相应于屈服点。

lixing lixue

理性力学（rational mechanics）　用数学的基本概念和严格的逻辑推理来研究力学中带共性的问题的学科。它一方面用统一的观点对各传统力学分支进行系统的和综合的探讨，另一方面要建立和发展新的模型、理论以及解决问题的解析方法和数值方法。强调概念的确切性和数学证明的严格性并力图用公理体系来演绎力学理论是理性力学最显著的研究特点。

li

力（force）　物体对物体的作用，在动力学中它等于物体的质量与加速度的乘积。它是使物体获得加速度或形变的外因；是力学中最基本的概念之一。力不能脱离物体而单独存在；两个不直接接触的物体之间也可能产生力的作用。

li chuan'ganqi

力传感器（force sensor） 一种将力信号转变为电信号输出的电子元件。在地震工程中，它是伪动力试验装置的重要部件，设置于作动器端部，其量程应与作动器出力相匹配，并具有较高的精度和工作可靠的特点。

lichui

力锤（force hammer） 在模态试验中给试体施加局部冲击荷载的装置，是冲击力锤的简称。作为激振设备一般用于小型试体，在施加冲击荷载的同时，尚可提供冲击力的时域信号，结合试体各点的实测振动响应，可对频响函数作出估计。

li de duli zuoyong yuanli

力的独立作用原理（principle of physical independence of forces） 几个力同时作用在一个质点上，则此质点的加速度等于这些力分别作用于此质点所得各加速度的矢量和。此原理是牛顿（Isaac Newton）作为他的运动定律的推理首先提出。这个原理表明，某一力系中任何一个力的作用，都与其他力的作用无关，力系的总作用是每个力的分别作用的叠加。根据牛顿第二定律，质点的加速度与作用力成正比，因此，施加在质点上的任意数目力的合力就等于这些分力的矢量和。

li de fenjie

力的分解（resolution of a force） 将一个力化作等效的两个或两个以上的分力。分解的依据是力的平行四边形法则。这个问题一般可有无数组解，只有在另外附加足够条件的情况下，才能得到确定解。

li de hecheng

力的合成（composition of forces） 用一个力等效地代替两个或两个以上作用在同一刚体上或同一质点上的力，这一个力称为原力系的合力，而原力系中的任一力称为这个合力的分力。对空间任意力系，不一定有合力，如力偶就不能用一个力来代替。空间任意力系可以等效地简化为一个力螺旋（其中包括力和力偶为零的情况）。汇交力系和同向平行力系一般都可求出合力。

li de pingheng gongli

力的平衡公理（axiom for equilibrium of two forces） 若使作用在刚体上的两个力保持平衡，其充分与必要条件是此两力的大小相等，方向相反，并且作用在一条直线上，与作用点在作用线上的位置无关。对于刚体，力是一种滑移矢量，即可以沿其作用线任意滑移而不改变它所起的力学作用。

li de xiaoying

力的效应（effect of forces） 物体受力作用所产生的效果。力对受力物体产生的效应主要包括两个方面：一是受力物体的运动状态发生改变，称为力的外效应；二是受力物体产生应力和变形，称为力的内效应。如把受力物体视为刚体，就是不考虑力的内效应。力作用于物体所产生的效应取决于力的作用点、大小和方向，这三者称为力的三要素。作用于刚体的力，其作用点可沿力作用线移动而不改变此力对刚体的效应，这就是力的可传性。

lifa

力法（force method） 以广义力为未知量求解静不定结构问题的一种方法。由于静不定结构具有多余约束，其广义未知力不能单由平衡条件求出。用力法求解静不定结构的要点是：求解时把结构的多余约束去掉（去掉的约束数应等于结构的静不定度），并代之以相应的广义力，这些广义力称为多余未知力。这样就得到一个静定的基本结构，也称基本系统。在这种结构中，多余约束转化为作用外力。为使基本结构的变形和原结构相同，须使解除约束后对应于每一多余未知力的广义位移和原结构在该点的广义位移一致，这个条件称为变形协调条件。每个变形协调条件都对应一个协调方程。因此，n 度静不定结构就有 n 个变形协调方程，它们正好弥补了静不定结构平衡方程数目的不足。将它们和平衡方程联立，就能求出全部的广义未知力。在一般情况下，由于多余约束的选取不同，会得到不同的静定基本结构，但对最后的结果没有影响。

liju

力矩（moment） 作用力使物体绕着转动轴或支点转动的趋向，用力与力臂的乘积表示。力矩的概念源于阿基米德（Archimedes）对杠杆的研究，可以分为力对轴的矩和力对点的矩。力矩能够使物体改变其旋转运动，转动力矩又称为转矩或扭矩，推挤或拖拉涉及作用力，而扭转则涉及力矩。力矩等于径向矢量与作用力的叉积。

liju fenpeifa

力矩分配法（moment distribution method） 一种逐次逼近精确解的计算超静定结构的方法。用一般的力法或位移法分析超静定结构时，都要建立和解算线性方程组。如果未知数目较多，计算工作将相当繁重。克罗斯（H. Cross）于 1930 年在位移法的基础上，提出了不必解方程组，而是逐次逼近的力矩分配法。

liou

力偶（couple） 大小相等、方向相反，但作用线不在同一直线上的一对力。力偶能使物体产生纯转动效应。作用在刚体上的两个或两个以上的力偶组成力偶系。若力偶系中各力偶都位于同一平面内，则为平面力偶系，否则为空间力偶系。力偶既然不能与一个力等效，力偶系简化的结果显然也不能是一个力，而仍为一力偶，此力偶称为力偶系的合力偶。

L

lipingheng jiasuduji

力平衡加速度计（force balance type accelerometer） 记录地面运动加速度，由质量—弹簧—阻尼振子（摆）、电容位移传感器及伺服电路组成的力反馈型加速度传感器。

lipinghengshi dizhenyi

力平衡式地震仪（force-balanced seismograph） 根据力平衡原理设计的加速度型地震仪。该地震仪通过负反馈力作用于其悬挂质量以补偿惯性力，从而保持该悬挂质量处于相对于地面是静止的状态。

lipinghengshi jiasuduji

力平衡式加速度计（force-balance accelerometer） 测量的物理量为加速度的力平衡式传感器，广泛用于强震动记录、倾斜测量和惯性导航。

lixi

力系（force system） 作用在同一物体上的一群力。诸力作用线在同一平面，称为平面力系；作用线不在同一平面，称为空间力系；作用线汇交于一点，称为汇交力系；作用线互相平行，称为平行力系；作用线既不汇交又不平行，称为任意力系。若两力系分别使同一刚体在相同的初始运动条件下产生相同的运动则称为等效力系。

lishi chongyan yuanze

历史重演原则（repetition principle of historical earthquake） 在历史上曾经发生过强震的地段或地区，可以划分为具有同类震级或高于历史最大震级的潜在震源区的原则，是地震危险性分析中，潜在震源区划分的两条原则之一。

lishi dizhen

历史地震（historical earthquake） 发生在有地震仪器记录之前，依据历史文献记载确定的地震事件。研究历史地震最重要的是对所发现的资料以及所涉及的地点和时间进行考证和换算。

lishi dizhenfa

历史地震法（method of historical earthquake） 根据历史地震资料来评定工程场址地震动参数的方法，是地震危险性分析的确定性方法之一。

lishi dizhenxue

历史地震学（historical seismology） 以历史地震资料为基础来研究历史地震的地震学分支学科。

lishi jianzhu

历史建筑（historical building） 有一定历史、科学、艺术价值，反映城市历史风貌及地方特色的建筑物或构筑物。

lijiaoqiao

立交桥（grade separation bridge） 线路（道路、铁路等）交叉时，为保证交通互不干扰而建造的桥梁。在既有线路之上跨越者又称跨线桥，在地下穿过者又称地道桥。立交桥广泛应用于高速公路和城市道路中，在交通繁忙地段常做成多层次立交，为减少噪声，立交桥多采用预应力混凝土桥。

limiantu

立面图（elevation） 在与房屋主要外墙面平行的投影面上所做的房屋正投影图。一座建筑物是否美观，很大程度上决定于它在主要立面上的艺术处理。

lishi changya yuanzhuxing chuguan kangzhen sheji

立式常压圆柱形储罐抗震设计（seismic design of vertical atmospheric cylindrical storage tank） 为防止和抗御地震对立式常压圆柱形储罐的破坏而进行的专项设计。在该类设备的抗震设计中，可利用经验公式来估计罐体与储液耦合振动的基本自振周期，并考虑储罐的径高比，利用反应谱来计算水平地震作用；计算液体晃动的基本周期并估计液面晃动最大波高，利用简化公式来计算罐壁底部的最大压应力。地震作用下，罐壁底部最大压应力不得超过稳定临界值，运行中的储罐液面至罐顶距离不得小于最大波高，罐底锚固时，螺栓应满足强度验算要求。III类、IV类场地的储罐宜采用环形基础；I类、II类场地的储罐宜采用钢筋混凝土外环墙基础；基础宽度、混凝土强度等级、配筋应满足规范要求。基础环墙不应开口，开洞处应预埋钢管衬套。储液罐采用浮顶可能减低储液振荡波高，浮顶罐导向装置和转动浮梯应接触良好、连接可靠，浮顶与罐壁间应设置软质密封材料，大直径刚性管道宜采用柔性装置与储罐连接。

liti jiaocha

立体交叉（grade separation） 铁路和铁路、铁路和公路、公路和公路之间在不同高程上的交叉。

liqing hunningtu

沥青混凝土（bituminous concrete） 经人工选配具有一定级配组成的矿料（碎石或轧碎砾石、石屑或砂、矿粉等）与一定比例的路用沥青材料，在严格控制条件下拌制而成的混合料。该混凝土按所用结合料不同，可分为石润沥青混凝土和煤沥青混凝土两大类。

liqing lumian

沥青路面（bituminous pavement） 在矿质材料中掺入路用沥青材料铺筑的各种类型的路面。沥青结合料提高了铺路用粒料抵抗行车和自然因素对路面损害的能力，使路面平整少尘、不透水、经久耐用。因此，沥青路面是道路建设中一种被广泛采用的高级路面（包括次高级路面）。

L

lishudu hanshu

隶属度函数（membership function）　见【隶属函数】

lishu hanshu

隶属函数（membership function）　表达贴近程度的函数，是模糊概念的一种定量表述方式，也称为隶属度函数。在模糊集合论中，论域 U 上的模糊子集 F 可由隶属函数 $\mu_F(u)$ 来表征，$\mu_F(u)$ 的取值范围为闭区间 $[0,1]$。$\mu_F(u)$ 的大小反映了 u 隶属于模糊子集 F 的程度或等级。若 $\mu_F(u)$ 的值接近于 1，则表示 u 隶属于 F 的程度很高；若 $\mu_F(u)$ 的值接近于 0，则表示 u 隶属于模糊子集 F 的程度很低。隶属函数 $\mu_F(u)$ 也可记为 $F(u)$。该函数通常是根据实际问题和应用的需要，利用经验、专家判断或统计实验来选择。常用的隶属度函数有正态型、Γ 型、戒上型、戒下型、三角型、梯型等形式。

lisha

砾砂（gravelly sand）　粒径大于 2mm 的颗粒含量占总质量 25%～50% 的土。大多由长石和石英颗粒组成，一般磨圆较好。

lishi

砾石（gravel）　粒径大于 2mm 的颗粒质量超过土粒总质量的 50%，且粒径大于 20mm 的颗粒质量不超过土粒总质量 50% 的土。

liyan

砾岩（conglomerate）　主要由粒径大于 2mm 的圆形和亚圆形的砾石、卵石经胶结而成的沉积岩。按砾石的大小可分为巨砾岩（＞256mm）、粗砾岩（64～256mm）、中砾岩（4～64mm）、细砾岩（2～4mm）；按成分可分为单成分砾岩和复成分砾岩；按成因可分为海成砾岩、湖成砾岩和河成砾岩等。

lidu he lidu fenbu

粒度和粒度分布（grain size and grain size distribution）　碎屑颗粒的大小称为粒度；将粒度按照粗细划分为若干颗粒群，称为粒级；不同粒级的量比关系称为粒度分布。沉积物的粒度变化属于连续有序的自然过程，服从高斯正态分布，因此可以用图形和粒度参数两种方法加以描述。图示法用直观的图形，如用各粒级重量百分比的直方图、频率曲线、累积曲线和概率累积曲线来描述沉积物的粒度分布；粒度参数法则用某些统计学参数来描述粒度的分布特征，常用的粒度参数有平均粒径、分选系数、峰度和偏态等。粒度参数的计算方法基本上有两种：一种是矩法，用沉积物粒度分布的不同次矩来计算粒度参数；另一种是图算法，用累计曲线的特征百分值来计算粒度参数。沉积物的粒度分布是十分重要的成因标志，广泛应用于沉积相的分析和动力环境的重建。但是，沉积物的粒度也是一个多变量函数，一般都有多解性。

lijian yingli

粒间应力（intergranular stress）　土体中土骨架承受的并通过土颗粒接触面传递的力。平均粒间应力就是有效应力。

lijing

粒径（grain size）　用土粒通过的最小筛孔的孔径，或与实际土粒在水中有相同沉降速度的理想圆球体的直径代表的土粒的直径，也称粒度。

lijing fenbu quxian

粒径分布曲线（grain size distribution curve）　反映土粒小于某粒径颗粒质量占土粒总质量百分率（累积百分含量）的曲线，常采用半对数坐标（以累积百分含量为纵坐标，粒径毫米数的对数值为横坐标）曲线表示，也称颗粒级配曲线或颗粒分析累积曲线。

lizu

粒组（soil fraction）　土粒按粒径大小归并、划分的组别，即按粒径来划分岩土颗粒大小的级别。不同粒组具有不同的工程地质性质，天然岩土是由不同粒组的颗粒组成的。

lian'gongba

连拱坝（multiple arch dam）　具有多个支撑于支墩的拱形面板组成的支墩坝。最早的连拱坝是西班牙在 16 世纪修建的埃尔切坝。在中国淮河，1954 年和 1956 年相继建成了佛子岭连拱坝和梅山连拱坝，坝高分别为 74.4m 和 88.24m。前者是中国当时建成的第一高坝，后者是当时世界上最高的连拱坝。

lianjie

连接（connection）　用螺钉、螺栓和铆钉等紧固件将两种分离型材或零件连接成一个复杂零件或部件的过程。常用的机械紧固件主要有螺栓、螺钉和铆钉。在土木工程中，连接是指构件间或杆件间以某种方式的结合。

lianlang

连廊（corridor）　在建筑工程中，连接建筑之间的走廊，是中国古建筑的特有形式之一。其设置一方面出于建筑功能的要求，它可方便楼之间的联系；另一方面，它具有良好的采光效果和广阔的视野，可做观光和休闲场所。

lianti jiegou

连体结构（towers linked with connective structure）　除裙楼以外，两个或两个以上塔楼之间带有连接体的结构。

liantong kekaoxing

连通可靠性（connectivity reliability）　对网络系统中任意两节点间连通状态的评价。连通可靠性在多数情况用两点间连通的概率值表示，称为连通可靠度。两点间连通是网络正常工作最起码的条件，因此，连通可靠性分析是网络系统分析的基本内容。目前，生命线系统网络的连通性只考虑连通和中断两种状态，即双态问题。实际的生命线系统，如交通系统的桥梁（点）或道路（边）的破坏可能是好坏之间的过渡状态，称为多态问题。双态问题分析可采用逻辑运算法则，即布尔代数方法；多态问题尚无有效的推理规则。

lianxu daota

连续倒塌（progressive collapse）　土木工程中初始的局部破坏，从构件到构件扩展，最终导致整个结构倒塌或与起因不相称的一部分结构倒塌的现象。

lianxu jiezhi bodong lilun

连续介质波动理论　（theory of wave propagation in continuous media）　研究波在连续介质中传播的一般理论和计算方法。按照理性力学的观点：波可定义为任意一个张量场 $\varphi = \varphi(x, t)$ 随时间 t 在空间的传播，其中 x 是质点的空间位置。它具有双重含义：一是需要研究奇异面 $\sigma(t)$ 在空间的传播与 φ 的间断量（也称跳变量）之间的相互关系，以便了解波动的局部性质；二是需要研究 $\sigma(t)$ 在两侧 φ 的空间分布随时间的变化，以便弄清波动的总体性质。20 世纪 60 年代以前，几乎没人研究过有限变形条件下非线性介质中的波动理论。理性力学的发展，使人们对物质的本构关系有了比较深入和系统的认识，而运用在此同时发展起来的一种严格的分析方法也有利于研究在各种介质中，尤其是在热弹性介质和减退记忆介质中波的形成、发展、相互转化和相互作用的规律，从而把古典弹性力学和流体力学研究波动问题的方法向前推进一步，波动理论就成为理性力学的一个重要分支。奇异面理论是这个方法的理论基础，利用奇异面上的相容性条件、波阵面两侧的守恒方程和具体物质的本构关系进行严格数学运算，给出波的传播特性的描述。

lianxu jiezhi lixue

连续介质力学（continuum mechanics）　研究连续介质宏观力学性状的力学分支学科。宏观力学性状是指在三维欧氏空间和均匀流逝时间下受牛顿力学支配的物质性状。连续介质力学对物质的结构不做任何假设。它与物质结构理论不矛盾，是相辅相成的。物质结构理论研究特殊结构的物质性状，连续介质力学则研究具有不同结构的许多物质的共同性状。连续介质力学的主要目的在于建立各种物质的力学模型和把各种物质的本构关系用数学形式确定下来，并在给定的初始条件和边界条件下求出问题的解答。它通常包括变形几何学、运动学、基本方程、本构关系、特殊理论、问题的求解等基本内容。

lianxuliang

连续梁（continuous beam）　具有三个或三个以上支座的梁。连续梁属静不定结构，可用力法求解其中的内力，连续梁有中间支座，所以它的变形和内力通常比单跨梁要小，因而在工程结构（如桥梁）和机件中应用十分广。

lianxuliangqiao

连续梁桥（continuous girder bridge）　以成列的连续梁作为桥跨结构主要承重构件的梁式桥。

lianxu pinpu

连续频谱（continuous frequency spectrum）　谱线连成一片的频谱图形，是频谱图形的一种类型。通常，非周期信号和各种无规则噪音的频谱都是连续频谱。

lianxu xiaobo bianhuan

连续小波变换（continuous wavelet transform）　信号频域分析中小波变换的一种类型。取能量有限、满足平方可积条件的函数 $g(t)$ 作基小波（母小波）函数，通过 $g(t)$ 的平移和伸缩形成一组完备、正交的基函数 $g_{b,a}(t)$ 为：

$$g_{b,a}(t) = |a|^{-1/2} g\left(\frac{t-b}{a}\right)$$

时间序列信号 $x(t)$ 的连续小波变换为：

$$W_x(b, a) = |a|^{-1/2} \int_{-\infty}^{+\infty} g^* \left(\frac{t-b}{a}\right) x(t) \mathrm{d}t$$

式中，a 为伸缩因子；b 为平移因子；$g_{b,a}^*(t)$ 是 $g_{b,a}(t)$ 的共轭。小波逆变换为：

$$x(t) = \frac{1}{c_g} \int_{-\infty}^{+\infty} \int_{-\infty}^{+\infty} W_x(b, a) g_{b, a}(t) \frac{1}{a^2} \mathrm{d}b \mathrm{d}a$$

$$c_g = 2\pi \int_{-\infty}^{+\infty} |G(\omega)|^2 |\omega|^{-1} \mathrm{d}\omega$$

式中，$G(\omega)$ 为 $g_{b,a}(t)$ 的傅里叶变换。对于不同的伸缩因子 a（对应于不同的频率），可得相应的瞬时频率和瞬时幅值。在时频平面 (a, b) 上，每一点的小波变换系数 $W_x(b, a)$ 表示相应基函数对信号 $x(t)$ 的贡献。

lianhe fanyan

联合反演（joint inversion）　在场地效应观测中，有些观测场地找不到合适的参考点，这时需假定震源谱和路径谱的模型，借助地震学的方法，利用多次地震的场地土层观测资料，将模型中的参数和场地谱一起作为待定参数，用最小二乘法进行求得待定参数的方法。反演中，按照记录信噪比高低给出不同的权系数。研究表明，联合反演的结果比单个地震反演的结果稳定。

lianhe jichu

联合基础（combined footing）　有两根或两根以上立柱（筒体）共用的基础，或两种不同型式基础共同工作的基础。

lianji shiyan

联机试验（pseudo-dynamic test）　见【拟动力试验】

lianpaishi zhuzhai

联排式住宅（row house）　在房屋建筑中，跃层式住宅套型在水平方向上组合而成的低层或多层住宅。

lianwang shiyan

联网试验（network for earthquake engineering simulation research）　通过互联网组合不同机构的设备、人力资源共同进行的抗震试验，地震工程的联网试验，发源于美国，中国也参加了联网试验。

liandoushi wajueji

链斗式挖掘机（chain bucket excavator）　利用装在无端链上的多个铲斗连续挖掘、运送和卸料的挖掘机械。它主要用于开挖沟渠、运河、整修边坡和矿场的剥离、开采以及料场作业等。

lianghao jipeitu

良好级配土（well-graded soil）　在工程岩土学中，不均匀系数 $C_u \geqslant 5$，曲率系数 C_c 为 $1 \sim 3$ 的土。这类土的各粒径分布了比例均匀，分选性不好。

liang

梁（beam）　承受垂直于轴线的横向荷载、将楼面或屋面荷载传递到柱、墙上的横向构件。它是工程结构中重要的承力构件，如房梁、轮船的龙骨、飞机机翼的大梁和起重机的大梁。梁的种类繁多，按照轴线形状，可分为直梁和曲梁；按照支持的形式，可分为悬臂梁、简支梁、连续梁、弹性基础梁等。梁的支反力可由静力平衡条件确定的，称为静定梁，如悬臂梁和简支梁；不能由静力平衡条件确定的，称为静不定梁，如连续梁和弹性基础梁。在横向荷载作用下，梁轴线的曲率会发生变化，直梁的轴线由直变曲，曲梁轴线的曲率增大或减小，这类变形称为弯曲变形，变形后的轴线称为挠曲线。梁在工程结构中是受弯杆件，它主要承受各种作用产生的弯矩和剪力，有时也承受扭矩。梁通常水平设置，但有时也斜向设置以满足使用要求，例如楼梯梁。梁的截面尺寸小于它的跨度，截面的高度与跨度之比一般为 $1/8 \sim 1/16$，预应力混凝土梁的高跨比甚至小到 $1/30$（高跨比大于 $1/4$ 的梁称为深梁）。梁的截面高度通常大于截面的宽度。但因工程需要，梁宽大于梁高时，称扁梁；梁高沿轴线变化时，称变截面梁。梁在各类工程结构中都有广泛的应用，如房屋建筑中的楼盖、屋盖、吊车梁，基础梁，各类桥梁的桥面系，各种储液池的顶盖和海洋平台等。

liangbanshi faji

梁板式筏基（beam and slab raft foundation）　沿柱轴线纵横向设置肋梁的筏形基础。该基础适合于软弱地基。在沿海地区广泛使用。

liangduan dajie changdu

梁端搭接长度（overlapping length of beam end）　桥梁主梁的梁端与其支墩顶面（或盖梁顶面）边缘间的距离。我国桥梁抗震设计规范给出了搭接长度的确定方法。

liangduan youxiao zhicheng changdu

梁端有效支承长度（effective support length of beam end）　梁端在砌体或刚性垫块界面上，压应力沿梁跨方向的分布长度。

liangshi goujian shiyan

梁式构件试验（beam member test）　针对梁式构件开展的伪静力试验。在该实验中，往复作动器通常安放在梁式构件的中间。

liangshiqiao

梁式桥（girder bridge）　用梁或桁架梁作主要承重结构的桥梁。其上部结构在铅垂向荷载作用下，支点只产生竖向反力。该桥为桥梁的基本体系之一，其制造和架设均方便，在桥梁建筑中广泛使用。

liangzhu jiedian shiyan

梁柱节点试验（beam-column joint test）　针对梁柱节点开展的伪静力试验。在该实验中，两台往复作动器安放在梁的端点。

liangcheng

量程（range）　度量工具的测量范围，具体由度量工具的分度值、最大测量值决定。在大地测量中，是指满足规定误差极限的测量范围。测量范围的最大值或最小值即为量程的上限值或下限值。

liangbu huiguifa

两步回归法（two-stage regression）　在地震动衰减关系的回归分析中，对震级和距离解耦处理的方法。在地震动衰减关系的回归分析中发现，当按照选定的函数关系式，用所有数据一次性回归时，因震级和距离两参数耦联及其不确定性的相互影响，使得到的结果有偏差。此时，采用两步回归法可以达到解耦的效果：第一步，就不同震级的衰减关系进行回归，此次回归中不出现震级；第二步，利用第一步的结果对震级变量进行回归，以次回归中不出现距离，利用两次回归的结果可得到对应不同震级和距离的地震动参数衰减关系。

liangduan gudingliang

两端固定梁（beam fixed at both ends）　梁的两端均为不产生轴向、垂直位移和转动的，并且有固定支座的梁。

liangji jiandingfa

两级鉴定法（two step evaluation）　我国在建筑抗震鉴定时使用的逐级筛选方法。当建筑满足第一级鉴定要求时，鉴定通过；当有些项目不满足要求时，或依照规定进行处理，或可在第二级鉴定中做进一步判断。这种鉴定方法是将抗震构造要求和抗震承载力验算要求结合在一起，具体体现了结构抗震能力取决于承载能力和变形能力的原则。

L

liangjieduan yansuan

两阶段验算（two-stage check） 小震（多遇地震）的强度验算和大震（即罕遇地震）的变形验算。我国建筑抗震规范规定，小震作用下结构应处于弹性阶段，地震作用与其他荷载的组合应力不应大于结构构件的设计强度，结构的层间变形不应大于规定弹性位移角限值；大震作用下结构处于弹塑性阶段，强度不再是设计的控制参数，但结构的弹塑性层间变形不得超过规定值，以防止结构倒塌。

liangzhexian moxing

两折线模型（two-fold line model） 恢复力骨架曲线由两段直线构成，若初始段斜率为弹性刚度 k_1，则另一段斜率为屈服后刚度 k_2，折点相应于屈服点。最简单的两折线模型是理想弹塑性模型。

lianggang

量纲（dimension） 为区别物理量的性质与类别，将物理量用若干基本物理量幂积表达的方式。在结构动力学问题中，通常用长度、力（或质量）、时间这三个相互独立的量作为基本量，其他量的量纲可由基本量量纲的幂积得出。

lianggang fenxi

量纲分析（dimensional analysis） 确定物理量与基本物理量之间关系的分析方法。该方法是自然科学中的一种重要研究方法，它根据一切量所必须具有的形式来分析、判断事物间数量关系所遵循的一般规律。量纲分析可用来换算物理量单位、检查物理公式的正确性和推演物理规律，是自然科学的重要研究方法。在结构抗震试验中，量纲分析是设计缩尺模型的基础。将物理方程中全部非基本量分别表示成基本量的幂积形式，再应用量纲的齐次性，可得以无量纲量表示的变量数减少的方程，这一过程就是量纲分析。通过量纲分析可以检查反映物理现象规律的方程在计量方面是否正确，甚至可提供寻找物理现象某些规律的线索和思路。

lianggui hanshu

量规函数（calibration function） 在不同震中距观测点上，用质点运动速度最大幅值测定震级时，因地震波随距离衰减所需加的校正值，其数值相当于在该距离上测得质点运动速度为 1μm/s 时相应地震的震级值。

liaoning haicheng dizhen

辽宁海城地震（Liaoning Haicheng earthquake） 1975 年 2 月 4 日在辽宁省海城发生了震级为 7.3 级的大地震，震中烈度为Ⅸ度强。极震区长轴为北西西向。这是中国首次预报成功的一次 7.0 级以上大地震，并在震前采取了预防措施，从而极大地减少了居民伤亡，挽救了 10 余万人的生命。这次地震的前震活动比较典型，是这次地震预报成功的重要原因之一。中期预报的依据有震中迁移、地震空区和水准测量；短期预报的依据有各种宏观前兆。地震发生

在冬天，因对取暖防火和防冻准备不足，造成火灾 3142 起及冻害事故，因火灾和冻病死亡人数百人，是为教训。

liedu

烈度（intensity） 即地震烈度，某一地区地面和各类建筑物遭受一次地震影响破坏的强烈程度，是衡量某次地震对一定地点影响程度的一种度量。同一地震发生后，不同地区受地震影响的破坏程度不同，烈度也不同，受地震影响破坏越大的地区，烈度越高。判断烈度的大小，是根据人的感觉、家具及物品振动的情况、房屋及建筑物受破坏的程度以及地面出现的破坏现象等。影响烈度的大小有地震等级、震源深度、震中距离、地震地质构造环境、场地条件、建筑物的性能、震源机制、地形地貌和地下水等因素。例如，在其他条件相同的情况下，震级越高，烈度越大。

liedubiao

烈度表（intensity scale） 见【地震烈度表】

liedu fenbu

烈度分布（intensity distribution） 一次强地震后，地震烈度在各地区的分布情况。根据烈度分布的特点，可分析地震灾害的分布情况，判断发震断层的走向。

liedu fenbutu

烈度分布图（intensity distribution map） 对每一次地震，标记上各地烈度，并在其上画等烈度线的地图。在地震现场调查结束后，将各烈度评定点的结果标示在适当比例尺的地图上，然后由高到低把烈度相同点的外包线（即等震线）勾画出来，便构成地震烈度分布图。

liedu fuhe

烈度复核（intensity checing） 对工程场地基本烈度的重新评定的工作。在中国地震烈度区划图中，由于精度的原因，烈度分区界线附近地点的基本烈度的精度不够。因此，位于不同基本烈度区边界的工程，尤其是重大工程，应更详细、深入地调查当地地震、地质基础资料，并采用概率地震危险性分析方法，更准确地确认基本烈度。烈度复核的工作内容和程序与概率地震危险性分析相同。

liedu gongcheng biaozhun

烈度工程标准（engineering standard of earthquake intensity） 地震烈度对应的定量的地震动参数，建立地震烈度与地震动参数之间的定量关系，使地震烈度评定方法定量化并可用仪器测定，也称地震烈度物理标准。

lieduji

烈度计（intensity gauge） 用于记录地震动强度、模拟或计算反应谱等，并可据此换算地震烈度的地震动观测仪器。强震仪技术复杂、价格高，大量设置比较困难。若只测量烈度等参数，则可只测量峰值或某一特定系统的效应，这样可使仪器简化、成本降低。

liedu mohu pingding

烈度模糊评定（fuzzy assessment of intensity） 利用模糊数学来评定地震烈度的方法。地震烈度的含义和评定方法带有模糊性，当引入地震动参数作为烈度的物理当量，或采用房屋震害指数等定量指标评定烈度时，烈度的模糊性更为明显，可用模糊数学方法来评定烈度。该方法是首先选定评定因子（如地表加速度峰值、震害指数等），通过观测资料的统计分析给出每个评定因子对应于烈度分档（一般分为 5 档：Ⅵ、Ⅶ、Ⅷ、Ⅸ、Ⅹ度）的隶属度；利用不同档的隶属度组成隶属函数，多个评价因子可组成隶属函数矩阵；通过一定的运算规则给出用隶属度表示的评价结果，隶属度最大值对应的烈度即为确定的烈度值。

liedu pingding

烈度评定（intensity evaluation） 见【地震烈度评定】

liedu pingjia

烈度评价（intensity evaluation） 见【地震烈度评定】

liedu shuaijian

烈度衰减（earthquake intensity attenuation）
见【地震烈度衰减】

liedu subao

烈度速报（earthquake intensity quick report） 利用地震烈度与地震动参数之间的定量关系，用仪器测定烈度，并向政府和社会公众迅速通报。

liedu tiaozhengfa

烈度调整法（earthquake intensity adjustment method） 通过场地的剪切波速、土层的卓越周期、地下水埋深等场地条件参数与标准场地进行比较来增减基本烈度，采用场地烈度确定地震动输入的方法。

liedu wuli biaozhun

烈度物理标准（physical measure of seismic intensity） 与地震烈度具有最大相关性并能反映地震烈度内在特征的地震动物理参量。

liedu yichang

烈度异常（abnormality of intensity） 见【地震烈度异常】

liefeng

裂缝（crack） 从建筑结构构件表面伸入构件内的缝隙。裂隙的存在会降低结构和构件的强度和完整性。裂缝是混凝土结构物承载能力、耐久性及防水性降低的主要原因。混凝土裂缝常见处理方法有填充法、灌浆法、结构补强法、混凝土置换法、电化学防护法等。

liefengji

裂缝计（crackmeter） 用于地质灾害或人工结构物裂缝伸缩变形长期测量的一类传感器。根据传感器的测量原理，分振弦式、电容式、电感调频式、差阻式、磁滞式、互感式等。

liefeng jiance

裂缝监测（crack monitoring） 在建筑物或建筑场地出现裂缝以后，在裂缝处设置观测标志对裂缝随时间的变化进行动态观测。

liegu

裂谷（rift valley） 在区域性伸展隆起背景上形成的地球深层作用的地表拗陷构造，以高角度断层为界呈长条状的地壳下降区，它是数百至上千千米长的大型地质构造单元。根据裂谷带的地壳性质，可分为大陆裂谷、大洋裂谷和陆间裂谷三种类型。裂谷是板块构造运动过程中，大陆裂解至大洋开启的初始阶段的构造类型，也是岩石圈板块生长边界的构造类型，在陆壳区和大洋中脊上均有发育。现今规模最大的裂谷发育在各大洋盆的洋中脊上，裂谷形态保持良好，特征明显。一般谷宽 25～30km，高出最深洋底 2～3km，与附近洋底的高差一般为 0.5～1.5km。全球洋中脊裂谷的总长约有 6 万余千米。洋中脊裂谷带虽经常被转换断层截断错开，但仍明显地连贯分布。大陆裂谷按形成方式的不同，可分为主动裂谷和被动裂谷两类。

lieguxi

裂谷系（rift system） 由于扩张作用使岩石圈破裂而形成的一系列狭长的断陷带。它是在某一大区域大致同一时期内，在相同构造环境下形成的裂谷群组合的总称。大西洋中脊是大洋裂谷系，而东非裂谷属于大陆裂谷系。

liegu zuoyong

裂谷作用（rifting） 裂谷从形成、扩展到消亡的地质作用，大陆边缘因岩石圈较薄易发生裂谷作用。裂谷为两则以高角度正断层为边界的窄长线型拗陷，是伸展构造作用的产物，反映了大陆地壳的断开。裂谷有主动型裂谷和被动型裂谷两种成因类型。主动型裂谷也称热裂谷，源于地幔热上升使软流圈上拱、岩石圈减薄和局部断离，如东非裂谷。被动型裂谷也称冷裂谷，源于地壳被拉张伸展或剪切，导致岩石圈减薄和破裂，引发了软流圈物质被动上涌，如莱茵裂谷和汾渭裂谷系。被动型裂谷的软流圈上拱和火山活动晚于拗陷作用，以碱性双模式火山杂岩发育为特点。裂谷发育过程伴随较强烈的地震，如唐山大地震就与华北裂谷系的分支发育有关。发生在地质时期的裂谷称为古裂谷。多条裂谷相连称为三叉裂谷系。

liewen kuozhan

裂纹扩展（crack growth） 当固体中的应力值达到某一临界值时，共产生的裂纹尖端或其邻域开始发生和发展裂纹的现象。

liexi

裂隙（fissure） 坚硬岩土中呈裂缝状的间隙。按成因，可将裂隙分为原生裂隙、构造裂隙和次生裂隙。按力学性质，分为张性裂隙和扭（剪）性裂隙；按张开程度，分为宽张裂隙（缝宽>5mm）、张开裂隙（缝宽3～5mm）、微张裂隙（缝宽1～3mm）和闭合裂隙（缝宽<1mm）。

liexi niantu

裂隙黏土（fissured clay） 具有肉眼可见的微裂隙并有光滑镜面的高塑性黏土，一般为膨胀土。

liexishi penfa

裂隙式喷发（fissure eruption） 岩浆从地面上延伸很长的裂隙中喷出的现象，爆发性的活动少，是裂隙式喷发的主要特征。在地质历史时期曾有许多地区多次发生裂隙式喷发，现今仅在冰岛观察到这种火山喷发，也叫冰岛型火山喷发。火山喷发温和宁静，大量涌出易流动的玄武岩质熔岩，广布而形成表面比较平坦的熔岩台地。

liexishui

裂隙水（fissure water） 赋存于岩体裂隙中的地下水。按含水介质裂隙的成因，其可分为风化裂隙水、成岩裂隙水与构造裂隙水。按埋藏条件，可以是潜水或承压水。与孔隙水相比，裂隙水分布不均匀，水力联系不好，介质的渗透性具有不均一性与各向异性。裂隙水是丘陵和山区供水的重要水源，也是矿坑水的重要来源。

liexi yanrongshui

裂隙岩溶水（fissure-karst water） 存在于可溶性岩层的裂隙、溶孔、溶洞中的地下水。其最明显特点是分布极不均匀。

liexian pendi

裂陷盆地（taphrogenic basin） 在引张应力条件下，被正断层围限的构造盆地，是断陷盆地中同压陷盆地相对应的一种盆地。它属岩石圈受拉伸而破裂沉陷形成的一种伸展构造，如松辽盆地、华北平原盆地、江汉盆地、汾渭地堑、河套断陷、银川地堑等。同压陷盆地一样，裂陷均受活动断裂控制，构成活动盆地地带，一般既是强震活动带所在地，又是能源、矿产的富集地。

linjie juzhen

邻接矩阵（adjacency matrix） 在网络系统分析中，表示节点间连接关系的矩阵。邻接矩阵的元素，通常以1表示两点间有边连接，以0表示两点间无边，或该边已破坏失效而无连通。

linjie gangdu

临界刚度（critical stiffness） 在滑动面具有速度弱化性质的弹簧—滑块系统中，存在一个刚度值的分界，当系统刚度大于这一分界值时，在微小扰动下是稳定的；反之，是不稳定的。这一刚度分界值称为临界刚度。临界刚度是速率与状态摩擦本构关系中的摩擦本构参数和有效正应力的函数。

linjie gaodu

临界高度（critical height of slope） 安全系数等于1的土坡垂直高度或软土地基上的填土高度。

linjiejiao

临界角（critical angle） 当地震波穿越不同界面时，产生透射角为90°的透射波时透过界面的入射角。

linjie kongxibi

临界孔隙比（critical void ratio） 在密砂与松砂之间，总有某个孔隙比使砂受剪切时体积不变，称其为临界孔隙比。它是土在某应力状态下排水受剪，体积不变，既不膨胀也不收缩时的孔隙比。例如，松砂受剪切时体积变小，即孔隙比减小；密砂受剪切时发生剪胀现象，使孔隙比增大。

linjie pinlü

临界频率（critical frequency） 电离层各层能够垂直反射的无线电波的最大频率。在结构工程中，有时把结构的自振频率作为控制共振发生的临界频率。

linjie rushe

临界入射（critical incidence） 当地震波传播到速度分别为 v_1 和 v_2 的不同土层界面时，有一部分波将透过界面形成透射波，其透射角 β 与入射角 α 的关系符合斯奈尔定律 $\sin\alpha/\sin\beta = v_1/v_2$。当 $v_2 > v_1$，且入射波满足 $\sin\alpha = v_1/v_2$ 时，产生透射角 $\beta = 90°$ 的透射波，即为临界入射现象。

linjie shuili tidu

临界水力梯度（critical hydraulic gradient） 渗流出溢处土体发生流土或管涌时的水力梯度。水力梯度就是沿地下水流方向上单位渗透途径上的水头损失，该梯度是濒临渗透破坏时的水力梯度。管涌破坏的临界水力梯度可根据其与土中细粒含量或土的渗透系数的关系来确定。

linjie yingli zhunze

临界应力准则（critical stress criterion） 判断断层是否破裂的准则。该准则规定：如果断层面上的一个点的应力达到某一个临界应力，该点就破裂，那么此临界应力可以由断层面上的破裂摩擦模型控制。格里菲斯准则和欧文准则在数值计算中难以直接应用，在地震断层破裂动力问题中，采用根据欧文准则变换的临界应力准则。采用离散方法进行数值计算时，当破裂前峰前面的一个网格内的平均应力超过了某个应力后，该网格就破裂。

linjie zhenji

临界震级（critical magnitude） 研究表明，不论地震大小，断层滑动速度和破裂传播速度大体上是一致的。地震越大，地震这一现象从开始到结束需要时间就越长。因此，随着地震震级增大，长周期成分的地震波越占优势，而短周期成分不同时变大。因此，用短周期波确定的震级无法表征大地震的大小，即出现震级饱和。这个达到饱和的最大震级即为临界震级或饱和震级。

linjie zuni

临界阻尼（critical damping） 阻力使振动物体刚能不做周期性振动而又能最快地回到平衡位置时的阻尼（阻尼比等于1）。对静止弹性体系的某点给以初始位移后，使该点返回并越过原位一次再逐渐回归原位所需的阻尼。任何一个振动系统，当阻尼增加到一定程度时，物体的运动是非周期性的，物体振动可能一次都不能完成，只是缓慢地回到平衡位置而停止振动。如果阻尼再增大，系统则需要较长时间才能达到平衡位置，这样的运动称为过阻尼状态；系统如果所受的阻尼力较小，则要振动很多次，而振幅在逐渐减小，最后才能达到平衡位置，这样的运动称为欠阻尼状态。

linjie zunibi

临界阻尼比（critical damping ratio） 振动体系黏滞阻尼系数与临界阻尼系数的比值，是结构地震反应分析的重要参数。

linjie zuni xishu

临界阻尼系数（critical damping coefficient） 单自由度体系的自由运动方程的解，可定义 $c_c = 2m\omega_0$ 为临界阻尼系数。式中，ω_0 为振动体系的圆频率，$\omega_0 = \sqrt{k/m}$；m 为单自由度体系的质量。只有当体系的阻尼系数 c 小于临界阻尼系数 c_c 时，单自由度体系才能处于振动状态。

linkongmian

临空面（free face） 在岩体工程中，岩体及土体与空气或水的外部分界面。该面既有天然形成的，也有人工形成的，是评价岩土体稳定性的重要界面。

linshi bianpo

临时边坡（temporary slope） 仅在短时间或工程施工期处于临空状态，修建建筑物后边坡不再处于临空状态的边坡。在岩土工程中，设计使用年限不超过 2 年的边坡均可认为是临时性边坡。

linsu hezai

临塑荷载（critical edge load） 在基础边缘的地基中刚要出现塑性区时基底单位面积上所承担的荷载，它相当于地基从压缩阶段过渡到剪切阶段时的界限荷载，即 $P - S$ 曲线上 a 点所对应的荷载，也称比例界限。

linzhen yingji

临震应急（imminent earthquake emergency management） 政府发布了地震临震预报后，地震发生之前在预报区采取的紧急防御行动和措施。其目的是保障公民的人身安全，使财产、重要设施不受或少受损失，防止次生灾害发生和扩大。1975 年 2 月 4 日，辽宁海城发生 7.3 级地震前，政府成功地发布了临震预报，并采取了有效的临震应急，极大地减少人员伤亡和经济损失，证明临震应急具有显著的社会效益和经济效益。

linzhen yingjiqi

临震应急期（emergency period of imminent earthquake） 临震应急响应时段。临震应急期有一定的时限，我国的临震应急期一般为 10 天左右，一旦预期的地震发生，临震应急期随即宣告结束，地震应急工作转为震后应急阶段。

linzhen yubao

临震预报（impending earthquake prediction） 大震前数天以内的地震预报，是对 10 日内将要发生地震的时间、地点、震级的预报。在我国临震预报和地震短期预报的发布权限相同。

linzhen yubao fang'an

临震预报方案（imminent earthquake forecast scheme） 地震重点监视防御区所在的地震主管部门或机构制定的临震预报警戒指标和应急对策等。

linrong zuoyong

淋溶作用（eluviation） 土中物质随水流向下层移动的作用，也称淋滤作用。下渗的水流是通过溶解、水化、水解、碳酸化等作用，使土壤表层中部分成分进入水中并被带走。依其淋溶强度，可分为 K、Na 淋溶，Ca、Mg 淋溶，黏粒淋溶及 Fe、Al 淋溶等。随着淋溶作用的不断进行，土层将被逐步的酸化。

lingmindu

灵敏度（sensitivity） 某方法对单位浓度或单位量待测物质变化所致的响应量的变化程度，可以用仪器的响应量或其他指示量与对应的待测物质的浓度或量之比来描述。在岩土工程中，是指不扰动黏性土样的无侧限强度与同密度、同含水量重塑土的无侧限强度的比值。

lingxing ququ

菱形屈曲（rhombus buckling） 薄壁圆柱型钢储罐罐壁出现雁行斜向分布的菱形凹陷的失稳破坏形式。菱形屈曲源自罐壁中过大的轴向压应力。重力作用效应、含液体振荡效应在内的地震作用效应和浮放罐的罐底提离，将导致罐壁局部失稳。

lingci kongjian

零磁空间 （magnetic field free space） 采用磁屏蔽技术对外界磁场实施屏蔽，产生的磁场强度近似为零的空间。

lingci kongjian shiyan

零磁空间实验 （experiment in magnetic field-free space） 在由磁屏蔽方法形成接近于零磁场的时空内，完成各种物理实验及各种生物实验。

lingdian piaoyi

零点漂移 （zero drift） 范围下限值上的点漂，简称零漂。当下限值不为零值时方称为始点漂移。在电学中，是指当放大电路输入信号为零（即没有交流电输入）时，受温度变化、电源电压不稳等因素的影响，使静态工作点发生变化，并被逐级放大和传输，导致电路输出端电压偏离原固定值而上下漂动的现象。

lingji dizhen

零级地震 （earthquake of magnitude zero） 美国地震学家里克特（C. F. Richter）定义的零级地震为：在震中距100km处，地震图上记到最大水平地动位移为1μm的地震，其震级为零。

lingjiaofa

零交法 （zero-crossing method） 分析信号频谱特性的简便方法。该法是在记录上按波形正、负幅度，大致对称划出零线，取记录曲线与零线相交的相邻交点间隔时间的两倍作为一个周期，依次读取进行统计，以周期为横坐标、相应周期的出现次数为纵坐标，得到不同周期的周期–频度曲线。

lingpin dizhenxue

零频地震学 （zero frequency seismology） 一种研究震源波谱的理论的学科，主要用于测定（特别是低频）震源物理和力学参数，如震源深度、地震矩、应力降、平均位错和破裂速度等。地震波谱是震源辐射的地震波在频率域的一种描述。它与震源力学参数有密切联系，要寻找这种关系，必须涉及具体的震源模式。新西兰地震学家布龙（K. E. Bullen）的圆盘位错模式中，振幅谱在低频处近似常数，记为 $\Omega(0)$，称波谱的零频值。求出波谱零频极限值 $\Omega(0)$ 和拐角频率 f_0，就可以得到地震震源参数，如地震矩、应力降、等效圆盘位错半径和断层面面积等。

lingxian

零线 （zero line） 强震记录中幅值为零的直线。基于零线才能读取正确的记录数值。由于多种原因，强震记录的零线有时会走样，需要调整。

lingxian jiaozheng

零线校正 （baseline correction） 对强震动仪读数等随机误差引起零线畸变的校正处理。零线调整是针对零线的平移和偏转误差的处理。因读数随机误差、记录纸的畸变等也会给记录零线带来高频和低频的干扰，故须进行相应的零线校正。

lingxian tiaozheng

零线调整 （adjusting of zero baseline） 对强地震动模拟记录的零线误差进行校正处理。强震动记录中幅值为零的各点集合为直线，称为零线。基于零线才能读取正确的记录数值，但早期模拟记录没有记录零线，或者由于记录纸传动机构中的横向走动，感光介质经化学溶液处理后变形等使记录零线走样。又由于在半自动化数字化仪读数时的读数基轴可能与零线有一定的平行距离或倾斜，这样会将零线的误差带入读数，零线调整就是调整这一误差。

lingzhi wucha

零值误差 （zero error） 被测量为零值的基值误差，或测得值为零值时的基值测量误差。

liubianxing

流变性 （rheological property） 物质在外力作用下的变形和流动性质，主要指物质流动过程中应力、形变、形变率和黏度之间的联系。流体的黏性不同，施加于流体上的剪切应力与剪切变形率（剪切速率）之间的定量关系也不同。在岩土过程中，是指土体应力应变关系与时间有关的特性，主要包括蠕变特性、应力松弛特性、黏滞流动特性和长期强度特性等。

liubianxue

流变学 （rheology） 研究材料在应力、应变、温度、湿度、辐射等条件下与时间因素有关的变形和流动的规律的力学的一个新分支。流变学当前主要研究蠕变和应力松弛、屈服值、流变模型和本构方程等问题。

liuchang

流场 （stream field） 流体流动所占据的空间。在一个流场中，速度、压强等都会发生变化。在飞行的情况下，这是由飞行器的运动造成的；在风洞实验里，则是因为在均匀直线气流里放了模型，模型对气流产生扰动而造成的。它也是用欧拉法描述的流体质点运动，其流速、压强等函数定义在时间和空间点坐标场上的流速场、压强场等的统称。

liudong dizhen jiance

流动地震监测 （mobile earthquake monitoring） 为某项具体研究任务或震情跟踪工作需要开展的野外地震监测。

liudong dizhenyi

流动地震仪 （portable seismograph） 用于地震现场考察等监测前震或余震，以及震群等活动，或为某个特定的、临时性的地震观测而使用的轻便型地震仪器设备。

liudong shuizhun celiang

流动水准测量 （mobile leveling measure）　在地壳形变监测中所开展的具有周期性的跨断层水准测量。

liudong taizhan

流动台站 （mobile station）　在短临预报可能发生强震的地区，或强地震发生后，短期内临时布设的强震动观测台站。

liuliang

流量 （flow rate）　单位时间内通过过水断面的水体体积。流量也是网络信息技术名词，指在一定时间内打开网站地址的人气访问量或者是手机移动数据的通俗意思。

liuliangji

流量计 （flowmeter）　用以测定流量的仪器。按工作原理，流量计可分为有差压式流量计、转子流量计、节流式流量计、细缝流量计、容积流量计、电磁流量计、超声波流量计、涡轮流量计和涡街流量计等；按介质，其可分为液体流量计、气体流量计、蒸汽流量计以及固体流量计等。在岩土工程中，是指用于测量管道或明渠中流体流量的仪表，可分为瞬时流量计和累计流量计，瞬时流量计即测量单位时间内通过封闭管道或明渠有效截面流体的量；累计流量计即测量在某一段时间间隔内流过封闭管道或明渠有效截面流体的累计量。

liuliang wending xishu

流量稳定系数 （flux stabilization coefficient）　水文地质学中，井（泉）水的年最小流量与年最大流量之比。是评价井（泉）流量稳定性的参数，其值越大，稳定性越好，反之亦然。

liusha

流砂 （quick-sand）　在饱和的松砂中，当土骨架有剪切变形的趋势而排水条件不良时，土的剪缩势使砂土中的超静孔隙水压力大幅度提高，有效应力和抗剪强度骤然下降，导致砂土流动的现象。

liusu

流速 （velocity of flow）　流场中任一流体质点在单位时间内的位移。实验结果表明，在气体和液体中，流速越大的位置，压强越小。

liusu shuitou

流速水头 （velocity head of flow）　与水体平均流速的平方除以两倍重力加速度相当的水柱高度。

liuti

流体 （fluid）　具有流动性的物体，可以是液体、蒸气或气体。液体会充满容纳它的容器，但它可能有一自由面（在此面上除液体自己的蒸气压力以外一切压力均不存在的），所有液体相对来说都是不可压缩的。蒸气是这样一类气体，它的温度和压力使它非常接近于液态，于是水蒸气被认为是一种蒸气，因为它的状态与水的状态相差不远。气体可以定义为高度过热的蒸气，它的状态与液态相差甚远；空气被认为是一种气体，因为它的状态通常距液态空气的状态很远。气体极易压缩，并且当所有的外部压力都去掉时趋于无限膨胀，因而气体仅在完全被密封的状态时才处于平衡。

liuti lixue

流体力学 （fluid mechanics）　研究在各种力的作用下，流体本身的静止状态和运动状态以及流体和固体界壁间有相对运动时的相互作用和流动规律的一个力学分支。

liuti zuni

流体阻尼 （fluid damping）　结构在流体中运动（包含振动）受到的阻力。一般与速度的平方称正比，其数学建模与流体的黏度、密度、物体在流体介质中的运动速度有关。

liutu

流土 （soil flowing）　当向上渗流的地下水的流速超过临界状态时，渗透力使水流逸出处的土颗粒处于悬浮状态，造成地面隆起，水土流失的现象。

liuwang

流网 （flow net）　由流线和等势线组成的正交网格。水文地质学中是指在平面图或剖面图上由反映地下水在渗流场中运动方向、流速等要素的两组互相正交的流线和等势线所组成的网。运用流网可以计算流速分布，从而计算压力分布和流量。

liuwenyan

流纹岩 （rhyolite）　具有流纹状结构，化学成分与花岗岩相当的酸性喷出岩，是火山岩的一种类型。

liuxian

流线 （streamline）　在流场中每一点上都与速度矢量相切，并反应流体流动趋势的一条曲线。在同一已知时刻内，曲线上任一流体质点的流速方向与该曲线的切线方向相重合。流线是同一时刻不同流体质点所组成的曲线，它给出该时刻不同流体质点的速度方向。流线和迹线是两个具有不同内容和意义的曲线。迹线是同一流体质点在不同时刻形成的曲线，它和拉格朗日（Joseph-Louis Lagrange）观点相联系；流线则是同一时刻不同流体质点所组成的曲线，它和欧拉（Leonhard Euler）观点相联系。这两种具有不同内容的曲线在一般的非定常运动情形下不重合，只有在定常运动时，两者才在形式上重合。

liuyu

流域 （drainage basin）　由分水岭所圈定的集水范围（汇

L

水面积）的统称。流域在狭义上是指河流的干流和流所流过的整个区域；在广义上指一个水系的干流和支流所流过的整个地区。流域通常分为地面集水区和地下集水区两类。如果地面集水区和地下集水区相重合，称为闭合流域；如果不重合，则称为非闭合流域。平时所称的流域，一般都指地面集水区。

liu-gu ouhe zuoyong

流-固耦合作用（fluid-solid interaction） 地震作用下，库水动荷载与坝体变形或运动间的相互影响。一般情况下，坝体在强地震动和动水压力的作用下将产生变形，坝体的变形又将改变库水的边界条件，影响坝面动水压力分布。

liupanshan-qilianshan dizhendai

六盘山—祁连山地震带（Liupanshan-Qilianshan earthquake belt） 国家标准 GB 18306—2015《中国地震动参数区划图》划分的地震带，隶属青藏地震区。该地震带处于青藏地震区青藏地震区的东北缘，主要分布在青海、甘肃和宁夏的部分地区，包括整个祁连山地区及河西走廊、六盘山、宁夏南部的中宁、海原、固原等地。在大地构造上，其总体位于加里东期地槽褶皱系内，属加里东期中朝准地台西南边缘的裂陷带。沿祁连山重力异常梯级带宽达 300km，也是青藏高原地区东北边缘的地壳厚度变异带，地壳厚度平均约 55km。带内新构造运动强烈，以挤压褶皱、高角度逆冲断裂为主要特征。该地震带内的主要活动断裂带分北西西和北北西两个方向组，北西西向的有北部的河西走廊活动断裂系的榆木山北缘断裂、祁连山北缘断裂、皇城－双塔断裂等；北北西向的有东部的庄浪河断裂等。带内地震活动强度大、频度高，具有成带分布特征，该区最早地震记载始于公元 180 年，公元 180 年至 2014 年 4 月共记载到 5.0 级以上地震 96 次。其中，5.0～5.9 级地震 70 次；6.0～6.9 级地震 20 次；7.0～7.9 级地震 9 次；8.0～8.9 级地震 2 次，最大的为 1920 年 12 月 16 日宁夏海原 8½ 级特大地震。该带本底地震的震级为 6.0 级，震级上限为 8.5 级。

longmenshan dizhendai

龙门山地震带（Longmengshan earthquake belt） 国家标准 GB 18306—2015《中国地震动参数区划图》划分的地震带，隶属青藏地震区。该带位于六盘山—祁连山地震带的南侧，其西为巴颜喀拉山地震带和柴达木—阿尔金地震带，其东侧为长江中下游地震带，主要分布在四川、甘肃和宁夏等地区，主要包括了龙门山山脉及秦岭的西段。在大地构造上为龙门山褶皱带与秦岭褶皱系的一部分，带内北部以北西西向的西秦岭北缘断裂带及甘南—川西北弧形构造系为主，南部则以北东向的龙门山断裂带为主体构造格架，并发育有近南北向的岷江断裂、虎牙断裂等，是青藏高原东缘的重要组成部分。深部构造资料亦表明，本带是柴达木—阿尔金地震带、六盘山—祁连山地震带所对应的地壳厚度陡变带、重力梯级带和航磁异常带向南的延续，也是中国大陆东西部地区地壳结构和特征具明显差异的分界线。

该地震带位于我国著名的南北地震带的中部，强烈地震主要丛集在天水—武都—松潘—茂县一带，是青藏高原北部主要强震活动带之一。截至 2010 年 12 月，该区共记录到 5.0 级以上地震 184 次。其中，5.0～5.9 级地震 133 次；6.0～6.9 级地震 39 次；7.0～7.9 级地震 9 次；8.0～8.9 级地震 3 次，最大地震是 1654 年甘肃天水 8.0 级特大地震、1879 年甘肃武都 8.0 级特大地震和 2008 年汶川 8 级特大地震。该带本底地震的震级为 6.0 级，震级上限为 8.0 级。

longmenshan gouzaodai

龙门山构造带（Longmenshan tectonic belt） 它北起广元、南抵天全，全长约 500km，宽约 30km，呈北东向分隔四川盆地与松潘—甘孜褶皱带，北东与秦岭造山带相交，南西截切于康滇地轴也称龙门山造山带。龙门山原属于扬子地块西部组成部分，古特提斯洋印支期闭合造山导致扬子陆块西缘开始褶皱隆升造山，并逐步形成三条控制性断裂，自西而东依次为汶川—茂汶断裂、北川—映秀断裂和江油—灌县断裂。燕山期龙门山造山带继续上升，研究表明，龙门山造山带构造演化至少经历了中三叠世之前稳定大陆边缘发展、中三叠世末边缘海发育、晚三叠世挤压褶皱和逆冲推覆、中侏罗世—白垩纪逆冲推覆与滑覆、新生代逆冲推覆与侧向走滑六个阶段。在喜马拉雅期，印度板块与欧亚板块的碰撞作用导致青藏高原大规模快速隆升，并持续向北、向东扩散逃逸。向东逃逸的物质受到来自扬子刚性块体的抵挡，从而在龙门山发生强烈的缩短变形，沿先存的三条主要断裂带发生大规模逆冲推覆，并在东部山前形成隐伏断裂。2008 年，在该构造带上发生了汶川 8.0 级特大地震，造成了巨大的损失。

longqi

隆起（heave） 岩土工程中，在基坑开挖时由于坑底土的卸荷回弹、塑性流动等引起的坑底上隆的现象。

longxi dizhen

陇西地震（Longxi earthquake） 发生于东汉永和三年二月乙亥（公元 138 年 2 月 28 日）的一次地震。当时张衡的候风地动仪放在洛阳，距震中约 700km，据初步考证，地震触发了候风地动仪，记录了陇西地震，这是人类历史上第一次用测震仪器记到的破坏性地震，震级估计为 6¾ 级。据史书《后汉书·顺帝纪》记载，地震时，"二郡山岸崩，地陷"；《后汉书·五行志》记载"地震裂，城郭、室屋多坏，压杀人"；"闰四月乙酉时又震"。

louban

楼板（floor） 直接承受楼面荷载的板，也是建筑物中水平方向分隔空间的构件。有预制板和现浇板两种，现在多用现浇板。

louban fanyingpu

楼板反应谱（floor response spectrum） 见【楼层反应谱】

louban jubu bulianxu

楼板局部不连续（floor slab local discontinuity） 楼板设置不均匀和楼板平面内刚度的急剧变化造成的不规则性。多层建筑中为了竖向交通的需要或其他目的在楼板上设置的洞口将削弱楼板刚度、洞口周边形成薄弱部位，影响水平地震作用的传递。当开洞面积大于该层楼板总面积的30%时，或有效楼板宽度 b 小于该楼层楼板宽度 B 的50%时，可判定为楼板局部不连续。

louceng chengzaili tubian

楼层承载力突变（sudden change of storey bearing capacity） 建筑某层的抗剪承载力与邻层相比明显偏小形成薄弱层。薄弱层相对其他楼层会先期出现塑性铰、发生破坏，从整体考虑既不经济也不安全。当建筑某楼层的抗剪承载力小于相邻上一楼层承载力的80%时，可判定为楼层承载力突变。

louceng fanyingpu

楼层反应谱（floor response spectrum） 由结构体系中某一楼层或某一高度的地震反应时间过程生成的反应谱，也称楼面反应谱或楼板反应谱。该反应谱可用于计算支承于相应楼层或高度上的设备的地震反应。抗震设计中使用的楼层反应谱有多种不同的形式。国家标准 GB 50267—97《核电厂抗震设计规范》规定，核电厂的设计楼层反应谱包括两个水平方向和竖向的反应谱。

louceng qufu qiangdu xishu

楼层屈服强度系数（storey yield strength coefficient） 建筑结构某一楼层的抗力与相应地震作用效应的比值。国家标准 GB 50011—2010《建筑抗震设计规范》规定，楼层屈服强度系数是确定罕遇地震作用下结构薄弱层层间弹塑性位移增大系数应考虑的一个变量。

loumian fanyingpu

楼面反应谱（floor response spectrum） 见【楼层反应谱】

loumian huohezai

楼面活荷载（floor live load） 楼面上供计算使用的直接作用，通常以等效的面分布力表示。

louti

楼梯（stairs） 由连续行走的梯级、休息平台和维护安全的栏杆（或栏板）、扶手以及相应的支托结构组成的作为楼层之间垂直交通用的建筑部件。设置楼梯的专用空间称为楼梯间。由楼梯的梯段和休息平台内侧面围成的空间称为楼梯井。

loutijian

楼梯间（staircase） 见【楼梯】

loutijing

楼梯井（stairwell） 见【楼梯】

louwugai

楼屋盖（roof） 建筑物各楼层之间和屋顶承受重力荷载并传递水平力的结构。通常将设于楼层之间者称楼盖；将设于屋顶者称屋盖。

lubangxing

鲁棒性（robustness） 当控制系统的参数发生扰动或观测数据混有噪声时，系统仍可保持稳定正常运行的属性。鲁棒性一词通常的含义为强壮、稳健、抗扰动等，早期曾出现于统计学分析、也曾用于微分方程的研究。在 20 世纪 70 年代以后，该词被广泛用于控制系统的分析。

ludi zhenyuan

陆地震源（land source） 发生在陆地上的地震的震源。陆地震源的深度一般较浅。

lu'nei dizhendai

陆内地震带（intracontinental seismic zone） 大陆内地震活动性与地震构造条件密切关联的地带，即大陆内地震密集分布的地带。

lupeng

陆棚（continental shelf） 见【大陆架】

luxiang

陆相（continental facies） 在大陆环境中形成的沉积相，是和海相相对的一类沉积相，即在陆地地区形成的沉积。陆地总体以接受剥蚀为主，但在相对低洼地区可接受沉积。

ludi

路堤（embankment） 在天然地面上用土或石填筑的具有一定密实度的高于原地面的土石料填方路基。铁路工程常用这种路基。

luji

路基（roadway） 铁路轨道或道路路面下的基础建筑。自然地面起伏不平，为了使路面平顺，在自然地面低于路基设计标高处需要填筑成路堤；在自然地面高于路基设计标高处，则需要开挖成路堑。路基必须具有足够的强度和稳定性，即在其本身静力作用下地基不应发生过大沉陷；在车辆动力作用下不应发生过大的弹性或塑性变形；路基边坡应能长期稳定而不坍滑。为了达到上述目的，须在必要处修筑一些路基附属建筑物，如排水沟、护坡、挡土结构等。

luji biangou

路基边沟（subgrade side ditch） 为汇集和排除路面、路肩及边坡的流水，在路基两侧设置的纵向排水沟。

luji dangtu jiegou

路基挡土结构（subrade tetaining structure） 用于支挡路堑边坡或路堤填土的侧面，承受土体的侧向土压力以防止坍塌的构筑物。挡土墙与土相接触的面称为墙背，另一侧称为墙面。墙背最低点称为墙踵，墙面最低点称为墙趾。

luji kangzhen sheji

路基抗震设计（seismic design of subgrade） 为防止地震作用下路基的破坏而进行的专项结构设计。路基是公路和铁路轨道或道路路面下的基础构筑物。当地面低于路基设计标高时应该修筑路基，反之应该开挖路堑。行业标准 JTG B02—2013《公路工程抗震设计规范》和国家标准 GB 50111—2006《铁路工程抗震设计规范》均具体规定了路基和路堑的抗震设计要求。

luji kuandu

路基宽度（width of subgrade） 路基横断面上两路肩外缘之间的宽度。公路路基宽度为行车道路面及其两侧路肩宽度之和。当设有中间带、紧急停车带、爬坡车道、变速车道、错车道时，还包括这些部分的宽度。

lumian

路面（road pavement） 用筑路材料铺筑在公路路基上面，供车辆行驶的一层或多层的道路结构层，包括面层（含磨耗层）、基层和垫层。道路路面随着运输工具的发展而发展。远古时代，在车辆尚未出现以前，人类主要是在一些沼泽地带用木头、树枝铺路，供步行之用，这是一种最简单的路面。在发明车轮和车辆以后，需要有较平整坚实的路面供人力和兽力车辆行驶，人们便开始用天然黏土、砂砾、石料、石灰以及天然沥青等修筑路面。例如，中国用砖块、石块、石灰等修路，俄国用木材、碎石等修路，英国、法国等用碎石、块石等修路。至 19 世纪，英国公路工程学家马克当（J. L. MacAdm）用水结碎石修路成功，随有马克当路面之称。自汽车发明后，对路面的要求日高，所用筑路材料和路面种类日益增多，路面设计、施工和养护技术等也相应地迅速发展，逐渐形成了路面工程这一学科分支。

lumian kuandu

路面宽度（width of pavement） 公路上行车道的路面的宽度。路面宽度即道路宽度，在城市规划中是车行道与人行道宽度，不包括人行道外侧只沿街的城市绿化等用地宽度和路缘石宽度，主要由交通量来决定。

luqian

路堑（cutting） 在道路工程中，低于原地面的挖方路基，主要作用为缓和道路纵坡或越岭线穿越岭口的控制标高。

luxian jiaocha

路线交叉（route intersection） 两条或两条以上公路的交会。公路与公路之间的交叉也是公路路网的系统节点。

lujin

露筋（reveal of reinforcement） 构件内的钢筋未被混凝土包裹而外露的缺陷。造成露筋的原因有灌筑混凝土时，钢筋保护层垫块位移或垫块太少或漏放；混凝土保护层太小或保护层处混凝土振捣不实；或振捣棒撞击钢筋或踩踏钢筋，使钢筋位移；木模板未浇水湿润，吸水黏结或脱模过早，拆模时缺棱、掉角；结构构件截面小、钢筋过密、石子卡在钢筋上，使水泥砂浆不能充满钢筋周围；混凝土配合比不当，产生离析，使模板部位缺浆或模板漏浆等。

loutou

露头（outcrop） 岩体或构造在地面上裸露，而且能被寻找和观察到的形迹，即地质现象在地表面的出露点。

lürong

吕荣（Lugeon） 在压水试验中，在 1MPa 水压下，每米试验段每分钟所吸收的水量为 1L 的渗透性单位，也称吕荣单位。

lüdilü

绿地率（green space ratio） 在一定范围内，各类绿地总面积占该用地总面积的百分比，绿地率一般应不低于30%。

lüse jianzhu

绿色建筑（green building） 在建筑的全寿命周期内，最大限度地节约资源（节能、节地、节水、节材），保护环境和减少污染，为人们提供健康、适用和高效的使用空间，并与自然和谐共生的建筑。

lüse shigong

绿色施工（green construction） 一种大力倡导的施工管理方式。其主要特点是建设工程施工阶段严格按照建设工程规划、设计要求，通过建立管理体系和管理制度，采取有效的技术措施，最大限度节约资源，减少能源消耗，降低施工活动对环境造成的不利影响，提高施工人员的职业健康安全水平，保护施工人员的安全与健康。

lübo

滤波（smoothing） 将信号中特定波段频率滤除的操作，是抑制和防止干扰的一项重要措施。滤波分为经典滤波和现代滤波。在强震观测资料整理时，滤波是指将强震动记录中高低通截止频率之外的频率成分滤除的操作。

lüboqi

滤波器（filter） 在振动信号处理中，能选择通过或抑制消除某些频率成分的装置或算法。在时间序列信号获取和传输过程中，不可避免地要包含各种复杂因素引起的噪声，为最大限度消除噪声的干扰，应使用滤波器对原始信号进行处理，提取其中的有用信息。滤波器广泛应用于地震监测、强震观测、地球物理勘探、振动测试、通信、广播等领域，以及雷达、声呐和其他大量仪器设备中。

L

lüliao

滤料（filter material） 按含水层平均粒径选配的一定规格的砂砾石填料，填充在滤水管与孔壁之间起滤水挡砂作用。

luanshi

卵石（cobble） 粒径大于 20mm 的颗粒质量超过土粒总质量的 50%，粒径大于 200mm 的颗粒质量不超过土粒总质量的 50%，且颗粒以圆形和亚圆形为主的土。

luoxuanban hezai shiyan

螺旋板荷载试验（screw plate loading test） 将圆形螺旋板旋入地下预定深度，通过传力杆向螺旋板施加荷载，同时量测螺旋板沉降的荷载试验。

luoxuan zuantou

螺旋钻头（auger） 具有螺旋形叶片，用于回转切削钻进土层的钻头。

luomapulieta dizhen

洛马普列塔地震（Loma Prieta earthquake in American） 1989 年 10 月 17 日，在美国加利福尼亚州洛马普林塔（Loma Prieta）发生了 7.1 级地震，震中位于旧金山市南大约 100km 的太平洋滨海地区，震中烈度为 IX 度。地震造成约 62 人死亡，其中 42 人是由于离震中 90km 处的赛普里斯双层高架桥坍塌而被砸死在汽车里，这是地震发生在白天的一个重要的震害特点。地震还造成 60 亿美元的财产损失，生命线系统遭到破坏，且再次显示出滨海软弱地基加重震害的特点。

luoyangchan

洛阳铲（Luoyang spoon） 半圆筒形的铁铲，用于浅层土探测的工具。它是中国河南洛阳附近村民李鸭子于 20 世纪初发明，并被后人逐渐改进。它是中国考古钻探工具的象征，最早广泛用于盗墓，后成为考古学和工程地质勘察的工具。1970 年代初，中国考古代表团访问阿尔巴尼亚时，曾赠送给阿尔巴尼亚一把打造精致的洛阳铲。

luoshuidong

落水洞（sinkhole） 沿裂隙溶蚀侵蚀形成的直达溶洞或地下河的垂向泄水通道。它是地表水流入地下的进口，表面形态与漏斗相似，是地表及地下岩溶地貌的过渡类型。它形成于地下水垂直循环极为流畅的地区，即在潜水面以上。由于落水洞常沿构造线、裂隙和顺岩层展布方向呈线状或带状分布，因此是判明暗河方向的一种重要标志。

M

mamian

麻面（pockmark） 混凝土表面因缺浆而呈现麻点、凹坑和气泡等缺陷。出现麻面应及时处理，以保证混凝土结构和构件的质量。

madaoshu

马刀树（diverted trees） 滑坡体上的树木随岩土体滑动而歪斜，在滑动停止后树木的上部又逐年转为直立状态的树木。它是在野外识别滑坡的明显标志之一。

maheshu

马赫数（Mach number） 流体力学中表征流体可压缩程度的一个无量纲参数，记为 Ma，定义为流场中某点的速度 v 同该点的当地声速 c 之比，即 $Ma=v/c$，它是以奥地利学者马赫（Ernst Mach）的姓氏命名的。

mahezhui

马赫锥（Mach cone） 当一个微弱的点扰源（如尖头弹丸的顶尖）以超声速在大气中运动或位于超声速匀直流中时，存在一个以点扰源为顶点、把空间分为扰动区和未扰动区的锥面，称为马赫锥，锥的半顶角称为马赫角。它是奥地利学者马赫（Ernst Mach）于 1887 年在分析弹丸扰动的传播图形时首先提出而得名。

malan huangtu

马兰黄土（Malan loess） 晚更新世黄土地层 L1 的名称。由中国地质学家刘东生、张宗祜等于 1962 年命名。命名的剖面位于北京市门头沟区斋堂镇东斋堂村北山天仙庙东侧（坐标为 39.97622°N、115.692794°E），清水河右岸二级阶地上。马兰黄土呈浅灰黄色，疏松、颗粒较均匀，以粉砂为主，呈块状，大孔隙显著，垂直节理发育。层中钙质结核小而少，常零散分布。黏土矿物主要是伊利石、蒙脱石和少量的高岭土、针铁矿等，其厚度分布从数米到数十米不等。如秦岭北翼仅厚 2～5m，甘肃兰州可达 50m。整合覆于离石黄土之上。在马兰黄土中段可见哺乳动物化石、孢粉和较多木本植物等，还有一些蕨类和苔藓的孢子。马兰黄土的年代为距今 70～10ka，包含两个粗粒层和中间一个细粒层，分别记录了距今 20～10ka 和 70～50ka 两个干冷气候期。

matou

码头（wharf） 供船舶停靠、装卸货物、上下旅客用的水工构筑物，也称渡头。通常见于水陆交通发达的商业城市，多数是人造的土木工程构筑物，一些较小的码头也可能是天然形成。人类利用码头，主要是作为渡轮泊岸上落乘客及货物之用，还可作为吸引游客以及约会和集合的地标。

matou kangzhen sheji

码头抗震设计（seismic design of wharf） 为防止和抗御地震对码头的破坏而进行的专项设计。码头是供船舶停靠、货物装卸和旅客上下的水工构筑物，是水运和海洋工程的重要枢纽。从结构类型区分，码头有重力式、板桩式、高桩式和混合式等。各类码头在地震中受损现象非常普遍。码头结构多数建筑在软弱地基上，地震时承受强大的动土压力和动水压力。在结构、地基和水相互作用的复杂环境下，码头结构的抗震分析十分复杂。行业标准 JTS 146—2012《水运工程抗震设计规范》具体规定了码头抗震设计的基本内容和有关要求。

matou xiongqiang

码头胸墙（wharf breast wall）　在直立式码头上部的靠船面，装设防冲设备，挡住墙后回填料，并与下部结构连接成整体构件的墙体。

mayi suanfa

蚂蚁算法（ant colony algorithm）　模拟蚂蚁行为的启发式优化算法，也称蚁群算法。该算法由意大利学者 M. Dorigo 等于 1991 年提出，它是继神经网络、遗传算法、模拟退火、禁忌搜索之后的又一种进化算法；该法已在组合优化、调度、路由设计、数据挖掘、故障诊断等领域获得应用，显示了可求解复杂优化问题的广阔前景。

maidi guandao kangzhen

埋地管道抗震（earthquake resistance of buried pipeline）地下管道的地震反应分析方法、抗震设计和抗震措施相关研究，是生命线工程抗震的重要组成部分。埋地管道是供水、排水、供气、热力、输油等生命线工程系统的基本构件，在地震中容易遭受破坏，并有可能引发各种地震次生灾害。国家标准 GB 50032—2003《室外给水排水和煤气热力工程抗震设计规范》和 GBJ 43—82《室外给水排水工程设施抗震鉴定标准》以及行业标准 SY/T 0450—1997《输油（气）埋地钢质管道抗震设计规范》等对埋地管道抗震设计和抗震鉴定、计算分析方法以及抗震措施做了详细的规定。

maidi guandao kangzhen cuoshi

埋地管道抗震措施（seismic measure of buried pipeline）基于震害经验或合理的概念得出的可有效提高埋地管道抗震能力的设计和施工方法。这些方法不完全依靠定量计算，主要涉及场地选择和处理，管道敷设方式，管道类型、材质和接口形式的选择等。场地条件对埋地管道的震害影响很大，因此在铺设管道，尤其干线管道时，要尽量选择抗震有利地段，避开软弱地基或易发生地基失效、滑坡、地裂缝的地段。

maidi guandao kekaoxing fenxi

埋地管道可靠性分析（reliability analysis of buried pipeline）考虑结构体系和外部荷载的不确定性、采用极限状态理论估计埋地管道抗震可靠度的理论和方法。

maidi guandao pohuai zhunze

埋地管道破坏准则（failure criteria of buried pipeline）

管道可靠性分析中对不同极限状态的规定。结构可靠度对应不同的极限状态，管道极限状态可以用两态破坏准则或多态破坏准则来表述。

maizhi jichu

埋置基础（embedded foundation）　基础底面在地面以下，有一定埋深的基础。基础的埋置深度应超过当地的冻结深度。基础埋置深度一般是指基础底面到室外设计地面的距离，对于地下室，当采用箱型基础或筏基时，基础埋置深度自室外地面标高算起。当采用独立基础或条形基础时，基础埋置深度应从室内地面标高算起。

maichong fansheshi chaosheng tanshangyi

脉冲反射式超声探伤仪（pulse reflection ultrasonic flaw detector）　超声法无损探测的一种设备。该仪器的设备发射电路产生的高频电波经换能器（探头）转换为超声波、并向被测物体内部发射。超声波在不同介质物体内的传播速度和衰减特性不同，一旦介质发生变化将产生反射。接受探头和接受电路采集超声波传播的始波、反射波或端面透射波，通过速度、波幅、波形、频率的分析可判断被测物体的缺陷、力学强度和厚度等，并利用显示器显示探测结果。

maichong xiaoying

脉冲效应（pulse effect）　近断层的速度时程或位移时程呈现出单个或几个简单的大幅脉冲现象，是近断层地震动的特征之一。其主要体现为速度脉冲，对高频分量不明显。

maichong yali

脉冲压力（pulse pressure）　在振动环境下储液容器的振荡效应分析中，是指脉冲质量对容器壁的水平动液压力。

maidong

脉动（microtremor）　见【地脉动】

maidong shiyan

脉动试验（microtremor tests）　应用高灵敏度振动测量仪器在地脉动作用下测试场地或结构的动力特性的试验。该试验应在无重大环境干扰（如重载车辆行驶、机械振动等）的条件下进行，应有足够长的采样时间（至少要持续几分钟），并对测量数据进行多段平均处理分析。脉动试验的优点和特点是无须使用激振设备，不受结构形式和大小的限制，简单易行。

maidongyi

脉动仪（microtremor instrument）　测量地脉动的仪器。该设备应选用低噪音、高倍率宽带的地震观测仪器，拾震器的频响应在 0.3s 至几秒周期范围有良好的反应，所使用的直流放大器应为低噪音、高倍率（$10^3 \sim 10^4$ 倍），记录器宜用低噪音、高灵敏度、慢速记录磁带机。

maizhuang liexishui

脉状裂隙水（veined fissure water）　存在于断裂破碎带、火成岩体的侵入接触带和各种裂隙密集带中的地下水。脉状裂隙水具承压水的特点，含水一般不均匀。

manxin zhunze

曼辛准则（Massing criterion）　动力荷载作用下关于土的单向应力-应变关系的基本规定。它是根据实验结果总结得出的土的单向应力-应变关系曲线（滞回曲线）的变化规律，是德国学者曼辛（Massing）首先提出的将初始荷载曲线放大的准则。

manshuiqiao

漫水桥（submersible bridge）　容许洪水漫过桥面的桥。它是建在河流上面简易的普通桥，水位稍稍上涨，就能从桥面上漫过，在次要的公路上，跨越常水位与洪水位高差较大且不通航的河流，同时洪水时间较短，交通允许暂时中断的条件下，桥梁标高可按常水位设计，洪水时允许水流从桥面漫过。

mandizhen

慢地震（slow earthquake）　见【缓震】

manjian shiyan

慢剪试验（slow shear test）　直接剪切试验时，在法向压力下使试样排水固结，然后慢速施加剪切力使之破坏的土力学试验。它是模拟土体的固结排水剪工况的试验。

mangce shiyan

盲测试验（blind test）　世界地震工程协会组织的国际性场地效应比较试验。将场地勘察结果、小震的基岩和土层记录，大震的基岩记录公布，在国际上组织研究人员用各自的方法建立模型，计算大震时土层上的地震动与实际记录比较，并考察不同方法的效果和差别。

mangduanceng

盲断层（blind fault）　地下深处未切穿至地表的断层，其标志为断端线尚未达到地表。

manggou

盲沟（blind drain）　建筑在地下的排水暗沟或暗管。它是埋置在路基或地基内的充填碎石或砾石等粗粒材料并辅以倒滤层的排水、截水暗沟，也称暗沟。

manggu

盲谷（blind valley）　前端被岩石陡崖阻挡，河水流入落水洞的断尾河流。喀斯特区的地表河流在下游地段常消失于落水洞或溶洞中形成的无出口的河谷，也称断尾河。这种河常发育于地下水水力坡降变陡处，是地下河袭夺地表河所致，因此，在地表水落入落水洞的上方为一陡壁。由喀斯特陡壁下流出的喀斯特泉或地下河，在地表出露形成的河流，称为断头河。

mangqu

盲区（blind zone）　在利用折射波法进行场地探测时，在两个震源点之间只有直达波，而不形成折射波的区域。

maoshi

毛石（rubble stone）　形状不规则的新鲜岩石。一般毛石是不成形的石料，处于开采以后的自然状态，是岩石经爆破后所得形状不规则的石块。通常，把形状不规则的毛石称为乱毛石；有两个大致平行平面的毛石称为平毛石。

maoshi jichu

毛石基础（rubble stone foundation）　毛石砌筑而成的基础。该基础的抗冻性较好，在寒冷潮湿地区可用于6层以下建筑物基础，但其整体性欠佳，故有振动的建筑很少采用该基础。

maoxiguandai

毛细管带（capillary zone）　毛细管呈带状分布的区域。内径等于或小于1mm的细管，因管径有的细如毛发而被称为毛细管。在水文地质学中，一般是指在潜水面以上，被毛细管水饱和或几乎饱和的地带。

maoxiguan shangsheng gaodu

毛细管上升高度（capillary height）　在水文地质学中，潜水面以上，毛细管作用而导致地下水上升的高度。

maoxiguan shuiyali

毛细管水压力（capillary pressure）　毛细管水的弯液面的表面张力所产生的负孔隙水压力，也称毛细管水张力。

maoxishui

毛细水（capillary water）　土中受毛细管作用的自由水。它是由于毛细作用而保持在土的毛细空隙中的地下水，其分布在结合水的外围，尽管水分子不能被土粒表面直接吸引住，但仍受土粒表面的静电引力的影响。毛细水是受到水与空气交界面处表面张力作用的自由水。其形成过程通常用物理学中毛细管现象解释。分布在土粒内部相互贯通的孔隙，可以看成是许多形状不一、直径各异、彼此连通的毛细管。毛细水可分为支持毛细水、悬挂毛细水和孔角毛细水三类。

maodingban dangtuqiang

锚定板挡土墙（anchor plate retaining wall）　由墙面系、钢拉杆、锚定板和充填墙面与锚定板之间的填土共同组成的挡土结构。依靠来源于锚定板前填土的被动抗力"拉杆"的抗拔力来保持挡土墙的稳定。

maoding banqiang

锚定板墙（anchor slab wall） 由墙面系统、钢拉杆、锚定板和填土共同组成的轻型挡墙。

maogan

锚杆（anchor） 见【非预应力锚杆】

maogan chengzaili

锚杆承载力（bearing capacity of anchor） 能够满足锚杆稳定性和容许变形要求的锚杆抗拔力。

maogan dangqiang

锚杆挡墙（anchored retaining wall） 用锚固在边坡稳定区的锚杆（锚索）、立柱和面板来保持挡墙稳定的一种支护结构。

maogan jiben shiyan

锚杆基本试验（anchor basic test） 为确定锚固体与岩土间的黏结强度、锚杆设计参数和施工工艺进行的锚杆抗拔试验。

maogan jingyazhuang tuohuan

锚杆静压桩托换（anchor and static pressure pile underpinning） 以结构自重为反力，通过设置在基础上的锚杆作为反压装置，在既有建筑物基础下静压设桩，将荷载转移到桩上的地基基础加固方法。是建筑基础托换的一种方法。

maogan kangba jiance

锚杆抗拔检测（pull-out test of anchor） 在锚杆顶部逐级施加轴向荷载，观测锚杆顶部随时间产生的位移，以确定相应的锚杆抗拔承载力的试验方法。

maoganshi dangtuqiang

锚杆式挡土墙（anchor retaining wall） 利用板肋式、格构式或排桩式墙身结构挡土，依靠固定在岩石或可靠地基上的锚杆维持稳定的挡土建筑物。它由钢筋混凝土板和锚杆组成，依靠锚固在岩土层内的锚杆的水平拉力来承受土体侧压力的挡土墙。

maogan yanshou shiyan

锚杆验收试验（anchor acceptance test） 为检验锚杆施工是否达到了设计要求而进行的锚杆抗拔试验。

maogu

锚固（anchoring） 利用插入岩土体内部的构件来加固被加固体的技术措施。钢筋的锚固是指钢筋被包裹在混凝土中，增强混凝土与钢筋的连接，使建筑物更加牢固，其目的是使二者能够共同工作以承担各种应力（协同工作，承受来自各种荷载产生的压力、拉力以及弯矩、扭矩等）。

maogu changdu

锚固长度（anchorage length） 受力钢筋依靠其表面与混凝土的黏结作用，或端部构造的挤压作用而达到设计承受应力所需的长度。

maoguduan

锚固段（bound part of an anchor） 在预应力锚杆张拉过程中，由胶结材料或机械装置与被锚固体稳定介质形成整体的内部持力区段。

maolashi dangtuqiang

锚拉式挡土墙（anchor pull retaining wall） 依靠锚杆或锚定板固定在岩土体中来维持稳定的挡土墙。

maopen zhihu

锚喷支护（anchor-shotcrete retaining） 由锚杆和喷射混凝土面板组成的支护结构，它采用锚杆和喷射混凝土支护围岩的措施。20 世纪 60 年代以来，该方法在岩土工程领域被广泛采用。这种支护是锚杆和喷射混凝土与围岩共同形成一个承载结构，可有效地限制围岩变形的自由发展，调整围岩的应力分布，防止岩体松散坠落。它可用作施工过程中的临时支护，在有些情况下，也可以不必再做永久支护或衬砌。

maosuo

锚索（achor rope） 将拉力传至稳定岩土层的构件（或系统）。在岩土工程中，当采用钢绞线或高强钢丝束并施加一定的预拉应力时，称为锚索。在吊桥中在在边孔将主缆进行锚固时，要将主缆分为许多股钢束分别锚于锚锭内，这些钢束也称为锚索。在边坡工程中，锚索是通过外端固定于坡面，另一端锚固在滑动面以内的稳定岩体中穿过边坡滑动面的预应力钢绞线，直接在滑面上产生抗滑阻力，增大抗滑摩擦阻力，使结构面处于压紧状态，以提高边坡岩体的整体性，从而从根本上改善岩体的力学性能，有效地控制岩体的位移以期稳定，以达到整治滑坡和危岩体的目的。

maosuo kanghuazhuang

锚索抗滑桩（anchor anti-slide pile） 由抗滑桩和锚索组成的用于阻止岩土体滑动或滑坡滑动的复合结构体系。

maoding

冒顶（fall of ground） 在地下洞室施工中，洞室顶部围岩发生塌落的现象。

mei

煤（coal） 古代植物埋藏在地下，经长期生物化学和物理化学作用形成的以有机碳为主要成分的固体可燃物，是一种重要能源。

meiceng zaihai

煤层灾害（disaster of coal seam）　煤层中异常地质体，包括小幅度断层、采空区、水体和冲击地压等导致的灾害事件。在我国复杂的地质条件下，煤矿极容易发生灾害事故，我国煤矿主要灾害有煤层厚度变化、小幅度断层、陷落柱、瓦斯灾害、顶板灾害、矿井水灾、水害、冲击地压和尘害等。

meiziran zaihai

煤自燃灾害（spontaneous combustion of coal）　煤炭在天然条件下或开采中因氧化发热等原因引起的燃烧现象，它不但损坏了大量煤炭资源，而且在矿井中常造成人员伤亡和设备器材损坏，同时造成植物损坏和大气污染的灾害。

meiguo danfo dizhen xilie

美国丹佛地震系列（Denver earthquake in American）　1967年4月到11月在美国丹佛地区发生了5.0～5.5级的系列地震。丹佛地震系列包括1967年4月10日的5级地震、8月9日的5.25～5.5级地震和11月26日的5.1级地震。地震学家通过研究发现，这一系列地震是由于当地的一个军工厂在向深井注水后发生的。因此，人们开始认识到注水诱发地震的问题，它为人类尝试控制地震提供了一种新的线索，也促进了诱发地震的研究工作。

meiguo digu dizhen

美国帝谷地震（Imperial Valley in American）　1940年5月18日在美国帝国谷（Imperial Valley）发生了震级为7.1级的地震。这次地震虽然也造成了一定的损失，但对地震工程学的发展有重要的贡献。美国加州南部的南希阿拉电力公司埃尔森特罗（El Centro）变电所的地下室安装的一台强震仪，记录下了这次有特殊意义的完整地震波形，称为埃尔森特罗（El Centro）波。它是典型的强震动记录，被广泛地应用于地震工程研究和结构抗震分析。

men

门（door）　位于建筑物内外或内部两个空间的出入口处可启闭的建筑部件，主要用以联系或分隔建筑空间。

mendou

门斗（air lock）　在建筑物入口处设置的，两道门之间必经的空间，它具有分隔、挡风、保温、防寒、隔热、避光、隔音等作用。

menlang

门廊（porch）　建筑物入口前有顶棚的半围合空间。

menting

门厅（lobby）　位于建筑物入口处，用于人员集散并联系建筑室内外的枢纽空间。

mengtekaluofa

蒙特卡罗法（Monte Carlo method）　见【蒙特卡罗方法】

mengtekaluo fangfa

蒙特卡罗方法（Monte Carlo methods）　通过以随机取样为基础的统计估值来解决自然科学、工程技术和控制管理中一些带概率性质或决定论性质问题的一种实验数学方法，也称统计试验法、概率模拟法，简称蒙特卡罗法。蒙特卡罗（Monte Carlo）是摩纳哥公国的一座赌城，用它来命名能生动地反映这种方法是用随机取样作统计估值的本质。统计试验法作为研究手段被引入自然科学始于第二次世界大战中原子弹的研究。电子计算机出现后，此法获得有实际意义的应用。蒙特卡罗方法特别适用于处理那些本身具有或然性并用随机过程术语表达的问题，如中子散射、核反应堆计算、稀薄气体动力学问题、物种生态竞争、传染病传播、生产管理排队问题、战争和博弈等。这种处理叫作直接模拟统计试验法，其要点是把客观存在的大数量的随机过程，在电子计算机上以较小规模实现，通过大量的统计取样，求得感兴趣的量的数学期望值。概率误差分析表明，要使解的精度提高10倍，试验次数就要增加100倍，或增加100倍的计算机工作量。

misan dizhen

弥散地震（diffuse earthquake）　地震构造区内，与已确认的发震构造无关的最大潜在地震。该地震包含两种类型地震，一种是与已知发震构造关系不明显的中小地震，称为"弥散型地震"；另一种是与已知发震构造不相关或者没有查清其发震构造的那些历史强震，这种类型地震称为"特殊类型弥散型地震"，通常我们把上述两种类型弥散地震统称为弥散地震。

misan shiyan

弥散试验（dispersion test）　采用向钻孔中投入示踪剂，测定示踪剂在含水层中的浓度变化和运移规律，并以此来确定弥散参数的试验。

misan xishu

弥散系数（dispersion coefficient）　以浓度梯度等于1时，单位时间通过多孔介质单位面积的溶质质量来表示的反映进入地下水流中的可溶物质和浓度随时间、空间变化的参数。

milengyan

糜棱岩（mylonite）　刚性岩石遭受强烈的动力变质作用形成于断裂带中，由细粒的石英、长石及少量的组云母、绿泥石等矿物组成，具有条带状构造的变质岩。它是动力变质岩的一种类型，发育于狭窄的强应变带内，发生强烈的面理化和明显塑性流变，指示强烈的韧性变形，常呈现单斜对称的结构特征。

midu

密度（density） 单位体积岩土的质量，也称质量密度。它是物质的一种特性，其不随质量和体积的变化而变化，只随物态温度、压强变化而变化。

midujifa kelifenxi

密度计法颗粒分析（densitometer particle analysis） 将试样制成均匀的悬液，应用斯托克斯定律（Stokes Law），用密度计测定不同时间悬液的密度，计算给出细粒土颗粒组成的土工试验方法。

mishidu

密实度（compactness） 材料的固体物质部分的体积占总体积的比例。在岩土工程中，该指标反映了砂土或碎石土颗粒排列松紧的程度。

milü liuti

幂律流体（power law fluid） 黏性材料可因变形速度而产生阻尼力，对于纯黏性材料，其阻尼力 f 与流动速度 $\dot{x}$ 之间的关系一般可表述为：

$$f = c \, |\dot{x}|^a \, \mathrm{sgn}(\dot{x})$$

式中，c 为黏滞阻尼系数；α 为与材料有关的指数；$|\cdot|$ 为绝对值；$\mathrm{sgn}(\cdot)$ 为符号函数。当 $\alpha < 1$ 时，黏滞流体的阻尼是非线性的，称为幂律流体。

mianbo

面波（surface wave） 见【地震面波】

mianbofa

面波法（surface wave method） 采用稳态振动法，测定不同激振频率下瑞利波的波速与波长关系曲线，计算一个波长范围内的平均波速，以确定剪切波在土层内传播速度的波速测试方法。

mianbofa bosu ceshi

面波法波速测试（surface wave velocity test） 利用地表激振产生稳态振动或瞬态振动，测定面波在岩土中传播速度的方法，前者称稳态法，后者称瞬态法。

mianbo pinsan

面波频散（surface wave dispersion） 面波的传播速度随波的周期变化而变化的现象。例如，在地震图上，如面波周期前大后小，即周期大的波速大，则称为正频散；如周期前小后大，即周期小的波速度大，则称为反频散。

mianbo zhenji

面波震级（surface magnitude） 用地震面波记录测定的地震震级，通常用水平向面波记录测定，用 M_S 表示；用垂直向宽频带面波记录测定的面波震级称为宽频带面波震级，常用 $M_{S(BB)}$ 表示，是由美国地震学家古登堡（B. Gutenberg）在 1945 年提出的。

mianceng jiagufa

面层加固法（masonry strengthening with mortar splint） 在砌体墙侧面或表面增抹一定厚度的无筋而有钢筋网的水泥砂浆，形成组合墙体的加固方法。

mian fenbuli

面分布力（force per unit area） 施加在结构或构件单位面积上的力，也称压强。

mianyuan

面源（areal source） 地震能量被假定为在一定面积内释放的震源。在地震安全性评价中，通常把潜在震源区划分为点源、线源和面源三种类型。

minyong jianzhu

民用建筑（civil building） 非生产性的居住建筑和公共建筑，是供人们居住和进行各种公共活动的建筑的总称。例如，住宅、办公楼、写字楼、幼儿园、学校、食堂、影剧院、医院、旅馆、展览馆、商店和体育场馆等。该建筑由若干个大小不等的室内空间组合而成；空间的形成，需要各种实体来组合，这些实体称为建筑的构件配件。该建筑通常由基础、墙或柱、楼底层、楼梯、屋顶、门窗等构配件组成。

minzheng jianzhu

民政建筑（civil administration building） 为人们提供民政事务服务的建筑，主要包括养老院、儿童福利院、殡仪馆、悼念厅、火化间和骨灰寄存处等。

mingdelinjie

明德林解（Minldlin's solution） 美国学者明德林（Mindlin）在 1936 年用弹性理论推导的，竖向或水平集中力作用在半无限空间弹性体内部任一点引起的附加应力和位移的解析解。它适用于深基础，工程实践表明，当用以计算深基沉降的其他条件相同时，用明氏应力分布求得的最终沉降与实测推算结果较为接近。

minggou

明沟（open trench） 沿建筑外墙周边的地面，为汇集和排放雨水而设置的排水沟渠。

mingwafa

明挖法（open excavation） 从地表开挖基坑或堑壕，修筑衬砌后用土石进行回填的浅埋隧道、管道或其他地下建筑工程的施工方法。该施工方法有先墙后拱法、先拱后墙法和墙拱交替法三种基本类型。

mingzhi jichu

明置基础（surface foundation） 设置在地面，无埋深的基础。多数为机器基础。

mohu shuxue

模糊数学（fuzzy mathematics） 数学的一个分支，是研究和处理客观世界中诸多界限不分明乃至模糊现象的数学工具。模糊集合、模糊逻辑以及在其基础上发展的模糊拓扑、模糊群论、模糊测度论、模糊概率等均属模糊数学范畴。

mokuaishi gangzhibian zuniqi

模块式钢滞变阻尼器（modular steel hysteretic damper） 一种采用软钢作为消能层并通过发生面外变形而耗能的减震装置。金属材料屈服是消耗地震能量的有效方式之一，金属材料在进入塑性状态以后，可以良好的滞回性能来控制结构的动力反应，起到减震的作用。软钢材料具有屈服点低、高耗能、高延性的特点，通过软钢塑性变形耗散地震能量。该阻尼器既可以安装在剪力墙结构连梁中，采用连梁式布置，也可以安装在框架及框架剪力墙结构的填充墙内；采用墙墩式布置，可显著提升减震抗震能力，是高层住宅以及多层框架结构最经济有效的抗震装置。采用该阻尼器可按需要的屈服剪力进行模块化组合，具有的技术优势有组装方便快捷；小变形即可屈服耗能，增加结构等效阻尼；大变形承载力高，延性好，耗能作用进一步增强；解决混凝土连梁超筋的问题，可实现安全且易控的结构屈服机制；不改变结构布局，不占用建筑空间，造价低，降低建筑土建成本等。

moni cidai jilu qiangzhenyi

模拟磁带记录强震仪（analog magnetic record strong motion accelerograph） 将地震动时程的模拟信号记录在盒式磁带上的强震仪。该仪器由拾振器、触发控制器、放大与调制器、磁带记录器、时标系统和电源六部分组成。模拟磁带记录强震仪采用的动圈伺服式加速度计和盒式磁带记录方式，使得强震仪频率范围、动态范围等的技术性能得到了提高，地震记录的保存和处理更加方便。

moni dizhen

模拟地震（simulated earthquake） 用计算机实现的地震过程。它以计算机为数学实验室，广泛利用各种数学方法，对地震过程进行研究，是一种与实验室物理模拟无关的完全独立的试验方法。模拟地震可用来检验分析结果和预测复杂构造的运动。模拟地震时计算的地震图具有高度重现性，而且实验费用相对较低，计算得到的加速度图称为模拟地震加速度图。

moni dizhendong

模拟地震动（simulated ground motion） 通过人工合成得到的地震动。在场地地震反应分析时，为提供时间域的信息，需要有时间域特征的地震动时程曲线。

moni dizhendong shiyan

模拟地震动试验（simulated ground motion test） 用大型振动台或计算机和加载器联机模拟地震动过程，对结构或构件进行的动力或拟动力试验。

moni dizhenyi

模拟地震仪（simulating seismograph） 以模拟量记录地面运动的地震仪。

moni dizhen zhendongtai

模拟地震振动台（earthquake-simulating shaking table） 见【振动台】

moni dizhen zhendongtai shiyan

模拟地震振动台试验（pseudo-earthquake shaking table test） 通过振动台台面对试体输入地面运动，模拟地震对试体作用全过程的抗震试验。

moni dizhen zhendongtai taizhen xitong

模拟地震振动台台阵系统（shaking-table testing array system） 由多个模拟地震振动台组成的振动台试验系统。可以模拟多点地震动输入下结构的地震反应。

moni jilushi qiangzhenyi

模拟记录式强震仪（analog strong motion recorder） 强震仪的一种类型，按记录方式的不同分为机械记录式强震仪、电流计记录式强震仪、光记录式强震仪、模拟磁带记录强震仪等。机械记录式强震仪是用笔将地震时程记录在有时间标记的记录纸上；电流计记录式强震仪是将摆体的机械运动转换成电信号记录在感光纸上，电流计记录式强震仪通道多，适合于高层建筑的强震观测；光记录式强震仪是将摆的运动用光学杠杆放大，记录在感光胶片上，其优点是具有零频响应；模拟磁带记录强震仪是将地震时程记录在磁带上，其优点是记录易保存和处理。以上强震仪的共同缺点是"丢头"和动态范围小。

moni jilu shuzihua

模拟记录数字化（digitizing of analogue record） 将模拟信号转换为离散数字信号的处理过程。模拟强震仪得到的记录称为模拟信号，对模拟电信号的数字化处理由专用的模数转换器完成，对纸介质的模拟记录曲线则用人工读数或专用的数字化设备完成，有半自动化数字化仪和全自动的数字化仪两类。

moni lüboqi

模拟滤波器（analog filter） 能对模拟或连续时间信号进行滤波的电路和器件。利用运算放大器和阻容元件可构成各种模拟滤波器。

moni qiangzhenyi pinxiang jiaozheng

模拟强震仪频响校正（frequency response correction of analog accelerograph） 将模拟强震仪频响特征的非平直段修

正为平直段的技术和方法。不同的仪器，校正的方法不同，常用的方法有微分法、微分-积分法和假想摆法。

moni tuihuo

模拟退火（simulate anneal） 通过模拟金属退火的机理来求解大规模组合优化问题的随机搜索算法。自然科学、工程和社会经济领域的一些复杂事物受众多变量的影响，庞大的变量数造成求解分析这些问题的巨大困难。计算机的出现和迅速发展提供了采用蒙特卡洛法求解这类问题的可能性。模拟退火算法是蒙特卡罗方法的发展，通过在搜索空间的随机运动、逐步迭代更新得到优化解，是求解复杂优化问题的有力工具。

moni xinhao

模拟信号（analog signal） 模拟强震仪得到的地震动时程记录。它是连续变化并在储存器内保存或在胶卷、感光纸上记录的连续曲线。

moshi shibie

模式识别（pattern recognition） 研究人类的识别能力，并试图利用计算机模仿人脑对客观事物进行描述、辨认、分类和解释的理论和方法。模式识别是人工智能的重要研究领域，是涉及生理学、心理学、生物学、统计学、逻辑学和计算机科学的交叉学问。模式识别已在生物学、天文学、医学、工程学、经济学、气象学等领域获得应用，也是实现土木工程健康诊断的重要途径。

moshu

模数（modular） 建筑模数的简称，在建筑设计中，为了实现工业化大规模生产，使不同材料、不同形式和不同制造方法的建筑构配件、组合件具有一定的通用性和互换性，统一选定的协调建筑尺寸的增值单位。它是建筑设计、建筑施工、建筑材料与制品、建筑设备、建筑组合件等各部门进行尺度协调的基础。在建筑设计和施工中，必须遵守国家标准 GBJ 2—86《建筑模数协调统一标准》的有关规定。

motai

模态（mode） 由固有频率、振型和阻尼比决定的弹性振动系统的振动空间形态，是结构系统的固有振动特性。线性系统的自由振动被解耦为 N 个正交的单自由度振动系统，对应系统的 N 个模态。每一个模态具有特定的固有频率、阻尼比和模态振型。这些模态参数可以由计算或试验分析获得，这一计算或试验分析的过程称为模态分析。通过结构模态分析法，可得出机械结构在某一易受影响的频率范围内各阶模态的振动特性，以及机械结构在此频段内及在内部或外部各种振源激励作用下的振动响应结果，再由模态分析法获得模态参数并结合相关试验，借助这些特有参数用于结构的重新设计。

motai canshu

模态参数（mode parameter） 描述多自由度弹性体系动力特性的参数。多自由度体系的模态参数，含振型和对应各振型的自振频率，也包括振型阻尼比。结构自由振动具有周期性，一个振动往复所需的时间称为自振周期或固有周期，常以 T 表示，单位为 s。每秒内振动的次数称为自振频率或固有频率，常以 f 表示，单位为 Hz。自振圆频率 $\omega = 2\pi f$，单位为 rad/s，常简称为自振频率。

motai canshu shibie

模态参数识别（modal parameter identification） 利用振动体系的输入输出实测数据确定其固有频率、振型和振型阻尼比等模态参数的技术方法，也称试验模态分析，是结构动力学的反问题，即系统辨识在振动工程中的应用。

motai fenxi

模态分析（mode analysis） 计算弹性体系自振特性的理论和方法，是研究结构动力特性一种近代方法，是系统辨别方法在工程振动领域中的应用。模态是机械结构的固有振动特性，每一个模态都具有特定的固有频率、阻尼比和模态振型。这些模态参数可以由计算或试验分析取得，这样一个计算或试验分析过程称为模态分析。这个分析过程如果是由有限元计算的方法取得的，则称为计算模态分析；如果通过试验将采集的系统输入与输出信号经过参数识别获得模态参数，则称为试验模态分析。通常，模态分析都是指试验模态分析。模态分析的最终目标是识别出系统的模态参数，为结构系统的振动特性分析、振动故障诊断和预报以及结构动力特性的优化设计提供依据。

motai fenxi de diedaifa

模态分析的迭代法（iterative method for modal analysis） 在模态分析中，利用迭代法依次求解基阶（第一级）模态参数和高阶或直接求解最高阶模态参数的方法。

motai kongzhi

模态控制（modal control） 基于控制系统模态方程确定主动控制力的算法，在自动控制领域也称解耦控制算法。该算法一般只控制结构振动的少量主要模态，同时使非控模态具有渐进稳定性；但当受控模态数量远小于结构自由度数目时，控制精度一般较差。

motai shiyan

模态试验（modal test） 测试结构的固有频率（模态频率）、相应的振型（模态形状）和阻尼等动力学特性的试验，也称动力学特性试验。该试验按照激振的方式可分为正弦激振、脉冲激振和随机激振等；按照激振器的多少可分为单点激振和多点激振。

motai tuifu fenxifa

模态推覆分析法（modal push-over analysis method） 采

用各阶振型的固定水平荷载模式对结构进行推覆分析，最后采用一定的法则来确定多阶振型影响的结构目标位移的方法。该方法重点考虑了结构的高阶振型影响，使得计算结果与实际情况更为吻合。

motai zonghefa
模态综合法（modal synthesis method） 在结构动力反应分析的动态子结构方法中，利用子结构的模态坐标和模态特性建立起来的子结构之间的连接方法。该方法随着有限元技术和子结构方法的发展而形成和日趋成熟，它和试验模态分析相结合，更加有助于解决工程实际问题。

moxing canshu
模型参数（model parameter） 土动力学模型本构关系中所包含的参数，由实验测定。模型参数越多，所需实验设备越复杂、实验工作量也越大。便于应用的动力学模型参数一般能用常规的动力试验仪器（如动三轴仪、共振柱试验仪）测定。

moxing diaolan
模型吊篮（model basket） 在土工离心模型实验中，连接在离心机转臂末端，用于安置模型箱的转动部件。

moxing hezhong
模型荷重（model mass） 在土工离心模型实验中，模型材料的总质量。

moxing lilun
模型理论（model theory） 使模型和原型相似所依据的理论，它的基础是相似理论。通常把直接在结构即原型上进行的实验，称为原型实验；在按照原型设计的模型上进行的实验，则称为模型实验。一般说来，前者比后者更为真实。但在进行研究或对新设计方案进行比较，或者由于某种原因而不能进行原型实验时，模型实验就成为重要的手段。

moxinglü
模型率（scale factor） 在土工离心模型实验中，原型几何尺寸与模型几何尺寸的比值。

moxing sheji
模型设计（model design） 试验模型的设计。在地震工程中，模型试验的目的是通过缩尺模型的试验结果来预测原型结构的抗震性能。此时，结构模型通常仿照原型结构按相似关系制作，具有原型结构的全部或主要特征。如果所设计的模型满足相似条件，则可利用模型试验的数据和结果来直接推算相应原型结构的性状。这类模型的设计应考虑与原型结构几何相似、边界条件相似、材料相似和荷载输入相似等。地震工程研究中也使用不直接模拟某特定原型结构的模型，用以验证本构模型、分析方法、构造措

施和抗震性能等，这类模型虽无需严格满足相似条件，但对几何特征、边界条件、建筑材料和荷载的考虑也应反映了实际结构的一般特点。模型设计应根据试验目的突出主要因素、简化次要因素，并变更主要因素进行多个模型的对比试验。鉴于抗震结构材料特性、动力特性和地震荷载的不确定性，获得尽量充分的试验数据才能满足理论研究和工程应用的需求。

moxing shiyan
模型试验（structural model tests） 以结构或构件的模型为对象的结构试验。模型试验不同于原型试验，后者是采用真实结构或真实结构的一部分来作为试件的试验。

moxing xiangsilü
模型相似律（model similitude） 受试验设备能力的限制，对大型结构一般只能进行缩尺模型试验，模型应满足动力相似条件。动力相似性通常用柯西（Cauchy）数和弗洛德（Froude）数这两个参数控制。柯西数 C_N 表示惯性力 F_i 与弹性恢复力 F_e 的比，即：

$$C_N = \frac{F_i}{F_e} = \frac{\rho \nu^2}{E}$$

弗洛德数 C_F 表示惯性力与重力的比，即：

$$C_F = \frac{F_i}{F_g} = \frac{\nu^2}{Lg}$$

式中，ρ 为密度；ν 为速度；E 为弹性模量；L 为长度；g 为重力加速度。理论上，试验模型的柯西数和弗洛德数都应与原型结构的相应参数匹配，但实际上很难做到这一点；大型结构模型的振动台试验通常是根据试验的主要目的采取近似处理，一般情况下，忽略一些次要因素，只考虑主要参数的相似性。

moxing xiang
模型箱（model box） 在土工离心模型实验中，用于盛放模型和安装仪器的箱体。多数模型箱需根据实验的要求制作。

moxing xiuzheng
模型修正（model updating） 结构工程中的系统辨识技术。工程结构常用力学分析模型表示，但先验建立的模型通常并不能准确模拟结构的真实性态，模型的计算结果往往与该结构的实测结果不同。其原因在于建立模型的理论假定与实际结构并不完全一致、边界条件的模拟与实际存在差异、材料本构关系过于简化或不符合实际、结构物理参数具有不确定性、阻尼机制被忽略或不反映实际、构件几何形态不准确以及离散化数学方法的误差等。在结构振动控制和健康诊断中要求建立尽量精确的分析模型，这就要求依据实测结果对先验模型进行修正和改进。

moca
摩擦（friction） 互相接触的两个物体，当有相对滑动或

有相对滑动的趋势时，在它们接触面上出现的阻碍相对滑动的力。阿蒙通（G. Amontons）和库仑（Charles Augustin de Coulomb）在大量实验的基础上，分别在 1699 年和 1781 年提出了摩擦定律。这一定律可表述为：互相接触的两个物体间的摩擦力，不超过某一最大值 F_{max}，这个最大值与接触面积的大小无关；摩擦力的最大值和两个物体之间的法向压力 N 正例，即 $F_{max}=\mu N$，常数 μ 称为摩擦系数，当两个物体之间只有相对滑动的趋势并未发生滑动时，有：$0<F<F_{max}$；摩擦力的方向与物体相对滑动的方向相反，大小与两个物体之间的法向压力 N 成正比，若用 F' 和 μ' 分别代表在开始滑动之后的摩擦力和摩擦系数，则有 $F'=\mu' N$，常数 μ 和 μ' 分别称为静摩擦系数和动摩擦系数，μ' 一般稍小于 μ。在一般计算中，通常假定 μ' 不随相对滑动速度的大小而改变。同摩擦系数 μ 密切相关的是摩擦角 ε，它是当放置在斜面上的物体不会自行下滑时，斜面对于水平面的最大倾角，欧拉（Leonhard Euler）早就证明了 $\tan\varepsilon=\mu$，可见，只需量取斜面的倾角 ε，就可得出物体与斜面这一对材料之间的静摩擦系数 μ。堆放砂土等松散物料时，自然形成的坡面的倾角不可能大于摩擦角。上述结论只是粗略的经验规则，但因发现在力学科学的早期，当时就称为摩擦定律，也称库仑定律。

mocabai

摩擦摆（friction pendulum） 由球面摆座和半球滑块组成，在滑块与摆座间设聚四氟乙烯板组成的摆，是美国学者在 1990 年开发的一种隔震装置。在微小位移情况下，摩擦摆的自振周期为 $2\pi\left[(R-d)/g\right]^{1/2}$。式中，$R$ 为摆座曲面半径；g 为重力加速度；d 为滑块重心到底面的距离。

mocabai zhizuo

摩擦摆支座（friction pendulum bearing） 把水平滑动面做成球面形状，以增加支座滑移时的重力（阻尼）效应，并减小滑移量的装置。

moca gezhen

摩擦隔震（friction isolation） 利用金属板、聚四氟乙烯（特氟龙）和滚球、滚轴等滑动和滚动支承装置，实现适当小的摩擦系数，限制、减小上部结构承受的地震剪力的一种隔震技术，是土木工程地震反应被动控制中隔震的一种类型。

moca haoneng zuniqi

摩擦耗能阻尼器（dry friction damper） 由金属摩擦片在一定的预应力下组成的、能够产生滑动和摩擦力的耗能装置。

moca huadong

摩擦滑动（rictional sliding） 在构造地质学中，地壳浅层的脆性断层沿着存在摩擦的破裂面的滑动。

mocajiao zhizuo

摩擦铰支座（friction hinge bearing） 铰接的上板、中板和下板构成摩擦副，地震时上板和下板之间发生相对滑动，既耗能又可限制地震力的传递的耗能减震装置，是隔震装置的一种类型。日本曾在房屋隔震中曾使用它。

moca qiangdu

摩擦强度（frictional strength） 在岩土工程中，沿岩体不连续面剪切时，剪切面上的极限剪应力值。

mocatong zuniqi

摩擦筒阻尼器（friction tube damper） 一种筒式的利用接触面干摩擦耗能的摩擦阻尼器，由外筒、外楔、内楔、轴杆、弹簧和摩擦片等组成。

moca xishu

摩擦系数（coefficient of friction） 两表面间的摩擦力和作用在其一表面上的垂直力之比值。它与物体表面的粗糙度有关，而与接触面积的大小无关。依运动的性质，其可分为动摩擦系数和静摩擦系数。在岩土工程中，是指土与其他材料表面间的摩擦力与其对应的正应力的比值。

moca xiaonengqi

摩擦消能器（friction energy dissipation device） 由钢元件（或构件）、摩擦片和预压螺栓等组成，利用两个或两个以上元件或构件间相对位移时产生摩擦做功而耗散能量的减震装置。

mocazhuang

摩擦桩（frictional pile） 在极限承载能力状态下，桩顶竖向荷载主要由桩侧阻力承受，桩端阻力可忽略的桩。

moca zuniqi

摩擦阻尼器（frictional damper） 利用固体接触面的干摩擦消耗振动能量的被动控制装置。实际使用的摩擦阻尼器有简单摩擦板阻尼器、摩擦筒阻尼器和 Pall 摩擦阻尼器等不同形式。该阻尼器也可与其他控制装置结合使用。

moluoge ajiadier dizhen

摩洛哥阿加迪尔地震（Agadir earthquake in Morocco） 1960 年 2 月 29 摩洛哥的阿加迪尔（Agadir）发生了 5.7 级地震，震中位于摩洛哥西部大西洋海滨的旅游胜地阿加迪尔港，震中烈度达到 X～XI 度。1960 年 2 月 29 日夜晚，美丽的阿加迪尔城像往常一样的寂静，3 万多市民进入了甜蜜的梦乡。突然大地剧烈晃动，仅过了 15s，这个非洲的旅游中心就成了一座死城。全市 3500 多座建筑物成了瓦砾堆。强震随后又引发了海啸，怒涛汹涌登陆，对残存的生命和财产再次进行了洗劫。这场天灾惨剧造成了 1.6 万人死亡，占阿加迪尔全城人口一半以上。此次地震突出特点是震级小（即使考虑测量误差，也不超过 6 级），但破坏惊人，有的区域95%房屋倒塌，是典型的"小震大灾"。毁灭性破坏的原因是震源浅（小于5km，准确数值至今仍未确定），城市直下型和建筑未进行抗震设防。当年地震中两座未倒塌的楼房现在已被保护起来，一座是七层，水泥柱上的斑驳裂痕清晰可见；另一座是家呈半圆波浪形的电影院。这两座建筑的抗震性能引起了学术界的关注，是研究结构抗震的最佳实物。

mozubi
摩阻比（friction-cone resistance ratio）　静力触探双桥探头侧摩阻力与锥头阻力之比，以百分数表示。

moeryuan
莫尔圆（Mohr's circle）　在应力（或应变）坐标图上，表示受力（或变形）物体内一点中各截面上应力（或应变）分量之间关系的圆。其中，表示应力的称为应力莫尔圆；表示应变的称为应变莫尔圆。1866年德国的库尔曼（Karl Culmann）首先证明，物体中一点的二向应力状态可用平面上的一个圆表示，这就是应力圆。1882年德国工程师莫尔（Otto Mohr）对应力圆做了进一步的研究，提出借助应力圆确定一点的应力状态的几何方法，后人就称应力圆为莫尔应力圆，简称莫尔。在岩土力学中，是指在以正应力和剪应力为坐标的平面上，表示岩土某点不同方位截面上应力分量之间关系的平面图形，是借助莫尔圆确定岩土某点应力状态的几何方法。

moer-kulun dinglü
莫尔-库仑定律（Mohr-Coulomb Law）　由莫尔（O. Mohr）和库仑（Charlse-Augustin de Coulomb）提出的、用来判别岩土体剪切破坏条件的强度理论。该定律最早是由法国科学家库伦总结土的破坏现象和影响因素提出的判断土破坏公式，即 $\tau = c + \sigma_n \tan\varphi$。式中，$\tau$ 为土的抗剪强度，其大小取决于组成滑动面的土体颗粒的性质，它与正应力 σ_n、土的内摩擦角 φ 和土的黏聚力 c 有关。后来莫尔继续库伦的研究，提出材料的破坏的剪切破坏理论，认为在破裂面上，法向应力 σ_n 与抗剪强度 τ 之间存在函数关系，函数所定义的曲线为莫尔破坏包线，在一般情况下，莫尔破坏包线可以用库伦公式表示，即土的抗剪强度和法向应力成线性关系。

moer-kulun pohuai baoluo
莫尔-库仑破坏包络（Mohr-Coulomb failure envelope）根据库伦准则判断引起土破坏的应力坐标点的轨迹。在莫尔圆坐标系中，表现为给定材料的一系列临界莫尔圆的共切面，为稳定和不稳定区间的界线。

moer-kulun qiangdu zhunze
莫尔-库仑强度准则（Mohr-Coulomb strength criterion）根据莫尔和库仑理论归纳发展起来的土抗剪强度理论，其可简单表述为土中某剪切面上的抗剪强度是作用于该面上的正应力的单调增函数，二者在一定应力范围内呈线性关系。

mohuo jiemian
莫霍界面（Mohorovicic discontinuity）　见【莫霍面】

mohuomian
莫霍面（Moho surface）　地壳与上地幔的分界面，也称莫霍界面、莫霍间断面。前南斯拉夫地震学家莫霍洛维奇（Andrija Mohorovicic）在1909年研究Pn震相时提出。在地下某距离上，存在一个明显的间断面，那里的地震纵波速度（P波速度）从6.5～7.4km/s（地壳底部）跳到7.6～8.6km/s，平均为8.1km/s（地幔顶部）。测量结果表明，这个面是不平的，在大陆地表下平均为35km深，在大洋底下大约只有5km深，在高山下大约为65km深（可以达到70km）。科学家估计莫霍面的厚度为0.2～3km。

moshi yingdu
莫氏硬度（Mohs' scale of hardness）　见【划痕硬度】

moxige miqueken dizhen
墨西哥米却肯地震（Michiacan earthquake in Mexico）1985年9月19日在墨西哥的米却肯（Michiacan）发生了8.0级特大地震，震中在海域，但是远离震中约400km的墨西哥城区中高层建筑遭受了严重的破坏。震害调查表明，突出的软弱地基震害，墨西哥城位于古湖盆，历次近海大地震对墨西哥城都造成严重破坏，说明场地影响是固有特性；分析表明地震动的卓越周期为2s左右，与8～12层楼房的自振周期相近，形成共振破坏严重，说明了长周期地震动对结构破坏的影响。墨西哥米却肯地震对软土场地地震效应的研究有重要的科学价值。

muban
模板（formwork）　混凝土结构或钢筋混凝土结构成型的模具。它由面板和支撑系统组成，面板是使混凝土成形的部分；支撑系统是稳固面板位置和承受上部荷载的结构部分。模板的质量关系到混凝土工程的质量，关键在于尺寸准确，组装牢固、拼缝严密、装拆方便。只有根据结构的形式和特点选用恰当形式的模板，才能取得良好的效果。大型的和特种工程的模板及支撑系统要进行计算，验算其刚度、强度、稳定性和承受侧压力的能力。

mucai
木材（timber）　工程中所用的木材，主要取自树木的树干部分。木材因取得和加工容易，自古以来就是一种主要的建筑材料。

mugouzaozhu
木构造柱（wood constructional column）　为加强结构整体性和提高墙体的抗倒塌能力，在房屋墙体的规定部位设置的木柱。

muhengjia

木桁架（wood truss） 由木构件组成的桁架，是木屋盖、木桥及木塔架的主要承重结构。在用于木屋盖时通称为木屋架。

mujiegou

木结构（timber structure） 以木材为主或用木材制成的结构。木材是一种取材容易，加工简便的结构材料。木结构自重较轻，木构件便于运输、装拆，能多次使用，故广泛地用于房屋建筑中，也用于桥梁和塔架。近代胶合木结构的出现，更扩大了木结构的应用范围。

mujiegou fangwu

木结构房屋（wood structure buildings） 以木质构件组成承重和抗侧力体系的房屋。它是由木柱作为主要承重构件，生土墙（土坯墙或夯土墙）、砌体墙和石墙作为围护墙的房屋，包括穿斗木构架、木柱木屋架、木柱木梁房屋。木结构是人类历史上长期使用的传统的房屋结构形式之一，常见于世界各地民居，在中国亦为礼堂、粮仓等大跨空旷房屋所采用。保存至今的中国木结构古建筑，具有珍贵的历史文化价值，也提供了丰富的抗震经验。结构合理、施工质量良好的木结构房屋具有较强的抗震能力，根据结构不符合抗震要求的具体情况选择不同的加固方法。

mujiegou fangwu zhenhai

木结构房屋震害（earthquake damage to wooden houses） 木结构房屋遭到地震的损坏。木结构房屋是以木构架承重的房屋。木结构房屋的木架有一定延性，抗震性能较好，往往是墙体先于木架破坏。木结构房屋的主要地震破坏现象有围护墙破坏、木构架破坏、木屋架和围护墙一起垮塌和地基失效等。

mujiegou jiagu

木结构加固（strengthening of wood structure） 提高木结构（穿斗木构架、旧式木骨架、木柱木屋架、柁木檩架等）抗震能力的技术措施。木结构房屋抗震加固的重点是提高木构架的抗震能力。

mubiao weiyi

目标位移（target displacement） 在基于位移的抗震设计中，某一水准地震作用下，满足性态要求的结构整体位移及层间位移。该位移可采用静力弹塑性分析方法或其他简化方法计算。

mucefa

目测法（visual measurement） 根据地形、地物目估或目测距离来标测地质观测点的方法。

muqiang

幕墙（curtain wall） 在建筑结构中，由金属构架与板材组成的、不承担主体结构荷载与作用的建筑外围护结构。

N

nawei fangcheng

纳维方程（Naviter equation） 法国的力学家、工程师纳维（Claude-Louis-Marie-Henri Navier）提出的、用于描述均匀各向同性的无限弹性体介质中，质点运动的方程，也称波动方程。

$$\mu \ \nabla^2 \vec{u} + (\lambda + \mu) \ \nabla \cdot \vec{u} + \rho \vec{f} = \rho \frac{\partial^2 \vec{u}}{\partial t^2}$$

式中，ρ 为介质密度；$\vec{f}$ 为单位体积外力；$\vec{u}$ 为位移矢量场，均包括三个分量；λ 为拉梅常数；μ 为剪切模量；$\nabla = \frac{\partial}{\partial x} \vec{i} + \frac{\partial}{\partial y} \vec{j} + \frac{\partial}{\partial z} \vec{k}$ 称为哈密尔顿算子，其中 $\vec{i}$, $\vec{j}$, $\vec{k}$ 分别为直角坐标系的三个轴方向的单位矢量，作用于标量场相当于求梯度；$\nabla^2 = \nabla \cdot \nabla = \frac{\partial^2}{\partial x^2} + \frac{\partial^2}{\partial y^2} + \frac{\partial^2}{\partial z^2}$ 称为拉普拉斯算子，其中算符"·"表示矢量的数量积，即两矢量对应坐标分量乘积之和。

naikuisite pinlü

奈奎斯特频率（Nyquist frequency） 在傅里叶分析中，若给定时间序列的采样间隔，则从采样后的离散信号中所能分辨出的最高频率 $f_c = 1/(2\Delta t)$。当 Δt 满足采样定理要求时，f_c 称为奈奎斯特频率。采样定理可表述为：若原始时域模拟信号 $x(t)$ 的带宽有限且最高频率为 f_{max}，那么使用等时间间隔 $\Delta t \leqslant 1/(2f_{max})$ 的脉冲序列对原始模拟信号 $y(n\Delta t)$ 进行采样，所得离散信号可唯一地重构原始信号，n 是采样点的序号。即只有当采样频率 $f_s \geqslant 2f_{max}$ 时（$f_s = 1/\Delta t$），才能使离散信号无失真地恢复为原始信号。

naihuo hunningtu

耐火混凝土（refractory concrete） 由耐火集料、粉料和胶结料加水或其他液体配制不经煅烧而直接使用的不定形耐火材料，也称耐火灌筑材料。它可分为普通耐火混凝土和隔热耐火混凝土。

naijiuxing

耐久性（durability） 结构在正常维护条件下，随时间变化而仍然能够满足预定功能要求的能力。

nanbanqiu

南半球（southern hemisphere） 地球上赤道以南的范围。其陆地面积占 19.1%，海洋面积占 80.9%。南半球的季节与北半球的季节相对。

nanbei dizhendai

南北地震带（North-south seismic belt） 从我国的宁夏，经甘肃东部、四川西部、直至云南，纵贯中国大陆、大致南北方向的地震密集带，是中国中部的著名地震带。该带北起贺兰山，南经六盘山，穿越横贯东西的秦岭山地，沿天水—文县一线，直至龙门山以西地区，后转而南下，直趋川西、滇东地区。地跨宁、甘、川、滇四省，延伸达2000km。因总观大致呈南北向且强震集中于此而得名。这条地震带上，集中了中国有历史记录以来一半的8级以上大地震，从公元前780年至今，发生多次强震。一些著名的7级以上强震。例如，1739年银川8.0级特大地震、1920年海原8½级特大地震、1654年天水8.0级特大地震、1933年叠溪的7½级地震、1850年西昌7½级地震、1970年通海7.7地震和2008年汶川8.0级特大地震等均先后发生在该带。它的存在是由其地震活动性特征决定；是现代地壳运动的直接结果。在地貌、地质构造、力学性质和地球物理场等方面均能明显地反映它的存在。研究表明，该带不同活动时期的构造应力场存在差异。

nanbeixiang gouzaodai

南北向构造带（North-suoth tectonic belt） 由东西向挤压作用或引张作用或剪切作用形成的、具有一定规模、其展布方向与地球经度大体一致、主体由南北走向的挤压带、张裂带和走滑带构成的构造带。李四光（1962年）称其为经向构造体系。地球表层的南北向挤压带有美洲西部的安第斯山脉和科迪勒拉山脉（形成于晚中生代—新生代）、欧亚大陆交界处的乌拉尔山脉（形成于晚古生代）以及东格陵兰山脉和东澳大利亚拉克兰山脉（形成于早古生代）等；南北向张裂带有东非裂谷带、大西洋洋中脊、东太平洋洋中脊、东印度洋洋中脊（形成于晚中生代—新生代）等；南北向剪切带有北美西部的圣安德烈斯断层（形成于新生代）等。我国的贺兰山—六盘山—龙门山—横断山构造带是南北向挤压带，川西裂谷带是南北向的张裂带，依兰—依通—渤海—郯城—庐江断裂带是南北向或近南北向的走滑剪切带。其形成时代总体为西部较老，向东有变新的趋势，并有多期活动、部分区段力学性质复合的特点。

nanciji

南磁极（south magnetic pole） 两个地球磁极之一。它位于地理南极的附近，但它的位置也在缓慢地变化着。1909年1月16日，沙克尔顿（E. Shackleton）带领探险队发现了南磁极，其位置为东经139°24′；南纬65°36′。

nanhai dizhenqu

南海地震区（South China Sea earthquake area） 国家标准GB 18306—2015《中国地震动参数区划图》在中国及邻区划分的8个地震区之一。该区主要分布在南海海域，其北西与华南沿海地震带相连；其北东与台湾地震区相接。由于研究程度较低，该区尚未划分出地震带。由于海域的地震监测历史较短，历史地震严重缺乏，截至2010年12月，该区共记录到5.0级以上地震65次。其中，5.0～5.9级地震51次；6.0～6.9级地震11次；7.0～7.9级地震3次；最大地震为1934年2月14日发生的中国南海7.5级大地震。该区的本底地震的震级为5.5级。

nanhuaji

南华纪（Nanhuan Period） 南华系对应的地质年代。对应的时间为7.8亿～6.35亿年。

nanhuaxi

南华系（Nanhuan System） 中国区域年代地层单位。新元古界的一个系。对应于国际的成冰系中—上部。系名源自刘鸿允命名的南华大冰期，层型剖面拟在湘西地区选定。底界时间为7.8亿年，顶界时间为6.35亿年。对应的地质年代单位为南华纪。

nanji

南极（south pole） 地轴的南端与地面的交点，位于南极大陆中部，其纬度是90°S，是所有经线共同交点之一。

nantianshan dizhendai

南天山地震带（Nantianshan earthquake belt） 国家标准GB 18306—2015《中国地震动参数区划图》划分的地震带，隶属新疆地震区。该带为新疆地区最南边的一条地震带，主要分布在天山南麓并延伸到境外。地壳厚度为48～62km，等厚线呈近东西方向延伸。本带位于南天山隆起和塔里木盆地交接地带，且其西段位于帕米尔的前缘，在强大的挤压力作用下，由于山脉的抬升和盆地的断陷，形成巨大的差异运动。在山脉盆地交接地带断陷和褶皱现象十分普遍。山体年抬升速率可达1～6mm。断裂主要以近东西向展布，规模较大，多数长于200km。北西向的塔拉斯—费尔干纳断裂是一条规模巨大的活动性断裂带，发育在费尔干纳盆地北缘的北东向断裂规模较小。上述断裂多为压性或压扭性质，在第三纪均有不同程度的活动，一些断裂在全新世期间仍有明显活动。该带地震集中在两个地段，东段集中在博斯腾湖到拜城地段，是塔里木盆地向北突出的部位，西部集中在柯坪到阿赖山，是柯坪断块与塔里木盆地交接地段。地震活动总体表现为强度大、频度高的特点，因该统计区西段位于境外，地震资料缺失较多，截止至2012年12月，该带共发生4.7级以上地震630次。其中，5.0～5.9级地震235次；6.0～6.9级地震56次；7.0～7.9级地震3次；8级以上地震1次。该带本底地震的震级为5.5级，震级上限为8.5级。1902年8月22日新疆喀什北部8¼级特大地震是该带的最大地震。

naodu

挠度（deflection） 表示细长物体或薄物体在受力或受热后弯曲变形程度的物理量。在土木工程中，表示在荷载等作用下，结构构件轴线或中性面上某点由挠曲引起垂直于原轴线或中性面方向上的线位移。细长物体（如梁或柱）的挠度是指在变形时其轴线上各点在该点处的轴线法平面内的位移量；薄板或薄壳的挠度是指中面上各点在该点处的中面法线上的位移量；在桩基工程中，挠度是指桩弯曲变形时横截面形心沿轴线垂直方向的位移。物体上各点挠度随位置和时间变化的规律称为挠度函数或位移函数，通

N

过求挠度函数来计算应变和应力是固体力学的研究方法之一。

neibaowen
内保温 (internal thermal insulation)　在建筑热工学中，将保温层布置在外墙靠室内一侧的构造方法。

neidongli dizhi zuoyong
内动力地质作用 (endogenetic geological proces)
见【地质作用】

neigeqiang
内隔墙 (internal caisson wall)　在沉井井筒内设置若干纵横向墙体，与井壁组成若干井筒，形成双孔或多孔沉井。

neijuli
内聚力 (cohesion)　见【黏聚力】

neijuli moxing
内聚力模型 (cohesion model)　日本学者井田（Ida）在1972年发展的一种模型，在该模型中，内聚区域的应力与破裂面之间的滑动距离有关；该模型后来被称为滑动弱化模型，得到了广泛的应用。试验也表明，摩擦力不仅与滑动距离有关，而且与滑动速度有关；据此建立了滑动速度有关的滑动率弱化模型（速度弱化模型）以及和滑动距离、滑动速度都有关的滑动率弱化模型。

neijuqu
内聚区 (cohesive zone)　断层在破裂的过程中，在已破裂和未破裂之间处于部分破裂状态的区域。

neikuanjia jiegou
内框架结构 (internal frame-external masonry wall structures) 由外部砌体墙和内部钢筋混凝土框架–抗震墙结构组成的承载体系。此类结构由于内部采用钢筋混凝土框架，可形成较大的使用空间，且具有造价低、施工简便的特点，常用于中小型工业厂房以及餐厅和商店等建筑。未经抗震设计的内框架结构房屋，由于框架动力特性与砖墙不一致、框架梁与支承墙或壁柱缺乏锚固措施、刚度低和整体性差等原因，在地震中一般损坏较为严重。

neikuanjia zhuanfang zhenhai
内框架砖房震害 (earthquake damage to internal frame-external brick wall buildings)　内框架砖房遭到地震的损坏。内部为钢筋混凝土框架、外墙为承重砖墙、一部分梁搁置在外墙上的混合结构房屋称为内框架砖房。其震害兼有砖房和框架房屋特点，多层内框架砖房震害的主要特点有墙体先于框架破坏；上层相对下层破坏严重；单排柱内框架砖房比多排柱内框架砖房震害重，上层空旷的内框架砖房

震害也偏重；纵墙在窗台位置发生水平裂缝，重者断裂；框架梁柱破坏形式与钢筋混凝土房屋震害类似。

neili tiaozheng xishu
内力调整系数 (adjustment coefficient of internal force) 为了实现强柱弱梁、强剪弱弯、强节点强锚固等的延性设计要求，在进行抗震设计时，通常根据结构抗震计算内力分析的结果，有意识地增大关键部位的设计内力，使竖向构件的屈服迟于水平构件的屈服、剪切破坏迟于弯曲破坏，以提高结构的抗震能力。

neilu dizhen
内陆地震 (inland earthquake)　震中位于大陆内部的地震，也称板内地震。发生在中国的地震（除台湾省省外）大多为内陆地震。因为震源浅，除纵波外，横波和面波皆十分发育，因此较同等大小的海域地震的破坏大。

neimoca
内摩擦 (internal friction)　由于固体变形时结晶格子间产生的摩擦，或运动流体的分子间产生的摩擦，是应变能转化为热能的现象。在阻尼理论中也称黏滞摩擦，其研究结果表述为黏滞阻尼理论。

neimocajiao
内摩擦角 (internal friction angle)　表征岩土内摩擦特性的强度指标。由岩土颗粒的表面摩擦力和咬合力组成，其数值为莫尔包络线的切线与正应力坐标轴间的夹角，当莫尔包络线为直线时，即为该直线与正应力坐标轴间的夹角。

neiyingli dizhi zuoyong
内营力地质作用 (endogeneous geological proces)　发生在地球内部、以地球内能为能源、以层圈相互作用为主要驱动力的一种地质作用，也称内动力地质作用，简称内力作用。其包括地壳运动、构造变形、岩浆作用、变质作用和地震等。地壳运动是引起海底扩张、大陆漂移、山脉形成的地球深部过程；构造变形是地壳运动过程中产生的地壳或岩石圈的变形和变位，形成褶皱和断裂；岩浆作用是指地球深部熔融岩浆物质的形成和侵入，包括火山活动，形成各种侵入岩和火山岩；变质作用是先成的岩石深埋藏后在高温高压条件下或在岩浆接触带发生的岩石成分、结构、构造的变化，形成变质岩；地震作用是地壳深部构造变位或岩浆活动引发的一种强烈的地壳快速颤动，常引发巨大的灾害。

neizhicheng
内支撑 (internal strut)　在岩土工程中，设置在基坑内部的支撑杆系、梁，或包括立柱所组成的支撑挡土构件的钢结构或钢筋混凝土结构。

neizuni

内阻尼（internal damping） 由于材料的内摩擦和构件之间的干摩擦造成的振动能量损耗。内阻尼和外阻尼并没有严格的界线。

neng

能（energy） 衡量系统做功本领的一种物理量。能有多种形态，如动能、势能、热能、电能、化学能、核能等。动能和势能统称机械能，力学研究的能主要是机械能，能的不同形态可以互相转换，能也可以从一个物体或系统传递给另一个物体或系统。机械能与别种形态能之间的转换，总是表现为一物体对另一物体做功。因此，有时也把能定义为做功的能力或本领。能是标量，它的单位和功相同，在国际单位制中，能的单位是焦耳（J），即牛顿·米(N·m)。

nengdong duanceng

能动断层（capable fault） 地表或近地表处有可能引起明显错动的活动断层。由于核电站选址需要，美国原子能委员会在 1973 年提出了能动断层的概念；美国核管会在 1975 年给出能动断层的具体特征；国际原子能委员会在 1991 年对能动断层作了规定，规定的核心内容是在地质、地球物理、大地测量和地震资料的基础上，如果满足下列条件，则必须认为是能动断层：第一，有证据表明在过去的某一时期内断层发生过运动或重复性运动；第二，可以证明与已知能动断层具有构造联系，以致一条断层的运动可以引起另一条断层地表或近地表的运动；第三，与发震构造有关的最大潜在地震很大，并位于某一深度上，并有理由推断能够发生地表或近地表运动。中国国家核安全局和国家地震局 1992 年规定：目前对我国东部地区，可以把一条断层 Qp_3 或 10 万年以来没有发生过运动迹象，并证明另一条已知能动断层的运动不会引起该断层的运动，那么这一断层可视为非能动断层；反之，为能动断层。在古地震学研究领域，主要是指在距今 1 万年到 3.5 万年以来有过错动，而且在不久的将来仍有可能在地表或近地表处引起明显错动的活动断层。

nengli baohu goujian

能力保护构件（capacity protected member） 采用能力保护设计原则设计的构件。能力保护构件本质上就是延性构件，主要用途是避免构件在地震中发生疲劳破坏。

nengli baohu sheji fangfa

能力保护设计方法（capacity protection design method） 为保证在预期地震作用下，桥梁结构中的能力保护构件在弹性范围内工作，其抗弯能力应高于塑性铰区抗弯能力的设计方法。

nenglipu

能力谱（capacity spectrum） 代表结构在侧向荷载作用下的变形能力的谱曲线。通过非线性静力分析（如使用 Pushover 法等）可获得结构的底部剪力与顶点水平侧移之间的关系曲线（即 V 剪力-D 谱位移格式，V-D），再将该曲线转变为 A-D（A 为谱加速度）格式，即为结构的能力谱。

nengli pufa

能力谱法（capacity spectrum method） 在结构静力弹塑性分析方法中，根据弹性反应谱和非弹性反应谱求解结构地震反应的方法。

nengli quxian

能力曲线（capacity curve） A-D 坐标系中，结构基底剪力 V_b 与顶层位移 δ_n 之间的关系曲线。将结构体系转换为等效单自由度体系并对能力曲线进行坐标变换后，一般可根据振型叠加法原理，将对应第一振型的单自由度体系作为等效体系。利用等效体系的动力学参数，将结构能力曲线转换到以谱加速度 A 和谱位移 D 表示的坐标系统，即 $A=V_b/m_1^*$，$D=\delta_n/(\gamma_1\varphi_{n1})$。式中，$m_1^*$ 和 γ_1 分别为对应结构第一振型的广义质量和振型参与系数；φ_{n1} 为结构第一振型顶层位移值。

nengli sheji

能力设计（capacity design） 以整个结构所具有的抗震能力为衡量指标的结构设计。它通过概念设计和构造措施，使结构在大震时产生预期的塑性屈服机制，形成能力保护构件和耗能构件，以增强结构的整体抗震性能。在桥梁抗震设计中，为确保延性抗震设计桥梁可能出现塑性铰的桥墩的非塑性铰区、基础和上部结构构件不发生塑性变形和剪切破坏，必须对上述部位、构件进行加强设计，以保证非塑性铰区的弹性能力高于塑性铰区，基于这一概念的设计即为桥梁的能力设计。

nengli sheji sixiang

能力设计思想（capacity design philosophy） 新西兰学者在 20 世纪 70 年代提出的结构抗震设计理念，该理念强调要把握结构体系中不同构件安全度的差异，旨在确保结构在大震作用下具有适当延性，以防止脆性破坏模式的发生。

nenglitu

能力图（capacity diagram） A-D 坐标系中，谱加速度 A 和谱位移 D 的关系曲线。将结构体系转换为等效单自由度体系并对能力曲线进行坐标变换。一般可根据振型叠加法原理，将对应第一振型的单自由度体系作为等效体系。利用等效体系的动力学参数，将结构能力曲线转换到以谱加速度 A 和谱位移 D 表示的坐标系统；即 $A=V_b/m_1^*$，$D=\delta_n/(\gamma_1\varphi_{n1})$。式中，$m_1^*$ 和 γ_1 分别为对应结构第一振型的广义质量和振型参与系数；φ_{n1} 为结构第一振型顶层位移值；V_b 为结构基底剪力；δ_n 为顶层位移。

能量持时（energy duration）　基于能量概念定义的强地震动持续时间，是地震动持续时间定义的一种。该持时有很多种定义，按照下式计算函数 $E_n(t)$ 随时间的变化：

$$E_n(t) = \int_0^t a^2(t)\,\mathrm{d}t \Big/ \int_0^{T_0} a^2(t)\,\mathrm{d}t$$

式中，$a(t)$ 为加速度时程；T_0 为总持续时间。$E_n(t)$ 的物理意义可理解为：单自由度体系单位质量在地震动 $a(t)$ 作用下的，t 时刻的能量与总能量之比。适当选取比值的下限和上限，常取为 5% 和 95%，则达到下限时刻 t_1 和达到上限时刻 t_2 之间的时间间隔为强地震动的能量持时，它表示此时段内输入结构的能量占总能量的 90%。

能量耗散系数（energy dissipation coefficient）
见【能量耗损系数】

能量耗损系数（energy dissipation coefficient）　表示在一次应力循环中线性黏弹性介质的能量耗损 ΔW 与线性黏弹性介质所具有的最大弹性能 W 之比，也称能量耗散系数、相对能量比。它是衡量试件相对耗能能力大小的指标，该系数 η 的定义为：$\eta = \Delta W/W$（ΔW 和 W 可通过滞回曲线获得），计算可得：

$$\left.\begin{array}{l} \eta = 2\pi\,\dfrac{C_\varepsilon p}{E} \\[2mm] \eta = 2\pi\tan\delta \end{array}\right\}$$

式中，C_ε 为黏滞系数；E 为动弹性模量；p 为频率；δ 为应变滞后于应力的相角；上式表明，黏滞系数 C_ε 越大，线性黏弹性介质的能量耗损系数 η 越大；动弹性模量 E 越大，线性黏弹性介质的能量耗损系数 η 越小。

能量谱（energy spectrum）　对地震动加速度时程幅值的平方所作的傅里叶谱。地震动加速度傅里叶幅值的平方与其作用下单自由度体系的能量成正比。

能量设计准则（energy design criterion）　以输入结构的地震能量为设计依据，要求结构能吸收地震能量而实现预期抗震目标的抗震设计原则，是桥梁抗震设计应遵循的准则之一。由于地震动能量参数的选择和结构耗能的计算比较困难，采用此类方法进行抗震设计尚待发展完善。

能量守恒（conservation of energy）　自然界的基本原理之一。即自然界的各种能量可以通过某种过程相互转化，但总量不会减少或增加。这一规律被称为能量守恒定律。

能量守恒定律（law of energy conservation）　自然界中各种能量形式互相转换有方向和条件的限制，能量互相转换时其量值不变，能量是不能被创造或消灭的规律。该定律是由不同国家和不同职业的多位科学家从不同的侧面各自独立发现的。其中迈尔（E. Mayr）、焦耳（J. P. Joule）、亥姆霍兹（H. V. Helmholtz）是主要贡献者。迈尔是德国医生，他从新陈代谢的研究中得出该定律，1842 年，迈尔发表了题为《论无机界的力》的论文，进一步表达了物理化学过程中能量守恒的思想。焦耳是英国物理学家，1847 年，他做了迄今认为确定热功当量的最好实验，1878 年的精确实验结果为能量守恒定律的确立提供了无可置疑的实验证据。亥姆霍兹是德国物理学家和生理学家，于 1847 年出版了《论力的守恒》一书，给出了对不同形式的能的数学表示式，并研究了它们之间相互转化的情况，这部著作在能量守恒定律论证方面影响较大。该定律发现的过程中，除了上述三位外，还有多位科学家都曾独立地发表过有关能量守恒方面的论文，对能量守恒定律的发现做出了重要贡献。

能量衰减（energy attenuation）　由于介质对地震波能量的吸收、内摩擦等原因，地震波能量随传播距离和时间增加而衰减的现象。

能量原理（energy principle）　分析结构在荷载、温差等外因影响下所产生的应力、变形和位移状态的基本原理之一。能量是指结构做功的能力，弹性结构在加载时产生变形，在卸载后又能恢复原状，说明若不计动能和热能的变化，荷载在结构上做作之功，将全部转化成结构的变形势能存储于结构之内，因而在卸载过程中具有恢复原状的能力，这是能量原理的依据。能量原理根据荷载做功过程中变形势能的变化规律，建立起一系列极值条件，作为解题的综合判据，从而避免直接解算大量偏微分方程，以简化解题手续。

能流密度（energy flow density）　作用在传播方向垂直平面上的应力与作用方向上质点速度的乘积。它表示在波动传播方向上通过单位面积，在单位时间输送的能量。

尼泊尔地震（Nepal earthquake）　2015 年 4 月 25 日尼泊尔发生了 8.1 级特大地震，震区沿喜马拉雅山区东西向延伸，震中位于尼泊尔第二大城市博克拉，震中烈度为 X 度。地震造成 8786 人死亡，22303 人受伤，首都加德满都也遭到严重破坏，其中许多著名的古迹遭到毁灭性破坏，建于 1832 年的达拉哈拉古塔震后倒塌，且砸死游客。震中附近为山地，地震导致滑坡、崩塌等地质灾害。我国西藏聂拉木口岸和定日县也有破坏。

nihuiyan

泥灰岩（marl） 在沉积岩中，陆源碎屑含量在 25%～50% 的一种碳酸盐岩，是黏土岩与碳酸盐岩之间的过渡沉积。碳酸盐矿物以方解石和白云石为主，间或有菱铁矿。其可按碳酸盐矿物的类型进一步分为方解石泥灰岩、白云石泥灰岩和菱铁矿泥灰岩等。颜色多变，肉眼一般不见层理，在显微镜下碳酸盐矿物呈棱角状，可见微细的水平层理，多形成于湖泊和浅海环境。

nijiang

泥浆（mud） 黏土颗粒均匀而稳定地分散在液体中形成的浆液。1901 年，美国的哈米尔兄弟在得克萨斯利用钻井寻找石油。当时为应对钻井过程中的沙层等难题，用泥浆加固支撑钻井壁，泥浆首次应用于钻井，这一做法被沿用至今。当时的泥浆是普通泥浆，现代工程中使用的事实上已经是合成泥浆。泥浆可分为水基泥浆、油基泥浆和混合型泥浆。

nijiang hubi chengkong

泥浆护壁成孔（mud protection pore-forming） 利用钻孔勘探时，在地下水位较高地段，利用泥浆保护孔壁，防止孔壁坍塌，钻进成孔的钻孔技术。

nijiang zuanjin

泥浆钻进（mud flush drilling） 钻孔勘探时，利用泥浆作为循环液，以保护井壁、冷却钻头、携带岩屑的钻进方法。

nipenji

泥盆纪（Devonian Period） 古生代第四个纪。"泥盆"一名来自英国西南的泥盆郡（Devonshire），由于这一时期的地层首先在此地研究，故就地取名。由于无颌类和盾皮鱼类等鱼形动物大量繁育，故又称泥盆纪为"鱼类时代"。始于距今 4.19 亿年，延续了约 6000 万年。对应的地层年代单位为泥盆系，分为下、中、上三个统和七个阶。下泥盆统有洛赫考夫阶、布拉格阶和埃姆斯阶；中泥盆统有艾菲尔阶和吉维特阶；上泥盆统有弗拉阶和法门阶。

nipenxi

泥盆系（Devonian System） 在泥盆纪形成的地层。

nipi

泥皮（mud cake） 泥浆在钻探过程中因失水而使黏土颗粒附着在孔壁而形成的泥壳。

nisha yali

泥沙压力（silt pressure） 淤积的泥沙对建筑物产生的作用。水利工程设计中必须考虑泥沙压力对水工建筑物的影响。

nishiliu

泥石流（debris flow） 受暴雨、冰雪融化等水源激发，大量泥沙、石块和水的混合体在重力作用下沿沟谷或斜坡坡面快速流动的现象或过程，是地质灾害的一种类型。它具有暴发突然、历时短暂、破坏力大等特点，是一种间歇性洪流。泥石流的形成需具备特定地形地貌、地质和气象水文条件。泥石流一般可分为三个区段：上游形成区，为三面陡峻的高山环绕的汇水盆地；中游通过区，多为狭窄的河谷；下游堆积区，形成大小不等的扇形地。灾害性泥石流发生极其迅速，土石和水的松散混合体具有巨大的破坏力。地震是泥石流的重要触发因素之一，它主要是为泥石流碎屑物质来源提供方便。在中国，泥石流集中分布在两个带上：一个是青藏高原与次一级高原和盆地之间的接触带；另一个是上述的高原、盆地与东部的低山丘陵或平原的过渡区。

nishiliu duijiqu

泥石流堆积区（end accumulation area of debris flow） 泥石流碎屑物质大量淤积的地区，多呈扇形堆积。泥石流堆积区一般位于泥石流下游或中下游。堆积活动有时发生在流通区内的泥石流沟谷坡度急剧减小或转折处。

nishiliu liutongqu

泥石流流通区（passage channel of debris flow） 泥石流形成后，向下游集中流经的地区，流通区一般具有狭窄、顺直、坡度大的特征。

nishiliu nianxing xishu

泥石流黏性系数（kinematic coefficient of debris flow） 描述泥石流体的内摩擦力性质的一个重要物理量，表征液体抵抗流变的能力，也称内摩擦系数或黏度。

nishiliu xingchengqu

泥石流形成区（material source of debris flow） 泥石流主要的水源、泥土砂石等碎屑物质供给的源区，也称泥石流汇集区、泥石流物源区。

nishiliu zaihai

泥石流灾害（debris flow disaster） 山区沟谷中，由暴雨、冰雪融融水或江湖、水库溃决后的急速地表径流激发的含有大量泥砂，石块等固体碎屑物质，并有强大冲击力和破坏作用的特殊洪流，造成的灾害主要有摧毁城镇、村庄、矿山、工厂、工程设施，造成人员伤亡和财产损失；破坏铁路、公路、桥梁、车站，颠覆淤埋火车、汽车，淤塞航道，破坏水陆交通运输；淤积河道、湖泊、水库，破坏水利工程，加剧洪水灾害；破坏国土资源、农田和流域生态环境等。

N

nitan

泥炭（peat） 含有大量未分解的腐殖物，且有机质含量大于60%的土。泥炭是一种经过几千年而形成的天然沼泽地产物（又称为草炭或是泥煤），它具有质轻、持水、保肥、有利于微生物活动，增强生物性能，营养丰富的优点，既是栽培基质，是良好的土壤调解剂，并含有很高的有机质，腐殖酸及营养成分。

nitantu

泥炭土（peat soil） 在河湖沉积的低平原及山间谷地，常年积水或季节性积水，大量未经充分分解的植物残体累积形成厚度超过50cm泥炭层的土壤。其主要分布于四川、黑龙江、吉林等省。其土体构型为 As-H-M-G 或 H-G，可细分为低位泥炭土、中位泥炭土和高位泥炭土3个亚类。

nitan zhitu

泥炭质土（peaty soil） 含有大量未分解的腐殖物，有机质含量大于10%，且小于或等于60%的土。国家标准 GB 50007—2011《建筑地基基础设计规范》规定：淤泥为在静水或缓慢的流水环境中沉积，并经生物化学作用形成，其天然含水量大于液限、天然孔隙比大于或等于1.5的黏性土。当天然含水量大于液限而天然孔隙比小于1.5但大于或等于1.0的黏性土或粉土为淤泥质土。含有大量未分解的腐殖质，有机质含量大于60%的土为泥炭，有机质含量大于等于10%且小于等于60%的土为泥炭质土。

niweiji

泥位计（mud level meter） 一种用于测定泥石流爆发时泥石流通道断面上泥石流表面高程变化的传感器。

niyan

泥岩（mudstone） 粉砂和黏土总量超过90%的一种碎屑沉积岩，是黏土经固结成岩作用形成的层理不明显的块状黏土岩，主要包括粉砂岩、黏土岩及二者之间的过渡类型。未固结者称为泥，具泥状结构或粉砂泥状结构，块状构造。

nidongli shiyan

拟动力试验（pseudo-dynamic test） 往复加载试验和结构地震反应逐步积分方法在线结合的结构抗震试验，也称伪动力试验、杂交试验或联机试验。该试验可用于原型结构、模型结构、子结构和构件的抗震性能试验，确定试件的力—变形滞回曲线，也可近似模拟在给定的地震输入下结构或构件的地震反应，研究和验证结构地震破坏机理、破坏特征、抗震能力和抗震薄弱环节。拟动力试验方法最早于1969年由日本学者 M. Hakuno 等人提出。将计算机与做动器联机求解动力方程，当时采用的是模拟计算机。1974年，K. Takanash 采用数字计算机代替模拟计算机，发展了用于结构弹塑性地震反应的拟动力试验系统。早期拟动力试验采用的数值积分方法是线性加速度方法，动力方程采用的是增量形式，需要给出刚度矩阵，瞬态刚度由测量得到。由于传感器的精度限值，造成瞬态刚度变化很剧烈，试验结果不理想。为克服这个困难，H. Tanaka 采用中央差分法来代替线性加速度方法，在试验中直接使用测量的恢复力而避免使用瞬态刚度，提高了试验的稳定性和精度。

nijinglifa

拟静力法（pseudo-static method） 将重力作用、设计地震加速度与重力加速度比值、给定的动态分布系数三者乘积作为设计地震力的静力分析方法。它是一种具有静力算法的形式，但又可考虑动力效应的结构地震反应简化算法。结构地震反应分析方法可分为静力法、反应谱法和动力时程分析法。拟静力法是介于静力法和反应谱法之间的简化方法，并没有严格统一的定义和算式；该法与静力法的区别在于可简单考虑动力效应，与反应谱法的区别在于不使用反应谱或仅考虑基本振型的动力效应，而不进行多个振型反应的组合。在不同抗震设计规范中规定的拟静力算法有细节上的差异。

nijingli shiyan

拟静力试验（quasi-static test） 预先设定的荷载或位移控制模式对试件进行低频往复加载，用以模拟地震时试件在往复振动中的受力和变形过程，使试体从弹性阶段直至破坏，旨在获得试件的荷载–变形特性（本构关系）的结构抗震试验，是结构或构件抗震性能研究中应用最广泛的试验。因企图用静力法求得振动的效果，故也称伪静力试验，还称往复加载试验、低周反复加载试验、恢复力特性试验。

nisudu fanyingpu

拟速度反应谱（pseudo-velocity response spectrum） 将计算速度反应谱公式中的余弦函数替换为正弦函数所得到的速度反应谱，也称准速度反应谱，它是绘制三联地震反应谱的根据。

nichong duanceng

逆冲断层（thrust fault；thrust） 位移距离较大的低角度逆断层。断层倾角常小于30°，多作为逆冲推覆构造的底面。逆冲断层的断层面一般为非平面状，常呈铲状，最典型的为台阶式，由长而平的断坪与联结其间的短而陡的断坡交替构成。逆冲断层作用可形成断弯褶皱、断展褶皱和断滑褶皱。在逆冲推覆构造中，逆冲断层仅指断层面或滑动面本身，断层面以上的上盘或外来岩体为推覆体或逆冲岩席。

nichong duanceng dizhen

逆冲断层地震（thrust fault earthquake） 发生在逆冲断层上的地震。如果断裂规模较大，则通常发生在这类断裂上的地震震级一般较大。

nichong tuifu gouzao

逆冲推覆构造（thrust nappe structure） 由大型逆冲断层及其上盘推覆体或逆冲岩席组合而成的大型的区域性挤压构造，简称推覆构造。逆冲推覆构造主要产出于挤压构造背景下的大陆造山带及其前陆盆地带，活动大陆边缘弧前构造带也发育逆冲推覆构造，在活化的板块内部压性沉积盆地也不同程度地发育逆冲推覆构造。它是挤压或收缩作用的结果。

niduanceng

逆断层（reverse fault） 上盘上升，下盘相对下降的断层，是地质构造中断层的一种类型，主要由于水平挤压和重力作用而形成。按断面的倾角又分为冲断层（断面倾角>45°）；逆掩断层（断面倾角为25°～45°）；辗掩断层（断面倾角<25°）三类。

nizuofa

逆作法（top-down method） 利用主体地下结构的全部或一部分作为内支撑，按楼层自上而下并与基坑开挖交替进行的施工方法。在边坡工程中，是指在建筑边坡工程施工中自上而下分阶开挖及支护的施工方法。

nianchaoyue gailü

年超越概率（annually exceedance probability） 某工程场地在一年内可能遭遇超过给定的地震烈度值或某一指定的地震动参数值的概率。若假定地震的发生过程服从泊松分布，计算可给出50年超越概率为63%的地震相当于50年一遇的地震；50年超越概率为10%的地震相当于475年一遇的地震；50年超越概率为2%～3%的地震相当于1600～2500年一遇的地震。

niandai diceng danwei

年代地层单位（chronostratigraphic unit） 在特定的地质历史时期内形成的所有岩石的总体，并仅限于在该时间跨度内形成的岩层。年代地层单位以等时面为界，单位级别与岩层包含的时间长短相对应，与岩层的厚度无关。年代地层单位与地质年代严格对应，是地质学上对地层的一种划分。在大范围内，通过矿物组成、岩相、构造特征等，特别是同位素、化石、地磁等的研究研究结果来确定地层形成的地质年代，同一年代形成的地层，不论其性质异同，即归入同一单位中。从大到小分为宇、界、系、统、阶五级，阶是最基本的年代地层单位。对应的地质时代为宙、代、纪、世、期。

niandai diceng duibi

年代地层对比（chronostratigraphic correlation） 利用年代地层单位进行地层对比的方法。在特定地质事件间隔内形成的岩石体，其顶底界面均是以等时面为界。因此，这种地层单位及其界面是等时的。

niandai dicengxue

年代地层学（chronostratigraphy） 以岩石体或岩层形成的时间为研究目的和地层划分对比依据的地层学的一个分支学科，也称时间地层学。它是利用同位素测年等技术方法测定岩石和沉积物地质年代研究地层时序，从老到新把地层划分为若干年代地层单位，以说明地质演化历史的学科。以地层的地质年代归属为主要研究内容，以时间界面为准划分地层，它与地质年表一致。其主要研究岩石体的相对时间关系和年龄，并据此将其编制成与地质时间间隔相对应的地层单位，用以建立全球标准年代地层表。作为时间对比的基础以及记录地质历史事件的参照标准。

nianpingjun fashenglü

年平均发生率（average annual occurrence rate） 某一区域内发生的震级大于等于给定下限值的地震的总数与统计年数的比值，也称地震年平均发生率。

niandu

黏度（viscosity） 流体内部阻碍其流动的一种特性，也称黏滞性，单位是帕斯卡·秒（Pa·s）。由于液体流动，每个分子必定要偏离其平衡位置，所以黏度与分子的相对位置即结构有密切的关系。研究表明，对水的结构有重要影响的电解质的存在，能使黏度发生较大的变化。

nianfuli

黏附力（adhesion） 某种材料附着于另一种材料表面的能力。附着材料一般指液体或粉状固体，被附着体指具有一定表面的物体。油漆、胶水是常见的黏附材料。黏附力大小，不仅取决于黏附材料的分子结构和化学成分，被黏附体的表面特性，还与发生黏附的条件有关，如温度、湿度、辐射、振动和风速等。在岩土工程中，是指在外力为零时，土与其他材料之间的结合力，也称黏着力。

niangang jiagufa

黏钢加固法（structure member strengthening with externally bonded steel plate） 对钢筋混凝土梁、板、柱等构件外黏钢钢板，以提高构件抗拉、抗弯和抗剪能力的加固方法，是复合截面加固法的一种类型。

nianhua

黏滑（stick slip） 断层面上应力释放与积累过程中的力学效应。实验室观察发现，岩石滑动时的应力降曲线不是光滑的，而是跳跃式的，这种跳跃式滑动称为黏滑。实验结果表明，在地质体中，黏滑似乎是普遍的现象。但在温度超过数百度且应变率很低时，断层面的滑动是光滑的，并不是跳跃式的，即此时无黏滑产生。因此，黏滑也许能解释25km以内浅震的岩石滑动性质，但不能解释深震的滑动性质。黏滑的大小不仅与岩石的性质有关，而且与作用力有关，因此不同地震的滑动过程可能有较大差异。产生黏滑的原因尚不清楚，可能在滑动时，滑动面的摩擦阻力有了变化。在断层剪切滑动过程中，断层面的突然错动伴随着围岩中弹性能突然释放并形成弹性波的辐射，之后由于弹性能的过度释放使剪应力小于摩擦强度，从而在远程应力场的驱动下进入应力重新积累阶段，也称为黏滑。这种周而复始的过程就是地震在断层上重复发生的物理背景。

nianhua duanceng

黏滑断层（stick-slip faulting）　活动断层两盘闭锁、应力应变积累到一定程度时突然释放，产生相对位移错动的断层。

nianjie cailiaozhuang fuhediji

黏结材料桩复合地基（cohesive column composite foundation）　竖向增强体为水泥土桩、混凝土桩等黏结材料桩的复合地基。

nianjie shixiao

黏结失效（failure to coherence）　钢筋混凝土构件中钢筋与混凝土脱离不能协同承载的破坏现象。常表现为两种形态：一种是钢筋因锚固力不足而从混凝土中拔出；另一种是混凝土开裂后，在往复荷载作用下沿钢筋产生细微裂缝，进而酥裂脱离钢筋。

nianjie shuzhi

黏结树脂（adhesives）　在结构抗震加固中，用于粘贴碳纤维板的树脂。它是配合结构胶黏剂使用的材料。

nianjuli

黏聚力（cohesion）　表征颗粒之间黏结和聚合形成的强度指标，它在数值上等于岩土强度包线在剪应力轴上的截距，即法向应力为零时岩土的抗剪强度，也称凝聚力、内聚力。

niankuai moxing

黏块模型（viscous model）　震源非均匀破裂模型中用来描述断层面的非均匀性的模型。该模型认为断层面上非均匀地分布着大小不等的块体，地震是由这些块体的破裂错动引起的，这些黏块之间的区域震前已经释放完能量，对该次地震没有贡献，黏块确定了本次地震的震源区域。

niansuxing lilun

黏塑性理论（theory of viscoplasticity）　考虑固体材料黏性的塑性理论。固体黏性是指与时间有关的变形性质，蠕变和应力松弛都是与黏性有关的力学现象。几乎所有固体材料都有黏性。在有些情况下，黏性对材料力学性能的影响小到可以忽略，但某些聚合物、岩土材料以及处于高速变形状态下的金属材料则具有明显的黏性。对于这些材料和变形情况，黏性的影响必须予以考虑。实验表明，同时考虑材料的塑性和黏性，对于描述应力波的传播和在短时强荷载作用下结构的动力特性非常必要。在这些问题中，考虑材料的黏性效应能使计算结果和实验数据吻合的较好。

niantanxing

黏弹性（viscoelasticity）　在岩土力学中岩土体在应力作用下，应变由黏滞应变和弹性应变组成并随时间变化的特性。

niantanxing cailiao

黏弹性材料（viscous-elastic material）　一种主要特征与温度及频率有关，专门用作阻尼层的材料。频率高到一定程度或温度低到一定程度时，该材料呈玻璃态，失去阻尼性质；在低频或高温时，该材料呈橡胶态，阻尼也很小；只有在中频和中等温度时，阻尼最大，弹性取中等值。

niantanxing lilun

黏弹性理论（theory of viscoelasticity）　在考虑材料的弹性性质和黏性性质的基础上，研究材料内部应力和应变的分布规律以及它们和外力之间关系的理论。材料的黏性性质主要表现为材料中的应力和应变率有关，是固体力学的一个重要研究内容。

niantanxing xiaonengqi

黏弹性消能器（viscoelastic energy dissipation device）　由黏弹性材料和约束钢板或圆（方形或矩形）钢筒等组成，利用黏弹性材料间产生的剪切或拉压滞回变形来耗散能量的减震装置。

niantanxing zuniqi

黏弹性阻尼器（viscoas-elastic damper）　利用黏弹性材料耗散振动能量的，由钢板和黏弹性材料通过特殊工艺处理，依靠黏弹性材料的滞回特性耗散能量的被动控制装置，属速度相关型阻尼器。此类阻尼器因结构简单、效能可靠、设置方便，广泛用于新建工程的抗震和抗风设计，并可用于现有结构的抗震加固。

niantu

黏土（clay）　用粒度分级，粒度小于0.004mm的颗粒；用于沉积物时，是指粒径≤0.063mm、泥组分（粉砂＋黏土）大于90%、黏土/粉砂比≥2的松散沉积物；在岩土工程中，是指塑性指数大于17的黏性土。

niantu kuangwu

黏土矿物（clay mineral）　组成黏土岩和土壤的主要矿物。它们是一些含铝、镁等为主的含水硅酸盐矿物。除海泡石、坡缕石具链层状结构外，其余均具层状结构。颗粒极细，一般小于0.01mm。加水后具有不同程度的可塑性。其主要包括高岭石族、伊利石族、蒙脱石族、蛭石族和海泡石族等矿物。黏土矿物可用作陶瓷和耐火材料，并用于石油、建筑、纺织、造纸、油漆等工业。高岭土可用作陶瓷原料、造纸的填料和涂层；由蒙脱石构成的膨润土可用于作钻井泥浆、精炼石油的催化剂和漂白剂、铁矿球团的黏结剂和铸形砂黏合剂；海泡石黏土可用于制造抗盐泥浆的优质原料、油脂的脱色剂和吸收剂。

niantuyan

黏土岩（claystone） 主要由黏土矿物组成的沉积岩，包括泥岩、页岩等，是沉积岩中分布最广的一类岩石。黏土矿物的含量通常大于 50%，主要由高岭石族、多水高岭石族、蒙脱石族、水云母族和绿泥石族矿物组成。黏土岩致密均一、不透水、性质软弱、强度低、易产生压缩变形，抗风化能力较低，尤其是含蒙脱石等矿物的黏土岩，遇水后具有膨胀、崩解等特性，不适合作为大型水工建筑物的地基。

niantu zhuanfang

黏土砖房（clay brick buildings） 以烧结普通黏土砖或烧结多孔黏土砖墙作为承重和抗侧力构件的砌体房屋。黏土砖房取材方便、造价低廉、施工简单，长期以来是中国住宅和小型公用房屋的主要结构形式。

niantu zhuanfang zhenhai

黏土砖房震害（earthquake damage of clay brick buildings） 黏土砖房遭到地震的损坏。以黏土砖砌筑墙体作为承重构件的房屋为砖房。由于砖房占砌体房屋的绝大多数，在发展中国家应用比较普遍；我国城镇住宅的较大部分也是黏土砖房，因此，黏土砖房震害十分普遍。黏土砖房震害现象主要有墙体开裂、地面开裂、房屋局部坍塌、房屋整体坍塌或倾斜、建筑构件破坏等。

nianxing

黏性（viscosity） 施加于流体的应力和由此产生的变形速率以一定的关系联系起来的流体的一种宏观属性，表现为流体的内摩擦。由于黏性的耗能作用，在无外界能量补充的情况下，运动的流体将逐渐停止下来。黏性对物体表面附近的流体运动产生重要作用使流速逐层减小并在物面上为零，在一定条件下也可使流体脱离物体表面。黏性的大小通常用黏性系数（即黏度）来表示。牛顿黏性定律指出，在纯剪切流动中，流体两层间的剪应力可以表示为：$\tau = \mu \dfrac{\mathrm{d}u}{\mathrm{d}y}$。式中，$\dfrac{\mathrm{d}u}{\mathrm{d}y}$ 为沿 y 方向（与流体速度方向垂直）的速度梯度，又称剪切变形速率；u 为比例常数，即黏性系数。

nianxing bili zuni

黏性比例阻尼（viscous proportional damping） 在阻尼理论中，是瑞利阻尼、柯西阻尼等比例阻尼的统称。

nianxing bili zuni tixi motai fenxi

黏性比例阻尼体系模态分析（modal analysis of viscous proportional damping system） 复模态参数分析的一种方法。单自由度黏性阻尼体系的阻尼自振频率为：

$$\omega_{\mathrm{D}} = \omega\sqrt{1-\zeta^2}$$

式中，ω 为无阻尼自振频率；ζ 为阻尼比。具有 n 个自由度的黏性比例阻尼体系自由运动方程为：

$$M\ddot{u}+C\dot{u}+Ku=0$$

式中，M、C、K 分别为质量矩阵、比例阻尼矩阵和刚度矩阵；$\ddot{u}$、$\dot{u}$、u 分别为结构反应加速度、速度和位移矢量。设上述方程的特解为 $\boldsymbol{\phi}e^{\lambda t}$，可得特征值问题：

$$(\lambda^2 M+\lambda C+K)\,\boldsymbol{\phi}=0$$

式中，$\boldsymbol{\phi}$ 为振型矢量。求解上述特征值问题可得 $2n$ 个呈共轭对形式的复特征值（复频率）：

$$\lambda_{2i-1,2i}^{(i)}=-\zeta^{(i)}\omega^{(i)}\pm\mathrm{j}\omega_{\mathrm{D}}^{(i)}$$

式中，各变量的上角标 (i) 表示 i 振型；$\zeta^{(i)}$、$\omega^{(i)}$、$\omega_{\mathrm{D}}^{(i)}$ 分别为 i 振型的阻尼比、无阻尼自振频率和阻尼自振频率；$\mathrm{j}=\sqrt{-1}$。$\lambda_{2i-1,2i}^{(i)}$ 的模仍是无阻尼自振频率 $\omega^{(i)}$，系统特征矢量（振型）$\boldsymbol{\phi}$ 仍为无阻尼体系的振型，且具有关于阻尼、质量和刚度矩阵的加权正交性。

nianxing bianjie

黏性边界（viscous boundary） 沿着人工边界设置一系列阻尼器，用于吸收射向边界的波动能量的边界。该边界概念清晰，简便易行，不会失稳；存在的问题是当散射波在边界上入射角较大时会产生反射波。

nianxing haoneng

黏性耗能（viscous energy dissipation） 将土体视为黏性材料，一次等幅循环荷载作用下的滞回曲线为椭圆，其耗损的能量被认为是椭圆面积的土耗能特性的一种估计方法。

nianxing nishiliu

黏性泥石流（viscous debris flow） 固体物质含量较高（一般占 40%～60%，最高达 80%），其中含大量黏性土（黏粒含量一般大于 3%），黏度大于 0.3Pa·s，流体容重大于 16～23kN/m³ 的泥石流，也称结构性泥石流。流体呈黏稠泥浆状，巨大岩块可浮托运动，流态为半紊流至似层流，有巨大的侵蚀和搬运能力。

nianxingti jianzhen zhizuo

黏性体减震支座（viscous-damping bearing） 通过黏性体的黏性剪切达到吸收和耗散振动能量的目的减震支座，属于黏性阻尼耗能装置。

nianxingtu

黏性土（cohesive soil） 塑性指数大于 10 的土，包括黏土和粉质黏土。黏性土的含水量对其物理状态和工程性质有重要影响。

nianxing zuni

黏性阻尼（viscous damping）　相当于物体在气体中低速运动的介质阻尼，或者耗能与外激励频率有关的材料阻尼。线性黏性阻尼理论认为阻尼力的大小与速度成正比，方向与速度的方向相反。黏性阻尼由于线性假设带来的方便，在实际中应用的最为广泛。

nianxing zuni xishu

黏性阻尼系数（viscous damping coefficient）　阻尼力与振动速度的比值。在机械系统中，线性黏性阻尼是最常用的一种阻尼模型。试验表明，在这种阻尼模型中，阻尼力 R 的大小与运动质点的速度的大小成正比，方向相反。

nianzhi liuti zuniqi

黏滞流体阻尼器（viscous fluid damper）　利用黏性流体流动耗散振动能量的被动控制装置，属速度相关型阻尼器。主要类型有油阻尼器、黏滞阻尼墙和黏滞阻尼支座等。

nianzhimoca

黏滞摩擦（viscous friction）　由于固体变形时结晶格子间产生的摩擦、分子间作用力或运动流体的分子间产生的摩擦，是应变能转化为热能的现象。在阻尼理论中也称内摩擦，其研究结果通常表述为黏滞阻尼理论。

nianzhi xishu

黏滞系数（coefficient of viscosity）　线性黏性材料受剪流动时，与温度有关的剪应力与流速梯度成正比的比例系数。

nianzhi xiaonengqi

黏滞消能器（viscous energy dissipation device）　由缸体、活塞、黏滞材料等部分组成，利用黏滞材料运动时产生黏滞阻尼耗散能量的减震装置。

nianzhixing

黏滞性（viscosity）　流体的流动阻力，在流体分子之间产生剪切力并引起摩擦的流体特性，也称黏度。

nianzhi zuniqi

黏滞阻尼器（viscous fluid damper）　工程抗震中利用黏性介质流动的黏滞力（剪切阻抗力）阻抗活塞运动的耗能装置。这种装置一般为筒形，它由黏性介质、油缸、活塞杆、活塞所构成，它的阻抗力（阻尼力）与活塞相对运动速度一般成非线性比例关系。

nianzhi zuniqiang

黏滞阻尼墙（viscous wall fluid damper）　主要由外置钢箱体、一至多层内置钢板组成，在外置钢箱体构成的密闭空间内注入高黏度的黏滞阻尼材料而形成的消能减震墙体。它的外置钢箱体和内钢板分别与建筑的上、下楼层连接，当建筑结构产生震（振）动时，结构上、下楼层之间将产生相对速度，固定在上层楼面梁的内钢板将会在钢箱内往复运动，使钢箱内的黏滞材料产生阻尼力，吸收震（振）动能量，减小结构震（振）动。它的工作原理与筒式黏滞阻尼器相同，均为通过黏滞阻尼液的运动产生阻尼力，力学参数与黏滞阻尼器相同；相对于筒式黏滞阻尼器，该墙的厚度较小，形状规则，安装后不影响建筑美观，既可用于抗震，也可用于抗风，具有免维护的优点。

nianyafa

碾压法（rolling compaction）　在岩土工程施工中利用碾压机械压实土体的施工方法。堤坝等土方工程中常用该方法压实土体填筑土坝，适用于碎石土、砂土、粉土、低饱和度黏土、杂填土等，对饱和黏性土应慎重采用。

nianya jixie

碾压机械（compacting machinery）　依靠自身重量的静力作用或结合激振力的共同作用将土、石压密的平碾、羊足碾、气胎碾，振动碾，振动夯等机械。

nianya shiyan

碾压试验（rolling compaction test）　根据选用的碾压机械和填土料，在现场进行试碾压，以确定为达到规定密度的土的最佳含水率、合理铺土厚度、每层土的碾压遍数，压后的土层厚度和合理施工工艺的试验。

nianya tuba

碾压土坝（rolled fill earth dam）　在土坝建造时，系指用土料以分层碾压的方法建成的土坝。

nielongxianxiang

捏拢现象（pinching）　往复荷载作用下钢筋混凝土构件发生损坏后，其力-变形关系曲线在重新加载段的斜率往往有极其明显的改变，在急剧降低后又复增加，致使滞回环不能保持近似的椭圆形或梭形，而呈中间部分凹进的纺锤状或倒 S 形的现象。该现象与往复荷载作用下构件裂缝的开合有关，较多出现于发生剪切破坏或黏接失效破坏构件。

ningxia haiyuan dizhen

宁夏海原地震（Ningxia Haiyuan earthquake）　1920 年 12 月 16 日宁夏海原发生了 8½级特大地震。此次地震能量巨大，震中烈度Ⅻ度，极震区 2 万余平方千米，震动大半个中国，香港、越南等地有感。日本东京的放大倍数仅为 12 倍的地震仪也记录到环绕地球的面波。这是中国历史上有感地震波及面最大的一次。地震时震中区出现了长达 200 多千米的地表破裂带，走向为北西—北西西，主要是左旋平推错动，也有垂直向错动。出现大量滑坡等地质灾害，民居多为窑洞或土房，"房倒屋塌，土雾弥天"，震后灾民"无衣、无食、无住"，加之灾后救援不力，瘟疫横行，地震死亡 23 万余人，灾情世所罕见。翁文灏等赴现场进行现代方式的地震灾害考察，评定烈度，考察断层，提出进行地震监测等意见，写有《甘肃地震考》《为条陈调查甘肃地震意见呈请》等报告；国际饥饿救济会派出了克劳斯（U. Close）到地震现场调查。这次地震是中国第一次用现代科学观点进行调查的一次，它促使中国地学工作者开始研究中国地震，我国现代地震学研究由此发轫。

ningxia pingluo yinchuan dizhen

宁夏平罗、银川地震（Ningxia Pingluo Yinchuan earthquake）　发生于1739年1月3日，即清乾隆三年十一月二十四日，震级估计为8级，震中烈度达X度强，破坏范围半径达380km。极震区长轴与银川地堑方向一致。《乾隆宁夏府志》记载："酉时地震，从西北至东南，平罗及郡城尤甚，东南村堡渐减。地如奋跃，土皆坟起。平罗北新渠、宝丰二县，地多坼裂，宽数尺或盈丈……三县城垣堤坝屋舍尽倒，压死官民男妇五万余人。"又据故宫档案载：靠近黄河的一些城镇，震后地裂"涌出大水，并河水泛涨进城，一片汪洋，深四、五尺不等，民人冻死、淹死甚多"。这是中国内陆因地震引起河水泛滥成灾的一次震例，地震发生在寒冷的冬季，冻害十分突出。

ninghuiyan

凝灰岩（tuff）　粒径小于2mm的晶屑、岩屑、玻璃屑等火山碎屑含量大于50%的火山碎屑岩，是火山岩的一种。

niudun dier dinglü

牛顿第二定律（Newton second law）　物体在受到外力作用时，它所获得的加速度的大小与外力的大小成正比，其比例系数就是物体的质量。加速度的方向和外力的方向相同。

niudun disan dinglü

牛顿第三定律（Newton third law）　两物体发生相互作用时，它们之间的作用力分别作用在这两个不同物体上，大小相等、方向相反，并在同一直线上。

niudun diyi dinglü

牛顿第一定律（Newton first law）　也称惯性定律。每个物体将继续保持其静止或匀速直线运动状态，除非有力加于其上迫使它改变这种运动状态，这就是惯性定律的原始表述，还可以表述为：物体外力恒定，动永动，静永静。现在一般认为，牛顿第一定律的本质之一在于表明了一种特殊参考系即惯性参考系的存在性。

niudun fangcheng

牛顿方程（Newton equations）　按照牛顿第二定律，在惯性参考系中，质点在外力 F 作用下所获得的加速度矢量 a 与所受的力 F 有下列关系：F = ma。其中，m 是质点的质量；a 是质点某一时刻的瞬时加速度，是瞬时位移的二阶导数，这是一个矢量形式的二阶微分方程，在实际运算时，常选取不同的坐标系，方程的分量形式就会有不同的表示。

niudun lixue

牛顿力学（Newtonian mechanics）　以牛顿（Isaac Newton）运动定律和万有引力定律为基础，研究速度远小于光速的宏观物体的运动规律。狭义相对论研究速度能与光速比拟的物体的运动，量子力学研究电子、质子等微观粒子的运动。从研究的范畴来说，牛顿力学同相对论和量子力学相区别，牛顿力学是经典力学的组成部分。继牛顿以后，拉格朗日（Joseph-Louis Lagrange）和哈密顿（William Rowan Hamilton）相继发展了新的力学体系。牛顿力学可称为矢量力学；拉格朗日体系和哈密顿体系等可统称为分析力学。因此，从力学的研究方法和体系来说，牛顿力学同拉格朗日体系和哈密顿体系有区别；但从经典力学的基本原理来说，拉格朗日方程和哈密顿原理同牛顿定律是等价的，但哈密顿原理能应用于较广泛的物理现象。对于保守系统，哈密顿体系和拉格朗日体系可表现出极大的优越性。1687年，牛顿在他的著作《自然哲学的数学原理》中首先系统表述牛顿力学的理论框架。该书以八个定义和四个注释开始，然后是三条"公理或运动定理"和六个推论。此外还有关于万有引力定律的原始表述形式。这部划时代的巨著融合了前人的研究成果和他自己的创造工作，树立了力学发展史上的一个里程碑。

niudunliuti

牛顿流体（Newtonian fluid）　对于纯黏性材料，其阻尼力 f 与流动速度 $\dot{x}$ 的关系一般可表述为：

$$f = c\,|\dot{x}|^{\alpha}\,\mathrm{sgn}\,(\dot{x})$$

式中，c 为黏滞阻尼系数；α 为与材料有关的指数；$|\cdot|$ 为绝对值；$\mathrm{sgn}\,(\cdot)$ 为符号函数。当 $\alpha = 1$ 时，黏滞流体的阻尼是线性的，称为牛顿流体。

niuehu

牛轭湖（ox-bow lake）　河曲截弯取直后，被废弃的弯曲河道淤塞形成的弓形湖泊。它是河曲弯道衰亡的重要标志，对研究河曲的形成与演变具有重要意义。其常年处于静水沉积过程，在洪水期有时分泄部分洪水，沉积物为含有机质较丰富的黑色黏土、亚黏土和亚砂土，有时有薄层透镜状粉砂和砂的夹层，层理近于水平。

niujian shiyan

扭剪试验（torsional shear test）　在圆柱形或圆环形试样的上、下两个面上施加扭力的剪切试验。

niuju

扭矩（torque）　作用引起的结构或构件某一截面上的剪力所构成的力偶矩。

niuzhuanbo

扭转波（torsional wave）　见【横波】

niuzhuan buguize

扭转不规则（torsional the irregularity） 平面不规则的一种类型，指由于建筑物同一层内抗侧力构件的强度和刚度分布不对称而造成的平面不规则。

niuzhuan dizhenzuoyong

扭转地震作用（torsional earthquake action） 结构质量和刚度的不均匀分布造成的偏心、施工和维修运行造成的偶然偏心以及地震动扭转分量等引起结构的扭转地震作用。该地震作用产生的附加应力在抗震设计中必须充分考虑。由于尚未得到扭转地震动的观测数据，故抗震设计只考虑水平地震动引起的不规则结构的扭转地震作用。

niumakefa

纽马克法（Newmark method） 纽马克（N. M. Newmark）提出的求解运动方程的逐步积分法，是 Newmark（γ，β）法的简称，γ 和 β 是控制计算精度和稳定性的参数。

niumake-huoer fangfa

纽马克–霍尔方法（Newmark-Hall method） 纽马克（N. M. Newmark）与霍尔（W J Hall）于 1975 年提出的跨断层管道抗震分析方法。

nongcun pingguqu

农村评估区（rural appraisal region） 地震灾害损失评估的范围主要覆盖不属于城市评估区范围内的农村（乡村）以及部分经济较为落后的建制镇辖区。

nongye jianzhu

农业建筑（agricultural building） 以农业性生产和加工为主要使用功能的建筑，如饲养场、粮仓、粮库、拖拉机站、农机修理站、粮食和饲料加工站、畜禽饲养场、温室等。

nongwei dizhen

浓尾地震（Nobi earthquake in Japan） 也称美浓–尾张地震。1891 年 10 月 27 日，日本发生了震级为 8.4 级的特大地震，震中在岐阜县（当时的地名为美浓和尾张），是日本历史上最大一次内陆地震。此震在浓尾平原造成灾害甚大，有感范围波及日本绝大部分地区，有 7273 人在地震中丧生。极震区的根尾谷发震断层的地表破裂长度达 80 余千米，沿着这个断层的垂直错动和水平错动都很明显，最大水平错距为 7m，最大垂直错距为 4m。靠近断裂带一定范围内震害甚为严重，然而在距断层 10km 以外就大大减轻。这次大震前的几年内震中区有明显的小震活动。据记载地震时地面上的断层地表破裂是在人感到振动数次后才出现，这说明地震波的传播速度要比断裂传播速度快。浓尾地震的巨大破坏和损失震惊了社会，由于这次大地震的发生，日本政府和学术界开始重视对地震现象和震害的研究，次年成立了日本震灾预防调查所，这是世界上最早的地震研究机构。该所开展了提高建筑抗震性能、编纂历史地震资料等一系列研究工作，对地震研究和房屋抗震能力的提高产生了重要影响。

nüerqiang

女儿墙（parapet） 建筑外墙高出屋面的部分。其主要作用是避免防水层渗水、或屋顶雨水漫流。有关规范规定，上人屋面女儿墙的高度不得低于 1.1m，最高不得高于 1.5m。传说古代一位砌匠，由于年幼的女儿无人照料，不得不带在身边。一日在屋顶砌筑时，女儿不幸坠屋身亡，匠人悲痛欲绝。他为了防止悲剧再次发生，就在屋顶砌筑一圈矮墙，后来人们就把这圈矮墙称为"女儿墙"。

nuantong gongcheng

暖通工程（heating engeering） 在建筑工程中，为改善建筑室内环境，以达到适宜的室内温度、湿度及工作条件的工程技术。

O

oula dingli

欧拉定理（Euler's theorem） 瑞士数学家和物理学家欧拉（L. Euler）论证的一个刚体，沿着半径不变的球面运动，必定是绕通过球心的轴的旋转运动的定理。对地球表面的刚性板块而言，按照欧拉定理，其运动将是一种围绕某根通过地心的轴的旋转运动。旋转轴与地球表面的交点叫作旋转极（又称欧拉极）。

oulajiao

欧拉角（Eulerian angles） 由瑞士数学家和物理学家、近代数学先驱之一欧拉（Leonhard Euler）首先提出的，用来唯一地确定定点转动刚体位置的三个独立角参量，由章动角、进动角和自转角组成，它们有很多种确定方法。

oumusibai lüboqi

欧姆斯拜滤波器（Ormsby filter） 通过设计传递函数直接构造滤波器，是一种近似的理想滤波器。

ouwen poliezhunze

欧文破裂准则（Owen break criterion） 研究材料的断裂问题的破裂准则：该准则用受力状态和材料强度平衡来解释破裂的发展。理论和试验表明，含有裂缝介质的裂缝越长，使裂缝扩展的外加应力越小；断裂应力与裂缝长度平方根成反比，且与裂缝形状和加载方式有关。

ouya dizhendai

欧亚地震带（Eurasian seismic belt） 横贯欧亚大陆南部、非洲西北部的地震活动带，也称阿尔卑斯地震带、地中海地震带。它是全球第二大地震活动带。这个带全长两万多千米，跨欧、亚、非三大洲。欧亚地震带主要分布于欧亚大陆，从印度尼西亚开始，经中南半岛西部和我国的云、贵、川、青、藏地区，以及印度、巴基斯坦、尼泊尔、阿富汗、伊朗、土耳其到地中海北岸，一直还伸到大西洋的亚速尔群岛。欧亚地震带所释放的地震能量占全球地震总能量的 15%，主要是浅源地震和中源地震。

ouzhoudizhengongchengshiyanchangtaizhen
欧洲地震工程实验场台阵（European earthquake engineering test array） 由欧洲地震工程协会（EAEE）组织实施，在希腊建立的强震观测台阵。建立该台阵目的是将许多与研究相关的观测与实验集中在一个场地，便于管理和对比分析。这一台阵除观测地表和地下地震动外，还修建了 5 层框架-剪力墙结构和一座桥的模型，比例尺为 1∶3；主要用于研究结构弹性及弹塑性范围的土-结相互作用，验证结构非线性地震反应的计算模型和方法。

ouran hezai
偶然荷载（accidental load） 在结构设计使用年限内不一定出现，而一旦出现，其量值很大，且持续时间很短的荷载，如地震、爆炸、撞击、火灾和台风等荷载。

ouran sheji zhuangkuang
偶然设计状况（accidental design situation） 在结构使用过程中出现概率很小，且持续期很短的设计状况。

ouran zhuangkuang
偶然状况（accidental situation） 偶然事件发生时或发生后，其出现的持续时间短，而出现概率低的设计状况，是偶然设计状况的简称。

ouran zuhe
偶然组合（accidental combination） 承载能力极限状态计算时永久荷载、可变荷载和一个偶然荷载的组合，以及偶然事件发生后受损结构整体稳固性验算时永久荷载与可变荷载的组合。

ouran zuoyong
偶然作用（accidental action） 在设计基准期内不一定出现，而一旦出现其量值很大且持续时间较短的作用。

P

pasika dinglü
帕斯卡定律（Pascal's law） 不可压缩静止流体中任一点受外力产生压力增值后，此压力增值瞬时间传至静止流体各点，是流体静力学中的经典定律。该定律是由法国学者帕斯卡（Blaise Pascal，1623—1662）首先提出的，故称帕斯卡定律。人们利用这个定律设计并制造了水压机、液压驱动装置等流体机械。

pai
拍（beat） 由两个频率相接近的声音合成的一个低频变幅的声音。常见典型的拍现象有：钟声明显的忽强忽弱变化；发电机开动时的磁铁哼嗡声；等等。在受迫振动中，当激励函数频率与振动系统频率接近时，也可观察到拍的现象。

paibo shiyan
拍波试验（sine beat test） 输入正弦拍波进行的结构强迫振动试验。正弦拍波是调制的正弦波，其频率应为试验结构的自振频率，以期产生共振效应，其幅值 A 被一个长周期正弦波所调制。拍波的每个拍中一般包含 5～10 个同频循环；每次试验中一般接续输入 5 个拍，各拍之间应有足够的时间间隔（至少 2s），通常总持续时间可达 100s 左右。

paijia
排架（bent frame） 由梁（或桁架）和柱铰接而成的单层框架，是排架结构的简称。框架结构是由基础、柱、梁、板组成的单层、多层建筑以及框架和剪力墙或框架与筒体组合的高层建筑，它们之间的连接是固接或刚接；排架结构则多为单层建筑，其柱与基础、屋架，梁与柱子之间的连接通常为铰接，并与框架结构有所不同。在施工上，前者多为现浇施工；后者则多为预制成构件后，采用吊装装配施工。

paijia jiegou
排架结构（bent structure） 见【排架】

paijiazhu
排架柱（row column） 单层钢筋混凝土柱厂房的立柱。它是支撑墙板和屋架的承重构件，成两列排列，柱间设斜支撑。

paishuifa
排水法（drainage method） 在地下开挖工程中，排出地下水使水位降至开挖底面以下或进行土层疏干，或降低土中含水率的工程方法。

paishui gongcheng zhenhai
排水工程震害（earthquake damage of sewerage engineering） 排水工程在地震中遭到的损坏。排水工程包括排水管道、检查孔（窨井）、泵站、污水处理池等设施。排水系统的震害主要是管道破坏、污水处理池破坏、排水干线沟破坏、检查井破坏等。

paishuigou
排水沟（drainage ditch） 将边沟、截水沟、取土坑或路基附近的积水，疏导至蓄水池或低洼地、天然河沟或桥涵处的排水设施。

paishui gujiefa
排水固结法（consolidation method）　设置砂井、排水板，等作为孔隙水排出的通道，施加荷载加快排水，促使土体中的水排出、孔隙减小、土体密实和强度提高的地基处理方法。

paishui guanxi
排水管系（sewer system）　收集和排放废水的管渠及其附属设施组成的系统。排水管系和给水管网在平面图上有类似之处，但在输水方式上有本质的不同。为改善供水条件，给水干管宜于组织成环状的组合体，水流无定向，向水压低处（一般也是需水处）流动。排水道则不然，基本上按地形布置，管段都有坡度，水流顺坡定向流动，状似树枝，形成管系。

paishui sheshi
排水设施（drainage facility）　排出建筑物及地基中渗流的设施。排除地面水设施有采用边沟、截水沟、排水沟、跌水与急流槽、拦水带、蒸发池等；排除地下水设施有排水沟、暗沟（管）、渗沟、渗井、检查井等。

paishui xitong
排水系统（plumbing system）　由收集、输送、处理污水、雨水等设施以一定方式组合成的系统。该系统对保证城市的正常运行起着极为重要的作用。

paiyan xitong
排烟系统（smoke extraction system）　采用机械排烟方式或自然通风方式，将烟气排至建筑物外的系统。

paizhuang
排桩（soldier pile）　以某种桩型按照队列式布置而组成的基坑支护结构，其顶部有冠梁连结。最常用的桩型是钢筋混凝土钻孔灌注桩和挖孔桩，此外还有工字钢桩或 H 型钢桩。

paikemoxing
派克模型（Pyke model）　在土的弹塑性模型中，由派克（R. M. Pyke）提出的一种建立后继荷载曲线的方法。该方法可避免判断后继加载曲线是否与同向初始加载曲线相交，此法放弃了曼辛准则的第二点，假定后继荷载曲线与同向初始加载曲线具有相同的最终强度，由此可得到后继加载曲线的参考应变和后继加载曲线的表达式。

pangya moliang
旁压模量（pressure meter modulus）　根据土体旁压试验曲线上屈服压力前的直线段的斜率计算的模量。它是反映土体抵抗变形能力的指标。

pangya shiyan
旁压试验（pressure meter test）　利用旁压仪，在钻孔中对测试段孔壁施加径向压力，量测其变形，根据变形和压力的关系，计算地基土的变形模量、承载力等力学参数的一种原位试验方法。

paomo miehuo xitong
泡沫灭火系统（foam extinguishing system）　由泡沫发生器、比例混合器、泡沫液储罐、管网及配件、供水设施、消防控制电路等组成，灭火介质为泡沫的灭火系统。

peijin
配筋（reinforcement assembly）　在钢筋混凝土构件中合理配置钢筋，使钢筋与混凝土共同工作实现预期性态的抗震构造措施。钢筋和混凝土分别以承受拉力和压力为主的建筑材料，在混凝土构件中合理设置钢筋，可充分发挥钢筋和混凝土两者的力学性能，使构件具有适当的刚度、强度、延性和耗能能力。钢筋混凝土构件中有关钢筋设置位置、设置方式、配筋数量、钢筋直径、分布间距、钢筋连接与锚固、箍筋设置等的规定，是抗震构造措施的重要内容。

peijin hunningtu kongxinqikuai kangzhenqiang fangwu
配筋混凝土空心砌块抗震墙房屋（reinforced hollow concrete block buildings）　由配置竖向和水平向钢筋的混凝土小型空心砌块墙体作为承重和抗侧力构件的配筋砌体房屋。该类房屋的墙体因采用配筋而得到加强，其受力特点和破坏形态与一般砌体墙有明显的差异，接近于混凝土墙，且变形能力又比混凝土墙高，是具有优良力学性能的结构构件，多用于中高层建筑。

peijinlü
配筋率（ratio of reinforcement）　混凝土构件中配置的钢筋面积（或体积）与规定的混凝土截面面积（或体积）的比值。钢筋混凝土构件中纵向钢筋的截面总面积与构件有效横截面积的比值称为纵向配筋率，是反映钢筋混凝土构件中钢筋配置数量的参数。钢筋混凝土构件中箍筋体积与相应混凝土体积的比值称为体积配箍率（也称体积配筋率），由配箍特征值得出。钢筋混凝土受弯构件中若受力钢筋用量过多（通称称为超筋），会出现钢筋尚未受拉屈服，而混凝土已达到极限压应变而产生脆性破坏的现象；若受力钢筋用量过少（通称称为少筋），混凝土将承担相当部分的拉力，一旦混凝土开裂钢筋则迅速屈服，可能出现脆性破坏。钢筋用量得当（通称称为适筋）方可合理利用钢筋和混凝土两者的力学性能。适筋与超筋两种破坏形态间的界限配筋率称为最大配筋率。少筋与适筋两种破坏形态间的界限配筋率称为最小配筋率。

peijin qikuai qiti jianliqiang jiegou
配筋砌块砌体剪力墙结构（reinforced concrete masonry

P

shear wall structure) 由承受竖向和水平作用的配筋砌块砌体剪力墙和混凝土楼、屋盖组成的房屋建筑结构。

peijin qiti
配筋砌体（reinforced masonry） 在砌体中分布配置钢筋或以钢筋砂浆或钢筋混凝土面层包覆砌体形成的砌体结构，也称均匀配筋砌体。配筋砌体本质上是装配整体式抗震墙结构，可显著提高砌体结构的整体性、承载能力与变形能力。配筋砌体强度高、延性好，与钢筋混凝土结构相比具有造价低、用料省、施工周期短等优点，适用于 20 层左右的高层建筑，应用前景良好。

peijin qiti jiegou
配筋砌体结构（reinforced masonry structure） 由配置钢筋的砌体作建筑物主要受力构件的结构，是网状配筋砌体柱、水平配筋砌体墙、砖砌体和钢筋混凝土面层或钢筋砂浆面层组合砌体柱（墙）、砖砌体和钢筋混凝土构造柱组合墙和配筋砌块砌体剪力墙结构的统称。

peijin shajiangdai
配筋砂浆带（reinforced mortar band） 为了加强结构整体性和提高墙体的抗倒塌能力，结构设计时，常在承重墙体沿竖向的中部设置 50～60mm 厚的水平砂浆带，砂浆带中配置通长水平钢筋。

peijin zhuanquanliang
配筋砖圈梁（reinforced brick ring beam） 为加强结构的整体性和提高墙体的抗倒塌能力，在承重墙体的底部或顶部，在两匹或多匹砖砌筑砂浆中配置水平钢筋所构成的水平约束构件。

penchuyan
喷出岩（extrusive rock） 岩浆喷出地表冷却凝结而成的岩浆岩，也称火山岩。广义的喷出岩包括各种熔岩和火山碎屑岩。火山碎屑岩是由火山作用而形成的各种碎屑物堆积而成的，常混有一定数量的正常沉积物或熔岩物质。狭义的喷出岩即指各种熔岩。熔岩是喷出地表后挥发分逸散的炽热熔融状态的岩浆，又称熔浆；或指由熔浆冷却凝固而形成的岩石。没有冷却的熔浆可以沿山坡或河谷流动，冷却后形成熔岩流。熔浆的化学成分不同，冷却凝固后所形成的岩石也不同。基性的喷出岩为玄武岩，中性的喷出岩为安山岩，酸性的喷出岩为流纹岩，半碱性和碱性喷出岩为粗面岩和响岩。喷出岩多具气孔、杏仁和流纹等构造，多呈玻璃质、隐晶质或斑状结构。玻璃质的黑曜岩、珍珠岩、松脂岩、浮岩等喷出岩称为火山玻璃。

penmao
喷锚（ejector anchor） 锚杆与喷射混凝土配合使用的加固技术。它是借高压喷射水泥混凝土和打入岩层中的金属锚杆的联合作用加固岩层的技术方法，分为临时性支护结构和永久性支护结构。喷混凝土既可以作为洞室围岩的初期支护，也可以作为永久性支护。喷锚支护是使锚杆、混凝土喷层和围岩形成共同作用的体系，防止岩体松动和分离。把一定厚度的围岩转变成自承拱，有效地稳定围岩。当岩体比较破碎时，还可以利用丝网拉挡锚杆之间的小岩块，增强混凝土喷层，辅助喷锚支护。

penmao zhihu
喷锚支护（combined bolting and shotcrete） 应用锚杆与喷射混凝土而形成的复合体，用以加固围岩的工程措施。喷锚支护于 20 世纪 50 年代开始采用，随着岩体力学的发展和水泥速凝剂与混凝土喷射机的相继出现，这种支护形式已在矿山、水利、交通、人防和军事等各部门的地下工程中广泛采用，获得了较好的技术经济效益。

penshe hunningtu
喷射混凝土（sprayed concrete） 采用压缩空气将按一定比例配合的混凝土拌合料，通过管道输送并以高速高压喷射到受喷表面的一种混凝土。该凝土施工时，由于水泥颗粒与集料互相撞击，连续挤压，以及采用较小的水灰比，从而使混凝土具有足够的密实性、较高的强度和较好的耐久性。

penshui maosha
喷水冒砂（sand boils and water-spouts） 土地震液化时，土中水连带砂土颗粒喷出地表的现象。美国土木工程学会岩土工程分会土动力学委员会对于地震引起的"喷水冒砂"所给的定义为：土体中剩余孔隙压力区产生的管涌所导致的水和砂的喷出。

penshuimaoshakong
喷水冒砂孔（water and sand spout hole） 由于地震作用下饱和砂土液化，地下水携带泥沙沿土体孔隙排出而形成的孔洞，是典型的砂土液化宏观现象。

pendi
盆地（basin） 四周被山岭、高原环绕，中间为平原或丘陵的盆状地貌。我国新疆著名的吐鲁番盆地低于海平面154m，是世界上最低的盆地。

pendi xiaoying
盆地效应（basin effect） 盆地内的地震动比周围强度大、持时长的空间非均匀分布的现象。盆地能使入射的体波生成转换面波，面波传入盆地后可形成多振型的面波；盆地对地震波还有边缘效应和聚焦效应。盆地通常都堆积着较深厚的松软土层，一旦遭受地震，就会在盆地内产生强烈的、持续时间很长的地动，使盆地震害比其周围边地区的震害明显严重。盆地内地震动增强使密集的中高层建筑物和生命线系统结构遭到破坏，并造成人员伤亡。

penshi kaiwa
盆式开挖（bermed excavation）　在坑内周边留土，先挖除基坑中部的土方，形成类似盆形土体，在基坑中部支撑形成后再挖除基坑周边土方的开挖方法。

pengzhang bianxingliang
膨胀变形量（value of swelling deformation）　在一定压力下，膨胀土吸水膨胀稳定后的变形量，是衡量膨胀土膨胀变形特性的一个重要指标。

pengzhangbo
膨胀波（dilatational wave）　波在传播过程中，传播介质的体积发生膨胀的波。例如，纵波是一种膨胀波。它是超音速气流特有的重要现象，超音速气流在加速时要产生膨胀波。

pengzhangli
膨胀力（swelling force）　土吸水体积增大趋势产生的力。在土工试验中，是指固结仪中的环刀土样，在体积不变时浸水膨胀产生的最大内应力。是衡量膨胀土膨胀变形特性的一个重要指标。

pengzhangli shiyan
膨胀力试验（swelling force test）　试样在固结仪侧限条件下充分吸水，测定其高度保持不变的最大压力的试验。

pengzhanglü
膨胀率（swelling ratio）　固结仪中的环刀土样，在一定压力下浸水膨胀稳定后，其高度增加值与原高度之比的百分，即土的体积膨胀量与原体积的比值，以百分率表示。

pengzhanglü shiyan
膨胀率试验（swelling rate test）　试样在固结仪侧限条件下充分吸水，测定其高度增量与原始高度之比的试验。

pengzhangtu
膨胀土（expansive soil）　土中黏粒成分主要由亲水性矿物组成，同时具有显著的吸水膨胀和失水收缩两种变形特性的黏性土。

pengzhangtu diji
膨胀土地基（expansive soil subgrade）　土的黏粒成分中含有较多的强亲水性矿物，并具有一定膨胀势能的地基。膨胀土主要分布在北美西部、亚洲南部、澳洲及非洲等半干旱地区；在中国黄河流域及西南诸省也有程度不同的分布。膨胀土裂隙发育，呈半坚硬状态，易给人以良好地基的假象。1938 年发现轻型砖砌房屋大量破坏以后，这一现象引起岩土工程界的注意。目前，对膨胀土的物质构造、变形特征、房屋破坏机理、工程设计与处理等已经有了基本认识，并逐渐发展成为土力学的一个重要的研究领域。

pengzhangtu zhangsuo zaihai
膨胀土胀缩灾害（disaster of swelling soil）　膨胀土吸水膨胀和失水收缩的变化对工程设施造成的危害，主要有胀缩使基础开裂、地基失效。

pengzhangxing
膨胀性（expansibility）　岩土的体积随其水分的增减而胀缩的性状。一般认为引起土体膨胀的原因主要有黏粒的水化作用、黏性表面双电层的形成、扩散层增厚等因素。其膨胀大致分干黏粒表面吸附单层水分子和由于双电层的形成，使黏粒或晶层进一步推开两个阶段。

pengzhang-kuosan moshi
膨胀-扩散模式（dilatancy-diffusion model）　美国肖尔茨（C. H. Scholz）等在 1973 年提出的、认为地震孕育与水等流体的作用有关的模式，也称湿模式、DD 模式。

pengzhang-shiwen moshi
膨胀-失稳模式（dilatancy-instability model）　苏联科学院地球物理研究所（Institute of Physics of the Earth，IPE）米雅奇金（V. I. Mjachkin）等于 1975 年提出的、认为地震孕育过程可以和水等流体无关的地震发生模式，也称干模式、IPE 模式。该模式认为地震是地壳中常见的结晶岩石随着构造应力的增加，岩石内部的裂纹扩展和增多，岩石体积出现膨胀直至失稳而产生的。

pengzhuangdai
碰撞带（collision zone）　两个大陆或大陆与岛弧相碰的地带。前者如喜马拉雅型碰撞造山带，后者如新几内亚型造山带。该带也是一种类型的造山带，开始在两个地壳单元之间可能被大洋隔开，洋壳逐渐消亡，大陆边缘被拖向消亡带。由于陆壳岩石密度低，难以进入地幔，最后被挤压而成造山带。

pili
劈理（cleavage）　在地质构造应力作用下，岩石沿一定方向劈开形成的大致平行而密集的细微破裂面。按其形成的力学特性可分为流劈理、破劈理和滑劈理。

pili gouzao
劈理构造（cleavage structure），沿着它岩石具有潜在可劈性一种透入性的次生面状构造。传统上，根据劈理的形成方式可将其分为三类，即流劈理、折劈理和破劈理。1979年后，构造地质学家们更趋向于使用形态与结构进行描述性类型划分，划分依据包括劈理的域构造肉眼可识别的程度以及劈理域—微劈石域的形态。

pilie shiyan
劈裂试验（split test）　用圆柱形岩样在直径方向上对称施加沿纵轴向均匀分布的压力使之破坏，以间接地确定岩样抗拉强度的一种试验方法，也称巴西试验。

pilie zhujiangfa

劈裂注浆法（fracture grouting method） 以较大的注浆压力，通过注浆孔将浆液压入土中，并使土体产生裂缝，在土中形成不规则片状增强体的注浆方法。

pilao

疲劳（fatigue） 构件处于动态，其材料承受波动的应力或应变作用时，构件内某一点或某几点发生局部的、永久性的组织变化的一种递增过程。经过足够多次的应力和应变波动循环后，递增部分的损伤累积导致裂纹形成并逐渐扩展以至完全破断。由于其失效前无明显变形，疲劳破坏常常是突然发生的，因此工程上将疲劳视为"隐患"。早期将等幅定频循环应力或应变下的疲劳称为常幅疲劳；变幅定频波动下的疲劳称为变幅疲劳；变幅变频的随机波动下的疲劳，即构件承受随机荷载而引起的疲劳称为随机疲劳。

pilao chengzai nengli

疲劳承载能力（fatigue capacity） 结构构件所能承受的最大动态内力，可以通过材料的疲劳试验确定。

pilao qiangdu

疲劳强度（fatigue strength） 材料在规定的作用重复次数和作用变化幅度下所能承受的最大动态应力。在岩土工程中，是指岩土体抵抗重复荷载作用的强度。

piancha

偏差（deviation） 某一尺寸（实际尺寸，极限尺寸等）减去其基本尺寸所得的代数差。最大极限尺寸减其基本尺寸所得的代数差为上偏差；最小极限尺寸减其基本尺寸所得的代数差为下偏差。上偏差和下偏差统称为极限偏差。偏差值可以为正、负或零。

pianxin hezai

偏心荷载（eccentric load） 合力的作用点不通过作用面积形心的荷载。在岩土工程中，该荷载在一定程度上影响群桩的水平承载性状，其影响程度与偏心距的大小以及施加的荷载水平有关。

pianxinju

偏心距（eccentricity） 偏心受力构件中轴向力作用点至截面形心的距离。在力学上是指荷载（力）作用点到其作用截面形心的距离。

pianxinkuai qizhenshiyan

偏心块起振试验（rotating eccentric mass excitation test） 利用两个相反方向转动的偏心块所产生的谐波激振力，对原型结构进行的强迫振动试验。可多台同步并用，以实现平移或扭转激振。

pianxinlü

偏心率（relative eccentricity） 偏心构件的偏心距与截面高度或截面核心距的比值。偏心率用来描述轨道的形状，用焦点间距离除以长轴的长度可以算出偏心率。数学上，离心率定义为椭圆两焦点间的距离和长轴长度的比值。

pianxin qizhenji

偏心起振机（eccentric vibrator） 通过一定质量和一定偏心距的两个偏心块的转动激振的设备，也称离心式激振器或起振机。该装置的两个转轴通过一对齿轮啮合，由电机带动以相等的角速度 ω 沿相反方向转动。每个轴上均设有质量为 m、偏心距为 e 的偏心块，质量块的转动产生的离心力为 $F=me\omega^2$，并作用在转轴上。如果两偏心块对称配置，则两离心力在某一方向的分力互相抵消，而另一正交方向的分力合成为 $P=2me\omega^2\cos\omega t$，这是激振器产生的单方向的简谐激振力。

pianxinzhicheng

偏心支撑（eccentric bracing） 至少有一端不与梁柱节点或梁柱跨中直接连接的支撑，形成耗能梁段。该支撑的耗能梁段可先期屈服耗散能量，用以加强体系的稳定性，使结构具有更强的抗震能力。

pianyingli

偏应力（deviation stress） 物体中某点的应力与平均正应力之差。该应力表示实际应力状态与均匀应力状态的差别，它包括正应力与平均应力之差和剪切应力，对于分析土体形状变形有重要作用。

pianli

片理（schistosity） 强烈变质作用使片状和板状矿物定向排列而形成的一种面状构造，是变质岩中常见的一种构造。

pianmayan

片麻岩（gneiss） 主要由长石、石英、黑云母、角闪石、辉石等矿物组成，具片麻状构造的变质岩。

pianyan

片岩（schist） 主要由石英、长石、角闪石、云母、绿泥石、滑石等矿物组成的具有明显片状构造的变质岩，包括云母片岩、滑石片岩、绿泥石片岩、石英片岩等。

piaoshi

漂石（boulders） 颗粒形状以棱角形为主，粒径大于2mm的颗粒含量超过总质量50%，并且粒径大于20mm的颗粒含量不超过总质量50%的土。

pindai fanwei

频带范围（frequency respond range） 测量仪器的幅频特性曲线的两截止频率之间的频率范围，也称频响范围。对信号而言，频带就是信号包含的最高频率与最低频率这之间的频率范围。

pinlü

频率（frequency） 物体单位时间内完成周期性变化的次数，是描述周期运动频繁程度的物理量，每个物体都有由它本身性质决定的与振幅无关的频率，叫作固有频率。为了纪念德国物理学家赫兹的贡献，人们把频率的单位命名为赫兹，简称"赫"，符号为 Hz。角频率表示在单位时间内物体振动转过的角度；从单位圆上可以看出，物体振动一次转过的弧度是 2π，则可以推出，角频率是频率的 2π 倍，因此，角频率 ω 与频率 f 之间的数学关系为：$\omega = 2\pi f$。

pinlü hundie

频率混叠（frequency aliasing） 若有限带宽的原始时间序列的最高频率为 f_{max}，当采样间隔 $\Delta t \leq 1/(2f_{max})$ 时，周期延拓的谱互不交叠，可经傅里叶反变换得到离散的时间序列，再由 D/A 转换器恢复为原始信号。当 $\Delta t > 1/(2f_{max})$ 时，采样后的离散时间信号的相邻频谱将发生交叉重叠，即为频谱混叠。

pinlü texing fenxiyi

频率特性分析仪（frequency response analyzer）
见【频谱分析仪】

pinlü xiangguan nianzhizuni

频率相关黏滞阻尼（frequency dependent viscous damping）
阻尼系数与频率相关的黏性阻尼，也称结构阻尼、滞变阻尼或滞弹性阻尼。它是因结构材料的内摩擦和构件之间的干摩擦造成的振动能量损耗。在结构反应分析中，若采用了频率相关的黏性阻尼系数，体系的耗能不再与干扰力频率线性相关。

pinlü xiangying

频率响应（frequency response） 在线性系统中，输出信号的傅里叶变换与相应输入信号的傅里叶变换之比。简称频响。

pinlü xiangying hanshu

频率响应函数（frequency response function） 描述振动体系振动特性，以频率作为自变量的函数。是输出信号的傅里叶变换与相应输入信号的傅里叶变换之比与频率之间的关系，是单自由系统特性在频域的完整表征。该函数在激励与响应之间起到传递作用。由于它是在频域内单位力引起的位移，故也称为位移频响、动柔度、导纳。其倒数称为动刚度，也称阻抗。

pinlü xielou

频率泄漏（frequency leakage） 利用傅里叶分析处理实际信号时，如果时间序列片断截取的不适当，使得首尾不

能依原信号的性质平滑连接而出现奇异点，则在谱分析中将出现原信号中并不存在的频率成分，造成原信号某谐波能量向相邻频率的泄漏现象。

pinpu

频谱（frequency） 地震动的幅值随频率的变化。通常是将任意函数分解为一系列三角函数之和，给出各三角级数幅值和相位随自变量的变化关系，1822 年由法国数学家傅里叶（J. Fourier）创立，也称傅氏谱。

pinpu fenxi

频谱分析（spectrum analysis） 在频域内描述信号特征的一种分析方法，是将信号的幅值、相位和能量通过傅里叶变换表示为频率的函数，进而求解并分析其特性的方法。

pinpu fenxiyi

频谱分析仪（spectrum analyzer） 采集存储时间序列信号，并对信号进行处理和时频域分析的设备，也称频域示波器、跟踪示波器、分析示波器、谐波分析器、频率特性分析仪或傅里叶分析仪等，是一种在实际中有多用途的电子测量仪器。

pinsan

频散（dispersion） 弹性波在传播的过程中，不同频率分量的波速不同，使得在传播过程中造成相位差别，导致各谐波传播不同步，使地震波在传播过程中变形的现象。频散引起地震动时程中频率分量随时间的变化，即频率的非平稳现象。造成频散的原因有介质的变形特点和分层介质中面波的特性。

pinsanquxian

频散曲线（dispersion curve） 表征弹性波的相速度随频率变化的曲线。它与水平分层介质的厚度、密度和模量相关。通常用两类方法求得频散曲线：一是作为近似，将地壳视为水平分层结构，从理论上可以分析地震波在水平分层介质中存在的各类波型和传播规律，得到体波的走时和面波的频散曲线，在合成地动时考虑不同频率分量的相位延迟；二是通过观测记录的统计研究，给出经验频散曲线或相位差谱的随机模型。

pinxiang

频响（frequency respond） 频率的响应，简称频响。在电子学上用来描述一台仪器对于不同频率的信号的处理能力的差异。在振动研究领域，表示振动体系对不同频率振动的响应程度，是输出信号的傅里叶变换与相应输入信号的傅里叶变换之比。

pinxiang fanwei

频响范围（frequency respond range） 见【频带范围】

pinxiang quxian
频响曲线（frequency response curve） 在频响特征分析中，表示幅值对频率的响应曲线和幅角对频率的响应曲线。

pinxiang texing
频响特性（frequency response character） 测振仪器动力系统的振幅和相位的变化特性，表示在不同频率振动分量作用下仪器输出的振幅放大和相位延迟。

pinyu
频域（freguency domain） 在频率领域内描述和处理数学函数或物理信号对频率的关系。频表示频率，域表示范围。在地震工程中，很多现象均被当成依频率而变化的量来处理。这种处理的领域称为频率领域，简称频域。

pinyu fangfa
频域方法（frequency domain method） 利用频响函数（传递函数）识别模态参数的方法。该方法的实施需获得体系输入和输出两者的实测数据，是发展早、应用广和相对成熟的方法。该方法的优点是可利用频域平均技术抑制噪声影响，易于解决模态定阶问题，但频域分析不可避免存在功率泄露和频率混叠问题。

pinyu fenxi
频域分析（frequency domain analysis） 将信号的幅值、相位和能量变换为以频率表示的函数，进而分析其特性的方法，也称频谱分析，是频谱即信号的全部频率分量的完整表述。在地震工程中，是指当结构受到以频率为自变量的函数表示的任意振动激励作用时，按频率进行的振动分析方法。对于线性结构，将任意激励按频率从零到无穷大展开为各个简谐分量项，求出结构对每个分量的反应并叠加，则可得到结构的总振动反应。

pinyu shiboqi
频域示波器（frequency domain oscillograph）
见【频谱分析仪】

pinyu yundong fangcheng
频域运动方程（frequency domain equilibrium） 时域运动方程经傅里叶变换可得频域运动方程。多自由度弹性体系在地震作用下的频域运动方程为：
$$U(\omega) = H_{dd}(\omega)U_g(\omega)$$
式中，$U(\omega)$ 为频域的地震反应矢量；$H_{dd}(\omega)$ 为系统传递函数矩阵；$U_g(\omega)$ 为频域中的地震动输入矢量。该方程为复数代数方程组，体系的频域反应经傅里叶反变换可得时域反应。

pinyuzhi
频遇值（frequent value） 对可变荷载，在设计基准期内，其超越的总时间为规定的较小比率或超越频率为规定频率的荷载值。

pinyu zuhe
频遇组合（frequent combination） 正常使用极限状态计算时，对可变荷载采用频遇值或准永久值为荷载代表值的组合。

pinzhi yinzi
品质因子（quality factor） 在强地震动模拟的远场谱方法中，表征介质因能量耗散、散射等引起非弹性衰减的一个参数。该参数被定义为一个周期内振动损耗的能量与总能量之比的倒数，品质因子越大，衰减越小。

pingbanba
平板坝（flat dam） 由支墩和面板组成的支墩坝。其主要特点是：第一，两端简支的平板面板，受力条件差，采用较小的支墩间距，坝的高度亦受限制；第二，因面板与支墩之间设有伸缩缝，可适应地基变形，高度不大的平板坝可利用土质地基；第三，可作成溢流坝。

pingbanshi faji
平板式筏基（flat slab raft foundation） 等厚度钢筋混凝土板式筏形基础。该基础适合于软弱地基。

pingban hezai shiyan
平板荷载试验（plate loading test） 通过一定尺寸的承压板，对岩土体施加垂直荷载，观测岩土体在各级荷载下的下沉量，以研究岩土体在荷载作用下的变形特征，并确定岩土的承载力、变形模量等工程特性的原位测试方法。它是在现场模拟建筑物基础工作条件的原位测试，可在试坑、深井或隧洞内进行。

pingdong-niuzhuan oulian
平动–扭转耦联（lateral displacement lateral torsion coupling） 结构自由振动某一振型同时出现平动与扭转振型的振动现象。

pingfanghe fanggenfa
平方和方根法（square root of sum square method） 取各振型反应的平方和的方根作为总反应的振型组合方法，也称均方根法。

pingheng hezhong
平衡荷重（counterweight） 在土工离心模型实验时，离心机设备中用于平衡有效荷重的质量。

pinghua lübo
平滑滤波（smoothing filter） 为消除时间序列信号中的随机噪声而进行的平滑处理方法。该滤波可采用时域平均、频域平均、指数平均和峰值平均等方法实现。

pingjun houdufa

平均厚度法（average thickness method）　在建筑材料可开采层的厚度变化不大，勘探点的布置比较均匀时用来估算其储量的一种简单的方法。

pingjun huadong chishi

平均滑动持时（average sliding duration）　描述断层面上的点从开始破裂滑动到滑动停止的时间，也称上升时间，是全局震源参数的一个重要参数。地震反演和断层的动力破裂研究表明，断层面上的滑动持时分布不均匀，平均滑动持时代表的是断层面上滑动持时的平均值。通过观测资料和反演结果可得到平均滑动持时和震级统计关系：

$$\lg T_f = 0.5M - 2.3$$

式中，T_f 为滑动持时；M 为面波震级，当面波震级饱和时，M 为矩震级。某些地震反演资料统计分析出平均滑动持时 T_R 与地震矩 M_0 的关系为：

$$T_R = 2.03 \times 10^{-9} \times M_0^{1/3}$$

pingjun jiasudufa

平均加速度法（average acceleration method）　见【常量加速度法】

pingjun lijing

平均粒径（average grain diameter）　小于该粒径的颗粒质量占土粒总质量的 50% 的粒径。

pingjun liusu

平均流速（average velocity）　假定过水断面所有各点流速都相同的理想流速。由于液体都有黏性，液体在管中流动时，在同一截面上各点的流速是不相同的。为方便计算，引入一个平均流速的概念，即假设过流断面上各点的流速均匀分布。流量是指在单位时间内流过单位过流断面的液体体积。

pingjun yingli

平均应力（average stress）　在弹性力学中，微元体的应力状态可用张量表示为：

$$[\sigma] = \begin{pmatrix} \sigma_x & \tau_{xy} & \tau_{xz} \\ \tau_{yx} & \sigma_y & \tau_{yz} \\ \tau_{zx} & \tau_{xy} & \sigma_z \end{pmatrix}$$

式中，σ 为正应力；τ 为剪应力。定义平均应力张量为：

$$[\sigma_m] = \begin{pmatrix} \sigma_m & 0 & 0 \\ 0 & \sigma_m & 0 \\ 0 & 0 & \sigma_m \end{pmatrix}$$

式中，$\sigma_m = \dfrac{1}{3}(\sigma_x + \sigma_y + \sigma_z)$，称为平均应力；$[\sigma_m]$ 称为应力球张量，表示土体受到大小相同的三个方向正应力作用。

pingjun zhenhai zhishu

平均震害指数（mean damage index）　同类房屋震害指数的加权平均值，即各级震害的房屋所占比率与其相应的震害指数的乘积之和。1970 年胡聿贤等在考察中国通海地震时提出定量描述房屋的平均震害的指标，《中国地震烈度表（1980）》将该指标作为烈度评定的指标。实际资料表明，平均震害指数与烈度之间线性相关，可由平均震害指数确定烈度。震害指数为零表示无破坏，震害指数为 1 表示倒塌，其他破坏情况取 0～1 的中间值。求平均震害指数的步骤如下：

第一，将房屋分类，并划分各类房屋的破坏程度等级。例如，对中国土墙木架房屋分成基本完好、轻微破坏、中等破坏、严重破坏、局部倒塌、毁坏六档，这六个破坏等级的破坏现象分别是基本完好、墙体裂缝、局部墙倒、墙倒架正、墙倒架歪、全部倒平，并对这六档分别赋以 0.0、0.2、0.4、0.6、0.8、1.0 的破坏指数。

第二，依上述标准调查各栋房屋并评定破坏指数。设在一个调查点（自然村）中调查的第 j 类房屋总间数为 N_j，第 j 类房屋发生第 k 档破坏等级的间数为 n_{jk}，相应破坏指数为 i_k，则第 j 类房屋的平均震害指数 $\bar{i}_j$ 为：

$$\bar{i}_j = \sum_k i_k n_{jk} / N_j$$

此式的含义是将同类房屋各档破坏按照间数（面积）作加权平均。

pingjunzhi

平均值（mean value）　随机变量取值的平均水平。它表示随机变量取值的集中位置。

pingmianbo

平面波（plane wave）　传播时波面为平面的波。可以设想一个无穷大的面源发出的波是平面波，用直角坐标系来描述平面波的波场变化。

pingmianbo xianggan hanshu

平面波相干函数（plane wave coherence function）　受地震波型（如面波）和介质的影响，地震波场中有频散现象，行波效应需考虑频散的影响，实际应用中为使问题简化，往往假定地震波为剪切波（S 波），无频散（波速与频率无关），此时的相干函数即为平面波相干函数。

pingmian buguize

平面不规则（plane irregularity）　结构平面偏心、外形不规整和楼板开洞等造成的建筑结构的不规则性。平面不规则一般可分为扭转不规则、凹凸不规则和楼板局部不连续三种类型。

pingmian ganxi moxing

平面杆系模型（plane frame model）　结构构件简化为轴线处于同一平面内的杆件，且荷载也作用于该平面内的结构力学分析模型。该模型可用于框架、拱、刚架、桁架、

P

框架-剪力墙等结构的力学分析,各杆件连接点可为铰接或刚接,杆件视杆端约束不同可承受轴力、剪力和弯矩。此类模型可进行弹性及非线性动力反应分析,工程应用比较广泛。

pingmian guan jiedian
平面管节点(uniplanar joint) 在钢结构中,支管与主管在同一平面内相互连接的节点。

pingmian jiaocha
平面交叉(grade crossing) 铁路和铁路,铁路和公路(称道口),公路和公路在同一平面上的交叉。

pingmianliu
平面流(planar flow) 在地下水运动中所有流线均平行于某一平面的流动。

pingmiannei wenti
平面内问题(in-plane problem) 在波场分解中,P波分量和S波分量SV波在波阵面内传播,P波与SV波互相耦联,需一同处理,称平面内问题或P-SV型波动问题。

pingmiantu
平面图(planar graph) 将地面上各种地物的平面位置按一定比例尺、用规定的符号缩绘在图纸上,并注有代表性的高程点的图。在建筑学中,该图是建筑平面图的简称,是建筑施工中重要的基本图件。建筑平面图用一水平的剖切面沿门窗洞口位置将房屋剖切后,对剖切面以下部分所做的水平投影图。

pingmian xianxing
平面线形(horizontal alignment) 公路中线在水平面上的投影形状。

pingmian yingbian
平面应变(plane strain) 应变椭球体中间轴长度保持不变的应变状态。

pingmian yingbianshiyan
平面应变试验(plane strain test) 模拟平面应变应力状态,即控制立方体试样的一个方向的变形为零的三轴试验。

pingquxian
平曲线(horizontal curve) 在公路工程中,是指在平面线形中,路线转向处曲线的总称,包括圆曲线和缓和曲线。

pingtai
平台(terrace) 房屋建筑高出室外地面,供人们进行室外活动的平整场地。该场地一般都设有固定栏杆或挡墙。

pingwen suiji guocheng
平稳随机过程(stationary random process) 各种集系平均值(如均值、方差等)不随计算的时刻而变化的随机过程。地震动是非平稳随机过程;表现在地震动的强度从零增加,经过一段比较强的阶段,再逐渐衰减,强度是随时间变化的,称强度非平稳。同时地震动的频率成分也随时间变化,称频率非平稳。在实际应用中,为处理方便,常将地震动视为平稳过程,用修正的方法处理非平稳性。地震动平稳随机模型包括白噪声随机模型、有限带宽白噪声随机模型、过滤白噪声随机模型和随机脉冲模型等。

pingxing buzhenghe
平行不整合(parallel unconformity) 见【假整合】

pingxing duanmianfa
平行断面法(parallel section method) 在地质勘探坑孔基本平行排列时,采用的一种简单估算建筑材料储量的方法。

pingyi duanceng
平移断层(transcurrent fault) 相对位移方向与断层走向平行的断层。也称走滑断层、横移断层。平移断层作用的应力是来自两盘的剪切力作用,其两盘顺断层面走向相对位移,而无上下垂直移动。

pingyishi huapo
平移式滑坡(translational landslide) 滑坡初始滑动的部位分布于滑动面的许多部位,同时局部滑移,然后贯通为整体滑移的滑坡,是滑坡按开始滑动部位分类的一种类型。

pingyuan
平原(plain) 海拔较低,地面平坦宽广、起伏很小的地貌,其因高度较低而区别于高原,因起伏较小而区别于丘陵。按高度可将其分为高平原(海拔200m以上)和低平原(海拔200m以下)。按成因可将其分为堆积平原、侵蚀平原、侵蚀—堆积平原和构造平原等;按表面形态可将其分为倾斜平原、凹状平原、波状平原等;按堆积平原成因可将其分冰川及冰水作用形成的平原、冲积平原、湖成平原和海成平原等。其大部分属于地壳下降而形成的堆积平原,小部分是在地壳轻微上升情况下形成的剥蚀平原或侵蚀平原。中国平原面积约为$100 \times 10^4 km^2$,约占全国领土的$1/10$,其中大多数是由河流堆积而形成的冲积平原,如华北平原等。平原通常是人类生存和活动最为频繁的地区。

pingzhengdu
平整度(plainness) 在加工或生产某些带有表面的产品时,表面并不会绝对平整,不平与绝对水平之间所差数据就是平整度。在结构工程中,是指结构构件表面凹凸的程度。

P

ping-niuoulian fenxi moxing

平–扭耦联分析模型 （lateral-torsional coupled analysis model） 考虑平面不规则结构扭转振动的简化结构力学分析模型。该模型由刚性楼板和联结各楼板的非同轴竖向杆件构成。

ping-niu oulian zhenxing fenjiefa

平–扭耦联振型分解法 （translational-torsional modal decomposition method） 估计地震扭转作用及其效应的简化分析方法。国家标准 GB 50011—2010《建筑抗震设计规范》规定，计算平扭–耦联地震作用效应可采用多质点模型，建筑的各楼层可设为集中质量，考虑两个正交的水平位移和绕竖轴的转角共三个自由度，可利用振型叠加反应谱法计算地震作用，但作用效应组合应视不同情况分别计算。

pinggu shiyong nianxian

评估使用年限 （assessed working life） 利用可靠性分析方法预估的既有结构在规定条件下的使用年限。

podao

坡道 （ramp） 建筑结构中联系室内外地坪或楼层不同标高而设置的均匀倾斜的步道或车道斜坡。

pojiqun

坡积裙 （talus apron） 坡积物沿山麓分布形似裙状的堆积地貌。水流在遇到坡度减小、磨阻加大或突然分散的情况下，它的动能不足以搬运所携全部泥沙，而将泥沙堆积下来，成片的坡积物围绕着坡麓分布，形似衣裙。

pojitu

坡积土 （colluvial soil） 山坡上方的碎屑物质在水流和重力作用下运移到斜坡下方或山脚处堆积形成的土。

pojiwu

坡积物 （slope wash） 残积物顺坡移动，在坡腰或坡脚处堆积而成的沉积物。由于地形的不同，其厚度变化大，新近堆积的坡积土，土质疏松，压缩性较高。它一般分布在坡腰上或坡脚下，其上部与残积物相接。坡积物底部的倾斜度决定于基岩的倾斜程度，表面倾斜度则与形成的时间有关，时间越长，搬运、沉积在山坡下部的物质就越厚，表面倾斜度就越小。坡积物质随斜坡自上而下呈现由粗而细的分选现象；其成分与坡上的残积土基本一致，与下伏基岩没有直接关系，这是它与残积物的主要区别。

polüfa

坡率法 （slope ratio method） 通过调整、控制边坡坡率维持边坡整体稳定性和采取必要的构造措施，以保证边坡及坡面稳定的边坡治理方法。

pomianxing nishiliu

坡面型泥石流 （debris flow on slope） 发生在尚未形成明显沟谷的斜坡上的泥石流，其特点是流程短、流速快、流量较小，无明显流通区，形成区与堆积区直接相连，也称山坡型泥石流，或坡面泥石流。

poqiao

坡桥 （ramp bridge） 设置在纵坡路段上的桥。如大桥与立交的引桥，或者在山区跨越较小河流或山谷时，为使纵坡连续，桥梁往往设置在坡道上。这种桥梁除了需要考虑一般荷载外还要考虑由于斜坡引起的纵向推力，通常，梁的一端应设置固定支座。

pojiang jiuqingfa

迫降纠倾法 （rectification by settlement） 迫使已倾斜建筑物沉降较小处的沉降加大的纠倾方法，是建筑物纠倾的一种方法。

pohuai dengji

破坏等级 （earthquake damage grade） 评定工程结构震害程度的尺度。通常将建筑物破坏等级划分为完好或基本完好、轻微破坏、中等破坏、严重破坏、毁坏或倒塌五个档次。

pohuai hezai

破坏荷载 （break load） 在结构、构件或材料试件动力试验中，骨架曲线下降段的特征点。该特征点标志着结构在位移继续加大时将失稳倒塌，并具有很大不确定性。通常，取下降段上极限荷载的 85% 来作为破坏荷载。

pohuai qiangdu shejifa

破坏强度设计法 （ultimate strength method） 考虑结构材料破坏阶段的工作状态进行结构构件设计的计算方法，也称极限设计法、荷载系数设计法、破损阶段设计法、极限载设计法。

pohuaixing dizhen

破坏性地震 （damaging earthquake） 造成一定数量人员伤亡和财产损失的地震。一般震中烈度应在Ⅶ度以上。

pohuai zhunze

破坏准则 （failure criterion） 给定的材料发生破坏时，其应力或应变状态必须满足的条件。它是材料（包括岩土体）破坏时应力状态达到的限度。

polie chongzhang yali

破裂重张压力 （fracture reopening pressure） 在地应力测量时，再次对封隔段注压使破裂重新张开的压力。

polie chuanbo sudu

破裂传播速度 （rupture propagation velocity） 地震时，

破裂面的前缘沿断层面运动的速度，简称破裂速度。破裂传播速度对地震动有重要的影响。

polie fangshi
破裂方式（fracture mode）　地震破裂方向性的宏观描述，可划分为单侧破裂、双侧破裂和圆盘破裂等方式。不同的破裂方式对震害影响较大。

polie moca moxing
破裂摩擦模型（rupture friction model）　摩擦力控制破裂发展的模型。破裂摩擦模型主要有滑动弱化模型、滑动率弱化模型和滑动及滑动率弱化模型三种。

polieneng
破裂能（rupture energy）　裂纹扩展形成单位面积新破裂面所消耗的能量。

polie qiangdu
破裂强度（rupture strength）　物体受力作用，在破裂前所能承受的最大应力，也称极限强度。破裂强度与岩石性质有关，不同岩石的破裂强度不同；破裂强度也与力的作用方式有关，同一种岩石在不同性质的应力作用下破裂强度也不相同。一般测定岩石的破裂强度是在常温、常压、缓慢加载的条件下进行的。当物理和化学条件（如温度、围压、溶液和受力时间等）发生变化时，破裂强度也有明显的变化。

polie sudu
破裂速度（rupture velocity）　见【破裂传播速度】

polie yinglijiang
破裂应力降（fracture stress drop）　见【分数应力降】

polie zhunze
破裂准则（rupture criteria）　判断岩石破裂的开始、发展和停止的原理。主要使用的破裂准则有：格里菲斯（Griffith）破裂准则，从能量守恒的观点解释破裂发生和发展；欧文（Irwin）破裂准则，是以受力状态和材料强度平衡解释破裂的发展；临界应力准则，是采用根据欧文准则变换的临界应力准则，该准则规定如果断层面上的一个点的应力达到某一个临界应力后，该点就破裂，此临界应力可以由断层面上的破裂摩擦模型控制。

posuidai
破碎带（fracture zone）　岩体受挤压或发生断裂形成的、常有角砾、泥砂充填的破碎地带。同断层相伴生的破裂带内充填有由断层壁撕裂下来的岩石碎块、碎石和断层作用而成的黏土物质。破碎带也称碎裂带，有的被重新胶结起来形成破碎岩、断层角砾岩等。

posun jieduanfa
破损阶段法（plastic stage design method）
见【破损阶段设计法】

posun jieduan shejifa
破损阶段设计法（plastic stage design method）　考虑结构材料破坏阶段工作状态进行结构构件设计计算的方法，也称破损阶段法。该方法以构件破坏时的受力状态为依据，考虑了材料的塑性性能，在表达式中引入了安全系数，使得构件有了总体安全度的概念。但安全系数的取值仍然凭经验确定，而且没有考虑构件在正常使用时的变形和裂缝问题。

poumiantu
剖面图（section）　假想用一个剖切平面将物体剖开，移去介于观察者和剖切平面之间的部分，对于剩余的部分向投影面所做的正投影图。建筑上是指用垂直于外墙水平方向轴线的铅垂剖切面，将房屋或其他物体剖切所得的正投影图，也称剖切图。它是通过对有关的图形按照一定剖切方向所展示的内部构造图例，一般用于工程的施工图和机械零部件的设计。地质剖面图是地质上常使用的图件。

puwangfa
铺网法（fabric sheet reinforced earth）　在超软弱地基表面铺设高强度土工合成材料网，以利于填土稳固的类似于刚性材料垫层的超软土地基表面强化处理的方法。

putonggangjin
普通钢筋（steel bar）　用于混凝土结构构件中的各种非预应力筋的总称。

pu
谱（spectrum）　基本含义有三方面：一是依照事物的类别、系统制的表册，如年谱、家谱、食谱、菜谱等；二是记录音乐、棋局等的符号或图形，如歌谱、乐谱、棋谱等；三是编写歌谱，如谱曲、谱写等。在工程界，是指两个物理量按约定方式的排列，如地震反应谱是体系的最大反应按体系振动周期（或频率）的大小的排列；抗震设计反应谱是地震影响系数按结构的振动周期（或频率）大小的排列。日本学者大崎顺彦（Ohsaki Yorihiko）给谱的定义为：谱是把具有复杂组成的东西分解成单纯的成分，并把这些成分按其特征量的大小依序排列的东西。

puchuang
谱窗（spectral window）　时窗函数的频谱。一般为对称分布，呈接续的花瓣形。谱窗中具有最大峰值的瓣称为主瓣，两侧接续的瓣称为旁瓣，对信号有衰减和阻塞作用的频率范围称为阻带。在褶积运算中，主瓣范围内原信号的频谱被平滑，若原信号频谱存在尖峰、平滑后将产生较大差异，故主瓣宽度越窄越好。

pufangfa

谱方法（spectral method）　解偏微分方程的一种数值方法。它是把解近似地展开成光滑函数（一般是正交多项式）的有限级数展开式，即所谓解的近似谱展开式，再根据此展开式和原方程，求出展开式系数的方程组，对于非定常问题，方程组还与时间有关。该方法实质上是标准的分离变量技术的一种推广，一般多取切比雪夫多项式和勒让德多项式作为近似展开式的基函数；对于周期性边界条件，用傅里叶级数和面调和级数比较方便。级数展开式的项数决定了谱方法的精度。

puliedu

谱烈度（spectral intensity）　见【谱强度】

pumidu

谱密度（spectral density）　地震动加速度时程经傅里叶变换得到的傅里叶谱，用复数表达的傅里叶谱的模的绝对值即为谱密度。地震动加速度时程的谱密度具有速度的量纲。

puqiangdu

谱强度（spectra intensity）　根据速度反应谱得出的地震动强度参数，因可以作为地震烈度的物理指标，故也称谱烈度，由豪斯纳（G. W. Housner）于1952年提出。它是用一般结构频段范围内输入地震动能量来定义地震动强度的一种形式。谱强度按照下式计算：

$$SI(\xi) = \int_{0.1}^{2.5} S_V(T, \xi) \mathrm{d}T$$

式中，$S_V(T, \xi)$ 为相对速度反应谱，即单质点体系的最大速度反应；T 为周期；ξ 为阻尼比，常取0或0.2。谱强度相当于速度反应谱曲线中周期 $0.1 \sim 2.5\mathrm{s}$ 的面积，选取这个频段是考虑多数工程结构的固有周期范围，实际应用中可改变积分上下限，以适合结构或研究对象的固有周期范围。

Q

qilian zaoshandai

祁连造山带（Qilianshan orogenic belt）　夹持于阿拉善地块与柴达木地块之间的造山带。其范围包括祁连山脉、河西走廊及陇东地区，记录了新元古代到奥陶纪祁连洋的俯冲和志留纪大陆深俯冲过程；构造单元包括南、北祁连蛇绿岩带及高压变质带、岛弧岩浆岩带、志留纪复理石及泥盆纪磨拉斯前陆盆地和柴北缘超高压变质带等。

qilou

骑楼（colonnade）　建筑工程中建筑底层沿街面后退且留出公共人行空间的建筑物。

qiye tingjianchan sunshi

企业停减产损失（earthquake-caused production stop and reduction loss of enterprise）　地震造成企业完全或部分丧失生产能力而导致的经济损失。

qibao wangluo

起爆网路（firing circuit）　向多个起爆药包传递起爆信息和能量的系统，包括电雷管起爆网路、导爆管雷管起爆网路、导爆索起爆网路混合起爆网路和数码电子雷管起爆网路等。

qishi zhenji

起始震级（initial magnitude）　仪器或观测台网能记录到的最小地震的震级，或历史地震中有可靠资料记载的最小地震的震级。

qisuan zhenji

起算震级（lower limit earthquake magnitude）　对工程场地有破坏性影响的最小震级。它既是地震危险性概率分析中参与计算的最低震级，也是描述地震活动性的基本参数之一，常用 M_0 表示。起算震级与震源深度、震源应力环境、震源类型以及工程设防要求有关。由于中国大陆地区的地震大多数为浅源地震，历史上有4.0级左右地震造成一定破坏的震例，因此，在地震安全性评价工作中，起算震级通常取为4.0级。

qizhenji

起振机（vibrator）　在结构抗震试验中的离心式激振器，也称偏心起振机。它是通过一定质量的偏心块的转动产生激振力的装置。

qizhenqi

起震器（vibroseis; seismic wave generator）　能够产生振动，并生成地震波的装置。采油起震器是一种采油地震机械，它包括由调速电机带动的转动轴，在转动轴的一侧固定有质量块，电机配备有调速控制器和电源配电柜。这种新型的地震采油机械能够提高油田石油的产量，具有投资少、见效快、易操作等优点，适合老油田的再度开发利用，是石油产量保持长期稳产的有效途径。

qizhong yunshu jixie hezai

起重运输机械荷载（crane and vehicle load）　由于起重、运输机械的自重及其工作和行驶时施加于建筑物、构筑物上的作用。

qidong

气氡（gas radon）　在地震流体监测中，地下水中逸出气和溶解气中的氡，可利用其含量的变化预报地震。

qigong

气汞（gas mercury） 在地震流体监测中，地下水中逸出气和溶解气中的汞，可利用其含量的变化预报地震。

qihou yichang

气候异常（dimatic anomaly） 人们直接观察或感受到的气候宏观异常现象。该异常有时被用作地震预报的宏观指标之一。

qimixing

气密性（air tightness） 结构两侧有空气压力差时，单位时间透过单位表面积（或长度）的空气泄漏量的性能，表示围护结构或整个房间的透气性指标。通常气密性越好，透过的空气泄漏量越小。

qiqiang zhenyuan

气枪震源（air gun seismic source） 一种利用压缩空气在水中释放能量而激发的人工震源，常用于水域的地震勘探。

qiti miehuo xitong

气体灭火系统（gas fire extinguishing system） 由喷头、管道、气体钢瓶、火灾探测器、消防控制电路等组成，灭火介质为气体的灭火系统。

qiwen

气温（shade air temperature） 在标准百叶箱内测量所得到的以小时为时间间隔定时记录的大气温度。

qixiang

气相（air phase） 充填在土的孔隙中的气体，包括与大气连通的和不连通的两类。

qikuai fangwu

砌块房屋（block buildings） 以混凝土小型空心砌块墙体作为承重和抗侧力构件的砌体结构房屋。中国的混凝土小型空心砌块多为外形尺寸为 390mm×190mm×190mm、空心率为 50% 左右的单排孔砌块，由混凝土掺和一定量的粉煤灰和外加剂，经过蒸压和养护制成。

qikuai zhuanyong shajiang

砌块专用砂浆（mortar for concrete small hollow block） 见【混凝土砌块专用砌筑砂浆】

qishiba

砌石坝（stone masonry dam） 以水泥砂浆或灰浆砌筑块石构成，在上游面采用混凝土或沥青料护坡防渗的土石坝。该类坝一般建在江河上游的基岩场地，规模不大。

qiti dangqiang

砌体挡墙（masonry retaining wall） 以堆砌、浆砌石或砖块等构筑的挡墙，为挡土墙的一种类型。

qiti fangwu zhenhai

砌体房屋震害（earthquake damage to masonry buildings） 砌体房屋遭到地震的损坏。砌体房屋通常是指以黏土砖或其他砌块、石料砌筑的墙体作为承重构件的房屋；砖房地震是主要破坏现象有墙体裂缝、非承重构件破坏、屋角或墙角破坏、纵墙破坏与倒塌、横墙酥裂、倒塌或局部倒塌、顶部结构破坏、楼梯间破坏、地基失稳、单层砖房破坏等。

qiti jiegou

砌体结构（masonry structure） 由块体和砂浆砌筑而成的墙、柱作为建筑物主要受力构件的结构，是砖砌体、砌块砌体和石砌体的统称，也称砖石结构。由于砌体的抗压强度较高而抗拉强度很低，因此，砌体结构构件主要承受轴心或小偏心压力，很少受拉或受弯，一般民用和工业建筑的墙、柱和基础都可采用砌体结构。在采用钢筋混凝土框架和其他结构的建筑中，常用砖墙做围护结构，如框架结构的填充墙。烟囱、隧道、涵洞、挡土墙、坝、桥和渡槽等，也常采用砖、石或砌块砌体建造。砌体结构是中国传统建筑结构形式之一，它具有取材方便、造价低，保温隔热性能较好及施工简便等优点，至今仍在房屋建设中被广泛应用。

qiti jiegou fangwu

砌体结构房屋（masonry structure） 由砖或砌块和砂浆砌筑而成的墙、柱作为主要承重构件的房屋，主要包括实心砖墙、多孔砖墙、蒸压砖墙、小砌块墙和空斗砖墙等砌体承重房屋。砖包括烧结普通砖、烧结多孔砖、蒸压灰砂砖和蒸压粉煤灰砖等；砌块指混凝土小型空心砌块。

qiti jiegou jiagu

砌体结构加固（strengthening of masonry structure） 为改善和提高现有砌体结构抗震能力，使其达到规定的抗震设防要求而采取的技术措施。行业标准 JGJ 116—2009《建筑抗震加固技术规程》规定了砌体房屋抗震加固的基本技术要求。

qiti qiangzhu gaohoubi

砌体墙、柱高厚比（ratio of height to sectional thickness of wall or column） 砌体墙、柱的计算高度与规定厚度的比值。规定厚度对墙取墙厚，对柱取对应的边长，对带壁柱墙取截面的折算厚度。

qianmeiyan

千枚岩（phyllite） 具有千枚状构造的低级变质岩石。原岩通常为泥质岩石、粉砂岩及中、酸性凝灰岩等，经区域低温动力变质作用或区域动力热流变质作用的底绿片岩相阶段形成。显微变晶片理发育面上呈绢丝光泽，为绢云母富集所致。

qiantan

钎探（rod sounding）　将一定规格的钢钎打入土层，根据一定进尺所需的击数探测土层情况或粗略估计土层承载力的一种简易的勘探方法。

qianlashi yiwei

牵拉式移位（pull moving）　建筑物与基础分离、加固后，通过牵拉装置，沿支承轨道滑动或滚动平移到新基础上，是建筑物移位的一种方法。

qianyin gouzao

牵引构造（drag structure）　断裂（层）两盘邻近断裂（层）的弧形弯曲现象。其弧形凸出的方向指示本盘的相对位移方向，可以用来判断断层的相对运动方向。过去认为，牵引是断盘相对错动时产生的摩擦力拖曳两盘岩层所形成的；实际上，牵引现象多是在断层脆性破裂面出现之前由剪切弯曲所造成，即先弯后断。在较大的断裂带中，断盘错动的剪切作用也可以使断层带内或相邻断层的岩层发生褶皱（派生褶皱），形成一系列不对称的中、小型拖曳褶皱。

qianyinshi huapo

牵引式滑坡（retrogressive slide）　滑坡的下段先滑动，牵引上段，贯通后失稳滑动而形成的滑坡。

qianyin zhezhou

牵引褶皱（drag fold）　断层两盘紧邻断层的岩层发生的明显弧形弯曲现象。一般认为，这是两盘相对错动对岩层拖曳的结果，并且以褶皱的弧形弯曲的突出方向指示本盘的运动方向。近年来，许多学者对牵引褶皱详细研究后提出，若"牵引"褶皱是两盘相对运动引起的，则意味着于断层发生时的脆性变形过程在先而塑形弯曲在后，这与一般变形发育的过程矛盾。所以，有人提出可能是先挠曲而后发生断层的论点，牵引褶皱是早期塑性变形弯曲在断层两盘错动中进一步发育而成的。牵引褶皱的弯曲方位不仅决定于两盘相对运动，还决定于断层产状与两盘标志层的产状及在不同剖面或平面上的表现。一般说来，变形越强烈牵引褶皱越紧闭。

qianjiya zuniqi

铅挤压阻尼器（lead extrusion damper）　将纯铅封装于钢筒内，筒内设置变截面（如纺锤形）钢杆，当钢杆与缸筒发生相对变位时，铅由于受挤压屈服流动而耗散振动能量，是铅阻尼器的一种类型。

qian niantanxing zuniqi

铅黏弹性阻尼器（lead viscoelastic damper）　由复合黏弹性层、剪切钢板、约束钢板、铅芯和连接板等组成的阻尼器。黏弹性材料、薄钢板、剪切钢板和约束钢板通过高温和高压而硫化为一体，铅芯灌入后采用盖板封盖孔洞。

该阻尼器主要通过铅的剪切变形和挤压变形及黏弹性材料的剪切滞回变形进行耗能，可安装于结构的柱间支撑、剪力墙连梁、填充墙与框架之间以及相邻结构或主附结构之间，当结构因地震或风振引起层间变形时，阻尼器也将发生变形，从而耗散结构的振动能量，并能减小主体结构的破坏。通常，该阻尼器主要采用墙式（LVWD）和连梁式（LVCBD）两种安装方式，可用于高层建筑结构、高耸结构、桥梁等的地震反应控制，也可用于风荷载下的风振控制；既可用于新建结构，还可用于现存结构的抗风抗震加固及震后加固修复。该阻尼器构造简单，耗能减震机理明确；能够小位移（1mm内）屈服耗能，延性系数大，变形性能良好，耗能效率高，抗疲劳性能良好。该阻尼器的需求屈服力可控调节；铅和钢材均可简化成双线性横形，且黏弹性材料在设计变形范围内处于弹性状态，其力学模型简单；铅的熔点低，在室温下具有动态回复和再结晶特性，而黏弹性材料在设计变形范围内又可恢复原来形状，且能提供一定阻尼耗能，使得该阻尼器性能保持不变，进而实现震后无需更换，其功能可自行恢复。

qianxin xiangjiao zhizuo

铅芯橡胶支座（lead core rubber bearing）　在橡胶支座中插入铅芯而构成的耗能能力较高的隔震装置。铅芯在较低水平力作用下具有较高的初始刚度、变形很小，在强地震动作用下铅芯屈服既可消耗振动能量，又可降低支座刚度，并延长结构周期。

qianzhu zuniqi

铅柱阻尼器（lead column damper）　把铅柱以不同的方式与结构的受力构件连接，通过弯曲变形或剪切耗散振动能量的阻尼器，是铅阻尼器一种类型。

qianzuniqi

铅阻尼器（lead damper）　利用铅的塑性变形耗散振动能量的被动控制装置。铅是屈服强度很低的金属，在发生塑性变形后可迅速重新结晶而大量耗能，可用作阻尼材料。该阻尼器主要有铅挤压阻尼器和铅柱阻尼器两种类型。

qiandisiji duanceng

前第四纪断层（Pre-Quaternary fault）　在第四纪以前形成的、在第四纪以来没有活动的断层。通常认为，这类断层发生地震的可能性较低。

qianhanwuji

前寒武纪（Precambrian）　寒武纪之前的地质历史时期，包括国际地质年表中的冥古宙、太古宙和元古宙，历时超过了40亿年，大约占地球历史时期的近7/8的时间，是地球构造、环境和生物发展的早期阶段。通常把40亿～35亿年这段时期称为生命的起源阶段，35亿年之后的前寒武纪地史时期是生物的早期演化阶段。由于这一时期地球生物不仅低级原始、个体微小，而且化石稀少、通常难以识别，因此这段地质历史也被称为隐生宙。前寒武纪末期后生动物出现后，直到寒武纪生物大爆发，化石记录开始丰富，地球生物进入显生宙生物演化阶段。前寒武纪的地壳构造和地球环境与显生宙很不相同，地球岩石圈也经历十分复杂的演变过程。前寒武纪形成的地层统称为前寒武系。

qiankui kongzhi
前馈控制（feedforward control） 见【开环控制】

qianzhao xianxiang
前兆现象（premonitory phenomenon） 见【地震前兆】

qianzhaoxing huadong
前兆性滑动（premonitory sip） 在强震发生前出现的、对强震的发生有重要判断意义的断层滑动现象。

qianzhao zhenqun
前兆震群（precursory swarm） 主震前发生的、与主震的发生有关联的、彼此震级相差不大的一组小地震。

qianzhen
前震（foreshock） 见【地震序列】

qianzhen-yuzhenxing
前震—余震型（foreshock-after-shock-type） 一个地震序列中有一个较大的地震（主震），主震前有前震，主震后有余震的序列类型。即前震—主震—余震型的地震序列。

qianzhen-zhuzhenxing
前震—主震型（fore-mainshock type） 一个地震序列中有一个较大地震（主震），主震前有前震，但主震后余震很少，且震级很小的地震序列类型。

qianzhi
前趾（foretoe） 为调整挡土建筑物重心，其底板向墙前挑出一定长度的部分。

qianmaijing
潜埋井（buried well of dewatering） 为疏干基坑或涵洞底部残留的地下水，将抽水井埋在设计降水深度以下进行抽水，使地下水位降低满足设计降水深度要求的井。

qianshi
潜蚀（subsurface erosion） 地下水作用引起的各种形式的机械侵蚀和化学溶蚀。狭义的潜蚀专指机械侵蚀。

qianshui
潜水（phreatic water） 埋藏在地表以下第一个稳定隔水层以上饱水带中，具有自由水面的地下水。它可直接向地表蒸发和得到地表水的直接渗透补给，其水位高低常随季节和气候状况而变化；它是民井和浅井的主要供水来源，但潜水面离地表很近时，可能会引起土壤盐碱化和沼泽化。

qianshuimian
潜水面（phreatic surface） 潜水的自由表面。潜水面的绝对标高称为潜水位；潜水面距地面的距离称为潜水埋藏深度。

qianzai dizhenqu
潜在地震区（potential earthquake zone）
见【潜在震源区】

qianzai huadongmian
潜在滑动面（potential slip surface） 具有特定的物理力学和几何条件，可能成为边坡稳定体与滑动体分离的界面。

qianzai zhenyuan
潜在震源（potential seismic source） 在未来一定时间内，可能发生影响或危及工程结构安全的震源，通常分为点源、线源或面源。

qianzai zhenyuan jisuan moxing
潜在震源计算模型（computation potential seismic source model） 应用于地震危险性分析中潜在震源影响场的超越概率计算的、按照地震动衰减类型区分的震源模型。在地震危险性分析中采用的潜在震源计算模型通常为点源模型、线源模型（也称断层破裂模型）和椭圆模型等。

qianzai zhenyuanqu
潜在震源区（potential seismic source zone） 未来可能发生破坏性地震的地区，又称潜在地震区。在同一个潜在震源区内，未来可能发生的地震的空间分布是均匀的，而且遵循相同地震活动规律。潜在震源区的划分遵循地震构造类比和地震活动重复原则。国家标准 GB 18306—2015《中国地震动参数区划图》将中国及其邻近地区共划分出 1206 个潜在震源区，其中东部地区 626 个；西部地区 580 个。划分和判定潜在震源区对工程地震有重大意义，一般采用地震活动性对比、构造外推和图像识别三种方法来划出潜在震源区。

qianceng dizhenfa
浅层地震法（shallow seismic exploration method） 利用人工激发的地震波在弹性性质不同的地层中的传播规律，研究与岩土工程有关的地质、构造、岩土体物理力学特性的地震勘探方法。

Q

qianceng huapo

浅层滑坡（shallow slide） 滑动面深度仅数米的滑坡。浅层滑坡的规模一般比较小，属于小型滑坡。

qianceng pingban hezai shiyan

浅层平板荷载试验（shallow plate loading test） 承压板周边无超载，模拟半无限体表面加载工况，在试坑中进行的平板荷载试验。

qiancengtu jiagu

浅层土加固（surface soil stabilization） 在地基处理中以地基表层部分为对象进行的碾压、换土等土质改良及处理的工程方法。

qianceng yuanwei yashifa

浅层原位压实法（in-situ superficial compaction method） 采用压路机和羊脚碾等碾压机械对地基浅层土进行碾压或振动压实，使地基浅层土密实的地基处理方法。

qianjichu

浅基础（shallow foundation） 埋置深度不超过 5m，或不超过基底最小宽度，在其承载力中不计入基础侧壁岩土摩阻力的基础。

qianjichu kangzhen fenxi

浅基础抗震分析（seismic analysis of shallow foundation） 进行浅埋基础的地震反应分析方法、抗震设计和抗震措施相关研究。常规地基上浅基础抗震设计的内容选择基础的材料、构造类型和平面布置；确定基础的埋置深度；确定地基承载力；根据地基承载力和上部结构及地震荷载，计算基础的底面尺寸；必要时进行地基的变形验算。

qiankong baopo

浅孔爆破（short-hole blasting） 炮孔直径小于或等于 50mm，炮孔深度不大于 5m 的爆破作业。

qianyuan dizhen

浅源地震（shallow-focus earthquake） 震源深度小于 60km 的天然地震，也称浅震。浅源地震的发震频率高，约占地震总数的 72.5%，所释放的地震能量约占总释放能量的 85%。在浅源地震中，震源深度在 30km 以内的占大多数，地震灾害主要由该类地震产生，对人类社会的危害极大。

qianzhen

浅震（shallow-focus earthquake） 见【浅源地震】

qiangujietu

欠固结土（under consolidated soil） 在当前有效覆盖压力下尚未完成固结的土。新近沉积的软土多数为欠固结土，

主要特点是含水量高、强度低、压缩量大。存在欠固结土的工程场地是抗震不利场地。

qianzuni

欠阻尼（under damping） 在有阻尼自由振动中，阻尼比小于 1 的情况。欠阻尼情况下的自由振动不是严格的周期振动，而是一个减幅的往复运动，可称为准周期振动。

qiangu shendu

嵌固深度（embedded depth） 桩墙结构在基坑开挖底面以下的埋置深度。

qiangdidong dizhenxue

强地动地震学（strong-motion seismology） 研究震中附近地区强烈地面运动的持续时间、振幅、频率等运动学与动力学特性及其工程应用的地震学分支学科。

qiangdimian yundong

强地面运动（strong ground motion） 可造成建筑物、构筑物或其附属部分显著破坏的强烈地面运动，简称强地震动。它是地震时由震源释放的地震波引起的地表及地下岩土介质的剧烈振动，由它引起结构的巨大惯性作用是造成结构破坏的主要原因，也是地基失效、斜坡失稳、地面塌陷等地地震质灾害的原因或触发因素。强地面运动的常用的判别标准是峰值地面运动加速度大于或等于 0.05g（g 是重力加速度值）。强地震动有幅值、频谱和持续时间三个要素，其特性受震源、传播介质和场地条件三个因素的影响。

qiangdimian yundongguji

强地面运动估计（estimation of strong groundmotion） 对较大地震引起的地面质点强烈运动的加速度、速度和位移等参量的幅值、频谱和持续时间做出估计的工作。

qiangdizhendong

强地震动（strong ground motion） 见【强地面运动】

qiangdizhendong banjingyan moni fangfa

强地震动半经验模拟方法（semi-empirical simulation method of strong ground motion） 利用某次地震的余震或前震记录作为该地震的经验格林函数，利用经验格林函数合成地震动的方法。

qiangdizhendong canshu

强地震动参数（strong ground motion parameters） 用来描述强地震动特征的物理量。例如质点运动的加速度、速度、位移的峰值或等效峰值，强地震动的傅里叶谱、反应谱、功率谱等代表性频率点的数值，包络线形状的控制参数以及各种定义的强地震动持续时间等。

qiangdizhendong chixu shijian

强地震动持续时间（duration of strong ground motion）强地震动加速度时程中振动强烈段的持续时间，简称持时。就结构反应和破坏而言，只有一定强度的地震动才有工程意义，由此地震工程中的持时并非整个地震动时程的起始和结束的时间段，而是划分出一定强度的时段计算。强地震动持续时间有多种定义，可从不同的角度分类，常用的有括弧持时、一致持时、有效持时、能量持时和反应持时等。

qiangdizhendong chuan'ganqi

强地震动传感器（strong-motion sensor）用于拾取强地面运动，并将地震动加速度转换为与地面运动加速度基本成正比的输出电信号（通常是电压）的地震计（加速度拾震器、加速度换能器），也称加速度计。典型的加速度计从直流到高至 80Hz 的拐角频率有一线性的频率响应，在 $2g \sim 4g$ 才限幅（g 是重力加速度值）。早期模拟记录的加速度计将加速度转化为光束的运动。加速度计可以安装在加速度仪内。在研究结构物时，典型的是遥测记录，信号通过电缆传输到数据中心进行数据处理。

qiangdizhendong moni

强地震动模拟（strong ground motion simulation）建立震源和地震波传播介质的力学模型，再现地震破裂和地震波传播过程并计算地震动时程的理论和方法。通过地震动时程记录求震源破裂过程，属于反演问题，反演问题可通过正演求解实现。即设定震源、介质和场地模型计算合成地震动，并与观测资料对比，根据拟合程度调整模型和相关参数，以检验所建立的震源模型和方法的合理性、确认数值方法适用的空间或频率范围。在此基础上，建立预测近断层地震动的合理模型，给出相关参数的确定方法和理论地震图计算方法，预测未来潜在地震的地震动场。

qiangdizhendong moni jiezhi moxing

强地震动模拟介质模型（medium model for strong ground motion simulation）对地震波传播介质的一种假定。早期理论分析的介质模型通常采用均匀弹性全空间；为模拟地球表面，最简单的地壳介质模型是均匀弹性半空间，进一步是水平成层介质模型。对这样简单的介质模型可以求得点源的解析解。如果考虑地壳岩土界面的横向变化，即使是点源也很难得到解析解，这时需要用数值计算方法。原则上可以构造任意复杂的介质模型，但实际上受计算量过大等因素的限制，介质模型不能过于复杂，这就限制了对高频地震动的模拟研究。

qiangdizhendong moni quedingxing fangfa

强地震动模拟确定性方法（deterministic method for strong ground motion simulation）利用确定的震源、介质模型和参数来模拟强地震动的方法。采用确定的震源和介质模型求解波动方程、计算地震动时程的方法，可得唯一解。运

用震源运动学模型求解地震动场的理论基础是位移表示定理，即断层破裂在介质中任意一点的地震动，可以用点源在该点产生的地震动（即格林函数）与断层面的破裂时空分布函数褶积（卷积）得到。利用震源动力学模型需要在破裂面边界随时间变化的条件下，求解非线性的混合边值问题。

qiangdizhendong moni suiji fangfa

强地震动模拟随机方法（stochastic method for strong ground motion simulation）把模型参数视为随机变量来模拟强地震动的方法。该方法主要用于高频地震动的模拟，典型的随机方法有两种：一种是将确定性模型的参数视为随机变量，给出概率模型或变异系数，计算特定分布模型产生的地震动场的均值和方差；另一种是根据概率模型或变异系数生成这些参数的样本，用蒙特卡洛法计算。

qiangdizhendong texing

强地震动特性（strong ground motion character）地面及其地下各质点在地震波传播过程中的运动学特性。各质点的运动在理论上可用直角坐标系中三个平动分量和三个转动分量描述，因缺乏地震动转动分量的观测结果，地震工程中的强地震动特性通常涉及三个平动分量，即两个水平分量和一个竖向分量。转动分量可利用平动分量的观测结果，依靠理论分析来近似估计。强地震动的特性受震源、传播介质和场地条件影响，可从不同的角度进行分析和总结。例如，地震动的三要素是工程抗震研究最感兴趣的问题，地震动包含不同频率的振动成分，其中有工程意义的高频成分的振动频率为数赫兹至 30Hz，中频成分振动频率为 1Hz 左右，低频成分的振动周期为数秒至 20s。

qiangdizhendong yuce

强地震动预测（strong ground motion prediction）定量预测强地震动参数或强地震动时程，为结构地震反应分析提供地震动输入，为抗震设计提供地震动参数的理论和方法。地震动预测方法的基础是震害调查、观测资料分析和地震动模拟研究。其主要方法有工程方法和地震学方法、确定性方法和随机方法、预测的目标是地震动参数预测和地震动时程预测。

qiangdizhendong yuce dizhenxue fangfa

强地震动预测地震学方法（seismological method for strong ground motion prediction）基于计算理论地震图的强地震动预测的确定性方法。通过地质勘探得到地壳介质速度构造模型，用数值方法求解断层破裂面的地震波场。运用地震学方法需先确定断层位置、几何参数和运动学参数，计算时要假定断层破裂的发生和传播模式，假定震源时间函数和位错在断层上的分布。但是这些参数很难确定，致使模拟结果有很大不确定性。同时，模型不能反映震源和介质的复杂构造，只适用于模拟低频地震动。

qiangdizhendong yuce gongchengfangfa

强地震动预测工程方法 (engineering method for strong ground motion prediction) 基于观测记录和震害经验预测强地震动的方法，该方法便于工程应用。烈度、加速度、速度、位移峰值、持时、傅里叶谱、反应谱、时程包络线参数等强地震动参数是预测的主要内容。预测的方法主要基于对观测记录的统计和分析，即地震动衰减关系的确定。地震动时程预测的工程方法包括记录调整法和随机振动法两类。

qiangdizhenxue

强地震学 (strong motion seismology) 地震学中研究强地面运动的部分，主要研究强烈地震震中附近地区地震动的时间过程，包括振幅、频度特征、近场参数等。它是研究震源机制、发展抗震理论、进行抗震设计不可缺少的基础工作。使用各种强震仪进行强地面运动观测是强地震学研究的重要手段。

qiangdu

强度 (strength) 构件截面材料或连接抵抗破坏的能力，是材料本身所具有的属性，其值为在一定的受力状态或工作条件下，材料所能承受的最大应力，通常通过试验给出。按所抵抗外力的作用形式可分为抵抗静态外力的静强度、抵抗冲击外力的冲击强度、抵抗交变外力的疲劳强度等；按环境温度可分为常温下抵抗外力的常温强度、高温或低温下抵抗外力的热（高温）强度或冷（低温）强度等。某种材料的强度可由这种材料制成的标准试件做单向荷载（拉伸、压缩、剪切等）试验确定。从开始加载到破坏的整个过程中，试件截面所经受的最大应力就反映出材料的强度，通常称为材料的极限强度。强度计算是防止结构构件或连接因材料强度被超过而破坏的计算。强度问题十分重要，许多房屋、桥梁、堤坝等的倒塌，飞机、航天飞船的坠毁都是强度不够造成的。强度问题是工程设计中最为重要的问题。

qiangdu baoxian

强度包线 (strength envelope) 岩土试件在剪切破坏时，剪切面上的法向压力与抗剪强度的关系曲线，通常为极限莫尔圆的包络线。

qiangdu biaozhunzhi

强度标准值 (characteristic value of strength) 国家标准规定的钢材屈服点（屈服强度）或抗拉强度。

qiangdu feipingwen dizhendong hecheng

强度非平稳地震动合成 (composite of amplitude-nonstationary ground motion) 采用随机振动方法，用三角级数和变化幅值包络函数合成的人造地震动。

qiangdu lilun

强度理论 (strength theory) 判断材料在一定的应力状态下是否破坏的理论。材料在外力作用下有两种不同的破坏形式：一是在不发生显著塑性变形时的突然断裂，称为脆性破坏；二是因发生显著塑性变形而不能继续承载的破坏，称为塑性破坏。由于工程上的需要，人们对材料破坏的原因，提出了各种不同的假说。但这些假说都只能被某些破坏试验证实；而不能解释所有材料的破坏现象，这些假说统称强度理论。常用的强度理论有第一强度理论，又称最大应力理论；第二强度理论，又称最大伸长应变理论；第三强度理论，又称最大剪应力或特雷斯卡屈服准则；第四强度理论，又称最大形状改变比能理论。这些强度理论只适用于抗拉伸破坏和抗压缩破坏的性能相同或相近的材料，有些材料（如岩石、铸铁、混凝土以及土壤）对于拉伸和压缩破坏的抵抗能力存在很大差别，抗压强度远远地大于抗拉强度。为了校核这类材料在二向应力状态下的强度，德国学者莫尔（O. Mohr）于1900年提出一个理论，对最大拉应力理论做了修正，后被称为莫尔强度理论。

qiangdu shejizhi

强度设计值 (design value of strength) 钢材或连接的强度标准值除以相应抗力分项系数后的数值。

qiangdu sheji zhunze

强度设计准则 (strength design criterion) 桥梁抗震设计通常采用的准则。在桥梁抗震设计中，采用反应谱方法或拟静力法计算地震作用，考虑构件非线性和其他因素影响对地震作用效应进行修正，然后实施结构构件的强度验算和设计。该方法的缺点在于难以合理考虑结构屈服后的内力重分布，有可能低估地震时结构的位移反应。

qiangdu tuihua

强度退化 (strength degradation) 在往复荷载作用下，当钢筋混凝土构件弹塑性变形较大时，构件的再加载强度不能保持为初始强度并渐次降低的现象。强度退化的大小与构件变形模式和细部构造、混凝土的剪切强度、加载历程和轴力水平等因素有关。

qiangdu yansuan

强度验算 (strength checking) 就设定的荷载效应组合值对建筑结构的强度进行计算校核。构件达到开裂强度后将产生裂缝并进入非线性变形状态；达到极限强度后将丧失承载能力。因此，强度验算是抗震验算的重要内容。

qianghangfa

强夯法 (dynamic consolidation; dynamic compaction) 利用单击夯击能量在1000kN·m以上的夯锤，对地基反复冲击和振动，使有效加固深度内的地基土在动力固结作用下密实，强度提高、压缩性降低的地基处理方法。

qianghang zhihuandun fuhe diji

强夯置换墩复合地基（dynamic replaced stone column composite foundation）　将重锤提到高处使其自由下落形成夯坑，并不断向夯坑回填碎石等坚硬粗粒料，在地基中形成密实置换墩体。由墩体和墩间土形成的复合地基。

qianghang zhihuanfa

强夯置换法（dynamic replacement）　在强夯形成的夯坑内回填块石、碎石等材料，继续夯击填料，使其形成密实墩体的地基处理方法。一般通过强夯用物理力学性质较好的岩土材料来替代天然地基中的软弱土。

qiangjian ruowan

强剪弱弯（design principle about shear capacity stronger than bending capacity）　抗震设计中防止钢筋混凝土梁、柱、抗震墙和连梁等构件在弯曲屈服前发生剪切破坏的抗震概念设计原则。构件的脆性剪切破坏将导致承载力的急剧下降，以至造成结构整体倒塌；但构件受弯形成塑性铰后仍保持一定的承载能力，且可通过往复变形耗散能量；故剪切破坏是更为危险的、应予避免的构件破坏形态。为实现强剪弱弯的抗震设计思想，应使构件受剪承载力大于构件弯曲屈服时实际达到的剪力。中国抗震设计规范规定将承载力关系转为内力关系，考虑材料实际强度和钢筋实际面积的影响，引入剪力增大系数来调整梁、柱、墙截面组合剪力设计值。框架梁端剪力增大系数的取值范围为 $1.1 \sim 1.3$，框架柱和框支柱剪力增大系数的取值范围为 $1.1 \sim 1.4$，角柱剪力增大系数的取值应不小于 1.1，抗震墙剪力增大系数的取值范围为 $1.2 \sim 1.6$。钢筋混凝土梁、柱、抗震墙和连梁等构件应区别剪跨比和跨高比的不同，满足组合剪力设计值的验算要求。

qiangjiedian ruogoujian

强节点弱构件（strong joint and weak member）　在抗震结构设计中，使连接节点的抗弯、抗剪、抗拉等承载力大于构件承载力，保证节点有足够的承载力和刚度，保证结构整体性的设计原则和要求。

qiangpo xiachen

强迫下沉（enforced sinking）　当沉箱不能依靠自重力下沉时，通过增加压重或降低沉箱工作室气压等迫使沉箱下沉的方法，是岩土工程中沉箱的一种施工方法。

qiangpo zhendong

强迫振动（forced vibration）　由外界随时间变化的干扰力或激发引起的振动，也称受迫振动。一般是振动系统在周期性的外力作用下发生的振动，这个周期性的外力称为驱动力。当驱动力的频率和物体的固有频率相等时振幅达到最大，即产生共振。

qiangpo zhendong ceshi

强迫振动测试（forced vibration test）　在岩土工程中用有固有频率的激振机械或电磁激振设备使模型基础产生强迫振动，测定地基动力特性的测试。

qiangpo zhendong shiyan

强迫振动试验（forced vibration test）　结构在施加动力作用状态下的试验，是一种持续扰动作用下结构体系的振动试验。地震工程中的强迫振动试验，多指使用机械式偏心起振机、电磁式激振器或液压伺服装置等激振设备对试验结构施加简谐扰动的试验。地震模拟振动台试验和结构脉动响应测试试验也可视为强迫振动的特殊类型，该类试验广泛应用于各类房屋和高塔、储罐、水坝、桥梁、码头、海洋平台等构筑物，旨在检测结构的动力特性；在激振设备出力甚大时，也可检测结构极限承载能力、抗震性能以及破坏模式等。

qiangyougan dizhen

强有感地震（strongly felt earthquake）　震中附近的人普遍能够强烈感觉到的地震。在地震科学中，按振动大小和破坏程度的分类，可把地震分为微震、有感地震、破坏性地震、严重破坏性地震、造成特大损失的严重破坏性地震。强有感地震是有感地震的一种，一般是指 5.0 级左右的地震，通常未造成严重的人员伤亡和经济损失。

qiangzhen

强震（strong shock）　震级大于或等于 6.0 级而小于 7.0 级的地震。发生过多次强震的地区叫强震区。强震通常会造成严重的人员伤亡和经济损失。

qiangzhen chanpin shuju

强震产品数据（product data of strong motion）　原始数据按照强震记录的常规方法处理出的各种数据和图形。其包括对零线调整等初步处理而得到的未校正加速度记录、经仪器频率响应失真和零线长周期失真的校正而得到的校正加速度记录、经数值积分得到的速度和位移时程、反应谱和傅氏谱等；经过压缩处理后的图形数据、基于地理信息系统制作出的专题图类和多媒体图像类；等等。

qiangzhen chongfu jian'ge

强震重复间隔（large earthquake recurrence intervals）　某一预测的地震危险区、某一地震带、某一条活动断裂或某一段活动断裂上，大地震或强震（一般指 7.0 级以上地震）重复发生的时间间隔。实际上，强震重复间隔的研究包括了空间、强度、时间三方面的概念。由于方法不同，目前有两种重复间隔的概念。第一种为实际大地震重复间隔，它是通过对某一断裂或某一地区全新世 1 万余年中的古地震年代的了解，求出那里的强震重复间隔；第二种为平均大地震重复间隔，该概念由华莱士（Wallace）最早提出，他利用断裂在全新世期间平均活动速度来推算大地震事件之间的平均时段。目前，强震重复间隔的研究已成为地震预报及抗震工作的重要基础之一。

qiangzhen dizhenxue

强震地震学（macroseism seismology） 研究强地震引起的潜在破坏性地面运动的科学，主要研究强地震的过程，强震观测的手段和数据处理方法，对不同震级、震中距、场地条件和局部地质构造可能引起的强地面运动的性质作出合理的预测。

qiangzhendong

强震动（strong motion） 地震和爆破等引起的场地或工程结构的强烈震动。强烈震动在有些情况下会对工程结构造成损坏，必须加以控制和预防。

qiangzhendong anquan jiance

强震动安全监测（strong motion safety monitoring） 用专门仪器记录强震时工程结构和场地的地震反应，为评估建筑物的安全而进行的监测。

qiangzhendong guance

强震动观测（strong motion observation） 见【强震观测】

qiangzhendong guance taiwang

强震动观测台网（strong motion observation network） 由若干强震动观测台站、台阵和管理中心等组成的强震动观测系统，简称强震动台网。强震台网是强震观测最主要的技术系统，覆盖较大的区域，甚至是全国性的观测网，并设立数据收集、处理和发布中心。在地震多发国家大多都建立了相当规模的强震观测台网，运行多年并不断发展。如美国 Tri-Net 台网，日本 K-Net 台网，中国台湾强震观测台网等。

qiangzhendong guance taizhan

强震动观测台站（strong motion observation station） 用于开展强震动观测的站点，简称强震观测台站。包括观测室（罩）、仪器墩、强震仪及辅助设备等。强震观测台站有固定强震台和流动强震台两类，长期监测某一特定区域的强震地面运动和工程结构地震反应的永久性台站称为固定强震台，是获取强震记录的最基本方式；流动强震台为捕捉大震或强余震记录而布设的临时性强震台，可灵活进行流动观测。

qiangzhendong jilu

强震动记录（strong motion record） 强震仪记录的由于地震引起的场地或工程结构的地震动时程。它是地震工程研究的重要基础资料，通常以加速度、速度和位移的时程曲线表示。

qiangzhendong jiasuduyi

强震动加速度仪（strong motion seismograph） 见【强震动仪】

qiangzhendong shujuku

强震动数据库（strong motion database） 强震动记录及强震动观测台站资料的数据库系统。将强震仪获得的强震记录及其场地背景资料通过常规处理、存储、管理以及互联网发布等计算机信息处理技术建立的数据库系统。场地资料包括环境背景噪声测试数据、工程地质勘察资料、台阵的地震地质背景资料等。强震动数据库中的数据分为三类，即地震原始数据、地震属性数据和地震产品数据。同时，为了完善检索系统功能和方便管理服务，用户信息等也被视为检索系统的数据。

qiangzhendong taiwang

强震动台网（observation net of strong motion） 见【强震动观测台网】

qiangzhendong taizhen

强震动台阵（strong motion array） 根据特定研究目的，用多台强震仪按照一定布点形式和要求布设的强震观测系统。该台阵主要有观测结构地震反应的结构反应台阵；研究震源破裂机制的断层影响台阵；研究土–结构相互作用的土–结构相互作用台阵；观测场地条件对地震动影响的场地影响台阵；研究地震动空间相关性的差动台阵等五种类型。

qiangzhendongyi

强震动仪（strong-motion instrument） 测量和记录地震时强烈地面运动和工程结构地震反应的仪器，简称强震仪。强震仪主要由拾振系统、记录系统、控制系统、触发启动系统、计时系统和电源系统等组成，分为模拟记录式强震仪和数字强震仪两类。强震仪以测量加速度为主，平时处于待机状态，当地震动强度达到设定的阈值后自动触发记录，也称强震动加速度仪或强震加速度仪。大多数使用的加速度强震仪都是位移反馈式地震仪，可以测定的范围在 $1g$（g 为重力加速度）左右，分辨率很好的可作为普通地震仪使用。从原理上讲，重力仪也是测量加速度的仪器，因此可把它视作垂直向地震仪。该仪器一般布设在强震多发区的地表或高层建筑上。

qiangzhen guance

强震观测（strong motion observation） 以获取强地面运动记录为主要目的的地震观测工作，强震动观测的简称。观测记录提供了地震动和结构地震反应的丰富信息，有关地震动特性、地基基础和结构抗震的理论、模型和计算分析方法，需要从强震观测记录中找到规律，用观测记录验证和改进。强震动观测发展反映了地震工程学发展的水平。随着强震仪器和观测技术发展，观测记录已被应用于烈度速报、地震预警、震害快速评估、地震应急和结构健康监测等诸多领域。

qiangzhen guance taizhan
强震观测台站（observation station of strong motion）
见【强震动观测台站】

qiangzhen guance yiqi
强震观测仪器（instruments for strong motion observation）
用于观测和记录强烈地震时地面和结构地震反应的仪器。为获取强地震时地面运动和结构反应记录，或用于预防地震灾害的报警系统，需要设计和架设专门的仪器进行观测，保存和处理记录，为科学研究提供定量的基础数据。强震观测仪器有观测地震动和结构反应全过程的强震动仪和测量地震动强度（烈度）的烈度计。

qiangzhen jilu
强震记录（strong motion record）　利用强震仪记录到的被测点的加速度随时间的变化，通常用时程曲线表示，也称强震加速度记录。

qiangzhen jiasudu jilu
强震加速度记录（strong motion acceleration records）
见【强震记录】

qiangzhen jiasudutu
强震加速度图（strong motion accelerogram）　强震加速度仪的原始记录图，即加速度时程。利用强震加速度图可以确定强地震时测点处的地震动和结构振动反应，以便了解结构物的地震动输入特性，结构物的抗震特性，从而为抗震设计提供数据。

qiangzhen jiasuduyi
强震加速度仪（strong motion accelerograph）
见【强震动仪】

qiangzhen shuxing shuju
强震属性数据（attribute data of strong motion）　有关数据集内容、数据质量、数据处理过程和使用方法等说明信息的数据。强震动属性数据一般不变或很少改变。其主要包括地震数据子库、台站数据子库、记录数据子库、测点数据子库、仪器数据子库、等震线子库等。

qiangzhen shuju chuli
强震数据处理（strong motion data processing）　将强震观测记录数字化，并进行仪器校正、误差校正和常规分析计算等数据处理的过程。模拟强震仪记录模拟波形，误差校正主要针对模拟记录进行。数字强震仪远比模拟强震仪先进，频带宽，无须进行人工数字化处理，许多产生误差的因素得到克服，数据处理方便。模拟记录数据处理内容包括模拟记录数字化、固定基线平滑化、时标平滑化、零线调整、仪器响应校正、零线校正、读数的高频和低频误差校正等；数字强震动记录数据处理内容包括数字记录的回放、固态存储数字记录的格式转换、磁带数字仪器响应校正和加速度记录的数字记录低频误差校正等。

qiangzhen tiankong
强震填空（macroseismic filling）　见【地震空区】

qiangzhentu
强震图（strong motion seismogram）　见【强震记录】

qiangzhenyi
强震仪（strong motion seismograph）　见【强震动仪】

qiangzhen yuanshi shuju
强震原始数据（original strong motion data）　直接来自强震动观测仪器记录的，未进行强震记录的常规处理或只进行初步整理的强震动时程数据和相关台站以及仪器参数等原始资料数据。如果是模拟仪强震记录，则为冲洗出来的胶片或感光记录纸以及台站背景资料和仪器参数；如果是数字仪强震记录，则为经初步回放到计算机中的数字文件以及台站背景资料和仪器参数。这部分资料一般不直接提供网上服务，而是作为存档资料保存在强震记录处理中心。

qiangzhicheng kuangjia
强支撑框架（frame braced with strong bracing system）　在支撑框架中，支撑结构（支撑桁架、剪力墙、电梯井等）抗侧移刚度较大，可将该框架视为无侧移的框架。

qiangzhuruoliang
强柱弱梁（strong column and weak beam）　抗震设计中使框架结构的梁端在强烈地震作用下先于柱端形成塑性铰、增加耗能，并防止结构体系倒塌的抗震概念设计原则，即使框架结构塑性铰优先出现在梁端而非柱端的设计原则和要求。框架的变形能力取决于梁、柱的变形。柱是压弯构件，梁则以受曲变形为主；梁、柱破坏的先后顺序不同将导致不同的体系破坏模式，造成抗震可靠度的差异。柱端塑性铰的形成将直接导致所在层结构的过大变形、增大重力二次效应，乃至形成机构而倒塌；框架底层柱端过早出现塑性铰将削弱结构整体的变形及耗能能力；上述破坏模式将导致严重后果。梁端塑性铰的出现不易形成机构，不危及结构整体，大量塑性铰的出现有利于耗散振动能量，此种破坏模式相对有利。所以，框架结构的抗震设计应提高柱的可靠度，使梁成为相对较弱的构件，即采用强柱弱梁的设计原则。强震作用下，梁端弯矩将达到受弯承载力，柱端弯矩也与其偏压下的受弯承载力相等。所以，体现强柱弱梁概念的方法是使节点处柱端受弯承载力大于梁端受弯承载力。

qiang

墙（wall）　一种竖向平面或曲面构件，也称墙体。它主要承受各种作用产生的中面内的力，有时也承受中面外的弯矩和剪力，起分隔、围护和承重等作用，还有隔热、保温、隔声等功能。墙体按照结构受力情况不同，有承重墙、非承重墙之分。非承重墙包括隔墙、填充墙、幕墙。凡分隔内部空间其重量由楼板或梁承受的墙称为隔墙；框架结构中填充在柱子之间的墙称框架填充墙；而主要悬挂于外部骨架间的轻质墙称幕墙。

qiangban jiegou

墙板结构（slab-wall structure）　由墙和楼板组成承重体系的房屋结构。墙既作承重构件，又作房间的隔断，是居住建筑中最常用且较经济的结构形式。其缺点是室内平面布置的灵活性较差，为克服这一缺点，目前正在向大开间方向发展。墙板结构多用于住宅、公寓，也可用于办公楼、学校等公用建筑。

qiangliang

墙梁（wall beam）　由钢筋混凝土托梁和梁上计算高度范围内的砌体墙组成的组合构件，包括简支墙梁、连续墙梁和框支墙梁。

qiangpian shiyan

墙片试验（wall panel test）　以预先设定的荷载或位移控制模式对墙片进行低频往复加载，旨在获得墙片的荷载-变形特性（本构关系）的结构抗震试验。是一种伪静力试验。

qiangqun

墙裙（dado）　在建筑结构中设于室内墙面或柱身下部一定高度的特殊保护面层。

qiangshijichu

墙式基础（wall type foundation）　由基础板与其上的墙体组成的支承设备的基础，主要用于要求距离地面有一定高度的机器基础。

qiangti mianjilü

墙体面积率（ratio of wall section area to floor area）　墙体在楼层高度 1/2 处的净截面面积与同一楼层建筑平面面积的比值。

qiaojiban zhenyuan

敲击板振源（striking board source）　通过给地表水平冲击力激发 SH 波的最简单方法。它是在厚约 5cm、宽 30～50cm、长 1.5～2.5m 的弹性较好的木板上面压以重物，使之与地面紧密接触。压板重物的重量以敲击时板不会滑动为准。然后用锤水平向敲打板的一端，激起土层的振动，这种方法主要是激发 SH 波。由于该法简单易行，无需特殊装置，记录波形相对稳定、效率高，因此是常使用的振源之一。

qiao

桥（bridge）　为公路、铁路、城市道路、管线、行人等跨越河流、山谷、道路等天然或人工障碍而建造的架空构筑物。

qiaodun

桥墩（pier）　支承两相邻桥跨结构，并将其荷载传给地基的构筑物。多用石头或钢筋混凝土做成。

qiao henghezai

桥恒荷载（dead load on bridge）　桥梁上恒定的荷载，也称桥梁恒荷载。其主要包括桥结构本身的自重、预加应力、混凝土的收缩和徐变的影响、土的重力、静水压力及浮力等。

qiao huohezai

桥活荷载（live load on bridge）　桥梁上活动的荷载，也称桥梁活荷载。其主要包括公路车辆荷载或中国铁路标准活荷载，以及由它们引起的冲击、离心力、横向摇摆力、制动力、牵引力、土压力等和在人行道上人员活动所产生的人群荷载等。

qiao jianzhu gaodu

桥建筑高度（construction height of bridge）　桥跨结构底面至顶面的竖直距离。它不仅与桥梁结构的体系和跨径的大小有关，还随行车部分在桥上布置的高度位置而异。桥梁的建筑高度不得大于其容许建筑高度，否则不能保证桥下的通航要求。

qiao jianzhu xianjie

桥建筑限界（clearance above bridge floor）　桥面以上一定宽度和高度范围内，不许有任何设施和障碍物侵入的规定最小净空尺寸。

qiaokua shangbu jiegou

桥跨上部结构（bridge superstructure）　桥的支承部分以上或拱桥起拱线以上跨越桥孔的结构。

qiaoliang

桥梁（bridge）　供铁路、道路、渠道、管线、行人等跨越河流、山谷或其他交通线路时使用的建筑物，简称桥。桥梁由桥梁上部结构（也称桥跨结构）和桥梁下部结构组成。桥梁上部结构承担线路荷载和跨越障碍的功能，由桥面系、主要承重结构和支座组成；桥梁下部结构由桥台、桥墩及桥梁基础等组成，用以支持桥梁上部结构并将荷载传给地基。桥台和桥墩一般合称墩台。

qiaoliang feixianxing dizhenfanying fenxi

桥梁非线性地震反应分析 （nonlinear seismic response a-
nalysis of bridge） 桥梁因大变形和损伤进入非线性状态后
的结构地震反应分析理论和方法，主要涉及材料非线性和
几何非线性等非线性性质的处理。在强烈地震作用下桥梁
可能发生严重损伤乃至倒塌，进入严重非线性力学状态，
这种状态超出了桥梁抗震设计考虑的范畴。

qiaoliang gongcheng

桥梁工程 （bridge engineering） 桥梁勘测、设计、施工、
养护和检定等的工作过程，以及研究这一过程的科学和工
程技术，是土木工程的一个分支。

qiaoliang hezai

桥梁荷载 （load on bridge） 桥梁结构设计所应考虑的各
种可能出现的荷载的统称，包括恒载、活载和其他荷载。

qiaoliang henghezai

桥梁恒荷载 （dead load on bridge） 见【桥恒荷载】

qiaoliang huohezai

桥梁活荷载 （live load on bridge） 见【桥活荷载】

qiaoliang jichu

桥梁基础 （bridge foundation） 桥梁最下部的结构。它直
接坐落在岩石或土体地基上，其顶端连接桥墩或桥台，合称为
桥梁下部结构。桥梁基础的作用是承受上部结构传来的全部荷
载，并把它们和下部结构荷载传递给地基。因此，为了桥的安
全和正常使用，要求地基和基础要有足够的强度、刚度和整体
稳定性，使其不产生过大的水平变位或不均匀沉降。

qiaoliang jiagu

桥梁加固 （strengthening of bridge） 为改善或提高现有
桥梁的抗震能力，使其达到抗震设防要求而采取的技术措
施。桥梁抗震加固应根据桥梁重要性、设防烈度、修复的
难易程度和地基状况区别对待。重要的、难修复的、设防
烈度高的、跨度大的桥梁应重点对待，进行详细分析并实
施整体加固。

qiaoliang jianhua moxing

桥梁简化模型 （simplified model of bridge） 正确反映桥
梁结构基本动力特性、符合力学概念的桥梁简单分析模型。
该模型适用于目标明确的桥梁关键地震反应的定量估计，
须对桥梁结构在地震作用下的性态有较为深入的了解，且
基本力学概念清晰。

qiaoliang jianhua youxianyuan moxing

桥梁简化有限元模型 （simplified finite element model of
bridge） 采用有限元方法对结构体系进行简化处理的桥梁
抗震分析模型，是采用有限元方法建立的桥梁抗震分析模

型之一。总体上，该模型能较好地描述桥梁结构的刚度和
质量分布以及边界和连接条件，比较准确地反映桥梁结构
的动力学特征，因此在桥梁抗震分析中应用广泛。

qiaoliang jiegou kangzhen

桥梁结构抗震 （seismic resistance of bridge structure） 防
御和减轻桥梁地震破坏的理论和实践，简称桥梁抗震。在
地震区建造桥梁，为使其对可能发生的地震有足够安全，
或减轻震害而便于修复，要研究桥梁结构抗震。其内容包
括桥梁震害宏观调查，桥梁结构的抗震设计和抗震措施等。
桥梁是交通生命线系统的重要枢纽工程，桥梁抗震是地震
工程学研究的重要内容。

qiaoliang jiegou leixing

桥梁结构类型 （bridge structure type） 桥梁是由基础、
桥墩、桥面和连接构件等组成的大跨空间结构，主要结构
类型有简支梁桥、连续梁桥、拱桥、悬索桥、斜拉桥等。

qiaoliang kangzhen

桥梁抗震 （earthquake resistance of bridge）
见【桥梁结构抗震】

qiaoliang kangzhen fenxi de fanyingpufa

桥梁抗震分析的反应谱法 （response spectrum method of
seismic analysis for bridge） 根据振型分解原理、利用反应
谱计算桥梁结构地震反应最大值的简化方法。一致地震动
输入下桥梁抗震计算的反应谱方法与一般结构的振型叠加
反应谱方法相同，单分量地震动作用下结构体系各振型反
应的组合可采用 CQC 方法或 SRSS 方法。

qiaoliang kangzhen fenxi moxing

桥梁抗震分析模型 （seismic analysis models of bridge）
反映桥梁结构几何与力学特性、供结构地震反应分析使用
的桥梁抽象计算图形。基于抗震分析模型可进行桥梁地震
反应数值模拟，进而解释桥梁震害、验证桥梁抗震理论和
技术、为桥梁抗震设计和抗震安全评价提供定量的依据。
在桥梁抗震研究和设计中使用的分析模型主要包括桥梁简
化模型和桥梁有限元模型。

qiaoliang kangzhen gouzao cuoshi

桥梁抗震构造措施 （seismic detailing of bridge） 基于震
害经验或基本力学概念得出的、可不经计算而采用的桥梁
抗震细部构造及构件连接方法等抗震措施。由于强烈地震
的不确定性以及人类对桥梁结构（尤其是动力性能复杂的
桥梁结构）地震破坏机理的认识尚不完备，桥梁抗震设计
不能完全依靠定量的计算分析。基于震害经验或基本力学
概念得出的一些工程措施可有效地减轻桥梁的震害，是抗
震设计要求的重要内容。桥梁抗震构造措施主要涉及主梁
在墩顶的搭接长度、防落梁系统、限位装置和构件连接构
造等。

Q

qiaoliang kangzhen jianding

桥梁抗震鉴定（seismic evaluation of bridges） 按规定的抗震设防要求，对现有桥梁进行抗震安全性评估的工作。桥梁抗震鉴定一般区别地震活动性和桥梁重要性分别规定抗震鉴定要求和鉴定技术方法，其结果多以不同的易损性等级表述。行业标准 TB 10116—99《铁路桥梁抗震鉴定与加固技术规范》及其他有关规范规定了桥梁抗震鉴定的要求。

qiaoliang kangzhen nengli

桥梁抗震能力（seismic capacity bridge） 桥梁结构在地震作用下实现预期抗震设防目标的能力，主要体现为抗震设计中结构构件对强度、位移、延性等抗震验算指标的满足程度。实际桥梁以混凝土结构为主，因此，桥梁抗震能力的研究主要集中于墩、柱等关键的混凝土构件。

qiaoliang kangzhen shefang biaozhun

桥梁抗震设防标准（seismic protection level of bridge） 见【城市桥梁抗震设防标准】

qiaoliang kangzhen shefang fenlei

桥梁抗震设防分类（seismic classification of bridge） 根据桥梁结构遭遇地震破坏后可能产生的经济损失和社会影响程度及其在抗震救灾中的作用，对桥梁所做的抗震重要性类别划分。行业标准 CJ J166—2011《城市桥梁抗震设计规范》和 JTG B02—2013《公路工程抗震设计规范》都对桥梁抗震分类进行了规定。

qiaoliang kangzhen shefang mubiao

桥梁抗震设防目标（seismic protection object of bridge） 桥梁工程抗震设计所要达到的宏观目标。早期桥梁设计多采用单一水准的抗震设防目标，即在设防地震作用下桥梁可以发生局部破坏，震后经维修与加固仍可正常使用。随着桥梁结构震害经验的积累、桥梁抗震理论的深化、社会经济的发展以及桥梁结构形式的多样化，现倾向采用多级设防思想和目标。行业标准 CJ J166—2011《城市桥梁抗震设计规范》规定了桥梁抗震设防目标。

qiaoliang kangzhen sheji sixiang

桥梁抗震设计思想（bridge seismic design philosophy） 桥梁抗震设计应遵循的基本理念和思想，主要有能力设计思想和基于性态的设计思想。该理念与建筑抗震概念设计类似，是基于桥梁抗震经验和理论分析得出的抗震设计基本原则。

qiaoliang kangzhen sheji zhunze

桥梁抗震设计准则（seismic design criteria of bridge） 桥梁抗震设计应遵循的设计计算方法和原则。它以桥梁震害、抗震设计基本理论、桥梁设计的一般理论和经验为基础，主要体现为抗震验算物理指标的选择。桥梁抗震采用的设计准则有强度设计准则、位移设计准则、复合指标设计准则和能量设计准则等。

qiaoliang kangzhen shiyan

桥梁抗震试验（bridge aseismic test） 桥梁模态参数的测试或桥梁构件、节点、支座等的伪静力试验和伪动力试验，是桥梁抗震设计的重要内容。该试验可帮助人们解释震害现象、验证桥梁抗震理论并指导桥梁抗震设计。由于桥梁结构平面尺度很大，不但原型和足尺模型的地震模拟试验不可实现，且全桥缩尺模型的设计和试验也十分困难。该试验多为模态参数测试实验或桥梁构件、节点、支座等的伪静力试验和伪动力试验；缩尺桥梁的地震模拟实验一般需利用振动台台阵设施进行，过小的缩尺比例将影响试验结果的可靠性。

qiaoliang shigong

桥梁施工（bridge construction） 按照设计内容来建造桥梁的过程，包括桥梁下部结构施工、梁上部结构施工和桥梁附属工程的施工等。

qiaoliang xingtai kangzhen sheji

桥梁性态抗震设计（performance based seismic design of bridge） 基于性态目标和性态要求的桥梁抗震设计。它应根据结构的重要性和用途确定其性态抗震目标；根据不同的性态目标提出不同的抗震设防标准，使设计的结构在使用期间和未来地震中满足预定的性态要求，实现预期功能。基于性态的桥梁抗震设计思想具有以下特征：第一，区别桥梁的重要性，并建立多种抗震设防目标，用户和业主可以根据自身需求选择桥梁预期的设防目标；第二，性态目标的实现涉及结构体系的各组成部分，且贯穿设计、施工和使用维护全过程；第三，性态抗震设计思想要求对桥梁结构的地震反应性态进行更详细的划分，特别应对非线性性态进行定量描述，强调概念设计和抗震构造措施的重要性，单一的强度指标不能实现性态设计思想；第四，基于性态的设计思想本质上蕴涵了地震风险和概率统计的意义。

qiaoliang yiban youxianyuan moxing

桥梁一般有限元模型（general finite element model of bridge） 桥梁抗震分析的有限元模型之一。其主要是对桥墩（特别是矮桥墩）、桥塔、主梁和地基土采用板壳单元及实体单元建模，同时考虑土介质的范围和边界处理问题；对缆索、吊杆、支座与连接构件的处理与简化有限元模型相同。这种模型主要用于特别重要或构造特殊的桥梁的抗震分析与设计，计算量巨大。

qiaoliang youxianyuan moxing

桥梁有限元模型（finite element model of bridge） 采用有限元方法建立的桥梁抗震分析模型。一般可分为桥梁简化有限元模型和桥梁一般有限元模型。

qiaoliang yundong fangcheng

桥梁运动方程（motion equation of bridge）　描述外界荷载与桥梁结构体系动力变形关系的数学物理方程，按地震动输入方式可分为一致地震动输入方程和非一致地震动输入方程两类。

qiaoliang yundong fangcheng jiefa

桥梁运动方程解法（motion equation solution of bridge）　在一致地震动作用下，桥梁运动方程的求解与其他结构完全相同；非一致地震动作用下，桥梁结构运动方程的求解可采用总位移法或分解位移法。采用总位移法或分解位移法求解桥梁运动方程在理论上可得出相同的结果，但具体应用中有不同特点。

qiaoliang zhendong kongzhi

桥梁振动控制（vibration control of bridge）　结构振动控制技术在桥梁工程中的应用。传统结构的抗震能力源于结构构件自身的强度和变形能力，在设计中通过构件塑性铰位置的选择和良好的细部构造来保障结构的整体性和防倒塌能力；振动控制技术则开辟了提高桥梁抗震能力的新途径。性态抗震设计思想对桥梁功能提出了更加细化和明确的要求，振动控制是实现这一设计思想的有效技术手段。桥梁工程采用的振动控制技术主要有主动控制技术、半主动控制技术和被动控制技术。

qiaoliang zhenhai

桥梁震害（earthquake damages of bridges）　桥梁在地震时遭到的损坏。桥梁一般由基础、桥墩、桥身（上部结构）和连接构件等组成，有梁式桥、拱桥、悬索桥、斜拉桥、刚构桥等结构类型，是交通系统重要的工程结构。桥梁的主要震害现象有基础失效、桥墩弯曲破坏和剪切破坏、桥台破坏、连接构件破坏、上部结构破坏等。

qiaoliang zhizuo

桥梁支座（bridge bearing）　架设于墩台上，顶面支承桥梁上部结构的装置，简称桥支座。其主要功能是将上部结构固定于墩台，承受作用在上部结构的各种力，并将它可靠地传给墩台；在荷载、温度、混凝土收缩和徐变作用下，支座能适应上部结构的转角和位移，使上部结构可自由变形而不产生额外的附加内力。

qiaomian shensuofeng

桥面伸缩缝（expansion joint of bridge deck）　设置在桥梁上部结构活动端、桥面断缝处的伸缩装置，用以保证上部结构在温度变化、混凝土收缩和徐变，以及荷载作用下，在该处的变位能够实现，而不产生额外的附加内力，并能保证行车平稳顺畅。

qiaomianxi

桥面系（bridge floor system）　为提供列车、车辆、人群通过而设置桥面所需要的结构系统。常指桥梁附属设施中，直接承受车辆、人群等荷载并将其传递至主要承重构件的桥面构造系统，包括桥面铺装、桥面板、纵梁、横梁、遮板、人行道等。

qiaota

桥塔（bridge tower）　见【索塔】

qiaotai

桥台（abutment）　位于桥梁两端，支承桥梁上部结构并和路堤相衔接的构筑物。其功能除传递桥梁上部结构的荷载到基础外，还具有抵挡台后的填土压力、稳定桥头路基、使桥头线路和桥上线路可靠而平稳地连接的作用。一般为石砌或素混凝土结构，轻型桥台则采用钢筋混凝土结构。

qiaoxiabu jiegou

桥下部结构（bridge substructure）　为桥台、桥墩及桥梁基础的总称，用以支承桥梁上部结构并将上部荷载传递给地基。

qiaoxiajingkong

桥下净空（clearance under bridge）　桥跨结构底面至通航或设计水面、路面或轨面之间的空间。

qiaozhizuo

桥支座（bridge bearing）　见【桥梁支座】

qiao

壳（shell）　一种曲面构件，主要承受各种作用产生的中面内的力，有时也承受弯矩、剪力或扭矩。

qiaoti jichu

壳体基础（shell foundation）　以壳体结构形成的空间薄壁基础。烟囱、水塔、储仓、中小型高炉等筒形构筑物基础的平面尺寸较一般独立基础大，为节约材料，同时使基础结构有较好的受力特性，常将基础做成壳体形式。常用形式有正圆锥壳、M型组合壳、内球外锥组合壳等。

qiaoti jiegou

壳体结构（shell structure）　由各种形状的曲面形板与边缘构件（梁、拱或桁架）组成的大跨度覆盖或维护的空间结构。该结构具有很好的空间传力性能，能以较小的构件厚度形成承载能力高、刚度大的承重结构；能覆盖或围护大跨度的空间而不需中间支柱；能兼承重结构和围护结构的双重作用，从而节约结构材料。壳体结构可做成各种形状，以适应工程造形的需要，因而被广泛应用于工程结构中，如大跨度建筑物顶盖、中小跨度屋面板、工程结构与衬砌、各种工业用管道、压力容器与冷却塔、反应堆安全壳、无线电塔、储液罐等。工程结构中采用的壳体多由钢筋混凝土做成，也可用钢、木、石、砖或玻璃钢做成。

qiaoxia dizhen

壳下地震（subcrustal earthquake） 发生于地壳下的地震。地球最外层是地壳，它的结构复杂且厚度不均匀，几千米（海洋地壳）到几十千米不等（青藏高原为 60～70km）。在研究地球大尺度结构时，它可以作为单一薄层来对待，平均厚度约为 33km，这也是全球的地壳平均厚度。

qieceng huapo

切层滑坡（insequent landslide） 滑动面切割地层层面的滑坡。滑动面多沿节理面或断层面发育，一般坚硬岩层易发生该滑坡。

qiexian moliang

切线模量（tangent modulus） 在岩土的应力—应变关系曲线上给定应力值处的切线斜率，也称为正切模量。切线模量可以是屈服极限和强度极限之间的斜率，可用于双线性弹塑性模型来考虑材料的性能。在静态应力—应变曲线上每点的斜率，称为正切模量。一般来说，某点的正切模量由该点附近应力变化量与应变的变化量之比进行计算。塑性材料不同于金属材性，它具有黏弹性，应力—应变曲线是非线性的，因而每点的正切模量也就不同。

qiexiang dongzhangli

切向冻胀力（tangential frost-heave force） 地基土在冻结膨胀时，沿切向作用在基础侧表面的力。

qinruyan

侵入岩（intrusive rock） 岩浆侵入地壳内冷却凝结而成的岩浆岩，以花岗岩、花岗闪长岩，花岗斑岩居多，钾长花岗岩、流纹斑岩次之。花岗岩类可分为改造型、同熔型两种，改造型又分为重熔型和混合交代型。

qinshi jimian

侵蚀基面（erosion base level） 见【侵蚀基准面】

qinshi jizhunmian

侵蚀基准面（base level of erosion） 河流下切侵蚀的界限或限度，也称侵蚀基准面。该面是影响某一河段或全河发育的顶托基面，其高低决定河流纵剖面的状态，其升降会引起长河段的冲淤和平面上的变化。河流下切往往受一定基面的控制，侵蚀和堆积在这个面上达到了平衡。对于所有入海的河流而言，海面控制着其下切侵蚀的限度，因此海面就是侵蚀基准面。有一些含沙量很大的河流，在距海岸很远的地方就由堆积代替了侵蚀，故终极侵蚀基面有时高于海面。对于内陆盆地河流而言，盆地最低部分便是其终极侵蚀基准面。对于某些大河而言，有时还存在一些局部或地方的侵蚀基面，如河流上的一个岩石陡坎，入湖河流的湖面，支流与主流相汇的河面等。由于陡坎、湖面、河面等容易变化，故局部或地方的侵蚀基面又称"暂时性基面"。

qinshi jiedi

侵蚀阶地（erosional terrace） 在地壳活动地区，由河流侵蚀而形成、由基岩构成的河流阶地，也称石质阶地。其高度变化较小，表面很少有冲积物，多发育在山区河谷中，因当时水流流速大，侵蚀力量强，阶地面被河流夷平，与构造和岩性无关。

qinshi zuoyong

侵蚀作用（erosion） 风力、流水、冰川、波浪等外力在运动状态下改变地面岩石及其风化物的过程，可分为机械剥蚀作用和化学剥蚀作用。在干旱的沙漠区常常可以见到一些奇形怪状的岩石。它们有的像古代城堡，有的像擎天立柱，有的像大石蘑菇，这并非雕塑家们的精工巧作，而是风挟带岩石碎屑，磨蚀岩石的结果，被称之为风蚀地貌。

qingzang dizhenqu

青藏地震区（Qinghai-Tibet earthquake area） 国家标准 GB 18306—2015《中国地震动参数区划图》在中国及邻区划分的 8 个地震区之一。该区划主要分布在青藏高原及其邻区，包括西藏、青海、甘肃以及云南、四川、新疆的部分地区和喜马拉雅山南麓的境外的部分地区。该区进一步划分出西昆仑—帕米尔地震带、龙门山地震带、六盘山—祁连山地震带、柴达木—阿尔金地震带、巴颜喀拉山地震带、鲜水河—滇东地震带、喜马拉雅山地震带、滇西南地震带和藏中地震带 9 个地震带。该区地质构造复杂，跨越多个地质构造单元，现代地壳运动活跃，主要活动构造以北西向和北西西向为主。该区地震活动强烈，截至 2010 年 12 月，该区共记录到 5.0 级以上地震 2708 次。其中，5.0～5.9 级地震 2105 次；6.0～6.9 级地震 479 次；7.0～7.9 级地震 106 次；8.0～8.9 级地震 18 次，最大地震为 1897 年 6 月 12 日在印度阿萨姆发生的 8.7 级特大地震。

qingzanggaoyuan

青藏高原（Qinghai-Tibet plateau） 地球表面规模最大、海拔最高、构造活动性最强的大陆高原。分布在中国境内的部分包括西南的西藏、四川西部以及云南部分地区，西北青海的全部、新疆南部以及甘肃部分地区。整个青藏高原还包括不丹、尼泊尔、印度、巴基斯坦、阿富汗、塔吉克斯坦、吉尔吉斯斯坦的部分，总面积近 $300×10^4 km^2$。境内面积 $257×10^4 km^2$，海拔 4000～5000m，有"世界屋脊"和"第三极"之称。青藏高原发育元古宙、古生代、中生代、新生代不同时期的岩石地层记录和多期区域性构造热事件。青藏高原由北向南包括祁连—柴达木、昆仑、巴颜喀拉、羌塘昌都、冈底斯和喜马拉雅 6 个构造带，其地质构造与不同时期特提斯古大洋的形成演化、俯冲消减存在密切关系，形成南昆仑缝合带、可可西里缝合带、班公湖—怒江缝合带、雅鲁藏布江缝合带等构造边界。青藏高原有许多奇特的地质现象，如地震多、湖泊多、水热区多、冰川和泥石流多，还有近代火山活动。板块学说认为，青藏高原的上升是印度洋板块向欧亚板块碰撞的结果。青藏高原所有边界都是地震活动频繁的断裂带，是中国除台湾省以外的著名地震地震活动区。

qinggang-hunningtu zuhe jiegou

轻钢-混凝土组合结构（light steel-concrete combined structure）　结构体系中的钢-混凝土组合构件系冷弯薄壁型钢混凝土构件或薄壁钢管混凝土构件的结构体系，是钢-混凝土组合结构的一种类型。

qinggang jiegou

轻钢结构（light steel structure）　由钢管、角钢和薄壁型钢构件组成的钢结构，是钢结构的一种类型。

qingwei pohuai

轻微破坏（slight damage）　个别承重构件轻微损坏，个别非承重构件明显破坏，附属构件有不同程度破坏，一般稍加修理即可继续使用。

qingxing yuanzhui dongli chutanshiyan

轻型圆锥动力触探试验（portable cone souding test）锤的质量为 10kg、落距为 50cm、锥头直径为 40mm、入土 30cm，测记锤击数的圆锥动力触探试验，又称轻型动力触探或轻型圆锥动力触探。

qingzhiliao tianliaofa

轻质料填料法（lightweight fill method）　利用比重较小的填料来替代填筑土体的地基处理方法。

qingdaoshi bengta

倾倒式崩塌（topping-type rockfall）　陡峻斜坡上以垂直节理或裂隙与稳定母岩分开的岩体，在重力等因素作用下，绕坡脚一点向坡外转动、倾倒坠落的过程与现象。

qingfujiao

倾伏角（plunge）　倾斜线状构造与其在水平面正投影直线间所夹锐角。

qingfuxiang

倾伏向（trend）　倾斜的线状构造向下倾斜的方向，具体表示为倾斜线状构造在水平面的正投影线所指示的该直线向下倾斜的方向，用方位角表示。

qingfu

倾覆（overturning）　表达颠覆、覆灭、竭尽、全部拿出的意思。在岩土工程中，是指支护结构在土压力作用下转动而造成的破坏。

qingfu liju

倾覆力矩（over turning moment）　在水平地震力作用下，各楼层所受的弯矩作用。该弯矩将由竖向构件（如柱、剪力墙等）承受，其大小等于产生倾覆作用的荷载乘荷载作用点到倾覆点间的距离。世界各国建筑抗震设计规范中多包括倾覆力矩计算和验算的要求。

qingjiao

倾角（dip angle）　面状构造产状要素之一，即在垂直地质界面走向的横剖面上所测定的此界面与水平参考面之间的两面角，也是倾斜线与水平投影线间之夹角，也称"真倾角"。假倾角（即视倾角）是在不垂直面状构造走向的剖面上，测量此面与水平面之间之夹角。假倾角总比真倾角小。水平面状构造的倾角为 0°，直立面状构造的倾角为 90°。

qingxiang

倾向（dip）　面状构造产状要素之一。在垂直走向线沿地质界面倾斜向下的方向引的倾斜线，此线在水平面上的投影线投向为该界面的倾向。其一般用方位角表示，数值与走向相差 90°。

qingxiang duanceng

倾向断层（dip fault）　断层走向与被断岩层走向基本直交的断层，即断层走向与被断岩层倾向平行。

qingxiang huadong

倾向滑动（dip slip）　断层沿着倾向的滑动。在地震地质中，是指垂直错动显著的构造性地面破裂的发震断层的滑动。

qingxian huadong duanceng

倾向滑动断层（dip slip fault）　两盘沿断层面的倾斜线相对位移的断层，分为正（倾向滑动）断层和逆（倾向滑动）断层。

qingxiang huadong fenliang

倾向滑动分量（dip slip component）　在震源模型中，断层错动的位移在断层面上分解为两个矢量：沿断层面倾向错动的位移矢量，称为倾向位移矢量；沿断层面走向错动的位移矢量，称为走向位移矢量。

qingxie

倾斜（inclination）　歪斜或偏斜。在土木工程中，是指基础倾斜方向两端点的沉降差与其距离的比值。

qingxieyi

倾斜仪（tiltmeter）　测量地壳表面或浅层观测点铅垂线变化（摆式倾斜仪）或等位面倾斜变化（水管倾斜仪）的仪器。

qiuling

丘陵（hill）　高低起伏，坡度较缓，连绵不断的低矮隆起高地，海拔在 500m 以下，相对起伏在 200m 以下。以相对高度 100m 为分界，100m 以下为低丘陵，100～200m 为高丘陵。丘陵常由山地和高原经外力作用长期侵蚀而成。与低山的差别主要在相对高度和形态特征上。其相对高度小，形态和缓，切割破碎，分布零乱，无一定方向。中国的丘陵面积为 $100×10^4 km^2$，占全国土地总面积的 1/10。

qiumianbo

球面波（spherical wave） 等相波面形成一组同心球的波。该波从波源出发，在媒质中向各个方向传播，在某一时刻，由波动到达的各点所连成的面称为等相面或波前。

qiumian yingli

球面应力（spherical stress） 与各向同性流体静压对应的全应力的部分；它的应力张量是单位张量乘以 1/3 全应力张量的轨迹。

qiumian zuobiaoxi

球面坐标系（spherical coordinate system） 描述点的空间位置的一种坐标系统。空间任一点的位置由该点到固定原点矢量的模长（径向距离）、矢量与固定天顶方向的夹角（极角，也称天顶距）和方位角（矢量在参考平面投影与起始方位的夹角，该参考平面通过起始方向且与固定天顶方向正交）三个量确定。不同球面坐标系有不同的协议，如在地理坐标系中，位置用经度、纬度和高度三个量确定；不同的天球坐标系基于不同的基准面。

qiuxing chuguan kangzhen sheji

球形储罐抗震设计（seismic design of spherical storage tank） 针对球形储罐在地震作用下的安全稳定而开展的专项设计工作。球形储罐一般为高压钢制容器，球罐基础和支墩的混凝土强度等级不宜低于 C20；基础埋深不宜小于 1.5m；设防烈度为 6、7 度且场地为 Ⅰ、Ⅱ 类时，球罐可采用独立墩式基础，否则宜采用环形基础或由地梁连接的墩式基础。Ⅲ、Ⅳ 类场地的储罐与管道相连处应采取柔性连接措施。球罐可沿通过支柱的一个主轴方向计算水平地震作用，球罐分析可取等效单质点模型。球罐在运行状态下的等效质量包括球壳质量，保温层质量，支座、拉杆和其他附件的重量以及储液的等效脉冲质量等。球罐支撑构架的水平侧移刚度可考虑结构体系的几何和物理力学特性由简化公式计算，可利用设计反应谱计算水平地震作用并估计支承结构上端的倾覆力矩。球罐应进行支承构件的截面强度验算。

qiuxing gangzhizuo

球形钢支座（spherical steel bearing） 使结构在支座处可以沿任意方向转动的钢球面作为传力的铰接支座或可移动支座。

qiuyingli zhangliang

球应力张量（spherical stress vector） 弹性力学中，微元

体的应力状态可用张量表示为：

$$[\sigma] = \begin{pmatrix} \sigma_x & \tau_{xy} & \tau_{xz} \\ \tau_{yx} & \sigma_y & \tau_{yz} \\ \tau_{zx} & \tau_{xy} & \sigma_z \end{pmatrix}$$

式中，σ 为正应力；τ 为剪应力。定义平均应力张量为：

$$[\sigma_m] = \begin{pmatrix} \sigma_m & 0 & 0 \\ 0 & \sigma_m & 0 \\ 0 & 0 & \sigma_m \end{pmatrix}$$

式中，$\sigma_m = \frac{1}{3}(\sigma_x + \sigma_y + \sigma_z)$，称为平均应力；$[\sigma_m]$ 亦称应力球张量，表示土体受到大小相同的三个方向正应力作用，微元体在应力球张量作用下只能产生均匀的压缩或膨胀，体积变化但形状不变。

qiuzhuang fenghuati

球状风化体（spheroidal weathering body） 风化岩中残留的未风化或风化程度低的球形岩块，也称孤石。

quyu dimian chenjiang

区域地面沉降（land subsidence） 大范围过量抽汲地下水，引起水位下降，土层进一步固结压密而造成的地面下沉现象。

quyu dimian chenjiang sulü

区域地面沉降速率（rate of regional land subsidence） 沉降区域内单位时间的平均沉降量。用单位时间内一个沉降区域地面沉降总体积与区域面积的比值表示。

quyu dizhen huodongxing

区域地震活动性（regional seismicity） 地区性的（一般为数十至数百千米范围）有历史记载以来地震活动的程度或区域性范围内发生的地震的活动特性，常用地震的频度和强度来表示。

quyu dizhen taiwang

区域地震台网（regional seismological network） 在一定区域范围内建立的地震台网。考虑管理上的方便，我国一般按行政区域建立地震台网。

quyu dizhen weixianxing

区域地震危险性（regional earthquake hazard） 通过某种方式并以数值表示某一地区或某一区域在未来将遭受某强度以上地震动并可能达到何种程度的灾害。

quyu dizhi gouzao

区域地质构造（regional tectonics） 某一定区域范围内（某一指定图幅、某一地质单元、某一构造带）的地质构造特征。

quyu shuizhun celiang

区域水准测量（region leveling） 地壳形变监测中具有地域性或跨越地震构造带多个断层的水准测量。

quyuxing dixiashuiwei xiajiang

区域性地下水位下降（regional fall of underground water level） 由于过量开采地下水或长期干旱等因素，造成的大范围地下水位降低的现象。

quyu yinglichang

区域应力场（regional stress field） 根据地壳运动和地壳构造的基本特点而划分的各种类型的大地构造区域内的应力场。区域应力场的基本特征，由其应力聚集、叠加和集中部位的分布规律、形式及特点所表示。某一构造区域中统一的应力场，须有统一的分布形式。因而，在划分区域应力场的过程中，必须遵守场的统一性原则。

quyu zhonglichang

区域重力场（regional gravity） 按地壳结构（包括沉积建造和结晶基底的结构以及地壳深部的结构）的特点和构造发展史而划分的各种地质构造区域内的重力场的分布形态，主要指由大规模的变动所引起的重力场的形态，一般不计小规模的异常影响。

quyu zhongli yichang

区域重力异常（regional gravity anomaly） 由埋藏较深、分布范围较广的区域地质因素所引起的重力异常。其特点是分布范围广、重力变化梯度小，是研究区域地质构造、划分大地构造单元的重要资料。这里的"区域"没有绝对大小的概念，例如为了寻找储油构造，将整个沉积盆地所产生的重力异常称为区域异常；为了在储油构造上直接勘探油气，则相对油气层引起的重力异常来说，储油构造所引起的重力异常也称为区域异常。

qulü xishu

曲率系数（coefficient of curvature） 反映土的粒径分布曲线斜率连续性的系数，也称级配系数。其值等于或小于该粒径的颗粒质量占土粒总质量的30%的粒径的平方除以控制粒径与有效粒径之积。

qufu

屈服（yield） 折服、妥协、服从、弯曲起伏的意思。在岩土工程中，是指岩土在应力作用下由弹性状态转变到塑性状态的现象；在材料力学中，是指材料在应力作用下由弹性状态转变到塑性状态的现象。

qufu hezai

屈服荷载（yield load） 骨架曲线上邻近且高于开裂荷载的特征点。它标志着结构发生明显非弹性性状，割线刚度降低。该特征点通常很难由荷载和变形的测量数据辨认，对于钢筋混凝土构件可由钢筋的应变测量结果来估计。

qufu qiangdu

屈服强度（yield strength） 钢材在受力过程中，荷载不增加或略有降低而变形持续增加时，所受的恒定应力。它是材料发生屈服现象时的屈服极限，即抵抗微量塑性变形的应力。对于无明显屈服的材料，规定应变值为0.2%所对应的应力值为其屈服极限，称为条件屈服极限或屈服强度。大于此极限的外力作用，将会使零件永久失效，无法恢复。在建筑工程中，通常是指钢筋受拉的应力—应变曲线中，下屈服点对应的钢筋应力。

qufu tiaojian

屈服条件（yield condition） 物体中一点在由弹性状态转变到塑性状态时各应力分量的组合所应满足的条件，通常由材料的力学试验给出，是塑性力学中判断物体处于弹性状态还是塑性状态的判据。

qufu yingbian

屈服应变（yield strain） 构件受外力作用，当其内部的应力超过构件材料的屈服点后所产生的应变。构件发生屈服应变时，即使在外力不增加的情况下，其应变也将持续增加。一般情况下，物体在受力过程中，将开始产生显著的塑性应变。

qufu yingli

屈服应力（yield stress） 拉伸试件在不增加荷载的情况下伸长时的最低应力，也指材料开始进入塑性变形时的应力。

qufu zhunze

屈服准则（yield criterion） 描述岩土屈服时各应力分量或应变分量之间关系的数学表达式。

ququ

屈曲（buckling） 杆件或板件在轴心压力、弯矩、剪力单独或共同作用下突然发生与原受力状态不符的较大变形而失去稳定。

ququ yueshu haoneng zhicheng

屈曲约束耗能支撑（buckling restrained brace） 由软钢核心单元和外围约束单元组成，利用软钢核心单元在拉、压往复荷载作用下的弹塑性滞回变形耗能原理而制成的耗能减震构件装置，也称屈曲约束支撑或防屈曲支撑。该构件装置可为结构提供很大的抗侧刚度和承载力，能够有效地克服普通支撑体系的缺点；具有承载力高、延性和滞回性能好、保护主体结构、减小相邻构件受力等优点。屈曲约束耗能支撑由核心单元、屈曲约束单元和位于二者之间的无黏结材料及填充材料组成。支撑的中心为核心单元，核心单元分为无约束屈服段、约束非屈服段和约束屈服段。约束屈服段一般采用一字形、十字形或工字形截面。无约束非屈服段用于和框架连接，可便于现场安装和震后维护更换，通常为焊接连接、螺栓连接或者单铰连接。约束非屈服段包在外部套筒内，通常为约束屈服段的延伸部分，作为约束屈服段和无约束非屈服段的过渡段。该支撑应布置在能最大限度地发挥其耗能作用的部位，可设置在地震作用下产生较大支撑内力的部位以及层间位移较大的楼层。布置时应符合下列要求：屈曲约束耗能支撑与钢框架的连接一般为铰接；布置宜采用单斜撑、人字形或 V 形等形式，支撑的连接角度宜控制在 35°～55°；宜沿结构的两个主轴方向分别设置和竖向连续布置，支撑的形式在竖向宜一致；支撑截面可由底层到顶层逐渐减小。

ququ yueshu zhicheng
屈曲约束支撑（buckling restrained brace）
见【屈曲约束耗能支撑】

qudao
渠道（canal） 在地面上人工建造的开敞式输水通道。通常是指水渠、沟渠，是流水的通道。

quyang dingli
取样定理（sampling theorem） 见【采样定理】

quanliang
圈梁（ring beam） 在房屋的檐口、窗顶、楼层、吊车梁顶或基础顶面标高处，沿砌体墙水平方向设置封闭状的按构造配筋的混凝土梁式构件。其是为加强房屋的整体性和提高变形能力，在砌体房屋中设置的水平约束构件；是经实践检验有效的砌体结构房屋的抗震构造措施。圈梁作为楼屋盖的边缘约束构件，可限制装配式楼屋盖的移位，防止预制楼板散开坍落；可提高楼屋盖的水平刚度，更有效地传递并分配层间地震剪力。圈梁与构造柱一起约束墙体，可限制墙体裂缝的开展和延伸，使墙体裂缝仅发生于局部墙段，并防止开裂墙体的倒塌，基础圈梁还可以减轻地震时地基不均匀沉陷与地表裂缝对房屋的影响。圈梁有现浇钢筋混凝土圈梁、钢筋砖圈梁和木圈梁等多种，以现浇钢筋混凝土圈梁应用最多，木圈梁可用于生土房屋。

quanbo jianboqi
全波检波器（full-wave geophone） 见【三分量检波器】

quangailü shejifa
全概率设计法（probability design method） 将基本变量作为随机变量处理，采用以统计分析为主确定失效概率量度设计可靠性的一种设计方法。

quangang-hunningtu zuhe jiegou
全钢-混凝土组合结构（all-steel concrete combined structure） 结构体系的承重和抗侧力构件全部采用钢-混凝土组合构件的结构体系，是钢-混凝土组合结构的一种类型。

quanguo dizhen jiance taiwang
全国地震监测台网（nation-wide earthquake monitoring network） 全国各级地震监测台网的总称，由国家地震监测台网、省级地震监测台网和市、县地震监测台网组成。

quanjiegoufa
全结构法（full structure method） 借助数值模拟计算将土-结体系作为一个整体进行分析的方法，也称整体法、直接法或一步法。该法是目前土-结动力相互作用分析中较常用的方法，一般是用有限元对整个体系进行离散化处理。整体法的基本处理手法与一般静力问题有限元法相同，特殊之处在于如何将地基无限边界的动力问题处理成有限边界的动力问题，人工边界的处理是计算的关键问题之一。

quanju jianjin wending
全局渐进稳定（global asymptotic stability） 利用李亚普诺夫第二方法分析主动控制系统的稳定性时，就定常系统定义一个正定的利亚普诺夫标量函数 $V(Z)$，若 $\dot{V}(Z) \leq 0$，则系统是稳定的，否则是不稳定的。若 $\dot{V}(Z) < 0$，则系统是渐进稳定的。若 $\dot{V}(Z) < 0$，且当状态矢量的模趋于无穷大时，$V(Z)$ 趋于无穷大，此时系统为全局渐进稳定。应注意的是，满足给定系统的利亚普诺夫函数并不是唯一存在的，且无统一的寻找非线性系统的利亚普诺夫函数 $V(Z)$ 的规则。

quanju rengong bianjie tiaojian
全局人工边界条件（global artificial boundary condition） 波动数值模拟计算时，边界条件的一种处理方法。它的目标是保证传播到计算区域以外的外行波满足无限域内波动方程和边界条件（无穷远辐射条件）。建立全局人工边界条件的思路是首先解析求解无限域内的波动问题，然后由解析解导出所应满足的条件。主要方法有基于边界积分方程的全局人工边界；一致边界条件；波函数展开法；利用惠更斯原理建立边界波动传播条件等。

quanju zhenyuan canshu
全局震源参数（global source parameters） 用描述震源运动学模型的参数，包括断层尺寸和位置的几何参数，以及描述断层均匀破裂过程的运动学参数。这些参数制约震源辐射的低频地震动。

quanqiu dizhen mulu
全球地震目录（global earthquake catalog） 将全球的地震活动按时间顺序，对地震的主要参量进行收录、编辑而成的目录资料。对每一地震尽可能给出发震时刻、震中位置、震源深度、震级和震中烈度以及破坏要点等资料。

quanqiu dizhen taiwang
全球地震台网（global seismograph network） 由均匀分布于地球表面的 128 个安置有高质量宽频带地震仪的地震台组成的全球性地震台网。

Q

quanqiu dingwei xitong

全球定位系统（global position system） 美国开发的第二代卫星导航定位系统，可向数目不限的全球用户连续提供高精度全天候三维坐标、三维速度以及时间信息。该系统除军事用途外，亦广泛应用于大地控制测量、工程变形监测、地球动力学及地震研究、导航和管制和灾害防治等领域。

quanxi ganshe celiang xingbian shiyan

全息干涉测量形变实验（experiment of laser hologram） 用激光全息干涉摄影法测量岩石样品的表面位移场的实验。

quanxinshi

全新世（Holocene Epoch） 第四纪的第二个世，是最新的地质年代，起始年龄为 0.0117Ma，一直延续至今。其对应的地层年代单位为全新统。底界的全球层型剖面和点 GSSP 位于格陵兰岛中部的北 GRIP 冰芯（75.1000° N，42.3200° W）NGRIP2 孔 1492.45m 处，对应于新仙女木（Younger Dryas）气候事件的结束。

quanxinshi duanceng

全新世断层（Holocene fault） 全新世期间或距今 12000年以来在地表或近地表发生过位移的活动断层，也称全新世活动断裂。在建筑抗震设计规范中，对非全新世的活动断裂，可忽略发震断层对地面建筑的影响。

quanxinshi huodong duanlie

全新世活动断裂（Holocene fault） 见【全新世断层】

quanxintong

全新统（Holocene Series） 全新世形成的地层，是全新世对应的地层年代单位。

quanzhanyi

全站仪（electronic total station） 全站型电子测距仪。是一种集光、机、电为一体，可进行水平角、距离（斜距、平距）、高差测量的测绘仪器系统。

qunfang

裙房（podium） 在建筑物中，是指与高层建筑相连的、建筑高度不超过 24m 的附属建筑。

qunzuoshi tashi shebei kangzhen sheji

裙座式塔式设备抗震设计（seismic design of skirt tower facility） 裙座式塔式设备针对地震荷载开展的专项抗震设计工作。高度小于 10m 或高径比小于 1.5 的裙座式塔式设备可不作抗震验算，但应采取抗震构造措施。此类设备可简化为串联多质点模型，采用底部剪力法、振型叠加反应谱法或时程分析法计算水平地震作用。当高径比大于 5或设防烈度在 7 度以上时，尚应考虑竖向地震作用。该类设备如有构架支承时，构架应作为设备的一部分进行计算。应根据结构地震反应分析结果，验算裙座的锚固螺栓强度。该类设备应采用的抗震措施主要有：设备平台应沿高度均匀分布，与其他结构相连的平台不应少于两层。大直径管道应以柔性装置与塔身相连接，附属设备应自设支承，内部承重构件应与塔身牢固连接。塔身变直径段的壁厚不应小于相连塔身的壁厚。当设备高径比大于 5 或设防烈度高于 7 度时，塔身与裙座不宜采用搭接。裙座开孔处应加强，裙座地脚螺栓直径不宜小于 M24、个数不少于 8 个。

qunce qunfang

群测群防（mass monitoring and prevention） 群众性的监测地震活动和防御地震灾害的行为。

qunkong choushui shiyan

群孔抽水试验（well group pumping test） 两个或两个以上的抽水孔同时抽水，各孔的水位和水量有明显相互影响的抽水试验，也称干扰抽水试验。

qunsudu

群速度（group velocity） 两列传播方向和振幅相同但周期和波长相近而又不同的正弦波合并向前传播所产生波包在介质中的传播速度。

qunti kangzhen xingneng pingjia

群体抗震性能评价（earthquake resistant capacity assessment or estimation for group of structures） 根据统计学原理，选择典型剖析、抽样预测等方法对给定区域的和给定类别的建筑、工程设施群体进行整体抗震性能评估的工作。

qunzhuang jichu

群桩基础（pile group foundation） 由两根或两根以上桩和承台组成的基础。这种基础受竖向荷载后，由于承台、桩、土的相互作用使其桩侧阻力、桩端阻力、沉降等性状发生变化而与单桩不同，承载力往往不等于各单桩承载力之和。

qunzhuang xiaoying

群桩效应（effect of pile group） 群桩基础在荷载作用下，由于承台、桩、土的相互作用使基桩的桩侧阻力、桩端阻力、沉降与独立单桩明显不同的一种效应。群桩效应的大小受土性、桩距、桩数、成桩方法等因素的影响。

R

raodongtu

扰动土（disturbed soil） 人为因素的干预使天然结构和状态均发生了变化的土。扰动土和原状土最直观的区别是扰动土被人为的干预过，而原状土未经过任何人为因素干预的土。

Q

R

raodong tuyang

扰动土样（disturbed soil sample） 天然结构受到扰动或物理状态指标发生改变的土样。该土样只能用来测定土的粒度成分、土粒密度、塑限、液限、最优含水率、击实土的抗剪强度以及有机质和水溶盐含量等。

raoba shenlou

绕坝渗漏（seepage around dam abutment） 水库的库水绕过水坝并经过水坝两端的岩土体向下游渗漏的现象。它是水库蓄水后，由于上下游水头差，使库水沿坝两岸岩石的孔隙、裂隙、溶洞、断层等向坝下游的渗漏。绕坝渗漏是水库的工程地质问题之一。

raoshe P bo

绕射 P 波（diffraction P-wave） 绕着地核边缘绕射的 P 波。研究表明，从地表附近的震源所发出的 P 波射线掠过地核后，将在震中距 103°处出现。按几何光学计算，在震中距大于 103°后，理论上将不可能出现直达 P 波；然而至少到 130°，仍能观测到 P 波，尤其是长周期的 P 波。

raoshen

绕渗（by-pass seepage） 见【绕坝渗漏】

raosi jiagufa

绕丝加固法（compression member confined by reinforcing wire） 在土木工程中，通过缠绕退火钢丝使被加固的受压构件混凝土受到约束作用，从而提高其极限承载力和延性的一种直接加固法。

redimanzhu

热地幔柱（hot plume） 在核幔边界由于物质上涌而成的地幔柱。热地幔柱上升可以导致大陆裂解、大洋开启。冷、热地幔柱的运动是地幔中物质运动的主要形式，它控制或驱动了板块运动，导致岩浆活动、地震发生和磁极倒转，影响着全球性大地基准面变化、全球气候变化以及生物灭绝与繁衍。

rejiagufa

热加固法（thermal stabilization） 采用升温来加固地基的方法，分低温干燥、中温（400～600℃）改变土性、高温（1000℃以上）熔化等。

relizhan

热力站（substation of district heat supply network） 城市集中供热系统中热网与用户的连接站。其作用是根据热网工况和用户的不同条件，采用不同的连接方式，将热网输送的供热介质加以调节、转换，向用户系统分配，以满足用户需要，并集中计量、检测供热介质的数量和参数。

rerong huata

热融滑塌（thaw slumping） 分布在自然坡面上的地下冰层，受热融化时，上覆土体沿坡面下滑的现象。

reshui gongying xitong

热水供应系统（hot water supply system） 由热交换器、管网及配件等组成，供给建筑物或配水点所需热水的系统。

reshuijing

热水井（thermal well） 井水温度高于20℃的地下流体观测井。水温的变化既是地下流体监测的内容之一，也是一种地震前兆。

rewulixing shiyan

热物理性试验（thermal physical property test） 采用面热源法、热线比较法、热平衡法等方法，测定岩土导热系数、导温系数、比热容等热物理性质的试验。

rezu

热阻（thermal resistance） 在建筑热工学中，表示围护结构本身或其中某层材料阻抗传热能力的物理量（R）。

renfang gongcheng

人防工程（civil air defense shelter） 为防空要求而修建在地下或半埋于地下的民用建筑物，是人民防空工程的简称。第二次世界大战前后，一些国家都陆续构筑了许多不同类别、用途和规模的民防设施，如人员掩蔽部、指挥所和通信枢纽、救护站和地下医院、各类物资仓库，以及地下疏散干道和连接通道等。有些国家的城市，还将人防工程和城市地下铁道、大楼地下室及地下停车库等市政建设工程相结合，组成一个完整的防护群体。人防工程按所处的地层条件和施工方法分为坑道式、地道式、掘开（单建）式和防空地下室等类型。

renfang sheji

人防设计（air defense design） 在建筑设计中，针对具有预定战时防空功能的地下建筑空间而采取防护措施，并兼顾平时使用的专项设计。

rengong bianjie

人工边界（artificial boundary） 在波动数值计算时，人为截取的边界。按照处理方法分为全局人工边界和局部人工边界。

rengong bianjie chuli

人工边界处理（artificial boundary simulation） 用有限区域来代替无限域进行波动数值模拟计算时，在人为截取的边界上所采用的赋值方法。截取有限区域代替无限域是因为计算机容量有限，截取的边界称为人工边界；在用离散模型代替连续介质近似计算时，步进递推式的计算格式要求必须在人工边界赋值，计算才得以连续进行。人工边界处理的原则是能代替边界以外的无限介质的作用，使计算结果不受干扰，如同未设置一样。

rengong diji
人工地基（artificial foundation） 见【地基】

rengong dizhen
人工地震（artificial earthquake） 由人类的工程活动引起的地震。一类为料药震源，如工业爆破、地下核爆炸造成的振动，另一类为非炸药震源，如机械撞击、气爆震源、电能震源和大型水库等。在深井中进行高压注水以及大水库蓄水后增加了地壳的压力，有时也会诱发地震。

rengong dizhen shiyan
人工地震试验（artificial earthquake test） 利用人工激发地震动的方法进行的现场试验。常采用地面爆破法或地下暴破法来引起地震振动，对地面或地下建筑物进行模拟天然地震的试验。该试验常用于地震断层探测、地壳结构探测、地震动衰减研究和地震监测台网的检测，在工程地质勘察、探矿和人工振动采油技术研究中亦有应用。利用人工地震也可进行工程结构自振特性测试、工程结构的质量和安全检测等。

rengong dianci saoraoyuan
人工电磁骚扰源（source of artificial electromagnetic disturbance） 可能对地震电磁台站中地电场、地磁场或地电阻率观测产生电磁骚扰的任何一种人工电磁场源。其可分为静态电磁骚扰源、工频电磁骚扰源、事件型或短周期电磁骚扰源等；由它们引发的电磁场扰动，分别称为静态电磁骚扰、工频电磁骚扰、事件型或短周期电磁骚扰等。

rengong dongtu
人工冻土（artificial frozen soil） 由人为制冷形成的冻土。在工程建设中利用人工冻土具有不透水性、强度高与变形小等特性，创造有利条件进行施工，如矿井和隧道开挖中对松散层采取人工冻结。也常利用人工冻土进行实验研究。

rengong tiantu
人工填土（artificial fill） 由于人类活动而堆积的土，简称填土。其包括压实填土、素填土、杂填土、冲填土等。该土在工程建设若作建筑物的地基，则需要一定的工程处理。

rengong youfa dizhen
人工诱发地震（man-induced earthquake） 由于人类活动，如工业爆破、核爆破、地下抽液、注液、采矿、水库蓄水等触发或诱发的地震，也称人为地震、人工引发地震。

rengong zhenyuan
人工震源（artificial seismic source） 人为激发的震源。在地震勘探中有两类：一类是炸药震源；另一类是非炸药震源，如机械撞击、气爆震源、电能震源等。

rengong zhineng
人工智能（artificial intelligence） 试图了解人类智能的实质，并制造与人脑类似、可对事物做出反应的智能机器的学说与应用系统。人工智能是 20 世纪最重大的科技成就之一，它是涉及计算机科学、控制论、信息论、数学、神经生理学、心理学和哲学的综合交叉学科，可能具有人工智能的机器多被认为是智能计算机；但也有一些哲学家和科学家认为，非生物的机器拥有智能不合逻辑、人工智能不可能实现。

renji zhendong shiyan
人激振动试验（man-excitation test） 人在建筑物顶部或某楼层往复运动，使人体激振频率与建筑物自振频率同步的激振试验，适用于自振周期较长的柔性结构。

renleiji
人类纪（Anthropocene） 人类的出现和发展是第四纪划时代的重大事件，所以也有人称第四纪为人类纪。人类纪的内涵主要有三个方面：第一，地球已经进入它的另一个发展时期"人类纪"，在这个时期人类对环境的影响并不亚于大自然本身的活动；第二，"人类纪"新的地质时期的提出，其主旨是为了提醒人们关注人类活动正成为影响和改变地球的主导力量，未来甚至在百万年内人类仍然是一个主要的地质推动力这样的一个事实；第三，现今的地球因为人类文明的影响，已经不再是自然的了，这个改变过程可追溯到工业革命，因此，"人类纪"这一新的地质年代应从工业革命起始。"人类纪"正在引起地质科学界的关注。

renti shushidu
人体舒适度（degree of human comfort） 人体对所暴露的振动环境，主观状态良好，在身体或心理上没有感到困扰和不安的程度。国家标准 GB 50868—2013《建筑工程容许振动标准》对建筑物内人体舒适性的容许振动计权加速度级做了规定。

renwei zhendong
人为振动（artificial vibration） 通过爆破、气爆、机械振动等人工方法产生的振动。这类振动为可控振动，在生产和科学研究工作中被广泛应用。

renxingdao
人行道（sidewalk） 公路上用路缘石、护栏或其他设施加以分隔，专门供人行走的部分。它作为城市道路中重要的组成部分之一，随着城市的快速发展，其功能已不再单纯是行人通行的专用通道，它在城市发展中被赋予了新的内涵，对城市交通的疏导、城市景观的营造、地下空间的利用、城市公用设施的依托等都发挥着重要的作用。

renzao dizhendong

人造地震动（artificial ground motion）　为了开展结构物地震反应分析或试验，基于随机振动理论而生成的满足一定条件（如对幅值、频谱和持续时间的要求等）的地震动时间历程。

renjiao

刃脚（caisson curb）　井壁最下端呈楔形的部分，楔形可使沉井在自重作用下易于切土下沉。

renyi jizhen

任意激振（arbitrary excitation）　激振力随机发生的非周期的振动，也称非周期激励。通常采用两种研究方法，一种是将任意激振力看成无数微小的阶跃函数组成的函数；另一种是将任意激振力看成无数小的脉冲函数组成的函数。

renxing

韧性（resilience）　表示材料在塑性变形和断裂过程中吸收能量的能力，也即指材料受到使其发生形变的力时对折断的抵抗能力。其定义为材料在破裂前所能吸收的能量与其体积的比值。韧性越好，发生脆性断裂的可能性越小。

renxing bianxing

韧性变形（ductile deformation）　物体经明显的应变（大于5%～10%）才发生破裂的变形。在构造地质学中是指岩石的流动变形现象，这种变形常发生在中、下地壳层，其具体的变形机制主要包括碎裂流动、塑性流动和滑移流动等。

renxing chengshi

韧性城市（resilience city）　城市或城市系统能够化解和抵御外界的冲击，保持其主要特征和功能不受明显影响的能力。当灾害发生时或干扰来临时，该城市能承受冲击，快速应对和快速恢复，保持城市功能正常运行，并能更好地应对未来的灾害风险。

renxing duanceng

韧性断层（ductile fault）　剪切变形或岩石塑性流动造成的强烈变形的线状地带，是出露在地表的、被侵蚀的古老断裂的深部构造形迹，又称韧性变形带或剪切带。其规模大小不一，小者只长几厘米；大者宽几十米、长达上千千米。与脆性断层不同，韧性断层没有断层面，但又发生过相对位移，带内主要由巨厚的受强烈剪切变形的岩石构成。它不但没有破裂面，也没有碎裂岩，往往有牵引和拉伸变形现象。岩石发育有片理，片理面不是错动面而是压扁面。片理面与断层边界的夹角由边界向中心递减。1964年，地质学家多纳斯（F. A. Donath）等定义韧性为"岩石

流动而不发生破裂或断裂的能力"。因此，韧性断层即是韧性变形带。

renxing jianqiedai

韧性剪切带（ductile shear zone）　发育于地壳深部，具有强烈塑性流变及旋转应变特征的平面状或曲面状的高剪切应变带，其长宽比至少大于5∶1。该剪切带中没有明显的破裂面，但两侧岩石可发生明显的剪切位移，韧性剪切带内部及与围岩之间的应变均呈递进演化的关系。其小者可见于薄片中矿物的定向，大者宽数千米，延展可达上千千米。

renxing xingwei

韧性行为（ductile behavior）　材料韧性变形时的表现。在材料科学中，韧性是固体材料受张应力时的变形能力，常以延展为线材的能力表征。

renxing yanshi

韧性岩石（ductile rock）　应变量大于5%后（或应力在屈服极限以上）才发生宏观破裂变形的岩石，其中矿物的微观变形的主要形式为塑性变形。

riben banshen dizhen

日本阪神地震（Hanshin-Awaji-Daishinsai earthquake in Japan）　1995年1月17在日本关西地区发生了7.3级地震，因受灾范围以兵库县的神户市、淡路岛以及神户至大阪间的都市为主而得名。阪神地震是日本自1923年关东特大地震以来规模最大的都市直下型地震。由于神户是日本关西重要城市，当时人口约105万人，人口密集，地震又在清晨发生，因此造成了严重的人员伤亡，官方统计死亡6434人、43792人受伤、经济损失大约1000亿美元。阪神地震引起日本对于地震科学，都市建筑，交通防范的重视。另外，此次地震也对日本政坛造成了一定的冲击，日本自民党再度回归政坛核心。这次地震的特点主要有三个方面：第一，老旧木结构房屋造成伤亡，且因电气短路或燃气泄漏等引起大火，因供水管道破坏而无法灭火，大火蔓延，燃烧了三天；第二，城市生命线系统遭到重创，生命线系统的直接经济损失占总损失1/3以上；第三，间接经济损失巨大。阪神地震的一个重要启示是地震发生后，必须要加强早期灾情获取，这是地震救援关键。

riben gongcheng dizhen

日本宫城地震（Miyagi earthquake in Japan）　2011年3月11日在日本宫城东部海域发生了矩震级为9.0级的地震，震中位于宫城县以东太平洋海域，震源深度30km。此次地震引发了海啸、火灾和核泄漏事故，导致地方机能瘫痪、经济活动停止，日本东北地区部分城市遭受毁灭性破坏，东京有强烈震感。这次地震的主要特点有两个：一是地震引发巨大的地震海啸，这次地震造成10151人死亡、17053人失踪，几乎都是海啸卷走吞没而亡；二是严重的核

R

电站次生灾害，强地震动并没有造成福岛核电站结构破坏，但海啸淹没和中断电站冷却系统，引起反应堆升温爆炸，又造成核泄漏，是典型的地震次生灾害链。

riben songdai dizhenqun

日本松代地震群（Matsushiro earthquake swarm in Japan）1965—1967 年发生于日本长野县一系列地震，这是世界著名的地震群。1965 年 8 月 3 日首次记录到微震，以后地震数目与日俱增，1966 年 4 月达到高潮，一天之内最多发生过 661 次有感地震，平均两分钟一次，到 1967 年末，有感地震总数达 61494 次，地震频度从 1967 年下半年开始衰减。松代地区位于日本长野县，属平原地区，该地有很好的测震台网和地震前兆台网，整个地震群中最大的震级为 5.4 级。关于松代地震群的成因有膨胀说，岩浆贯入说和水喷发说等。在整个地震群活动期间，地面明显隆起，重力值减小，地下水大量涌出。因所含小地震数量之多、持续时间之长，松代地震群在世界地震史上占有一定地位。

riben JMA taiwang

日本 JMA 台网（JMA observation network of Japan）日本气象厅建立的强震观测台网，共含有 180 个地震台的地震观测系统（EPOS）、600 多个地震烈度计覆盖整个日本，还有 5 个地震海啸观测系统，分别位于 6 个气象观测区内。日本气象厅是负责日本地震、火山和海啸观测的国家机构。该机构管理的地震观测台网由地震预报、监测、应急等若干子系统构成，地震发生后可以立即处理获得的观测数据，快速发布地震信息。根据观测结果，并综合当地政府机构的 2000 多个烈度计的信息，可在震后 2 分钟内通过媒体对公众以及防灾减灾机构发布地震烈度分布图。

riben K-Net taiwang

日本 K-Net 台网（Kyoshin-Network of Japan）日本防灾科学技术研究所（NIED）负责建设和管理的日本全国强震动观测台网。NIED 负责管理的还有日本井下强震观测网（Kik-Net）；高灵敏度地震观测网和宽带地震监测网（F-Net）等。

rongjilü

容积率（plot ratio）在一定范围内，建筑面积总和与用地面积的比值。对于开发商来说，容积率决定地价成本在房屋中占的比例，而对于住户来说，容积率直接涉及居住的舒适度。一个良好的居住小区，高层住宅容积率应不超过 5，多层住宅容积率应不超过 3。

rongqi jiegou

容器结构（container structure）储存气体、液体或松散固体的构筑物，常见的容器结构有筒仓、水池、油罐和储气罐等。反应堆压力容器和反应堆安全壳则属于特殊容器结构。容器结构可以建造在地下、半地下或地面上，也可架立空中。

rongshuiliang

容水量（water bearing capacity）岩体或土体中能容纳的水的最大体积与岩体或土体体积的比值。

rongxu chenjiang

容许沉降（allowable settlement）结构物能承受而不至于产生损害或影响使用所容许的沉降。

rongxu chengzaili

容许承载力（allowable bearing capacity）确保建筑地基不产生剪切破坏而失稳，同时又能够保证建筑物的沉降不超过允许值的最大荷载。

rongxushuili tidu

容许水力梯度（permit hydraulic gradient）临界水力梯度除以一定的安全系数后的水力梯度。水力梯度是沿地下水流方向上单位渗透途径上的水头损失。

rongxu yinglifa

容许应力法（allowable stress method）将作用和抗力视为定值，比较作用与抗力，使强度有一定储备，变形能满足使用要求的设计方法。在土木工程中，使结构或地基在作用标准值下产生的应力不超过规定的容计应力（材料或岩土强度标准值除以安金系数）的设计方法。

rongxu yingli shejifa

容许应力设计法（allowable stresses method）以结构件截面计算应力不大于规范规定的材料容许应力的原则，进行结构构件设计计算的方法。

rongxu zhendong jiasudu

容许振动加速度（allowable vibration acceration value）见【建筑振动】

rongxu zhendongsudu

容许振动速度（allowable vibration velocity value）见【建筑振动】

rongxu zhendongweiyi

容许振动位移（allowable vibration displacement value）见【建筑振动】

rongxu zhendongzhi

容许振动值（allowable vibration value）见【建筑振动】

rongzhong

容重（unit weight）单位容积内物体的重量，也称为重度。其常用于工程上，指一立方的重量，如单位体积土体的重量等，也表示物体因受地球引力而表现出的重力特性，对于均质流体，是指作用在单位体积上的重力，其单位是 N/m^3；岩土工程中是指单位体积岩土的重量。干容重和最大干容重有工程意义。其中，干容重是指不含水分状态下土的容重，通常用于表示土的压实效果，干容重越大表示压实效果越好；最大干容重是在实验室中得到的最密实状态下土的干容重。

rongdong

溶洞（karst cave）　可溶性岩石被水溶蚀和破坏所形成的洞穴。溶洞的形成是石灰岩地区地下水长期溶蚀的结果，石灰岩里不溶性的碳酸钙受水和二氧化碳的作用能转化为微溶性的碳酸氢钙。由于石灰岩层各部分含石灰质多少不同，被侵蚀的程度不同，就逐渐被溶解分割成互不相依、千姿百态、陡峭秀丽的山峰和奇异景观的溶洞。

ronggou

溶沟（karren）　节理裂隙由于地面水的溶蚀和冲蚀，形成裸露地面或被掩埋的沟槽。

rongjiedu

溶解度（solubility）　饱和溶液中所含溶质的量，即该溶质在该温度与压力时的最大溶解量。

rongjie zuoyong

溶解作用（dissolution）　一相物质在另一相物质中，由分子扩散而形成一种均匀液态混合物的作用。

ronglü zuoyong

溶滤作用（lixiviation）　地下水在渗透过程中溶解并带走岩土中某些组分的作用。

rongshi liexi

溶蚀裂隙（karst fissure）　地表水和地下水沿可溶性岩石的节理裂隙溶蚀和侵蚀，使节理裂隙扩大而形成的槽形裂缝。

rongshi loudou

溶蚀漏斗（doline）　在地下水的作用下，溶隙扩大和向下扩展，顶部坍塌形成圆形坑，坑底空间缩小，形似漏斗的岩溶形态，简称溶斗。

rongshi shujing

溶蚀竖井（dolina）　落水洞进一步发育，或洞穴顶板塌陷而成的深达数十米至数百米的垂向深井状通道。

rongxian bianxing

溶陷变形（deformation of dissolution collapsibility）　盐渍土在一定压力作用下变形稳定后，浸水溶陷稳定时所产生的附加变形。

rongxian xishu

溶陷系数（coefficient of dissolution collapsibility）　土试样在一定压力作用下变形稳定后，浸水溶陷稳定时单位厚度所产生的附加变形。

rongxianxing

溶陷性（dissolution collapsibility）　盐渍土由于土中盐类溶于水而产生的地基沉陷。一般地，易溶盐的含盐量越高、土的渗透系数越大的盐渍土溶陷性越强。

rongyan hanliang shiyan

溶盐含量试验（strongly soluble salt content test）　采用化学方法对试样浸出液中易溶盐类（碳酸根、氯根、硫酸根、钙离子、镁离子、钠离子和钾离子）含量进行测定的试验。

ronghua gujie

融化固结（thaw consolidation）　土体融化后，在土体自重和所加荷载作用下，水分排出、体积减小、密度增加的过程。

ronghuapan

融化盘（thaw bulb under heated building）　采暖建筑物下，多年冻土地基上的一部分发生了融化，融化的界面形如盘和盆的形状，故称为融化盘。

ronghua xiachen

融化下沉（thaw settlement）　土中过剩冰融化所产生的水排出及土体的融化固结而引起的局部地面的向下运动。

ronghua yasuo

融化压缩（thaw compressibility）　冻土融化后，在外荷载作用下，水和空气从土的孔隙中被挤压出时孔隙度减小的压缩变形过程。

ronghua zhishu

融化指数（thawing index）　在一个完整融化季节内，连续高于 0℃气温的持续时间与气温数值乘积之总和，以摄氏度·日（℃·day）表示。融化指数的大小是一个地区夏季长短与气温的高低的重要指标，也是计算融化深度的关键参数。行业标准 JGJ 118—2011《冻土地区建筑地基基础设计规范》给出了中国融化指数标准值等值线图。

rongqu

融区（talik）　在多年冻土区，活动层下冻土层之中具有正温、含水和不含水的，或具有负温液态水的地质体，是联系地表水和地下水的通道。

rongqu dixiashui

融区地下水（groundwater in area of thaw）　存在于多年冻土融化地区的地下水称为融区地下水。

rongtu

融土（thawed soil）　冻土自融化开始到已有应力下固结稳定为止，这一过渡状态的土体。亦指曾经处于冻结状态的正温土体（土体的实际温度已高于它的冻结温度，不含冰）。

rongxianxing

融陷性（thaw collapsibility）　冻土融化过程中，在自重或外力作用下产生沉陷变形的性状。

rongyudu

冗余度（redundancy）　结构体系在特定危机事件中的强度储备，或是意外发生时，保证结构持续履行功能的能力，主要是抵抗连续倒塌的能力。这一概念最先在信息技术中出现，用来表征信源信息率的多余程度，是描述信源客观统计特性的一个物理量。结构冗余特性是指结构在初始的局部破坏下改变原有的传力路径，并达到新的稳定平衡状态的能力特征。充分的结构冗余特性允许结构"跨越"初始的局部破坏而不向外扩展，从而避免连续性破坏和倒塌的发生。基于强度的冗余度 R_L 可定义为：

$$R_L = \frac{L_1}{L_1 - L_2}$$

式中，L_1 为原始结构的极限承载力；L_2 为构件受损后结构的极限荷载。基于刚度（变形）的冗余度计算公式 R_S 可定义为：

$$R_S = \frac{S_1}{S_1 - S_2}$$

式中，S_1 为原始结构在使用荷载下的最大位移；S_2 为构件受损后结构在使用荷载下的最大位移。

roudiceng jianzhu

柔底层建筑（soft first story building）　试图以柔性底层来降低结构体系的自振频率使其偏离地震动卓越频段、同时利用底层非弹性变形耗散能量建筑。这是美国人在 19 世纪 20 年代的设想，尽管该建筑在实际应用中并不成功，但其设想在以后的隔震建筑和耗能减振建筑中得以成功实现。

roudu

柔度（flexibility）　构件在轴向受力情况下，沿垂直轴向方向发生变形的大小，又称长细比，常记为 λ，主要用于计算压杆稳定问题。通常柔度大则变形大，构件的稳定性就差。柔度的大小与构件的截面尺寸、构件的长度和构件两端的约束情况有关。截面尺寸大，柔度小；长度越长，柔度越大；固定约束比滑动约束的柔度小，有约束比无约束柔度小。柔度是刚度的倒数，是单位力引起的位移，表示零件在力的作用下弹性变形的能力。

rouxing

柔性（flexibility）　物体受力后变形，在作用力解除后物体自身不能恢复原来形状的一种性质，可解释为挠性。它

是相对刚性而言的一种物体特性，刚性则是物体受力后，在宏观来看其形状可视为没有发生改变。

rouxing gezhen

柔性隔震（flexible isolation）　利用叠层橡胶支座、软钢支座等柔性支承的平动来延长体系的水平自振周期、避开地震动的高频卓越频段、减少体系地震反应的一种隔震技术。

rouxing goujian

柔性构件（flexible member）　可能失稳或其他原因使其抵抗总纵弯曲能力减弱的纵向构件。

rouxing jichu

柔性基础（flexible foundation）　用抗拉、抗压、抗弯、抗剪均较好的钢筋混凝土材料做成的基础（不受刚性角的限制）。该基础主要用于地基承载力较差、上部荷载较大、设有地下室且基础埋深较大的建筑。建筑物的基础按使用材料的受力特点可分为刚性基础和柔性基础两类。

rouxing jiekou

柔性接口（flexible interface）　不使用填充材料、直接用橡胶圈密封的接口，如滑入式、机械式压入式接口，使用 O 形胶圈、楔形胶圈、U 形胶圈、防脱自锁橡胶的承插式接口等。它属于埋地管道接口的一种方式，常见于承插式接口。实践表明，柔性接口在施工条件、保养期、使用寿命、防渗漏、维修和抗震效果等方面远较刚性接口优越。

rouxing jietou

柔性接头（flexible joint）　地下连续墙槽段之间采用圆形接头管等形式形成的槽段之间抗剪、抗弯能力较差的接头。

rouxing jiegou

柔性结构（flexible structure）　其几何非线性因素在分析中影响较大而不可忽略的结构。该结构在形式上主要表现为高耸结构、大跨结构、深水海洋结构等；在数学模型上表现为结构的刚度小、柔性大、几何非线性不能忽略；在计算方法上柔性结构的问题与刚性结构也不相同，需要将结构简化成非线性的柔性结构系统进行计算。

rouxing lianjie

柔性连接（flexible joint）　允许相互连接的构件发生位移或转角，不限制某一方面的变形的连接，即允许出现变形，或期望构件能够变形的连接方式。一般填充墙和框架柱用的拉结筋都是柔性连接。

rouxing weiyiji

柔性位移计（flexible displacement meter）　一种用于测量各种土工格栅、土工布等土工材料应变的传感器。由位移计、锚固卡、柔性测杆以及测杆的柔性保护套等部件造成，广泛应用于建筑、铁路、水电、大坝等工程领域的土工格栅、土工布等土工材料应变测量。

R

rouxingzhuang fuhe diji

柔性桩复合地基（flexible pile composite foundation） 以柔性桩作为竖向增强体的复合地基，如水泥土桩、灰土桩和石灰桩等。

rubian

蠕变（creep） 受力物体在低于破裂强度的恒定应力的长时间作用下，应变随时间推移不断缓慢增长的现象。其变化过程一般有初始蠕变、稳态蠕变和加速蠕变三个阶段。温压条件是影响蠕变过程的主要外因。蠕变是经历漫长地质过程且是处于较高温压环境中的岩石变形的最显著特色。在岩土工程中，是指岩土在应力不变的条件下，剪应变和体应变随时间变化的现象，包括次固结蠕变和不排水蠕变。

rubian bianxing

蠕变变形（creep deformation） 在长期的小而恒定的应力作用下，固体岩石产生的不断增大的、通常是缓慢的变形。

rubian guocheng

蠕变过程（creep process） 物体在大小和方向都保持不变的外力作用下，其变形随时间增长而不断增加的过程，即蠕变现象中的长期变形过程，常简称蠕变，有时作为"蠕变现象"的同义词。

rubian moxing

蠕变模型（creep model） 描述蠕变规律和过程的数学或力学模型。

rubian quxian

蠕变曲线（creep curve） 以横坐标表示时间，纵坐标表示蠕变 E（单位为 $J^{1/2}$）画出的曲线。蠕变（或应变）是蠕变能（或应变能）E 的平方根。E 可由 $\lg E = 11.8 + 1.5M$ 求出。式中，E 为应变能（J）；M 为地震震级。蠕变曲线的斜率是蠕变（应变）释放的平均速率。如假定其为蠕变积累的速率，则可推测自上次地震后已积累的蠕变能。从曲线斜率外推，可以推测下一次地震的大小。做蠕变曲线图时，要注意选用同一构造活动带的资料。

rudong

蠕动（creep） 地表土石层在重力作用下长期缓慢移动的一种现象，也称潜移、潜动。其移动体与基座之间无明显界面，形变量与移动量均属渐变过渡关系。蠕动速率每年为数毫米至数厘米。在地震地质学中，将一断层滑动速度相当小、不会产生地震的滑动称为蠕动或蠕滑。

rushebo

入射波（incident wave） 由震源激发进入地面的一种地震波或入射到某一界面的弹性波。在海洋科学中，是指从外海向海岸一侧传来的波动。

rudianfa

褥垫法（pillow method） 基础部分落在基岩或坚硬土层上，为协调不均匀沉降而设置压缩性较大垫层的地基处理方法。

ruangang zhibian zuniqi

软钢滞变阻尼器（steel hysteretic damper） 利用软钢的弹塑性来耗散振动能量的被动控制装置，属位移相关型阻尼器。实际使用的软钢阻尼器有多种形式，可利用钢直杆或曲杆的剪切、弯曲和扭转变形耗能，亦可利用钢板的出平面或平面内变形耗能。

ruanhua moxing zhenxian fenxi

软化模型震陷分析（seismic subsidence analysis of softened model） 应用软化模型来分析土体的震陷。该模型假定土在动力作用下发生了软化，表现为土静变形模量降低；土单元的永久应变是在静应力作用下由于静变形模量降低而产生的附加应变。

ruanniantu

软黏土（soft clay） 天然含水率大，呈软塑到流塑状态，具有压缩性高、强度低等工程特点的黏土。存在软黏土的场地对工程建设不利，对地震动有较强烈的放大作用。

ruanruoceng

软弱层（weak layer） 侧向刚度与邻层相比大幅度减小的楼层。该层是建筑结构侧向刚度不规则的表现；是某楼层与竖向相邻楼层相比侧向刚度大幅度减小而造成的。由于使用功能和建筑艺术处理的需要，建筑外形往往沿竖向收进或在不同楼层采用不同的结构布置。竖向收进将造成房屋上下相邻部分地震作用的大幅变化，收进处将产生应力集中；在建筑的某些层布置大开间会议室和餐厅等也往往造成这些层的侧向刚度与邻层相比大幅度减小，形成软弱层。

ruanruo diji

软弱地基（weak foundation） 饱和松散细砂或黏粒含量少、密度小的轻亚黏土，软塑或流塑状态的淤泥质土，松散潮湿的人工填土、冲填土和杂填土等形成的地基。

ruanruo jiaceng

软弱夹层（weak intercalated layer） 岩体中夹有的强度低或被泥化、软化、破碎的薄层。软弱夹层是工程上的软弱面，沿该面岩体易产生滑动失稳。

ruanruo jiegoumian

软弱结构面（weak structural plane） 延伸较远、两壁较平滑、充填有一定厚度的软弱物质的地质结构面，如泥化、软化、破碎薄夹层等的面均为软弱结构面。沿该面岩体易产生滑动失稳。

R

ruanruo nianxingtu

软弱黏性土（weak cohesive soil） 地基的主要持力层范围内有软塑和极软状态的黏性土层或淤泥层，且其容许承载力在地震基本烈度为 7 度时小于 80kPa；8 度时小于 100kPa；9 度时小于 120kPa 的土。

ruanruo xiawoceng

软弱下卧层（weak substratum） 位于持力层以下的压缩层范围内，承载能力明显低于其上层的岩土层。

ruanshui

软水（soft water） 不含或含较少可溶性钙、镁化合物的水，一般是指钙镁含量小于 3mg 当量百分数的水，包括 1.5～3.0mg 当量百分数的软水和小于 1.5mg 当量百分数的极软水。软水不易与肥皂产生皂垢，而硬水相反。天然软水一般指江水、河水、湖（淡水湖）水。煮沸就可以暂时将硬水变为软水。

ruantu

软土（soft soil） 外观以灰色为主，天然孔隙比大于或等于 1.0，且天然含水量大于液限的黏性土。具有天然含水量高、天然孔隙比大、压缩性高、抗剪强度低、承载力低、固结系数小、固结时间长、灵敏度高、扰动性大、透水性差、土层层状分布复杂、各层之间物理力学性质相差较大等特点，主要包括淤泥、淤泥质土、泥炭、泥炭质土等。

ruantu changdi qiangzhendong jilu

软土场地强震动记录（strong earthquake records in soft soil sites） 在软土场地上获得的强震动记录。该类记录的显著特点是长周期分量显著，如唐山大地震的余震——天津宁河地震（6.9 级）在天津医院得到的强震记录，卓越周期在 1s 左右；垂直分量的频率比水平分量的频率高。

ruantu chubian zaihai

软土触变灾害（disaster of soft soil） 淤泥和泥质软土在地震、爆破、机械振动等动荷载作用下发生液化、结构破坏强度降低，使建筑物发生不均匀下沉或滑动变形造成地基或边坡失稳的危害。

ruantu diqu zhulu

软土地区筑路（road construction on soft clay ground） 在软土地区修筑公路或铁路的工作。软土是近代水下沉积的饱和黏土，其天然含水量大于液限、孔隙比接近或大于 1、渗透系数接近或小于 10^{-6} cm/s。软土地层的压缩性大、抗剪强度低。在软土地区修筑的路堤将发生长周期缓慢的下沉。在下沉过程中软土逐渐发生一定程度的固结，强度逐渐提高，但其固结过程相当长，如果在短期内填筑路堤的高度超过软土地基所能承受的极限高度时，路堤将丧失稳定而发生坍滑。软土地基上的路堤极限高度约为 $5.14C/\gamma$，其中 C 为软土的黏聚力，γ 为容重。当需要修筑的路堤高度大于极限高度时，必须采取措施以保证基底稳定。

ruantu zhenxian

软土震陷（seismic settlement of soft soil） 地震作用下软土产生显著沉降的现象。强地震动作用下软土中原处于平衡状态的水胶链受外力干扰而破坏，使土体黏聚力降低甚至丧失，地基承载力和刚度降低而导致沉降或产生不均匀沉降，可造成地面建筑的倾斜或破坏。软土的震陷一般发生在沉积年代不久的淤泥质土等软土地基中。

ruantu zhenxian xiaoquhua

软土震陷小区划（microzonation of soil subsidence） 以软土震陷为指标的地面破坏小区划。它是根据工程地质勘察资料和试验分析结果对区划地域震陷范围和震陷程度的划分，给出沉陷量的估计值，并以图件表示。

ruanzhiyan

软质岩（soft rock） 单轴饱和极限抗压强度 R_c 小于或等于 30MPa 的岩石。其可分为三类：$30 \geq R_c > 15$MPa 为较软岩；$15 \geq R_c > 5$MPa 为软岩；$R_c \leq 5$MPa 为极软岩。

ruishi zhenji

芮氏震级（Richter magnitude） 见【里氏震级】

ruidian yuanhufa

瑞典圆弧法（Swedish circle method） 由瑞典人提出并发展、假定滑动面为圆弧形，用抗滑力矩与滑动力矩之比定义稳定系数进行斜坡稳定分析的方法。

ruilibo

瑞利波（Rayleigh wave） 在弹性体半空间自由面上发生、在弹性介质表面传播的，其振幅沿径向按指数规律减小的波，用 R 或 LR 表示。瑞利波是纵波 P 和横波 SV 在固体层中沿界面传播相互叠加的结果；也是一种偏振波，在入射面内偏振，为逆进椭圆。波速为同种介质中横波速度的 0.9194 倍。

ruilibofa

瑞利波法（Rayleigh wave method） 利用人工震源激发产生的弹性波在介质中的传播，通过分别接收记录的瑞利波的频散特性和相速度，解决地质问题的地球物理勘探方法。

ruili yuanli

瑞利原理（Rayleigh principle） 计算振动系统固有频率的近似值，特别是最小固有频率（即基频）上界的一个原理。它是英国学者瑞利（Rayleigh）于 1873 年提出的，是振动理论中的一些极值原理以及计算固有频率和振型的瑞利–里兹法的理论基础。

ruili zuni

瑞利阻尼（Rayleigh damping） 由结构质量分布和刚度分布确定的具有黏滞耗能形式的耗能机制。该阻尼形式简

R

单、满足正交条件，在地震反应分析中广泛应用。可以证明，在动力反应分析中，使用瑞利阻尼可能削弱或夸大某些振型的反应，在使用中需要注意。

ruili zuni juzhen
瑞利阻尼矩阵（Rayleigh damping matrix） 在多自由度体系中，瑞利阻尼以矩阵的形式可表述为：
$$c = \alpha m + \beta k$$
式中，c 为瑞利阻尼矩阵；m 为质量矩阵；k 为刚度矩阵；α 和 β 为比例常数。

ruili-lizifa
瑞利-里兹法（Rayleigh-Ritz method） 通过泛函驻值条件求未知函数的一种近似方法，是英国学者瑞利（Rayleigh，John William Strutt，Lord）于 1877 年在《声学理论》一书中首先提出并采用的方法，后由瑞士学者里兹（Walter Ritz）于 1908 年作为一个有效的方法提出。该方法在物理和力学学科的应用十分广泛。

ruotoushuiceng
弱透水层（aquitard） 允许地下水以极低的流速渗透的弱导水地层。在多层含水层叠置的含水系统中，弱透水层与隔水层的作用不同，后者起隔水作用，前者则构成其上、下含水层间水交换的通道，且上、下含水层的水头压差越大，通过弱透水层的水量也越大。由于大型盆地中弱透水层常有较大的分布面积，因此不可忽视通过弱透水层的越流水量。

ruozhen
弱震（weak shock） 见【微震】

ruozhicheng kuangjia
弱支撑框架（frame braced with weak bracing system） 在支撑框架中，支撑结构抗侧移刚度较弱，不能将该框架视为无侧移的框架。

S

sandieji
三叠纪（Triassic Period） 中生代的第一个纪，始于距今252.17Ma，结束于201.3Ma 前，历时约 5090 万年。经历二叠纪—三叠纪之交的重大灭绝事件之后，三叠纪早期的地球生态系统极为萧条，海洋中以软体动物中的少数类别（如某些海扇类和菊石）单调繁盛，陆生植物中以个别松柏类（如肋木）单调而广泛分布为特征。直到早三叠世晚期生态系统结构才逐步恢复完整，生物多样性显著增加，而全球生物辐射则出现在中三叠世。中三叠世晚期和晚三叠世是中生代生物界演化发展的第一个高峰期，在海、陆、空各生态领域的动物和植物、无脊椎动物和脊椎动物等，都得以空前的发展，基本形成主导中生代生物界的各类生物群面貌。但是，三叠纪末的大灭绝事件又几乎全部摧毁了中、晚三叠世建立的各类占据地球主体的海陆生物类群，从而成为显生宙生物演化史的五大灭绝事件之一。

sandiexi
三叠系（Triassic System） 三叠纪形成的地层。它又分为下、中、上三个统和七个阶。

sanfenliang dizhenji
三分量地震计（three-component seismometer）
见【三分量地震仪】

sanfenliang dizhenyi
三分量地震仪（three-component seismograph） 能够同时记录地震波垂直向、南北向、东西向三个正交方向上的振动分量的地震仪，也称三分量地震计。

sanfenliang jiasuduyi
三分量加速度仪（three component accelerometer） 用于同时测定三维空间中互相垂直的三个方向（X、Y、Z）加速度分量（两个水平分量，一个垂直分量）的加速度测量仪，也称三维加速度仪。一台三分量加速度仪内，具有三个独立的参考质量，分别反应互相垂直的三个方向的加速度；如果待测加速度的确切方向是未知的或是变化的，那么加速度需用三分量加速度仪进行测量。

sanfenliang jianboqi
三分量检波器（three component geophone） 在全波地震勘探中，用来接收地面质量三个方向振动位移分量的检波器，也称全波检波器。

sanfenliang qiangzhenyi
三分量强震仪（three component stong motion accelero-graph） 能够记录三个分量地动（即南北向 N、东西向 E 和垂直向 Z）的强震仪。

sanhetu
三合土（triple soil） 由生石灰、砂和细粒土混合而成的土，多用于建筑物的基础或路面垫层。是工程上常用的一种人工土。

sanhetu jichu
三合土基础（triad soil foundation） 由石灰、砂和骨料与土按一定比例配制并经夯实而成的基础。该基础在我国南方地区应用很广。其造价低廉，施工简单，但因强度较低，所以只能用于四层以下的房屋的基础。

sanji kangzhen jianding fangfa
三级抗震鉴定方法（three-stage seismic identification method） 美国《房屋抗震鉴定指南（试行）》（FEMA 310）

规定的房屋抗震鉴定方法。该方法规定，在鉴定之前应收集建筑相关资料并进行现场调查，然后由技术人员确定鉴定房屋的性态水准、设计地震动和结构类型。所有被鉴定的房屋均需进行一级鉴定。一级鉴定是一种快速评估的鉴定方法，根据结构类型对其结构构件、非结构构件和地基基础分别填写快速评估表。若房屋有缺陷不能满足一级鉴定安全要求，则应进行二级鉴定。二级鉴定是较细致完善的精确评估方法，包括进行抗震计算和抗震措施鉴定。若房屋不满足二级鉴定的某些要求，应进行更加精确的三级鉴定。

sanjiao celiang
三角测量（triangulation） 见【大地三角测量】

sanjiaoxingfa
三角形法（triangular method） 在勘探坑孔间距不等或勘探线不规则时，采用的一种简单估算建筑材料储量的方法。

sanjiaozhou
三角洲（delta） 在河流入海（湖）口沉积形成，伸向海（湖）中形似三角形的冲积平原。其特点是分布面积大，土层深厚水网密集，是一种常见的地貌类型。

sanlian fanyingpu
三联反应谱（tripartite axes response spectrum） 对数坐标中同时表示的加速度反应谱、拟速度反应谱、位移反应谱曲线，也称三重反应谱，简称三联谱。三联谱的优点是同时给出三个反应谱值。

sanlu dizhen
三陆地震（Sanlu earthquake in Japan） 1933 年 3 月 2 日在日本仙台市东北方的日本海沟中发生了震级大于 8.4 级的特大地震。震中位于仙台东北约 300km 的海底，在地震发生后，巨大的海啸袭击了北海道南岸和福岛县东岸，沿岸各地遭受了很大灾害。此震有一个明显特点是巨大地震发生在海沟的外侧而不是内侧。按板块消减运动的一般规律，消减带上的大地震大都发生在海沟内侧，即海洋板块与大陆板块的接触面上，发生在海沟外侧意味着地震是海洋板块于俯冲前自身发生弯曲而导致的张裂。此震在陆上引起的震害并不严重，但海啸的规模惊人，海啸影响的海岸线长度约为 480km，因海啸而死亡 300 余人。有人估计，海啸起源于海沟外侧壁的张裂和大规模崩塌。这次地震还验证了 1896 年 6 月海啸后采取的防潮林和防潮壁在减轻海啸灾害方面起到了重要作用。

santi wenti
三体问题（three-body problem） 空间中以万有引力为相互作用力的三个质点的运动问题。解决该问题的任务是在已知其初始位置和初始速度的前提下，确定三质点在任一时刻的位置和速度。二体问题已获圆满解决，但增加了第三体后，就无法通过初等函数的有限项表示其解。二百多年来，三体问题的一般理论虽经许多著名数学家和物理学家的研究，但至今未得到解决。

sanwei bosu jiegou
三维波速结构（three dimensional velocity structure） 地震波沿地球内部三维空间（球坐标系）中的三个坐标方向的传播速度的变化规律（地下介质各个方向上的速度分布）。

sanwei changdi taizhen
三维场地台阵（three dimensional site array） 包括地下测点在内的竖向强震动台阵。研究土层的地震反应，需要获取埋伏基岩面和地下土层的地震动资料，为此在深井基岩上安置强震仪，并与地面台站一起构成三维的观测台阵。该台阵可了解地震动沿深度的变化，据此检验和改进预测强地震动的理论计算方法，对于半埋或者完全埋置地下的结构物的抗震设计是十分重要的参数。

sanwei dizhen moxing
三维地震模型（three dimensional seismic model） 考虑三维介质和波特征的地震模型。地震波是在三维介质中传播的，所以必须进行三维观测。实验证明，模型尺度变化时（例如介质由一维体变为二维体，或由二维体变为三维体），即使同一种介质，在其中传播的地震波也会受到明显的影响，波形发生明显的变化，地震波的速度、振幅、周期等参数会出现相应的变化。

sanwei jiguang saomiaoyi
三维激光扫描仪（3D laser scanner） 利用激光测距的原理，通过记录被测物体表面大量的密集的点的三维坐标、反射率和纹理等信息，快速复建出被测目标的三维模型及线、面、体等几何空间要素的仪器。

sanwei jiasuduyi
三维加速度仪（three dimensional accelerometer）
见【三分量加速度仪】

sanweiliu
三维流（three dimensional flow） 用描述空间流线几何形态的方程来表征空间水流的运动形式。

sanwei youxianyuan moxing
三维有限元模型（three dimension finite element model）
利用有限元方法建立的空间结构力学分析模型。随着计算机技术和有限元方法的发展，三维有限元分析模型已用于结构地震反应分析与设计；只要模型简化合理，均可获得满足一定精度要求的计算结果。目前，结构的三维弹性有限元分析较为成熟，已被广泛应用于自然科学的各个领域。

sanxiangtu

三相图（three phase diagram） 表示土体中固相、液相、气相三种组分相对含量的简化图形。

sanzhexian moxing

三折线模型（three-fold line model） 一种典型的构件恢复力模型。该模型的骨架曲线由三段直线组成，第一段为弹性阶段，刚度为 k_1；第二段模拟开裂阶段，刚度为 k_2；第三段模拟屈服阶段，刚度为 k_3。两个折点相应于开裂点和屈服点。常用的三折线模型是武田（Takeda）模型。该模型的滞回规则可模拟刚度退化特征，模拟效果好、适用范围广。

sanzhou bugujie bupaishui shiyan

三轴不固结不排水试验（unconsolidated undrained triaxial test） 施加围压和轴向应力的全过程都不允许试样排水的三轴试验。其主要用于测定黏性土的不排水强度指标。

sanzhou gujie bupaishui shiyan

三轴固结不排水试验（consolidated-undrained triaxial test） 施加围压后使土试样充分排水固结，在随后的剪切过程中不允许排水的三轴试验。其主要用于测定黏性土的固结不排水强度指标，在剪切过程中如果同时量测孔隙水压力，也可测定有效应力强度指标。

sanzhou gujie paishui shiyan

三轴固结排水试验（consolidated-drained triaxial test） 施加围压时使土试样充分排水固结，在随后施加轴向应力时，试样仍然排水，并保持一定的加载速率，使试样中的超静孔隙水压力能够充分消散的三轴试验。其主要用于测定土的有效应力强度指标。

sanzhou shenchang shiyan

三轴伸长试验（triaxial extension test） 利用三轴仪，使施加在试样上的围压（$\sigma_2 = \sigma_3$）大于轴向压力 σ_1，直至试样发生伸长破坏的试验。

sanzhou yasuo shiyan

三轴压缩试验（triaxial test） 使用三轴仪对试样施加恒定围压，然后施加轴向压力，在轴对称条件下直至剪切破坏，测定试验过程中岩土的应力应变关系，并根据莫尔—库仑定律确定岩土的黏聚力、内摩擦角等参数的试验。

sanbanfa celiang xingbian shiyan

散斑法测量形变实验（experiment of speckle interferometry） 用光学散斑法测量岩石样品表面的位移场的实验。

sanli zaosheng

散粒噪声（shot noise） 随机散粒噪声模型认为地震动由一系列顺序发生但互相独立的随机脉冲组成。其数学表达式为：

$$x^m(t) = \sum_{k=1}^{N(t)} Y_k \delta(t - t_k)$$

式中，Y_k 为互相独立、具有同一概率密度函数的随机变量，控制脉冲的幅值，可有正负，它的数学期望值为 0；$\delta(t - \tau_k)$ 为广义狄拉克函数（δ 函数），表示只有在 $t = t_k$ 时才取值，否则为 0；$N(t)$ 为随机泊松过程，控制脉冲的数目。由于脉冲形状是 δ 函数，因此称为散粒噪声。

sanshebo

散射波（scattered wave） 入射于介质异常区（或障碍体）的地震波发生波散效应后，从异常区沿所有方向无规则地传播出去的波。散射波从物理学角度来说，如果界面凹凸不平，在凹（或凸）部分的尺度相对于波长很大时，则发生波的反射；相对于波长较小时，则发生散射，形成散射波。一般认为，尾波就是一种散射波。

sanshui

散水（apron） 沿建筑外墙周边的地面，为避免建筑外墙根部积水而做的一定宽度向外找坡的保护面层。

santi cailiaozhuang fuhediji

散体材料桩复合地基（granular column composite foundation） 以砂桩、砂石桩和碎石桩等散体材料桩作为竖向增强体的复合地基。

santi lixue

散体力学（mechanics of granular media） 研究散体受力时的极限平衡和运动规律的力学分支学科。散体是几何尺寸基本属于同一量级的颗粒的集合体，其力学性质用内摩擦角和黏结力来描述。土壤、砂粒、谷物等都是散体。后两者由于颗粒之间没有黏结力，被称为理想散体。散体力学是固体力学的一个重要分支。

saopinshi pinpu fenxiyi

扫频式频谱分析仪（sweep spectrum analyzer） 具有显示装置的扫频超外差接收机，主要用于连续信号和周期信号的频谱分析的仪器。它是频谱分析仪的一种类型，工作的声频直至亚毫米的波频段，不显示信号的相位，只显示信号的幅度。

saopin shiyan

扫频试验（sweep test） 一种输入频率接续变化的多段等幅正弦波进行的结构强迫振动试验，也称正弦扫描试验或共振频率试验。当某段扫描波的频率与结构自振频率相同时，将激起结构的共振，故称扫频试验，该试验的目的是测定结构的模态参数。基于正弦扫描试验得出的结构强迫振动反应时间过程，可计算相应的谱曲线，由谱曲线可确定结构的自振频率和阻尼比。

S

selutie jieda

色卢铁解答（Cerruti's solution）　色卢铁（Cerruti）针对水平向集中荷载作用于半无限弹性体表面时，推导得的体内任一点引起的应力和位移的数学解。

shamo

沙漠（sandy desert）　一种自然综合体和自然地理景观。广义的沙漠是指荒漠，包括沙漠、砾漠、盐漠、泥漠和盐漠等；狭义的沙漠是指干旱地区地表被大面积沙丘覆盖的沙质荒漠，一般以流动沙丘为主，干燥多风，缺乏流水和植被稀少的地区，是荒漠的一种。全世界干旱、半干旱荒漠的面积约为 $4800×10^4 km^2$，而且每年以 $6×10^4 km^2$ 的速度增长。中国沙漠位于北纬 $35°～50°$、东经 $75°～125°$ 之间的温带地区，面积约 $70×10^4 km^2$，如果连同 50 多 $×10^4 km^2$ 的戈壁在内，总面积为 $128×10^4 km^2$，占全国陆地总面积的 13%。中国西北干旱区是中国沙漠最为集中的地区，约占全国沙漠总面积的 80%。主要沙漠有塔克拉玛干沙漠、古尔班通古特沙漠、库姆塔格沙漠、巴丹吉林沙漠、腾格里沙漠、乌兰布和沙漠、库布齐沙漠以及柴达木盆地沙漠等。

shabao jichu

砂包基础（sand wrapping foundation）　为减小膨胀土胀缩对上部结构影响，在基础底和四侧与膨胀土地基之间设置砂垫层和砂墙形成的基础。

shafei

砂沸（sand boiling）　地震时，砂土液化使水和砂喷出地表的宏观液化现象，俗称喷水冒砂。

shajiangpian jianqiefa

砂浆片剪切法（the method of mortar flake）　用砂浆测强仪测定砂浆片的抗剪强度，检测砌筑砂浆抗压强度的方法。该法是从砖墙中抽取砂浆片试样，采用砂浆测强仪测试砂浆片的抗剪强度，以此推定砌筑砂浆强度。该法属于取样检测，适用于烧结普通砖砌体中常用砌筑砂浆的强度来评定。试验工作简便，测试后墙体局部有损伤。有专用的砂浆测强仪及其标定仪，简单方便。此法系检测砌体中水平灰缝砂浆片抗剪强度，换算为同条件砂浆试块抗压强度，适用于新建工程的验收、工程事故分析、建筑物可靠性鉴定、抗震加固、扩建加层等的检测。

shajing

砂井（sand drain）　采用排水固结法加固地基时，为了加快固结速度，在地基中成孔、填砂形成的竖向排水通道。

shajing yuya gujie

砂井预压固结（sand infilled well preloading consolidation）在饱和软黏土层内设置砂井（或同时在地面铺设砂垫层），利用建筑物自重或堆载对地基施压，促使软土中的孔隙水经砂井排出，土体逐渐固结而提高强度的土体加固方法。利用该方法来加固地基不仅可提高软黏土的变形模量和抗剪强度，还可借助砂井减小软黏土的受力，增加排水通道，有利于降低地震作用引起的动孔隙水压力。

shatu

砂土（sand）　粒径大于 0.075mm 的颗粒含量超过总质量 50%，且粒径大于 2mm 的颗粒含量不超过总质量 50% 的土，包括砾砂、粗砂、中砂、细砂和粉砂。

shatu yehua

砂土液化（sand liquefaction）　饱和砂土由固态变成可流动、基本不具抗剪切能力的液态的一种现象，也称地震液化，简称液化。在外力或内力（通常是孔隙水压力）的作用下，砂土颗粒丧失粒间接触压力以及相互之间的摩擦力，不能抵抗剪应力，就会发生液化。地震、爆炸、波浪、机械振动、车辆行驶等外部作用可触发饱和砂土液化。地震工程研究仅涉及地震触发的饱和砂土液化。在地震动作用下，饱和砂土孔隙水压力升高，使其抗剪强度或对剪切变形的抵抗能力降低或完全丧失。它可能导致地裂缝、错位、滑坡、不均匀沉降等地质灾害，地震的直观表现是喷水冒砂。在工程上表现为地基失效、路基滑移等。地震现场调查表明，砂土液化常见于 10m 以内的地层中，距地表超过 20m 的土层很少见到液化现象。

shatu yehua xiaoquhua

砂土液化小区划（micro zonation of soil liquefaction）　以砂土液化等级为指标的地面破坏小区划。它是根据工程地质勘察资料，对区划地域地震液化范围和液化等级进行划分，并将结果用图件表示。

shatu yehua zaihai

砂土液化灾害（disaster of sand liquefaction）　饱和砂土受振动后结构和性状发生严重变化，孔隙水压力增大，有效应力减小以及消失，使砂土丧失强度而呈现液体性状，以致抗剪强度和承载力严重下降、地基失稳，造成房屋、桥梁等工程沉降、倾斜、开裂、倒塌的灾害。

shayan

砂岩（sandstone）　粒径为 $0.075～2mm$ 的岩石碎屑经胶结而成的沉积岩。可按碎屑颗粒成分划分成分类型，如石英砂岩、长石砂岩和岩屑砂岩等。它是沉积岩中最常见的岩石类型之一，可形成于海陆等环境，是油气的重要储层。

shazhuang jimifa

砂桩挤密法（sand column densification method）　利用振动沉管或锤击沉管，在可压缩土层中设置砂桩，在成桩过程中桩间土同时得到挤密的地基处理方法。

shaixifa keli fenxi

筛析法颗粒分析 (sieving method particle analysis)　不同孔径的分析筛依上大下小的顺序叠置，试样过筛后根据各筛余量测定无黏性土颗粒组成的方法。

shan

山 (mountain)　海拔 500m 以上、相对起伏大于 200m、坡度又较陡的隆起地貌，又称山地。其自上而下由山顶（山地最高部分，山顶呈线状延伸的叫山脊）、山坡（山顶到山麓的倾斜地面）和山麓（与周围平地交界山脚）三个要素组成。其以较小的峰顶面积区别于高原，又以较大的高度区别于丘陵。山坡是其最主要的形态要素，山坡形态有直形（包括倾斜的和垂直的）、凹形、凸形和复式之分。按其高度其可分为极高山、高山、中山和低山。海拔低于 1000m 者为低山；1000～3500m 者为中山；3500～5000m 者为高山；大于 5000m 者为极高山。

shanbeng

山崩 (mountain slide)　坡地上的岩石土块呈块体沿斜坡向下突然崩落，是一种典型的地质灾害，也称崩塌，俗称岩崩。山崩可由地震造成，也可能是某种外力的震动或破坏使坡地失去均衡，还可能是雨水大量渗入使岩土负荷过重或遭受潜蚀所成。山崩还可能引起与地震一样的地表振动，称崩塌地震。

shandi

山地 (mountainous region)　世界基本地形之一，有时简称为山。一般指海拔在 500m 以上，起伏较大的地貌。其特点是起伏大、坡度陡、沟谷深、多呈脉状分布。它是一个众多山所在的地域，有别于单一的山或山脉。山地与丘陵的差别是山地的高度差异比丘陵要大。高原的总高度有时比山地大，有时相比较小；但高原上的高度差异较小，这是山地和高原的区别，但一般高原上也可能会有山地，如青藏高原。山地地形通常形成特殊的气候，称为山地气候，山地对人们的生活会带来一定影响。

shandong taishan dizhen

山东泰山地震 (Shandong Taishan earthquake)　据史书《竹书纪年》记载"夏帝发七年（公元前 1831 年）泰山震"，夏朝一个名叫"发"的帝王，在他即位的第七年（公元前 1831 年）登临山东泰山时，正好泰山发生了地震。这次地震是我国最早有历史记载并指明地点的地震。

shandong tancheng dizhen

山东郯城地震 (Shandong Tancheng earthquake)　1668 年 7 月 25 日（清康熙七年六月十七日）山东郯城发生了 8½级特大地震，震中烈度达Ⅻ度，是中国大陆东部历史上最强烈的地震之一，发震断裂为东部的郯城—庐江深大断裂带。极震区延伸方向与郯庐大断裂方向相一致。最远的有感地区距震中达 1000km。据《康熙郯城县志》记载，"戌时地震，有声自西北来，一时楼房树木皆前俯后仰，从顶至地者连二、三次，遂一颤即倾，城楼堞口官舍民房并村落寺观，一时俱倒塌如平地。"据《康熙海州志》记载，地震时海水有显著变动。这次地震造成了地面剧烈变形，出现深大裂缝和大规模塌陷隆起；灾区伤亡惨重，特别是地震还摧毁黄河、淮河、大运河交汇的水运枢纽，以及多处古黄河堤坝及水利设施；洪水一泻千里，摧毁了清河县城等地并淹没大片良田，至少有 10 个城镇遭灭顶之灾，使灾害雪上加霜。

shandong guanceshi

山洞观测室 (cave observation vault)　建有地震计房的洞室。地震观测时，为了防止干扰，常把观测仪器架设在已有或专门开挖的山洞内。

shanling suidao

山岭隧道 (mountain tunnel)　贯穿山岭和丘陵的隧道，是相对于城市隧道和水下隧道，表示修建场所不同的名称。

shanlu

山麓 (piedmont)　山体底部与平原或谷地相连的部分，有明显的坡折线。这是一个特定的区域，山麓平原、山麓堆积、山麓陡崖、山麓梯地、山麓湖泊和山麓沉积相（磨拉斯建造）等都形成或发生在这里，但大多数情况下，它是由发育于山区的溪流带来的碎屑沉积而形成的一种倾斜地貌形态。

shanlu pingyuan

山麓平原 (piedmont plain)　山体底部前沿的低平地，常呈现为狭长的条带状，分为山麓侵蚀平原与山麓冲积平原。前者是由成片山麓侵蚀面连接而成的较大片的平地；后者是出山溪流携带的岩屑堆积在山麓所构成的宽广斜坡，常见于干旱或半干旱气候带。山麓冲积平原往往由若干冲积扇联合而成，常由冲积砾石组成，间或夹杂巨砾。山麓平原斜坡坡度一般小于 7°。

shanqiang

山墙 (pediment)　建筑物两端的横墙，也称外横墙。横墙（或称为山墙）通常是沿建筑物短轴方向布置的墙，它的作用主要是与邻居的住宅隔开和防火。

shanxi hongdong dizhen

山西洪洞地震 (Shanxi Hongdong earthquake)　1303 年 9 月 17 日（元大德七年八月六日）山西洪洞 8 级特大地震。极震区位于山西洪洞，赵城一带，震中烈度Ⅺ度，地震波及三省 51 个州府。这是中国历史上最早详细记述的大地震。《元史·五行志》记载此震"坏官民庐舍十万计"；《元史·成宗纪》记载"村堡移徙，地裂成渠，人民压死不可胜计"。破坏区沿汾河地堑延伸长达 400 多千米。地震时山崩地裂，房倒屋塌，史载死亡 47 万余人，仅次于陕西华县地震。现今还保留被震裂的曲沃县感应寺塔。

S

shanxi linfen dizhen

山西临汾地震（Shanxi Linfen earthquake）　1695 年 5 月 18 日（清朝康熙三十四年四月六日）在山西临汾发生了 8 级特大地震，估计震中烈度为 X 度强，破坏面积纵长 500km。在一个 8 级地震的震中区附近再次发生 8 级地震，这是中国历史上唯一的一次，前一次 8 级地震是 1303 年的洪洞、赵城地震。这次地震的次生灾害十分严重。据清康熙年间《历年记》记载"山西平阳府洪洞等三县于四月初六、七、八三日大雨地震，房屋倒塌，压死多人。既而地中出火，烧死人畜、树木、房屋、什物无数。随之水发，淹死人畜又无数……地皆沉陷……查报只存活六万口有零。又云系火龙作祟，地陷山崩。如此灾异，古今罕见"。地震以后，临汾一带"城廓房舍存无二三，居人死伤十有七八。更可惨者，斯时之烈火烧天，黑水涌地，厥后之夏田腾烟，秋陌浮蛙"。地震的强烈震动，再加上烈火和大水，其痛苦不堪言状。这次大地震伴随如此严重的火灾和水患，在古今地震史上尚属首次记录。

shanxiyongjipuzhou dizhen

山西永济蒲州地震（Shanxi Yongji Puzhou earthquake）发生在帝舜三十五年（公元前 2222 年），地震泉涌。这次地震是我国最早有历史记载但未指明地点的地震。

shanchangyan

闪长岩（diorite）　以中性斜长石和角闪石为主要矿物成分，有时含少量黑云母和碱性长石的深成中性侵入岩。

shanxi huaxian dizhen

陕西华县地震（Shaanxi Huaxian earthquake）　1556 年 1 月 23 日发生于（明嘉靖三十四年十二月十二日）陕西华县发生 8½ 级特大地震。这是中国历史地震中死人最多的一次地震。《明史·五行志》记载"官吏军民压死八十三万有奇"。地震前，该地区长期没有中小地震活动，在震前 8 小时左右在震区，《隆庆·华州志》有"地旋运，因而头晕"的记载。这次地震首次记载到地震时"地中出火"（地光）的现象。震后，灾民曾考虑用木板作房墙，以便抗震。此震极震区长轴与渭河地堑方向一致。在这次地震中，西安小雁塔被震裂，塔尖震落。

shanxi qishan dizhen

陕西岐山地震（Shaanxi Qishan earthquake）　发生于周幽王二年（公元前 780 年）的地震，震中在岐山（今陕西省宝鸡市岐山县境内），史称岐山地震。这是中国史书记载比较可靠的最早一次大地震，司马迁在《史记》中记载了这次地震。史书《国语·周语》记载，地震时，"西周三川皆震。是岁也，三川竭，岐山崩"。三川即今陕西省的泾河、渭河、洛河。历史地震学者估计这次地震的震级在 7 级以上，地震烈度可能达到 IX 度，受灾面积较大，泾河、渭河、洛河三条河流的水源受到影响；岐山产生了崩塌和滑坡。

shangye jianzhu

商业建筑（commercial building）　供人们进行商业活动的建筑，主要包括百货商店、专业商店、菜市场、自选商场、超级市场、联营商场、商业街、饮食广场、餐馆、快餐店、食堂、宾馆、酒店、旅馆、招待所、汽车旅馆等。

shangzhulou

商住楼（commercial residential building）　在房屋建筑中，通常是指下部商业用房与上部住宅组成的建筑。

shangbu jiegou jichu yu diji gongtong zuoyong fenxi

上部结构、基础与地基共同作用分析（structure-foundation-subsoil interaction analysis）　将上部结构、基础与地基视为整体，考虑地基与结构的刚度差异，按变形协调原理，对地基变形、地基反力、结构附加内力的分析。

shangceng zhishui

上层滞水（perched water）　包气带中局部隔水层或弱透水层上积聚的具有自由水面的重力水。

shangdiman

上地幔（upper mantle）　位于地壳之下地幔上部的地幔组成部分，深度为 50～700km。上地幔顶部存在一个软流圈，推测是由于放射性元素大量集中，蜕变放热，将岩石熔融后形成的。软流圈以上的地幔部分和地壳共同组成了岩石圈。地幔上层（深度为 50～400km）物质具有固态特征，主要由铁、镁的硅酸盐类矿物组成；由上而下，铁、镁的含量逐渐增加。深度 400～700km 称为过渡层（或转换区）。在 400km 和 650km 处存在两个速度梯度间断面。由于在震中距 20° 左右处 P 波走时曲线急剧改变，故又称 410km 深处的间断面为 20° 间断面。

shangdiqiao

上地壳（upper crust）　地壳的上层，也称花岗岩层、硅铝层。其化学成分以氧、硅、铝为主，平均化学组成与花岗岩相似。此层是不连续圈层，在海洋地区很薄，甚至缺失。

shangkongfa

上孔法（up-hole method）　在一个钻孔的孔底激振，在其孔口地面接收振波，用以确定通过岩土体波速的方法。

shangpan xiaoying

上盘效应（hanging wall effect）　倾斜断层的上盘地震动大于下盘地震动的现象。该效应是近断层地震动的一个重要特征，逆冲断层十分明显。在近断层场地抗震设计中，场地位于上下盘要分别对待；在研究地震动衰减规律时，对近场地震动应作适当的修正。

shangrou xiagang duoceng fangwu

上柔下刚多层房屋（upper flexible and lower rigid complex

S

multistorey building) 在结构计算中，顶层不符合刚性方案要求，而下面各层符合刚性方案要求的多层房屋。

shangxinshi

上新世（Pliocene Epoch） 新近纪的第二个世。据 2013 年国际地质年代表，起始年龄为 5.333Ma，结束年龄为 2.588Ma。对应的地层年代单位为上新统。自下而上分为赞克勒阶和皮亚琴察阶两个阶。

shangxintong

上新统（Pliocene Series） 上新世对应的地层年代单位。

shaojie duokongzhuan

烧结多孔砖（fired perforated brick） 以煤矸石、页岩、粉煤灰或黏土为主要原料，经焙烧而成、孔洞率不大于 35%，孔的尺寸小面数量多，主要用于承重部位的砖。

shaojiefa

烧结法（heat treament） 在地基中钻孔加热使土体烧结，或使周围地基土含水量减少，强度提高，并减少压缩性的地基处理方法。

shaojie putongzhuan

烧结普通砖（fired common brick） 由煤矸石、页岩、粉煤灰或黏土为主要原料，经过焙烧而成的实心砖。分烧结煤矸石砖、烧结页岩砖、烧结粉煤灰砖、烧结黏土砖等。

shaosi jiagufa

烧丝加固法（compression member confined by reinforcing wire） 提高缠烧退火钢丝使被加固的受压构件混凝土受到约束作用，从而提高构件的极限承载力和延性的一种直接加固方法。

shaozuan

勺钻（spoon bit） 底端有切割刃，侧壁开有纵向槽口，主要用于回转钻进土层的一种筒状钻头。

shebeiceng

设备层（mechanical floor） 建筑物中专为设置暖通、空调、给水排水和电气等的设备和管道，且供人员进入操作的空间层。

shebei jiagu

设备加固（strengthening of equipment） 为改善或提高现有设备的抗震能力，使其达到抗震设防要求而采取的技术措施。设备抗震加固可减小设备振动反应，提高设备的强度和稳定性，防止设备倾倒和移位，并防止火灾、爆炸、有毒有害物料泄漏等次生灾害。

shebei kangzhen

设备抗震（earthquake resistance of equipment） 防御和减轻设备地震破坏的理论与实践。设备广泛应用于社会经济各个部门，含电力设备、通信设备、医疗设备、计算设备、机械设备，石油化工行业的钢制炉、塔、罐、柜，各类测试仪器以及房屋建筑的附属照明、通风、供水设施等。设备自身具有特定的、十分重要的使用功能，对保障相关各类设施的正常运行具有举足轻重的作用，部分设备损坏可能导致严重次生灾害，通信设备、医疗设备的损坏将严重影响地震应急救援行动；设备抗震是抗震设防的重要内容。

shebei kangzhen jisuan

设备抗震计算（seismic response analysis of equipment） 设备抗震设计中采用的计算方法。设备地震作用计算方法与建筑物和构筑物基本相同，可视不同结构类型采用静力法、拟静力法、底部剪力法、振型叠加反应谱法或时程分析法。多数设备设置于建（构）筑物的楼层上，地震作用计算需考虑建筑结构的振动和设备自身的动力特性，这是设备抗震分析区别于建、构筑物的重要特点。为了简化计算，设备抗震设计规范中一般都给出了估计设备所在建筑物楼层地震反应的简化算式或图表，或规定楼层反应谱。抗震计算所需的设备体系动力特性参数宜由实验测定。

shebei kangzhen jianding

设备抗震鉴定（seismic evaluation of equipment） 按规定的抗震设防要求，对现有设备抗震安全性的评估。设备抗震鉴定内容包括设备本体、支座及其连接锚固件的强度、变形、腐蚀和损伤，设备阀门等控制装置的运行可靠性，设备应急防护技术措施以及设备与周边环境的关系。设备抗震鉴定方法可归纳为以直观检查、抗震验算和抗震试验三类。我国《工业设备抗震鉴定标准（试行）》（1979）和国家标准 GB 13625—92《核电厂安全系统电气设备抗震鉴定》规定了有关设备抗震鉴定要求。

shebei kangzhen shefang fenlei

设备抗震设防分类（equipment classification for seismic protection） 考虑设备的等级、规模、运行环境以及重要性和破坏后果等，从抗震的角度对设备所作的分类。中国石油化工钢制设备分为"重要""一般"和"次要"三类，电器设备分为"重要"和"一般"两类，不同类别设备采用的设计地震动和抗震构造措施不同。

shebei kangzhen shefang mubiao

设备抗震设防目标（seismic protection of equipment） 预期地震作用下设备应具有的抗震能力的一般表述。它是考虑不同设备的重要性、结构特点、破坏机理、震害后果和经济技术能力综合确定的。行业标准 SH/T 3131—2002《石油化工电气设备抗震设计规范》提出了三水准的抗震设防目标，即遭受多遇地震烈度作用时设备一般不受损坏或不经修理可以继续使用；遭遇设防地震烈度作用时设备可能有轻微损坏但仍能继续运行；遭遇罕遇地震烈度作用时设备不致倾倒或发生严重次生灾害。国家标准 GB 50260—2013《电力设施抗震设计规范》和行业标准 YD 5059—1998《通信设备安装抗震设计规范》规定，遭遇设防烈度地震作用时，设备不受损坏，仍可继续使用；遭受罕遇烈度地震作用时不产生严重损坏，修理后可恢复使用。国家标准 GB 50761—2012《石油化工钢制设备抗震设计规范》规定，在设防烈度地震作用下设备非受压构件可能损坏，经一般修理或不需修理仍可继续使用。

shebei kangzhen sheji dizhendong

设备抗震设计地震动（design ground motion of equipment）用于设备抗震设计的输入地震动。设置于地面的设备直接承受地震动，设置于建筑上的设备承受的是建筑的地震反应，亦与地面地震动有关。设备抗震设计地震动的规定与建（构）筑物基本一致，包括对应不同烈度的地震动加速度峰值、反应谱和地震动时程等，抗震设计反应谱一般区别场地抗震分类给出。设备场地抗震分类的规定与建（构）筑物相同。行业标准 SH/T 3131—2002《石油化工电气设备抗震设计规范》中的反应谱具有特殊形式，即反应谱长周期（大于 3.5s）下降段算式取为周期平方的幂函数，长周期反应谱最小幅值为地震影响系数最大值的 0.05 倍，且截止周期长达 15s。

shebei yongfang

设备用房（equipment room machine room）在建筑物中独立设置或附设于建筑物中用于设置建筑设备的房间。

sheding dizhen

设定地震（scenario earthquake）根据地震环境推测的可能发生对指定场地有影响的地震。它是根据场址地震危险性概率估计、区域地震动衰减关系确定的与设防地震动协调一致的地震。确定设定地震的基础是对地震活动性和地震地质的详细研究和分析，结合活动断层探测的结果，用地震构造法、历史地震法等确定性方法可以给出设定地震。

sheding dizhen jieou

设定地震解耦（earthquake scenario decoupling）计算各潜在震源区内可能的设定地震事件，即震级、距离等地震参数组合对概率地震危险性分析结果贡献比例的过程。

sheding fangyu biaozhun

设定防御标准（criteria for scenario disaster prevention）在城市综合防灾规划中，是指在确定防灾安全布局、用地防灾管控措施和防灾设施部署时，与所依据灾害影响水平相对应的高于工程抗灾设防标准的灾害设防水准。避难场所设计中，是指所需依据的高于一般工程抗灾设防标准的设防水准或灾害影响水平。用于确定防灾布局、防护措施和用地避让措施以及应急保障基础设施和应急辅助设施的规模、布局及相应的防灾措施。

sheding zuida zaihai xiaoying

设定最大灾害效应（scenario maximum disaster impact）城市综合防灾规划中，是指通过对各灾种设定灾害风险进行综合防灾评估确定的，作为确定防灾安全布局、用地防灾管控措施和防灾设施部署设计依据的最大灾害影响和受灾规模。

shefang dizhen

设防地震（precautionary earthquake）50 年期限内，可能遭遇的超越概率为 10%（重现期为 475 年）的地震作用。当用地震烈度表示地震作用时，称为基本烈度。

shefang liedu

设防烈度（seismic fortification intensity）见【抗震设防烈度】

sheji biaozhunpu

设计标准谱（design criterion spectrum）它是根据现有国内外强震记录，在研究主要环境影响因素的基础得到的反映特定场地条件下的平均反应谱，并以其作为某特定或简化场地条件下抗震设计依据，也称平均反应或标准反应谱。该反应谱考虑的主要环境因素是场地土质条件和场地距震源远近。前者多以场地土类别来反映，即不同场地土类别采用不同的标准反应谱；后者分为近源和远源场地，对其则采用相应的标准反应谱。

sheji dizhen

设计地震（design earthquake）50 年超越概率为 10%、重现期为 475 年的地震。是抗震设计中采用的地震也称为中震。

sheji dizhendong

设计地震动（design ground motion）抗震设计、结构响应分析和结构振动试验中所采用的、作为抗震设防依据的地震动变量，也称设计地震动参数。其包括峰值加速度、响应谱、持续时间及加速度时程等。确定、设计地震动时主要考虑工程场地可能遭遇的地震动大小、抗震设计方法、可接受的破坏后果和抗震设防的标准和社会经济及技术发展水平等因素。

sheji dizhendong canshu

设计地震动参数（design parameters of ground motion）见【设计地震】

sheji dizhendong shicheng

设计地震动时程（design ground motion time history）用于结构抗震设计的输入地震动时程，一般为地震动加速度时程。提供设计地震动时程主要有三种途径：第一，选择和调整实际记录；第二，根据地震动随机模型生成符合要求的人造地震动样本时程；第三，考虑震源、传播途径和场地影响，计算理论地震图，以考虑近断层地震动的特点。

sheji dizhendong xiaoquhua

设计地震动小区划（design ground motion microzonation）
见【地震动小区划】

sheji dizhen fenzu

设计地震分组（grouping design earthquake） 国家标准
GB 50011—2010《建筑抗震设计规范》中为考虑远震、近
震和大震、小震对设计反应谱特征的周期影响，对不同地
区规定的分组。

sheji dizhen jiasudu

设计地震加速度（design seismic acceleration） 由专门
的地震危险性分析按规定的设防概率水准所确定的或一般
情况下与设计烈度相对应的地震动峰值加速度。

sheji dizhen liedu

设计地震烈度（design seismic intensity） 抗震设计中采
用的地震烈度。设计地震烈度是对具体建筑物而言的，根
据建筑物重要性的不同而提高或降低。如在水工抗震规范
中对设计地震烈度的规定是，对于Ⅰ级挡水建筑物，应据
其重要性和遭受震害的危害性，可在其基本烈度上提高
1度。

sheji dizhen zuoyong

设计地震作用（design seismic action） 抗震设计中采用
的作用于结构上的地震惯性作用。地震发生时，结构将承
受地震动引起的惯性作用，其数值等于结构质量与结构振
动加速度（或转动惯量与转动角加速度）的乘积。这种惯
性作用在结构动力学中称为惯性力，在结构抗震文献和抗
震规范中通常称为地震力或地震荷载。按照中华人民共和
国国家计划委员会1985年颁布的《建筑设计通用符号，计
量单位和基本术语》的规定，地震时结构承受的地震力是
地震动引起的动态作用，属于间接作用，不可称为"荷
载"，应称地震作用。设计地震作用主要包括水平地震作
用、竖向地震作用和扭转地震作用等，设计地震作用的计
算涉及结构地震反应分析、设计地震动和抗震技术标准等。

sheji fanyingpu

设计反应谱（design response spectrum） 用于结构抗震
设计的反应谱，也称设计谱、抗震设计谱、抗震设计反应
谱、建筑场地设计谱等，多为绝对加速度反应谱。它是根
据自由地面上取得的地震加速度记录，取阻尼比为0.05的
绝对加速度反应谱值与地震动加速度峰值之比的统计平均
值，经平滑化和规一化处理后形成的谱，代表未来地震可
能施加于工程结构的作用或荷载，用于结构的抗震设计。

sheji gaisuan

设计概算（preliminary estimate of project） 根据初步设计
或技术设计编制的工程造价的概略估算，是设计文件的组
成部分。经过批准的设计概算是控制工程建设投资的最高
限额，建设单位据以编制投资计划，进行设备订货和委托
施工；设计单位作为评价设计方案的经济合理性和控制施
工圈预算的依据。设计概算文件主要有建设项目（如工厂、
学校等）总概算、单项工程（如车间、教室楼等）综合概
算、单位工程（如土建工程、机械设备及安装工程）概算、
其他工程和费用概算。

sheji hetong

设计合同（design contract） 各方当事人针对工程设计事
宜所签订的具有约束力的协议。设计合同必须符合《中华
人民共和国合同法》《中华人民共和国建筑法》和《中华
人民共和国招投标法》等有关法律的要求。

sheji jiben dizhendong jiasudu

设计基本地震动加速度（design basic acceleration of ground
motion） 抗震设计采用的地震加速度。50年超越概率为
10%、重现期为475年的地震动加速度的设计取值。

sheji jizhun dizhendong

设计基准地震动（design basis ground motion） 核电厂
设计必须满足的地震动参数。它是核电厂抗震设计的重要
参数，包括地震动峰值加速度、地震反应谱和加速度时
程等。

sheji jizhunqi

设计基准期（design reference period） 为确定可变荷载
代表值而选用的时间参数，也是进行结构可靠性分析时，
考虑各项基本变量与时间关系所取用的基准时间，

sheji liedu

设计烈度（design intensity） 见【地震设计烈度】

shejipu

设计谱（design spectrum） 见【设计反应谱】

shejipu tezheng zhouqi

设计谱特征周期（characteristic period of design spectrum）
见【地震动加速度反应谱特征周期】

sheji qianqi gongzuo

设计前期工作（pre-design study） 一个建设项目初期策
划阶段的工作。其工作内容包括在收集资料和现场初步调
查的基础上，提出项目建议书或项目申请报告、编制可行
性研究报告、做出项目的评估报告。

sheji renwushu

设计任务书（design assignment statement） 由建设方编
制的工程项目建设大纲，向受托设计单位明确建设单位对
拟建项目的设计内容和要求的文件。

sheji shiyong nianxian

设计使用年限（design working life） 设计规定的时期，在此期间结构或结构或结构构件不需进行大修加固即可按预定目的使用。

sheji shuiwei

设计水位（design water level） 水工建筑物在正常使用条件下，根据选定的设计标准所确定的计算水位。

sheji wenjian

设计文件（design document） 以批准的可行性研究报告和可靠的设计基础资料为依据，分阶段编制的设计说明书、计算书、图纸、主要设备材料表及工程预算等文件的总称。

sheji xianzhi

设计限值（limiting design value） 设计结构或构件时所采用的作为极限状态标志的应力或变形的界限值。

sheji yiju

设计依据（design basis） 在整个设计过程应遵照执行并以此为设计依据的法律性文件、工程建设标准和与设计相关的资料。

sheji zhuangkuang

设计状况（design situation） 以不同的设计要求，区别对待结构在设计基准期中处于不同条件下所受到的影响，作为结构设计选定结构体系、设计值、可靠性要求等的依据，是代表一定时段内实际情况的一组设计条件，设计应做到在该组条件下结构不超越有关的极限状态。

shedingfa

射钉法（the method of powder actuated shot） 用射钉枪将射钉射入墙体的水平灰缝中，依据射钉的射入量检测砌筑砂浆抗压强度的方法。

sheshui qutu jiuqingfa

射水取土纠倾法（rectification by taking off clay through jetting） 建筑物纠倾的一种方法，即在基础下采用射水取土，促使基础产生沉降进行纠倾。

shexian dizhenxue

射线地震学（ray seismology） 研究地震波波前的空间位置与其传播时间关系的地震学分支学科，也称几何地震学。

shexian tanshang

射线探伤（radiographic inspection） 用 X 射线或 γ 射线透照钢构件，从荧光屏或所得底片上检测钢材或焊缝缺陷的方法。

shedongfa

摄动法（perturbation method） 非线性振动的一种定量研究方法，是处理弱非线性振动的有效方法，也称小参数法。该方法最早是用来处理天体运动的小扰动问题，一般把小扰动称为摄动。弱非线性问题是指系统中的非线性项对运动的影响远小于线性项的影响，一般常在非线性项前加上小参数，该法可分为正则摄动和奇异摄动。

shensuofeng

伸缩缝（expansion and contraction joint） 将建筑物分割成两个或若干个独立单元，彼此能自由伸缩的竖向缝，通常有双墙伸缩缝、双柱伸缩缝等。它是为减轻温度变化引起的材料胀缩变形对建筑物的影响而在建筑物中预先设置的可伸缩的间隙。

shensuoyi

伸缩仪（extensometer） 测量地表两点间距离随时间变化的仪器，主要用于固体潮、地壳形变、活断层位移、地裂缝和某些工程中的伸缩观测。

shenbu diqiu wuli tance

深部地球物理探测（deep geophysical exploration） 利用地球物理学的原理和方法，探测地壳上地幔的物性结构和构造的工作。

shenceng huapo

深层滑坡（deep landslide） 滑动面深度达数十米的滑坡。一般是指滑体厚 20～50m 的滑坡。

shenceng jiaobanfa

深层搅拌法（deep mixing method） 利用水泥、石灰或其他材料作为固化剂，通过特别的深层搅拌机械，将其与地基深层土体强制搅拌，经物理—化学作用而硬化或形成整体的浆液搅拌法和粉喷搅拌法。

shenceng jiaobanzhuang fuhe diji

深层搅拌桩复合地基（deep mixing column composite foundation） 以深层搅拌桩作为竖向增强体的复合地基。

shenceng pingban hezai shiyan

深层平板荷载试验（deep plate loading test） 试坑（孔）直径等于承压板直径，承压板周边有超载，模拟半无限体内部加载，在深井中且深度不小于 5m 处进行的平板荷载试验。

shencengtu jiagu

深层土加固（deep soil stabilization） 地基加固达到压缩层影响深度的振冲、深层搅拌、挤密桩、爆扩桩、旋喷等深层土的处理方法。

S

shendaduanlie

深大断裂 （deep fracture）　规模巨大、向地下深切而且发育时间较长的区域性断裂，也称深断裂。切割深度可达下地壳，甚至切穿地壳伸入地幔。区域延伸可上百千米乃至上千千米。该类型的断裂一般是各级区域构造单元的分界，把地壳分割成运动特点和构造各不相同的地块，并与构造单元相应发展，或在不同构造时期一再活动。该断裂的主要标志有：大规模的挤压破碎带、两侧沉积作用有显著区别、沿线有各种岩浆作用和动力变质、沿线有各种地貌特征（断裂谷、断层崖）以及区域性地球物理异常等。

shendizhen ceshen

深地震测深 （deep seismic sounding）　利用人工激发的地震波折射记录和临界反射记录，探测地壳上地幔的速度结构的地震探测工作。

shenduanlie

深断裂 （deep fracture）　见【深大断裂】

shenhai niantu

深海黏土 （dep-sea clay）　在碳酸盐补偿深度（CCD）以下的深海环境里形成的远洋相黏土级碎屑沉积物。一般为红色或棕红色。

shenhai pingyuan

深海平原 （abyssal plain）　大洋盆地中特别平坦的部分。底部坡度为 1/10000～1/1000，地壳厚度为 6～8km，属大洋型地壳。盆地中沉积物平均堆积厚度为 1km。沉积物来源于大陆架，由浊流通过大陆坡堆积于大洋盆地中的最低部位。深海平原最常见于大陆隆的向海一侧，终止于深海丘陵的向陆一侧。在有海槽存在的地方常有槽底深海平原存在，而在海槽向海一侧，缺乏深海平原。深海平原也可突然终止于有深海隙出现的地方。在大洋岛屿或群岛岸外的深海平原称为群岛平原。中国南海中部深海平原，纵向约 1500km，最宽处约为 825km，地形自西北向东南微倾，平原北部水深为 3400m，向南部增至 4200m，平均坡度极小。

shenhai qiuling

深海丘陵 （abyssal hill）　分布于水深 3000～6000m 处，位于大陆隆基向平缓的深海平原过渡地区，孤立或成群出现，少数散布在深海平原之上的底原起伏较小，相对高度一般在 50～300m 的海底隆起，也称海底丘陵。大多基岩裸露或覆有薄层沉积。在大西洋中，深海丘陵区平行大西洋中脊的两侧延伸，长度几乎等同中脊。在太平洋，由于其周缘的海沟拦截，陆源物质难以到达大洋盆地，因而深海丘陵发育困难。

shenhai ruanni

深海软泥 （abyssal ooze）　硅质或钙质生物组分含量在 30% 以上的一种远洋沉积物。非生物组分主要为黏土级的碎屑。按化学成分可分为钙质软泥和硅质软泥；按生物类型可分为放射虫软泥、硅藻软泥、抱球虫软泥、有孔虫软泥和翼足类软泥等。

shenhaisha

深海砂 （deep sea sand）　在深海底部的砂质沉积物。研究表明，深海砂需要亿万年的时间堆积而成。

shenjichu

深基础 （deep foundation）　埋置的深度超过 5m，或超过基底最小宽度，在其承载力中计入基础侧壁岩土摩阻力的基础。

shenjingfa

深井法 （deep well method）　在透水层中挖掘深井，汲水以降低地下水位，防止涌水，减小地下水压力的一种工程措施。

shenkong baopo

深孔爆破 （deep-hole blasting）　炮孔直径大于 50m，并且深度大于 5m 的爆破作业。

shenliang

深梁 （deep beam）　跨高比小于 2 的简支梁和跨高比小于 2.5 的多跨连续梁。它的变形不再符合一般平截面假定，受力分析比一般梁更为复杂。

shenshi jinshuikou

深式进水口 （deep water intake）　从水库水面下一定深度处引水的水工隧洞或坝下埋管的水工建筑物。

shenshouwan goujian

深受弯构件 （deep flexural member）　跨高比小于 5 的受弯构件，多出现在框架-剪力墙、剪力墙结构中的连梁、框支梁等构件中。该构件在承受重型荷载的现代混凝土结构中得到广泛应用，其内力及设计方法与一般受弯构件有显著差别。另外，柱下独立两桩承台，当桩距与承台有效高度之比小于 5 时，其受力性能亦属深受弯构件范畴。

shengyuan dizhen

深源地震 （deep focus earthquake）　震源深度大于 300km 的地震，也称深震。到目前为止，已知的最深的地震震源是 720km。深源地震约占地震总数的 4%，所释放的能量约占地震总释放能量的 3%。深源地震大多分布于太平洋一带的深海沟附近。该地震一般不会造成灾害。

shenzhen

深震 （deep earthquake）　见【深源地震】

shenjing wangluo

神经网络（neural networks） 利用计算机模拟人脑信息处理机制的网络系统，是人工神经网络的简称。神经网络由大量简单的神经元相互连接构成，虽不是人脑神经系统的逼真复制，但具有人脑功能的若干特征，可进行学习、记忆、识别和推理等活动。神经网络涉及神经学、数学、物理学、心理学、生物学、认知科学和仿生学知识，是人工智能最活跃的研究领域之一。

shenjing wangluo de xunlian

神经网络的训练（training of neural networks） 调整神经网络中神经元间的连接权使之达到应用目标的过程和算法。神经网络经学习训练后方可应用，采用不同的连接权调整方式形成不同的学习算法，连接权调整方式一般可分为有教师学习（即监督学习）和无教师学习两大类。其中，有教师学习需要提供由输入—输出对组成的样本集，通过权值调整，最终反映正确的输入—输出关系，学习过程中需要教师监督。无教师学习只利用输入样本而无输出信息，网络在学习过程中自动提取输入数据的特征并确定输出分类，具有自组织特征。

shenjing wangluo jiegou

神经网络结构（neural networks architecture） 模仿人类神经系统、由若干人工神经元互相连接组成的拓扑关系。人类神经元由细胞体、树突、轴突组成。细胞体的细胞膜内外存在电位差，该电位差可因输入信号的强弱而变化。树突是由细胞体向外伸出的枝状突起，可接受周边神经细胞传来的冲动。轴突是由细胞体伸出的长神经纤维，可通过轴突末梢向其他神经细胞输出冲动。神经元的轴突末梢和另一个神经元的树突或细胞体之间可实现信号传递和转换，冲动的传递存在延时和不应期，且具有时空整合性，神经元具有可塑性。上述功能的结合使神经元能够学习、遗忘和疲劳。

shenchang zhouqi dizhen

甚长周期地震（very long-period earthquake） 火山地震中波形的优势周期约为 10s 的长周期地震，也称甚低频地震。

shenkuandai dizhenyi

甚宽带地震仪（very broadband seismograph） 工作频带的低频端在 0.003～0.01Hz 内，高频端在 20Hz 或 20Hz 以上的地震仪。

shenkuanpindai fufankui dizhenji

甚宽频带负反馈地震计（very broadband feedback seismometer） 用于观测地面运动，其频带的低频端的周期在 100s 以上，并带有输出信号负反馈的地震计。

shenjing

渗径（seepage path） 地下水渗透水通过土体流动的路径。在水利工程中，是指发生渗流时的路线走向。

shenliu

渗流（seepage flow） 泛指液体通过多孔介质的流动。在岩土工程中，是指地下水在岩土孔隙和空隙中的运动。

shenliu chang

渗流场（seepage field） 表征地下水在岩土孔隙和空隙中渗流的物理场。岩土体中的孔隙、裂隙既是地下水的通道，又是地下水的赋存空间。该场影响着地质体的变形破坏及工程地质的稳定性，是地下水科学和岩土工程研究的重点问题之一。

shenliu li

渗流力（seepage force） 见【渗透力】

shenliu lianxu fangcheng

渗流连续方程（continuity equation of seepage） 描述渗流区中任一微单元体内，流体质量变化与流入微单元体及流出微单元体的流体质量之差的关系方程。

shenru zhujiangfa

渗入注浆法（seep-in grouting method） 以较小的注浆压力或浆液自重，通过注浆孔将浆液注入岩土裂缝或孔隙中的注浆方法。

shenshui shiyan

渗水试验（infiltration test） 见【渗透试验】

shentou bianxing

渗透变形（seepage deformation） 在渗流力作用下发生的土粒或土体移动的管涌和流土现象。

shentouli

渗透力（seepage force） 流体通过多孔介质渗透时，作用于岩土骨架且方向与流向一致的体积力。或在有渗流的土体中，单位体积土骨架受到的渗透水流的推动和拖曳力，也称渗流力、渗透压力。

shentou pohuai

渗透破坏（seepage failure） 土体骨架由于渗透力作用而发生的破坏现象，主要包括流土和管涌。

shentou shiyan

渗透试验（permeability test） 测定土体渗透系数的试验，分为室内试验和野外试验两大类。按试验原理，其大

S

体可分为"常水头法"和"变水头法"两种。野外进行的渗透试验又叫渗水试验，一般采用试坑渗水试验，是野外测定包气带松散层和岩层渗透系数的简易方法。试坑渗水试验常采用的是试坑法、单环法和双环法。

shentou sudu

渗透速度（seepage velocity） 渗流通过包括岩土体固体面积在内的全部过水断面的假想流速，也称达西流速。

shentou tanshang

渗透探伤（penetrant testing） 利用毛细现象，采用渗透剂来检测材料表面裂纹的方法。最早利用具有渗透能力的煤油来检查机车零件的裂缝。20 世纪 40 年代初期美国斯威策（R. C. Switzer）发明了荧光渗透液。这种渗透液在第二次世界大战期间，大量用于检查军用飞机轻合金零件，渗透探伤便成为主要的无损检测手段之一，获得广泛应用，目前已有多种渗透探伤方法。

shentou xishu

渗透系数（coefficient of permeability） 水力梯度为 1 时，地下水在介质中的渗透速度。相当于在单位水力坡度作用下，通过透水层单位过水面积上的流量，为含水层透水性的参数，是反映土渗透能力的系数。该系数越大，岩土的透水性越强。通常，强透水的粗砂砾石层的渗透系数大于 10m/昼夜；弱透水的亚砂土的渗透系数为 1～0.01m/昼夜；不透水的黏土的渗透系数小于 0.001m/昼夜。

shentouxing

渗透性（permeability） 岩土体裂隙和孔隙通过流体的能力，也称透水性。常以渗透系数来度量。

shentou yafa

渗透压法（membrane osmometry） 利用半透膜的渗透压力，使软土脱水，促进压密，而不需施加超载的地基处理方法。

shentouyali

渗透压力（seepage force） 见【渗透力】

shengchuanji

升船机（ship elevator） 在通航水道上有水位集中落差的地区，用机械或水力方法驱动升降船舶，使船舶在水位落差处通过拦河坝的一种过船建筑物。

shengjiangji

升降机（lift） 在垂直上下通道上载运人或货物升降的平台或半封闭平台的提升机械设备或装置。由行走机构、液压机构、电动控制机构、支撑机构组成。在房屋建筑施工中，常用的有钢丝绳或齿轮齿条驱动两种类型的升降机。

shengbo

生波（stationary wave） 两个振幅相同的相干波，在同一直线上，沿相反方向传播时，叠加后形成的波，也称驻波。它是由波节和波腹相间组成的波，始终静止不动的各点称为波节，振幅有最大值的各点称为波腹，振幅随位置作余弦式的变化。沿着相反的大圆路径到达震中的对跖点的地震面波便会相互叠加形成生波。

shengming souxun yu jiuzhu

生命搜寻与救助（post-earthquake search and rescue） 破坏性地震发生后搜寻并收容幸存者，实行急救和基本医疗援助的过程。这是破坏性地震发生后，挽救生命最重要的救援环节。

shengmingxian gongcheng

生命线工程（lifeline engineering） 维系城市与区域的经济、社会功能的基础性工程设施与系统，主要包括电力、交通、通信、给排水、燃气热力、供油等系统。

shengmingxian gongcheng kangzhen

生命线工程抗震（earthquake resistance for lifeline engineering） 生命线系统和所属工程结构地震反应分析理论和方法、抗震设计和抗震措施的相关研究和应用。生命线工程主要包括电力（水电、火电、核电）、交通（公路、铁路、轻轨、水运、航空）、通信（有线、无线、广播、电视、计算机网络）、供水、排水和供气（燃气）等子系统；更广义的理解还包括输油系统、供热系统，核电站、大坝、桥梁等重要工程设施。生命线系统和基础设施内涵的差异不甚明确，在许多场合两者的含义相同，也有认为生命线系统属于基础设施。我国生命线工程抗震是在 1976 年唐山大地震后引起广泛重视并取得迅速发展的。20 世纪 70 年代以后编制和完善了各类生命线工程抗震设计、抗震鉴定和加固技术规范，广泛开展了震害预测以及应急管理和处置技术系统的研究。

shengmingxian gongcheng kangzhen jianding

生命线工程抗震鉴定（seismic evaluation of lifelines） 按规定的抗震设防要求，对现有生命线工程抗震安全性的评估。生命线工程一般包括给排水、供气、热力、电力管线和管网，以及交通运输系统和通信系统等。生命线工程中的建筑物，如泵房、加压站、厂房、控制楼、调度楼、车站及候机厅等，均应满足国家标准 GB 50023—2009《建筑抗震鉴定标准》的相关技术要求；生命线工程中的构筑物，如储水池、水塔、烟囱、变电构架、设备基础等，均应满足国家标准 GBJ 117—88《工业构筑物抗震鉴定标准》等技术规范的要求；生命线工程中的设备，如塔、炉、罐、电器设备、通信设备等，应满足行业标准《工业设备抗震鉴定加固标准（试行）》（1979）和 SY 4063—93《电气设施抗震鉴定技术标准》等技术规范的要求。

S

shengmingxian gongcheng pohuai

生命线工程破坏（lifeline damage）　生命线工程在地震等灾害中所遭受的破坏。地震对生命线工程的破坏主要有：公路、铁路、机场等由于被地震摧毁而造成交通中断；通信设施、互联网络被地震破坏造成信息灾难；城市中与人民生活密切相关的电厂、水厂、煤气厂和各种管线被地震破坏造成大面积停水、停电、停气；由于城市瘫痪，卫生状况的恶化还能造成疫病流行等。

shengmingxian gongcheng xitong

生命线工程系统（lifeline engineering system）　能源（电、气、油、热）供应、通信、交通、供水等工程系统的总称，简称生命线系统。它是由分送资源、输送人员与货物以及传送信息组成的复杂系统，包括电力、煤气、热力，以及液体燃料等的发生、输送和供给的能源系统；电报、电话、电传、广播、电视、邮政及报纸等传送信息的通信系统；城市道路、公路、铁路、机场、码头等运输系统；供水、排水、液体废料及固体垃圾排放等卫生系统。

shengmingxian xitong

生命线系统（lifeline system）　见【生命线工程系统】

shengmingxian xitong dizhen jinji chuzhi xitong

生命线系统地震紧急处置系统（seismic emergency handling system for lifeline system）　实时监测地震动和结构地震反应信息，经综合评定决策后迅速采取措施、减轻生命线系统地震灾害的自动操作系统。

shengmingxian xitong zhenhai

生命线系统震害（earthquake damage of lifeline system）　生命线系统在地震时遭到的损坏。生命线子系统的构成、功能、设施、设备和结构类型各不相同，地震破坏机理和震害也有差别，需要分别加以研究；生命线工程设施是网络系统，若某个元件（节点）破坏而不能工作，就会中断整个系统的正常运行；生命线系统的规模和复杂程度随人口密度的增大而增加，震害的后果严重；生命线工程结构和设施往往结构复杂特殊，抗震分析需要更复杂的理论和模型。

shengtai chengshi

生态城市（eco-city）　按照生态学的原则，运用系统工程方法，采取合理的生产和消费方式、决策和管理方法建立的社会经济与自然环境协调发展的城市。在已经工业化的城市，要通过生态化改造，尽量减少工业化带来的弊端；正在工业化的城市，要尽可能使生态化与工业化同步发展。

shengtu fangwu

生土房屋（earth structure buildings）　以未经焙烧的土构成承重和抗侧力体系的房屋。生土房屋是人类历史上曾经长期使用的传统的房屋结构形式之一，具有取材方便、造价低廉、施工简单、保温效果较好的特点。但天然土料强度较低、砌筑方法亦受限制，故此类房屋抗震能力较低。因地区特点和传统建筑习惯的不同，中国生土房屋具多种形式，主要包括土坯墙房屋、灰土墙房屋、夯土墙房屋、土窑洞和土坯拱房屋等。

shengtu fangwu zhenhai

生土房屋震害（earthquake damage of adobe houses）　生土房屋遭到地震的损坏。生土材料强度低，房屋施工粗陋，抗震性能很差，在地震中普遍破坏严重。地震破坏的常见形式有：纵墙与横墙连接处开裂、墙体外闪乃至倒塌；局部墙体破碎倒塌，以两端山墙破坏和山尖塌落为常见；屋顶过重引起大的水平惯性作用，导致墙体开裂坍塌，屋盖丧失支承造成墙倒屋塌，此类破坏常见于硬山搁檩土筑房屋；里层土坯、外层砖砌筑的墙体（俗称"外砖里坯"、"外熟里生"），因砖、坯间连接甚弱，且两者变形不一致，地震中很容易破坏。

shengtu fangwu zhenhai juzhen

生土房屋震害矩阵（earthquake damage matrix of raw soil wall house）　由现场震害调查给出的不同地震烈度下，生土房屋不同破坏等级的比例。1966 年邢台地震和 1989 年山西大同-阳高地震在现场调查后，都给出了生土房屋的震害矩阵。

shengtu jiegou

生土结构（raw soil structure）　由生土墙、土坯墙或夯土墙作为建筑物主要受力构件的结构。

shengtu jiegou fangwu

生土结构房屋（raw soil structure）　由生土墙（土坯墙或夯土墙）作为主要承重构件的木楼（屋）盖房屋，主要指土坯墙和夯土墙承重房屋。

shengbo cejing

声波测井（acoustic logging）　在井孔中利用声波发射换能器探测岩土声学特性的方法。声波在不同介质中传播时，速度、幅度及频率的变化等声学特性也不相同。岩土工程中常利用岩石的这些声学性质来研究钻井的地质剖面，判断固井质量。

shengbo tance

声波探测（acoustic exploration）　利用仪器向岩土体内发射声波或超声波，由接受系统测得波速、振幅和频率，根据波在弹性体中的传播规律，分析、判释被测岩土体性状和确定力学参数的地球物理探测方法。

shengbo tancefa shiyan

声波探测法实验（acoustic wave exploration test）　向样品或构件内发射人工源激发的声波信号，通过不同点的接收，研究波的传播和介质结构的实验方法。

S

shengbo toushefa

声波透射法（cross hole sonic logging） 在桩身预埋的声测管之间发射并接收声波，通过实测声波在混凝土介质中传播的声时、频率和波幅衰减等声学参数的相对变化，对桩身完整性进行检测的方法，也称声波透射法检测。

shengfashe

声发射（acoustic emission） 材料或构件在受力过程中产生变形或裂纹时，以弹性波形式释放出应变能的现象，也称应力波发射。

shengfashefa

声发射法（acoustic emission method） 基于声发射现象开发的无损检测方法。声发射设备一般由探头和声发射仪器构成。常用的声发射仪器可分为单双通道检测仪和多通道声发射系统两种基本类型。声发射技术广泛应用于化工、运输、电力、能源、机械、航空航天、地震地质等领域。在土木工程中，声发射技术可用于对钢构件和混凝土构件的损伤探测。

shengfashe jishu

声发射技术（acoustic emission technique） 利用接收声发射信号，对材料或构件进行动态无损检测的技术，最简单的声发射仪器是单通道声发射仪。

shengsu

声速（speed of sound） 声波在介质中的传播速度，用符号 c 表示，也称音速。其大小因媒质的性质和状态而异。空气中的声速在 1 个标准大气压和 15℃ 的条件下约为 340m/s。本质上，声速是介质中微弱压强扰动的传播速度，它可以利用介质的密度和体积弹性模量通过计算获得。声速等于介质的体积弹性模量除以介质的密度再开方。

shengxue tance

声学探测（acoustic prospecting） 借仪器向岩土体内发射声（或超声）波，由接受系统测得波速、振幅和频率，根据波在弹性体中的传播规律，分析、判释被测岩土体性状和确定其有关岩土体力学参数的一种物理勘探方法。

shengsuo quxin zuanjin

绳索取芯钻进（wire-line core drilling） 利用带绳索的打捞器，以不提钻方式从钻杆内取出岩芯容纳管的钻进方法。

sheng'andeliesi duanceng

圣安德烈斯断层（San Andreas fault） 在北美西部太平洋东岸的一条长达 1000km 以上的走向滑动大断层。其中部分地段和分支一直在持续不断地蠕动，在旧金山南约 150km 的霍利斯特附近，因断层右旋蠕动错动了人行道、墙壁、楼板和篱笆。美国在帕克菲尔德建立了地震监测试验场，设置几十乃至几百个地震观测仪、蠕变仪、断层气测点等。根据仪器测定，断层蠕变量每年达几厘米。R. E. Wallace 研究该断层的地震重复间隔得出，在这一断裂带上，8.0 级地震重复间隔可能在 50～200 年。有人认为，这个断层是连结东太平洋洋隆和胡安德富卡海岭之间的一个转换断层。

shengweinan yuanli

圣维南原理（Saint-Venant's principle） 弹性力学中一个说明局部荷载效应的原理，它是法国力学家圣维南（Adhémar Jean Claude Barré de Saint-Venant）于 1855 年提出的。其内容可表述为：分布于弹性体上一小块面积（或体积）内的荷载所引起的物体中的应力，在离荷载作用区稍远的地方，基本上只同荷载的合力和合力矩有关；荷载的具体分布只影响荷载作用区附近的应力分布。还有一种等价的提法是：如果作用在弹性体某一小块面积（或体积）上的荷载的合力和合力矩都等于零，则在远离荷载作用区的地方，应力就小得几乎等于零。研究表明，在大部分实际问题中都证明了圣维南原理的正确性。

shengyu shixianliang

剩余湿陷量（remnant collapse） 将湿陷性黄土地基湿陷量的计算值（总湿陷量），减去基底下拟处理土层的湿陷量。总湿陷量是指湿陷性黄土地基在一定压力和充分浸水条件下，下沉稳定为止的变形量。

shengyu tuilifa

剩余推力法（residual thrust method） 见【传递系数法】

shiwen

失稳（failure） 稳定性失效或丧失。在结构工程中是指受力构件丧失保持稳定平衡的能力，如结构或构件的长细比（或构件长度和截面边长之比）过大而在不大的作用力下突然发生作用力平面外的极大变形而不能保持平衡的现象。在岩土工程中，是指边坡发生滑动、溃屈、倾倒、崩塌、坍塌、拉裂和流动的现象。

shiwen bianpo

失稳边坡（unstable slope） 处于正在滑动、溃屈、倾倒、崩塌、坍塌、拉裂或流动的边坡。该类边坡常形成地质灾害。

shixiao gailü

失效概率（failure probability） 结构或地基基础不能完成预定功能的概率，可通过对构件的荷载效应和抗力分布的统计，用可靠指标来计算。

shizhendu celiang

失真度测量（distortion measurement） 对拾振器等振动系统谐波失真程度的确认。在纯正弦信号作用下振动系统输出信号中出现新的谐波成分称为谐波失真，也称非线性失真。谐波失真的程度可用失真度（失真系数）表示，强震仪、拾振器及其他电声仪器设备的失真度应尽量小。

shigong changdi guanli

施工场地管理（site control in construction）　对施工现场总平面图的执行所做的控制和管理。凡属总图管理范围内的一切设施，包括施工用地、临时道路、临时给排水管道、输电线路、暂设工程、通信设施、测量网点，以及材料、设备、构件堆场等，都必须严格遵守施工组织设计和施工总平面图的要求和规定，具体布置。

shigong dinge

施工定额（construction norm）　编制施工预算制定的每一单位分项工程的人工、材料和建筑企业为机械台班耗用的数量标准。它是建筑企业编制施工组织设计、施工作业计划，以及向班组签发施工任务单和限额领料单的基本依据。我国常用的编制方法是：建筑企业参照全国建筑安装工程统一劳动定额、统计或实测资料，以及根据各自的技术经济条件，按平均原则分别制定施工定额中的人工、材料和机械台班的耗用量，并在情况变化时进行调整。施工定额只在企业内部使用，不具有经济法规的性质。

shigongfeng

施工缝（construction joint）　混凝土施工时，由于技术上或施工组织上的原因，不能一次连续灌注时，而在结构的规定位置留置的搭接面或后浇带。

shigong gongqi

施工工期（construction period）　施工的工程从开工起到完成承包合同规定的全部内容，达到竣工验收标准所经历的时间，以天数表示。它是建筑企业重要的核算指标之一。计算施工工期有两种方法：一是从开工到竣工按全部日历天数计算，不扣除停工日数，称为"日历工期"；二是从全部日历天数中扣除节假日未施工的天数及因设计、材料、气候等原因停工的天数，称为"实际工期"。一般承包合同规定采用日历工期，以便检查合同的执行情况；实际工期由于排除了客观因素的影响，以便分析工期定额执行的情况。

shigong hezai

施工荷载（site load）　施工阶段施加在结构或构件上的临时荷载，如结构重力、施工设备、风力和施工人员等。

shigong jietou

施工接头（panel joint）　地下连续墙施工时，为保证不渗水并能满足相邻槽段之间传递荷载，相邻单元槽段之间设置的构造接头。

shigong kancha

施工勘察（investigation during construction）　对岩土工程条件复杂或有特殊使用要求的建筑物地基，要在施工过程中现场检验、补充或在基础施工中发现岩土工程条件有变化，或与勘察资料不符时进行的补充勘察。

shigongtu sheji

施工图设计（working drawing）　在已批准的初步设计文件基础上进行的深化设计，提出各有关专业详细的设计图纸，以满足设备材料采购、非标准设备制作和施工的需要。

shigongtu yusuan

施工图预算（working drawing budget）　根据施工图设计文件和建筑工程预算定额编制的工程项目建设费用的详细预算，是施工图设计文件的组成部分。

shigong zhiliang kongzhi dengji

施工质量控制等级（category of construction quality control）　根据施工现场的质保体系、砂浆和混凝土的强度、砌筑工人技术等级综合水平划分的砌体施工质量控制级别。

shimitewang

施密特网（Schmidt net）　一种等面积投影。球面上的面积相等的区域投影到平面后仍保持面积相等。采用该投影，网上的图形分布相对比较均匀。

shidu xishu

湿度系数（humidity coefficient）　在自然气候影响下，地表下 1m 处土层含水量可能达到的最小值与其塑限值之比。

shihua

湿化（slaking）　在水中，黏性土由于结构联结和强度的丧失而崩解离散的性状。

shihuaxing

湿化性（slaking property）　见【崩解性】

shixian bianxing

湿陷变形（collapse deformation）　湿陷性黄土或具有湿陷性的其他土（如欠压实的素填土、杂填土等），在一定压力下变形稳定后，受水浸湿后所产生的附加变形量。

shixian dengji

湿陷等级（grade of collapsibility）　根据湿陷变形量、自重湿陷变形量计算值等确定的湿陷性土的湿陷程度。等级划分的具体方法是按规定的压力求出湿陷系数，根据基底下各土层累计的总湿陷量和计算自重湿陷量的大小等因素对湿陷性黄土地基进行划分的等级。

shixianliang

湿陷量（collapsibility）　湿陷性黄土在充分浸水条件下，下沉稳定的变形量。分为总湿陷量和自重湿陷量。总湿陷

S

量是指湿陷性黄土地基在一定压力和充分浸水条件下，下沉稳定为止的变形量；自重湿陷量是指湿陷性黄土地基在自重压力和充分浸水条件下，下沉稳定的变形量。

shixianliang de jisuanzhi

湿陷量的计算值（computed collapse）　采用室内压缩试验，根据不同深度的湿陷性黄土试样的湿陷系数，考虑现场条件计算而得的湿陷量的累计值。

shixian qishi yali

湿陷起始压力（initial collapse pressure）　湿陷性土发生湿陷的最小压力，即湿陷性土浸水饱和后开始出现湿陷时的压力。它是判定黄土是否发生自重湿陷、自重湿陷深度以及在外荷作用下是否发生非自重湿陷的依据。

shixian qishi yali shiyan

湿陷起始压力试验（initial collapsing pressure test）　利用固结仪测定湿陷性土试样的湿陷系数为 0.015 时所对应压力的试验。黄土湿陷起始压力是湿陷性黄土发生湿陷时的最小压力值，该值的大小与土的黏粒含量、天然含水率和密度有关。可根据湿陷系数与压力的关系曲线，找出对应于湿陷系数为 0.015 的压力作为湿陷起始压力。室内试验可用单线法压缩试验和双线法压缩试验确定；现场试验可用单线法静荷载试验和双线法静荷载试验确定。

shixian xishu

湿陷系数（coefficient of collapsibility）　湿陷性土试样在一定压力作用下变形稳定后，浸水饱和时单位厚度所产生的附加变形。

shixian xishu shiyan

湿陷系数试验（coefficient of collapsibility test）　用固结仪测定湿陷性土试样在一定压力下的湿陷量与试样原始高度之比的试验。

shixianxing

湿陷性（collapsibility）　土受水浸湿后，在自重或附加压力作用下结构迅速崩解发生突然下沉的性状，是黄土最显著的特征。

shixianxing huangtu

湿陷性黄土（collapsible loess）　在一定压力下受水浸湿，土的结构迅速破坏，并产生显著附加下沉的黄土。

shixianxing huangtu diji

湿陷性黄土地基（collapsible loess foundation）　由湿陷性黄土构成的地基。该地基的最大问题是变形，包括压缩变形和湿陷变形。该类地基一般应选择合适的方法进行地基处理。

shixianxing tu

湿陷性土（collapsible soil）　结构疏松、胶结微弱，在一定压力下浸水时，结构迅速破坏而发生显著附加下沉的土。

shiziban jianqie shiyan

十字板剪切试验（vane test）　以一定的速率扭转插入软土中的十字形翼板，测定土破坏时的抵抗力矩，求算不排水抗剪强度的原位测试，简称十字板试验。

shizijiaocha tiaoxing jichu

十字交叉条形基础（crossed strip foundation）　纵横两向柱列下条形基础构成的呈十字交叉形状的整体基础。该基础适合于地基较软弱，承载力低，上部荷载较大或地基局部软弱地带以及荷载不均匀、上部结构对基础沉降敏感等情况。

shigao

石膏（gypsum）　主要化学成分为硫酸钙的沉积岩。它是一种用途广泛的工业材料和建筑材料，可用于水泥缓凝剂、石膏建筑制品、模型制作、医用食品添加剂、硫酸生产、纸张填料、油漆填料等。它有很强的膨胀性，对建筑基础的破坏性较强。

shihua lengqueta kangzhen sheji

石化冷却塔抗震设计（seismic design of petrochemical cooling tower）　为防止和抗御地震对石化冷却塔的破坏而进行的专项设计。通常，冷却塔的支承可采用钢筋混凝土结构、钢结构或钢-混凝土组合结构。设防烈度为 7 度、场地为Ⅰ、Ⅱ类的冷却塔，设防烈度为 7、8 度、深度小于 2.5m 的塔下水池可不做抗震验算，但应满足抗震构造措施要求。冷却塔的支承结构和塔下水池应分别满足框排架结构和水池的抗震构造措施要求，冷却塔的围护结构与支承结构应有可靠连接。可采用振型叠加反应谱法来计算冷却塔的水平地震作用，至少考虑 3 个振型。根据地震作用计算结果进行构件强度验算。

shihua shebei jichu kangzhen sheji

石化设备基础抗震设计（seismic design of petrochemical facility base）　石化设备基础针对地震荷载开展的设计工作。石化设备基础含塔型设备基础，反应器、再生器的框架基础，常压立式圆筒形储罐基础，球罐基础，冷换设备和卧式容器基础，管式炉基础，裂解炉炉架及基础等，一般采用钢筋混凝土结构或钢结构。对应不同的设备支承结构形式，基础可采用独立式或环墙式。国家标准 GB 50191—2012《构筑物抗震设计规范》和行业标准 SH/T 3147—2014《石油化工构筑物抗震设计规范》规定了石化设备基础的抗震要求。

shihua shebei kangzhen jianding

石化设备抗震鉴定（seismic evaluation of petrochemical equipment） 按照规定的抗震设防要求，对现有石化工业设备抗震安全性的评估。石化设备种类繁多、结构类型各异，行业标准 SH 3001—2005《石油化工设备抗震鉴定标准》规定了常见石化设备抗震鉴定的要求。

shihui

石灰（lime） 一种以氧化钙为主要成分的气硬性无机胶凝材料。它是用石灰石、白云石、白垩、贝壳等碳酸钙含量高的原料，经 $900\sim1100℃$ 煅烧而成，是人类最早应用的胶凝材料。它在土木工程中应用范围很广，在我国还可用于医药方面。

shihuiyan

石灰岩（limestone） 方解石含量在 50% 以上的一种碳酸盐岩，具碎屑结构、生物结构和结晶结构，一般为层状或块状构造。各类层理均可见及，并可见叠层石、生物礁、生物丘等特殊沉积构造，有少量陆源碎屑的混入物，主要为海相。广泛分布于前寒武纪以来的各时代的海相地层中。有些湖相沉积物中亦见淡水石灰岩。现代碳酸盐沉积主要为高镁方解石和霰石。石灰岩的岩石类型复杂多样，但以颗粒结构的石灰岩为主。主要的颗粒组分有内碎屑、缩粒、团粒、骨屑和团块。主要的胶结组分为亮晶和泥晶方解石。一般按成因、成分和结构进行多级分类。石灰岩对成岩作用较为敏感。常常发生重结晶作用、矿物相的转变和白云岩化作用，形成结晶结构和交代结构。石灰岩是一种重要矿产，也是油气的储集岩和许多热液矿床的围岩。

shihuizhuangfa

石灰桩法（lime column method） 机械成孔后，填入生石灰和掺和料，压实形成桩体，生石灰熟化吸水膨胀，挤密桩间土，并形成竖向增强体的地基处理方法。

shihuizhuang fuhe diji

石灰桩复合地基（lime column composite foundation） 以生石灰为主要黏结材料形成的石灰桩作为竖向增强体的复合地基。

shijiegou

石结构（stone structure） 以石材为主构成的结构。该结构主要用于低矮单层的民用房屋，在中国建筑中有悠久的历史。

shijiegou fangwu

石结构房屋（stone houses） 以石材砌筑的墙体构成承重和抗侧力体系的砌体结构房屋。石结构是人类历史上长期使用的传统的房屋结构形式之一，具有就地取材、造价低廉、施工简单、材料强度高等特点；设计合理、施工质量良好的石结构房屋有一定抗震能力。

shijiegou fangwu zhenhai

石结构房屋震害（earthquake damage of stone houses） 石结构房屋遭到地震的损坏。石结构房屋是以料石、毛石、卵石、条石等砌筑的墙体承重的房屋，也称石砌房屋。其震害现象与黏土砖房震害类似。我国各地的石砌房屋结构形式不同，多为单层民居；在福建省南部，条石砌筑的房屋可达三层或更高，是当地普遍使用的传统民居。

shiliao

石料（stone material） 可应用于工程建筑的岩石。一般泛指所有的能作为材料的石头，如花岗岩、页岩、泥板岩等。堆石、砌石、石渣也是石料。

shiqiti

石砌体（stone masonry） 用石材和砂浆或用石材和混凝土砌筑成的整体材料。石材较易就地取材，在产石地区采用石砌体比较经济，应用较为广泛。在工程中石砌体主要用作受压构件，可用作一般民用房屋的承重墙、柱和基础。

shiqiao

石桥（stone bridge） 用石料建造的桥梁。有石梁桥和石拱桥，在我国历史悠久。我国历史上著名的石梁桥有洛阳桥和虎渡桥。由于石梁抗弯能力较差，现已只能在人行桥或涵洞中使用；石拱桥不仅在历史上有过辉煌成就，在现代铁路和公路桥上也发挥一定作用。著名的中国河北赵州桥至今仍然完好。中华人民共和国成立后，在 20 世纪 50～60 年代修建了大量的铁路石拱桥。在中国山区的公路，石拱桥一直是一种常用的桥型，最大跨度已达 116m。

shisun

石笋（stalagmite） 由落到溶洞洞底的滴水形成的自下向上增长的碳酸钙沉淀物。

shitanji

石炭纪（Carboniferous Period） 古生代第五个纪。"石炭纪"一名最初创用于英国，由于这个时期的地层中蕴藏着丰富的煤矿藏，故得名。开始于距今约 3.59 亿年，延续了6000 万年。石炭纪陆生生物进一步发展，以植物界的空前繁盛为其特点。对应的地质年代单位为石炭系。石炭系一般两分，在中国和欧洲称为下统和上统，在美洲则作为两个亚系，即密西西比亚系和宾夕法尼亚亚系。

shiya

石芽（clint） 由于地面水的溶蚀和冲蚀，残留在地面或被掩埋的狭窄的芽状突起岩体。

shiying

石英（quartz） 一种矿物名称。其化学成分 SiO_2，Si 的含量约为 46.7%，主要包括三方晶系的低温石英（α-石英）和六方晶系的高温石英（β-石英），一般所称石英均

S

指低温石英，晶体呈六方柱状，柱面具横纹，有左晶和右晶的区别，双晶很普遍；常呈晶簇或粒状、块状集合体。一般为无色、乳白色或灰色，因含杂质可呈不同颜色，玻璃光泽，硬度为7，密度为 $2.65 \sim 2.66g/cm^3$，无解理，断口贝壳状，具旋光性和压电性。在自然界分布极广，是许多岩石中最主要的造岩矿物之一，也存在于伟晶岩晶洞和热液脉中。

shiying shayan

石英砂岩（quartz sandstone） 颗粒支撑、杂基含量小于15%、碎屑组分中石英的含量在95%以上，成分成熟度和结构成熟度均很高的一种砂岩。约占砂岩总量的三分之一。碎屑组分主要为单晶石英，含少量长石和岩屑；胶结物以硅质或钙质居多。岩石分选良好，颗粒磨圆度高。石英常具次生加大现象。一般呈稳定层状产出，常见波痕和交错层理等沉积构造。产于构造上相对稳定的地区。

shiyingyan

石英岩（quartzite） 主要由石英组成的变质岩（石英岩含量大于85%），是石英砂岩或硅质岩经变质作用形成。主要矿物为石英，可含有云母类矿物及赤铁矿、针铁矿等。

shizhu

石柱（stalactite column） 钟乳石向下增长，与对应的向上增长的石笋相连后形成的柱状体。

shibian gonglüpu

时变功率谱（time-varying power spectrum） 描述非平稳随机过程强度和频率成分随时间变化的功率谱，也称渐进功率谱、演进谱。功率谱可描述随机地震动的谱特性，即组成地震动各简谐振动分量的强度分布。将地震动视为平稳随机过程，功率谱只是频率的函数，与时间无关。实际上地震动是非平稳过程，地震动的幅值和频率成分都随时间变化，此时功率谱不仅与频率有关，还随时间变化，故称时变功率谱。

shibian gonglüpu moxing

时变功率谱模型（time-varying power spectrum model）描述非平稳随机过程强度和频率成分随时间变化的数学模型。在分析实际观测记录的时变功率谱的基础上，将其平滑化后用经验函数表示，这类函数包含若干与震级、距离有关的因子以及待定系数，通过最小二乘法拟合其相关系数，可用来预测场地的频率非平稳地震动。

shibiao

时标（time scale） 强地震动模拟记录中的时间信号。该信号可因记录纸或胶卷在卷动过程中的横向移动以及冲洗处理变形等原因而产生偏差，需要平滑化处理，处理的方法与固定基线平滑化类似。

shibiao pinghuahua

时标平滑化（smoothing of time code） 对强震仪时标由机械走速不匀、记录纸和胶卷变形等原因造成的时标读数误差所采取的校正处理。时标是模拟记录中的时间信号，因记录纸或胶卷在卷动过程中的横向移动以及冲洗处理产生的变形等原因引起偏差，校正的方法是以一定的间隔对时标读数，并在每三个相邻点上作加权平均平滑化处理。处理方法与固定基线平滑化类似。

shicheng

时程（time history） 地震动某个分量的运动幅值随时间变化的过程，也称地震动时间过程。其主要有地震动加速度时程、地震动速度时程和地震动位移时程等，对地震动的特性研究具有重要意义。

shicheng fenxifa

时程分析法（time dependent analysis） 由结构基本运动方程输入地面加速度记录进行积分求解，以求得整个时间历程内结构地震反应的方法。该方法是 20 世纪 60 年代逐步发展起来的抗震分析方法，主要用以进行超高层建筑的抗震分析和工程抗震研究等；80 年代，已成为多数国家抗震设计规范或规程的分析方法之一。该方法在抗震设计中也称动态设计、逐步积分法。此法将结构所在场地的地震波作为地震动输入，由初始状态开始，逐步积分，直至地震作用结束，从而得到结构在地震作用下由静止到振动以至达到最终状态的全过程。它可以得到结构各构件在任意时刻的内力和变形，特别是在强烈地震作用下开裂乃至进入塑性时的内力和变形，发现薄弱部分，进行变形验算，控制使用阶段的变形和防止倒塌的极限层间变形。在土坡地震稳定性分析中，是指将地震动输入到土坡底部，通过时程分析地震在土坡中引起的变形、应力和孔隙水压力，并基于这些分析结果对地震时土坡的稳定性做出评估的方法。

shichuang

时窗（time window） 时域上的窗函数。在时域上截取序列信号进行分析时采用的有限长度乘子函数。窗函数对称分布，呈矩形或山丘形，窗函数的频谱称为谱窗。

shichuang fuliye bianhuan

时窗傅里叶变换（time window Fourier transform）见【窗口傅里叶变换】

shijian xulie

时间序列（time series） 由一个台站通道在一个有限时间段内连续记录下来的原始数据。连续记录的原始故据。一个连续时间序列可被任意分制成若干个时间序列。

shijian xulie fenxi

时间序列分析（time series analysis） 利用数理统计方法

S

和随机过程理论分析数据序列统计规律的理论和方法。时间序列是以均匀时间间隔顺序排列的某种现象的观测数据，也称动态序列。人体生物电、商品市场价格、太阳黑子数、传染病发病病例和结构振动响应等的观测数据都构成时间序列。这些观测数据具有两个基本特征：一是观测量只是事物的结果，现象的发生原因不明；二是观测量具有相关性，即任何时刻的观测值都受以前观测值的影响，相关性是时间序列分析的基础。时间序列分析结果可用于现象的描述、分析、预测和决策控制。

shikong jieou

时空解耦（space-time decoupling） 局部人工边界条件的一个主要特征。它是指在空间域，人工边界点运动量的计算只同该点及其周围相邻的几个节点有关；在时间域，当前时刻人工边界节点物理量的计算只同前几个时刻的物理量相关，这意味着无需求解联立方程组，大大减少计算量。大多数局部人工边界都需要采取适当措施抑制计算失稳。

shikong qianyi

时空迁移（space-time migration） 地震活动随着时间有顺序地沿着某一断裂带活动或者在断层交汇的构造带上交替进行的现象，也称震中迁移。震中的时空迁移是由断层活动的连续性决定的，一部分地区释放能量，使其他地区在应力场调整过程中发生地震。在地震预报中可以根据这类规律来推断未来大地震的发生地点。

shipinyu fenxi

时频域分析（time-frequency domain analysis） 将时域分析与频域分析相结合的进行信号分析的理论与方法。分别在时域和频域对信号进行分析，尤其是频域的分析，显然加深了对信号特征的了解。然而，频域分析方法在理论和实践中大多只适用于频率不随时间变化的平稳信号，对于非平稳信号，频域分析具有很大的局限性。例如，傅里叶分析将信号分解为一系列不同频率和相位的正弦信号的叠加，但无法识别某个频率成分在何时发生。当一个时间序列信号的特征在不同时段产生变化时，对信号整体所进行的傅里叶分析并不能揭示其变化规律。时域信号在短时间内发生突变，往往包含了重要信息，但傅里叶分析也不能对突变信号进行解释。该方法是模态参数识别的一种方法，包括小波变换方法和希尔伯特—黄变换（HHT）方法等，特别适用于非稳态信号的分析。

shiyu

时域（time domain） 在时间领域内描述和处理数学函数或物理信号对时间的关系。时表示时间，域表示范围。在地震工程中，很多现象均被当成依时间而变化的量来处理。这种处理的领域称为时间领域，简称时域。

shiyu fangfa

时域方法（time domain method） 利用结构体系振动响应的实测数据（不需要系统输入的观测数据）来识别模态参数的方法。常用分析方法有利用体系自由振动观测数据通过振动体系运动模型识别模态参数的 Ibrahim 方法，以及在其基础上开发的 ITD 法和 STD 法；只使用一个测点的脉冲响应数据求解 SISO 系统模态参数的最小二乘复指数方法（LSCE）；多参考点复指数方法（PRCE）；特征系统实现算法（ERA）和自回归滑动平均时序分析法（ARMA）等。该方法的特点和优点是直接利用体系的振动响应信号，避免了实际工程中检测系统输入的困难；无须进行傅里叶变换，可对持续工作体系的动力特性进行在线识别。

shiyu fenxi

时域分析（time domain analysis） 对信号幅值随时间变化规律所作的分析。例如，确定信号在任意时刻的瞬时值或在一定持续时间内的最大值、最小值、均值、均方根值等；通过信号的时域分解研究其稳定分量和波动分量；通过相关分析研究信号本身或相互间的相关程度；研究信号的幅值的分布状态、分析信号的幅值取值的概率及概率分布，也涉及产生时域信号的系统建模和时域信号的稳定性以及瞬态和稳态性能的研究。在地震工程中，是指当结构受到以时间为自变量的函数表示的任意激励作用时，按时间过程进行的振动分析的方法。将激励时间过程划分为许多小时段，使每个时段的激励相当于一个冲量作用于结构，则可求得在每个时段结束时的结构反应。该分析是地震工程中研究强地震动和结构地震反应特性的重要方法。

shizhi

时滞（time delay） 在结构主动控制实施过程中，由某一时刻的实测状态矢量计算得出的主动控制力迟于该时刻施加于结构体系的现象。发生时滞的根本原因是信号传递时间的延迟。在主动控制体系中，获得某一时刻状态矢量的实测信号、计算相应控制力以及将该控制力由作动装置施加于结构都需要时间，时滞是上述时间的总和；作动装置获得控制信号并实现相应的出力所需时间通常是产生时滞的主要因素。

shice dizhi poumiantu

实测地质剖面图（field acquired geological profile） 在地质调查中，在野外实地测绘编制的地质剖面图。该剖面图编制是地质填图必须首先开展的野外地质工作。

shiji dizhen fanyingpu

实际地震反应谱（actual earthquake response spectrum） 根据一次地震中强震仪记录的地震动加速度时程曲线计算得到的反应谱。

shiji liusu

实际流速（actual velocity） 单位时间内地下水在岩土孔隙和空隙中实际流经的平均距离，其值等于渗透量除以过水断面的孔隙和空隙面积。

S

shimotai lilun

实模态理论（real modal theory）　可用模态坐标使运动方程简化的理论。在求多自由度系统的响应问题时，认为系统的阻尼是可解耦的比例阻尼，其固有振型相对于阻尼矩阵也具有正交性，因此可用模态坐标使运动方程简化。若阻尼矩阵不是比例阻尼或可解耦阻尼，则不能用无阻尼固有模态将方程解耦，而须用复模态解耦，这种方法称为复模态理论。

shishi zijiegou nidongli shiyan

实时子结构拟动力试验（real-time pseudo-dynamic substructure test）　以与实际荷载作用时间相同的速率对试验子结构进行加载而完成的子结构拟动力试验。

shishi zijiegou zhendongtai shiyan

实时子结构振动台试验（real-time substructure shaking table test）　将试验子结构置于振动台上所进行的实时子结构试验。

shizhenqi

拾振器（vibration sensor）　振动信号变为化学、机械或电学的信号，且所得信号的强度与所检测的振动量成比例的换能装置，也称传感器、检波器、地震计。依振动信号物理量的不同，可分为位移计、速度计和加速度计三类；依测量机理的不同，又有惯性式地震计相对式地震计（应变计或伸长计）。

shigao

矢高（rise）　拱轴线的顶点至拱趾连线的竖直距离，或一般壳中面的顶点至壳底面的竖直距离。

shiyong mianji

使用面积（usable floor area）　建筑物中直接为生产和生活使用的净面积。建筑面积中减去公共交通面积、结构面积等，留下可供使用的面积即为使用面积。

shiyong mianji xishu

使用面积系数（usable area coefficient）　建筑物中使用面积与建筑面积之比，通常用百分数来表示。

shitai gudai

始太古代（Eoarchean Era）　太古宙的第一个代。由GSSA定义的地质时限为距今40亿～36亿年，这个时期早期地壳开始形成，还没有明确的化石纪录，当前已知确切的化石记录大约出现在35亿年前。但已经有了明确的表壳岩带，如格陵兰的伊苏亚表壳岩带，其中的碳同位素等生物化学标志物指示生命可能出现的年代约为距今38亿年，因此始太古代涵盖了生命起源的早期阶段。始太古代内目前尚未做进一步的地质年代划分。

shitai gujie

始太古界（Eoarchean Erathem）　始太古代对应的地层年代单位。

shixinshi

始新世（Eocene Epoch）　古近纪的第二个世。据2018版国际地层年代表，始于56.0Ma，结束于33.9Ma。对应的地层年代单位为始新统。自下而上划分为四个阶，即伊普里斯阶、卢泰特阶、巴顿阶和普利亚本阶。

shixintong

始新统（Eocene Serie）　始新世对应的地层年代单位。

shizong shiyan

示踪试验（trace test）　利用示踪剂在地下水渗流场中运移时不同部位的不同表现来测定地下水实际渗流过程的试验。

shi

世（epoch）　国际地质年代表中纪的下一级的地质年代单位，是形成一个统（最小国际地层单位）的时间。显生宙的各个纪一般再分为2～4个世。两分和三分者通常被晚时序简单地称为早、晚世或早、中、晚世。但也有单独分别命名的，如二叠纪虽然分为三个世，但分别冠名为乌拉尔世、瓜德鲁普世和乐平世。世可被再分为期。

shijie chengshi

世界城市（world city）　在政治、经济生活中起着世界性重要作用的城市。美国学者弗里德曼（M. Friedman）提出判断世界城市的两个标准：一是城市与世界经济体系结合的形式与力量，如作为跨国公司总部中心、商品生产中心、意识形态中心的地位；二是城市资本的空间支配度，即城市金融或市场控制能力是全球性的还是区域性的。世界城市还可划分为不同等级，由此构成世界城市的等级体系。

shizheng suidao

市政隧道（municipal service tunnel）　修建在城市地下，用作敷设各种市政设施地下管线的隧道。由于在城市中进一步发展工业和提高居民文化生活条件的需要，供市政设施用的地下管线越来越多，如自来水、污水、暖气、热水、煤气、通信、供电等。管线系统的发展，需要大量建造市政隧道，以便从根本上解决各种市政设施的地下管线系统的经营水平问题。在布置地下的通道、管线、电缆时，应有严格的次序和系统，以免在进行检修和重建时要开挖街道和广场。

shigu gongkuang hezai

事故工况荷载（accidental）　核电厂运行中对运行工况的严重偏离的情况下产生的荷载。

shijianshu fangfa

事件树方法（event tree method）　由灾害始因出发，逐层列出各种后果，以评价灾害或事故发生概率的方法。

shijianxing cisaorao

事件型磁骚扰（event-type magnetic disturbance）　由人工电磁源所产生的突发性的磁场骚扰，在时间域的表现形式为相对独立、具有一定形态和重现性的事件。

shiti

试体（test sample）　结构和岩土抗震试验的对象，是试验构件、结构的原型和模型的总称。

shiti dongli texing ceshi

试体动力特性测试（dynamic properties testing of test sample）　由振动台输入正弦波和白噪声对试体进行激励，以确定试体的动力特性的测试。

shiyan choushui

试验抽水（trial pumping）　正式抽水试验之前，作一次最大降深的抽水，以检查钻孔清洗情况、试验设备及其安装情况，为正式抽水试验作技术准备。

shiyan fanyingpu

试验反应谱（experimental modal analysis）　美国电气和电子工程师协会颁布的《变电站抗震设计实施条例》（IEEE Std693–1977）中规定的反应谱，是指设备抗震试验中实际采用的输入反应谱（TRS）。

shiyan motai fenxi

试验模态分析（experimental modale analysis）
见【模态参数识别】

shiyan zijiegou

试验子结构（physical substructure）　从整体结构中取出一部分结构，并考虑其边界条件进行拟动力试验的对象，也称物理子结构。

shibosu

视波速（apparent wave velocity）　平面波在弹性半空间内传播时沿地表的传播速度。设平面波的入射角为 θ，介质内波速为 c，则视波速为：

$$c_a = c/\sin\theta$$

式中，θ 为平面波入射角（平面波射线与垂直方向夹角）；c 为波速。当平面波垂直入射时，视波速为无穷大，面波传播时，视波速就是面波的波速。

shidianzulü

视电阻率（apparent resistivity）　见【地电阻率】

shiqingjiao

视倾角（apparent dip）　视倾斜线与其在水平面的投影间的锐夹角。视倾斜线是倾斜的面状构造与非垂直走向的直立平面的交线。

shidu shefanglei

适度设防类（appropriate precautionary category）　使用上人员稀少且震损不致产生次生灾害，允许在一定条件下适度降低设防要求的建筑。简称丁类建筑物。

shixiuxing

适修性（repair ability）　处于危险状态或出现险情的住房所具有的，可以采用结构加固、改造等修复措施而使其处于安全状态的所应具备的技术可行性与经济合理性的总称。

shiyongxing

适用性（service ability）　结构在正常使用条件下，满足预定使用要求的能力。

shinei jishui he paishui

室内给水和排水（indoor water supply and drainage）　室内供应用水和排除废水的设施，包括生活、生产及消防上的用水器具、水龙头、管道系统和附属设备。设备完善的建筑应设有冷水、热水、污水、雨水和消防等系统。生活用水器有洗脸盆、浴盆、洗涤盆及大小便器等，通称卫生设备，通常都用陶瓷、塘瓷和塑料等易洗耐腐材料制成。

shinei jinggao

室内净高（floor to ceiling height）　建筑工程中从楼、地面面层（完成面）至吊顶或楼盖、屋盖底面之间的有效使用空间的垂直距离。

shineiwai gaocha

室内外高差（indoor-outdoor elevation difference）　建筑工程中建筑自室外地面至设计标高±0.000之间的垂直距离。

shiguang niandaifa

释光年代法（luminescence dating）　利用沉积物中矿物的释光信号进行沉积物形成年龄测定的方法，包括热释光法和光释光法。由加热而激发出的释光信号叫热释光；由光束激发的释光信号叫光释光。通过在实验室测定矿物的释光信号的强度和每年接受的辐射总剂量，即可计算沉积物样品的年龄。利用加热而激发出释光信号进行定年的方法叫热释光（TL）测年，适于沉积时经过明显的热事件作用的样品，如第四纪火山岩及其烘烤层，人类烧制的陶瓷、砖瓦、灰烬层等，黄土、断层泥也用于热释光定年；通过光束激发释光信号进行定年的方法叫光释光（OSL）测年，适于沉积时经过明显的光—热作用的样品，沙丘砂、黄土等大气粉尘堆积物以及经过高温烘烤后的砂土等是理想的测试样品，经过较长时间的搬运和沉积的河流相、湖相以及滨海相的层理清晰、分选良好的粉—细砂及黏土质粉—细砂沉积物，也可作为光释光的测年样品。石英和长石是第四纪沉积物中的常见矿物，也是释光测年的主要对象。理论上，释光的测年范围可达百万年，而目前测试技术释光的有效测年范围为小于距今 0.3Ma。

shousuo bianxingliang
收缩变形量（value of shrinkage deformation）　膨胀土失水收缩稳定后的变形量称为收缩变形量。遇水膨胀、失水收缩是膨胀土的特性。

shousuo shiyan
收缩试验（shrinkage test）。测定土的线缩率、体缩率和收缩系数的试验。

shousuo xishu
收缩系数（coefficient of shrinkage）　环刀土样在直线收缩阶段含水量每减少1%时的竖向线缩率。

shoubo
首波（primary wave）　在波速不同且界面紧密接触的两种介质中沿界面传播的地震波。在一定的条件下，距震源一定距离外折射波可比反射波或直达波先到达，因此，称这种条件下的折射波为首波。常见的首波是沿莫霍面传播的 Pn（纵波）和 Sn（横波）等。

shoujian chengzai nengli
受剪承载能力（shear capacity）　构件所能承受的最大剪力，或达到不适于继续承载的变形时的剪力。

shoula chengzai nengli
受拉承载能力（tensile capacity）　构件所能承受的最大轴向拉力，或达到不适于继续承载的变形时的轴向拉力。

shouli fenxi
受力分析（force analysis）　将研究对象看作一个孤立的物体并分析它所受的各外力特性的方法。外力包括主动力和约束力，分析力的特性主要是为了确定这些外力的作用点、方向等。

shouniu chengzai nengli
受扭承载能力（torsional capacity）　构件所能承受的最大扭矩，或达到不适于继续承载的变形时的扭矩。

shoupo zhendong
受迫振动（forced vibration）　振动系统在外界干扰力或干扰位移作用下产生的振动，也称强迫振动。外界不断地对振动系统输入能量，才使振动得以维持而不至于因阻尼的存在而随时间衰减，按照干扰力形式的不同，可将其分为简谐激励、周期激励、脉冲激励、阶跃激励和任意激励等。

shouwan chengzai nengli
受弯承载能力（flexural capacity）　构件所能承受的最大弯矩，或达到不适于继续承载的变形时的弯矩。

shouya chengzai nengli
受压承载能力（compressive capacity）　构件所能承受的最大轴向压力，或达到不适于继续承载的变形时的轴向压力。

shuniu duanceng
枢纽断层（hinge fault）　以垂直断层面的轴为枢纽，两盘发生旋转位移的断层。其旋转轴可以位于断层端点或中间任意点，枢纽断层位移量随离开枢纽的距离而增大，各点的位移方向也随之变化。以中点为枢纽的断层，其断层效应表现为一端为正断层，另一端为逆断层。

shulebai
舒勒摆（Schuler pendulum）　满足舒勒条件的摆。1923年，由德国学者舒勒（Max Schuler）研制成的一种不受基座加速度影响的机械系统。舒勒条件是指摆的周期为84.4min。舒勒指出：如果在地面上的数学摆或物理摆具有周期大约为 84.4min，若取地球的平均半径 $R = 6371km$；地面附近的平均重力加速度值 $g = 9.80m/s^2$，且摆在开始时处于平衡位置，则当支点沿地面运动时，不论加速度如何，摆将始终保持在铅直位置。在实际中，舒勒条件极难满足。

shugan
疏干（unwatering）　人工抽干或排干含水层中的水的过程。疏干的效果和程度常用疏干系数来衡量。

shugan xishu
疏干系数（depletion coefficient）　潜水面下降单位高度时，从岩土体中单位水平面积上排出的水体积。

shusong
疏松（loose）　宽松、松散。在土木工程中是指混凝土中局部不密实的缺陷。这一缺陷会严重影响混凝土的质量。

shuchu zaosheng
输出噪声（output noise）　仪器示值相对输入量值的随机波动。

shudian sheshi kangzhen sheji
输电设施抗震设计（seismic design of installations of power transmission installation）　为了防止和抗御地震对输电设施的破坏而进行的专项设计。输电设施含拉线杆塔、自立式铁塔和微波塔等，是电力系统的重要设施。输电杆塔重量轻、具有较强的抗震能力；震害表明，杆塔的磁质横担断裂较多，也有因地基失效而导致杆塔倾斜或构件失稳屈曲者。国家标准 GB 50260—2013《电力设施抗震设计规范》规定了输电设施的抗震要求。

shuqi guandao zhongyao quduan

输气管道重要区段 (important section for gas pipeline)
按照国家标准 GB 50251—2015《输气管道工程设计规范》的规定，输气干线管道经过的四级地区的区段。

shuru dianzu

输入电阻 (input resistance) 工作状态下从输入端输入电路的等效电阻，用输入电压的变化值和相应的输入电流的变化值之比表示。

shuru fanyan

输入反演 (input inversion) 已知结构动态特性和结构在输入下的反应，按照结构动力学原理，寻求该输入的过程。

shushuidao

输水道 (aqueduct) 从远距离水源输水到用水地点的管道和渠道的统称。广义上指长距离的整个输水系统，包括管道、明渠、暗渠和隧洞等。狭义上仅指跨越山谷、河谷或低洼地的输水构筑物。

shushui jianzhuwu

输水建筑物 (conveyance structure) 向供水目标输送水量的水工建筑物。

shuyou guandao zhongyao quduan

输油管道重要区段 (important section for oil pipeline)
按照国家标准 GB 50253—2015《输油管道工程设计规范》的规定，在所经过的大型河流、湖泊、水库和人口密集区设置的管道两端截断阀内的输油干线管道区段。

shuyouqi gongcheng zhenhai

输油气工程震害 (earthquake damage of oil and gas transfer engineering) 输油气工程在地震中遭到的损坏。输油气工程包括远距离的石油、天然气输送系统以及城市煤气供应系统等。一般由油气生产设施，油气储存设备，油气管线，加热、加压设备及相关控制设备组成。输油气管道一般为钢质管道，主要震害现象有煤气管道损坏、油气长输管道破坏等。

shujieshi qutuqi

束节式取土器 (thin walled shoe and barrel sampler) 管靴部分做成薄壁，取样管部分外径加粗，内装衬管的取土器。

shutong jiegou

束筒结构 (bundled-tube) 钢筒体结构的一种类型，由多个框筒相互连接构成组合筒体，并且侧向刚度极大的结构体系。各筒体可在平面和立面采用多种组合形式，满足使用功能需求并获得丰富的建筑效果。

shugenzhuang

树根桩 (root pile) 桩径较小，按不同角度设置的形似树根的桩，适用于淤泥、淤泥质土、黏性土、粉土、砂土、碎石土和人工填土的地基处理。

shugenzhuangfa

树根桩法 (root pile method) 在地基中设置直径小于300mm、竖向和斜向相结合、形如树根的微型桩的地基加固方法。

shujing

竖井 (vertical shaft) 在岩土工程勘察中，为查明工程地质情况和在隧道施工中开挖的垂直井道。

shuquxian

竖曲线 (vertical curve) 在公路纵坡的变坡处设置的竖向曲线。在道路纵断面上两个相邻纵坡线的交点，被称为变坡点。为了保证行车安全、舒适以及视距的需要，在变坡处设置竖曲线。竖曲线的主要作用是缓和纵向变坡处因行车动量变化而产生的冲击作用，确保道路纵向行车视距，将竖曲线与平曲线恰当地组合，有利于路面排水和改善行车的视线诱导和舒适感。

shuxiang buguize

竖向不规则 (vertical irregularities) 抗侧力体系的侧向刚度和承载力沿立面分布不均匀或抗侧力构件不连续造成的建筑结构的不规则性。我国建筑抗震设计规范将建筑结构的竖向不规则区分为侧向刚度不规则、抗侧力构件竖向不连续和楼层承载力突变三种类型。

shuxiang buzhitu

竖向布置图 (vertical planning) 表示拟建房屋所在规划用地范围内场地各部位标高的设计图。

shuxiang dizhen hezai

竖向地震荷载 (vertical seismic load) 建筑物自身的质量在与设计地震烈度相当的加速度的影响下产生的竖向压力。此压力本属动应力，但在主震相的瞬间可等效于静压力，其值为 $P_{0V} = K_V P_0$。式中，K_V 为垂直地震系数，即设计地震垂直加速度与重力加速度之比（$K_V = a_V/g$）；P_0 为建筑物的复加荷载，可按弹性半空间理论计算。

shuxiang dizhen zuoyong

竖向地震作用 (vertical seismic action) 在竖直方向的地震作用。对依靠重力维持稳定的结构、大跨度结构、悬臂结构、烟囱和类似的高耸结构，抗震设计须考虑竖向地震作用。抗震设计规范多将竖向地震动取为水平地震动的2/3左右（我国抗震设计规范多取65%，其他国家也常取50%）。若工程结构位于未来可能发生破坏性地震的震中区域时，则竖向地震动的取值可高于水平地震动。

S

shuxiang zengqiangti fuhediji

竖向增强体复合地基 （ vertical reinforcement composite foundation） 由竖向增强体和天然地基土体形成的复合地基。

shuxiang zifuwei jiegou

竖向自复位结构 （vertical self-centering structure） 由竖向布置的预应力钢绞线提供恢复力的结构，是放松框架柱与基础或墙与基础之间约束的摇摆结构体系。按放松部位可分为摇摆墙结构、摇摆框架结构等。该结构在大震作用下框架柱或墙可发生抬起摇摆，释放其与基础间的拉力并通过柱脚阻尼器耗能，竖向布置的预应力钢绞线提供恢复力。

shuju caijiqi

数据采集器 （data acquisition unit） 将传感器输出的模拟电压信号经处理转换成计算机能识别的数据，并输入计算机进行存储、处理、显示或打印的设备，也称数据采集系统。数据采集器种类繁多，涉及振动测量的主要有固态存储记录器和微型计算机数据采集器两种类型。

shuju caiji xitong

数据采集系统 （data acquisition system）
见【数据采集器】

shuju chuli

数据处理 （data processing） 利用计算机收集、记录数据，经加工产生新的信息形式的技术。数据指数字、符号、字母和各种文字的集合。数据处理涉及的加工方法比一般算术运算广泛得多，在防震减灾领域的应用涉及强震观测、结构抗震试验、工程场地地震安全性评价、地震损失评估和震害预测等。在强震观测中，是指对原始强震动记录进行的处理，包括记录时程的基线校正、积分、微分及谱分析等。

shuju jilu

数据记录 （data record） 一种 SEED 数据结构。由数据记录标识块、固定头段区、可变头段区以及数据区构成。一个或多个数据记录构成一个逻辑记录。

shuju jilu biaozhikuai

数据记录标识块 （data record identification block） 一个固定长度的字节块，包含一个序列号（通常置为零）、一个格式体类型标志以及一个子块延续标志。

shujupian

数据片 （data piece） 以一个或多个数据记录表示的时间序列。数据片中不包含时间间断。时间片控制头段中含有条目，用以指出数据片在 SEED 格式中的位置。

shujuqu

数据区 （data section） 数据记录中包含实际时间序列数据的部分。

shuju yasuo

数据压缩 （data compression） 将庞大的原始数据重新编码压缩储存于尽量小的数据空间的技术。大多数信息的表达都具有冗余度，采用一定的模型和编码方法重新整理压缩信息可以降低冗余度、节省存储空间。要求压缩后的数据经解压恢复得到的信息量应与原始数据完全一致或具有与原始数据相同的使用价值。

shuju ziduan

数据字段 （data field） 一项辅助信息。数据字段可以是有格式的或无格式的。有格式的数据字段可以是定长或不定长的。无格式数据字段总是定长的。

shuzhifa

数值法 （ numerical methods） 用有限差分、有限单元、边界单元等方法近似求解偏微分方程的方法。

shuzhi fangfa

数值方法 （numerical method） 把连续形式的数学问题转化成离散形式的数学模型的方法，也称数值计算方法。它既是一类求解数学物理模型的近似方法，也是实现数值计算和进行各种现象模拟的基础。离散化所依据的理论和离散的途径不同，导致不同类型的数值方法，如有限差分法、有限元法、谱方法等。

shuzhi moxing

数值模型 （numeral model） 对事物数值分析的模型体系。它通常是为了某些特定目标而设计的，着重考虑某一尺度范围内的运动特征，以数学模型刻画物理原型的数学行为特征。

shuzhi zijiegou

数值子结构 （numerical substructure） 子结构拟动力试验方法中由计算机模拟的结构部分，也叫计算子结构。

shuzi cidai jilu qiangzhenyi

数字磁带记录强震仪 （digital magnetic tape record tape strong motion instrument） 将加速度计输出的模拟量转换为数字量后记录在磁带上的强震仪。该仪器由拾振器、多路信号分配器和采样保持器、模数转换器、信号写入电路、读出电路、监视装置、触发装置、时间信号系统构成。

shuzi didianchang celiangyi

数字地电场测量仪 （digital telluric meter） 以数字形式产出观测结果的智能化地电场测量仪器。

shuzidi dianzulü celiangyi

数字地电阻率测量仪（digital geoelectrical resistivity meter）以数字形式产出观测结果的智能化地电阻率测量仪器。

shuzi dizhen taiwang

数字地震台网（digital seismological network）　能获得数字化地震记录的地震台网。中国的数字地震台网（CDSN）建设始于 20 世纪 80 年代，到 1986 年建成了由北京、佘山、牡丹江、海拉尔、乌鲁木齐、琼中、恩施、兰州、昆明 9 个数字化地震台站以及 CDSN 维修中心、数据管理中心组成的第一个国家级数字地震台网；1991 年和 1995 年又分别增设了拉萨和西安 2 个数字地震台站。CDSN 是全球建立的数字地震台网（GSN）的一个重要组成部分。

shuzi dizhenyi

数字地震仪（digital seismograph）　以数字量（数字数）记录的地震仪。该仪器可直接获得一系列数字记录（或其他某种数据形式）来取代连续记录，进而使地震记录数字化。

shuzi jilu dipin wucha jiaozheng

数字记录低频误差校正（low frequency error correction of digital accelerograms）　对数字强震记录中低频噪声的校正处理，即滤除数字强震仪记录低频噪声的处理方法。数字强震仪也有因仪器制作或操作带来的低频误差，为使数字强震记录在更低频的范围拓宽，要将低频噪声滤除。

shuzi lüboqi

数字滤波器（digital filter）　由数字加法器、乘法器和延时单元组成，可用于计算机软件或集成硬件实现的滤波器。该滤波器可分为有限冲激响应型和无限冲激响应型两类，具有精度高、可靠性好、可程控改变特性或复用、便于集成等优点。

shuzi qiangzhenyi

数字强震仪（digital strong motion accelerograph）　将加速度计输出的模拟量经过模数转换为数字量后记录在存储器上的强震仪。该强震仪由数据采集单元、触发单元、存储单元、计时单元、通信单元、控制单元和电源单元七个单元组成。

shuzi qiangzhenyi pinxiang jiaozheng

数字强震仪频响校正（frequency response correction of digital seismograph）　对数字强震仪进行频响特性的校正。数字强震仪通常采用差容式力平衡传感器。早期的数字强震仪的传感器（如 FBA-3 三分量力平衡加速度计）的频带范围较窄，一般为 0～30Hz，必要时应进行校正，方法与模拟仪器相同。而对于频带范围为 0～80Hz 传感器的通频带已经满足了地震工程要求，不需要进行仪器校正，只是在离散微分计算中要采用避免高频失真的计算格式。

shuzishi chuan'ganqi

数字式传感器（digital transducer）　把被测信号转换成数字量输出的传感器，一般是指那些适于直接将输入量转换成数字量输出的传感器。例如，光栅式传感器、磁栅式传感器、码盘、谐振式传感器、转速传感器、感应同步器等。

shuzi shuizhun celiang

数字水准测量（digital leveling）　用数字水准仪或其他类似仪器自动采集和处理数据而进行的水准测量。是土木工程中常见的一种测量。

shuzi shuizhunyi

数字水准仪（digital leveling instrument）　能够自动采集、处理和储存测量数据的光电水准测量仪器；是土木工程中常用的测量仪器。

shuzi xinhao chuli

数字信号处理（digital signal processing）　研究用数字方法对信号进行分析、变换、滤波、检测、调制、解调以及实现快速算法的技术。很多人认为，数字信号处理主要研究的是数字滤波技术、离散变换快速算法和谱分析方法。

shuzi xinhao chuli xitong

数字信号处理系统（digital signal processing system）　将从原始信号采样转换得来的数字信号，按照一定的要求（如滤波）进行适当的处理，得到所需的数字输出信号的处理系统。该系统可经过数模转换将数字输出信号转换为离散信号，再经过保持电路将离散信号连接起来成为仿真输出信号。

shuaijian guanxi

衰减关系（attenuation relationship of ground motion）　表示地震动强度的参数随着震中距的增大而减小的数学关系式，如烈度衰减关系、峰值加速度衰减关系等。通常是根据强震观测数据或烈度调查的结果，通过统计分析给出。不同地区的衰减关系不同。我国在编制全国区划图时，分别给出了中国东部和西部的地震动衰减关系。

shuaijian guilü

衰减规律（attenuation law）　地区或工程建设场地的地震动强度，以及表述这一强度的有关物理参数随着震源距离的增大而衰减的现象。

shuangce gonglüpu

双侧功率谱（bilateral power spectrum）　频率定义区间为 $(-\infty, +\infty)$ 的自功率谱。同一个随机过程的功率谱称为自功率谱，用自相关函数计算。实际测量得到的信号和记录只在区间 $(0, +\infty)$ 定义，所得到的功率谱称为单侧功率谱，常记为 $G(\omega)$，数值取双侧功率谱的 2 倍，即 $G(\omega) = 2S(\omega)$。

S

shuangce polie

双侧破裂（bilateral rupture）　见【单侧破裂】

shuangceng dandong qutuqi

双层单动取土器（swivel-type double tube core barrel）外层管带动钻头回转，内层管不回转的双管取土器。也称单动双管取土器。内外两层管一起回转的取土器称为双层双动取土器，也称双动双管取土器。

shuangceng shuangdong qutuqi

双层双动取土器（rigid-type double tube core barrel）见【双层单动取土器】

shuangdianceng

双电层（electrical double layer）　由矿物表面电荷（结构电荷）与其所吸附的异电离子（反离子）构成的颗粒表面双层电性结构。

shuang huizhuangfa

双灰桩法（lime-flyash column method）　选用沉管（振动、锤击）、冲击或爆扩等方法在地基中先成孔，再在桩孔内填入石灰和粉煤灰混合料并分层夯实形成双灰桩的地基处理方法。

shuanghuilu yalie xitong

双回路压裂系统（double circuits hydraulic fracturing system）　由高压泵通过两条管线（钻杆和高压胶管），分别向封隔器注压座封及向封隔段注压压裂的测量系统。

shuangjianfa

双剪法（method of double shear）　在烧结普通砖墙体上对单块砖进行双面抗剪测试，检测砌体抗剪强度的方法。

shuangliou

双力偶（double-couple）　有两个偶极子同时作用的震源模型，已经证明，点位错源与双力偶点源等价，两者的位移场相同。

shuangli ouju zhangliang

双力偶矩张量（double couples moment tensor）　大小相等、力矩方向相反的两个力偶所组成的矩张量。

shuangli ouyuan

双力偶源（double-couple source）　与地震震源等效的、大小相等、方向相反的两个正交的力偶组成的力系，简称双力偶。日本丸山卓男（T. Maruyaa）于 1963 年最先指出该力系等效于均匀、各向同性弹性介质中的动态断层滑动。美国伯里奇（R. Burridge）和诺波夫（L. Knopof）于 1964 年得出在非均匀、各向异性弹性介质中该力系等效于动态断层滑动。

shuangtai pohuai zhunze

双态破坏准则（two-state failure criterion）　管道可靠度仅就完好和破坏两种状态进行估计。设管道的功能函数为：

$$Z = R - S$$

式中，R 为管道抗力函数；S 为作用效应函数；两者均为假定具有正态分布的随机变量。当取管道的接口变形程度为计算可靠度指标时，管道完好的极限状态方程为：

$$Z_u = R_2 - S_u$$

式中，R_2 为管道接口渗漏位移限值；S_u 为管道接口变形。当 $Z_u < 0$ 时，管道接口将处于渗漏破坏状态；当 $Z_u > 0$ 时，管道接口将处于完好状态。

shuangwanju

双弯矩（bimoment）　作用引起的结构或构件某一截面上的一对大小相等、方向相反与作用面平行的内力矩。其值为内力矩与作用面间距的乘积。

shuangxiang jiazai

双向加载（two-dimension loading）　在结构的往复加载试验中，为了模拟实际结构的双向受力状态而采用的双向同时施加往复荷载的加载方式。

shuangxiang sudu maichong

双向速度脉冲（bidirectional velocity pulse）　由破裂的方向性引起的两个方向的脉冲，是近断层速度脉冲的一种形式。这一现象主要出现在垂直于断层滑动方向的地震动分量，随着断层距的增加，这一现象逐渐减弱。

shuangzhen

双震（twinearthquake）　在同一个地震序列中，有两个震级相差不大的主震，称双主震或双震序列。例如，1976 年 8 月的松潘地震，8 月 16 日发生一次 7.2 级主震，8 月 23 日在相距不远处又发生一次 7.2 级地震。

shuangzhou huifuli moxing

双轴恢复力模型（biaxial restoring force model）　利用塑性理论中的正交流动法则以及 Mroz 硬化规则，并考虑两向恢复力的耦合影响而建立的恢复力模型。该模型中，弹性、开裂和屈服状态应以双向力坐标中的曲面描述。开裂面和屈服面相对位置的变化对应加载、卸载、重加载的过程。当加载点位于开裂曲面内时，截面为弹性状态；加载点达到开裂面时，截面进入开裂状态；若继续加载，则开裂面随加载点移动；加载点达到屈服面时，截面进入屈服状态。此时开裂面内切屈服面于加载点处。若继续加载，则开裂面与屈服面随加载点一起移动。曲面运动时，其形状和大小保持不变。

shuangzhuzhen

双主震（twin mainshock）　见【地震序列】

shuiba youfa dizhen

水坝诱发地震（dam-induced earthquake）
见【水库诱发地震】

shuibengzhan

水泵站（pump station） 设置抽水装置及其辅助设备，将水送往高处的配套建筑物。

shuiboji

水簸箕（drainage dustpan） 建筑结构中位于屋面雨水管正下方，用来保护屋面的构件。

shuichi kangzhen sheji

水池抗震设计（seismic design of cistern） 为了防御地震对水池的破坏而进行的专项设计。水池是给水系统、石油化工企业和其他工业企业常用的盛水构筑物，一般采用钢筋混凝土、预应力钢筋混凝土或砌体结构，有地面式、地下式和半地下式等构筑方式。国家标准 GB 50032—2003《室外给水排水和燃气热力工程抗震设计规范》和行业标准 SH 3147—2014《石油化工构筑物抗震设计规范》规定了水池的抗震设计要求。

shuichi zhenhai

水池震害（earthquake damage of cistern） 水池在地震时遭到的损坏。水池有砖砌体结构和钢筋混凝土结构。水池一般破坏现象是池壁开裂，呈斜裂缝和水平裂缝；水处理池的附属设备在地震中常因移位、倾斜、错叠而无法正常工作。

shuichui

水锤（water hammer） 在压力管道中，由于管路工作状态的突变，使流速急剧变化而产生水体压强交替升降的一种非恒定流，也称水击。

shuidi suidao

水底隧道（subaqueous tunnel） 修建在江河、湖泊、海港或海峡底下的隧道。它为铁路、城市道路、公路、地下铁道以及各种市政公用或专用管线提供穿越水域的通道，有的水底道路隧道还设有自行车道和人行通道。

shuidianzhan

水电站（hydro-power station） 由江河湖海的水能变为电能的各种设备及配套构筑物组成的综合体。

shuidianzhan changfang

水电站厂房（powerhouse of hydropower station） 水电站中装置水轮发电机组及其辅助设备并为其安装、检修、运行及管理服务的建筑物，主要分为河床式、坝后式、坝内式厂房或建在地面下的地下厂房。

shuidongli misan

水动力弥散（hydrodynamic dispersion） 可溶解性物质进入地下水或两种不同浓度的地下水相混，随时间的推移，过渡带不断加宽，溶混水体浓度逐渐均匀化的现象。

shuidongli moxing shiyan

水动力模型实验（experiment of hydrodynamic model） 为研究地下流体前兆的空间分布及其演化的特征，在含水层模型上进行的孔隙压力场、渗流场、化学动力场的形成、分布与演化规律的动力学实验。

shuidonglixue

水动力学（hydrodynamics） 研究液体运动的规律及其在工程中的应用的水力学的一个分支。由各种边界所限制的流动空间，称为流场，反映流场运动的物理量，统称为运动要素。水动力学分析的目的在于确定流场运动要素（速度和压强）随时间和空间位置而变化的数学关系式。

shuigong dangtuqiang

水工挡土墙（hydraulic retaining wall） 水利水电工程中的承受土压力、防止土体塌滑的挡土建筑物。

shuigong hunningtu

水工混凝土（concrete for hydraulic structure） 经常或周期性地受环境水作用的水工构筑物所用的混凝土。根据构筑物的大小，可分为大体积混凝土（如大坝混凝土）和一般混凝土。大体积混凝土又分为内部混凝土和外部混凝土。水工混凝土常用于水上、水下和水位变动区等部位。因其用途不同，技术要求也不同，常与环境水相接触时，一般要求具有较好的抗渗性；在寒冷地区，特别是在水位变动区应用时，要求具有较高的抗冻性；与侵蚀性的水相接触时，要求具有良好的耐蚀性；在大体积构筑物中应用时，为防止温度裂缝的出现，要求具有低热性和低收缩性；在受高速水流冲刷的部位使用时，要求具有抗冲刷、耐磨及抗气蚀性等。

shuigong jianzhuwu

水工建筑物（hydraulic structure） 为水利、水力发电、港口与航道等工程修建的承受水作用的各种建筑物总称。

shuigong suidong

水工隧洞（hydraulic tunnel） 在山体中或地面以下开挖的、具有封闭形断面和一定长度的过水建筑物，可用于引水或泄水。按其功能分为四类：第一类是引水、输水隧洞，引水或输水以供发电、灌溉或工业和生活之用；第二类是导流、泄洪隧洞，在兴建水利工程时用以导流或运行时泄洪；第三类是尾水隧洞，排走水电站发电后的尾水；第四类是排沙隧洞，排冲水库淤积的泥沙或放空库水以备防空或检修水工建筑物之用。

S

shuiji

水击（water hammer） 封闭管道中液体流速突然变化引起的压力急剧变化或波动，是封闭管道中的一种非定常压力流。水电站事故中的甩荷关机、水泵站的断电停泵和输油管启闭阀门，都会出现这种现象，并伴随发生机械撞击声。

shuijinglixue

水静力学（hydrostatics） 研究液体静止状态下的力学规律及其在工程中的应用，是水力学中首先发展的一个分支。

shuiku

水库（reservoir） 为治理河流和开发水资源，在峡谷或丘陵地带河流上建挡水坝，利用天然地形构成的蓄水设施。水库是利用河流山谷、平原洼地和地下岩层空隙形成的储水体的统称，包括山谷水库、平原水库和地下水库。它可以调节天然径流在时间分配上的不均衡状态，以适应人类生产和生活的需要。水库是一项综合性的水利工程，其主体系由大坝、输水洞和溢洪道组成。库容是水库蓄水容积的统称，一般包括死库容、兴利库容和防洪库容。水库除能发挥防洪和灌溉、发电、航运、水源等效益外，还有发展水产与旅游之益。但是，水库淤积可引起河槽摆动和水质变化，库区水使土地被浸，其他如大坝失事，水库岸坡崩坍等均会导致灾害。

shuiku dizhen

水库地震（reservoir-induced earthquake）
见【水库诱发地震】

shuiku dizhen taiwang

水库地震台网（seismological network for reservoir-induced earthquake） 为监视水库诱发地震而建设的地震台网。我国若干个大型水库都建立了由水库部门自己管理和维护的地震监测台网。

shuiku jiaohe hongshuiwei

水库校核洪水位（exceptional flood level of reservoir） 水库在出现大坝校核标准洪水时，允许达到的最高水位。

shuikuqu

水库区（reservoir area） 水库正常蓄水位淹没的范围。水库淹没区包括水库正常蓄水位以下的经常淹没区和水库正常蓄水位以上因水库洪水回水、风浪、船行波冰塞壅水等产生的临时淹没区。水库蓄水引起的影响区包括浸没、坍岸、滑坡、内涝、水库渗漏等地质灾害区，以及其他受水库蓄水影响的区域。

shuiku sheji hongshuiwei

水库设计洪水位（design flood level of reservoir） 当水库在出现大坝设计标准洪水时，所达到的最高水位。

shuiku sheji xushuiwei

水库设计蓄水位（design water level of reservoir） 水库在正常运行下，为满足兴利要求而设计的最高蓄水位，也称水库正常蓄水位。

shuiku sikurong

水库死库容（dead storage of reservoir）
见【水库死水位】

shuiku sishuiwei

水库死水位（dead water level of reservoir） 水库在正常运行情况下，允许降落的最低水位。水库死水位以下不起兴利作用的水库容积称为水库死库容。

shuiku xingli kurong

水库兴利库容（usable storage of reservoir） 水库正常蓄水位与死水位间，可供调节兴利水量的水库容积。

shuiku yingxiangqu

水库影响区（reservoir influenced area） 一般是指水库区及其外延10km的范围。

shuiku youfa dizhen

水库诱发地震（reservoir-induced earthquake） 水库蓄水或水位变化弱化了介质结构面的抗剪强度，使原来处于稳定状态的结构面失稳而引发的地震，也称水坝诱发地震，简称水库地震。该地震因对大坝构成直接威胁而倍受关注，有两种表现形式：一是蓄水前没有历史地震但蓄水后发生地震；二是蓄水后发生的地震震级和频度高于历史地震。据不完全统计，自1931年希腊马拉松水库发生水库诱发地震以来，全世界已有近120座水库曾发生水库蓄水诱发的地震活动。其中震级大于6.0级的有4例，分别是中国新丰江水库地震（1962年3月19日，6.1级），赞比亚—津巴布韦边界的卡里巴水库地震（Kariba，1963年9月23日，6.1级），希腊克里马斯塔水库地震（Kremasta，1965年1月20日，6.3级）和印度柯依纳水库地震（Koyna，1967年12月10日，6.5级）。

shuiku youfa dizhen kuduan

水库诱发地震库段（segment of reservoir-induced earthquake） 水库蓄水可能出现水库诱发地震的区段。确定该地段是水库诱发地震研究的一项重要内容。

shuiku zongkurong

水库总库容（total reservoir storage） 水库在校核洪水位以下的容积。它是一项表示水库工程规模的代表性指标，可作为划分水库等级、确定工程安全标准的重要依据。

shuili banjin

水力半径（hydraulic radius） 某输水断面的过流面积与

S

水体接触的输水管道边长（即湿周）之比。它与断面的形状有关，通常用于计算渠道隧道的输水能力，是水力学中的一个专有名词。

shuili chongtian

水力冲填（hydraulic fill）　利用水力使土分散成泥浆，或汲取水域泥沙，再借水力将它们压送到需要填土的场地，待其沉淀固结的填筑方法。

shuili lianxi

水力联系（hydraulic interrelation）　不同含水层之间或地下水与地表水之间的水动力联系。

shuili piliefa

水力劈裂法（hydraulic fracturing technique）　通过钻孔向地下某深度处的试验段压水，使孔壁破裂，根据水压和破裂面的方位，确定试验段岩体初始应力状态的原位试验方法。

shuili podu

水力坡度（hydraulic slope）　水体单位流程上的水头损失，也称水力梯度、水力比降。两相流中固体物料一般在紊流中输送，其悬浮程度主要取决于紊流扩散的浆体流速。同时某一压力下，浆体在管道流动中必须克服与管壁产生的摩擦力和湍流时层间的阻力，统称摩擦阻力损失，即水力坡度。

shuili tidu

水力梯度（hydraulic gradient）　见【水力坡度】

shuilixue

水力学（hydraulics）　研究以水为代表的液体的宏观机械运动规律及其工程技术中的应用。水力学包括水静力学和水动力学。水静力学研究液体静止或相对静止状态下的力学规律及其应用，探讨液体内部压强分布，液体对固体接触面的压力，液体对浮体和潜体的强力及浮体的稳定性，以解决蓄水容器、输水管渠、挡水构筑物、沉浮于水中的构筑物（如水池、水箱、水管、闸门、堤坝、船舶等的静力荷载计算问题）。水动力学研究液体运动状态下的力学规律及其应用，主要探讨管流、明渠流、堰流、孔口流、射流、多孔介质渗流的流动规律，以及流速、流量、水深、压力、水工建筑物结构的计算，以解决给水排水、道路桥涵、农田排灌、水力发电、防洪除涝、河道整治及港口工程中的水力学问题。

shuilizhiliefa yuanweiyingli ceshi

水力致裂法原位应力测试（in-situdraulic fracturing method）　采用在钻孔中压入高压液体使孔壁的一段岩体破裂，确定岩体各主应力大小及其方向的方法。

shuili

水利（water conservancy）　为控制和调整天然水在空间和时间上的分布，防治洪水和旱涝灾害，合理的开发和利用水资源而进行的活动，如治河防洪，灌溉排水，水力发电，内河航运与生活、工业、环境供水以及跨流域调水等。

shuili fadiangongcheng

水利发电工程（hydraulic and hydroelectric engineering）以利用水能发电为主要任务的水利工程，也称水电工程。例如，位于我国湖北宜昌市三斗坪镇境内的三峡水利枢纽工程是当今世界最大的水利发电工程。

shuili gongcheng

水利工程（hydraulic engineering）　为修建治理水患、开发利用水利资源的各项建筑物、构筑物和相关设施等所进行的勘察、规划、设计、施工、安装和维护等各项技术工作和完成的工程实体，是研究防止水患、开发水利资源的方法及选择和建设各项工程设施的科学技术。其主要通过工程建设，控制或调整天然水在空间和时间的分布，防止或减少旱涝洪水灾害，合理开发和充分利用水利资源，为工农业生产和人民生活提供良好的环境和物质条件。水利工程包括排水灌溉工程（又称农田水利工程）、水土保持工程、治河工程、防洪工程、跨流域的调水工程、水力发电工程和内河航道工程等。其他还有养殖工程、给水和排水工程、海岸工程等。

shuili shuniu

水利枢纽（multipurpose hydraulic project）　为治理水患和综合开发利用水资源，在各种水域的一定范围内修建的若干座作用不同而相互配合的水工建筑物组成的综合体。

shuilishuidian gongcheng bianpo

水利水电工程边坡（engineered slopes in water resources and hydropower projects）　修建水利水电工程形成的、因修建水利水电工程有可能影响其稳定的以及对水利水电工程安全有影响的边坡的统称。

shuilun bengzhan

水轮泵站（turbine-pump station）　利用水轮泵提水的泵站工程。目前，我国规模最大的水轮泵站工程是位于湖南临澧县境内的青山水轮泵站。

shuini

水泥（cement）　粉状水硬性无机胶凝材料，加水搅拌后成浆体，能在空气中和水中硬化，并能把砂、石等材料牢固地胶结在一起。水泥是重要的建筑材料，用水泥制成的砂浆或混凝土，坚固耐久，被广泛应用于建筑、水利、交通、国防等工程。

shuini fenmeihui suishizhuangfa

水泥粉煤灰碎石桩法（cementfly ashgravelpile method）
由水泥、粉煤灰、碎石等混合料加水拌和在土中灌注形成
有一定黏结强度的竖向增强体，并与桩间土和褥垫层一起
组成复合地基的地基处理方法，简称 CFG 桩法。

shuini fuhe shajiang

水泥复合砂浆（composite mortar）　一种以硅酸盐水泥
和高强混凝土用的矿物掺合料为主要成分，同时掺有混凝
土外加剂和少量短细纤维，加水和砂拌合而成的具有良好
工作性能的砂浆。

shuini guo sha penshe hunningtu

水泥裹砂喷射混凝土（send enveloped by cement shotcrete）
将按一定配比拌制而成的水泥裹砂砂浆和以粗骨料为主的
混合料，分别用砂浆泵和喷射机输送至喷嘴附近相混合后，
高速喷到受喷面上所形成的混凝土。

shuini hunningtu lumian

水泥混凝土路面（cement concrete pavement）　以水泥混
凝土为主要材料做面层的路面，简称混凝土路面。其包括
素混凝土、钢筋混凝土、连续配筋混凝土、预应力混凝土、
钢纤维混凝土和装配式混凝土等路面。

shuini jiagu

水泥加固（cement stabilization）　土中掺和水泥以改良土
的工程地质性的处理方法，是岩土工程中广泛使用的加固
方法。

shuinitu jiaobanfa

水泥土搅拌法（cement deep mixing method）　采用专用
机械，以水泥浆或水泥粉作为固化剂，与土搅拌而形成竖
向增强体的地基处理方法。

shuipengwu miehuo xitong

水喷雾灭火系统（water spray fire extinguishing system）
由水源、供水设备、管道、雨淋阀组、过滤器和水雾喷头、
火灾探测器、消防控制电路等组成，向保护对象喷射水雾
灭火或防护冷却的灭火系统。

shuipingbai

水平摆（horizontal pendulum）　水平向运动的摆的简称。
使用这种摆制成的地震仪称为水平摆式地震仪。英国人尤
因（J. Ewing）于 1881 年在日本发明了世界上第一台能连
续记录地震的水平摆式地震仪。

shuiping cengzhuang gexiang tongxing

水平层状各向同性（homogeneous structure）　物理力学
性质仅沿垂向变化的岩土体结构。在地球物理勘探中，是
指地下电阻率仅沿垂向变化，而且在每个深度沿任意方向

都是相同的，是典型的一维构造。各向同性介质是物理性
质与方向无关的地球物理介质。如果介质沿着同一点出发
的不同方向显示相同的性质，就叫作各向同性介质，否则
叫作各向异性介质。

shuiping cengzhuang gexiang yixing

水平层状各向异性（horizontal anisotropy）　物理力学性
质仅沿垂向变化，沿任一水平方向不变的岩土结构。在地
球物理勘探中，是指地下电阻率仅沿垂向变化，沿任一水
平方向电阻率不变，但不同水平方向的电阻率不同，也称
二维各向异性结构。

shuiping changdi yehua panbie

水平场地液化判别（liquefaction judgment for level site）
在水平或近似水平的场地上开展的砂土液化的判别工作。水
平成层场地指地面基本无坡度、地上无建筑且地下各土层水
平展布（或近似水平展布）的场地。水平场地饱和砂土的液
化判别是液化判别中最简单的情况，具有代表性。由于震害
调查资料比较丰富，地震反应分析也较为简单明确，故目前
广泛采用的液化判别方法多适用于水平场地。水平场地液化
判别的方法主要有希德简化法和中国抗震规范方法。

shuiping chengceng moxing

水平成层模型（horizontal stratification model）　在场地地
震反应分析时，将土层近似为水平层状的场地计算模型。
假定基岩地震波垂直入射，土层中在同一平面内的质点运
动相同，只需一个直角坐标表示，这种情况下，土层地震
反应问题可简化为一维波动问题。

shuiping dizhen zuoyong

水平地震作用（horizontal seismic action）　在水平方向的
地震作用。该作用的计算是抗震设计分析最主要的内容，
由强震观测可知，除地震震中局部区域以外，地震动的水
平分量一般大于竖直分量；工程结构的静力设计重点考虑
的是重力荷载作用，而结构地震破坏往往由水平地震作用
造成。

shuiping dongzhangli

水平冻胀力（horizontal frost-heave force）　地基土在冻结
膨胀时，沿水平方向作用在结构物或基础表面上的力，包
括沿切向和法向的作用。

shuiping gaoya penshe zhujiangfa

水平高压喷射注浆法（horizontal jet grouting method）
利用水平高压喷射注浆机械在地基中慢慢水平推进和旋转
带有喷嘴的注浆管进行高压喷射注浆的土质改良方法。

shuiping jiaqiangceng

水平加强层（horizontal rigid belt）　见【刚性层】

shuiping jiasudu

水平加速度（horizontal acceleration） 描述二维平面内速度变化的快慢和方向的物理量，即物体在水平方向上单位时间内速度的变化量。水平加速度是一个矢量，它的方向即速度变化的方向，单位为 m/s^2，可视为是物体在三维空间中加速度的水平分量。

shuiping tuceng dizhen fanying fenxi

水平土层地震反应分析（seismic response analysis of flat soil layers） 针对水平成层土层的地震反应计算，是土体地震反应分析中最简单的情况，属于一维波动问题。假定地下土层是水平的，在底部基岩输入地震动加速度时程，选取合适的土动力学计算模型，计算不同土层的动力学参数和运动学参数。

shuiping weiyi jiance

水平位移监测（lateral displacement monitoring） 测定变形体沿水平方向的位移值，并提供变形趋势及稳定预报而进行的量测工作。

shuiping xigan

水平系杆（horizontal rigid tie bar） 沿房屋纵向在跨中屋檐高度处设置的联系杆件，通常采用木杆或角钢制作。

shuipingxiang zengqiangti fuhediji

水平向增强体复合地基（horizontal reinforcement composite foundation） 由土工合成加筋材料、钢条等加筋材料和天然地基土体形成的复合地基，主要指加筋土地基。

shuiquan

水圈（hydrosphere） 地球外部圈层之一，是一个环绕地球外部和包围着地球的水的闭合层。水圈主要分布在海洋，零星分布在陆地上，如江河、湖泊、沼泽、冰川、地下水等。水圈水的质量总数为 1.41×10^{18} t，约占地球总质量的 0.024%。其中海水约占 97.2%，冰川约占 2.1%，陆地水约占 0.629%。海洋水体积是陆地水体积的 34 倍。此外，还有极少部分水存于生物和大气中。如果地球表面完全没有起伏，则全球将被深达 2745m 的海水覆盖。地表水、地下水和大气中的水，在太阳辐射热的影响下，不断地进行着循环，并转变为强大的动能，成为改变地表面貌的重要因素。水圈、大气圈和地壳互相渗透，不断转化，无明显界线。

shuisheng tancefa

水声探测法（underwater acoustic exploration） 利用声波反射原理，探测水底地形和水下地层、水下地质构造的探测方法。在海洋地质勘探中常用这种方法。

shuita

水塔（water tower） 用来保持和调节给水管网中的水量和水压的储水和配水的高耸结构，主要由水柜、基础和连接两者的支筒或支架组成。在地震区，水塔可按单质点体系计算地震力。根据震害现场观察结果，砖支筒水塔不宜建在 8 度地震区。水塔震害多数发生在支筒断面变更处、门窗孔洞削弱处和支架中梁、柱和水柜的连接处。地基失效也能使水塔沉陷或倾斜。

shuita kangzhen jianding

水塔抗震鉴定（seismic identification of water tower） 按有关规范的要求，对水塔的抗震性能进行评价。鉴定的内容有重点检查筒壁、支架的强度和质量；水塔的钢筋混凝土筒壁和支架不应有明显裂缝和严重腐蚀，设防烈度 9 度的钢筋混凝土支架应进行抗震强度验算；建在 Ⅱ、Ⅲ 类场地土上的钢筋混凝土支架水塔宜设整片或环状基础；水塔的砖筒筒壁不应有裂缝或松动，砌筑砂浆强度等级、配筋、圈梁、构造柱等应符合要求等。

shuita kangzhen sheji

水塔抗震设计（seismic design of water tower） 为了防御地震对水塔的破坏而进行的专项设计。水塔由水柜和支承体系组成，是供水系统中最常见的构筑物之一。水柜一般为钢筋混凝土结构，支承体系有钢筋混凝土结构、砖筒和砖柱等不同形式。国家标准 GB 50032—2003《室外给水排水和燃气热力工程抗震设计规范》规定抗震设计要求。

shuita zhenhai

水塔震害（earthquake damage of water tower） 水塔在地震时遭到的损坏。水塔由支承结构和储水箱构成，依支承结构不同有砖筒、砖柱、钢筋混凝土筒、钢筋混凝土框架和钢支架水塔。震害调查显示：砖筒水塔的砖筒下部出现水平、竖向或斜裂缝，裂缝随着烈度的增高而发展；钢筋混凝土筒水塔与砖筒水塔相比震害较轻，但破坏特征类似；钢筋混凝土支架和钢支架水塔抗震性能相对较好，1976 年唐山地震中，Ⅷ度区这类水塔一般完好，Ⅸ度区有因场地不良而破坏者，Ⅺ度区有一座钢筋混凝土支架的水塔仅在节点处有裂缝。

shuitou

水头（hydraulic head） 单位质量水体所具有的以液柱高度表示能量，总水头包括位置、压强和速度水头三部分，可用该点的测水管的水位与某基准面之差来度量。

shuitou sunshi

水头损失（water head loss） 水体流动时，由于内部摩擦和克服岩土骨架阻力消耗机械能而造成的水头降落，是任何两个过水断面之间的总水头差。

shuitu liushi zaihai

水土流失灾害（disaster of loss of water and soil） 在各种外营力作用下，土壤或地壳表层物质被剥蚀、搬运、堆积，破坏生态和土地资源的危害。

S

shuiwei

水位（water level） 地表水水体的自由面以及地下水的表面，在某一地点及某一时刻相对于基准面的高程。地下水位的变化对岩土体的工程性质有显著影响。

shuiwei dizhenbo

水位地震波（seismic water-level fluctuations） 大地震的地震波引起的水位快速、持续的振荡波动，简称水震波。其震相主要是瑞利波。一般井孔记录的水震波振幅为几厘米到几十厘米。井孔记录的水震波的基本特征是水位快速高频振荡、快速高频衰减、水位振荡的振幅、振荡时间和震级的大小一般呈正比关系。

shuiweiji

水位计（water level gauge） 自动测定并记录河流、湖泊和灌渠等水体的水位的传感器。按传感器原理分为浮子式、跟踪式、压力式、反射式等。在水文地质勘察和试验中是指用以测定钻孔中地下水位的仪器。

shuiwei jiangshenzhi

水位降深值（drawdown） 钻孔抽水时，自然稳定水位与抽水动水位的差值。

shuiwen diqiu huaxue taiwang

水文地球化学台网（hydro-geochemical observation network）布设在一定区域内的，由多个以地下水化学动态观测为主的台（站）构成的观测网。

shuiwen dizhi cehui

水文地质测绘（hydrogeological survey） 对勘察场地及附近的水文地质条件进行现场调查、观察、描述和量测，并将有关水文地质要素表示在地形图上的工作。

shuiwen dizhi danyuan

水文地质单元（hydrogeologic unit） 具有统一补给边界和补给、径流、排泄条件的地下水系统。其范围由水文地质边界确定。

shuiwen dizhi diqiu wuli kantan

水文地质地球物理勘探（hydro geophysical prospecting）为解决水文地质问题而进行的电法、地震、磁法、测井等地球物理勘探的总称，简称水文物探。

shuiwendizhi huanjing bianhua ganraoyuan

水文地质环境变化干扰源（interference source from changes of geohydrologic environment） 引起地壳形变观测场地水文地质参数或性质变化，产生地面塌陷、沉降、隆起变形的来源，如采油、抽水、注水等。

shuiwen dizhi kancha

水文地质勘察（hydrogeological investigation） 以开发或控制地下水为目的而进行的水文地质测绘（包括遥感解译）、水文地质勘探和试验、地下水动态观测、地下水资源、环境和对工程影响的评价等工作的总称。

shuiwen dizhi shiyan

水文地质试验（hydrogeological test） 为定量评价水文地质条件和获得含水层参数而进行的试验。分为野外水文地质试验和室内水文地质试验。野外试验包括抽水试验、放水试验、注水试验、压水试验、渗水试验、地下水均衡场试验、联通试验、水质弥散试验等；室内试验包括模拟试验（水化学模拟、水力模拟、电网络模拟等）以及岩土水文地质参数测定、溶蚀试验等。

shuiwen dizhi tiaojian

水文地质条件（hydrogeological condition） 地下水的分布、埋藏、补给、径流和排泄条件，水质和水量及其形成地质条件等的总称。

shuiwen dizhixue

水文地质学（hydrogeology） 研究地下水的一门科学，是地质学的一个分支学科，主要是研究地下水的分布埋藏规律、地下水的物理性质、化学成分、运动规律、动态变化以及起源和形成过程，地下水资源及其合理利用，地下水对工程建设和矿山开采的不利影响及其防治等。该学科又分为区域水文地质学、地下水动力学、水文地球化学、供水水文地质学、矿床水文地质学、土壤改良水文地质学、地震水文地质学等。

shuiwen dizhi zuantan

水文地质钻探（hydrogeological drilling） 为取得水文地质资料而进行的钻探。其特点是钻孔直径较大，钻进工艺和成井工艺比较复杂，所用的设备能力也比较大。水文地质钻孔一般可分为水文地质普查孔、水文地质勘探孔及探采结合孔三种。此外，还有为勘探和开发地热资源的地热井等。

shuixia baopo

水下爆破（underwater blasting） 见【爆破作业】

shuixia guandao

水下管道（underwater pipeline） 敷设在江、河、湖、海的水下用来输送液体、气体或松散固体的管道。水下管道不受水深、地形等条件限制，输送效率高、耗能少。大多数埋于水下土层中，因而检查和维修较困难。该管道的登陆部分常处于潮差段或波浪破碎区，易受风浪、潮流、冰凌等影响，在规划和设计时应考虑预防措施。

S

shuixia huapo

水下滑坡（underwater landslide）　在某种因素影响下，水下土体沿着一定滑动面整体滑动的现象。根据形态特征可以分为破碎性滑坡和整体性滑坡两类，前者指滑坡体在被破坏的同时或随后的运动过程中部分或整体破碎的滑坡；后者指滑坡体在被破坏的同时或随后的运动过程中基本上保持不变形的滑坡。

shuixia hunningtu guanzhu

水下混凝土灌注（underwater concrete perfusion）　工程建设中直接在水下灌注混凝土的作业，主要有导管法和离析法等。水下混凝土灌注要求连续进行，中途不得中断，利用导管法灌注是应尽量缩短拆除导管的时间。

shuiya huosai qutuqi

水压活塞取土器（hydraulic piston sampler）　利用水压将带有活塞的取样器的取样管压入土中的取土器。

shuiyali

水压力（water pressure）　水在静止时或流动时，对与水接触的建筑物、构筑物表面产生的法向作用。

shuiya zhilie

水压致裂（hydraulic fracturing）　向封隔段内注压致使封隔段孔壁产生破裂的过程。

shuiyang

水样（water sample）　为测定水体的物质成分、物理化学性质和生化性质而采取的能提供分析、鉴定、试验的样品。

shuiyue

水跃（hydraulic jump）　明槽水流由急流到缓流的突变现象。从水闸或溢流坝下泄的急流受下游渠道缓流的顶托便发生这种现象。

shuizha

水闸（sluice）　利用闸门控制流量、调节水位，既可挡水，又可泄水的水工构筑物。关闭闸门，可以拦洪、挡潮、蓄水抬高上游水位，以满足上游取水或通航的需要。开启闸门，可以泄洪、排涝、冲沙、取水或根据下游用水的需要调节流量。水闸在水利工程中的应用十分广泛。

shuizha kangzhen sheji

水闸抗震设计（seismic design of sluice）　为了防御地震对水闸的破坏而进行的专项设计。水闸是通过闸门闭启挡水和泄水的中低水头水工构筑物。水闸因功能不同有节制闸、进水闸、冲沙闸、泄洪闸、挡潮闸和排水闸等多种。水闸一般由闸室和上、下游连接段组成，闸室部分含闸门、底板、闸墩、胸墙、启闭机和交通桥、工作桥等。我国行业标准 DL 5073—2000《水工建筑物抗震设计规范》规定了水闸抗震要求。

shuizhang maogan

水胀锚杆（swellex bolt）　将用薄壁钢管加工成的异形空腔干体送入钻孔中，通过向该杆件空腔高压注水，使其膨胀并与孔壁产生的摩擦而起到锚固作用的锚杆。

shuizhi ehua

水质恶化（deterioration of water quality）　因地质环境或人为因素等使天然水体（含地下水）的物理性质或化学成分发生改变，致使其中一些成分或组分的含量，构成了对人类生活的危害。

shuizhi fenxi

水质分析（chemical and physical analysis of water）　对水中各种化学成分、细菌成分含量和水的物理性质的测定。

shuizhi wuran biaozhi

水质污染标志（water pollution indices）　表明水已被污染的某些物质成分变化的指标。

shuizhi zhuanxiang fenxi

水质专项分析（special chemical analysis of water）　根据专门的目的要求，对水的某些化学成分或生化性质进行专门的测定和分析。

shuizhunwang

水准网（leveling network）　由多条水准路线构成的带有结点的网状系统，用于地面点海拔高程及其变化的测定。

shunba

顺坝（training dike）　一端接河岸，一端向下游延伸，坝轴线与流向平行或成一锐角，引导水流的纵向整治建筑物。

shunceng duanceng

顺层断层（bedding fault）　断层面平行于岩层层理的断层。其特点是没有地层被错开的断层效应，因而无视位移，需根据多种标志才能判断其存在及具体位移方向。

shunceng huapo

顺层滑坡（consequent landslide）　沿平行地层界面或土石接触面滑动的滑坡。常发生在软硬地层相间，坡向和地层倾向一致的斜坡地带。

shunbian diancifa

瞬变电磁法（transient electromagnetic method）　利用不接地回线或接地电极向地下发送脉冲电磁波，测量由该脉冲电磁感应的地下涡流而产生的二次电磁场，以探测地下介质特征的一种勘探方法。

shunjian chenjiang

瞬间沉降（immediate settlement）　见【初始沉降】

S

shunshi chenjiang

瞬时沉降 (immediate settlement) 见【初始沉降】

shunshi fuzhi

瞬时幅值 (instantaneous amplitude) 利用经验模态分解方法将时间序列信号分解为一系列固有模态函数，记为 $C(t)$，也称包络函数。希尔伯特变换为：

$$\hat{C}(t) = \frac{1}{\pi}\int_{-\infty}^{+\infty}\frac{C(\tau)}{t-\tau}d\tau$$

其反变换公式为：

$$C(t) = -\frac{1}{\pi t}\hat{C}(t) = -\frac{1}{\pi}\int_{-\infty}^{+\infty}\frac{\hat{C}(\tau)}{t-\tau}d\tau$$

显然，信号经希尔伯特变换后仅相角产生 90° 偏移。利用原信号和变换后的信号构成原信号的解析函数（复函数）：

$$q(t) = C(t) + i\hat{C}(t) = a(t)e^{i\theta(t)}$$

式中，$a(t)$ 和 $\theta(t)$ 分别为信号 $c(t)$ 的瞬时幅值和瞬时相角，瞬时幅值 $a(t)$ 由下式给出：

$$a(t) = \left[C^2(t) + \hat{C}^2(t)\right]^{\frac{1}{2}}$$

shunshi guanbi yali

瞬时关闭压力 (instantaneous shut-in pressure) 在孔壁破裂后停止注压，并保持压裂回路密闭的情况下裂缝停止延伸趋于闭合时，封隔段内保持裂缝张开时的平衡压力。

shunshi hezai

瞬时荷载 (transient load) 作用历时很短的荷载，如爆炸等形成的冲击荷载等。

shunshi pinlü

瞬时频率 (instantaneous frequency) 通过经验模态分解方法可将时间序列信号分解为一系列固有模态函数，记为 $C(t)$。其希尔伯特变换为：

$$\hat{C}(t) = \frac{1}{\pi}\int_{-\infty}^{+\infty}\frac{C(\tau)}{t-\tau}d\tau$$

反变换公式为：

$$C(t) = -\frac{1}{\pi t}\hat{C}(t) = -\frac{1}{\pi}\int_{-\infty}^{+\infty}\frac{\hat{C}(\tau)}{t-\tau}d\tau$$

易见，信号经希尔伯特变换后仅相角产生 90° 偏移。利用原信号和变换后的信号构成原信号的解析函数（复函数）：

$$q(t) = C(t) + i\hat{C}(t) = a(t)e^{i\theta(t)}$$

式中，$a(t)$ 和 $\theta(t)$ 分别为信号 $c(t)$ 的瞬时幅值（又称包络函数）和瞬时相角，瞬时频率 $\omega(t)$ 可由下式定义：

$$\omega(t) = \frac{d\theta(t)}{dt}$$

$$\theta(t) = \tan^{-1}\left(\frac{\hat{C}(t)}{C(t)}\right)$$

shunshi xiangjiao

瞬时相角 (instantaneous phase angle) 由经验模态分解方法可将时间序列信号分解为一系列固有模态函数，记为

$C(t)$，它的希尔伯特变换为：

$$\hat{C}(t) = \frac{1}{\pi}\int_{-\infty}^{+\infty}\frac{C(\tau)}{t-\tau}d\tau$$

其反变换公式为：

$$C(t) = -\frac{1}{\pi t}\hat{C}(t) = -\frac{1}{\pi}\int_{-\infty}^{+\infty}\frac{\hat{C}(\tau)}{t-\tau}d\tau$$

可见，信号经希尔伯特变换后仅相角产生 90° 偏移。利用原信号和变换后的信号构成原信号的解析函数（复函数）为：

$$q(t) = C(t) + i\hat{C}(t) = a(t)e^{i\theta(t)}$$

式中，$a(t)$ 为信号 $c(t)$ 的瞬时幅值；$\theta(t)$ 即为信号 $c(t)$ 瞬时相角，由下式表达：

$$\theta(t) = \tan^{-1}\left(\frac{\hat{C}(t)}{C(t)}\right)$$

shuntai fanying

瞬态反应 (instantaneous reaction) 若单自由度体系承受幅值为 p_0、圆频率为 $\bar{\omega}$ 的简谐荷载的作用，则强迫振动方程为：

$$\ddot{x} + 2\xi\omega\dot{x} + \omega^2 x = \frac{p_0}{m}\sin\bar{\omega}t$$

该方程的通解由补解和特解两部分组成，补解即为瞬态反应，它表示单自由度体系的阻尼衰减振动，瞬态反应将因阻尼效应迅速消失，故工程中一般不予考虑。

$$x(t)_{\text{补}} = e^{-\xi\omega t}(A\sin\omega_D t + B\cos\omega_D t)$$

$$x(t)_{\text{特}} = \frac{p_0}{k}\left[(1-\beta^2)^2 + (2\xi\beta)^2\right]^{-1}$$

$$\times \left[(1-\beta^2)\sin\bar{\omega}t - 2\xi\beta\cos\bar{\omega}t\right]$$

式中，ξ 为阻尼比，$\xi = \frac{c}{2m\omega}$；m 为质量；c 为阻尼系数；ω 为圆频率，$\omega = \sqrt{k/m} = 2\pi f$；$f$ 是体系自振频率；k 为刚度；A 和 B 为常数，可由给定的初始条件算出；ω_D 为阻尼振动圆频率，$\omega_D = \omega\sqrt{1-\xi^2}$；$\beta$ 为荷载频率 $\bar{\omega}$ 与结构固有自振频率 ω 之比，$\beta = \bar{\omega}/\omega$。

shuntai xiangying

瞬态响应 (transient response) 短时间内存在并迅速衰减的与系统自振频率和阻尼有关的动态响应。它是振动系统在简谐荷载作用下的强迫振动响应的一部分。

shuntai zhendong

瞬态振动 (instantaneous vibration) 系统受到冲击而引起的振动。当存在阻尼时，该振动一般发生在很短的时间内。如火箭点火、空间飞行器对接时常发生这类振动。

sifa jianzhu

司法建筑 (judicial building) 对行政诉讼、民事和刑事案件进行侦查、审判和处置的场所。主要包括检察院、法院、公安局、派出所、监狱看守所和拘留所等。

sinaier dinglü

斯奈尔定律（Snell law） 规定入射平面波在界面上产生反射波和折射波行进方向的定律。在界面上入射波、反射波和折射波（亦称透射波）的关系可表述为入射角、反射角和折射角的正弦之比等于所在介质波速之比。

sichuan diexi dizhen

四川叠溪地震（Sichuan Diexi earthquake） 1933 年 8 月 25 日四川叠溪发生了 7.5 级大地震，震害与死伤严重，岷江两岸山崩堵塞河道，截断江流，形成堰塞湖。10 月 9 日堰塞湖决口，积水急泻直冲灌县，酿成水灾，沿江村落被洪水一扫而光，溺毙者超过 2500 人。该地震是典型的地震次生水灾灾害。

sichuan songpan pingwu dizhen

四川松潘—平武地震（Sichuan Songpan-Pingwu earthquake） 1976 年 8 月 16 日四川松潘和平武一带发生了 7.2 级大地震，在 22 日和 23 日又分别发生 6.7 级和 7.2 级地震。此次地震是一次比较成功的"追踪式"地震预报震例。地震部门先后在 1975 年 11 月末，1976 年 2 月、6 月、8 月数次发出地震简报，认为在松潘、茂汶地区可能有 6 级以上地震，省政府及时组织跟踪监测和抗震宣传准备，8 月 13 日在成都召开 20 万人集会，布置抗震，因此地震伤亡人数少，达到减灾效果。

sichuan wenchuan dizhen

四川汶川地震（Sichuan Wenchuan earthquake） 2008 年 5 月 12 日四川汶川发生了 8.0 级特大地震，产生大规模严重地质灾害和城镇破坏，造成 69227 人遇难、17923 人失踪、374643 人受伤。这次地震是中华人民共和国成立以来破坏力最大，受灾最严重，波及面最广，救灾难度最大的地震，也是唐山大地震后伤亡最严重的一次地震。此次地震是对我国防震减灾工作的全面检验，表明我国虽然具备了一定的抗御地震灾害能力，但仍要重视应对极罕见的特大地震，需要进一步提高抗御大震的综合实力。汶川地震后，经国务院批准，自 2009 年起，每年 5 月 12 日为全国防灾减灾日。

siliang bazhu

四梁八柱（four beams and eight columns） 源于中国古代传统的一种建筑结构，靠四根梁和八根柱子支撑着整个建筑，四梁和八柱代表了建筑的主要结构。中国古代建筑以木结构为主，且多数建筑都是采用三开间的格局（代表天、地、人三才），由于开间较大，需要在中间加两道梁，加上前梁、后梁共有四根梁（代表四面），每根梁的两端各有一根柱子，就共有八根柱子（代表八方）起到支撑的作用，即靠这四根梁和八根柱子支撑着整个建筑。这样就有了四梁、八柱之说。

sixianqi gujie yali

似先期固结压力（pseudo-preconsolidation pressure） 土由于非应力原因产生的类似先期固结压力状态，也称似前期固结压力。

sifufa

伺服阀（servo valve） 液压式振动台的主要部件，其结构和原理类似于小型电动力式振动台，也称控制阀。该阀既是电液转换元件又是功率放大元件，以微量电信号控制大功率的液压能（流量和压力）的输出。当没有信号输入伺服阀的动圈时，动圈和滑阀都处于初始位置，滑阀关闭了各出入油孔，来自油泵的高压油不能进入作动器，台面处于静止状态。当有信号进入动圈时，动圈带动滑阀移动，打开了相关出入油孔，高压油流入作动器，推动活塞和振动台移动，低压油流回油箱。伺服阀性能的优劣对系统的影响很大，是电液控制系统的核心和关键部件。

songchi

松弛（relaxation） 减低紧张程度或减小压力，引申为松懈、懒散，也称弛豫。在岩土工程中，是指物体的应变保持不变情况下，物体内部应力随时间推移不断减小的现象。温度对松弛也有明显影响（温度越高松弛越快）。

songchi shijian

松弛时间（relaxation time） 黏弹性固体材料作松弛试验时应力从初始值降到其 $1/e$，即 0.367 倍所需的时间。

songdongqu

松动区（loosened zone） 爆破或开挖卸荷引起的地下工程临空面附近岩体松动劣化的区域。

songsanyali

松散压力（loosening pressure） 隧道开挖、支护及衬砌背后的空隙等原因，使隧道上方的围岩松动，以相当于一定高度的围岩重量作用于支护或衬砌结构上的压力。

sumendala dizhen

苏门答腊地震（Sumatra earthquake in Indonesia） 2004 年 12 月 26 日在印度尼西亚苏门答腊附近地区发生了矩震级为 9.0 的地震。地震引起的海啸席卷印度洋，此前海啸多发生在太平洋，因此印度洋沿岸各国毫无准备，造成印度尼西亚、泰国、马来西亚、斯里兰卡、印度、缅甸、马尔代夫等国的严重损失，估计有近 30 万人死亡，7966 人失踪。震后各国相继重视建立海啸预警系统。

suhunningtu jiegou

素混凝土结构（plain concrete structure） 无筋或不配置受力钢筋，以普通混凝土材料制作的结构。其主要用于承受压力而不承受拉力的结构，如重力堤坝、支墩、基础、挡土墙、地坪、水泥混凝土路面、飞机场跑道及砌块等。

S

sutiantu

素填土（plain fill） 由碎石土、砂土、黏性土等的一种或数种组成的填土。一般强度较低，变形较大。

sudubai jiasuduji

速度摆加速度计（velocity pendulum accelerometer） 利用质量—弹簧—阻尼振子（摆）带动线圈在磁场中运动，线圈输出的感应电压与测点加速度成正比的传感器。

sudu fanyan

速度反演（velocity inversion） 利用记录到的地震波传播速度的有关资料去推测地球内部的结构形态及物质成分，定量计算各种有关的物理参数的方法。

sudu fanyingpu

速度反应谱（velocity response spectrum） 见【反应谱】

sudu fengzhi

速度峰值（peak ground velocity，PGV） 地震动速度时程中的最大绝对幅值，是地面速度峰值的简称。记为 v_{max}，单位为 cm/s 或 m/s。地震动速度与质点振动的动能相关，常作为衡量地震动能量的物理量。地震动速度峰值反映了地震动的中频分量的强度。一般认为，地震动速度与结构的破坏有较好的对应关系。

suduji

速度计（velocity sensor） 将测点振动速度转换为电量输出的传感器。常用的速度计有电动式惯性速度计、无源伺服式速度计、有源伺服式速度计和闭环极点补偿式速度计等。

sudu jiegou

速度结构（velocity structure） 地震波在地球介质中传播时速度的分布规律。它描述了地球介质地震波速度空间分布。

sudu jiemian

速度界面（velocity interface） 地震波传播速度不同、相邻的两层不同介质的公共接触面。

sudu maichong

速度脉冲（velocity pulse） 受断层破裂方向性效应或滑冲的影响，近断层地震动速度和位移时程中呈现出高强度脉冲的现象。近断层的速度脉冲主要有由破裂传播的方向性效应引起的双向速度脉冲和由滑冲引起的单向速度脉冲两种形式。

sudu ruohua moxing

速度弱化模型（velocity weakening model） 见【滑动率弱化模型】

sudu xiangguanxing xiaonengqi

速度相关型消能器（velocity dependent energy dissipation device） 耗能能力与消能器两端的相对速度有关的消能器，如黏滞消能器、黏弹性消能器等。

sudu xiangguanxing

速度相关性（velocity-dependent） 耗能部件的阻力与部件传力端的相对运动速度的大小、方向成某种比例关系的特性。

sushe

宿舍（dormitory） 有集中管理且供住宿的房屋，包括寝室、卫生间、洗浴间、阳台等。宿舍住的人数不同，有单人间、双人间、多人间等。

suliao paishuidaifa

塑料排水带法（prefabricated strip drain） 将塑料板芯材外面包上排水良好的土工织物排水带，用插带机插入软土地基中代替砂井，以加速软土排水固结的地基处理方法。

suliu

塑流（plastic flow） 土体中应力达屈服值后，塑性变形持续发展的现象。

suxian

塑限（plastic limit） 细粒土可塑状态与半固体状态间的界限含水量。它可通过试验实测求得，主要用于计算土的塑性指数。

suxing bianxing

塑性变形（plastic deformation） 当应力超过屈服极限并在材料尚未破坏时撤出外力时，物体不能完全恢复原来的形状而保留下来变形（永久变形）。在土木工程中，是指作用引起的结构或构件的不可恢复变形。

suxing bianxing jizhong

塑性变形集中（concentration of plastic deformation） 外力作用下，结构变形集中在某些部位并率先屈服的现象。结构在地震作用下，某些部位率先进入屈服，这些部位的刚度迅速退化，塑性变形进一步发展，以致严重破坏或引起结构倒塌。这些部位一般称为结构的抗震薄弱部位。

suxingbo

塑性波（plastic wave） 物体受到超过弹性极限的冲击应力扰动后产生的应力和应变的传播、反射的波动现象，是应力波的一种。在塑性波通过后，物体内会出现残余变形。由于固体材料弹性性质和塑性性质的不同，在均匀弹塑性介质中传播的塑性波和弹性波也有区别：第一，塑性波波速与应力有关，它随着应力的增大而减小，较大的变形将以较小的速度传播，而弹性波的波速与应力大小无关；第

S

二，塑性波在传播的过程中波形会发生变化，而弹性波则保持不变的波形；第三，在应力 σ 和应变 ε 的关系 $\sigma = \sigma(\varepsilon)$ 满足应力对应变的一阶导数大于 0 和二阶导数小于 0 时，塑性波波速总比弹性波波速小。

suxing donglixue

塑性动力学（plastic dynamics） 主要研究弹塑性材料在短时强荷载作用下的应力、变形和运动规律的学科，是塑性力学的一个重要分支。需要强调的是，虽然早在 1868 年圣维南（Adhémar Jean Claude Barré de Saint-Venant）就已开始研究塑性动力学问题，但直到 1944 年卡门（Theodore von Kármán 1881—1963）和苏联学者拉赫马图林（X. A. Paxma-typnh）各自独立发表了关于细杆中塑性波传播问题的论文之后，塑性动力学才获得了较快进展。塑性动力学的主要特征表现为固体材料在高应变率条件下特有的力学行为，短时强荷载是外力的主要特点。当荷载足够大时，物体的应力和变形将超出弹性范围而进入塑性状态；由于荷载是短时作用，尽管荷载峰值可能超出静态极限荷载的数倍，传输到物体上的能量仍然有限，能量的绝大部分将被塑性变形所吸收。塑性变形的发生、发展、传播、积聚的过程和规律是工程上所关心的问题，是塑性动力学研究的核心内容。

suxing haoneng

塑性耗能（plastic energy dissipation） 主要通过塑性变形耗散土中能量的性质，是估计土的耗能特性的一种方法。塑性材料屈服后将发生塑性变形。卸荷时塑性变形不可恢复，则加荷与卸荷时的应力–应变轨迹线将不重合。塑性材料滞回曲线围的面积即是能量耗损。若认为土可发生塑性变形，则可由塑性耗能描述其能量耗损。

suxingjiao

塑性铰（plastic hinge） 地震作用下结构构件具有延性特征的一种弯曲破坏形态，是结构构件中因材料屈服形成既有一定承载能力又能相对转动的截面或区段。这一区段计算中可按铰接对待，它是结构弹塑性地震反应分析中采用的一种简化单元模型。

suxing lixue

塑性力学（plasticity） 主要研究物体在塑性变形阶段的应力和变形的规律力学分支学科，也称塑性理论。当外力加大到一定程度使材料内部的应力超过某一极限值后，即使将外力除去，变形并不能完全消失，而是保留了一部分残余变形，这一性质就是材料的塑性。塑性变形的特点是不可逆性。它和弹性力学的区别在于，塑性力学考虑物体内产生的永久变形，而弹性力学不考虑；它和流变学的区别在于，塑性力学考虑的永久变形只与应力和应变的历史有关而不随时间变化，而流变学考虑的永久变形与时间有关。塑性力学理论可用于计算残余应力，在工程实际中有广泛的应用。

suxingliudong

塑性流动（plastic flow） 土中应力达屈服值后，塑性变形持续发展的现象，简称塑流。在构造地质学中，是指以结晶塑性变形机制为主的物质流动。

suxing pingheng zhuangtai

塑性平衡状态（state of plastic equilibrium） 岩体和土体在某一范围内的作用剪应力达到其抗剪强度而发生破坏时的应力状态。

suxing pohuai

塑性破坏（plastic failure） 在岩土工程中，土体和岩体在外力作用下，出现明显塑性变形后的破坏。

suxingqu

塑性区（plastic zone） 岩土体在承受荷载时，剪应力达到其抗剪强度因而发生塑性变形的区域。

suxing shangxian

塑性上限（upper plastic limit） 见【液限】

suxingtu

塑性图（plasticity chart） 岩土工程中，以塑性指数为纵坐标、液限为横坐标，以规定的直线对其分区，用于细粒土分类的直角坐标图。也称卡氏塑性图。

suxing yingbian

塑性应变（plastic strain） 作用应力去除后不能恢复的应变。任何物体在外力作用下都会发生形变，当形变不超过某一限度时，撤走外力之后，形变能随之消失，这种形变称为弹性形变。如果外力较大，那么当它的作用停止时，所引起的形变并不会完全消失，而是有剩余形变。

suxingzhishu

塑性指数（plasticity index） 细粒土的液限与塑限之差，表示土在可塑状态的含水量变化幅度。习惯上用百分数的分子表示。利用该指数可对细粒土进行分类。

suanxingshui

酸性水（acid water） pH 值小于 6.4 的水，主要包括弱酸性水（pH 值为 5.0~6.4）和强酸性水（pH 值小于 5.0）。

suanxingyan

酸性岩（acidic rock） 主要由浅色矿物钾长石、酸性斜长石、石英组成，暗色矿物较少，二氧化硅含量（SiO_2）大于 63% 的岩浆岩。

suiji dizhen fanying

随机地震反应（random earthquake response） 根据地震

S

作用的随机统计特征求出的结构体系的随机反应的统计特征，如平均值、方差、相关函数、谱密度等。

suiji dizhen fanying fenxi
随机地震反应分析（stochastic seismic response analysis）将地震动输入和结构反应视为随机过程的结构地震反应分析理论和方法。地震动是极其复杂、不可能准确预知的运动时间过程；将地震动视为具有某种统计特性的随机过程，继而对结构进行随机地震反应分析具有合理性。随机过程理论是进行结构随机地震反应分析的基础。

suiji jianliang fangfa
随机减量方法（random decrement technique）从随机振动时间序列中提取结构动力特性的经验方法。该法是美国宇航局的科尔（H. A. Cole）在 20 世纪 60 年代末和 70 年代初最早提出的，尚未建立起严格、系统的理论；主要应用于结构模态参数（如自振频率和振型阻尼比）的提取和损伤诊断等研究领域。

suiji maichong guocheng
随机脉冲过程（random pulse process）用一系列个数、幅度和发生时刻都是随机数的脉冲构成的随机过程，可模拟随机地震动。

suiji sanli zaosheng moxing
随机散粒噪声模型（random shot noise model）期望值为 0，幅值在时间轴分布按照给定随机规律变化的随机脉冲过程。

suiji zhendong
随机振动（random vibration）无法用确定性的函数来描述，但又有一定统计规律的振动。它是一种受偶然因素影响的不确定性振动，振动可分为定则（确定性）振动和随机振动两大类。它们的本质差别在于：随机振动一般指的不是单个现象，而是大量现象的集合，这些现象似乎是杂乱的，但从总体上看仍有一定的统计规律。因此，随机振动虽然不能用确定性函数描述，却能用统计特性来描述。在定则振动问题中可以考察系统的输出和输入之间的确定关系；而在随机振动问题中就只能确定输出和输入之间的统计特性关系。机械系统中随机振动的研究始于 20 世纪 50 年代，当时主要出于航空科学的需要。后来这一理论在土木建筑工程、交通运输工程和海洋工程等方面也得到了广泛应用。60 年代以来，振动测试技术和计算技术飞速发展，为解决复杂的振动问题提供了强有力的手段。

suicha
岁差（precession）回归年与恒星年的时间差，是天文学术语。恒星年采用"钟表时"时间体系，回归年采用历法时提前计算出来的地球表面"真太阳时"时间体系。两个时间体系的时间差就是岁差。它是地球自转轴方向相对于

惯性空间的变化的长期部分，主要包括日月岁差和行星岁差。日月岁差是太阳和月球对地球赤道隆起的引力作用造成的，引发地轴相对于惯性空间的转动。行星岁差是由于其他行星对地球和轨道面（黄道）的引力存在小倾角造成的，导致黄道面相对于惯性空间的移动。2006 年，国际天文联合会将岁差的主要部分重新命名为赤道岁差，而将较微弱的成分命名为黄道岁差，但是两者的合称仍为岁差。

suishi
碎石（crushed stone）粒径大于 20mm 的颗粒质量超过土粒总质量的 50%，粒径大于 200mm 的颗粒质量不超过土粒总质量的 50%，且颗粒以棱角形为主的土。

suishi lumian
碎石路面（macadam pavement）用轧制的碎石按嵌挤原理铺压而成的路面，也可用作路面的面层或基层。碎石路面的结构强度主要依靠石料颗粒的嵌挤和锁结作用以及灌浆材料的黏结作用。其嵌挤锁结力的大小取决于石料本身强度、形状、尺寸、表面粗糙程度及碾压质量；其黏结力则取决于灌缝材料的内聚力及其与石料之间的黏附力的大小。

suishitu
碎石土（gravelly soil）粒径大于 2mm 的颗粒含量超过总质量 50% 的土，包括漂石或块石、卵石或碎石、圆砾或角砾。

suidao
隧道（tunnel）修筑在地下，两端有出入口，供车辆、行人、水流及管线等通过的通道。用以穿越障碍、缩短线路并具有不占用地面空间和可兼作防空用等优点。隧道按用途分为交通隧道，如铁路隧道、道路隧道、人行隧道、运河隧道及供几种运输形式共用的混合隧道等；水工隧洞，如供水力发电及农田水利用的引水隧洞、排灌隧洞等；市政隧道，如供设置城市地下管网及给水和排水隧道；军事或国防上需要的特殊隧道。按所处位置又可分为山岭隧道、水底隧道及城市地下铁道隧道。

suidao chenqi
隧道衬砌（tunnel lining）为保证围岩稳定，防止隧道围岩变形或坍塌，并保持隧洞断面尺寸大小或使洞口内有良好水流条件，沿隧道洞身周边修筑的永久性支护结构层也称隧洞衬砌。

suidao dongkou
隧道洞口（tunnel portal）为保持洞口上方及两侧边坡的稳定，在隧道洞口修筑的墙式建筑物，也称隧道洞门。

suidao ji dixia gongcheng
隧道及地下工程（tunnel and underground works）从事研究和建造各种隧道及地下工程的规划、勘测、设计、施

工和养护的一门应用科学和工程技术，是土木工程的一个分支。隧道及地下工程也指在岩体或土层中修建的通道和各种类型的地下建筑物，包括交通运输方面的铁路、道路、运河隧道，以及地下铁道和水底隧道等；工业和民用方面的市政、防空、采矿、储存和生产等用途的地下工程；军用方面的各种国防坑道；水力发电工程方面的地下发电厂房以及其他各种水工隧洞等。

suidao ji dixia gongcheng ceshi jishu
隧道及地下工程测试技术（field measure ment and laboratory test on tunnel and underground works） 用量测元件和仪表研究地下结构和围岩相互作用的手段。它包括计划、方法、量测仪表设备、数据处理和成果分析等方面的工作；任务是对某一具体工程进行观测和试验，将量测数据进行分析，以评价围岩的稳定性和地下结构的工作性能，为设计和施工提供资料，并在验证和发展隧道及地下工程的设计理论，以及新的施工技术方面提供可靠的科学依据。测试包括现场量测和模型试验两个方面。

suidao ji dixia gongcheng chenqi
隧道及地下工程衬砌（lining of tunnel and underground works） 沿隧道和地下洞室周边构筑的永久性支护结构。衬砌的作用：一是承重，即承受围岩压力、结构自重、地下水压力以及其他荷载的作用；二是围护，即用来防止围岩风化和崩塌，以及防水和防潮等。

suidao ji dixia gongcheng fangshui
隧道及地下工程防水（waterproofing of tunnel and underground works） 为保证隧道及地下工程不致因漏水、积水造成病害，影响其使用功能和腐蚀设备，以致降低结构使用寿命，需要采取必要的防水措施。基本要求应以预防为主。在勘测、设计、施工各阶段中，对防水要严格保证质量。工程交付使用后，应确保符合设计要求，防水设备良好，运用正常。防水措施是以截、堵、排相结合的综合治理，根据工程的使用要求、所在位置和水文地质情况，来确定何者为主。山岭隧道常以排为主，水底隧道则以堵为主。

suidao ji dixia gongcheng shigong fangfa
隧道及地下工程施工方法（construction method of tunnel and underground works） 隧道及地下建筑工程施工时，须先开挖出相应的空间，然后在其中修筑衬砌。施工方法的选择应以地质、地形及环境条件以及埋置深度为主要依据，其中对施工方法有决定性影响的是埋置深度。埋置较浅的工程，施工时先从地面挖基坑或堑壕，修筑衬砌之后再回填，这就是明挖法。当埋深超过一定限度后，明挖法不再适用，而要改用暗挖法（即不挖开地面，采用在地下挖洞的方式施工）。矿山法和盾构法等均属暗挖法。

suidao jianzhu xianjie
隧道建筑限界（clearance of tunnel） 隧道内公路路面或铁路轨面以上一定宽度和高度范围内，不许有任何设施和障碍物侵入的规定最小净空尺寸。

suidao weiyan
隧道围岩（tunnel surrounding rock） 隧道（洞）周围一定范围内，对洞身的稳定产生影响的岩（土）体，也称隧洞围岩。

suidao yongshui
隧道涌水（water inflow into tunnel） 伴随隧道开挖，从隧道周边围岩流入隧道的地下水。伴随涌水，掌子面的稳定性和支护质量减低；基底泥泞化，严重影响隧道施工。

suidao zhenhai
隧道震害（earthquake damage of tunnel） 隧道在地震时遭到的损坏。隧道属地下结构，其震害较地上结构轻。隧道的震害主要有隧道洞口破坏、洞内拱部和边墙坍落、衬砌裂缝和变形错动等。

suidong chenqi
隧洞衬砌（tunnel lining） 见【隧道衬砌】

suidong juejinji
隧洞掘进机（tunnel boring machine） 一种用刀具切割岩层、开挖隧洞的多功能施工机械，能同时联合完成工作面的开挖和装碴作业，且能全断面连续推进。它由切割岩层的刀盘工作机构、斗轮式装碴机构、液力支撑和推进机构、连续转载机构和动力传动机构等组成。这些机构利用支撑液压缸能相对升降。走行机构有履带式和轨行式两种。

suidong weiyan
隧洞围岩（tunnel surrounding rock） 见【隧道围岩】

sunshang
损伤（damage） 一般是指人体受到外界各种创伤因素作用所引起的皮肉、筋骨、脏腑等组织结构的破坏，及其所带来的局部和全身反应。在结构工程中，是指由于荷载、环境侵蚀、灾害和人为因素等造成的构件非正常的位移、变形开裂以及材料的破损和劣化等。

sunshang shibie
损伤识别（damage identification） 在结构健康监测中，利用有关的监测指标对构件的损伤进行识别和判断。损伤判断有模型修正（系统辨识）和模式识别（指纹分析）等途径。

sunshibi
损失比（loss ratio） 不同破坏等级的房屋或工程结构修复所需单价与重置单价之比。

S

suochi moxing

缩尺模型（scale model） 结构试验中采用相同或不同材料建造的尺寸缩小的试验试件。

suochi moxing shiyan

缩尺模型试验（scale model test） 采用比原型尺寸小的模型，不要求满足严格的相似条件，以验证设计理论、设计假定和计算方法为主要试验目的的试验，也称小构件试验。

suoxian

缩限（shrinkage limit） 细粒土从半固态转变到固态的含水量界限值，试验中取为湿黏性土在干燥过程中，体积不再收缩时的界限含水量。

suota

索塔（cable tower） 支承悬索桥或斜张桥的主索，并将荷载直接传给地基的塔形构筑物，也称桥塔。

T

tafang

塌方（collapse） 建筑物、山体、路面、矿井在自然力非人为的情况下，出现塌陷下坠的自然现象，有时也指滑坡。多数因地层结构不良，雨水冲刷或修筑上的缺陷，道路、堤坝等旁边的陡坡或坑道、隧道的顶部突然坍塌。

taxian dizhen

塌陷地震（collapse earthquake） 由于地层陷落，如喀斯特地形、矿坑下塌等引起的地震，也称陷落地震。一般塌陷地震的震级很小，频次也少，占地震总数的3%左右。

talei jiegou kangzhen jianding

塔类结构抗震鉴定（seismic identification of tower structure） 按照有关规范的要求，对塔类结构的抗震性能进行评价。鉴定的内容有：钢井架应检查立架底部节点的连接构造、立柱和腹杆连结节点、构件长细比以及斜架与柱脚的连接；采用空间杆系的钢井架应考虑扭转效应验算基础锚栓和抗剪钢板；钢筋混凝土井架应检查框架梁柱及其节点的配筋和构造，其验算要求应与钢筋混凝土框架相同；钢筋混凝土井塔应检查箱筒型井塔底部洞口的配筋和构造，应按框支抗震墙结构和空腹筒体结构进行计算分析；框架型井塔应检查梁柱及其节点的构造；应检查提升机层框排架结构的支撑设置、节点连接以及悬挑结构的强度；钢筋混凝土造粒塔应检查底部支承柱或支承筒，检查塔壁与楼（电）梯间的连接以及突出塔顶的操作室的砖墙质量。双曲线型冷却塔应检查通风筒、支座、环形基础和淋水装置中梁柱的强度和质量。湿陷性黄土或不均匀地基上的冷却塔还应检查管沟接头，储水池渗漏和基础沉陷状态。

tashi jiegou

塔式结构（tower structure） 下端固定、上端自由的高耸构筑物，以自重及水平荷载为结构设计主要依据。

tashi shebei kangzhen sheji

塔式设备抗震设计（seismic design of tower facilities） 为了防御地震对塔式设备的破坏而进行的专项设计。石油化工企业的钢制塔式设备又称直立式设备，多承受高温高压作用。塔式设备根据支承结构的不同可分为裙座式和支腿式（含支承式）两大类。前者支承结构为曲面钢壳体，后者支承结构为钢柱。国家标准 GB /T 50761—2018《石油化工钢制设备抗震设计规范》规定了塔式设备的抗震设计要求。

tashi shebei zhenhai

塔式设备震害（earthquake damage of tower facilities） 塔式设备在地震中遭到的损坏。塔式设备依支承结构不同分为裙座式和支腿式两类。前者支承结构为曲面壳体，后者支承结构为砌体、钢或钢筋混凝土柱。此类结构的震害集中在支撑结构，支撑结构断裂可造成塔体歪斜、砖柱或砖筒支承破坏导致的设备倾倒。支承结构破坏源自构件强度不足、构件屈曲、焊缝开裂、锚固螺栓断裂或拔出和地基失效等。

tashi zhuzhai

塔式住宅（apartment tower） 以共用楼梯或共用楼梯、电梯为核心布置的多套住房，且其主要朝向建筑长度与次要朝向建筑长度之比小于2的住宅。

takan

踏勘（site reconnaissance） 对勘察场地的地形地貌、地质和施工条件等进行实地察看，概略调查的工作。

taijie

台阶（step） 联系室内外地坪或楼层不同标高而设置的阶梯形踏步。国家标准 GB 50096—2011《住宅设计规范》中对住宅的室内台阶的设计做了具体的规定。

taiwan dizhenqu

台湾地震区（Taiwan earthquake area） 国家标准 GB 18306—2015《中国地震动参数区划图》在中国及邻区划分的 8 个地震区之一。该区划分出台湾西地震带和台湾西地震带，分布范围主要包括我国台湾岛及其周边广大海域。该带地震活动十分强烈，主要为浅源地震，最大震级为8.0级。地质构造以北东向的断裂为主。

taiwandong dizhendai

台湾东地震带（Taiwandong earthquake belt） 国家标准 GB 18306—2015《中国地震动参数区划图》划分的地震带，隶属台湾地震区。台湾东地震带包括台湾岛中央山脉东侧及其广大海域。断裂以北北东向逆断层为主。该带地震活动十分强烈，主要为浅源地震。截至 2010 年 12 月，台湾东地震带共记录到 5.0 级以上地震 1698 次。其中，5.0～5.9 级地震 1394 次；6.0～6.9 级地震 268 次；7.0～7.9 级地震 35 次；8.0～8.9 级地震 1 次，最大的地震为 1920 年 6 月 5 日台湾花莲以东海域 8.0 级特大地震。该带本底地震的震级为 6.5 级，震级上限为 8.0 级。

taiwanjilong dizhen

台湾基隆地震（Taiwan Jilong earthquake）　1867 年 12 月 18 日（清同治六年十一月二十三日）在台湾基隆近海发生了震级为 7.0 级的大地震。据史料记载："沿海山倾地裂，海水暴涨，屋宇倾坏，溺数百人。"这是中国地震史记载中引起海啸最大的一次地震。

taiwan jiji dizhen

台湾集集地震（Taiwan Jiji earthquake）　1999 年 9 月 21 日在台湾南投集集发生 7.6 级大地震，发震断层为车笼埔断层，断层错断桥梁，水坝引起大量滑坡崩塌，现代化的高层建筑也有倒塌破坏。地震中有 2470 人遇难、8700 人受伤、60 万人无家可归，经济损失达 140 亿美元。这次地震台湾密集的强震台网获取了一大批珍贵的强震记录。

taiwan miaosu dizhen

台湾苗粟地震（Taiwan Miaosu earthquake）　1935 年 4 月 21 日在台湾苗粟发生了震级为 7.1 级的大地震，是台湾省有史以来破坏最重的一次地震，整个台湾岛和福建部分地区有感。地震时在地面上造成了长约 37km 的断层。特点是其中有一段 15km 长以垂直错动为主，另一段 12km 长以水平错动为主。39000 座房屋毁坏，生命线工程严重受损。

taiwanxi dizhendai

台湾西地震带（Taiwanxi earthquake belt）　国家标准 GB 18306—2015《中国地震动参数区划图》划分的地震带，隶属台湾地震区。该带主要分布在我国台湾岛中央山脉的西侧和台湾海峡东部。分布在该带的断裂以北北东向逆断层为主，其次为北西西和近东西向断层，以走滑性质为主。因靠近菲律宾海板块与欧亚板块碰撞边界，该带的地震活动强烈，主要为浅源地震。截至 2010 年 12 月为止，台湾西地震带共记录到 4.7 级以上地震共 476 次。其中，7.0～7.9 级地震 10 次；6.0～6.9 级地震 63 次；5.0～5.9 级地震 241 次，最大地震为 1999 年 9 月 21 日集集 7.5 级大地震。该带本底地震的震级为 6.0 级，震级上限为 8.0 级。

taiwan zaoshandai

台湾造山带（Taiwan orogenic belt）　由台湾本岛及其附近岛屿组成的新生代弧—陆碰撞造山带，是欧亚板块东缘日本—菲律宾岛弧造山带的一部分。该造山带由大南澳群构成基底杂岩，其上叠加晚中生代双变质带和向西北凸出的弧形叠瓦逆冲。从主分水岭中央山脉向西地层时代依次变新，相当于欧亚板块前沿的大陆边缘楔体和前陆盆地；台东海岸山脉则是吕宋火山弧的延伸，属菲律宾板块的组成部分，两者沿台东纵谷左行走滑断层相连接。

taiwan zonggu duanliedai

台湾纵谷断裂带（longitudinal valley fault in Taiwan）　位于台湾省东部纵谷的走滑断裂带和地震活动带。整体呈北北东向延展，沿断裂发育古生代—中生代的大南澳变质杂岩、混杂岩和蓝闪片岩等岩石组合，被认为代表了菲律宾海板块和欧亚大陆弧—陆碰撞的缝合边界。

taizhan

台站（station）　设置各类地震仪器，如地震仪、地磁仪、强震动加速度仪等，进行地震监测的地点，是地震观测台的简称。

taizhen

台阵（array）　根据特定的目的，按专门设计布设的多个测点、台站、测点与台站的组合构成的监测网，是地震观测台阵的简称。

taiguyu

太古宇（Archaeozoic Eonothem）　太古宙形成的地层。

taiguzhou

太古宙（Archaeozoic Eon）　地质年代中的第二个宙，也称始生宙。地球表面最早的岩石形成时期（4030Ma Acasta Gneiss 杂岩）到首次冰碛岩广泛分布和首次大气成氧作用（约 2420Ma）的时期。2018 年的国际年代地层表中将其底界定义为 40 亿年，顶界为 25 亿年。原始地壳的形成开始于距今 46 亿年左右。最早的原始地壳为薄而脆弱的玄武岩圈（硅镁层），具有大洋地壳的性质，成分相当于大洋拉斑玄武岩。距今 35 亿～26 亿年开始出现花岗岩圈（硅铝层），主要是钠质花岗岩。目前认为，澳大利亚西部瓦拉伍那群中 35 亿年前的微生物可能是地球上最早的生命证据。据此，一般认为生物圈在距今 36 亿年左右可能已开始出现。根据地壳成长阶段和微生物起源、演化阶段，可划分为四个代，即始太古代、古太古代、中太古代和新太古代。称为太古宇。太古宇一般变质较深，构造变动大，分布广，组成古地台的基底。它的主要特征是超基性岩、基性火山岩和凝灰岩的广泛发育，很少有碳酸盐岩石。太古宙中的绿岩带是重要的含矿带，含有层状铁矿即条带状磁铁石英岩，广泛分布于世界各地。

taipingyang bankuai

太平洋板块（Pacific plate）　全球六大板块之一，于 1968 年由勒皮琼（Le Pichon）创名。该板块全部由洋壳构成，东以太平洋中隆为界；北、西、西南都为深海沟，依次与阿留申岛弧、日本岛弧、菲律宾板块和印度板块接界；南部以海岭同南极洲板块接界。根据绝对年龄测定，它的

T

运动方式是东太平洋中隆形成的新洋壳，逐步向西推移，到达西部海沟带以后便俯冲到亚洲大陆壳之下。所以，对于太平洋板块的洋壳，东部海岭附近最新，西部海沟附近最老，最老的年龄也不超过中生代。

taishaji gujie lilun

太沙基固结理论（Terzaghi's consolidation theory） 由太沙基（K. Terzaghi）建立的，反映饱和土侧限条件下受荷载作用后，超静孔隙水压力消散和土体压缩规律的理论。饱和土体在侧限（一维）压缩情况下，受荷载作用后超静孔隙水压力消散规律的理论称为太沙基一维渗流固结理论。

taishaji yiwei shenliu gujielilun

太沙基一维渗流固结理论（Terzaghi's theory of one-dimensional consolidation） 见【太沙基固结理论】

taiyang

太阳（Sun） 地球上光和热的主要来源，位于太阳系中心的一颗恒星。与地球的平均距离为149597870km。其直径为1391980km，为地球直径的 10^9 倍，体积为地球的130万倍，质量为 $1.99×10^{30}$ kg，为地球的33万倍，平均密度为 $1.409g/cm^3$，是一个炽热的等离子气体球，表面的热力学温度约为5770K，越向内部温度越高，中心温度达 $15.5×10^6$ K，发光度为 $3.9×10^{26}$ J/s。太阳相对于本地静止标准在运动，且存在振荡，太阳系的年龄可达62亿～77亿年，是由太阳中心向外核反应区的辐射云物质在万有引力作用下逐渐收缩形成的。现在的太阳状况已维持了50亿年左右，在氢燃料耗尽之后，将由氦或其他较重的元素维持核反应，以提供能源。当核能源耗尽之后，将发生引力塌缩、半径急剧缩小、密度大幅度增加，从而演变成为一颗白矮星，直至不再收缩时，再也无能量可供释放，即变成黑矮星，"生命"亦终止。其寿命估计可达100亿年。

taiyangneng fanshelü

太阳能反射率（solar reflectance） 在太阳光谱范围（280～2500nm）内，玻璃反射紫外光、可见光和红外光能量与入射在玻璃上的太阳辐射能量之比。

taiyangneng touguolü

太阳能透过率（sun transmittance） 在太阳光谱范围（280～2500nm）内，紫外光、可见光和近红外光能量透过玻璃的太阳辐射能量与入射在玻璃上的太阳辐射能量比。

tanlu dizhendai

郯庐地震带（Tanlu earthquake belt） 国家标准 GB 18306—2015《中国地震动参数区划图》划分的地震带，隶属华北地震区。该带主要分布在辽宁、山东、安徽和吉林的部分地区，沿郯庐断裂展布。郯庐地震带是我国东部断裂规模最大的强震带，总体走向为北北东向，该带构造结构和地震活动具有明显的分段性。截至2010年12月，该带共记录到 $M \geq 5.0$ 级地震93余次。其中，5.0～5.9级地震69次；6.0～6.9级地震17次；7.0～7.9级地震6次；8.0～8.9级地震1次，最大地震为1668年7月25日山东郯城81/2级特大地震。该带本底地震的震级为5.5级，震级上限为8.5级。

tanlu duanliedai

郯庐断裂带（Tanlu fault zone） 中国东部乃至东亚大陆上一条北东向巨型构造变形带。该断裂带南起长江北岸湖北广济，经安徽庐江、江苏宿迁、山东郯城和渤海，主体呈北北东向延伸，总长度达3500km，在我国境内延伸2400km，切穿中国东部不同大地构造单元。它既是东西两侧具有不同结构的块体分界带，又是地球物理场异常带和深源岩浆活动带，还是中国东部最大的近代地震活动带。在山东省境内，郯庐断裂带主要由昌邑—大店断层、安邱—莒县断层、沂水—汤头断层、惠邵—葛沟断层组成，构成"两堑一垒"的格局。过沈阳后分为西支的依兰—伊通断裂和东支的密山—抚顺断裂。渤海地区的郯庐断裂带被莱州湾—渤中—辽东湾盆地所覆盖。密山—抚顺断裂带构成了兴凯地块与张广才岭地块、佳木斯地块和那丹哈达岭地块之间的边界。断裂带南部将大别造山带与苏鲁造山带左行错开达550km，其间牵引残留的北北东向造山带部分为张八岭隆起，并构成了华北板块与扬子板块的边界。该断裂带起因于以扬子陆块与华北地块之间的拼合和碰撞造山作用，经历了5个演化阶段。据2000多年史料，该带仅 $M \geq 7.0$ 的地震就发生了6次，中强地震则不多，主要集中在断裂带中段。最大一次是1668年莒县—郯城8.0级地震，这也是中国东部最大的一次历史地震。

tansuxing

弹塑性（elastoplasticity） 兼有弹性材料和塑性材料性质的应力-应变关系特性。在弹塑性体的变形中，有一部分是弹性变形，其余部分是塑性变形。在短期承受逐渐增加的外力时，有些固体的变形分两个阶段，在屈服点以前是弹性变形阶段，在屈服点后是塑性变形阶段。地质力学根据在自然界和实验室中的观测，认为岩石在长期力作用下可以是弹塑性体，其弹性变形和塑性变形可以不分阶段同时出现。

tansuxing cengjian weiyi zengda xishu

弹塑性层间位移增大系数（elastoplastic interlayer displacement amplying coefficient） 层间弹塑性位移与罕遇地震作用下由弹性分析得出的层间位移之比。薄弱层弹塑性层间位移可由下式估计：

$$\Delta u_p = \eta_p \Delta u_e$$

式中，Δu_p 为层间弹塑性位移；η_p 为弹塑性层间位移增大系数；Δu_e 为罕遇地震作用下由弹性分析得出的层间位移。该系数可根据结构类型、总层数与楼层屈服强度系数 ξ_y 来估计。楼层屈服强度系数定义为结构各层结构抗力与罕遇地震作用下由弹性分析得出的地震作用的比值。

tansuxing dizhen fanying fenxi

弹塑性地震反应分析（elastoplastic seismic response analysis） 采用弹塑性模型进行的土体地震反应分析。弹塑性模型给出了初始荷载阶段和后继荷载阶段的应力-应变关系。初始荷载阶段的应力-应变关系由动力试验确定，并以某个数学式拟合；后继荷载阶段的应力-应变关系一般可采用曼辛准则及其附加条件确定。由应力-应变关系可得任意点的切线模量压缩模量 E（或剪切模量 G）。弹塑性模型假定全部耗能为塑性耗能，故运动方程不含黏滞阻尼项。弹塑性反应分析中切线模量 E（或 G）随时间变化，当时间从 t 变到 $t+\Delta t$ 时，刚度矩阵 K 应重新确定，故计算量较大。土的一维弹塑性分析是实际可行的，但二维和三维反应分析受计算量的限制很少采用此方法。弹塑性反应分析只能采用逐步积分法，它属于增量分析方法，模量 E（或 G）为切线模量。

tansuxing duanlie lixue

弹塑性断裂力学（elastoplastic fracture mechanics） 用弹性力学和塑性力学的理论研究变形体中裂纹的扩展规律的学科，是断裂力学的一个新分支。它在焊接结构的缺陷评定、核电工程的安全性评定、压力容器的断裂控制以及结构物的低周疲劳和蠕变断裂的研究等方面起着重要的作用。

tansuxing fanyingpu

弹塑性反应谱（elastoplastic response spectrum） 见【非弹性反应谱】

tansuxing fenxi

弹塑性分析（elastoplastic analysis） 基于线弹性阶段和随后的无硬化阶段构成的弯矩-曲率关系的结构分析。

tansuxing moxing

弹塑性模型（elastoplastic model） 为研究在荷载作用下结构各阶段工作性能，包括直至破坏的全过程反应，用与实际结构相同的材料制成的与原型相似的结构模型。

tansuxing xiangyingpu

弹塑性响应谱（elastoplastic response spectrum） 体系进入弹塑性阶段的最大反应与相应振型之间的关系。在弹性振型分解响应谱法基础上，考虑结构的弹塑性发展，计算多自由度体系各振型下体系强度折减系数，如该值小于1，则采用弹性响应谱计算体系的反响应；否则，该振型下体系进入弹塑性阶段，利用强度折减系数、延性系数、周期之间的关系模型。

tansuxing zhihui

弹塑性滞回（elastoplastic hysteresis） 金属耗能部件的阻力与部件传力端的相对位移成非线性关系而构成的耗能特性。

tanxing

弹性（elastic） 见【完全弹性介质】

tanxing bannaoqu lilun

弹性板挠曲理论（elastic plate bending theory） 岩石圈具有一定的刚度，地形荷载导致岩石圈向下弯曲使得地壳保持均衡状态，是地壳均衡补偿的一种理论。

tanxing bankongjian diji moxing

弹性半空间地基模型（elastic half-space foundation model） 假设地基为连续、均匀、各向同性半无限空间弹性体的地基模型。

tanxing bianxing

弹性变形（elastic deformation） 在结构工程中，是指作用引起的结构或构件的可恢复变形。在地质学中，是指在外力作用下物体的应变随应力线性增加或降低，应力解除后，岩石没有永久变形，应变可以完全恢复的变形，可用胡克定律描述。大陆上地壳岩石通常被认为符合弹性变形。

tanxingbo

弹性波（elastic waves） 弹性体在外界荷载扰动或外力作用影响下发生变形，质点的振动在弹性介质中传播形成的波，即在弹性介质中传播的波，是应力和应变在弹性介质中传递的形式，是应力波的一种。弹性介质中质点间存在着相互作用的弹性力，某一质点因受到扰动或外力的作用而离开平衡位置后，弹性恢复力使该质点发生振动，从而引起周围质点的位移和振动，于是振动就在弹性介质中传播，并伴随有能量的传递，在振动所到之处应力和应变就会发生变化。弹性波理论已经比较成熟，广泛应用于地震、地质勘探、采矿、材料的无损探伤、工程结构的抗震和抗爆、岩土动力学等方面。某一弹性介质内的弹性波在传播到介质边界以前，边界的存在对弹性波的传播没有影响，如同在无限介质中传播一样，这类弹性波称为体波。体波传播到两个弹性介质的界面上，即发生向相邻弹性介质深部的折射和向原弹性介质深部的反射。此外，还有一类沿着一个弹性介质表面或两个不同弹性介质的界面上传播的波，称为界面波。如果和弹性介质相邻的是真空或空气，则界面波称为表面波。弹性波绕经障碍物或孔洞时还会发生复杂的绕射现象。

tanxing bochang moni

弹性波场模拟（elastic wave field modeling） 用实验或数值方法对弹性波场的特征进行的模拟。弹性波场模拟是地震学研究的重要内容之一。

tanxing bodong fangcheng pianyi

弹性波动方程偏移（elastic wave equation migration） 基于弹性波波动方程的一种偏移算法。它具有将各种类型的弹性波正确归位，并得到纵、横波的速度的优点。

T

tanxingbo fangcheng

弹性波方程（elastic wave equation） 表示弹性波动特征的方程。弹性波传播问题的理论研究主要是从波动方程出发。经典波动方程在直角坐标系中可表示为：

$$\Delta\varphi = \frac{1}{\alpha^2}\frac{\partial^2\varphi}{\partial t^2}$$

$$\Delta\psi_x = \frac{1}{\beta^2}\frac{\partial^2\psi_x}{\partial t^2}, \quad \Delta\psi_y = \frac{1}{\beta^2}\frac{\partial^2\psi_y}{\partial t^2}, \quad \Delta\psi_z = \frac{1}{\beta^2}\frac{\partial^2\psi_z}{\partial t^2}$$

式中，$\Delta = \frac{\partial^2}{\partial x^2} + \frac{\partial^2}{\partial y^2} + \frac{\partial^2}{\partial z^2}$ 为拉普拉斯算符；α 和 β 分别为纵波波速和横波波速；$\varphi = \varphi(x, y, z, t)$ 为标量势；$\psi_x = \psi_x(x, y, z, t)$、$\psi_y = \psi_y(x, y, z, t)$、$\psi_z = \psi_z(x, y, z, t)$ 为矢量势 $\psi(x, y, z, t)$ 的三个分量。ψ_x、ψ_y、ψ_z 统称为波函数，它们和 φ 同坐标系中的三个位移分量 u、v、ω 的关系为：

$$u = \frac{\partial\varphi}{\partial x} + \frac{\partial\psi_z}{\partial y} - \frac{\partial\psi_y}{\partial z}$$

$$v = \frac{\partial\varphi}{\partial y} + \frac{\partial\psi_x}{\partial z} - \frac{\partial\psi_z}{\partial x}$$

$$\omega = \frac{\partial\varphi}{\partial z} + \frac{\partial\psi_y}{\partial x} - \frac{\partial\psi_x}{\partial y}$$

导出上述波动方程的假设，为：①弹性介质中各质点间的相对位移为无穷小量；②介质是完全线弹性的，即应力和应变之间呈均匀线性关系，服从胡克定律；③介质是各向同性的；④不计外力（如重力、体积力、摩擦力等）。理论上，解决弹性波问题就是要在定解条件下解出波函数。波动方程是一个二阶常系数线性偏微分方程，可用线性体系的叠加原理，数学变换和分离变量等解析方法求解。如果问题中的几何形状或介质的性质比较复杂，则可用大型电子计算机进行数值求解。

tanxing canshu

弹性参数（elastic parameter） 在弹性形变范围内表述应力与应变关系的物理量。在弹性范围内，应力 σ_{ij} 和应变 ε_{kl} 是一一对应的，可以通过广义胡克定律来描述。在地震学中，常用的弹性参数有拉梅常数 λ、μ（μ 又称剪切模量）、杨氏模量 E、泊松比 ν、体积弹性模量 K。这 5 个量只有 2 个是独立的，只要知道其中的任意 2 个，就可以求出其余 3 个量值。

tanxing dijiliang

弹性地基梁（beam on elastic foundation） 地基所受的压力与沉降之间的关系符合弹性假定的基础梁。

tanxing dijiliangfa

弹性地基梁法（elastic foundation supported beam method） 将梁置于文克尔地基或弹性半空间地基上进行内力分析的方法。

tanxing donglixue fangcheng

弹性动力学方程（elastodynamic equation） 表示弹性体在动力作用下应力和应变关系的等式。

tanxing donglixue gelin hanshu

弹性动力学格林函数（elastic dynamics Green's function） 弹性介质动力学问题中的格林函数。是在给定的弹性介质模型中点源的运动方程的解答，其结果主要表述为运动的位移、速度或加速度场，受弹性介质模型控制。

tanxing donglixuejie

弹性动力学解（elastodynamics solution） 由弹性动力学方程及一定的初始条件和边界条件组成的定解问题的解。

tanxing fang'an

弹性方案（elastic analysis scheme） 砌体结构设计时，按楼盖、屋盖与墙、柱为铰接，不考虑空间工作的平面排架或框架对墙、柱进行静力计算的方案。

tanxing gangdu

弹性刚度（elastic stiffness） 弹性体抵抗变形（弯曲、拉伸、压缩等）的能力，是荷载与位移成正比的比例系数，即引起单位位移所需的力。

tanxing houxiao

弹性后效（delayed elasticity） 固体材料在弹性范围内受某一不变荷载作用，其弹性变形随时间缓缓增长的现象。在去除荷载后，不能立即恢复，而是需要经过一段时间之后才能逐渐恢复原状。材料越均匀，弹性后效越小。高熔点的材料，弹性后效极小。

tanxing houdu

弹性厚度（elastic thickness） 在地质学中，特指对地层进行周期性加载后具有弹性响应的岩石层厚度。

tanxing huitiao

弹性回跳（elastic rebound） 1910 年美国地震学家里德（H. F. Reid）根据他对 1906 年 4 月 18 日旧金山 8.3 级特大地震的研究提出的关于地震成因的理论。按照这一理论，近断层的地壳块体由于断层面的摩擦黏合在一起，块体的相对运动引起块体的应变积累。若块体以恒定的速率相对运动，则应变以稳恒的方式随时间增加。当断层上某一点的应力达到其强度时，断层便以地震方式突然滑动，在短时间内释放积累的应变。断层滑动使得储存于地壳中的应变能转化为动能、地震波辐射能、热能等，并且断层上的应力下降到一个较低的水平。地震后，断层面两边的岩石块体回跳到无应变的位置，恢复到其原来的形状，这一过程称为弹性回跳。

tanxing jiezhi

弹性介质（elastic medium） 见【完全弹性介质】

tanxing kangzhensheji

弹性抗震设计（elastic seismic design） 以结构构件在地震时保持弹性工作状态为衡量指标的设计。在桥梁设计中，不允许桥梁结构发生塑性变形，用构件的强度作为衡量结构性能的指标，只需校核构件的强度是否满足要求的设计。

tanxing lixue

弹性力学（elasticity） 研究弹性体在外力作用或温度变化等外界因素下所产生的应力、应变和位移，从而解决结构或机械设计中所提出的强度和刚度问题的学科，也称弹性理论。在研究对象上，弹性力学同材料力学和结构力学之间有一定的分工。材料力学基本上只研究杆状构件；结构力学主要是在材料力学的基础上研究杆状构件所组成的结构，即所谓杆件系统；而弹性力学研究包括杆状构件在内的各种形状的弹性体。

tanxing lixue xugong yuanli

弹性力学虚功原理（principle of virtual work in theory of elasticity） 在弹性体上，外力在可能位移上所做功等于外力引起的可能应力在相应的可能应变上所做的功。其中，可能位移是指满足变形连续条件和位移边界条件的位移；可能应力是指满足平衡方程和力的边界条件的应力。由这一原理可导出虚位移原理和虚内力（应力）原理。该原理是弹性力学中的一个普遍的能量原理。

tanxing lixue zuixiao shineng yuanli

弹性力学最小势能原理（principle of minimum potential energy in theory of elasticity） 整个弹性系统在平衡状态下所具有的势能，恒小于其他可能位移状态下的势能。其中，可能位移是指满足变形连续条件和位移边界条件的位移，是弹性力学的能量原理之一。

tanxing moliang

弹性模量（modulus of elasticity） 材料在单向受拉或受压，且应力和应变呈线性关系时，截面上正应力与对应的正应变的比值。在岩土工程中，是指弹性范围内岩土应力与应变的比值。

tanxing moxing

弹性模型（elastic model） 为研究在荷载作用下结构的弹性性能，用匀质弹性材料制成与原型相似的结构模型。

tanxingti de xianxing zhendong

弹性体的线性振动（linear vibrations of elastic bodies） 弹性体受到的激励和由此引起的响应呈线性关系的振动，可用线性方程来描述。实际结构的各种微小振动都可看作弹性体的线性振动，例如，钢琴中被张紧的弦的振动，钻杆的纵振动以及各种复杂结构的地震响应等。当弹性体在稳定平衡位置附近振动，而振幅又是够小时，弹性体的应力-应变关系、应变-位移关系都可以近似当作线性来处理。因此，所有外界激励因素引起的振动响应是各个激励因素分别引起的响应的叠加，而且响应和激励成正比。研究弹性体的线性振动一般是研究其固有振动、自由振动和受迫振动。

tanxing yingbianneng

弹性应变能（elastic strain energy） 固体受外力做功而变形，在变形过程中，外力所做的功转变为存储于固体内的能量，也称变形能。

tanxing zhidianfa

弹性支点法（elastic fulcrum method） 假定基坑侧壁土、锚杆或内支撑均为弹性体，应用弹性地基梁的分析方法，对基坑支护结构的内力、位移进行分析计算的一种方法。

tandi leida

探地雷达（ground penetrating radar，GPR） 可用于地下结构和浅层地层结构等的探测，也称地质雷达，是微波探测设备的一种。该雷达通过天线将高频电测波以宽频脉冲的方式射入地下，雷达波遇地层分界面或埋地结构物发生反射，在传播途径中，电磁场强度和电磁波波形随介质电磁特性和几何形态发生变化，根据入射波信号和反射波信号间的时间差以及电磁波传播速度，可计算发生反射处的深度，判断地层结构和地下埋藏物。

tandi leidafa

探地雷达法（ground penetrating radar method，GPR） 通过雷达发射的高频电磁波在地下介质中的传播速度、介质对电磁波的吸收以及接收的反射回波，解决相关问题的一种电磁波法。

tankeng zhanshitu

探坑展示图（test pit unfolding graph） 岩土工程勘察中反映探坑四壁和坑底地层岩性、地质构造、取样位置的展开大比例尺图件。

tan cenianfa

碳测年法（radiocarbon dating method）
见【放射性碳测年法】

tansuanyan yan

碳酸盐岩（carbonate rock） 主要由碳酸盐矿物晶体、碳酸盐颗粒或颗粒集合体组成的一类沉积岩。约占沉积岩总量的10%～20%。其按主要组成矿物分为石灰岩和白云岩两类，具有碎屑结构、化学结构或生物结构等多种结构类型。碳酸盐岩是最重要的油气储层。世界上已发现的油气藏，50%以上储存在碳酸盐岩中。

T

tanxianweibu jiagufa

碳纤维布加固法（structure member strengthening with carbonic fibre reinforced polymer） 在原有的钢筋混凝土梁柱表面用胶黏材料粘贴碳纤维片材等的加固方法。

tanzhi yeyan

碳质页岩（carbonaceous shale） 含有高量细粒碳质颗粒的一种暗色或黑色页岩。常含植物化石，形成于沼泽等成煤环境，构成煤层的顶底板。

taoguan

套管（casing） 保护钻孔孔壁用的衬管，也称护壁管。其多数为临时性的衬管，对需要长期保留的观测井孔要使用永久性的衬管。

taoguan zuanjin

套管钻进（casing down drilling） 用套管保护孔壁，避免塌孔，使套管跟随钻具进尺的钻进方法。

taotong zhuang

套筒桩（sleeve pile） 采用套管隔震的桩基，是桩基隔震的一种技术。基桩置于钢套筒内，下部借助锚固销与地基嵌固，桩与套管之间有 150～400mm 的间隙；阻尼器设在上部结构与地下室之间，地下室结构与上部结构相分离。采用套筒桩后地震作用大幅降低，采用仅设外围斜撑的框架结构即可满足抗震要求，与采用筒体结构或抗弯框架结构的抗震设计相比，大幅度降低了造价。

taoxin jiechu

套芯解除（overcoring） 将测量传感器安装在钻孔孔底的测量小钻孔中，并观测读数，然后在测量小钻孔外同芯套钻钻取岩芯，使岩芯与围岩脱离的过程。

taoxing

套型（dwelling unit type） 房屋建筑中按不同使用面积、居住空间和厨卫组成的成套住宅单位。

tebie zhongda dizhen zaihai

特别重大地震灾害（significant earthquake disaster） 造成 300 人以上死亡（含失踪），或者直接经济损失占地震发生地省（区、市）上年国内生产总值 1% 以上的地震灾害。当人口较密集地区发生 7.0 级以上地震，人口密集地区发生 6.0 级以上地震，初判为特别重大地震灾害。

teda dizhen

特大地震（great earthquake） 8.0 级和 8.0 级以上的地震。近百年的地震统计资料表明，我国平均十年左右就会发生 1 次 8.0 级以上的特大地震。

teshu jian'gouzhuwu

特殊建构筑物（particular structure and building） 在使用上有特殊要求的、在安全上区别于一般工民建的特殊工程设施，或在地震时可能发生严重次生灾害、事故的建筑物或构筑物。

teshu qiaoliang

特殊桥梁（special bridge） 具有特殊结构和特殊用途的桥梁，主要包括斜拉桥、悬索桥、单跨跨径 150m 以上的梁桥和拱桥等。

teshu shefanglei

特殊设防类（particular precautionary category） 使用上有特殊要求的设施，涉及国家公共安全的重大建筑工程和地震时可能发生严重次生灾害，后果特别严重的工程，需要进行特殊设防的建筑，简称甲类。

teshuxing tu

特殊性土（regional soil） 具有特殊成分、结构、构造或特殊物理力学性质的土，如淤泥质土（软土）、红土（膨胀土）、黄土（湿陷性土）等都是特殊土，简称特殊土。

tezheng dizhen

特征地震（characteristic earthquake） 大震前经常发生的一些显著的中强地震，这些地震的发生又常表现出震前现象的转折（如地震活动性区域与强度的改变；地形变与地下水动态的转折等）。这是一种具有前兆信号特征的地震。

tezheng fangcheng

特征方程（characteristic equation） 为求微分方程解而转换的代数方程。例如，单自由度体系的自由运动方程为：

$$m\ddot{x}+c\dot{x}+kx=0$$

式中，m、c、k 分别为单自由度体系的质量、阻尼系数和刚度；x、$\dot{x}$、$\ddot{x}$ 分别为体系运动位移、速度和加速度。利用变换 $x=e^{st}$（e 为自然对数的底；s 为待定常数；t 为时间变量），可将上述运动方程转换为如下方程：

$$ms^2+cs+k=0$$

这一方程即为特征方程，其根为：

$$s=\frac{-c}{2m}\pm\sqrt{\frac{c^2}{4m^2}-\omega_0^2}$$

式中，ω_0 为振动体系的圆频率，$\omega_0=\sqrt{k/m}$。

tezheng xiangliang

特征向量（eigenvector） 即本征矢量。数学上，线性变换的特征向量是一个非简并的向量，其方向在该变换下不变。该向量在此变换下缩放的比例为其特征值（即本征值）。一个线性变换通常可以由其特征值和特征向量完全描述。特征空间是相同特征值的特征向量的集合。

T

tezheng zhouqi

特征周期（characteristic period）
见【地震动加速度反应谱特征周期】

tezhong baopo

特种爆破（special blasting）　采用特殊爆破手段、特种爆破器材、在特定环境下对某种介质进行的非军事爆破。特种爆破包含金属爆炸加工、爆炸冲击波的特殊应用、聚能爆破、石油开果中的燃烧爆破和高温凝结物爆破以及抢险救灾应急爆破等。

tezhong gongcheng jiegou

特种工程结构（special engineering structure）　一般工程结构之外，具有特种用途的工程结构，包括高耸结构、海洋工程结构、管道结构和容器结构等。随着科学技术的发展，将会出现越来越多的、具有新用途的特种工程结构。

tezhong shajiang

特种砂浆（special mortar）　适用于保温隔热、吸声、防水、耐腐蚀、防辐射和黏结等特殊要求的砂浆。

tezhong shuini

特种水泥（special cement）　具有特殊性能的水泥和用于某种工程的专用水泥。这类水泥品种繁多，主要有快硬水泥、低热和中热水泥、抗硫酸盐水泥、油井水泥，膨胀水泥、耐火水泥、白色水泥、彩色水泥、防辐射水泥、抗菌水泥和防藻水泥等。

tijiao

踢脚（baseboard）　建筑工程中设于室内墙面或柱身根部一定高度的特殊保护面层。

tibo

体波（body wave）　地震时从震源传出并能在地球内部向各方向传播的弹性波。体波是纵波（体积膨胀所产生）和横波（由旋转所产生）的总称，包括原生体波和各种折射、反射及其转换波。

tibo pinsan

体波频散（body wave dispersion）　地震体波在地球内部传播过程中，由于地球介质固有衰减的存在，引起体波振幅和频率成分改变而产生的频散现象。

tibo shuaijian

体波衰减（body wave attenuation）　地震体波随着传播距离的增加，振幅不断减小的现象。几何扩散造成体波振幅与传播距离的倒数成正比，介质非完全弹性造成的非弹性衰减可以用介质品质因子（即体波的 Q 值）表示。

tibo zhenji

体波震级（body wave magnitude）　用地震体波记录测定的震级，是短周期体波震级与长周期体波震级的统称。

tifenbu li

体分布力（force per unit volume）　施加在结构或构件单位体积上的力。

tijili

体积力（body force）　连续分布在岩体、土体整个体积内的重力、惯性力、渗流力等。

tiji moliang

体积模量（bulk modulus）　材料对于表面四周压强产生形变程度的度量。定义为产生单位相对体积收缩所需的压强。岩土工程中是指岩土所受正应力增量与相应体积应变增量的比值。

tiji peigulü

体积配箍率（volume hoop ratio）　钢筋混凝土构件中箍筋体积与相应混凝土体积的比值，也称体积配筋率。体积配箍率通常由配箍特征值得出。

tiji peijinlü

体积配筋率（volume hoop ratio）　见【体积配箍率】

tiji shousuolü

体积收缩率（volume shrinkage ratio）　黏性土收缩达稳定时的体积收缩量与原体积之比，以百分数表示，也称体缩率。

tiji yasuo xishu

体积压缩系数（coefficient of volume compressibility）　在侧限压缩试验中，土试样的体积应变增量与竖向压力增量的比值，为压缩模量的倒数。

tisuolü

体缩率（volume shrinkage ratio）　见【体积收缩率】

tixi de jihe gouzao fenxi

体系的几何构造分析（geometric stability of framed structure）　对结构体系几何不变性的分析。由若干杆件相互联结可组成一杆件体系，若不考虑材料的弹性变形，在任意荷载作用下其几何形状和所有杆件的位置都保持不变，则称为几何不变体系。若体系的形状或任一杆件的位置可变的称为几何可变体系。杆系结构必须是一个几何不变体系，因此在选定结构的图式及进行结构设计时，首先要分析它是否为几何不变体系，这种分析就是几何构造分析，也称为机动分析。

tixi kekaodu

体系可靠度（system reliability） 结构体系在规定的时间内、在规定的条件下完成预定功能的概率。一般认为，如果体系的所有构件都是安全可靠的，则结构体系就是安全可靠的。但是，真实结构的可靠度估计只能通过体系可靠度分析获得，而结构体系的可靠度估计是困难的。问题的关键在于：不同构件对体系可靠度的贡献实际是不相同的；结构有众多可能的破坏模式，不同破坏模式将对应不同的体系可靠度；结构各构件和结构各种失效模式并不完全独立，而是存在一定的相关性。计算构件可靠度的积分域是一个函数，但估计体系可靠度的积分域将由众多失效模式确定。有关体系可靠度的研究，主要集中在寻找对体系可靠度影响最大的主要失效模式，并估计其失效概率。

tixi yingxiang xishu

体系影响系数（influence coefficient of structural system） 对抗震性能有整体影响的结构构件，如果存在缺陷，在抗震鉴定时将对整个结构或整个楼层的抗震能力乘以小于1.0的系数以考虑这种影响，这一系数即为体系影响系数。

tiyingbian

体应变（volumetric strain） 材料在外力作用下产生的体积变化与原体积的比值。

tiyu jianzhu

体育建筑（sports building） 作为体育竞技、体育教学、体育娱乐和体育锻炼等活动之用的建筑，主要包括体育场、体育馆、游泳馆、竞赛区、看台、记者席、训练房和训练馆、热身场地、兴奋剂检测室、游泳池、跳水池和训练池等。

tidai bijiaofa

替代比较法（alternative comparion method） 用标准仪器和被检定的仪器的探头轮换测量同一位置的标准感应强度值的方法。

tianbo

天波（sky wave） 经过空中电离层的反射或折射后返回地面的无线电波。

tianchuang

天窗（skylight） 见【天井】

tiangou

天沟（gutter） 见【天井】

tianjing

天井（patio） 在建筑物中被建筑围合的露天空间，主要用以解决建筑物的采光和通风。设在建筑物屋顶的窗称为天窗；设在屋面上用于排除雨水的流水沟称为天沟。

tianran diji

天然地基（natural foundation） 见【地基】

tianran diyingli

天然地应力（natural geostress） 见【初始地应力】

tianran dizhen

天然地震（natural earthquake） 自然原因引起的地震，即除人工地震和地脉动以外引起地面振动的地震，是构造地震、火山地震和陷落地震的总称。

tianran dizhen shiyan

天然地震试验（natural earthquake test） 在频繁出现地震的地区或短期预报可能出现较大地震的地区，建造一些试验性建筑物，或在已有的建筑物上安装测震仪器，以测量建筑物地震反应的试验。

tianran fangshexing celiang

天然放射性测量（natural radioactive survey） 利用自然界存在的天然放射性系列和不成系列的放射性核的天然放射性质，研究解决地质问题和环境评价问题的方法。

tianran jianzhu cailiao

天然建筑材料（natural building materials） 天然产出的应用于工程建筑的土和岩石，主要有条石、块石、条石、砾石、卵石、砂料和土料等。条石是从采石场人工开凿出来的形状比较规则的条形石块，广泛用于条石策略坝和条石拱坝、地下建筑物衬砌等方面；块石是用作堆石坝和堆石围堰的主要材料，也用于砌筑圬工基础和桥梁墩台、挡土墙以及铺砌排水建筑物，当卵砾石料缺乏时，也用块石作用为制造碎石的原料，某些具有特殊成分的块石如石灰岩、白云岩、泥灰岩和泥岩等又是制造水泥的原料；砾石和卵石主要用作混凝土骨料和道渣，也用作排水设施（反滤层）的填料；砂料主要用于填筑土坝及土堤、的主要材料，也是烧制砖瓦等人工建筑材料的原料；土料是修筑土坝、土堤的主要材料，也是烧制砖瓦等人工建筑材料的原料。

tianran midu

天然密度（natural density） 岩土在天然状态下单位体积的质量，即岩土在天然状态下的密度。

tianran xiangjiao zhizuo

天然橡胶支座（natural rubber bearing） 用橡胶板等材料制成的，用以支承上部结构、容器、设备等物体的重量，并承受地震荷载或操作时的振动的支承部件。该种类型支座要求有足够的竖向刚度以承受垂直荷载，且能将上部构造的压力可靠地传递给墩台；有良好的弹性以适应地震时梁端的转动；有较大地剪切变形以满足地震时上部构造的水平位移。

tianran xiuzhijiao

天然休止角（natural angle of slope）　无黏性土在自然堆积时，其天然坡面与水平面所形成的最大夹角。干砂土的天然休止角就是干砂的内摩擦角。

tianran zhongdu

天然重度（natural unity weight）　岩土在天然状态下单位体积物质的重量，即岩土在天然状态下的重力密度。

tianshan zaoshandai

天山造山带（Tianshan orogenic belt）　属中亚造山带西段，东西向延绵 3000 余千米，西段主要位于乌兹别克斯坦、塔吉克斯坦、吉尔吉斯斯坦和哈萨克斯坦境内，东段位于我国新疆的准噶尔地块与塔里木地块之间，以发育多条蛇绿岩带、岛弧带及超高压变质岩为特征。我国境内分为北、中和南天山带，是晚古生代造山带，也有学者认为是三叠纪造山带。

tianwen jingdu

天文经度（astronomical longitude）　地面某点的铅垂线和地球自转轴的平面形成的天文子午面与本初子午面间的夹角。

tianwen weidu

天文纬度（astronomical latitude）　地面任意一点上铅垂线（大地水准面法线）与地球赤道面之夹角。

tianfang

填方（fill）　路基表面高于原地面时，从原地面填筑至路基表面部分的土石体积以及用于填筑堤坝、房基等的土石方工程。也指土木工程施工时向地基或其他地方填充的土石方。

tiantu

填土（filled soil）　见【人工填土】

tiaofenfa

条分法（slice method）　将滑动面以上的土体分为若干竖向土条，利用静力平衡原理，计算土体滑动力和抗滑力，分析斜坡稳定性的方法。

tiaojian junzhipu

条件均值谱（conditional mean spectrum）　以某周期点的一致危险谱值作为条件目标值，依据设定地震解耦结果、地震动预测方程及谱相关系数矩阵来计算其余周期点的地震动反应谱值而得到的反应谱。

tiaoxing hezai

条形荷载（strip load）　荷载面的长度比宽度大得多（10倍以上），且任一横断面宽度上分布相同的荷载。

tiaoxing jichu

条形基础（strip foundation）　水平长而狭的带状基础。它把墙体荷载或间距较小柱荷载传递给地基。

tiaoxie yeti zuniqi

调谐液体阻尼器（tuned liquid damper）　利用容器中液体的同频振荡吸收主体结构振动能量、减小主体结构地震反应的被动控制装置，是吸振器的一种。该阻尼器通常为设置在主体结构上的水箱；通过选择水箱的长度（或直径）调节水的振荡频率，使其与主体结构基频相接近，达到减小主体结构振动的目的。调谐液体阻尼器结构简单、造价低廉，在高层建筑和高耸结构的抗震和抗风控制中已有应用。

tiaoxie yezhu zuniqi

调谐液柱阻尼器（tuned liquid column damper）　利用连通器中水柱的同频振荡吸收主体结构振动能量、减小主体结构地震反应的被动控制装置。调谐液柱阻尼器结构简单、造价低廉且减振效能高于调谐液体阻尼器，颇受工程界关注，已应用于土木工程的抗震、抗风控制。

tiaoxie zhiliang zuniqi

调谐质量阻尼器（tuned mass damper）　利用附加振子的同频振动吸收主体结构振动能量、减小主体结构地震反应的被动控制装置，是吸振器的一种。该装置由刚体振子、弹簧（或弹簧与阻尼器）组成。"调谐"指振子的自振频率与主体结构的自振频率尽量接近，在地震反应过程中，该振子受主体结构振动的激励将处于接近共振的状态，从而耗散能量、减少主体结构的地震反应。

tiaoyashi

调压室（surge chamber）　设置在水电站较长的有压水道中，使水流具有自由水面，以减小水锤压力的储水调压设施。

tiaozhi feipingwen guocheng

调制非平稳过程（modulated non-stationary process）　一种地震动非平稳随机过程模型，是一类用随时间和频率变化的函数关系表示的特殊非平稳随机过程。

tiaozhi hanshu

调制函数（modulation function）　对均值为 0、不同频率分量的幅值随时间变化的非平稳随机过程 $a(t)$，可用下式描述：

$$a(t) = \int_{-\infty}^{+\infty} e^{-i\omega t} d\bar{Z}(t, \omega)$$

它的特殊性在于可用确定性函数对平稳过程加以调制得到，即令：

$$d\bar{Z}(t, \omega) = A(t, \omega) dZ(\omega)$$

式中，$A(t, \omega)$ 为与 t 和 ω 有关的确定性函数，称为调制函数；$dZ(\omega)$ 对应于某个平稳过程。

T

tiaoliang

挑梁 (cantilever beam) 嵌固在砌体中的悬挑式钢筋混凝土梁。一般指房屋中的阳台挑梁、雨篷挑梁或外廊挑梁。

tiaoyan

挑檐 (overhanging eaves) 建筑屋盖挑出墙面的部分。一般挑出宽度不大于 50cm，主要作用是方便屋面排水，对外墙也起到保护作用。

tielu

铁路 (railway) 用机车牵引运货或运旅客的车厢组成列车，在一定轨距的轨道上行驶的交通运输线路，也称铁道。

tielu chezhan

铁路车站 (railway station) 设有各种用途的线路，并办理列车通过、到发、列车技术作业及客货运业务的分界点。

tielu chezhan sheji

铁路车站设计 (layout of railway station) 针对铁路车站进行的专项设计。车站设于铁路终端、交叉点、接轨点和沿线与城镇、港口、公路、厂矿的联系点，是吐纳客货和进行运输等作业的场所，故它应有客货运输以及行车、调车作业的设备。车站种类很多，每种车站的作用不尽相同。铁路车站设计是以年度预期的客货运量为依据，根据铁路通过能力和改编能力，选择车站图型和确定车站设备数量。车站设备要为保证行车安全、调车安全、人身安全创造条件。在完成运输任务的前提下，力求节省工程费用和运营费用。在车站总体规划的指导下，按照不同阶段运量增长的情况，分期投资。

tielu diaoche tuofeng

铁路调车驼峰 (railway shunting hump) 用调车机车将铁路车列推上峰顶，利用车辆重力，将车辆溜入各股调车线的调车设备。

tielu dingxian

铁路定线 (railway location) 对选线确定的线路进行勘测后，按照规范的技术规定，在线路地形图上，进行线路的平面和纵断面设计并布置车站、桥涵等建筑物的工作。

tielu gongcheng

铁路工程 (railway engineering) 铁路上的各种土木工程设施，也指修建铁路各阶段（勘测设计、施工、养护、改建）所运用的技术。铁路工程最初包括与铁路有关的土木（轨道、路基、桥梁、隧道、站场）、机械（机车、车辆）和信号等工程。随着建设的发展和技术的进一步分工，其中一些工程逐渐成为独立的学科，如机车工程、车辆工程、信号工程；另外一些工程逐渐归入各自的学科，如桥梁工程、隧道工程等。目前，铁路工程一词仅狭义地指铁路选线、铁路轨道、路基和铁路站场及枢纽。

tielu gongcheng zhenhai

铁路工程震害 (earthquake damage of railway engineering) 铁路工程在地震时遭到的损坏。铁路工程系统包括路基轨道、桥梁、隧道、车站、信号和通信系统、修理厂等，其震害特点与公路工程震害有相似之处。铁路路基轨道的主要震害表现为路基轨道破坏、铁路桥梁破坏、隧道破坏、在山区的铁路路基常受到塌方和滚石的破坏、城市高架铁路因高架桥倒塌而遭到严重破坏等。

tielu guidao

铁路轨道 (railway track) 由钢轨、轨枕、连接零件、道床、道岔和其他附属设备等组成的构筑物。其位于铁路路基上，承受车轮传来的荷载，传递给路基，并引导机车车辆按一定方向运转。

tielu jiaqiaoji

铁路架桥机 (erecting crane for railway bridge span) 在铁路轨道上行驶、用于整跨架设小跨梁的桥梁施工机械。因其架桥工效高，在我国铁路桥梁标准设计中，多考虑以它架设为设计原则。其机身庞大，超出铁路运输限界，须解体运送，到达工地后，再组装使用。我国常备的架桥机有双悬臂式架桥机、单梁式架桥机和双梁式架桥机三种，多用来分片架设钢筋或预应力混凝土梁。

tielu jianzhu xianjie

铁路建筑限界 (railroad clearance) 铁路轨道面以上一定宽度和高度范围内，不许有任何设施障碍物侵入的规定最小净空尺寸。

tielu lujian

铁路路肩 (railway shoulder) 铁路路基面上无道床覆盖的部分，主要是保持铁路车行道功能和路面的横向支承。

tielu shuniu

铁路枢纽 (railway terminal) 在铁路网点或网端，由几个协同作业的车站、引入线和联络路线组成的综合体。

tielu shuniu sheji

铁路枢纽设计 (design of railway junction terminal) 根据区域规划和城市总体规划以及铁路枢纽总体规划，在枢纽地区的自然条件和城市建设的具体情况下，进行铁路车站和铁路线的平面及纵断面的综合设计。在铁路网点和网端的城市，由几个协同作业的车站、引入线路和联络线组成的综合体称为铁路枢纽。铁路网点上仅有一个区段站或编组站时，也称枢纽站。

tielu suidao

铁路隧道 (railway tunnel) 铁路线路在穿越天然高程或平面障碍时修建的地下通道。高程障碍是指地面起伏较大的地形障碍，如分水岭、山峰、丘陵、峡谷等。平面障碍是指江河、湖泊、海湾、城镇、工矿企业、地质不良地段等。铁路隧道是克服高程障碍的有效方法，有时甚至是唯一的方法。它可使线路的标高降低、长度缩短并减缓其纵向坡度，进而提高运量和行车速度。铁路线路遇到平面障碍时，可采用绕行或隧道穿越两种方法。前者往往是不经济的甚至是不可能的，如江河、海峡等，采用隧道穿越是一种常见的、很好的解决方法。

tielu xianlu

铁路线路（railway） 包括机车和车用组成列车行驶的通路轨道及支承轨道的路基、桥梁、涵洞、隧道及其他建筑物的总称。

tielu xuanxian

铁路选线（railway location） 根据自然条件和运输任务，结合铁路动力设备，按照列车运动的规律与经济原理、设计新铁路线和改进既有铁路线的工作。选线的内容有勘测（包括调查），选择路线概略走向，确定轨距、线数（单线或双线）、线路坡度、曲线等的技术标准和与动力设备配合方案的技术决策以及具体确定铁路线路位置的设计工作。全过程中需要进行勘测和设计，因此也称铁路勘测设计，在中国早年也称定线。但在 20 世纪 50 年代以后，一般把选线各阶段中具体确定铁路线路位置的工作称为定线。

tongfeng

通风（ventilation） 采用自然或机械方法，对室内空间进行换气，以达到卫生、舒适、安全的室内环境。

tongfengdao

通风道（ventilating trunk） 建筑物内用于组织进排风的管道。

tonghang jianzhuwu

通航建筑物（navigation structure） 在拦河闸、坝或急流卡口等形成的水位集中落差处，为使船舶或排筏安全顺利地航驶而修建的水工建筑物，也称过船建筑物。

tonglang kangzhen sheji

通廊抗震设计（seismic design of conveyer passageway）为了防御地震对通廊的破坏而进行的专项设计。运输机通廊是工业生产系统中常见的连通环节，多为狭长的架空构筑物。通廊一般由廊身和支承廊身的支架组成，通廊两端与建筑物相连。通廊结构特点为纵向刚度大。横向刚度相对较小；通廊与两端连接的结构相比，无论刚度或质量都存在较大差异。通廊自身承受地震作用并将其传递给相连结构，其抗震设计具有特殊性。

tonglangshi zhuzhai

通廊式住宅（corridor apartment） 由共用楼梯或共用楼梯、电梯通过内、外廊进入各套住房的住宅。

tonglang zhenhai

通廊震害（earthquake damage of conveyer passageway） 通廊在地震中遭到的损坏。通廊由下部支撑结构和上部皮带运输机廊组成，用于输送散状物料。通廊支撑结构有砖支架、钢筋混凝土支架和钢支架，上部结构有砖砌体结构、钢筋混凝土结构、钢结构、混合箱形或桁架结构等。通廊地震破坏现象和特点有上部结构破坏、下部结构破坏和转运站与通廊破坏等。

tongxin gongcheng zhenhai

通信工程震害（earthquake damage of communication engineering） 通信工程在地震中遭到的损坏。通信工程包括汇接中心（通信中心）和通信线路，各类通信设备、中转站、天线塔架、揽线路和相关建筑。其震害主要震害表现为建筑破坏和设备损坏。

tongxin shebei jiagu

通信设备加固（communication equipment retrfit） 为改善或提高现有通信设备的抗震能力，使其达到抗震设防要求而采取的技术措施。通信设备抗震加固的方法主要有三种：第一，小型设备或仪表可置于抗震组合柜内，台式设备应防止滑移，列架式设备应以整体钢构架固定，自立式设备应加强锚固；第二，可利用附加质量降低设备重心、改变设备固有频率减小振动反应，或采用隔振、减振装置；第三，设置限位器防止设备碰撞、倾倒、移位。

tongxin shebei kangzhen sheji

通信设备抗震设计（seismic design of communication equipment） 为了防御地震对通信设备的破坏而进行的专项设计。通信设备含载波机、交换机、微波发信机、整流器等台式、自立式、列架式设备，也包括通信电缆、通信电源设备、微波天线和馈线以及邮电机械设备等。通信设备抗震是通信系统工程抗震的关键环节。行业标准 YD 5059—98《通信设备安装抗震设计规范》规定了相关抗震设计要求。

tongxin wangluo xitong

通信网络系统（communication network system） 由应用计算机技术、通信技术、多媒体技术、信息安全技术和行为科学等先进技术及设备构成的信息网络平台。借助这一平台可实现信息共享、资源共享和信息的传递与处理，并在此基础上开展各种应用业务。

tongyong gaohoubi

通用高厚比（normalized web slenderness） 钢结构设计参数，其值等于钢材受弯、受剪或受压屈服强度除以相应的腹板抗弯、抗剪或局部承压弹性屈曲应力之商的平方根。

tongzhenbianxing

同震变形（coseismic deformation） 伴随大地震而发生的

地表变形。1906 年美国旧金山特大地震前后的水准测量显示，圣安德烈斯断层的两侧向相反方向移动；随着离开断层的距离的增加位移量变小；位移的方向与断层的走向相关联。这一现象推动了地球的振动产生断层面上滑动这一理论的建立，并进一步延伸到断层滑动与地震之间的相关性研究。研究证明，同震地壳变形与断层滑动有定量的关系。

tongzhen dibiao duanlie

同震地表断裂（coseismic surface faulting） 地震时伴随地震断层错动出现的地表破裂。地表破裂可毁坏建筑物和生命线工程等基础设施。

tongzhen longqi

同震隆起（coseismic uplift） 一次地震引起的地面局部隆升现象。在一定的条件下可造成工程结构的破坏。

tongzhen weiyi

同震位移（coseismic displacement） 一次地震引起地震断层两盘块体的相对错动。在一定的条件下可造成工程结构的破坏。

tongzhen yingbian

同震应变（coseismic strain） 地震时地震断层错动引起的地球介质的应变。

tongji canshu

统计参数（statistical parameter） 在概率分布中用来表示随机变量取值的平均水平和离散程度的数字特征。一般指随机变量的平均值、标准差、均值系数、变异系数等。

tongyi zhenji

统一震级（unified magnitude） 将面波震级和体波震级加权平均后得到的一种震级。古登堡在推广震级时，本希望对同一地震测得的近震震级 M_L、面波震级 M_S、体波震级 M_b 是相等的，但实践表明，它们并不相等。1956 年他提出一个统一震级 M，数值与 M_S 相等，但与 M_L（近震震级）和 m（体波震级）。具存在以下换算关系：

$$M = 1.59m - 4.0$$
$$M = 1.27(M_L - 1) - 0.016M_L^2$$

tongcang

筒仓（silo） 储存松散固体的立式容器。广泛用于工农业生产和储运部门。筒仓可节约仓储用地，有利于实行装卸机械化和自动化、降低劳动强度、提高劳动生产率、减少物料的损耗和粉尘对环境的污染。

tongti jiegou

筒体结构（tube structure） 由竖向筒体为主组成的承受竖向和水平作用的建筑结构。筒体结构的筒体分剪力墙围成的薄壁筒和由密柱框架或壁式框架围成的框筒等。筒体由一个或多个组成，分筒中筒、单框筒、框架—薄壁筒和成束筒四类。

tongyafa

筒压法（barrel-pressure method） 将取样砂浆破碎、烘干并筛分成一定级配要求的颗粒，装入承压筒并施加筒压荷载后，测定其破碎程度，用筒压比来检测砌筑砂浆抗压强度的方法。

tongzhongtong jiegou

筒中筒结构（tube in tube structure） 由核心筒与外围框筒组成的筒体结构。钢筒体结构的一种类型。它是由外围钢框筒和内部核心筒经楼板连接而构成空间体系，其刚度高于钢框架–核心筒结构，又可改善外框架筒体结构的剪力滞后现象。

touruchanchu biao

投入产出表（sections input-output table） 根据各产业的投入来源和产品的分配使用去向排列而成的一张棋盘式平衡表。

touzi gusuan

投资估算（investment estimation） 根据现有的资料和一定的方法，对工程项目建设费用的投资额进行的估计。它是项目评价与投资决策的重要依据。

touzi-xiaoyi zhunze

投资–效益准则（cost-effectiveness criterion） 在抗震设计中，考虑技术、经济、社会等诸多因素，使结构的初始造价和预期损失达到优化平衡、实现寿命期内总耗费最小的原则。工程建设的初始投资和期望损失构成结构在寿命期内的总耗费，增加初始投资可以降低期望损失、减少投资则可能增加期望损失，寻求两者之间的合理平衡是确定优化抗震设防目标和优化设计方案的关键问题。

toushebo

透射波（transmitted wave） 地震波在传播过程中遇到弹性不同的分界面时，有一部分能量穿过界面继续向前传播的波，即透过波。其方向遵循透射定律，即透射线与入射线和入射点处界面法线在同一平面内，入射线与透射线分居法线两侧，入射角的正弦与透射角的正弦之比等于对应地层波速之比。这种波相当于光学中的折射波。普通地震测井通常用透射波来测定波速。

toushebo fa

透射波法（transmission wave exploration method） 利用直达波的时距曲线，求得直达波波速的地震勘探方法，也称直达波法。

toushitu

透视图 （perspective drawing） 根据透视原理绘制出的具有近大远小特征的图像，用以表达建筑设计意图。

toushuiceng

透水层 （permeable layer） 具有孔隙或裂隙，能透过和储存地下水的岩土层。

tufa yongjiuweiyi

突发永久位移 （fling-step） 断层错动造成的近断层地表破裂而形成的地面永久位移，也称滑冲。地表破裂会对破裂经过之处的结构造成毁灭性破坏，但对于距离地表破裂一定距离的结构未见破坏。研究认为，地面永久变形可能会对长大结构造成一定的破坏。

tuyong

突涌 （heave piping） 上部隔水层的有效自重压力小于下部承压水水头压力时，承压水冲破隔水层，造成隆起、突水、涌土的现象。

tu

土 （soil） 矿物和岩石碎屑物构成的松软集合体。岩石经风化作用形成的岩屑与矿物颗粒，在原地或经搬运在异地混入自然界中的其他物质后形成的堆积物。

tuba

土坝 （soil dam） 以土和砂砾石为主要建筑材料，经过抛填、碾压等方法堆筑成的挡水结构。

tuceng maogan

土层锚杆 （anchored bar in soil） 锚固于稳定土层中的锚杆，简称土锚杆。它是在深基础土壁未开挖的土层内钻孔，达到一定深度后，在孔内放入钢筋、钢管、钢丝束、钢绞线等材料，灌入泥浆或化学浆液，使其与土层结合成为抗拉（拔）力墙的锚杆。

tuceng sudu jiegou

土层速度结构 （velocity profile of soil layers） 场地土层的波速随深度的变化图形，通常用波速剖面图表示，也称土层速度构造。不加说明的速度结构是指剪切波速度结构。

tuceng zhuoyue zhouqi

土层卓越周期 （predominant period of soil layer） 由场地的地脉动测量记录的谱分析确定的频谱中强度最大的频率分量对应的周期，可由傅里叶幅值谱最大值对应的周期确定，也称场地卓越周期。在工程中，有时也将地震动卓越周期用作记录该地震动的场地卓越周期。

tudi

土地 （land） 陆地表层一定范围内全部自然要素，包括气候、地貌、岩石、土壤、植被、水文等，它们是相互作用和互相制约形成的自然综合体。土地具有自然属性和经济属性。

tudi leixing

土地类型 （land type） 土地分类的结果。根据土地要素的特性及其组合形式的不同而划分的一系列各具特点、相互区别的土地单元。

tudi liyong guihua

土地利用规划 （land use planning） 根据抗震设防区划和地质分布图等资料，规定土地使用等级和范围，以控制发展规模，使人口和城市功能合理分布的规划。它是抗震防灾规划的组成部分。

tudi shamohua zaihai

土地沙漠化灾害 （disaster of land desertification） 在一定条件下，原来非荒漠地区出现以风沙为主要动力活动，并逐渐形成沙漠景观的土地与环境退化，危害人类生存与发展的危害。

tudi yanzihua zaihai

土地盐渍化灾害 （disaster of land salinization） 在土壤或地壳表层岩土中大量盐分积聚，形成盐渍土，使农作物不能生长的危害。

tudi zhaozehua zaihai

土地沼泽化灾害 （disaster of land swamping） 因洪涝、蓄水、排水、地下水位上升、地面塌陷、地面沉降等原因使一般土地出现沼泽化特征从而影响工程建设和农业生产的危害。

tu de ben'gouguanxi

土的本构关系 （constitutive relation of soil） 反映土的应力、应变、强度、时间等相互关系的数学表达式，也称本构模型。它是土力学研究的重要内容。

tu de dengxiao dongjianqie moliang

土的等效动剪切模量 （equivalent dynamic shear modulus of soil） 针对某一剪应变幅值，通过循环荷载作用下土的应力应变滞回曲线确定的动剪切模量，用其代替土在某一剪应变幅值的动剪切模量。从滞回圈在第一象限的定点到原点联一直线，该直线的斜率即为剪应变幅值等于滞回圈定点处时的剪切模量。

tu de dengxiao xianxinghua moxing

土的等效线性化模型 （equivalent linearization model of soil） 考虑介质非线性黏弹性的土的动力学模型，是一种在给定准则下，用线性黏弹性介质来代替非线性介质的计算分析模型，该模型由希德（H. B. Seed）首先提出。实际上土的动模量随外力作用提高而减小，阻尼则随之增加，在强地震动作用下更为明显，这给求解地基的地震反应带来很大不便。线性黏弹性介质是一种理想化的模型，适用叠加原理，可以用频域方法求解而使计算简化。借鉴此思路，在随地震作用水平变化的动模量和阻尼比中，按照一定原则选取等效值，并固定为常数，以便运用线性黏弹性介质的计算方法，这是等效线性化模型的特点。在工程上采用的等效原则比较简单，选定动弹性模量和阻尼比的初值，通过迭代计算收敛的原则选取。该模型适用于各变形阶段的土体动力分析，特别适用于分析动力作用水平低于屈服剪应变时的土体动力性能分析。该模型在一定程度上夸大了共振效应，有时不适用于有软弱夹层的场地。

tu de dengxiao zunibi

土的等效阻尼比（equivalent damping ratio of soil） 土在循环荷载作用下的能量耗散现象，用循环荷载一个周期内损耗的能量和作用的总能量的比值来定义。一般用共振柱试验、动三轴试验、动单剪试验以及现场波速法等方法来测定，也可通过在应力—应变关系曲线形成的滞回圈来确定。

tu de dongbianxing

土的动变形（dynamic deformation induced of soil） 在动荷载作用下，随时间而变化的土位移或土应变特性。土的动变形与静变形相似，分为体积变形和偏斜变形或剪切变形。由于土具有剪胀性或剪缩性，不仅动球应力分量作用引起土的体积变形，动偏应力分量作用也要引起土的体积变形。动偏应力分量作用引起的土体积变形对某些土类（如砂土）具有特别重要的意义。例如，在动偏应力作用下砂土体积压缩，是干砂土发生沉降变形和饱和砂土孔隙水压力变化的根本原因。动偏应力分量作用下饱和砂土的孔隙水压力变化，使有效正应力及抗剪切变形的能力降低，并引起附加的偏斜变形或剪切变形，甚至导致破坏。另一方面，动荷载作用停止后孔隙水压力将逐步消散，饱和砂土将要发生沉降变形。

tu de dongjianqie moliang

土的动剪切模量（dynamic shear modulus of soil） 岩土体在动力荷载作用下的剪应力与剪应变的比值。常用最大动剪切模量（或初始剪切模量）、等效动剪切模量以及模量比来表示，一般用共振柱试验、动三轴试验、动单剪试验以及现场波速法等方法来测定。它是衡量土在动力作用下抗剪切破坏的重要指标。

tu de dongli xingzhi

土的动力性质（dynamic properties of soil） 动力作用下的土的力学性能。当土的应变在 $10^{-6} \sim 10^{-4}$ 范围时，土显示出近似弹性的特性；当应变在 $10^{-4} \sim 10^{-2}$ 范围时，土具有弹塑性的特性；当应变达到百分之几的量级（如 $0.02 \sim 0.05$）时，土将发生振动压密、破坏、液化等现象。因此，土的

动力特性常以 10^{-4} 的应变值作为大、小应变的界限值。在小应变幅情况下，主要是研究土的动剪切模量和阻尼；在大应变幅情况下则主要研究土的振动压密和动强度问题；振动液化则是特殊条件下的动强度问题。所以，土的动力性质主要是指动剪切模量、阻尼、振动压密、动强度和液化五个方面。

tu de donglixue moxing

土的动力学模型（dynamic model of soil） 描述土在动荷载作用下应力–应变关系的物理力学模型。它是根据土的动力试验所表现出来的性能，将动力荷载作用下的土体假定为某种理想的力学介质，建立的应力–应变关系。模型中所包含的参数通常需要通过试验来确定，主要包括线性黏弹模型、等效线性化模型、弹塑性模型和逐渐破坏模型等。

tu de dongqiangdu

土的动强度（dynamic strength of soil） 动力荷载作用下土的破坏面上的应力。它是动力作用下土发生破坏时，在破坏面上所承受的动剪应力或静、动剪应力之和。土的破坏一般表现为剪切破坏，破坏面上的动剪应力以循环剪应力幅值表示；静、动剪应力之和用破坏面上的静剪应力与循环剪应力幅值之和表示。与土的静强度相似，土的动强度也随破坏面上的静正应力增大而提高，土的动强度与破坏面上的静正应力可用线性关系表示。由于土具有疲劳效应，土的动强度随作用次数的增加而降低，故土的动强度应是与某一指定作用次数相应的动强度。

tu de gongcheng xingzhi

土的工程性质（engineering properties of soil） 设计和建造各种工程建筑物时，所必须掌握的天然土体或填筑土料的工程特性。不同类别的工程，对土的物理和力学性质的研究重点和深度都不相同。对沉降限制严格的建筑物，需要详细掌握土和土层的压缩固结特性；天然斜坡或人工边坡工程，需要有可靠的土抗剪强度指标；土作为填筑材料时，其粒径级配和压密击实性质则是主要参数。土的形成年代和成因对土的工程性质有很大影响，不同成因类型的土，其力学性质会有很大差别。各种特殊土（黄土、软土、膨胀土、多年冻土、盐渍土和红黏土等）又各有其独特的工程性质。

tu de gujie

土的固结（consolidation of soil） 土中水在超静孔隙水压力作用下排出，超静孔隙水压力逐渐消散，有效应力随之增加，土体发生压缩变形，最后达到变形稳定的过程。

tu de haoneng texing

土的耗能特性（energy dissipation character of soil） 土颗粒在动力荷载作用下，因滑动摩擦而耗能的特性。土是由土颗粒骨架和孔隙中的流体和空气组成，土的变形即土骨架的变形。土骨架变形使土颗粒相互滑动，运动中因克服

T

摩擦而做的功将转换成热能耗散。因此，土在动力荷载作用下发生变形时伴随着能量的耗损。

tu de jiegou

土的结构（soil structure）　土的固体颗粒间的几何排列和联结方式，包括单粒结构、聚粒结构、絮凝结构等。

tu de kangjian qiangdu

土的抗剪强度（shear strength of soil）　土体抵抗剪切破坏的极限能力，其数值等于剪切滑动面上的极限剪应力。土可以由于拉力过大而开裂，也可以由于剪力过大而破坏。土体中各点的抗剪强度或所承受的剪应力都可以是不均匀的。因此，土体的剪切破坏可能是整体破坏，也可能是局部破坏。工程上有许多情况（如地基承载力、土坡稳定以及挡土墙的土压力等）主要考虑剪切问题。而在黏性土坡稳定性的分析中则要考虑三个问题，即计算方法、抗剪强度和安全系数的确定，三者是互相关联和协调的。

tu de kangjian qiangdu zhibiao

土的抗剪强度指标（shear strength parameters of soil）土的强度准则中的材料参数，一般是指在不同试验条件下的莫尔-库仑强度理论中的黏聚力和内摩擦角。

tu de keli jipei

土的颗粒级配（gradation of soil particles）　土中各粒组颗粒的相对含量，通常以各粒组颗粒的质量占土颗粒总质量的百分数表示。

tu de leixing

土的类型（type of soil）　为便于确定各类土的剪切波速大小范围所作的土的分类。

tu de leixing huafen

土的类型划分（classification of soil types）　为满足抗震设计的需要，主要依据场地岩土对地震波的传播能力对场地岩土类型的划分。各类规范划分的类型和依据的指标有差异。国家标准 GB 5011—2010《建筑抗震设计规范》将场地岩土的类型划分为岩石、坚硬土或软质岩石、中硬土、中软土、软弱土五类。

tu de lixue moxing

土的力学模型（mechanical model of soil）　土的力学特性（应力—应变—强度—时间等关系）的数学表达式，是分析计算建筑物地基或土工构筑物的变形和稳定的重要依据。目前，已经建立了很多力学模型，有代表性的模型有主要有线弹性模型、非线弹性模型、高阶弹性模型、刚塑性模型、弹塑性模型、黏弹性和弹塑性模型等。

tu de niantanxing moxing

土的黏弹性模型（viscoelastic model of soil）　假定土体为黏弹性介质时建立的动力学模型，也称线性黏弹模型。该模型假定动应力由弹性恢复力和黏性阻力共同承受，且弹性恢复力和黏性阻力分别与变形和变形速度成正比，由线性的弹性元件和黏性元件并联组成，弹性元件表示土对变形的抵抗，其系数代表土的模量；黏性元件表示土对应变速率或变形速度的抵抗，其系数代表土的黏性系数。两个元件并联表示土所承受的应力由弹性恢复力和黏性阻力共同承受。该模型包含动弹性模量和黏性系数两个参数，土的黏性系数用阻尼比代替，土的动弹性模量和阻尼比由土动力学试验确定。该模型适用小变形的土体动力反应分析，不适用于土的中等到大变形的动力分析。地震作用下的土体一般不宜采用该模型，应采用非线性模型进行土体动力分析。

tu de paike moxing

土的派克模型（Pyke model of soil）

见【土的弹塑性模型】

tu de pilao xiaoying

土的疲劳效应（fatigue effect of soils）　随循环作用次数增加，土破坏所对应的应力幅值减小的现象。当循环应力作用于土体单元时，每一次循环作用都使土的结构发生一定程度的改变，随着循环次数的增加土结构变形逐渐累积，当循环作用达到某个次数时就发生破坏。由于每一次循环作用下土结构的变化程度随动应力幅值的增大而增大，故动应力幅值越大，土破坏所对应的循环作用次数越少。

tu de qianqi gujie yali

土的前期固结压力（pre-consolidation pressure of soil）土在地质历史上曾经承受过的最大有效竖向压力。

tu de qiangdu

土的强度（strength of soil）　土在外力作用下达到屈服或破坏时的极限应力。由于剪应力对土的破坏起控制作用，所以土的强度通常是指土的抗剪强度。通过较简单的应力状态下的试验，确定土的强度，建立土的破坏准则（条件），以便能用于复杂的应力状态的理论称为强度理论。常用的破坏准则有莫尔-库仑破坏准则、库仑-太沙基破坏准则、斯肯普顿残余强度准则和长期强度准则，前两个准则是常用的破坏准则。土的强度是分析计算地基及土工建筑物稳定性所必须的重要力学性质之一，对土的强度估计偏高或偏低，将直接影响工程的经济和安全。

tu de shentouxing

土的渗透性（permeability of soil）　水在土孔隙中渗透流动的性能，表征土渗透性指标为渗透系数。土中的水受水位差和应力的影响而流动，砂土渗流基本服从达西定律。黏性土因为结合水的黏滞阻力，只有水力梯度增大到起始水力梯度，克服了结合水黏滞阻力后，水才能在土中渗透流动，黏性土渗流不符合达西定律。该系数与土的强度、变形等力学特性有紧密联系，土中水的渗透规律是土的本构定律的一个重要组成部分，在许多工程领域有广泛的应用。

tu de sulü xiaoying

土的速率效应（rate effect of soil）　随荷载速率增高，土的抗变形能力有所增强的现象。土在动力荷载作用下，结构的改变需要经历一段时间。在静力或速率很慢的荷载持续作用下，土有足够的时间完成结构的改变，土的变形能充分地发展达到最终的稳定数值。在动力荷载下，如果速率很高，作用时间短暂，土结构的改变不能充分地完成，相应土的变形不能充分发展，因而表现出更高的抗变形能力。

tu de suanjiandu shiyan

土的酸碱度试验（soil pH test）　用锥形玻璃电极和甘汞电极测定土的酸碱度的试验。又称土的 pH 值试验。

tu de tansuxing moxing

土的弹塑性模型（elastoplastic model of soil）　考虑弹塑性变形的土的动力学模型。土的动力弹塑性模型假定无论变形大小，土的变形总是由弹性变形的塑性变形两部分组成。在等幅循环荷载作用下，土的应力-应变曲线可分为初始加载曲线（骨架曲线）和后继加载曲线，弹塑性模型就是对初始加载曲线（骨架曲线）和后继加载曲线的描述。骨架曲线通常以双曲线或奥斯古德-朗贝格（Osgood-Ramberg）曲线拟合，后继加载曲线按不同的荷载作用情况确定，派克（R. M. Pyke）提出了一种建立后续加载的方法，可避免判断后续加载曲线是否与同向初始加载曲线相交，称为派克模型。派克模型假定后续加载曲线与同向初始加载曲线具有相同的最终强度，可得到后续加载曲线的参考应变，继而得到后续加载曲线的表达式。

tu de tongyi fenleifa

土的统一分类法（unified soil classification system）　粗粒土按颗粒级配详划细分、细粒土按塑性图详细划分的土分类方法。

tu de xianxing niantanxing moxing

土的线性黏弹性模型（linear viscoelastic model of soil）　见【土的黏弹性模型】

tu de yanghuahuanyuan dianweishiyan

土的氧化还原电位试验（soil redox potential test）　利用甘汞电极和铂电极测定土的氧化还原电位的试验。

tu de zhujian posun moxing

土的逐渐破损模型（gradually damaged model of soil）　由一个剪切模量为 G 的弹性元件和屈服剪应变为 γ 的塑性元件串联组成的模型。该模型由艾万（W. D. Iwan）引进到土动力学模型中。当剪应变小于 γ 时，剪应力与剪应变为线性关系，即：$\tau = G\gamma$；当剪应变大于 γ 时，$\tau = G\gamma$ 保持不变。将多个这样基本组合的元件按照 γ 的大小依次串联，每个基本组合的剪应变相等，但剪应力不相等。利用这一力学模型可以得到逐渐破损模型的应力应变关系。

tu de zucheng

土的组成（composition of soil）　土中的固体颗粒、液体（水）和气体三相物质组成及其相互的比例关系。

tu de zugou

土的组构（soil fabric）　土的固体颗粒及其孔隙的空间排列特征。

tu de zuida dongjianqie moliang

土的最大动剪切模量（maximum dynamic shear modulus of soil）　土在小应变条件下（一般指剪应变小于或等于 10^{-5}）的剪切模量。实际上，它是土体处于完全弹性状态下的剪切模量，常用 G_0 或 G_{max} 表示，可由土的应力—应变骨架曲线来确定。

tuding

土钉（soil nail）　植入土体内部，承受拉力与剪力，以提高土体稳定性的杆状构件。

tuding kangba jiance

土钉抗拔检测（pull-out test of soil nail）　在土钉顶部逐级施加轴向荷载，观测土钉顶部随时间产生的位移，以确定相应的土钉抗拔承载力的试验方法。

tudingqiang

土钉墙（soil nailing wall）　分步开挖施工形成的由基坑侧壁内部的土钉群、面层及土钉之间的原位土体共同构成的支护结构。

tudingshi dangtuqiang

土钉式挡土墙（retaining wall with soil nail）　用于原位土体加固和稳定边坡的一种新型支挡结构。它由被加固土，放置于原位土体中的金属杆件（土钉）以及附着于坡面的混凝土护面板组成，形成一个类似重力式的挡土墙，以此来抵抗墙后传来的土压力和其他作用力，从而达到加固土体和稳定坡面的目的。

tudongli shiyan

土动力试验（dynamic tests of soil）　利用专门仪器测量土在动荷载作用下的变形特性、耗能特性、孔隙水压力特性及强度特性的实验。土动力试验结果可定性和定量揭示土的动力性能，是研究土的动力性能和测试土的动力学特性指标的主要手段，是建立土动力模型的基础。常规的土动力试验设备有动三轴仪和共振柱试验仪。此外，还有动剪切仪和动扭剪仪等。

tudongli xingneng

土动力性能 (dynamic behavior of soils)　土在地震等动力作用下的变形、强度、孔隙水压力及耗能特性。土是地震波传播介质，也是工程材料。在静力作用下，土的力学性能含变形、强度及孔隙水压力特性。在动应力作用下，土颗粒将发生滑动或滚动，在克服土颗粒间摩擦力时将消耗能量，此谓之土的耗能特性。因此，动力作用下土的力学性能，除了变形、强度、孔隙水压力外，还应包括耗能特性。

tudongli xingzhi ceshi

土动力性质测试 (dynamic property test for soil)　通过动力方法，测定土的动强度、变形特性和阻尼等的试验。

tudonglixue moxing

土动力学模型 (dynamic models of soil)　描述土在动荷载作用下应力-应变关系的物理模型。土的本构关系和模型参数的确定是建立土动力学模型的关键，土动力学模型最基本的分类是线性和非线性动力学模型。线性动力学模型的典型代表是线性黏弹性模型，是最基本和最简单的动力学模型。非线性动力学模型可进一步分为非线性黏弹性模型和弹塑性模型。非线性黏弹性模型的典型代表是等效线性化模型；弹塑性模型的典型代表是基于曼辛准则的滞回曲线模型。一个动力学模型只能描述某一受力水平或某些受力水平下的土动力性能。在破坏性地震作用下，土体受力水平一般处于中等变形阶段和大变形的开始阶段，因此，等效线性化模型和弹塑性模型在土体地震反应分析中常被采用。

tudonglixue zhuangtai

土动力学状态 (dynamics state of soil)　土在不同大小的动力作用下变形状态。试验表明，当剪应变幅值约小于 10^{-5} 时，土处于小变形阶段，其变形基本上是可以恢复的，可视为处于弹性状态；当剪应变幅值在 $10^{-5} \sim 10^{-3}$ 范围内时，土处于中等变形阶段，除可以恢复的变形外，还包括必须考虑的不可恢复的变形，即处于弹塑性状态；当剪应变幅值约大于 10^{-3} 时，土处于大变形阶段，处于流动或破坏状态。

tudongli zuoyong shuiping

土动力作用水平 (level of dynamic action of soil)　土承受的动力作用大小的度量，以一点所受的动应力幅值或动应变幅值来表示。当动力作用的幅值不规则时，则以动应力或动应变的等效幅值来表示，等效幅值通常取最大幅值的 0.65 倍。由于土的破坏通常是由剪切作用引起的，所以土所受到的动力作用水平通常以剪应力或剪应变的幅值（或等效幅值）来度量。当指定幅值的动剪应力作用于不同种类的土或不同状态的同一种土时，将引起不同幅值的剪应变，即相同动剪应力作用所产生的结果是不同的。因此，以动剪应变幅值来度量土动力作用水平更为合理。

tudong

土洞 (soil cave)　在岩溶地区上覆土层或黄土地区黄土层内被水溶蚀、破坏所形成的空洞。

tudong taxian

土洞塌陷 (collapsed earth cavity)　岩溶地区上覆土层中的土洞或黄土中的土洞，因自然或人为因素失去平衡而导致的塌落，也称地面塌陷。

tuerqi yizimite dizhen

土耳其伊兹米特地震 (Izmit earthquake in Turkey)　1999 年 8 月 17 日土耳其伊兹米特 (Izmit) 发生了 7.8 级地震，震中烈度为 X 度；11 月 12 日土耳其西部地区又发生里氏 7.2 级强烈地震。两次大地震造成重大人员伤亡和财产损失，共有 1.8 万人丧生、4.3 万多人伤残、近 300 万人无家可归，经济损失达 200 亿美元。这次地震高烈度区的范围与发震断层所引起的地表破裂区一致，发震断层位于土耳其东西向延伸的北安托利亚断裂带，地表破裂带长 180km 左右，最大水平错距约 5m。地震造成大批房屋倒塌，桥梁塌落，山区多处发生滑坡和崩塌。这次地震再次说明：发震断裂破裂到地表具有极大破坏力；软弱地基的地震沉降破坏巨大；提高建设工程抗震设防水平的重要性。

tufangtu

土方图 (earth work drawing)　表示拟建房屋所在规划用地范围内场地平整所需土方挖填量的设计图。

tugong dongli lixin moxing shiyan

土工动力离心模型试验 (geotechnical dynamic centrifugal model test)　见【土工离心机振动台试验】

tugong gesha

土工格栅 (geogrid)　由抗拉条带组成规则网格状的用于加筋的土工合成材料。

tugong hecheng cailiao

土工合成材料 (geosynthetics)　工程建设中应用的土工织物、土工膜、土工格栅、土工模袋、土工网、土工管袋、土工包、土工复合材料等高分子聚合物材料的总称。

tugong jiegou dizhen fanying fenxi

土工结构地震反应分析 (seismic response analysis of earth structures)　针对土工结构的地震反应计算和分析。土工结构物是以土为主要材料的人工结构，如土坝、河堤、路堤、尾矿坝等。土工结构物的地基由天然原状土层组成，坡体是人工填筑土。此类结构多为一侧或两侧临空的斜坡体，依靠土的自身强度保持稳定。其因多沿纵向延伸，故可视作平面应变问题进行地震反应分析。土工结构物地震反应分析给出土工结构物及其地基土体各点的位移、速度、加速度以及由地震引起的附加动应力，这些结果是评估土工结构物抗震性能的重要依据。

T

tugong jiegou yehua panbie

土工结构液化判别（liquefaction judgment for earth structures） 河堤、路堤、土坝、尾矿坝等土工结构物的坡体或地基的液化判别。

tugong lixinji zhendongtai shiyan

土工离心机振动台试验（geotechnical centifugal shaking table test） 利用土工离心机振动台设备进行的岩土试样、岩土体和岩土工程的动力试验，也称土工动力离心模型试验，是岩土工程抗震研究的重要手段。岩土体和岩土工程体积庞大，一般振动台很难模拟其缩尺模型的重力效应。土工离心机振动台可利用离心机旋臂的高速旋转来产生强大的离心作用，离心力的大小与设备和试体的质量及其旋转速度有关。可调节离心机旋转速度产生期望的离心力，模拟试体原型的重力场；设置于离心机旋臂一端吊篮中的振动台则可对试体施加动力作用，从而克服一般振动台的局限，在接近真实的应力条件下进行岩土试体的动力试验。

tugong lixin moxing shiyan

土工离心模型试验（geotechnical centrifugal model test） 利用离心机提供的离心力模拟重力，将原型土按比例缩小的模型置于该离心力场中，使模型与原型相应点应力状态一致的一种研究土的工程性状的模型试验。

tugong modai

土工模袋（geofabriform） 由双层化纤织物制成连续的或单独的袋状材料，其中充填混凝土或水泥砂浆，凝结后形成板状防护块体。

tugongmo

土工膜（geomembrane） 由聚合物或沥青制成的相对不透水的薄膜状土工合成材料。

tugongmo puwangfa

土工膜铺网法（fabric sheet reinforced earth） 在超软土表面铺设高强度土工合成材料网，以利填土稳固，便于施工作业的处理方法。

tugong zhiwu

土工织物（geotextile） 用合成纤维纺织或经胶结、热压针刺等无纺工艺制成的土木工程用卷材，也称土工纤维或土工薄膜。合成纤维的主要原料有聚丙烯、聚酯、聚酰胺等。土工织物按其用途分为滤水型、不透水型及保温型。由于用途不同，土工织物的强度也不同。通常它的抗拉强度、抗撕裂强度、耐冲压强度及极限伸长率都较大；埋在土壤中的耐腐蚀性和抗微生物侵蚀性也都良好。

tugong zuoyong

土工作用（geotechnical action） 由岩土、填方或地下水传递到结构上的作用。

tugujia

土骨架（soil skeleton） 土中由固体颗粒相互联结所形成，可传递有效应力的构架，也称固相。

tulixue

土力学（soil mechanics） 用力学、物理学、化学等基本原理来研究土的力学、物理和化学性能，以解决工程实际问题的一门应用学科，是力学的一个重要分支。其主要研究在静荷载或动荷载作用下，土体的变形、强度、稳定性与应力之间的关系。土力学有两个分支：静荷载（建筑物、天然土坡及其他土工结构物）作用下的土力学称土静力学；动荷载（爆破、地震、风浪、车辆和机械振动）作用下的土力学称土动力学。具体研究土的静、动力学性质；土中应力分布规律；地基变形及与时间的关系；地基强度及稳定性；土压力理论及硐室周围土体的变形与稳定性；土的室内及现场测试方法；土体加固方法及理论；等等。近20年来，由于地震工程的发展，特别是从抗震设计需要出发，大大促进了土动力学的发展。

tuli bizhong

土粒比重（specific gravity of soil particle） 土颗粒的重量与同体积蒸馏水在4℃时的重量之比。

tuliubian xingneng

土流变性能（rheological behaviour of soils） 土的蠕变、应力松弛以及强度的时间效应等特性。通过研究土的流变性能，可以分析工程的长期稳定性。土的流变性能的概念和研究方法也适用于岩体中软弱结构面的研究。

tumugongcheng

土木工程（civil engineering） 建造各类工程设施的科学技术的统称。它既指所应用的材料、设备和所进行的勘测、设计、施工、保养、维修等技术活动，也指工程建设的对象，即建造在地上或地下、陆上或水中，直接或间接为人类生活、生产、军事、科研服务的各种工程设施，如房屋、道路、铁路、管道、隧道、桥梁、运河、堤坝、港口、电站、飞机场、海洋平台、给水排水以及防护工程等。

tupigong fangwu

土坯拱房屋（adobe arch house） 以黄土夯筑墙体，以土坯砌筑拱顶的坑窑。是生土房屋的一种类型。

tupiqiang fangwu

土坯墙房屋（adobe wall house） 由单纯土料制成的土坯砌筑的房屋。是生土房屋的一种类型。

tupodizhen wending fenxi

土坡地震稳定分析（seismic stability analysis of earth slope） 地震作用下土斜坡稳定性的计算分析。震害资料表明，土坡地震失稳有滑裂、滑落和流滑三种类型。地震惯性力导

T

致滑动力增加；地震作用破坏了土的结构，在饱和土中增加孔隙水压力，使其抗剪强度降低甚至完全丧失。采用的分析方法主要有拟静力法和时程分析法等。

tupo liuhua fenxi

土坡流滑分析（flow slide analysis of earth slopes） 地震作用下斜坡部分土体发生流动性滑落的分析计算方法。震害表明，土坡流滑是由土坡中的饱和砂土或轻粉质黏土液化引起的，但饱和砂土或轻粉质黏土液化并不总会引起流滑。流滑分析包括两个步骤，第一步，对土坡中的饱和砂土或轻粉质黏土进行液化判别，确定液化区的部位、范围及液化程度；第二步，根据液化区的部位、范围及液化程度估计流滑可能性。目前尚无适宜的评定流滑的定量指标，通常只能定性估计发生流滑可能性的四个等级，一是不可能，土坡不存在液化区，或仅在在远离坡面处存在局部的被封闭的液化区；二是可能性小，在远离坡面处存在范围较大的被封闭的液化区；三是可能性大，在距坡面较近处（如距坡面距离小于 4～6m）存在大范围的被封闭的液化区；四是可能，坡面存在开敞的液化区。

tupo shiwen jizhi

土坡失稳机制（instability mechanism of earth slope） 地震或重力等因素作用下，土坡失稳的形成条件、变形过程和运动规律。震害调查资料表明，土坡的地震失稳主要有滑裂、滑落和流滑三种类型。滑裂是部分土体沿某滑动面发生有限位移并造成裂缝；滑落是部分土体沿某滑动面发生块体式的滑落；流滑是斜坡中部分土体发生流动性滑动。土坡地震稳失稳机制有以下两方面：一是地震惯性力导致滑动力增加；二是地震作用破坏了土的结构，在饱和土中增加孔隙水压力，使其抗剪强度降低甚至完全丧失。一般来说，滑裂和滑落主要是由滑动力增大造成的；流滑主要是由土的抗剪强度降低甚至完全丧失造成的。滑裂、滑落、流滑的破坏形式和机制不同，应采用不同的方法进行分析。

tupo wending fenxi

土坡稳定分析（analysis of soil slope stability） 利用力的平衡原理对土坡稳定性的分析和计算。土坡在重力和其他荷载作用下有向下和向外移动的趋势。如果土坡内土的抗剪强度能够抵抗这种趋势，则此土坡是稳定的；否则，就会发生滑坡。滑坡是土坡丧失原有稳定性。土坡丧失稳定时，滑动土体将沿着一个最弱的滑动面发生滑动。破坏前土坡上部或坡顶出现拉伸裂缝，滑动土体上部下陷，并出现台阶；而其下部鼓胀，或有较大的侧向移动。土坡稳定分析方法按滑动面的形状一般有圆弧滑动分析和非圆弧滑动分析（包括折线分析），或两者联合应用。

tupo youxian huadong fenxi

土坡有限滑动分析（limited slide analysis of earth slope） 依据有限滑动变形量进行土坡稳定性分析的方法。它是以有限滑动变形量来代替抗滑安全系数进行土坡稳定性分析

的方法，由纽马克（N. M. Newmark）于 1965 年提出。该法主要步骤是先确定屈服加速度，再确定等效刚体运动加速度时程，最后计算有限滑动的水平变形分量。

tuqufu yingbian

土屈服应变（yield strain of soil） 土在受力过程中结构发生明显破坏时所对应的剪应变幅值。试验表明，不同土的屈服应变值变化不大，大约为 2.0×10^{-4}。动力作用水平对循环变形和累积变形对其有重要影响。在小变形和中等变形开始阶段，土的循环变形的幅值保持常数，不随作用次数而增大，并且累积变形几乎为零。当动力作用水平提高到某个程度时，土的循环变形的幅值不能再保持常数，随作用次数而增大，并且产生不可忽视的累积变形。这表明土发生了屈服，土的结构发生了明显的破坏，在动荷载作用下土最终可能发生破坏。因此，存在着一个剪应变幅值，当土的受力水平大于这个剪应变幅值时，土的结构受到了明显的破坏。在动荷载作用下土的循环变形幅值将随作用次数的增加而增大，这个剪应变幅值被称为屈服应变。

turang

土壤（soil） 陆地表面由矿物质、有机物质、水、空气和生物组成，具有肥力，能生长植物的未固结层。其特征是具有不断供给植物生长发育所必需的养分和水分的能力（肥力）。土壤是在母质、地形、气候、生物、时间等成土因素共同作用下形成的独立的历史自然体，可分为自然土壤和农业土壤。土壤是地理环境的重要组成部分，是结合地理环境诸要素的枢纽，是联系有机界和无机界的中心环节。土壤又是农业生产的基本生产资料，是人类赖以生活和生存的物质基础。

turang shuifen suce yiqi

土壤水分速测仪器（soil moisture tacheometer） 一种用来对土壤含水率进行快速检测的仪器。基于介电理论与频域测量方法来实现土壤水分的快速测量，由于土壤介电常数的变化通常取决于土壤的含水率，由输出电压和水分的关系则可计算出土壤的含水率。

tusai xiaoying

土塞效应（plugging effect） 敞口空心桩在沉桩过程中土体挤入管内形成的土塞，对桩端阻力的发挥程度产生影响的效应。

tushiba

土石坝（earth and rock fill dam） 用土、砂、砂砾石、卵石、块石、风化岩等材料经碾压或填筑建成的坝。

tushiba jiagu

土石坝加固（reinforcement of earth and rock fill dam） 为改善或提高现有土石坝的抗震能力，使其达到抗震设防要求而采取的技术措施。土石坝加固涉及运行中的病险堤坝

T

（含不符合抗震要求和发生地震损伤的坝），加固方法主要有七种：一是在土坝坝体内采用劈裂灌浆技术构成防渗帷幕、采用振动沉模方法构筑防渗墙或实施高压喷射灌浆防止坝体渗漏；二是自土坝坝体至不透水基岩构筑混凝土连续墙或以高压喷射技术构成防渗体系，防止基岩上覆盖层的渗漏；三是采用压力灌浆或高压喷射灌浆技术等防止土体与基岩接触面或土体与刚性构筑物接触面的渗漏；四是堆石坝的渗漏可采用构筑混凝土防渗墙、坝前坡面和堆石体，以及对堆石体实施托底固结灌浆等综合技术处理；五是土石坝基岩中溶洞和裂隙发育时，可采用坝前铺盖、坝后减压或压重、开挖导流洞等临时处置措施，处理溶洞和大裂隙的有效措施是实施级配料灌浆；六是土坝坝体可液化土料的水上部分可用非液化土料置换，水下部分可采用抛石压坡处置，可用良好级配的混合料放缓坝坡、加厚坝前铺盖及斜墙以提高抗液化能力，淤泥层可采用振冲或土工织物压淤加固方法处理；七是消除白蚁、獾、鼠等在土坝内的巢穴。

tushiba kangzhensheji
土石坝抗震设计（seismic design of earth and rockfill dam）地震作用下土石坝的专项结构设计，是岩土工程抗震设计的重要内容。土坝抗震设计内容主要为：坝址场地的选择和坝基地震稳定性的确定；坝址基岩设计地震参数的确定；拟静力法抗震稳定性验算；现场勘察测试和室内动力试验；动力法抗震计算以及土石坝震后地震稳定性分析；等等。

tushiba zhenhai
土石坝震害（earthquake damage of earth and rockfill dam）土石坝在地震中遭到的损坏。土石坝是以土或石作为坝料砌筑的水坝，其中以土坝数量为多。土石坝主要用来蓄水以灌溉、饮用或防洪。土坝主要震害现象有坝体裂缝、坝体沉陷、渗漏和管涌、滑裂和滑坡、护坡破坏、防浪墙破坏等。

tushi hunheba
土石混合坝（earth-rock mixed dam）土和石渣、卵石、爆破石料等以一定比例混合建造的坝。当坝体材料以土和砂砾石为主时，称为土坝；以石渣、卵石、爆破石料为主时，称为堆石坝。土石混合坝是历史悠久、应用广泛的一种坝型。

tushiyang zhiliang dengji
土试样质量等级（quality classification of soil samples）按土试样受扰动程度不同划分的等级。土试样的扰动程度对试验结果有重要影响，因此，扰动程度越高，土试样的质量等级越低。

tuti
土体（soil mass）分布于地壳表部的尚未固结成岩石的松散堆积物。土体一般不是由单一而均匀的土组成的，而是由

性质各异、厚薄不等的若干土层以特定的上下次序组合在一起。因而土体不是简单的土层组合，而是与工程建筑的安全、经济和正常使用有关的土层组合体。其主要生成于第四纪，并分布在地壳表层，覆盖着陆地和海底的大部分。

tuti dizhen fanying fenxi
土体地震反应分析（seismic response analysis of earth mass）基于土动力学模型对土体在地震作用下的运动过程和稳定性的数值计算。土体地震反应分析是复杂的数学力学问题，通常采用数值方法求解。由于数值分析技术的发展和计算机在工程中的应用，其现已成为岩土工程抗震设计和研究的重要手段。分析的方法主要有：有限元法和差分法；等效线性化模型和土的弹塑性模型；振型分解法、逐步积分法和傅氏变换法；总应力分析方法和有效应力分析方法；等等。

tuti dizhen yongjiu bianxing
土体地震永久变形（seismic permanent deformation of earth mass）地震作用下土体产生的震陷沉降等震害现象。震害资料表明，含有饱和砂土或软黏土的土体，即或在地震时保持稳定，也可能产生明显的下陷或沉降，即可能造成结构破坏的永久变形。由于地震的作用时间很短，饱和砂土或软黏土来不及发生体积变形，其永久变形几乎都是由地震偏应变造成的；偏应变与偏应力对应，是总应变与均匀体积应变的差。目前，较为实用的土体永久变形分析方法是基于软化模型和等价结点力模型的分析方法。

tuti de yasuo he bianxing
土体的压缩和变形（compression and deformation of soil mass）土体承受荷载后，发生变形。变形的性质和大小，既决定于荷载的大小、性质（静或动荷载）和持续的时间，也决定于土的性质、初始固结情况和应力历史等因素。土体的变形包括体积改变的压缩变形及颗粒和颗粒组成的结构单元相互滑移的剪切变形。当荷载不超过土的屈服强度时，以体积变形为主；当荷载超过屈服强度时，剪切变形成为主要部分。土体受力后，立即产生的变形，称瞬时变形。黏性土，尤其当水饱和时，大部分变形是随着土中孔隙水被缓慢挤出而产生固结变形。黏性土在应力不变的条件下可产生持续而缓慢的蠕变。受力变形后的土体，当外力移去时，一般情况下，部分可以恢复的变形称弹性变形；相当一部分不能恢复的变形称塑性变形。

tuti gujie lilun
土体固结理论（consolidation theory of soil）研究孔隙水压力和土骨架承受的有效应力的相互消长以及土体变形达到最终值的过程的理论。土体在外加荷载作用下，由于孔隙比减少而压密变形，同时提高了强度。对于饱和土，只有当孔隙水排出以后，变形才能产生。开始时，土中应力全部由孔隙水承担。随着孔隙水的挤出，孔隙水压力逐步转变为由土骨架承受的有效应力。

T

tutijiagu

土体加固（stabilization of earth mass） 防止地基和土工结构物产生不允许的变形、提高土体稳定性的技术措施。对地震作用敏感的土类（如饱和的松—中密状态的砂土、软黏土、轻粉质黏土等）需要加固，土体加固应综合考虑静力作用和地震作用。土体加固涉及加固原理、加固方法、加固施工工艺及机械及加固效果的检验等。

tuti kangzhen wendingxing

土体抗震稳定性（seismic stability of soil） 场地土体抗御地震作用和地震地质灾害的性能。

tuti nianya jiagu

土体碾压加固（soil compaction reinforcement） 采用碾压机压密土体的加固土体的方法。通常，压密的范围一般为地面下 2～3m，压密砂或砂砾石应采用振动碾压机。

tuti rudong

土体蠕动（soil creep） 斜坡上的土体或岩屑被水饱和以后，塑性增大，斜坡的局部稳定性被破坏，在重力作用下，缓慢地向坡下运动的现象，也称土滑、土流。

tuti yingli

土体应力（stress in soil mass） 土自重或荷载在土体中某单位面积上产生的作用力。由自重引起的应力称为自重应力；由外加荷载（例如建筑物基础荷载）引起的应力称为附加应力；土和建筑物接触面上的应力称为接触应力。

tuyali

土压力（earth pressure） 土体作用于挡土结构物上的侧向压力。挡土结构物通常包括边坡挡土墙、桥台、码头板桩墙和基坑护壁墙等，研究土压力主要是研究挡土结构物所受土压力的大小和分布规律，并据此确定挡土结构物的形式和尺寸。促使建筑物或构筑物移动的土体推力称主动土压力；阻止建筑物或构筑物移动的土体对抗力称被动土压力。

tuyali ceshi

土压力测试（earth pressure test） 通过在测点埋设元件（土压力计、土压力盒）测定土压力的试验。

tuyan zuhediji

土岩组合地基（soil-rock composite ground） 在建筑地基的主要受力层范围内，有下卧基岩表面坡度较大的地基，或石芽密布并有出露的地基，或大块孤石或个别石芽出露的地基。

tuyaodong

土窑洞（soil cave） 在未经扰动的原状土中开挖形成的崖窑，我国西北黄土地区普遍使用这种窑洞。

tuyaodong zhenhai

土窑洞震害（earthquake damage of soil cave） 土窑洞在地震中遭到的损坏。中国的土窑洞有黄土崖窑洞和土坯拱窑洞两种类型，前者是在原状土崖中挖掘而成，后者是由土墙支承土坯拱顶构成。因建造方法不同，两者抗震能力和地震破坏特征亦有差别。黄土崖窑洞的主要震害现象主要为窑洞前脸塌落，洞顶发生裂缝，洞口堵塞；高直土墙圆拱形窑洞洞壁产生斜裂缝，严重者导致洞壁土体剥落，拱顶坍塌。土坯拱窑洞的主要震害现象主要为两侧拱脚外闪，发生水平裂缝，拱顶开裂，严重时可引起拱顶塌落；后墙与拱圈拉结不牢，轻者后墙外闪出现大裂缝，重者倒塌；土坯拱跨度较大者极易发生塌落。

tuzhihui quxian

土滞回曲线（hysteresis curve of soil） 土受循环力作用时，在一次往复内，应力与应变之间变化的关系曲线。

tuzhongbode chuanbo

土中波的传播（wave propagation in soil） 土体作为传播媒介将应力波逐传递到土层各处的物理现象。地震、爆炸和机械运动等都会激发应力波在土介质中的传播。分析地震波在土体中传播特性，预测土层地震动的大小和频率特性是工程地震学的重要研究内容。研究土中地震波传播可用波动分析方法，在经典力学中以波动方程作为波动传播的控制方程，求解波动方程有解析方法和数值方法。

tuzhuang jimifa

土桩挤密法（soil column densification method） 选用沉管（振动、锤击）、冲击或爆扩等方法在可压缩土层中成孔，再在桩孔内填入土料并分层夯实形成土桩，成桩过程中桩间土同时得到挤密的地基处理方法。

tu-jie xianghuzuoyong

土–结相互作用（soil-structural interaction） 地基土与所支撑的结构物之间的相互影响。它研究的是地基对结构反应的影响以及考虑结构存在情况下对地基反应的影响。结构物与支承它的地基土体之间的相互作用主要有三种效应，即基础的柔性效应、地基土对地面运动的滤波效应和振动能量在土体中的辐射与耗散效应。土–结相互作用的分析方法主要有子结构法、直接法和集中参数法等。

tu-jie xianghuzuoyongtaizhen

土–结相互作用台阵（soil-structure interaction array） 观测结构与地基土相互影响的强震观测台阵。观测目的是记录地震时上部结构和地基的地震动，以期建立或验证地基土–结构系统在地震作用下的计算模型。

tuice huodong duanceng

推测活动断层（inferred active fault） 距今 12 万年以来活动证据不确切，但根据构造类比、地震活动性或构造应力场推测可能活动的断层。

T

tuifu fenxifa

推覆分析法（pushover method）
见【静力弹塑性分析方法】

tuila shifangfangfa

推拉释放方法（push pull release method）　见【初位移法】

tuituji

推土机（bulldozer）　一种利用装在拖拉机前端的推土刀在行进中铲土和推土的土方机械。采用机械传动或带液力变矩器的液力机械传动系统，也有少数采用液压传动系统。镶有刀片的推土刀有固定式和回转式两种。

tuiyishi huapo

推移式滑坡（lumping slide）　滑坡的上段先滑动，推动下段，贯通后形成的滑坡。它是上部岩层滑动挤压下部产生变形，滑动速度较快，滑体表面波状起伏，多见于有堆积物分布的斜坡地段。

tuohuan

托换（underpinning）　对既有建筑物进行纠偏、移位或加固时所采取的地基基础置换和增强措施。托换技术是为提高既有建筑物地基的承载力或纠正基础由于严重不均匀沉降所导致的建筑物倾斜、开裂而采取的地基基础处理、加固、改造、补强技术的总称。

W

wafang

挖方（excavation）　从原地面挖除土石方的工程。在道路工程中是指路基表面低于原地面时，从原地面至路基表面挖去部分的土石体积。

wagoufa

挖沟法（trench cut method）　在大面积开挖时，应用挡土壁及支撑先开挖两端部分并构筑主体结构，然后将两边主体结构作为支挡再开挖中间部分的开挖方法。

wajue jixie

挖掘机械（excavating machinery）　依靠铲斗等装置的运动进行土石方挖掘作业的单斗挖掘机、多斗挖掘机和滚动式挖掘机等机械设备。

wadi

洼地（depression）　地表局部低洼而平的地方，或位于海平面以下平展的内陆低地。一般规模较小，地下水位较高，地表排水不良，中部往往积水而形成湖泊或沼泽。其形成原因各不相同，有的是因岩石软硬不同，地面受侵蚀、剥蚀程度不同而形成的，有的是由于接受堆积物数量的多少不同而形成的，也有的是经过断裂作用形成的。

wa

瓦（clay tile）　铺屋顶用的建筑材料，一般是指黏土瓦。以黏土（包括页岩、煤石等粉料）为主要原料，经泥料处理、成型、干燥和焙烧而制成。

wasi tuchu zaihai

瓦斯突出灾害（gas bursting disaster）　蕴藏于煤层或顶底板中的瓦斯，在极短的时间内从巷道掘进工作面或回采工作面突然冲出，破坏巷道及设备、造成人员伤亡和物质损失，有时导致瓦斯爆炸和火灾灾害。

waibaowen

外保温（external thermal insulation）　将保温层布置在外墙靠室外一侧的保温做法和构造方法。可保护主体墙材不受温度变形应力的影响，是目前应用最广泛的保温做法，也是国家大力倡导的保温做法。

waidongli dizhi zuoyong

外动力地质作用（external genetic geological process）
见【地质作用】

waihe

外核（outer core）　地球铁镍核心之外与核幔边界之间的地核，也称 E 层。其物质主要由铁、镍元素组成，还有一些轻物质，如 Si 或 FeO、FeS 等。纵波速度为 8.1～8.9km/s，横波速度为 0，即横波不能穿过外核密度为5.7～12.0g/cm^3，重力加速度为 8.80m/s^2，压力为 143～298GPa，温度为 3700～5500℃。物质大致为液态，可流动。

waijia bianxing

外加变形（imposed deformation）　由地面运动、地基不均匀变形等作用引起的结构或构件的变形。

waijia yuyingli jiagufa

外加预应力加固法（structure member strengthening with externally applied prestressing）　施加体外预应力，使原结构、构件的受力状态得到改善或调整的一种间接的加固方法。

waijiazhu jiagufa

外加柱加固法（masonry strengthening with tie column）
在砌体墙交接处增设钢筋混凝土构造柱，形成约束砌体墙的加固方法。

waikuangjia tongti jiegou

外框架筒体结构（external frame-external masonry wall tube structure）　将外围钢框架做成具有很大刚度的封闭箱形框筒，该筒由密柱和连梁组成、似多孔墙体，可有效提高体系的抗侧移和抗扭刚度；取消内部剪力墙和支承桁架等抗

T

W

侧力构件，仅设少量的柱承受重力荷载的结构，是钢筒体结构的一种类型。

waimocajiao

外摩擦角（angle of external friction） 土与其他材料表面间的摩擦阻力与对应的正应力关系曲线的切线与正应力坐标轴间的夹角。

wainianxianwei jiagufa

外黏纤维加固法（structure member strengthening with fiber） 对钢筋混凝土梁、板等构件粘贴纤维等复合材料以提高构件抗拉或抗弯、抗剪能力的加固方法。

wainianxinggang jiagufa

外黏型钢加固法（structure member strengthening with externally bonded steel frame） 对钢筋混凝土梁、柱外包型钢、扁钢焊成构架并灌注结构胶黏剂，以达到整体受力，共同约束原构件的加固方法。

waiqiang pingjun chuanre xishu

外墙平均传热系数（average overall heat transfer coefficient of external walls） 外墙主体部位和周边热桥部位的传热系数平均值。按外墙各部位的传热系数对其面积的加权平均计算求得，单位为 $W/(m^2 \cdot K)$。

waiqing jiegoumian

外倾结构面（out-dip structural plane） 倾向坡外的结构面。结构面根据其与边坡坡面倾角的关系可分为外倾结构面和内倾结构面两类。

waiyingli dizhizuoyong

外营力地质作用（exogenetic geological process） 发生在地球表层，以太阳辐射能、重力能和日月的引力为能源、在大气，水和生物等外营力作用下发生的各种地质作用的统称，也称外动力地质作用、表生地质作用，简称外力作用。最常见的外力作用有风化作用、剥蚀作用、搬运作用、沉积成岩作用等。

waizuni

外阻尼（external damping） 振动体系在与外部介质（土、风、水、电场、磁场等）相互作用中发生的能量耗散，是阻尼的一种类型。

wanju

弯矩（bending moment） 作用引起的结构或构件某一截面上的内力矩。其大小为该截面截取的构件部分上所有外力对该截面形心矩的代数和，其正负约定为使构件上凹为正，使构件上凸为负（即上部受拉为负，下部受拉为正）。

wanqiao

弯桥（curved bridge） 桥面中心线在平面上为曲线的桥，有主梁为直线而桥面为曲线和主梁与桥面均为曲线两种情况。

wanqugangdu

弯曲刚度（bending rigidity） 材料的弹性模量与材料弯曲方向截面惯性矩的乘积。

wanqupohuai

弯曲破坏（bending failure） 地震作用下结构构件产生弯曲裂缝的破坏形态；也指材料在弯曲负荷的作用下，产生的破坏或断裂。实际应用中构件的弯曲破坏复杂，作为材料的特性检验，可通过三点式弯曲试验或四点式弯曲来测定其弯曲破坏强度。

wanxin

弯心（bending center） 梁截面所在平面内的一个当剪力通过该点时，截面与邻近截面间无相对扭转的点。对于等截面直梁，若每个截面上的剪力都通过弯心，则在整个梁中将只有弯矩而无扭矩。因此，为了减小梁中的扭矩，就必须确定弯心并在设计中尽量使荷载通过弯心。弯心的研究对薄壁梁型的航空结构尤为重要，因为它和结构的颤振等气动弹性分析密切相关。弯心的求法因梁截面的几何形状而异。若截面对称，则当剪力通过对称轴时，截面不发生扭转，因而可知弯心必在此轴上；如果截面有两个对称轴（如矩形或椭圆形截面），则弯心必在两轴的交点上。

wanquan ercixing fanggenfa

完全二次型方根法（complete quadric combination method） 取各阶振型地震作用效应的平方项和不同振型耦联项的总和的方根作为总地震作用效应的振型组合方法。

wanquan tanxing jiezhi

完全弹性介质（perfectly elastic medium） 受力时只发生弹性变形，撤销外力可100%恢复原状的理想介质。一种物质存在于另一种物质内部时，后者就是前者的介质；若某物体在外力作用下产生形变，而当外力去掉之后，物体能迅速恢复到受力前的形态和大小，就将物体的这种性质称为弹性。具有这种性质的物质，称为弹性介质。

wanzhengjing

完整井（completely penetrating well） 钻穿整个含水层厚度且滤水管贯穿整个含水层并把其全部都作为井—含水层系统过水段面的观测井。

wanzheng yanshi

完整岩石（intact rock） 整体性较好，没有受到不连续结构面分割的岩石。该岩石的力学性能较同类不完整岩石的力学性能好。

wan'gengxinshi

晚更新世（late Pleistocene） 第四纪中更新世的最后阶段，也称上更新世，年代测定为 126000 年（±5000 年）~ 10000 年，之后全新世开始。冰川主宰了晚更新世的大部分时期，包括在北美洲的威斯康辛冰期（Wisconsin glaciation）、欧亚大陆冰川时期。许多巨型动物在此期间灭绝，并且这一趋势一直持续到全新世。此外，现代人类物种淘汰了其他人类物种。在晚更新世人类传播的足迹到达了除南极洲以外的世界各大洲。

wan'gengxinshi duanceng

晚更新世断层（late Pleistocene fault） 晚更新世期间发生过位移，但无全新世活动证据的断层。

wan'gengxinshi huodong duanlie

晚更新世活动断裂（late Pleistocene active fault） 距今 1 万~12 万年期间有活动的断裂。在地震地质中，把 12 万年以来活动过的断裂称为活动断裂。

wandao dizhenji

万道地震计（ten-thousand-channel seismometer） 在石油三维地震勘探中采集道数过万的新型地震仪。其特点是多记录道数、多分量地震、全方位信息、小面元网络、高覆盖次数等。

wanyou yinli

万有引力（universal gravitation） 存在于任何两个物体之间的由质量引起的相互吸引力，力的作用线约在两物体质心的连线上，其大小与两物体的质量成正比，与两物体的距离平方成反比。万有引力定律是牛顿（Isaac Newton）追索地面上的物体受重力作用的原因而发现的，并在 1687 年正式发表。以 m_1、m_2 表示两物体的质量，r 表示两者之间的距离，则相互吸引的力为 $F = G \times m_1 \times m_2 / r^2$，其中 G 称为万有引力常数，这就是万有引力定律的数学表达式。

wangjia jiegou

网架结构（spatial grid structure） 由多根杆件按照一定的网格形式通过节点连结而成的空间结构。其优点是空间受力、重量轻、刚度大、抗震性能好等；可用作体育馆、影剧院、展览厅、候车厅、体育场看台雨篷、飞机库、双向大柱距车间等建筑的屋盖；缺点是汇交于节点上的杆件数量较多，制作安装较平面结构复杂。根据外形不同，可分为双层的板型网架结构、单层和双层的壳型网架结构等。

wangluo liantong kuandu sousuofa

网络连通宽度搜索法（width search method for network connectivity） 对每个节点先将所有与之连接的节点都搜索出来，再依次对此层中每个连接点逐个搜索，直到终止点为止的搜索法，是网络连通性逐层搜索的一种方法。

wangluo liantong shendu sousuofa

网络连通深度搜索法（depth search method for network connectivity） 网络连通性搜索的一种方法，即从起始点（源点）k_0 开始，找出某个邻接点 k_1，再找到与之相邻的连通点 k_2，记录下 k_1，依次向前方搜索连接点，此时其他连接点待查；直到 k_i 点碰壁时，退回 k_{i-1} 点再从未搜索的点中寻找，如此运行，直到终止点（汇点）的搜索法。

wangluo liantong suiji moni fangfa

网络连通随机模拟方法（stochastic simulation method for network connectivity） 网络连通性分析的一种方法，即蒙特卡洛法。用计算机按照一定概率密度函数人工生成随机数，作为输入或模型的参数，用数值方法计算概率事件或确定事件结果；通过大数量生成随机数和计算结果，求出统计数据或结果。用在网络分析时，先构造各单元参数为随机数的网络模型，计算网络的连通状态，通过大量模拟，求解网络的可靠度近似值。该方法不使用邻接矩阵作连通性分析，也不计算概率值，每次只作单纯的连通搜索。对于大型网络，随机模拟可能进行数万次。该法计算简单，但收敛标准对模拟次数影响很大，且不易确定，不能用于复杂的功能失效分析。

wangluo liantongxing fenxi de gailüxing fangfa

网络连通性分析的概率性方法（probabilistic method for network connectivity analysis） 该方法以概率的形式给出单元的可靠度，若 p_{si} 为 i 单元正常工作的概率（可靠概率、安全概率），p_{Fi} 为 i 单元的破坏概率，则：$p_{si} + p_{Fi} = 1$。单元的可靠概率为状态变量 x_i 取值为 1 的概率，即 $p_{si} = p(x_i = 1)$。此时变量 x_i 的数学期望值为：

$$E(x_i) = 1 \times p(x_i = 1) + 0 \times p(x_i = 0) = p(x_i = 1) = p_{si}$$

故系统的可靠概率（可靠度）为：

$$E(G) = p(G=1) = E(G) = E[\Phi(X)]$$

假定各单元的安全概率互相独立，串联连接网络的可靠度为：

$$P_S(G) = E(\prod_{i=1}^{n} x_i) = \prod_{i=1}^{n} E(x_i) = \prod_{i=1}^{n} p_{si} \qquad (1)$$

并联连接网络的可靠度为：

$$P_S(G) = E[1 - \prod_{i=1}^{n}(1 - x_i)] = 1 - \prod_{i=1}^{n}(1 - p_{si}) \qquad (2)$$

用单元的破坏概率 p_{Fi} 求串、并联网络的连通的破坏概率时，公式（1）和公式（2）互换，且用 p_{Fi} 来代替 p_{si}。

wangluo liantongxing fenxi de quedingxing fangfa

网络连通性分析的确定性方法（deterministic method for network connectivity analysis） 该方法规定组成网络的节点或边单元的状态变量 x_i 为：

$$x_i = \begin{cases} 1 & \text{第 } i \text{ 个单元正常} \\ 0 & \text{第 } i \text{ 个单元破坏} \end{cases} \qquad (1)$$

利用布尔代数的计算方法，可以得到整个系统的可靠性，通常表示为：

W

$$G = \Phi\{X\} = \begin{cases} 1 & \text{网络连通} \\ 0 & \text{网络破坏} \end{cases} \quad (2)$$

式中，$G = \Phi\{x_1, x_2, \cdots, x_n\}$ 为表示网络中各节点和边的连接顺序关系的函数，称为网络的结构函数。n 个单元组成的串联系统和并联系统的结构函数分别为：

$$G = \Phi\{X\} = \prod_{i=1}^{n} x_i \quad (3)$$

$$G = \Phi\{X\} = 1 - \prod_{i=1}^{n}(1 - x_i) \quad (4)$$

式中，$\prod$ 表示布尔代数中的积运算（"交"运算），在式（3）中的意义是网络中所有元件状态变量都取 1（工作正常），则 G 为 1；只要有一个为 0（破坏），G 也为 0，是串联系统的特点。式（4）表示所有元件都为 0（破坏），G 才为 0，否则总为 1（正常），是并联网络的特点。

wangluo xitong fenxi

网络系统分析（network system analysis） 以图论为基础，对网络进行连通性等分析的数学方法。生命线系统是网络结构，系统运行除应保障单体结构的功能之外，还要考虑部分结构破坏对全系统运行和功能的影响，为此采用网络分析方法。

wangluoxitong kangzhen youhua sheji

网络系统抗震优化设计（seismic optimization design for network system） 用网络分析方法来研究网络的最佳设计。生命线网络系统由不同的单体元件构成，并采用分级运营管理；不同层次、不同类别的元件或不同位置的同类元件在同一系统中的重要性不同，关键元件的失效可能导致整个系统瘫痪，而次要元件的失效可能只影响局部。使关键元件或环节具有较高的抗震可靠度，有利于提高系统的连通和功能可靠性，这一特性有利于实施生命线网络的优化设计。在以维持功能为目标的优化设计分析中，可根据实际情况对不同元件规定不同的重要性指数，并采用遗传算法或传统的网络优化方法进行优化设计。基于抗震的优化设计与基于造价的优化设计可能得出不同结果，基于连通可靠性和功能可靠性的优化设计结果也可能存在差异，这一问题需以平衡决策方法处理。

wangluo xitong kekaoxing fenxi

网络系统可靠性分析（reliability analysis of network system） 衡量和评价网络系统的工作状态的分析方法，包括连通可靠性和功能可靠性两类方法。

wangwen niantu

网纹黏土（lattice clay） 热带或亚热带地区的坡积、残积红土，经地下水渗透，铁质淋滤不均而形成的具有灰白或灰色条纹的土。

wangfu jiazai shiyan

往复加载试验（reciprocating loading test） 见【拟静力试验】

weixiandiduan

危险地段（dangerous area to earthquake resistance） 地震时可能发生滑坡、崩塌、地陷、地裂、泥石流等及发震断裂带上可能发生地表位错的地段。在建设工程场地选择中，属于危险地段。在油气输送管道线路工程中，是指活动断层及地震时可能发生地裂、崩塌、滑坡、严重液化、地面塌陷等的地段。

weixiandian

危险点（dangerous point） 结构工程中单个承重构件或围护构件所处的危险状态的特征表现。

weixianfangwu

危险房屋（dangerous building） 见【危险性住房】

weixiangoujian

危险构件（dangerous member） 自身已经损伤，出现了裂缝、变形、腐蚀或柱蚀，其承载能力和连接构造等性能不能满足安全使用使用要求的结构构件。

weixianlü hanshu

危险率函数（hazard rate function） 泊松（Poisson）模型的危险率函数。在地震危险性分析概率方法中，用泊松（Poisson）模型描述地震发生的时间过程。泊松模型具有平稳性、独立性和普遍性，由这三个性质可以导出泊松模型的基本概率分布公式，为：

$$P_k(t) = \frac{1}{k!}(\nu t)^k e^{-\nu t} \quad (k = 0, 1, 2, \cdots)$$

式中，$P_k(t)$ 表示在时间 t 内事件发生 k 次的概率；ν 为事件在时间 t 内的平均发生率。如果用 $Q(t)$ 表示在 t 时间内事件不发生的概率，显然有：

$$Q(t) = e^{-\nu t}$$

由此可得在 t 时间内至少发生一次事件的概率分布函数和概率密度函数，分别为：

$$\bar{F}(t) = 1 - e^{-\nu t}$$

$$\bar{f}(t) = \bar{F}'(t) = \nu e^{-\nu t}$$

由此可得出泊松模型的危险率函数，为：

$$r(t) = -Q'(t)/Q(t) = \bar{f}(t)/(1 - \bar{F}(t)) = \nu$$

可见，泊松模型的危险率函数是一个常数，其数值等于它的平均发生率。

weixianxing jianding

危险性鉴定（dangerous appraisal） 在危险性房屋鉴定中实施的一组判定被鉴定房屋的危险程度的工作活动。

weixianxing zhufang

危险性住房（fatalness housing） 结构已严重损坏，或地基不稳定，承重构件已属危险构件，随时可能丧失稳定和承载能力的住房，也称危险房屋，简称危房。

W

weiyan

危岩（dangerous rock） 高耸峥嵘的山岩。岩土工程中是指陡坡或悬崖上可能失稳的岩体。

weiyanti

危岩体（dangerous rockmass） 被多组不连续结构面切割分离，稳定性差，可能以倾倒、坠落或塌滑等形式崩塌的地质体。

weierxun-θfa

威尔逊-θ法（Wilson-θ method） 延长积分步长推导增量运动方程数值积分算子的线性加速度法。威尔逊-θ法的推导与线性加速度法相同，但取积分步长为 τ=θΔt（θ≥1.37）。积分算子推导中，在延伸的时间步长 τ 上用标准的线性加速度法求加速度增量，然后用内插法求得在常规步长 Δt 上的加速度增量，进而确定位移增量和速度增量，逐步求解运动方程。该方法被证明是无条件稳定的，在运动方程求解中广泛应用。在实际应用中 θ 值不宜过大，一般取 1.4 左右，否则会引起较大误差。

weidimao

微地貌（microrelief） 最小的地貌形态单元。发育于地貌单元上的次一级地貌形态。例如，各种海成的波痕（纹）、潮水沟，各种风成沙丘上的波纹，河床上的各种沙波、风蚀壁龛上的石窝等；断层陡坎、断错冲沟、"搓衣板"地貌（多个小坎平行排列）、坡中谷等也属微地貌，可作为古地震考察的重要证据。

weiguan dizhen xiaoying

微观地震效应（microseismic effect） 见【地震效应】

weiguan zhenzhong

微观震中（micro-epicenter） 地震发生后，由各地震台记录的地震波到达时间计算得到的震中，也称仪器震中。通过地震现场考察，勾画等震线，确定的震中位置被叫作宏观震中。对于同一次地震来说，这两者往往是比较接近的，但也总有一点差异，有时相差还比较明显。

weiliewen

微裂纹（micro crack） 岩石受力后矿物本身及岩石中产生的肉眼难以分辨的微小裂纹。

weiliewen yanhua shiyan

微裂纹演化实验（experiment of microcrack evolution） 观测岩石等材料的样品内部微裂纹的萌生、扩展、集结等演化过程的实验。

weixingzhuang

微形桩（mini pile） 用于原位加固地基，提高地基承载力的树根桩、水泥粉煤灰等硬化材料的小直径短桩。

weixingzhuang tuohuan

微型桩托换（micro pile underpinning） 在既有建筑物基础下设置微型桩加固地基基础的方法。是建筑基础托换的一种方法。

weizhen

微震（microearthquake） 震级小于 3.0 级的地震，也称弱震。有时把其中小于 1.0 级的地震称为极微震。

weizhen guance

微震观测（microseismic observation） 对微小地震所进行的观测。在有些大地震发生前，该地区的局部地方会先有一系列微小地震发生，利用各种手段观测这些微震的分布、频度和特征，分析其构造活动性，是地震预测的方法之一。

weizhenyi

微震仪（microvibrograph） 用于记录地震震级小于或等于 3.0 级的微、小地震的仪器。

weihujiegou

围护结构（building envelope） 建筑物及房间各面的围挡物，如门、窗、墙等。其主要用于有效地抵御不利环境的影响。通常分为透明围护结构和不透明围护结构两种类型。

weihu jiegou biaomian huanrezu

围护结构表面换热阻（surface thermal resistance of building envelope） 表示围护结构两侧表面空气边界层阻抗传热能力的物理量，为表面换热系数的倒数。在内表面，称为内表面换热阻（R_i）；在外表面，称为外表面换热阻（R_e）。

weihu jiegou chuanre xishu

围护结构传热系数（overall heat transfer coefficient） 在稳态条件下，围护结构两侧空气温度差为 1K，单位时间内通过单位面积传递的热量。单位为 $W/(m^2 \cdot K)$。

weihu jiegou chuanrezu

围护结构传热阻（total thermal resistance） 表示围护结构（包括两侧空气边界层）阻抗传热能力的物理量（R_0），为结构热阻与两侧表面换热阻之和，单位为（$m^2 \cdot K$）/W。

weihujiegou reduoxing zhibiao

围护结构热惰性指标（thermal inertia index of building envelope） 表征围护结构反抗温度波动和热流波动能力的无纲量指标（D），其值等于材料层热阻与蓄热系数的乘积。

weihujiegou regongxingneng quanheng panduan

围护结构热工性能权衡判断（building envelope trade-off option） 当建筑设计不能完全满足规定的围护结构热工设计要求时，计算并比较参照建筑和所设计建筑的全年采暖和空气调节能耗，判定围护结构的总体热工性能是否符合节能设计要求。

weiken gongcheng

围垦工程（reclamation） 在水边滩地筑封闭围堤，并在堤内排水疏干，垫高地面，或泵吸泥沙吹填而造地的工程措施。

weiya xiaoying

围压效应（ambient pressure effect） 当岩体围压增大到一定数值后，岩体的变形、破坏及应力传递等机制发生明显转化的现象。

weiyan

围岩（surrounding rock） 在岩石地下工程中，由于开挖，地下洞室周围初始应力状态发生了变化的岩体。在工程地质学中，是指重分布应力影响范围内的岩体，一般为 $6r$（r 为洞室半径）范围内的岩体。

weiyanpianya

围岩偏压（leaning pressure of ambient rock） 由于地质构造、局部地形突变、施工影响等因素，在洞室衬砌上产生明显不对称的岩土压力。

weiyan shoulian guance

围岩收敛观测（ambient rock convergence monitoring） 在隧道或地下洞室原位，通过收敛计对洞体围岩变形的观测。

weiyan yali

围岩压力（rock pressure） 周围岩体作用于隧道和地下洞室衬砌或支护上的荷载，也称地层压力。广义地讲，围岩压力是开挖隧道后围岩变形和应力重新分布的一种物理现象。

weiyan yanbaojidabianxing

围岩岩爆及大变形（rockbursts and large deformation of ambient rock） 硐室围岩在高地应力条件下的围岩变形破裂，造成人员伤亡和设备损毁的灾害。

weiyan yingli

围岩应力（surrounding rock stress） 在开挖地下洞室时发生重分布后的围岩中的应力，也称二次应力。

weiyan

围堰（cofferdam） 修筑地下和水中建筑物时建造的临时性围护结构，是用于水下施工的临时性挡水设施。其作用是防止水和土进入建筑物的修建位置，以便在围堰内排水，开挖基坑，修筑建筑物。除作为正式建筑物的一部分外，围堰一般在用完后被拆除。

weishi jiegou

桅式结构（guyed mast structure） 由一根下端为铰接或刚接的竖立细长杆身桅杆和若干层纤绳所组成的结构体系。该结构由纤绳、杆身和基础组成，纤绳拉住杆身使其保持直立和稳定。

weimu zhujiang

帷幕注浆（curtain grouting） 从一排或数排注浆孔中注入浆液，在地下形成连续的截水帷幕，以阻截地下水流的注浆技术。

weinalübo

维纳滤波（Winer filtering） 利用平稳随机过程的相关特性和频谱特性对混有噪声的信号进行滤波的方法。该法系 1942 年美国科学家维纳（N. Winer）为解决对空射击的控制问题而建立的，是 20 世纪 40 年代在线性滤波理论方面取得的最重要的成果。维纳滤波方法主要用于线性系统的滤波、平滑和预测等方面。

weina lüboqi

维纳滤波器（Winer filter） 能够实现维纳滤波的系统或装置。它是一个定常线性系统，通过合理的设计可使其对噪声具有良好的过滤效果。

weina-xinqin guanxi

维纳-辛钦关系（Winer-Sinchin relationship） 自相关函数与功率谱互为傅里叶变换对的关系。自功率谱是同一个随机过程的功率谱，可用自相关函数计算。自相关函数描述的是函数 $x(t)$ 错开延时 τ 后与原过程的相关程度，定义为：

$$R(\tau) = \int_{-\infty}^{+\infty} x(t)x(t+\tau)\,\mathrm{d}t \qquad (1)$$

其功率谱 $S(\omega)$ 按下式计算：

$$S(\omega) = \int_{-\infty}^{+\infty} R(\tau)\mathrm{e}^{-i\omega\tau}\,\mathrm{d}\tau \qquad (2)$$

由傅里叶变换关系有：

$$R(\tau) = \frac{1}{2\pi}\int_{-\infty}^{+\infty} S(\omega)\mathrm{e}^{i\omega\tau}\,\mathrm{d}\omega \qquad (3)$$

式（2）和式（3）即为维纳-辛钦关系。它表明，自相关函数与功率谱互为傅里叶变换对。

weijingyan

伟晶岩（pegmatite） 与一定的岩浆侵入体在成因上有密切联系、在矿物成分上相同或相似、由特别粗大的晶体组成并常具有一定内部构造特征的规则或不规则的脉状体岩体，是一种具粗粒或巨粒结构的脉状火成岩。

weidongli shiyan

伪动力试验（pseudo-dynamic tests） 见【拟动力试验】

W

weidongli shiyan zhuangzhi

伪动力试验装置（pseudo-dynamic test facility） 实现伪动力试验的设备系统的总称。伪动力试验装置一般包括计算机、反力装置、控制器、液压系统、作动器、力传感器、位移传感器和数据采集系统等。

weijingli shiyan

伪静力试验（pseudo-static test） 见【拟静力试验】

weijingli shiyan zhuangzhi

伪静力试验装置（pseudo-static test facility） 实现伪静力试验的设备系统的总称。伪静力试验装置包括反力装置、计算机、控制器、液压系统、作动器、力传感器、位移传感器和数据采集器等。

weijingtai weiyi

伪静态位移（pseudo-static displacement） 在双自由度体系中的两个质点，一个质点受到另外一个质点运动的牵连而产生的随动位移。它仅与时间有关，而与惯性力和动能无关。

weibo

尾波（coda wave） 由地球内部不同尺度的非均匀体对地震波的散射和多路径波至的叠加作用形成的，在地震图上观测到的体波和面波震相后出现的复杂的后续波列。

weikuang

尾矿（tailing） 选矿场用水力选矿后通常以矿浆状态排出的矿石废渣，是选矿中分选作业的产物之一，有用目标组分含量最低的部分。

weikuangba

尾矿坝（tailing dam） 由尾矿堆积碾压而成的坝体，分为尾矿堆积坝和初期坝。用于拦储选矿等工艺排放的尾料废弃物，它具有堆置尾矿、浸出矿渣、澄清液体废物和提供返回用水的作用。

weikuangba kangzhensheji

尾矿坝抗震设计（seismic design of tailing dam） 考虑地震作用的尾矿坝专项设计。尾矿坝的筑坝材料和工艺与常规土石坝不同，土石坝抗震设计中常规拟静力方法不能对容易液化的尾矿坝的地震安全性作出正确评价。国家标准 GB 50191—2012《构筑物抗震设计规范》规定尾矿坝的抗震计算内容一般包括液化分析和稳定分析两个部分。

weikuangba zhenhai

尾矿坝震害（earthquake damage of tailing dam） 尾矿坝在地震中遭到的损坏。尾矿坝用于拦蓄选矿等工艺排放的尾料废弃物。地震动、坝体地基失效以及尾矿的变形都可能引起尾矿坝的破坏。尾矿坝震害现象和特点有尾料在地震时液化、滩面裂缝等。尾矿坝的筑坝方法及其运行对震害也有一定的影响。

weikuangtu

尾矿土（tailing soil） 选矿厂分选作业形成的，其有用成分含量在当前技术经济条件下不宜进一步分选的尾矿组成的土。

weishuiqu

尾水渠（tailrace） 把尾水从发电站厂房排泄到下游河床的渠道称为尾水渠，它是尾水管与下游河槽之间输送发电尾水的渠道。经过水轮机后，水流所携带的水能为水轮机吸收利用，成为尾水。当厂房在地下时，尾水渠与厂房之间常以尾水隧洞相联结。若尾水隧洞是无压隧洞，则也为尾水渠的一段。

weidu

纬度（latitude） 地面点与地球球心的连线与地球赤道面所成线面角的度量。从赤道向北、南两极量度，各 0～90°，分别称北纬（N）和南纬（S）。

weixing fasheta

卫星发射塔（satellite launching tower） 用于在航天发射场实施卫星及其运载火箭的组装、检测、维护、加注燃料、填充压缩气体、保障人员及器材流动和最后发射卫星（火箭）的塔式结构。当用于导弹（火箭）时，则称为导弹（火箭）发射塔。

weijiaozheng jiasudu jilu

未校正加速度记录（uncorrected accelerogram） 原始模拟记录经过数字化、固定基线和时标的平滑化以及零线调整等处理得到的结果以及数字强震记录零线调整后的结果。该记录再经过仪器校正、零线校正等其他校正后可得到校正加速度记录。

weicuo

位错（dislocation） 地震造成的岩体的位移间断，也指晶体材料内部的一种微观缺陷，即原子的局部不规则排列（晶体学缺陷）。地震是由地下岩体的突然错断引起的，所以可以用地球内部的位移间断表示地震的震源。

weicuomian

位错面（dislocation plane） 地震造成的岩石或岩体位移的间断面。该面在用断层错动模拟震源的各种模型中有重要作用。

weicuomoxing

位错模型（dislocation model） 用断层错动模拟震源的震源运动学模型。位错模型用严格的数学力学模型描述了断层错断的力学特征，得到震源的运动学模型经典解。应用位错模型须先假定断层面上各点位错的大小以及随时间的变化关系。为简化求解而人为假定断层面各点位错相同等并不合理，但可以修正。更合理的震源模型应当是动力学模型，断层面上的位错分布是动力学模型的解答。

W

weiyi

位移（displacement） 作用引起的结构或构件中某点位置的改变，或某线段方向的改变。前者称线位移，后者称角位移。

weiyi bai

位移摆（displacement pendulum） 根据惯性位移计的结构，由振子的单自由度运动方程可得：

$$x(s) = -\frac{X(s)}{1+\dfrac{2D_1\omega_0}{s}+\dfrac{\omega_0^2}{s^2}}$$

式中，x 为振子相对于外壳的与 X 同向的位移；X 为被测物体的位移；D_1 为阻尼比；$s=j\omega$；$j=\sqrt{-1}$；ω 为被测点的自振圆频率；ω_0 为振子的自振圆频率，$\omega_0=2\pi f_0=\sqrt{k/m}$。由上式可知，当 $\omega\gg\omega_0$ 和 $D_1<1$ 时，振子呈现高通特性，其位移与被测物体运动的位移成正比，称之为位移摆。

weiyi biaoda dingli

位移表达定理（displacement representative theorem） 在均匀、各向同性、完全弹性介质中，通过点源的位移解（格林函数），求解任意体力或面力作用下的位移场的原理，也称位移表示定理、表达定理、表示定理、震源表示定理。它表示任意体力和面力的位移场是该体力或面力和格林函数的褶积（卷积），褶积的含义是将体力或面力时间的变化分解为无数顺次延迟（记为 τ）时刻作用的脉冲，该脉冲产生的位移就是格林函数，其强度按照体力时间函数变化；对于完全弹性介质，满足叠加原理，可将这些脉冲产生的位移叠加（积分）得到总的位移。

weiyi biaoshi dingli

位移表示定理（displacement representative theorem） 见【位移表达定理】

weiyi chuan'ganqi

位移传感器（displacement sensor） 结构抗震试验装置的重要组成部分，主要用于作动器位移和结构反应位移的测量，要求具有性能可靠、寿命长、线性度和重复性好的特点。差动变压器式位移计是常用的位移传感器。

weiyifa

位移法（displacement method） 超静定结构分析的基本方法之一，也称变位法或刚度法，通常以结点位移作为基本未知数。该法有两种计算方式：一种是应用基本结构列出典型方程进行计算；另一种是直接应用转角位移方程建立原结构上某结点或截面的静力平衡方程进行计算，后者常称为转角位移法。1826 年，法国学者纳维（Claude-Louis-Marie-Henri Navier）提出了位移法的基本思想。在实际应用中，实用的位移方法有转角位移法、变形分配法和力矩分配法等。

weiyi fanyingpu

位移反应谱（displacement response spectrum） 见【反应谱】

weiyi fangdaxishu

位移放大系数（displacement magnification factor） 结构的实际最大侧移与设计地震作用下的弹性位移的比值。

weiyi fengzhi

位移峰值（peak ground displacement，PGD） 地震动位移时程中的最大绝对幅值，是地面位移峰值的简称，常记为 $d_{\max}$，单位为 cm 或 m。位移受地震动的低频分量的控制，管道等地下工程结构以及建筑的某些非构造性构件的地震反应与地震动位移密切相关，地震动位移峰值在有些情况下是地表的永久位移。

weiyi hudeng dingli

位移互等定理（reciprocal theorem of displacement） 若在某线性弹性体上作用有两个数值相同的荷载（力或力矩）P_1 和 P_2，则在 P_1 单独作用下，P_2 作用点处产生的沿 P_2 方向的广义位移（线位移或转角），在数值上等于在 P_2 单独作用下，P_1 作用点处产生的沿 P_1 方向的广义位移。该定理是弹性力学中的一个重要定理，由英国学者麦克斯韦（James Clerk Maxwell）于 1864 年提出，又称麦克斯韦位移互等定理，或互等位移定理。

weiyi jizhen

位移激振（displacement excitation） 由位移引起的振动。有些振动不是由激振力直接作用于物体而引起，是由于支承的运动而引起。例如，地震引起的地面结构和斜坡体的振动；放在仪器上的仪表的振动；汽车行驶时，由于路面凹凸不平引起车身的振动等。

weiyiji

位移计（displacement sensor） 把振动位移转换为电量输出的传感器。常用的位移计包括惯性式位移计、电位器式位移计、差动变压器式位移计、电容式位移计、电涡流式位移计、磁敏晶体管式位移计、光纤位移计和应变式位移计等。

weiyiji pinxiang texing

位移计频响特性（displacement sensor frequency response character） 摆体的相对位移与地面位移之比。当地震动为谐波时，由自由度弹性系统在地震动作用下的运动方程可得到地面位移为 $y(t)=ae^{i\omega t}$，摆体相对位移为：

$$x(t)=\frac{ae^{i\omega t}\,(\omega/\omega_0)^2}{1-(\omega/\omega_0)^2+2ih\,(\omega/\omega_0)}$$

式中，$\omega_0=\sqrt{k/m}$ 为质点的自振频率；$h=c/m$ 为阻尼比；m 为系统的质量；c 为阻尼常数；k 为弹簧刚度。以摆体的相对位移 $x(t)$ 表示地面位移 $y(t)$，则二者之比为：

$$x(t) / y(t) = \frac{(\omega/\omega_0)^2}{1-(\omega/\omega_0)^2+2ih(\omega/\omega_0)} = H_d(\omega)$$

$H_d(\omega)$ 即为位移计的频率响应特性。它的模（绝对值）表示测量值（摆体相对位移）对地面位移的放大倍数，幅角表示每个频率分量相位的变化，有：

$$|H_d(\omega)| = \frac{(\omega/\omega_0)^2}{\sqrt{[1-(\omega/\omega_0)^2]^2+(2h\omega/\omega_0)^2}}$$

$$\varphi_d(\omega) = \arctan\{(2h\omega/\omega_0) / [1-(\omega/\omega_0)^2]\}$$

weiyi pinxiang

位移频响（displacement frequency response）
见【频率响应函数】

weiyi sheji zhunze

位移设计准则（displacement design criteria）　桥梁抗震设计通常采用的准则。将结构位移或构件应变作为抗震设计的基本依据，通过位移验算使结构达到预期的性态要求的设计准则。相应的设计方法有延性系数设计方法和直接基于位移的设计方法。多数学者认为变形能力和耗能能力的不足是造成结构在大震作用下倒塌的主要原因，故采用位移控制结构在大震作用下的性态更为合理。

weiyi xiangguanxing xiaonengqi

位移相关型消能器（displacement dependent energy dissipation device）　耗能能力与消能器两端的相对位移相关的消能器，如金属消能器、摩擦消能器和屈曲约束支撑等。

weiyi xiangguanxing

位移相关性（displacement dependence）　耗能部件的阻力与部件传力端的相对位移的大小、方向成某种比例关系的特性。

weiyi yanxing xishu

位移延性系数（displacement ductility ratio）　结构或构件在侧向力作用下规定的极限位移与屈服位移的比值。延性系数越大，结构在强震作用下可以承受越大的塑性变形而不破坏倒塌，可以使地震效应减小。通常要求延性系数大于3。构件的延性可通过控制若干因素来保证，如纵向钢筋的配筋率不宜太高、轴压比不宜太大、箍筋的间距不宜太大等。

weiyi yingxiangxishufa

位移影响系数法（displacement coefficient method）　利用静力推覆分析和修正的等效位移近似法来确定结构的最大位移的方法。美国 FEMA-273 推荐采用位移影响系数法来确定结构顶层的非线性最大期望位移，最大期望位移即定义为目标位移。

weizhi shuitou

位置水头（level head）　水体中一点到基准面的高度。水头指单位重量的流体所具有的能量，包括位置水头、压强水头、流速水头，位置水头与压强水头之和为测压管水头，三者之和为总水头，总水头指单位重量的流体所具有的机械能。水头用高度表示，常用单位为 m。

weigena dalupiaoyi xueshuo

魏格纳大陆漂移学说（Wegener's continental drift hypothesis）　见【大陆漂移说】

wenducejing

温度测井（temperature logging）　利用井温仪或特制的高灵敏度的温度计测量井孔中温度变化的测井方法。

wendu chuan'ganqi

温度传感器（temperature sensor）　直接或非直接受被测温度场作用并进行信息转换的元件。

wenduxishu

温度系数（temperature coefficient）　在输入量值不变的条件下，单位温度变化对应的仪器输出的变化量。

wendu zuoyong

温度作用（temperature action）　结构或构件受外部或内部条件约束，当外界温度变化时或在有温差的条件下，不能自由胀缩而产生的作用。

wenhua yule jianzhu

文化娱乐建筑（cultural and recreation building）　供人们休闲娱乐及传播文化的公共活动场所，主要包括文化宫和文化中心、剧院、音乐厅、电影院、少年宫和少儿活动中心、图书馆、档案馆、博物馆、美术馆、科技馆、展览馆和会展中心等。

wenkeer dijiliang moxing

文克尔地基梁模型（Winkler foundation beam model）　桩基采用梁模型，土层对桩基作用以文克尔弹簧-阻尼器模型模拟的桩基抗震分析的模型。作用于梁模型上的地基反力系数是弹簧系数与深度相关函数的乘积，可用多种方法估计弹簧系数。

wenkeer diji moxing

文克尔地基模型（Winkler's foundation model）　捷克工程师文克尔（E. Winkler）于 1867 年建立的地基计算模型。假定地基是由许多互不联系的、竖向独立弹簧组成，地基表面任一点单位面积上的压力 p 与该点的竖向沉降 s 成正比，即 $p=ks$，其比例系数为 k。称 k 为基床系数或文克尔系数，也称地基反力系数。

wenkeer jiading

文克尔假定（Winkler's assumption） 捷克工程师文克尔（E. Winkler）提出的假定。假定地基由许多互不联系的、竖向独立弹簧组成，地基表面任何一点的压力强度与该点的沉降成正比的假定。

wenkeer xishu

文克尔系数（Winker coefficient） 见【文克尔地基模型】

wenli

纹理（lamination） 由纹层组成的沉积物的成层性。常表现为成分、粒度和颜色的变化。在极细的泥质沉积物、硅藻土、冰川纹泥和生物软泥中较为常见，表示沉积环境的周期性轻微震荡。

wenni

纹泥（varved clay） 冰水湖泊沉积形成的、具有颜色深浅或粗细相间的微层理的黏性土。也称季候泥。

wenliu

紊流（turbulence） 流体质点运动轨迹相互混杂的流动形式，也称湍流，是流体的一种流动状态。当流速很小时，流体分层流动，互不混合，称为层流。紊流和层流常用雷诺系数来判别。

wending bianpo

稳定边坡（stable slope） 未出现明显的变形、裂缝和其他失稳迹象，处于稳定状态的边坡。

wending fenxi

稳定分析（stability analysis） 计算和分析在外荷载作用下，地基岩土体抵抗剪切破坏的稳定程度或对由于开挖和填方形成的土坡及自然斜坡的稳定性的方法。

wending liewen kuozhan

稳定裂纹扩展（stable crack growth） 固体开裂时释放的能量与其自身消耗的能量达到平衡，裂纹不再继续发展的状况。

wendingliu choushui shiyan

稳定流抽水试验（steady-flow pumping test） 为求得井-含水层系统的水文地质参数而进行的，要求抽水井的出水量与水位同时在一定延续时间内保持相对稳定的抽水试验。

wending shenliu

稳定渗流（steady seepage） 液体通过主体时，任何一处的任何运动要素，如流速、压强等均不随时间而改变的稳定流动。

wendingshu

稳定数（stability number） 评价土坡稳定性时，土坡高度和坡土容重的乘积与土的黏聚力的无量纲比值。

wending shuiwei

稳定水位（steady water level） 某时段内不随时间变化，相对稳定的地下水位深度或高程。

wendingxing

稳定性（stability） 测量仪器保持其计量特性随时间恒定的能力。在结构工程中，是指结构或构件保持稳定状态的能力。

wendingxing fenxi

稳定性分析（stability analysis） 岩土工程中的地基或边坡产生整体失稳或局部失稳的计算和分析，是对某一过程稳定性的规律、现象、机理、模型的研究。

wendingxing yansuan

稳定性验算（stability checking calculation） 根据地震作用等荷载组合和设计要求对结构的稳定性进行校核。局部构件失稳将改变结构体系的性状，整体失稳将直接造成结构倒塌；因此，稳定性验算也是抗震设计重要的内容。抗震验算方法有容许应力（或安全系数）方法和极限状态设计方法两大类。

wenhua

稳滑（stable sliding） 沿剪切面不间断地相对缓慢地稳定滑动，在位移滑动过程中差应力保持不变，应变能得以连续释放而不积累的性质。

wentai fanying

稳态反应（steady state response） 若单自由度体系承受幅值为 p_0、圆频率为 $\bar{\omega}$ 的简谐荷载的作用，则强迫振动方程为：

$$\ddot{x}+2\xi\omega\dot{x}+\omega^2 x=\frac{p_0}{m}\sin\bar{\omega}t$$

该方程的通解由补解和特解两部分组成，特解即为单自由度体系的稳态反应，其频率与外荷载频率相同，但幅值及相位与外荷载不同。

$$x(t)_{补}=e^{-\xi\omega t}(A\sin\omega_D t+B\cos\omega_D t)$$

$$x(t)_{特}=\frac{p_0}{k}[(1-\beta^2)^2+(2\xi\beta)^2]^{-1}$$

$$\times[(1-\beta^2)\sin\bar{\omega}t-2\xi\beta\cos\bar{\omega}t]$$

式中，ξ 为阻尼比；$\xi=\dfrac{c}{2m\omega}$；m 为质量；c 为阻尼系数；ω 为圆频率，$\omega=\sqrt{k/m}=2\pi f$；f 是体系自振频率；k 为刚度；A 和 B 为常数，可由给定的初始条件算出；ω_D 为阻尼振动圆频率，$\omega_D=\omega\sqrt{1-\xi^2}$；$\beta$ 为荷载频率与结构固有自振频率之比，$\beta=\bar{\omega}/\omega$。

wentai xiangying

稳态响应（steady state response）　振动频率与外荷载频率相同、幅值不变的动态响应。是振动系统在简谐荷载作用下的强迫振动响应的一部分。强迫振动试验通常是利用试验得出的稳态响应的幅频曲线确定结构体系的模态参数。

wentai zhendong

稳态振动（steady vibration）　振动系统在外力作用下作振动时，振动的位移、速度或加速度是周期量的状态振动。通常，该振动在开始时振动状态较复杂，有些振动成分随时间而衰减，最终消失。有一种成分的振幅恒定，仅由外力、振动频率和系统的力阻抗决定。与稳态振动相对应的是瞬态振动。

woshi rongqi jiagu

卧式容器加固（strengthening of horizontal vessel）　为改善或提高现有卧式容器的抗震能力，使其达到抗震设防要求而采取的技术措施。其主要工作内容有：对罐体支座处可用加劲圈加固；对浮放卧式容器应采用地脚螺栓固定；必要时，加固和更换砌体基础。

woshi yuantongxing chuguan kangzhen sheji

卧式圆筒形储罐抗震设计（seismic design of horizontal cylindrical storage tank）　针对卧式圆筒形储罐开展的抗震设计工作。卧式储罐的鞍座不应浮放于基础，可简化为等效单质点模型计算地震作用；大型储罐的水平方向自振周期应区别纵向和横向分别计算；储罐等效质量包括罐体、储液和鞍座的质量；当罐体长度与直径之比达到或超过 5 时，应考虑竖向地震作用；根据设计反应谱计算水平和竖向地震作用，计算鞍座反力最大值，进行构件截面强度验算和地脚螺栓强度验算；当罐体直径小于 1m 或罐体长度与直径之比小于 8 时，可不作罐壁强度验算。设置在楼板上的卧式储罐，应利用楼层动力放大曲线计算地震作用。

wuerfuwang

乌尔夫网（Wulff net）　由基圆和经纬网格组成的网，也称极射赤面投影网。基圆是投影球的赤平大圆周，经纬网格是由一系列经向大圆弧和一系列纬向小圆弧交织而成。它能正确反映点、线、面的角距关系，但是投影面积则被歪曲。乌尔夫网在求地震震源机制解的时候经常用到。

wurantu

污染土（contaminated soil）　致污物质的侵入，使土的成分、结构或性质发生了显著变异的土。产生的原因是污染物无组织的排放或排放系统失效，它直接影响工程活动或有害于人类健康、动物繁衍和植物生长。

wuding huayuan

屋顶花园（roof garden）　在屋顶种植花草，并且人可以到达的房屋平坦的顶面。该花园不但降温隔热效果优良，而且能美化环境、净化空气、改善局部小气候，还能丰富城市的俯仰景观，能补偿建筑物占用的绿化地面，大大提高了城市的绿化覆盖率，是一种值得大力推广的屋面形式。

wugai

屋盖（roof）　建筑物顶部起遮盖作用的围护部件，也称屋顶盖。按外形和结构形式可分平屋盖、坡屋盖、拱形屋盖、悬索屋盖、薄壳屋盖、折板屋盖等。

wugai he lougai leibie

屋盖和楼盖类别（types of roof or floor structure）　根据屋盖、楼盖的结构构造及其相应的刚度对屋盖、楼盖的分类。根据常用结构，可把屋盖、楼盖划分为三类，而认为每一类屋盖和楼盖中的水平刚度大致相同。

wugai zhicheng

屋盖支撑（bracings for roof）　抗震支撑的一种类型，包括屋架上弦的横向和纵向支撑，下弦的横向和纵向支撑，竖向支撑、水平系杆和天窗架支撑等。支撑系统可提高屋盖的整体空间稳定性，防止屋架上、下弦杆的出平面失稳，构成可靠的传力体系并提高房屋的整体刚度。该支撑应根据房屋跨度、高度，柱网布置，屋盖形式，抗震设防烈度及荷载作用等设置。

wumian fangshui

屋面防水（roof waterproofing）　在建筑结构中防止雨水渗漏的屋面构造。其主要作用是维护室内正常环境，免遭雨雪侵蚀。

wumian huohezai

屋面活荷载（roof live load）　屋面上用来计算的直接作用，简称活载，也称可变荷载。通常以等效的面分布力表示。

wumian paishui

屋面排水（roof drainage）　在建筑结构中使屋面雨水顺利安全排出的构造方式。其主要作用是维护室内正常环境，免遭雨雪侵蚀。

wucexian kangya qiangdu

无侧限抗压强度（unconfined compressive strength）　试样在无侧限条件下，施加轴向压力而产生压缩直至破坏的强度。用于测定黏性土的无侧限抗压强度，也称无侧限强度。

wucexian kangya qiangdu shiyan

无侧限抗压强度试验（unconfined compressive strength test）　确定黏性土试样在无侧限条件下，抵抗轴向压力的极限强度的试验。

W

wuceng huapo

无层滑坡（no-layer landslide）　发生在均质、无明显层理的岩土体中滑坡，是按滑坡面与岩层层面的关系划分的一种滑坡类型。滑坡面一般呈圆弧形，因此边坡稳定性分析模型中常假定滑坡面为圆弧。

wefang tugong zhiwu

无纺土工织物（nonwoven geotextile）　高分子聚合物原料经过热熔，挤压、喷丝、铺网再进行针刺、热黏或化学黏合而成的具有滤土和排水功能的土工织物产品。

wufeng xianlu

无缝线路（continuous welded rail）　由若干根标准长钢轨焊接组成的轨道，分温度应力式及放散温度应力式两种。目前，世界各国绝大多数均采用温度应力式无缝线路。

wugan dizhen

无感地震（feltless earthquake）　地震的震级较小，震中附近的人不能感觉到的地震，一般是小于3.0级的地震。但在地震活动性分析中该地震有重要作用，不应忽略。

wugeshixinxi

无格式信息（unformatted information）　编码为二进制型数据序列的信息。混有二进制型数据的字符型信息也属无格式信息。

wujie zuoyong

无界作用（unbounded action）　没有明确界限值的作用。作用是某种对象在一定时间、空间的某个过程中，作为手段、工具，最终达成的效果。

wujin kuozhanjichu

无筋扩展基础（non-reinforced spread foundation）　由砖、毛石、混凝土或毛石混凝土、灰土和三合土等材料组成的，且不需配置钢筋的墙下条形基础或柱下独立基础。

wunianxingtu

无黏性土（cohesionless soil）　颗粒间不具有黏聚力，在抗剪强度中黏聚力可以忽略的粗粒土。该类土含黏土颗粒较少，透水性较大，包括粗粒土和粉土等。

wusunjiance

无损检测（nondestructive testing）　以不损坏被检测物体为前提，应用物理方法探测被测物体的性质、状态和内部结构的应用技术。该技术运用力学、光学、电磁学、声学、原子物理学、计算机和信息科学的知识，实施工程质量管理、质量鉴定和在线检测。该技术广泛应用于冶金、机械、石油、化工、航天航空和土木工程等领域，是现代工业的基础技术之一。

wuxian hanshuiceng

无限含水层（infinite aquifer）　假定平面上无限延伸的含水层。这是一种为了满足数学计算而假定的理想含水层，实际中并不存在。

wuxianyaoce

无线遥测（wireless telemetry）　利用自由空间中的电磁波传输信号并对信号进行处理的技术。这种信号传输技术将传感器输出的微弱电信号由发射机发射，通过电磁波传输到接收站，并由接收机进行放大、处理和记录，具有信噪比高、耐冲击、耐振动、使用方便等优点，尤其适用于恶劣环境、运动物体、难以布线的物体和测试人员不易接近的物体的信号测量和控制。无线遥测在地震监测、振动测量、工业生产以及设备控制等方面有广泛应用，对于采用大量分布式传感器的健康诊断技术系统，无线遥测技术极具吸引力。

wuxuanbo

无旋波（irrotational wave）　按照矢量分析的理论，只有压缩或膨胀，没有旋度的波。P波、纵波、初至波等压缩波均为无旋波。

wuyuan kongzhi

无源控制（passive control）　无须监测体系的运动状态，且无须外界能源支持的结构地震反应控制技术，也称被动控制。

wuyuansifushi suduji

无源伺服式速度计（passive-servo velocity transducer）　在电动式惯性速度计的输出端接入阻容耦合网路构成的速度传感器。

wunianjie yuyingli hunningtu jiegou

无黏结预应力混凝土结构（unbonded prestressed concrete structure）　配置与混凝土之间可保持相对滑动的无黏结预应力筋的后张法预应力混凝土结构。

wuzhang'ai sheji

无障碍设计（barrier-free design）　为保障行动不便者在生活及工作上的方便、安全，对建筑室内外的设施等进行的专项设计。

wuzhen dimian xingbian

无震地面形变（aseismic ground deformation）　没有产生地面震动但发生准静态—静态水平及垂直方向的地面形变。地震不是地面形变的唯一原因。

wuzhen diqiao yundong

无震地壳运动（aseismic crustal movement）　没有发生地震的地壳介质的机械运动。地震可能使地壳产生运动，但地震不是地壳运动的唯一原因。

W

wuzhen duanceng huadong

无震断层滑动（aseismic fault slip）　几乎没有发生地震的断层两盘之间的相对滑动，也称无震滑动。识别断层的无震滑动对古地震研究十分重要。断层的滑动并非完全由地震引起。

wuzhen duanceng weiyi

无震断层位移（aseismic fault displacement）　几乎没有发生地震的断层两盘的相对位移。识别断层的无震位移对古地震研究十分重要。地震不是断层发生相对位移的唯一原因。

wuzhen huadong

无震滑动（aseismic slip）　见【无震断层滑动】

wuzhen ruhua

无震蠕滑（aseismic creep）　断层在没有发生地震情况下的滑动，是一种不同于地震破裂的一种断层运动现象。从地震的表现来看，无震蠕滑并不产生地震波；从断层面摩擦过程来看，属于稳定滑动，即当断层面相对错动速度增大时，摩擦系数随之上升。这一过程受到温度、岩相、流体压力和断层面几何特征的影响。目前的研究认为，在温度高于350～450℃或当俯冲洋壳与蛇纹石化的大陆地幔相接触时，断层面常会发生无震滑移。

wuzhicheng chun kuangjia

无支撑纯框架（unbraced frame）　在钢结构中，依靠构件及节点连接的抗弯能力，抵抗侧向荷载的框架。

wuzhiliang diji junyun shuru

无质量地基均匀输入（uniform input of no-mass foundation）　取大坝地基有限区域作为计算域，将地表自由场地震动置于底部边界并作为基岩的均匀地震动输入，视地基为无质量弹簧，是混凝土坝地震动输入的一种方式。该输入方式可考虑地基的弹性影响，在地基无质量假定下，若不考虑库水和坝体，则基岩底部输入传到坝基面后仍是原来的自由场运动；若考虑坝体和库水时，则可模拟其对自由场地震动的反馈作用。这是输入方式在混凝土坝抗震设计中被广泛采用。

wuzhiliang diji moxing

无质量地基模型（no-mass foundation model）　假定有限范围内的地基为无质量弹簧的混凝土坝地震反应的分析模型。该模型广泛用于大坝抗震设计，可考虑结构和地基的动力相互作用效应，避免了截取部分有质量地基造成的对基底入射地震动的人为放大作用。因忽略地基质量的影响而存在的局限性主要是不能考虑地震波在复杂地基中的传播效应和河谷散射影响，导致拱坝两岸坝肩反应的显著增大；因忽略了振动能量向远域的辐射，坝体地震反应分析结果的准确性会受到影响。

wuzuni ziyou zhendong

无阻尼自由振动（undamped free vibration）　没有激振力（动荷载）作用，振动系统在初始扰动后，不计阻尼力，仅靠恢复力维持的振动。这是一种理想的情况，实际上并不存在，所有的自由振动都会因为有阻尼存在而耗散振动能量，振动都会在或长或短的时间内衰减下来。

wucheng huangtu

午城黄土（Wucheng loess）　早更新世黄土地层的名称，包括S_{15}至L_{34}。1962年，由刘东生、张宗祜等命名。命名剖面位于山西省临汾市隰县午城镇的昕水河支流柳树沟（坐标为36.484369°N，110.87482°E）。厚17.5m。黄土岩性为红黄色，结构致密而坚实，呈块状，大孔隙少，成分以粉砂为主，黏土含量高，夹有数层红棕色、褐色较薄的古土壤层，钙质结核成层分布，多呈放射状空洞。午城黄土的年代为公元前2.6～1.2Ma。

wude-andesendizhenyi

伍德-安德森地震仪（Wood-Anderson seismograph）　1925年，由美国地震学家安德森（J. A. Anderson）和伍德（H. O. Wood）共同研制的一种直接记录的光学地震仪，即扭转地震仪。摆由金属圆柱体（或金属板，一般是钢制的）组成，装在垂直悬挂钢丝上。地震波到达时，圆柱体（或金属板）在金属丝周围略微转动，装在悬丝上的镜子用于对位移做照相记录。这种仪器只能记录地面运动的水平分量。人们研制了两种变型的伍德-安德森扭转地震仪：一种短周期仪器的自由振动周期为0.8s，最大放大倍数为2800倍；另一种长周期仪器，周期为6s，最大放大倍数为800倍。

wubu-gangbu dongtu yali moxing

物部-岗部动土压力模型（Mononobe-Okabe dynamic earth pressure model）　挡土墙抗震设计的拟静力法中，动土压力的一种计算模型。该模型是基于库伦土压力模型，将地震作用化为等效静力来考虑。

wuli feixianxing

物理非线性（physical nonlinearity）　见【材料非线性】

wuli lixue

物理力学（physical mechanics）　从物质的微观结构及其运动规律出发，运用近代物理学、物理化学和量子化学等学科的成就，通过分析研究和数值计算阐明介质和材料的宏观性质，并对介质和材料的宏观现象及其运动规律做出微观解释的力学的一个新的分支学科。它的基础是量子学、原子分子物理学和统计力学。

wuliliang

物理量（physical quantity）　用于定量地描述物理现象的量，即科学技术领域里使用的表示长度、质量、时间、电

W

流、热力学温度、物质的量和发光强度的量。使用的单位应是法定计量单位。

wuli moxing
物理模型（physical model）　可以模拟物理对象的较小或更大的复制品，常简称为模型。在计算机学科中，是指描述概念模型在计算机内部具体的存储形式和操作机制，即在物理磁盘上如何存取，是系统抽象的最底层。物理模型不但与具体的数据库管理系统有关，还与操作系统和硬件有关。每一种逻辑模型在实现时都有对应的物理模型。

wuli pu
物理谱（physical spectral）　在窗内由下式计算得到的变功率谱，也称短时功率谱。其公式为：

$$S_{ST}(\omega, t) = \int_{-\infty}^{+\infty} R(\tau) g(\tau - t) e^{-i\omega\tau} d\tau$$

式中，$g(\tau - t)$ 为窗函数；$R(\tau)$ 为窗内地震动的自相关函数。

wulixingzhi zhibiao
物理性质指标（physical indexes）　在岩土工程中表示土中固、液、气三相组成特性、比例关系及其相互作用特性的物理量，如土粒密度、天然密度、干密度、饱和密度、天然含水量、饱和含水量、饱和度、孔隙比和空隙比等。

X

xikunlun-pamier dizhendai
西昆仑—帕米尔地震带（Xikunlun-Pamier earthquake belt）国家标准 GB 18306—2015《中国地震动参数区划图》划分的地震带，隶属青藏地震区。西昆仑—帕米尔地震带是新疆的主要地震带之一，该带西端沿帕米尔高原北缘进入塔吉克斯坦共和国，向东南沿西昆仑和喀喇昆仑方向至于田县南与阿尔金和东昆仑相接，呈北西向反"S"形展布。其南部是强烈隆起的青藏高原，北部是喀什—和田巨大凹陷。该地震带又可进一步划分为西昆仑地震构造区和兴都库什地震构造区，主要断裂有康西瓦断裂、肯别尔特断裂、克孜勒陶—库斯拉普断裂、天神达坂断裂、柯岗断裂、铁克里克断裂等活动断裂。该带地震活动较强烈，截至 2010 年 12 月，该区共记录到 5.0 级以上地震 257 次。其中，5.0～5.9 级地震有 215 次；6.0～6.9 级地震 35 次；7.0～7.9 级地震 7 次。该带本底地震的震级为 6.5 级，震级上限为 8.0 级，发生的最大地震为 1974 年 8 月 11 日新疆喀什西部 7.3 级大地震。

xizang motuo dizhen
西藏墨脱地震（Mutuo earthquake of Tibet）　1950 年 8 月 15 日在西藏墨脱发生了震级为 8.5 级的特大地震，近 800 人死于这次地震。此次地震波及范围广，建筑物倒塌严重，山崖崩垮，山峰崩颓十之有九，道路毁坏，交通断绝，地形改观，河道改易。大约有 70 个村庄被毁，大滑坡堵塞了苏班西里河。8 天后堰塞体破裂，激发了 7m 的高浪，淹没了多个村庄，536 人丧生。

xifu
吸附（adsorption）　当流体与多孔固体接触时，流体中的某一组分或多个组分在固体表面处产生积蓄的现象。广义上，是指固体或液体表面对气体或液体的吸着现象。固体称为吸附剂，被吸附的物质称为吸附质。

xishou xishu
吸收系数（absorption coefficient）　1968 年，由罗森布卢斯（E. Rosenbluth）通过考虑地基的柔性和水波在库底的反射与折射，计算得到的相互作用下动水压力较小的结果。20 世纪 80 年代乔普拉（A. K. Chopra）相继发表了一系列研究成果，提出了基于一维波传播理论的吸收系数方法，近似模拟柔性地基的影响。吸收系数 α 定义为：

$$\alpha = \frac{(C_r \rho_r / C_w \rho_w) - 1}{(C_r \rho_r / C_w \rho_w) + 1}$$

式中，ρ_r 和 C_r 分别为地基介质密度和 P 波波速；ρ_w 和 C_w 分别表示库水密度和 P 波波速。$\alpha = 1$ 表示地基为刚性，动水压力波在库底发生全反射；$\alpha < 1$ 表示地基为柔性，动水压力波传播到库底时，部分反射回库水，部分透射至地基，因此动水压力减小。吸收系数方法在一定程度上反映了地基柔性对库水动压力的影响，在计算中容易实现，因此得到了较多的应用。

xizhen
吸振（vibration absorption）　通过附加的子结构，使结构的振动发生转移，并使原结构的振动能量在原结构和子结构之间重新分配，从而达到减小结构振动的目的的现象。

xizhenqi
吸振器（vibration absorber）　附加在结构主体上的阻尼调谐振子，是消能减振装置的一种类型。该振子的频率与结构主体的自振频率接近，结构地震反应将导致振子的强烈振动，可转移能量并保护主体结构。吸振器主要有调谐质量阻尼器和调谐液体阻尼器两类。其中，前者振子为固体质量；后者依靠液体的振荡耗能，故又称为调谐振荡阻尼器。

xizhuoshui
吸着水（absorbed water）　受黏土矿物表面静电引力和分子引力的作用而被吸附在土粒表面的水。

xide jingyan kongya zengzhang moxing
希德经验孔压增长模型（Seed empirical pore pressure growth model）　美国岩土工程学家希德（H. B. Seed）在大量的饱和砂土动剪切试验资料基础上建立的孔隙水压力增长模型。

在动剪切试验中，饱和砂土土样在竖向压力 σ_v 下固结，固结完成后在不排水状态下施加循环剪切荷载，在剪切作用过程中测量孔隙水压力 u_d，并得到当孔隙水压力增高到竖向压力 σ_v 时的循环作用次数 N_f。令：

$$\left.\begin{array}{l}\alpha_n = n/N_f \\ \alpha_u = u_d/\sigma_v\end{array}\right\}$$

式中，n、u_d 分别为作用次数及与其相应的孔隙水压力；α_n、α_u 分别为作用次数比及孔隙水压力比。将动剪切试验得到的 (α_n, α_u) 数据绘在以 α_n 为横轴坐标、以 α_u 为纵轴的坐标系中，可发现所有的点分布在一个宽度不大的带内。取这个带的平均线作为 α_u-α_n 关系线，拟合后可得以下表达式：

$$\alpha_u = \frac{1}{2} + \frac{1}{\pi}\sin^{-1}\left(2\alpha_n^{1/\alpha} - 1\right)$$

式中，实验参数 a 等于 0.7。该模型只适用于水平场地下饱和砂土由水平剪切作用引起的孔隙水压增长的研究。

xide yehua panbie jianhua fa
希德液化判别简化法（Seed liquefaction judgment method）20 世纪 70 年代，美国岩土学家希德（H. B. Seed）提出了用剪应力比判别水平场地下饱和砂层液化的方法。该方法是在确定土中某个子层的等效地震剪应力比和液化剪应力比的基础上，判别其液化的可能性并给出液化势。当土中某层的等效地震剪应力比大于或等于液化剪应力比时，该层发生液化，否则不液化。根据每一次的判别结果，可确定液化的部位和范围，并可利用等效地震剪应力比和液化剪应力比给出液化势。

xierbote-huang bianhuan
希尔伯特-黄变换（Hilbert-Huang transform）将经验模态分解方法与希尔伯特变换相结合的时间序列信号分析方法。1998 年，美籍华人黄锷（N. E. Huang）提出了经验模态分解方法，可将非平稳时间序列分解为一组固有模态函数；对固有模态函数进行 Hilbert 变换即为希尔伯特-黄变换，进而可分析信号的时域和频域特征。该变换方法是分析窄带信号的有效手段，在地球物理勘探、结构损伤识别、数据图像处理和疾病诊断等研究中被应用。

xixing nishiliu
稀性泥石流（non-viscous debris flow）以水为主要成分、固体物质含量较低（体积分数在 10%～40%）、黏性土含量少（黏粒含量一般小于 3%）、流体容重介于 13～18kN/m³、黏度小（黏度小于 0.3Pa·s）的泥石流，也称紊流型泥石流、水石流。流态为紊流或半紊流；石块的搬运呈滚动、跃移方式。该泥石流对河床的下切作用较明显。

ximalayashan dizhendai
喜马拉雅山地震带（Himalayas earthquake belt）国家标准 GB 18306—2015《中国地震动参数区划图》划分的地震带，隶属青藏地震区。该带包括雅鲁藏布江板块缝合带和喜马拉雅山脉，大部分在境外，包括印度、巴基斯坦的北部，不丹和尼泊尔全境，以及缅甸的大部分地区。在大地构造上该带属喜马拉雅褶皱带的主要部分，既是印度板块与欧亚板块碰撞接触带，也是地壳厚度急剧变化带，还是一条巨大的布格重力异常梯级带。现代构造运动表现为喜马拉雅中央冲断层和主边界逆掩断裂带上的挤压运动，以及雅鲁藏布江板块缝合带上的挤压和走滑断层活动。该带是我国及邻区地震强度最大和频度最高的地震带，1900 年之前历史地震记录严重缺失。截至 2010 年 12 月，共记录到 5 级以上地震 830 余次。其中，5.0～5.9 级地震 665 次；6.0～6.9 级地震 132 次；7.0～7.9 级地震 25 次；8.0～8.9 级地震 8 次，该带 1950 年 8 月 15 日在西藏察隅发生了 8.6 级特大地震，最大地震为 1897 年 6 月 12 日在印度阿萨姆发生的 8.7 级特大地震。该带本底地震的震级为 6.5 级，震级上限为 9.0 级。

ximalaya zaoshandai
喜马拉雅造山带（Himalaya orogenic belt）位于雅鲁藏布江以南、印度恒河平原以北，是世界上最高、最年轻的山系。其可分为南、中、北三个构造单元，南带属于印度板块的大陆边缘，由前寒武纪变质基底和寒武系—始新统未变质的浅海相沉积盖层所组成；中带为俯冲—增生杂岩，由蛇绿岩、构造混杂岩、弧前盆地沉积物、洋脊火山岩组成；北带为冈底斯大陆岛弧。雅鲁藏缝合带是印度和欧亚大陆的构造分界，从北向南可划分为：特提斯喜马拉雅带、高喜马拉雅带、低喜马拉雅带以及西瓦利克带（南缘前陆）等。它们分别以藏南拆离系、喜马拉雅主中央断裂、喜马拉雅主边界断裂为界，依次向南掩覆，组成了巨大的逆冲—推覆构造系；形成于特提斯洋关闭以后，印度大陆岩石圈从始新世以来向欧亚大陆的俯冲，并造成地壳强烈缩短、增厚和抬升，形成世界屋脊。目前，主要有双壳俯冲、挤压缩短、挤出构造以及下地壳隧道流等模型解释其形成机制。

xitong bianshi
系统辨识（system identification）根据系统的输入输出时间过程的实测数据确定可描述该系统行为的模型的理论和方法，即已知荷载和响应求结构参数或数学模型，是结构动力学中的反问题和新问题，也是现代结构动力学主要研究内容之一。所谓系统，是指研究者感兴趣的事物、现象、过程等客观现实，模型是对系统的简化描述或对系统部分属性的模仿，系统模型一般是利用数学关系式对系统因果关系所做的定量描述，数学模型可能反映系统的实际结构及运行机理，也可能只模拟系统的输入输出关系。建立数学模型的过程称为建模。系统辨识可以获得系统数学模型，或可估计系统中的特定物理参数；利用辨识得出的数学模型可以进行系统仿真计算、控制设计和未来状态的预测。结构工程中的模型更新和地震工程中的结构识别均属系统辨识范畴。

xitongmaogan

系统锚杆（system of anchor bars）　为保证边坡整体稳定，在坡体上按一定方式设置的锚杆群。该锚杆一般是全开挖面网格布设，与开挖面上的喷混凝土层同时采用，联合受力。该锚杆类型较多，用得较多是砂浆锚杆，即钻孔后安装螺纹钢筋再对钻孔灌浆，也有先灌浆再插钢筋的施工顺序。

xiguliao

细骨料（fine aggregate）　用于配制混凝土的粒径小于5mm的砂砾石或碎石料。该骨料的颗粒形状和表面特征会影响其与水泥的黏合结以及混凝土拌和物的流动性。山砂的颗粒具有棱角、表面粗糙但含泥量和有机物杂质较多，与水泥的结合性差。河砂、湖砂因长期受到水流作用，颗粒多呈现圆形，比较洁净且使用广泛，一般工程都采用这种砂。

xilitu

细粒土（fine-grained soil）　土的粒径大于0.075mm的颗粒质量不超过土粒总质量50%的土，也称细粒类土。

xisha

细砂（fine sand）　土的粒径大于0.075mm的颗粒含量超过总质量85%，且颗粒粒径大于0.25mm的颗粒的含量不超过总质量50%的土。

xishuiwu miehuo xitong

细水雾灭火系统（water mist fire extinguishing system）　具有一个或多个能够产生细水雾的喷头，并与供水设备或雾化介质相连，可用于控制、抑制及扑灭火灾的灭火系统。

xihu

潟湖（lagoon）　由窄长的沙坝、沙嘴或岩礁等同海洋分隔开的海滨浅海湾，可分为海岸潟湖和珊瑚潟湖两类。潟湖形成后由于与水体连通性的差异，其水体盐度出现差异，据此还可分为淡化潟湖和咸化潟湖。

xiagu

峡谷（gorge）　狭而深的河谷，两坡陡峭，横剖面呈V形，发育在山区，由河流强烈下切而成。在新构造运动强烈抬升、具有垂直节理的结晶岩、易于透水的坚硬岩层和可溶性岩层分布的地区峡谷的形态更典型。例如，雅鲁藏布江上的雅鲁藏布大峡谷、金沙江的虎跳峡、长江的三峡、黄河干流的刘家峡和青铜峡等，峡谷通常是修建水库坝址的理想地段。

xiadaiji

狭带纪（Stenian Period）　前寒武纪元古宙中元古代的第三个纪。据2018版国际地层年代表，其开始于距今12亿年，结束于距今10亿年。对应的地层年代单位为狭带系。

xiadaixi

狭带系（Stenian System）　狭带纪对应的地层年代单位，在狭带纪时代形成的地层。

xiadiman

下地幔（lower mantle）　地面以下地球深度在700～2900km（核幔边界）的圈层。与过渡层相比，下地幔的速度梯度较小，速度变化也较均匀。下地幔温度、压力和密度均增大，物质呈可塑性固态。物质成分可能含有较多的铁，主要矿物为钙钛矿和铁方镁石。地幔底部有一个D″层，其纵波速度为13.65km/s，横波速度为7.22km/s。D″层是一个热动力边界层，而地球内部物质和能量在此进行着激烈交换。

xiadiqiao

下地壳（lower crust）　地壳的下层，也称玄武岩层。其平均化学组成与玄武岩相似，富含硅和镁。在大陆和海洋均有分布，是连续圈层。

xiakongfa

下孔法（down-hole method）　在一个钻孔的孔口激振，在其孔底接收振波，以确定通过岩土体波速的方法。

xiala hezai

下拉荷载（drag）　作用于单桩中性点以上的负摩阻力之和。对于单桩基础，中性点以上负摩阻力的累计值即为下拉荷载。对于群桩基础中的基桩，尚需考虑负摩阻力的群桩效应，即下拉荷载尚应将单桩下拉荷载乘以相应的负摩阻力群桩效应系数予以折减。

xianqi gujie yali

先期固结压力（preconsolidation pressure）　土在地质历史上曾经受过的最大有效竖向压力，也称前期固结压力。确定土的先期固结压力的方法较多，常用的方法是卡萨格兰德（A. Casagrande）图解法。先期固结压力与土层目前承受的有效上覆压力之比，通常用 OCR 表示。其中，OCR 大于1的土为超固结土；OCR 等于1的土为正常固结土；OCR 小于1的土为欠固结土。

xianzhangfa yuyingli hunningtu jiegou

先张法预应力混凝土结构（pretensioned prestressed concrete structure）　在台座上张拉预应力筋后浇筑混凝土，并通过放张预应力筋由黏结传递而建立预应力的混凝土结构。

xianweiban

纤维板（carbon fiber plate）　连续纤维单向或多向排列，未经树脂浸渍的板状制品。

xianweibu

纤维布（carbon fiber sheet）　连续纤维单向或多向排列，未经树脂浸渍的布状制品。

xianwei fuhecai

纤维复合材（fiber reinforced polymer） 采用高强度的连续纤维按一定规则排列，经用胶黏剂浸渍和黏结固化后而形成的具有纤维增强效应的复合材料，通称纤维复合材。

xianwei hunningtu

纤维混凝土（fiber reinforced concrete） 纤维和水泥基料（水泥石、砂浆或混凝土）组成的复合材料的统称。水泥石、砂浆与混凝土的主要缺点是抗拉强度低、极限延伸率小、性脆，加入抗拉强度高、极限延伸率大、抗碱性好的纤维，可以克服这些缺点。所用纤维按其材料性质可分为金属纤维，如钢纤维、不锈钢纤维；无机纤维，主要有天然矿物纤维（温石棉、青石棉、铁石棉等）和人造矿物纤维（抗碱玻璃纤维及抗碱矿棉等碳纤维）；有机纤维，主要有合成纤维（聚乙烯、聚丙烯、聚乙烯醇、尼龙、芳族聚酰亚胺等）和植物纤维（西沙尔麻、龙舌兰等）。

xianweipiancai

纤维片材（carbon fiber reinforced polymer laminate） 纤维布和纤维板的总称。它们分别是连续纤维单向或多向排列，未经树脂浸渍的布状制品和板状制品。

qianweitu

纤维土（fibrous soil） 以聚合物纤维、网片、废料等加筋而形成的复合土。它是广义上的加筋土，其作用原理类似于加筋土，即利用纤维材料与土之间的摩阻力或咬合力来限制土体的变位。

xianshuihe dizhendai

鲜水河地震带（Xianshuihe earthquake belt） 中国西南地区一条重要的北西向地震带，地处四川省西部高原地区，受第四纪以来左旋形式强烈运动的鲜水河断裂所控制，南起康定，往北西经道孚、炉霍、甘孜至青海省玉树附近，总长 800km。自 1700 年以来，沿鲜水河断层曾发生 $M \geq 6$ 级地震 30 余次。该带地震强度大、频度高，平均 18 年发生一次强震。地震烈度线长轴与断裂走向基本一致，呈狭窄的条带状。震源深度一般在 20km 以内，西北段较浅，东南段较深。该地震带所在鲜水河断裂带新活动形迹千姿百态，内容丰富，是该断裂左旋走滑运动产物。

xianshuihe-diandong dizhendai

鲜水河—滇东地震带（Xianshuihe-Diandong earthquake belt） 国家标准 GB 18306—2015《中国地震动参数区划图》划分的地震带，隶属青藏地震区。本带西起青藏高原中北部的昆仑山南缘，东到云南昭通、文山，包括了青海南部、四川西部、云南中东部以及西藏部分地区。在大地构造上，该带属甘孜印支褶皱带大部和扬子地台部分地区，带内地质构造复杂，边界断裂和块体内部断裂活动强烈，新构造运动以水平挤压为主，在强烈挤压作用下块体间产生大规模水平滑移，兼有垂直差异运动。该带内的主要断裂在新

构造时期均有活动，第四纪以来断裂活动尤为明显，断裂活动具有挤压走滑性质，是我国西部地震活动最强烈的地区之一。该地震带内的活动断裂多呈北西、北北西和近南北向展布，最著名的断裂带有鲜水河—安宁河—则木河—小江断裂带、金沙江断裂带、红河断裂带、通天河断裂带等。沿该带内诸多断裂构造发生的强烈地震形成了中国西部几条著名的地震活动条带。该带东缘处在布格重力异常梯度带和地壳厚度陡变带上，西部则变化比较平缓；地壳厚度在 48～70km，且具有自南东向北西逐渐增厚的趋势；航磁异常变化范围大，具有明显的分区性，分区界线既是区域大断裂带，也是航磁异常梯度带。该带地震活动频度高，强度大，截至 2010 年 12 月，共记录到 5.0 级以上的地震 547 次。其中 5.0～5.9 级地震 408 次；6.0～6.9 级地震 106 次，7.0～7.9 级地震 32 次；8.0～8.9 级地震 1 次。该地震带本底地震的震级为 6.0 级，震级上限为 8.0 级。最大地震是 1833 年 9 月 6 日云南嵩明 8.0 级特大地震。

xianshui

咸水（saline water） 一般是指总矿化度为 1～10g/L 的水，有微咸水（1～3g/L）和咸水（3～10g/L）两类。

xianshengyu

显生宇（Phanerozoic Eonothem） 显生宙对应的地质年代单位，是指显生宙时代形成的地层

xianshengzhou

显生宙（Phanerozoic Eon） 从寒武纪开始出现大量较高级动物以后至今的地史阶段地质年代的名称，指寒武纪以来的时期，从距今大约 5.4 亿年延续至今，包括古生代、中生代和新生代。5.4 亿年前，寒武纪始，生物逐渐向较高级的发展阶段进化，动物已具有外壳和清晰的骨骼结构，故称显生宙。这一时期经历多次地壳运动和气候变化，岩石圈、水圈、大气圈和生物圈不断发展，演化为现今面貌。G. H. 查德威克将全部地质时代分为两部分，寒武纪以前称为隐生宙，寒武纪到第四纪称为显生宙。隐生宙因已划分为冥古宙、太古宙和元古宙，这一名称趋向弃而不用。显生宙则仍作为最大的地质年代单位，其下一般划分为三个代，即古生代、中生代和新生代。对应的地质年代单位为显生宇。

xianshi suanfa

显式算法（display algorithm） 采用递推格式是时，$n+1$ 的值直接由第 n 点的值推出，与其他点的值无关的计算格式。是波动数值模拟中的一种计算格式，该算法的特点是每一步计算只涉及邻近网格点的前一时刻的值，因而可以直观地模拟波动过程，计算量小，易于编程计算。该算法是有条件稳定的，稳定性是显示算法是否可行的关键问题之一。

xianzhuxing jianyan

显著性检验（significance test） 事先对总体（随机变量）

X

的参数或总体分布形式做一个假设，然后利用样本信息来判断这个假设是否合理，即判断总体的真实情况与原假设是否有显著性差异。显著性检验一般分为四步：第一步，提出假设；第二步，构造检验统计量，收集样本数据，计算检验统计量的样本观察值；第三步，根据所提出的显著水平，确定临界值和拒绝域；第四步，做出检验决策。

xianzhuxing shuiping
显著性水平（significance level） 为一个临界概率值，通常以 a 表示。它表示在"假设检验"（又称显著性检验）中，用样本资料推断总体时，犯拒绝"假设"错误的可能性大小。a 越小，犯拒绝"假设"的错误可能性越小。

xianchang guance
现场观测（field observation） 对岩土性状变化、地下水动态、邻近建筑物与设施受到的影响和对已有建筑物的运行状态所进行的观测。

xianchangjilugeshi
现场记录格式（field recording format） 所记录原始数据的初始二进制表示。在大多数情况下，现场记录格式是获取该原始数据时使用的格式。

xianchangjiance
现场监测（in-situ monitoring） 在现场对岩土性状、地下水动态、岩土体和结构物的应力和位移等进行的系统监视和观测。

xianchang jiance
现场检测（in-site inspection） 在工程现场采用一定手段，对勘察成果或设计、施工措施的效果进行的核查测试，也称现场检验。

xianchang shikeng jinshuishiyan
现场试坑浸水试验（in-situ collapsibility test） 通过试坑浸水测定湿陷性黄土自重湿陷量的原位测试方法。

xianchang shiyan
现场试验（in-situ tests） 在现场对某种事物进行的具有特定目的的试验。地震工程领域的现场试验旨在利用真实结构或材料作为试体，研究其力学特性和抗震性能，一般包括人工地震试验、现场工程结构自由振动试验和强迫振动试验、脉动试验（地脉动和结构脉动响应的测试）、工程结构材料物理力学特性的现场检测等。

xianchang zhijie jianqie shiyan
现场直接剪切试验（in-situ shear test） 对在试坑中切出原位岩土体同时进行垂直和水平（或沿预定方向）加荷的剪切试验，以测出岩土体或软弱结构面的抗剪强度。

xianjiao hunningtu jiegou
现浇混凝土结构（cast-in-situ concrete structure） 在现场原位支模并整体浇筑而成的混凝土结构。该结构的整体性好。

xianyou gouzhuwu
现有构筑物（available special structures） 见【现有建筑】

xianyoujianzhu
现有建筑（available buildings） 除古建筑、新建筑、危险建筑以外，迄今仍在使用的既有建筑。已建成且已投入使用的构筑物称为现有构筑物。

xianyoujiegou
现有结构（existing structure） 现有建筑物中的承重结构及其相关部分的总称。

xianyoujiegou kangzhen jiagu
现有结构抗震加固（seismic strengthening of existing structure） 为提高抗震能力，对抗震能力不足或业主要求提高可靠度的承重结构、构件及其相关部分采取增强、局部更换或调整其内力等措施，使其具有现行设计规范及业主所要求的安全性、耐久性和适用性。

xianweiqi
限位器（displacement restrictor） 为避免相邻结构构件间过大的变位造成的结构破坏，而在支座或相邻构件间设置的限位装置。

xianwei zhuangzhi
限位装置（caging device） 在桥梁中设置的、保障中小地震作用下桥梁不因位移过大导致伸缩缝等连接部件发生损坏的装置，主要是限制梁墩及梁台间相对位移的构造装置。一般地，横向和纵向限位装置可协调桥梁的内力和位移反应；轴向限位装置的移动能力应与支座的变形能力相协调。同时，限位装置要求不得妨碍防落梁措施作用的发挥。

xianzhi lijing
限制粒径（constrained grain size） 粒径分布曲线上小于该粒径的土含量占总土质量的 60% 的粒径，即土中累积含量为 60% 的粒径，用 d_{60} 表示。

xianfenbuli
线分布力（force per unit length） 施加在结构或构件单位长度上的力。

xianhezai
线荷载（line load） 荷载的一种类型，条形荷载面的宽度趋于零的荷载。

线弹性断裂力学（linear elastic fracture mechanics）　断裂力学的一个重要分支，它用弹性力学的线性理论对裂纹体进行力学分析，并采用由此求得的某些特征参量（如应力强度因子、能量释放率）作为判断裂纹扩展的准则。1921 年，英国学者格里菲思（A. A. Griffith）根据裂纹体的应变能，提出了裂纹失稳扩展准则，即格里菲思准则，它可以解释为什么玻璃实际断裂强度比理论值低得多，由此还可得到裂纹体能量释放率的概念，这一概念后来成为线弹性断裂力学的基本概念之一。1957 年，美国学者欧文（George Rankin Irwin）通过分析裂纹顶端附近的区域的应力场，提出了应力强度因子的概念，并建立了以应力强度因子为参量的裂纹扩展准则，从而成功地解释了低应力脆断事故。

线弹性土层地震反应（seismic response of linear elastic soil）　在地震作用下，假定土层为线弹性的地震反应分析的理论和方法。设场地在基岩以上由 $N-1$ 个水平土层构成，介质为线弹性，即压缩和剪切刚度为常数，第 N 层为基岩。土层在谐波作用下的反应称为稳态解，设基岩输入为垂直入射的剪切波，地震波在土层界面不断发射和折射，形成上行和下行两组波。根据界面上的反射和折射定律以及界面上的位移和应力连续的边界条件，可的各土层的稳态位移解。将基岩的暂态输入通过傅里叶变换展开成谐波，得到每个谐波的稳态解后，再经过傅里叶反变换就得到地表或任意一层的地震动。当用基岩表面的地震动为输入时，考虑地表的放大作用，可减半作为埋伏基岩的输入。

线性度（linearity）　校准曲线与规定直线的一致程度。线性度分为独立线性度、端基线性度和零基筑性度，当仅称线性度时，是指独立线性度。校准曲线与规定直线之间的最大偏差称为线性度误差。

线性度误差（linearity error）　见【线性度】

线性二次型高斯优化控制（linear quadratic Gauss optimal control）　根据结构部分状态信息的反馈确定系统最优主动控制力的算法。该算法不具渐进稳定性，模型的不确定性会影响结构控制系统的稳定性。

线性二次型优化控制（linear quadratic optimal control）　通过全状态反馈确定最优主动控制力的渐进稳定控制算法，是现代控制论的重要方法之一。

线性放大器（linear amplifier）　输出的信号是输入信号的复现和增强的装置，是放大器的一种类型。它与非线性放大器不同，非线性放大器的输出与输入成一定的函数关系。

线性加速度法（linear acceleration method）　假定运动过程的离散时间间隔内，体系力学特性不变，且体系加速度反应呈线性变化，来求解运动方程的数值方法。线性加速度法是有条件稳定的数值积分方法，当 $\Delta t/T$（T 为结构基本周期）过大时，结构反应会出现振荡现象，不能给出正确解。一般来说，时间步长 Δt 应取为结构周期 T 的 $1/5 \sim 1/10$。

线性黏弹性模型滞回曲线（hysteresis curve of linear viscoelastic model）　土的线性黏弹模型在往复荷载作用下，一次往复中应力随应变的变化在 $\varepsilon-\delta$ 坐标下的曲线，为一倾斜的椭圆。

线性收缩率（linear shrinkage ratio）　黏性土在某一方向上的长度收缩量与原长度的比值，以百分数表示，也称线缩率。

线性振动（linear vibration）　系统中构件的弹性服从胡克定律，运动时产生的阻尼与广义速度的一次式成正比，运动方程（振动微分方程或差分方程）在数学上属于线性方程的振动，通常是实际系统微幅振动的一个抽象模型。线性振动系统最根本的特征是适用叠加原理，即对于线性系统，如果在输入 x_1 作用下，系统响应为 y_1，而在输入 x_2 作用下，系统响应为 y_2，则系统在输入 x_1 和 x_2 的联合作用下的响应就是出 y_1+y_2。这给线性系统的分析带来极大的方便。在叠加原理的基础上，可以把一个任意的输入分解为一系列微元冲量的和，然后求得系统的总响应。在这一原理的基础上，还可以将一个周期激励经傅里叶变换，展成一系列谐和分量的和。其方法可表述为：先分别考察各个谐和分量对系统的作用结果，再将它们叠加起来，得到系统的总响应。因此，常参量线性系统的响应特性可用脉冲响应或频率响应描述。脉冲响应是指系统对单位冲量的响应，它表征系统在时域的响应特性。频率响应是指系统对单位谐和输入的响应特性，它表征系统在频域的响应特性，两者由傅里叶变换确定其对应关系。

线应变（linear strain）　作用引起的结构或构件中某点单位长度上的拉伸或压缩变形。前者称拉应变，后者称压应变，对应于正应力的线应变也称正应变。

线源（linear source） 地震能量沿着断裂线释放的潜在震源，是地震安全性评价中潜在震源的一种类型，可近似地表示为线性分布的潜在震源。

线源模型（line source model） 在强地震动模拟中，将震源简化在一定长度的线段上，并假定点源发生顺序的模型。

线状频谱（linear spectrum） 代表某频率分量幅值或相位的各条谱线有一定的间隔而非连成一片的频谱，也称离散频谱。

陷落地震（collapse earthquake） 由于自然原因或人类活动造成地层陷落引发的地震，是地震的一种类型。该类地震主要发生在石灰岩等易溶岩分布的地区，易溶岩长期受地下水侵蚀形成了许多溶洞，洞顶塌落造成了地震。这类地震为数很少，约占地震总数的 3% 左右，虽距地表较浅，但由于震级一般较小，因此危害性一般不大。

相对持时（relative duration） 取加速度的相对值为阈值的括弧持时，括弧持时是指取规定大小的地震动运动量数值为阈值，地震动时程中第一次和最后一次达到此阈值的时间间隔。

相对加速度反应谱（relative acceleration response spectrum） 不考虑地震动加速度的加速度反应谱，即不考虑地面运动加速度的加速度反应谱。工程抗震中的加速度反应谱多为绝对加速度反应谱，简称加速度反应谱。绝对加速度反应为相对加速度反应与地震动加速度之和。

相对密度（relative density） 物质的密度与参考物质的密度在各自规定的条件下的比值。在岩土工程中，是指砂土最疏松状态的孔隙比（e_{max}）和天然孔隙比（e）之差与砂土最疏松状态的孔隙比（e_{max}）和最紧密状态的孔隙比（e_{min}）之差的比值。

相对密度试验（relative densitytest） 测定无黏性土的天然孔隙比、最小孔隙比和最大孔隙比，确定其紧密度的试验。

相对能量比（relative energy ratio） 见【能量耗损系数】

相对速度反应谱（relative velocity response spectrum） 不考虑地震动速度的速度反应谱，即不考虑地面运动速度的速度反应谱，简称速度反应谱。

相对位移反应谱（relative displacement response spectrum） 不考虑地震动位移的位移反应谱，即不考虑地面位移的位移反应谱，简称位移反应谱。

相对误差（relative error） 绝对误差与真值的比。在实际计算时，往往以约定增值代替；相对误差是误差的另一种表示方法，它表示测量的准确程度；相对误差通常以百分数表示。

相对谐波含量（relative harmonic content） 谐波含量的有效值与非正弦函数的有效值之比。谐波含量是指从交流量中减去基波分量后所得到的量。

相对重力仪（relative gravimeter） 只能测量不同测点间重力加速度差值或同一测点上不同时间重力加速度差值的仪器。

相干波（coherent wave） 频率相同，振动方向相同，相位差恒定的两列波，在重叠处两列简谐波所引起的质点的简谐运动具有相同的频率，相同的振动方向的波。不满足频率相同、有恒定的相位差、在叠加处振动方向相同三个条件的波为非相干波。在强地震动模拟中，震源谱通常由三个参数表征，即正比于地震矩的低频强度、拐角频率和高频渐近线的衰减幂次。低于拐角频率的地震动分量即为相干波，这些低频分量来自相同类型的震源，在传播过程中较少受到介质等因素影响；高于拐角频率的地震动是非相干波，辐射这些高频分量可能是断层面上应力或强度非均匀的震源，且受到介质等因素的复杂影响，具有随机特性。

相干函数（coherency function） 描述场地中两点地震动空间相关程度统计特征的物理量，反映各频率分量的相关性随频率和点间距离的变化关系。相干函数的数学表达式为：

$$\gamma_{ij}(\omega) = \frac{S_{ij}(\omega)}{\sqrt{S_{ii}(\omega) \cdot S_{jj}(\omega)}}$$

式中，$S_{ij}(\omega)$ 为第 i 点和第 j 点地震动的互功率谱；ω 为圆频率；$S_{ii}(\omega)$ 和 $S_{jj}(\omega)$ 分别为两点地震动的自功率谱。相干函数为复数，有：

$$\gamma_{ij}(\omega) = |\gamma_{ij}(\omega)| \exp[i\theta_{ij}(\omega)]$$
$$\theta_{ij}(\omega) = \tan^{-1}\left(\frac{\operatorname{Im}|S_{ij}(\omega)|}{\operatorname{Re}|S_{ij}(\omega)|}\right)$$

式中，$|\gamma_{ij}(\omega)|$ 称为迟滞相干函数，$\gamma_{ij}^2(\omega)$ 称为相干系数，表示两点地震动的相关程度，一般小于 1；完全不相关时为 0。在工程应用中，可利用相干函数预测空间不同点的地震动。

xianggan xishu

相干系数（coherency coefficient）　相干函数的平方。物理意义等同于相干函数的模（绝对值），当其值为 1 时，表示两点的地震动完全相同。相干函数的定义为：

$$\gamma_{ij}(\omega) = \frac{S_{ij}(\omega)}{\sqrt{S_{ii}(\omega) \cdot S_{jj}(\omega)}}$$

式中，$S_{ij}(\omega)$ 为第 i 点和第 j 点同方向地震动的互功率谱；ω 为圆频率；$S_{ii}(\omega)$ 和 $S_{jj}(\omega)$ 分别为两点的自功率谱。

xiangguanfenxi

相关分析（correlation analysis）　分析信号之间相似程度的理论和方法。相关分析是数字信号处理和统计分析的重要手段，既可用于确定的信号也可用于随机信号。

xiangguangoujian

相关构件（interrelated member）　结构抗震鉴定中与被鉴定构件相连接或以被鉴定构件为承托的构件。

xiangguanhanshu

相关函数（correlation function）　衡量时间序列信号之间或时间序列信号自身在不同时刻的相似程度的函数，主要包括自相关函数、自协方差函数、互相关函数、互协方差函数等。在地震工程中，通常是在时域内定量描述和研究地震动空间相关性的一种方法。实际波场很复杂，简单用平面波的行波效应不能完全描述地震动空间相关性，需要定量衡量相似程度。自相关函数（简称为相关函数）定义为时间函数（地震动时程）与延迟一段时间的该函数的褶积，即：

$$R_{xx}(\tau) = \int_{-\infty}^{+\infty} x(t)x(t-\tau)\mathrm{d}t$$

式中，τ 为延时。互相关函数定义为给定函数（地震动时程）与延迟一段时间的另一个函数（地震动时程）的褶积，即：

$$R_{xy}(\tau) = \int_{-\infty}^{+\infty} x(t)y(t-\tau)\mathrm{d}t$$

相关函数既有幅值信息，也包含各频率分量之间的相位差。

xiangguan xishu

相关系数（correlation coefficient）　对于确定的两个信号序列 $x(n)$ 和 $y(n)$（$N_1 \leqslant n \leqslant N_2$），定义其相关系数为：

$$\rho_{xy} = \sum_{n=N_1}^{N_2} x(n)y(n) \Big/ \sqrt{\sum_{n=N_1}^{N_2} x(n)^2 \sum_{n=N_1}^{N_2} y(n)^2}$$

式中，分子为未标准化的相关系数（也称相关系数）。当 $\rho_{xy} = 1$ 时，两个信号线性相关、是完全相似的；当 $\rho_{xy} = 0$ 时，两个信号则完全不相关。类似地，对于两个随机变量 x 和 y，定义相关系数为：

$$\rho_{xy} = E[(x-\mu_x)(y-\mu_y)] \big/ \{E[(x-\mu_x)^2]E[(y-\mu_y)^2]\}^{1/2}$$

式中，$E[\cdot]$ 为数学期望；μ_x 和 μ_y 分别为随机变量 x 和 y 的均值。

xiangsilü

相似律（laws of similarity）　两个规模不同（包括空间范围和时间久暂）的物理现象若保持相似所必须遵循的基本准则。相似律是设计力学模型实验的主要依据。力学现象的相似必须满足几何相似和力学相似两种条件，定量地表述满足这些条件的各种关系就构造了现象间的相似律。在土工离心模型实验中，是指模型与原型各物理量之间的比例关系。

xiangsimoxing

相似模型（similarity models）　与结构原型几何相似、可反映同一物理过程，且某一位置的物理量与原型相应位置的同名物理量具有固定比值的模型，也称缩尺模型。通常可将相似模型分为真实模型、主参量相似模型和畸变模型三类。

xiangsimoxing shiyan

相似模型试验（similar model test）　根据满足相似理论的模型试验结果推测原型结构的受力状态的试验。

xiangsi yuanli

相似原理（principle of similitude）　在模型试验中，要求组成模型的每个要素必须与原型的对应要素相似的原理，包括几何要素和物理要素，其具体表现为由一系列物理量组成的场对应相似。对于同一个物理过程，若两个物理现象的各个物理量在各对应点上以及各对应瞬间大小成比例，且各矢量的对应方向一致，则称这两个物理现象相似。在流动现象中若两种流动相似，则一般应满足几何相似，运动相似，动力相似。通常，彼此相似的物理现象必须服从同样的客观规律，若该规律能用方程表示，则物理方程式必须完全相同，而且对应的相似准则必定数值相等，这就是相似第一定理；凡同一类物理现象，当单值条件相似，且由单值条件中的物理量组成的相似准则对应相等时，则这些现象必定相似。这就是相似第二定理，它是判断两个物理现象是否相似的必要与充分条件。

xiangxingjichu

箱形基础（box foundation）　由钢筋混凝土底板、顶板、侧墙及一定数量内隔墙构成的整体刚度较好的单层或多层钢筋混凝土形似箱形的基础。

xiangxikancha

详细勘察（detailed geotechnical investigation） 为详细查明和分析评价场地条件，并为工程的施工图设计提供具体设计参数而进行的场地勘察工作，是岩土工程四个阶段勘察的一个阶段。

xiangxipinggu

详细评估（assessment in detail） 检测和鉴定建筑的可靠性和抗震能力以及评定建筑修复加固的可行性的工作。

xiangying

响应（response） 回声相应，比喻应答敏捷。在地震工程中是指动荷载引起的结构变形、振动和破坏。结构动力学就是研究结构在动荷载作用下产生响应的规律的科学，即研究结构、动荷载和响应三者关系的科学。

xiangyingpo

响应谱（response spectrum） 振动体系的最大响应值与激励的某个参数（例如激励作用时间）的关系曲线，例如，固有周期为 T_n 的单自由度系统在受时间宽度为 t_0 的矩形脉冲力作用下，动力放大系数与（t_0/T_n）的曲线即为响应谱。在工程计中，常要求了解系统受到冲击荷载作用后的最大响应值，即振动的位移或加速度的最大值。由于作用时间短暂，计算最大响应值时通常忽略系统的阻尼，故计算结果更安全。

xiangyingyugu

响应预估（response prediction） 已知结构和荷载求结构响应的理论和方法，是结构动力学的正问题和基本问题，也是现代结构动力学研究的主要内容之一。

xiangxie

向斜（syncline） 一种下凹的，其核部由新地层组成的褶曲。判别向斜不能简单根据其形态的下凹或下拗，要根据从核部向两翼地层时代是否由新变老。若地层时代不明，则泛称向形。

xiangxing

向形（synform） 形态向下弯曲的褶曲，地层弯曲变形的一种形态。向斜和向形不同，向形只是形状向下弯曲，与地层无关。

xiangxing beixie

向形背斜（synformal anticline） 褶皱面下凹，其核部由老地层组成，两翼由新地层组成的褶曲。

xiangmu jianyishu

项目建议书（project proposal） 项目设计前期最初的工作文件。建设项目需政府审批时，由项目主管单位或业主对拟建项目提出初步设想，从宏观上说明拟建项目建设的

必要性，同时对项目建设的可行性和投资效益进行初步的分析。

xiangmu pinggu

项目评估（project assessment） 对拟建项目的可行性研究报告进行评价的工作。其主要任务是审查项目可行性研究的可靠性、真实性和客观性，对最终决策项目投资是否可行进行认可，确认最佳投资方案并分析可能存在的风险。

xiangmian

相面（phase surface） 在地震工程中是指在任一时刻，介质内振动相位相同的点的轨迹，也称波面。

xiangpin texing

相频特性（phase-frequency characteristic） 强震记录的相位随振动频率的变化特征，表示强震记录的不同频率成分的相位与地震动的相位差。

xiangpin texing quxian

相频特性曲线（phase frequency characteristic curve） 给定阻尼的频率与幅角的关系曲线。其横坐标为为圆频率 ω 和自振频率 ω_0 的比，即 ω/ω_0；纵坐标为幅角。

xiangsudu

相速度（phase velocity） 弹性波的等相面传播的速度，它与频率有关，一般情况下为一常数，即各频率分量的波速相同，如果不同，则会产生地震波的频散。等相面是指振动相位相同质点组成的面。

xiangwei

相位（phase） 描述信号波形变化的度量。通常以度（角度）作为单位，也称为位相、相角。

xiangweicha

相位差（phase difference） 两个频率相同的交流电相位的差。在地震工程中，是指在相同时间点，具有相同频率的两个波相位的差。

xiangweichapu

相位差谱（phase differences spectra） 地震动的各频率分量的相位差值随频率的变化关系。地震动可以分解为简谐振动，即：

$$a(t) = \sum_{k=0}^{N} A_k \cos(\omega_k t + \varphi_k)$$

式中，A_k 和 φ_k 分别为第 k 个谐振动和分量的幅值和相位。定义相位差为：

$$\Delta\varphi(\omega_k) = \varphi(\omega_{k+1}) - \varphi(\omega_k)$$

式中，$\Delta\varphi(\omega_k)$ 随 ω_k 变化曲线即为相位差谱。

1979 年，大崎顺彦（Osaki Y.）在研究中发现，地震动的相位接近均匀随机分布，虽然相位差的频数分布曲线

X

与地震动的包络线虽然量纲不同，形状却相似，这预示可能通过相位差谱来控制地震动的包络线形状。

xiangwei-pinlü quxian

相位-频率曲线（phase-frequency curve） 稳态响应中，不同阻尼比情况下，激振力与位移响应之间的相位关系曲线，即相位角与频率比之间的关系曲线，也称相频曲线。由于阻尼的存在，位移响应总是滞后于激振力，阻尼不同，滞后的相位角亦不同，但在激振频率等于振动系统的固有频率时，无论阻尼是多少，相位角都等于 $\pi/2$。因此，可据此利用实验的相频曲线测定系统的固有频率。

xiangweipu

相位谱（phase spectrum） 将时域信号经过傅里叶变换后可得到原始信号的复数频谱，将复数频谱表示成指数形式，其幅角即"相位谱"。它是相位随频率变化的曲线，代表各频率分量在时间原点所具有的相位。

xiangyi

相移（phase drift） 一个网络或系统输入与输出信号之间的相位差。物理学中是指输出的正弦波和输入的正弦波信号的相位差。

xiangzu ququ

象足屈曲（elephant foot type buckling） 薄壁圆柱型钢储罐的罐壁出现环形外凸的失稳破坏形式。象足屈曲的发生与罐壁轴向应力直接相关。重力荷载和竖向地震作用在罐壁中产生轴向压应力，罐内液体的振荡将造成附加的罐壁轴向压应力，浮放储液罐的罐底提离又使压应力提高，这些因素均可使罐壁屈曲，发生的环形外凸可能不止一圈。

xiangjiaoba

橡胶坝（rubber dam） 锚着于底板上，以聚酯或橡胶为基质合成纤维织物形成袋囊，经充水（气）后形成的坝。

xiangjiao zhizuo

橡胶支座（composite rubber and steel support） 满足支座位移要求的橡胶和薄钢板等复合材料制品作为传递支座反力的支座。

xiaohuoshuan xitong

消火栓系统（fire hydrant system） 由消防水泵、消火栓、管网及压力传感器、消防控制电路等组成，火灾时消防水泵启动，向管网供应消防用水扑灭火灾的系统。

xiaoji gezhen

消极隔振（passive isolation） 见【被动隔振】

xiaojiandai

消减带（consuming boundary zone） 见【俯冲带】

— 456 —

xiaolichi

消力池（stilling basin） 见【消能池】

xiaolixu

消力戽（roller bucket） 见【消能戽】

xiaoneng bujian

消能部件（energy dissipation part） 由消能器和支撑或连接消能器构件组成的部分，是地震时首先屈服的结构构件或阻尼器，如偏心斜撑、软钢阻尼器等。

xiaonengchi

消能池（stilling basin） 位于泄水建筑物下游侧，用以形成水跃以消减水流动能的池形建筑物，也称消力池。

xiaoneng fangchong sheshi

消能防冲设施（energy dissipating and anti-scour facility） 位于泄水建筑物下游一侧，用以消减水流动能，并保护河底免受冲刷的结构设施。

xiaonengxu

消能戽（roller bucket） 位于泄水建筑物下游侧，以反弧与过流面相接的戽斗形消减水流动能的设施，也称消力戽。

xiaoneng jianzhen

消能减振（energy dissipation technique） 在结构中设置特制减震构件或耗能装置，使之在地震时大量耗散进入结构体系的能量，以减轻结构所受的地震作用和减小地震反应的技术方法，是被动控制技术的一种类型。消能减振装置可分为阻尼器和吸振器两大类。阻尼器一般设置在有较大的相对位移的结构构件之间；吸振器多设置在结构地震反应较大的部位。消能减振装置一般由支撑连接件或锚固件与结构构件固定。消能减振体系可采用多种消能减振装置。

xiaoneng jianzhen sheji

消能减振设计（energy dissipation design of structure） 设置被动消能减振阻尼器抑制结构有害振动的工程设计。消能减振设计的主要内容是确定阻尼器的安装位置和力学参数。阻尼器的安装位置往往受结构使用功能的限制，优化设置位置问题尚在深入研究。因此，实际工程的消能减振设计主要在于阻尼器参数的确定。国家标准 GB 50011-2010《建筑抗震设计规范》对消能减振设计做了规定。

xiaoneng jianzhen tixi

消能减振体系（energy dissipation technique system） 由设置消能减振装置的建筑物或构筑物构成消能减振体系。消能减振装置可分为阻尼器和吸振器两大类。阻尼器一般设置在具有较大相对位移的结构构件之间；吸振器多设置在结构地震反应较大的部位。消能减振体系可采用多种消能减振装置。

xiaoneng jianzhen zhuangzhi

消能减振装置（energy dissipation technique device）　用于结构消除地震能量、减小振动的设备。其可分为阻尼器和吸振器两大类，阻尼器利用结构构件的相对运动耗散能量，吸振器依靠动力作用将结构体系的振动能量转化为阻尼装置自身的增幅振动，从而吸收和耗散能量。

xiaoneng jianzhenceng

消能减震层（energy dissipation layer）　布置消能部件的楼层。行业标准 JGJ 297—2013《建筑消能减震技术规程》对消能减震层做了具体的要求。

xiaoneng jianzhen jiegou

消能减震结构（energy dissipation structure）　设置和采用了消能器或消能减震技术的结构。该结构包括主体结构、消能部件等。消能减震就是在结构中安装消能器（阻尼器），人为增加结构阻尼，消耗地震作用下结构的振动能量，达到减小结构的振动反应，实现结构抗震的目的。

xiaonengqi

消能器（energy dissipation device）　通过内部材料或构件的摩擦，弹塑性滞回变形或黏（弹）性滞回变形来耗散或吸收能量的装置，包括位移相关型消能器、速度相关型消能器和复合型消能器。

xiaonengqi jixiansudu

消能器极限速度（ultimate velocity of energy dissipation device）　消能器能达到的最大速度值，消能器的速度超过该值后则被认为消能器失去消能功能。

xiaonengqi jixianweiyi

消能器极限位移（ultimate displacement of energy dissipation device）　消能器能达到的最大变形量，消能器的变形超过该值后被认为消能器失去消能功能。

xiaonengqi sheji sudu

消能器设计速度（design velocity of energy dissipation device）　消能减震结构在罕遇地震（50 年超越概率为 2%的地震）作用下消能器达到的速度值。

xiaonengqi shejiweiyi

消能器设计位移（design displacement of energy dissipation device）　消能减震结构在罕遇地震（50 年超越概率为 2%的地震）作用下消能器达到的位移值。

xiaoneng zhicheng

消能支撑（energy dissipation support）　在柱间交叉支撑的斜杆交接处设置框形软钢滞变阻尼器吸收地震能量的支撑形式，是结构抗震支撑的一种形式。其延性系数、阻尼比均比普通交叉支撑高，但刚度略低。在正常使用条件下，

该支撑处于弹性受力状态；在强大侧力作用下，阻尼器屈服耗能、减少支撑的拉压变形。该支撑震后易于修复，适于高烈度地震区结构抗震支撑。

xiaozhen

消振（shock absorption）　在减振体上附加减振装置，依靠它与减振体的相互作用来吸收振动系统的动能进而达到减振效果的被动减振措施，如安装在高挠性建筑物顶部的活动质量等。

xiaobobianhuan

小波变换（wavelet transform）　利用有限长度的衰减小波函数族对时间序列信号进行短时傅里叶分析的数学方法，是时频域分析的一种。小波变换利用可变的窗函数实现对时间序列信号的局部化多分辨率分析，弥补了傅里叶变换和短时傅里叶变换方法的不足。该法可对非平稳时间序列信号进行任意高分辨率的分析，对高频信号具有高时间分辨率、对于低频信号具有高频率分辨率，故被称为"数学显微镜"。

xiaobo fenxi

小波分析（wavelet analysis）　时间（空间）频率的局部化分析的一种方法。"小波"就是小的波形。所谓"小"，是指它具有衰减性；称之为"波"，则是指它的波动性。与傅里叶变换相比，小波变换通过伸缩平移运算对信号（函数）逐步进行多尺度细化，最终达到高频处时间细分，低频处频率细分，能自动适应时频信号分析的要求，从而可聚焦到信号的任意细节。

xiaocanshufa

小参数法（small parameter method）　见【摄动法】

xiaozhen

小震（small earthquake），震级为 3.0～5.0 级的地震，也称小地震。一般不引起大的灾害，我国个别地方也存在"小震大灾"的现象。在抗震设计中，小震是指 50 年超越概率为 63%的地震。

xiaozhen liedu

小震烈度（intensity of frequently occurred earthquake）见【多遇地震烈度】

xiefangcha

协方差（covariance）　建立在方差分析和回归分析基础之上的一种统计分析方法，用于衡量两个变量的总体误差。它表示两变量序列异常关系的平均状况。

xiefangcha fenxi

协方差分析（analysis of covariance）　沿承了方差分析的基本思想，在分析观测时考虑了协变量的影响。协方差是

X

用来度量两个变量之间"协同变异"大小的总体参数，即度量两个变量相互影响大小的参数。

xiejiaoqiao

斜交桥（skew bridge） 桥的纵轴线与其跨越的河流流向或公路、铁路等路线轴向不相垂直的桥。

xiejing

斜井（inclined shaft） 地面通向地下的倾斜通道。它是与地面直接相通的倾斜巷道，其作用与立井和平硐相同。不与地面直接相通的斜井称为暗斜井或盲斜井，其作用与暗立井相同。

xielaqiao

斜拉桥（cable stayed bridge） 用锚在塔上的多根斜向钢缆索吊住主梁的桥，或以斜拉（斜张）索连接索塔和主梁作为桥跨结构主要承重构件的桥，也称斜张桥。它是第二次世界大战以后新发展起来的重要桥型之一，因主梁为缆索多点悬吊，内力小、建筑高度低、施工方便、跨越能力大，现跨度已建到 465m（加拿大安纳西斯岛桥，计划 1986 年竣工），可用于公路桥、铁路桥、城市桥、人行桥以及管道桥等。

xiepomatou

斜坡码头（sloped wharf） 岸边断面呈斜坡状，设有固定坡道，并在坡道前端有趸船的船码头。

xieposhiwen

斜坡失稳（slope instability） 斜坡受外界诱发因素的影响而发生局部或整体运动的破坏现象，崩塌和滑坡是斜坡的主要失稳形式。造成斜坡失稳的内部因素包括岩土性质、斜坡形态、构造地质和地下水等；外部因素包括地震、爆破、车辆行驶等引起的振动、斜坡加载、雨水渗流侵蚀或静水压力增加等。地震是斜坡失稳的重要触发因素，地震引起的岩土振动造成岩土体的附加动力作用，特别是沿薄弱面的剪切力，促使斜坡失稳。判断斜坡失稳的方法有静力法、动力法和经验法。

xiechang huagangyan

斜长花岗岩（plagiogranite） 含碱性长石很少或不含碱性长石的花岗岩。其主要由石英、斜长石（钠–更长石）和少量暗色矿物（含量<10%）组成，基本不含或含少量的碱性长石（<10%）。斜长花岗岩通常作为蛇绿岩岩石组合中的次要组分产出，主要发育于洋壳中，因此多称为大洋斜长花岗岩。斜长花岗岩的形成比蛇绿岩套主体要晚，因而斜长花岗岩的年龄值往往晚于蛇绿岩套形成的峰期时代。

xiechangyan

斜长岩（anorthosite） 主要由斜长石组成（含量：90%）的浅色深成岩。常呈灰色，一般为半自形或他形粗粒结构。基性斜长石易蚀变为钠长石、黝帘石、绿帘石等矿物集合体。基质中含有少量的深色矿物、主要有普通辉石、斜方辉石、角闪石、黑云母和钛磁铁矿等，总和不足 10%，往往充填于斜长石间隙中，或分凝成团块并且深色矿物种属一般随斜长石成分的变化而变化。斜长岩一般认为是基性岩浆分异的产物，通常和辉长岩共生，位于分异岩体的上部，但是也有人认为它是地壳深部或上地幔的深熔作用的产物。斜长岩也可以作为优良的建筑材料。

xieqiang

斜墙（sloping core） 位于土石坝上游以防渗土料或其他低透水性材料建成的斜卧式防渗体。

xiezhangqiao

斜张桥（cable-stayed bridge） 见【斜拉桥】

xiebo de zhuandong fenliang

谐波的转动分量（rotational components of harmonic） 平面谐波斜入射在地表各点而引起的转动分量。为研究方便，将转动问题分为出平面问题（SH 型）和平面内问题（P－SV 型）。出平面问题假设质点运动仅有方向的分量，这对应于 S 波入射或勒夫（Love）波场。平面内问题质点运动只有方向分量，此时对应于 P 波和 S 入射波场，或瑞利（Rayleigh）波场。

xiebo fenxiyi

谐波分析仪（harmonic analyzer） 见【频谱分析仪】

xiebo hanliang

谐波含量（harmonic content） 从周期性变化量中减去基频分量后剩下的其他分量，即一个非正弦周期函数中减去基波分量所得到的函数。

xiebo pinghengfa

谐波平衡法（harmonic balance method） 分析系统的输入（荷载）和输出（运动）是周期性的非线性振动问题的方法。该方法不仅适合弱非线性问题，还可以解决强非线性问题；不仅适合自由振动问题，还可以解决受迫振动问题。

xiebo shizhen

谐波失真（harmonic distortion） 在纯正弦信号作用下振动系统输出信号中出现新的谐波成分的现象，也称非线性失真。谐波失真的程度可用失真度来表示。强震仪、拾振器及其他电声仪器设备的失真度越小越好。

xietiao zhendang zuniqi

谐调振荡阻尼器（tuned vibration damper） 依靠液体的振荡来耗散能量的阻尼器，是附加在结构主体上的动力调谐振子，即吸振器的一种类型。

xiezhen dengxiao xianxinghua fangfa

谐振等效线性化方法（resonance equivalent linearization method） 在假定动力反应为准谐和振动条件下，推动出的单自由度体系等效线性化方法（HEL）。在体系反应为谐和振动的假定下，单自由度体系等效线性化方法还有共振幅值匹配法（RAM）、动质量法（DM）、常临界阻尼法（CCD）、几何刚度法（GS）、几何能量法（GE）等。

xieshui jianzhuwu

泄水建筑物（outlet structure） 为宣泄水库、河道、渠道、涝区超过调蓄或承受能力的洪水或涝水，以及为泄放水库、渠道内的存水以利于安全防护或检查维修的水工建筑物，是保证水利枢纽和水工建筑物的安全、减免洪涝灾害的重要的水工建筑物。

xieheban

卸荷板（relieving slab） 用以减少方块码头、沉箱码头墙后填土压力，增加墙身稳定的构件。

xiehe moliang

卸荷模量（unloading modulus） 在给定应力区间卸荷曲线割线的斜率。该模量不仅与材料的物理性质有关，有些材料还与应力路径有关，如土的卸荷模量就与应力络经相关。

xinqiang

心墙（core wall） 位于土石坝内中心部位，利用防渗土料或其他低透水性材料建成的防渗墙体，它是土石坝的重要组成部分。

xinzhu

芯柱（core column） 为增加混凝土空心砌块房屋的整体性和延性、提高其抗震能力，在墙体一定部位的砌块竖孔内浇筑的钢筋混凝土柱。芯柱的作用与构造柱相类似，但芯柱的设置位置比构造柱更灵活，设置要求比构造柱更严格。混凝土空心砌块多层房屋墙体抗剪承载力的计算应计入芯柱的影响，并根据灌孔数量采用芯柱参与工作系数。

xin'aofa

新奥法（new Australia tunnelling method） 应用岩体力学的理论，通过对隧道围岩变形的量测、监控，采用新型的支护结构，尽量利用围岩自承能力指导隧道设计和施工的方法，常缩称为NATM。其特点是在开挖面附近及时施作密贴于围岩的薄层柔性喷射混凝土和锚杆支护，以便控制围岩的变形和应力释放，从而在支护和围岩的共同变形过程中，调整围岩应力重分布而达到新的平衡，以求最大限度地保持围岩的固有强度和利用其自身的承能力。因此，它也是一个具体应用岩体动态性质的力学方法，其目的在于促使围岩能够形成圆环状承载结构，一般应及时修筑仰拱，以使断面闭合成圆环。它适用于各种不同的地质条件，在软弱围岩中更为有效。

xin disanji

新第三纪（Later Tertiary Period） 是新近纪的旧称。

xinfeng xitong

新风系统（fresh air system） 为满足卫生要求而向各空气调节房间供应经过集中处理的室外空气的系统。

xin'gouzao

新构造（neotectonics） 由挽近时期地壳构造运动产生的地质构造。它不仅可能表现于岩石（层）的变动上，而且可能直接表现于地貌形态上，因此又称为形态构造或地貌构造。该构造有多种表现形态，如新褶皱构造、活动断裂和活动断裂带、新造山带、现代裂谷、现代地裂、活动断块、构造地貌和地貌变形、近代火山活动、近代地震活动、地震断层、地震地表破裂和地震错位等。

xin'gouzaoqi

新构造期（neotectonics period） 新构造运动出现的地质时期。不同学者对新构造期的起始时间有不同见解，归纳起来有三个方面：第一，认为新构造运动就是第四纪运动；第二，认为从新第三纪到第四纪的构造运动；第三，认为是造成现代地形基本轮廓的构造作用，对其起始时间不作限制。实际上，不同地区的新构造运动出现时期略有先后。例如中国东部分地区始于新第三纪上新世晚期，距今约340万年，中国西部部分地区新构造运动发生于第四纪早期。

xin'gouzao yundong

新构造运动（neotectonics movement） 对地壳最新变形和地貌发育影响最大的一幕构造运动，它是造成现代地势基本特点的构造作用。这个运动的特点是具有普遍性和节奏性，最普通的表现形式是振荡，即造陆运动。实际上，新构造运动不论其发生时期或运动特点均因地而异。例如，中国西部新构造运动在南北向挤压应力条件下形成一系列弧形构造带和大幅度隆起或断陷；东部新构造运动强度比西部弱得多，以裂陷构造为特征。

xinhuapo

新滑坡（new landslide） 滑坡按发生年代划分的一种类型，是指现今正在发生滑动的滑坡。

xinhuangtu

新黄土（neo-loess） 结构疏松，一般具有湿陷性，地质年代属于晚更新世和全新世早期的黄土，包括晚更新世的马兰黄土、全新世早期的黄土。

xinjiang dizhenqu

新疆地震区（Xinjiang earthquake area） 国家标准 GB 18306—2015《中国地震动参数区划图》在中国及邻区划分的8个地震区之一。该区划主要分布在新疆和宁夏的部分地区。该区包括南天山地震带、中天山地震带、北天山地震带、阿尔泰山地震带等 4 个地震带和阿拉善地震统计区。该区跨越多个地质构造单元，地质构造复杂，现代地壳运动活跃，主要活动构造以北西西和北东东向为主。该区地震活动强烈，截至 2010 年 12 月，该区共记录到 5.0 级以上地震 556 次。其中，5.0～5.9 级地震 429 次；6.0～6.9 级地震 100 次；7.0～7.9 级地震 21 次；8.0～8.9 级地震 6 次，最大地震是 1889 年 7 月 11 日哈萨克斯坦阿拉木图的 8.3 级特大地震。

xinjiang fuyun dizhen
新疆富蕴地震（Xinjiang Fuyun earthquake） 1931 年 8 月 11 日新疆富蕴 8.0 级特大地震，震中烈度 XI 度。震中区形成了 170km 长的地表断裂带，最大水平错动 14m，最大宽度 4km，各种错动形态齐全，这是中国大地震中已知错动幅度最大的一次地震。此震断裂带的特点是：断裂带的走向不沿阿尔泰山主体构造走向，而沿着同其斜交的一个分支构造的走向。对富蕴断裂带的系统考察研究，促进了我国地震地质的研究工作。

xinjin chenjitu
新近沉积土（recent deposit） 第四纪全新世中晚期沉积的土。新近沉积土具有承载力低、变形大、有湿陷性等特点，可能会产生较大的不均匀沉降，对建筑物有较大的危害。

xinjin duiji huangtu
新近堆积黄土（recently deposited loess） 具有高压缩性、承载力低、均匀性差，通常在 50～150kPa 压力下变形较大的全新世黄土。

xinjinji
新近纪（Neogene Period） 新生代第二个纪，曾被称为新第三纪。起始年龄为 23.03Ma，结束年龄为 2.588Ma。古地理方面，在大陆边缘地区发生小规模海侵，最后一次海退导致了第四纪的开始。在地壳运动方面，古近纪形成的新山系继续隆起，山势基本上与现代相近。对应的地层年代单位为新近系。

xinjinxi
新近系（Neogene System） 新近纪形成的地层。新近系对应的地层年代单位，划分两个统，即中新统和上新统。

xinjiugoujian xietong gongzuo xishu
新旧构件协同工作系数（cooperative working factor between new member and original member） 由于原有构件处于受力状态，新增构件或加固材料与原有构件之间存在应变滞后效应，引入新旧构件协同工作系数以考虑这种影响。

xinshengdai
新生代（Cenozoic Era） 显生宙的第三个代。新生代不仅是地史时期中最新的一个代，也是延续时间最短的一个代。约开始于距今 6600 万年，延续至今。新生代依现今一般通用的标准，划分为三个纪，分别为古近纪、新近纪和第四纪。新生代古地理从世界范围看，海陆分布情况与现代趋近一致。当时，古地中海区发生了强烈的地壳运动，在欧洲称为新阿尔卑斯运动，在亚洲称为喜马拉雅运动。现代的最高山系如亚洲的喜马拉雅山系、欧洲的阿尔卑斯山系、北美的西海岸山系、南美的安第斯山系规等都是在这个时期形成的。该时期冈瓦纳古陆解体，在非洲东部发生了大断裂带，形成了现代的红海和东非湖盆地，同时有大量玄武岩喷溢。对应的地层年代单位为新生界，包括古近系、新近系和第四系。我国的新生界，除边缘地带如西藏、新疆、东南沿海和台湾等有海相沉积外，其余均为陆相堆积。

xinshengjie
新生界（Cenozoic Erathem） 在新生代形成的地层。新生代对应的地层年代单位，包括古近系、新近系和第四系。

xintaigudai
新太古代（Neoarchean Era） 太古宙的最后一个代，由 GSSA 定义的地质时限为距今 28 亿～25 亿年，大量的地台盖层岩石形成，是真核生物的起源阶段。当前已知确切的真核生物化石记录是 21 亿年，但分子化石指示真核生物可能出现于 27 亿年前。距今 25 亿年则是大氧化事件的前夕，由 GOE 开始，才有微生物的大发展，是真核生物的起源时期。新太古代内目前尚未做进一步的地质年代划分。对应的地层年代单位为新太古界。

xintaigujie
新太古界（Neoarchean Erathem） 在新太古代形成的地层，新太古代对应的地层年代单位。

xinxi dizhen
新潟地震（Niigata earthquake in Japan） 1964 年 6 月 16 日，日本新潟发生了 7.5 级地震，震中位于距离新潟码头 60km 的海底。地震造成了砂土液化、房屋破坏、桥梁坍塌、油罐失火等灾害。此次地震最大特点是产生了典型的砂土液化震害现象，尤其位于信浓川河岸的住宅楼，因地基液化而歪斜倾倒，这类破坏不能用加强上部结构抗震应对，而是要针对地基采取措施。在这次地震的强震记录中发现了周期为 6s 的地震波，其加速度也相当大。新潟地震使人们对砂土液化问题引起重视，并进一步促进了砂土液化的研究工作。

xinyuangudai
新元古代（Neoproterozoic Era） 元古宙的第三个代，由 GSSA 定义其起始年代为 1000Ma，其终止时间为 541 ± 1.0Ma（以 GSSP 附近测定的绝对年龄值）。真核生物演化飞跃的重要时期，生物类群明显分化，并于后期发展产生了结构复杂的后生生物。其分为拉伸纪、成冰纪及埃迪卡拉纪三个纪。对应的地层年代单位为新元古界。

xinyuangujie
新元古界（Neoproterozoic Erathem）　在新元古代形成的地层，新元古代对应的地层年代单位。

xinhao caiyang
信号采样（signal sampling）　将模拟信号形成一系列离散值的过程，采样可在时域或频域进行。

xinxi fabu
信息发布（information release）　通过报刊、广播、电视、电话和互联网络等新闻媒体和通信工具对社会公众宣布有关方面信息的服务活动。

xinxifa
信息法（information-based method）　在滑坡监测中，根据监测或施工揭露等获得信息，及时深化对滑坡体的认识，指导下一阶段工作开展的方法。

xinxihua shigong
信息化施工（informative construction）　利用传感器等信息化监测设施和监测手段，在施工中获取岩土工程信息，反馈用以指导调整施工的工作。根据施工现场的地质情况和监测数据，可对地质结论、设计参数进行验证，对施工安全性进行判断并及时修正施工方案。

xinxiliangfa
信息量法（information method）　地质灾害预测的一种方法。把各种地质灾害因素在地质灾害作用过程中所起的作用程度的大小用信息量来表达，因素组合对某地质灾害事件的确定带来的不确定性程度的平均减少量等于该地质灾害系统熵值的变化，通过地质灾害发生过程中熵的减少来表征地质灾害事件产生的可能性，以此来进行地质灾害的预测。

xinxi ronghe
信息融合（information fusion）　基于多源信息的获取、传输和多层次处理，判断相关事物内在联系和动态规律的方法。信息融合运用了空间与时间上互补或冗余的多源信息，依优化准则进行分析处理，可弥补单一数据的不足和缺陷，得到对客观事物的不同层次的解释。这一技术是涉及管理学、信息论、计算机科学、信号处理、数理统计和人工智能等的当代智能信息新技术，已用于战争指挥、工业控制、机器人、环境监测、交通管制、导航和救助以及结构健康诊断等广阔领域。

xinzaobi
信噪比（signal to noise ratio）　数字强震仪记录的不同频率的地震信号水平和噪声水平的比较。通常采用地震动与噪声的傅里叶谱比较。

xingbo
行波（progressive wave）　在介质内向前传播的波，即前进波。深水中的前进波的水质点运动轨迹为圆形，浅水中为椭圆形。波峰处水质点水平运动速度最大，其方向与波的传播方向一致。波谷处水质点水平运动速度也最大，但其方向与波的传播方向相反，从而使波形向前传播。

xingbo xiaoying
行波效应（wave-passage effect）　平面地震波传播导致地表地震动相位延迟的现象。假定地震波是平面波，则因地震波传播引起弹性半空间或分层空间地表的振动的时程是相同的，只是各点的相位不同。在地震波传播的方向上，前方的观测点振动滞后，滞后的时间为距离除以波速，两观测点间的相位差为：

$$\Delta\varphi = 2\pi f \Delta x / c_a \quad 或 \quad 2\pi \Delta x / \lambda$$

式中，$\Delta\varphi$ 为两点间的相位差；Δx 为两点间的距离；f 为谐波的频率；λ 为谐波的波长；c_a 为视波速（波沿地表的传播速度）。实际上，地震波不是理想的平面波，根据线弹性系统的叠加原理，可将任意波场用傅里叶变换分解为无穷多个平面波，每个平面波有各自的相位差，总的谐波效应是所有谐波结果的叠加。对抗震设计来说，可将平面波的行波效应的最不利情况作为抗御标准，具有一定的安全度。对于跨度较小的桥梁结构，不计地震波空间变化的影响一般可满足其抗震设计的要求；大跨度桥梁结构受地震动空间变化的影响较大，不同支承处地震波的振幅和频率不同，因此，大跨度桥梁合理的地震波输入方法是应考虑地震动场点的振动相关性（多点激励方式），同时还应考虑地震动波传到达各桥墩基础时存在一定的时间差（行波效应）来进行地震反应分析。

xingchedao
行车道（carriageway）　公路上供各种车辆行驶部分的总称，包括快车行车道和慢车行车道。

xingbian
形变（deformation）　物件因受力使内部质点间相对位置发生改变所导致的形态或体积的变化。岩石变形的基本方式有压缩、拉伸、剪切、弯曲和扭转五种。力学中一般不把破裂归入变形的范畴，但在构造地质学中，习惯上把断裂和褶皱等构造形迹都泛称为变形或形变。

xing hanshu
形函数（shape function）　分析二维弯曲梁单元，当两杆端之一的杆端发生单位位移，而其三个自由度被约束时，梁的挠曲线可用多项式函数来表示，这些多项式函数称为形函数，也称插值函数。

X

xingzhuangjiyi hejin zuniqi

形状记忆合金阻尼器（shape memory alloy based damper） 利用形状记忆合金的超弹性制作的被动控制装置，属位移相关型阻尼器。该阻尼器具有很强的滞回耗能能力和耐腐蚀性，适用于减小结构的地震反应。

xinggang hunningtu

型钢混凝土（section steel concrete） 将型钢置于不同构件的混凝土中以增强构件的承载能力，也称钢骨混凝土或劲性混凝土。

xinggang shuinitu jiaobanqiang

型钢水泥土搅拌墙（soil mixed wall） 在连续套接的水泥土搅拌桩内插入型钢形成的复合挡土截水结构。

xingneng kangzhen sheji

性能抗震设计（performance-based seismic design）
见【功能抗震设计】

xingtai kangzhen shefangmubiao

性态抗震设防目标（performance-based seismic fortification object） 基于功能保障的结构抗震设防目标。现行抗震设防目标通常是针对主体结构性态的粗略表述，是最低抗震设防目标，如中国建筑结构的抗震设防目标是"小震不坏、中震可修、大震不倒"，构筑物的抗震设防目标是"应能抵抗设防烈度地震，如有局部损坏经一般修理仍可继续使用"等。性态抗震设防目标虽然仍由地震动水准和抗震性态水准两个要素构成，但作为新的表述方式，对这两类水准的考虑更趋细化，尤其是强调以预期功能表述的抗震性态。

xingtai kangzhen sheji

性态抗震设计（performance-based seismic design）
见【功能抗震设计】

xingtai kangzhen sheji fangfa

性态抗震设计方法（performance-based seismic design methods） 实施性态抗震设计所采用的技术途径和具体方法。性态抗震设计的技术途径和方法与传统抗震设计相比并无本质区别，均包括抗震设防目标和抗震设防标准的采用以及初步设计、计算设计和构件细部设计等基本步骤，仍须遵循抗震概念设计原则和采取适当的抗震构造措施；需要进行地震作用及地震作用效应的计算，并且依某种物理指标（力或位移等）进行抗震验算。

xingtai shuizhun

性态水准（performance seismic level） 基于性态抗震设计中抗震设防的标准，是性态抗震设防目标的两个构成要素之一。对结构抗震性态水准可用多种表述方式。例如，既可用主体结构和非结构构件的破坏程度（如完好、轻微破坏、严重破坏、濒临倒塌等）表述，也可用结构功能的保障程度（如正常使用、立即入住、生命安全等）表述。为了适应抗震计算的需要，这些性态水准宜用相应的物理指标（如构件的刚度和强度，结构反应加速度、速度、位移、变形、延性和能量等）来表示。

xiuzhijiao

休止角（angle of repose） 砂土在堆积时，其天然坡面与水平面所形成的最大夹角。松散干砂的天然休止角就是其内摩擦角。

xiufu feiyong

修复费用（rehabilitation cost） 工程结构遭受地震破坏（包括结构性和非结构性破坏）后的修补和加固费用。

xiuzheng de gelifeisi zhunze

修正的格里菲斯准则（modified Griffith's criterion） 考虑物体内压应力占优势时，裂纹闭合会影响其失端的应力集中，从而对格里菲斯强度准则进行了修正的准则。

xiuzheng de jianqiexing moxing

修正的剪切型模型（modified shear model） 同时考虑竖向结构构件的弯曲刚度和剪切刚度的串联多质点体系计算模型。

xiuzhenghou de diji chengzaili tezhengzhi

修正后的地基承载力特征值（modified characteristic value of subsoil bearing capacity） 当基础宽度和基础埋深大于一定值时，由荷载试验或其他原位试验、经验值等方法确定的地基承载力特征值经基础宽度和埋深修正后得到的地基承载力特征值。

xiuzheng xishufa

修正系数法（modified coefficient method） 估计地震扭转作用及其效应的简化分析方法。国家标准 GB 50011—2010《建筑抗震设计规范》规定，规则结构在不进行平-扭耦联地震反应分析时，为考虑偶然偏心等因素的影响，可将周边构件地震作用效应乘以修正增大系数。短边和长边增大系数可分别采用 1.15 和 1.05；当扭转刚度较小时，增大系数不宜效应 1.3。

xiuzheng zhendufa

修正震度法（modified intensity method） 日本抗震设计采用的计算地震作用的简化算法。该方法的计算公式为：

$$F_i = ZSA_iKW_i$$

式中，F_i 为 i 楼层水平地震剪力；Z 为区域系数；S 为对应结构基本周期的反应谱值；A_i 为 i 楼层剪力沿高度的分布；K 为基本震度系数，对应一次设计取 0.2；保有水平耐力法是修正震度法在二次设计中的应用，基本震度系数取 1.0 且须考虑与结构变形、延性和耗能能力有关的折减系数；W_i 为 i 楼层的重力荷载。也有文献将该方法称为反应谱法。

xiuzhengzhi

修正值（correction） 用代数法与未修正测量结果相加，以补偿其系统误差的值。修正值等于负的系统误差；由于系统误差不能完全获知，因此这种补偿并不完全；为补偿系统误差，而与未修正测量结果相乘的因子称为修正因子；已修正的测量结果即使具有较大的不确定度，但可能仍十分接近被测量的真值（即误差甚小）。因此，不应把测量不确定度与已修正结果的误差相混淆。

xiushi

锈蚀（rust） 金属材料由于水分和氧气等的电化学作用而产生的腐蚀现象。

xugong yuanli

虚功原理（principle of virtual work） 分析静力学的重要原理，也称虚位移原理，由法国学者拉格朗日（Joseph-Louis Lagrange）于1764年建立。其主要内容可表述为：一个原为静止的质点系，如果约束是理想双面定常约束，则系统继续保持静止的条件是：所有作用于该系统的主动力对作用点的虚位移所做的功的和为零。

xuni jilifa

虚拟激励法（pseudo excitation method） 由地震动功率谱构造的简谐输入，并利用单自由度体系在简谐输入下的强迫振动解，估计复杂动力体系在地震作用下的随机反应的算法。

xuweiyi yuanli

虚位移原理（virtual displacement principle） 虚位移原理可表述为：如果一组力作用下的平衡体系承受一个虚位移（即体系约束所允许的任何微小位移），则这些力所作的总功（虚功）等于零，虚功为零和体系平衡是等价的。因此，只要明确了作用于体系质量上的全部力（包括按照D'Alembert原理所定义的惯性力），然后引入对应每个自由度的虚位移，并使全部力做的功等于零，就可导出运动方程。

xuqiupu

需求谱（demand spectrum） 代表抗震设计不同需求的反应谱。是对应不同阻尼比的一组在 $A - D$（A 为谱加速度，D 为谱位移）坐标系下的反应谱。

xuyong yingli shejifa

许用应力设计法（allowable stress design） 按元件在设计荷载作用下截面中计算应力不超过材料许用应力为原则的设计方法。

xufa dizhen

续发地震（ensuing earthquake） 在一次地震发生后接着发生的地震，也称连震。

xufadizhen sunshi pinggu

续发地震损失评估（loss assessment of consequent earthquake） 针对相同区域震群型的后续地震或强余震造成损失进行的灾害损失评估。

xuningzhuang jiegou

絮凝状结构（flocculent structure） 土粒或聚粒以边—边、边—面方式互相联结成的空间结构。其主要以黏粒为主的絮凝体为结构的基本单元体，少量粗粒分布其中，絮凝体聚粒内黏土矿物多呈边—面、边—边和少量面—面的排列方式，孔隙连通性好，黏土矿物的定向性差，性质较均匀。

xuanwuyan

玄武岩（basalt） 有时具气孔、杏仁构造和柱状节理，化学成分与辉长岩相当的基性喷出岩。其主要由普通辉石、基性斜长石组成，可含有火山玻璃。新鲜的玄武岩为黑色、黑灰色，风化后为灰绿色，氧化强的为紫红色，岩石气孔构造和杏仁构造及六方柱状节理发育，以斑状及无斑隐晶结构为主。玄武质熔体相对其他演化的岩浆具有低黏度低挥发性的特征。其根据次要矿物的不同，可分为橄榄玄武岩、紫苏辉石玄武岩等；按结构构造，可分为气孔状玄武岩、杏仁状玄武岩等。玄武岩浆急速冷凝成玻璃态时，称为玄武玻璃。广义的玄武岩，按化学成分、矿物成分及成因和分布特征，可分为拉斑玄武岩、高铝玄武岩、碱性玄武岩等。

xuanbiliang

悬臂梁（cantilever beam） 梁的一端为不产生轴向、垂直位移和转动的固定支座，另一端为自由端的梁。

xuanbiliangfa

悬臂梁法（cantilever method） 分析混凝土重力坝地震作用效应的一种分析方法，该法是将重力坝视为悬臂梁，采用材料力学方法计算坝体地震作用效应的分析方法。材料力学方法对外力作用下结构的变形和应力状态作了一系列假定，是一种近似的方法。工程实践表明，这种近似方法在总体上是有效的。重力坝的设计计算至今仍主要采用这种方法，并形成了一整套控制坝体设计断面的强度指标和安全系数，对大坝提供一定的安全保障。

xuanbiliang qiao

悬臂梁桥（cantilever girder bridge） 以悬臂作为桥跨结构的主要承重构件的梁式桥。其分为单悬臂梁和双悬臂梁两种。其中，单悬臂梁是简支梁的一端从支点伸出以支承一孔吊梁的体系；双悬臂梁是简支梁的两端从支点伸出形成两个悬臂的体系。

xuanbiliang wanquxing yadianshi jiasudu ji

悬臂梁弯曲型压电式加速度计（piezoelectric accelerom-

X

eter with cantilever beam curved）　压电元件被夹持在基座与导电柱之间，同时作为惯性质量的加速度计，是压电式加速度计结构的一种类型。传感器接收到测点振动时，悬臂梁型压电元件在自身惯性力的作用下发生弯曲变形，同时输出正比于振动加速度的电信号。其主要特点是重量轻、体积小、灵敏度极高。

xuanbishi dangtuqiang
悬臂式挡土墙（cantilever retaining wall）　由底板及固定在底板上的悬臂式直墙构成的，主要依靠底板上的填土重量以维持稳定的挡土构筑物。

xuanbishi kanghuazhuang
悬臂式抗滑桩（cantilever slide-resistant pile）　满足一定嵌固深度可视作悬臂结构，用以阻止岩土体滑动或滑坡体滑动的柱状构件。

xuanbishi zhihu jiegou
悬臂式支护结构（cantilever retaining structure）　不设锚杆或内支撑，完全靠坑底以下桩墙的嵌固作用进行挡土护坡的桩墙式支护结构。

xuandiao gezhen
悬吊隔震（suspension vibration isolation）　利用吊索悬挂摩擦摆、短柱摆等刚体的转动，延长体系自振周期的隔震装置。悬吊隔震与摆座隔震具有相同的机理，均可用单摆振动解释。

xuandiao guolu goujia kangzhen sheji
悬吊锅炉构架抗震设计（seismic design of hanging boiler structure）　为了防御地震对悬吊锅炉构架的破坏而进行的专项设计。悬吊式锅炉构架是火力发电厂的重要构筑物。此类构架较高且空旷，荷载分布不均匀，存在扭转效应，炉顶小间有刚度突变、动力反应较大。炉架与锅炉之间设有制晃或导向装置。这些特点与一般厂房框架结构相比具有特殊性。国家标准 GB 50191—2012《构筑物抗震设计规范》和机械行业标准 JB 5339—91《锅炉构架抗震设计标准》规定了悬吊锅炉构架的抗震设计要求。

xuandiao jiegou
悬吊结构（suspended building）　楼面荷载通过吊索或吊杆传递到固定在筒体或柱上的水平悬吊梁或桁架上，并通过筒体或柱传递到基础的结构体系。悬吊结构的水平荷载也由筒体或柱承受。悬吊结构的造型新颖，建筑功能多样，能充分利用钢材和预应力混凝土的受拉工作性能，但井筒受力较大，对地基基础的要求较高。其按支承情况可分为筒体和柱两种悬吊结构。

xuangua jiegou
悬挂结构（suspended structure）　将楼（屋）面系统的荷载通过吊杆传递到悬挂的水平桁架（梁），再由悬挂的水平桁架（梁）传递到被悬挂的井筒上直至基础的结构。

xuansuo
悬索（suspended cable）　在两个悬挂点之间承受荷载的缆索。悬索中各点只能承受张力，且各点的张力都是沿该点悬索的切线方向。悬索桥的主索和输电线等都是悬索。由于悬索的优点是其中各点只承受张力而无弯矩，受力分析比较简单，因而设计简便可靠且能充分发挥钢材性能，以达到节省材料、减轻重量的经济效果。索系悬挂结构在现代已广泛被应用于某些大跨度的建筑结构中。

xuansuodiaoqiao
悬索吊桥（suspension bridge）　见【悬索桥】

xuansuo jiegou
悬索结构（suspended cable structure）　由柔性受拉索及其边缘构件所形成的承重结构，既是大跨空间结构的一种类型，也是以受拉钢索作为主要承载构件的结构，一般由索网、边缘结构和下部支承三部分组成。钢索不承受弯矩，可以充分发挥钢材的抗拉性能。索的材料可以采用钢丝束、钢丝绳、钢铰线、链条、圆钢，以及其他受拉性能良好的线材。悬索结构能充分利用高强材料的抗拉性能，可以做到跨度大、自重小、材料省、易施工。中国是世界上最早应用悬索结构的国家之一，在古代就曾用竹、藤等材料做吊桥跨越深谷。明朝成化年间（1465—1487 年）已用铁链建成雾虹桥。近代的悬索结构，除用于大跨度桥梁工程外，还用于体育馆、飞机库、展览馆、仓库等大跨度屋盖结构中。悬索按其受力状态可分成平面结构和空间结构。高强度钢丝的出现进一步推动了悬索结构的快速发展。

xuansuoqiao
悬索桥（suspension bridge）　以通过两索塔悬垂并锚固于两岸（或桥两端）的缆索（或钢链）作为桥跨结构主要承重构件的桥，也称悬索吊桥。它的主要承重结构由缆索（包括吊杆）、塔和锚碇三者组成，其缆索几何形状由力的平衡条件决定，一般接近抛物线。从缆索垂下许多吊杆，把桥面吊住，在桥面和吊杆之间常设置加筋梁，同缆索形成组合体系，以减小活载所引起的挠度变形。

xuanwa chengkong
旋挖成孔（rotary excavate drilling）　利用刮刀钻头旋转切割土层成孔的工程钻探工作。

xuanzhuan
旋转（rotation）　物体围绕一个点或一个轴做圆周运动。如地球绕地轴旋转，同时也围绕太阳旋转。也指一种图形的运动。图形在保持原形状不变的情况下以某定点 O 为中心，以一定角度为旋转角度把整个图形绕该定点沿某个方向转过该角度。点 O 称为旋转中心，转动的角度称为旋转角。

X

xuanzhuan bianxing
旋转变形（rotation deformation） 物体在旋转的过程中所发生的变形，该变形为一种非共轴变形。

xuanzhuanbo
旋转波（rotational wave） 传播介质的质点做旋转运动，即质点运动位移矢量的旋度不为零的波。例如，横波是一种旋转波。

xuanguang
眩光（glare） 由于视野中的亮度分布或亮度范围的不适宜，或存在极端的对比，以致引起不舒适感觉或降低观察细部或目标的能力的视觉现象。

xuehezai
雪荷载（snow load） 作用在建筑物或构筑物顶面上计算用的雪压，雪荷载与积雪的厚度有关。在寒冷地区的工程设计中需要考虑雪荷载。

xunhuan bianxing
循环变形（cyclic deformation） 在等幅循环荷载作用下土的动变形时程曲线中，相对于累积变形的往复变形部分。由等幅循环动荷载作用下土的动变形时程曲线，可以确定每次循环作用下动荷载为零时相应的变形，将这些变形点连接可得到一条随作用次数增加的单调上升曲线，该曲线即为累积变形曲线。它表示循环荷载作用所引起的单方向累积变形的发展。

xunhuan jiazai shiyan
循环加载试验（cyclic loading test） 在一定时间内多次往复的加载试验。可得到循环加载条件下的应力应变曲线，通过对曲线的分析给出材料或结构的动力学参数。在结构抗震试验中，常用这一加载方式。

xunhuan liudongxing
循环流动性（cyclic mobility） 密实的饱和砂土在孔隙水压力升高达到固结压力之后，仍具有抗剪切变形的能力、保留部分强度的现象。试验表明，在动荷载作用下，不同密度的饱和砂土的孔隙水压力都会升高到固结压力，但此后密实的砂与松—中密的饱和砂变形发展明显不同。密实的饱和砂土变形发展缓慢，甚至会达到稳定状态而不破坏。这表明密实的饱和砂土此时仍有一定的抗剪切变形能力，还保留一部分强度。而松—中密的饱和砂土变形发展非常迅速，很快就产生破坏。因此，只有松—中密的饱和砂土才具有典型的液化特征，密实的饱和砂土表现为流滑特征。

xunhuan sanzhou shiyan
循环三轴试验（cyclic triaxial test） 利用轴对称应力条件，通过对试样施加模拟的动应力，同时测定试样在动荷载作用下的动态响应，给出岩土材料的动力学参数以及试样在模拟实际某种振动条件下所表现的性状的试验。该试验可用来测定土的动剪切模量和阻尼比，是土动力特性的重要测试技术。

yaci xiaoying shiyan
压磁效应实验（experiment of piezomagnetic effect） 模拟与构造应力相关的岩石磁性变化的实验。铁磁性材料受到机械力的作用时，它的内部产生应变，导致导磁率发生变化，产生压磁效应。

yadian baomo
压电薄膜（piezo film） 利用半结晶高分子聚合物聚偏二氟乙烯的压电性质制成的具有感知功能的薄膜，通常称为PVDF。PVDF可以用于制作电声换能器、水声换能器、超声换能器、心跳计、加速度计、位移计等设备，在生物医学、军事、地球物理探测和工程结构健康诊断等领域应用前景广泛。

yadian bianmoca zuniqi
压电变摩擦阻尼器（piezoelectric friction damper） 借助压电陶瓷驱动器实时调节摩擦力的智能摩擦阻尼器。其工作原理是：利用压电陶瓷的逆压电效应，通过施加电压实时调节压电陶瓷驱动器的变形，改变螺栓紧固力，从而实时调节摩擦力。根据施加电场的策略不同，该阻尼器有Passive-off控制、Passive-on控制和半主动控制三种控制方式。

yadianshi jiasuduji
压电式加速度计（piezoelectric accelerometer） 将天然或人造压电材料作为敏感元件的加速度传感器。其主要结构类型有基座压缩性、环形剪切型、悬臂梁弯曲型和剪切—压缩复合型等。

yajian pohuai
压剪破坏（press-shear failure） 地震作用下与结构构件横截面平行的裂缝斜向发展，构件沿斜面错断和开裂面材料被压碎的破坏形态，是具有延性的一种脆性破坏。

yali
压力（pressure） 垂直作用在物体单位面积上的一种力。它存在于固体、液体和气体的内部，或流体与固壁之间以及固体与固体相接触的界面上。习惯上，在力学和多数工程学科中，"压力"一词与物理学中的"压强"同义。压力的一个特点是它的作用方向与作用面垂直并与作用面积的处法线方向相反。

yalibo
压力波（pressure wave） 气体中的弹性波。气体与固体

X

Y

不同，很容易被压缩，当在气体中激起压力变动时，气体的密度将产生与压力相同形式的变动。所以，气柱中的压力波又称位移波或密度波；有时也将地震纵波称为压力波。

yali chuan'ganqi

压力传感器（pressure transducer）　能感受流体压力并产生与此压力呈线性关系的电信号的测试设备。它与记录仪器相配合可以精确、快速地测量静态压力或脉动压力，并能进行远距离传输和信号变换，因此，在空气动力学、流体力学、爆炸力学、燃烧物理等学科以及工程安全防护和动力机械等技术领域内有广泛应用：该传感器一般由弹性元件、敏感元件和保护外壳三个部件组成。压力传感器的主要技术指标有测量范围、灵敏度、误差和自振频率。压力传感器按工作原理可分为电阻式、应变式（包括压阻式）、晶体式、电容式、电磁式和谐振式六类。

yali fensanxing maogan

压力分散型锚杆（pressured multiple-head anchor）　锚固段沿锚杆体分散设置的压力型锚杆。该锚杆是单孔复合锚固体系中最具实用价值的一种岩土锚固形式，在地质灾害治理和边坡保护中有重要作用，在岩土工程中被广泛应用。

yali guandao

压力管道（pressure conduit）　承受内水压力的封闭式输水管道。它是管道中的一部分，由管子、管件、法兰、螺栓连接、垫片、阀门等部件和支承件组成。

yaliji

压力计（pressure gauge）　用于岩土工程中进行介质内应力测量，以及围岩与支护结构之间，喷射混凝土与现浇混凝土之间接触应力测量的仪器。

yalishi shuiweiyi

压力式水位仪（pressure instrument for water level）　通过压力式传感器检测井孔中水柱的压力变化并自动转换成水位值的水位观测专用仪器。

yali tidu

压力梯度（pressure gradient）　沿流体流动方向，单位路程长度上的压力变化，即压力沿某一方向的变化率。可用增量形式 $\Delta P/\Delta L$ 或微分形式 $\mathrm{d}P/\mathrm{d}L$ 表示。式中，P 为压力；L 为距离。地层压力梯度是指从地面算起，地层垂直深度每增加单位深度时压力的增量。

yalixing maogan

压力型锚杆（pressured anchor）　对锚杆施加预应力时，其锚固段注浆体处于受压状态的锚杆。

yaluji

压路机（roller）　利用碾轮的碾压作用使土壤、路基垫

层和路面铺砌层密实的自行式压实机械。广泛用于筑路、筑堤和筑坝等工程。按压实原理有静压式压路机和振动式压路机两种类型。

yaqi chenxiang

压气沉箱（pneumatic caisson）　在沉箱底部设置高气密性的钢筋混凝土工作室，向工作室中冲入压缩空气以防止水进入，作业人员或自动控制机械在该工作室内进行挖土排土以迫使沉箱下沉的施工方法。

yaqiang shuitou

压强水头（pressure head）　以水柱高度表示水体中任一点的压力，是总水头的组成部分，用高度表示，常用单位为米（m）。

yashidu

压实度（degree of compaction）　填土压实控制的干密度相应于试验室标准击实试验所得最大干密度的百分率，即压实控制填土的干密度与标准击实试验最大干密度的比值，又称压实系数。

yashi jixie

压实机械（compact machinery）　利用机械力使土壤、碎石等填层密实的土方机械。广泛用于地基、道路、飞机场、堤坝等工程。压实机械按工作原理分为静力碾压式、冲击式、振动式和复合作用式四种。

yashi tiantu

压实填土（compacted fill）　按一定标准控制填料成分、密度、含水量，经分层压实或夯实的素填土。在土坝建造时常用这种土。

yashi xishu

压实系数（coefficient of compaction）　见【压实度】

yashixing

压实性（compactibility）　土体在短暂重复荷载作用下密度增加、体积变小的性状。常用压实系数或压实度来衡量。它与土的强度和变形密切相关。

yashui shiyan

压水试验（packer test）　向钻孔中预定试验段压水，测量其所吸收的水量，以测定岩层透水性和裂隙发育程度的原位试验方法。

yasuo bianxing

压缩变形（compression deformation）　天然湿度和结构的土，在一定压力下产生的下沉，是地基土在建筑物荷载作用下的主要变形形式。压缩系数、压缩模量和压缩指数是反映土压缩性的重要指标。

yasuobo

压缩波（compression wave）　见【地震纵波】

yasuoceng

压缩层（compressed layer）　在基础荷载作用下，地基土中产生压缩进而造成沉降的土层的总称。它是计算地基变形量必须考虑的土层。

yasuo moliang

压缩模量（constrained modulus）　土体在侧向约束条件下，竖向应力增量与竖向应变增量的比值，是衡量土体变形性能的重要指标。

yasuo quxian

压缩曲线（compression curve）　通过压缩试验测得的孔隙比 e 与压力 p 的关系曲线，可表示为 $e - p$ 曲线和 $e - \lg p$ 曲线。

yasuo shiyan

压缩试验（compression test）　对侧限容器内的试样施加竖向压力，测定其变形与压力或孔隙比与压力的关系，以确定压缩系数、压缩指数、压缩模量等指标的试验。

yasuo xishu

压缩系数（coefficient of compressibility）　在 K_0 固结试验中，土试样的孔隙比减小量与有效压力增加量的比值，即 $e - p$ 压缩曲线上某压力段的割线斜率，以绝对值表示。

yasuo zishu

压缩指数（compression index）　侧限压缩试验所得的土的孔隙比与竖向应力对数关系曲线上直线段的斜率，以绝对值表示。

yaxing duanceng

压性断层（compressional fault）　断层面处于受压状态的断层，通常指逆断层。该断层面的产状不稳定，沿走向、倾向有较大变化，呈波状起伏；断层带中破碎物质常有挤压现象，出现片理、拉长、透镜体等现象；断层两侧岩石常形成挤压破碎带。

yashili

压应力（compressive stress）　能够使物体产生压缩趋势的应力，是正应力的一种，其作用方向与截面外法线方向相反，反映使质点间距离缩短的趋势。

yazhuangji

压桩机（pile pressing-in machine）　利用静压力将桩压入地层的桩工机械。常用于软土层压桩，如地下铁道、海港、桥梁、水库电站、海上采油平台和国防工程等的桩工施工。压桩机分机械式和液压式两种。

yazushi jiasuduji

压阻式加速度计（piezo-resistance type accelerometer）　利用单晶硅材料的压阻效应制成的加速度传感器。

yameiniya dizhen

亚美尼亚地震（Armenia earthquake）　1988 年 12 月 7 日在亚美尼亚（Armenia）发生了 6.9 级地震，震中位于当地第二大城市列宁坎纳附近。官方公布的死亡人数为 5.5 万，50 万人无家可归，列宁纳坎和斯皮塔克两座城市地震后几乎变成瓦砾堆，列宁坎纳市 80% 的建筑物被毁。震后开展了国际性大规模救援；欧洲、美国、日本和法国等先后派出专家到地震现场参与工作。此次地震暴露出很多问题，主要有：当地政府忽视抗震设防；苏联流行的预制板等装配式建筑抗震性能很差；缺乏应急救援机制和对策；民族纠纷交织，灾民安置困难等。

yancong

烟囱（chimney）　把烟气排入高空的高耸结构，也称烟道。其能改善燃烧条件，减轻烟气对环境的污染；分类有砖烟囱、钢筋混凝土烟囱和钢烟囱三类。

yancong kangzhen jianding

烟囱抗震鉴定（seismic evaluation of chimney）　对烟囱的抗震性能进行核查的工作。设防烈度为 9 度，高度在 100m 以上的钢筋混凝土烟囱应进行抗震验算。砖烟囱的砂浆强度等级和配筋应满足要求。烟囱的拉索和钢烟囱筒壁不应有严重锈蚀。

yancong kangzhen sheji

烟囱抗震设计（seismic design of chimney）　为了防御地震对烟囱的破坏而进行的专项设计。烟囱是最常见的高耸构筑物之一，一般由筒身、内衬、隔热层、基础及附属设施构成。烟囱具有体型简单、自振周期较长、竖向地震反应和重力二次效应相对显著的特点。国家标准 GB 50051—2002《烟囱设计规范》和行业标准 SH 3147—2014《石油化工构筑物抗震设计规范》等规定了对烟囱的抗震要求。

yancong zhenhai

烟囱震害（earthquake damage of chimneys）　烟囱在地震时遭到的损坏。烟囱按建筑材料不同可分为砖烟囱、钢筋混凝土烟囱和钢烟囱。无筋圆形烟囱在地震中破坏普遍；钢筋混凝土烟囱和钢烟囱抗震性能比砖烟囱好，较少破坏。

yandao

烟道（flue）　见【烟囱】

yanshanqi

燕山期（Yanshanian period）　侏罗纪至古近纪早期（2.01 亿～0.65 亿年前）的构造运动。侏罗纪至早白垩世早期的构造期称为早燕山期，早白垩世早期至古近纪古新世的构造期称为晚燕山期。

yanshan yundong

燕山运动（Yanshanian movement） 1927 年由翁文灏以燕山为标准地区而命名。燕山运动是侏罗纪、白垩纪期间广泛发育于我国各地与西太平洋地区的重要构造运动，主要表现为褶皱断裂变动、岩浆喷发和侵入活动及部分地带的变质作用。在不同的构造部位，燕山运动的强度与表现形式有明显差异。在我国东部乃至整个滨西太平洋带，燕山期的构造变动与岩浆活动有着越向太平洋方向越加强烈的演变规律。燕山期的地壳运动与构造变动具有长期性与多幕性相统一、渐进与激化相交替的特点，与此相应，该时期的岩浆喷发与侵入具有多期次的特点。燕山期为我国重要的成岩与成矿期，也是我国基本构造格架的形成期与改造期，不仅是我国的重要地壳运动，而且对整个环太平洋带和部分特提斯带有重要影响。因而，燕山运动应洲际性的重要构造运动。

yanshi baopo

延时爆破（delay blasting） 采用延时雷管使各个药包按不同时间顺序起爆的爆破技术，分为毫秒延时爆破、秒延时爆破等。

yanxing

延性（ductility） 结构或构件在发生塑性变形后，其强度和承载能力不发生快速降低的能力。结构或构件在地震作用下的延性，是经受反复的弹塑性变形循环后，结构或构件的强度和刚度均无明显下降的能力。具有这种能力的结构或构件称为延性构件（有整体延性）或延性结构（有局部延性），是延性抗震设计时，允许发生塑性变形的构件，局部延性与整体延性之间密切相关。延性的量化指标为延性系数，延性系数定义为最大变形和屈服变形的比值。根据变形物理量的不同，延性系数有曲率延性系数、转角延性系数和位移延性系数等。

yanxingbi

延性比（ductility ratio） 结构弹塑性反应的最大值与屈服荷载对应的变形值之比，也称结构延性、延性率或延性系数。用它来计算结构系数，结构的地震作用等于弹性分析的结果乘以某个结构系数。

yanxing goujian

延性构件（ductile member） 见【延性】

yanxing kangzhen sheji

延性抗震设计（ductility seismic design） 以结构构件自身在地震时进入非弹性变形状态从而消耗地震能量并以延性为衡量指标的抗震设计。在桥梁工程中，允许桥梁结构发生塑性变形，不仅用构件的强度作为衡量结构性能的指标，还要校核构件的延性能力是否满足要求。

yanxinglü

延性率（ductility rate） 见【延性比】

yanxing pohuai

延性破坏（ductility failure） 构件材料受力达到屈服强度后，构件仍具有适当的变形能力和部分承载力，破坏前有明显变形或裂缝等预兆的破坏形态。

yanxing sheji

延性设计（ductility design） 利用工程结构本身的非线性变形能力，消耗地震能量，进行结构抗震设计。

yanxing xishu

延性系数（ductility coefficient） 在非弹性反应谱中，描述塑性变形特点的特征量，定义为单自由度体系最大位移与屈服位移之比，即：

$$\mu = u_{\max} / u_{y}$$

式中，μ、$u_{\max}$、u_{y} 分别为延性系数、最大位移和屈服位移。延性系数为 1，表示变形在弹性范围内，超过则进入塑性。在结构抗震中，是指结构弹塑性反应的最大值与屈服荷载对应的变形值的比，并用它来计算结构系数，也称结构延性、延性比、延性率。

yanxing xishufa

延性系数法（ductility coefficient method） 在满足结构整体及层间位移延性要求的前提下，经定量分析采取适当的抗震构造措施使构件满足延性要求的设计方法，是基于位移的抗震设计的一种方法。在钢筋混凝土结构抗震设计中，该法的关键环节是建立构件的延性系数或截面曲率延性系数与构件尺寸、荷载、配筋等影响因素的关系，通过配箍率的选择使构件具有预期延性，满足性态设计要求，实现强柱弱梁和强剪弱弯的概念设计原则。

yanzhanji

延展纪（Ectasian Period） 前寒武纪元古宙中元古代的第二个纪。据 2018 版国际地层年代表，其开始于距今 14 亿年，结束于距今 12 亿年。期间蓝藻、褐藻发育，出现大型宏观藻类，并具有有性生殖的化石记录。其名称来自希腊语"ectsis"（延伸），即地台盖层的进一步扩展。对应的地层年代单位为延展系。

yanzhanxi

延展系（Ectasian System） 在延展纪时期形成的地层，即延展纪对应的地层年代单位。

yanzhong pohuai

严重破坏（severe damage） 承重构件多数严重破坏或部分倒塌，应采取排险措施，需大修或局部拆除，是建筑结构地震破坏的一个等级划分。

yanbao

岩爆（rockburst） 在高强度脆性岩体中开挖地下洞室时，围岩突然破坏，引起爆炸式的应变能释放，并有破碎岩块向外抛射的现象。

yanbeng

岩崩（rockfall） 一种地质灾害，即产生在岩体中规模巨大，涉及山体的崩塌、坡地上的岩石土块呈块体沿斜坡向下突然崩落的现象，俗称山崩。地震、某种外力的振动或破坏、雨水大量渗入使岩土负荷过重或遭受潜蚀都可能形成山崩。如果山崩是地震引起的，则称地震崩塌。

yanbeng dizhen

岩崩地震（rockfall earthquake） 由岩石崩塌（如山崩、溶洞中岩石塌落等）引发的地震。这类地震多为微震，破坏性极小。

yanji hezai shiyan

岩基荷载试验（loading test of batholith） 确定完整、较完整、较破碎岩基作为天然地基或桩基础持力层承载力的平板荷载试验。

yanjiang

岩浆（magma） 由地壳深部或上地幔物质经过部分熔融产生的炽热、黏稠的熔融体。其成分以硅酸盐为主，可含少量碳酸盐、氧化物等，并溶解有可挥发组分。其在构造运动或其他内力的影响下，可以侵入地壳或喷出地表，经冷却固结后形成各种岩浆岩。

yanjiang chongjishuo

岩浆冲击说（magma impact hypothesis） 岩浆向地壳中的薄弱部位冲击，使地壳破裂和发生运动，产生了地震的假说，是关于火山地震成因的一种假说。例如火山熔液的注入、空隙流体压力的增高等均能引起地震。该假说认为深源地震并不一定伴有断层，可以由岩浆流动引起，它对解释深部地震或火山地震来说具有一定意义。以日本松泽武雄（Takeo Matsuzawa）为代表的学者主张这一学说。

yanjiangyan

岩浆岩（magmatic rock） 由来自地球深部炽热的岩浆在地下或喷出地表后冷凝形成的岩石，由结晶质或玻璃质构成，也称火成岩。因岩浆化学成分、冷却速度等复杂因素的差异，可形成不同种类的岩浆岩。岩浆在地下深处缓慢冷却形成较粗粒结晶质的侵入岩，经火山通道喷出到地表后快速冷凝形成细粒或玻璃质喷出岩。侵入岩根据侵入深度的不同而分为深成岩和浅成岩。喷出岩又称火山岩，包括由熔岩流冷凝形成的熔岩和由火山碎屑物质组成的火山碎屑岩。

yankuai shengbo suduceshi

岩块声波速度测试（rock wave velocity test） 试件置于岩石超声波参数测定仪的测试架上，对换能器施加约0.05MPa 的压力，测读纵波或横波在试件中行走的时间，据以确定岩块声波速度的试验。

yanrong

岩溶（karst） 可溶性岩石主要受水和二氧化碳的溶蚀作用而形成的各种地质现象和地貌形态的总称，在石炭岩地区发育，也称喀斯特。

yanrongshui

岩溶水（karst water） 存在于岩溶化岩体中的地下水，也称喀斯特水。

yanrong taxian

岩溶塌陷（karst collapsed） 岩溶地区下部岩体中的空穴扩大，导致顶部岩体塌落的现象，也称喀斯特塌陷。这种塌陷对工程的危害性较大。

yanrong wadi

岩溶洼地（karst depression） 由岩溶作用形成的底部平坦的封闭负地形，也称喀斯特洼地。在石炭岩地区这种地形十分常见。

yanshi

岩石（rock） 由多种矿物或单矿物按照一定的方式结合在一起、具有相对确定的成分、结构、构造和产状特征、呈整体或具有节理裂隙的天然固态集合体。它是构成地壳和上地幔的基本物质，按成因分为岩浆岩、沉积岩和变质岩三类。从地表向下至 16km 的范围内，按体积比例，火成岩约占95%，沉积岩约占5%，变质岩最少，不足1%。地球表面则以沉积岩为主，其分布约占大陆面积的75%，洋底几乎全部为沉积物所覆盖。

yanshi bengjiexing shiyan

岩石崩解性试验（rock slaking test） 测定岩石崩解性状的试验。岩石的崩解性是指岩石与水相互作用时失去黏结力，完全丧失强度时的松散物质的性质，一般用耐崩解性指数表示。

yanshi bianxing

岩石变形（deformation of rock） 岩石在外力或其他物理因素（温度、湿度）作用下发生形状或体积变化的现象。地壳岩体在力的作用下不断变形，地壳当前蠕变速率为 10^{-16}/s 左右，青藏高原和喜马拉雅山每年以几厘米的速率上升。地壳变形急剧的地方会产生断层、褶皱等地质构造；工程岩体往往因为变形过大而导致失稳。

Y

yanshi cexiangyueshu pengzhanglü shiyan

岩石侧向约束膨胀率试验（rock lateral restraint swelling test） 试件放入金属套环，顶部安装千分表，根据注水后不同时间的变形量来计算试样膨胀率的试验。

yanshi cixing shiyan

岩石磁性实验（experiment of rock magnetism） 测定岩石磁化率、剩余磁化强度和其他磁性质并用于地球历史和现状研究的实验。

yanshi cuixing polie

岩石脆性破裂（brittle fracture of the rock） 岩石受应力作用后在没有或者很少发生永久形变（1%～3%）时解体，完整的岩石被分离成若干部分的现象。岩石脆性破裂是应力作用产生的裂纹的扩展所致。

yanshi danzhou kangya qiangdu shiyan

岩石单轴抗压强度试验（rock uniaxial compresiw strength test） 在无侧限条件下，向岩石试样轴向施加压力直至破坏，从而测得试样单轴抗压强度的试验。

yanshi danzhou yasuo bianxing shiyan

岩石单轴压缩变形试验（rock uniaxial compression test） 在无侧限条件下，向岩石试样逐级施加轴向压力，测定试样变形与压力关系，计算试样弹性模量和泊松比等指标的试验。

yanshi dizhenbo sudu

岩石地震波速度（seismic velocity of rock） 地震波在岩石中传播的速度。包括纵波速度、横波速度、面波速度等。通常与岩石类型、流体含量、围压、岩石结构等因素有关。沉积岩中碎屑岩波速较低，常温常压下的波速一般为 2000～4000km/s。石灰岩的波速较高，可达 5000km/s。火成岩波速更高，常温常压下可达 6000km/s 以上。

yanshi de baoshuilü

岩石的饱水率（rock water saturation ratio） 岩石试件在 150 个大气压力下或在真空中吸入水的质量与其干燥时质量的比值，以百分数表示。

yanshi de baoshui xishu

岩石的饱水系数（rock water saturation coefficient） 岩石的吸水率与饱水率的比值。它反映岩石中大裂隙占总裂隙的体积百分数，是评价岩石抗冻性的重要指标。

yanshi de kangdongxing

岩石的抗冻性（rock frost resistibility） 岩石抵抗冻融破坏作用的性能。岩石抗冻性常用抗冻系数作为直接定量指标。冻融试验后岩样的抗压强度与未经冻融试验的干燥岩样抗压强度的百分比为抗冻系数。使岩土产生冻胀的最低

含水量，称为起始抗胀含水率。岩石抗冻性也可用冻胀率表示，即岩土冻结后的体积增量与冻结前的体积的百分比。

yanshi de kezuanxing

岩石的可钻性（rock drillability） 岩石由于矿物成分和结构构造的不同而表现的钻进难易程度。

yanshi de moca qiangdu

岩石的摩擦强度（strength of frictional sliding ofrock） 岩石滑动面之间开始滑动所需的剪应力。由于岩石圈浅部不同程度地受到断层的切割，因此在岩石处于脆性变形的低温范围内其内部的应力上限主要受岩石摩擦强度的控制，而摩擦强度的大小与岩性、表面性状（粗糙度或断层泥粒度分布）、有效正应力（正应力与孔隙压力之差）、化学环境、温度、滑动速率等因素有关。

yanshi de xishuilü

岩石的吸水率（rock moisture content ratio） 岩石试件在大气压力下吸入水的质量与其干燥时质量的比值，以百分数表示。

yanshi dianhezai qiangdushiyan

岩石点荷载强度试验（point load test） 使用点荷载仪的两个球状加荷锥头，沿岩芯对径方向加荷直至岩芯压裂的强度试验，也可沿岩芯轴向或在不规则岩块上进行。

yanshi dianhezai zhibiao

岩石点荷载指标（point load index of rock） 点荷载试验时，岩样压裂时所施加的荷载除以两锥头间距的平方，是表征岩石强度的指标。

yanshi dianzulü

岩石电阻率（resistivity of rock） 表示岩石导电能力大小的参数。常用字母 ρ 表示。影响岩石电阻率的因素主要有：岩石中良导电矿物的含量、岩石的结构、岩石中水溶液含量及其盐离子浓度和温度等。含水沉积岩电阻率低，为 $100\Omega \cdot m$ 以下；石灰岩电阻率较高，结晶岩电阻率最高，通常在 $1000\Omega \cdot m$ 以上。

yanshi duanlie lixue

岩石断裂力学（fracture dynamics of rock） 将断裂力学的若干概念和方法移植到岩石力学中，用来研究岩石破坏后的特性、破坏后岩石的本构关系等的岩石力学分支，是当今岩石力学的重要内容之一。

yanshi duanlie lixue shiyan

岩石断裂力学实验（experiment of rock fracture mechanics） 观测岩石样品中裂纹的产生和断裂过程，测量岩石断裂力学参数，研究岩石的断裂和强度性质。

yanshi fushe yaogan shiyan

岩石辐射遥感实验（experiment of rock radiation remote sensing）　利用遥感设备观测岩石样品在形变过程中的红外、微波等不同频段的辐射或反射。

yanshi gongcheng

岩石工程（rock engineering）　以岩体为工程建筑地基或环境，并对岩体进行开挖、加固的地下工程和地面工程。

yanshi gouzao

岩石构造（rock texture）　岩石组成物质在空间的排列、分布、充填形式等特征的总称。例如，片麻构造、块状构造、流纹构造、枕状构造、气孔状构造、晶洞构造等。

yanshi jiegou

岩石结构（rock structure）　岩石组成物质的结晶程度、颗粒大小、形态、相互关系等特征的总称。例如，等粒结构、斑状结构、似斑状结构等，有时因在某种岩石中较为典型，结构的名称就以岩石名称命名，如花岗结构、粗面结构等。

yanshi kangla qiangdu

岩石抗拉强度（tensile strength of rock）　岩石在单向受拉条件下断裂时的最大拉应力值，是岩石物理力学性质之一。由于试件制作和实现单轴拉伸加载存在困难，很少采用直接拉伸试验，大多采用劈裂法间接拉伸试验来测定岩石抗拉强度。由于岩石中微裂隙在压力下闭合而产生摩擦，用劈裂法测定的抗拉强度略高于直接拉伸试验测定值。

yanshi kangla qiangdu shiyan

岩石抗拉强度试验（tensile strength test of rock）　将圆柱状岩芯按径向置于承压板之间施加压力，至其劈裂破坏以间接求得岩石抗拉强度的试验，也称劈裂抗拉强度试验。

yanshi kangli xishu

岩石抗力系数（coefficient of rock resistance）　使围岩产生单位长度的径向位移（向围岩内方向）所需单位面积上的径向压力，也称弹性抗力系数。

yanshi kuorong

岩石扩容（dilatancy of rock）　岩石在应力偏量作用下由于内部产生微裂隙而出现的非弹性体积应变。

yanshi lixue

岩石力学（rock mechanics）　运用力学、物理学和工程地质学的原理研究岩石的力学和物理性质及其工程应用的一门学科，是力学的一个分支，也称岩体力学。该学科的研究目的是充分利用岩石的固有性质，解决工程建设中的实际问题；研究内容主要包括岩石的强度、岩石的变形、岩石的应力、岩石的动力学性质、岩石的渗透性，研究岩体的物理及静（动）力学性质；岩体应力状态；岩体变形破坏机制、稳定计算和评价；岩石和岩体的室内及现场试验、岩体模型模拟试验理论以及岩体的加固理论等。

yanshilixue xingzhi

岩石力学性质（mechanical properties of rocks）　岩石在地质作用过程或各种应力作用下表现的各种力学性质。岩石力学性质因岩石的组分、结构的不同而千差万别；时间、温度、湿度、围压、加力方式和速率、变形历史，以及其周围介质情况等因素的影响，还有岩块大小不一，其性质表现的差别甚大。岩石力学性质可分弹性、塑性、弹塑性、流变性、脆性、韧性等。岩石力学性质的研究可以分为观察天然界岩石的力学现象；在实验室内对岩石样品进行实验；在野外对岩体进行实地试验；从理论方面分析探讨。岩石力学性质的研究是构造地质学、地质力学、工程地质学和岩土工程等学科的基础。

yanshi liubian xingneng

岩石流变性能（rheological behavirm of rocks）　岩石的蠕变、应力松弛、与时间有关的扩容以及强度的时间效应等特性。通过研究岩石的流变性能，可建立岩石的应力—应变—时间的关系，建立岩石的本构关系，计算岩石的应力、应变随时间的变化；岩石的扩容是岩石破坏的前兆，可利用这一现象预测工程岩体的破坏。

yanshi loutou

岩石露头（outcrop of rock）　出露于地表未经移动的岩体。露头是地层、岩体、矿体、地下水、天然气等出露于地表的部分。自然出露地表的称天然露头；经各种工程揭露的，称人工露头；氧化不深，仍保持原有成分、结构构造等特点的，称原生露头或新鲜露头；遭受明显风化和氧化，其物质成分及结构构造均发生显著变化的，称风化露头或氧化露头。它们都是地质观察和研究的重要对象。

yanshi maogan

岩石锚杆（anchored bar in rock）　锚固于稳定岩层内的锚杆。国家标准 GB 5007—2002《建筑地基基础设计规范》和 GB 50330—2002《建筑边坡工程技术规范》都规定了锚杆设计的要求。

yanshi pengzhang yalishiyan

岩石膨胀压力试验（rock swelling pressure test）　将试样放入金属套环，并垂直安装加压装置和千分表，注水后对试件施加压力以保持试件的厚度在整个试验中保持不变，据以求得试样膨胀压力的试验。

yanshi qiangdu

岩石强度（strength of rock）　岩石在外力作用下达到破坏时的极限应力，或岩石抵抗破坏的能力。它是岩石的重要力学性质之一，常通过实验室或现场的试验获得。在岩石力学中，岩石一词是岩块和岩体的总称。岩块是指由地质构造因素割裂而成的不连续块体，是岩体的组成单元，实验室试验用的岩样就是岩块；岩体是指包括地质结构的地质体的一部分。虽然岩块和岩体具有相同的地质历史环境，经历过同样的地质构造作用，但它们的性质有区别。反映在强度方面，岩块的强度主要取决于构成岩石的矿物和颗粒之间的联结力和微裂隙的影响；对岩体强度起控制作用的则是岩体中的结构面和构造特征。岩石强度一般包括单轴抗压强度、抗拉强度、抗剪强度，抗剪强度和抗压强度是确定岩石工程稳定性的主要因素。

yanshi qiangdu he yanti qiangdu

岩石强度和岩体强度（strength of rock and rock mass）岩体抵抗外力破坏的能力；岩石抵抗外力破坏的能力称为岩石强度。它们是岩体和岩石本身所具有的属性。岩体强度与岩石强度相比较，两者差别显著，一般来说，岩体强度低于岩石强度，仅在少数情况下，岩体强度才接近于岩石强度，造成这种差异的原因是岩体中存在数量多、规模大的各种结构面和软弱夹层。

yanshi qiangdu sunshilü

岩石强度损失率（rock strength loss ratio）饱和岩石在一定的负温条件下冻融若干次，冻融前后抗压强度之差与冻融前抗压强度之比的百分数。

yanshiquan

岩石圈（lithosphere）由刚性的地壳和上地幔物质组成的地球圈层。其下为具有塑性的软流圈。它包括地壳和约100km厚的地幔顶部，由花岗质岩、玄武质岩和超基性岩组成，通常是大多数地震产生的地方。低速带深度一般为50～200km，它的强度弱于岩石圈，有更大的韧性或塑性，因而常称为软流圈。岩石圈分割成若干构造板块，在地幔对流的驱动下发生的水平漂移即为板块运动。岩石圈相对水圈、大气圈而言，是地球的坚硬部分；相对地心圈而言，是地球的外壳部分。

yanshiquan bankuai

岩石圈板块（lithospheric plate）板块构造说中的"浮"在地幔上，彼此能独立运动并互相挤压、摩擦的地壳块体。每一个板块包括从地表到达地幔之上的整个岩石圈，所以，常称板块为岩石圈板块，简称板块。

yanshiquan dizhen

岩石圈地震（lithospheric earthquake）发生在岩石圈内的地震。在岛弧地区，岩石层插入软流层中，形成贝尼奥夫带，一般深度可达700km。随着确定震源精度的提高和地球内部构造研究的进步，了解到发生地震的场所只限于岩石圈内。除岛弧地区，地震的震源深度大多小于100km；在岛弧地区，随着岩石圈延伸到700km以下，震源最深可达700km左右。

yanshiquan duanlie

岩石圈断裂（lithospheric fracture）切割整个岩石圈到达软流层的断裂。现代大洋壳的洋中脊断裂、海沟断裂、巨大的转换断裂（板块边缘断裂）等都属于岩石圈断裂。重力、热力异常梯度带以及深源地震活动带是判断岩石圈断裂的标志之一。优地槽发育初期的断槽（谷）即为大陆地壳拉开或发育在洋壳内的岩石圈断裂带，如中国北部祁连山、西昆仑山、北喜马拉雅山等在未褶皱隆起前属岩石圈断裂带。岩石圈断裂对金属成矿带有控制作用。

yanshi redaolü

岩石热导率（thermal conductivity of rock）表示岩石导热能力大小的参数，即沿热流传递的方向单位长度上温度降低一度时单位时间内通过单位面积的热量。

yanshi rubian

岩石蠕变（creep of the rock）岩石在低于其破坏强度的应力作用下产生的一种缓慢的非弹性应变，其应变与时间有关。

yanshi ruanhua xishu

岩石软化系数（softening coefficient of rock）岩石在饱和状态下的单轴抗压强度与其干燥状态下的单轴抗压强度的比值。它是判定岩石耐风化、耐水浸能力的指标之一。

yanshi sanzhou yasuo qiangdu shiyan

岩石三轴压缩强度试验（rock triaxial compressive strength test）用岩石三轴试验机在不同围压条件下，对试样施加轴向荷载直至破坏，据以确定岩石在三轴应力状态下的应力应变关系和强度参数的试验，简称岩石三轴试验。

yanshi shengfashe shiyan

岩石声发射实验（experiment of rock acoustic emission）观测岩石样品在形变与破裂过程中自然发出的超声或其他频段的声辐射波，研究声源和波的传播以及介质的性质。

yanshi xishuixing shiyan

岩石吸水性试验（water vapor absorption test of rock）测定岩石吸水率和饱和吸水率的试验。岩石的吸水性是表示岩石吸收水分的性能。表征岩石吸水性的定量指标有吸水率、饱和吸水率和饱和系数。

yanshi zhijian shiyan

岩石直剪试验（rock direct shear test）用直剪仪对试样施加不同的法向压力，稳定后分别施加剪切力直至破坏，以测定岩石抗剪强度的试验方法。

yanshi zhiliang zhibiao

岩石质量指标（rock quality designation，RQD）用直径为75mm的金刚石钻头和双层岩芯管在岩石中钻进连续取

Y

芯，回次钻进所取岩芯中，长度大于 10cm 的芯段长度之和
与该回次进尺的比值。

yanshi ziyou pengzhanglü shiyan

岩石自由膨胀率试验（rock free swelling test）　试样放
入自由膨胀率试验仪内，在试件上部和四个侧面分别安装
千分表，注水并记录不同时间的变形读数，计算出试样自
由膨胀率的试验。

yanti

岩体（rock mass）　赋存于一定的地质环境中，由各类结
构面和被其所切割的岩石结构体所构成的地质体。

yanti bianxing

岩体变形（rock mass deformation）　岩体环境条件改变
时，结构体产生体积变化、形状改变和相对移动等变动量
的总和。岩体变形受岩性、岩体结构和环境状况三个基本
因素的控制。

yanti bianxing pohuai yu yichang guanxi shiyan

岩体变形破坏与异常关系试验（experiment of relation-
ship between rock mass deformation and anomaly）　为研究地
下流体动态异常的成因及其空间展布与演化特征，观测诸
如山体滑坡、水库蓄水、钻孔水压致裂、矿井坍塌等引起
的天然岩体变形与破坏过程中地下流体物理化学动态变化
特征的现场试验。

yanti chengyaban shiyan

岩体承压板试验（bearing plate test）　在岩体原位制备
试验加荷面，安装刚性或柔性承压板，加循环荷载，根据
压力与变形关系测求岩体弹性模量或变形模量的原位测试。

yanti de lixue xingzhi

岩体的力学性质（mechanical properties of rock mass）
在外力作用下岩体抵抗外力的特性和由于边界条件改变释
放出内应力的特性，主要指岩体变形的性质和强度特性，
也涉及岩体渗透性。岩体的力学性质可通过试验的手段测
得，在测定抗压、抗剪、抗拉、抗弯等强度特性的同时，
也测定其变形特性。

yanti dengxiao neimocajiao

岩体等效内摩擦角（equivalent angle of internal friction）
包括边坡岩体黏聚力、重度和边坡高度等因素影响的综合
内摩擦角。它是在不单独考虑岩体黏聚力作用时的岩体抗
剪强度与单独考虑岩体黏聚力作用时的岩体抗剪强度相等
条件下，假想的或等效的岩体内摩擦角。岩体等效内摩擦
角主要用于计算受岩体强度控制的边坡支护结构所受岩石
荷载。还可用其来判断边坡抗滑稳定性，坡角大于等效内
摩擦角时，边坡不稳定；坡角小于岩体等效内摩擦角时，
边坡稳定。

yanti gongcheng xingzhi

岩体工程性质（engineering properties of rock mass）　在
天然岩体中设计和建造各种工程构筑物时所必须掌握的岩
体物理、力学等工程特性。常以比重、比热、热传导系数、
热膨胀系数、电阻率、吸水率、饱水率、渗透系数、波导
性、容重、孔隙或裂隙率、孔隙比、完整性系数、含水量、
饱和度、风化程度指数、弹性模量、泊松比、结构面法向
刚度、剪切刚度、黏滞系数、抗压强度、抗拉强度、抗剪
强度、浸水软化系数、抗冻稳定性系数、溶解度、有效岩
心采取率、岩体质量系数等指标表达。岩体工程性质指标
可通过试块室内试验、野外原位试验、工程作用下岩体变
形的原型观测三个途径获取。

yanti jiben zhiliang

岩体基本质量（rock mass basic quality）　岩体所固有
的，由岩石坚硬程度和岩石完整程度所决定的影响工程岩
体稳定性的最基本属性。根据岩体基本质量的定性特征和
岩体基本质量指标，将岩体基本质量划分为 5 个级别。

yanti jiagu

岩体加固（strengthening of rock mass）　采取一定的工程
措施改善岩体的力学和水理性质以及赋存环境，防止岩体
发生破坏的技术和方法。岩体加固可分为永久性加固和临
时性加固（它只在施工期起作用），有的加固方法（如喷
锚支护）既具有临时的性质，又是永久加固的组成部分。

yanti jiegou

岩体结构（structure of rock mass）　岩体内结构面和结构
体的排列组合形式。岩体经受各种地质作用，形成具有不
同特性的地质界面，称为结构面；结构面将岩体分割成形
态不一、大小不等的岩块，称为结构体。中国工程地质学
家谷德振于 20 世纪 60 年代初建立了岩体结构的概念，提
出了结构面、结构体是岩体结构的基本单元，岩体变形破
坏主要受岩体结构的制约，从而把岩体裂隙性研究提高了
一步，为认识岩体本质、分析岩体稳定性创立了一个应用
基础理论。

yanti jiegou leixing

岩体结构类型（rock mass structural type）　岩体内结构
面与结构体的不同组合形式，包括整体结构、块状结构、
块裂结构、碎裂结构和散体结构等。

yanti jiegoumian

岩体结构面（rock discontinuity structure plane）　岩体内
开裂的和易开裂的面，如层面、节理、断层、片理等，在
连续介质力学理论中视为不连续面，也称不连续构造面。
其分布规律、发育规模、物理力学性质等与岩体强度、受
力状态、形成的地质历史、环境等多种因素有关。

Y

yanti kangzhang qiangdu

岩体抗张强度 (tension strength of rock) 封隔段围岩抵抗拉张破坏的强度。通常岩体的抗张破坏强度远小于抗压破坏强度。

yanti lixue

岩体力学 (rock mass mechanics) 工程力学与工程地质学相互渗透的边缘学科，主要研究赋存于一定地质环境中的岩石和岩体的强度、变形、破坏等规律，合理利用岩体，避免不利因素，并制定岩体改造方案和技术措施。

yanti lixue fenxi

岩体力学分析 (mechanical analysis of rock mass) 对岩体在受力条件改变时产生的变形和破坏的发展状况进行预测性分析和评估，是工程建筑稳定性研究的重要内容之一。在岩体上或岩体中建筑各种工程时，岩体实际上是工程结构的一部分或全部。工程建筑物的稳定性不仅取决于人工建筑物与外力相互作用的特点，也控制于岩体在受力状况改变时所产生的变形和破坏状况。有时岩体产生局部破坏并不导致工程建筑失稳，有时岩体变形过大或产生不均匀变形而导致工程失稳。岩体的力学分析不仅要分析岩体破坏状况，还要分析岩体变形状况，才能获得正确的结果。

yanti lixue shiyan he ceshi

岩体力学试验和测试 (mechanical testing and measuring of rock mass) 通过岩体力学实验手段，了解岩石和岩体的力学性能、变形、破坏规律，以及各种构筑物对岩体所引起的各种物理、力学效应，为工程设计、施工提供所需要的参数。

yanti shengbo sudu ceshi

岩体声波速度测试 (rock acoustic wave velocity test) 采用换能器、电火花或锤击激发，测定声波在岩体中传播速度的原位测试。

yanti wanzhengxing zhishu

岩体完整性指数 (rock mass intactness index) 类岩体与岩石的纵波速度之比的平方，即岩体完整性系数，也称裂隙系数。可用动力法来测定完整性系数。根据岩体完整性系数对岩体完整程度进行分类，通常分为完整、较完整、较破碎、破碎、极破碎五类。

yanti yuanwei yingli ceshi

岩体原位应力测试 (in-situ rock stress test) 测定岩体空间应力和平面应力的一种原位试验方法。其主要有孔壁应变法、孔径应变法和孔底应变法。

yanti zhong yingli

岩体中应力 (stress in rock mass) 赋存于岩体内的应力或岩体赋存的环境应力。岩体应力可分为一次应力和二次应力。一次应力指地球表层岩石圈内存在的自然应力，在工程上通常称为初始应力或原位应力，在地学中常称为地应力。二次应力是指在工程活动和岩体特性相互作用下，岩体内初始应力发生集中、释放、叠加、转移等过程形成的重分布应力。

yanti zuankong bianxing shiyan

岩体钻孔变形试验 (drill hole rock deformation test) 利用钻孔膨胀计或压力计，对孔壁施加径向压力，测记各级压力下孔壁径向变形，通过计算给出岩土弹性模量或变形模量的原位试验。

yantu

岩土 (rock and soil) 组成地壳的任何一种岩石和土的统称。岩土又可细分为五类，即坚硬的岩土 (硬岩)、次坚硬的岩土 (软岩)、软弱联结的岩土、松散无联结的岩土和具有特殊成分、结构、状态和性质的岩土。我国常把前两类称岩石，后三类称为土。工程建设上，与岩土关系较大的是岩土工程。

yantu baopo

岩土爆破 (geotechnical blasting) 利用炸药的爆炸能量对岩土介质做功，以达到预期工程目标的作业。

yantubianxing yu kongxiyali guanxi shiyan

岩土变形与孔隙压力关系实验 (experiment of relationship between rock-soil deformation and pore pressure) 为研究不同环境温度与围压条件下岩土变形引起的孔隙压力变化规律而进行的单轴或三轴力学实验。

yantu bianxing yu yichang guanxi shiyan

岩土变形与异常关系实验 (experiment of relationship between rock-soil deformation and anomaly) 为研究地下流体异常的成因，在单轴或三轴压力机上进行的岩土试件的变形破坏与地下流体物理化学动态变化的观测实验。

yantu canshu biaozhunzhi

岩土参数标准值 (standard value of geotechnical parameter) 岩土工程设计时采用的岩土参数的代表值，是岩土特性指标总体平均值的一种可靠性估值，通常取概率分布的 0.05 分位数。

yantu gongcheng

岩土工程 (geotechnical engineering) 以工程地质、水文地质、岩石力学、土力学等为理论基础，涉及岩石和土的利用、改良、灾害防治和环境保护的科学技术，属于土木工程的一个分支学科，也指土木工程中与岩石、土、地下水有关的部分。

yantu gongcheng fenji

岩土工程分级（categorization of geotechnical engineering）根据工程的规模和特征，以及岩土工程问题造成的工程破坏或影响正常使用的后果对岩土工程重要性等级的划分。国家标准 GB 50021—2001《岩土工程勘察规范》将岩土工程按重要性划分为三个级别：一级工程，是指重要工程，后果很严重；二级工程，是指一般工程，后果严重；三级工程，是指次要工程，后果不严重。

yantu gongcheng jiagu

岩土工程加固（strengthening of geotechnical engineering）为提高岩土工程的承载力，减少其变形、沉降和水的渗漏，防止岩土体开裂、滑移和崩塌而采取的技术措施。岩土工程加固涉及建筑的地基和基础、斜坡、土石坝和地下工程等，包括施工期间的临时加固、工程建成后运行期间的加固以及工程发生损伤后的加固，这些加固措施可能并不具体针对地震作用，但对提高其抗震安全性具有重要意义。

yantu gongcheng kancha

岩土工程勘察（geotechnical investigation） 见【工程勘察】

yantu gongcheng kancha baogao

岩土工程勘察报告（geotechnical investigation report）工程建设必备的一种技术文件。根据勘察的任务要求、工程特点和工程地质条件，野外和试验工作结束后，在勘察工作原始资料的基础上，通过整理、分析、归纳、综合、评价，提出结论和建议，形成的为工程建设服务的技术文件。

yantu gongcheng kancha fenji

岩土工程勘察分级（categorization of geotechnical investigation） 根据工程性质和规模、场地和地基条件、工程安全等级等因素，对岩土工程勘察的重要性和复杂性进行的等级划分。各级各类因素的组合情况，一般分为三个等级。国家标准 GB 50021—2001《岩土工程勘察规范》给出了岩土工程勘察分级的具体划分标准。

yantu gongcheng kancha gangyao

岩土工程勘察纲要（method statement for geotechnical investigation works） 根据工程特点、场地条件和任务要求，编制的包括勘察依据、目的、方法、工作量、预期成果、进度安排等内容的技术文件，简称勘察纲要。

yantu gongcheng kancha jieduan

岩土工程勘察阶段（geotechnical investigation stage） 根据工程不同设计阶段的要求，对同一工程场地进行多次勘察，并按先后次序、任务要求和详略程度划分的工作阶段，一般分为可行性研究物察、初步勘察、详细勘察和施工勘察。施工勘察在工程不需时常被省略。

yantu gongcheng kancha renwushu

岩土工程勘察任务书（specification for geotechnical investigation works） 由工程项目的业主向勘察单位提出的包括勘察阶段、目的、要求等内容的任务委托文件，简称勘察任务书。

yantu gongcheng kantan

岩土工程勘探（geotechnical exploration） 岩土工程勘察的一种手段，包括钻探、井探、槽探、坑探、洞探以及物探、触探等。

yantu gongcheng kangzhen

岩土工程抗震（earthquake resistance of geotechnical engineering） 工程场地、地基基础、天然斜坡、土工结构物（挡土墙、土坝、尾矿坝等）在地震作用下的变形、稳定性理论及抗震设计方法和工程措施。岩土工程抗震的理论基础是工程地震学、结构动力学、土动力学。工程地震学为岩土工程抗震提供地震动输入。结构动力学为岩土工程抗震提供动力反应分析方法，以确定岩石土体中的地震应力和变形。土动力学将土作为一种力学介质和工程材料，研究在动荷载作用下土的动变形、动强度和耗能特性，为土体地震反应分析提供土动力学模型及参数，并为确定地震作用下的土体破坏提供判别准则。岩土工程抗震的主要研究手段包括震害调查、理论分析、室内及现场试验、以及工程实践经验总结。现场震害调查及现场试验主要研究地基和土工结构震害机制，以宏观定性（或某种程度的定量）方式研究地基和土工结构抗震性能。理论分析主要是建立相关模型来模拟震害机制，定量研究抗震性能。室内试验为理论分析提供必需的土性资料。这一工作主要是综合震害经验及理论分析成果，估计可能的震害程度，进行合理抗震设计、确定减轻震害的工程措施。

yantu gongcheng kangzhen sheji

岩土工程抗震设计（seismic design of geotechnical engineering） 为了防御地震对岩土工程的破坏而进行的专项设计。包括工程场地、地基基础、天然斜坡、土工结构物的抗震设计方法研究和实践。岩土工程中有关抗震的研究又称为岩土地震工程，目标是解决和处理地震环境下出现的与岩土体有关的工程技术问题，特别是与土体抗震有关的问题。岩土工程抗震设计思想与岩土工程和地震工程的发展密切相关，从拟静力法逐渐向动力法、时程分析法，并向性态设计方向发展。岩土工程抗震分析与建筑物抗震分析方法有所不同。

yantu gongcheng pingjia

岩土工程评价（geotechnical evaluation） 对岩土的工程特性、岩土与工程的相互作用、工程建设对岩土环境造成的影响等问题的评定意见。

yantu gongcheng sheji

岩土工程设计（geotechnical design） 根据建筑场地的

地质、环境特征和工程要求进行的岩土工程范畴的方案设计与施工图设计的工作。

yantu huayi

岩土滑移 (land slide)　由于自然条件的变化或工程活动，岩土沿坡向下移动的现象。多发生在地质条件不良的山区，特别是在新构造运动剧烈上升地区的河流冲刷岸。地震可引起岩土滑移。

yantu rewuli ceshi

岩土热物理测试 (geothermal physical test)　采用面热源法、热线比较法、平衡法等方法，测定岩土导温系数、导热系数、比热容等热物理指标的试验。

yantuti cexie

岩土体测斜 (inclination measurement of soil and rock)　用测斜仪测量岩土体产生的倾斜角度，借以确定其水平位移的测试。

yantuti weiyi jiance

岩土体位移监测 (displacement monitoring of soiland rock)　对滑坡或施工引起岩土体的位移进行长期系统的观测和监视。

yantu zuhediji

岩土组合地基 (soil-rock composite ground)　在建筑地基的主要受力层范围内，有下卧基岩表面坡度较大的地基；或石芽密布并有出露的地基，或大块孤石或个别石芽出露的地基。

yanxin

岩芯 (bore core)　从钻孔中提取的岩土柱状芯样。它是研究和了解地下岩土体情况的重要实物材料。重要工程的岩芯有时需长久保存。

yanxin caiqulü

岩芯采取率 (core recovery)　钻孔钻进中采得的岩芯长度与实际钻探进尺的比值，以百分率表示。它是衡量钻探质量的一个指标。

yanxinguan

岩芯管 (core barrel)　岩芯钻探中位于钻头上方用来容纳和保护岩芯的金属管。

yanxin zuantan

岩芯钻探 (core drilling)　用环状钻头和岩芯管组成钻具进行回转钻进，以采取岩芯主要目的的钻探方法。

yanyan

岩盐 (halite)　主要化学成分为氯化钠，晶体属等轴晶系

六八面体晶类的沉积岩，也称石盐。其可作为食品调料和防腐剂，是重要的化工原料。

yanzhi bianpo wendingxing fenxi

岩质边坡稳定性分析 (analysis of rock slope stability)　岩质边坡在各种因素作用下稳定性分析的理论和方法。边坡稳定性的一般理解是边坡中的滑动体沿滑面破坏，即抗滑力与滑动力之比。当比值等于 1 时为极限平衡状态；当比值大于 1 时为稳定状态；当比值小于 1 时为不稳定状态。这是一种岩体破坏的稳定性概念。有些工程，对边坡变形有严格的要求，变形量不能超过工程允许的变形量，更不允许发生边坡破坏，应以建筑物允许变形量为标准来评价边坡的稳定性，以应变理论为基础，进行岩质边坡稳定计算。还有些工程，对边坡变形量和破坏虽没有严格的要求，但要防止边坡破坏后发生快速滑落；在这种条件下，应以滑体速度为标准评价边坡的稳定性，以功能定理为基础，计算岩质边坡滑落速度。分析方法是以岩体结构为基础，判断边坡变形破坏的形式，应用岩体力学的基本理论和方法，做出定量评价，为边坡工程设计提供科学依据。

yanzhi dixia dongshi weiyan bianxing

岩质地下洞室围岩变形 (deformation of surrounding rock for underground excavation)　岩质地下洞室开挖后，洞壁周边原有岩体的变形。在开挖洞室之前，岩体处于应力平衡的初始应力状态；洞室开挖后，洞壁周边失去原有岩体的约束，围岩向内变形。围岩的变形与破坏形式因岩体的岩性、结构以及初始应力状态的不同而有差异。

yanzhangxing

盐胀性 (salty expandability)　盐渍土具有的结晶膨胀和非结晶膨胀的性质。结晶膨胀是由于盐渍土因温度降低或失去水分后，溶于孔隙水中的盐析出结晶所产生的体积膨胀；非结晶膨胀是指由于盐渍土中存在着大量吸附性阳离子，低价的水化阳离子与黏土胶粒相互作用，使扩散层水膜厚度增大而引起土体膨胀。

yanzitu

盐渍土 (saline soil)　土中易溶盐含量大于 0.3%，并具有溶陷、盐胀、腐蚀等工程特性的土。

yankou

檐口 (eaves)　屋面与外墙墙身的交接部位，作用是方便排除屋面雨水和保护墙身，又称屋檐。

yanshe

衍射 (diffraction)　不能以几何光学原理予以解释的波遇到障碍物时偏离原来直线传播的物理现象，旧称绕射。通常当障碍物表面的曲率远大于入射波前的曲率时发生衍射。地震波传播时，遇到地层岩性的突变点（如断层的断棱、地层尖灭点、不整合面的突起点等），这些突变点成为新震源，产生的以球面波方式向外传播的新的波，这就是衍射。

yanshebo

衍射波（diffraction wave）　波前方向为介质中障碍物或其他不均匀性所改变的波。例如，从地表附近的震源所发出的 P 波射线掠过地核后，将在震中距103°处出现。按几何光学计算，在震中距大于103°后，理论上将不可能出现直达 P 波；然而到130°仍能观测到 P 波，尤其是长周期 P 波，这就是地核边缘的衍射波，也称绕射波。

yanjinpu

演进谱（evolution spectrum）　见【时变功率谱】

yan

堰（weir）　"匽"意为"帝王退休""土"与"匽"联合起来表示"让水结束流淌，停下来休息的土坝"。在水利工程中，是指在顶部溢流的挡水、泄水建筑物，也称溢流堰。

yansehu

堰塞湖（dammed lake）　由于火山熔岩流、冰碛物或地震活动致使山体崩塌等原因引起的山崩滑坡体堵截山谷、河谷或河床后储水而形成的湖泊，俗称海子，也称捻塞湖、壅水湖。1933 年四川省北部叠溪大地震形成三个海子。因松散沉积物形成的天然堤坝容易溃决而造成下游居民一定伤亡。2008 年汶川特大地震形成了著名的唐家山堰塞湖。

yangyali

扬压力（uplift pressure）　建筑物及其地基内的渗水，对某一水平计算截面的浮托力与渗透压力之和。

yangtai

阳台（balcony）　附设于建筑物外墙设有栏杆或栏板，可供人活动的室外空间。

yangshi moliang

杨氏模量（Young's modulus）　在纯伸长或纯压缩情况下，应力与应变的比值，一般用 E 表示。1807 年因英国医生兼物理学家托马斯·杨（Thomas Young）得到的结果而命名。根据胡克定律，在物体的弹性限度内，应力与应变成正比，比值被称为材料的杨氏模量，它是表征材料性质的一个物理量，取决于材料本身的物理性质。杨氏模量的大小标志了材料的刚性，杨氏模量越大，越不容易发生形变。

yanggong

仰拱（inverted arch）　地下洞室凹面向上的拱形底板，也称倒拱。它是为改善上部支护结构受力条件而设置在隧道底部的反向拱形结构，是隧道结构的主要组成部分之一。它可要将隧道上部的地层压力通过隧道边墙结构或将路面上的荷载有效的传递到地下，而且还能有效地抵抗隧道下部地层传来的反力。仰拱与二次衬砌构成隧道整体，增加结构稳定性。

yangben

样本（sample）　按一定程序从总体（检测批）中抽取的一组（一个或多个）个体。样本中所包含的个体的数目成为样本容量；样本的算术平均值称为样本均值。

yangben biaozhuncha

样本标准差（sample standard deviation）　见【样本方差】

yangben fangcha

样本方差（sample variance）　分子为样本分量与样本均值之差的平方和，分母为样本容量减 1，即构成样本的随机变量对离散中心 x 之离差的平方和除以 $n-1$，样本方差用来表示一列数的变异程度。样本方差的正平方根称为样本的标准差。

yangben junzhi

样本均值（sample mean value）　见【样本】

yangben rongliang

样本容量（sample size）　见【样本】

yaoliang

腰梁（waling）　设置在排桩或地下连续墙顶部以下，连接锚杆或内支撑杆件的钢筋混凝土梁或钢梁，也称围檩。它是支护结构中沿内支撑或锚杆标高设置的水平向型钢或钢筋混凝土连续梁。

yaobai jizhi

摇摆机制（rocking mechanism）　利用结构自身重量提供的恢复力矩实现地震下原位摆动，以往复的上举运动为特征的结构动力反应机制。该机制改变了结构固接于基础的约束形式，将基础对结构特定组件（如剪力墙、结构柱、框架或者带支撑框架）底部部分约束解除，使其由弯曲变形、剪切变形或弯剪变形模式转变为整体的刚体摆动模式，限制层间变形沿结构高度的集中程度并降低了结构层间变形需求和内力响应，进而避免了结构构件的损伤，从而使结构具备一定的可恢复功能能力。该机制被认为可以减小地震作用和减轻结构损伤。该机制分可控和无控两种形式，通过在刚体与基础的摆动抬升界面处或者相邻刚体之间设置阻尼耗能机制或自复位机制降低并且控制其摆动的幅度，使其成为可控摇摆机制。若无竖向变形约束构件则是无控摇摆机制。有控摇摆机制有利于提高体系的抗倾覆能力、缓解冲击效应，且兼有耗能特性。

yaobai jiegou

摇摆结构（rocking structure）　在结构中合理选择一定比例的结构构件或组件，在其与基础连接界面处，放松基础对其部分自由度的约束，使其可以在一定范围内竖向抬升或者放松其转动约束、形成无抬升转动变形模式，在地震作用下发生摇摆，并通过摇摆来耗散地震能量和限制结构的变形模式。该结构将可恢复功能防震机制引入结构体系中，通过在摇摆界面设置可更换耗能和自复位装置，耗散地震能量和消除残余变形；利用摇摆构件的刚体转动变形限制结构整体的变形，使结构层间变形分布更加均匀。根据摇摆构件或组件的有无抬升可以将摇摆结构分为两类：一类是摇摆框架结构，利用框架整体的刚体摆动和耗能装置实现结构的无损伤设计；另一类是摇摆构件或组件铰接于基础，形成无抬升的摇摆结构。

yaobaizhu
摇摆柱（leaning column） 框架内两端为铰接不能抵抗侧向荷载的柱。

yaoce dizhen taiwang
遥测地震台网（telemetered seismic network） 由多个遥测地震台和台网中心组成的进行远距离传输、时间服务共同的、中心集中记录的地震台网。

yaogan jishu
遥感技术（remote sensing technique） 根据电磁波辐射（发射、吸收、反射）的理论，应用各种光学、电子学探测器，对远距离目标进行探测和识别的技术。

yaogan jieyi
遥感解译（remote sensing interpretation） 根据解译标志和实践经验，对遥感图像进行分析研究，达到识别目标物的属性和含义的过程，也称遥感判释。

yaogan panyi
遥感判译（remote sensing interpretation） 见【遥感解译】

yaogan tuxiang shuiwendizhi jieyi
遥感图像水文地质解译（hydrogeological interpretatioc of remote sensing images） 根据遥感图像上的影像特征辨认和分析与地下水的埋藏、分布、运动、水质、水量等有关的地质现象、地质构造以及水文地质条件的综合判释工作。

yaohezhuang
咬合桩（secant piles） 后施工的灌注桩与先施工的灌注桩相互搭接、相互切割形成的连续排柱墙。

yeyan
页岩（shale） 黏土经成岩作用形成的具有页理或层间劈理的一种泥质沉积岩。其由黏土矿物和粉砂组分超过90%的泥质沉积物经较强或较长时间的成岩压实作用而成，约占沉积岩总量的40%～60%；具泥状结构，片状构造，矿物定向排列明显。

yehua
液化（liquefaction） 见【砂土液化】

yehua anquan xishu
液化安全系数（liquefaction safety coefficient） 土体的液化强度与土体所受的地震剪应力之比。

yehua changdi guandao kangzhen cuoshi
液化场地管道抗震措施（pipeline seismic measure in liquefaction site） 埋设在可能液化场地的各类管道采取抗震措施。其主要有四个方面：第一，采取地基处理措施，增加其抗液化能力，防止液化的发生。第二，使用延性好、壁厚适当大的管道。第三，允许地基液化，但采取防止管道上浮的措施，如用桩或锚杆将管道与非液化土层锚固，也可在管道上设置压重物、使之与管体上浮力相平衡。第四，液化区内的管道不宜设置三通、旁通和阀门等部件，液化区的不均匀沉陷地段的管道宜采用地上敷设。

yehua changdi guandao kangzhen fenxi
液化场地管道抗震分析（seismic analysis of pipeline buried in liquefaction site） 埋设在可能液化场地的各类管道的抗震计算和分析方法。场地液化会使地表土层产生不均匀沉陷和侧向大位移流动等现象，埋地管道在通过液化场地时震害会加重。液化场地土层侧向流动时的管道分析可参照跨断层管道抗震分析方法进行。非液化场地不均匀沉陷对管道的影响分析同样适用于液化场地，但应对直接埋设在液化土层中的管道的上浮反应进行专门研究。

yehua changdi qiangzhendong jilu
液化场地强震动记录（records of strong motion in liquefaction site） 在液化场地获得的强地震记录。1995年日本阪神地震记录的人工岛填土液化场地的强震记录，特点是经过持续3s左右的高频振动后，频率成分突然变化，长周期分量大大增加，对应场地液化的发生。

yehua chubu panbie
液化初步判别（preliminary discrimination of liquefaction） 根据土层地质年代、黏粒含量、地下水位深度、上覆非液化土层厚度及设防烈度等较易获得的资料直接进行的宏观液化评估。

yehua dengji
液化等级（category of liquefaction） 按液化指数等指标对液化影响程度的分级。国家标准 GB 50011—2010《建筑抗震设计规范》根据液化指数将液化等级划分为轻微、中等和严重三个等级。

yehua fangzhi
液化防治（liquefaction prevention） 防止液化和减轻液化危害的工程措施。如果液化危害评估结果表明液化会影响场地、地基和土工结构物的土体稳定性，则必须采用防止液化的工程措施，具体方法有换土、增加上覆压力、增加饱和砂土密度、胶结饱和砂土颗粒等。当液化不影响建筑

Y

物地基及土工结构物坡体的稳定性时，可采取减轻液化危害的工程措施，主要有：加强排水、缩短排水途径；封闭液化区的饱和砂土，约束其偏斜变形或剪切变形；采用桩基础将荷载传至液化土层之下的持力土层；采用加强结构的整体性和刚性的措施等。

yehua jianyinglibi

液化剪应力比（liquefaction shear stress ratio） 液化土层水平面上的等幅水平剪应力幅值 $\overline{\tau}_{hv,f}$ 与该面上静正应力 σ_v 之比。美国希德在 20 世纪末期建立了标贯击数与液化剪应力比之间关系。

yehua panbie

液化判别（liquefaction judgment） 对场地、地基或土工结构物中饱和砂土能否发生液化，以及液化部位、范围及程度的评定。液化判别方法大致可分为试验—理论分析方法、经验方法、综合方法三类。

yehua panbie xianchang shiyanfa

液化判别现场试验法（field experiment method of liquefaction judgment） 国家标准 GB 50011—2010《建筑抗震设计规范》给出的液化判别方法。该方法是通过大量的试验建立标贯击数与液化临界状态的经验关系。采用标准贯入试验判别地面下 20m 深度范围内的液化。当饱和土标准贯入锤击数（未经杆长修正）小于液化判别标准贯入锤击数临界值时，应判为液化土。

yehua pohuai

液化破坏（liquefaction failure） 振动作用下饱和砂土丧失承载能力或引起土体大范围沉降、流动或滑移的现象。地震作用下，饱和砂土在一定的条件下会产生砂土液化，砂土液化可导致地基失效，产生液化破坏。

yehua qiangdu

液化强度（liquefaction strength） 在循环加荷作用下土体达到初始液化时的动剪应力。

yehuashi

液化势（liquefaction potential） 土体发生液化的潜在可能性。常用液化指数或液化势指数来评价。

yehua shi zhishu

液化势指数（liquefaction potential index） 日本学者岩崎敏男（Iwasaki Toshio）在 20 世纪 70 年代提出的定理评价砂土液化程度的指标。国家标准 GB 50011—2010《建筑抗震设计规范》称液化指数。土层的液化势指数 LPI 由下式定义：

$$LPI = \frac{\overline{\tau}_{hv,eq} - \overline{\tau}_{hv,f}}{\overline{\tau}_{h\gamma,eq}}$$

式中，$\overline{\tau}_{hv,eq}$ 为水平面上等效地震剪应力幅值；$\overline{\tau}_{hv,f}$ 为液化时水平面上的等幅水平剪应力幅值。

yehuashi zhishufa

液化势指数法（method of liquefaction potential index） 以液化势指数作为定量指标来评估液化程度的方法。国家标准 GB 50011—2010《建筑抗震设计规范》用实测标准贯入击数和临界标准贯入击数计算液化势指数。

yehuatu

液化土（liquefaction soil） 经过试验判定，当场地遭受基本烈度的地震时会发生液化的场地土。

yehua weihaixing pinggu

液化危害性评估（assessment of damages induced by liquefaction） 对液化可能造成工程结构的破坏程度的估计，是采取措施防止或减轻工程结构液化灾害的依据。液化危害性评估应判别液化的部位、范围、程度以及液化是否会危害工程结构和危害程度。通常把液化危害按轻重程度划分成轻微、较轻、中等、较重、严重五个等级。液化危害性评估包括两方面内容：一是给出液化危害等级的划分标准；二是确定某个实际工程的液化危害属于哪个等级。液化危害评估方法可分为定性的宏观评估方法和定量指标评估方法两类。

yehua xianjie panbiefa

液化限界判别法（liquefaction limit judgment test） 国家标准 GB 50011—2010《建筑抗震设计规范》给出的液化判别方法。该方法主要是利用场地饱和砂土或粉土的地质年代、不同烈度下粉土黏粒含量的百分率、场地上覆非液化土层的厚度、地下水埋深、基础的埋深以及液化土特征深度等资料初步对场地液化进行判别。

yehua yingxiang yinsu

液化影响因素（influence factor to liquefaction） 影响砂土液化的场地条件和动力条件等。液化是复杂的物理力学现象，主要影响因素有砂土的粒径、砂土的密度、砂土结构、固结压力或上覆压力、静剪应力比、压密状态、动应力幅值和作用次数以及地下水等。

yehua zhishu

液化指数（liquefaction index） 综合反映规定深度内各可液化土层的厚度、易液化性及所处深度的影响，衡量地震时土层液化程度，用于判定液化等级以确定相应抗液化措施的指标。其计算方法与液化势指数相同。

yesuxian lianhe cedingfa

液塑限联合测定法（atterberg limits combination testing method） 使用液塑限联合测定仪，根据圆锥沉入土中的深度同时测定液限和塑限的试验方法。

yeti zhendang xiaoying

液体振荡效应（liquid oscillation effect） 振动环境下储

液容器中液体对容器器壁的动力作用效应。储液容器中的液体在振动环境中承受质量惯性作用并发生不同形态的运动，液体与容器相互作用，对容器器壁产生压力、引起容器器壁的附加应力和变形，是储液容器动力分析和安全性评价应给予考虑的问题。

yexian

液限（liquid limit） 土由流动状态转变为可塑状态的界限含水量，也称塑性上限。它是计算土的塑性指数的一个重要参数。

yexiang

液相（liquid phase） 充填在土的孔隙中的液体。包括强结合水、弱结合水、毛细管水和自由水四种类型。

yexingzhishu

液性指数（liquidity index） 黏性土的天然含水量与塑限含水量之差除以液限含水量与塑限含水量之差。用来评价土的稠度状态，根据液性指数的大小可将土的稠度状态分为坚硬、硬塑、可塑、软塑和流塑五种。

yeya jizhenshiyan

液压激振试验（hydraulic excitation test） 用电液伺服激振器激发结构做谐波或任意波运动的试验。

yeyashi jizhenqi

液压式激振器（hydraulic exciter） 由液压系统产生激振力实现激振的设备。液压式激振器多取振动台形式，台面承载能力可达数吨至千吨，主要用于建筑结构的抗震试验、汽车和飞行器的动力试验等。

yeyashi zhendongtai

液压式振动台（hydraulic vibration table） 利用电液伺服系统控制高压油流入工作油缸的流量和方向，由活塞带动台面及试体做相应振动的设备。其主要部件有伺服阀、蓄能器和作动器等。液压振动台就输出功率和承受试件的重量而言，在各类振动台中是最大的，台面位移可达数厘米，工作频率可低至零，在结构抗震试验中广泛应用。

yeya zhiliang kongzhi xitong

液压质量控制系统（hydraulic mass control system） 利用流体压力驱动刚体运动耗散振动能量的被动控制装置，可用于柔底层建筑的地震反应控制。

yiban changdi guandao kangzhen fenxi

一般场地管道抗震分析（seismic analysis of pipeline buried in general site） 在不存在液化、沉陷、断层地面错动等地震地质灾害的场地上的管道地震反应分析方法。一般场地的土体可视为均匀介质，据此估计给定地震作用下管道本体的内力和变形，并判断其是否超过允许值。管道地震反应分析通常有变形反应法、正弦波近似法、地震波输入法、拟静力分析法、相对变形修正等方法。

yiban diduan

一般地段（general area） 国家标准 GB 50011—2010《建筑抗震设计规范》在建筑抗震场地分类中划分的不属于有利、不利和危险的地段。

yiban dizhen zaihai

一般地震灾害（minor earthquake disaster） 造成 10 人以下死亡（含失踪）或者造成一定经济损失的地震灾害。当人口较密集地区发生 4.0 级以上、5.0 级以下地震时，初判为一般地震灾害。

yiban goujian

一般构件（common member） 在结构构件中，自身失效而不会引发其他相关构件失效的的构件，如次梁、楼板等。

yiban jianshe gongcheng

一般建设工程（general construction projects） 除重大建设工程和可能发生严重次生灾害的建设工程以外的建设工程。

yiban quduan

一般区段（general section for pipeline） 在油气输送管道线路工程中，除重要区段以外的油气输送管道区段。

yiban sheshi

一般设施（general facilities） 为改善避难人员生活条件，在基本设施的基础上应增设的配套设施，包括应急消防设施、应急物资储备设施、应急指挥管理设施等。

yicierjieju fangfa

一次二阶矩方法（first order second moment method） 计算结构可靠性的一种近似方法，也称均值点（或中心点）的一次二阶矩方法。假定结构的抗力 R 和荷载效应 S 均服从正态分布，则功能函数 $G=R-S=Z$ 也是服从正态分布的随机变量。显然，当 $Z>0$ 时，结构处于可靠状态；当 $Z<0$ 时，结构处于失效状态；当 $Z=0$ 时，结构处于极限状态。利用 Z 的均值和标准差可给出结构的失效概率。

yici shouli jiagu sheji

一次受力加固设计（retrofit design of once loading; strengthening design of once loading） 原构件初始荷载很小，不考虑加固层应变滞后效应的设计方法。

yijie feixianxing fenxi

一阶非线性分析（first order non-linear analysis） 基于材料非线性变形特性对初始结构的几何形体进行的结构分析。

yijie tanxing fenxi

一阶弹性分析（first order elastic analysis）　不考虑结构二阶变形对内力产生的影响，根据未变形的结构建立平衡条件，按弹性阶段分析结构内力及位移。

yijie xiantanxing fenxi

一阶线弹性分析（first order linear-elastic analysis）　基于线性应力–应变或弯矩–曲率关系，采用弹性理论分析方法对初始结构几何形体进行的结构分析。

yiwei gujie

一维固结（one-dimensional consolidation）　仅发生在一个方向的渗透固结，也称单向固结。为求饱和土层在渗透固结过程中任意时间的变形，太沙基（K. Terzaghi）提出了一维固结理论。

yiweiliu

一维流（one-dimensional flow）　用描述单向流线几何形态的方程表征单向流的运动形式。

yizhi chishi

一致持时（uniform duration）　在地震动加速度时程曲线中超过某阈值部分的脉冲时段之和，是强地震动持续时间定义的一种。一改持时中，阈值的选择具有任意性不同的阀值对应不同的持时。

yizhigailü fanyingpu

一致概率反应谱（probability-consistent response spectrum）在相同超越概率水平下，不同周期点的反应谱值所组成的谱，也称一致危险谱、一致危险性谱、一致概率谱。在地震动小区划中，它确定基岩反应谱一种方法，是按照统一给定的概率水平从一组反应谱的地震危险性曲线上直接插值选取。因此，它不是由某一特定地震产生的反应谱，而是在给定的概率水平下综合反映了整个地震环境的影响的反应谱。

yizhi weixianpu

一致危险谱（uniform hazard spectrum）
见【一致概率反应谱】

yizhi weixianxing pu

一致危险性谱（uniform hazard spectrum）
见【一致概率反应谱】

yizhi zhiliang juzhen

一致质量矩阵（consistent mass matrix）　根据有限元原理推导出的质量矩阵。质量矩阵中的元素（质量系数）是由坐标的单位加速度引起的对应于坐标的惯性力；其形成过程同刚度矩阵的形成相似，首先须形成单元质量矩阵，然后组装成总质量矩阵。一致质量矩阵对应所有的转动和平动自由度，包含若干非对角线元素；采用一致质量矩阵时体系动力分析的计算量要比采用集中质量矩阵时大得多。

yilang bamu dizhen

伊朗巴姆地震（Bam earthquake in Iran）　2003 年 12 月 26 日在伊朗巴姆（Bam）发生了 6.8 级地震。震中位于伊朗东南部巴姆城，地震造成 4 万余人死亡、3 万余人受伤。巴姆城以 2500 年前建造的巴姆古城堡而得名，该古城堡是古丝绸之路的要地，震前保存完好，当时正在申请世界文化遗产，但地震使之遭到毁灭性破坏。居民区同样也遭到严重破坏，伤亡惨重。

yiliao weisheng jianzhu

医疗卫生建筑（medical builing）　对疾病进行诊断、治疗与护理，承担公共卫生的预防与保健，从事医学教学与科学研究的建筑设施以及其辅助用房的总称。其主要包括医院、综合医院、专科医院、急救中心、门诊部、急诊部、诊室、候诊室、住院部、医技部、手术部、中心消毒供应部和理疗室等。

yiqibiaoding

仪器标定（calibration of vibration sensor）　用试验方法确认拾振器输入输出关系的基本性能。衡量拾振器基本性能的主要指标有灵敏度、通频带、动态范围和非线性等。根据标定性能参数的不同，有静态标定和动态标定之分；动态标定又有绝对标定和相对标定两种。拾振器的标定应在与其使用条件相同的环境状态下进行。为获得较高的标定精度，应将拾振器配用的放大器、滤波器、电缆等测试系统一并校准。

yiqi dizhenliedu

仪器地震烈度（instrumental seismic intensity）
见【仪器烈度】

yiqifa

仪器法（instrumental survey）　采用经纬仪、水准仪、GPS 等仪器，对地质构造线、地层界线、地下水露头、软弱夹层等地质现象进行测绘的方法。

yiqi kangzhen sheji

仪器抗震设计（seismic design of instruments）　为了防御地震对仪器的破坏而进行的专项设计。置于地面、楼板或工作台上的仪器设备有浮放和固定连接两种安装方式。地震作用下建筑物倒塌、构件坠落可能危及仪器安全；仪器自身受地震作用也可能发生滑移、碰撞和倾倒；仪器机件也可能因自身振动反应造成精度和功能的损伤。仪器抗震研究十分复杂，抗震经验也比较缺乏。严格的仪器地震反应分析应就建筑—支承—仪器体系进行，利用楼层反应谱计算仪器地震作用是抗震设计中的常用方法。建筑物不发生强烈振动和不损坏、倒塌，是建筑物内设备安全的基本保障。

Y

yiqi liedu

仪器烈度（instrument intensity） 利用烈度计测定的地震烈度，也称仪器地震烈度、日本气象厅仪器烈度。日本设置烈度计比较普遍，并用仪器测定烈度，向政府和公众迅速通报，称为烈度速报。测定方法基于地震烈度物理指标的研究成果，一般不以某个单一地震动参数为准，而是综合考虑地震动三要素的影响。烈度计对记录到的地震动进行滤波、截取等处理，再用经验系数与历史地震烈度评定结果拟合，或用模糊数学方法处理得到仪器烈度。

yiqi pinxiang jiaozheng

仪器频响校正（instrument response correction） 将强震仪的频响特性的非平直段部分修正为平直段的校正处理方法。随仪器类型不同，校正的方法亦有差别。

yiqi shebei zhenhai

仪器设备震害（earthquake damage of instruments） 仪器设备在地震中遭到的损坏。仪器设备的放置方式有浮放式和固定式。设备损坏多因所在建筑物倒塌，浮放设备在地震中移位、倾倒造成精度降低、运行障碍或整体损坏。房屋倒塌砸坏设备是常见的地震破坏现象；地基在地震时发生不均匀沉降或侧向大变形，使机械设备等基础移位、倾斜，无法正常工作；固定式设备的锚固螺栓被剪断或拔出，支座破坏致使机器倾倒；振动反应过大造成设备构件折断、倾倒损坏等。

yiqi yunxing canshu

仪器运行参数（instrument operation parameter） 与仪器各通道采集工作相关的前兆测项分量的代码、采样率、闸门时间等参数。

yiqi zaosheng

仪器噪声（instrument noise） 仪器自身产生的可能叠加在被测信号上的一定频率范围内的能量。

yiqi zhenzhong

仪器震中（instrument epicenter） 利用仪器测定的地震参数确定的震中，仪器测定的震源断错始发点在地表的垂直投影点，也称微观震中。

yipingmian

夷平面（planation surface） 各种夷平作用（如侵蚀和剥蚀作用）形成的陆地表面，也称均夷面。其包括准平原、山麓平原、风化剥蚀平原和高寒夷平作用形成的平面。其地面较为平坦，在发育过程中受侵蚀基准面的控制，力图降低地面高程，接近基准面。夷平面是广大地区构造长期稳定、地貌发育成熟的产物，标志着地貌发育的重要阶段。其形成后，可再次受到地壳的强烈抬升而呈现出不同的高度。一个山区常见有多级夷平面构成的层状地貌景观。褶皱、断裂活动还会使夷平面形态发生变形。一个剥蚀平原可以被断裂成若干个高度不同的夷平面，原来的夷平面也可因后期的构造运动而发生变形。查明古夷平面及其高度、数量、年龄和变形过程，对研究区域地貌有重要意义。

yiping zuoyong

夷平作用（planation） 使起伏不平的地表趋于低平和均一的外营力过程。常依靠剥蚀（降低内营力形成的高地）和堆积（填平内营力形成的低地）来实现。

yiyeguanfa kelifenxi

移液管法颗粒分析（pipette particle analysis） 将试样制成均匀的悬液，应用斯托克斯定律，按粒径大小计算出沉降一定距离所需时间，用吸管吸取该深度处一定量的悬液，烘干称重，求出各粒组含量以测定细粒土颗粒组成的方法。

yichuan suanfa

遗传算法（genetic algorithm） 模拟生物进化和遗传变异过程的全局优化迭代自适应搜索算法。20世纪中叶，受自然界生物进化哲理的启迪，诞生了以进化计算为名的新兴科学，遗传算法是其中最引人关注的新兴学科之一。

yishiwen bianpo

已失稳边坡（failed slope） 已经发生了滑动、倾倒、崩塌、坍塌、拉裂或流动的边坡。

yiqun suanfa

蚁群算法（ant colony algorithm） 模拟蚂蚁行为的启发式优化算法，也称蚂蚁算法。蚁群算法于1991年由意大利学者多里戈（M. Dorigo）等提出，是继神经网络、遗传算法、模拟退火、禁忌搜索之后的又一种进化算法。该法已在组合优化、调度、路由设计、数据挖掘、故障诊断等领域获得了广泛的应用。

yichang dizhenqu

异常地震区（anomalous seismic zone） 在地震区、带内，一定时期的地震活动呈现出异常现象的区域。

yisunxing

易损性（vulnerability） 承灾体易于受到致灾因子破坏、伤害或损伤的可能性和程度。在地质灾害评价中，是指受灾体道受地质灾害破坏机会的多少与发生损毁的难易程度。

yisunxing fenxi

易损性分析（vulnerability analysis） 承灾体易于受到致灾因子的破坏、伤害或损伤的可能性分析，即结构在灾害不同等级下的失效概率。改变致灾因子强度的数值，计算结构达到或超过破坏状态的概率，然后采用某种统计方法进行曲线拟合，所得的光滑曲线就称为"易损性曲线"。这是一项研究地震对建筑物及其他设施的损害程度的工作，通常由工程师、建筑师和社会经济学家等来完成。

Y

yidali moxi'na dizhen

意大利墨西拿地震（Messina earthquake in Italy） 1908
年12月28日意大利墨西拿（Messina）发生7.1级地震，
震中位于意大利的西西里岛和本土卡拉布里亚市之间海底，
震区为非洲板块与欧洲板块的边界，是强震多发地区。此
次地震对欧洲的破坏损失仅次于里斯本大地震，它使风光
旖旎的墨西拿城98%的房屋遭到毁灭，海对岸的卡拉布里
亚市也破坏严重，震后发生海啸，席卷了墨西拿海峡两岸。
此次地震造成8万余人死亡，经济损失约10亿美元。

yihongdao

溢洪道（spillway） 从水库向下游泄放超过水库调蓄能
力的洪水，以保证工程安全的泄水建筑物。

yiqiang

翼墙（wing wall） 修建在水工建筑物上、下游两侧，用
以引导水流并兼有挡土及侧向防渗作用的建筑物。它是为
保证涵洞或重力式桥台两侧路基边坡稳定并起引导河流的
作用而设置的一种挡土结构物。

yinchuan-hetao dizhendai

银川—河套地震带（Yichuan-Hetao earthquake belt） 国
家标准GB 18306—2015《中国地震动参数区划图》划分的
地震带，隶属华北地震区。该带分布于鄂尔多斯北缘及西
缘，银川断陷盆地呈南北向展布、河套断陷带呈东西向展
布、地震带的分布范围大致相当于断陷带的范围，主要展
布在宁夏和内蒙古的部分地区。在该带内，历史地震记载
始于公元849年，由于该地区历史上人烟稀少，故本带历
史地震记载缺失较多。自有记载以来，本带共记载4.7级
以上的地震50余次。其中，5.0～5.9级地震24次；
6.0～6.9级地震8次；7.0～7.9级1次；8.0～8.9级地震
1次。该带本底地震震级为5.5级，震级上限为8.0级，最
大地震是1739年1月3日宁夏平罗8.0级特大地震。

yinli dinglü

引力定律（law of universal gravitation） 物体间相互作用
的定律，即万有引力定律，于1687年由牛顿发现。该定律
可表述为：任何物体之间都有相互吸引力，这个力的大小
与各个物体的质量成正比例，而与它们之间的距离的平方
成反比。如用m_1、m_2表示两个物体的质量，r表示它们之
间的距离，则物体间相互吸引力可表示为：$F = (G \times m_1 \times m_2)/r^2$，其中$G$称为万有引力常数。

yinqiao

引桥（approach span） 位于主桥两端、代替高路堤、连
接路堤和正（主）桥的桥梁跨段。

yinshenji

引伸计（extensometer） 测量构件两点之间线变形的仪
器，通常由传感器件、放大装置和显示装置三部分组成。

传感器件直接和被测构件接触，将构件变形转换为机械、
光、电、声等信号，放大装置将传感器件输出的微小信号
放大，显示装置（如记录器或读数器）提供放大后的信号。
引伸计可分为机械式引伸计、光学引伸计和电子引伸计等，
常用的有表式引伸计、杠杆式引伸计、马丁仪和电阻式引
伸计。

yinshenjing

引渗井（absorbing well） 为降低地下水位，利用地下水
重力，使上部含水层中的水，通过无管操井或无泵管井自
行下渗至下部透水层的井。

yinshuishi shuidianzhan

引水式水电站（diversion conduit type hydropower station）
利用引水道集中河段落差，形成发电水头的水电站，也称
引水道式水电站。

yinbi gongcheng

隐蔽工程（concealed engineering） 在装修后被隐蔽起
来，表面上无法看到的施工项目。在装修工程中，主要指
敷设在装饰表面内部的工程，家庭装修的隐蔽工程主要包
括给排水工程、电气管线工程、地板基层、护墙板基层、
门窗套板基层、吊顶基层。在城市建设中，通常是指地基、
电气管线、供水供热管线等需要覆盖、掩盖的工程等。

yinfu diliefeng

隐伏地裂缝（non-outcropping ground fissure） 未在地表
出露的、被第四系地层覆盖的地裂缝。隐伏地裂缝需要通
过勘查的手段确定其具体的位置和有关参数。

yinfu duanceng

隐伏断层（buried fault） 在地表无显示或出露不明显而
潜伏在地表以下的断层。这种断层可以是在其形成后又被
新沉积物覆盖；或被后来的侵入体浸没；也可以是形成于
地下深处没切穿地表的断层。如果是隐伏的活动断层，通
过卫星图片解译，从特征的线性地貌或色阶差异可以做出
推断；一般隐伏断层要通过地质勘察的方法查明。

yinfu huodong duanceng

隐伏活动断层（buried active fault） 平原或盆地区被第
四纪松散沉积物覆盖的，在地表没有明显迹线的活动断层。

yinshengyu

隐生宇（Cryptozoic Eonothen） 在隐生宙时期形成的地
层，隐生宙对应的地质年代单位。

yinshengzhou

隐生宙（Cryptozoic Eon） 前寒武纪的同义名，旧译隐动
宙。在早年研究阶段与显生宙相对应提出来的一个非正式
年代地层单位，代表后生动物大爆发后化石记录丰富之前

Y

的地球早期历史时期。现在一般将其划分为冥古宙、太古宙和元古宙。对应的地质年代单位为隐生宇。

yindu bankuai
印度板块（India plate） 板块构造学说最早划分的六大板块之一，也称印度—澳大利亚板块。由勒—皮琼（Le-Pichon，1968）命名。印度板块除印度半岛和澳大利亚以外，大部分为大洋地壳，其西界为中印度洋海岭；北界为喜马拉雅山脉，与欧亚板块相接；东部沿东印度洋海沟进入太平洋直达新几内亚以北海沟带，然后转向南包括整个澳大利亚，与南极板块相连；南界为东西走向的东南印度洋海岭。据大陆漂移说，它原与南极板块共属一个板块，在白垩纪破裂北移，始新世与亚洲板块俯冲相撞，造成中国青藏高原的强烈上升。澳大利亚则在古新世末与南极洲分离。

yinmo
印模（impressing） 将带有定向装置的印模器置入已压裂的孔段，注压膨胀印模器使水压致裂产生的破裂在印模器上留下印痕的过程。

yinjing
窨井（manhole） 城市地下管线中转、控制的地下空间的地面出入口，也称马葫芦，常被窨井盖覆盖。在城市中，所有的公共供水、污水渠、电话线、光纤网络都可透过窨井下的地下通道连结，窨井是其向地面的出口。地下管道多是直线的，当需要转向时，在转向位设置窨井，使直线管道不易阻塞，而易于安装管线。为了方便工作及安全，在一定长度管道的中途也会设置窨井，以便进出管道。

yingxiang banjing
影响半径（radius of influence） 由抽水井中心到水位下降漏斗边缘的水平距离。

yingxiang xishu
影响系数（influence coefficient） 表征分区均匀介质中电阻率变化对视电阻率变化的影响的系数，用 S 表示。

yingxiang celiangyi
影像测量仪（image measuring instrument） 基于成像在光电耦合器件上的光学影像系统（简称影像系统），通过光电耦合器件采集，经过软件处理成像，显示在计算机屏幕上，利用测量软件进行几何运算得出最终结果的非接触式测量仪器。

yingbian
应变（strain） 在外力和非均匀温度场等因素作用下，物体局部的相对变形，主要有线应变和角应变两类。其中，线应变又叫正应变，它是某一方向上微小线段因变形产生的长度增量（伸长时为正）与原长度的比值；角应变又叫剪应变或切应变，它是两个相互垂直方向上的微小线段在变形后夹角的改变量（以弧度表示，角度减小时为正）。应变与所考虑的点的位置和所选取的方向有关。物体中一点附近的微元体在所有可能方向上的应变的全体称为一点的应变状态。在结构工程中，是指作用引起的结构或构件中各种应力所产生相应的单位变形。受力物体形状和大小的变化，也称相对变形。在物体上一点的邻域内，微小线段的长度改变量 ΔL 与线段原长 L 之比。

yingbianchang
应变场（strain field） 应变状态的空间函数，即应变状态随空间点的变化。物体受外力或其他因素影响时，它内部的应变呈现某种分布状况。为了表明物体的这种情况，将物体连同它内部的应变分布状况称为应变场，通常用主应变轨迹线来表示。

yingbian dizhenyi
应变地震仪（strain seismograph） 用通过测量两点间的相对位移来检测地表的应变，用以记录超长周期面波和地球自由振荡等的地震仪。

yingbian fangdaqi
应变放大器（strain amplifier） 对应变式拾振器或应变计的输出信号进行转换、滤波和放大的装置，也积电阻应变仪。

yingbianhua
应变花（rosette gauge） 由两个或两个以上不同轴向的敏感栅组成的电阻应变计。应变花用于确定平面应力场中主应变的大小和方向。敏感栅由金属丝和金属箔制成的应变花，分别称为丝式应变花或箔式应变花。

yingbianji
应变计（deformeter） 电阻随作用力变化的传感器，也称应变片，主要用于应变测量。它是将力、压力、张力、重量等物理量转化为电阻的变化来测量这些物理量，是电气测量技术中最重要的传感器之一，既可测量试件的膨胀，也可测量试件的收缩。

yingbian kongjian
应变空间（strain space） 以三个相互垂直的应变主轴构成的三维坐标系统的空间。

yingbian kongzhi shiyan
应变控制试验（controlled-strain test） 以施加恒应变速率作为施加荷载方式的试验。

yingbianlü
应变率（strain rate） 应变的变化率。在地震学中是指构造形变区积累的应变变化率，其典型值为 $10^{-14}\,\mathrm{s}^{-1}$。

Y

yingbianneng

应变能 (strain energy) 以应变和应力的形式储存在物体中的势能，也称变形能。

yingbianpian

应变片 (strain gauge) 见【应变计】

yingbian ruanhua

应变软化 (strain softening) 土试样在加荷过程中，剪切阻力随着应变或剪切位移增大而增大，达峰值后又逐渐下降并趋于稳定的特性。

yingbianshi jiasuduji

应变式加速度计 (strain gauge accelerometer) 将应变片作为敏感元件的加速度传感器。该类传感器的运动转换机构与其他类型的加速度计相同，均为弹簧—质量—阻尼振子（摆）系统，当摆系统的自振频率远大于测点振动频率时，其位移与测点的加速度成正比。但输出不是直接源自质量的位移，而是依据与位移成正比的支撑弹簧的应变。

yingbianshi weiyiji

应变式位移计 (strain gauge type displacement transducer) 利用应变计电阻变化来测量位移的传感器。该位移计由悬臂梁、应变桥、恢复弹簧、传动杆、输出电缆、钢丝和外壳等组成。

yingbian shifang

应变释放 (strain release) 即应变能的释放。以地震释放的弹性波能量 E 的平方根作统计量，研究它随时间的变化规律，称为应变释放曲线。

yingbian yinghua

应变硬化 (strain hardening) 岩土试样在加荷过程中，剪切阻力随应变或剪切位移增大而逐渐增大的特性。

yingbian zhangliang

应变张量 (strain tensor) 由六个服从张量变换规律的应变分量组成的一个二阶的对称张量。

yingji baozhang jichu sheshi

应急保障基础设施 (emergency functionensuring infrastructures for disaster response) 在灾害发生前，避难场所已经设置的、能保障应急救援和抢险避难的应急供电、供水、交通、通信等基础设施。在城市综合防灾规划中，是指属于交通、供水、供电、通信等基础设施的关键组成部分，具有高于一般基础设施的综合抗灾能力，灾时可立即启用或很快恢复功能，为应急救援、抢险救灾和避难疏散提供保障的工程设施。

yingji baozhang shebei he wuzi

应急保障设备和物资 (equipment and commodities for emergency response) 用于保障应急保障基础设施和应急辅助设施运行以及避难人员基本生活的相关设备和物资。

yingji baozhang shuichang

应急保障水厂 (emergency function-ensuring water supply plant) 在城市综合防灾规划中，是指突发灾害应对中，承担保障基本生活和救灾应急供水的水质净化处理厂，包括主要水处理建（构）筑物、配水井、送水泵房、中控室、化验室等设施。

yingji baozhang shuiyuan

应急保障水源 (emergency function-ensuring water sources) 城市综合防灾规划中要求的在突发灾害应对中，承担保障基本生活和应急救灾的市政供水水源。

yingji baozhang yiyuan

应急保障医院 (emergency function-ensuring hospital) 城市综合防灾规划中要求配置的防灾设施，用于突发灾害应对重伤病人员医疗救护的医院。

yingji fuwu sheshi

应急服务设施 (facilities for emergency service) 城市综合防灾规划中要求的具有高于一般工程的综合抗灾能力，灾时可用于应急抢险救援、避险避难和过渡安置，提供临时救助等应急服务场所和设施，通常包括应急指挥、医疗救护和卫生防疫、消防救援、物资储备分发、避难安置等类型。

yingji fuzhu sheshi

应急辅助设施 (supplementary facilities for emergency response) 为避难单元配置的，用于保障应急保障基础设施和避难单元运行的配套工程设施，以及满足避难人员基本生活需要的公共卫生间、盥洗室、医疗卫生室、办公室、值班室、会议室、开水间等应急公共服务设施。

yingji pinggu

应急评估 (urgent assessment) 暂时和紧急评定建筑对人员生命安全的影响程度的工作。

yingji sheshi

应急设施 (emergency facilities) 避难场所配置的，用于保障抢险救援和避难人员生活的工程设施，包括应急保障基础设施和应急辅助设施。

yingji tongdao

应急通道 (emergency route) 城市综合防灾规划中要求的应对灾害应急救援和抢险避难、保障灾后应急救灾和疏散避难活动的交通通道，通常包括救灾干道、疏散主通道、疏散次通道和一般疏散通道。

应急行动方案（plan for emergency action） 在地震发生后立即采取的具体计划和规定。该方案是地震应急响应方案。2012 年国务院发布的《国家地震应急预案》规定：地震灾害分为特别重大、重大、较大、一般四级，地震灾害应急响应相应分为Ⅰ、Ⅱ、Ⅲ和Ⅳ级。

应急指挥技术系统（technical system of emergency direction） 应急指挥机构所具备的用于地震应急指挥的具有多种功能的整体系统。

应力（stress） 在外力、非均匀温度场和物体中的永久变形等因素引起的物体内部单位截面面积上的内力。应力是矢量，其大小和方向与所考虑的点的位置以及截面的方向有关。应力沿截面法向的分量称为正应力；沿截面切向的分量称为剪应力或切应力。在结构工程中，是指作用引起的结构或构件中某一截面单位面积上的力。

应力波（stress waves） 应力和应变扰动的传播形式。在可变形固体介质中机械扰动表现为质点速度的变化和相应的应力、应变状态的变化。通常将扰动区域与来扰动区域的界面称为波阵面，波阵面的传播速度称为波速。地震波、固体中的声波和超声波等都是常见的应力波。应力波的研究同地震、爆炸和高速碰撞等动荷载条件下的各种实际问题密切相关，在运动参量不随时间变化的静荷载条件下，可以忽略介质微元体的惯性力，但在运动参量随时间发生显著变化的动荷载条件下，介质中各个微元体处于随时间变化着的动态过程中，特别是在爆炸或高速碰撞条件下，荷载可在极短历时（毫秒、微秒甚至纳秒量级）内达到很高数值（10^{10}、10^{11}甚至10^{12}Pa 量级），应变率高达$10^2 \sim 10^7 S^{-1}$量级，因此常需计算介质微元体的惯性力，由此导致对应力波传播的研究。对于一切具有惯性的可变形介质，当在应力波传过物体所需的时间内外荷载发生显著变化的情况下，介质的运动过程就是一个应力波传播、反射和相互作用的过程，这个过程的特点主要取决于材料的特性。应力波研究主要集中在介质的非定常运动、动荷载对介质产生的局部效应和早期效应以及荷载同介质的相互影响，研究时需要考虑材料在高应变率下的动态力学性能和静态力学性能的差别。问题的复杂性表现在应力波分析是以已知材料动态力学性能为前提；而材料动态力学性能的实验研究又依赖于应力波的分析。

应力场（stress field） 应力状态的空间函数，即应力状态随空间点的变化，它是受力物体内部各点某一时刻应力状态的空间分布总和。物体受外力或其他因素影响时，它内部的应力呈现某种分布状况。地学中又称地应力场，包括构造应力场、古地应力场、古构造应力场和现今地应力场等

应力分布（stress distribution） 外力作用下物体体内各点引起的应力分布。分析受载物体的应力分布是工程中十分重要的问题。物体在加载的情况下，其表面和内部各点所受的应力大小、方向以及分布状况不仅与材料性质和物体的几何形状有关，还与荷载大小和加载方式有关。测量应力分布的方法较多，如光弹应力分析、贴片法等。在岩土工程中，是指承受自重和外力作用时岩土体内各点引起的应力分布。

应力恢复法（stress recovery method） 先在岩体内挖槽使其应力解除并测出变形，再在槽内对岩体施加压力使变形恢复，所施加的压力即为岩体的内应力，是测定岩体内应力的方法之一，也称应力恢复法原位应力测试。

应力积累（stress accumulation） 物体在受到外力作用时，其内部的应力随着时间的增长而逐渐增大的过程。一般，岩石在其受力的初期，显示出弹性变形，其内部的应力以积累为主，如果岩石的受力时间超过岩石的松弛时间，其内部的应力将开始松弛。岩石的强度大小是地震震源地方能否积累起巨大应力的决定因素。

应力集中（stress concentration） 受力结构构件在形状、尺寸急剧变化的局部发生的应力显著提高的现象。一般出现在物体形状急剧变化的地方，如缺口、孔洞、沟槽以及有刚性约束处。应力集中既能使物体产生疲劳裂纹，也能使脆性材料制成的零件发生静载断裂。在应力集中处，应力的最大值与物体的几何形状和加载方式等因素有关，局部增高的应力随与峰值应力点的间距的增加而迅速衰减。峰值应力有时会超过屈服极限而造成应力的重新分配，所以，实际的峰值应力常低于按弹性力学计算得到的理论峰值应力。在地震地质中发现，活动断裂带的两端和曲折最突出的部位，以及一条活动断裂带与另一条断裂带交接的地方，地应力容易集中，地块或岩块容易破裂，往往是地震频繁、强烈发生的地方。

应力集中因子（stress concentration factor） 反映应力集中程度的参量。通常定义为应力集中区域的应力和平均应力的比值，在不同领域定义略有不同。

应力降（stress drop） 介质材料破裂过程中，初始应力与最终应力之差。介质材料破裂时介质蓄积的应力释放，

Y

应力降表示介质在释放应变能过程中应力松弛的程度。在静力破裂中称为静应力降，在动力破裂中称为动应力降。应力降是破裂问题中的关键物理量，控制破裂后错动的大小，在动力破裂中还控制辐射应力波的强度，地震断层破裂时对高频地震动有重要影响。

yingli jiechufa

应力解除法（stress relief method）　通过挖槽使测点岩体与四周分离，岩体因应力释放而发生独形，根据测得的变形量反算出该点原来的应力状态的原位试验方法也称应力解除法原位应力测试。

yingli lishi

应力历史（stress history）　土在形成的历史上曾受过的各种固结应力状态，是岩土体的某一点的应力，从开始形成时起至研究它时止，其变化的全部历史过程。

yingli lujing

应力路径（stress path）　外力作用下，土中某点的应力变化过程在一定的应力空间形成的轨迹，或在应力坐标图上的移动轨迹。

yingli qiangdu yinzi

应力强度因子（stress intensity factor）　表征外力作用下弹性物体裂纹尖端附近应力场强度的物理量。它是表征材料断裂的重要参数，并和裂纹大小、构件几何尺寸以及外应力有关。应力在裂纹尖端有奇异性，而应力强度因子在裂纹尖端为有限值。断裂力学的理论分析表明，裂缝尖端附近的应力场具有如下形式：

$$\sigma_{ij}^{J} = \frac{K_{J}}{\sqrt{2\pi \cdot r}} \cdot f_{ij}(\theta)$$

式中，$K_{J} = \sigma_{w} \cdot \sqrt{c} \cdot Y$；下标 j 表示不同的破裂类型；σ_{w} 为外加应力；Y 为与裂缝形状和加载方式有关的量；$f_{ij}(\theta)$ 为方位角 θ 的方向性函数。K_{J} 即为应力强度因子，与坐标无关，随外力 σ_{w} 而变化，控制裂缝尖端应力大小。当应力强度因子 K_{J} 大于材料的断裂韧性 K_{JC} 时，材料就断裂。

yingli shifang

应力释放（stress release）　物体内某一点的应力由于释放能量而降低的现象，如物体形变和破坏等，本质上是能量释放。

yingli shuiping

应力水平（stress level）　作用在岩土体上的相对剪应力的大小或岩土体中一点实际所受剪应力与该点抗剪强度的比值。

yingli songchi

应力松弛（stress relaxation）　在物体的应变保持不变时，其内部应力随着时间的增长而逐渐减小的现象。

yingli zhuangtai

应力状态（state of stress）　用只有正应力作用而剪应力等于零的三个相互垂直的截面表达受力物体某点上的应力，即称为此点的应力状态。物体受力作用时，其内部应力大小、方向均随截面方位而变化，且在同一截面上的各点处亦不一定相同。通过物体内一点可以做出无数个不同取向的截面，其中必定可以选出上述定义中的三个截面来表示这一点的应力状态。三个正交截面称主平面，其上的正应力称主应力；与三个主应力方向对应的直角坐标轴称主应力轴。若三个主应力轴不等且都不等于零，则称三轴（三维、空间）应力状态；如果有一个主应力等于零，则称双轴（二维、平面）应力状态；如有两个主应力轴等于零，则称为单轴或单向应力状态。

yingli-yingbian guanxi

应力–应变关系（stress-strain relation）　变形体的应力张量与应变张量之间的关系式，也称本构关系，是反映物质宏观性质的数学模型。最熟知的反映纯力学性质的本构关系有胡克定律、牛顿黏性定律、圣维南理想塑性定律等。

yingdu

硬度（hardness）　固体材料对外界物体机械作用（如压陷、刻划）的局部抵抗能力，它反映固体中物质凝聚或结合强弱的程度。为了比较各种固体物质的软硬，学者和工程师们定出多种不同的硬度标准及其测量方法和测量条件，归纳起来有划痕硬度、压入硬度和回跳硬度三种，在地质学中常用划痕硬度。

yingshan gelin

硬山搁檩（purlins placing on top of gables）　木屋顶的屋顶檩条直接搁置于山墙之上的生土房屋。是生土房屋的一种结构类型。

yingshui

硬水（hard water）　钙镁含量大于 6 毫克当量百分数的水，包括 6～9 毫克当量百分数的硬水与大于 9 毫克当量百分数的极硬水。

yingzhi hejin zuantou

硬质合金钻头（hard-metal bit）　镶嵌有硬质合金切削具的金属钻头，也称合金钻头。

yingzhiyan

硬质岩（hard rock）　未风化、饱和单轴极限抗压强度大于 30MPa 的岩石，主要包括花岗岩、花岗片麻岩、闪长岩、玄武岩、石灰岩、石英砂岩和硅胶质砾岩等。

yongjiu bianpo

永久边坡（permanent slope）　设计使用年限大于等于 2 年的边坡，是边坡根据使用年限进行分类的一种类型，也称永久性边坡。

yongjiu bianxing

永久变形（permanent deformation） 应力超过屈服应力，除去应力后岩石不能完全恢复原状，不能恢复的变形。

yongjiu dongtu

永久冻土（permafrost） 见【多年冻土】

yongjiu hezai

永久荷载（permanent load） 在结构使用期间，其值不随时间变化，或其变化与平均值相比可以忽略不计，或其变化是单调的并能趋于限值的荷载。

yongjiuxing bianpo

永久性边坡（longterm slope） 见【永久边坡】

yongjiu yingbianshi

永久应变势（permanent strain potential） 地震作用下土的永久应变，也称残余应变。它是土体静应力和动应力的函数，通常由动三轴试验测定。动三轴试验测定的永久应变势以 ε_{ap} 表示，它是土固结后，施加轴向动应力所引起的轴向永久应变。固结时轴向静应力 σ_1 和侧向静应力（围压）σ_3 之比为固结比，动三轴试验得出的轴向永久应变势 ε_{ap} 与固结压力 σ_3，固结比 K_c、轴向动应力幅值 $\overline{\sigma}_{ad}$ 以及作用次数 N 有关，可表示为 $\varepsilon_{ap} = f(\sigma_3, K_c, \overline{\sigma}_{ad}, N)$。式中的函数形式由室内试验和震害经验统计得到。

yongjiu zuoyong

永久作用（permanent action） 在设计基准期内量值不随时间变化的作用，或其变化与平均值相比可以忽略不计的作用。其中，直接作用也称恒荷载。

yongbo

涌波（surge） 明槽急变非定常流中产生的一种水流波动。它是重力波的一种，主要是由惯性力和重力造成的。涌波所到之处会使断面的流量和水位（或水深）发生急剧变化。涌波面高出或低于原水面的空间称为波体，波体的前锋称为波额。这种非定常流的突变特性，使水力要素不再是距离和时间的连续函数，故水力学上又称为不连续波。涌波可分为涨水涌波和落水涌波、顺水涌波和逆水涌波、顺涨涌波和逆落涌波等。

yongdi hongxiantu

用地红线图（map of red line） 由城市规划管理部门签发的、用于规定建设用地范围的平面图。由于规定的建设用地范围通常用红线圈定，因此习惯上将该图称为用地红线图。

youyin chuixiangbai

尤因垂向摆（Ewing vertical motion pendulum） 在垂直摆中，为了增加摆的固有周期，美国地球物理学家尤因（M. Ewing）采取了倾斜悬挂弹簧的方法，称作尤因垂向摆。

youyin dizhenji

尤因地震计（Ewing seismometer） 由尤因（M. Ewing）及其合作者普雷斯（F. Press）在 19 世纪中期共同设计的一种长周期地震计，其周期可达 10～60s，也称尤因地震仪。

youguan

油罐（oil tank） 储存原油或其他石油产品的容器。用在炼油厂、油田、油库以及其他工业中。油罐区由多个油罐组成。每个油罐区一般储存一种油品。油罐区要有消防、防雷及防静电等设施。地上油罐区还要建立防火堤。油罐按材料分为钢、钢筋混凝土和砖石三种。钢油罐有立式（包括拱顶式和浮顶式圆筒形）、球壳式（球形）和卧式（圆筒形）。按储存的油品性质可分为重油罐和轻油罐；按埋设深度可分为地上式、半地下式和地下式。钢油罐如埋在地下或半地下，则必须设有护墙以承受土压力。

youzuniqi

油阻尼器（oil damper） 利用油性介质流动的惯性力（阻抗力）阻抗活塞运动的耗能装置。这种装置一般为筒形，它由油性介质、油缸、活塞杆、活塞构成，它的阻抗力（阻尼力）与活塞相对运动速度成线性或双线性（配有调压阀或溢流阀）比例关系。

yougan dizhen

有感地震（felt earthquake） 震中附近的人能够感觉到的地震。一般震级应大于 3.0 级，人们感觉到的，大多数不会直接造成人员死亡和显著的财产损失。

yougan dizhenqu

有感地震区（area of perceptibility） 在一次地震中，不用仪器观测而能感觉到地面振动的区域，也称震感区。

yougan mianji

有感面积（felt area） 一次地震中，多数人能感觉到地震的地域面积，常作为等震线图的最远边界。

youjizhi hanliang shiyan

有机质含量试验（organic matter content test） 见【有机质土】

youjizhitu

有机质土（organic soil） 有机质含量大于或等于 5%，但不大于 10% 的土。测定土试样中有机质含量的试验称为有机质含量试验。

youjie zuoyong
有界作用（bounded action） 具有不能被超越的且可确切或近似掌握其界限值的各种作用。

youli diduan
有利地段（favourable area to earthquake resistance） 抗震有利地段，国家标准 GB 50011—2010《建筑抗震设计规范》在建筑抗震场地分类中划分的稳定基岩、坚硬土，开阔、平坦、密实、均匀的中硬土等地段。

younianjie yuyingli hunningtu jiegou
有黏结预应力混凝土结构（bonded prestressed concrete structure） 通过灌浆或与混凝土直接接触使预应力筋与混凝土之间相互黏结而建立预应力的混凝土结构。

youxian chafenfa
有限差分法（finite difference method）
见【有限差分方法】

youxian chafen fangfa
有限差分方法（finite difference method） 一种求偏微分（或常微分）方程和方程组定解问题的数值解的方法，也称有限差分法，简称差分方法。微分方程的定解问题就是在满足某些定解条件下求微分方程的解，在空间区域的边界上要满足的定解条件称为边值条件；如果问题与时间有关，则将在初始时刻所要满足的定解条件，称为初值条件。不含时间而只带边值条件的定解问题，称为边值问题；与时间有关而只带初值条件的定解问题，称为初值问题；同时带有两种定解条件的问题，称为初值边值混合问题。定解问题往往不具有解析解，或者其解析解不易计算，所以要采用可行的数值解法。有限差分方法就是一种数值解法，它的基本思想是先把问题的定义域进行网格剖分，然后在网格点上，按适当的数值微分公式把定解问题中的微商换成差商，从而把原问题离散化为差分格式，进而求出数值解。此外，还要研究差分格式的解的存在性和唯一性、解的求法、解法的数值稳定性、差分格式的解与原定解问题的真解的误差估计、差分格式的解当网格大小趋于零时是否趋于真解（即收敛性）等问题。有限差分方法具有简单、灵活以及通用性强等特点，容易在计算机上实现，是工程比较常用的数值方法之一。

youxian daikuan baizaosheng moxing
有限带宽白噪声模型（limited band white noise model） 频带限宽的白噪声模型，是一种地震动平稳随机过程模型。白噪声模型是功率谱为常数的随机过程模型，其频带宽度随研究目的和地震动特点不同而确定，地震学中根据震源谱模型给定频带宽度；在结构地震反应分析中也可以根据所研究结构的频率特性选定。此模型假定所有频率分量的幅值相同。

youxiandanyuanfa
有限单元法（finite element method） 从结构力学发展起来的一种处理任意介质和边界问题的数学物理的数值方法，是解决地球物理正问题的基本方法，已广泛用于地震过程的模拟、地震波传播、地磁场计算，以及地幔对流、地球自转等地球动力学问题，也称有限单元法或有限元素法。其基本概念是：为了能将结构力学里的方法用于解决弹性力学上的问题，可以把一个连续的弹性体变换成为一个离散的结构物，它由若干个有限大小的构件仅在若干个结点相互连结而成。这些有限大小的构件就称为元件或有限单元，也简称为元件或单元。在平面问题中，所有的结点都取为铰接，在接点位移或其某一分量可以不计之处，就在结点上安置一个铰支座或相应的连杆支座。每一单元所受的荷载，都按静力等效的原则移置（分解）到结点上，成为结点荷载。采用的计算方法是结构力学中的位移法。20世纪50年代特纳（M. J. Turner）和托普（L. C. Topp）等人把求解杆件结构的方法推广到求解连续体力学问题并在数学上采用矩阵表示法，这对有限元法的早期发展起了重要作用。1960年克拉夫（R. W. Clough）首先使用"有限元"这一名称。60年代，由于电子计算机的快速发展，有限元法得到广泛应用。经过二十多年的发展，有限元法已经成为处理力学、物理、工程等计算问题的有效方法之一。有限元法基本概念的提出，可以追溯到库朗（Richard Courant, 1888—1972）1943年的工作，他采用三角形单元组成分区近似函数，并用最小势能原理，讨论了柱体的扭转问题。由于当时没有求解大型联立方程的计算工具，这种方法在长期内没有实际应用。中国刘微早在公元3世纪时就用割圆术求圆周率。这种把圆周分割成有限个单元，用有限来逼近无限的思想，可说是现代有限元法的早期萌芽。

youxian yidongyuan
有限移动源（finite moving source） 在强地震动模拟中，将点源排列在一定长度的线段上，并设定各点源按照给定的顺序发生作用，由一侧向另一侧按照给定速度逐次作用，用以模拟断层上破裂传播的线源或面源。

youxianyuan fujia zhiliang moxing
有限元附加质量模型（finite element added mass model）
在大坝抗震分析中可考虑坝体—库水动力相互作用的模型附加，是质量模型的一种。假定库水为不可压缩流体，以动水压力 P 表示的库水运动方程为：

$$\nabla^2 P = 0$$

式中，∇^2 为拉普拉斯算子，$\nabla^2 = \dfrac{\partial^2}{\partial x^2} + \dfrac{\partial^2}{\partial y^2} + \dfrac{\partial^2}{\partial z^2}$。在设定坝体上游面、库水表面及上游界面和库底的边界条件后，略去表面波影响，库水有限元附加质量表达式为：

$$M_w = L^{\mathrm{T}} H L$$

式中，H 为经静力凝聚后只包括坝体迎水面节点的库水刚度矩阵；L 为坝面动水压力与坝面节点力的转换矩阵，上标 T 表示矩阵的转置。这种可考虑坝体—库水动力相互作用效应的模型在实际中应用比较广泛。

youxianyuan moxing

有限元模型（finite element model） 运用有限元分析方法建立的模型，是一组仅在节点处连接、仅靠节点传力、仅在节点处受约束的单元组合体。有限元法（FEA）的基本思想是把连续的几何机构离散成有限个单元，在每一个单元中设定有限个节点，将连续体看作仅在节点处相连接的一组单元的集合体。同时，选定场函数的节点值作为基本未知量，并在每一单元中假设一个近似插值函数以表示单元中场函数的分布规律。建立用于求解节点未知量的有限元方程组，将一个连续域中的无限自由度问题转化为离散域中的有限自由度问题。求解得到节点值后，可通过设定的插值函数来确定单元上以及集合体上的场函数。对每个单元，选取适当的插值函数，使得该函数在子域内部、在子域分界面上以及子域与外界面上都满足一定的条件。单元组合体在已知外荷载作用下处于平衡状态时，列出一系列以节点、位移为未知量的线性方程组，利用计算机解出节点位移后，再用弹性力学的有关公式，计算出各单元的应力、应变。

youxianyuan moxing de gangdu juzhen

有限元模型的刚度矩阵（stiffness matrix of finite element model） 在结构有限元分析中，位移矢量与弹性力矢量之间的转换矩阵。有限元模型的单元刚度矩阵可根据假定的单元内部变形插值函数和虚功原理求得。

youxiao banjing

有效半径（effective radius） 在土工离心模型实验中，离心机转动中心至模型 1/3 深度处的距离。

youxiao bi'nan mianji

有效避难面积（effective and safe area for emergency congregate sheltering） 避难场所内除服务于城镇或城镇分区的城市级应急指挥、医疗卫生救护、物资储备及分发、专业救灾队伍驻扎等应急功能占用的面积之外，用于人员安全避难的避难宿住区及其配套应急设施的面积。

youxiao chishi

有效持时（effective duration） 在地震动加速度时程中截取有工程意义的强震段的持时，是地震动持续时间定义的一种。地震动加速度时程的强度有大有小，只有达到一定强度，或输入结构一定的能量，才使结构有明显反应或者破坏。工程应用中多选择对结构变形或破坏有意义的物理量，据此确定截取强震时段。有效持时多以对加速度平方的积分作为决定持时的基本参数，计算持时的阈值是相对值，因此有效持时都是相对持时。

youxiao fengzhi jiasudu

有效峰值加速度（effective peak acceleration） 5%阻尼比的加速度反应谱 $S_a(T)$ 在高频段（0.1～0.5s）的平均值所对应的地震动峰值加速度。1978 年，美国（ATC3—06）抗震设计样板规范首先采用有效峰值加速度 *EPA* 与有效峰值速度 *EPV* 的概念。现有工程的自振周期大多在 0.1s 以上，虽然单层砖石房屋多在 0.1s 以下，但单层木屋常在 0.2s 左右，五层左右的居住房屋为 0.2～0.3s，单层工业厂房可能在 0.3～0.5s。很高频率（10Hz 以上）的地震动分量对这类工程结构影响不大。加速度峰值受地震动高频分量控制，受复杂因素影响很不稳定；结构的地震反应并不完全取决于个别地震动峰值，反应谱是衡量结构地震反应合理形式，因此，可根据反应谱引入对结构地震反应有意义的等效加速度峰值，有工程意义的控制加速度峰值频率为 2～10Hz。

youxiao fenzhi sudu

有效峰值速度（effective peak velocity） 阻尼比为 5%、在一定周期范围内（1Hz 左右）的平均速度响应谱除以该周期范围内的平均动态放大倍数的数值。速度峰值受复杂因素影响不够稳定，结构反应不完全取决于单个峰值，而是一定频带所有谐波的影响，控制速度峰值的频率在 1Hz 左右，用反应谱来衡量结构地震反应是合适且普遍接受的方法。

youxiao fugai yali

有效覆盖压力（effective overburden pressure） 扣除地下水浮力影响后，由上覆地层自重引起的对下伏地层的压力。

youxiao hezhong

有效荷重（effective load） 在土工离心模型实验中，吊篮所承受荷重的质量，包括模型箱体、模型、量测仪器和安装架、电缆等，以及放置在吊篮内的其他试验辅助设施的质量总和。

youxiao jiasudu

有效加速度（effective acceleration） 在土工离心模型实验中，模型对应有效半径的离心加速度。

youxiao kongxilü

有效孔隙率（effective porosity） 对地下水运动有效的孔隙体积与岩土总体积的比值。

youxiao kuandu

有效宽度（effective width） 钢结构设计时，在进行截面强度和稳定性计算时，假定板件有效的那一部分宽度。

youxiao kuandu xishu

有效宽度系数（effective width factor） 板件有效宽度与板件实际宽度的比值。

youxiao lijing

有效粒径（effective grain diameter）　小于该粒径的颗粒质量占土粒总量的 10%，即土中累积含量为 10% 的粒径，用 d_{10} 表示。

youxiao pinduan

有效频段（effective frequency band）　在波动数值模拟中，能在离散数值计算中被正确模拟的谐波频段。严格分析表明，即使对于一维波动，频率高于一定数值的波动会以低频波动出现，高波数波动也会以低波数波动出现，类似时序分析中的混淆效应，称为离散模型的波动频散效应。

youxiao yingli

有效应力（effective stress）　土体固体颗粒承受的颗粒间平均的接触应力。土是由固体颗粒、水、气体组成的三相体，由矿物质组成的固体颗粒是其骨架，土骨架间通常布满了相互贯通的孔隙，孔隙被水充满的土称为饱和土；一部分孔隙由水充填的土称为非饱和土；孔隙完全由气体充满的土称为干土。作用于饱和土的应力，一部分由组成土骨架的固体颗粒承受，并通过颗粒接触面传递，称为粒间应力，平均粒间应力就是有效应力；另一部分应力由孔隙水承受，并通过水传递，称为孔隙水压力。饱和土受力和变形分析要考虑有效应力作用，即太沙基（K. Terzaghi）在 1923 年提出的有效应力原理，是土力学的基本原理之一。

youxiao yinglifa

有效应力法（effective stress analysis）　对总应力中的孔隙水压力单独分析，用总应力中的有效应力和土的有效应力抗剪强度指标分析岩土工程问题的方法。

youxiao yingli fenxi

有效应力分析（effective stress analysis）　用有效应力和有效应力抗剪强度指标分析土体稳定性的方法。

youxiao yingli qiangducanshu

有效应力强度参数（effective stress strength parameter）用有效应力表示土的强度准则中的参数，包括有效黏聚力和有效内摩擦角等，也称有效应力强度指标。

youxiao yingli qiangduzhibiao

有效应力强度指标（effective stress strength parameters）见【有效应力强度参数】

youxiao yingli yuanli

有效应力原理（principle of effective stress）　土力学中的一个重要原理，由奥地利土力学家太沙基（Karl Terzaghi）在 1925 年建立的反映饱和土体中总应力、有效应力和孔隙水压力三者关系的定律，描述了饱和土中总应力、孔隙水压力、有效应力之间的关系。其基本内容可表述为：控制饱和土体体积变形和强度变化的不是土体承担的总应力 σ，而是总应力与孔隙水压力 σ_w 之差，即土骨架承受的应力，即所谓有效应力 σ_e，其表达式为 $\sigma_e = \sigma - \sigma_w$。根据这一原理，通常采取加强土体排水措施，促使孔隙水压力消散，以便增大有效应力，达到提高工程稳定性的目的。在岩石力学和地震学中，也有人用这一原理来解释岩石强度的变化和地震前兆。

youyuansifushi suduji

有源伺服式速度计（active-servo velocity transducer）　在电动式惯性速度计的动圈上绕以分别接入伺服放大器的输入端和反馈端的两组线圈构成的速度传感器。

youzuni ziyou zhendong

有阻尼自由振动（damped free vibration）　振动系统在初始扰动后，没有激振力（动荷载）作用，在考虑阻尼力的情况下，仅靠恢复力维持的振动。有阻尼自由振动会因为阻尼的存在而耗散振动能量，振动会在或长或短的时间内衰减下来。根据阻尼比可分为过阻尼自由振动、临界阻尼自由振动和欠阻尼自由振动三种情况。

youjiang dizhendai

右江地震带（Youjiang earthquake belt）　国家标准 GB 18306—2015《中国地震动参数区划图》划分的地震带，隶属华南地震区，位于长江中游地震带西南侧，鲜水河滇东地震带东南侧，主要包括广西西部、贵州西南部和云南的一小部分。本带大地构造主体属华南加里东褶皱带。新生代以来，该区大部分处于相对隆起状态，以断裂和断块活动为主，断裂构造以北西向为主，次为北东向，少数断裂在第四纪晚期仍有活动。该带主要地震构造为北西向展布的右江构造带，沿构造带局部发育了一些小型盆地，断裂晚第四纪以来活动性较弱，仅零星发生了少数中等强度的地震，晚第三纪以来，新构造运动以缓慢的整体抬升为特征。与西部鲜水河—滇东地震带和东部华南沿海地震带相比，该带地震活动较弱，以 5 级左右中强地震为主，且频度较低。截至 2010 年 12 月，该地震统计区共记录到 $4\frac{3}{4}$ 级以上地震 54 次，均为浅源地震。其中，5.0～5.9 级地震 30 次；6.0～6.9 级地震 1 次，最大地震为 1875 年 6 月 8 日广西乐业北部 $6\frac{1}{2}$ 级地震。该带本底地震的震级为 5.0 级，震级上限为 7.0 级。

youfa dizhen

诱发地震（induced earthquake）　见【触发地震】

yujitu

淤积土（silted soil）　在静水或缓慢流水环境下沉积形成的土。该类土大多为欠固结土，强度低、压缩量大，不宜作为天然地基。

yuni

淤泥（mud）　在静水或缓慢流水环境中沉积，经生物化学作用形成，天然含水量大于液限，孔隙比大于 1.5 的黏性土。当天然孔隙比小于 1.5 而大于 1.0 时，称淤泥质土。

yuni he yunizhitu diji
淤泥和淤泥质土地基（muck and mucky soil） 由淤泥及淤泥质土组成的高压缩性软弱地基。根据成因可分为滨海沉积、湖泊沉积、河滩沉积及沼泽沉积四种。在中国渤海、东海、黄海等沿海地区的天津、上海和广州等城市，长江中下游、珠江下游、淮河平原、松辽平原，洞庭湖、洪泽湖、太湖和鄱阳湖四周，以及昆明滇池地区，都埋藏有厚度达数米至数十米的淤泥及淤泥质土。它的含水量接近或超过液限；孔隙比大于 1，有的高达 2.5；压缩系数大于 $0.5 \times 10^{-6} Pa^{-1}$，有的超过 $2 \times 10^{-6} Pa^{-1}$；渗透系数为 $10^{-7} \sim 10^{-8} cm/s$；容许承载力一般为 $30 \sim 100 kPa$。强度力低、变形大是这类土的显著工程特点，地震时可能产生软土震陷。

yunizhitu
淤泥质土（mucky soil） 在静水或缓慢流水环境中沉积，经生物化学作用形成，天然含水量大于液限，孔隙比小于 1.5，且大于或等于 1.0 的黏性土或粉土。

yuzhen
余震（aftershock） 见【地震序列】

yuzhenqu
余震区（aftershock area） 见【地震序列】

yuzhen shuaijian guilü
余震衰减规律（aftershock attenuation regulation） 见【地震序列】

yuzhen xulie
余震序列（aftershock sequence） 见【地震序列】

yuliangji
雨量计（rainfall recorder） 用来测量某地区一段时间内的降雨量的装置。常见的有虹吸式雨量计、称重式雨量计、翻斗式雨量计等。

yupeng
雨篷（canopy） 建筑出入口上方为遮挡雨水而设的部件，是建筑物的防水设施之一。将屋面雨水有组织地排向室外的管道称为雨水管；供屋面雨水下泄的洞口称为雨水口。

yushuiguan
雨水管（down pipe） 见【雨篷】

yushuikou
雨水口（water outlet） 见【雨篷】

yushui liyong xitong
雨水利用系统（rain utilization system） 雨水入渗系统、收集回用系统、调蓄排放系统的总称。

yufang dizhen zaihai
预防地震灾害（prevention of earthquake disaster） 预防地震灾害的工作，简称震灾预防。震灾预防包括防震减灾立法、制定预案、建筑物的抗震设防与加固、社会保险、防震减灾科普宣传、全面提高全民防震减灾意识、增强全社会的抗震防震能力。

yujinshuifa
预浸水法（pre-ponding method） 利用湿陷性黄土遇水湿陷的特性，先让湿陷性黄土地基浸水产生湿陷以消除湿陷性的地基处理方法。

yujing
预警（early warning） 见【地震预警】

yulie baopo
预裂爆破（presplitting blasting） 沿开挖边界布置密集炮孔，采取不耦合装药或装填低威力炸药，在主爆区之前起爆，从而在爆区与保留区之间形成预裂缝，以减弱主爆孔爆破对保留岩体的破坏并形成平整轮廓面的爆破作业。

yuqi dizhenzuoyong
预期地震作用（expect earthquake effect） 依据震情分析，预估受震建筑可能再次遭受的地震影响。它包括影响强度较已发生的地震作用小的地震影响，简称为小震作用；影响强度与已发生地震作用大致同等或更大的地震影响，简称为大震作用。

yuyafa
预压法（preloading） 对软土地基预先加压，使大部分沉降在预压过程中完成，相应地提高了地基强度。预压法适用于淤泥质土、淤泥与人工冲填土等软弱地基。预压的方法有堆载预压和真空预压两种。

yuyingli
预应力（prestress） 在结构或构件承受其他作用之前，预先施加的作用所产生的应力。施加预应力的目的是改善结构标件服役表现。

yuyingli banzhu jiegou
预应力板柱结构（IMS prefabricated skeleton building system） 用后张法将预制好的板、柱组成整体预应力混凝土房屋。这种结构的柱距较大，楼层无梁、无柱帽；在节点处，依靠穿过柱的预应力钢筋及板和柱间的摩擦力来承受荷载。在地震区或高层建筑中可加设剪力墙，是一种抗震性能较好的框架结构体系。

yuyingli guanzhuang

预应力管桩 （prestressed concrete pipe pile） 以采用先张法预应力工艺和离心成型法制成的管状预制构件为桩身，与端头板和钢套箍组成的桩。

yuyingli hunningtu jiegou

预应力混凝土结构 （prestressed concrete structure） 配置受力的预应力筋，通过张拉或其他方法建立预加应力的混凝土结构。预应力混凝土构件中混凝土受拉区的预压应力是由预应力钢筋的张拉实现的，所以也称预应力钢筋混凝土结构。预应力混凝土构件可充分发挥高强钢筋的力学性能，提高构件承载力、推迟裂缝的出现、减少裂缝宽度和构件挠度，应用广泛。

yuyingli jin

预应力筋 （prestressing tendon and/ or bar） 用于混凝土结构构件中施加预应力的钢丝、钢绞线和预应力螺纹钢筋等的总称。

yuyingli maogan

预应力锚杆 （prestressed anchor） 见【预应力锚杆】

yuyingli sunshi

预应力损失 （loss of prestressing） 由于预应力混凝土生产工艺和材料的固有特性等原因，预应力筋的应力值从张拉、锚固直到构件安装使用的整个过程中不断降低的应力值。

yuzhizhuang

预制桩 （prefabricated pile） 在工厂或施工现场制作成桩后植入地基土中的桩。特点是能承受较大的荷载、坚固耐久、施工速度快，对周围环境影响较大。我国建筑施工领域采用较多的预制桩是混凝土预制桩和钢桩两大类。

yuzuanshi pangyashiyan

预钻式旁压试验 （pre-boring pressuremeter test） 预先钻孔，再放入仪器进行旁压试验的方法，是确定地基承载力的一种现场原位试验方法。

yuzhi chufa

阈值触发 （threshold trigger） 通道采样数据的绝对值大于某一预定的值（阈值）时，该通道满足触发条件。

yuanguyu

元古宇 （Proterozoic Eonothem） 远古宙时期形成的地层，元古宙对应的地层年代单位。

yuanguzhou

元古宙 （Proterozoic Eon） 地质年代的第三个宙，也称原生宙。其约开始于距今 25 亿年，延续了近 20 亿年。在元古宙发现了很多菌藻化石，因而将其称为菌藻类时代。其后期曾发生过全球性的大冰期；中期发生过广泛的地壳运动，在我国北方称为吕梁运动。伴随构造变动有岩浆活动以及与岩浆活动有关的内生成矿作用。其可分为三个代，即古元古代、中元古代和新元古代。对应的地层年代单位为元古宇。元古宇中火山岩类已逐渐减少，各种碎屑沉积和生物、化学沉积大量出现。新元古界生物沉积大量出现，可根据叠层石和菌藻类化石等对比和划分地层。

yuanjiandingxiang

元件定向 （component orienting） 确定应力测量时传感器上各元件在钻孔中的方位和倾角。

yuanlin jianzhu

园林建筑 （landscape architecture） 园林中供人游览、观赏、休憩并构成景观的建筑物或构筑物的统称。

yuandi yingli

原地应力 （in-situ stress） 未经人类活动扰动存在于地壳内部的应力，也称初始应力。

yuansheng dibiao polie

原生地表破裂 （primary surface rupture） 震级较大的地震过程中，由于构造因素而产生的地表破裂。

yuanshi shuju

原始数据 （raw data） 以原始现场记录格式记录的采样数据，或由观测仪器直接产出的数据。

yuanwei ceshi

原位测试 （in-situ tests） 在岩土体所处的位置，基本保持岩土原来的结构、湿度、密度和应力状态，直接或间接对岩土体进行的测试。

yuanwei danjianfa

原位单剪法 （the method of single shear） 在烧结普通砖墙体上沿单个水平灰缝进行抗剪测试，检测砌体抗剪强度的方法。

yuanwei zhijiejianqie shiyan

原位直接剪切试验 （in-situ shear test） 在岩土体原位制备试验加荷面，分级施加竖向和水平荷载，测定岩土或结构面抗剪强度的剪切试验。

yuanwei zhouyafa

原位轴压法 （the method of axial compression in situ on brick wall） 用原位压力机在烧结普通砖墙体上进行抗压测试，检测砌体抗压强度的方法。

yuanxing jiegou

原型结构（prototype structure） 按施工图设计建成的直接投入使用的结构。

yuanxing jiegou donglishiyan

原型结构动力试验（dynamic test of prototype structure） 结构抗震试验的一种方法，使模拟的地震力或其他动力作用在结构上，直接测定结构动态特性和地震反应的试验。该试验难度大，费用高，一般结构抗震试验中多采用模型试试验。

yuanxing shiyan

原型试验（prototype test） 以原型结构或按原型结构足尺复制的结构或构件为对象的结构试验。该试验难度大，费用高，一般结构抗震试验中多采用模型试验。

yuanzhuangtu

原状土（undisturbed soil） 保持天然结构及物理状态，未被扰动的土。该土样可用于测定天然土的物理、力学性质，如重度、天然含水率、渗透系数、压缩系数和抗剪强度等指标。

yuanzhuang tuyang

原状土样（undisturbed soil sample） 见【不扰动土样】

yuanli

圆砾（gravels） 颗粒形状以圆形及亚圆形为主，粒径大于 2mm 的颗粒含量超过总质量 50%，且粒径大于 20mm 的颗粒含量不超过总质量 50% 的土。

yuanpan polie moxing

圆盘破裂模型（circle fracture model） 破裂面为圆盘的剪切破裂动力学模型，1970 年由布龙（J. N. Brune）提出此模型，也称布龙模型。该模型简要地从物理上说明破裂动力过程的各个要素，并给出震源谱和相关参数的估计方法，得到广泛采用。

yuanpinlü

圆频率（circle frequency） 在 2π 秒内振动的次数，又叫角频率。角频率 ω 与频率 f 的关系是 $\omega = 2\pi f$；周期 $T = 2\pi/\omega$。简谐振动物体的运动情况（位移、速度或加速度）可以用参考圆来描述。

yuanzhui dongli chutan shiyan

圆锥动力触探试验（dynamic penetration test） 利用一定的锤击动能，将一定规格的圆锥探头打入土中，根据入土阻力判别土性随深度变化的原位测试，也称动力触探或圆锥动力触探。

yuan

塬（yuan） 黄土地区常见的一种地貌类型，我国西北部黄土高原地区因冲刷形成的高地，呈台状、四边陡、顶部平坦，是黄土塬的简称。

yuandian

源点（source point） 入度为零的节点。在网络系统分析中，如果边是矢量，即只允许单向连通，则称为有向边，否则为无向边。由有向边组成的图称为有向图；由无向边组成的图为无向图。在有向图中，流入节点的边的总数称为该节点的入度。

yuanchang

远场（far-field） 在不同的学科有不同的含义。在地震学中，是指震源距远大于所涉及的波的波长的波场范围。

yuanchangpu fangfa

远场谱方法（far-field spectra method） 以点源产生的地震动傅里叶谱为目标谱的生成地震动时程的算法。

yuanchang ruantu changdi qiangzhendong jilu

远场软土场地强震动记录（strong ground motion records of soft soil in far field） 软土场地记录到的远场强地震动记录。1985 年墨西哥地震距震中约 400km 的 CDAO 台记录到了软土场地的强震记录。其主要特点是地震动长周期成分极为明显，卓越周期约为 2s。

yuancheng xietong nidonglishiyan

远程协同拟动力试验（pseudo-dynamie test through remote collaboration） 通过网络化结构试验系统进行的拟动力试验。

yuanzhen

远震（distant earthquake） 相对观测点而言，是指震中距大于 1000km 的地震，此地震就观测点而言称为远震。有时把震中距大于 105°（每度约 111km）的地震称为极远震。

yueshu

约束（constraint） 对非自由质点系的运动预加的几何学或运动学的限制。同约束有关的力学知识有三个内容，即约束力、约束方程和理想约束。约束力是约束作用于非自由质点系的力；约束力的方向总是与约束所阻碍的运动方向相反。约束方程是约束条件的数学表示式，在分析力学中利用约束方程就可消去与其数目相等的变数，有利于解题；约束可分为单面约束和双面约束，前者的约束条件用不等式表示，后者用方程表示。理想约束又称不做功约束，是指质点系所有约束力对其作用点的虚位移所做功的和为零的约束。

yueshu bianxing

约束变形 (restrained deformation)　由温度变化、材料胀缩等作用引起的受约束结构或构件中潜在的变形。

yueshu hunningtu

约束混凝土 (confined concrete)　混凝土构件内通过设置较多箍筋限制横向变形，以提高抗压强度和变形能力。

yueshu qiti

约束砌体 (confined masonry)　为加强结构整体性和提高变形能力而采用的由圈梁和构造柱分割包围的砌体，也称约束配筋砌体。约束砌体的地震作用基本仍由砌体承受，约束构件的截面与配筋量虽小，但可提高结构的整体性和变形能力，有助于实现大震不倒的设防目标。中国依抗震规范设计建造的多层黏土砖房和多层砌块房屋，大体属于约束砌体结构的范畴。

yueshu qiti goujian

约束砌体构件 (confined masonry member)　通过在无筋砌体墙片的两侧、上下分别设置钢筋混凝土构造柱、圈梁形成的约束作用提高无筋砌体墙片延性和抗力的砌体构件。

yueqiu chengyin jiashuo

月球成因假说 (formational hypothesis of the Moon)　关于月球形成原因的假说。月球起源与演化理论应符合探测与观察所获有关月球的事实。即月球、地球以及其他行星在太阳星云中几乎同时聚集并很快在约 1 亿～2 亿年内熔融、分异、调整；月球的总体成分与地球的平均成分差别很大；月球的密度比地球低；月球比地球缺水，具壳层结构，表面岩石也较古老。长期以来，有关月球的成因就存在着"捕获说""分裂说"和"双星说"。这三种假说，虽然对月球的化学成分、结构、运行轨道和地月关系的基本特征的解释均有不同的依据，但在地月成分与自转速度的差异及氧与其他同位素组成的相似性等方面，仍存在许多难以自圆其说之处，而最近提出的新的"大撞击说"获得了大多数学者的支持。

yuezhen

月震 (moonquake)　在月球上发生的快速颤动。美国阿波罗计划在月球上安置了很多地震仪，在其地震仪运行期间记录了约 10000 次深月震。由于月球没有水和空气，因而几乎没有干扰（脉动），仪器放大倍数可达 160 万倍，而且任何一次触发都可以产生长达 1h 的振动。月震波是反射波，初至波很小，通常几乎不可能测出初动的极性。月震图上的 S 波和面波不如地震图上的 S 波和面波那样清晰可辨。月震分为深震、浅震和陨石撞击三类。除地球外，月球是目前对其结构作地震探测唯一星体，且走时资料的反演已得到了能很好分辨的内部结构。

yuecengshi zhuzhai

跃层式住宅 (duplex apartment house)　套内空间跨越两楼层及以上，且设有套内楼梯的住宅。

yueliu

越流 (leakage)　在相邻含水层之间存在弱透水层和水头差时，地下水从水头高的含水层向水头低的含水层流动的现象。

yunmu

云母 (mica)　矿物族名。云母族矿物的总称，主要包括白云母、黑云母、金云母、锂云母、铁锂云母等。是钾、铝、镁、铁、锂等的层状结构铝硅酸盐。常呈柱状、板状或片状；集合体常呈鳞片状。颜色随化学成分不同而变化，白云母无色透明或浅色；金云母主要为浅黄至棕色；黑云母为深褐至黑色；锂云母以玫瑰色、浅紫色为主，玻璃光泽，解理面呈珍珠光泽，硬度为 2.0～3.0，相对密度为 2.7～3.5g/cm³。云母是分布很广的造岩矿物，常见于火成岩、沉积岩和变质岩中。

yunnan dongchuan dizhen

云南东川地震 (Yunnan Dongchuan earthquake)　1733 年 8 月 2 日（清雍正十一年六月二十三日）在云南东川发生了 7.5 级大地震。这次地震是中国地震史料中记述地面断裂最详细的一次地震。《雍正东川府志》记载"自紫牛坡地裂，有罅由南而北，宽者四五尺，田苗陷于内，狭者尺许，测之以长竿，竟莫知浅深，相延几二百里，至寻甸之柳树河止……"。地震后人们注意到城墙垛"南北则十损其九，东西十存其六，抑又奇也"。这是中国地震史料对地震震害的方向性最早描述。

yunnan lancang gengma dizhen

云南澜沧耿马地震 (Yunnan Lanchang Gengma earthquake)　1988 年 11 月 6 日云南澜沧和耿马一带发生地震，地震为双震型，地震当天的 21 时 03 分和 21 时 15 分，分别发生了 7.6 级和 7.2 级大地震。通过总结此次地震救灾经验教训，我国加强开展在法律法规、应急预案、现场救援等方面的应急救灾系统的建设，开展编制应急预案、建立监测和救灾指挥等系统。

yunnan songming dizhen

云南嵩明地震 (Yunnan Songming earthquake)　1833 年 9 月 6 日（清道光十三年七月二十三日）云南嵩明发生了震级为 8.0 级的特大地震，震中烈度达 XI 度，破坏范围半径达 260km。它是迄今所知云南省最大的一次地震。据魏祝亭所著《天涯闻见录》记载，震前"先期黄沙四塞，昏晓不能辨，凡三昼夜……震之时声自北来，状若数十巨炮轰，……最烈则嵩明之杨林驿，市廛旅馆，尽反而覆诸土中，瞬成平地，……"。

Y

yunnan tonghai dizhen

云南通海地震（Yunnan Tonghai earthquake） 1970 年 1 月 5 日在云南通海发生了 7.7 级大地震，震中烈度Ⅹ，15621 人死亡，19845 人受伤。地震产生了砂土液化、山体崩塌、滑坡和地表破裂，发震断层出露地表 52km。震后组织数次详细震害调查，总结场地条件对震害影响，建立用震害指数法定量评价房屋破坏，开展房屋破坏模拟实验等，为此后地震现场科学考察方法提供范例，震害考察和实验的成果用于抗震设计规范。

yunxu ganraodu

允许干扰度（allowable interference degree） 地震地下流体观测中，允许干扰引起的动态变化的相对幅度。

yunzhen

孕震（earthquake preparation） 地震前地球介质内的能量逐渐积累，地应力逐渐增强，直至地震发生的过程。地震孕育的过程是地震学研究的重要内容之一。

yunzhenqu

孕震区（seismogenic zone） 孕育发生地震的区域，或震源孕育的场所，或地震能量储藏的区域。对孕震区的具体范围，不同的观点存在分歧。1951 年，贝尼奥夫指出，地震前震源体内处处达到岩石强度极限，地震发生时该体积内介质处处破裂；1965 年，布伦认为，大地震时破裂区往往很大，但地震的大部分能量都是从一个比破裂区小得多的有限区域内释放出来的，这个有限区域即为震源区。

yundong fangcheng

运动方程（motion equation） 描述外部动力作用与结构体系动力变形关系的数学物理方程，也称动力平衡方程。运动方程可分为离散体系运动方程和连续体系运动方程、单自由度体系运动方程和多自由度体系运动方程、弹性体系运动方程和非线性体系运动方程、时域运动方程和频域运动方程等。运动方程有偏微分方程、常微分方程、差分方程、积分微分方程和频域运动方程等数学表述方式，建立动力体系运动方程常用的方法是直接平衡法、虚位移原理方法和哈密尔顿原理方法。

yundong fangcheng qiujiefangfa

运动方程求解方法（solution method of motion equation） 获得运动方程中未知运动变量的方法，可分为解析方法和数值方法两大类。只有简单荷载作用下的单自由度体系可以采用解析方法求解，其他情况下均需采用数值方法求解。数值方法包括适用于线性方程的傅氏变换法和振型叠加法，以及线性与非线性系统都适用的逐步积分法。傅氏变换法是频域求解方法，而振型叠加法和逐步积分法均是时域求解方法。

yundong xianghu zuoyong

运动相互作用（interaction of motion） 在土-结相互作用中，基础与上部结构之间由于运动的差异而产生的相互作用。

yundongxue

运动学（kinematics） 从几何的角度研究物体运动的理论力学的一分支学科。这里的"运动"指机械运动，即物体位置的改变；所谓从几何的角度，是指不涉及物体本身的物理性质（如质量等）和加在物体上的力等。机械运动是广义运动，即是宇宙中的一切变化的一种最简单的基本运动。运动学是以研究质点和刚体这两个简化模型的运动为基础的，掌握了这两类运动，才可能进一步研究变形体（弹性体、流体等）的运动。在变形体研究中，须把物体中微团的刚性位移和应变分开。点的运动学研究点的运动方程、轨迹、位移、速度、加速度等运动特征，这些都随所选的参考系不同而异；而刚体运动学还要研究刚体本身的转动过程、角速度、角加速度等更复杂些的运动特征。刚体运动按运动的特性又可分为刚体的平动、刚体定轴转动、刚体平面运动、刚体定点转动和刚体一般运动等。运动学为自然科学和工程技术等学科提供了必要的基本知识；也为动力学和机械学等学科提供理论基础。

yunxing'anquan dizhendong

运行安全地震动（operational safety ground motion） 核电厂的运行基准地震动。我国核电厂抗震设计中采用的较低等级的设计地震动，相当于国际上使用的运行基准地震动，在设计基准期内年超越概率为 2‰ 的地震动，并且其峰值加速度不小于 $0.075g$。通常为核电厂能正常运行的地震动，用 SL-1 表示。

yunxing jizhun dizhendong

运行基准地震动（operational basis ground motion） 美国、加拿大和欧洲诸国等规定核电厂设计地震动采用的两个等级之一，相当于中国核电厂抗震设计中采用的运行安全地震动，在设计基准期内的超越概率为 0.2%，相应加速度峰值不得小于极限安全地震动的 1/2（$0.075g$）。

Z

zajiao shiyan

杂交试验（pseudo-dynamic test） 见【拟动力试验】

zatiantu

杂填土（miscellaneous fill） 含有大量建筑垃圾、工业废料或生活垃圾等杂物的填土。该土在工程建设中不宜作建筑物的天然地基。

zaibianshuo

灾变说（catastrophic theory） 1812 年，由法国学者居维

叶（G. Cuvier）提出的一个地壳形态和生物分布突变的论说，也称"灾变论"。它认为全球性突然的、剧烈的短期大变动超出我们当前的经历和自然知识。地壳当前形态和生物分布情况是五六千万年前一次"强大而突然的变革"所致。过去的地质作用较之现在，在强度上和频率上都大得多。地球上生物的变化，是反复多次灾变的结果。与灾变论相对的是"均变论"。灾变说认为，太阳系的形成，包括地球的形成，是星际空间某种引起巨大变化的灾变事件的结果。大约在 20 亿年前，突然有一颗质量比太阳还大的恒星从太阳旁边一掠而过或相碰，其巨大引力使太阳上生起巨大的潮，从太阳表面拉出一股炽热的气体流，随着那颗恒星远离太阳而去，这股气体流便被越拉越长，形状如同一枝两头小、中间大的雪茄烟；这条雪茄烟状的气体面逐渐冷却凝结分离，便形成了地球和其他行星。

zaihai dizhixue
灾害地质学（disaster geology） 研究火山、地震、滑波、泥石流和区域性地下水位骤变等有害地质现象的形成、发展和防治措施的科学。地质灾害是指自然的、人为的或综合的地质作用使地质环境产生突发的或渐进的破坏，并对人类生命财产造成危害的地质作用或事件。由于灾害地质学是一门尚处于发展之中的新兴交叉学科，不同领域的研究者对灾害地质学的研究范畴、主要研究内容等有不同的看法，对地质灾害类型的划分也不尽相同。从灾害事件的后果来看，凡是对人类生命财产和生存环境产生影响或破坏的地质事件和作用都应属于地质灾害的范畴；从致灾的动力条件来看，由地球内、外动力地质作用和人类活动而使地质环境发生变化的地质现象和事件均可归属于地质灾害。因此，地质灾害的种类应包括火山喷发、地震、崩塌、滑坡、泥石流、地面沉降、地裂缝、岩溶塌陷、瓦斯爆炸与矿坑突水、地球化学异常导致的各种地方病、沙质荒漠化、水土流失、土壤盐渍化、黄土湿陷、软土沉陷、膨胀土胀缩、地下水污深、洪水泛滥、水库坍岸、河岸和海岸侵蚀与海水入侵等。灾害地质学研究的核心目标是管控和降低地质灾害的风险，减少因地质灾害而造成的人员伤亡和经济损失。

zaihai fangyu sheshi
灾害防御设施（disaster-control construction and facilities） 为防御、控制灾害而修建的，具有明确防护标准与防护范围或防护能力的，对灾害实施监测预警、可控制或降低灾害源致灾风险的建设工程与配套设备，如防洪设施、内涝防治设施、防灾隔离带、滑坡崩塌防治工程、重大危险源防护设施等。

zaihai fengxian pinggu
灾害风险评估（disaster risk assessment） 城市综合防灾规划中规定的采取一定的技术方法，识别存在的灾害危险，分析抗灾能力、抗灾薄弱环节及可能的灾害后果，确定风险防范和控制能力，聚焦存在问题的过程。

zaihailian
灾害链（disaster chain） 由原发性自然灾害诱发出一连串的次生灾害的现象，或灾害连发性。这种现象经常出现在等级高、强度大的自然灾害之后。如 1960 年 5 月智利接连发生了 3 次 7.0 级以上强烈地震，在瑞尼赫湖区引起了 3 次数百万以至数千万方的大滑坡，滑坡填入湖中致使湖水上涨 24m，造成外溢淹没湖东 65km 的瓦尔的维亚城。在这次灾害过程中，地震—滑坡—洪水则构成了一个灾害链。一般灾害链中的灾害具有直接因果关系。还有一些虽无直接因果关系，但或在成因上是同源，或在空间上有一定的联系。

zaihaixing dizhen
灾害性地震（disastrous earthquake） 能够产生地震破坏作用（包括地震引起的强烈震动和地震造成的地质灾害），导致房屋、工程结构和物品等遭受破坏或人员伤亡等灾害的地震。

zainanxing dizhen
灾难性地震（catastropic earthquake） 极震区地震烈度达到 X 度甚至 XI 度，造成严重人员伤亡和巨大财产损失，使灾区丧失自我恢复能力的地震。

zaiqu weisheng fangyi
灾区卫生防疫（epidemic prevention in earthquake disaster area） 地震灾区的饮用水源、食品的检验清毒和疫情检测，防止疫病流行蔓延的措施。

zaiyasuo zhishu
再压缩指数（recompression index） 侧限压缩试验时，土的孔隙比与竖向压力对数值关系曲线中的卸荷再压缩曲线段的割线斜率的绝对值。

zanbushiyong jianzhu
暂不使用建筑（temporarily unresidential building） 受震建筑在预期地震作用中，可能发生危及生命和导致财产重大损失的地震中不能确保使用安全，或受震建筑的抗震能力和使用安全在地震现场一时难以评定的建筑。

zangzhong dizhendai
藏中地震带（Zangzhong earthquake belt） 国家标准 GB 18306—2015《中国地震动参数区划图》划分的地震带，隶属青藏地震区。其主要包括唐古拉山、阿陵山、冈底斯山和念青唐古拉山脉，是青藏高原地势最高的部分，一般海拔高度在 6000m 以上。在地质构造上，该带分布在雅鲁藏布江板块缝合带北部的藏北高原一带，以一系列近东西向的压性断裂带为主，穿插有一系列规模较小的近南北向断陷带，大致以怒江—丁青—班公湖断裂为界，分为南北两部分，北部以晋宁期、加里东褶皱带为主，南部以燕山、喜马拉雅褶皱带为主，地壳厚度为 80～85km，是青藏高原

Z

地壳厚度最大的地带。本带构造活动相对于青藏高原其他地区来说是相对较弱，但带内北东、北西向断裂往往具有很强烈的活动性，该带断裂运动的分布特征明显反映出印度洋板块向亚洲大陆的碰撞、挤压而引起的块体内部的运动。该带地震活动强烈，自有地震记载史以来共记到 8.0 级以上地震 2 次；7.0～7.9 级地震 7 次；6.0～6.9 级地震 63 次；5.0～5.9 级地震 236 次。最大地震为 1411 年 10 月 8 日西藏当雄南和 1951 年 11 月 8 日西藏当雄附近的两次 8 级特大地震。该带本底地震的震级为 6.5 级，震级上限为 8.5 级。

zaoyanji
凿岩机（pulsator）　利用钢钎的冲击和旋转作用在岩石上钻凿孔眼的石料开采机械。其主要用于开采石料或拆除废弃建筑物。凿岩机分风动式、电动式、内燃式和液压式四类。

zaozhong gengxinshi duanceng
早中更新世断层（early and middle pleistocene fault）　在活动断层探测中，是指早中更新世时期发生过位移，但无晚更新世以来活动证据的断层。

zaolu yundong
造陆运动（epeirogeny）　由于地球内部的变化，地壳不断作极为缓慢的升降运动，也称地壳升降运动、大陆增生。它使海水退出或侵入陆地。

zaoshanji
造山纪（Orosirian Period）　前寒武纪元古宙古元古代第三个纪。据 2018 版国际地层年代表，其开始于距今 20.5 亿年，结束于距今 18 亿年。期间蓝藻、细菌繁盛。其名称来自希腊语"orosira"（山脉），即全球造山作用活跃时期。对应的地层年代单位为造山系。

zaoshanxi
造山系（Orosirian System）　在造山纪时期形成的地层。造山纪对应的地层年代单位。

zaoshan zuoyong
造山作用（orogeny）　在地球深部构造动力学背景下，岩石圈和地壳发生的剧烈构造变动，物质成分重组、结构构造重建，出现在板块边缘的连续地质过程。这个构造过程引起地球上产生强烈变质变形的规模巨大的带状大地构造单元，引起板块边界地壳加厚、变质作用和岩浆活动，在地表产生线状隆起的山脉，产生规模巨大的褶皱和断裂构造。

zaosheng
噪声（noise）　所有无用的信号，也可指在有用频带内的任何无用的骚扰。在建筑声学中，是指影响人们正常生活、工作、学习、休息，甚至损害身心健康的外界干扰声。在强震数据处理中，需要把来自仪器的噪声和场地背景噪声等低频噪声滤掉。

zengda jiemian jiagufa
增大截面加固法（structure member strengthening with reinforced concrete）　增大原构件截面面积或增配钢筋，以提高其承载力和刚度，或改变其自振频率的一种直接加固法。

zengliang dongli fenxi
增量动力分析（incremental dynamic analysis）　对于一条特定地震动输入，通过设定一系列单调递增的地震强度指标，并对每个地震强度指标进行结构弹塑性时程分析，可得到结构在不同地震强度作用下的一系列弹塑性地震响应。

zhadun
闸墩（sluice pier）　在闸室中，支承闸门、分隔闸孔、连接两岸的墩式部件。其中，连接两岸的称为边墩；中间部位的称为中墩；控制水流的水闸主体段称为闸室；可启闭的挡水和控制泄水流量的部件称为闸门。

zhamen
闸门（sluice gate）　见【闸墩】

zhamen zhenhai
闸门震害（earthquake damage of sluice and ship lock）　闸门在地震中遭到的损坏。闸门（如水闸、船闸、防潮闸等）大部分建于平原区。场地条件对闸门破坏有重要影响，许多闸门的破坏是由砂土液化、软土震陷、不均匀沉降或地裂缝引起的。闸门破坏现象有闸身底板破坏、闸墩破坏、水道护墙破坏、水闸消力池底板及上游铺盖破坏等。

zhashi
闸室（sluice chamber）　见【闸墩】

zhalan xiaoying
栅栏效应（fence effect）　在对连续的频域信号进行采样时，若使用的采样间隔不能使采样点与原始信号的峰点重合，则采样后的频谱与原始信号频谱将产生不可恢复的误差的现象。

zhaiguiju tielu
窄轨距铁路（narrow gauge railway）
见【标准轨距铁路】

zhanxian
站线（sidings）　在铁路车站管理的线路中，除正线以外各种线路的统称，如列车到发线、调车线、货物装卸线等。

zhangjian polie
张剪破裂（transtension rupture）　同时包含有平行于破裂

Z

面的简单剪切和垂直于破裂面张裂作用的破裂作用，也称张扭破裂、斜张破裂。在应力莫尔圆图解当中，其处于莫尔包络线与剪应力轴交点的左侧。在区域尺度上，通常是相邻地块或岩块斜向离散运动的产物。

zhangliang

张量（tensor） 张量理论是数学的一个分支学科，在力学中有重要应用。张量这一术语起源于力学，最初用来表示弹性介质中各点应力状态，后来通过理论发展而成为力学和物理学的一个有力的数学工具。张量可以满足一切物理定律必须与坐标系的选择无关的特性，因此它在力学和物理学中显得十分重要。张量概念是矢量概念的推广，矢量是一阶张量。了解张量必须先知道张量的两项规定，即求和约定和张量指标。求和约定是指在给定的项中凡有一上和一下两个相同的指标就表示对该指标从 1 到空间维数 N 求和；张量指标包括哑指标和自由指标，哑指标是指各项中一上和一下成对的相同指标，自由指标是指在方程的所有项中只出现一次的指标。

zhanglie

张裂（tension crack） 张应力引起的断裂。在震源动力学模型中，介质或材料破裂的一种类型，也称Ⅰ型破裂，它多存在于各种材料破裂，地下断层的破裂都是在很大的围压下发生的，通常情况下不易产生张裂。

zhangxing duanceng

张性断层（tension fault） 由张应力产生的断层，即正断层。断层面一般较粗糙；断层带较宽或宽窄变化悬殊，其中常填充构造角砾岩，如尚未完全胶结，常形成地下水的通道；沿着断层裂缝常有岩脉、矿脉填充。

zhangyingli

张应力（tensile stress） 一种正应力，即作用方向与截面外法线方向相同，反映使质点间距增大的趋势，也称拉应力。

zhangdong

章动（nutation） 在行星的自转运动中，其轴在进动中的一种轻微不规则运动，使自转轴在方向的改变中出现如"点头"般摇晃的现象。地球的章动来自潮汐力所引起的进动，并使得岁差的速度随着时间变化。

zhangsuo bianxingliang

胀缩变形量（value of swelling-shrinkage deformation） 膨胀土吸水膨胀与失水收缩稳定后的总变形量。

zhang'aiti moxing

障碍体模型（barrier model） 描述断层面的非均匀性的一种物理模型，也称该模型认为在断层面上不均匀地分布大小不同的高强度块体，由于块体的强度高，在主震时不一定破裂；主震后由于断层面附近的应力调整，有可能使这些高强度的硬块破裂而产生余震。

zhaoping cailiao

找平材料（putty fillers） 在结构抗震加固中，用于对加固的结构构件的表面进行找平处理的材料。

zhaozetu

沼泽土（bog soil） 沼泽环境堆积形成的土，是发育于长期积水并生长喜湿植物的低洼地土壤。其表层积聚大量分解程度低的有机质或泥炭，土壤呈微酸性至酸性反应；底层有低价铁、锰存在。沼泽土的强度低、变形大，不宜作建筑地基。

zheyang xishu

遮阳系数（shading coefficient） 在相同的条件下，透过玻璃窗的太阳能总透过率与透过 3mm 透明玻璃的太阳能总透过率之比。

zheban jiegou

折板结构（folded-plate structure） 由多块条形或其他外形的平板组合而成，能作承重、围护用的薄壁空间结构。

zhedie pinlü

折叠频率（folding frequency） 在傅里叶分析中，若给定时间序列的采样间隔 Δt，则从采样后的离散信号中所能分辨出的最高频率为 $f_c = 1/(2\Delta t)$。当 Δt 满足采样定理要求时，f_c 即为折叠频率，也称奈奎斯特频率。

zheshebo

折射波（refracted wave） 波浪从外海向近岸传播时，因水深变化，波向线和波峰线转折发生改变的波动。当波峰线与等深线不平行时，同一波峰线上各点的水深不同，位于深水处一端的波峰移动速度大于较浅处，形成各点的波速并不相同，因而造成波向线和波峰线的转折，使波峰线逐渐趋于与等深线平行。

zheshebofa

折射波法（refraction wave exploration method） 利用地震波遇到性质不同的地层界面产生折射的原理，求得折射界面的地震勘探方法，简称折射法。

zheshebo shiju quxian

折射波时距曲线（time-distance curve of refracted wave） 在折射法探测中，炮检距（测点到震源的距离）与折射波初至达到测点的时间的关系曲线。

zheji

褶积（convolution） 也称卷积。若已知函数 $f_1(t)$、$f_2(t)$，则积分

Z

$$\int_{-\infty}^{+\infty} f_1(\tau) f_2(t-\tau) \mathrm{d}\tau$$

称为函数 $f_1(t)$ 与 $f_2(t)$ 的褶积，记为 $f_1(t) * f_2(t)$。在位移表示定理中，褶积运算是将体力或面力随时间的变化分解若（顺次延迟时刻作用的脉冲，单个脉冲产生的位移就是格林函数；在完全弹性介质中，可将这些脉冲产生的位移叠加（积分）得到总的位移。

zhequ

褶曲（fold） 任何形式的岩层弯曲，也称褶皱。面状构造（如层理、劈理或片理等）形成的弯曲。岩层在构造作用下，或者说是在地应力作用下改变了岩层的原始产状，不仅使岩层发生倾斜，而且形成各样的弯曲。褶皱的面向上弯曲，两侧相背倾斜，称为背形；褶皱面向下弯曲，两侧相向倾斜，称为向形。如组成褶皱的各岩层间的时代顺序清楚，则较老岩层位于核心的褶皱称为背斜，较新岩层位于核心的褶皱称为向斜。正常情况下，背斜呈背形、向斜呈向形，是褶皱的两种基本形式。单个褶皱大者可延伸数十千米，小者可见于手标本或在显微镜下才能见到。

zhezhou dizhen

褶皱地震（fold earthquake） 与活动褶皱相关的一类地震。该地震多数是由年轻褶皱构造之下的滑脱断层或逆断层错动引起的，震源多发生于滑脱断层的断坡，其同震地表变形常表现为褶皱隆起和下陷。多数情况下地表并不存在活动断层或地表破裂带。已知属褶皱地震的有 1980 年阿尔及利亚阿斯南地震、1983 年美国科林加地震、1985 年美国凯特曼山地震、1987 年美国怀特那露地震、1988 年亚美尼亚地震等。

zhenci tugong zhiwu

针刺土工织物（needle-punched geotixtile） 喷丝、铺网后，再通过无数根带刺的细针，上下穿刺，使蓬松纤维相互交错缠绕而成的具有滤土和排水功能的无纺土工织物的一种类型。

zhenfangweijiao

真方位角（true azimuth） 见【方位角】

zhenkong duizai lianhe yuya

真空堆载联合预压 （preloading and vacuum preloading method） 同时采用真空预压和堆载对地基进行预压的地基处理方法。

zhenkong yuya

真空预压（vacuum preloading method） 见【真空预压法】

zhenkong yuyafa

真空预压法（vacuum preloading method） 在软黏土中设置竖向排水通道和水平，通过覆盖薄膜等进行封闭，然后

抽气使排水通道处于部分真空，利用压力差促使地基土体中孔隙水排出、孔隙体积减小、土体强度提高、模量增大的地基处理方法，简称真空预压。

zhensanzhou shiyan

真三轴试验（true triaxial test） 试样处于三向压力不等，且可以设定受力状态下的三轴压缩试验。

zhenshi moxing

真实模型（real model） 满足全部相似关系的模型，也是一种相似模型。在条件允许的情况下，试验模型最好选用真实模型。

zhenchongfa

振冲法（vibroflotation） 通过振冲器产生水平方向振动力，振挤填料及周围土体，达到提高地基承载力、减少沉降量、增加地基稳定性、提高抗地震液化能力的地基处理方法，也称振冲密实法。

zhenchong jimi suishizhuangfa

振冲挤密碎石桩法（vibro-replacement stone column method） 在地基中用振冲法成孔，填入碎石等粗粒料，并同时振密填料形成碎石桩，成桩过程中桩间土同时得到挤密的地基处理方法。

zhenchong mishifa

振冲密实法（vibro-compaction method） 依靠振冲器的强烈振动使饱和砂土层发生液化、砂颗粒重新排列、孔隙减小，并依靠振冲器的水平振动力使砂层挤密的地基处理方法。

zhenchong suishizhuangfa

振冲碎石桩法（vibro-replacement stone column method） 利用振冲器的高压水流喷射成孔，然后填入碎石料，提拔振冲器逐段振实，形成密实碎石桩的地基处理方法。

zhendong

振动（vibration） 物体反复通过某个基准位置的运动。振动是宇宙普遍存在的一种现象，总体分为宏观振动（如地震、海啸）和微观振动（基本粒子的热运动、布朗运动）。一些振动拥有比较固定的波长和频率，一些振动则没有固定的波长和频率。两个振动频率相同的物体，其中一个物体振动时能够让另外一个物体产生相同频率的振动，这种现象叫作共振，共振现象能够给人类带来许多好处和危害。不同的原子拥有不同的振动频率，发出不同频率的光谱，因此可以通过光谱分析仪发现物质含有哪些元素。在常温下，粒子振动幅度的大小决定了物质的形态（固态、液态和气态）。不同的物质拥有不同的熔点、凝固点和汽化点也是由粒子不同的振动频率决定的。我们平时所说的气温就是空气粒子的振动幅度。任何振动都需要能量来源，

没有能量来源就不会产生振动。物理学规定的绝对零度就是连基本粒子都无法产生振动的温度，也是宇宙的最低温度。振动原理广泛应用于音乐、建筑、医疗、制造、建材、探测、军事等行业，有许多细小的分支，对任何分支的深入研究都能够促进科学向前发展，推动社会进步。

zhengdong biaozhun zhuangzhi

振动标准装置（vibration standard apparatus） 校准拾振器动态参数的装置，含超低频振动标准装置、低频振动标准装置、中频振动标准装置和高频振动标准装置。

zhendong celiang yiqi

振动测量仪器（vibration measurement instruments） 测量和分析物体质点偏离平衡位置做往复运动的位移、速度和加速度时间过程的仪器。振动测量除涉及建筑结构的振动（如地脉动反应、爆破振动、风致振动、地震反应）之外，也涵盖更为广泛的机械振动，如旋转机械的振动、飞行器和其他交通工具的振动等。

zhendong chenzhuangji

振动沉桩机（vibratory pile driver） 用振动方法使桩振动而沉入地层的桩工机械。作业时，桩与周围土壤产生振动，使桩面的摩擦阻力减小，桩杆由于自重克服桩周及桩尖的阻力而穿破地层下沉，还可以利用共振原理，加强沉桩效果。沉桩机由振动器、夹桩器、传动装置、电动机等组成。

zhendong ganraoyuan

振动干扰源（interference source from vibration） 产生高频振动、爆破冲击行为，在地壳形变观测场地引起地壳形变速率突然增大的振动来源，如机场、铁路、公路、冲压、粉碎作业场地、采石、采矿场地等均可产生振动干扰源。

zhendong hezai

振动荷载（vibrational load） 作用于结构体系上，随时间变化的荷载，作用力具有动力特性，简称动荷载。例如，机械振动荷载、风荷载和地震荷载等。

zhendong hezai daibiaozhi

振动荷载代表值（representative value of vibrational load） 结构抗震设计中用于验算结构振动响应的荷载量值。

zhendong hezai xiaoying

振动荷载效应（effect of vibration load） 由振动荷载引起结构或构件的动力反应，如振动位移、振动速度和振动加速度等。

zhendong huanjing shiyan

振动环境试验（environmental vibration test） 在现场或实验室通过模拟的方法使建筑物或产品承受振动环境的试验。该试验目的是检验建筑物或产品在振动环境中，工作的可靠性，估算产品寿命，发现设计工作中的薄弱环节并找出改进方向等。在振动环境中，工作的飞行器、车船、机电设备和仪表装置等都要经过振动环境试验的检验。

zhendong jianqie shiyan

振动剪切试验（shaking shear test） 利用振动单剪仪和振动扭剪仪进行的土工试验。该试验主要模拟地震作用下从下卧层向上传播的剪切波引起的地基土的动力变形。该试验可用来测定土的动剪切模量和阻尼比，是土动力特性的重要测试技术。

zhendong kongzhi

振动控制（vibration control） 根据结构响应随时改变结构参数，或增加主动输入（控制力）来改变结构响应的理论和方法。

zhendong shiyan

振动试验（vibration test） 在现场或实验室对振动系统的实物或模型进行的试验。振动系统是受振动源激励的质量弹性系统，如机器、结构或其零部件、生物体等。振动试验是从航空航天部门发展起来的，现在已被推广到动力机械、交通运输、建筑等工业部门及环境保护、劳动保护方面，其应用日益广泛。振动试验包括响应测量、动态特性参量测定、荷载识别以及振动环境试验等内容。

zhendong shuaijian

振动衰减（vibration attenuation） 振动能量随距离或时间的增加而耗散的现象。当振动系统不仅具有恢复力的作用，还有摩擦阻力作用时，它的振幅会因摩擦作用而逐步减小。

zhendongtai

振动台（shaking table） 模拟地震振动台的简称。对以输出位移的方式激励试体强迫振动的激振器，常用的有机械式激振器、电磁式激振器和液压式激振器等。利用振动台可研究各类工程结构和岩土的动力特性、破坏机理以及抗震能力；验证地震作用理论和机构计算模型的正确性；研究动力相似理论，为模型设计提供依据；研究各类工程结构的抗震构造措施和抗震加固方法；验证结构振动控制技术和健康监测技术的效能。

zhendongtai shiyan

振动台试验（shaking table tests） 利用振动台装置进行的结构强迫振动试验。振动台是 20 世纪 70 年代发展起来的大型室内动力试验装置。该试验是地震工程研究中最重要的实验手段之一。

zhendongtai taizhen

振动台台阵（shaking table array） 由多个振动台组成，可实现地震多点输入的设施。

Z

振动信号处理（vibration signal processing） 对机械振动的信号进行数字分析和处理的技术和方法。振动信号处理的基本原理是在试体上施加激振力作为输入信号，在测量点上监测输出信号。输出信号与输入信号之比称为试体系统的传递函数。根据传递函数可进行模态参数识别，继而计算刚度建立系统数学模型，用于结构的动态分析和设计；上述工作均可利用数字处理器来进行。模态分析实质上是信号处理在振动工程中的特殊方法。

振动钻进（vibratory drilling） 利用机械动力所产生的振动力，通过连接杆及钻具传到钻头周围的土层中钻进方法，是工程地质钻探的一种方法。由于振动器高速振动，使土层的抗剪强度急剧降低，借振动器和钻具的重量，切削孔底土层，达到钻进的目的。该方法钻进速度快，主要适用于土层及粒径较小的碎、卵石层。

振幅（amplitude of vibration） 振动物体离开平衡位置的最大距离。结构振动时，其位移、速度、加速度、内力、应力、应变等的最大变化幅度，即在振动时程曲线中，从波峰或波谷到时间坐标轴的距离。

振幅谱（amplitude spectrum） 傅里叶振幅谱。当傅里叶谱 $F(\omega)$ 为复数时，可由下式表示：

$$F(\omega) = A(\omega) + iB(\omega) = |F(\omega)|e^{i\varphi(\omega)}$$

式中，$|F(\omega)| = \sqrt{A^2(\omega) + B^2(\omega)}$ 为傅里叶幅值谱，即为振幅谱；A 和 B 为常数；$\omega = 2\pi f$ 为每个简谐振动的圆频率；$\varphi(\omega) = \tan^{-1}[A(\omega)/B(\omega)]$ 为傅里叶相位谱。求解过程也称为频谱分析，幅值谱和相位谱分别为每个简谐振动的振幅和初相位。

振幅-频率曲线（amplitude-frequency curve） 强迫振动试验获得的激振扰力圆频率与振动响应幅值之间的关系曲线。也称幅频曲线。它表示在不同阻尼情况下放大系数与频率比的关系。振动响应幅值通常用动力放大系数，即振幅相对于静变形的放大倍数来表示；振动的频率通常用频率比，即激振力频率与固有角频率之比来表示。

振密法（compacting method） 通过振动、挤压使地基土孔隙减小、强度提高的地基处理方法，也称挤密法。是粗粒土地基常用的处理方法。

振弦式加速度计（vibrating wire accelerometer） 以弦丝支承质量块并通过弦丝振荡频率差测量加速度的传感器。

振型（mode of vibration） 结构按某一自振周期振动时的变形模式。它是弹性体或弹性系统自身固有的振动形式。可用质点在振动时的相对位置即振动曲线来描述。由于多质点体系有多个自由度，故可出现多种振型，同时有多个自振频率，其中与最小自振频率（又称基本频率）相应的振型为基本振型，又称第一振型。此外，按自振频率递增还有第二、第三等振型，它们被统称为高振型。实际的振动形式是若干个振型曲线的组合。实际上，有 n 个自由度的弹性振子系统存在 n 个固有频率，当简谐激励沿某自由度以第 i 个固有频率（$i = 1, 2, \cdots, n$）作用于系统并达到稳定状态时，系统各自由度振幅恒定，任一瞬间各自由度空间位置连线勾勒出的形状称为第 i 阶振型。

振型参与系数（mode-participation coefficient） 施加在结构上的地震作用中，反映某一振型影响大小的计算系数。

振型叠加法（mode superposition method） 利用多自由度弹性体系振型正交性求解体系振动反应的时域方法。利用系统正交特性可将维运动方程组解耦，转换为个单自由度系统的运动，分别求解各单自由度体系反应后再进行叠加即得原结构反应。该法广泛应用于结构地震反应分析。

振型叠加反应谱法（mode superposition response spectra method） 根据振型分解原理、利用反应谱计算结构地震反应最大值的简化方法。与求解多自由度弹性体系动力反应时间过程的振型叠加法相比较，振型叠加反应谱方法无需进行时程分析，在实际结构抗震分析中应用广泛。

振型分解法（mode analysis method） 将结构各阶振型作为广义坐标系，求出对应于各阶振型的结构内力和位移，按平方和方根或完全二次型方根的组合确定结构地震反应的方法。采用反应谱时称振型分解反应谱法，采用时程分析法时称振型分解时程分析法。

振型分解反应谱法（modal response spectrum analysis） 见【振型分解法】

振型矢量（modal shape vector） 由于个自由度的结构体系的运动方程可以分解成 n 个互不关联的单自由度体系运动方程，为 $\ddot{y}_i + 2\xi_i\omega_i\dot{y}_i + \omega_i^2 y_i = -\gamma_i\ddot{u}_g$。因此，叠加各振型反应后，结构第 i 个质点的位移反应时间过程为：

$$u_i(t) = \sum_{j=1}^{n}\varphi_{ij}y_j(t) = \sum_{j=1}^{n}\varphi_{ij}\gamma_j\Delta_j(t)$$

式中，$\Delta_j(t)$ 为广义坐标，是单自由度弹性体系在地震加速度 $\ddot{u}_g$ 作用下的位移反应；γ_j 为振型参与系数；φ_{ij} 即为 j 振型的振型矢量，且为在 i 质点的分量。

zhenxing zunibi

振型阻尼比（mode damping ratio） 将临界阻尼比的概念引入多自由度体系，表述多自由度体系耗能特性的阻尼比。线弹性体系的振型阻尼比可利用自由振动试验或强迫振动试验得出。试验表明，由同一材料构成的结构体系，不论结构尺寸和形状如何，振型阻尼比通常并不随振动频率呈有规律的变化，变动范围亦不大。

zhenxing zuhe

振型组合（modal combination） 由振型最大反应估计总地震反应最大值的问题，也称振型组合问题。在工程应用中可采用各种近似的方法解决这一问题。

zhenyuan

振源（vibration source） 见【波源】

zhendanji

震旦纪（Sinian System） 震旦系对应的地质年代单位。时间为 6.35 亿～5.41 亿年。

zhendanxi

震旦系（Sinian Period） 中国区域年代地层单位。最新修订后的震旦系为新元古界上部的一个系，对应于国际的埃迪卡拉系。层型剖面位于湖北峡东地区。底界时间为 6.35 亿年，顶界时间为 5.41 亿年，对应的地质年代单位为震旦纪。

zhendong

震动（shock） 地震发生时激发出地震波，当这些地震波到达地面时，便引起地面的运动，即震动。

zhendong canshu

震动参数（seismic ground motion parameter） 见【地震动参数】

zhenhai

震害（earthquake damage） 地震造成自然环境、社会环境的破坏建筑物的破坏及人畜的伤亡等，也称地震灾害。震害主要关注地震对人民生命财产和工农业生产所造成的破坏，常用"震害指数"来表示震害的程度。震害的研究内容包括震灾要素、成灾机制、成灾条件、地震灾害类型划分以及震害特点等。震害常被划分为直接震害和间接震害。

zhenhai chongfuxing

震害重复性（repeatability of earthquake damage） 一个地区、地带、地段或地点在某次强烈地震作用下出现的震害，常会在其他一些强烈地震作用下重复出现的现象，是一种超越震源机制、震中距离及地震烈度等外界因素的客观现象。尽管每次震害有程度上的差异，但其震害特征（地点、部位、破坏机理等）保持基本不变，表明震害的重复性主要取决于场地条件。

zhenhai diaocha

震害调查（earthquake damage investigation） 中强地震发生后对受地震影响地区的工程、环境破坏状态与分布的制查，可分为综合调查或主要针对特定工程类型破坏的专门调查。

zhenhai gailü fenbu hanshu

震害概率分布函数（damage probability distributior function） 描述给定结构的震害随地震动强度变化的概率分布。

zhenhai gailü juzhen

震害概率矩阵（damage probability matrix） 描述某一类结构的震害状态随地震动强度变化的一组量，通常是随烈度或地震动参数大小变化的一个矩阵，一般可由震害概率分布函数导出。

zhenhai yuce

震害预测（earthquake disaster prediction） 某一地区，在地震危险性分析、地震区划或小区划、工程建筑易损性分析以及场地条件调查的基础上，对未来某一时段因地震可能造成的人员伤亡、建（构）筑物及设施破坏、经济损失及其分布等的估计。其结果可用于防震减灾规划和地震应急预案的制定。

zhenhai zhishu

震害指数（seismic damage index） 见【平均震害指数】

zhenhai zhishufa

震害指数法（damage index method） 采用房屋平均破坏程度的统计指标评定地震烈度的方法。其可量化评定烈度的宏观指标，降低评定烈度的主观性和模糊性。1970 年胡聿贤等在考察中国通海地震时采用震害指数来定量描述房屋的平均震害，《中国地震烈度表（1980）》将此作为参考方法。该方法首先是将房屋分类，并划分各类房屋的破坏程度等级，根据破坏等级赋予震害指数；地震现场调查各栋房屋并评定震害指数，给出调查点各类房屋的平均震害指数。取某类房屋为基准，以各调查点的该类房屋平均震害指数为横坐标，其他类房屋的平均震害指数为纵坐标，用回归分析或简单平均方法，得到基准房屋与它类房屋震害指数的换算系数，给出调查点的平均震害指数；利用平均震害指数与烈度的对应关系给出调查点的地震烈度。

震后重建（post-earthquake reconstruction）　在一次地震灾害恢复期以后的数月至数年内，为重建一个地区所采取的行动。

震后地震趋势判定（evaluation of post-earthquake trend）　对社会产生影响的地震发生后，对地震影响地区近期内地震活动形势发展的分析和判断。

震后恢复（post-earthquake rehabilitation）　在一次地震灾害后的数周至数月内所采取的行动和措施，旨在恢复灾区基本生活和生产条件。

震后恢复与重建（post-earthquake recovery and reconstruction）　使地震灾区的生产、生活和社会功能恢复基本正常以及对地震破坏的建（构）筑物、公共设施修复与建设。

震后加固（post-earthquake strengthening）　地震后，对可靠性或抗震能力不足以及需要提高的震损建筑使其达到规定要求所采取的工程措施。

震后救援（post-earthquake relief）　地震灾害发生期间或其后的援助与干预，旨在抢救、保护幸存者，及时满足其基本生存需求，包括及时营救并提供食品、衣物、栖身场所、医疗和安慰等，以减轻地震给灾民带来的痛苦。

震后评估（post-earthquake assessment）　地震后，应急评估和详细评估的总称。该项工作对地震应急救援和恢复重建至关重要。

震后疏散（evacuation after seismic ground motion）　地震动结束后，组织人员有序撤离建（构）筑物的避险行为。

震后修复（post-earthquake repair）　地震后，对受到损伤的建筑恢复其原有可靠性或抗震能力所采取的措施。

震后应急（post-earthquake emergency management）　破坏性地震发生后的地震应急工作。该项工作对稳定灾区社会秩序、抢救地震中被埋压人员的生命至关重要。

震后应急鉴定（emergency evaluation for engineering after earthquake）　地震后对遭受地震的工程进行应急评估，将其区分为基本完好、轻微损伤、中等破坏、严重破坏和倒塌等，为解决灾区困难和下一步开展灾后重建提供技术支持。

震后应急期（emergency period of post-earthquake）　地震后应急响应的时段。破坏性地震的震后应急期一般为一周左右的时间，该时段对抢救地震中被埋压人员的生命至关重要。

震级（earthquake magnitude）　见【地震震级】

震级饱和（earthquake magnitude saturation）　大地震的震级不随震源破裂规模增大而增加的现象。地震波是由岩石破裂产生的，岩石强度和破裂速度都是有限的，单位面积岩石破裂释放的能量也有限，因此在大震时这些震级不随断层长度的增加而加大，出现震级饱和现象。根据定义，地震矩不会产生震级饱和现象。

震级档（grade of earthquake magnitude）　见【震级分档】

震级分档（grade of earthquake magnitude）　地震危险性分析中，确定潜在震源区的空间分布函数时对震级的分档，也称震级档。通常把潜在震源区震级上限作为最高档的上界值，震级下限作为最低档下界值，以 0.5 个震级单位为间隔划分震级档。

震级概率分布模型（probabilistic model of magnitude）　以震级作为地震强度的指标而建立的描述地震发生强度的模型。在一个潜在震源区内，假定地震发生的强度分布采用震级—频度关系 $\ln N = \alpha - \beta M$ 来描述。式中，$\alpha = a\ln 10$；$\beta = b\ln 10$。发生一次震级不超过 M 的地震的概率称为震级 M 的累积概率分布函数，简称为概率分布函数 $F(M)$，由震级—频度关系可推出，即：

$$F(M) = \begin{cases} 0 & M < M_0 \\ \dfrac{1 - \exp[-\beta(M - M_0)]}{1 - \exp[-\beta(M_u - M_0)]} & M_0 \leq M \leq M_u \\ 1 & M > M_0 \end{cases}$$

式中，M_0、M_u 分别为起算震级和震级上限。对应震级 M 的概率密度函数 $f(M)$ 定义为：

$$f(M) = \lim_{\Delta m \to 0} \frac{F(M + \Delta M) - F(M)}{\Delta M} = F'(M)$$

Z

由此可推出震级 M 概率密度函数 $f(M)$ 为：

$$f(M) = \begin{cases} \dfrac{\beta\exp[-\beta(M-M_0)]}{1-\exp[-\beta(M_u-M_0)]} & M_0 \leqslant M \leqslant M_u \\ 0 & \text{其他} \end{cases}$$

zhenji shangxian

震级上限（upper limit magnitude）　地震危险性概率分析中使用的地震带或潜在震源区内可能发生的最大地震的震级极限值，即一个潜在震源区的震级上限表示在该震源区内发生超过这一震级地震的概率等于零。

zhenji xiaxian

震级下限（lower limit magnitude）　概率地震危险性分析中使用的影响工程场地地震危险性的最小地震震级。

zhenji-pindu guanxi

震级-频度关系（magnitude-frequency relationship）　地震发生次数与震级之间的统计关系，是地震活动性研究中十分重要的关系。震级-频度关系用下式表示：

$$\lg N = a - bM$$

式中，N 为震级大于或等于 M 的地震次数；a 和 b 为通过统计研究确定的经验常数。这一经验关系由古登堡（B. Gutenberg）和里希特（C. F. Richter）在 1944 年提出，所以也称古登堡-里克特关系（G-R 关系）。在地震危险性分析中，可以从一个地震区带的震级-频度关系式中导出该地震区带和相应潜在震源区上震级的概率密度函数和各震级年平均发生率。这时需要将上式中的常用对数转换为自然对数：

$$\ln N = \alpha - \beta M$$

式中，$\alpha = a\ln 10$；$\beta = b\ln 10$。

zhenji-pindu guanxi quxian

震级-频度关系曲线（magnitude-frequency relationship curve）　利用震级-频度关系式 $\ln N = a - bN$，在半对数坐标系下绘制的曲线。式中，N 为震级大于或等于 M 的地震次数；a 和 b 为通过统计研究确定的经验常数。这一经验关系由美国地震学家古登堡（B. Gudenberg）和里希特（C. F. Rechter）在 1944 年提出，故称古登堡-里希特关系式（也称 G-R 关系式）。尽管这种关系的物理基础至今仍不是很清楚，但已证实可应用于全球或区域尺度上一个较宽的震级范围。

zhenli

震例（earthquake case）　一次或一组破坏性（或强有感）地震的资料和研究成果的汇集。

zhenli ziliao

震例资料（earthquake case information）　某次地震的全部资料，包括与震例有关的地震地质、震害、地震参数、地震序列、地震前兆异常、预测预报和应急响应等的原始资料及分析与研究成果。

zhenli zongjie

震例总结（earthquake case summariation）　对地震震例资料进行全面地系统收集、整理、研究和科学概括的工作。破坏性地震是小概率事件，震例总结对地震科学研究十分重要。

zhenqing

震情（seismic regime）　与地震有关的基本情况的统称，包括已发生地震的时间、地点、强度、破坏程度及可能与地震有关的异常现象，如地震活动性异常、地磁、地电、地下水等前兆性异常等等。

zhenqing huishang

震情会商（consultation on earthquake situation）　对地震的震情进行分析、研究和判断的会议。会议经研究讨论给出地震可能发生的预报意见，供有关部门参考使用。

zhenqun

震群（consultation on earthquake situation）　见【地震序列】

zhenshi bixian

震时避险（earthquake swarm）　见【地震序列】

zhensun

震损（earthquake damage）　在较强地震发生后，对建筑遭受地震破坏、损坏等现象的统称，是建筑物安全鉴定的主要依据之一。

zhensun jianzhu

震损建筑（seismic damage buildings）　在地震灾区，地震作用而受到损伤的各类建筑。

zhenxian

震陷（earthquake subsidence）　地震引起高压缩性土软化，饱和粉土、粉细砂液化增密，土体强度降低，塑性区扩大等原因，导致地面或地基显著沉陷的现象。在强烈地震作用下，由于土层加密、变形、液化和侧向扩张等通常会导致工程结构或地面产生的下沉。

zhenyuan

震源（seismic source）　见【地震震源】

zhenyuan biaoshi dingli

震源表示定理（seismic source representation theorem）　在均匀、各项同性、完全弹性介质中，通过点源解（格林函数）计算任意体力或面力作用下的地震动场的原理，即位移表示定理，也称表示定理或位移表达定理。

Z

zhenyuan canshu

震源参数（seismic source parameter） 表示地震基本性质的数据和物理量。其分两大类：一类是几何参数，包括震源深度、发震时刻、地震能量、震中经度和纬度；另一类是描述震源物理过程的，包括地震矩、应力降、视应力和震源尺度等。

zhenyuan chidu

震源尺度（seismic source dimension） 从地震记录求得的表征震源大小的参数。地球内部岩层破裂引起振动的地方称为震源。它是有一定大小的区域，又称震源区或震源体。它是地震能量积聚和释放的地方。

zhenyuan dingwei

震源定位（seismic source location） 见【地震定位】

zhenyuan donglixue moxing

震源动力学模型（dynamic model of earthquake source）以地壳介质的应力场为初始条件，根据介质的强度和破裂准则建立地震断层破裂的产生、发展和终止的数理模型。震源动力学模型求得的震源函数更接近实际的非均匀破裂，破裂的非匀速传播、开始或终止都会辐射高频地震波。对断层破裂过程的研究可以更深入了解地震震源的物理过程，探讨震源发射高频地震动的机制，为运动学模型提供更合理的物理基础，修正运动学模型。

zhenyuan feijunyun polie moxing

震源非均匀破裂模型（seismic source non-uniform fracture model） 破裂传播的速度或方向有变化的破裂模型，主要有位垒模型（也称障碍体模型）、黏块模型（也称凹凸体模型）。

zhenyuan jizhi

震源机制（seismic source mechanism） 震源区在地震发生时的力学状态及过程，包括震源区主应力方向、地震断层的破裂方向、破裂速度与应力降等，也称地震机制、震源机制解、震源断层面解。求解震源机制与震源模型有关。震源模型主要有点源和非点源两种。点源根据作用力情况分为单力偶和双力偶源；非点源包括有限移动源和位错源。单力偶源机制除求节面走向、倾向和倾角外，还要求错动力的方位参数；双力偶源除求解断层面产状和应力轴取向外，还要求解最大主应力轴 P、最小主应力轴 T 和中等主应力轴 N 的方位参数。有限移动源又分单侧双向震源模型和双侧双向震源模型。位错源是指地震时断层面两边的岩层发生相对错动形成的震源模型。

zhenyuanju

震源距（hypocentral distance） 观测点到断层破裂起始点的距离。震源距的计算需确定震源深度。

zhenyuan junyun polie moxing

震源均匀破裂模型（uniform seismic source fracture model） 假定破裂以固定的速度传播的破裂模型。一般情况下，破裂速度略小于介质中的剪切波速。简单的匀速传播破裂反映了断层破裂最基本的形态，是对断层发展的宏观描述，该模型可以较好地模拟和解释地震动的低频分量分布与特征。

zhenyuanli

震源力（earthquake focal force） 表明震源处受力状况的量。一种是单力偶作用，代表震源处同时受到大小相等、方向相反的一对力偶作用。这是一种动力模型，求运动参数时，除求解节面走向、倾向和倾角外，还要求错动力的方位参数。另一种是双力偶作用，它表示震源处受到相互正交的两对力偶作用。这是一种静力模型，求运动参数时，除求解断层面的产状和力轴的取向外，还要求解最大主应力轴 P、最小主应力轴 T 和中等主应力轴 N 的方位参数。

zhenyuan moxing

震源模型（earthquake source model） 描述断层破裂引发地震的力学模型。它在一定程度上刻画了构造地震发生的机制。

zhenyuanpu

震源谱（earthquake source spectra） 等效地震点源震源时间函数的傅里叶振幅谱，即震源频谱。震源处发生的地震波是一种非周期脉冲振动，可以将它认为是由许多不同频率、不同振幅、不同相位的简谐振动合成，这些简谐振动的振幅和相位相对于其频率的变化规律即为震源谱。震源频谱特性比较全面地反映了震源区的物理性质，它是一个频率域的量。大多数地震的震源频谱可以用地震矩 M_0 和拐角频率 f_0 两个参数表示。拐角频率 f_0 是反映断层面矩形体（哈斯克尔模型）长度的一个物理参数。

zhenyuan shendu

震源深度（earthquake focal depth） 从震中地面到震源的距离，可用仪器记录到的地震波推算。震源深度小于 60km 的地震为浅源地震；震源深度在 60～300km 的地震为中源地震；震源深度大于 300km 的地震为深源地震。

zhenyuan shijian hanshu

震源时间函数（earthquake source time function） 断层面上各点错动随时间变化的函数关系。断层发生错动，经过短暂的时间间隔最终达到某个固定值，其间的变化十分复杂。岩石试验发现，岩石错动是有起伏，但分析研究中常加以简化，假设为某种光滑过渡函数表示位错过程，以便用解析方法或数值方法求解。常用的震源时间函数有阶梯函数、斜坡函数和余弦过渡函数。

zhenyuan suiji moxing
震源随机模型 (stochastic model of earthquake source) 将断层破裂的相关参数视为随机变量的震源运动学模型。确定性震源运动学模型描述破裂过程的参数都是常数，模拟地震动的结果适用于低频。为了模拟高频地震动，必须考虑控制非均匀破裂的参数是变化的，为此提出了位垒模型和黏块模型等假说。但位垒和黏块的大小分布等仍然难以确定，一个处理方法是将控制破裂过程的参数视为随机变量，仍然用运动学模型来模拟地震动。

zhenyuan wuli moshi
震源物理模式 (physical pattern seismic source) 见【地震物理模式】

zhenyuan wuli shiyan
震源物理实验 (experiment of seismic source physics) 观测岩石或其他材料样品的形变、破裂与摩擦等物理过程和伴随的物理现象，研究震源的孕育、破裂的物理机制及伴随的各种物理现象的实验。

zhenyuan yundongxue moxing
震源运动学模型 (kinematic model of earthquake source) 设定断层面上各点的错动时空分布函数，求解断层错动产生的地震动场的力学模型。

zhenzai fangyu xinxi
震灾防御信息 (earthquake disaster-prevention information) 与避免和减轻地震灾害有关的信息，包括防震减灾规划、政策法规、地震区划、抗震设防要求、抗震设计、防震减灾知识宣传等信息。

zhenzai jiuzhu xinxi
震灾救助信息 (earthquake disaster relief information) 与震前应急防御和震后抢险救助有关的各种信息，涉及地震应急预案、震灾救援、避震和自救知识、避难设施等信息。

zhenzai yufang
震灾预防 (earthquake disaster prevention) 见【地震预防】

zhenzhong
震中 (earthquake epicenter) 见【地震震中】

zhenzhong fangweijiao
震中方位角 (epicenter azimuth) 从震中的指北方向线起，依顺时针方向到目标方向线（如地震台方向线）之间的夹角。

zhenzhong jiasudu
震中加速度 (epicenter acceleration) 强震仪在地震震中处所记录到的由地震引起的地面加速度。

zhenzhongju
震中距 (epicentral distance) 地面上某一指定点至震中的距离。通常，强震记录要标明获得记录台站的震中距。

zhenzhong liedu
震中烈度 (epicentral intensity) 震源附近宏观破坏最严重区域的地震烈度。破坏最严重的区域常称为宏观震中，以示与仪器测量确定的微观震中区别，二者可能不重合。对于尚无仪器记录的历史地震，通常取极震区的几何中心作为宏观震中。震中烈度一般是一次地震的最高烈度，它与震级、震源深度有关，通过统计已建立了相互间的经验关系。

zhenzhong qianyi
震中迁移 (epicentre migration) 见【时空迁移】

zhenzhong weizhi
震中位置 (epicentral location) 见【地震位置】

zhengya fenmeihui putongzhuan
蒸压粉煤灰普通砖 (autoclaved flyash-lime brick) 以石灰、消石灰（如电石渣）或水泥等钙质材料与粉煤灰等硅质材料及集料（砂等）为主要原料，掺加适量石膏，经坯料制备、压制排气成型、高压蒸汽养护而成的实心砖。

zhengya huisha putongzhuan
蒸压灰砂普通砖 (autoclaved sand lime brick) 以石灰等钙质材料和砂等硅质材料为主要原料，经坯料制备、压制排气成型、高压蒸汽养护而成的实心砖。

zhenghe
整合 (conformity) 见【整合接触】

zhenghe jiechu
整合接触 (conformable contact) 地壳处于相对稳定下降情况下形成连续沉积，地层产状互相平行且无缺失的接触关系，是沉积地层常见的一种接触关系，简称整合。

zhengti gangxing guandao kangzhen yansuan
整体刚性管道抗震验算 (seismic check for rigid pipeline) 基于设计地震作用对整体刚性管道抗震安全性进行的计算校核。所有接口均为焊接或丝扣连接的埋地管道，其接口强度与管体无大差别，称为整体刚性管道。此类管道可认为在地震中均匀受力。国家标准 GB 50032—2003《室外给水排水和燃气热力工程抗震设计规范》规定了相应的抗震验算要求。

zhengti jianqie pohuai
整体剪切破坏 (general shear failure) 在荷载作用下，土中形成连续的滑动面，土从基础两侧挤出隆起，基础发生急剧下沉或侧倾的破坏形式。

Z

zhengti wanqu

整体弯曲（overall curvature） 筏形基础和箱形基础作为一根整体的梁或一块整体的板承受上部结构荷载和地基反力作用而产生的弯曲。

zhengti wending

整体稳定（overall stability） 在外荷载作用下，对整个结构或构件能否发生屈曲或失稳的评估。

zhengti zhenduan

整体诊断（global monitoring） 依据结构体系模态参数的变化实施健康诊断的方法，是基于振动信号进行损伤识别的方法之一。结构体系的模态参数含振型、频率和阻尼比，反映了结构体系的质量、刚度和耗能特性。对于弹性体系，若可获取结构模态的完整数据，则可确定地反演结构质量和刚度矩阵、确定结构状态，是整体诊断的理论基础。整体诊断的技术途径有模式识别和模型修正两类。

zhengzhi jianzhuwu

整治建筑物（regulating structure） 为整治河流、航道，具有调整河床边界、改变水流结构、影响泥沙运动、控制河床演变等作用的水工建筑物。

zhengchangshi

正长石（orthoclase） 一种矿物名，为单斜晶系，多呈肉红色，有时呈黄褐、灰白等色，条痕白色，具玻璃光泽，解理面具珍珠光泽，半透明至透明，硬度为 6.0～6.5，相对密度为 $2.57g/cm^3$，主要产于酸性和碱性以及部分中性岩浆岩中，也是片麻岩等变质岩的主要矿物，并存在于长石砂岩等碎屑岩中，经表生作用和热液蚀变转变为绢云母、高岭石和叶腊石等。

zhengchangyan

正长岩（syenite） 中性深成侵入岩的一种，多呈浅灰色或玫瑰色；具等粒或斑状结构，主要组成矿物包括碱性长石和次要的钠质斜长石、黑云母、辉石、角闪石，不含或只含极少量石英。碱性长石占长石总量的 65%～90%，还有少量斜长石存在，暗色矿物含量约 20%。若有石英，则其含量不超过浅色矿物的 5%，如石英含量达 5%～20%，称为石英正长岩。根据暗色矿物种类可分为角闪石正长岩、辉石正长岩和黑云母正长岩。正长岩在地表分布面积很少，多与酸性岩、基性岩等共生，或构成其他岩体的一部分，有时构成环状杂岩体的一部分。

zhengchang gujietu

正常固结土（normally consolidated soil） 当前有效覆盖压力基本上等于历史上最大有效覆盖压力，并已完成固结的土。该类土的固结比为 1。

zhengchang shiyong jixian zhuangtai

正常使用极限状态（serviceability limit state） 对应于结构或地基基础达到使用或耐久性能的某一限值的状态。

zhengduanceng

正断层（normal fault） 上盘沿断层面倾斜方向，相对于下盘向下滑动的倾滑断层，也称正滑断层、张性断层、重力断层。该断层的最大压应力沿垂直向，最小压应力沿水平向。

zhengduanceng dizhen

正断层地震（normal fault earthquake） 发生在正断层上的地震，即发震断层为正断层的地震。

zhenggui fanyingpu

正规反应谱（regular response spectrum） 见【标准反应谱】

zhengjiaodu wucha

正交度误差（orthogonality error） 三分量磁传感器各磁轴之间的夹角与相对 90°的偏差。

zhengjiao qiao

正交桥（right bridge） 桥的纵轴线与其跨越的河流的流向，或与公路、铁路等路线轴向相垂直的桥。

zhengpinsan

正频散（normal dispersion） 见【反频散】

zhengqiao

正桥（main span） 跨越河道主槽部分或深谷以及人工设施主要部分的桥梁，也称主桥。该桥的纵轴线一般与其墩台的轴线相垂直。

zhengxian pinlü saomiaofa

正弦频率扫描法（scanning method with sinusoidal frequency） 采用单向等振幅加速度的变频连续正弦波台面输入对试体进行正弦扫描，以确定试体的动力特性的测试方法。

zhengxian saomiao shiyan

正弦扫描试验（sine sweeping test） 输入频率接续变化的多段等幅正弦波进行的结构强迫振动试验。当某段扫描波的频率与结构自振频率相同时，将激起结构的共振，故正弦扫描试验又称共振频率试验或扫频试验，其目的是测定结构自振频率及相应的振型阻尼比。

zhengxian

正线（main line） 连接并贯穿或直接伸入铁路车站的线

路，是铁路工程术语。只有一条正线的线路称为单线；有二条正线的线路称为双线。

zhengxunhuan zuanjin
正循环钻进（circulation drilling） 循环液从钻杆内进入孔底，携带岩屑，沿钻杆与孔壁之间的环状空间溢出地面的钻进方法。

zhengyan
正演（forward modeling） 根据已知的地震动加速度时间过程和结构参数计算结构的地震反应，或根据结构实测加速度反应估计结构参数的问题，也称正问题、正演问题。在结构动力学中，已知结构和荷载求结构的响应，是典型的正问题。

zhengyingli
正应力（normal stress） 受力物体内部单位截面积上法线方向的附加内力分量。其中，有使物质质点间距增大趋势的正应力称为张应力；反之，称为压应力。在地质学中，压应力定义为正值、张应力定义为负值，这与工程力学中的定义相反。

zhichengli
支撑力（nodal bracing force） 为减小受压构件（或构件的受压翼缘）的自由长度所设置的侧向支承处，在被支撑构件（或构件受压翼缘）的屈曲方向，需施加于该构件（或构件受压翼缘）截面剪心的侧向力。

zhidang jiegou
支挡结构（retaining structure） 使岩土边坡保持稳定、控制位移、主要承受侧向荷载而建造的结构物。

zhidunba
支墩坝（buttress dam） 由一系列倾斜的面板（挡水结构）和支承面板的支墩（扶壁）组成的坝。面板直接承受上游水压力和泥沙压力等荷载，通过支墩将荷载传给地基。面板和支墩连成整体，或用缝分开。1980年建成的湖南镇梯形坝，坝高129m，是目前中国最高的支墩坝。

zhidunshi dangqiang
支墩式挡墙（buttress retaining wall） 该墙与扶壁式挡墙相反，是在墙前底板上，纵向按一定间距设置支垛的挡墙。

zhiguan
支管（bracing member） 钢管结构中，在节点处断开并与主管相连的管件，如桁架中与主管相连的腹杆。

zhihu
支护（support） 开挖基坑或洞室时，为了保持岩土体的稳定而设置的临时性结构体系，是为地下硐室开挖后的稳定及施工安全，而采取的支持、加强或被覆围岩的构件或其他措施的总称。采用传统矿山法施工时，支护类型有保留矿柱、架设支架、加固岩石三种。采用新奥法施工时，按支护作用效果可分临时支护和永久支护两类，包括喷锚支护、钢木支撑、混凝土衬砌、注浆支护等多种类型。

zhihu jiegou neili jiance
支护结构内力监测（stress monitoring for retaining structure） 对支护结构由于外力变化造成的结构应力变化进行系统的观测和监视。

zhixian gonglu
支线公路（feeder highway） 在公路网中起连接作用的一般公路，即县（县道）和乡（乡道）等公路。

zhizuo feixianxing
支座非线性（bearing nonlinearity） 桥梁下部结构与上部结构间的支承构件（支座）的非线性性质。桥梁支座有多种形式，如板式橡胶支座、聚四氟乙烯滑板橡胶支座、活动盆式支座、活动球型支座、各种减隔震支座等。一般情况下，桥梁支座可发生六个自由度的运动，即三个平动和三个转动。支座的竖向刚度一般很大，虽然可以通过试验手段确定竖向刚度系数，但取某一足够大的数值即可满足工程分析的要求；支座抗转动能力一般很弱，通常予以忽略。桥梁支座的非线性性质主要涉及水平方向的力和变形关系。

zhishi faxian
知识发现（knowledge discovery in databases） 从大数据中识别有效的、新颖的、潜在有用的、最终可以理解的信息和知识的过程。知识发现是人工智能、数据库技术与机器学习的交叉学科，并与统计学、数学、可视化技术等密切相关。

zhidabo
直达波（direct wave） 在均匀地层中由震源直接传播到观测点的地震波。它一般是在震中距小于1000km时，才可能观测到的地震波。

zhijian shiyan
直剪试验（direct shear test） 见【直接剪切试验】

zhijiefa
直接法（directive analysis method） 考虑土-结相互作用影响计算结构动力反应时，将上部结构和地基作为整体分析求解和计算土-结相互作用体系动力反应的方法。除极简单的理想模型可用解析方法求解外，几乎所有的直接方法都采用数值方法。波动数值模拟的直接法计算已经编制出大型软件，如FLUSH和SASSI等。

zhijie jianqie shiyan
直接剪切试验（direct shear test） 用具有上下剪切盒的

Z

直剪仪，对同一岩土的若干试样施加不同法向压力，并在固定剪切面上施加剪力使之破坏，根据抗剪强度曲线，确定岩土黏聚力和内摩擦角的试验方法，简称直剪试验。

zhijie pinghengfa

直接平衡法（straight equilibrium method） 通过动力体系各质点的力矢量平衡关系建立运动方程的方法。任何动力体系的运动方程都可以用牛顿第二运动定律表示，即任何质量的动量变化率等于作用在这个质量上的力。质量所产生的惯性力与它的加速度成正比，但方向相反，这一概念称为达朗贝尔（Jean le Rond d'Alembert）原理。利用该原理可把运动方程表示为动力平衡方程。方程中的力可包括多种作用于质量上的力。由此，运动方程的表达式仅为作用于质量上的所有力（包括惯性力）的平衡表达式。在若干简单问题中，直接平衡法是建立运动方程最直接而又方便的方法。

zhijie pubifa

直接谱比法（direct spectrum ratio method） 直接对地表和地下的强震记录或地脉动记录进行傅里叶变换，求得两者的傅里叶振幅谱比，并利用振幅谱比来估计场地的放大倍数的方法，是场地谱比的一种方法。

zhijie qudongshi jixie zhendongtai

直接驱动式机械振动台（direct drive mechanical shaking table） 台面由主轴通曲柄滑块机构、正弦机构或凸轮顶杆机构直接驱动，当振动台主轴由电机带动旋转时，台面产生预定的振动的振动台，是机械式激振器的一种。台面的运动规律完全由机构运动学关系及传动机构参数确定。

zhijie weiyifa

直接位移法（direct displacement method） 根据预期的满足某一性态水准要求的目标位移进行结构抗震设计的方法，是直接基于位移的设计方法的简称。该方法的基本特征是将抗震结构转换为等效单自由度体系，并利用设计位移反应谱确定地震作用。

zhilishi huagong shebei jiagu

直立式化工设备加固（strengthening of vertical chemical equipment） 对直立式化工设备进行加固的方法和技术。其主要方法和技术有五个方面：第一，塔类设备应提高薄弱构件的强度和稳定性，加强地脚螺栓的锚固强度。第二，管式加热炉筒体外壁及筒体与裙座连接处可增设加劲板；采用保温钉固定炉衬，喷嘴接口处采用柔性连接，炉底柱上应设防火层；烟囱应设加强构件且与对流室或辐射室顶部以螺栓连接。箱式炉支撑框架应设柱间斜撑。第三，立式储罐的罐壁稳定性不足时应增设加劲圈；油罐浮顶应采用弹性材料密封；软土或液化土上的储油罐应以金属软管与管道连接；防油堤强度不足时可采用增设壁柱、混凝土面板及放缓土堤边坡等加固措施，当管线穿过防油堤时应

回填密封材料。第四，球罐应提高拉杆强度，可增设新拉杆或加大拉杆直径，钢管拉杆可用角钢补强；可采用加焊角钢、灌注水泥砂浆等方法增加支柱刚度；球壳接管根部和支柱底板可增设加劲板，并加强地脚螺栓的锚固；支柱应设防火层。第五，球罐可设置消能减振器。

zhiliu didianzulüyi

直流地电阻率仪（DC meter for electrical resistivity） 通过向地下供直流电流建立稳定人工电场的方法来测量地下介质视电阻率的仪器。

zhiliudianfa

直流电法（direct current survey） 利用探测对象与相邻介质之间的电阻率或电化学特性差异，通过观测研究与探测对象有关的直流电场的分布特征和变化规律，达到探测目的的方法。

zhijin

植筋（bonded rebars） 以专用的结构胶黏剂将带肋钢筋或全螺纹螺杆锚固于基材中。植筋技术是一项针对混凝土结构较简捷、有效的连接与锚固技术；可植入普通钢筋，也可植入螺栓式锚筋；现已广泛应用于已有建筑物的加固改造工程。

zhishui

止水（sealing） 设置在水工建筑物各相邻部分或分段接缝间，用以防止接缝而产生渗漏的设施。

zhinanzhen

指南针（compass） 一种利用可以绕轴转动的磁针制成的指示方向的仪器，是中国古代四大发明之一。在地磁场作用下，磁针始终保持在磁子午线方向。根据磁针指示的方向，可以大体上辨别出地理意义上的南北方向。

zhiliuji

志留纪（Silurian Period） 古生代第三个纪。"志留"一名源于英国东南威尔士一个古代部族（Silures）居住的地方名"Siluria"，该地以这一时代的地层出露较好而得名。最初的志留纪包括现在的奥陶纪和志留纪。1960年哥本哈根国际地质会议已正式通过决议，确认奥陶纪与志留纪分立。志留纪开始于距今约4.43亿年，延续约2400万年。志留纪浅海广布，各个海区互相沟通，使得动物群之间发生混生现象，所以志留纪动物分区现象已不明显。对应的地层年代单位为志留系。志留系被划分为四个统，即兰多维列统、温洛克统、罗德洛统和普里道利统。

zhiliuxi

志留系（Silurian System） 志留纪对应的地层年代单位，表示在志留纪时期形成的地层。

制冷（refrigeration） 用人工的方法从一种物质或空间移出热量，以便为空气调节、冷藏和科学研究等提供冷源的技术。

zhidian

质点（particle） 具有一定质量而不计尺寸的物体。物体本身都有一定的尺寸，若某物体的尺寸同它到其他物体的距离相比，或同其他物体的大小尺寸相比是很小的，则该物体便可近似地看作是一个质点，如行星的大小比行星间的距离小很多，行星便可视为质点。因为不计大小尺寸，所以质点在外力作用下只考虑其线运动；由于质点无大小可言，所以作用在质点上的许多外力可以合成为一个力。研究质点的运动，可以不考虑它的自旋运动。任何物体可分割为许多质点，物体的各种复杂运动可看成许多质点运动的组合。因此，研究一个质点的运动是掌握各种物体各种运动的入门。牛顿第二定律适合于一个质点的运动规律，有了这个定律，结合牛顿第三定律，就构成了研究有限大小的物体的重要手段。所以"质点"是研究物体运动的最简单、最基本的对象。

zhidianxi

质点系（system of particles） 包含两个或两个以上的质点的力学系统。质点系内各质点不仅可受到外界物体对质点系的作用力，即外力的作用，还受到质点系内各质点之间的相互作用力，即内力的作用。外力或内力的区分取决于质点系的选取。例如，以太阳系为质点系，则太阳和各行星之间的万有引力是内力，而太阳系内的行星和不属太阳系的天体之间的引力就是外力。对于由地球和月球组成的地—月系统来说，太阳对地球和月球的引力是外力，地球和月球之间的引力则是内力。受外力作用和在运动状态变化时都不变形的物体（连续质点系）称为刚体。刚体、弹性体、流体都可看作质点系。

zhidian yundong

质点运动（particle motion） 在地震波通过时，地球上任一点的运动。描述质点运动学的基本物理量主要包括位置矢量、位移、速度和加速度等。

zhidian yundong sudu

质点运动速度（velocity of particle motion） 质点在单位时间内运动的距离；其也可表述为：质点运动时，该质点运动的位移对时间的微商或导数。

zhiliang

质量（mass） 物体中所含物质的量，即物体惯性的大小，是量度物体惯性大小的物理量。质量的国际单位是千克，其他常用单位有吨、克、毫克等。在科学史上，质量的定义由牛顿（Isaac Newton）首先提出，他在《自然哲学的数学原理》一书中写道："物质的数量（质量）是物质

的度量并等于密度同体积的乘积。"近代学者对此有不同的评价。奥地利学者马赫（Ernst Mach）认为，密度只能定义为单位体积的质量，因而牛顿的质量定义是一种逻辑上的循环。但牛顿并没有对密度做出定义，特别是没有作出密度是单位体积的质量这样一个近代的定义。因而 H. 克鲁（Henry Crew）认为；由于当时密度和比重是同义词，水的密度被任意地取为 1，且以密度、长度、时间作为基本单位；在这样一种系统中，用密度来定义质量从逻辑上说是允许的，而且是很自然的。

zhiliangbeng

质量泵（mass pump） 利用泵箱内液体的流动耗散振动能量的被动控制装置。该装置由充满液体的可伸缩泵箱和连通管组成，利用受控结构不同构件（如上、下层楼板）间的相对变形，可压缩泵箱使液体往复流动，液体运动及其黏滞性可耗散结构体系振动能量。质量泵有闭环型、开环型和间隙型等。

zhiliang bili zuni

质量比例阻尼（mass proportional damping） 假定阻尼矩阵为 $c = \alpha m$（m 为质量矩阵，α 为比例常数）而构成的阻尼矩阵，也称 α 阻尼。当用第一振型的阻尼比确定 α 时，振型阶数越高阻尼越小，因此该阻尼可能夸大高阶振型对结构反应的贡献。在实际应用中，系数 α 最好以动力反应中最主要的振动频率和相应的阻尼比确定。

zhiliang juzhen

质量矩阵（mass matrix） 结构动力分析中加速度矢量与惯性力矢量之间的转换矩阵，反映了结构体系的质量分布特性。质量矩阵应考虑所有因振动而产生惯性力的质量，可分为集中质量矩阵和一致质量矩阵。

zhiliang midu

质量密度（mass density） 单位体积材料（包括岩石和土）的质量，简称密度。质量也可理解为物体中所含物质的量，密度是单位体积的质量。

zhixin

质心（centre of mass） 物质系统上被认为质量集中于此的一个假想点，是质量中心的简称。质心与重心不同的是质心不一定要在有重力场的系统中，除非重力场是均匀的，否则同一物质系统的质心与重心通常不在同一假想点上。由牛顿运动定律或质点系的动量定理，可推导出质心运动定理，即质心的运动和一个位于质心的质点的运动相同，该质点的质量等于质点系的总质量，而该质点上的作用力等于作用于质点系上的所有外力平移到这一点后的矢量和；质点系的任何运动一般都可分解为质心的平动和相对于质心的运动；质点系相对某一静止坐标系的动能等于质心的动能和质点系相对随质心做平动的参考系运动的动能之和。质心位置在工程上有重要意义。例如，要使起重机保持稳

Z

定，其质心位置应满足一定条件；飞机、轮船、车辆等的运动稳定性也与质心位置密切相关；此外，若高速转动飞轮的质心不在转动轴线上，则会引起剧烈振动进而影响机器正常工作和寿命。

zhixin yundong dingli

质心运动定理（theorem of motion of centre of mass） 质点系的质心运动和一个位于质心的质点的运动相同，该质点的质量等于质点系的总质量，该质点上的作用力则等于作用于质点系上的所有外力平行地移到这一点上。它是动力学普遍定理之一。

zhizi ciliyi

质子磁力仪（proton magnetometer） 利用质子在地磁场中的旋进频率与地磁场总强度绝对值成正比的原理，以人工或自动方式测量地磁场总强度绝对值的仪器。

zhizi shiliang ciliyi

质子矢量磁力仪（proton vector magnetometer） 由质子磁力仪加分量线圈组成的磁力仪。质子矢量磁力仪能完成地磁场的总强度绝对值、水平分量绝对值及磁偏角相对值的组合观测，或总强度绝对值、垂直分量绝对值及磁偏角相对值的组合观测。

zhizi shiliang ciliyishi

质子矢量磁力仪室（proton vector magnetometer hut） 用作质子矢量磁力仪对地磁要素变化进行连续记录的场所。

zhizai dizhiti

致灾地质体（geological body probably resulting in hazard） 可能导致灾害发生的地质体，如可能发生崩塌、滑坡、泥石流、地面沉降、地表塌陷等地质灾害的地质体。

zhizai dizhi zuoyong

致灾地质作用（geological process probably resulting in hazards） 可能导致灾害发生的地质作用。常见的有地震、火山喷发、断层错动、崩塌、滑坡、泥石流、地面塌陷、地面沉降、地面开裂、煤层自燃、洞井塌方、冒顶、偏帮、鼓底、岩爆、高温、突水、瓦斯爆炸、建筑地基与基坑变形、垃圾堆积、塌岸、淤积、渗漏、浸没、水坝溃决、海平面升降、海水入侵、海崖侵蚀、海港淤积、风暴潮、水下滑坡、潮流沙坝、浅层气害、黄土湿陷、膨胀土胀缩、冻土冻融、沙土液化、软土震陷、淤泥触变、水土流失、土地沙漠化、盐碱化、潜育化、沼泽化、地下水质污染、农田土地污染、地方病、河水漏失、泉水干涸、地下含水层疏干等。

zhili dizhen

智利地震（Chile earthquake） 1960 年 5 月 22 日智利近海发生地震，震级达 8.9 级，矩震级为 9.6 级，是全球最大的一次强震，震中在康塞普西翁。这次地震特点突出：一是地壳活动激烈，一个月内 3 次 8.0 级以上，10 次 7.0 级以上地震，致 6 座死火山重新喷发，出现 3 座新火山，两座小山不翼而飞。二是导致了世界上影响范围最大最严重的一次地震海啸，海啸巨大，海浪波及甚远，平均高达 10 米巨浪猛烈冲击智利沿岸，海浪又以每小时 700 多千米的时速横扫太平洋，24 小时后到达 17000 千米外的日本列岛，浪高 4 米，掀翻渔轮，吞噬住宅，淹没城乡，地震破坏最重的地区是从圣地亚哥到蒙特港等地，这次地震导致数万人死亡和失踪，200 万人无家可归；码头全部瘫痪，瓦尔的维亚城被淹没，智利国内经济遭受巨大损失。三是此次地震激起了明显地球固有振荡，震后根据地震记录分析与理论预计符合，再次确认研究地球内部结构方法和成果。另外，这次地震时发现震中区天然土上的烈度为Ⅷ度，而人工充填的不结实的地表土其烈度可达Ⅺ度。通过这次地震，求得了地震时破裂传播速度可达每秒数千米。

zhineng cailiao

智能材料（smart material） 具有感知和响应双重功能的材料。例如，压电材料可感知压力的变化而输出相应的电信号；反之，在电信号驱动下又可产生变形。利用这类材料可制作主动或半主动控制装置，实现反馈控制。

zhineng chuan'ganqi

智能传感器（intelligent sensor） 带微处理器、兼有信息检测和信息处理功能的传感器。智能传感器的最大特点是将传感器的信息检测功能与微处理器的信息处理功能结合在一起。此类传感器或将传感器与微处理器集成在一个芯片上，或以微处理器配置一般的传感器。

zhinenghua jicheng xitong

智能化集成系统（intelligentized integration system） 将不同功能的建筑智能化系统，通过统一的信息平台实现集成，以形成具有信息汇集、资源共享及优化管理等综合功能的系统。

zhineng kongzhi

智能控制（intelligent control） 利用人工智能确定主动控制（或半主动控制）的控制律和控制策略的方法，有些文献也将反馈控制称为智能控制，或认为采用智能材料的控制体系是智能控制体系。这些定义都隐含智能控制与信息反馈有不可分割的联系。

zhibian zuni

滞变阻尼（hysteretic damping） 见【频率相关黏滞阻尼】

zhihou

滞后（retardation） 一个现象与另一密切相关的现象相对而言的落后迟延，特别指物理上的结果没有及时跟着原因而出现，或指示器对所记录的改变了的情况反应迟缓。在地震工程学中，是指黏弹性体在加、卸载时，需经历一段时间才能完成应变的现象。

zhihou zuni

滞后阻尼（hysteretic damping）　假设来源于结构内部由于振动变形引起能量耗散带来的阻尼，是材料阻尼的一种，它的耗能与激励的频率无关。根据这一特点，假设滞后阻尼的大小与振动位移成正比，但方向与速度的方向相反。

zhihui guize

滞回规则（hysteresis rule）　卸载和重加载时的力—变形迹线。不同的构件恢复模型其卸载和重加载时的力—变形迹线不同，故滞回规则不同。它是非线性恢复力模型的组成部分。

zhihuihuan

滞回环（hysteretic loops）　往复荷载作用下结构、构件或材料试件的一次往复加载得到的滞回曲线。综合多个滞回环就组成了滞回曲线，滞回曲线中滞回环的面积常被用来评定结构耗能性质的一项重要指标。

zhihui quxian

滞回曲线（hysteretic curve）　见【恢复力曲线】

zhitanxing zuni

滞弹性阻尼（anelastic damping）

见【频率相关黏滞阻尼】

zhihuanfa

置换法（replacement method）　用物理力学性质较好的材料置换天然地基中部分或全部软弱土体，以提高地基承载力、减小沉降的地基处理方法。

zhihuan shashizhuang fuhe diji

置换砂石桩复合地基（replaced stone column composite foundation）　采用振冲法或振动沉管法等工法在饱和黏性土地基中设置砂石桩，在成桩过程中只有置换作用，桩间土未被挤密或振密，由砂石桩和桩间土形成的复合地基。

zhixindu

置信度（confidence degree）　估计值与总体参数误差的概率，也称为可靠度、置信水平、置信系数，即在抽样对总体参数作出估计时，由于样本的随机性，其结论总是不确定的。因此，采用一种概率的陈述方法，也就是数理统计中的区间估计法，即估计值与总体参数在一定允许的误差范围以内，其相应的概率有多大。

zhixin qujian

置信区间（confidence interval）　由样本统计量所构造的总体参数的估计区间。在统计学中，一个概率样本的置信区间是对这个样本的某个总体参数的区间估计。置信区间展现的是这个参数的真实值有一定概率落在测量结果的周围的程度。置信区间给出的是被测量参数的测量值的可信程度。

zhixin shuiping

置信水平（confidence level）　置信度的互补概率，即某个参数落在置信区间的概率。例如，95%置信度，其置信水平为0.05；99%置信度，其置信水平为0.01。

zhongdeng dizhen

中等地震（moderate earthquake）　一般是指5.0～7.0级的地震。该地震可能会造成一定的人员伤亡和经济损失。

zhongdeng pohuai

中等破坏（moderate damage）　承重构件多数轻微损坏，部分明显损坏，个别非承重构件严重破坏，需加一般修理或采取应急措施后方可适当使用的破坏情况，是地震中建筑物的一个破坏等级。

zhongguo dizhendong canshu quhuatu

中国地震动参数区划图（Chinese ground motion parameter zoning map）　中国境内以地震动参数（峰值加速度和反应谱特征周期）为指标的地震区划图。迄今为止，我国共编制完成了两幅地震动参数区划图，第一幅由胡聿贤于2001年组织编制完成；第二幅由高孟谭于2015年组织编制完成。

zhongguo dizhendong canshu quhuatu（GB 18306—2001）

中国地震动参数区划图（GB 18306—2001）（Seismic ground motion parameter zonation map of China, GB 18306—2001）　2001年，由中国地震局组织编制完成，也称中国第四代地震区划图。比例尺为1∶400万，采用地震危险性分析概率方法编制，以平均场地地震动参数（峰值加速度和反应谱特征周期）为地震危险性的标度，结果表示为两张图和一张表，主编为胡聿贤。

zhongguo dizhendong canshu quhuatu（GB 18306—2015）

中国地震动参数区划图（GB 18306—2015）（Seismic ground motion parameter zonation map of China, GB 18306—2015）　2015年，由中国地震局组织编制完成，也称中国第五代地震区划图。比例尺为1∶400万，采用地震危险性分析概率方法编制，以平均场地地震动参数（峰值加速度和反应谱特征周期）为地震危险性的标志，结果表示为两图一表，主编为高孟谭。

zhongguo dizhen liedu quhuatu

中国地震烈度区划图（Chinese seismic intensity zoning map）中国境内以地震烈度为指标的地震区划图。我国共编制完成了三幅地震烈度区划图，第一幅由李善邦于1957年主持编制完成；第二幅由邓起东于1977年组织编制完成；第三幅由高文学和时振梁于1990年组织编制完成。

zhongguo dizhen liedu quhuatu（1977）

中国地震烈度区划图（1977）（Seismic intensity zoning map of China，1977） 1977 年，由邓起东领导的中国国家地震局组织的编图小组组织编制完成，也称中国第二代地震区划图。比例尺为 1∶300 万，采用确定性方法编制，以平均场地地震烈度为地震危险性的标度。

zhongguo dizhen liedu quhuatu（1990）

中国地震烈度区划图（1990）（Seismic intensity zoning map of China，1990） 1990 年由中国国家地震局组织编制完成，也称中国第三代地震区划图。比例尺为 1∶400 万，采用地震危险性分析概率方法编制，以平均场地地震烈度为地震危险性的标度，主编为高文学和时振梁，顾问组组长为刘恢先。

zhongguo dizhenliedu quyu huafentu（1957）

中国地震烈度区域划分图（1957）（Seismic intensity zoning map of China，1957） 1957 年由李善邦主持编制的中国第一代地震区划图。比例尺为 1∶500 万，采用确定性方法编制，以地震烈度为地震危险性的标度。

zhongguo disiji huangtu

中国第四纪黄土（Quaternary loess of China） 第四纪期间，中国北方地区广泛堆积厚层黄土，并构成世界上面积最大、堆积最厚的黄土高原，厚度达 100～200m。堆积始于距今 240 万年前，至今还在进行。刘东生等将其分为早更新世午城黄土、中更新世离石黄土和晚更新世马兰黄土。其粒度组成和矿物组合在空间和时间分布上均有一定的规律，在黄河中游地区，从西北向东南有粗颗粒逐渐减少、细颗粒逐渐增加的趋势，显示了黄土的风成特点。黄土剖面中出现的数层至十几层古土壤条带是气候相对温暖湿润、风力与粉尘堆积减弱的结果。黄土层与古土壤层的交替出现揭示了第四纪期间的干湿、冷暖交替变化，以及晚更新世更显干冷的趋势。研究黄土与古土壤的沉积序列将有助于重建第四纪气候变化序列。

zhongguo gujianzhu kangzhen jingyan

中国古建筑抗震经验（earthquake resistance experience of ancient buildings in China） 我国古代建筑在抗御地震灾害方面的经验总结。中国古建筑物（如明清时期及以前的宫殿、寺庙、园林、皇陵等）已经历了数百乃至上千年的风雨，经受了多次强烈地震，有些建筑至今仍然完好。中国古建筑多属木结构，其营造手法和施工工艺有很多独到之处。为保证建筑的营造质量和便于工程施工的审查管理，历史上很多朝代编撰了类似于现代建筑设计规范和施工规程之类的法规，这些法规保证了古建筑的营造质量。古建筑所采用的构架、墙、拱和悬索等结构形式等都可形成合理的抗震结构体系。具有良好抗震能力的中国古代木结构建筑除具有体型规则、均匀对称、高宽比较小等各类古建筑共同的抗震有利因素外，其抗震能力尚与优质木材、选址和地基处理、结构形式和施工质量因素有关。

zhongguo guojia dizhen taiwang

中国国家地震台网（China digital seismic network） 覆盖全中国的地震监测台网。台站布局采用均匀分布的原则，由 152 个超宽频带和甚宽频带地震台站、2 个小孔径地震台阵、1 个国家地震台网中心和 1 个国家地震台网数据备份中心组成。

zhongguo kangzhen jishu biaozhun

中国抗震技术标准（seismic technical standards in China） 中国制定的有关抗震防灾相关技术的规范、标准和文件，分为国家标准、行业标准、地方标准和企业标准四类，标准内容一般涉及地震动参数、地震危险性评价、抗震设计、抗震鉴定加固、抗震实验、抗震设防分类、抗震术语等。根据《中华人民共和国标准化法》，技术标准分为强制性标准和推荐性标准两类。为保障国家社会经济和防震减灾事业的健康发展，一方面要对抗震技术强制性标准和标准中的强制性条款加强管理，严格执行；另一方面要防止因强制性不合理或强制性内容过多而造成实施困难、可操作性差等问题。国家鼓励采用国际标准和国外先进标准，提倡由行业协会主持编制抗震技术标准。中国抗震技术标准的编制和发展大致可划分为三个阶段：第一阶段是 20 世纪 50 年代末至 60 年代初，标准编制的准备阶段，主要是学习苏联和有关国家的研究成果，试编了中国最早的建筑抗震规范；第二阶段是 20 世纪 60 年代中期至 70 年代，在总结国内震害经验和吸收国外研究成果的基础上，结合中国经济技术发展水平，编制了用于重要城市和最大工程、涵盖主要土木工程结构类型的抗震技术标准；第三阶段是 1976 年唐山地震以后，唐山地震的发生极大地推动了中国地震工程研究和抗震技术标准化的进程。至 20 世纪 90 年代，中国已形成了较为完善和系统的抗震技术标准，几乎涵盖了土木工程和防震减灾的各个领域。

zhongguo shuzi dizhen taiwang

中国数字地震台网（China digital seismograph network） 20 世纪 80 年代开始，由中国地震局与美国地质调查局合作建设的中国数字地震台网建设。1986 年建成了北京、余山、牡丹江、海拉尔、乌鲁木齐、琼中、恩施、兰州、昆明 9 个数字化地震台，1991 年和 1995 年增设了拉萨和西安两个台，共 11 个地震台。

zhongguo shuzi qiangzhendong guance taiwang

中国数字强震动观测台网（digital strong motion network in China） 中国地震局在中国 21 个国家地震重点监视防御区内建设的具有遥测功能的数字强震动台网，包括 8 个一级重点监视防御区，台网密度为平均每 1 台/600km²；13 个二级重点监视防御区，台网密度达到平均每 1 台/800km²；五个大城市的烈度速报台网，子台平均密度可达 1 台/50km²。台网由国家强地震动台网中心、各区域台网和省强地震动台网构成。国家强地震动台网中心负责观测台站、数据处理分析、数据库维护管理、数据发布、仪器检测标定。

Z

中国水工结构强震观测台网（hydropower structure strong motion network in China）　中国水利部门在大坝等水工结构上设置的强震动观测台网。中国水工结构强震观测经历了两个发展阶段：第一阶段，1962—1980 年。1962 年广东新丰江水库发生 6.1 级地震，使新丰江混凝土大坝头部产生水平裂缝，迫切需要研究水平裂缝产生的原因，并提出抗震修复加固的方案。为此原中国科学院工程力学研究所和中国水利水电科学研究院分别研制了 7 线和 10 线的电流计式强震加速仪，取得了许多余震的加速度记录，为震害分析和工程抗震加固提供了科学依据。此阶段特点是由科研单位直接设台，委托工程单位进行管理，观测仪器采用多通道电流计式强震仪。第二阶段，1980 原国家建委和国家地震局召开全国强震观测工作会议后，水工强震观测台站的建设由设计部门按照规范要求在大坝安全监测设计中进行设计。由工程建设单位按照设计要求进行施工建设，最后移交工程管理单位（水库管理处或水电厂）负责运行管理，列入大坝安全监测日常工作。中国水利水电科学研究院由以往直接负责建设和管理台阵转入到强震观测技术咨询服务和对强震记录的处理分析。

中国台湾强震动观测台网（observation network of strong motion in Taiwan, China）　在中国台湾建立的强震观测网。该台网具有台站数量多、密度高、类型全、记录丰富、使用率高的特点。中国台湾地区是地震频发地区，具有获取强震记录的天然条件。台湾地球科学研究所的前身物理所地震组于 1972 年便成立了台湾地区遥测式地震监测网（TTSN）；次年建立全台湾强震仪观测网（SMA）。1980 年在宜兰的罗东地区设置了全世界第一个强震台阵（SMART-1）。1985—1993 年又陆续设立了罗东大比例尺强震台阵（LLSST）、花莲强震台阵（SMART-2）、花莲大比例尺强震台阵（HLSST）与中央山脉强震台阵（CMSMA）。在 2000 年初，又在台北盆地设置多处井下强震观测台站与台北盆地山区强地震动观测网。其中有些观测网已停止运行，但仍持续提供资料供各界使用及借阅。

中国铁路标准活载（standard railway live load specified by the People's Republic of China）　设计用的中国铁路标准活荷载，包括列车荷载、路基静荷载和路基动荷载。该活载通过轨道传播到路基面上，在横断面上的分布宽度自轨枕底两端向下按 450 扩散角（国际上有的按 350 角）计算。

中期地震预测（intermediate-term earthquake prediction）　时间跨度为几个月至几年的地震预测，是我国渐进式预报模式的一个阶段。我国地震预报的水平和现状可以概括为：对地震前兆现象有所了解，但远没有达到规律性的认识；在一定条件下能够对某些类型的地震，作出一定程度的预报；对中长期预报有一定的认识，但短临预报成功率还很低。

中强震（moderate earthquake）　5.0 级左右的地震，即中震。日本把 7.0>M≥5.0 级的地震称为中震；在中国，一般把 6.0>M≥4.5 级的地震称为中强震。因此，5.0 级左右的地震一般被称为中强震。

中砂（medium sand）　粒径大于 0.25mm 的颗粒含量超过总质量 50%，且粒径大于 0.5mm 的颗粒含量不超过总质量 50% 的土。

中生代（Mesozoic Era）　显生宙的第二个代，始于距今约 2.52 亿年，延续大约 1.86 亿年，包括三叠系、侏罗纪和白垩纪三个纪。在构造古地理方面，中生代是全球构造活动增强的时期。全球范围内，侏罗纪海侵扩大，至白垩纪达到高峰，并且气候环境总体上处于相对温暖状态，成为地球历史上距今最近的一个极端温室气候期。近年来的研究表明，在这一持续的温室气候期内，也有一系列间歇性的降湿事件，并且在陆相和海洋沉积中留下了典型的沉积记录。

中生界（Mesozoic Erathem）　在中生代形成的地层，包括三叠系、侏罗系和白垩系。

中水系统（reclaimed water system）　将各种排水经处理并达到规定的水质标准后回用的水系统。

中天山地震带（middle Tianshan earthquake belt）　国家标准 GB 18306—2015《中国地震动参数区划图》划分的地震带，隶属新疆地震区。该带位于天山西部，南、北天山之间，北以尼勒克断裂为界，南以那拉提断裂为界，包括伊犁山间坳陷、巩乃斯坳陷、那拉提隆起、昭苏山间坳陷，该区大部分位于境外（吉尔吉斯斯坦和哈萨克斯坦），境内只有少部分。断裂构造以北西向为主。相对于南部的南天山地震带，该待地震活动相对较弱，因该区地震资料缺失较多，现有资料显示，截至 2012 年 12 月，共记到 4.7 级以上地震 124 次，其中，5.0～5.9 级地震 49 次；6.0～6.9 级地震 13 次；7.0～7.9 级地震 5 次；8.0～8.9 级地震 2 次。该带本底地震的震级为 6.5 级，震级上限为 8.5 级，最大地震是 1889 年 7 月 11 日哈萨克斯坦阿拉木图的 8.3 级特大地震。

Z

zhongxin bi'nan changsuo

中心避难场所（central emergency congregate shelter）　具备服务于城镇或城镇分区的城市级救灾指挥、应急物资储备分发、综合应急医疗卫生救护、专业救灾队伍驻扎等功能的固定避难场所。

zhongxin bizhen shusan changsuo

中心避震疏散场所（central seismic shelter for evacuation）　规模较大、功能较全、起避难中心作用的固定避震疏散场所。场所内一般设抢险中心和重伤员转运中心等。

zhongxin hezai

中心荷载（central load）　合力作用点通过作用面积形心的荷载，也称轴心荷载。荷载是指施加在工程结构上使工程结构或构件产生效应的各种直接作用，常见的有结构自重、楼面活荷载、屋面活荷载、屋面积灰荷载、车辆荷载、吊车荷载、设备动力荷载以及风、雪、裹冰、波浪等自然荷载。

zhongxin polie

中心破裂（center rupture）　见【单侧破裂】

zhongxin zhicheng

中心支撑（center support）　两端均与梁柱节点连接的斜撑，或一端与梁柱节点连接、另一端交会于梁柱跨中的一对斜撑。它也是钢框架-支撑结构布置的一种形式。

zhongxinshi

中新世（Miocene Epoch）　新近纪第一个世。据 2013 年国际地质年代表，起始年龄为 23.03Ma，结束年龄为 5.333Ma。对应的地层年代单位为中新统。

zhongxintong

中新统（Miocene Serie）　中新世对应的地层年代单位。中新统自下而上分为六个阶，即阿基坦阶、波尔多阶、兰盖阶、塞拉瓦莱阶、托尔托纳阶和墨西拿阶。

zhongxing yali

中性压力（neutral pressure）　见【孔隙水压力】

zhongxingyan

中性岩（intermediate rock）　主要由中性斜长石和角闪石组成，含少量石英，二氧化硅（SiO_2）含量为 52%～63% 的岩浆岩。

zhongyuan dizhen

中源地震（intermediate focus earthquake）　震源深度在 70～300km 的地震称为中源地震。

zhongzhouqi dizhenyi

中周期地震仪（intermediate-period seismograph）　介于短周期与长周期之间的，记录中周期地震波（6～25s）的地震仪器，有时也称中长周期地震仪。例如，伽利津地震仪能较好地记录 S 波（一般周期为 10～20s）。

zhongrushi

钟乳石（stalactite）　由溶洞顶部滴水形成的自上向下增长的石钟乳、石笋、石柱等不同形态的碳酸钙沉淀物。钟乳石的形成往往需要上万年或几十万年时间。由于形成时间漫长，钟乳石对远古地质考察有着重要的研究价值。

zhongzhi liedu

众值烈度（intensity of frequently occurred earthquake）　见【多遇地震烈度】

zhongchui hangshifa

重锤夯实法（heavy tamping method）　利用重锤的夯击能夯实浅层土体，提高地基土强度并降低其压缩性的地基处理方法。

zhongda dizhen

重大地震（significant earthquake）　至少符合下列条件之一的地震：造成中等程度以上的破坏（损失 ≥100 万美元）；死亡人数 ≥10 人；震级 ≥7.5；震中烈度 ≥Ⅹ 度；引发海啸。

zhongda dizhen zaihai

重大地震灾害（major earthquake disaster）　造成 50 人以上、300 人以下死亡（含失踪）或者造成严重经济损失，且地震直接经济损失不超过该省（自治区、直辖市）上年生产总值 1% 的地震灾害。当人口较密集地区发生 6.0 级以上、7.0 级以下地震，人口密集地区发生 5.0 级以上、6.0 级以下地震，初判为重大地震灾害。

zhongda dizhi jielun bianhua

重大地质结论变化（major geologic recognition change）　勘查给出了与前期地质结论明显不符的地质现象或地质过程，防治工程方案必须进行较大修改、补充或调整。

zhongda jianshe gongcheng

重大建设工程（major construction project）　对社会有重大价值或者有重大影响的工程，主要指地震发生后，一旦遭到破坏会造成重大社会影响和重大经济损失的建设工程。

zhongdian shefanglei

重点设防类（major precautionary category）　地震时使用功能不能中断或需尽快恢复的生命线相关建筑，以及地震时可能导致大量人员伤亡等重大灾害后果，需要提高设防标准的建筑，简称乙类。

Z

zhongli

重力 (gravity) 物体在行星及其他天体表面所受到的引力，是单位质点受地球及宇宙中其他物质的引力与地球自转产生的惯性离心力之合力。对地球而言，物体所受重力的大小称为重量，太阳或其他天体对邻近物体引力的大小也可称为重量，地球重力的方向大致上指向地心。由于地球不是个正球体，并存在地球自转所产生的离心力，所以重力一般并不正好指向地心。由于物体的重力几乎不变，由此，意大利物理学家伽利略 (Galileo Galilei) 意识到重力加速度是个常量。伽利略的研究为牛顿 (Isaac Newton) 的研究奠定了基础。牛顿在 1687 年发表万有引力定律后，找到了重力的物理根源，从此人类对重力有了较正确的认识。牛顿通过物体落地和月球不落地这两种现象的对比而得到万有引力的概念。通过万有引力定律和牛顿运动定律，人类终于把力学基本理论以及物体的机械运动弄清楚了。按牛顿的观念，重力是一种超距力，牛顿把重力推广到万有引力，从而较好地解释了天体运动的开普勒 (Johannes Kepler) 定律，同时建立了工程上广泛应用的经典力学。

zhongliba

重力坝 (gravity dam) 依靠自身重力，抵抗壅水作用于坝体的推力以保持稳定的坝。该坝由砼或浆砌石修筑，在水压力及其他荷载作用下，主要依靠坝体自重产生的抗滑力来满足稳定要求；同时依靠坝体自重产生的压力来抵消由于水压力所引起的拉应力以满足强度要求。

zhongliba kangzhen cuoshi

重力坝抗震措施 (seismic measure of gravity dam) 利用震害经验或合理的概念给出的可有效提高重力坝抗震能力的设计和施工方法。其主要有六个方面：第一，地基中的断裂、破碎带、软弱夹层等薄弱部位应采取工程处理措施，做好坝底接触灌浆和固结灌浆，适当提高大坝底部混凝土强度。第二，重力坝的体型应简单，坝坡形状避免剧变，顶部折坡宜取弧形；坝顶不宜过于偏向上游；宜减轻坝体上部重量、增大刚度、提高上部混凝土强度或适当配筋。第三，坝顶附属结构宜采用轻型、简单、整体性好的结构体系并尽量其降低高度，不宜在坝顶设置笨重的桥梁和高耸的塔式结构；宜加强溢流坝段顶部交通桥的连接，并增加闸墩侧向刚度。第四，在坝轴线方向的大坝水平截面形状突变部位以及纵向地形、地质条件突变部位，坝体应设置横缝，且选用变形能力大的接缝止水及止水材料。第五，切实保证大坝混凝土的浇注质量，加强温度控制和养护措施，尽量减少表面裂缝的发生；坝内孔口和廊道拉应力区应适当增加配筋，避免混凝土开裂。第六，重要水库应设置泄水底孔、隧洞等应急设施，以保证应急的需要。

zhongliba kangzhen sheji

重力坝抗震设计 (seismic design of gravity dam) 为使地震区的混凝土重力坝安全运行而进行的专项结构设计，包括抗震计算和采用混凝土坝抗震措施。其计算方法可划归两类：一类是传统的拟静力法；另一类是动力分析方法，包括逐步积分法、振型叠加法或反应谱法。

zhonglibo

重力波 (gravity wave) 在流体介质内或两种介质界面间（如大气与海洋间）的一种波。其恢复力来自重力或浮力。当一小团液体离开液面（界面类型）或者在液体中到了一个液体密度不同之区域，透过重力作用，这团液体会以波动形式在平衡态之间摆荡。在液体介质内的类型又称为内重力波；在两界面间的类型又称为表面重力波或表面波。海浪及海啸也是重力波的一种表现。

zhonglichang

重力场 (gravitational field) 地球表面上重力位的分布。它是具有一定重力效应作用的空间或重力的空间分布；是重力观测与研究的主要对象。在具有不同地质背景的地区，重力场的空间分布和显示的特征也截然不同。因此，对重力场的研究不仅可以了解地球内部的结构、组成及其特性，还对深部资源与能源的探查，火山、地震的预测与预报，军事与国防方面也都起着重要的作用。地球重力场随时间的变化而变化。

zhongli danwei

重力单位 (gravity unit) 计量重力的计量单位。在不同的单位制中重力有不同的计量单位表示形式。为了纪念意大利科学家伽利略，在 CGS 单位制中的重力计量单位cm/s^2定为"伽"。在 SI 单位制中的计量单位为 m/s^2。由于在一般的相对重力测量中，伽 (Gal) 和 m/s^2 的单位都太大，故在实际应用中常采用毫伽 (mGal) 和重力单位 (g.u.)。这样，$1mGal = 10^{-3}Gal = 10^{-5}m/s^2 = 10g.u.$；$1g.u. = 10^{-6}m/s^2$。

zhongli dimao

重力地貌 (gravitational landform) 地表风化松动的岩块、碎屑物或土体主要在重力作用下，通过块体运动过程而产生的各种地貌。其包括崩塌、滑动、蠕动、泻流和泥石流等；主要分为侵蚀类型和堆积类型，前者以陡崖为主，有崩塌面、滑动面、滑坡台阶和滑坡鼓丘等；后者主要有崩塌、倒石堆、岩屑锥、泥石流体、蠕动土屑和石冰川等。其大多数的形成和发展有赖于流水与地震的诱发。一般发生在坡度较大的地区，多为山区的灾害性地貌。

zhongli duanceng

重力断层 (gravity fault) 由重力作用产生的正断层，属于重力滑动构造。滑动构造发生的前提条件是必须先存有能引起重力滑动的斜面；重力滑动起因于地形上出现的巨大高差的重力势。滑坡是重力断层的一种形式。

zhonglierci xiaoying

重力二次效应 (secondary effect of gravity)
见【变形二次效应】

Z

zhongli guance

重力观测（gravity observation） 利用重力仪对地球表面特定地点的重力加速度及其随时间变化的观测。重力仪有绝对重力仪和相对重力仪两类类型，前者是用来测定一点的绝对重力加速度值，后者是用来测定两点的绝对重力加速度差。

zhongli jizhun

重力基准（gravity datum） 绝对重力值已知的重力点，作为相对重力测量（两点间重力差的重力测量）的起始点，是在全国或某区域范围内提供各种目的重力测量的基准和最高一级控制。在相对重力测量中，需要已知的绝对重力点作为相对重力测量的起始点来求绝对的重力值。根据某一重力基准推算重力值的重力点，都属于该重力基准的同一重力系统。不同时期的重力基准都有特定的名称，如波茨坦重力基准等。世界公认的起始重力点称为国际重力基准。各国进行重力测量时都尽量与国际重力基准相联系，以检验其重力测量的精度并保证测量成果的统一。国际通用的重力基准有 1909 年波茨坦重力测量基准和 1971 年的国际重力基准网（IGSN-71）。

zhongli jiasudu

重力加速度（acceleration of gravity） 地面附近物体受地球引力作用在真空中下落的加速度，记为 g。为了便于计算，其近似标准值通常取为 980cm/s^2 或 9.8m/s^2。在月球、其他行星或星体表面附近物体的下落加速度，则分别称月球重力加速度、某行星或星体重力加速度。

zhongli junheng yichang

重力均衡异常（gravity isostasy anomaly） 重力观测值经布格校正和均衡校正后再减掉参考椭球体面上的正常所得到的重力异常值。由重力均衡异常所推断的大地水准面形状具有明显的畸变，因此均衡异常被用于在地壳基本均衡地区的浅部构造或推估空白地区的空间异常。

zhongli kantan

重力勘探（gravity exploration） 利用重力仪对地质体的重力场和重力异常进行探测的地球物理勘探方法。

zhongli midu

重力密度（unit weight） 单位体积岩土所具有的重力，为岩土体的密度与重力加速度的乘积，简称重度。

zhonglishi dangqiang

重力式挡墙（gravity retaining wall） 依靠自身重力使边坡保持稳定的支护结构。该挡墙主要承受侧向土压力，在公路工程中广泛用于支承路堤填土或路堑边坡，以及桥台隧道洞口及河流堤岸等，也称重力式挡土墙。

zhonglishi dangtuqiang

重力式挡土墙（gravity retaining wall） 见【重力式挡墙】

zhonglishi matou

重力式码头（gravity quay wall） 以结构本身和填料的重力保持稳定的靠船码头，主要型式有方块、沉箱及扶壁式等。

zhonglishi

重力势（gravitational potential） 见【重力位】

zhonglishui

重力水（gravitational water） 仅受重力控制，不受土颗粒表面的吸引力和毛细力影响的自由水。

zhonglitai

重力台（gravity station） 用于监测重力变化的地震台，也称重力台站。重力监测是地震前兆监测的重要手段之一。

zhongli tidu

重力梯度（gravity gradient） 重力在三个坐标轴上的变化率，或重力位的二阶导数。重力在水平方向的变化率称为水平重力梯度；在垂直方向的变化率称为垂直重力梯度。

zhongliwang

重力网（gravity monitoring network） 由按照一定的地震前兆监测需要而布设的重力点构成的、用于观测大面积的重力非潮汐变化的观测网。

zhongliwei

重力位（gravity potential） 在重力场中，单位质量质点所具有的能量，也称重力势。它的数值等于单位质量的质点从无穷远处移到此点时重力所做的功，越靠近地球表面重力位越大。正常重力位是指正常引力位与离心力位之和。

zhongliyi

重力仪（gravimeter） 用以测定空间某一点重力加速度（g）的仪器，是重力加速度仪的简称。分为绝对重力仪和相对重力仪两类类型，前者是用来测定一点的绝对重力加速度值，后者是用来测定两点的绝对重力加速度差。该仪器广泛用于地球重力场的测量，固体潮观测，地壳形变观测，以及重力勘探等工作中。

zhongliyichang

重力异常（gravity anomaly） 由于物质密度分布不匀而引起的重力变化。由于实际地球内部的物质密度分布不均，因而实际观测重力值与理论上的正常重力值总是存在着偏差，这种在排除各种干扰因素影响之后，由于物质密度分布不匀而引起的重力的变化，就称为重力异常。其包括纯

Z

重力异常和混合重力异常两类：前者是地球表面或外部空间同一点上的实际重力值和正常重力值之差；后者是地面实测重力值归算到大地水准面上的值与平均椭球面上相应的正常重力值之差。重力异常按归算方法还可分为空间异常、布格异常和均衡异常；按研究范围可分为局部异常和区域异常；按异常等级可分为一级至五级异常。

zhongli yichangchang

重力异常场（anomaly of gravity field） 地球重力场与正常重力场的差值所构成的重力场。它是由地球内部密度分布差异所产生的扰动质量源和大地水准面起伏联合影响而引起的。根据重力异常场可以研究地球的形状、地质构造和重力探矿等科学和工程应用问题。

zhongxin

重心（centre of gravity） 物体各部分所受重力之合力的作用点。物体的每一微小部分都受地心引力作用，这些引力可近似地看成为相交于地心的汇交力系。由于物体的尺寸远小于地球半径，所以可近似地把作用在一般物体上的引力视为平行力系，物体的总重量就是这些引力的合力。如果物体的体积和形状都不变，则无论物体对地面处于什么方向，其所受重力总是通过固定在物体上的坐标系的一个确定点，即重心。重心不一定在物体上，例如圆环的重心就不在圆环上，而在它的对称中心上。重心位置在工程上有重要意义。例如，起重机要正常工作，其重心位置应满足一定条件；舰船的浮升稳定性也与重心的位置有关；高速旋转机械，若其重心不在轴线上，就会引起剧烈的振动等。

zhongyao quduan

重要区段（important section for pipeline） 油气输送管道线路在水域大中型穿跨越段、输气干线管道经过的四级地区以及输油干线管道经过的人口密集区。

zhouqi

周期（period） 物体振动时，重复通过基准位置一次的间隔时间，即质点完成一次全振动所用的时间。它与频率互为倒数关系。

zhouqi hezai

周期荷载（cyclic load） 多次有规律地重复作用的荷载。振动是一种周期性荷载，周期荷载会使有效材料产生疲劳破坏。

zhouqi jizhen

周期激振（periodic excitation） 激振力服从周期函数的振动。例如，往复式机械的惯性力，连续冲压时的周期性脉冲力等。简谐激振是典型的周期激振，研究周期激振的稳态响应常用谐波分析的方法。

zhouqi zhendong

周期振动（periodic vibration） 在相等的时间间隔内重复发生的振动，振动量是时间的周期函数。简谐振动是最简单的一种周期振动。周期振动可用谐波分析的方法展开为一系列谐振动的叠加，其频谱为离散谱，且均为基频的倍数关系。

zhouqi-pindu fenxi

周期-频度分析（period-frequency analysis） 分析信号周期特性的简便方法。由日本学者金井清（K. Kanai）在20世纪50年代提出，用于分析短周期脉动。

zhouqi-pindu quxian

周期-频度曲线（period-frequency curve） 周期和该周期出现的频度之间的关系曲线。在短周期脉动的测试记录里选取质量良好的记录段约2min，用零交法分析周期特性。具体做法是：首先，在记录上按波形正、负幅度，大致对称划出零线，取记录曲线与零线相交的相邻交点间隔时间的两倍作为一个周期，依次读取周期并进行统计。然后，做出各周期的频度分布曲线。各周期个数的求法是取某个周期在之间的周期个数总和，一般取，以周期为横坐标，该周期段内出现次数为纵坐标，可得到周期-频度曲线。在曲线上读取最大峰点对应的周期即为卓越周期。

zhouxian weiyi

轴线位移（displacement of axial） 结构或构件轴线实际位置与设计要求的偏差，或结构构件轴线间的距离没有符合设计图纸及超出施工规范允许偏差范围。

zhouxiangli

轴向力（normal force） 作用引起的结构或构件某一正截面上的法向拉力或压力，当法向力位于截面形心时，称轴心力。

zhouxin hezai

轴心荷载（axial load） 见【中心荷载】

zhouyabi

轴压比（axial load ratio） 混凝土柱、墙的组合轴压力设计值与柱、墙的设计抗压承载力的比值，是影响钢筋混凝土柱、墙变形能力和破坏形态的重要参数。

zhou

宙（Eon） 在国际地质年代表中，延续时间最长的第一级地质年代单位，形成一个宇（一级年代地层单位）所用的时间。旧的划分方案将地球历史划分为两个宙，即根据宏体动物化石出现的情况，将整个地质时期分为动物化石稀少的隐生宙及动物化石大量出现的显生宙。随着对早期地质历史记录，尤其早期生物化石的认识和揭示，隐生宙被分解为冥古宙、太古宙和元古宙，因此在当前的国际地

Z

质年代表中，整个地质历史被划分为四个，它们分别对应于年代地层表中的冥古宇、太古宇、元古宇和显生宇所经历的地质时间。

zhuluoji
侏罗纪（Jurasic Period）　中生代的第二个纪，其名称"Jurassic"源自瑞士、法国边境的汝拉山（Jura Mountain，日文音译为"侏罗"，中文延用）。始于距今 201.3Ma，止于 145.0Ma，历时约 5630 万年。侏罗纪是全球超大陆开始裂解时期，大西洋和印度洋开始形成；太平洋板块与周围大陆的俯冲和挤压作用加强，因此这一时期构造活动强烈，尤其在太平洋周边地区形成了环太平洋构造。侏罗纪形成的地层称为侏罗系。其分为下、中、上三个统。由于侏罗系在欧洲研究较早，而在德国南部，该地层三分明显，因此，传统上将三统的划分与之对应，并且分别称为里阿斯统、道格统和麻姆统。

zhuluoxi
侏罗系（Jurassic System）　侏罗纪形成的地层。分为下、中、上三个统。由于侏罗系在欧洲研究较早，而在德国南部，该地层三分明显，因此，传统上将三统的划分与之对应，并且分别称为里阿斯（Lias）统、道格（dogger）统和麻姆（Malm）统。

zhujiegou
竹结构（bamboo structure）　用竹材制成的结构。在中国南方盛产竹材的地方，用竹材建造房屋由来已久。利用竹篾编成的竹索做成能跨越 20～30m 的吊桥，称为竹索桥，这种桥梁在中国的应用也有悠久的历史。

zhubu jifenfa
逐步积分法（step-by-step integration method）　将体系运动时间过程依时间间隔取离散值，依次计算每个离散时间点的结构反应的数值计算方法，也称时程分析法。该法既适用于结构弹性时程反应分析，也适用于弹塑性时程反应分析，是求解结构动力反应时间过程的重要手段之一。

zhuji jianding
逐级鉴定（seismic evaluation for engineering stepwise）　对老旧建筑的抗震鉴定分为第一级鉴定和第二级鉴定，当不满足第一级鉴定的要求时，需要进行第二级鉴定，根据两级鉴定的结果，综合得出抗震鉴定结论；当满足第一级鉴定的各项要求时，不再进行第二级鉴定，直接判定满足抗震鉴定。

zhudong gezhen
主动隔振（active vibro-isolation）　对本身是振源的设备，为了减少其对周围的影响，使用隔振器将它与基础隔离开，以减少设备传到基础的力的措施。常指为减小动力机器产生的振动，而对其采取的隔振措施。

zhudong kongzhi
主动控制（active control）　借助外界能源的支持，通过控制装置的出力抑制结构体系有害振动的理论和方法，或通过施加与振动方向相反的控制力来改变结构动力特性的控制方法。也称有源控制。

zhudong kongzhi xitong jiben texing
主动控制系统基本特性（basic properties of active control system）　在主动控制体系的稳定性、可控性和可观性。若控制系统在有限输入下的输出也是有限的，则该系统是稳定的；对于线性定常系统（时不变系统），若在任意有限的时间间隔内，总存在有限的控制力矢量，可使系统状态由一种转换为另一种状态，则该系统是可控的；对于线性定常系统，若在任意有限的时间间隔内，可由输出矢量确定系统初始时刻的状态矢量，则系统是可观的。体系的稳定性、可控性和可观性各自有其不同的判别方法。

zhudong maosuo xitong
主动锚索系统（active tendon system，ATS）　在主动控制体系中，利用缆索伸缩直接施加主动控制力的装置。主动锚索系统与主动斜撑系统具有相同原理，此类装置的缆索或斜撑一般设置于结构体系中可产生相对运动的部位之间，亦可直接利用体系中的结构构件。作动器依指令使锚索或斜撑产生期望的轴力，控制结构体系振动。主动锚索系统对控制结构风振反应具有良好效果，在地震反应控制中不如主动质量控制系统的出力大。

zhudong tiaoxie zhiliang zuniqi
主动调谐质量阻尼器（active tuned mass damper）　见【混合质量阻尼器】

zhudong tuyali
主动土压力（active earth pressure）　刚性挡土墙离开土体向前移动或转动，墙后土体达到极限平衡状态时，作用在墙背上的土压力。

zhudong tuyali xishu
主动土压力系数（coefficient of active earth pressure）　主动土压力强度与其竖向有效应力的比值，用 K_a 表示，$K_a = \tan^2(45°-\varphi/2)$。式中，$\varphi$ 填土的内摩擦角。

zhudong xiecheng xitong
主动斜撑系统（active brace system）　缆索或斜撑通常设置于结构体系中可产生相对运动的部位之间（如建筑结构的层间对角线方向等），也可直接利用体系中的结构构件（如斜拉桥的钢缆）的斜支撑系统，是主动控制体系中的一种装置。该系统的作动器依指令使锚索或斜撑产生期望的轴力，控制结构体系振动，对控制结构风振反应具有良好效果。

zhudong zhiliang qudongqi

主动质量驱动器（active mass driver） 在主动控制体系中，利用质量块运动的惯性作用施加主动控制力的装置，即主动质量阻尼器。该装置通常设置在结构顶部附近，设置方式有座地和悬吊两种。

zhudong zhiliang zuniqi

主动质量阻尼器（active mass damper） 在主动控制体系中，是利用质量块运动的惯性作用施加主动控制力的装置，也称主动质量驱动器。主动质量阻尼器一般设置在结构顶部附近，设置方式有座地和悬吊两种。主动质量阻尼器的作动装置多采用电液伺服装置，也有使用直线电机作动装置的研究。

zhudong zhiliang zuniqi kongzhi xitong

主动质量阻尼器控制系统（active mass damper control system） 由传感器（包括数据采集）、控制决策器和主动质量阻尼器（AMD）三部分组成控制系统。AMD 系统实施控制时，传感器子系统测量结构的干扰和反应，并反馈至控制器；控制器按照某种主动控制算法，实时地计算主动控制力，并驱动 AMD 系统的作动器；然后做动器推动 AMD 的惯性质量运动，对结构施加控制力。

zhugujie

主固结（primary consolidation） 土体在持续荷载作用下，随着土体中孔隙水的排出，孔隙水所承担的荷载逐渐转移给土骨架而引起的土体体积压缩的过程。

zhugujie chenjiang

主固结沉降（primary consolidation settlement） 饱和土在持续荷载作用下，随土中孔隙水的排出，超孔隙水压力逐渐消散至零，应力逐渐转移给土骨架，地基完成固结时的沉降。

zhuguan

主管（chord member） 钢管结构构件中，在节点处连续贯通的管件，如桁架中的弦杆。

zhuqiao

主桥（main span） 见【正桥】

zhuyao goujian

主要构件（dominant member） 自身失效将导致其他相关构件失效，并危及承重结构系统安全的墙、柱、主梁及屋架等构件。

zhuyingbian

主应变（principal strain） 作用引起的结构或构件中某点处与主应力对应的最大或最小正应变。当为拉应变时称主拉应变，当为压应变时称主压应变。

zhuyingli

主应力（principal stress） 物体受力作用时，在物体内任一点的邻域上都可取得三个互相垂直的截面，其上只作用有正应力，而剪应力等于零。这三个互相垂直的截面所受的力叫作主应力。根据其大小分别称为最大主应力、中间主应力和最小主应力，一般用符号 σ_1、σ_2 和 σ_3 表示。

zhuzhen

主震（mainshock） 见【地震序列】

zhuzhenxing dizhen

主震型地震（main shock type earthquake） 主震震级突出，最大前震和主震震级相差很大，最大余震震级之差大致在 $0.7\sim2.5$，主震释放能量约占全序列的 98% 以上。我国海城、唐山等地震均属此类型。

zhuzhai

住宅（residential building） 专供居住使用的建筑，通常包括别墅、公寓、职工宿舍和学生宿舍等。一般，一至三层的为低层住宅；四至六层的为多层住宅；七至九层的为中高层住宅；十层及十层以上的为高层住宅。

zhujiangfa

注浆法（grouting） 用压力泵将水泥浆、黏土浆、硅酸盐浆或其他成分的浆液注入岩土体的裂隙或孔隙中，或注入劈裂形成的裂缝中，以提高岩土体的强度、稳定性和降低其渗透性、压缩性，达到加固围岩、地基或隔水、止水目标的方法。

zhushui shiyan

注水试验（water injection test） 向钻孔或试坑注水，并保持恒定水头高度，同时量测渗入岩土层的水量，以确定岩土层透水性指标的原位试验方法。

zhu

柱（column） 一种竖向直线构件，主要承受各种作用产生的轴向压力，有时也承受弯矩、剪力或扭矩。它是工程结构中主要承受压力，有时也同时承受弯矩的竖向杆件。柱在结构中极为重要，柱的破坏将导致整个结构的损坏与倒塌。柱广泛用于各种工程结构中的框架、排架、塔架、管道支架、设备构架、露天栈桥、操作平台以及桥面、储仓、楼盖和顶盖的支柱。按截面形式可分为方柱、圆柱、管柱、矩形柱、工字形柱、H 形柱、T 形柱、L 形柱、十字形柱、双肢柱、格构柱等；按所用材料可分为石柱、砖柱、砌块柱、木柱、钢柱、钢筋混凝土柱、劲性钢筋混凝土柱、钢管混凝土柱和各种组合柱等；按柱的破坏特征或长细比分为短柱、长柱及中长柱等。柱丧失其直线平衡而过渡到曲线平衡的现象称为丧失稳定性，简称失稳或屈曲。根据细长程度的不同，柱的失效可分为细长柱的线弹性失稳、中长柱的非线弹性失稳和短柱的强度破坏等。

Z

zhuchui chongkuozhuangfa

柱锤冲扩桩法 （impact displacement column method） 采用一定直径、长度、质量的柱状锤，通过专用设备将柱锤提升至一定高度后下落，并重复冲击至设计深度，在孔内分层填料并用柱锤夯实，形成竖向增强体，同时挤密桩间土，提供土的承载力的地基处理方法。

zhu de jiben lilun

柱的基本理论 （elementary theory of column） 研究柱在荷载作用下变形和破坏的理论。柱在轴向荷载作用下，由于荷载的偶然偏心，柱本身有初始弯曲，材质不均匀等原因，从加载开始即发生压缩与弯曲的组合变形，即使材料遵循胡克定律，但柱的横截面上的弯矩以及柱的侧向位移（挠度）均不与荷载呈线性关系。柱性能的理论研究可按两种不同类型的计算简图进行，在第一类简图中把柱视作本身有初始弯曲的杆或荷载有偏心的直杆，第二类简图则把柱视作理想中心压杆，即认为杆是绝对直的、材料绝对均匀、荷载亦无任何偏心。

zhufuban jiedianyu

柱腹板节点域 （panel zone of column web） 框架梁柱的刚接节点处，柱腹板在梁高度范围内的区域。

zhujian zhicheng

柱间支撑 （column bracing） 设置在房屋纵向柱间的重要抗侧力构件，是抗震支撑的一种类型。它可提高房屋的纵向稳定性和刚度，抵抗纵向地震作用并将吊车纵向刹车力和山墙风力传递至基础。不设支撑或支撑过弱，地震时会导致柱列纵向位移过大，柱子开裂甚至倒塌；如支撑设置不当或支撑刚度过大，则可能引起柱身和柱顶连接的破坏。

zhumianbo

柱面波 （cylindrical wave） 一个无限长的线源发出的、在相同半径的柱面上各点振动相同，波阵面是柱面的波。波阵面是指空间中振动的幅值和相位相同的点组成的面。

zhuti niuzhuan he wanqu

柱体扭转和弯曲 （torsion and bending of cylindrical bar） 柱体在侧面不受力，而仅在两端面上受力的扭转和弯曲的问题，是弹性力学中的一类经典问题。工程中的轴和梁等杆件均为柱体，法国力学家圣维南 （Adhémar Jean Claude Barré de Saint-Venant） 于 1855 年和 1856 年先后解决了扭转和弯曲问题；澳大利亚学者米歇尔 （J. H. Michell） 于 1901 年和 1905 年分别解出了几种分布荷载下的弯曲问题和变截面柱体的扭转问题；德国物理学家普朗特 （Ludwig Prandtl） 于 1903 年和俄罗斯力学家铁木辛柯 （Stephen Timoshenko） 于 1913 年利用引进应力函数的方法分别解决了以应力分量为基本未知函数的扭转和弯曲问题。扭转和弯曲问题属于仅在端面上受力的柱体平衡问题，按弹性力学方法得到严

格满足边界条件的解很困难。为此，利用圣维南原理，将边界条件放松，即认为离端面足够远处的应力仅与端面上外力的合力及合力矩有关。这种放松了边界条件的问题称为圣维南问题。根据实验，圣维南假设柱体纵向纤维之间的作用力为零。圣维南问题的解是唯一的，对大部分问题，解可以通过间接或近似方法求出。间接方法主要有两类：一类是半逆解法；另一类是薄膜比拟。用弹性力学方法得到的结果，其精度高于材料力学中以平截面假设为基础的结果。

zhuxia tiaoxing jichu

柱下条形基础 （strip foundation below column） 连结上部结构柱列的单向条状钢筋混凝土基础。按照构件的不同可以分为墙下条形基础、柱间条形基础和混凝土墙—柱下混合条形基础，后者一般用于框架剪力墙结构。

zhuanjia xitong

专家系统 （expert system） 在特定领域内能以人类专家的水平解决该领域困难问题的计算机程序。专家系统最适于解决依赖大量经验的诊断和分类问题，是人工智能中最活跃、最富有成效的研究领域之一。与传统计算机程序相比较，专家系统智能辅助决策程序具有经验性、透明性和灵活性的特点。它一般没有严谨的理论依据和算式表述，但解决问题简洁有效；可以提供推理路径的相关信息，以便用户理解；可对知识进行增删和修改，便于人机交流。

zhuanmen shuiwendizhi kancha

专门水文地质勘察 （special hydrogeological investigation） 为供水、土壤改良、环境保护、基坑开挖、地下开挖等各种专门目的而进行的水文地质勘察。

zhuanti kangzhen fangzai yanjiu

专题抗震防灾研究 （special task investigation on earthquake resistance and hazardous prevention） 针对城市抗震防灾规划需要，对城市建设与发展中的特定抗震防灾问题进行的专门评价研究。

zhuanyong dizhen jiance taiwang

专用地震监测台网 （specific earthquake monitoring network） 由大型水库、油田、矿山、石油化工、交通等重大工程建设单位建设和管理的地震监测台网。

zhuanyong taizhen

专用台阵 （special array） 针对特定研究和应用目的而专门设计布设的观测台阵，包括地震动衰减观测台阵、场地影响观测台阵、结构地震反应观测台阵等。

zhuan

砖 （brick） 以黏土 （包括页岩、煤矸石等粉料） 为主要原料，经泥料处理、成型、干燥和熔烧而制成的建筑砌块

Z

一般指黏土砖。黏土砖按生产工艺不同，分为机制砖和手工砖；按构造不同分为实心砖和空心砖，空心砖又可分为承重和非承重两种；按颜色不同分为红砖、青砖和其他颜色砖；按用途不同分为砌墙砖、地砖、望砖（铺在屋面椽条上的薄砖）、吸声砖等。其外形除矩形六面体外，根据要求可生产成各种异形体，以适应不同工程的需要。

zhuanfang zhenhai juzhen

砖房震害矩阵（earthquake damage matrix of brick wall building） 砖房由不同烈度和不同烈度下的破坏等级构成的矩阵。1975 年海城地震、1976 年唐山地震和 2008 年汶川地震都给出了砖房的震害矩阵。

zhuanhun jiegou

砖混结构（brick-concrete structure） 墙使用黏土砖砌筑、楼板和屋盖使用混凝土预制板或现浇混凝土板，大开间有横梁的砖房。

zhuan jichu

砖基础（brick foundation） 砖砌筑而成的基础，属于刚性基础的范畴。该基础的特点是抗压性能好，整体性、抗拉、抗弯、抗剪性能较差，材料易得，施工操作简便，造价较低，适用于地基坚实、均匀，上部荷载较小，七层和七层以下的一般民用建筑和墙承重的轻型厂房基础工程。

zhuanmu jiegou

砖木结构（brick-wood structure） 墙使用黏土砖砌筑、采用木屋架或木楼板的砖房。这种结构建造简单，材料容易准备，费用较低。

zhuanqiti

砖砌体（brick masonry） 用砖和砂浆砌筑成的整体材料，是目前使用最广的一种建筑材料。根据砌体中是否配置钢筋，分为无筋砖砌体和配筋砖砌体。

zhuanqiang he zhuanzhu

砖墙和砖柱（brick masonry wall and brick masonry column） 用砖和砂浆砌筑成的墙和柱。在砌体结构房屋中，砖墙、砖柱主要用作受压构件。

zhuandong guanliang

转动惯量（moment of inertia） 表面面积或刚体质量同一直线的位置相关联的量，也称惯性矩，是刚体转动时惯性的度量，其量值取决于物体的形状、质量分布及转轴的位置，包括面积转动惯量和质量转动惯量两种。刚体的转动惯量有着重要的物理意义，在科学实验、工程技术、航天、电力、机械、仪表等工业领域也是一个重要参量。在结构工程中，通常用结构或构件各微元的质量与各微元至某一指定轴线或点距离二次方乘积的积分表示转动惯量。

zhuanhuanbo

转换波（converted wave） 在传播的过程中波型改变的波。转无论纵波还是横波倾斜入射到弹性分界面时，都将产生反射横波、反射纵波、透射横波、透射纵波。与入射波型相同的波称为同类波，波型改变的则称为转换波。转换波的反射和折射遵循斯奈尔定律，即入射波的速度与反射波或透射波速度之比等于入射角的正弦与反射角或透射角的正弦之比。转换波的产生，是由于入射波作用在分界面上可分解为垂直界面的力和切向力两部分，结果产生体变和切变及其相应的纵波和横波。因此，转换波的能量与入射波有关，垂直入射时不能形成转换波；只有入射角相当大时，才有足够能量的转换波可被记录下来。因此，在地震勘探中主要利用同类波，在一些特殊问题中才用转换波。例如，研究薄层时，利用转换波的横波，分辨力较高。

zhuanhuan ceng

转换层（transfer story） 设置转换结构构件的楼层，包括水平结构构件及其以下的竖向结构构件。

zhuanhuan duanceng

转换断层（transform fault） 1965 年，加拿大学者威尔逊（J. T. Wilson）提出的一种新型断层。它是板块构造模式中最重要的特征之一。洋中脊并不连续，而是被一系列垂直于它的平行断裂切割；洋中脊沿断裂发生了水平错动，但这种断层并不是简单的平移断层，而是海底扩张致使沿着断裂的水平位移转换了性质，所以叫作转换断层。海岭脊部一开始就有错动存在，随着两侧板块的分离，岭脊部分水平错动引起地震，转换断层形迹外延部分地震很少。转换断层规模很大，错动距离常达数十至数百千米，有时达1000 多千米。威尔逊认为，不但连接两段洋中脊的大断裂是转换断层，连接海沟与海沟或洋中脊与海沟的断裂也属于转换断层性质。

zhuanhuan jiegou goujian

转换结构构件（structural transfer member） 完成上部楼层到下部楼层的结构形式转变或上部楼层到下部楼层结构布置改变而设置的结构构件，包括转换梁、转换桁架、转换板等。部分框支剪力墙结构的转换梁也称框支梁。

zhuanjiaoweiyifa

转角位移法（slop-deflection method） 以广义位移（转角或线位移）为未知量来求解连续梁和钢架等静不定结构问题的一种方法，由德国学者本迪克森（A. Bendixen）于1914 年提出，是位移法的一种。其基本思路可表述为：分别研究某一杆件中各种因素（包括两杆端的转角和两杆端的相对线位移以及外荷载）对干端力矩的影响，然后经叠加得到干端力矩与转角的关系。

zhuang

桩（pile） 打入或浇注于地基土层中并提供垂直和侧向支承的较柔的柱状支承结构构件。桩按成桩的材料分为木

Z

桩、混凝土桩、钢桩和复合桩。其本意是指一头插入地里的木棍或石柱。

zhuangbanshi dangqiang
桩板式挡墙（pile-sheet retaining wall） 由抗滑桩和桩间挡板等构件组成的支护结构。

zhuangbanshi dangtuqiang
桩板式挡土墙（pile-plate retaining wall） 由钢筋混凝土桩和挡土板组成的轻型挡土墙。在深埋的桩柱间用挡板挡住土体，适用于侧压力较大的地基加固地段，两桩间挡土板可逐层安设或浇筑。

zhuangce zuli
桩侧阻力（shaft resistance of pile） 桩顶在竖向荷载作用下，桩身侧表面所发生的岩土阻力。

zhuang chengtai
桩承台（pile cap） 单桩或群桩桩顶的钢筋混凝土构件，是组成桩基础的结构构件，简称承台。它的主要作用是在桩顶将桩群连接成整体，用于支承作用在桩基上的荷载并传递给桩和地基。桩承台的平面形状取决于桩的布置情况，通常做成矩形或条形。码头、桥梁等构筑物的桩基，桩顶往往高出地面或河底，称为高桩，其承台称为高桩承台；工业与民用建筑的桩基，桩顶往往低于地面，称为低桩，其承台称为低桩承台。

zhuang chengzaili zipingheng ceshifa
桩承载力自平衡测试法（self-balanced measurement method of pile bearing capacity） 从桩顶通过输压管对安置于桩身内部的荷载箱的箱盖与箱底施加压力，使桩侧阻力与桩端阻力逐渐发挥作用直至破坏，从而测定桩侧摩阻力与桩端阻力，并将两者叠加后通过推算得到单桩竖向承载力的试验方法。

zhuang de fumozuli
桩的负摩阻力（pile negative skin friction） 桩周土由于自重固结、湿陷、地面荷载作用等原因产生的沉降大于基桩向下的位移时，土对桩表面产生的向下的摩阻力。

zhuang de jixian cezuli
桩的极限侧阻力（pile ultimate skin friction） 桩身与桩周土的接触面上所能产生的最大摩擦力。行业标准 JGJ 94—2008《建筑桩基技术规范》根据地基土和桩的类型规定了桩的极限侧阻力的标准值。

zhunag de jixian chengzaili
桩的极限承载力（pile ultimate bearing capacity） 桩在荷载作用下达到破坏状态前或出现不适宜继续承载的变形时所对应的最大荷载。

zhuang de jixian duanzuli
桩的极限端阻力（pile ultimate tip resistance） 持力层对桩端所能提供的最大极限抗力。行业标准 JGJ 94—2008《建筑桩基技术规范》根据地基土、桩的类型和桩长规定了桩的极限端阻力的标准值。

zhuang de rongxu chengzaili
桩的容许承载力（pile allowable bearing capacity） 根据试验、计算和经验获得的、有合理安全储备的桩基承载力，一般取 1/2 桩的极限承载力。

zhuang de zhongxingdian
桩的中性点（neutral point of pile） 桩周土沉降与桩身沉降相等的深度位置，即正、负摩阻力的分界点。

zhuangdi chenzha jiance
桩底沉渣检测（bored pile sludge measurement） 借助专用工具、钻孔取芯等方法测定和检验钻孔灌注桩桩底的沉渣厚度。

zhuang duanzuli
桩端阻力（tip resistance of pile） 在竖向荷载作用下，桩端所受到的岩土阻力，是端承桩承载力的主要组成部分。

zhuangfa jichu
桩筏基础（piled raft foundation） 由桩和筏形基础共同承载的基础。该基础具有承载力高、沉降量小而较均匀的特点，几乎可以应用于各种工程地质条件和各种类型的工程，尤其适用于建筑在软弱地基上的重型建（构）筑物。因此，在沿海以及软土地区应用广泛。

zhuanggong bodong fangcheng fenxi
桩工波动方程分析（wave equation analysis of piling behavior） 运用波动理论分析打桩过程中的动力现象的方法。分析不同因素对打桩的影响；了解桩锤在系统的特定组合下的打能力；改进桩工机械与施工工艺；选择垫层材料及厚度，来确定单桩承载力。近百年来，打入桩都是以理想弹性体撞击理论为基础导出打桩理论公式，它可以粗略地推算桩的轴向承载力，但不能分析说明各种打桩现象。

zhuangji
桩基（pile foundation） 由设置于岩土中的桩和与桩顶连接的承台共同组成的基础或由柱与桩直接连接的单桩基础。

zhuangjichu
桩基础（pile foundation） 由桩和连接桩顶的桩承台（简称承台）组成的深基础，简称桩基。桩基具有承载力高、沉降量小而较均匀的特点，几乎可以应用于各种工程地质条件和各类工程，尤其适用于建筑在软弱地基上的重型建（构）筑物。因此，在沿海以及软土地区，桩基被广泛应用。

Z

zhuangji dengxiao chenjiang xishu

桩基等效沉降系数（equivalent settlement coefficient of pile foundations） 弹性半无限体中群桩基础按 Mindlin（明德林）解计算沉降量与按等代墩基 Boussinesq（布辛奈斯克）解计算沉降量之比，用以反映 Mindlin 解应力分布对计算沉降的影响。

zhuangji diyingbian dongcefa

桩基低应变动测法（low strain integrity testing） 采用低能量瞬态或稳态激振方式在桩顶激振，量测桩顶部的速度时程曲线或速度导纳曲线，根据波动理论分析或频域分析，对桩身完整性进行判定的检测方法。

zhuangji gaoyingbian dongcefa

桩基高应变动测法（high strain dynamic testing） 采用重锤冲击桩顶，实测桩顶部的速度和力的时程曲线，根据波动理论分析，对单桩竖向抗压承载力和桩身完整性进行判定的检测方法。

zhuangji gezhen

桩基隔震（pile foundation isolation） 利用特殊设计的桩基实现土木工程隔震的技术。软弱地基上的建筑一般采用桩基来提高地基承载能力；利用桩基实施隔震的基本原理是借助桩的柔性变形能力来降低地面结构的自振周期，从而降低结构的地震反应。

zhuangjihou yajiang

桩基后压浆（post grouting for pile） 成桩一定时间后，通过预设在桩身内的注浆导管及与之相连的桩端、桩侧注浆阀注入水泥浆液，使桩端土、桩侧土得到加固，从而提高桩基承载力、减小沉降的施工技术。

zhuangji jiance

桩基检测（pile test） 为检验桩基工程的质量，采用荷载试验、钻芯法、低应变动测法、高应变动测法、声波透射法等手段，对桩基进行的测试和检验。

zhuangji jingzai shiyan

桩基静载试验（static loading test of pile） 在桩顶部逐级施加竖向压力、竖向上拔力或水平推力，观测桩顶部随时间产生的沉降、上拔位移或水平位移，以确定相应的单桩竖向抗压承载力、单桩竖向抗拔承载力或单桩水平承载力的试验方法。

zhuangji kangzhen fenxi

桩基抗震分析（seismic analysis of piles） 各种类型桩基础的地震反应分析方法、抗震设计和抗震措施相关研究。桩基础地震反应的主要分析模型和方法有集中质点体系模型（也称集中质量模型）、文克尔（Winkler）地基梁模型、有限元模型、非线性 p-y 曲线方法等。

zhuangji sheji

桩基设计（pile foundation design） 根据地质勘察资料、施工条件和工程要求，确定桩基础的桩型、桩的断面尺寸和长度、单桩容许承载力、桩的数量和平面布置以及承台的尺寸和构造，再根据承受的荷载验算桩基承载力，估算沉降量并验算桩和桩承台的强度。

zhuangshen quexian

桩身缺陷（pile defects） 桩身断裂、裂缝、缩颈、夹泥（杂物）、空洞、蜂窝、松散等现象的统称。它是严重的工程隐患，工程建设中必须避免。

zhuangshen wanzhengxing

桩身完整性（pile integrity） 反映桩身截面尺寸相对变化、桩身材料密实性和连续性的综合定性指标。反映桩质量的重要指标。

zhuangshi tuohuan

桩式托换（pile underpinning） 在既有建筑物基础下设桩，将荷载转移到桩上的地基基础加固方法，是建筑基础托换的一种方法。

zhuangti fuhe diji

桩体复合地基（pile composite foundation） 以桩作为地基中的竖向增强体并与地基土共同承担荷载的人工地基，也称竖向增强体复合地基。根据桩体材料特性的不同，可分为散体材料桩复合地基、柔性桩复合地基和刚性桩复合地基。

zhuangtu yinglibi

桩土应力比（stress ratio of pile to soil） 复合地基中桩体上的平均竖向应力和桩间土上的平均竖向应力的比值。

zhuangwang fuhe diji

桩网复合地基（pile reinforced earth composite foundation） 在刚性桩复合地基上铺设加筋垫层形成的人工地基。是一种新型的地基处理方法，它将单一的水平向增强体和竖向增强体进行组合，通过变形协调充分发挥桩、网、土各自的作用，有效控制之后沉降，达到地基加固的目标。

zhuangxiang jichu

桩箱基础（piled box foundation） 上部荷载通过箱型结构传递给桩，由桩和箱形基础共同承载的基础。该基础刚度大，具有调整各桩受力和沉降的良好性能。因此，在软地基上建造高层建筑时被广泛采用。它适用于包括框架在内的任何结构形式。

zhuangpeishi hunningtu jiegou

装配式混凝土结构（precast concrete structure） 由预制混凝土构件或部件装配、连接而成的混凝土结构。

zhuangpei zhengtishi hunningtu jiegou

装配整体式混凝土结构（assembled monolithic concrete structure） 由预制混凝土构件或部件通过钢筋、连接件或施加预应力加以连接，并在连接部位浇筑混凝土而形成整体受力的混凝土结构。

zhuangtai fangcheng

状态方程（equation of state） 描述集中质量质点运动的二阶常微分方程通过变量代换而改写的一阶常微分方程。

zhuangji sunhuai

撞击损坏（pounding damage） 两个物体因撞击而造成的损坏。在地震工程学中，是指相邻工程结构，在地震时因相互碰撞而引起的损坏。

zhuishiyi yexian shiyan

锥式仪液限试验（Vasiliev liquid limit method） 使用一定质量、一定锥尖角度的圆锥，以一定的贯入深度为标准，测定黏性土液限的试验。

zhuitou zuli

锥头阻力（cone point resistance） 静力触探双桥探头贯入土中锥头所受的阻力与锥头水平投影面积之比。

zhuiluoshi bengta

坠落式崩塌（falling-type rockfall） 陡坡岩体受节理裂隙切割或下部悬空，在重力等因素作用下脱离母体并发生以坠落的形式为主的过程与现象。

zhunsudu fanyingpu

准速度反应谱（quasi-velocity response spectrum） 将速度反应谱计算公式中的余弦函数改为正弦函数后得到的速度反应谱，也积拟速度反应谱。

zhunyongjiuzhi

准永久值（quasi-permanent value） 对可变荷载，在设计基准期内，其超越的总时间约为设计基准期一半的荷载值。

zhunyongjiu zuhe

准永久组合（quasi-permanent combination） 正常使用极限状态计算时，对可变荷载采用准永久值为荷载代表值的组合。

zhuoyue pinlü

卓越频率（predominant frequency） 傅里叶幅值谱最大幅值对应的频率。该振动频率分量对结构振动起控制作用。

zhuoyue zhouqi

卓越周期（predominant period） 振动频谱中强度最大的频率分量对应的周期，是随机振动中出现概率最多的周期，一般以傅里叶幅值谱最大值对应的周期确定，常用来描述地震动或场地特性。地震工程中主要涉及地震动卓越周期、地脉动卓越周期、土层卓越周期和结构动力反应卓越周期。

zibo

子波（wavelet） 从震源发出的原始地震脉冲在介质中传播时，由于介质对地震脉冲有滤波作用，并且地层界面使波产生反射和折射，因此，自距震源一定距离起，脉冲波形便发生变化而与原始波形不同，但在一定传播范围内其形状基本保持不变时的地震脉冲。子波的形状决定于震源和介质的滤波性质，其频率随传播距离的增大而有所降低，振幅也逐渐减小。

zibo chuli

子波处理（wavelet processing） 地震波的传播过程可视为一个线性系统，地震数据可视为一个地震子播和各种滤波器的褶积。地震波在传播过程中，大地介质对其有各种滤波作用，使地震波形延长并发生畸变。子波处理就是将延长的波形压缩成近似于未受大地滤波作用的脉冲子波。

zijiegou

子结构（substructure） 在土–结相互作用分析时，在物体受力分析中将地基和结构拆分而形成不同的隔离体。

zijiegoufa

子结构法（sub-structure method） 考虑土–结相互作用影响计算结构动力反应时，将结构和地基划分为独立体系，运用分界面上的力平衡和位移连续关系来计算土–结相互作用体系动力反应的方法。该方法的计算分析步骤可分为计算自由场地震动、计算地基散射波场地震动、计算地基刚度矩阵（动力阻抗函数）和上部结构反应分析。

zijiegou nidongli shiyan

子结构拟动力试验（pseudo-dynamic substructure test） 对结构中的一部分进行拟动力试验，结构中的其他部分用计算机模拟的结构动力反应试验。

ziwuxian

子午线（meridian line） 通过地球表面某点和两极的大圆，表示当地的南北方向。

zidong futi

自动扶梯（escalator） 以电力驱动，自动运送人员上下楼层的阶梯式机械装置。在大型商场、车站的人员密集的地方被广泛应用。

zidong penshui miehuo xitong

自动喷水灭火系统（sprinkler automatic systems） 由洒水喷头、报警阀组、水流报警装置（水流指标器或压力开关）等组件，以及管道，供水设施组成，并能在发生火灾时喷水的自动灭火系统。

zidong renxingdao
自动人行道（moving walkway） 以电力驱动，水平或斜向自动运送人员的步道式机械装置。

zidong xiaofangpao miehuo xitong
自动消防炮灭火系统（automatic fire monitor extinguishing system） 能自动完成火灾探测、火灾报警、火源瞄准和喷射灭火剂灭火的消防炮灭火系统。

zifuwei jiegou
自复位结构（self-centering structure） 外力（地震作用或强风作用等）解除后，结构的顶点由于外力作用产生的侧向位移能够逐渐恢复到零，结构在往复荷载作用下的滞回曲线近似呈"旗帜"型或双线型弹性滞回曲线的结构。它是一种基于性能化设计理念的新型结构体系，作为抗震结构使用时，旨在减小结构在地震中的响应及地震后的残余变形，以确保地震中使用功能不中断或地震后使用功能可快速恢复。该结构的特点是在水平地震作用下，结构发生一定的弯曲变形，当超过设计的变形限制时，放松约束的柱或墙等结构构件会产生摇摆或开合运动，并通过预应力使结构回复到初始位置；也可在摇摆或开合界面设置耗能阻尼器以耗散地震能量，使结构破坏发生在便于替换的耗能阻尼器上。该结构由发生摇摆的构件、自复位元件和可更换的耗能元件三个部分组成，大致分为放松框架柱与基础或墙与基础之间约束的摇摆结构体系、放松梁柱节点约束的横向自复位框架结构和采用自复位支撑的钢支撑框架结构三种类型，自复位支撑的钢支撑框架结构的工作原理：自复位防屈曲支撑构件在轴向拉压作用下形成开合机制，利用摩擦片或低屈服点钢材耗能，预应力钢绞线或形状记忆合金等提供复位能力。

zifuwei kuangjia jiegou
自复位框架结构（self-centering structure） 具有自复位梁柱节点的结构或具有自复位柱脚节点的结构。自复位梁柱节点是指在保证梁端剪力和轴力传递的基础上，将梁柱界面的刚性连接放松，通过设计使梁端可以在界面处张开，通过节点摩擦阻尼器或角钢耗能，并利用水平布置的钢绞线提供恢复力的构造。自复位柱脚节点是指通过放松柱脚的约束，使柱的根部在受力达到一定程度后可以抬升，避免柱脚的塑性变形，释放其与基础间的拉力，通过自复位装置和柱脚阻尼器抵抗弯矩和耗能，并利用竖向布置的预应力钢绞线提供恢复力的构造。该结构解决了传统框架结构中损伤集中于结构构件的不足，将损伤集中于可以更换的耗能装置上，提高了结构震后的可恢复性。此外，将该结构与预制装配式结构相结合，并施加无黏结预应力，采用模块化的建造方式，可形成装配式预应力自复位框架结构。

zifuwei qiaodun
自复位桥墩（self-centering pier） 在地震作用下会发生一定幅度的摆动，再利用桥墩的自身重量或使用预应力钢筋的拉应力使桥墩能够恢复原位的结构。该桥墩震后残余变形很小，能够快速修复或无需修复便可继续使用。为克服桥墩与基础连接部位易产生应力集中现象，可在这种自复位结构上附加专门的耗能装置，这种耗能装置可以是内置的耗能钢筋，也可以是专门外置的耗能构件或者阻尼器，它可以和钢筋混凝土桥墩结合形成一个整体，使桥墩在地震作用下仍保持弹性状态，且具有可恢复性，在强震下不会发生大的偏移，具有良好的抗震性能。该桥墩构造组成包括自复位组件、承重组件、耗能组件、嵌合式街头四个部分；它的抗震机理是把桥墩本身看成一种减隔震的装置，使其在荷载作用下，依靠桥墩与承台的分离使桥墩发生摆动来消耗地震能量。在这个过程中，耗能组件也可以耗去一部分的能量，以此来降低作用在结构上的动能。这种新型的自复位桥墩与传统的桥梁墩柱相比，在承载力上和传统的桥墩无区别；但新型自复位桥墩的残余变形会显著低于传统的延性桥墩。因此，这种新型自复位桥墩在设计时可在沿用原来的传统桥墩的设计方法的基础上，根据实际工程要求添加相应的自复位组件和耗能组件。

zigonglüpu
自功率谱（auto-power spectrum） 也称自谱密度函数，同一随机过程的功率谱

zigonglüpu midu hanshu
自功率谱密度函数（auto-power spectral density function） 自相关函数在频域展开的傅里叶谱密度函数。

zihuigui huadong pingjun moxing
自回归滑动平均模型（auto regressive moving average model, ARMA） 描述时间序列内在联系及规律性的一种数学模型。该模型将时间序列视为某一系统的输出，而系统的输入是白噪声，系统建模就是随机时间序列的谱分解问题。

ziliujing
自流井（artesian well） 由于观测层的承压水头高出井口顶面而使井水由井口可自由流出的观测井。

ziliu pendi
自流盆地（artesian basin） 埋藏有自流水的构造盆地。一种具有承压蓄水构造的向斜盆地，可进一步分为大型复式构造盆地和小型单一向斜构造盆地，主要由第四纪以前的岩层组成。

ziliushui
自流水（artesian water） 承压水的水头高出地表，可以沿天然或人工通道流出地表的地下水。

Z

ziliu xiedi

自流斜地 （artesian arrisway） 形成承压水的一种水文地质单元，具有向一个方向倾斜或尖灭的自流含水层的地区。多见于单斜构造地区或洪积扇地区。

zipu midu

自谱密度 （auto-power spectral density）
见【自谱密度函数】

zipu midu hanshu

自谱密度函数 （auto-power spectral density function） 自相关函数在频域展开的傅里叶谱密度函数，也称自功率谱，简称自谱密度。其是功率谱的两种类型之一。

ziran bianpo

自然边坡 （natural slope） 天然存在的、由自然营力形成的边坡，包括滑坡、倾倒变形体边坡。

ziran dizhi zuoyong

自然地质作用 （physical geological process）
见【地质作用】

ziran dianchang

自然电场 （spontaneous electric field） 地壳内部各类物理化学作用引起的正负电荷分离产生的地电场。

ziran dianchangfa

自然电场法 （natural electrical exploration） 观测、研究地质体的自然电场，用以解决水文地质、工程地质等问题的方法。

ziran pingheng gong

自然平衡拱 （self-supporting arch） 在岩土体开挖过程中，由于岩土体自身强度的原因而形成的拱。

ziran zaihai

自然灾害 （natural hazard） 自然异常变化对人类生命财产安全、社会功能、生态环境造成损害的事件或现象，主要包括地震灾害、地质灾害、气象灾害、海洋灾害、生物灾害、森林和草原火灾等。它是地球表层孕灾环境、致灾因子、承灾体综合作用的产物，具有自然和社会双重属性。自然灾害的分类体系较为多样，根据灾害形成的主要原因，分为地球物理性、生物性自然灾害；根据形成过程的时间长短，分为突发性自然灾害、缓发性自然灾害；根据灾害形成、衍化的因果关系，分为原生自然灾害、次生自然灾害和衍生自然灾害。

zixiangguan hanshu

自相关函数 （autocorrelation function） 描述函数 $x(t)$

错开延时 τ 后与原过程的相关程度的函数，定义为：

$$R(\tau) = \int_{-\infty}^{+\infty} x(t)x(t+\tau)\mathrm{d}t$$

zixiefangcha hanshu

自协方差函数 （autocovariance function） 自协方差函数定义为：

$$C_{xx}(\tau) = \mathrm{E}\{[x(n) - \mu_{x(n)}][x(n+\tau) - \mu_{x(n+\tau)}]\}$$

式中，$\mathrm{E}[\cdot]$ 为数学期望；$\mu_{x(n)}$ 和 $\mu_{x(n+\tau)}$ 分别为随机过程 $x_{(n)}$ 和 $x_{(n+\tau)}$ 的均值。

zixingchedao

自行车道 （bicycle path） 专供自行车行驶的车道，宽度一般为3m左右，在城市中可自成系统，通常禁止机动车和行人进入、借道或占用。国家建设主管部门要求，城市道路建设要优先保证步行和自行车出行。依据专项规划，新建及改扩建城市主干道、次干道，要设置步行道和自行车道。

ziyouchang

自由场 （free field） 未建人造结构或未经施工改造的天然场地。其可以被简化成荷载为零的半无限空间。

ziyou changdi

自由场地 （free field） 不受周围建筑和结构振动影响的空旷场地，其水平距离一般离开建筑物一倍高以上。

ziyou changdi dizhendong

自由场地地震动 （free-field ground motion） 不受周围环境，包括场地地形、工程结构等因素影响的空旷场地上的地面运动。

ziyoudu

自由度 （degrees of freedom） 完整地描述一个力学系统运动所需要的独立变数的个数。一个自由质点在空间的位置需要用独立的三个坐标 x、y、z 来确定，故一个自由质点的自由度为3。具有 n 个质点的自由质点系，它的自由度是 $3n$。如果一个质点系附有 K 个互相独立的约束方程（不论约束方程为有限约束或微分约束），则它的自由度为 $3n-K$。由此可以确定，一个自由刚体的自由度为6；一个力学系统，它的自由度和独立的动力方程的个数相同。刚体的6个平衡条件中，3个是力的平衡方程，另3个是力矩平衡方程。在结构计算中，它是指确定物体在空间中的位置所需要的最少独立坐标数。当仅需要一个独立坐标时，称为单自由度。在方差计算中，它是指和的项数减去对和的限制数。它反映了相应标准不确定度的可靠程度。

ziyouduan

自由段 （free part of an anchor） 位于滑动体中的锚杆长

度段，锚杆自由段不提供锚固力，只承担传递锚固力的作用，也指预应力锚杆张拉过程中依靠锚杆材料本身的弹性，可以自由伸长的部分。

ziyou huosai qutuqi

自由活塞取土器（free piston sampler） 活塞杆不延伸至地面，只穿过上接头，用弹簧锥卡予以控制，取样时依靠土试样将活塞顶起的活塞取土器。

ziyou pengzhanglü

自由膨胀率（free swelling ratio） 人工制备碾细、烘干的土试样，在水中膨胀稳定后所增加的体积与原体积之比，以百分数表示。它说明土粒在无结构力影响下的膨胀特性，主要受土中黏粒含量和矿物成分支配。黏粒含量愈高，矿物亲水性越强，自由膨胀率越大。

ziyou pengzhanglü shiyan

自由膨胀率试验（free swelling ratio test） 均匀风干土与氯化钠溶液配制成悬液，沉淀后测定土面高度的变化，计算求得试样体积膨胀率的试验。

ziyoushui

自由水（free water） 在生物体内或细胞内可以自由流动的水，是良好的溶剂和运输工具，也称体相水，滞留水。在岩土工程中，是指在双电层之外，主要受重力控制的自由液态水。

ziyou zhendong

自由振动（free vibration） 力学系统受初始扰动后，不再受其他激励而在其平衡位置附近的振动。它是不承受外荷载作用、仅由系统自身动力特性所决定的振动。由于介质阻尼和内耗都看作振动系统，因此自由振动也包括有阻尼力的振动。最简单的自由振动是简谐振动；其次是有阻尼力的单自由度线性振动。在结构工程中，是指在不受外界作用而阻尼又可忽略的情况下结构体系的振动。

ziyou zhendong ceshi

自由振动测试（free vibration test） 利用冲击荷载使模型基础产生自由振动测定地基动力特性的测试。

ziyou zhendong shiyan

自由振动试验（free vibration tests） 激起试体自由振动并据此测试结构基本频率和阻尼比的试验。不承受外荷载作用，仅由系统自身动力特性决定的振动称为自由振动，自由振动的能量来自体系的初位移或初速度。结构的自由振动通常表现为幅值持续衰减的周期振动。根据对自由振动测试数据的分析，可以获得结构的基频和阻尼比。

ziyou zhendong shuaijian quxian

自由振动衰减曲线（attenuation curve of free vibration）

自由振动的时程曲线。有无外荷载作用，振幅随时间不断的衰减。

ziyou zuoyong

自由作用（free action） 在工程结构设计中，在结构上的一定范围内可以任意分布的作用，也称可动作用。

zizhen pinlü

自振频率（natural frequency） 在振动分析中，在外力不复存在时，单位时间（每秒）内振动体系完成全振动的次数，也称固有频率或自然频率。常以 f 表示，单位为 Hz（赫兹）。他与自振周期是互为倒数关系。该频率与系统的初始条件无关，只与系统本身的质量和刚度有关。

zizhen yuanpinlü

自振圆频率（natural circular frequency） 通常简称自振频率。在振动分析中，2π 时间（每秒）内完成全振动的次数。常以 ω_n 表示，单位为 rad/s，$\omega_n = 2\pi f$。该频率与系统的初始条件无关，只与系统本身的质量和刚度有关。

zizhen zhouqi

自振周期（natural vibration period） 在振动分析中，完成一次全振动（一个振动往复）所需要的时间，常以 T 表示，单位为 s。在结构工程中，系指结构按某一振型完成一次自由振动所需的时间。对应于第一振型的自振周期称基本自振周期。

zizhenzhouqi de jingyan guji

自振周期的经验估计（estimation of natural period） 根据简单经验公式对不同结构基本周期粗略的经验估计。利用试验或分析方法来确定具体结构的模态参数可能需要较多时间，在某些情况下（如结构初步设计阶段等），迅速对结构自振周期做出粗略估计很有必要，这种粗略估计可由简单经验公式得出。经验公式的建立主要依据大量同类结构的脉动测试结果，经统计分析，将实测基本周期 T_1 表述为结构整体尺寸或层数的函数。一些国家使用的这类经验公式如下（以下各式中，T_1 为结构基本周期；H 为结构总高度；B 为计算方向的结构平面最大长度，单位为 m；N 为结构总层数；D 为烟囱 1/2 高度处截面的外直径，单位为 m）。中国、美国、日本、苏联的经验公式分别为如下。

中国的经验公式为：

（1）高度低于 25m 的小开间框架填充墙结构：

$$T_1 = 0.22 + 0.035H/\sqrt[3]{B}$$

（2）高度低于 50m 的框架-抗震墙结构：

$$T_1 = 0.33 + 0.00069H^2\sqrt[3]{B}$$

（3）高度低于 50m 的钢筋混凝土抗震墙结构：

$$T_1 = 0.04 + 0.038H/\sqrt[3]{B}$$

（4）高度低于 35m 的化工煤炭行业框架结构厂房：

$$T_1 = 0.29 + 0.0015H^{2.5}/\sqrt[3]{B}$$

（5）钢筋混凝土框架结构：
$$T_1 = (0.08 \sim 0.10)N$$
（6）钢筋混凝土框架–抗震墙结构（或框架–筒体结构）：
$$T_1 = (0.06 \sim 0.08)N$$
（7）钢筋混凝土框架–抗震墙结构（或筒中筒结构）：
$$T_1 = (0.04 \sim 0.05)N$$
（8）高层钢结构：
$$T_1 = (0.08 \sim 0.12)N$$
（9）多层砌体结构房屋：
$$T_1 = 0.0168(H+1.2)$$
（11）高度低于120m的钢筋混凝土烟囱：
$$T_1 = 0.45+0.0011H^2/D$$
（12）高度低于60m的砖烟囱：
$$T_1 = 0.26+0.0024H^2/D$$
美国的经验公式为：
（1）一般房屋：
$$T_1 = 0.108H/\sqrt{B}$$
（2）无墙框架房屋：
$$T_1 = 0.1N$$
（3）框架填充墙结构房屋：
$$T_1 = 0.05H/\sqrt{B}$$
日本的经验公式为：
（1）钢结构建筑：
$$T_1 = 0.03H \text{ 或 } T_1 = 0.09N$$
（2）钢结构以外的建筑：
$$T_1 = 0.02H \text{ 或 } T_1 = 0.06N$$
苏联的经验公式为：
（1）砌体结构房屋：
$$T_1 = 0.056N$$
（2）大型砌块砌体房屋：
$$T_1 = 0.014H$$

zizhong

自重（self weight） 物体自身的重量。通常指材料自身重量产生的重力。它还有一个含义是谨言慎行，尊重自己的人格。

zizhong shixianliang

自重湿陷量（total collapsibility） 湿陷性黄土地基在自重压力和充分浸水条件下，下沉稳定的变形量。

zizhong shixianliang jisuanzhi

自重湿陷量计算值（computed collapse under overburden pressure） 采用室内压缩试验，根据不同深度的湿陷性黄土试样的自重湿陷系数，考虑现场条件计算而得的自重湿陷量的累计值。

zizhong shixianliang shicezhi

自重湿陷量实测值（measured collapse under overburden pressure） 在湿陷性黄土场地，采用试坑浸水试验，全部湿陷性黄土层浸水饱和所产生的自重湿陷量。

zizhong shixian xishu

自重湿陷系数（coefficient of self-weight collapsibility） 试样在饱和自重压力下，浸水湿陷下沉量与试样原厚度的比值。

zizhong shixianxishu shiyan

自重湿陷系数试验（self-weight collapsibility test） 用固结仪测定试样在饱和自重压力下的湿陷量与试样原始高度之比的试验。

zizhong shixianxing

自重湿陷性（self-weight collapsibility） 土在自重压力下受水浸湿后发生湿陷的性状。

zizhong shixianxing huangtu

自重湿陷性黄土（self-weight collapsible loess） 在上覆土层自重压力下受水浸湿，产生显著附加变形的湿陷性黄土。

zizhong yali

自重压力（self-weight pressure） 上覆岩土的重力产生的竖向压力。它是土的颗粒的自重在计算点所产生的垂直向下的压力。

zizhong yingli

自重应力（self-weight stress） 土体中由于土的自重作用而产生的应力。岩土体中任一点垂直方向的自重应力，等于这一点以上单位面积岩土柱的质量。

zizuanshi maogan

自钻式锚杆（self-drilling bolt） 将钻孔、注浆与锚固合为一体，中空钻杆即为杆体的锚杆。

zizuanshi pangya shiyan

自钻式旁压试验（self-boring pressure meter test） 利用自钻式旁压仪自行钻进、定位并进行旁压试验的方法。自钻式旁压仪整套系统由液压活塞、钻机和水泵三部分组成，由小型发电机提供动力。

zongjiao jianzhu

宗教建筑（religious building） 与各类宗教活动相关的建筑，包括佛教寺院、道观、清真寺、教堂等。

zonghe fangzai

综合防灾（comprehensive disaster resistance and prevention） 为应对地震、洪涝、火灾及地质灾害、极端天气灾害等灾

害，提高事故灾难和重大危险源防范能力，同时考虑人民防空、地下空间安全、公共安全、公共卫生安全等要求而开展的城市防灾安全布局统筹完善、防灾资源统筹整合协调、防灾体系优化健全和防灾设施建设整治等综合防御部署和行动。

zonghe gailüfa

综合概率法（hybrid probabilistic method） 综合考虑地质构造因素和地震的时空不均匀性的地震危险性概率分析方法。

zonghe kangzhen nengli

综合抗震能力（compound seismic capability） 整个建筑结构综合考虑其构造和承载力等因素所确定的具有抵抗地震作用的能力。

zonghe kangzhen shefang mubiao

综合抗震设防目标（compound seismic fortification object） 社会整体综合的抗震设防目标。一般表述为：逐步提高社会综合的抗震能力，最大限度减轻地震灾害，保障地震作用下人类生命安全和社会运行；在预期地震作用下，重要设施和系统可保持功能或迅速恢复功能，一般设施不发生严重破坏，社会生活可基本维持正常。预期地震作用常用震级或地震动强度表示，如未来某个时期内可能发生的确定性的最大地震或以某个超越概率发生的地震动。中国将预期地震作用表述为震级 6.0 左右、与地区设防烈度相当的地震作用。

zonghe sheshi

综合设施（comprehensive factilities） 为提高避难人员生活条件，在已有的基本设施、一般设施的基础上，应增设的配套设施，包括应急停车场、应急停机坪、应急洗浴设施、应意通风设施、应急功能介绍设施等。

zonghe wutan fangfa

综合物探方法（integrated geophysical method） 针对特定的探测对象和探测目的，采用多种物探方法组合据测，并对其成果进行综合分析的方法。

zonghexing huifu

综合性恢复（full recovery） 在建筑韧性评价中，房屋建筑经修复后，建筑综合功能得到恢复。

zonghe yingxiang xishu

综合影响系数（comprehensive influence coefficient） 根据结构的弹性地震反应分析结果粗略估计实际发生的非弹性反应时使用的计算系数，也称地震效应折减系数、地震作用效应折减系数或地震作用折减系数。它是计算地震荷载时，用以反映实际构造物的地震反应与现行地震荷载计算理论之间的差异的协调值。

zonghe zhenji lianggui hanshu

综合震级量规函数（seismic synthetic magnitude calibrating function） 受区域地质构造的影响，不同地区的量规函数根据对每个地区多次地震的统计综合得到每个地区的不同震中距的量规函数表。

zonghe zhuzhuangtu

综合柱状图（composite columnar section） 综合测区的露头和钻孔资料编制的，反映测区地层新老次序和地质演化的图件。

zongpingmiantu

总平面图（site plan） 表示拟建房屋所在规划用地范围内的总体布置图，主要用于反映拟建房屋的位置以及与原有环境的关系和邻界的情况等。

zongshixianliang

总湿陷量（self weight collapsibility） 湿陷性黄土地基在自重压力和充分浸水条件下，下沉稳定的变形量。

zongshuitou

总水头（total head） 水体中一点的位置水头、压力水头及流速水头之和。对于潜水层，压力水头等于 0，总水头就是位置水头。对于承压水，总水头等于压力水头和位置水头之和。

zongyingli

总应力（total stress） 土体单位面积上的总力，为有效应力和孔隙压力之和。有效应力为粒间应力，只通过土颗粒接触点传递的应力，会使土粒彼此挤紧，从而引起土体变形；孔隙水传递的力为孔隙水压力。

zongyinglifa

总应力法（total stress analysis） 用包含孔隙水压力在内的总应力和土的总应力抗剪强度指标分析岩土工程问题的方法。

zongyingli fenxi

总应力分析（total stress analysis） 岩土工程中用总应力和总应力抗剪强度指标来分析土体的稳定性的方法。

zongyingli qiangdu canshu

总应力强度参数（total stress strength parameter） 用包括超静孔隙水压力在内的总应力表示土的强度准则中的参数，包括黏聚力和内摩擦角。

zongyingli qiangdu zhibiao

总应力强度指标（total stress strength parameters） 用包括超静孔隙水压力在内的总应力表示的土的强度准则中的强度参数。

Z

zongmian xianxing

纵面线形（vertical alignment） 公路中心在纵剖面上的投影形状。

zongpo

纵坡（longitudinal gradient） 路线纵断面上同一坡段两点间高差与水平距离的比值。

zongqiang

纵墙（longitudinal wall） 黏土砖房沿平面长轴方向布置的墙。沿平面短轴方向布置的墙为横墙。

zongqiang chengzhong

纵墙承重（longitudinal wall bearing） 楼板搭在纵墙上的承重体系。

zouhua duanceng

走滑断层（strike-slip fault） 相对位移方向与断层走向平行的断层。根据观察者面向的对盘错移的方向可描述为左行走滑断层和右行走滑断层。以往曾出现过许多同义词，如平移断层、平推断层或横推断层、平挫（扭）断层等，分别用于特定的场合和不同的地质条件。发育在逆冲断层上盘、调节逆冲块体之间运动速度差的一类走滑断层称为撕裂断层或擦断层。调节正断层活动时块体之间运动速度差的另一类走滑断层称为调节断层或变换断层。

zoulang

走廊（corridor） 建筑物中的水平交通空间，是房屋结构布局的一种类型，也比喻连接两个较大地区的狭长地带。在中国比较著名的走廊有位于甘肃的河西走廊、位于辽宁的辽西走廊。

zoushi

走时（traveltime） 地震波从震源出发，然后经过传播介质到达观测点所需要的时间，也称旅行时间。

zoushibiao

走时表（travel-time table） 用表格形式表现的地震走时曲线。其可反映地震波传播的时间及在这段时间内经过的距离之间的关系，一般用地震波的走时、纵波与横波的走时差和震中距等参数表示。

zoushicha

走时差（travel-time difference） 地震图上各种震相从震源传到记录点时间先后之差，最常用的是纵、横波走时差。记录点到震源距离越远，走时差越大；距离越近，走时差越小。走时差是测定震中位置、震源深度和辨认各种震相的重要依据。

zouxiang

走向（strike） 倾斜的岩层层面、节理面、断层面等结构面与水平面交线的方向。它是倾斜或直立的面状构造与水平面的交线所指的方向，除东西走向外，一般以交线偏北一端的方位角表示。

zouxiang duanceng

走向断层（strike fault） 断层走向与褶断岩层走向基本平行的断层，也称纵断层。这类断层也与褶皱轴向或区域构造线走向平行。

zuchi moxing

足尺模型（full-scale models） 结构试验中采用真实结构尺寸和材料建造的试验试件。尺寸和材料受力特性与原型结构相同的结构模型。

zukang

阻抗（impedance） 见【频率响应函数】

zukang hanshufa

阻抗函数法（impedance function method） 将结构和地基划分为独立体系，运用分界面上的力平衡和位移连续关系计算土-结相互作用的方法。它是土-结相互作用分析的一种分析方法，也称子结构法、分步法。求解动力阻抗函数是该方法的关键，计算也比较复杂。

zuni

阻尼（damping） 振动能量在材料内部传递消耗或向外辐射而使振幅减小的特性，即振动过程中的能量耗散，或使振幅随时间衰减的各种因素。从耗能机制角度可分为材料阻尼（内部阻尼）、结构阻尼和流体阻尼三大类。阻尼通常被看成与运动速度相反的一种阻力。

zunibi

阻尼比（damping ratio） 振动系统的阻尼系数与其临界阻尼系数之比，用于表达结构阻尼的大小，是结构的动力特性之一，是描述结构在振动过程中某种能量的耗散。在有阻尼自由振动中，阻尼比大于1的情况称为过阻尼；阻尼比小于1的情况称为欠阻尼；阻尼比等于1的情况称为临界阻尼。

zuni changshu

阻尼常数（damping constant） 见【阻尼系数】

zuni juzhen

阻尼矩阵（damping matrix） 振动体系分析中各自由度运动分量和阻尼力矢量之间的转换矩阵，反应了结构体系弹性状态下的耗能特性。根据采用的阻尼机制假定不同，阻尼矩阵具有的形式亦不同。

zuni lilun

阻尼理论（damping theory）　　研究动力系统在振动过程中能量耗散的现象、机理和数学物理模式的理论。通常，振动体系在外荷载停止作用后，其自由振动将随时间延续而衰减；在材料、构件和结构的往复荷载作用实验中，即使在弹性范围内，实测得到的力和变形关系曲线也并非严格的直线，而是具有一定面积和形状的滞回环；这表明，振动体系具有能量耗散（即阻尼）的普遍特征。阻尼理论是结构动力反应分析的重要基础之一，结构弹性地震反应的阻尼理论主要涉及常系数黏滞阻尼、频率相关黏滞阻尼和复阻尼等理论。

zuniqi

阻尼器（damper）　　用能量损耗的方法减小振动幅值、吸收并耗散振动能量的装置，多指被动控制装置。阻尼器依耗能机理的不同可分为黏弹性阻尼器、黏滞流体阻尼器、金属阻尼器、摩擦阻尼器和形状记忆合金阻尼器等多种。黏弹性阻尼器和黏滞流体阻尼器的阻尼机制为黏性耗能，阻尼力与结构振动速度相关，故称为速度相关型阻尼器。这类阻尼器的耗能材料为高分子黏弹性固体或黏性流体。金属阻尼器依靠金属材料（如软钢和铅）屈服后的弹塑性滞回特性耗能；摩擦阻尼器依靠摩擦滑动耗能；这两类阻尼器耗散能量的大小与塑形变形和滑动位移有关，故称为位移相关型阻尼器。形状记忆合金可因超弹性和相变耗能。

zuni xishu

阻尼系数（damping coefficient）　　电器系统的额定负载阻抗与该系统电驱动源的输出阻抗的比值。该系数大则表示该驱动源的输出阻抗远远小于额定负载阻抗。该系数还可间接表示驱动设备控制负载反作用的能力。在力学中，为消除阻尼力对频率的依赖，用滞变阻尼的形式代替黏滞阻尼，滞变阻尼可定义为一种与速度同相而与位移成比例的阻尼力，在考虑阻尼时可在弹性模量或刚度系数项前乘以复常数，这一常数为复阻尼系数。在地学中，是指一种利用阻尼特性来减缓机械振动及消耗动能的假设装置，用数值模型模拟地球介质非弹性衰减时，在模型中常采用阻尼器来模拟阻尼的作用。

zuni zhendong

阻尼振动（damped vibration）　　振动体系由于受到阻力而造成能量损失进而使振幅逐渐减小的振动。

zuni zhendong yuanpinlü

阻尼振动圆频率（damped vibration circular frequency）无外荷载的单自由度体系自由振动方程为：

$$\ddot{x} + 2\xi\omega\,\dot{x} + \omega^2 x = 0$$

式中，ξ 为阻尼比，$\xi = \dfrac{c}{2m\omega}$；$\omega$ 为圆频率，$\omega = \sqrt{k/m} = 2\pi f$，$f$ 是体系自振频率。上述运动方程的解为：

$$x(t) = \mathrm{e}^{-\xi\omega t}\left[\frac{\dot{x}(0) + x(0)\xi\omega}{\omega_\mathrm{D}}\sin\omega_\mathrm{D}t + x(0)\cos\omega_\mathrm{D}t\right]$$

式中，$\dot{x}(0)$ 和 $x(0)$ 分别代表体系的初始速度和初始位移；ω_D 为阻尼振动圆频率，$\omega_\mathrm{D} = \omega\sqrt{1-\xi^2}$。

zushuiceng

阻水层（impervious layer）　　见【不透水层】

zu

组（formation）　　岩石地层系统的基本单位，即岩性相对一致、有一定结构类型的地层。对组内的岩性变化程度并无统一的标准，可以由岩性单一的一段岩层，或岩性相近、成因相关的一段岩层组成，也可由两种岩性的互层或夹层岩层组成，或者是可与相邻简单岩性相区别的一套岩性复杂的岩层组成。组一般应具有一定的地层厚度，一般以地点来命名。组下可以划分为段或层，不分段的组有一致的结构类型，分段的组则由多种结构类型组成。

zuhe goujian

组合构件（built-up member）　　由一块以上的钢板（或型钢）相互连接组成的构件，如工字形截面或箱形截面组合梁或柱。

zuhezhi

组合值（combination value）　　对可变荷载，使组合后的荷载效应在设计基准期内的超越概率，能与该荷载单独出现时的相应概率趋于一致的荷载值，或使组合后的结构具有统一规定的可靠指标的荷载值。

zuhezhuang

组合桩（composite pile）　　由两种以上材料组成的桩，如钢管混凝土桩、型钢混凝土桩或上部为钢管下部为混凝土的桩。

zuangan

钻杆（drill rod）　　将钻机的回转扭矩传递给孔底钻头，同时作为循环液通道的分节连接的金属管。

zuanji

钻机（drilling rig）　　用于钻探的机械，包括主机、水泵、动力机和钻架（塔）等。由于岩土钻掘工程的目的与施工对象各异，因而钻机种类较多，按用途可分为岩心钻机、石油钻机、水文地质调查与水井钻机、工程地质勘查钻机、坑道钻机及工程施工钻机等。

zuanju

钻具（drilling tool）　　钻探管材及接头的总称，由钻杆、岩心管、钻头等组成。

zuankong dizhenji

钻孔地震计（down-hole seismometer）　　见【孔下地震计】

Z

zuankong dianshi

钻孔电视（borehole TV） 利用钻孔电视成像仪，观测孔壁直观图像的测井方法。钻孔电视系统包括井下摄像头、地面控制器、传输电缆、录像机、监视器、绞车、绞架等。

zuankong fenbutu

钻孔分布图（boring distribution map） 在场地地形图上将各类钻孔的位置、编号用不同的图例表示，并注明各钻孔的标高、深度、剖面线及其编号等要素的图件。

zuankong hengxiang yanti weiyi guance

钻孔横向岩体位移观测（drill hole lateral displacement measuring） 通过伺服加速度计或滑动测斜仪和安装在钻孔中的测斜管，对岩体沿钻孔横向位移进行的观测。

zuankong jiegou

钻孔结构（drill hole setup） 构成钻孔的技术参数，包括钻孔的直径和深度、倾斜方位和倾斜度、套管直径和深度、止水等。

zuankong kongjing bianxingfa

钻孔孔径变形法（borehole deformation method） 通过套钻钻进测量套芯解除前后小钻孔孔径变形，确定地应力的一种方法。

zuankong liusu celiang

钻孔流速测量（borehole flow-velocity measurement） 在钻孔中用钻孔流速仪测定地下水流速的方法。钻孔流速仪是在钻孔中直接测量流速的仪器，能够近似地测出漏水位置，自流含水层的下界面，条件许可时还可判断含水层的厚度。

zuankong liusuyi

钻孔流速仪（orehole flow meter） 见【钻孔流速测量】

zuankong yingbianyi

钻孔应变仪（borehole strainmeter） 安装在钻孔（竖井）内测量地壳应变随时间变化的仪器。根据工作原理分为分量式应变仪和体积应变仪。

zuankong zhouxiang yanti weiyi guance

钻孔轴向岩体位移观测（drill hole axial displacement measuring） 通过钻孔轴向位移计，在钻孔中对岩体沿钻孔轴向位移进行的观测。

zuankong zhuzhuangtu

钻孔柱状图（drill column） 见【工程地质柱状图】

zuantan

钻探（drilling） 利用专用机具钻孔，来探明地质条件的勘探方法。它是研究场地条件的重要勘探手段之一。

zuantou

钻头（drill bit） 通过冲击或回转，对孔底岩土进行碾磨、切削、击碎，使之钻进的专用工具。

zuanxinfa

钻芯法（core-drill method） 利用专用钻机从结构混凝土中钻取芯样检测混凝土强度和内部缺陷的方法。钻芯检测将在结构局部形成孔洞，是一种半破损检测方法。

zuanxinfa jiance

钻芯法检测（core drilling inspection） 通过钻取芯样检测桩长、桩身完整性、均匀性及桩身混凝土强度，检测桩底沉渣，判断桩端岩土性状的方法。

zuida gailü dizhen

最大概率地震（maximum probable earthquake） 利用概率的方法来估计未来特定时段内，区域或断裂上可能产生的最大地震。通常是指今后 100 年中可能发生的最大地震，并以此作为内部工程设施，如电梯、供电系统等设计中使用的最小安全因素。

zuida ganmidu

最大干密度（maximum dry density） 击实试验所得的干密度与含水量关系曲线上峰值点所对应的干密度。

zuida ke'neng dizhen

最大可能地震（maximum probable earthquake） 活动断层在特定活动段，未来给定时间段内可能发生的、震级最大的地震。该地震的估计是活动断层探测的重要内容。

zuida lixin jiasudu

最大离心加速度（maximum centrifuge acceleration） 在土工离心模型实验中，离心机达到设计最高转速时，位于离心机吊篮台面的离心加速度。

zuida liedu

最大烈度（maximum intensity） 地震烈度区划图中所提供的基本烈度，被定义为该地区今后 100 年内，在一般场地条件下可能达到的最大烈度。

zuida podu

最大坡度（maximum grade） 在铁路和公路建设中，一条线路上容许的最大设计坡度。行业标准 JTG B01—2003《公路工程技术标准》规定各级公路的最大纵坡不应大于 3%～9%。

Z

zuida qianzai dizhen

最大潜在地震（maximum potential earthquake） 发震构造在未来一定时期内有可能发生的最大地震。

zuida zhuyingli

最大主应力（maximum principal stress） 对三维空间应力场中的任何一点，都可以取得三个互相垂直的、其上只有正应力作用而剪应力为零的主平面，作用于主平面上的正应力称为主应力。在代数意义上，其中一个数值最大的主应力称为最大主应力。反之，数值最小的那个主应力，称为最小主应力。

zuida zhuandong banjing

最大转动半径（maximum rotating radius） 在土工离心模型实验中，离心机转动时，吊篮底板内表面至转动轴心的距离。

zuiduan lujingfa

最短路径法（shortest path method） 求解网络中任意两节点间最短通路的方法。网络由节点和边组成，任意两点间有多条经过不同节点和边的通路，其中有一条或几条数值相同的最短通路。所谓最短，必须根据有物理含义的取值衡量，取值含义与节点和边的赋值（图论中称为权）有关。求网络两节点间的最短路径是图论中的经典问题，基本解法是狄克斯特拉（E. W. Dijkstra）提出的搜索法，原则是从起点出发逐次搜索连接下一个节点，每一步都挑选最短路径，直到终点。可以证明，只要每一步都是最短，则最终得到的也是最短路径，此法同时可以得到起点到任意节点间的最短路径。

zuiduan polie juli

最短破裂距离（minimum rupture distance） 观测点到断层破裂面的最短距离，对倾斜断层就是观测点到断层面的垂距。

zuikexin dizhen

最可信地震（maximum credible earthquake） 某断裂在可以预见的未来可能发生的最有破坏性的地震。该地震的震级是根据断裂长度与震级的比例关系近似求算。该地震是据以保证主体建筑能抗御倒塌并使其安全存在的设计准则。

zuishen dizhen

最深地震（deepest earthquake） 震源深度最大的地震。目前世界上记录到的震源最深的地震是 1934 年 6 月 29 日发生于印度尼西亚苏拉威西岛东的地震，震源深度为720km，震级为 6.9。通常把震源深度超过 300km 的地震称为深源地震。

zuixiao erchengfa

最小二乘法（least square estimation method） 数学中回归分析的一种方法，系统辨识最常用、最成熟的方法。实际体系测量结果为 $y=\theta x+\varepsilon$，式中，y 为输出；x 为输入；ε 为测量噪声；θ 为未知的系统参数。选择系统模型 $\hat{y}=\hat{\theta}x$，式中，$\hat{y}$、$\hat{\theta}$ 分别为输出 y 和系统参数 θ 的估计值。根据 n 次测量结果，令 $\hat{y}$ 与实测值 y 之差的平方和为最小，则可得 $\hat{\theta}=\sum x(i)\ y(i)\ /\sum x^2(i)$。这样就得出了关于模型参数 θ 的辨识结果。若误差 ε 的均值为零且与输入参数无关，那么随观测次数的增加，$\hat{\theta}$ 的均值可逼近 θ 的真值。这就是最小二乘估计的无偏性和一致性。

zuixiao quxian banjing

最小曲线半径（minimum radius of curve） 在铁路和公路建设中，在全线或某地段内规定的圆曲线最小半径。

zuiyou hanshuiliang

最优含水量（optimum moisture content） 在击实试验中所得的干密度与含水量关系曲线上峰值点所对应的含水量，即在一定压实功能作用下，黏性土达到最密实状态时的含水量，以百分数表示。

zuizhong chenjiang

最终沉降（ultimate settlement） 地基在荷载作用下压缩稳定时所产生的总沉降量。由瞬时沉降、固结沉降（又称主固结沉降）和次固结沉降三部分组成。该沉降量通常采用分层总和法进行计算，即在地基沉降计算深度范围内划分为若干分层计算各分层的压缩量，然后求其总和。分层总和法的基本思想是：考虑附加应力随深度逐渐减小，地基土的压缩只发生在有限的土层深度内，在此深度内把土层划分为若干分层，因每一分层足够薄，可近似认为每层土顶底面的应力在本层内不随深度变化，并且压缩变形时不考虑侧向变形，用弹性理论计算地基中的附加应力，以基础中心点下的附加应力和侧限条件下的压缩指标分别计算每一分层土的压缩变形量，所有层的压缩量求和即为最终沉降量。

zuodongqi

作动器（actuator） 结构抗震试验的重要设备之一。它是对试件施加推力或拉力，并可按指令通过伺服阀实现位移控制或力控制的往复运动设备。该设备出力范围很大，可达数百牛顿至数千千牛顿，工作频率通常为 2～3Hz，特殊设计的高速作动器频率可达数十赫兹。

zuoyong

作用（action） 施加在结构上的一组集中力或分布力（直接作用，也称荷载），或引起结构外加变形或约束变形的原因（间接作用）。前者称直接作用，后者称间接作用。

zuoyong biaozhunzhi

作用标准值（characteristic value of an action） 设计结构

Z

— 535 —

或构件时，采用的各种作用的基本代表值。其值可根据基准期最大作用的概率分布的某一分位数确定；还可根据对观测数据的统计、作用的自然界限或工程经验确定，也称特征值。

zuoyong daibiaozhi

作用代表值（representative value of an action） 设计结构或构件极限状态时采用的各种作用取值，包括标准值、准永久值和组合值等。

zuoyong fenxiang xishu

作用分项系数（partial safety factor for action） 见【分项系数】

zuoyong shejizhi

作用设计值（design value of an action） 作用的代表值与作用分项系数的乘积，是结构设计中考虑实际采用的设计值。

zuoyong xiaoying

作用效应（effects of action） 在结构工程中，是指作用引起的结构或构件的内力、变形等效果。

zuoyong xiaoying jiben zuhe

作用效应基本组合（fundamental combination for action effects） 结构或构件按承载能力极限状态设计时，永久作用与可变作用设计值效应的组合。

zuoyong xiaoying ouran zuhe

作用效应偶然组合（accidental combination for action effects） 结构或构件按承载能力极限状态设计时，其永久作用、可变作用与一种偶然作用代表值效应的组合。

zuoyong xiaoying sheji zhi

作用效应设计值（design value of action effects） 作用标准值效应与作用分项系数的乘积。是结构设计中考虑作用效应而采用的设计值。

zuoyong xiaoying xishu

作用效应系数（coefficient of effects of actions） 作用效应值与产生该效应的作用值的比值，它由物理量之间的关系确定。

zuoyong xiaoying zuhe

作用效应组合（combination for action effects） 在结构工程中，由结构上几种作用分别产生的作用效应的随机叠加。

zuoyong zhunyongjiu zhi

作用准永久值（quasi-permanent value of an action） 结构或构件按正常使用极限状态长期效应组合设计时，采用的一种可变作用代表值，其值可根据任意时点作用概率分布的某一分位数确定。

zuoyong zuhe

作用组合（combination of actions） 在不同作用的同时影响下，为验证某一极限状态的结构可靠度而采用的一组作用设计值，也称荷载组合。

zuoyong zuhezhi

作用组合值（combination value of actions） 当结构或构件承受两种或两种以上可变作用时，设计时考虑各作用最不利值同时产生的折减概率所采用的一种可变作用代表值。

zuoyong zuhezhi xishu

作用组合值系数（coeffcient for combination value of actions） 在结构设计计算中，对于可变作用项采用的一种系数，其值为作用组合值与作用标准值的比值。

zuobiaofangweijiao

坐标方位角（coordinate azimuth） 见【方位角】

zuofeng

座封（packer setting） 向一对跨接式封隔器注液加压（简称注压），使之膨胀，紧贴孔壁形成封隔段的过程。

其他（西文字母）

A xing fuchongdai

A 型俯冲带（A type subduction zone） 见【俯冲带】

A xing fuchongzuoyong

A 型俯冲作用（A type subduction） 一个大陆岩石圈对另一个大陆岩石圈的俯冲作用。当两个大陆型岩石圈地块之间汇聚时，在陆缘新形成的热而较轻的火山弧有可能逆冲于冷而较重的稳定大陆岩石圈地块之上；或者伴随继续的挤压过程，随后发生一个大陆岩石圈地块俯冲于另一个大陆岩石圈地块之下。A 型俯冲这一术语是为了纪念一位奥地利地质学家安普费勒（O. Ampferer）而命名的。

A xing huoshan dizhen

A 型火山地震（volcanic earthquake of A type） 在火山及其附近地区所发生的震源深度在 $1 \sim 10 km$ 的地震，是一种高频地震。它与地下岩浆活动、气体状态的变化等所产生的地应力变化密切相关；与火山活动的直接关系尚不完全清晰。识别火山地震的类型和震级上限，对重大工程选址有一定的工程意义。

B xing fuchongdai

B 型俯冲带（B type subduction zone） 见【俯冲带】

B 型俯冲作用（B type subduction） 大洋岩石圈板块俯冲于大陆岩石圈或另一个大洋岩石圈板块之下的俯冲消减作用。1935 年，和达清夫（K. Wadati）首先发现环太平洋地震带的震源深度通常是靠洋侧较浅、靠陆侧较深，构成一个倾斜的地震带。B 型俯冲是以贝尼奥夫（H. Benioff）的名字命名的。

B 型火山地震（volcanic earthquake of B type） 集中发生在火山口及其附近狭小范围内，震源深度小于 1km 的地震，是一种低频地震。它与火山活动的直接关系尚不清晰，但与地下岩浆活动、气体状态的变化等所产生的地应力的变化关系密切。识别火山地震的类型，对重大工程选址有一定的工程意义。

b 值（b-value） 反映不同震级与频度之间关系的量，代表地震统计区不同大小地震的比例，与该区内的应力状态和地壳破裂强度有关。美国地震学家古登堡（B. Gutenberg）和里克特（C. F. Richter）最先提出地震震级 M 和累积频度 N 的关系式为 $\lg N = a - bM$，该公式对全球的资料拟合得很好。如对全球浅震，当 $M > 6.0$ 级时，$a = 6.7$、$b = 0.9$。研究还表明，对同一个地震序列，震级与对应的频度也存在以上的关系，只是 a、b 值不同。在地震危险性分析中，b 值是一个重要参数。利用它可确定地震统计区内地震震级的概率密度函数和各震级档地震的年平均发生率。

E1 地震作用（E1 earthquake action） 在核电厂抗震设计中，安全壳、建筑物、构造物的抗震设计应考虑的作用，是严重环境下的运行安全地震震动产生的地震作用标准值效应，包括运行安全地震震动所引起的管道和设备反力标准效应。也是工程场地重现期较短的地震作用，对应于第一级设防水准。在公路工程抗震设计中，E1 地震作用是指重现期为 475 年的地震作用。

E2 地震作用（E2 earthquake action） 在核电厂抗震设计中，安全壳、建筑物、构造物的抗震设计应考虑的作用，是极端环境下的极限安全地震震动产生的地震作用标准值效应，包括极限安全地震震动所引起的管道和设备反力标准效应。也是工程场地重现期较长的地震作用，对应于第二级设防水准。在公路工程抗震设计中，E2 地震作用是指重现期为 2000 年的地震作用。

GPS 连续跟踪网（continuous tracking stations of GPS satellite） 由定点连续对 GPS 卫星进行跟踪观测的测站组成的，用于监测测站位置随时间变化的观测网。

H_∞ 控制（H_∞ control） 通过结构闭环控制系统传递函数的无穷大范数的极小化，使干扰对结构控制系统的影响降到最低限度的主动控制算法。结构控制系统存在模型的不确定性和外界干扰的不确定性，反馈控制需要克服或减小不确定性的影响。线性二次型优化控制是对系统总能量的优化控制，难以保障在不确定的非平稳输入下的控制效果；H_∞ 控制则可限制体系能量的上界、对最不利状态进行控制，可将极不确定的地震作用对控制系统的影响降到最低限度。

JARRET 阻尼器（JARRET damper） 一种具有摩擦和粘弹性双重耗能机制的被动控制装置，可用于土木工程抗震控制和抗震加固。该阻尼器内筒嵌于外保护筒内，可沿外筒内壁发生摩擦滑动。外筒带动活塞杆运动，活塞头压缩内筒中密封的硅基人造橡胶合成物。硅基橡胶是一种具有高弹性的粘弹性材料，粘滞阻尼力呈幂律关系。决定该阻尼器性状的力学参数含摩擦力、硅基人造橡胶的弹性刚度和粘滞阻尼系数。

K_0 固结（K_0-consolidation） 土在不允许侧向变形条件下的固结。

K_0 试验（K_0-test） 见【静止侧压力系数试验】

K_0 应力状态（K_0-stress state） 侧向应变为零对应的应力状态。此时侧向有效应力与竖向有效应力之比为静止土压力系数，用 K_0 表示。

m 法（m method） 在桩基工程中，假定土的水平基床系数沿深度线性增加的比例系数为常数 m 的一种结构受力计算弹性支点法。行业标准 JGJ 94—2008《建筑桩基技术规范》附录 C.0.2 中给出了 m 的确定方法。

MEMS 传感器（micro electro-mechanical system） 微电子机械系统传感器，也称微系统传感器或微机械传感器。此类传感器集微型传感器、执行器以及信号处理和控制电路、接口电路、通信和电源于一体。

M-T 图（M-T map） 用以表示地质单元或区域不同震级的地震随时间的分布图。一般纵轴表示地震的震级，横轴表示各次地震发生的时间，也称震级序列图。

其他

pall xing moca zuniqi

pall 型摩擦阻尼器（pall type firction damper）　摩擦阻尼器的一种，属位移相关型阻尼器。在土木工程抗震控制领域的应用较为成熟，既可提高新建结构的抗震性能，也适用于既有结构的抗震加固，在工程中应用比较广泛。

PL bo

PL 波（PL-wave）　当震中距小于 30° 左右时，在地震图上 P 波和 S 波之间有一组周期为 30～50s 的长周期波。它不仅有正常频散（周期越大，波到达的越早），而且质点振动呈椭圆运动，波速与 P 波速同。一般认为，这是地壳地幔波导中的漏能型波。当入射角大于全反射角时，P 波在地壳中多次反射，每反射一次都有一部分能量以 SV 波形式漏掉；SL 波也称耦合波，在 S 波、SS 波等之后出现，表现为较长周期波列。观测表明，PL 波的出现跟地壳上地幔结构有关。因此，有人开始利用 PL 波来研究大陆架和地壳上地幔结构。

PS jiancengfa

PS 检层法（PS logging）　在钻孔内设置拾振器进行波速测量的方法。根据激振和拾振位置的关系，PS 检层法包括单孔法、同孔法和跨孔法三种。

P-Δ xiaoying

P-Δ 效应（P-Δ effect）　在进行抗震反应分析时，考虑轴力作用和弯矩作用相互耦合的效应，是在建筑结构分析中竖向荷载的侧移效应。当结构发生水平位移时，竖向荷载就会出现垂直与变形后的结构竖向轴线的分量，这个分量将加大水平位移量，同时将加大相应的内力。

Q zhi

Q 值（Q-value）　一个无量纲的物理量，也称介质的品质因子。它反映了介质的非弹性效应及非均匀性所造成散射现象的能量损耗。介质品质因子的精确测量是很困难的，无论在实验室还是在野外测量中，波动的振幅强烈地依赖于样品或所通过路径的几何扩散、反射、散射以及仪器的脉冲响应等，在测量 Q 值时，应尽量排除上述影响。地球 Q 值的测定，对地震预报有一定意义。

SH yundong

SH 运动（SH type motion）　S 波平行于界面的位移分量称为 SH 波或 SH 运动，S 波在入射的射线和界面法线构成的入射面上的分量称为 SV 波。入射到界面的 SH 波只能产生反射和折射的 SH 波，入射的 P 波和 SV 波可产生反射和折射的 P 波和 SV 波，但不能产生 SH 波。

SL-1 ji dizhendong

SL-1 级地震动（seismic level 1 ground motion）　在核电厂抗震设计中，对应于核电厂安全运行要求的地震动。

SL-2 gaozhi

SL-2 高值（upper value of seismic level 2 ground motion）　初步可行性研究阶段给出的对厂址 SL-2 级地震动峰值加速度的保守估计值。

SL-2 ji dizhendong

SL-2 级地震动（seismic level 2 ground motion）　在核电厂抗震设计中，对应于核电厂极限安全要求的地震动。

附录　地震工程大事年表

- **1088 年**
- 沈括在《梦溪笔谈》中记录频率为 1 ∶ 2 的琴弦共振。

1564 年
- 意大利地图绘制者加斯塔尔第（J. Gastaldi）在调查滨海阿尔卑斯（Maritime Alps）地震震害时，用不同的颜色在地图上标注地震的影响和破坏程度，这是地震烈度标识和烈度分布图的早期雏形，也是表述地震的强烈程度与破坏程度的早期概念。

1636 年
- 梅森（M. Mersenne）测量了声速和振动频率，提出了乐器理论。

1699 年
- 阿蒙通（G. Amontons）发现了摩擦定律。

1758 年
- 欧拉（L. Euler）提出刚体动力学方程组。

1773 年
- 库伦（C. A. de Coulomb）发表了梁的弯曲理论、最大剪应力屈服准则的研究成果。

1815 年
- 10 月 23 日，中国山西陆平县发生 6¾ 级地震，中国官员那彦宝受清政府指派调查山西陆平地震灾情时，调查统计了灾区各居民点遇难人数和房屋倒塌的情况并绘制了灾情分布图，这是震害调查的早期雏形。

1829 年
- 法国科学家泊松（S. D. Poisson）提出纵波、横波和有关地球自由振荡的理论。

1857 年
- 12 月 16 日，意大利那不勒斯（Naples）发生 6.9 级地震。英国土木工程师马利特（R. Mallet）研究了这次地震，他访问地震破坏地区，建立了野外观测简单的基础设施，提出震中、震源、等震线、极震区等术语；他还发明了简单的烈度计，绘制了世界地震简图，编制了地震目录。

1874 年
- 意大利学者罗西（M. S. de Rossi）编制了最早的具有实用价值的地震烈度表。

1880 年
- 日本地震学会成立，这是世界上最早研究地震和地震工程的全国性学术组织。

1881 年
- 日本学者河合浩藏（Kawai Kozo）和鬼头健三郎（Kido Kensaburo）分别提出了在建筑基底设置滚木及滑石云母以阻隔地震动向上部结构传输的设想。

1883 年
- 意大利学者罗西（M. S. de Rossi）与瑞士学者弗瑞尔（F. A. Forel）联名发表了《罗西-弗瑞尔烈度表》（1883），将烈度从微震到大灾分为 10 度，并用简明语言规定了评定烈度的宏观现象与标志。

1885 年
- 日本地震学家关谷清景（Sekiya Seikei）制定地震烈度表，后由日本地震学家大森房吉（Omori Fusakichi）和河角广（Kawasumi Hiroshi）等进行了改进和完善。该表以木结构房屋震害、石墓碑、石灯笼翻倒等评定烈度，地震烈度从无感到激震划分为 0～Ⅶ共 8 个等级，成为制定日本气象厅地震烈度表的基础。

1891 年
- 10 月 28 日，日本浓美—尾张（Wongmei-tail Seet）发生 8.0 级特大地震，死亡 7000 余人，房屋和其他建筑设施破坏严重。

1893 年
- 日本震灾预防调查会成立，在日本开始全面推进地震工程研究。

1895 年
- 日本震灾预防调查会发表《木结构住宅抗震要点》，推荐采用拉杆、斜撑和铁箍等建筑抗震的构造措施。

1897 年
- 意大利人麦卡利（G. Mercalli）对《罗西-弗瑞

尔烈度表》（1883）做了修改，编制了麦卡利烈度表，使之更适合在意大利的应用。

1900 年
- 日本学者大森房吉（Omori Fusakichi）用静力等效水平最大加速度（即震度、地震系数）作为地震烈度物理指标，建立了计算结构地震作用的震度法。

1904 年
- 意大利人坎卡尼（A. Cancani）将麦卡利烈度表的 10 度细分为 12 度；他参考米尔恩（J. Milne）和大森房吉（Omori Fusakichi）的研究成果，将烈度与加速度对应，编制了麦卡利-坎卡尼烈度表。

1905 年
- 国际地震学协会成立。

1906 年
- 4 月 18 日，美国旧金山（San Francisco）发生 8.3 级大地震，并引发火灾，约千人遇难。圣安德烈斯断层引起了科学家的关注。
- 国际地震学协会在法国斯特拉斯堡（Strasbourg）建立了第一个地震观测台。

1908 年
- 日本学者大森房吉（Omori Fusakichi）用仪器检测到地脉动。
- 12 月 28 日，意大利墨西拿（Messina）发生 7.2 级大地震，死亡 8.3 万人。震后意大利政府组织了特别委员会，首次提出结构抗震的工程指南。
- 应用力学教授帕奈廷（M. Panettim）指出地震反应在本质上是动力反应问题，提出房屋地震作用计算的等效静力方法，给出了不同楼层地震系数的取值建议。

1910 年
- 英国学者勒夫（A. E. H. Love）提出勒夫波理论。
- 美国学者里德（H. F. Reid）根据对 1906 年旧金山特大地震震害现象的分析，提出地震成因的弹性回跳理论。

1915 年
- 日本学者佐野利器（Sano Toshikata）发表《家屋耐震构造论》，阐述了结构抗震设计的水平静力震度法。

1920 年
- 12 月 16 日，中国发生宁夏海原（时属甘肃省）8½级地震，死亡 23 万余人。震后，受北洋政府的委派，翁文灏、谢家荣、王烈等到现场考察，开创了中国现代史上地震震害科学考察的先河。受国际饥饿救济委员会的委派，霍尔（J. W. Hall）、克劳斯（Upton Close）、麦克考尔密克（E. McCormik）等也到海原考察地震灾害。

1923 年
- 9 月 1 日，日本关东地区发生 8.2 级地震，大约有 14 万人遇难，多数人死于震后的火灾。日本学者内藤多伸（Naito Tachu）采用震度法设计的 8 层兴业银行大楼在地震中经受了考验。

1924 年
- 日本颁布《市街地建筑物法》，采用震度法并取地震系数 $k = 0.1$ 来计算结构地震作用，这是日本正式颁布的第一部抗震设计规范。

1925 年
- 日本东京大学建立地震研究所，成为地震工程和地震学的重要研究机构，在日本开始了系统的地震工程领域研究工作，培养了大批地震科技人员。

1926 年
- 日本学者真岛健三郎（Majima Kensaburo）发表讲演"关于耐震构造的问题"的演讲，阐述振动理论，批评了基于静力理论的震度法，主张建造柔性钢结构；"刚柔论争"推动了抗震理论的发展。

1927 年
- 美国《统一建筑规范》（UBC）第一版规定了建筑结构抗震相关内容，采用地震系数 $k = 0.075 \sim 0.10$，利用静力法进行抗震设计。

1931 年
- 美国学者伍德（H. O. Wood）和诺伊曼（F. Neumann）归纳震害宏观现象，对麦卡利烈度表进行了修订。

1932 年
- 日本东京大学地震研究所的第一位博士末广恭二（Suyehiro Kyoji）在美国讲学，题目为"Engineering Seismology"。

- 美国工程师弗里曼（J. R. Freeman）主持研制世界上第一台模拟式强震加速度仪（USCGS 型）并投入使用。
- 12 月 20 日，美国西内华达附近发生 7.3 级地震，布设在长滩的强震仪被触发，由于距震中超过 350 英里（1 英里 ≈ 1.6093km），记录到的加速度峰值很小，不具有工程意义，但这是地震动观测史上的第一条强震记录。

1933 年
- 美国加州议会发布菲尔德法令和赖利法令，规定了学校及其他房屋的抗震要求。
- 3 月 11 日，美国长滩发生 6.3 级地震，在此次地震中，由强震动仪记录到了第一条有工程意义的地震动加速度时间过程。
- 美国学者比奥（M. A. Biot）将结构分解为一系列单自由度系统并求解其反应最大值，得出了地震反应谱曲线，实现与末广恭二（Suyehiro Kyoji）和贝尼奥夫（H. Benioff）同样的设想。
- 日本不动储金银行采用了实用隔震技术。

1934 年
- 美国制定了《1934—1936 突击研究计划》，着手建立强震动观测台网，研制抗震试验用的起振机，开展地脉动和房屋脉动反应测量工作，并研究砖房的地震破坏机理。

1935 年
- 日本学者妹泽克惟（Sezawa Katsutada）和金井清（Kanai Kiyoshi）提出了最初的结构耗能抗震学说，指出因结构耗能和地震能量向地下扩散，具有适当强度的地上结构不会因共振发生严重破坏。

1936 年
- 德裔美国学者瑞斯纳（E. Reissner）发表关于弹性半空间表面刚性圆盘基础竖向振动问题的研究结果，成为土-结相互作用问题理论分析的基础。
- 苏联科学院地球物理研究所编制了"全苏地震烈度区划图"。

1940 年
- 5 月 18 日，美国加州帝国谷（Imperial Valley）发生 7.1 级大地震，在距震中 22km 处的埃尔森特罗（El Centro）台获得了最大峰值 $0.33g$ 的完整的强震加速度记录，被称为是"人类第一次抓到的地震的整体"，该记录在抗震分析中被广泛使用。
- 苏联编制《地震区民用和工业建筑物与构筑物设计规程》。

1943 年
- 比奥（M. A. Biot）提出反应谱的概念，给出了世界上第一个反应谱。

1947 年
- 美国学者豪斯纳（G. W. Housner）发表《强地震动的特性》，认为可将地震动视为随机振动，并表示为沿时间轴随机分布的脉冲，提出地震动的白噪声模型和过滤白噪声模型，开拓了地震动随机模型的研究。

1948 年
- 美国学者豪斯纳（G. W. Housner）提出了结构抗震的反应谱理论，完善和发展了反应谱。
- 美国海岸和大地测量局（U. S. Coast and geodetic Sarvey）编制了美国地震概率图。苏联科学院成立地震委员会。

1950 年
- 苏联地震学家戈尔什科夫（A. I. Gorshkov）采用构造法编制全苏地震区域划分图。
- 日本颁布《建筑基准法》取代《市街地建筑物法》，规定了房屋高度限制和随高度增加的震度系数以及屋顶突出物的震度系数。

1951 年
- 日本学者河角广（Kawasumi Hiroshi）采用统计方法编制日本地震动区划图，给出重现周期 75 年、100 年和 200 年的最大地震动加速度。
- 苏联颁布《地震区建筑设计规范》（ИСII-101-51）。规范规定了对应不同烈度区的地震系数和对应不同结构的动力放大系数，依据场地烈度和建筑重要性调整设计烈度。

1952 年
- 苏联学者麦德维杰夫（S. V. Medvedev）提出烈度小区划方法。
- 美国在加州建筑设计规范中规定采用反应谱理论计算地震作用，抗震设计计算开始由静力理论向动力理论发展。

1954 年

- 中国科学院土木建筑研究所（现中国地震局工程力学研究所）在哈尔滨成立，是中国最早开展地震工程研究的机构。

1955 年

- 由苏联组织编制的《地震区建筑设计规范》（ИСП-101-51）在中国翻译出版，中国少数重要建筑参照该规范按静力理论进行了抗震设计。

1956 年

- 第一届世界地震工程大会（WCEE）在美国加利福尼亚州的伯克利（Berkeley）召开。美国人特纳（M. J. Turner）和克拉夫（R. W. Clough）等首次应用三角形单元求得平面应力问题的正确解答；随着计算机应用的普及，有限元法迅速发展为有效的结构数值分析方法。

1957 年

- 中国科学院地球物理研究所谢毓寿主持编制《新的中国地震烈度表》。
- 李善邦等主持编制中国第一幅地震区划图《中国地震区域划分图》（1957），但未正式使用。
- 中国国家基本建设委员会和发展计划委员会颁布 298 个城镇的基本烈度和抗震设防规定。

1959 年

- 中国参考苏联规范提出了第一个抗震设计规范草案（59 草案），内容包含房屋、道桥、水坝、给排水等多种类型结构的抗震要求。
- 美国加州结构工程师协会地震委员会编制名为《建议的抗侧力要求》的第一版抗震设计规范，提出了计算结构地震作用的底部剪力法。

1960 年

- 美国《统一建筑规范》（UBC）采用美国加利福尼亚州结构工程师协会在 1959 年提出的建议，认为该规范可以保证建筑结构在遭遇小震时完好、遭遇中震时无结构损坏、遭遇大震时不倒。
- 第二届世界地震工程大会在日本的东京（Tokyo）和京都（Kyoto）召开。

1961 年

- 中国开始对广东河源新丰江水库混凝土坝实施抗震加固。

1962 年

- 3 月 19 日，位于中国广东省河源县的新丰江水库诱发 6.1 级地震，造成严重损失。新丰江水库大坝实施强震动观测。

1963 年

- 国际地震工程协会成立。

1964 年

- 中国编制完成《地震区建筑设计规范（草案）》（64 规范）；该规范适用于房屋建筑、给排水和道桥等工程结构，采用了反应谱理论；但未正式颁布。
- 苏联麦德维杰夫（S. V. Medvedev）、德国斯彭怀尔（W. Sponheuer）和捷克卡尼克（V. Karnik）共同编制了 MSK 烈度表，烈度划分为 12 度，并给出了相应的加速度、速度和位移。该烈度表曾被欧洲地震委员会推荐使用。
- 苏联学者科斯特洛夫（B. V. Kostrov）对震源动力破裂问题做了开拓性研究。
- 3 月 28 日，美国阿拉斯加发生一系列 6.0 级以上的强震；6 月 16 日，日本新潟发生 6.2 级地震，饱和砂土液化引起严重震害，促进了砂土液化、生命线工程和工业企业的抗震研究。

1965 年

- 第三届世界地震工程大会在新西兰的奥克兰（Auckland）和惠灵顿（Wellington）召开。
- 中国科学院工程力学研究所试制成功六通道电流计记录式强震动仪。
- 中国水利水电科学研究院和中国科学院工程力学研究所分别研制成功机械式动三轴仪和电磁式动三轴仪。

1966 年

- 3 月 7 日和 3 月 22 日，中国河北邢台分别发生 6.8 级和 7.4 级大地震，造成重大人员伤亡；此后为期十年的强地震持续活跃期，促成地震工程研究的全面发展。中国推进强震动观测和强震动台阵建设工作。
- 日本地震学家安艺敬一（Aki Keiiti）提出测定地震距的方法。
- 日本东京大学生产技术研究所研制并装备了地震模拟振动台。
- 美国学者希德（H. B. Seed）利用动三轴试验进行砂土液化定量研究。

1967 年

- 美国建成全球标准地震台网（WWSSS）。
- 中国国家基本建设委员会设立京津地区地震办公室。
- 日本地震学家安艺敬一（Aki Keiiti）创先研究震源谱。

1968 年

- 美国学者科内尔（C. A. Cornell）在 BSSA 发表题为《Engineering Seismic Risk Analysis》的文章，提出了地震危险性分析的概率方法。
- 美国伊利诺依大学（University of Illinois）建成单水平向 3.65m×3.65m 地震模拟振动台。
- 日本学者武藤清（Muto Kiyoshi）等设计的高 147m 的东京霞关大楼建成，推进了高层建筑的抗震分析与设计。
- 日本学者安艺敬一（Aki Keiiti）模拟 1966 年美国加州帕克菲尔德（Parkfield）地震近场记录，开创了地震动模拟研究。

1969 年

- 美国纽约世界贸易中心大厦设置黏弹性阻尼器，被动控制装置用于土木工程防灾。
- 日本东京大学伯野元彦（Hakuno Motohiko）利用模拟计算机和加力装置进行了伸臂梁试验，开发了伪动力试验技术。
- 《京津地区水工建筑物抗震设计暂行规定（草案）》编制完成，这是中国最早的针对单类工程结构的抗震技术标准。
- 第四届世界地震工程大会在智利圣地亚哥（Santiago）召开。

1970 年

- 1 月 4 日，中国云南通海发生 7.8 级大地震，现场调查中分析了断层、场地和地形对震害的影响，最早应用震害指数法绘制了等震线图。
- 美国人布龙（J. N. Brune）提出了一种简单的圆盘剪切破裂震源动力学模型。

1971 年

- 中国设立国家地震局，管理全国地震工作。
- 2 月 9 日，美国加利福尼亚州圣费尔南多（San-Fernando）发生 6.7 级地震，交通、供水、电力等系统遭到严重破坏；在帕柯依玛坝上首次记录到超过 1.0g 的地震动加速度。在震害调查研究中，美国学者杜克（C. M. Duke）将电力、供水排水、交通、通信、供气设施统称为生命线系统，受到国际地震工程界高度重视。
- 美国学者豪斯纳（G. W. Housner）和詹宁斯（G. Jenkins）提出了在抗震分析中使用动力时程分析的必要性。
- 美国学者纽马克（N. M. Newmark）等计算非弹性反应谱，开始了结构地震反应的弹塑性分析。

1972 年

- 美籍华人学者姚治平发表《结构控制的概念》，阐述了土木工程地震反应主动控制的目标和途径；振动控制被引入地震工程。
- 美国地质调查局和加州地质调查局分别实施国家强震动观测计划（NSMP）和加州强震动观测计划（CSMIP），在自由场和大型建筑物、桥梁、大坝和电力设施上设置大量强震动观测台站。
- 第一届国际地震小区划会议在美国西雅图（Seattle）召开。

1973 年

- 第五届世界地震工程大会在意大利罗马（Rome）召开。

1974 年

- 中国《工业与民用建筑抗震设计规范（试行）》（TJ 11—74）正式颁布。
- 美国土木工程师协会设立生命线地震工程委员会。
- 日本东京大学高梨晃一（Takanashi Koichi）发展了伪动力试验技术。

1975 年

- 2 月 4 日，中国辽宁海城发生 7.3 级大地震，因发布临震预报而减少了人员伤亡；震害考察获得丰富的工程震害经验。
- 日本制定《钢筋混凝土房屋耐震鉴定法》。

1976 年

- 7 月 28 日，中国河北唐山发生 7.8 级大地震，约 24 万人罹难，大量工程结构毁坏。唐山地震震害考察获得极其丰富的震害经验，推动了中国地震工程研究和抗震防灾事业。
- 中国筹建全国抗震办公室，召开第一次全国抗震工作会议。

1977 年

- 第六届世界地震工程在印度新德里（New Delhi）

召开。日本学者金森博雄（Kanamori Hiroo）提出震级饱和问题并提出矩震级 M_W 的标定。

- 中国国家建委抗震办公室成立，统管全国抗震工作。
- 中国《工业与民用建筑抗震鉴定标准》（TJ 23—77）颁布试行，继而开展了大规模抗震鉴定加固工作。
- 美国《编制建筑抗震规范的暂行规定》（ATC-3-06）颁布，该规范对世界各国抗震规范的制定和修编产生了重要影响。

1978 年
- 中国建筑学会地震工程学术委员会成立，后更名为中国建筑学会抗震防灾分会。
- 中国《工业与民用建筑抗震设计规范》（TJ 11—78）颁布。
- 《中国地震烈度区划图》（1977）颁布，给出了100 年内一般场地条件下可能遭遇的最大地震烈度。
- 中国《水工建筑物抗震设计规范》（SDJ 10—78）颁布试行。
- 中国台湾省建成了强震动台阵。
- 6 月 12 日，日本宫城近海发生 7.5 级地震，造成房屋、公路、铁路、桥梁、设备和通信系统的大量破坏，促进了日本的生命线工程抗震研究和新抗震设计规范的编制。
- 第一次国际强震观测台阵会议在美国夏威夷的檀香山（Honolulu）召开，推进了强震动观测的发展和国际合作。美国学者哈策尔（S. H. Hartzell）提出用小震记录作为经验格林函数计算大地震的理论地震图。
- 第二届国际地震小区划会议在美国旧金山召开。

1979 年
- 中国地震学会在大连成立，顾功叙任理事长。
- 中国《工业设备抗震鉴定标准（试行）》（1979）颁布试行。

1980 年
- 中国台湾强震观测台阵（SMART）布设数字强震仪。
- 根据 1979 年的《中美科技合作协定》签署《中美地震科学技术合作议定书》，其附件三《地震工程与减轻地震灾害》的执行推进了中美地震工程学术交流与合作研究。
- 刘恢先教授主编《中国地震烈度表》（1980）。
- 中国试行编制北京、兰州地震小区划图。

- 第七届世界地震工程大会在土耳其伊斯坦布尔（Istanbul）召开。

1981 年
- 日本《新耐震设计法》（1980）颁布实施；该规范采用对应大震和小震的两阶段设计方法，体现了强度与变形并重的概念，对世界各国抗震设计规范的编制和修订产生重大影响。
- 日本与美国合作利用多种设施进行多层钢筋混凝土房屋的足尺和缩尺模型试验，推进了地震工程和抗震试验技术的发展。
- 中美地震小区划讨论会在中国哈尔滨召开。
- 中国地震学会设立地震工程专业委员会。

1982 年
- 中国学者章在墉和陈达生完成了二滩电站的地震安全性评价工作。
- 第三届国际地震小区划会议在美国西雅图召开。

1983 年
- 中国研制 3m×3m 电液伺服地震模拟振动台。

1984 年
- 第八届世界地震工程大会在美国旧金山召开。
- 廖振鹏提出统一考虑场地条件影响的地震小区划方法。
- 中国地震学会地震工程专业委员会和中国建筑学会抗震防灾分会共同组建中国地震工程联合会。
- 中国第一届全国地震工程会议在上海召开。

1985 年
- 9 月 19 日，墨西哥米却肯州（Michoacan）发生8.1 级特大地震，距震中 400km 的墨西哥城高层建筑破坏严重，远震和软弱地基造成的震害引起了地震工程界的广泛关注。
- 美国应用技术委员会发表《加利福尼亚未来地震损失估计》（ATC-13），提出了房屋建筑震害预测与损失评估方法。

1986 年
- 中国自行研制的 5m×5m 双水平向电液伺服地震模拟振动台在国家地震局工程力学研究所投入试运行。

1987 年
- 中国第二届全国地震工程大会在武汉召开。

1988 年
- 中国《铁路工程抗震设计规范》(GBJ 111—87) 颁布实施。
- 第九届世界地震工程大会在日本东京和京都召开。

1989 年
- 中国《建筑抗震设计规范》(GBJ 11—89) 和《工业构筑物抗震鉴定标准》(GBJ 117—88) 颁布实施,中国地震区的城市建筑全面实施抗震设计。
- 日本鹿岛建设公司建成了世界上第一座采用主动质量驱动器的京桥 Seiwa 大厦。
- 中日地震小区划讨论会在中国杭州召开。

1990 年
- 高文学和时振梁主编的《中国地震烈度区划图》(1990) 颁布,给出了 50 年内超越概率为 10% 的地震烈度。
- 中国《公路工程抗震设计规范》(JTJ 004—89) 颁布实施。
- 日本建成世界上第一座采用半主动变刚度控制的试验建筑。
- 中国第三届全国地震工程会议在大连召开。

1991 年
- 日本彩虹桥采用含主动控制在内的混合控制体系。

1992 年
- 第一届国际浅层地震构造对地震动影响研讨会在日本小田原市 (Otahara) 召开。
- 中国第一届海峡两岸地震学术讨论会在北京召开。
- 第十届世界地震工程大会在西班牙马德里 (Madrid) 召开。

1993 年
- 中国建筑学会抗震防灾分会结构减震与控制专业委员会成立。

1994 年
- 国际结构控制学会成立,同年在美国洛杉矶 (Los Angeles) 召开了第一届世界结构控制会议。振动控制和健康监测成为地震工程的重要研究领域。
- 中国《构筑物抗震设计规范》(GB 50191—93) 颁布实施。

- 1 月 17 日,美国洛杉矶北岭 (North ridge) 发生 6.7 级地震 (Northridge earthquake),推动了高架桥、钢结构等的抗震研究,隔震建筑在地震中经受检验。
- 中国第四届全国地震工程会议在哈尔滨召开。

1995 年
- 1 月 16 日,日本阪神 (Osaka-Kobe) 发生 7.3 级大地震,造成众多人员伤亡和惨重经济损失。此次地震进一步推动了日本的地震工程研究,震后着手建设密集强震动观测台网和世界最大的 15m×20m 三向地震模拟振动台,建设省启动了"建筑结构新的设计方法开发"项目。

1996 年
- 中国《建筑抗震鉴定标准》(GB 50023—95)、《建筑抗震试验方法规程》(JGJ 101—96) 颁布实施。
- 第十一届世界地震工程大会在墨西哥首都墨西哥城 (Mexico city) 召开。

1997 年
- 首届国际健康监测学术会议在美国斯坦福大学 (Stanford University) 召开。
- 中国《水工建筑物抗震设计规范》(SL 203—97)、《电力设施抗震设计规范》(GB 50260—96) 颁布实施。
- 美国首次将半主动变阻尼装置用于高速公路连续梁桥。

1998 年
- 中国《核电厂抗震设计规范》(GB 50267—97) 和《通信设备安装抗震设计规范》(YD 5059—98) 颁布实施。
- 1997 年通过的《中华人民共和国防震减灾法》正式实施。
- 国家地震局更名为中国地震局。
- 美国《房屋抗震鉴定指南(试行)》(FEMA310/1998) 颁布试行,指南采用对应不同抗震性态的三级鉴定方法。
- 中国振动工程学会结构抗振控制专业委员会成立,成为国际结构控制学会成员。
- 中国南京电视塔设置主动控制系统。
- 中国第五届全国地震工程会议在北京召开。

1999 年
- 9 月 20 日,中国台湾集集发生 7.7 级大地震,获得大量强震记录，推动了近场地震动和发震断裂研究。

- 中国《水运工程抗震设计规范》（JTJ 225—98）、《建筑抗震加固技术规程》（JGJ 116—98）颁布实施。
- 美国自然科学基金会批准实施地震工程联网试验项目。

2000 年
- 第十二届世界地震工程大会在新西兰的奥克兰市（Auckland）召开。

2001 年
- 中国修订的《水工建筑物抗震设计规范》（DL5073—2000）颁布实施。
- 美国联邦紧急事务管理局、美国国家自然科学基金会、美国应用技术委员会、加州结构工程师协会、加州大学伯克利分校地震工程研究中心等开展有关性态抗震设计的研究，发表了一系列研究报告和技术标准。
- 日本将性态抗震相关内容纳入《建筑基准法》。
- 中国《叠层橡胶支座隔震技术规程》（CECS126：2001）批准发布，汇集了隔震技术研究成果和工程建设经验。

2002 年
- 中国《中国地震动参数区划图》（GB 18306—2001）颁布，给出 50 年内超越概率 10% 的地震动参数，包括《中国地震动峰值加速度区划图》和《中国地震动反应谱特征周期区划图》。
- 中国《建筑抗震设计规范》（GB 50011—2001）颁布实施，规范增加了隔震和消能减振建筑的设计要求。
- 中国第六届全国地震工程会议在南京召开。

2003 年
- 第三届世界结构控制与监测会议在意大利召开，国际结构控制学会更名为国际结构控制与监测学会。
- 中国《室外给水排水和燃气热力工程抗震设计规范》（GB 50032—2003）颁布实施。

2004 年
- 第十三届世界地震工程大会在加拿大温哥华（Vancouver）召开。
- 由欧洲标准技术委员会组织编制的《结构抗震设计（欧洲规范 8）》（EN1998-1：2004）颁布，以替代欧共体成员国各不相同的建筑抗震设计标准。
- 中国《建筑工程抗震设防分类标准》（GB 50223—2004）颁布实施，《建筑工程抗震性态设计通则（试用）》（CECS160：2004）颁布试行，《石油化工构筑物抗震设计规范》（SH/T 3147—2004）颁布（次年实施），《输油（气）钢质管道抗震设计规范》（SY/T 0450—2004）颁布实施。
- 12 月 26 日，印度尼西亚苏门答腊西北近海发生 9.0 级特大地震，地震海啸横扫印度洋，造成 20 余万人死亡。

2005 年
- 中国《工程场地地震安全性评价》（GB 1741—2005）颁布实施。

2006 年
- 修订的中国《铁路工程抗震设计规范》（GB 50111—2006）颁布实施。
- 中国第七届全国地震工程会议在广州召开。

2007 年
- 中国数字强震动观测台网建成，强震动观测覆盖大陆 30 个省、自治区和直辖市。
- 日本柏崎市核电厂在新潟—上中越近海地震中发生变压器起火、核污染水泄漏、反应堆紧急停堆事故。
- 中国《城市抗震防灾规划标准》（GB 50413—2007）颁布实施。

2008 年
- 5 月 12 日，中国四川汶川发生 8.0 级特大地震，死亡 6.9 万人，失踪 1.7 万人，地震地质灾害严重，造成极其重大的经济损失。震后组织了大规模震害考察，抗震设计建筑在地震中经受检验。
- 修订的中国《建筑抗震设计规范》（GB 50011—2001）2008 年版、《镇（乡）村建筑抗震技术规程》（JGJ 161—2008）、《公路桥梁抗震设计细则》（JTG/TB 02-01—2008）颁布实施。
- 《汉英·英汉地震工程学词汇》出版。
- 第十四届世界地震工程会议在中国北京召开。

2009 年
- 中国《中国地震烈度表》（GB/T 17742—2008）颁布实施。
- 修订的中国《建筑抗震鉴定标准》（GB 50023—

2009）和《油气输送管道线路工程抗震技术规范》（GB 50470—2008）颁布实施。

2010 年
- 1 月 12 日，海地太子港（port au prince）发生 7.3 级地震，房屋和基础设施严重损毁；逾 20 万人遇难，其中包括 8 名中国维和官兵；国际社会采取紧急救援行动。
- 4 月 14 日中国青海玉树发生 7.1 级地震，2 千余人遇难，200 余人失踪。
- 中国《建筑抗震设计规范》（GB 50011—2010）颁布实施。
- 中国第八届全国地震工程会议在重庆召开。

2011 年
- 2 月 22 日，新西兰基督城（Christehurchocity）发生 6.3 级地震，185 人死亡，地震诱发广大区域的砂土液化引起地震工程界广泛关注。
- 3 月 11 日，日本宫城（Miyagi）东部海域发生 9.0 级地震，引发巨大海啸，近 3 万人死亡或失踪；海啸还造成福岛第一核电厂严重的核泄漏事故。

2012 年
- 第十五届世界地震工程会议在葡萄牙首都里斯本召开，来自 7 大洲 85 个国家的 4000 多人参加会议。
- 中国《建筑结构荷载规范》（GB 50090—2012）、《构筑抗震设计规范》（GB 50191—2012）、《复合地基技术规范》（GB/T 50783—2012）颁布实施。

2013 年
- 意大利贝加莫大学（Bergamo University）启动地震预警系统在智能手机上的应用研究。
- 4 月 20 日，中国四川省雅安市芦山县发生 7.0 级地震，196 人遇难，21 人失踪。
- 中国《建筑消能减震技术规程（JGJ 297—2013）》颁布。

2014 年
- 美国国会批准 500 万美元用于建设地震早期预警系统在智能手机上的应用。
- 《中国防震减灾百科全书·地震工程学》出版。
- 中国第九届全国地震工程会议在哈尔滨召开。
- 8 月 3 日 16 时 30 分，中国云南省昭通市鲁甸县

发生 6.5 级地震，617 人遇难，112 人失踪。

2015 年
- 4 月 25 日，尼泊尔发生 7.8 级地震，造成 7600 人丧生，地震诱发了大量山体滑坡灾害。
- 中国《中国地震动参数区划图》（GB 18306—2015）颁布实施。

2016 年
- 4 月 16 日，厄瓜多尔（Ecuador）发生 7.8 级大地震，造成 676 人死亡、大量建筑被毁坏。
- 修订的中国《建筑抗震设计规范》（GB 50011—2001）2016 年版、《危险房屋鉴定标准》（JGJ 125—2016）颁布实施。

2017 年
- 第十六届世界地震工程会议在智利圣地亚哥召开，近 2500 多人参加会议。
- 中国全国地震科技创新大会在北京召开，提出"透明地壳、解剖地震、韧性城乡、智慧服务"四项研究计划。
- 8 月 8 日，中国四川省九寨沟发生 7.0 级地震，25 人遇难，6 人失踪。
- 中国《钢结构设计规范》（GB 50017—2017）颁布实施。

2018 年
- 中国第十届全国地震工程会议在上海召开。
- 汶川地震十周年国际研讨会暨第四届大陆地震国际会议在中国成都召开。
- 8 月 5 日，印度尼西亚龙目岛（Lombok Island）发生 6.9 级地震，造成 563 丧生，地震引发了大范围砂土液化和流滑。

2019 年
- 中国《城市综合防灾规划标准》（GB/T 51327—2018）、《核电厂抗震设计规范》（GB 50267—2019）、《工程隔振设计规范》（GB 50463—2019）颁布实施。

2020
- 美国 NEHRP 颁布了新一代《新建筑和其他结构抗震设计规范》。
- 中国《中国地震烈度表》（GB/T 17742—2020）、《建筑抗震韧性评价标准》（GB/T 38591—2020）颁布实施。

主要参考文献

CJJ 166—2011　城市桥梁抗震设计规范
GB 6722—2014　爆破安全规程
GB 17741—2005　工程场地地震安全性评价
GB 18306—2015　中国地震动参数区划图
GB/T 18575—2017　建筑幕墙抗震性能振动台试验方法
GB/T 36072—2018　活动断层探测
GB 50003—2011　砌体结构设计规范
GB 50007—2011　建筑地基基础设计规范
GB 50009—2012　建筑结构荷载规范
GB 50010—2010　混凝土结构设计规范（2015 年版）
GB 50011—2010　建筑抗震设计规范（2016 年版）
GB 50017—2017　钢结构设计规范
GB 50023—2009　建筑抗震鉴定标准
GB 50086—2015　岩土锚杆与喷射混凝土支护工程技术规范
GB 50111—2006　铁路工程抗震设计规范（2009 年版）
GB 50117—2014　构筑物抗震鉴定标准
GB 50153—2008　工程结构可靠性设计统一标准
GB 50191—2012　构筑物抗震设计规范
GB 50223—2008　建筑工程抗震设防分类标准
GB 50260—2013　电力设施抗震设计规范
GB 50267—2019　核电厂抗震设计规范
GB/T 50279—2014　岩土工程基本术语标准
GB 50330—2013　建筑边坡工程技术规范
GB 50463—2019　工程隔振设计规范
GB/T 50470—2017　油气输送管道线路工程抗震技术规范
GB/T 50504—2009　民用建筑设计术语标准
GB/T 50761—2018　石油化工钢制设备抗震设计标准
GB/T 50783—2012　复合地基技术规范
GB 50868—2013　建筑工程容许振动标准
GB/T 50941—2014　建筑地基基础术语标准
GB 51143—2015　防灾避难场所设计规范
GB/T 51327—2018　城市综合防灾规划标准
GBJ 132—90　工程结构设计基本术语和通用符号
JGJ 3—2010　高层建筑混凝土结构技术规程
JGJ/T 13—94　设置钢筋混凝土构造柱多层砖房抗震技术规程
JGJ/T 84—2015　岩土工程勘察术语标准
JGJ 94—2008　建筑桩基技术规范
JGJ 118—2011　冻土地区建筑地基基础设计规范
JGJ 125—2016　危险房屋鉴定标准
JGJ 161—2008　镇（乡）村建筑抗震技术规程
JGJ 248—2012　底部框架-抗震墙砌体房屋抗震技术规程
JGJ 297—2013　建筑消能减震技术规程
JGJ/T 363—2014　农村住房危险性鉴定标准
JTG D70—2004　公路隧道设计规范
JTG/T B02-01—2008　公路桥梁抗震设计细则
JTGB 02—2013　公路工程抗震规范
JTJ 004—89　公路工程抗震设计规范
JTS 146—2012　水运工程抗震设计规范

SH 3001—2005　石油化工设备抗震鉴定标准

SH/T 3039—2018　石油化工非埋地管道抗震设计规范

SH 3130—2013　石油化工建筑抗震鉴定标准

SH/T 3131—2002　石油化工电气设备抗震设计规范

SH 3147—2014　石油化工构筑物抗震设计规范

TB 10116—99　铁路桥梁抗震鉴定与加固技术规范

YD 5059—1998　通信设备安装抗震设计规范

地震标准汇编 2009（第二册），北京：地震出版社，2010

地震标准汇编 2009（第三册），北京：地震出版社，2010

地震标准汇编 2009（第一册），北京：地震出版社，2010

建筑工程抗震性态设计通则（试行），北京：中国计划出版社，2004

现代汉语词典，北京：商务印书馆，2018

新华词典，北京：商务印书馆，2017

中国大百科全书，地质学，中国大百科全书出版社，1993

中国大百科全书，固体地球物理学，测绘学，空间科学，中国大百科全书出版社，1985

中国大百科全书，力学，中国大百科全书出版社，1985

中国大百科全书，数学，中国大百科全书出版社，1988

中国大百科全书，土木工程，中国大百科全书出版社，1987

中国防震减灾百科全书，地震工程学，北京：地震出版社，2014

陈国兴，岩土地震工程学，北京：科学出版社，2007

大崎顺彦著，田琪译，地震动谱分析入门，北京：地震出版社，1990

大崎顺彦著，谢礼立、周雍年和袁一凡译，振动理论，北京：地震出版社，1990

《地震工程概论》编写组，地震工程概论（第二版），北京：科学出版社，1985

冈本舜三著，李裕彻等译，地震工程学导论，北京：学术书刊出版社，1989

冈本舜三著，孙伟东译，抗震工程学，北京：中国建筑工业出版社，1978

高孟谭，《中国地震动参数区划图》（GB 18306—2015）宣贯教材，北京：中国质检出版社，中国标准出版社，2015

胡聿贤，地震安全性评价技术教程，北京：地震出版社，1999

胡聿贤，地震工程学（第二版），北京：地震出版社，2006

李宏男，地震工程学，北京：机械工业出版社，2013

廖振鹏，工程波动理论导论（第二版），科学出版社，2002

罗伯特 L 威格尔主编，中国科学院工程力学研究所译，地震工程学，北京：科学出版社，1978

纽马克 N M 和罗森布卢斯 E 著，叶耀先等译，地震工程学原理，北京：中国建筑工业出版社，1986

沈聚敏、周锡元、高小旺、刘晶波等，抗震工程学（第二版），北京：中国建筑工业出版社，2015

孙鸿烈，自然科学大辞典系列，地学大辞典，北京：科学出版社，2017

王元总，自然科学大辞典系列，数学大辞典，北京：科学出版社，2017

谢礼立，英汉·汉英地震工程学词汇，北京：地震出版社，2008

徐世芳、李博，地震学辞典，北京：地震出版社，2000

郁有为，自然科学大辞典系列，物理学大辞典，北京：科学出版社，2017

袁一凡、田启文，工程地震学，北京：地震出版社，2012

张克绪、凌贤长等，岩土地震工程及工程振动，北京：科学出版社，2016

张敏政，地震工程的概念和应用，北京：地震出版社，2015

后 记

编写这本辞典是为了完成一项任务。2016 年，地震出版社获得了国家出版基金资助的《地震工程学辞典》的编写任务，计划在《中国防震减灾百科全书（地震工程学）》的基础上编写一本《地震工程学辞典》。由于百科全书的主要编纂者年事已高，并且不具备编写这本辞典的条件，考虑到我熟悉地震工程学科、参与了百科全书的编写工作以及防灾科技学院的人力资源优势，出版社商议委托我担任《地震工程学辞典》的主编，我尽管没有思想准备，稍加犹豫，还是接受了这一任务。随后，地震出版社给防灾科技学院发函委托我担任《地震工程学辞典》的主编。

编写辞书是一项十分艰苦的工作。在接受任务后，我开始构思编写大纲。地震工程学是一门交叉学科，尽管只有百余年的历史，但涉及地质学、构造地质学、地震地质学、工程地震学、地球物理学、地震学、地震工程学、土木工程学、工程地质学、水文地质学、地质工程学、岩土工程学、测绘工程学、地震社会学、测控技术与仪器以及地震观测技术等学科，内容十分广泛。谢礼立院士主编的《英汉·汉英地震工程学词汇》（地震出版社）收录的汉语词条就达 2 万余条，如此大量的词汇如何选录，这是我们遇到第一个问题。经过反复讨论和征求意见，确定以《地震工程学（第二版）》（胡聿贤著，地震出版社）、《地震工程学》（罗伯特 L. 威格尔主编，中国科学院工程力学研究所译，科学出版社）、《地震工程学原理》（N. M. 纽马克和 E. 罗森布卢斯著，叶耀先等译，中国建筑工业出版社）所涉及的知识体系和词汇为主线，广泛收集相关学科的词汇，在此基础上选择和收录与地震工程学联系比较密切的词汇。在近百人的参与下，我们收录了 12000 条词汇，词汇及其解释的文字达 200 余万字，在其中选取了近 8000 条构成了本辞典的基本词条，初稿完成后在防灾科技学院和中国地震局工程力学研究所部分学生、教师和科研人员中测试，词汇的覆盖率达到了 98%。基本满足要求。《地震工程学辞典》不同于百科全书，如何把握词条的解释是我们遇到的第二个问题，经过讨论并参照有关辞书的编写方式，确定词条的解释以定义为主，适度把握其内涵和外延的释义。我们对词汇的选择和解释的把握是否合适，只能在使用中才能得到检验。

接受这项任务时我对困难估计的不足，完成了这项任务是源于我对地震工程学的热爱和克服困难的勇气。这本辞典的编写历时 5 年，特别是 2017 年底退出行政岗位后，有了安静和充足的时间，我几乎把所有的精力都投入到了这本辞典的编写，有困惑，但更有收获和乐趣。地震出版社为本辞典的出版做出了重要贡献，审查专家提出了许多宝贵的意见，参与词条收集和整理的老师和研究生付出大量的宝贵时间，防灾科技学院对本辞典的出版给予了大力支持，在此一并表示感谢。最后，我还要感谢谭周地教授和廖振鹏院士，两位先生对我有再造之恩，是他们的教育和培养使我有知识和勇气编写这本辞典。

薄景山

2021 年 9 月于燕郊